U0378928

《中国文化》三十年精要选编 // 11 // 刘梦溪主编

古代科技与文化传播

北京时代华文书局

图书在版编目（CIP）数据

古代科技与文化传播 / 刘梦溪主编 . -- 北京 : 北京时代华文书局 , 2024.3
ISBN 978-7-5699-3345-1

Ⅰ.①古… Ⅱ.①刘… Ⅲ.①科学技术－技术史－中国－古代②文化传播－研究－
中国－古代 Ⅳ.① N092 ② G129

中国版本图书馆 CIP 数据核字 (2019) 第 298796 号

GUDAI KEJI YU WENHUA CHUANBO

出 版 人：陈　涛
选题策划：余　玲
项目统筹：余　玲
责任编辑：余荣才
文字校订：张凌云
装帧设计：程　慧
责任印制：訾　敬

出版发行：北京时代华文书局 http://www.bjsdsj.com.cn
　　　　　北京市东城区安定门外大街 138 号皇城国际大厦 A 座 8 层
　　　　　邮编：100011　电话：010-64263661　64261528

印　　刷：北京盛通印刷股份有限公司
开　　本：787 mm×1092 mm　1/16　　成品尺寸：175 mm×260 mm
印　　张：49　　　　　　　　　　　　字　　数：896 千字
版　　次：2024 年 3 月第 1 版　　　　印　　次：2024 年 3 月第 1 次印刷
定　　价：328.00 元

目　录

火历钩沉　一个遗失已久的古历之发现 ……………………… 庞　朴　001

日历·月历·星历与文化思想　读《火历钩沉》 …………… 金克木　039

"亚"形与殷人的宇宙观 ………………… [英]艾　兰　著　汪　涛　译　041

"式"与中国古代的宇宙模式 …………………………… 李　零　073

上古天文考　古代中国"天文"之性质与功能 ………… 江晓原　130

天象与沟通天地的工具性符号 …………………………… 程　曜　154

月令、阴阳家与天文历法 ………………………………… 陈美东　183

李之藻和《浑盖通宪图说》——比较天文学的地平 ………… 赵建海　203

东亚文明与中美洲文明天文考古录 ……………………… 吕宇斐　229

八角星纹与史前织机 ……………………………………… 王　孖　288

论新石器时代的纺轮及其纹饰的文化涵义 ……………… 刘昭瑞　301

"累黍"与"指律"：中国古代度量衡思想略论 ………… 曹　晋　316

秦汉时期匈奴族提取植物色素技术考略 ………………… 王至堂　354

中国古代造纸术与永续发展 …………………………… 刘广定 *360*

两宋胡夷里巷遗音初探 ………………………………… 黄翔鹏 *372*

晚明儒学科举策问中的"自然之学" …… ［美］艾尔曼 著 雷 颐 译 *390*

沉重的阴阳 《仲景方证学解读与应用》序 ……………… 秦燕春 *420*

在科学与宗教之间 论西方科学的东方渊源 ……………… 陈方正 *437*

"李约瑟悖论"评析 …………………………………… 冯天瑜 *463*

16—17 世纪的中国海盗与海上丝路略论 ……………… 谢 方 *482*

利玛窦在认识中国诸宗教方面之作为 ……………… ［德］弥维礼 *494*

耶稣会士汤若望在华恩荣考 ………………………… 黄一农 *510*

康熙天体仪：东西方文化交流的证物 ……………… 伊世同 *527*

明至清中叶长江流域的西器东传 ………………… 谢贵安 *551*

从中国历史地理认识郑和航海的意义 ……………… 葛剑雄 *572*

"印度"的古代汉语译名及其来源 ……………………… 钱文忠　580

犍陀罗语文学与古代中印文化交流 ……………………… 林梅村　591

徐福东渡日本研究中的史实、传说与假说 ……………… 王妙发　609

泰国、朝鲜出土的中国陶瓷 ……………………………… 冯先铭　624

瞿佑的《剪灯新话》及其在近邻韩、越和日本的

　回响 ………………………………… 徐朔方　［日］铃木阳一　632

想象异域悲情

　朝鲜使者关于季文兰题诗的两百年遐想 ……………… 葛兆光　644

中国最早的文学翻译作品《越人歌》 …………………… 钱玉趾　658

西学东渐与外国文学的输入 ……………………………… 施蛰存　667

鸦片战争前后士大夫西学观念的演进 …………………… 郑师渠　687

美国所藏中国古籍善本述 ………………………………… 沈　津　711

《华裔学志》(*Monumenta Serica*)

欧洲与中国文化交流的一个见证 ………………………………… 任大援 734

回眸"如意袋"：Condom中国传播小史 ………………………… 谢　泳 737

第一次世界大战前山东草帽辫与工艺全球化 ………………… 李今芸 752

前　记

　　《中国文化》是国内唯一的一家在北京、香港、台湾同时以繁体字印行的高端学术刊物,是为了回应二十世纪八十年代的"文化热",于 1988 年筹办,1989年创刊。"深研中华文化,阐扬传统专学,探究学术真知,重视人文关怀",是办刊的宗旨,以刊载名家名篇著称,是刊物的特色。三十年来,海内外华文世界的第一流的学术人物,鲜有不在《中国文化》刊载高文佳构者。了解此刊的行内专家将"它厚重,它学术,它名士,它低调,它性情",视作《中国文化》的品格。

　　《中国文化》是经文化部会同国家新闻出版署核准的有正式期刊号的学术期刊,国内统一刊号为 CN11-2603/G2,国际标准刊号为 ISSN1003-0190,系定期出刊的连续出版物,每年推出春季号、秋季号两期。创刊以来已出版 54期,总字数逾 2000 万,为国内外学界人士一致所认可。本刊选篇衡文,着眼学术质素,以创获卓识、真才实学为依凭,既有老辈学者的不刊之说,也有学界新秀的出彩之论。杜绝门户成见,不专主一家,古典品格与现代意识兼具、修绠汲古和开源引流并行。提倡从现代看传统,从世界看中国,刻刻不忘本民族的历史地位。

　　《中国文化》怀有深切的文化关怀,1988 年 12 月撰写的《创刊词》写道:"《中国文化》没有在我国近年兴起的文化热的高潮中与读者见面,而是当文化热开始冷却,一般读者对开口闭口大谈文化已感觉倦怠的情势下创刊,也许反而是恰逢其时。因为深入的学术研究不需要热,甚至需要冷,学者的创造力量和人格力量,不仅需要独立,而且常常以孤独为伴侣。"《创刊词》又说:"与学界一片走向世界的滔滔声不同,我们想,为了走向世界,首先还须回到中国。明白从哪里来,才知道向哪里去。文化危机的克服和文化重建是迫在眉睫的当务之急。如果世界同时也能够走向中国,则是我们的私心所愿,创办本刊的目的即在于此。"这些话,在当时的背景下,多少带有逆势惊世的味道。所以创刊座谈会上,李泽厚说:"金观涛要走向未来,刘梦溪要走向过去,我都支持。"

《中国文化》对中国经学、诸子学等四部之学的深入研究给予特别重视;对甲骨学、敦煌学、简帛学、考古学等世界性专学和显学给予特别重视;对宗教信仰与文化传播的整理与研究给予特别重视;对中国文化发生学和各种不同文化圈的参证比较给予特别重视。学术方法上提倡宏观与微观结合、思辨与实证结合、新学与朴学结合。

《中国文化》创刊以来开辟诸多学术专栏,主要有"文史新篇""专学研究""古典新义""旧学商量""文化与传统""经学与史学""文物与考古""学术史论衡""宗教信仰与文化传播""古代科技与文明""明清文化思潮""现代文化现象""文学的文化学阐释""中国艺术与中国文化""国学与汉学""域外学踪""学人寄语""学林人物志""文献辑存""旧京风物""人文风景""序跋与书评"等。丰富多样的栏目设置,可以涵纳众多领域的优秀成果,一期在手,即能见出刊物的整体面貌和当时国内外学界的最新景况。

《中国文化》由中国艺术研究院主办,文化部主管,《中国文化》杂志社编辑出版。中国文化研究所创所所长、文史学者刘梦溪担任主编,礼聘老辈硕学和海内外人文名家姜亮夫、缪钺、张舜徽、潘重规、季羡林、金克木、周一良、周策纵、饶宗颐、柳存仁、周有光、王元化、冯其庸、汤一介、庞朴、张光直、李亦园、李泽厚、李学勤、裘锡圭、傅璇琮、林毓生、金耀基、汪荣祖、杜维明、杨振宁、王蒙、范曾、龚育之等为学术顾问,形成阵容强大的学术支持力量。

现在,当《中国文化》创刊三十周年之际,为总结经验、汇聚成果、交流学术、留住历史,特编选"《中国文化》三十年精要选编",共分十二个专题,厘定为十二卷,分别是:

一 中国文化对人类未来可有的贡献

二 三教论衡

三 经学和史学

四 甲骨学、简帛学、敦煌学、考古学

五 学术史的视域

六 旧学商量

七 思想与人物

八 明清文化思潮

九 现代文化现象

十 信仰与民俗

十一 古代科技与文化传播

十二 艺文与审美

第一卷《中国文化对人类未来可有的贡献》，直接用的是国学大师钱穆先生最后一篇文章的原标题，该文首发于台湾《联合报》，经钱夫人胡美琦先生授权，大陆交由《中国文化》刊载。此文于1991年秋季号刊出后，引起学界热烈反响，季羡林、蔡尚思、杜维明等硕学纷纷著文予以回应，杜维明称钱穆先生的文章为"证道书"。第一卷即围绕此一题义展开，主要探讨中国文化的特质、价值取向和对人类的普世意义，包括总论、分论、与其他文化系统比较研究及对未来的展望。

第二卷《三教论衡》，是对中国文化的主干——儒、释、道三家思想的深入研究。

第三卷《经学和史学》，是对传统学术的经史之学的专题研究。

第四卷《甲骨学、简帛学、敦煌学、考古学》，是对学术史的专学和显学部分所做的研究，此一领域非专业学者很难置喙。

第五卷《学术史的视域》，是中国学术史研究的优选专集。

第六卷《旧学商量》，是就中国学术各题点的商榷讨论。

第七卷《思想与人物》，是对中国文化最活跃的部分思想和人物的专论。

第八卷《明清文化思潮》和第九卷《现代文化现象》，是研究中国历史两个关键转变期的文化的时代特征和思想走向。

第十卷《信仰与民俗》,集中研究中国文化的精神礼俗,很多文章堪称"绝活"。

第十一卷《古代科技与文化传播》,是《中国文化》杂志特别关注的学术领域,三十年来刊载的这方面的好文章,很多都精选在这里了。

第十二卷《艺文与审美》,是对古今艺术、文学,包括书法、绘画、艺文理论等审美现象的研究。

每一卷都是中国文化的一个重大研究专题。由于作者大都是大师级人物,或者声望显赫的国内外一流学者以及成就突出的中青年才俊,使得每个专题的研究都有相当的学术深度,学者们一个一个的个案研究,往往具有领先性和突破性。虽然,"《中国文化》三十年精要选编"是《中国文化》杂志三十年来优秀成果的选编,也可以视作近三十年我国学术界中国文化研究成果的一次汇总。

"《中国文化》三十年精要选编"是中国艺术研究院的资助课题,由主编刘梦溪和副研究员周瑾协同编选,经过无数次拟题、选目、筛选、调整,再拟题、再选目、再筛选、再调整,前后二十余稿,花去不知多少时间,直至2021年9月,终于形成十二卷的最后选目定篇。

最后,需要感谢北京时代华文书局和陈涛社长、宋启发总编辑对此书的看重,特别是余玲副总编的眼光和魄力,如果不是她的全力筹划,勇于任责,此书的出版不会如此顺利。美编程慧,编辑丁克霞、李唯靓也是要由衷感谢的,她们尽心得让人心疼,而十二卷大书的精心设计,使我这样一个不算外行的学界中人除了赞许已别无他语。真好。

刘梦溪

2022年4月28日时在壬寅三月二十八识于京城之东塾

火历钩沉

一个遗失已久的古历之发现

庞　朴

【内容提要】在人们熟知的阴阳历之前，人类曾以星象来记示时间，形成一套疏阔的历法，作为生产与生活的时节依据，但是由于史料遗阙，这种历法已渐渐湮没而不为人知了。

本文根据各种片断的文献、考古资料及民俗资料，率先揭示了中国古代——大约从新石器时代晚期到商代前期——曾以大火星（天蝎α）为示时星象，并存在着一套本文名为"火历"的历法的事实。这一事实的确认，使许多过去一直难以解读的文献、文物及民俗现象在本文中得到了较为完满的解释。

火历虽然由于时代遥远，久已消失，但它在后世文化生活的各个方面留下了踪影。因此，火历的发现，不仅一举突破了中国历法史局限于种种晚出的阴阳历范围的现状，丰富了远古中华文明的内涵，而且昭示了后来种种文化现象的奥秘。这一文化之"谜"的破译，将赢得天文学界的深切关注，同时也一定能引起中国文化研究者们的浓烈兴趣。

地球在太空中自转，并且带着卫星月球一起环绕太阳公转，于是有了日、月、年和节气的区分。确定这些时间区分标准的办法，叫作历法。在人类相互分隔生活的古代，历法各有不同。一般认为，自有文字记载以来，我国通行的历法都是阴阳历;只有个别少数民族使用纯阴历或纯阳历。纯阳历以地球绕太阳的运行为主要依据,如彝族的十月历;纯阴历以月亮绕地球的运行为主要依据,如回族的回历。阴阳历则兼顾地球和月亮的运行数据,使月份和寒暖季节大致相应;相传的黄帝、颛顼、夏、殷、周、鲁古六历,《春秋》纪事的诸历,以及后来施行的和未能施行的近一百种历法,都是阴阳历。

太阳和月亮,无疑是地球居民划分时间的重要依据。但是许多古老的民族,基于原始简单生产的需要,最初并不完全仰赖日月,而另有其更简便的计时方法。如古埃及人以天狼星在早晨与太阳同升于东方为一年之始,因为尼罗河水每年夏至前后上涨,斯时正值天狼星见于东方。古印度的一种历法以月望在角宿为岁首,另一历法以月望在昴宿为岁首。墨西哥的阿斯特克人则以氐宿昏见定新年。虽然这些星宿的晨见昏见都和太阳相关,月望所在更无法离开月亮,但这些民族据以授时的星象,却主要不在日、月,而在能够直接提示生产季节的遥远恒星。因为,对于从事简单农业生产而又尚未摸清日、月、地关系的先民来说,每天见面的太阳和每月相同的月亮,其时间意义,显然不如播种时节刚好出现的其他星座来得明白而又直接①。据此,如果我们猜想,在阴阳历或阳历、阴历以前,一些古老民族奉行过某些疏阔的其他恒星历,或非完全无据。

这一点,当我们凝视古老中华文明的有关现象时,便显得更为清晰。

一、"火纪时焉"

公元前 525 年,春秋鲁昭公十七年,预测六月甲戌朔将发生日食,祝史请备"救日"仪式。

执政季平子否决道:"止也! 唯正月朔,慝未作,日有食之,于是乎有伐鼓用

---

① 据陈遵妫《中国天文学史》第 1514 页载,西双版纳的基诺人过去以物候定播种季节,一位老人说:后来发现,每年撒种季节,太阳落山不久,它们["大拐子星"(指参星)、小拐子星和鸡窝星]就在西边天上亮了,离地约有三人高,过不大一会,它们就跟着太阳落了下去。在这时撒旱谷,就会收成好。后来,我们撒种时就看星星了。

币,礼也。其余则否。"太史解释说:礼所谓的"正月",正"在此月也,日过分(春分)而未至(夏至),三辰有灾……此月朔之谓也,当夏【正】四月,是谓孟夏"②。

这段对话提出了一个有关中国历法的重大问题,即:周正六月,或夏正四月,也叫正月。熟谙文献的人很容易会由此想到《诗经·小雅·正月》里的"正月繁霜,我心忧伤",那个繁霜而催人忧伤的"正月",自然也不是常霜的周正正月(夏正十一月)或夏正正月,而是这个不该下霜的"日过分而未至"的正月;否则何忧之有?

对于这个正月,历来经师都用占星家的说法,宣称四月乃"纯阳用事"或"以乾用事",是所谓的"正阳之月",因而可以简称"正月"。为了证成此一说法,他们又无端地将"靡未作"的"靡"字解释为"阴气",说靡未作是"阴气未动"。因为据术士们说,五月阴气始生,四月纯阳无阴,是靡未作之象。

这种阴阳消长、卦象配月的套子,发端于西汉的董仲舒和孟氏易学,当非《左传》和《诗经》的原意,自不待言。至于"靡未作"的"靡"字,乃指"侧靡";天文术语以"晦而月见西方谓之朓,朔而月见东方谓之侧靡"③。所谓"靡未作"即朔而不见月,表明日月正处交食点上,是"日有食之"的条件;所以文中才说"正月朔,靡未作,日有食之","靡未作"是对此次朔日天象的进一步说明,也为下句"日有食之"作引线,承上启下,整段文字以此顺理成章。如果"靡"是阴气,则这段话应是"正月,靡未作;朔,日有食之"的次序,因为整个正月都是"正阳之月",都属阴气未动之时,不止朔日一天"靡未作"也。所以,这个靡不是什么阴气,这个正月不是什么正阳之月;不能用占星家的说法来解说这段对话,而应另外寻找它的历法意义。

经籍纪事多有透露,周正六月或夏正四月即建巳之月,是一个很特殊的月份。《礼记·曲礼》"天子祭天地"条疏曰:天子于冬至、立春、立夏、立秋、立冬诸日,分祭昊天上帝及东南西北各天帝,于夏正之月祭感生之帝,唯独"四月(夏正)龙见而雩,总祭五帝于南郊",《礼记·明堂位》说鲁以周公封地故,得以天子礼乐于周正正月即冬至月"祀帝于郊",于周正六月"以禘礼祀周公于太庙",也

---

② 《左传·昭公十七年》,参见《左传·庄公二十五年》。
③ 《尚书大传》。

对建巳之月分外尊崇。《吕氏春秋》十二和《礼记·月令》，皆于"孟夏之月""封侯庆赐""行爵出禄"，超孟春之月而上。

孟夏之月异于他月的天象标志是龙星昏见东方，所谓"见龙在田"④。作为星宿，龙指天蝎座第一星（Scoᵅ，Antares），中名大火或心宿二。大火系远离地球的一颗恒星，它和人类的关系不像太阳那样简单明了，不是天天不变，抬头便见；它在一年里只有半年时间出现于夜晚晴空，其他半年则隐在白天的天上。但也正因如此，在原始农事时代，大火对于生产的指示作用，却较太阳更为直接。因为大火黄昏见于东方的时候，曾是春分前后，万物复苏，农事开始之际；而大火西没，又会是秋分左右，收获完毕，准备冬眠的时节。所以，龙星见而雩，"用盛乐"，"以祈谷实"⑤总祭五帝于南郊，以禘礼祀周公于太庙，封侯行爵，都不是偶然的了。所以，传说在亘古时代，便据大火纪时了：

> 遂（燧）人以火纪。⑥
> 炎帝氏以火纪，故为火师而火名。⑦
> 陶唐氏之火正阏伯，居商丘，祀大火，而火纪时焉。⑧

"以火纪"或"火纪时焉"，就是以大火的视运行来纪叙时节，规定人事。

大火始见东方无疑会被定为第一个时节，人们的相应行事是"出火"。《尸子》上有"遂（燧）人察辰心而出火"句⑨，辰心就是大火星，出火就是烧荒种地。《礼记·郊特牲》说"季春出火⑩，为焚也"；《左传·昭公二十九年》有"烈山氏"，经师或以为炎帝之号，或以为神农之号；其实都是烧荒种地的意思。

出火是一项神圣的盛典。《周礼·夏官·司爟》条说：

---

④ 《易·乾·九二》。
⑤ 《礼记·月令·仲夏之月》。
⑥ 《尚书大传》，据《风俗通义·皇霸》、《艺文类聚》十一、《初学记》九引。
⑦ 《左传·昭公十七年》。
⑧ 《左传·襄公九年》。
⑨ 《路史·前纪五》注引，亦见《中论》。
⑩ 季春出火；四月龙见；仲夏之月大雩帝，用盛乐。所记时间先后不一，其实皆指大火昏见之际；盖以岁差之故，秋分点逐渐西移也。

司爟掌行火之政令。……季春出火,民咸从之。

"民咸从之",说明它是全民性的活动,是全民出动进行春祭的景象。先民生产活动常以祭仪开始,出发打猎前模仿野兽举止作兽舞,以求媚于兽神;农业生产则表演"驱爵(驱雀)簸扬"⑪之类舞蹈,以祀丰收,那便是舞雩。"浴乎沂,风乎舞雩,咏而归"⑫,孔老夫子也曾因之神往,可想更早时候其神圣、盛大、狂放到何种程度了。许多民族的狂欢节都在春天,亦是出火、舞雩之例。

大火昏见被定为第一个时节,也就是后来意义上的正月。一旦这个月的朔日竟然"朒未作,日有食之",那将不仅是月有灾(朒未作)、日有灾(日有食之)而已,连大火也算出师不利,这就叫"三辰有灾"。这就是鲁昭公十七年周六月甲戌朔那一段纪事的秘密所在⑬。

"火纪时焉"下一可考的时序是"大火中"。由大火昏见至大火昏中相隔两个多月,此一历法的疏阔可知。

大火中,种黍菽糜,煮梅,蓄兰,菽糜,颁马。⑭
火中寒暑乃退。⑮

"种黍菽"又见于《尚书大传》《尚书帝命期》《淮南子・主术训》《说苑・辨物》等。至于煮梅子为醋,蓄山兰供沐浴,牧马牝牡别群,似属稍后的农事知识;后人当已对火中行事有所损益。

火中寒暑乃退包括大火的昏晨两时南中于天。服虔曰:"季冬十二月平旦正中在南方,大寒退;季夏六月黄昏火星中,大暑退;是火为寒暑之候事也。"⑯服虔的解释是对的。大火晨昏中天曾是冬至和夏至的星象。看来远在知道日长

---

⑪ 《风俗通义・灵星》。

⑫ 《论语・先进》。

⑬ 查此次日食预报有误。是年五月丁丑朔、九月癸酉朔有食(据吴守一《春秋日食质疑》等),当公元前五二五年二月二十七日及八月二十一日。当然,这个误报不致影响本文的结论。

⑭ 《夏小正・五月》。

⑮ 《左传・昭公三年》。

⑯ 《诗・豳风・七月》孔疏引。

至、日短至即以日影来判分四时之前,古人曾以大火中天来表示寒暑。

大火黄昏中天以后的二三个节气,逐日西斜,整个心宿的形状也变得扁长,是谓"流火"。"七月流火"的诗句是脍炙人口的。诗人从七月开始来描述农夫全年的辛劳,显然为了移入自己的感情,凸现生活的苦难性。因为大火西流,寒来暑往,生活便一天天更加不易了。

"流火"以后将是太阳走入心宿,大火在晨昏都不再可见,这叫作"火伏"。"火伏而后蛰者毕"[17],一切昆虫随着大火西伏也都蛰伏完了。火伏和虫蛰这一天象与物候偕隐的自然联系,或许会给古人以某种神奇的启示,使他们做出了"昆虫未蛰,不以火田"[18]的规定。大自然充满了造物主的智慧,昆虫们有着各自微妙的天敌和天友关系,倘或蛰者未毕便去干扰,势将破坏它们已有的制衡。需待蛰者既毕,始可放火驱兽,张网田猎;而这一切的天意,便由火伏来示知。

火伏之际有一种"内(纳)火"的礼仪,与春天的"出火"遥相呼应:

> 季春出火,民咸从之;季秋内火,民亦如之。[19]

《礼经会元·火禁》条说:"季秋内火,非令民内火也。火星昏伏,司爟乃以礼而内之,犹和叔寅饯纳日也。"和叔寅饯纳日,见于《尚书·尧典》,是秋季飨日之礼。司爟以礼纳火,大概有如后世的禘尝诸礼,是一种庆祝收获的祭祀。

待到大火离开太阳,再现于早晨东方,那便是严寒将至的信号,所谓"火见而清风戒寒"[20]。斯时应该"亟其乘屋",抓紧做好御寒冬眠的准备。《左传·庄公二十九年》说"凡土功……火见而致用",这个"见",即指晨见,亦称"朝觌";"致用"是说要准备好筑作的用具。《国语·周语》里说:"火之初见,期于司里",老百姓要在大火晨见之际,自带用具到里宰那儿报到集合,听候调遣,为官老爷们"修城郭宫室"。这也就是《七月》中哀叹的"上入执宫功"。至于百姓自己的"屋"何时得"乘(治)",那就只有天晓得了。

---

⑰ 《左传·哀公十二年》。
⑱ 《礼记·王制》。
⑲ 《周礼·夏官·司爟》。
⑳ 《国语·周语》。

寒天既至,农事轮空,"潜龙勿用"㉑;直至来年开春以前,都是嫁娶婚配的最好时机。《诗·小星》所咏的"三五在东",《绸缪》对"三星"的一唱三叹㉒,便是恋人辗转反侧、想象大火而感时之作。万一错过这个佳期,一旦大火再见东方,又是新的正月开始,又得重新投入劳作旋涡,而无力他顾矣。

这种以火纪时、周而复始的粗疏历法,我们不妨仿阴历、阳历的命名法,名之曰火历。

二、"火正黎司地以属民"

火历以火纪时,自有专人注意观察大火,履行"钦若昊天,敬授民时"的钦天职司。经籍中屡见的"火正"一职,便是因火历而设的官员。

《国语》中说"颛顼命南正重司天以属神,命火正黎司地以属民"㉓"黎为高辛氏火正""能昭显天地之光明,以生柔嘉材""其功大矣"㉔。这位与"重"并称的"黎",是我们可知的第一任火正。但也有说重黎乃一人者㉕,或说少皞氏有叔曰重,颛顼氏有子曰犁的㉖;其人其名不甚一律的情况,说明故事流传的年代已非一世了。

火正的职称,标明其职务是观察大火㉗。"司地"即"司土",也就是后世的"司徒",同农事民事有关,故"属民"。"以生柔嘉材",保证了生民衣食之需,故"其功大矣"。而所以生柔嘉材之道,则在于他"能昭显天地之光明"。所谓天的光明,无疑是大火㉘,而非太阳;因为他是火正。地的光明,乃火耕之火,它被想

㉑ 《易·乾·初九》。

㉒ "绸缪束薪,三星在天""绸缪束刍,三星在隅""绸缪束楚,三星在户"。

㉓ 《楚语》,参见《尚书·吕刑》。

㉔ 《郑语》。

㉕ 见《史记·楚世家》。

㉖ 见《左传·昭公二十九年》。

㉗ 今有"明若观火"成句,语出《尚书·盘庚上》之"惟汝含德,不惕予一人,予若观火"。注者多以水火之火释之。唯此"观火"似指日日观察,了然于胸之意,非仅一望而知。果如此,则"观火"当指观察大火。

㉘ 丁山《中国古代宗教与神话考》谓大火即天火。

象成与天上大火有某种神秘联系,连自己的名字也因之被分赠给大火㉙,却反而被误认为是受了大火启示。

南正一职较难理解。顾名思义,南正应是以观察某种天象南中为务的官员。《尚书·尧典》完整记录着的四仲中星,《左传》两次提及的"日南至",乃至《吕览》《月令》等之专以诸星昏中纪月,应该都是南正的业绩。只是这些记事,都是确知太阳运行规律以后的事,在年代上,只能远远晚于以火纪时时期。这也就是说,南正之职不会与火正同时出现,尤其不应列在火正之前;颛顼的两项任命,其为后人追加而非真实记录无疑。

我们知道,历法史上常有所谓"大历""小历"即官历、民历共存的现象。大历是朝廷正朔,小历是民间农书,大历含有政治色彩,小历饱含泥土气息,二者各自为用,并行不悖。南正与火正并提尤其是后来居上一事,只能由此得到说明。它表明,当时人们的天文知识发展到了不再仅据大火,而是"历象日月星辰"㉚以纪时的时代,到了能够划分四季、知道冬至日短并以之为岁首的时代,民间习用已久、不待天子颁朔便能耕获劳息的以火纪时的火历,仍在同时施行。前者能够准确确定天象,利于证明君权神授,所以说"司天以属神";后者利于农事,在民间有其生命史和习惯力,所以说"司地以属民"。前者是正朔,是大历,司其事者为南正;后者是火时,是小历,司其事者为火正。这就是南正后出而得高踞前席的原因。

可是尽管如此,大历并不总能轻易赢得人心。有一位绛县老人说"臣小人也,不知纪年"㉛,这个故事说明,黎民真是火正"黎"的民,他们对于南正"重"的官历,原是不甚恭敬的。甚至一般通晓文墨的骚客,当其抒发私人情感时,也仍然沿用民间的火历,所以有"正月繁霜,我心忧伤。民之讹言,亦孔之将"㉜的哀怨。这里的正月是火历正月。只是待到谈及国家忧愁时,他们才想起遵用国历,如:

㉙ 有人推测心宿二之取名大火,以其色红似火故。不如由"出火"推测更妥。
㉚ 《尚书·尧典》。
㉛ 《左传·襄公三十年》。
㉜ 《诗·小雅·正月》。

十月之交，朔日辛卯。

日有食之，亦孔之丑。

…………

日月告凶，不用其行。

四国无政，不用其良。㉝

这个十月是周正，此次日食发生在周幽王六年十月辛卯朔辰时，当公元前七七六年九月六日㉞。如果换成火历，那就会是五月了。

南正、火正的关系，大略如此。

火正黎后来死于非命。《史记·楚世家》上说：黎因平共工氏之乱不尽，被帝喾高辛氏处死；其弟吴回为之后，复居火正为祝融（祝融乃火正别称），吴回生陆终。按，共工乃水神，《淮南子·兵略训》云"共工为水害，故颛顼诛之"，《史记·律书》亦云"颛顼有共工之阵，以平水害"；《荀子·成相》云"禹有功，抑下鸿，辟除民害逐共工"，《山海经·大荒西经》有禹攻共工国山，《海外北经》有禹杀共工之臣。《史记》所述黎平共工，当是误以黎为火（水火之火）神，而衍生出来的一桩水火之争神话。

陆终有子六人，称侯伯于各地，未见有袭世职者㉟，其时或当三苗乱德、南正火正咸废所职之际与㊱？其后，"尧复育重、黎之后不忘旧者，使复典之"㊲，于是擢高辛氏之子阏伯为火正，相土（商祖）因之㊳，"世序天地。其在周，程伯休甫其后也；当周宣王时，失其守而为司马氏"㊴。

这就是文献所载的历届火正概况。

火正于周宣王时失其守，降低到水火之火的神位，与木正、金正、水正、土

㉝ 《诗·小雅·十月之交》。

㉞ 据陈遵妫《中国天文学史》。

㉟ 见《史记·楚世家》。

㊱ 《国语·楚语》，参见《史记·历书》。

㊲ 《国语·楚语》，参见《史记·历书》。

㊳ 见《左传》襄公九年、昭公元年。又《后汉书·天文志》有一位"授规，【正】日月星辰之象"的阏苞，《文选·为石正容与孙皓书》注又作闾苞，疑均为阏伯之字讹音讹。

㊴ 《史记·太史公自序》。

正并列，成为"五行之官"之一⑩。虽说这是五行思想时髦之后的新安排，倒也不乏其历史依据。盖火正原以能昭显天地之光明见称，既职司观察天上大火，也率民出火内火，与人间之火关系密切。因此，五行之官之中，火正的身份遂较其他四正为高，享有配祭大火的殊荣，所谓"民赖其德，死则以为火祖，配祭火星"⑪。

可怜后来生凑起来的木、金、水、土四正，不过充数而已，他们在天上并无后台，孔颖达疏《左传襄公九年》火正食于心云："火正配火星而食，有此传文；其金木水土之正，不知配何神而食，经典散亡，不可知也。"其实不是什么经典散亡，只因彼四位尊神原来便无历史根据，仅是五行观念的创造物而已。

火正一职的黜陟沉浮史，后人多已不甚了了。博雅如司马迁者，在《史记》中三次谈到自己始祖重黎时，竟有三种不同说法：《历书》据《国语·楚语》称黎为火正；《自序》也据《楚语》，却称黎为北正，以与南正重对称，而不知火正所司何职；《楚世家》竟又以重黎为一人。至于郑玄的《郑志·答赵商》⑫、司马彪的《后汉书·天文志》、韦昭的《国语解》，以及近人丁山的《中国古代宗教与神话考》，则均以黎为北正，证明他们均不甚知火纪时焉的史实。清人翟灏《通俗编·神鬼》"火祖"条云："今恒言犹独于火神称祖"，他神无称祖之例；顾炎武《日知录》录"邵氏学史曰"："古有火正之官……今治水之官犹夫古也，而火独缺焉。钦知择水而烹不择火，以祭以养，谓之备物可乎？"一位因有火祖而喜，一位以无火官而忧，而二位之不辨火正为何物，则无异也。

孟子曰："君子之泽，五世而斩"，其斯之谓乎？其斯之谓乎！

三、"昔高辛氏有二子"

大火既曾作为授时星象，火历既曾作为历法流行，它们在中国天文史上，必

---

⑩ 《左传·昭公二十九年》。

⑪ 《汉书·五行志》。

⑫ 据《尚书·尧典》及《诗·桧谱》孔颖达疏引。

定留下种种痕迹，渗入天学之中，可供探寻。或者反过来说，中国天学上有几道难题，历来聚讼不已，解答不一，其原因就在于人们囿于阴阳历的框框，不知它们原系火历遗迹。一旦试着用火历予以说明，难题即可冰释于涣然。

难题之一是十二辰名（子丑寅卯辰……）中何以会有两个"子"？

子丑寅卯的"子"，是一个子。其在金文，作 𤔲 𤔲，在《说文》则曰："𤔲，籀文子，囟有发，臂、胫在几上也。"辰巳午未的"巳"，是又一个子，早先写作 𢀖、𢀖 等形。于是，在金器铭文中，除有甲子、庚子等历日外，还可碰到癸子（格伯敦）、丁子（史颂鼎、旟尊、庚婍鼎）、巳子（史伯硕父鼎）、乙子（𤔲鼎、叔娟匜）之类不在六十数内的干支[43]。前人于此不知所以，"异说甚多，殆无一当"[44]。迨甲骨文干支表出（图一），始知 𢀖 字为"巳"；甲骨文中虽有 𢀖（巳）字，用于汜、妃、祀、改等字偏旁，却从不用于十二辰名中。而子丑寅卯的"子"字，在甲骨文作 𤔲、𤔲、𤔲，又专用为十二辰的第一辰，他处未见使用。真是无奇不有，于此为甚。

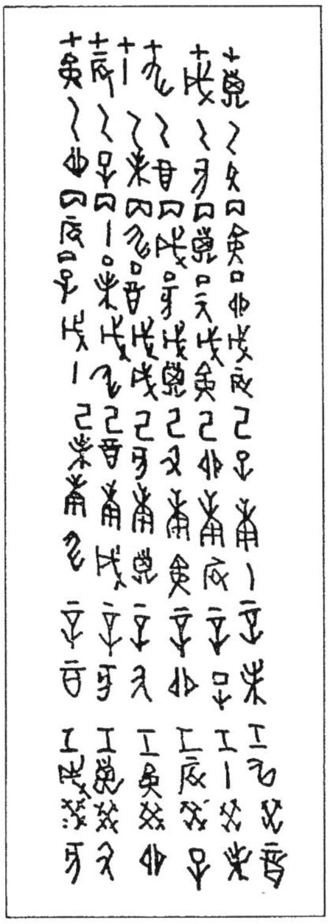

十二辰名中的奇怪现象，令人想象它们当是专用符号；而二子共存的事实，又催人浮想"昔高辛氏有二子"的故事，乃至巴比伦十二宫的双子座（Gem）。

图一 甲骨干支表

巴比伦文化东传中国之说，本世纪初曾盛行一时，终以疑点过多，渐次销声，后遂无问津者。而高辛氏二子故事，有《左传》《史记》记录在册，显属中国古代文化遗存：

（子产对叔向曰：）昔高辛氏有二子，伯曰阏伯，季曰实沈。居于旷林，

---

[43]　据新城新藏《中国上古金文中之历日》所录。

[44]　罗振玉《殷墟书契前编》。

不相能也,日寻干戈,以相征讨。后帝(杜预以为帝尧)不臧,迁阏伯于商丘,主辰(按即大火),商人是因,故辰为商星。迁实沈于大夏,主参,唐人是因,以服事夏商,其季世曰唐叔虞……故参为晋星。㊺

这个参商二星不得相见的故事,经过骚人墨客的渲染,成为怨艾别离的熟典,已是家喻户晓了。其实在此之前,很多人对它亦不陌生。民间如何流传,惜已无可查考;仅据文献记述为凭,子产讲故事前二十三年,晋国大夫士弱已曾向悼公说过:

陶唐氏之火正阏伯居商丘,祀大火,而火纪时焉。相土因之,故商主大火。㊻

再往上溯七十三年,即公元前 637 年,晋国大夫董因对文公说过:

实沈之墟,晋人是居,所以兴也。今君当之,无不济矣。君之行也,岁在大火。大火,阏伯之星也,是谓大辰……【参与辰】,而天之大纪也。㊼

这三段话都是在晋国讲的,那是因为晋与实沈有关,并非他国从无此种传说,当无疑义。

几千年来,人们为这故事作过无数吟咏,惜乎从未一探它的天文学史意义。郭沫若于六十年前第一个看出了二子故事的学术价值,推定长子阏伯的代号应是十二辰的老大兔,其相应星宿为大火;弟弟实沈是第二个子即巳(㔾),相应星宿为参。其法系以十二辰名字形与西方星符比勘、十二辰名字义与西方十二宫名字义对照,以及以十二岁名发音与十二宫名发音附丽,并参稽中西

㊺ 《左传·昭公元年》。
㊻ 《左传·襄公九年》。
㊼ 《国语·晋语四》。

天文传说等等,结论是"是则十二辰之输入或制定,即当在殷商一代","意者其商民族本自西北远来,来时即挟有由巴比伦所传授之星历知识,入中土后而沿用之耶? 抑或商室本发源于东方,其星历知识乃由西来之商贾或牧民所输入耶?"[48]

郭氏论断可备一说。唯其所据之中国文化西来论,已为尔后之考古发掘所一再打破。且十二岁名始见于战国后期,若谓其与十二辰名一齐输入或制定于殷商一代,亦属于史无征。至于以大火为子、参为巳,则整个十二辰顺序恰与天体运行顺序相反,呈子、亥、戌、酉序列,乃中国文化所未有;加以未曾注意此二"子"仅用于十二辰名的事实,即未能回答它们与"辰"的专有关系,都不能不令人遗憾。按,"辰"在古天文学上用意十分广泛。辰之本义为农具,即蜃,"古者剡耜而耕,摩蜃而耨"[49];蓐、耨、农字并从辰。由于农事和天象相关,辰也被移用于苍天:大火、参、北极都叫辰;水星以近日,利于指示季节,亦名辰;日月星常称三辰。此外,房宿作为"农祥",亦可称辰;二十八宿、一天的食时,后来都称辰。至于数分十二而又称辰的术语亦复不少:赤道周天被十二等分,岁星和太岁年行一分,也叫一辰,共十二辰;地平经度被按正方形割成十二等分,北斗月指一分,也叫一辰,又是十二辰;此外更有十二月、十二时、十二生肖,有时也叫十二辰。

所有这些十二之辰都以子丑寅卯命名,追根究底,实乃源于一个最基本的天象,即源于被称作"五纪"[50]或"六物"之一的辰,所谓"日月之会是谓辰":

---

[48] 《释支干》。郭氏之辰、岁、宫、宿相配表约为:

辰	寅	卯	辰	巳	午	未	申	酉	戌	亥	子	丑
岁名	摄提格	单阏	执徐	大荒落	敦牂	协洽	涒滩	作噩	阉茂	大渊献	困敦	赤奋若
宫	室女	狮子	巨蟹	双子	金牛	白羊	双鱼	宝瓶	摩羯	人马	天蝎	天秤
列缩	角	轩辕	舆鬼	东井(参)	毕昴	胃娄	奎	危虚女	牛	斗箕	尾心房	氐亢

[49] 《淮南子·泛论训》。

[50] 《尚书·洪范》。

晋侯谓伯瑕曰:何谓六物？对曰:岁时日月星辰是谓也。公曰:多语寡人辰而莫同,何谓辰？对曰:日月之会是谓辰,故以配日。[51]

"日月之会是谓辰",说明辰的根本天文学意义并非实指某物,亦非固定某区,而是特指日月的一种关系,即相会或合朔。它是纪时的一种方法,所以《洪范》里命为五纪之一。《国语·周语》述武王伐纣日程,即有"岁在鹑火,月在天驷,日在析木之津,辰在斗柄,星在天鼋"之说。《周礼·冯相氏》也有"冯相氏掌十有二岁、十有二月、十有二辰、十日、二十有八星之位,辨其叙事,以会天位"的规定。

辰是日月之会或合朔,但不限于相会的那一点,而是包括合朔前后的一段区域。《左传》记卜偃释童谣"丙子晨,龙尾伏辰"时候说:"丙子旦,日在尾,月在策。"[52]策又名傅说,在尾后,离尾之距星(尾宿一,Sco μ_1)约十五度。日在尾,月在策,不能成朔,但它们却在此时"伏辰"。准此,一天多以前,月在尾前十五度,在房,也是"伏辰"了。这样,辰的区域便有三十度;周天于是被分成十二个辰区,是谓十二辰。

十二辰凡十二,为使辰辰相别,必得给各辰以私名,于是有十二辰名或"十有二辰之号"[53]之出,它们就是子丑寅卯等等。

子丑寅卯……各是什么意思？猜测十二辰名的命名由来,古往今来者不知凡几。但是能满足十二辰中有二子,而这二子又恰合传说中的大火与参之条件且勿使辰名顺序倒转者,似乎至今尚无。其中原委,或因人们不知火历影响,以及误认十二辰名乃一次完成之故。

未能见过甲骨干支表,不知"巳"也作"子",只是望文生义而不知从二子故事探寻辰名由来的近代以往人物,可以不去苛求了。郭沫若注意到了二子和心参,惜以轻信文化西来而步入歧途,功亏一篑。现在我们可以根据火历曾经存在于远古的事实,根据辰乃日月之会的定义和参商二子的传说,这样来考虑:

---

[51] 《左传·昭公七年》。

[52] 《左传·僖公五年》,又《国语·晋语二》。

[53] 《周礼·哲簇氏》。

火历以大火昏见为一岁之首。待到人们有了日月交会的知识及对辰名予以确定之需要时,很自然会想到应该以日月交会于大火诸辰之首。日月交会于大火,也就是后来所谓的内火季节,正是千禾归仓、一"年"(《说文》:年,从禾,千声)结束、喜庆丰收的时光,无论从观念上还是从生活上,此时对初民来说,都是一个神圣而盛大的节日。20 世纪 70 年代,山东莒县陵阳河遗址与诸城前寨遗址出土了一批属于大汶口文化的陶尊,在这些灰陶缸口的固定部位,刻有🔥或🔥(图二、三)的花纹。

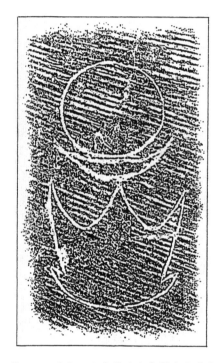
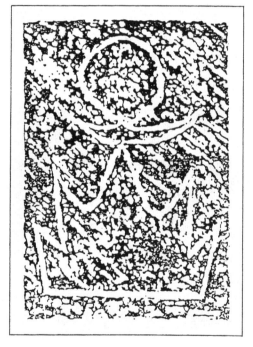

图二　日月火　山东莒县大朱村出土陶文　　图三　日月火　山东莒县陵阳河出土陶文

唐兰说它们是夏代文字,由"日火山"叠成,即《说文》里的"炅"字,亦即今"热"字[54]。我则猜想这些符号由"日月火"组成,月牙微凸中部,示与日交会,乃日月会于大火的象征。它镌在缸口部,因为缸内满盛着日月会于火时所获谷物。

---

[54] 《中国奴隶制社会的开始时期》,载《考古学报》1976 年第 2 期。

这一点,另一枚同时出土的陶尊花纹(图四)亦可证明。这另一符号由“禾火”合成,亦即“秋”字,它着力强调了谷物与大火的关系(55),就其时间意义看,当然也是日月会于大火之辰(56)。

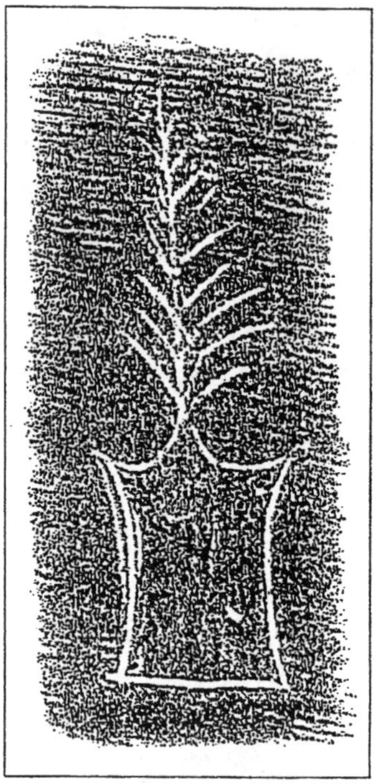

图四　禾火

山东莒县陵阳河出土陶文

日月会于大火既为第一辰,大火又是高辛氏长子阏伯,则大火似乎应该为“子”;人们很容易这样想。只是这样一来,当日月运行下去,交会于参(季子实沈)时,已是第八次交会;按已然的辰序,第八辰为“未”,“未”不是实沈。

如果换一种设计,以日月会于参时为第一辰,为“子”。按顺序排去,到日月会于大火时,应该是第六辰;第六辰名正好是“巳”(子)。这个方案可以满足二子的条件,但使长幼颠倒了,因为参不是老大,不能高居首位。看来这一推理也是行不通的。郭沫若大概也会碰到过这样的困惑。于是他兼采两个方案而予以变通,在肯定大火阏

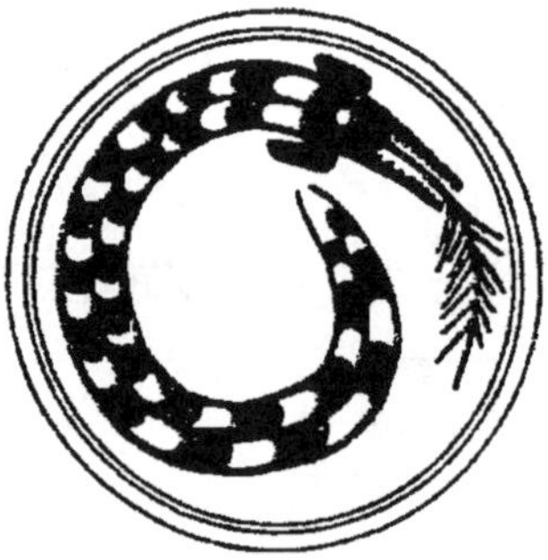

图五　秋　　山西襄汾陶寺出土彩陶盘

(55) 另一龙山文化彩陶盘绘龙口含禾(图五),龙即大火,于字似为秋之籀文,龝原型。

(56) 远古时代一年只分春秋,大火昏见为春,伏辰为秋,所谓“盖闻古者黄帝……名察发敛”(《汉书·律历志》),发即春,敛即秋。

伯为老大为"子"的前提下，将十二辰的顺序倒转，由子而亥而戌，如此转到第八，既是日月会于参时，又逢"巳"（子）名出现，天象、传说、命名密合无间，近乎一绝。只是十二辰名何以逆而不顺，虽经一再申说，总嫌于理难合。

看来我们必须求助于火历。火历有以大火昏见东方为岁首的翘首观察昏见星的习惯，也有尊崇日月会于大火为辰首的心态。考虑到这两点，十二辰的命名之秘密，便可迎刃以解了。这就是说，当我们的先民认定日月会于大火之辰为第一辰的时候，虽然他们在理念上能够设想斯时日月火重叠一起，而造出 🜨 符号来，但在感觉上，他们却看不见这种天象。为了寻找一个足以标志如此佳辰的星象，他们习惯地翘首东方，东方的参星此刻正在冉冉升起。参星之于他们并不陌生，二子的故事或许已经形成了，或许由于参星替代大火见于天空的事实正在促使故事的灵感滋生；无论如何，抓住参星作为这个时辰的客观标志，正如春天抓住大火作为岁首的标志一样，是最为可靠而又方便不过的了。于是，他们便描绘参星的形象 屵，作为第一辰的代号。

参星在天的几个月间，正是初民的秋后春前，年与年之间的空档。尽管日月仍在定时交会，但对"潜龙勿用"中的人们来说，几乎全无意义。人们企足以待的，是参星初见以后的第六个辰期，即日月合朔于昴、大火昏见东方之时。这是又一轮新生活的开始，是阏伯替换实沈，重现太空指示一切的节日。为了表示这个辰期，人们不便直接沿用"火"字（因为它已用于全部纪时），乃从它是高辛氏长子得到启示，采用了 𢀓 的符号，作为第六个辰名[57]。（至于 𢀓 符后来何以隶定为全不相干的"巳"字，出于后人之何种遐想，需另作研究。）

由 𢀓 之代表第六辰期，回想到 屵 所代表的第一辰期昏见星参，也是高辛氏之子，慢慢地，屵 遂繁化为小儿形，成 𤓱（甲骨文四期）𤓱（甲骨文五期）。今"崇"字，殆由此出。

如此安排，便解决了参为季子而居辰首作"子"、火为长子却居辰六作"巳"的难点。

---

　　[57]　大火为商星，商人姓子，或由此来。前人多以玄鸟遗卵为说，似嫌迂回。

至于其余十个辰名,想来当非一次完成[58];其名号的选定和演变,或许竟成不解之谜矣。

四、"二十有八星之位"

"辰"之作为日月之会及其在纪月上的作用,后来被"朔"取代了,因为朔比辰更加精确。朔的出现,表明人们已经有了作为月站的二十八宿观念。

二十八宿问题在近人天文学史研究上引来的争议之多,如果不是第一位,至少也是第一等。除了其形成年代、创制地点争执不休外,对于角七宿曰东宫属春、斗七宿曰北宫属冬、奎七宿曰西宫属秋、井七宿曰南宫属夏(见图六)之配置原委,尤为众说纷纭。大有纵使冯相氏再世,亦难叙此"二十有八星之位"之势。因为根据日躔或太阳所在来定,冬在斗夏在井,这是事实;而秋季日躔奎、春季日

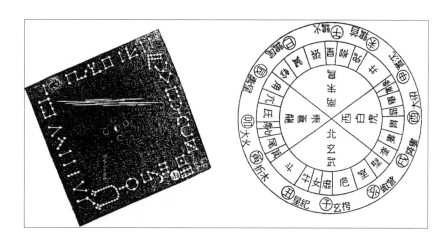

图六　二十八宿方位

左:新疆吐鲁番阿斯拉唐墓壁顶星图,角七宿在东,斗七宿在北。

右:四象二十八宿示意图

---

[58]　二十八宿非一次选定,已为天文史界公认。

躔角,在二十八宿图中却作了相反规定。如果说图像乃根据月望而定,则冬夏二宫又彼此相左。于是某些相信文化西来说者臆想,西东二宫互易,盖误译了方位称号便贸然引进而致[59]。此说颇险,亦足证人们的困惑之深。近来有人主张四宫方位乃春季黄昏星象的投影;此说稍惬人意,唯缺乏深入说明。

我们知道,二十八宿周天环接,日月五星以之为背景运转,本无四宫之分,更无四方之别。东西南北本是地平方位。二十八宿判为四宫,出于后来年分四季之需;而其列为四方,则是欲以天空星象与地平方位对应,使时间与空间调谐,让皇天与后土结合,满足天人合一的观念所生。当人们着手完成此一壮举之际,首先需要设想时间是从什么时候起始的,这样方能使运动的时间流程凝固下来,便于安放在不动的空间方位上;从而时间从什么时候开始的问题,也就意味着时间是从什么地方起步的。

时间从什么时候开始?又从什么地方起步?这个困扰着哲学家和科学家的迄今仍然悬而未决的宇宙课题,在知识浅薄的远古人那里,并不像在当代天体物理学家头脑中那样难以解答。他们天真地相信,日出东方乃是一天的开始,日落西方便是一天的结束;而大地春回则是一年的开始,秋实累累又宣告一年结束。至于这样的开始和结束并未涵盖时间的全部,以及整个时间(不止于一天和一年)究竟从何开始这样的大问题,对于初民来说,几乎并不存在。因为那一半未能涵盖进去的"时间",对于他们并无多少实际意义,因而仿佛就是不存在;而"整个时间"的大问题,更是他们所不可也不曾思议及之的。

这样,时间的开始是春天,其方位是东方。这一浅显的时空对应关系,不必等到五行体系出现便可确定,甚至正是后来五行观念的灵感源泉。

比较麻烦的是,如果再加上一个天象,要春季、东方、天象三者对应;也就是说,如果要以某种天象,来标志来代表春季和东方的时空对应,这时,便将有不止一种方案等待选择。

一种是以偕日出的星宿来记春季和东方的关联。印度二十八宿正是这么办的:它以"剃刀"(Krittika)等七宿(约当于中国的昴至柳)为春季为东方,这些星

---

[59] 见岑仲勉《尧典的四仲中星和史记天官书的东宫苍龙是怎样错排的》。

宿的确于春晨先于日出次第见于东方。依此原则贯彻下去，"房子"（Magha）等七宿（约当于星至氐）为夏季为南方，"祭品"（Anuradha）等七宿（约当于房至女）为秋季为西方，"小鼓"（Dhanishtha）等七宿（约当于虚至胃）为冬季为北方，都与星象相合。虽然印度历法常将一年分成六季或三季，但它的四宫划分及其与四方的对应，显然借助于四季观念而来；这也是印度二十八宿秉受中国影响之一证。[60] 至于这种分法之齐整无瑕，乃由于它完全采用晨见星法或日躔法。观晨星是印度的习惯，而日躔法，以中国为例，已是羲和时代产物，上距火正黎之昭显天地光明，盖有年矣。

在中国，常见的是采用另一种方案，即观察昏见星法或所谓月望法。角七宿为春为东，是由于它们在春季黄昏依次见于东方之故。这是火历时代便已熟知的天象。因此，包括大火在内的角七宿被视为时间开始的时候和方位的标记，并赋予它们以龙的形象，已是中国最古老的传统之一。与此相应，西天此时的星象，含有参星在内的那一群已落和将落的列宿，则被认定西方和时间结束的季节

图七　唐二十八宿镜

箭头起处为角宿，其内圈为白虎。昴宿呈 W 形在东南。铭文自底向左，为："长庚之英，白虎之精。阴阳相资，山川效灵。宪天之则，法地之宁。分列八卦，顺考五行。百灵无以逃其状，万物不能遁其形。得而宝之，福禄来成。"

_____

[60] 中国似亦有反受印度影响，置昴星于晨见方位，绘二十八宿图者，见于唐代铜镜纹饰（图七、图八）此镜传世凡二面，一藏美国自然史博物馆，一由湖南省博物馆于 1977 年收得。镜纹二十八宿之昴星团，呈 W 形，异于中国传统画法，且被置于东南隅，作晨出状。列宿按顺时针方向排列，亦与习见之画图反背。角七宿以此屈居西北，与西白虎对应，更大异其趣于中国传说矣。又《金石索·金索六》摹唐镜一，（图九）其神、卦、铭与上图全同，独二十八宿采中国标准画法，且以角七宿为东宫，当系画师以意为之者。

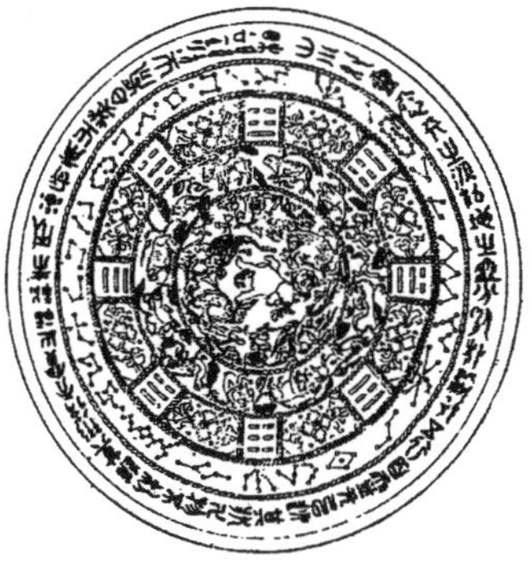

图八　唐二十八宿镜

清人摹本，见于乾隆十四年撰《西清古鉴》卷四十。除中心兽纽略偏外，其他与上图同。

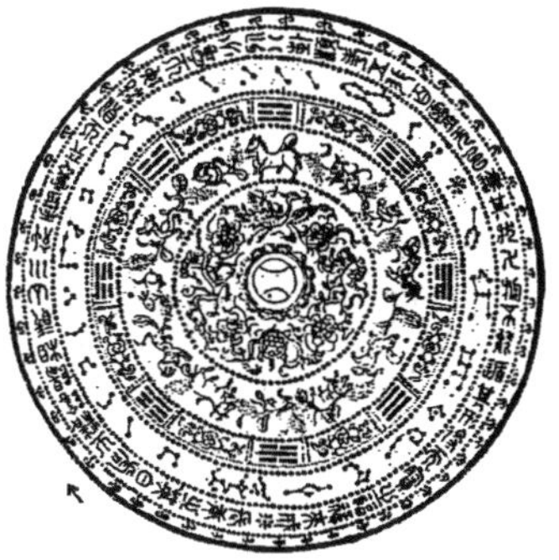

图九　唐二十八宿镜

清人摹本，见于道光三年冯云鹏等辑《金石索·金索六》，除二十八宿方位外，其他与上二镜同。箭头起处为角宿。

即秋季的代表，并赋以虎的形象(61)。这些观念，我们从近年出土的一座墓葬中或可得到证实。

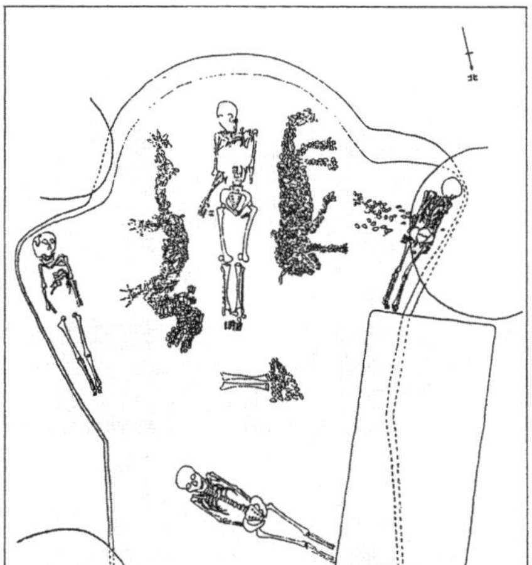

图十　河南濮阳龙虎图案墓葬

1987年，河南濮阳西水坡出土了一群仰韶文化时期的墓葬，M45号墓主骨架右左两侧，有以蚌壳精心摆塑而成的如人体长短的龙虎各一具（图十）。骨架头南脚北。龙居右，位东方，头北向；虎居左，位西方，头北向；俱以背朝墓主作行走状。同墓有12至16岁的少年殉人三具，说明墓主身份非同一般。我们无法肯定或否定这一对龙虎与天象与季节的关系，但它们的方位，应该不是偶然的。联系到后来的二十八宿体系，我们

(61) 德莎素（L.de Saussure）认为，参宿和心宿之所以混入二十八宿，是由于它们很古老，并且在成体系的天文学开始时分据二分点。（据李约瑟《中国科学技术发展史》第二十章）。

似乎可以设想，东西二宫的配置，先于南北早就完成了。

后来阴阳历问世，另有一套时间观念。例如"周正"它以夜半为一日之始，以冬至为一岁之始。它的授时星象，已不再是大火而成了太阳。太阳夜半在哪儿？根据日半在正南的事实推想，夜半的太阳被安在正北方。于是北方便成了时开始的地方。而冬至的太阳在斗七宿，于是斗七宿便成了冬季、北方的象征，并出于某种现在尚难确言的观念，赋予斗七宿以龟蛇的形象，谓之玄武。

剩下的一个南方、夏季和井七宿，不言而喻也会在某个时候黏合到一起去了。

所以，中国的二十八宿体系中，包含有两种不同的时间观念，两套不同的时空配分方案。而它们之所以并行不悖，和平共处，则基于二者以同一个星空作为自己的参照系。

所以，中国的二十八宿体系之形成，非一朝一夕之功，而是经历了漫长的过程。那种主张四宫—四季—四方为春季黄昏星象投影的说法[62]之所以不妥，就因为它未曾顾及这种配分历史，设想成一次订了终身。

所以，中国的二十八宿体系绝非舶来之品，而是地地道道的中土产物；火历在其中所留下的痕迹，尤其值得充分重视。

1978年，湖北出土的一只衣箱，便将二十八宿与火历的关系，进一步展现出来（图十一）。这只属于曾侯乙的衣箱，出土于湖北随县擂鼓墩一号墓，入葬时

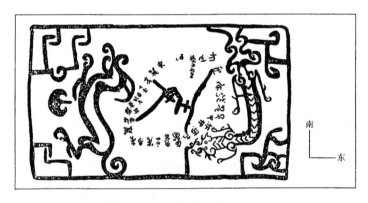

南
└─东

图十一　随县擂鼓墩二十八宿图

---

[62]　见《中国大百科全书》天文学卷。

间为公元前433年。箱盖上的图像正中为一篆文"斗"字,代表北斗;列宿以角为始,自顶部中间顺时针环"斗"字首尾衔接;苍龙白虎两侧分踞,龙头蜿蜒而西,虎首高昂向南,似是显示二十八宿的前进顺序。"斗"字故意长伸四足,分别指入四宫的中心星宿左近,其斗柄竟直指东南隅的心宿,与天象的"杓携龙角"[63]不合。这种布局,显然是要强调大火昏见,表示斯时正当火历正月,乃"出火"及舞雩之期。

图像正西,白虎腹下,画一圆状的"火"字或火形[64],火头指向参宿。它应该不是画师补白之笔,而是"季秋内火"(火纳虎腹下)、火伏(日月交会于火之辰)则参见的象征。出火内火,一春一秋,一年之时毕矣。

十年来,研究这幅珍贵的、最早的二十八宿图像的鸿文不知凡几,但对西侧圆火及斗柄指心的天文史现象,似无一语道及,轻轻放过了火历踪迹以及循火历解开二十八宿之秘密的金钥,不能不说是一大憾事。

五、"凡珠有龙珠,龙所吐者"

火历痕迹,不仅见于中国天文史,更深深印烙在中华民俗中。在民俗中,不同于在历法中,不致由于科学进步和王朝改朔而衰败;相反,火历那种既是生活的真实节奏又是天象的神圣昭示的奇妙性格,正好是半是历史半是神话的风俗内容的绝好素材。

火神:一些古老的民族,常把他们所确认的标志一年之始的星辰指为火神星,并幻化出一位相应的火神来。古印度人以昴星晨见(太阳在娄宿,月望在角宿)为一年之始,昴星(印度教"剃刀",Krittika)因而也是火神星,火神Agni居之,故Krittika亦名火宿(Agni-nakshatra)[65]。墨西哥的阿斯特克人以氐宿(Xi-

---

[63] 《史记·天官书》,谓斗柄指向角宿。

[64] 前揭之图十濮阳蚌壳龙虎墓,虎腹下亦有蚌壳若干,散乱无状,或原作火形后遭扰乱欤?又,龙头西北方七十厘米处之蚌壳群呈三角形,承以胫骨二根,或像火炬者欤?

[65] 《宿曜经》:昴六星形如剃刀,火神也。《摩登伽经》谓昴宿"火神主之"。《舍头谏太子二十八宿经》谓昴宿"有六要星,……主乎火天"。

uhtecutli）昏见为岁首,岁首称"新火节",氐宿亦为火神星。

我们的祖先称天蝎 α 为大火,同他们不谋而合。只是中华文化有个古老的天人合一传统,我们的神,不是与人世隔绝的非人。神是神,也是有功有德的人;神是上了天的有功德的人,有功德的人是下得地来的神。《礼记·祭法》说:"夫圣王之制祭祀也,法施于民则祀之,以死勤事则祀之,以劳定国则祀之,能御大灾则祀之,能捍大患则祀之。"所以,诸如此类的圣人、英雄、功臣,慢慢都成了神;这又难免使人倒过来设想:他们本是神灵下凡以造福于民的人。火神的经历,也不例外。

最常见的火神叫祝融。祝融一词,有时作为官号,有时代表一个氏姓,有时又特指一个人。大体上,最早的那一任火正,名黎的,由于以火纪时行火政而"其功大矣",帝喾命之曰祝融。这时候,祝融也就是黎,是一个人。祝融有弟曰吴回,"复居火正为祝融"[66],这里的祝融便成了官号。正是如此累代世袭官职的结果,祝融家族便以官为氏,首任祝融也便被祀为贵神,所谓"有五行之官,是谓五官,实列受氏姓,封为上公,祀为贵神,社稷五祀,是尊是奉。……木正曰勾芒,火正曰祝融……"[67]。祝融氏作为火正,"或食于心,或食于咮",是一位真神,不同于其他四正之无处配祭,已见前述;另一方面,祝融氏也不同于其他四正之无血无肉,而是真正的人;《史记·楚世家》说祝融氏是楚的远祖。由于是楚的远祖,祝融也成了南天的神;或许事实本是反过来的:祝融由于行火政而被尊为南天神,因而也被南方楚人攀为远祖。

祝融一名朱明[68]、朱冥[69]、鬻熊[70]、陆终[71],乃至东明、东蒙[72],大概这些未必都是同一个人,而是祝融氏姓的一些人[73]。

另有一位火神叫回禄。《国语·周语》说:"昔夏之兴也,融降于崇山;其亡

⑥⑥ 《史记·楚世家》。
⑥⑦ 《左传·昭公二十九年》。
⑥⑧ 《淮南子·天文》。
⑥⑨ 《楚辞·九歌》。
⑦⓪ 顾颉刚说。
⑦① 郭沫若说。
⑦② 杨宽说。
⑦③ 《广雅·释天》谓"火神谓之游光",似为祝融之别号。

也,回禄信于聆隧(韦昭注:回禄,火神。再宿为信)。"这里有两个火神。殆因火之于民,可以为利,也可以为害,反映于神话,便出来两个火神:祝融出现以布福,回禄出现以降灾。鲁昭公十八年夏五月壬午,宋卫陈郑四国同日大火,郑子产使人"禳火于玄冥(水神)、回禄",而不禳于祝融,看来祝融与回禄也曾互有分工。这位回禄火神的身世不详,从人民的愿望和造神的惯例推测,大概应是祝融家族的不肖子孙,是一位滥用火权暴施淫虐的高干子弟。今人仍称火灾为"回禄之灾",人民是爱憎分明的。

火神在后世有庙,神号"火德星君"。据《禅林象器笺》载:"火德星君为炎帝神农氏之灵,祀之为火神,以禳火灾也。"所谓"火德星君",以《吕览·十二纪》及《礼记·月令》所言,应该是荧惑即行星火星(Mars),不是恒星大火;而"炎帝神农氏"与火正祝融氏亦判然有别;"以禳火灾"的对象应是回禄,不该是民赖其德的炎帝和祝融。当然从民俗的眼光看来,这一切又都可以不予深究,而任其浑然交融,自成风趣,但求寄托人民的种种情感便足。儿时曾见乡邑有火星庙,祀赤脸虬髯之火德星君,俗呼火星老爷,以农历六月二十三日诞辰日祭之[74],由木业公会主持。想来其意亦在祈免火灾,而非缅怀火历。大概随着火耕之日渐减少,取火之日趋容易,人们对普罗米修斯式的功德不免淡忘,独于回禄之虐惴惴于怀,敬爱的感情让位于敬畏的感情,祝融的神位便由回禄篡代了。

灶神:火在每家每户的住所,是灶;火神在每家每户的具体化,便是灶神[75]。《礼记·祭法》云:"王为群姓立七祀,曰司命,曰中霤,曰国门,曰国行,曰泰厉,曰户,曰灶。……庶士庶人立一祀,或立户,或立灶。"灶神是寻常百姓家的唯一的神。

灶神不知始于何时。《战国策·赵策》记复涂侦以梦灶君说卫灵公[76],是文献所载的灶君之始;其在人民习俗和观念中的存在,当然要早得多。

---

[74] 彝族人民以六月二十四日为火把节,遍燃火把,歌舞达旦,不知与汉人的火星老爷生日有无瓜葛。至于二十三、二十四的一日之差,灶神日已有先例。又,《河南志·商丘县》载:"正月七日,俗传阏伯火正生日,男女车马香火集于阏伯台,并郡之火神庙。"按正月七日为人日,或商丘以阏伯为人祖欤?

[75] 《说文》说"主"曰:"镫中火主也。"所谓火主,指"主"字顶上之"🔥",像灯顶火焰。称此火焰为主,似以其有神格然;盖灯亦为火在每家住所,灯神或亦火神之具体化。

[76] 亦见于《韩非子·内储说上》。

灶神起先与火神合一。《周礼说》云："颛顼氏有子曰黎，为祝融，祀以为灶神"[77]；高诱注《淮南子·时则训》也说："祝融、吴回为高辛氏火正，死为火神，托祀于灶。"这是祝融—火神—灶神体系。但亦有以灶神为炎帝，如《淮南子·泛论训》之"炎帝作火，死而为灶（《艺文类聚》卷八十引为'死而为灶神'）"则是炎帝—火神—灶神体系。二者有祝融、炎帝之差，其于社神火神合一，则全同。

如此合二而一的想法，是十分自然的；因为灶神原是火神在每家的化身。火神离开了灶，领地将大大缩小，且有架空之虞。据说鲁大夫臧文仲便会以祭火神的礼仪祭灶神，搞什么"燔柴于灶"[78]，而遭到孔子的指责。"孔子曰：臧文仲安知礼？燔柴于灶。夫灶者，老妇之祭也，盛于盆，尊于瓶。"[79]照孔子的意思，灶神既不能享火神祭仪，也不该由男子主祭。是否孔子心目中的灶神，已经变成了女性？

至少后来有一段时间，灶神被描绘成女性。《庄子·达生》说："灶有髻。"司马彪注："髻，灶神，着赤衣，状如美女。"后来段成式也说："灶神名隗，状如美女。"[80]老妇、髻、美女，想来都是从妇人主中馈事幻化出来的，说明离开祝融的时代已经相当遥远了。但也有考证"髻"读为"蛣"，"就是现今灶上所常见的红壳虫，古语或谓'灶蛣蟟，今安徽方言谓之灶马（意谓灶神上天所驾的马）'"[81]。按灶马学名蟑螂，以厨具为居，长翅覆背若衣绢，光泽照人，此殆"赤衣""美女"遐思所自来？

通行的灶神仍为男性，以许慎的《五经通义》说得最具体："灶神姓苏，名吉利。或云姓张，名单，字子郭。其妇姓王，名搏颊，字卿忌。"具体虽具体，仍嫌犹疑不定。后起的《杂五行书》和《酉阳杂俎》，遂取其"或云"而予以演义：

　　灶神名禅，字子郭。衣黄衣，夜披发从灶中出，知其名呼之，可除凶恶。

---

[77]　据《礼记·礼器》疏引。

[78]　《礼记·礼器》。

[79]　同上，今本《礼记》二"灶"字俱作"奥"，此据《风俗通义》及《礼记》郑注改。

[80]　《酉阳杂俎·诺皋记上》。

[81]　丁山《中国古代宗教与神话考》。

宜买市猪肝泥灶，令妇孝。(82)

灶神又姓张，名单，字子郭。夫人字卿忌，有六女皆名察洽。常以月晦日上天白人罪状，大者夺纪，纪三百日，小者夺算，算一百日。故为天帝督使下为地精。己丑日，日出卯时上天，禺中下行署，此日祭得福(83)。

其属神有天帝娇孙、天帝大夫、天帝都尉、天帝长兄、硎上童子、突上紫官君、太和君、玉池夫人等。(84)

从此以后，灶神便确定地姓张了；与火神的关系，似已不再为人注意。人们关心的，是既要这位天帝督使上天言好事，又担心他直言不讳而以饴糖封嘴；真是难为死了。这里值得我们稍事说明的是《杂五行书》所述买猪肝泥灶一节。

泥灶何以需用猪肝？据洪迈《容斋四笔》集众说称：砌灶时，纳猪肝一具于土中，俟其积久，与土为一，如赤色石，中黄，形貌八棱，曰伏龙肝。可入药，见于《本草》。“所谓伏龙者，灶之神也。”

这样，又多了一位名伏龙的灶神。无怪《道藏·太清部·感应篇》注引《传》云：“灶有三十六神。”但这样越走越远的结果，我们倒又仿佛回到了出发点。洪迈谈泥灶时已经注意到，灶神名伏龙，乃“以透隐为名尔”。隐去什么，谜底何在，洪迈猜不出来。我们却很幸运，既然我们从大火、龙星、火神一路追踪而来，因而倒不难猜出，这位伏龙，恐怕正是伏着的大火吧；因而这位灶神，恰是火正祝融。

龙珠：龙之作为中华文化象征，举世皆知。谈龙说鳞的巨制鸿文，车载斗量。唯谈龙而兼及龙珠者，几难得一见。苍龙戏珠，丹凤朝阳，玉兔（或蟾蜍）在月，为有目者所共睹，对“日中有踆乌，而月中有蟾蜍”(85)的来龙去脉，人们言之凿凿，独于龙之与珠，竟不赞一词，岂非咄咄怪事？

《述异记》上说：“凡珠有龙珠，龙所吐者。”龙何缘而吐珠？民间舞龙，以珠为先导；绘画、雕塑、编织、印染中的飞龙、行龙、盘龙、降龙，亦无不逐珠而奔腾。

(82) 《后汉书·阴兴传》注引《杂五行书》。

(83) 据说汉南阳人阴子方喜祀灶，腊日晨炊而灶神见，因得福，子孙封侯者二人，牧守数十。（见《风俗通义·灶神》，又《后汉书·阴识传》）。

(84) 《酉阳杂俎·诺皋记上》。

(85) 《淮南子·精神训》。

龙为什么把珠看成自己的命根？这些问题的答案,仍然要靠火历来完成。

我们大概多已注意到,丹凤所朝之阳,踆乌所居之日,虽说是世上光明的主要来源,但在图像中,常常仅以圆圈示意而已,或略附彩云便足(图十二);从未见有喷火腾焰、光芒四射而真像太阳的太阳。至于玉兔所在之阴,蟾蜍藏身之

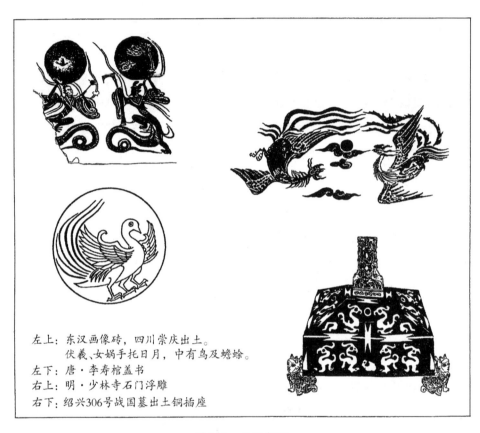

左上：东汉画像砖,四川崇庆出土。
　　　伏羲、女娲手托日月,中有乌及蟾蜍。
左下：唐·李寿棺盖书
右上：明·少林寺石门浮雕
右下：绍兴306号战国墓出土铜插座

图十二　丹凤朝阳

月,自然更是如此,因为它本来便是广寒之宫,冷光一片。可是苍龙所戏之珠则不然,它总是烈焰熠熠(图十三),有的甚至涂成红色;或者虽不见珠,也是大火遍天(图十四)。

这些现象,如果我们早已注意过,那是怎样解释来的? 如果现在才开始真正注意,那么应该怎样想?

图十三 苍龙戏珠

上:天安门城彩绘

下:清故宫彩绘

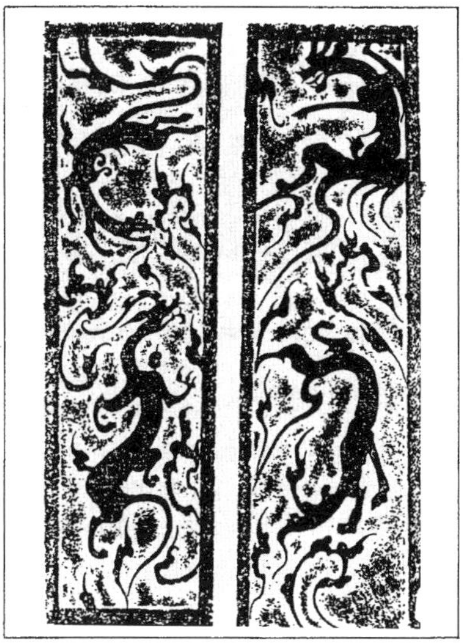

图十四 龙腾于火

东汉·陕西绥德画像石

李约瑟博士认为,龙角前边的珠子,是月亮。因为汉代岁首时,圆月从苍龙七宿之角宿的两星之间升起,其形象,于文创为“胧”字,于图则为戏珠(86)。这一说法,显然忽视了龙珠有火,而只抓住其圆圆如珠。其实,不仅月亮可以画成圆珠,火也有时画作圆珠。

《考工记》里说:画缋之事,“火以圜”。画火作圆形,由来尚矣。前揭陵阳河“日月火”图形中的,虽重在象形不在装饰,便已圆圆欲圜了。后来铜器中所谓的云雷纹、涡云纹、旋涡纹、炯纹,或许都是“火以圜”,都是火纹;不过由于追求装饰效果,离火的原型稍远罢了。

研究者们多半将火纹之火当成生活之火的艺术化;事实或许如此。但是与龙联系在一起的火,便绝非生活之火,而只能是某种天象的形象化了。况且,在古人观念中,生活之火和天象之火,又那样难解难分!

最能证实这一设想的,要数随县的那幅龙虎二十八宿图。且看东边那条游动的巨龙,瞪目凝视西边虎腹下的圆火,这不正是后来苍龙戏珠的雏形?它是我

---

(86) 《中国科学技术发展史》第二十章。

们迄今所见的最早一幅龙珠图。

现在通常所见的苍龙戏珠图,一龙变成二龙了,那当是为了追求对称的装饰性效果;"火"字变成真正的圆珠了,但绝不会忘了在珠旁画上火焰。这火焰,不是珠子的珠光宝气,而是大火的留影;这才是事情的本质所在。

将图画中的苍龙戏珠形象动态化,就成了龙舞(图十五)。古人"龙见而雩"的具体仪式已不可详知。传世的龙舞,以珠象征大火的出现,引出东方苍龙奔腾而舞,或许正是雩祭的最热烈场面吧。于是,我们可以说,丹凤朝阳,蟾蜍在月,苍龙戏珠,这些中华文化所独具的艺术形象,这些中华人民所喜爱的吉祥画图,正是五六千年前大汶口文化那个"日月火"图形的传承和发扬,也是"帝喾能序三辰以固民"的不绝回声。

图十五　龙舞　山东沂南出土汉画像砖

在结束龙珠考证以前,必须郑重补充一句,并非一切龙图都有珠。宋代以前,有珠的龙罕见;而宋代以后,无珠的龙又寥若晨星。这里面有一段微妙的历史原因,下一章再详加说明。现在且提供几件物证:从故宫博物院展出的龙图藏品来看,龙戏珠最早见于宋代的一面定窑印花龙纹瓷盘;在日本,东京国立博物馆展出的诸龙图案,亦是以宋代龙泉窑青瓷蟠龙壶壶口的一条深浮雕蟠龙来开始戏珠的。这里选印一幅四川大足宋代石刻摹本(图十六),且让我们一睹当时的龙颜,并仔细品味那颗火珠的鲜为人知的底蕴。

图十六　苍龙戏珠　宋·四川大足石刻

六、"世常修灵星之祀"

比起自己在天文学史上的痕迹和国风民俗中的影响,火历作为历法的存在,早就结束了。

从"遂人察辰星而出火"的追忆,"教民稼穑"的神农氏亦被尊为炎帝和火神的传说,以及《庄子·胠箧》的上古"十二氏"列祝融氏于伏羲氏、神农氏之前的顺序中,可以确信火历的孕育和诞生,当在旧石器时代。

到新石器时代的高辛氏时期,大火被同日月并列而称三辰,我们现已握有莒县陶文可以作证。三辰中,日月的光耀超过大火,但其授时作用起初却很暗淡。《楚帛书》上说:"未有日月,四神相代,乃步以为岁,是唯四时。"四神指苍龙、白虎、朱鸟、玄武,代表二十八宿,所谓四神相代于未有日月之初,是指一些恒星历早于阴阳历而授民以时的意思;火历则是恒星历中最大而又最早的一种。

火历至殷商时代进入鼎盛期。这不仅有"商主大火""辰为商星"之类记述可据,最可靠的还有甲骨文提供的第一手资料。

据信为相土时期的一片卜骨上契有：

贞唯火五月[87]

这一条只剩下五个字的数据，相当重要。它使人想起《春秋》纪时法的"春，王正月"。王正月的"王"，指王历即周历，即一种以冬至为岁首的阴阳历。同样的，卜辞的"火五月"，只有解释成火历五月，才能通读。一个"王"，一个"火"，犹如我们今天加在月份前面的"公历""农历"一样，带有定性的作用。这是商行火历的最好证明。此外，另一片常被用来说明商代已有新星记录的卜骨刻道：

七日己巳夕□有新大星并火，祟，其有来艰，不吉。[88]（图十七）

图十七　新大星并火

左起；七日己巳夕□有新大星并火祟其有来艰　不吉

---

[87]《殷墟书契后编》下·三七·四。
[88]《殷墟书契后编》下·九·一。

这则卜辞，是迄今所知的世界上最古的新星记录，据李约瑟说，其实际年代应在公元前 1339—前 1281。我想，这条新星材料对于天文学来说，实在侥幸得很，因为这个现象恰巧发生在大火身上（新星是恒星爆发时产生的亮度突然增强现象），如果发生在别的恒星，也许便既无专人观察，更不至于记录在案了。大火是商人的族星，甲骨文字 🔥🔥 可证。新星并火，乃最大的不祥之兆，所以他们要三呼"祟""有来艰""不吉"；这同 800 年后"冬，有星孛于大辰（大火）"时鲁国大夫的悠闲态度⑧，真叫不可同日而语。其实新星现象不久便要消失的，恒星的亮度仍会恢复原状；本该无所用其惊惶。所以仅仅过了两天，另一片卜骨便载："辛未，有毁新星"⑨，一切终又回复正常了。

周人以农立国，始祖名稷。农业依赖大火和火，所以周人接触了东邻文化后，很快便将自己的氏族与大火联系起来。《逸周书·作雒》记周公营造雒城，有曰：

乃设丘兆于南郊，以祀上帝，配以后稷，农星，先王皆与食。⑨

这里的"农星"即大火，"上帝"大概亦非泛称，而特指帝喾高辛氏。因为《周语·鲁语》及《礼记·祭法》都说"周人禘喾而郊稷"，禘礼的形式正是"于南郊以祀上帝"，其内容则是"禘其祖之所自出，以其祖配之"⑨。《作雒》篇所记，表明周人于开国之初，不仅接受了殷人的国土，而且连殷人的族神帝喾与族星大火，也都照单全收了。

这一"周因于殷礼"的事实，无论出自占领策略上的计较，抑或是低文化向高文化靠拢的趋势，总之终于成为周人文化的一个部分，固定下来了。后来伶州鸠谈武王伐纣得天时之兆时，有"辰马农祥也，我太祖后稷之所经纬也"之句⑨；晋太史董因追溯晋公子重耳逃亡时也说："君之行也，岁在大火。大火，阏伯之

---

⑧　《左传·昭公十七年》。
⑨　《殷墟书契前编》七·一四·一。
⑨　据《艺文类聚·礼部上》、《太平御览·礼仪部》六十一、《玉海》九十九引。今本《逸周书》末句有误。
⑨　《礼记·丧服小记·大传》。
⑨　《国语·周语》。

星也，……后稷是相，唐叔以封"㉞；他们都将周人始祖与大火紧紧拴在一起，仿佛大火久已不再保佑殷人，转而照耀周室，真个是"皇天上帝，改厥元子"了㉟。

至于火历本身，在周代却逐步地被更科学的冬至岁首历所代替。因为秋分点离大火日渐疏远，加之一年两季的分法，都难以适应发展了的农事活动了。

秦人统一天下以后，出于纯粹政治上的动机，改用十月岁始的历法；但是对于大火，却仍予以祭奉。据《史记·封禅书》记："及秦并天下，令祠官所常奉天地名山大川鬼神，可得而序也。……雍有日、月、参、辰、南北斗、荧惑、太白、岁星、填星、二十八宿、风伯、雨师、四海、九臣、十四臣、诸布诸严诸述之属，百有余庙。"雍地一城之百有余庙中，大火庙位居第四，其特殊性可想而知。

汉兴，天下初定，高祖便令于"五年，修复周家旧祠，祀后稷于东南，为民祈农报厥功，夏则龙星见而始雩"㊱。这个后稷祠，亦名灵星祠："高祖五年，初置灵星，祀后稷也。欧爵簸扬，田农之事也。"㊲所谓"殴爵簸扬"，指祭灵星之舞，"舞者用童男十六人。舞者象教田，初为芟除，次耕种、耘耨、驱爵（雀）及获刈、舂簸之形，象其功也"㊳。这种舞，大概也是舞雩活动的内容，它和龙舞一结合，不正是季春出火大闹春耕的全民庆典吗！

显而易见，汉代的后稷祠、灵星祠都是祀大火之祠。只是汉人于大火所知渐少，大火与庆事的关系，早已由太阳的二十四个节气取代。残存于汉人观念中的，只是一点依稀仿佛而又充分神化了的后稷、龙星和雩祭的故事，这就是他们笼而统之谓之为"灵"星的缘故㊴。

高祖八年，"令郡国县立灵星祠，常以岁时祠以牛"㊵。自那时起，灵星祠遍布全国，不可谓不盛⑩；可惜人们并不甚知灵星为何物：

㉞ 《国语·晋语四》。

㉟ 《尚书·召诰》。

㊱ 《史记·封禅书·正义》引《汉旧仪》。

㊲ 《汉书·郊祀志》。

㊳ 《后汉书·祭祀志》。

㊴ 《风俗通义·灵星》引东汉贾逵云："灵者神也，故祀以报功。"

⑩ 《史记·封禅书》。

⑩ 《北史·刘芳传》："灵星本非礼事，兆自汉初，专为祈田，恒隶郡县。"

俗说县令问主簿：灵星在城东南，何法？ 主簿仰答曰：唯灵星所以在东南者，亦不知也。[102]

我们不必讥笑区区一位县衙主簿。如前所揭，大儒司马迁对于火正、重黎，也有吃不准的时候；其他人士自可想见。

东汉人倒是搞清楚了灵星之源。王充说："灵星之祭，祭水旱也，于礼旧名曰雩。……（今）春雩之礼废，秋雩之礼存，故世常修灵星之祀，到今不绝。……灵星者，神也。神者，谓龙星也。"[103]应劭说："辰（大火）之神为灵星，故以壬辰日祀灵星于东南，金胜木为土相也。"[104]蔡邕也说："灵星，火星也。"[105]

灵星之祀后来终亦废止，只在文庙里保留一道门额，曰"灵星门"，甚至多误作"棂星门"者。大概灵星之灵又转成灵性之灵，乃托庇于孔子乎？

火历痕迹如此愈远愈淡的情况，一直延续到唐与五代。[106] 有宋一代，却来了一个回光返照。

赵匡胤起于宋城（今河南商丘县南），国因号宋。这一偶然事实，竟引来一帮北门学士的幽思，他们首先把赵宋与两千年前的微子封于宋勾连起来；惜微子系亡国降君，无善可述，只得继续上溯，直至高辛氏长子阏伯。于是大做文章，定国运以火德王[107]，色尚赤，说什么"今上（赵匡胤）于前朝作镇睢阳（即宋城），泊开国，号大宋，又建都在大火之下，宋为火正。按天文，心星为帝王，实宋分野。天地人之冥契，自古罕有"[108]。于是恢复大火之祀于商丘，以阏伯配食，"建辰建

---

[102] 《风俗通义·灵星》。

[103] 《论衡·祭意》。

[104] 《风俗通义·灵星》。

[105] 《独断》。

[106] 吐蕃在7世纪佛教传入前，流行一种拜物教——苯教（Ban），其中有一派叫 Ldevu ban。Ldevu（音译为德，或德俄）在藏语指心宿二即大火，Ldevu ban 的意思是"拜大火教"，或"大火派苯教"。
Ldevu 字后来被吐蕃的最高统治者赞普（Btsan po）摄取，用为私名，出现了赤德祖赞、赤松德赞、赤德松赞、赤德等一连串包含有"德"的名字；于是大火就越发神圣了。看来，这当与吐蕃社会出现了农业生产有关，也可能是人们把大火跟经法、文化生活连在一起的反映。（摘自王尧教授1978年9月19日复信）。

[107] 时人自称"火宋"，并派定南朝刘宋为"水宋"。北宋书画家米芾有印章曰"火宋米芾"，边款云："正人端士，名字皆正。至于所纪岁时，亦莫不正。前有水宋，故有火宋别之。"（见俞樾：《茶香室丛钞》）。

[108] 李石《续博物志》卷二。

戌出内之月,内降祝版留司,长吏奉祭行事"⑩;一派尚火气象,远超唐汉,直攀周商。龙戏珠图像之得以复兴,其秘密便在于此。

史载宋仁宗皇祐六年,"三月乙亥,太史言日当食四月朔"⑩。这一普通的早已完全能预知其因果的天象,竟如上述的 2300 多年前的那次"新大星并火"一样,引起朝廷上下一片慌乱。因为四月龙见,为火历正月;元日日食,祸何以堪。于是皇帝亲"下德音改元",旨曰:"皇天降谴,太史上言,豫陈薄蚀之灾,近在正阳之朔。经典所忌,阴慝是嫌!寻灾异之攸兴,缘政教之所起……俾更元历之名,冀召人和之气。……宜改皇祐六年为至和元年,以四月一日为始。"⑪除改元外,还大赦天下"减死罪一等,流以下释之",皇帝则于癸未日起"易服,避正殿,减常膳","四月甲午朔,日有食之,用牲于社。辛丑,御正殿,复常膳"⑫。一次平常的日食发生在不平常的月份,其震动之大,竟一至于此!

再说神宗年间,王安石行新政,鼓励百姓租赁祠庙作市场。时张安道知南京(宋州,今商丘),上疏请免鬻阏伯、微子二祠,云:"宋,王业所基也,而以火王。阏伯封于商丘,以主大火;微子为宋始封;此二祠者,独不可免于鬻乎?""神宗览之震怒,批曰:'慢神辱国,无甚于斯。'于是天下神庙皆得免鬻。"⑬辟祠庙为市场,不失为活跃经济之一法,不料被保守派钻了空子,抓住大火当稻草,那便不止于"慢神",而且有损于大宋的象征,构成"辱国"之罪;新政不败,更待何时。而新政一败,北宋政权也就越发式微了。

随着赵宋的播迁和灭国,火德的时去和运转,大火、阏伯的地位也从此沦丧;剩下的,只有那大宋王朝复活起来的戏珠之龙,它作为中国文化的象征,或许将永世长存。

可是,随着岁月的流逝,时至今日,人们对于龙的认识,已难免发生模糊以及混乱;而对于龙的感情,也随之显出淡漠乃至对抗。1988 年的龙年谈龙诸文中,表现得尤为突出。希望有朝一日,见首不见尾的神龙,会大显神威,让我们大家

---

⑩ 见《宋史·礼志六》。

⑩ 《宋史·仁宗本纪》。

⑪ 《宋大诏令集》卷二。

⑫ 罗大经《鹤林玉露》卷十一。

⑬ 前已言及,古印度亦曾有两历共存。

都能清清楚楚看准它的真相。

七、余论

火历也许不是中国古天文史中的唯一星历，当然在世界上更非唯一。从参与大火齐名及龙虎对峙的史实看，在火历发生的同时或稍后，曾有一种以参为纪时星辰的历法，按照我的命名法，应该叫"参历"。实际上没有人这样叫，而是以地为名，被后人叫作"夏历"。

传世的《夏小正》，是已经改善了的参历。它以"初昏参中"为岁首；其他"参则伏""参则见""参中则旦"各项，一一有所记述。参星在《夏小正》里出现的次数，多于大火和斗柄；这个现象值得注意。夏历正月初昏参中之时，咮即柳星正好在东方出现，所以晋大夫士弱说"古之火正，或食于心，或食于咮"。这里的"火正"，或系泛指授时官员；"食于咮"，或谓"参正"（仿"火正"之意）配祀于咮星之意。

以参纪时的详情有待进一步发掘。从《左传》记事、《竹书纪年》和《侯马盟书》可知，春秋时的晋国，是施行以参纪时的夏历国家。二子故事说："迁实沈于大夏，主参，唐人是因，以服事夏商。其季世曰唐叔虞。"这位叔虞是晋之始祖，"故参为晋星"[114]，晋人奉行肇于大夏的夏历，实有其渊源所自。

（后记：1978—1984 年，我曾先后在各杂志上发表有关火历论文三篇，今更加损益，附以图版，改定一篇。）

---

[114] 《左传·昭公元年》。

图版出处

图一 陈遵妫《中国天文学史》,第 1594 页。

图二 自存拓片复印件。

图三 自存拓片复印件。

图四 自存拓片复印件。

图五 王大有《龙凤文化源流》,第 35 页。

图六 《文物》73.10,新城新藏《东洋天文学史研究》,第 264 页。

图七 《西清古鉴》卷四十,李约瑟《中国科学技术发展史》第四卷,第 174 页。

图八 同上书。

图九 《金石索·金索六》。

图十 《文物》88.3。

图十一 《文物》79.7。

图十二 王大有《龙凤文化源流》,第 302 页、第 323 页、第 329 页、第 349 页。

图十三 同上书,第 301 页、第 374 页。

图十四 同上书,第 363 页。

图十五 同上书,第 361 页。

图十六 同上书,第 365 页。

图十七 《殷墟书契后编》下。

【庞　朴　山东大学终身教授】
原文刊于《中国文化》1989 年 01 期

日历·月历·星历与文化思想

读《火历钩沉》

金克木

　　现在高楼林立不见星辰，又引进阳历和由基督教创始的公历纪元，大概很少人对于古代天文历法还有兴趣了。庞朴先生这篇《火历钩沉》在少数有同好的专家学者之外可能遭到冷落。不过我希望关心文化思想的人能够读一读。此文题目窄而涉及面广；不一定作出了确凿无疑的结论，却提出了有关文化思想的问题。天文和地理相连，历法不仅纪时，而且与生活有关，并表示一种时空观念。时空观念的演变从古到今都是直接联系到人类的物质生活和精神生活的。但上古人只用肉眼观测，所见的是天体视运动，也不能精密计算。以下试依此解说。

　　日出日没一昼夜为一日，以此计算时间可名"日历"。月圆月缺二十九日多一循环，以此计算时间可名"月历"（朔、望，生魄、死魄）。昏晓定时看到的星辰在天上的位置变化一年一循环，以此计算时间可分季节并测定年的长度，可名"星历"。三种历各有用场而又互相联系。"星历"才是"年历"。离开星就测算不出年，不能发现太阳的周天移动。

　　无论采集植物和狩猎动物以至进而耕种植物和牧畜动物，都必须掌握它们的生长规律。这与气候变化相连，不能只靠单纯的计日和计月的时间。北温带黄河长江流域的四季变换规律很容易觉察。这需要在日和月的计算单位之外加上季和年。星历比日历、月历与生活关系更密切，用以计算物质生产时间。

　　五颗经常移动的行星中,木星约十二年一周天,故名岁星或太岁。木星在天上一年移动区域为一宫。一周天经过十二宫。月圆一年十二次,以十二支为符号(月建)。一月中日出没约三十次,以十干为符号,每月循环三次。天上的日、月、星确定人间的日、月、季和年,都以干支为符号。干支兼示时间、空间、人事。

　　太阳和月亮在天上出没方位变化是以星辰为不变背景才能觉察并确定的。星有明有暗可分别;除五颗行星外,其他都看不出彼此间距离和方位的明显变动。以众星为背景可以测出月亮在众星之间的移动,由此又可以推定太阳在众星之间的移动。日出星没不能观察,但晨昏及日全食时可以观察以证明推定的正误。月亮绕天一周是二十七日多,和圆缺循环日数不一致。由此将月亮路程(白道)划分二十七格(印度早期)或二十八格(中国),名为宿或舍。太阳一年一周天的移动路程(黄道)和白道相近,依木星十二年一周分割为十二宫,黄道和白道上的明星在固定时间(昏、晓)的天上位置是定季定年的重要标志。例如夏季昏见心宿的三星,冬季昏见参宿的三星。

　　原始社会定时间离不开星,定地上空间方位也离不开星。在黄河长江流域观察,北极居北方之中(极离地平远近可定地上两地南北距离即纬度高低),众星围绕而转,由此定向分别四方,不仅由日月出没定东西,可更准确。但仰观天和俯察地所见前后方向相反,面对北极上南下北,天图南即地图北。北斗七星昼夜绕北极一周,在固定时间上的天上位置又是一年一循环。由北斗的柄、勺所指既能纪时又可定方位。天、地、时相结合了。"为政以德。譬如北辰,居其所而众星拱之。"(《论语》)和人事也结合了。天盘在地盘上的转动循环(如占卜用的"式"),表示时间空间的一致。抽象的时空观念不存在,或者说,古人没想到。

　　研究星历并联系时空观念考察文化思想不仅是古史问题,希望引起注意。

【金克木　北京大学南亚研究所教授】

原文刊于《中国文化》1989 年 01 期

"亚"形与殷人的宇宙观

［英］艾　兰　著　汪　涛　译

【内容提要】宇宙理论的成型固然较晚，但这并不意味着殷代人没有自己的宇宙观。本文搜集并依据大量的甲骨文、铜器铭文及古代文献资料，通过对"四方"含义的研究，指出殷商人心目中的土地之形为"亚"字形，并参照罗马尼亚学者关于古代宇宙论里"中心"意义的理论，指出在殷商至西周初期普遍存在于文字、器物与陵墓营造中的"亚"字形是古人心目中宇宙中心的象征，它与殷商时代对"五"与"六"这两个数目字的特殊关注有密切的关系，与龟甲在当时受到特别重视也有微妙的关系，因为龟的腹甲也是"亚"形，这就是殷商人把龟用于占卜的原因：龟是殷商人心目中的宇宙模型，占纹则是人为兆头。

殷商帝王和他们贞人的心目中的宇宙观究竟是一个什么样呢？同许多涉及殷商时代的思想的其他问题一样，这个问题，单凭考究甲骨文并不能得到直接的答案。宇宙之形，这个问题的最早提及是在屈原的《楚辞·天问》里，但真正从文献记载上对这个问题作了正面阐述的，是公元前 3 世纪兴起发展的"五行"说；特别重要的是"阴阳"派哲学家邹衍。虽然，五行说的历史无疑地要比现在所见的早得多。

宇宙理论的发展在中国哲学传统中相对说来要晚一些，然而，殷王要通过占卜和祭祀来试图保证他们逝去祖先的和睦,他们国家的财富、和谐;对他们来说,宇宙论占了一个关键性位置。甲骨文本身对此没有提供直接的论据,但包含了一条线索;沿着线索把材料聚合起来,再用考古证据作为补充,这样殷商时代的信仰的面目就有了一个大致的轮廓。后来的材料也很有价值,只是我们应该知道,这些材料不能当作殷商时代思想的直接代表,它们一定经过了某些改变。倒过来说,理由充足地重现殷商时代的信仰也为我们研究后来的思想体系提供了一个基础。

下面,我将讨论几个问题。首先,我将推论殷商人心目中的土地之形;我先谈"四方"的含义,由之推出殷商人心目中的土地之形为"亚"字形;接下来我将参照罗马尼亚学者米西亚·爱利德(Eliade)关于古代宇宙论里中心的意义的理论,来讨论这个"亚"形的意义。我认为用"亚"来作为土地,还有上界、下界之划分,这就是后来建立在数字"五""六"上的数字占卜术的源头。大致讲来,龟的腹甲也是"亚"形;龟其实就是殷商时代的宇宙模型,这是殷商人把龟用于占卜的原因,占纹就是人为兆头。

"四方"

《淮南子·天文训》说"天圆地方"[①],这个说法一直在后来的中国传统中流行。虽然这是我所能找到的最早的关于天地之形明白的表述,但无疑这个说法的来源要比公元前 2 世纪左右写成的《淮南子》要早一些。能否把它归始于视上帝为"天"的周代?还是可以追溯到商朝?我相信,解决这个问题的关键在于弄清"四方"的初义。

甲骨文里有合在一起写的"四方";也有分开来的"东方""西方""南方""北方",它们都是"禘"的对象和风的住所。这点我后来还将仔细讨论。实际上殷商人总共知道八个方向,因为甲骨文中也出现了东北、东南、西北、西南,但它们

---

① 所有引文凡不单独加注的都是据四部丛刊本,上海商务印书馆版,1919—1927 年。

不称作"方"。它们的祭献是独特的"戠",而不是"禘"。

周代的文献中经常使用"四方"一词。例如在《诗经》中年代最早的"颂"和"大雅"部分,"四方"被视之为世界的荒远之壤,以及它们的统治者或是人民;它的引申义可简单地指整个世界。请见引文:

> 《商颂·殷武》:"商邑翼翼,四方之极。"
> 《大雅·下武》:"四方来贺。"
> 《大雅·江汉》:"四方既平。"

在周代文献中,"四方"之"方"字,已规范地诠释为"方向"之意;然而,"方"也通常作为方形或是矩形,引申为立方形。如《墨子·大取》中,"方之一面非方也,方木之面方木也"。它常与"圆"对举,如"天圆地方",还有《庄子·天下》中,"矩不方,规不可以为圆"。到了"五行"说中,出现了"五方":中、东、南、西、北。中,并不是一个方向,而是一个方位。很清楚,"方"的意思是空间上的,而不是线性的。后人之所以弄不清楚,问题在于基本的定向四"方"与土地为方形这个思想不一致。其实,如果把"方"作为方形来理解,"四方"位于东、南、西、北,不可能在方形的土地之内;只能位于一个中央方形之外。这样看,土地就是一个"亚"形。

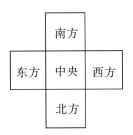

下面拟证明殷商人把土地看作"亚"形,这种信念的痕迹,直到后世仍然存留着。

"方"在殷商时代究竟是什么意思呢?"方"是方形的毫不含糊的说法最早

可推"方鼎",出现在西周早期的金文里。② 然而,它是方形的意思,由甲骨文中的本来的"方"字也可以证实。甲骨文第一期中,"方"写作"方",对这个字有多种不同的解释,大部分学者都同意,《说文》把它释为"并船也"是错的。徐中舒对此字的诠释是:"方之象末,上短横象柄首横木,下长横即足所蹈履处。"但是对这个字的释义与它的用法之间的关系,他没有作出清楚的解释,也不能令人信服地解释上面一横两边的小竖,而是简单地认作"师文"③。

我认为比起把这个字看作一个整体之前,最好先把它分解为两个单体:"一"和"丿"。"丿"可释为"人",或是"刀"。就我看来,这个字下面的钩折更近似于"刀"(丿),而不像直挺的,或是微微叉开脚的"人"(丿,人)。"一"的初义常被诠释为"架",用来挂武器;还有一说是,如果"丿"是释作"人",那么,整个字就可以看作是一个带"枷"的犯人④。但据我的观察推测,"一"是一种木匠用的方尺;这个推测可由"矩"字得到支持。"矩"在甲骨文中没有发现,但在西周早期的金文里,它是写作"矩",像一个人(不是后来字的矢)握着一件工具;从字形看得出,这件工具一定是木匠用来画方形的方尺⑤。按《周髀算经》的说法"圆出于方,方出于矩";李孝定也把"工"释作这种工具⑥。这样"丿"(刀)的用途是跟矩尺一起作工具刻出记号。看"方"的另一个替换形式"方"也可作同样解释,它的顶上加了一短横,可看作是在方尺的第三面作记号。

"巫"也是一个相关的字。甲骨文里写作"十",这个字与《说文》的"巫"字,都是从"方"字变化而来的。两个都把"方"的一部分复写,只是甲骨文的字"十"又加了一个方尺,《说文》的字又加了一个刀(或是"人"——这还不清楚),都是多方位的意思,大概指四方。起码从自组、历组卜辞看,"十"是作为"四方"

---

② 史速方鼎:《岐山县京当公社贺家村西壕周墓》,《文物》1972年,第6期,第26页,图三。
③ 集刊第二本一分第17—18页,《耒耜考》,引自李孝定:《甲骨文字集释》(《中央研究院历史语言研究所集刊》50,1965年),第8页,第2777页。参见周法高:《金文诂林》,《金文诂林补》(香港中文大学,1975年,中央研究院历史语言研究所集刊77,1984年),第8页,第1159页。
④ 藤堂明保:《汉字语源辞典》(东京,田中嘉次,1967年),第112页;康殷:《文字源流浅说》(北京,1979年),第140页。
⑤ 见高明:《古文字类编》,中华书局1982年,第364页。
⑥ 《甲骨文字集释》,卷五,第1593—1594页。

的参照来使用的⑦。岛邦男的《殷墟卜辞综类》中列举了包括有"十釆"在内的八段卜辞。这几组卜辞见图二,它们都在自组、历组内。还有两段卜辞内有"釆十十",也是历组卜辞(见图一:d、f)。这个用法和"方釆"与"釆干方"完全一样。"方"和"十"在这里是相同的一个字:"方",意思是"禘"祭四方。还有三段卜辞可以证明"十"是同于"四方"之"方"的:

《邺》3.46.5《合集》34140:"辛亥卜帝北十"

《粹》1311:"禘东十"

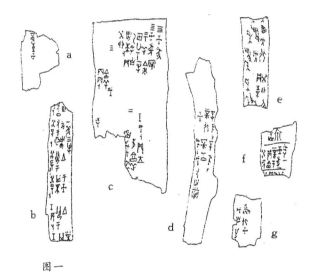

图一

a.粹 1311(自组)　　b.撷候 91(历组)

c.佚存 889(续 1.2.4)(自组)

d.邺 346.5(历组)　　e.佚 956(续 2.29.7)(历组)

f.人 B2208(历组)　　g.南明 85

《南明》85:"子宁风北十"

这三段都有方位词表明"十"就是"方"。还有一段卜辞内有"四十":

《佚存》81(续 1.2.4.):癸卯卜贞　　乙巳自上甲二十示一牛,二(或下)示羊,土寮牢,四戈彘,四十犬。

---

⑦　参看倪德卫:《小屯殷墟文字甲编,第 2416 号新考》(中国殷商文化国际讨论会的论文)。

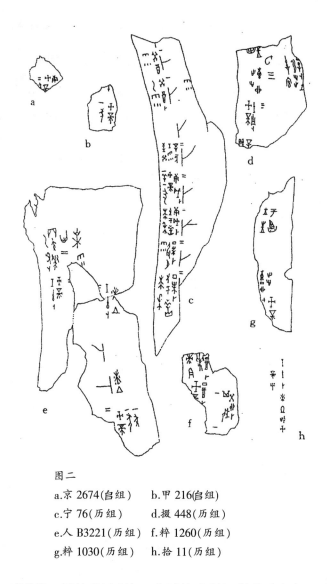

图二

a.京 2674(𠂤组)　　b.甲 216(𠂤组)

c.宁 76(历组)　　　d.撷 448(历组)

e.人 B3221(历组)　f.粹 1260(历组)

g.粹 1030(历组)　　h.拾 11(历组)

　　这里"四戈"是四国的意思(按于省吾的诠释),是龛当祭祀,不是学者们误认作的错写,而是"方"的意思。犬是用犬祭祀四方。这些卜辞都在𠂤组、历组内(见图一,c)。

　　这里涉及的"禘"字有两种用法。作名词,它指"上帝",也是祖先的称谓;作动词,它是殷商人对"岳"(𧯄)、"河"(𣲘)、祖先以及"四方"的最高级的祭祀。在动词形式中,有时"一"被一个小方形代替,成为"禘"。许多学者把"禘"视为

"蒂"的象形,但我认为这个位于原处的字素的初义仍是木匠的方尺。有几处甲骨中,小方形变成了圆形"🝇",这也许是刻工的简化;也许可以让人联想到圆的天,统治着下"方"的上帝的住所。还有一个小地方应该一提,上面提到的甲骨《粹》1311中,"帝"写作"🝇",一些学者认为这个小点是有特殊含义的异写体,但它同样在"🝅"上出现,所以它其实是拓片下的一粒小沙土的结果或甲骨的问题,而非原字的一部分。

"方"的初义是方形。这还可以从"韦"(卫)字得到支持。它的"口"与"方"同样可以替换,🝅 = 🝅(卫)⑧。关于更多的证据,还可看"方"与"口"的相同性。高本汉(Bernhard Karlgren)推断这两个字的读音原来都是 * piwang⑨。"口"是方形容器的象形,立方的意思,由立方之义也很容易引申出方形。"方",是方形,也是立方,两个字的音义相同。可以推断,它们是不同的字体代表口语里的同一个字。其实,"矩"字的"口",甲骨文字里原是"工"。这更加证明了它们在初义上的一致性。现在我们再来看"央"字,它在甲骨文里写作"🝇";在金文里写作"🝇",如果我们已经知道了"冖""口"(凵)都是方形之意(现代写法干脆作"央"),那么"央"就是一个"天"(或是"大")加上中心的一个方形。到了这一步,再看"四方"之意,它们其实就是位于中央方形四面的四个方形。这样,结果组成了一个"亚"形。

在甲骨文里,"方"不仅仅是四"方":东、南、西、北;它还是经常与殷商发生战争的其他部族。例如"胡方"等,岛邦男的《殷墟卜辞综类》列举了42个这样的部族。这里"方"的用法作"邦"(* pung),或是"国"。这样多的"方"(部族)并不像是都具有政治组织和带城墙的国家形态。解释应该是这样,"方"的原义方形在这里引申为领土了。这块空间只是统而言之,正如后来的中国经典中的"地方百里"并不真的意味着这块领土是方形的。这样,"胡方"就是居住在"胡"地的民族。

---

⑧ 见岛邦男:《殷墟卜辞综类》,东京,汲古书院,1971年,第74页。
⑨ 所有带 * 号的推论都引自:*Grammata Serica Recensa*(Museum of Far Eastern Antiquities, Stockholm, 1964年)。

有学者把这个代表部族的"方"字诠释为"旁"字。"方"族是殷商国旁边居住的人民,今文《尚书》和古文《尚书》也互相替换"方"与"旁"字⑩。更有意思的是在甲骨文里,它写作"<u>弓</u>",可诠释为一个方形(土地)挨着另一个方形(土地)。"四方"的"方"也可以这样解释。但"四方"是中央方形四面上的方形这个初义,始终是一致的。

"四方"是四股风的住所⑪。这从平息大风的卜辞中可找出证据,如:

《人》1994"癸未其宁风于方又雨"

《粹》828"其宁风力虫豸"

我们已经提到的《南明》85 也有"宁风北十"。还有两块第一期的罕见的甲骨版上看得十分明白;第一块是肩胛骨,记有"四方"和它们的风名,但未作占卜:

《合集》14294:东方曰析,风曰胁

南方曰<u>粂</u>,风曰岂

西方曰<u>彔</u>,风曰彝

[北方曰]勹,风曰役

第二块是一块几乎完整的龟腹甲,它的上方刻有六套卜辞:

《合集》14295:辛亥,内,贞今一月帝不其令雨。四日甲寅夕,[允雨]。

一二三四

辛亥卜,内,贞今一月[帝]不其令雨。

一二三四

辛亥卜,内,贞帝(禘)于北方[曰]勹,[风]

曰役,柰年。[一月]

一二三四

辛亥卜,内,贞帝(禘)于南方曰岂,凤(风)曰劦,柰年。

---

⑩ 见高鸿缙:《金文诂林》8.1159;夏含夷(Edward Shaugnessy):《释"御方"》,《古文字研究》第 9 期,1984 年,第 97—110 页。

⑪ 见胡厚宣:《释殷代求年于四方和四方风的祭祀》,《复旦学报》(人文科学),1956 年,第 1 页,第 49—86 页。

一二三四

贞帝(禘)于东方曰析,凤(风)曰劦,㞢年。

一二三四

贞帝(禘)于西方曰𢆶,凤(风)曰𣏟,㞢年。

一二三四

第一辞、第三辞、第五辞在腹甲的左边,从右到左纵行书写;第二辞、第四辞、第六辞在腹甲的右边,从左到右纵行书写。数字一二三四是在兆的旁边,表明每一兆都做了四次之多(见图三)。

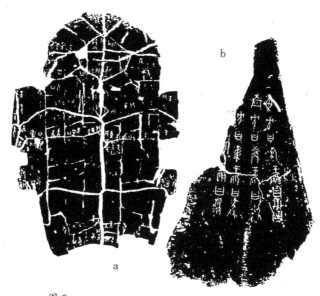

图三

a.《合集》14295　　b.《合集》14294

虽然这两块甲骨上记载的风名和南方、西方的次序有些互相颠倒。刻写也不尽相同,但这些名字还是比较肯定的。这些名字在其他的甲骨上并不多见;平常祭祀的对象就是"方""风""东""西"等。可是还有几个例子可见表一。

表一　四方之名

		大骨合集14294	大甲合集14295	金472	京4316	前4,42,6	《尧典》	《尔雅·释天》	《诗经·邶风·凯风》	《淮南子·地形训》	《吕氏春秋·有始览》
东(E)	方风民	析(🜲) 劦(🜲)	析(🜲) 劦(🜲)	析(🜲)			析				
南(S)	方风民	夹(🜲) 凯(🜲)	凯(🜲) (🜲)				因	凯	凯	巨 (高诱注:恺)	巨 (注:恺凯)
西(W)	方风民	(🜲) 彝(🜲)	(🜲) 彝(🜲)		(🜲)	(🜲)	夷				
北(N)	方风民	勹(🜲) 殴(🜲)	勹(🜲) 殴(🜲)				隩				

　　一些学者认为"四方"同于"四土"。"四土"（它分开用作"东土""西土"等，不合在一起写作"四土"）是位于殷商北面、南面、东面、西面的领土。位处中央的殷商就称作"中商"。这可见下面一篇第五期的卜辞：

　　《合集》36975"己巳，王卜，贞［今］岁商受［年］，王占曰吉。东土受年，南土受年，西土受年，北土受年。"

　　但是我觉得在"土"和"方"之间还是有所区别的。虽然"土"也用在"社"字中，但在四"土"很明白是指真实的领土。在甲骨卜辞里，它们大部分都与它们是否将遇到丰年（"受年"）或是干旱（"莫"）连在一起。除了一块卜辞上有"方"遇到丰年外，我还没有发现更多的其他卜辞中有"方"遇到干旱什么的。这块甲骨卜辞是这样的：

　　《佚》956，《续》2.29.7："癸卯，贞东受禾，北方受禾，西方受禾……"

　　这块卜辞来自历组。在历组中"十"用作"四方"之"方"。而且方是"禘"的对象，而"土"并不是。由此可以看出"土""方"二字之间是有所不同的。从这不同中我们可以推断，"土"是位于殷商北面、南面、东面、西面的真实的领土；它们向殷商缴纳丰收的谷物。而"方"的初义原是指形而上的存在物；"方"可以与真实的领土("土")重合,但它一般用于指神灵之乡,是掌管雨水和丰收的"风"神的住所。

说"四方"是神灵之乡,这从后代的文献记载可以得到肯定。《楚辞·招魂》中,巫阳从"四方"招回逝去的或正在逝去的人的灵魂,"四方"之后还跟着上、下⑫,在《大招》里还有类似的写法;但只写了"四方",没有上、下。

在《楚辞》的这些描述里,"四方"带有一点所处方位的特征:北方寒冷;南方炎热,住有"雕题黑齿"的怪人,但是,它们很清楚地描述为充满灵怪、人类无法生存的领土。那些从"四方"招魂的人称作"巫",可能颇有含义。关于他们是不是西方人类学家所称的"萨满教巫师"(Shaman)一类的角色,这一点上争议很多。但从《楚辞》里关于他们身份的描述可以看出,他们是那类能够到那四"方"(和上、下)去作精神上的漫游的特殊的人。

胡厚宣在《甲骨文四方风名考证》一文中第一次指出了,许多其他的学者也曾留心到了,即上面我已引用的两片甲骨上的"方",和它们的风名在后来的文献《尚书·尧典》《山海经》内又重新出现过⑬。这是关于殷商灭亡后,它的传统在普遍的信仰中继续流传的重要证据。虽然说这个传统肯定随着环境时代的更变而改变了一些。因为这些名字并不经常提到,而且并不突出地保留在文献里,所以这条论据显得更加珍贵、有说服力。

在《尚书·尧典》里,这些"方"和"风"的名字,变成了居住在荒远的北面、南面、东面、西面地区的人的名字:

> 帝尧"乃命羲和……
>
> 分命羲仲,宅嵎夷,曰旸谷,寅宾出日……厥民析;
>
> 申命羲叔,宅南交,曰明都……厥民因;
>
> 分命和仲,宅西土,曰昧谷……厥民夷;
>
> 申命和叔,宅朔方,曰幽都……厥民隩"。

---

⑫ 《楚辞通释》,中华书局,1959 年,第 140—149 页。
⑬ 胡厚宣:《甲骨文四方风名考证》,《甲骨学商史论丛初集》,上册,第 382—396 页。

　　"四方"在这里没有直接提到，四个兄弟所去的领土更近似于神话，而不像真实的。"旸谷"（崵谷、阳谷、汤谷）也称作"咸池"，是"扶桑"下的一个山谷，或水池；从那里"十日代出"（《招魂》）。"昧谷"是西方之极的"若木"下的一个山谷⑭。"幽都"在《招魂》里是指下界。

　　法国汉学家 Henri Maspero 在他的一篇 1924 年写下的著名的讨论《尚书》的文章中，以此为例来研究中国的著作家是怎样把传统的神话变成书中的历史的⑮。他提出"羲和"是一位女神的名字，即《山海经》和其他一些文献里的"十日之母"；是《尧典》的作者把这位神话性的角色变成了帝尧的四位官吏。我同意 Maspero 的这篇文章大体上是正确的，《尧典》的作者从道理上相信他们所接受的传统是基本真实的，只删除了其中过多的幻想成分。但是我认为 Maspero 在这一点上的推断却未免有些简单化了。《尧典》的作者把众所周知的"十日之母"，一下子直接变成四位男性官吏，这似乎有些说不通。"羲和"可能是一个集团（或是部族）的名字。神话里的"十日之母"儿子众多，其中可能还包括了四"方"的守护神吧。

　　然而，本文要提到的问题就在这里，只有四位兄弟，两"仲"两"叔"。这意味着习惯上应该是兄弟六人，其中，两"伯"在这段文献中没有被提及。"六"是《招魂》中所描绘的宇宙方位的数目，四"方"，以及"上""下"。《招魂》里把下界称作"幽都"，在《尧典》里它变成了"北方"的名字（另外一种较早的传统里的说法是称下界为"黄泉"，这个我后面还会谈到）。《尧典》的开头提到，"帝尧……光被四表，格于上下"⑯。也许这另外的两兄弟（"伯"）就是宅土"上"和"下"的吧。

　　《山海经》要复杂得多，它出自多人之手，也许是一部多方来源材料的汇编吧。讨论这部书的细节不在本文的视野之内，但我想提一提它的编排问题，因为这反映出了我上面所谈"四方"的说法的继续。那种把东面、南面、西面、北面的

---

⑭ 看拙作"Sons of Suns: Myth and Totemism in early China"，*Bulletin of the School of Oriental and African Studies*，XLIV，Pt.2，1981，pp.290—326。

⑮ Henri Maspero，"Légendes Mythologiques dans le Chou King"，*Journal A-slatique*，V.204（1924），第 1—100 页。

⑯ 我遵照的是 Bernhard Karlgren 对《尧典》的校勘，它发表在 *Bulletin of the Museum of Far Eastern Antiquities*，no.22（1950）。

领土与异乎寻常的怪物联系在一起的传统,在《山海经》里得以延续发展。书的第一部分包括"南山经""西山经""北山经""东山经"和"中山经"共五经,这意味着世界被分为五部分,按"亚"形的方位。书的第二部分是"海内经"和四部"海外经"。都按东、南、西、北基本方位编排。书的最后一部分是四部"大荒经",也是按基本方位;"四荒"是"四方"之极的四个地方。还值得注意的是这里没有什么东北、东南、西北、西南经。我对"海内经""海外经""大荒经"三者之间的关系还不是完全清楚。我推测在"海内经""海外经"的编排上可能受到了邹衍九大州理论的影响。还应该承认,虽然"四海"出现在周代最早的文献里,但我不敢肯定它们能否纳入我所讨论的这种信仰的布局中,还是它们有不同的来源。但是,说《山海经》的编排是按"亚"形,这一点仍然是可信的。

"亚"形

许多学者都已经留心到了"亚"形在殷商考古学中十分突出。现在我先简拢地回顾一下它在考古中的出现,然后参照爱利德(Eliade)关于中心象征说的理论来解释这个"亚"形的重要意义。它在考古中的出现主要有:

(1)青铜器底沿上的"✢"形穿孔;

(2)一个把氏族的名姓和其他一些祖先记号包在内的"亚"形符号;

(3)殷墟陵墓中的"亚"形营造。

关于青铜器底沿上的"✢"形穿孔最早见于商代中期的出土物;从这个时期一直到西周前期。"✢"形穿孔常常在某几种青铜器的底沿上端相对而存。主要是觚、簋、尊、盘、罍,但任何带底沿的青铜器都可能见到这类穿孔。许多学者提出解释:这些穿孔的用途可能是用来固定带轮圈的铸模的型心。但是这种解释并不圆满,因为很多这类的穿孔是圆的,或方的,特别是商代中期和殷墟前期的青铜器,另外在像觚这类穿孔最常出现的青铜器上,有时什么穿孔也没有。这样看来,这种"✢"形穿孔不会简单地只有某种实用的用途,而是另有它的装饰性的目的。[17]

在郑州出土的一个陶制的豆的底沿上有一对很大的"十"形穿孔(见图四,c)[18]。它的大小形状与同地点出土的同时期的青铜的瓠的"十"形相似[19]。陶制的豆在新石器时期的中国已有很长的历史,但就我所知,直到殷墟前,没有什么青铜的豆,殷墟时期也很少见[20]。显然,这个陶制的豆上的穿孔是把那些青铜器作为它的模范,但陶工把这个青铜器上的"十"形作为具有某种象征意义的母题抽出来,应用于陶器上,它们的象征义显得格外明显。

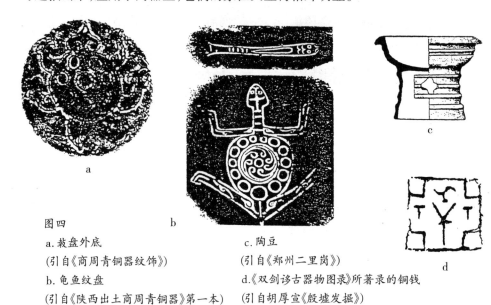

图四

a.敔盘外底
(引自《商周青铜器纹饰》)

b.龟鱼纹盘
(引自《陕西出土商周青铜器》第一本)

c.陶豆
(引自《郑州二里岗》)

d.《双剑誃古器物图录》所著录的铜钱
(引自胡厚宣《殷墟发掘》)

从殷墟时期一直到西周早期,"亚"形作为一个包着氏名(或更是长的铭文)的符号出现在青铜器上。在殷墟发现的一块方印上,"亚"形包着氏名,四角被分出[21](见图四,d)。这样的"亚"形在甲骨文以及金文中是被视为一个字;但我觉得应该区分出它作为字与作为符号之间的不同。这个"亚"形之符号有时只

⑰ Noel Barnard 也持此种观点,见 Bronze Casting and Bronze Alloys in Ancient China(Tokyo,1961),第 116 页。

⑱ 见《郑州二里岗》,河南省文化局文物工作队,科学出版社,1959 年,图 7.4。

⑲ 见《郑州市白家庄商代墓发掘简报》,《文物》1955:10,图 42,在郑州发掘的盘和尊也有"亚"形穿孔。
参见河南省文物研究所,郑州市博物馆:《郑州新发现商代窖藏青铜器》,《文物》1983 年 3 月,第 49—59 页;《郑北二七路新发现三座商墓》,《文物》1983 年,第 360—377 页。

⑳ 林巳奈夫:《殷商时代青铜器研究:殷商青铜器综览》,吉川弘文馆,1984 年,第 1 册,第 160 页(只包括了殷后期的两个"豆":一个出土在保德林遮峪,另一个是在长清)。

㉑ 胡厚宣:《殷墟发掘》(上海,1955 年),图 87。

包着一个氏族的名字，这是十足的铭文；有时它也包着亲属的称谓，如"父"，以及天干之字（庙号）；有时候称谓和天干之字都跟"亚"形之后面。更长的铭文，有时在"亚"形内，有时跟在外面。在西周早期的出土物中，可以见到把长条铭文放在"亚"形内的例子②。如果只有一个字在"亚"形内，那它们可能是一个"合文"，如"匿"；如果加祖先之称谓如"父乙"等，"亚"形和包着的字还是有关系，释为合文不太合适，可是还有可能性。但是，"亚"形有时也包着更长的铭文，那些字和"亚"形根本毫无关系，那它们在一起就不能当作是一个合文字，而只能按符号来推想。前人已经提出了甲骨文和金文里用"亚"字当官名或爵称的人名与"亚"形符号里的名字之间有密切的关系，但是很可能只有某些人有权利用这个"亚"形，他们用的"亚"形还是符号，不是字。

"亚"被确认为"侯"的一类；"亚"可以称为"侯"；但不是所有的"侯"都是"亚"。在"亚"的诠释上，意见多种。唐兰认为"亚"是一种爵称；丁山认为它们是"内服的诸侯"；陈梦家、郭沫若、曹定诸家把"亚"释为官名③；刘节从另一个角度看，提出它是一种母系的"胞族"，他说："把每一亚算作每一胞族是很可相信的，又从另一方面看来，殷人的'亚宗'大体相同于周人之'京宗'，若再用'多亚'一名，同'多方'一名比较，便可以明白'方'是指外族，而'亚'却是指本族……"②这种认为"亚"代表本族；"方"代表外族的说法，与我下面要讨论的观点，即"亚"形曾用作中心的象征这一推论在某些方面不谋而合了。

这个"亚"形，也可以写作"⊞"，或是"卐"。"⊞"看上去像是一个大的方块被拿掉了四个角（或者说像一个方鼎的底模上留出了四个置足的空，卐）。㉕"卐"像是一个中央的小方，四面黏合了四个小方。这个形式是传统的庙宇的布局，一个太室（中堂），或是一个中庭连着四厢。阮元曾说道："古器作亚形者甚多，宋以来皆谓亚为庙室。"㉖这是很普遍的说法。

陈梦家曾讨论过甲骨文中关于宫室的名称，他提出殷商时的庙宇为"亚"

② 龖龖方鼎：见中国社会科学院考古研究所：《殷商金文集成》（北京，1985），第5册，第2725页。
③ 见《甲骨文字集释》，卷十四，第4165—4172页；《金文诂林》与《诂林补》，14.1833。
㉔ 刘节：《中国古代宗族移殖史论》，第14—15页，引自《金文诂林》，第7865页（14.1833）。
㉕ 见 Noel Barnard, *Bronze Casting*，第151页，关于司母戊鼎的底座模铸型的讨论。
㉖ 《金文诂林》，第7850页（14.1833）

形。他说："由卜辞宫室的名称及其作用，可见殷代有宗庙，有寝室，它们全都是四合院似的。"[27]高去寻也注意到了一点，正如王国维根据稍晚一些的文献，主要是《考工记》推想出周代的"明堂"，夏代的"世室"，商代的"重室"都是"亚"形。但从安阳目前所发掘出的较完整的地基看（石璋如推想其中一部分是庙宇，一部分是宫室），还没有见到是"亚"形的。虽然高去寻认为乙组中有六处地基（13、15、16、18、19、20），如果不是因为其他建筑的叠建的话，可以作是"亚"形的推测，但这仅是推测而已。[28]

虽然从安阳发掘出的房屋地基未见"亚"形，但高去寻观察到了那些陵墓的营造中有"亚"形存在[29]。洹河南边是庙宇宫室，北边的西方冈是皇陵。在墓地的西部发掘出八座大墓，其中七座带有向东、南、西、北四个基本方位伸出的墓道，另一座没有墓道的大墓未完工，也未使用。墓地的东部也发掘了一座带四条墓道的大墓和两座带两条墓道的小墓（与武官村发掘出的一座大墓差不多），还有两座墓只带一条墓道（其中之一被认作是司母戊大方鼎的出土地）。殷商从武丁到纣辛共有九位帝王，杨锡璋认为那几座带四条墓道的陵墓是帝王的，那座未完工的原是纣辛的；其他那些稍小的墓是帝王的妻子和有权势的贵族们的[30]。

那几座大墓的四条墓道引向地底下的墓坑。墓坑有三座是"十"形（1001、1217、1400）；一座（1550）平面是长方形，底面是"十"形；还有一座完全是长方形。墓坑里原都有一个木室，里面放置贵重的殉葬品和死者的棺椁。发掘后可以看出，有四座陵墓的木室是"十"形结构（1001、1003、1004、1550）。其中1001母墓是完全的"十"形（见图五）；1550号墓确切地说是中央一个方形空地带四面的耳室，但仍然可以看作是基本形式"十"形的变体（见图六）；后冈发掘出的带两条墓道的大墓的木室也是"十"形结构的。建造这种"十"形木室从建筑学

[27]　《殷虚卜辞综述》，科学出版社，1956年，第481页。
[28]　高去寻：《殷代大墓的木室及其涵义之推测》，《中央研究院历史研究所集刊》39（1969），第175—188页。又见王国维：《明堂寝庙通考》，《观堂集林》，中华书局，1959年，第3册，第123—144页；石璋如：《小屯》：第一本，《遗址的发现与发掘》，乙编，第21页。
[29]　高去寻：同上条。
[30]　杨锡璋：《安阳殷墟西北冈大墓的分期及有关问题》，《中原文物》，1981年3月，第47—52页；"The Shang Dynasty Cemetary System", in K.C.Chang, ed., *Studies of Shang Archaeology: Selected Papers from the Internationl Conference on Shang Civilization*（Yale University Press, New Haven, 1982），第49—64页。

上看比较费工。为什么建呢？解释只能是它们具有某种特殊的含义。

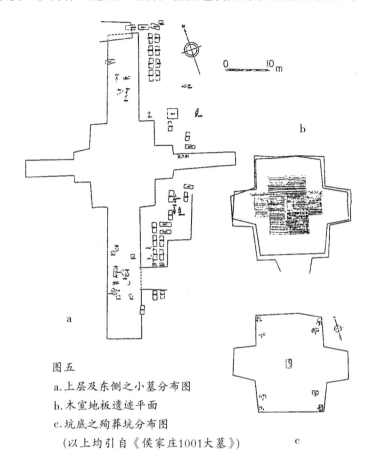

图五
a.上层及东侧之小墓分布图
b.木室地板遗迹平面
c.坑底之殉葬坑分布图
（以上均引自《侯家庄1001大墓》）

中心象征说

爱利德（Eliade）关于古代宗教仪式里的中心象征说方面的著述颇丰。按照
爱利德的理论，中心是"最显著的神圣地带，是绝对的存在物的地带"。比如说，
在这单独的一点上，可以接近、最终与神灵世界达到和谐。他还简明地讨论了一
系列在很多个古代民族中普遍流行的信仰，其中就包括有相信有一座神圣之山
位于世界中心的信仰。这座神圣之山是创造世界的地点，也是天堂与地界的会
合处。这座大山是世界的轴心，所有的庙宇宫殿，以及城市和帝王居所都是代表

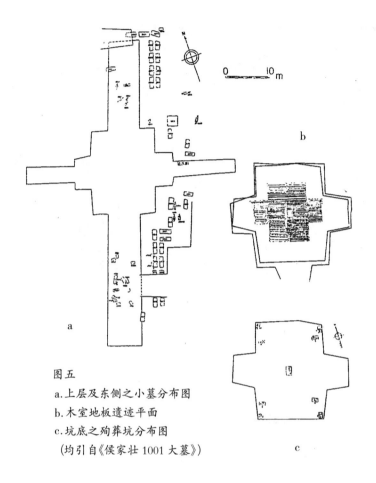

图五
a.上层及东侧之小墓分布图
b.木室地板遗迹平面
c.坑底之殉葬坑分布图
（均引自《侯家庄 1001 大墓》）

这个轴心的象征物；这些地方都被视作是天堂、地界、地狱会合的地方。[31]

　　爱利德（Eliade）的理论在很多方面与中国传统的历史学家的思想互相吻合。说服中国人去相信中心象征的重要性未免显得多余。世界上不同地方的古代民族的信仰中存在如此多的相通之处，并非都有什么共同的遗传继承，而是由于人类心理结构上的原因。法国结构主义者列维-施特劳斯（Claude Levi-Strauss）把这称为神话想象中固有的二元对应论。人的思维很自然地倾向于从对立面进行联想；好，意味着还有坏；上下、天地、东西、太阳月亮……列维-施特

[31] *The Myth of the Eternal Return*（Routledge & Kegan Paul, London, 1955），译自法文 Le Mythe de lÉternel Retour：Archetypes et Repetition。

劳斯的理论认为神话是故事性的,一定要有线索。所有的神话故事中都包括有一条螺旋形发展的母题、母题之反、综合正反这样的持续不断的主线。[32] 在犹太基督教传统里,对立通常是绝对的对立,而在中国式的传统里,阴、阳是从互补关系来理解的。但总之,两种传统都反映出了这种按对立双关来思维的天然的倾向。[33]

人立足于大地之上,他怎样来看宇宙呢? 二元对应显然不够了;东,意味着有西;而东西,就意味着南北。人只有立于环形之轴,或四个方向的中央,才易取得和谐之感。这种心理的因素暗示出了"亚"形的成立。在"亚"形陵墓中,死者的尸体安睡在"亚"形的中央,供品直接由祖先的魂灵享用。"亚"形包有铭文的符号也是这个象征意义。器皿底沿上的"✢"形穿孔可能是它们作为祭祀祖先的礼器。

爱利德(Eliade)很强调这座神圣之山作为中心的象征和它是大地起源的意义。在某些早期文明中,中央的大山也被视为大地的轴心。在中国传统里,这座神圣之山的模型是到了战国晚期、汉代早期才出现。殷商人的"亚"形更多的是作抽象意义上的中心的象征,而不是实指这座大山。但是中国传统里还是有所谓中央的大山的说法,汉代天文学把昆仑山当作这座中央的大山。另外还有一种说法,即这座中央之山是河南省境内的、五岳之一的"中岳"嵩山。

殷商甲骨文中,"禘"的祭祀有向"四方",高祖还包括了向"岳"(𬋖)和"河"(𠂤)。"河"很容易地可以肯定是黄河;"岳"的确定就不那么容易了。我自己觉得,它就是指的嵩山。从历史地理上看,安阳的西边是太行山脉,在商代的一个都城遗址偃师和商代中期郑州都城遗址的地带居高临下的就是嵩山。在嵩山脚下登封告成镇已经发现了大约公元前两千多年的墙址。[34] 由此我们知道这个地区的重要性可推到比商代早得多。

因为这个地方是传说中禹的都城"阳城",许多学者倾向于把它定作夏代遗

---

[32] 见 *The Savage Mind*(University of Chicago Press,1962),译自法文 *La Pensée Sauvage*。

[33] 见 Marcel Granet,"Right and Left in China", in Rodney Needham, ed., *Right and Left*: *Essays on Dual Symbolic Classification*(University of Chicago Press,Chicago,1973,译自法文)。

[34] 见《登封王城岗遗址的发掘》,《文物》1983 年,第 3 期,第 21—36 页。

址;也有一些学者根据"碳十四"的测定结果说此处遗址年代早于夏,而不同意它是夏遗址。我个人对把禹和此处遗址联系起来的说法做另一种理解:大禹治水的传说其实是创造故事的一种类型,它是人类第一次赋予这个世界的山川河流等自然现象以秩序,对这个世界第一次作政治组织的划分;这个行为并不是自然本身之所为,而是人类有意识的活动,对这个故事我们可以作为创造故事来理解。神话中,禹在这个大地的中心地带治理水流,让它可以为人类居住。其实,这个神话透露了一个事实,即新石器时期,这里可能已经是一个宗教活动的中心,这给为什么从城市来看此处的墙址太小(100平方米左右),它围的是些什么等问题提供了一种可能性的解释。

爱利德(Eliade)把这座古代宇宙论中的神圣之山描绘为天堂与地界的会合处。许多的古代民族都把高山(或巨树)是从地界入天堂的进口的说法看作是自然而然的:群山高耸入天嘛。从宇宙学上看,人除了意识到两度空间外(前后左右)他当然还意识到第三度空间,即上和下。上和下可以是天上和地界,也可以是天上和地的下界。爱利德理论中的中央神圣之山既是天堂与地界的会合处,也是天堂、地界、地狱(下界)的会合处。

在中国同样不例外,问题在于中文里的上下的"下",既可以是"天下",也可以是"地下";这带来了一些混淆。天堂和地狱是报应和惩罚的地方的说法是佛教传入后才有的。在《招魂》里,我们看到"上""下"同"四方"一样,仅是神灵之界而已。还有另一种较早的说法,即下界是"黄泉",人死后魂升天,魄入地下。[35]我曾在其他文章中讨论了这种信仰可追溯到商代;这里我不再重复,只简单引出几个要点。[36]《左传·隐公元年》记载了一个郑庄公的故事,庄公与其母不和,发誓曰:"不及黄泉,无相见也。"后来他后悔誓言有些过分,就接受了颍考叔的劝告:"君何患焉,若阙地及泉,隧而相见,其谁曰不然……"这段话里包含了所有的地下泉水都属黄泉这层意思。在《孟子》《荀子》《淮南子》里都有同样的说法:"夫蚓上食槁壤,下饮黄泉"(见《孟子·滕文公下》《荀子》《淮南子·说山训》)。《论衡·别通》里也说"穿圹穴卧,造黄泉之际,人之所恶也":如同天覆盖着地,

---

㉟ 见《左传》,昭公七年。

㊱ 看拙作,"The Myth of the Xia Dynasty",*Journal of the Royal Asiatic Society*,1984,no.2,pp.242-256。

地下通流黄泉,"真人"能够"跐黄泉而登大皇"(《庄子·秋水》)。

甲骨文中没有提到"黄泉"一词,关于殷商人有无这一信仰的证据都是间接的。但甲骨文里提及了一些泉水的名字,安阳附近至今还有很多的泉水,在这里要相信所有的地下有泉水存在应是很自然的事。另外,殷商青铜器饰纹的母题,除了兽面,就数龙形了。各式各样的龙,它是水兽。这一点也意味颇深。甲骨卜辞记载,祭品供向六处:高耸入天的大山"岳";与地下泉水相通连的"河";还有四"方"。

周代称上帝为"天"。H.G.Creel 等人推论,"天"是"上帝"的说法是西周才开始有的。[37]"天"字在甲骨文里很少见;一些学者把它释作"大"。"地"在甲骨文里未见到。这意味着把"上下"与"天地"联系在一起的说法是周灭商后才出现的。但是,仍然肯定的是商人同其他的人民一样,知道有天覆盖着地。无疑也意识到了天地之外,还有下界存在。下面,我将谈一谈龟在殷商占卜中作为宇宙模型的问题。它被看作是在东北、东南、西北、西南立有四柱的天地之形。这一推论给解释甲骨卜辞提供了一把钥匙。在开始正式讨论这个问题之前,我想在上面已有的讨论的基础上,对数字"五""六"作一些简要的说明。中国数字占卜术的文献资料,特别是"五行"说十分丰富,[38]不可能在此一一涉及。但大体上提一提,对我们理解将要进行的论题还是十分必要的。

"五"和"六"

"亚"形所象形的土地可分成五部分:中央和四"方"。[39] 这个数目"五"在甲

---

[37] 顾立雅:Herrlee O. Creel, *Studies in Early Chinese Culture*(London, 1938);Herrlee O. Creel, *The Origins of Statecraft in China*, vol.1: *The Western Chou Empire*(University of Chicago Press, Chicago, 1970)。

[38] 关于"五行"说起源的研究的近来的成果,也可参看 A.C.Graham, *Yin-yang and the Nature of Correlative Thinking*(The Institute of East Asian Philosophies, Occasional Paper and Monograph Series No.6, Singapore, 1986);李德永:《五行探源》,《中国哲学》,第四辑(北京,1980 年),第 70—90 页。

[39] 郭沫若:《中国古代社会研究》和胡厚宣:《论五方观念及"中国"称谓之起源》,刊《甲骨学商史论丛初集》,第 2 册,1944 年,第 383—390 页。他们也把甲骨文的"五方"看作"五行"的起源,但他们没有把"五方"和"亚"联系起来看。

骨卜辞中十分突出。有"五山",还有"五臣"。我们不知道这"五臣"是做什么用的。一些学者认为它们就是自然界的现象:风、雨、云、雷、电;它们像"臣"一样听从"帝"的号令。还有一种可能是他们统辖着土地的五部分。从甲骨文第二期开始,常有一份五种祭祀的谱。占卜也常常做五兆,就是重复五次之多;有时是一个甲片上有五兆,有时是一辞同做五个甲片。后面我还会谈到这种情况。

我认为,殷商时代这个数目"五"就很有意义了。它的原意是"亚"形所表示的对土地的地理划分。郭沫若曾推测《管子》中的日历"幼官图"(也可能是"玄宫")是"亚"形⑩;《礼记》的"月令"和"幼官"关系密切。我前面也提到了"月令"里的"明堂"也是这个"亚"形。很多学者都猜测这个图形是四季与建立在"五"上面的数字理论两者相互关系的产物。但是,在殷商时代,只有春秋两季,"夏"季之称出现于春秋时期⑪("冬"的出现的早晚不易断定,因为这个字也用于"终"),于是,我认为数字"五"的理论源头应是这种把土地划分成五部分的反映,而不是后来的那些派生。

从两度空间看,土地可分平面的五部分:中、东、南、西、北;从三度空间来看宇宙的话,就可作六部分:上、下、四"方"。这里的"下"既是地界的中央,也可作地底下的黄泉之界来理解。周代文献中,有"六极""六合"的说法;《庄子·则阳》:"四方之内,六合之里,万物之所生恶起?"还有"六漠"之称,《楚辞·远游》:"经营四荒兮,周流六漠。"⑫周代文献中,一直到战国结束时数字占卜术(主要是"五行"说)体系化之前,"五"和"六"的说法是常常互相替换的。另外"六气"也比较重要,《左传·昭公元年》:"天有六气,降生五味,发为五色,征为五声,淫生六疾。六气曰阴、阳、风、雨、晦、明也。分为四时,序为五节,过则为灾……"这里的"六气"里包括了"阴""阳"。徐复观推论它们的初义是朝阳和背阴。⑬在《左传》的这段文献里,我们看到"六"("六气")与"五"(味、声、色、

---

⑩ 郭沫若、闻一多、许维遹:《管子集校》(科学出版社,北京,1956年),第140页。参见 W. Allyn Rickett, *Guanzi:Political, Economic and Philosophical Essays from China*, *vol.*1(Princeton, 1985)。

⑪ 见《古文字类编》,第93页。

⑫ 《楚辞通译》,第113页。

⑬ 《中国人性论史·先秦篇》(私立东海大学,台中,1963年),附二《阴阳五行及其有关文献的研究》,第509—586页。

节),以及"四"("四时")三个数字是互相关联并作用着的。如果我的关于殷商宇宙论的推论是对的话,那么它也可以解释甲骨文中常见六个数字成套(张政烺释为与《易经》有关系[44]),以及《易经》中的六爻等悬而难解的问题。

龟的形状

火占术在中国大约公元前四千年就开始有了,到了商代晚期可以说已经逐渐发展为一套复杂精致的系统了。[45] 在新石器时期,所用来占卜的兽骨包括猪、狗、牛、羊等。这些动物也是祭祀祖先的供品。可能是最初在供品烧烤时出现了偶然性的裂纹,于是人们自然地想到烧灼这些兽骨,并释读兽骨上的纹路。[46] 商代晚期占卜所用的兽骨大体只限于水牛的肩胛骨(或杂牛,从骨头上很难区分出它们的不同)和龟甲,特别是龟的腹甲。这些甲骨在烧灼制纹前就要准备好,凿槽刮空。甲骨文里有龟是向殷王的供品的记载;其中有的龟来源远自缅甸。[47]

为什么选择用水牛(或杂牛)的肩胛骨来占卜的原因很容易推测;它们的表面在普通的兽骨里是最宽的,很方便在占纹旁边刻写卜辞。翻过背面来,刮平骨桥,锯去骨臼的一部分,也很方便堆垛存放。龟呢,可以说它的腹甲也很宽平,但我认为不只是这个原因。它们还是土地的模型。

很多学者已经注意到了,龟有圆圆的、穹拱形的背甲和宽平的腹甲,这与古代中国人认为天是圆的、穹拱形的,地是平的这个想法之间有所联系。起码在汉代,在女娲的神话里,龟就与宇宙联系在一起了:"往古之时,四极废,九州裂,天不兼覆,地不周载,火爁炎而不灭,水浩洋而不息,猛兽食颛民,鸷鸟攫老弱,于是女娲炼五色石以补苍天,断鳌足以立四极……"(《淮南子·览冥训》)。《淮南

[44] 张政烺:《试释周初青铜器铭文中的易卦》,《考古学报》,1980年第4期,第403—415页。

[45] 见 David N.Keightley, *Sources of Shang History: The Oracle Bone Inscriptions of Bronze-age China* (University of California Press, Berkeley, 1978),第3页。

[46] 吉德炜(David N.Keightley)曾有此推想。

[47] 见 Keightley, Sources, James F.Berry 写的附录一,"Identification of the Inscribed Turtle Shells of Shang",第160页,和《英国所藏甲骨集》,中华书局,下编,(未刊)丙编及英藏1313都是缅甸和印度尼西亚一带出产的 Geochylene (Testudo) Emys。

子》的这段记载，王充《论衡·谈天》里也重复了："……共工折之，代以鳌足，骨有腐朽，何能立之久？且鳌足可以柱天，体必长大，不容于天地……"这段记载所用的语言与《淮南子》中记载的格外近似，它可能是抄自《淮南子》，或是采自同一出处。在《论衡》的记载里，共工与颛顼争帝，引起天崩地漏。同样的记载也几乎一模一样地出现在《淮南子·天文训》："昔者共工与颛顼争为帝，怒而触不周之山，天柱折，地维绝。天倾西北，故日月星辰移焉；地不满东南，故水潦尘埃归焉。"当然这段文献在《淮南子》的"天文训"里，也没有提及女娲。于是，我们可以知道，龟与宇宙的相似联拟并非学者的比喻，而是古代神话的肯定的说法：当然我们也得知了龟足是立于西北、西南、东北、东南"四极"，而不是东、南、西、北基本方位上。

女娲神话最早的资料还是在《楚辞》中神秘难懂的《天问》篇里。"女娲有体，孰制匠之？"[48]注家们都把这句话与女娲的身躯挂起钩来。在汉画像砖上，女娲是人首蛇身。这句话的意思是把她当作一位创造女神。《天问》篇同样提到了共工（这里称作"康回"）："康回冯怒，地何故以东南倾？"[49]《天问》篇里还问道："九天之际，安放安属？隅隈多有，谁知其数？"[50]"隅隈"的意思不是十分清楚，但它使人联想到龟甲块的合缝处。

法国学者 Leon Vandermeersch 认为龟代表的是总体上的时间，而不是空间；它认为龟是与长寿联系在一起的。[51] 这个说法也出现在世界上许多不同的文化中，因为龟真是比较长寿。在这里，主要是沿用了《史记·龟策列传》的材料："余至江南……云龟千岁乃游莲叶之上""南方老人用龟支床足，行二十余岁，老人死，移床，龟尚生不死。龟能行气导引……"[52]其实，在现代物理学正确解释宇宙以前，人们推想宇宙是永恒不灭的，这样联想起来，龟当然容易与宇宙相提并论。

我上面曾谈到了"亚"形结构的两种推想，认为它们是后来土地是方形这种

[48] 《楚辞通释》，第 56 页。

[49] 《楚辞通释》，第 50 页。

[50] 《楚辞通释》，第 47 页。

[51] Wangdao ou la Voie Royale, Publication de l'Ecole Francaise d'Extreme Orient, vol.11(Paris,1980), p.290.

[52] 《史记》卷一百二十八，中华书局，1959 年，第 3225 页。

信仰的来源。如果是大方形看作被拿掉了四角,就极像龟的腹甲块的形状,有四角上的缺凹;或是方鼎的底座。它在安置四支鼎足之前也是一个"亚"形。有了这个"亚"形,在它的东北面、西北面、东南面、西南面四处放上四支足(或是山),它们支撑着一个原形的天。这可以画一个图:

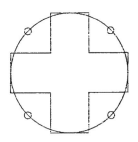

如果进一步把"✚"形扩大成一个大的方形,图形就变成了这样一个"琮"字形:

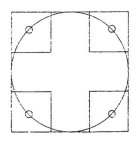

这样看上去,图形有九个部分,这与中国传统中的一个说法"天下"为"九州"之间可能会有某些联系吧。《天问》篇中问:"八柱何当?"[53]其实"✚"形本身已有八个角支撑着圆形:

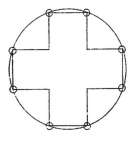

---

[53] 《楚辞通释》,第47页。

绝大部分学者都认为，"八柱"是在八个方向上，这从"东南何亏"这句话里也可以看出；但是，它们不能在方形的土地边端上撑着圆的天，于是，有了原来西北、西南、东北、东南的四"柱"，再有了东、南、西、北基本方位上的四"柱"，"这样"，就成了"八柱"撑天了：

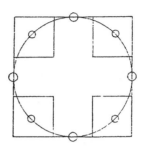

根据神话来推测，东面和西面的两"柱"，可能就是"扶桑"和"若木"。

除了用龟甲来占卜，殷商人还用玉和石雕刻出龟的模型，这些模型的功能还不十分肯定。但龟却是殷商青铜艺术中的一个基本母题。殷商青铜器上的动物饰纹多是合体，但龟，还有其他很少几类动物却是单体的，刻画逼真。这些龟的背甲上有装饰纹圈，数目不一定，常常可以见到中心有一个大圆圈，内有螺丝形母题（见图四 a、b）。但也有一些根本没有这个大圆圈，而只有一串小圆圈；有一些只有中心大圆圈，没有周围小圆圈。有学者把中心大圆圈内的螺丝形母题释为"囧"（☺）字，就是火的意思，有人叫这个母题"火纹"。这些装饰性的圆圈的意义，我们还不十分明白。但它们变化不定的数目和火纹的用途提示了一种可能性的猜想：即它们是天界里的物体。在汉墓艺术中，星宿总是按惯例画作圆圈，可能殷商青铜器饰纹龟的背甲上的圆圈也是这样的吧。如果这个猜想对的话，说殷商人把龟看作宇宙物理之形的说法就更加肯定了，龟的背甲很明白是代表了天。

从殷商青铜器上龟形的位置还可以看出另一种含义，龟被看作一种水生物。它们大部分多位于盘碗的中央，有时瓶耳龙也替代性地在这个部位出现。盘的其他装饰题纹包括了鱼和鸟。这暗示了这些盘代表着水池；或许就象征着"咸池"（"旸谷""汤谷""阳谷"）和"羽（虞）渊"，是通向下界的入口。在一些器皿的底部上也发现了这个龟形，也有时是龙形。

在殷商占卜中,所用的龟种不同,那么,水和龟的关系也就不一定。他们所用的大部分都是水龟,不是旱龟;同占卜所用胛骨多是水牛的有相同的含义。[54]占卜,是用烧热的硬木(或青铜工具)来钻灼甲骨制造占纹。这意味着是让水火相交,把宇宙中最基本的两项自然力结合起来。

殷商的占卜

占卜使用宇宙模型,让水火相交制出兆头;把土地划分为五部分,带有上界、下界;这一切都给殷商占卜提供了一种可能性的解释。

古代希腊哲学家柏拉图(Plato)和古罗马的西塞罗(cicero)把占卜分为两类:第一类可看作是一种技术(art),研究兆头,进行归纳推理;这些兆头表现为异常的自然现象:雷电、云彩的飘移、鸟的飞翔、动物行为异常等等,它们预告出将来是凶或是吉。另一类占卜,柏拉图认为比前一种的出现要晚一点,也高明一些;它是凭直觉,而不可以教授的;它的标志是神的降临和精神的一种入迷恍惚状态。德尔斐(Delpht)和其他一些神庙的女巫们所传递的神谕就是这样的神之降临所为。[55]

虽然在英文中,殷商甲骨文被称作"oracle bone inscriptions"(直译为:骨头上的神谕之文),但其实这些兽骨上并无什么天启神谕。龟并不开口说话,它只是一种媒介。人在甲骨上制兆,考究凶吉;开始这可能是偶然产生的裂纹,后来逐渐变成人为的了。使用龟特别灵验,其原因有二:一是把龟看作宇宙的模型;二是它还是一种水生物,用来火占,使水火相交。

如果基于上面的推论,那么殷商占卜的整个体系就变得开始可以理解了。殷商占卜有以下几个特点。

(一)绝大部分的卜辞里只有命辞,占辞一般不记,验辞更少;这个比重如此

---

[54] 见 David N.Keightley,*Sources*,第7页;还有注[18]都谈了区别水牛骨和杂牛骨的困难。

[55] Robert Flaceliere, *Greek Oracles*(Elek Books,London,1965),译自法文 Devins et Oracles Grecs(Paris,1961)

三代2.9a　　　三代6.17a　　　三代5.2b

三代6.18a　　　三代6.18b　　　三代3.1a

三代5.8a　　　三代3.10b　　　三代7.39b

图七

亚形铭文

悬殊,不可能仅是偶然性的。

（二）从语法上看,除了"自组""午组"中的一些卜辞,命辞多是陈述式的,而非疑问式的。⑤⑥

（三）在同一块甲骨上,或是一套卜甲里,命辞重复同样的形式,普遍的是一兆重复五次。六次或十次之多也比较常见。

（四）这些命辞分肯定式和否定式两种方式,互为反形,占纹也是互为反形。

---

⑤⑥　饶宗颐:《殷代贞卜人物通考》(香港,1959 年);还有 Leon Vandermeersch, Wangdao ou la Voie Royale, vol. 2,第 289 页已经注意到这一问题,吉德炜(David N.Keightley)、倪德卫(David Nivison)二人在多种未刊出的论文中都详细讨论过。

首先,弄明白为什么命辞比占辞、验辞多这一问题很重要。现今的研究还不可能对此下一个完全的结论。下面我提出自己的一些观察,望博识者不吝指教。

甲骨卜辞的命辞可分三类:

(a)祭祀供献的卜辞;

(b)关于未来吉凶的卜辞;

(c)关于灾难已经降临到商王身上,以及他的人民或土地上的卜辞。

卜辞中最多的是向祖先和其他神灵祭献的卜辞。大部分这些祭祀的详细情况还不清楚,它们很多地方提到用人和动物作为祭献品;考古材料已经证实有这些祭献。祭品还包括谷物和酒;仪式伴随着音乐和舞蹈进行。在第一期的卜辞中,看到仪式的程序不固定,祭品也可以时时替换。到了最后第五期卜辞,祭献规范化了,并且时间定在每一句开头前。

第二类命辞是卜未来的吉凶,它们又可细分为三组:

(a)关于自然的占卜,主要是繁殖,从人类到农业,包括了婴儿的出生和庄稼的丰收。死亡和诞生是人类生活的两个方面。繁殖的欲望与想到用生命作为祭祀的牺牲品是紧密相关的(这在其他一些早期文化中也常见),我把关于天气的占卜也归入此类:这些关于气候的命辞是在问能否得到丰年,还是会遭到灾害;当殷商的帝王问:"……雨……不雨……"时,他们不是想知道会否下雨;他们是为丰收需要雨水求雨,或是雨下得太多,希望雨会停止。这些雨、风暴、雷电本身是丰年的吉降或灾降。

(b)关于帝王和他随从们行为的预料是吉还是凶的卜辞:帝王希望得知行为的后果是吉是凶;最经常的主题是狩猎和战争,以及"往来"的灾祸;其他的包括了筑城和农业活动。

(c)关于灾祸是否会在认为的某一时间内(某夕、日、旬)发生的占卜。

第三类关于那些已经降临了的灾难的占辞。它提供了其他两类占卜之间关系的一条线索。这种占卜是为了断定灾祸的起因,是哪个精灵引起的灾难(有时列出替代的名字)。灾难包括了疾病、噩梦(他们被认为是某位祖先送来的)以及降临的干旱破坏了丰收等。这类卜辞仅在第一期的卜辞里见到,还有一些关于替换祭品的建议;这是说发现了是谁引起灾难,是为了增加祭品,或是更正祭品。当祭祀变得规范化了以后,他们就不再力图去发现灾难的特殊的起因了。确实如此,在第五期卜辞里,祭祀完全常规性进行,只简单地记下"旬亡祸"。

德国学者 Walter Burkert,法国学者 René Girard 两人都对原始公社里祭祀的功能作了心理学上的阐述。他们提出,祭献牺牲品可用来泄导任何团体本身所固有的那么一种自然的侵犯本能,它选择受害者,用集体的屠杀行为来建立一种社会集团意识。[57] 对这种牺牲的另一用途,不是去力图泄导集团的侵犯性,而是引导从另一方面来随便地选择它的牺牲品的自然界的暴力,即让人类自己选择给自然暴力的牺牲品。甚至到了不再依靠狩猎的早期农业集团,人的侵犯本能仍靠与外部的敌人进行战争来得以泄导。后来,人类开始逐渐随着季节播种和收割,奋斗着去控制他的周围环境;他变成定居的了。但是,在大自然变化无常的脸面前,他常常显得孤立无援;大自然可以时而滴雨不下,时而暴雨倾盆!它送来群群蝗虫毁灭庄稼,送来瘟疫祸害人类和家畜。张光直先生曾指出:世界上,包括中国在内的许多早期文化中,大张的兽口的母题艺术是通向另一个世界的通口的象征。[58] 确实,外部世界就像是一只永不餍饱的野兽,嚼食着人类、动物和庄稼。

农业革命的核心就是开始认识到植物生长死亡的一年的周期,于是,人类力图去控制利用这个周期。但是,仍然有一些其他的周期和自然力不是那么容易把握的,它们带来死亡和毁灭。怎样才能控制它们呢? 我不知道能否把早期社会中所有的祭祀都作如是观,但我确实这样来理解殷商的祭祀:它一方面送上祭品,看甲骨上的征兆表明它们是否被享用了;另一方面,它对将来的行动占卜,决定是否有灾难或吉祥会降临他们身上。如果这套体系还是随意性的,灾祸很易发生:于是要找出起因,以便送上新的祭品。殷商的帝王和他们的贞人供上肉食、谷物和酒,希望这样就能避免他们自己和他们的丰收被宇宙中的那些无形的力量夺走。

---

[57] Walter Burkert, *Homo Necans: The Anthropology of Ancient Greek Sacrificial Ritual and Myth*(University of California Press, Berkeley, 1983, 译自德文)。René Girard: *Violence and the Sacred*(Johns Hopkins University Press, Baltimore, 1979), 译自法文 La Violence et le Sacre(Paris, 1972)。

[58] K.C.Chang, *Art, Myth and Ritual: The Path to Political Authority in Ancient China*(Harvard University Press, Cambridge, Mass., 1983)。

贞人的职责是保证祭品已被受用,于是将来吉祥如意;或者说,起码预料到那些到处胡乱泄怒降灾的神灵的需要,这样灾难还可以避免。商人要贞人送上祭品,在甲骨上给他卜兆,他的目的不是问是否应该祭献;他是在陈述祭献要送上,看一看兆头;还有祭献不要送上,也看一看兆头,他是要得到吉凶的兆头的回应;所以命辞是陈述式,不是疑问式。关于占问未来的卜辞是同样目的的另一方面,他们的根本企图不是对将来作预言,而是企图确定神灵很满意收到的祭品,不会降灾;他们对什么将会发生的陈述是想得到一个回应。如果祭品不错,那将来就是"亡祸"。

兆头在自然界中不是经常有的现象。在甲骨占卜中也是如此,这就是命辞比占辞更重要的原因。贞人在甲骨上刮好空,控制它在右左两面制造出互为反形的占纹。一般说来,他希望不要产生出异常的征兆;如果有的话,就在那里刻上占辞。第一期卜辞中,不吉的占辞并不少见;但到了第五期,只是按惯例写"吉";作为未来的占卜,也是大体在随后的一句里平安无事("旬亡祸"),对祭品有一个陈述。这大概是因为甲骨上不再有凶兆出现,占卜只是单纯地用来证实向神灵们奉献了祭品。

如果我们推断甲骨是宇宙的代用物,贞人卜兆则是企图复制自然界的现象。我提到了水火相交,土地分成带上界、下界的五部分。贞人是希望在占卜里包含整个宇宙,不要有任何凶兆。那么我们可以这样解释,甲骨上互为反形的占纹,以及肯定式和否定式的命辞,是反映出上界和下界的划分。甲骨左面是否定的命辞,与占纹倒逆,表明贞人想否认掉它;右面,他写想肯定的命辞。左右互为反形,是反映上界、下界之分。命辞时时五个一套,反映出贞人想象中的世界的每个部分。

《合集》9950 片是很典型的实例(见图八)。甲片上面记下了肯定和否定的命辞,五兆一套,都是互为反形;还有一个兆语是"二告"(在"对贞"中也常见到这个兆语),它可以推想为是"告"上界、下界的神灵。另一片是《合集》14295 片(见图三)。这一片不完全相同上一片,但理解是一致的。它的右面和左面记下了"……帝令雨……不其令雨……"然后,接着是向四"方",每方一份"禘"的四个命辞,都是肯定式,两左两右;所有共六个命辞都占四兆。这可以解释为开头左右两面的两个命辞代表上界、下界;占四兆是向四"方";接着四个命辞也是代表了四"方"。

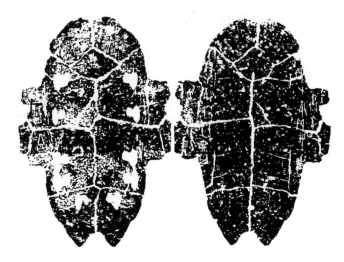

图八

兆的解释可能不止我所谈到的这一层含义。占辞中常说到灾难从哪一"方"而来,它们可能与一套五兆的其中之一有联系。然而更普遍的是占辞记了哪一天灾难发生;由此看来,五兆即指方位,也代表了时间。这样不仅可以解释"五",也可以解释"六"和"十"之数。

总的说来,殷商占卜的意图是证实祭献被受用了,而且神灵祖先很满意,不会有灾祸随之而生。肯定式、否定式的命辞,成套的兆和占辞,代表了宇宙的方位,或许也代表了时间因素。当然有时候,特别是殷墟早期,征兆常常表示着异乎寻常的命运。我的推论很大程度上仅是一种假说;我所列举的那两片代表性甲骨并不多见。还需要仔细研究卜辞的各种不同风格来证实它。然而,我现在把它作为一种对殷代宇宙观和占卜的新的解释和处理提出来,好让今后更详尽地研究来证实这个题目。希望能得到各位的指教。

【[英]艾　兰　英国伦敦大学亚非学院博士】

原文刊于《中国文化》1991 年 01 期

"式"与中国古代的宇宙模式

李 零

【内容提要】从天文历算派生的各种占术和相术中,式占居第一位,重要性超过龟卜筮占。所用工具"式",本身就是模仿古代的宇宙模式。本文以迄今所见年代最早的8件古式为依据,结合传世文献,并参考中外学者的有关研究,着重讨论式的图式构成(文中简称"式图")和它所代表的原始思维。作者认为,上述古式虽为与天文有关的考古实物,但其重要性却并不在于天文或考古方面(它既不是真正的天文仪器,也不是典型的考古器物),而是在思想史方面。因为这种器物的图式同时还是一种相当抽象的思维模式,可从任何一点做无穷推衍,对古人说来,是一种万能工具(可以推验古今未来,还可以配合禁忌,模拟机遇,沟通天人,指导人们的一举一动)。这对理解数术之学和阴阳五行理论,以及古代的实用知识体系,乃至探求中国文化之内心理解,不啻是一把宝贵的钥匙。在文章中,作者提出了许多新颖见解,如:(1)式的起源,不但可由汉代溯至战国,还可推到商周以前;(2)式的种类并不限于太乙、遁甲、六壬三式,宋以前还有其他种类(如雷公式);(3)式的图式可区别为四分—八分—十二分和五分—九分两大系统;(4)古代的方向是上北下南与上南下北并存;(5)古代的年、月、日均有大、小时,大时四分,小时十二分;(6)秦汉时期的十二、十六、十八时制可能与式的配神有关;(7)河图、洛书和先天图、后天图之谜,可借"式图配数"

加以解释;(8)十二属(生肖)的"辰位"与其"生月"有"对冲关系",可帮助理解秦简《日书》十二属与后世十二属的异同;(9)古代时令分"四时时令"与"五行时令",前者配二十四节气,后者配三十节气;(10)古代的六博棋具和游戏方法是模仿式和式法等等。文章为中国古代思想史的研究提供了一个新的角度。

式是古代数术家占验时日的一种工具①,经出土发现,已有不少实例。这种器物虽然方不盈尺,但重要性却很大,对理解古人心目中的宇宙模式乃至他们的思维方式和行为方式是一把宝贵的钥匙。

近年来,我对这一问题的关心主要是来自简帛书籍的研究。因为从简帛书籍的出土情况看,有一种讲岁月禁忌的书发现很普遍,这种书可分"月讳"和"日禁"两种②,子弹库楚帛书属于前者③,而大量的日书(如九店楚简、睡虎地秦简、放马滩秦简、八角廊汉简、双古堆汉简、张家山汉简都有这类书)则属于后者④。马王堆帛书《阴阳五行》、银雀山汉简《阴阳时令占候之类》,也有许多类似内容⑤。我在研究中发现,它们全都与式所代表的图式有直接关系。例如上述各书,子弹库楚帛书和马王堆帛书《阴阳五行》就都是写在这种图上(马王堆帛书《胎产书》是与数术有关的方技书,所附《禹藏图》也是类似的图);其他书即使不附图,也都是以这种图式为背景。受此启发而重检传世文献,我还发现,除《淮南子·天文训》的附图是属于这种图式,《管子·玄宫》和《山海经》原来也是与这种图式相配;而《夏小正》《月令》和《吕氏春秋·十二纪》等书,内容与《玄宫》相近,亦含类似背景。还有宋易所谓"图数之学",图、数的相互配合,向上追溯,看来也与此有关。所以,我一直想以式所代表的图式为主线,对古代数术之学的基本概念做一初步总结。

---

① 或称式盘、占盘,皆非古代名称,本文不采。
② 李零《长沙子弹库战国楚帛书研究》,中华书局,1985 年。
③ 同注②。
④ 这六批日书,目前只有睡虎地秦简《日书》已发表,见云梦睡虎地秦墓编写组《云梦睡虎地秦墓》(文物出版社 1981 年)。其他可参看何双全《天水放马滩秦简综述》(《文物》1989 年 2 期)、定县汉简整理组《定县 40 号汉墓出土竹简简介》(《文物》1981 年 8 期)、阜阳汉简整理组《阜阳汉简简介》(《文物》1983 年 2 期)、张家山汉墓竹简整理小组《江陵张家山汉简概述》(《文物》1985 年 1 期)。
⑤ 前书尚未发表,后书参看吴九龙《银雀山汉简释文》(文物出版社 1985 年)。

现在,我要讨论的就是这一问题。为了叙述的方便,本文把式所代表的图式简称为"式图"。

一、出土实例与研究讨论

现已出土的古式共有 8 件,可按年代早晚排列如下[6]:

(一)漆木式(西汉初)。1977 年安徽阜阳双古堆 M1(西汉汝阴侯夏侯灶墓,年代在公元前 165 年后不久)出土,现藏阜阳市博物馆。天盘直径 9.5 厘米、厚 0.15 厘米,地盘每边长 13.5 厘米、厚 1.3 厘米(图一)[7]。

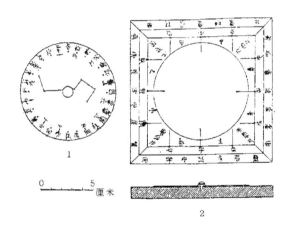

图一　漆木式

(安徽阜阳双古堆 M1 出土)

1.天盘　2.地盘

---

⑥　宋杨惟德《景祐六壬神定经·造式》所述造式尺寸,天盘与地盘之比约为 1:2。下述各器,唯例(8)近之。其他各器,天盘与地盘之比约为 2:3。杨书所述是晚期形制,故与早期不合。

⑦　安徽省文物工作队等《阜阳双古堆西汉汝阴侯墓发掘简报》,《文物》1978 年 8 期。又殷涤非《西汉汝阴侯墓出土的占盘和天文仪器》,《考古》1978 年 5 期。殷文所记尺寸和所附线图与《简报》不同,应以《简报》为准。本文所附插图是用《简报》线图,但为便于比较,对天盘位置做有调整,统一以上午下子为正,下同。

（二）漆木式（西汉初）。出土、收藏同上。天盘直径 8.3 厘米、厚 0.3 厘米，地盘每边长 14.2 厘米（图二）⑧。

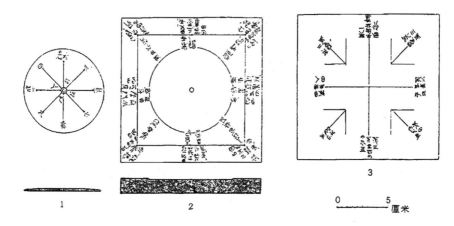

图二　漆木式（安徽阜阳双古堆 M1 出土）

1.天盘　2.地盘正面　3.地盘背面

（三）象牙式（西汉末）。传山西离石出土。现藏故宫博物院（于省吾旧藏）。仅存天盘，面径 6.2 厘米、底径 6 厘米（图三）⑨。

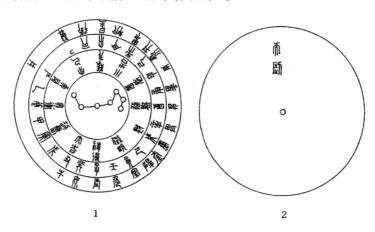

图三　象牙式（于省吾旧藏）

1.天盘正面　2.天盘背面

---

⑧　同注⑦。

⑨　于省吾《双剑誃古器物图录》卷下 39。本文插图，正面是用下述罗福颐文所附摹本，但位置经调整；背面是重新摹绘（罗文所附摹本与天盘比例不合，故重绘）。

（四）漆木式（西汉末）。1972 年甘肃武威磨嘴子 M62（年代在王莽时期）出土，现藏甘肃省博物馆。天盘直径 5.9—6 厘米，厚 1 厘米（边厚 0.2 厘米），地盘每边长 9 厘米（图四）[⑩]。

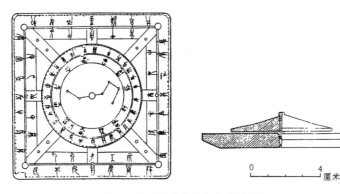

图四　漆木式（甘肃武威磨嘴子）

（五）漆木式（西汉末或东汉初）。1925 年朝鲜乐浪遗址（在平壤南郊）石岩里 M201（年代在王莽时期或东汉初）出土，现藏地点不详。仅存天盘残片，直径 9.4 厘米（图五）[⑪]。

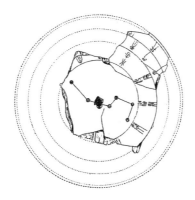

图五　漆木式（朝鲜乐浪遗址石岩里 M201 出土）

（六）漆木式（东汉初）。1925 年朝鲜乐浪遗址王旴墓（年代在东汉明帝末或章帝前后）出土，现藏地点不详。天、地盘均残破不堪，天盘直径 13.5 厘米、厚

⑩　甘肃省博物馆《武威磨嘴子三座汉墓发掘简报》，《文物》1972 年 12 期。本文插图是用《简报》线图。

⑪　《乐浪彩箧冢》，朝鲜古迹研究会 1934 年。本文插图是用该书复原图，但位置经调整。

约 0.5 厘米,地盘每边长 20.5 厘米、厚约 0.5 厘米(图六)[12]。

(七)铜式(东汉)。现藏中国历史博物馆(濮瓜农旧藏)。仅存地盘,每边长 14.3 厘米、厚 0.6 厘米(图七)[13]。

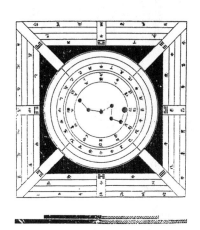 

图六　漆木式　　　　　　　　　　　　　图七　铜式

(朝鲜乐浪遗址王盱墓出土)　　　　　　　　(濮瓜农旧藏)

(八)铜式(六朝晚期)。现藏上海博物馆。天盘圆隆,直径 6 厘米,高出地盘 1.9 厘米,地盘每边长 11.2×11.4 厘米,厚 0.2 厘米(图八)[14]。

  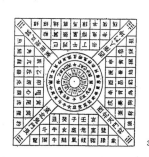

图八　铜式(上海市博物馆藏)

1.正面拓本　2.背面拓本　3.正面示意图

---

[12]　《乐浪五官掾王盱の坟墓》,东京刀江书院 1930 年。本文插图是用该书复原图,但位置经调整。

[13]　刘心源《奇觚室吉金文述》15.34。下述陈梦家文有该器照片和拓本。本文插图是用陈文所附拓本。

[14]　严敦杰《跋六壬式盘》,《文物参考资料》1958 年 7 期。下述陈梦家文有该器照片和拓本,严敦杰《式盘综述》有正面铭文的示意图。本文插图是据陈文所附拓本和严文所附示意图。

截至目前,笔者所见讨论上述各例的有关论著已有 15 篇:

1.王振铎《司南·指南针与罗经盘》(上),《中国考古学报》第 3 册(1948年)(下简称“王文”)

2.严敦杰《跋六壬式盘》,《文物参考资料》1958 年 7 期(下简称“严文 A”)

3.李约瑟(Joseph Needham)《中国科技史》(*Science and Civilization in China*)卷四第 1 册(Cambridge 1962 年,第 261—269 页(下简称“李约瑟文”)

4.陈梦家《汉简年历表叙》第三“汉代占时、测时的仪具”:一、式,《考古学报》1965 年 2 期(下简称“陈文”)

5.严敦杰《关于西汉初期的式盘和占盘》,《考古》1978 年 5 期(下简称“严文 B”)

6.殷涤非《西汉汝阴侯墓出土的占盘和天文仪器》,同上(下简称“殷文”)

7.夏德安(Donald J.Harper)《汉代天文式盘》(*The Han Cosmic Board*),*Early China* 第 4 期(1978—1979 年)(下简称“夏文 A”)

8.罗维(M.A.N.Loewe)《天人合一》(*Ways to Paradise*)第三章第五节和第六节(London,1979)(下简称“罗维文”)

9.山田庆儿《九宫八风说し少师派の立场》(《东方学报》)第 52 册(1980 年 3 月)(下简称“山田文”)

10.库伦(Christopher Cullen)《再论几点有关〈式〉的问题》(*Some Further Point on SHIH*),*Early China* 第 6 期(1980—1981 年)(下简称“库文”)

11.夏德安《汉代天文式盘》:答 Christopher Cullen,同上(下简称“夏文 B”)

12.严敦杰《式盘综述》,《考古学报》1985 年 4 期(下简称“严文 C”)

13.罗福颐《汉栻盘小考》,《古文字研究》11 辑(中华书局 1985 年)(下简称“罗文”)

14.连劭名《式盘中的四门与八卦》,《文物》1987 年 9 期(下简称“连文”)

15.李学勤《再论帛书十二神》,《湖南考古辑刊》第四集(1987年10月)(下简称"李文")

上述各文,要以严文(侧重式法源流和演式方法)和陈文(侧重式图结构)最具参考价值。另外,夏文 A 指出"天盘""地盘"名称不古,罗文指出天盘本名"天刚",李文指出帛书十二神应与六壬十二神有关,也很值得注意。但这里应当指出的是:(1)王文以司南为地盘加磁杓,罗文以司南为式的别名,均属推测;(2)严文以古式法只有太乙、遁甲、六壬三式,亦可商;(3)陈文用天、地有别解释各器戊、己排列的不同,以八卦定向始于汉宣,释例(7)"土门"为"地门"[15],周边纹饰为十二神,均不确;(4)殷文附图不可靠(承阜阳博物馆馆长韩自强函告),山田文将例(2)天、地盘铭文连读,严文疑例(2)中心有"中央"二字合文,皆误;(5)连文以"分策定卦"即式本身的配卦,释"虡"为"宿",皆可商。

二、式法源流与著录佚存

据上所述,现已发现年代最早的式是在西汉文帝时。但有许多迹象表明,式的发明肯定要远在其前。

从文献记载看,式作为实际存在的工具至少在战国时期就已出现。如研究者经常引用到的,《周礼·春官·太史》所说的"天时"就是式的早期名称。式在战国时期的流行,不仅可从文献记载阴阳五行说的内容结构得到印证,而且也可由出土发现,如长沙子弹库楚帛书(图九)和湖北随县曾侯乙墓漆箱盖(图十)的图式得到印证[16]。

---

[15] 严文 B 释"土门"是对的,但严文 C 又改为"出门"。汉代出、土二字极易混淆,参看裘锡圭《马王堆医书释读琐议》第33条(《湖南中医学院学报》1987年4期)。

[16] 王健民、梁柱、王胜利《曾侯乙墓出土的二十八宿青龙白虎图像》,《文物》1979年7期。

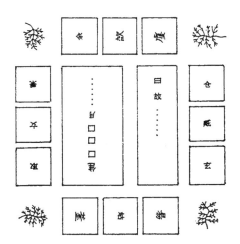

图九　楚帛书图式结构示意

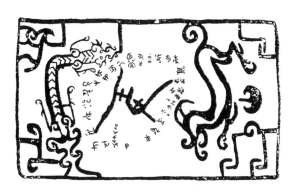

图十　青龙白虎二十八宿图案　(湖北随县曾侯乙墓出土漆箱盖所绘)

关于式的更早来源,或者说关于式图的更早来源,已有学者据商代甲骨文中"四方风名"的存在,推测当时已有这类观念的萌芽[17]。最近,河南濮阳西水坡仰韶文化遗址 M45 发现用蚌壳摆塑的青龙白虎图(图十一),安徽含山凌家滩 M4 出土刻有四方、八位图案的玉片(图十二)更把有关线索上推到 4000 多年以前[18]。前者可使我们联想到曾侯乙墓漆箱盖的图式,而后者则与式图酷似。

[17] 李学勤《楚帛书中的古史与宇宙观》,《楚史论丛》初集,湖北人民出版社 1984 年。

[18] 濮阳市文物管理委员会《河南濮阳西水坡遗址发掘简报》,《文物》1988 年 3 期。安徽省文物考古研究所《安徽含山凌家滩新石器时代墓地发掘简报》、陈久金、张敬国《含山出土玉片图形试考》,《文物》1989 年 4 期。

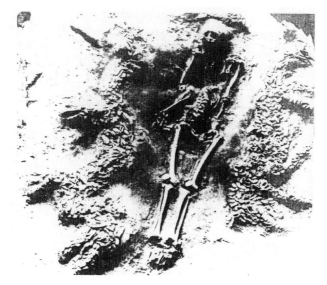

图十一　青龙白虎图案　（河南濮阳西水坡遗址 M45 平面局部）

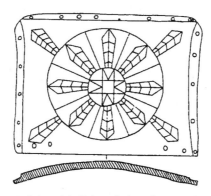

图十二　四方、八位图案　（安徽含山凌家滩遗址 M4 出土玉片上的图案）

　　古代讲演式方法即式法的书属于数术之学。数术之学在古代的实用知识中占有重要地位。它是以天地万物等自然现象即"天道"为研究对象。这种学问在汉初司马谈的《六家要旨》中本来是叫"阴阳家"。西汉末,刘向、刘歆校书,把阴阳家的书分为两类,有家法可考和偏于思想的入于《诸子略》阴阳家;无家法可考和偏于实用的入于《数术略》五行类⑲。式主要与五行类的各种占家有关，是他们占验时日的一种工具，各家占术不同，工具也不同。以下是对有关史志著录的简要讨论⑳：

（一）《汉书·艺文志·数术略》五行类。著录《转位十二神》，应属六壬式；《羡门式法》《羡门式》，不详㉑。目中又有《堪舆金匮》，可能即《吴越春秋》引用的《金匮》，亦与式法有关㉒。四书均佚。

（二）《隋书·经籍志·子部》五行类。目中所列包括九宫、太一、遁甲、六壬四类，皆与式法有关。其中《黄帝龙首经》和《玄女式经要法》可能即《道藏·洞真部》众术类的《黄帝龙首经》和《黄帝授三子玄女经》㉓。玄女式即六壬式的别名（见唐李筌《太白阴经》卷十）㉔，二书皆属六壬式。

（三）《日本国见在书目》五行家。原书有十一个小标题，其中与式法有关，主要是六壬、雷公、太一、遁甲和式五类，目中六壬、太一两类之间为九宫类，似雷公即九宫之别名。《唐六典》卷十四以唐代三式为雷公、太乙、六壬，无遁甲，或许雷公与遁甲性质相近，可含后者言之㉕。此目亦有《龙首经》《玄女经》，又目中有《黄帝注金遗（匮）经》《黄帝金遗（匮）疏》《黄帝金遗（匮）王（玉）门曾门经》《黄帝金遗（匮）诫经》，或与《吴越春秋》引《金匮》《玉门》有关。今《道藏·洞真部》众术类有《金匮玉衡经》。

（四）《旧唐书·经籍志·子部》五行类。目中有萧吉《五行记》，宋以来称《五行大义》，盖即《见在书目》之《五行大义》，亦颇涉及式法。

（五）《新唐书·艺文志》"五行类"。大抵沿袭《隋志》《见在书目》和《旧唐

---

⑲ 陈振孙《直斋书录解题》谓《汉志》阴阳家与数术家五行类的区别是"此论其理，彼论其术"，余嘉锡《古书通例》（上海古籍出版社 1985 年）则谓二者的区别是在于有无家法可考。

⑳ 原稿详列书目，因篇幅有限，这里从略。

㉑ 严文 C 疑为太乙式的早期形式。

㉒ 今人以堪舆为风水家之别名，但早期却属日者众术之一。参看"Michael Loewe：The Term Kán-yü 堪舆 and the Choice of the Moment"，*Early China*，No.9 - 10.1983 - 1985。

㉓ 与董氏《太一龙首式经》要加以区别。该书在《日本国见在书目》中也叫《黄帝龙首经》。《新唐志》的《大龙首式经》，"大"即"太一"之脱误，亦董氏作。

㉔ 宋以来的式书多谓式法出于玄女。传黄帝战蚩尤，九战不胜，得玄女授式法始克之。唐宋兵书多载式法，如《太白阴经》《武经总要》《武备志》。

㉕ 严文 C 据《景祐六壬神定经》引《雷公杀律》，谓雷公与六壬无别，但这一引文并不一定是讲雷公式本身。

志》,但增加若干唐代式书。目中亦有《玄女式经要诀》和《黄帝龙首经》。并且唐王希明《太一金镜式经》亦存于后世。

宋代以来,式法以太乙、六壬、遁甲为主,但《通志·艺文略》仍保持遁甲、太一、六壬、九宫的分类(在专门的"式经"类之前)。今存式经,除上述《道藏》所收三种及王希明《太乙金镜式经》,最著名者是宋杨惟德等所撰的"景祐三式"即《景祐太一福应集要》(有北京图书馆藏明钞本残卷)、《景祐遁甲符应经》(有美国国会图书馆藏明钞本)、《景祐六壬神定经》(有《丛书集成》本)[26]。

三、式图总说

现已出土的古式,除图二性质还有待研究,其他皆属六壬式。六壬式自唐宋以来不禁私畜,士庶通用,使用最广。所以我们先来讨论六壬式。

出土的六壬式一般由上、下两盘构成。上盘为圆形,象征天;下盘为方形,象征地。上盘有穿孔,可扣置于下盘的中轴上而旋转(但图七无轴,是置上盘于下盘的圆坎中而旋转)。这两个盘,《景祐六壬神定经》叫"天""地",现在一般叫"天盘""地盘",但陈文据唐司马贞《史记正义》"用之则转天纲加地之辰"的说法,也把天盘叫"天纲",地盘叫"地辰"。"天纲"的叫法虽可由图三佐证,但"加地之辰"含义是指以天盘某神对准地盘某辰("加",式书也叫"临"),却非地盘的名称。这里仍采用"天盘""地盘"的叫法。

(一)天盘(图一、三、四、五、六、八)。

一般是以北斗居于天盘中心(但图八无北斗),四周环列:(1)十二月或十二神(图一列十二月,其他列十二神);(2)干支(图一、四无此项);(3)二十八宿。各器所绘北斗七星及其他各项,相对位置略有出入,但参考有关文献和与地盘比较[27],似乎原来是固定的。兹为校正,列表如下:

㉖ 《道藏·洞玄部》众术类有《黄帝太一八门入式诀》《黄帝太一八门入式秘诀》《黄帝太一八门逆顺生死诀》,《太玄部》有《素问入式运气论奥》(宋刘温舒撰),亦与式法有关。

㉗ 参看《五行大义·论诸神》引《玄女拭经》。

斗	月或神	干支	宿
	十一	戊或己	斗
	大吉	丑	牛
	十二	癸	女
	神后	子	丘或虚
		壬	危
	正、征明	亥	营或室
		己或戊	壁或辟
	二	己或戊	奎
斗魁一星	魁或天魁	戊	娄
	三	辛	胃
斗魁二、四星	从魁	酉	
	四	庚	毕
斗魁三星	传送	申	此或觜
		己或戊	参
	五	己或戊	井
	小吉	未	鬼
	六	丁	柳
	胜先	午	星
	七	丙	长或张
	大乙或太一	巳	羽或翼
		戊或己	轸
	八	戊或己	角
斗杓七星	天纲或天罡	辰	亢
	九	乙	氐
斗杓五、六星	大冲或太冲	卯	方或房
	十	甲	心
	功曹	寅	尾
		戊或己	箕

表中斗项,北斗七星分斗魁(像可以挹取的枓口)和斗杓(像可以握持的枓柄)两部分。斗魁二、四两星(天璇、天权)指酉,斗杓五、六两星(玉衡、开阳)指卯,近于一条直线。斗魁一、三两星(天枢、天玑)在斗魁二星的前后,指戌、申。斗魁七星(摇光)在斗魁六星后,指辰。其中除图一,其他各例皆以斗杓五星为枢,当穿孔处。整个北斗略呈 S 形而与卯酉线平行。表中月或神项,图一用十二月,严文 B 以为是与十二神相当的十二月将,但实际位置却与十二神不同。十二神是与十二支相配,而这十二月,除正月当亥,皆与十干相配。它们与四宫二十八宿的对应关系也不同,十二神是与每宫二、四、六宿相配,而这十二月,除正月当营,皆与每宫的一、三、五宿相配。其含义如何,还有待进一步研究。表中干支项,皆作左旋排列。图三以戊居东北、东南,相邻;己居西南、西北(西南戊字残泐),相邻。图五仅存西南隅之己,似同图三。图八以戊居东南、西北,相对;己居东北、西南(寅、丑之间漏刻己),相对,与图三异。所有天盘,都是以子午、卯酉四分圆面,分配十二月或十二神、干支和二十八宿。

值得注意的是:上述各例中的十二神都是以征明(正月)主亥,同于《五行大义·论诸神》引《玄女拭经》,但《景祐六壬神定经·释月将》引《金匮经》却是以征明主寅。前者沿用秦正,而后者是汉武帝以后改用的正朔,为后世六壬家所本。

(二)地盘(图一、四、六、七、八)。

自内向外作三层排列:(1)天干;(2)地支(但图四干、支杂错,并为一列);(3)二十八宿。其相对位置固定,可用下表示意:

干	支	宿	干	支	宿
		斗			井
	丑	牛		未	鬼
癸		女	丁		柳
	子	丘或虚		午	星
壬		危	丙		长或张
	亥	营或室		巳	羽或翼
		壁或辟			轸

续表

干	支	宿	干	支	宿
		奎			角
	戌	娄		辰	亢
辛		胃	乙		氐
	酉	昴		卯	方或房
庚		毕	甲		心
	申	此或觜		寅	尾
		参			箕

又地盘四隅还有天、地、人、鬼四门,可用下表示意:

例	天	地	人	鬼
(1)	天廪己	鬼月戊	土斗戊	人日己
(4)	不标文字	不标文字	不标文字	不标文字
(6)	☳	☶	☴	☷
(7)	戊天门	己鬼门	戊土门	己人门
(8)	西北 天门乾☰	东北 鬼门艮☶	东南 地户巽☴	西南 入门坤☷

表中戊、己,图一以戊居东北、东南,相邻;己居西南、西北,相邻。图七可能复原有误,原本同于图一(详见陈文)。合天盘而观之,图一、三、五、六(可能还有图七),形式相同,应是早期形式;图八另为一种,则是晚期形式。

另外,图八背面有两段铭文:

　　天一居在东在西,南为前;在南在北,东为前。甲戊庚,旦治大吉,暮治小吉;乙己,旦治神后,暮治传送;丙丁,旦治征明,暮治从魁;六辛,旦治胜先,暮治功曹;壬癸,旦治太一,暮治太冲。

　　前一腾蛇,前二朱雀,前三六合,前四勾陈,前五青龙,后一天后,后二太阴,后三玄武,后四太常,后五白虎,后六天空。

第一段铭文是讲"天一"所居的前后和旦暮治神,自"甲戊庚"以下,见于《黄帝授三子玄女经》和《五行大义·论诸神》引《六壬式经》,第二段铭文是讲"天一"佐神的排列,见于《五行大义·论诸神》引《玄女拭经》(《太乙金镜式经》和《景祐六壬神定经》也提到同样的内容)。铭文所说"前后"概念,可用下表示意:

天一居	前	后	天一居	前	后
在东	南	北	在西	南	北
在南	东	西	在北	东	西

其规定是:"天一"在东在南,是以左为前,右为后;在西在北,是以右为前,左为后。实际上也就是以东南为前,西北为后。《黄帝金匮玉衡经》:"天一前为阳,天一后为阴,日辰皆在天一前为重阳。日辰皆在天一后为重阴。"可见所谓"前后"体现的是阴阳㉘。铭文提到的"征明"等神与"腾蛇"等神是两种不同的十二神,《五行大义》和《唐六典》把前者叫"十二神"(或"十二月之神"),后者叫"十二将";《景祐六壬神定经》则把前者叫"月将","天一"叫"主神","腾蛇"等叫"天官"(佐治"天一"之官)。其所当辰位和所配阴阳五行,可据这些古书加以复原。(图十三)

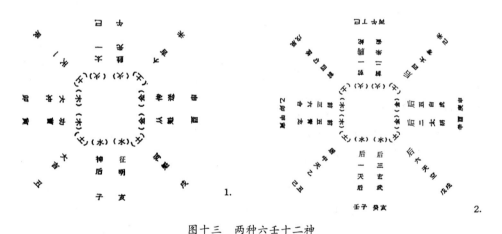

图十三　两种六壬十二神

1.据《五行大义·论诸神》复原　　2.据《景祐六壬神定·释天官》复原

㉘　宋沈括《梦溪笔谈》卷七也指出"前"是指"木、火之神在方左者","后"是指"金、水之神在方右者"。

图八提到的两种十二神,前一种名称多与北斗有关(如魁、从魁、天刚),主要表示月建;后一种名称多与岁星有关(如天一、青龙、太阴),主要表示岁次。虽然从表面上看,似乎只有前一种十二神见于式(图三、四、五、六、八),但陈文指出图七的四象就是代表后一种十二神。其证据是:(1)《淮南子·天文训》提到"太阴在寅,朱鸟在卯,勾陈在子,玄武在戌,白虎在酉,苍龙在辰","凡徙诸神,朱鸟在太阴前一,钩陈在后三,玄武在前五,白虎在后六。……故神四十五日而一徙,以三应五,故八徙而岁终",说明后一种十二神在西汉早期就存在。(2)《论衡·难岁》提到"宅中主神有十二焉,青龙、白虎列十二位",说明四象代表的正是十二神早。特别是我们在上节已介绍,青龙、白虎图案早在先秦甚至新石器时代已出现。《淮南子》提到的十二神其实是这一种。前一种十二神,据上所述,是用秦正,也许出现年代反而不如这种十二神早。

下面我们再来讨论一下与六壬式不同的图二。

图二也有天、地二盘,但图式很不一样:

(一)天盘。

是以四条直线八分圆面表示九宫,各有配数。一、三、七、九居于四正:一为君,在北,像君人南面;三和七为相、将,在东、西,像左文右武;九为百姓,在南,像臣民北事。二、四、六、八居于四隅。中宫"招榣吏也"四字,"招榣"即招摇[29],是北斗杓端附近的星名,汉人以为斗枢;"吏也"则表示吏居中宫,介于君、民之间,配数应为五。

(二)地盘。

正面是以二分二至居于四正,四立居于四隅,表示节气划分。铭文分为两层,外层与内层应分读。外层每段的头两字重文,皆与前一段的"明日"连读,作:

> 冬至:汁蛰,廿廿六日废,明日立春。立春:天溜;廿廿六日废,明日春
> 分。春[分]:苍门,廿廿六日废,明日立夏。[立夏]:阴洛,廿廿五日,明日

_____

[29] 睡虎地秦简《日书》"招摇"字皆从木,与此相同。简文以招摇、玄戈表示斗击。

夏至。夏至：上天，廿廿六日废，明日立秋。立[秋]：玄委，廿廿六日废，日明（应作"明日"）秋分。秋分：仓果，廿廿五日，明日立冬。立冬：新洛，廿廿五日，明日冬至。

每段都包含节气、宫名和所含日数。内层与外层相应，可用下表示意：

冬至	当者有忧	夏至	当者显
立春	当者病	立秋	当者死
春分	当者有喜	秋分	当者有盗争
立夏	当者有僇	立冬	当者有患

背面是四年一轮，每年的二至。铭文的方向，上下左右与正面相反，子位在上而不在下，顺序为左行，但铭文注为"右行"。冬至居于四正：第一冬至为子位，冬至时刻为"夜半"；第二冬至为卯位，冬至时刻为"平旦"；第三冬至为午位，冬至时刻为"七年（汉文帝七年）辛酉日日中"；第四冬至为酉位，冬至时刻为"日入"。夏至居于四隅：第一夏至（误书为"第四夏至"）在未、申之间，第二夏至在戌、亥之间，第三夏至在丑、寅之间，第四夏至在辰、巳之间。

这件古式是以九宫为特点。上文讲过，古代时占，九宫、太一、遁甲都用九宫，所以它到底应当属于哪一种，还值得研究。严文 C 推测此器是最早的太一式，可能是因遁甲式有天、地、人三盘，与此明显不同；宋代三式，除去遁甲式，只有太一式。但上文提到。唐代三式中的雷公式可能与九宫术有关，是宋代三式外的另一种。此器铭文与托名黄帝的医经有关，而雷公亦属书中对话者。它是否与失传的雷公式或其他古式有关，也值得考虑。在未能确定其性质之前，我们不妨笼统称之为九宫类古式。

九宫类古式也各自有各自的配神，太一式有"太一十六神"（图十四），遁甲式有"遁甲九神"（图十五：1）。另外，《唐会要》卷十下《九宫坛》还记有与遁甲术有关的另一种九宫神（图十五：2）。其中遁甲九神与六壬十二神的第二种名称多重合；《九宫坛》所述，则多与太岁有关，如太一、青龙、太阴、天一，皆太岁之别名,摄提是太岁建寅之称③⓪。这些配神,除《九宫坛》提到的"招摇",皆未见于图二。

图十四　太一十六神(严文C所续)

六合 4	螣蛇 9	九天 2
太阴 3	勾陈 5	朱雀 7
九地 8	值符 1	太常 6

招摇 4	天一 9	摄提 2
轩辕 3	天符 5	成池 7
太阴 8	太一 1	青龙 6

图十五　两种九宫神
1.严文C所述　2.《唐会要》卷十下《九宫坛》所述

上述两种式图类似钟表,中心皆有左旋或右旋的"指针",四周皆有四分、八分、十二分、十六分、二十八分的"刻度"。前者的"指针"是北斗,"刻度"是十干、十二支、十二神、二十八宿。后者的"指针"是招摇或太一,"刻度"为四方、八位、八神、十六神。二者代表了中国古代宇宙模式的两大系统。

---

③⓪　参看王引之《经义述闻》卷二十九至三十《太岁考》、钱宝琮《太一考》(《燕京学报》12期)及刘坦《中国古代之星岁纪年》(科学出版社1957年)。

四、式图解析(上):空间与时间

(一)空间结构

先秦两汉时期,天文学上流行的宇宙模式是"盖天说"。观察者把天穹看作覆碗状,而把大地看作沿"二绳四维"向四面八方延伸的平面。天穹以斗极为中心,四周环布列星,下掩而与地平面相切。二者按投影关系,可视为方圆叠合的两个平面。式就是模仿这种理解而做成(图十六)

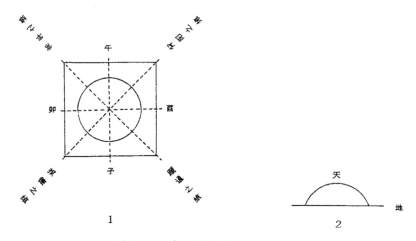

图十六 盖天图(1.平面 2.剖面)

式图的空间结构经分解,包括四方、五位、八位、九宫、十二度等不同形式,可分述如下:

1.四方(图十七)

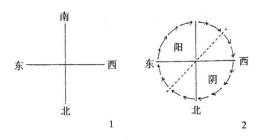

图十七 四方(1.四方 2.四方配阴阳)

是用两条直线十字交叉构成的方位坐标。子位代表北方,午位代表南方,卯位代表东方,酉位代表西方。在《淮南子·天文训》中,纵轴子午和横轴卯酉是叫"二绳"。古人认为阳起于子,阴起于午,卯、酉各半之,阴阳二气之消长是与四方相配合。

2.五位(图十八)

是由用方格表示的四方(四宫)和中央(中宫)而构成。它是"四方"的变形。图形虽由线形改为块状,但仍作十字交叉状。《淮南子·时则训》称之为"五位"。五位的重要性是在配合五行。如式图以甲乙、丙丁、庚辛、壬癸八个天干分配东、南、西、北,而以戊己居中宫,出入于天、地、人、鬼四门,就是配合五行的概念。

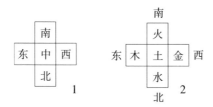

图十八　五位(1.五位　2.五位配五行)

3.八位(图十九)

是用四条直线构成的方位坐标。两条为"二绳",两条为"四维"。《淮南子·天文训》提到"四维",把东北方向叫"报德之维",东南方向叫"常羊之维",西南方向叫"背阳之维",西北方向叫"蹄通之维"。"报德"指阴复于阳;"常羊"读为徜徉,指阴阳相持;"背阳"指阴衰阳盛;"蹄通"指阳气将通[31]。皆本于阴阳之说。这里的"二绳""四维",是被想象成固定天穹(如帐篷)的四根绳子。

图十九　八位

图二十　九宫

---

[31]　见该篇高诱注。

4.九宫(图二十)

是由九个方格组成的图形。它是"八位"的变形。例如上述古式的图二就是用"八位"表示九宫(以四条直线的交点为中宫)。这种图式与五位图也有关,既可看作一个五位图的扩大,也可看作两个五位图的叠合。一个五位图,若加上四隅(即将每边延伸,在四角相交),即可构成九宫图。而两个五位图,若像二绳四维作十字交叉,也可构成中宫重叠、八宫环列的九宫图。后一种理解很重要,因为下文还要讲到,式图的配数,实际就是采用这种形式。

5.十二度(图二十一)

这一名称见于司马谈《六家要旨》。它有两种表示方法:一种是块状图;一种是线形图。前者是用十二个连续的方格组成,见于《禹藏图》大图。后者是由用十字形表示的"四仲"和用 L 形表示的"四钩"(有时还在"四钩"夹角内画出表示"四维"的平分线)而组成,见于《禹藏图》小图和图二地盘的背面。图一的地盘从表面上看是属于前一类,而实际上属于后一类(只不过四仲未通连,四维用由文字表示的四门和外层的斜线表示)。据《淮南子·天文训》,"四仲"是指二绳所指的四方之正,即十二辰中的子、午、卯、酉;"四钩"是指居于"四仲"左右、夹持"四维"的四对辰位,即丑寅、辰巳、未申、戌亥。"四钩"分孟、季:寅、巳、申、亥是"四孟",辰、未、戌、丑是"四季"。其作用在于配合十二辰和十二月。这种图式也是从四方图发展而来(四方各三分)。

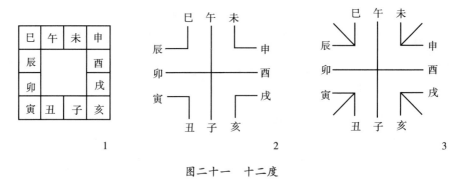

图二十一 十二度

1.据《禹藏图》大图 2.据《禹藏图》小图 3.据双古堆 M1 出土第二种漆木式的地盘背面

上述五种图可以相互变通。它们分两大系统。一个系统是四分、八分和十二分的系统,一个系统是五分和九分的系统。从数学的角度讲,前者是四进制的系统,后者是十进制的系统(中宫五与中宫十合用一宫)。前者要想变成后者,必须通过加位。司马谈《六家要旨》说阴阳家是以讲"四时、八位、十二度"为特点,就是指这种结构安排。它们是理解式图的基础。

下面,我们还要讨论一个问题,是式图的方向。式有天、地二盘,天盘与地盘有对应方位。天盘以二十八宿分居四宫,与十二辰相应,这是天与地相应;而地盘以二十八宿表示星野,与十干相应。这是地与天相应。但在古人心目中,地是在下不动的,天是在上旋转的。因此,所谓方位,更主要是地盘的方位。

关于古代的方位概念,过去研究地图史的学者曾据碑图实物断定,以上南下北为正(同于西洋地图)是唐以来的传统。李约瑟甚至推测中国更早的地图也是如此。他说上南下北恐怕是来源于阿拉伯各国,较晚才被中国人知悉[32]。这种看法现在已被出土发现所否定。例如平山中山王墓出土的《兆域图》、马王堆帛书《阴阳五行》和《禹藏图》就都是标明为上南下北[33]。所以,情况好像是中国早期地图都是上南下北,晚期才变为上北下南。

但是笔者近来对这一问题做重新检讨,发现情况恐怕并不那么简单。

首先,这一问题与楚帛书的研究有一定关系。楚帛书是以十二月分居四方,作旋转排列,而以青、赤、白、黑四木表示四维。我们在上文讲过,这种图式安排与式图是一致的。过去在楚帛书的研究上,置图方向一直是引起争论的问题。学者有两种意见,一种是上南下北说,一种是上北下南说。前说始自蔡季襄,但蔡氏并未提出明确的理由。后说始自董作宾,则是依照春、夏、秋、冬的四时之序。20 世纪 60 年代,由于李学勤释出帛书十二月名,后说逐渐占上风,但近年来,由于上述古地图的发现,前说又重新压倒后说。

笔者在《长沙子弹库楚帛书研究》一书中也曾讨论过帛书的方向。当时,作为对比,我曾复原过《管子》的《玄宫》和《玄宫图》两篇的图序,指出前者代表的

---

[32] 李约瑟《中国科技史》第五卷《地学》第一分册。

[33] 金应春、丘富科《中国地图史话》,科学出版社 1984 年。

是"四时之序"，后者代表的是"四方之位"，两者的置图方向正好相反[34]。但是在决定帛书本身的方向时，我却以为既然帛书不与十二宫相配，只有时令图的意义，它自然应当是以上北下南为正。

近年来，我对这一问题有个再认识。1988年秋，我在长春举行的中国古文字研究会第七届年会上提交了一篇论文，题目是《〈长沙子弹库战国楚帛书研究〉补正》。该文对甲骨文、金文和古文献中的有关记载进行了比较。结果我发现，商代甲骨文中的方位一般都是按东、南、西、北排列；而西周铜器，像卫鼎，是按北、东、南、西排列；《左传》《国语》《战国策》等书，还有东、西、南、北，西、东、南、北，南、西、北、东，东、西、北、南等不同排列。分别属于"上北下南"和"上南下北"两大类型。而《管子》的《玄宫》和《玄宫图》（图二十二），《山海经》的各篇（图二十三），也都有两种方向。特别是最近，甘肃天水放马滩战国晚期秦墓出土一件画在木板上的地图（M1：7.8.11，图二十四），下方标有"上"字，据考证，就是以北方为上[35]。这些都使人不能不考虑，先秦的方向概念，可能并不止于一种。

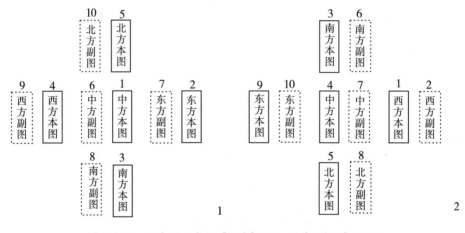

图二十二　玄宫图示意(1.《玄宫》所记　2.《玄宫图》所记)

---

[34]　拙作指出郭沫若在《管子集校》一书中的复原是错误的，陈梦家的复原已接近正确。但陈文遗稿在《考古学报》发表，却没有将我所提到的这一复原图印出。最近，笔者在美国读到台湾学者王梦鸥的《邹衍遗说考》（台湾商务印书馆1966年），发现王氏也早已做出接近正确的复原。

[35]　何双全《天水放马滩秦墓出土古地图初探》，《文物》1989年2期。曹婉如《有关天水放马滩墓出土地图的几个问题》，《文物》1989年12期。

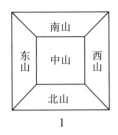 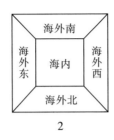 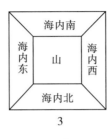 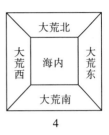

图二十三　山海经图示意

1.《山经》所记　2.《海外经》所记　3.《海内经》所记　4.《大荒经》所记

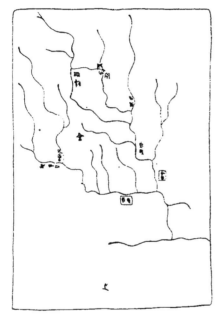

图二十四　标有"上"字的战国秦地图

对于古代方向问题的研究,我认为《淮南子》一书很重要。因为它的叙述最具系统。其《天文训》《地形训》和《时则训》三篇:《天文训》所叙,"九野""二十八宿"是按中、东、东北、北、西北、西、西南、南、东南排列(右旋排列),"五星""五官"是按东、南、中、西、北排列(左旋排列),"八风"是按东北、东、东南、南、西南、西、西北、北排列,"二绳":子午是从北到南,卯酉是从东到西,都属于上北下南;《地形训》所叙,"九州"是按东南、南、西南、西、中、西北、北、东北、东排列(左旋排列),"八风""八殥""八纮""八极"是按东北、东、东南、南、西南、西、西北、北排列(左旋排列,但此篇还有另一种"八风",同于《天文训》),"海外三十六国"(同《山海经·海外经》)是按西南至西北(西)、西南至东南(南)、东南至东北(东)、东北至西北(北)排列(左旋排列),"五海"是按中、东、南、西、北排列(左旋排列),除最后一项,都属于上南下北;《时则训》所叙,"十二月"是按东、南、西、北排列(左旋排列),"五位"是按东、南、中、西、北排列(左旋排列),也属于上北下南,同于《天文训》。似乎上北下南主要是天文、时令所用,上南下北主要是地形所用,二者都有很早的来源,只是后来才合而为一。

(二)时间结构

式图的时间结构是与式图的空间结构相配合,并通过天盘相对于地盘的运动(模仿"天左旋而地右转")来表现。下面分两个问题来讨论。

(甲)古代的计时单位。

古代的计时单位有年(或岁)、月、日、时。过去在一般人的印象里,它们的关系是:

1日=12时(每时相当现在的2小时)

1月=30日(1朔望月≈29.53059日)

1年=4时(四季)=12月=360日(加上闰余,则为$365\frac{1}{4}$本日)

但马王堆帛书《禹藏图》(图二十五)却提供了一种新的理解线索,即古代的时间划分有两个系统,一个系统是"大时",采用四分制;另一个系统是"小时",采用十二分制。年、月、日都有这样的划分。古代的年有大、小时之分比较明显,如一般所说"四时"之"时"就是"年大时",而"十二月"就是"年小时"[36]。过去我们从《淮南子·天文训》曾读到:

> 斗杓为小岁。正月建寅,月从左行十二辰。咸池为太(大)岁,二月建卯,月从右行四仲,终而复始。……大时者,咸池也。小时者,月建也[37]。

---

[36] 《淮南子·天文训》"三月而为一时","四时而为一岁"。

[37] 原文"太岁"是指"大岁"。下文"酉为危,主杓。……子为开,主太岁","太阴、小岁、星、日、辰,五神皆合"也提列"大岁"和"小岁"。

"大时"指岁星右行。从卯开始,经子、酉、午,复至于卯。"小时"指北斗左行,从寅开始,经卯、辰、巳、午、未、申、酉、戌、亥、子、丑,复至于寅(图二十六)。前者是表示四分的时间概念,后者是表示十二分的时间概念。这里的岁星之行和北斗之行都是表示月行,二者构成的"大时"和"小时"关系,也属于"年大时"和"年小时"。

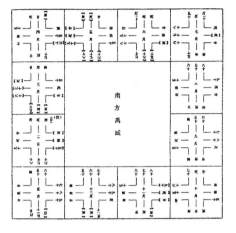

图二十五 《禹藏图》

图二十六 大时和小时

古代的月、日也有大、小时之分,这是《禹藏图》提供的新知识。《禹藏图》是以 12 个小方格分布四方表示一年的 12 个月,每个月再 12 分,各含一个标注十二辰的小图。小图中的四仲代表每月的"大时",十二辰代表每月的"小时",形式与《淮南子·天文训》相仿,可称为"月大时"和"月小时"。而其"月小时"又 10 分,12 个月共积 120 分,通过计算,可知每分相当 $\frac{1}{4}$ 日。这种 $\frac{1}{4}$ 和 12 时制的时辰,例之年、月的大、小时关系,照理也可叫作"日大时"和"日小时"。

综上所述,我们可把年、月、日的大、小时关系列为下表:

	大时	小时
年	时	月
月	$\frac{1}{4}$月 = 30 个 $\frac{1}{4}$ 日	$\frac{1}{12}$月 = 10 个 $\frac{1}{4}$ 日
日	$\frac{1}{4}$日 = 3 个时辰	$\frac{1}{12}$日 = 1 个时辰

这一时间系统是在四分的基础上再十二分,并按四分和十二分的关系循序递进。《禹藏图》的小图与上述式图,特别是图一非常相似,说明这一时间系统是与式图的空间结构相配合。

另外,与这一问题有关,还有两个问题应该加以说明:

第一,中国古代数学有两个系统,一个系统是十进制数学,一个系统是四进制数学。前者是以"合五成十"的概念(来源于用双手手指来计算的原始方法)为基础。而后者则以分数的概念为基础。四进制的计量单位,在古代往往都与空间划分有关。如中国古代的里制、量制和军队编制都包含有十进制和四进制的矛盾,四进制的因素皆与空间划分有关。我在一篇文章中曾指出,《司马法》佚文提到的井、邑、丘、甸、县,都是四进制,井、通、成、终、同、封、畿是十进制;姜齐量制的豆、区、釜、钟是四进制,陈齐量制的豆、区、釜、钟是十进制。前者变后者,都是通过加一进五,合五成十。中国古代军队编制是适应于阵法和营垒设置,也是以左、右、前、后加中央为"伍",合"伍"成"什"作为变方阵为十进制的原理[33]。虽然古代的四进制发展到后来,往往都被十进制所取代,但唯独在时间系统中,它却始终保持着原有特点。这点当是基于一种很古老的理解,即追求时间划分对应于空间划分,并与空间划分尽量保持形式上的一致。

第二,关于一日之内的时间划分,除这里提到的四分时制和十二分时制,古代还有十六分时制和十八分时制。这些不同的时制,各有自己的名称系统,互有异同,可列为比较表如下:

十二时制		十六时制		十八时制	
睡虎地秦简《日书》乙种[39]	《论衡·诮时》《左传》宣公十三年杜注	放马滩秦简《日书》[40]	《淮南子·天文训》[41]	《素问》所见	陈梦家所考[42]

---

[33] 李零《中国古代居民组织的两大类型及其不同来源》,《文史》28 辑。

[39] 云梦睡虎地秦墓编写组《云梦睡虎地秦墓》,文物出版社 1981 年。

[40] 同注④引何双全文。

[41] 旧称十五时制,疑文有脱漏,实为十六时制。

[42] 见陈文。

十二时制		十六时制		十八时制	
人定	夜半	夜中	——	夜半	夜半
——	鸡鸣	夜过中	晨明	夜半后	夜大半
		鸡鸣	朏明	鸡鸣	鸡鸣
——	平旦	平旦	旦明	大晨	晨时
				平旦	——
日出	日出	——	蚤食	日出	日出
		日出	晏食	早食	蚤食
食时	食时	夙食	隅中	晏食	食时
莫(暮)食	隅中	日中	正中	——	东中
日中	日中	日西中	小还	日中	日中
暴	日昳	日西下	铺时	日昳	昳中
		日未入	大还	——	铺时
下市	铺时	日入	大春	下铺	下铺
				日入	日入
舂日	日入	昏	下春	黄昏、日夕	昏时
牛羊入	黄昏	暮食	县车	晏铺	夜食
		夜暮	黄昏	人定、合夜	人定
黄昏	人定	夜半中	定昏	——	夜少半

表中所见十二时制和十六时制,据睡虎地秦简和放马滩秦简,都是秦代就已存在[43],而十八时制则流行于汉代[44]。过去,清代学者曾认为古无十二时或十二时始于汉[45],陈梦家先生也怀疑十二时制是西汉以后才出现[46]。这些说法,现在看来都并不正确。笔者理解,四分时制,即将一日按子、午、卯、酉分为"夜半""平旦""日中""日入"(图二地盘背面的铭文)或"朝、昼、昏、夜"(《淮南子·天文训》)[47],乃是最基本的划分,其他时称皆由此派生[48]。如十二时制是将四分日再三分,十六时制是将四分日再四分。但十八时制比较特殊,它与前者略有不同,似乎是在二分的基础上再九分(即将昼、夜各九分)。这三种时制,因分法不同,相同时称,所当时点和长短并不一定相同。十二时制,每时为10分(1分=今12分),一日积120分,与《禹藏图》之"月小时"为10分,每月积120分同。十六时制和十八时制虽然也都采用每时10分的制度,但分的长短不同(十六时制的1分=今9分,十八时制的1分=今8分)。前者与日的大、小时划分直接有关,是包括年、月、日在内的整个十二辰系统的一部分,应是比较原始的划分。后者反而可能是后起,其中十六时制很可能与王充所说的昼夜16分比法有关。陈梦家先生认为《论衡·说日》所说"岁月行天十六道"是"当时民间的简易比法","只是概略的说明四季十二月昼夜长短,它们与史官的漏制既无关系,也不能据此以为当时分一日为十六时或十二时"[49],现在看来并不对。

(乙)古代的计时手段。

古代的计时手段有两类,一类主要限于较小的时段划分(日、时),是靠圭表和漏刻;另一类则更多涉及较大的时段划分(岁、月),是靠观星和候气。《淮南子·天文训》也提到这两类手段。其中属于观星,二十八宿是主要参照系(相当于表盘刻度),这点在六壬式的天盘上有明确的反映。但相对于二十八宿的指

---

[43] 于豪亮《秦简〈日书〉记时记月诸问题》,见《云梦秦简研究》(中华书局1981年)。又注④引何双全文。

[44] 陈文根据汉简提出此说,李均明《汉简所见一日十八时、一时十分记时制》(《文史》22辑)对陈说做了进一步论证。

[45] 顾炎武《日知录》卷二十、赵翼《陔余丛考》卷三十四。

[46] 见陈文。

[47] 子弹库楚帛书也提到:"又(有)宵又(有)朝,又(有)昼又(有)夕。"

[48] 甲骨卜辞已有此种划分,见陈梦家《殷虚卜辞综述》(科学出版社1956年)第七章第三节"一日内的时间分段"。

[49] 见陈文。

示物(相当于表盘指针)却有三类,一类是日、月,一类是五星(岁星、荧惑、填星、太白、辰星,即木、火、土、金、水五星),一类是北斗。式所采用的主要是后两类,而不是第一类。在《淮南子·天文训》中,五星皆有计时作用,但其中要以岁星为最重要。岁星行二十八宿一周约为 12 岁(实际为 11.86 年),正好岁徙一辰(日行 $\frac{1}{12}$ 度,岁行 $30\frac{7}{16}$ 度)。所以古人称之为岁星,用它来纪年。北斗行二十八宿一周约用 1 岁,正好月徙一辰(日行 1 度,岁行 $365\frac{1}{4}$ 度),所以古人称之为月建。用它表示积月成岁。岁星之行是以岁为单位,用以累计岁,故称"大岁"。斗建是以月为单位,积月成岁,故称"小岁"。

古代用式,九宫类(雷公、太一、遁甲)是以太一行九宫为特点(太一居中,而以天一代行九宫),指示物为岁星。但图二中宫为"招摇","招摇"是斗枢。则是表示斗建。同样,六壬式虽以北斗为指示物,但其十二神却是表示太一所行。可见二者是配合使用的。

六壬式有两种十二神,太一式有十六神,遁甲式有九神,皆配于天盘,用以表示时间划分。我们怀疑,上述十二时制、十六时制和十八时制,可能就是对应于这种时间划分而来。

五、式图解析(下):配数与配物

(一)配数原理

在现已发现的古式当中,式图与八卦相配只有图六和图八。这给人一种印象,似乎八卦与八位相配只是到很晚才出现。例如陈文即持这种观点。连文反对此说。举《史记·日者列传》"分策定卦,旋式正棋"为反证,"分策定卦"虽非布卦于式,但古代运式,照例都要用算,这却是事实。它说明式与筮占和易学确实有一定关系。

过去宋易有所谓"图数之学",传学者图解《系辞》《说卦》,被视为治易的不二法门。但由于其传出太突然也太神秘，既无早期的师授渊源，亦无明确的文字讲解，全凭几张图，供人做无穷想象（末流近于游戏），不能不滋人疑惑。但近年的考古发现却表明，宋易的"图数之学"恐怕还是渊源有自，未可以其晚出而视为全无根据。

宋易的"图数之学"包括"图""数"两个方面。"图"是河图、洛书（图二十七），先天图、后天图（图二十八），"数"是"大衍之数"，二者是相互配合的。这种配合，现在借助式图，可以得到更清楚的理解。下面分四个方面来讨论：

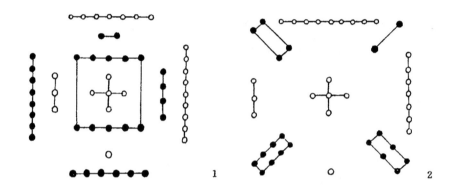

图二十七　河图和洛书(1.河图　2.洛书)

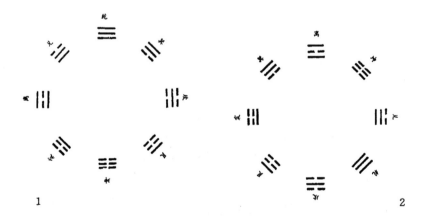

图二十八　先天图和后天图(1.先天图　2.后天图)

（甲）卦、数同源

演易之法本于筮占，筮占之法本于筹算，这点本来很清楚。但《周易》传出儒门，从一开始就有哲学化的倾向。特别是汉代的"数术易"衰落之后，这种倾向更上升为统治地位，其原始背景反被遮蔽而隐晦。对于这种背景的再认识，近年来有一大突破，是由张政烺先生详加论证，确认宋以来从铜器铭文上发现的一种特殊符号是属于"数字卦"[50]。这种"数字卦"，积累现存的考古发现，从新石器时代晚期的陶文到商周甲骨和铜器，乃至战国楚简，已有一百几十例之多[51]。可以证明古代易卦一直是用十进数位的一、五、六、七、八、九来表示（图二十九）[52]。而双古堆汉简的《易经》和马王堆帛书《六十四卦》还证明，传世本《易经》用—表示阳爻，--表示阴爻，实与过去的各种推测无关，乃是由一、八两个数字而演变[53]。也就是说，易卦不仅从原理上讲是本之筮数，而且就连书写形式也与古代数字无别。

（乙）"大衍之数"是一种"数位组合"

《系辞上》述揲蓍之法云：

大衍之数五十，其用四十有九。分而为二以象两。挂一以象三，揲之以四以象四时，归奇于扐以象闰，五岁再闰，故再扐而后挂。

这是解释筮数的成卦过程。这一过程可用下述算式表示：

挂　扐$_1$　扐$_2$扐$_3$　余

1+5+4+4+4×9

1+5+4+8+4×8

1+5+8+4+4×8

---

[50]　张先生在中国古文字研究会第一届年会上的发言（见《古文字研究》1 辑）及所撰《试释周初青铜器铭文中的易卦》（《考古学报》1980 年 4 期）。早在 20 世纪 50 年代，李学勤先生也在《谈安阳小屯以外出土的有字甲骨》（《文物参考资料》1956 年 11 期）中指出过这种数字与《周易》九、六有关。

[51]　见张政烺《殷墟甲骨文中所见的一种筮卦》（《文史》第 24 辑）所统计。有关材料可参看注[50]引张政烺文，张亚初、刘雨《从商周八卦数字符号谈筮法的几个问题》（《考古》1981 年 2 期），中国社会科学院考古研究所安阳工作队《1980—1982 年安阳苗圃北地遗址发掘简报》（《考古》1986 年 2 期）、郑若葵《安阳苗圃北地新发现的殷代刻数石器及相关问题》（《文物》1986 年 2 期）、肖楠《安阳殷墟发现的"易卦"卜甲》（《考古》1989 年 1 期）。但天星观楚简所见易卦材料尚未公布。

[52]　二、三、四与一若重叠书写则无法分辨，故不用。

[53]　双古堆汉简《易经》尚未公布，马王堆帛书《六十四卦》见《文物》1984 年 3 期。

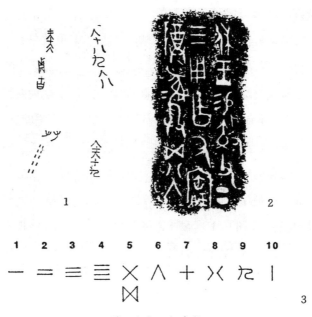

图二十九　数字卦

1.商代甲骨(安阳殷墟小屯南地出土)　2.西周铜器(效父鼎)　3.古代的十位数

$1+9+4+4+4\times8$

$1+5+8+8+4\times7$

$1+9+4+8+4\times7$

$1+9+8+4+4\times7$

$1+9+8+8+4\times6$

前人曾指出,"大衍之数"是合"河图之数"与"洛书之数"而平分之。即:

河图:$1+2+3+4+5+6+7+8+9+10=55$

洛书:$1+2+3+4+5+6+7+8+9=45$

前者等于50+5,后者等于50-5。按照这一理解,我们也可用另一算式来表示揲蓍之法:

$(5+1\times4)+(5+9\times4)$

$(5+2\times4)+(5+8\times4)$

$(5+2\times4)+(5+8\times4)$

$(5+2\times4)+(5+8\times4)$

$$(5+3×4)+(5+7×4)$$
$$(5+3×4)+(5+7×4)$$
$$(5+3×4)+(5+7×4)$$
$$(5+4×4)+(5+6×4)$$

从后一算式可以看得很明显,"大衍之数"实际上是一种十进制的"数位组合"。

中国古代的十进制数位,据《易·系辞上》和《礼记·月令》郑玄注,是分两个系统:

（1）天数：1、3、5、7、9；

  地数：2、4、6、8、10。

（2）生数：1、2、3、4、5；

  成数：6、7、8、9、10。

前者代表的是十进数位的奇数和偶数,如阴阳相生。其关键概念是"挂一"之"一",即任何偶数加一,均可变为奇数;任何奇数减一,均可变为偶数。后者代表的是十进数位的前五位和后五位,如五行循环。其关键概念是在"合五成十"（源于手指计数）即前五位,数起于一,各自加五,则变为后五位,至十而复归于一（下一进位的"一"）,所谓"五有一焉,一有五焉。十,二焉"（《墨子·经说下》）。

（丙）先天八卦和洛书的配数

先天八卦,是指《说卦》的下述描述：

  天地定位,山泽通气,雷风相薄,水火不相射,八卦相错。

这些卦象,相承皆以为天、地之象,即：乾为天,坤为地,艮为山,兑为泽,震为雷,巽为风,坎为水,离为火。其中乾天与坤地,艮山与兑泽,震雷与巽风,坎水与离火,两两相对,其配数正应为天数和地数。如果我们用两个五位图来表示天数和地数,如同式的天、地二盘,再将上述卦象两两相对,配置其上,则可得到两组整齐的卦象（图三十）。然后我们再仿效天旋地转,将二图交午,八卦相错,中宫

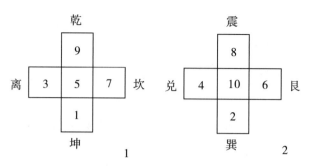

图三十　天数和地数(与先天八卦相配)

1.天数　2.地数

5 与中宫 10 相叠,则可得到一个九宫图(图三十一)。这个九宫图,只要把巽、震和2、8互易其位,则从卦位的角度讲就是先天图,从配数的角度讲就是洛书(图三十二)。其设计正合乎《系辞上》所说"天地设位,而易行乎其中矣"。这里的2、8 易位,前人已经谈到[54],似乎比较费解,但若把二图交午理解为投影叠合(正面与正面扣合),如同《系辞下》所说"仰则观象于天,俯则观法于地",则也十分简单。

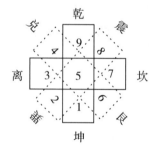

图三十一　天数与地数交午

图三十二　先天图和洛书

(丁)后天八卦与河图的配数

后天八卦是指《说卦》的下述描述:

帝出乎震,齐乎巽,相见乎离,致役乎坤,说言乎兑,战乎乾,劳乎坎,成言乎艮。万物出乎震,震东方也。齐乎巽,巽东南也。齐也者,言万物之絜齐也。离也者,明也,万物皆相见,南方之卦也。圣人南面而听天下,向明而治,盖取诸此

54　杭辛斋《易楔》卷一、江永《河洛精蕴》卷四均有此说。

也。坤也者,地也,万物皆致养焉,故曰致役乎坤。兑,正秋也,万物之所说也,故曰说言乎兑。战乎乾,乾,西北之卦也,言阴阳相薄也。坎者,水也,正北方之卦也,劳卦也,万物之所归也,故曰劳乎坎。艮,东北文卦也。万物之所成终而所成始也,故曰成言乎艮。

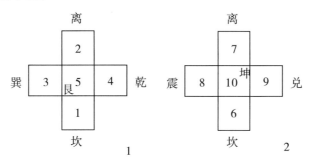

图三十三　生数和成数(与后天八卦相配,相叠印河图)

1.生数　2.成数

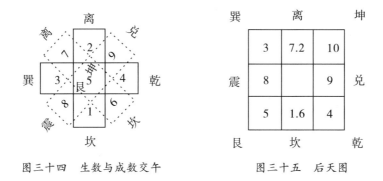

图三十四　生数与成数交午　　　　图三十五　后天图

(二)配物原理

现已发现的式图,主要都是借助于抽象的图形来表现,文字甚少。六壬式只限于天干、地支、十二月或十二神、二十八宿和四门(但图八还有三十六禽),九宫类古式也只限于九宫配数、分至四立等,都没有太多的项目。但传世和出土的数术之书,与这种结构相配,却万象森罗,几乎无所不包[55]。说明式图也包含这些配物,只不过没有直接表现在图形上罢了。

式图的配物并不复杂。我们在上文讲过,式图结构有两个系统,一个系统是

四分、八分和十二分,一个系统是五分和九分。它们与式图相配,就是根据这种结构的安排。例如:

(甲)四分、八分和十二分的系统

(1)四分⑯

四方Ⅰ	东	南	西	北
四方Ⅱ	析	因	夷	隩
四方风Ⅰ	俊风	夸风	韦风	狹风
四方风Ⅱ	谷风	凯风	泰风	凉风
四时	春	夏	秋	冬
四象	青龙	朱雀	白虎	玄武
二十八宿	角、亢、氐、房、心、尾、箕	井、鬼、柳、星、张、翼、轸	奎、娄、胃、昴、毕、觜、参、	斗、牛、女、虚、危、室、壁

案:甲骨卜辞也有四方及四方风,东方叫"析",其风叫"劦";南方叫"因",其风叫"屴";西方叫"槡",其风叫"彝";北方叫"勹",其风叫"役"⑰。

(2)八分⑱

八方	东北	东	东南	南	西南	西	西北	北
八方风Ⅰ	炎风	滔风	熏风	巨风	凄风	飂风	厉风	寒风
八方风Ⅱ	条风	明庶风	清明风	景风	凉风	阊阖风	不周风	广莫风
八方风Ⅲ	凶风	婴儿风	弱风	大弱风	谋风	刚风	折风	大刚风
八卦	艮	震	巽	离	坤	兑	乾	坎
十六神	大义、地主、阳德	和德	吕申、高丛、太阳	太昊	大神、大威、天道	大武	武德、太簇、阴主	阴德

案:银雀山汉简《天地八风五行客主五音之居》也有八方风,略同八方风Ⅲ,

---

⑯ 参看《管子·玄宫》《夏小正》《礼记·月令》《吕氏春秋·十二纪》《淮南子·天文训》。

⑰ 表中"四方Ⅱ"见《书·尧典》,《山海经·大荒经》亦有之,但"夷"作"石夷","隩"作"夗";"四方风Ⅰ"见《山海经·大荒经》;"四方风Ⅱ"见《尔雅·释天》。

⑱ 见《殷契拾掇二编》158、《甲骨缀合编》261。

但"婴儿风"作"生风","大弱风"作"溎（柔）风","谋风"作"周风","折风"作"皙风"⑤⑨。

（3）十二分⑥⓪

十二支	寅	卯	辰	巳	午	未	申	酉	戌	亥	子	丑
十二月Ⅰ	孟春	仲春	季春	孟夏	仲夏	季夏	孟秋	仲秋	季秋	孟冬	仲冬	季冬
十二月Ⅱ	陬	如	寎	余	皋	且	相	壮	玄	阳	辜	涂
岁支	摄提格	单阏	执徐	大荒落	敦牂	协洽	涒滩	作鄂	阉茂	大渊献	困顿	赤奋若
十二律	太簇	夹钟	姑洗	仲吕	蕤宾	林钟	夷则	南吕	无射	应钟	黄钟	大吕
十二属	虎	兔	龙	蛇	马	羊	猴	鸡	狗	豕	鼠	牛
十二神Ⅰ	功曹	太冲	天刚	太乙	胜先	小吉	传送	从魁	魁	征明	神后	大吉
十二神Ⅱ	青龙	六合	勾陈	腾蛇	朱雀	太常	白虎	太阴	天空	玄武	天后	天乙
建除	建	除	盈	平	定	执	破	危	成	收	开	闭

（乙）五分和九分的系统⑥①

（1）五分

五位	东	南	中	西	北
五行	木	火	土	金	水
十干	甲乙	丙丁	戊己	庚辛	壬癸
五星	岁星	荧惑	镇星	太白	辰星
五兽	苍龙	朱鸟	黄龙	白虎	玄武
五帝	太皞	炎帝	黄帝	少皞	颛顼

⑤⑨ 表中"八方风Ⅰ"见《吕氏春秋·有始》，《淮南子·地形训》略同，但"滔风"作"条风"，"熏风"作"景风"，"凄风"作"凉风"，"飂风"作"飋风"、"厉风"作"丽风"；"八方风Ⅱ"见《淮南子·天文训》，《说文解字》略同，但"条风"作"融风"；"八方风Ⅲ"见《灵枢经·九宫八风》及《五行大义·八卦八风》引《太公兵书》；"十六神"即太乙式所配。

⑥⓪ 见注⑤引吴九龙书。

⑥① 表中"十二月Ⅱ"见《尔雅·释天》，子弹库楚帛书作"取""女""秉""余""欿""虘""仓""臧""玄""昜""姑""荃"；"十二属"见《论衡·物势》、蔡邕《月令章句》；"十二神Ⅰ"和"十二神Ⅱ"即六壬式所配。

五神	句芒	祝融	后土	蓐收	玄冥
岁干	阏蓬、旃蒙	柔兆、强圉	著雍、屠维	上章、重光	玄黓昭明
五色	青	赤	黄	白	黑
五虫	鳞	羽	倮	毛	介
五音	角	徵	宫	商	羽
五数	八	七	五	六	九
五木	榆柳	枣杏	桑柘	柞栖	槐檀
五味	酸	苦	甘	辛	咸
五臭	膻	焦	香	腥	朽
五祀	户	灶	中溜	门	行
五祭	麦	菽	稷	麻	黍
五畜	羊	鸡	牛	犬	彘

（2）九分⑩

九宫	东北	东	东南	南	中	西南	西	西北	北
九野	变天	苍天	阳天	炎天	钧天	朱天	颢天	幽天	玄天
九神Ⅰ	九地	太阴	六合	腾蛇	勾陈	九天	朱雀	太常	值符
九神Ⅱ	太阴	轩辕	招摇	天一	天符	摄提	咸池	青龙	太一
紫白	白	碧	绿	紫	黄	黑	赤	白	白

  这两个系统的区别主要是,前者是以阴阳二气的进退消长来解释各种变化,而后者是以五行的相生相克来解释各种变化。二者的结合构成了阴阳五行学说的基础。

  最后,本文还想附带讨论一下中国古代的十二属或十二生肖。

  上述配物中有"十二属"一项,与图八所配"三十六禽"有关。

  图八所配"三十六禽"包括:

---

⑩ 同注㊱。

	1	2	3	4	5	6	7	8	9
北	象(豕)	豚(豚)	猪	蝡(蝠)	鼠	燕	牛	蟹	蟚
东	豹	狸	虎	猬	兔	貉	龙	鲸	鱼
南	蟺(蚓)	蝉(蟮)	蛇	鹿	马	獐	羊	鹰	雁
西	狙	猿	猴	鸠(雉)	鸡	乌	狗	犴(豻)	狼

这三十六禽,每方 1、9 是与四维(戊己)相应,2、8 是与二十八宿相应,4、6 是与八干(甲乙、丙丁、庚辛、壬癸)相应,3、5、7 是与十二支相应。

上述三十六禽,即后世"演禽"(类似西方的 astrology)所本,过去多以为是传自印度[63]。但这三十六禽,与十二支相配的十二禽,实际上就是十二属。这十二属,过去最早是见于东汉文献(王充《论衡·物势》和蔡邕《月令章句》),但现在据出土发现,却至少在秦代就已存在。睡虎地秦简《日书》甲种提到[64]:

子,鼠也。……(827 背)

丑,牛也。……(826 背)

寅,虎也。……(825 背)

卯,兔也。……(824 背)

辰,[龙也]。……(823 背)

巳,虫也。……(822 背)

午,鹿也。……(821 背)

未,马也。……(820 背)

申,环(猿)也。……(819 背)

酉,水(隹)也。……(818 背)

戌,老羊也。……(817 背)

---

[63] 表中"九野"见《淮南子·天文训》;"九神Ⅰ"和"紫白"即遁甲式所配;"九神Ⅱ"见《唐会要》卷十下《九宫坛》。

[64] 《四库全书总目·子部》术数类二《演禽通纂》提要说演禽法"相传谓出黄帝七玄之说。唐时有《都利聿斯经本梵书》五卷,贞元中李弥乾将至京师,推十二星行历,知人贵贱。至宋而又有《秤星经》,演十二宫宿度,以推休咎,亦以为出于梵学……"

亥,豖也。……(816背)

它们与东汉以来的十二属略有不同,如"蛇"作"虫"、"马"作"鹿"、"羊"作"马"、"猴"作"环(猿)"、"鸡"作"水(隹)"、"犬"作"老羊"。但区别较大主要是午、未、酉、戌。

关于秦简十二属与后世十二属的不同,于豪亮先生和饶宗颐先生曾做过一点讨论⑥,指出古书中仍保存着某些与秦简十二属相似的说法,但他们都忽略了一条重要线索,即古人对这种系统的安排是与"生数奇偶"和"辰位冲破"有关。

《淮南子·地形训》提道:

> 凡人民禽兽,万物贞虫,各有以生,或奇或偶,或飞或走,莫知其情,唯知通道者能原本之。天一,地二,人三。三三而九,九九八十一,一主日,日数十,日主人,人故十月而生。八九七十二,二主偶,偶以承奇,奇主辰,辰主月,月主马,马故十二月而生。七九六十三,三主斗,斗主犬,犬故三月而生。六九五十四,四主时,时主彘,彘故四月而生。五九四十五,五主音,音主猿。猿故五月而生。四九三十六,六主律,律主麋鹿。麋鹿故六月而生。三九二十七,七主星,星主虎,虎故七月而生。二九一十八,八主风,风主虫,虫故八月而化。

同样的记述也见于《大戴礼·易本命》和《孔子家语·执辔》,传出孔子,文字略有不同。其所言生月,皆与所配九九数的末位数相应。但它们都未提到一、二月和九、十月,今并列出,示意如下:

	生月	九九数	主
人	十一月(子)	$9 \times 9 = 81$	日
马	十二月(丑)	$9 \times 8 = 72$	辰

---

⑥　同注㊴。

——	〔一月〕(寅)	〔9×9＝81〕	——
——	〔二月〕(卯)	〔9×8＝72〕	——
犬	三月(辰)	9×7＝63	斗
彘	四月(巳)	9×6＝54	时
猿	五月(午)	9×5＝45	音
鹿	六月(未)	9×4＝36	律
虎	七月(申)	9×3＝27	星
虫	八月(酉)	9×2＝18	风
——	〔九月〕(戌)	〔9×1＝9〕	——
——	〔十月〕(亥)	〔9×0＝0〕	——

　　案:《易本命》"犬"作"狗","彘"作"豕","猿"作"援","斗"误为
"升"。《执辔》"犬"亦作"狗","彘"亦作"豕"。

　　这一表中有"猿""鹿""虫",同睡虎地秦简《日书》甲种。其辰位,据《五行
大义·论三十六禽》,有不少与十二属的辰位是对冲(即子冲午,丑冲未,寅冲
申,卯冲酉,辰冲戌,巳冲亥)⑥。按对冲关系解释,马为丑月生,丑冲未,故于十
二属为未;犬(狗)为辰月生,辰冲戌,故于十二属为戌;彘(豕)为巳月生,巳冲
亥,故于十二属为亥;虎为申月生,申冲寅,故于十二属为寅。另外,上表虽未提
到鼠,但《吕氏春秋·达郁》"周鼎著鼠,令马履之",《论衡·物势》"子亦水也,
其禽鼠也;午亦火也,其禽马也。水胜火,故豕食蛇,火为水所害,故马食鼠屎而
腹胀",也是以子、午对冲。不过这里也有一些例外,如猿,萧吉解释说:"猿五月
生,午中有沐浴金,杀气未壮,至申金王,杀气始强。又言在火中未有音声,出火
其音方成,故并在申。"鹿,萧吉解释说:"故鹿六月生,未与午合,故亦在午。"(鹿
于三十六禽和马相近,旦为马,昼为鹿);虫(蛇),萧吉引《拭经》云:"巳有腾蛇之
将,因而配之。蛇,阳也,本在南。龟,阴也,本在北。以蛇配龟,为玄武,二虫共

　　⑥　于豪亮《秦简〈日书〉记时记月诸问题》,见《云梦秦简研究》(中华书局 1981 年)。

为一神。以阴偶,故从数,在北方。"这些解释可以帮助我们理解,睡虎地秦简《日书》甲种何以把鹿安排在午位,马安排在未位。但老羊在戌仍不得其解,饶宗颐先生引《古今注》"狗一名黄羊",可备一说。另外此书提到"酉,水也",虽然可以估计"水"是与"鸡"相近的一种动物,但于豪亮先生读"水"为"雉"却与古音不合(水是审母微部,雉是定母脂部),饶宗颐先生读"水"为"隼"或鸷(鹰属,心母文部),但从读音和字义判断,更大可能是读为佳或雏(即鹪鸠,照母微部)。还有表中一月、二月和九月、十月,原文没有提到,推测一月、二月可能是牛、羊或鸡⑥,九月可能是龙(龙于十二属为辰,辰冲戌),十月可能是鼠或兔。前一半为人和五畜,后一半为六兽。又表中"人主日","犬主斗",可能与例(1)四门的"天虡己""土斗戊""人日己""鬼月戊"有关。"虡""斗""日""月"即"天""土""人""鬼"所主。《说卦》以艮为狗象,而艮于五行属土,"土斗戊"或缘于此。而"天虡己","虡"或读为规矩之矩。但这些都仅仅是推测。

六、式图与原始思维

(一)时令与禁忌

司马谈《六家要旨》对古代的阴阳家有如下评论:

> 尝窃观阴阳之术,大祥而众忌讳,使人拘而多畏;然其序四时之大顺,不可失也。……夫阴阳四时、八位、十二度、二十四节各有教令,顺之者昌,逆之者不死则亡,未必然也,故曰"使人拘而多畏"。夫春生夏长,秋收冬藏,此天道之大经也,弗顺则无以为天下纲纪,故曰"四时之大顺,不可失也"。

这一评价很扼要,也很中肯。它不但指出了阴阳家是以时令、禁忌为特点,还指出了其说的合理成分与不尽可信之处。

---

⑥ 《淮南子·天文训》称为"六府"。这种对冲实际上是四孟对四孟,四仲对四仲,四季对四季。

上文讲到,式是一个小小的宇宙模型,它的空间、时间结构和配数、配物原理,处处都带有模拟的特点。但这里要讲的是,古人发明这个模型,目的不仅仅在于"模仿",还想借助它做各种神秘的推算,提出问题和求得答案,冀于沟通天人。所以这个小小的模型还同时有着 computer 的意义。如果我们把式图的配数、配物比作信息的输入与储存,那么时令、禁忌便相当于其程序与指令。

研究时间安排对原始人类的影响,在西方人类学中有所谓 time study(时间研究)。这种方法也被用于现代社会的研究,是个非常有用的理论。古代人随日月出没而作息,观草木荣枯而移徙,采猎耕牧,各有周期。中国古代的时令,从先秦的《玄宫》《夏小正》《月令》《十二纪》到东汉崔寔的《四民月令》,以至晚近仍在颁用的各种农历,线索从未中断。它们就是从这种古老的传统发展而来。

关于古代时令的各种细节,本文不能展开讨论。这里只谈一个大家甚少注意的问题,即四时时令与五行时令的区别⑱。

这里提到的"四时时令",大家比较熟悉。它是按春、夏、秋、冬四分十二月、二十四节气和 360 日,每个月 30 天,每个节气 15 天,一直为后世沿用。而"五行时令",大家注意较少。它是按木、火、土、金、水五分十二月、三十节气和 360 日,每行 72 天,每个节气 12 天。二者异同,可用下表示意(见下页)。

这两种时令都是以节气的测定为特点,古人叫"候气"。但左栏是按四立和二分二至配合若干物候而制定。月份和天数的分配很整齐。而右栏是采天气—地气、养气—杀气、盈气—绝气、暑气—寒气的概念及若干风名(风也是气)而制定,月份和天数的分配很不整齐。其四时虽然在理论上是按"五行生成之数"(生数、成数)的八、七、九、六而分配,但实际上却是以春、秋各 8 个节气,夏、冬各 7 个节气而分配(将夏季减少一个节气,冬季增加一个节气)。

---

⑱　《五行大义》引《考异邮》:"鸡,火畜,近寅,寅阳,有生火,喜故鸣,武事必有号令,故在西方。巽为鸡,亦为号令。辰巳并与酉合,故在酉。"似鸡生月在卯,与酉为对冲。

节气表

四时	二十四节气	五行	三十节气
春	立春(正)	木	地气发(正)
	雨水(正)		小卯(正)
	惊蛰(二)		天气下(正、二)
	春分(二)		义(养)气至(二)
	清明(三)		清明(二)
			始卯(二)
	谷雨(三)		中卯(三)
夏	立夏(四)	火	下卯(三、四)
	小满(四)		小郢(四)
	芒种(五)		绝气下(四)
	夏至(五)		中郢(盈)(五)
	大暑(六)	土	中绝(五)
	小暑(六)		大暑至(五、六)
秋	立秋(七)		中暑(六)
	处暑(七)		小暑终(六)
	白露(八)		期(朗)风至(七)
	秋分(八)		小酉(七)
	寒露(九)		白露下(七、八)
	霜降(九)	金	复理(八)
冬	立冬(十)		始前(八)
	小雪(十)		始酉(九)
	大雪(十一)		中酉(九)
	冬至(十一)		丁酉(九、十)
	小寒(十二)		始寒(十)
	大寒(十二)	水	小榆(十)
			中寒(十一)
			中榆(十一)
			寒至(十一、十二)
			大寒之阴(十二)
			大寒终(十二)

上述两种节气,二十四节气即司马谈所说的"二十四节"。其全部名称见于《淮南子·天文训》和《汉书·律历志下》,但部分名称则散见于《夏小正》《月令》和《十二纪》,说明先秦时期就已存在。它们在系统上都属于四时时令。而三十节气则见于《管子·玄宫》(被称为"三十时节")。该篇见于《周礼·地官·媒氏》疏,也叫《时令》,实际上是一种五行时令。这种节气虽然汉以后不再流行,但早期却与二十四节气一样重要。如《淮南子·天文训》和银雀山汉简《三十时》就都讲到这种节气⑩。这两个系统的区别并不在于是否在理论上与五行相配,而是在于对月、日的分配。四时时令虽然也与五行相配,但实际只是以木、火、金、水和八、七、九、六象征性地配合四时,土行是被虚置中宫或配于季夏(等于是以中宫入于人门)。其八、七、九、六与四时的节令数无关,土行也不占天数。另外,从式图结构的角度,我们也可以讲,四时时令将一年十二月四分、八分、十二分、二十四分,是属于四分、八分、十二分的系统,而五行时令将一年五分、三十分,则属于五分和九分系统。近年来,学界有人提出《管子·玄宫》是一种把一年分为五季十月,每月36日的历法,这和《玄宫》原文并不吻合⑰。《玄宫》虽然在节气的天数分配上照顾到与五行的配合,但实际还是按四时十二月分配天数,与四时时令仍然有对应关系⑪。

下面我们再来讨论一下时令与禁忌的配合。

首先,上述"时令"之"令"都是"教令"之义,本身已含有天道对人事的安排和约束的意思。其时间安排无论采取何种形式,都要与禁忌相配:岁有岁忌,月有月忌(也叫"月讳"),日有日忌(也叫"日禁")。王充说:"世俗既信岁时,而又信日。举事若病死灾患,大则谓之犯触岁月,小则谓之不避日禁。岁月之传既用,日禁之书亦行。"(《论衡·讥日》)出土发现的数术之书多半都属于此类。《隋志》以来,史志所录五行家书还有专讲各种时令禁忌的历书,如《杂忌历》《百忌大历要钞》《百忌历术》《百忌通历法》《历忌新书》《太史百忌历图》等。可见

---

⑩ 李零《〈管子〉三十时节与二十四节气》,《管子学刊》1988 年 2 期。

⑪ 银雀山汉简《三十时》的节气名,有些同于《玄宫》,如"绝气""中绝""帛(白)洛(露)""始寒",但也有些同于或近于二十四节气,如"启蛰""霜气""夏至""冬至",也有些与两者都不同。参看吴九龙《银雀山汉简释文》(文物出版社 1985 年)。

⑪ 刘尧汉、卢央《文明中国的彝族十月历》,云南人民出版社 1981 年。

它们在古代是何等流行。

其次,古代禁忌,以现代科学知识衡之,似乎荒唐可笑,但人类学家却很重视禁忌(Taboo)作为社会规则对原始人类的特殊意义。认为即使其荒唐之处,也多能从当时的思维方式、行为特点和环境条件做正面解释。这些禁忌涉及极广,几乎包括古代日常生活的一切重要方面,对古代社会史的研究不啻是重要指标。例如我们归纳子弹库楚帛书和各种日书,可以发现,其时令禁忌主要涉及下述各项:

(1)生子	(11)穿井行水
(2)娶妻嫁女	(12)为囷仓
(3)葬埋	(13)田猎
(4)裁制衣裳	(14)出入资货、人民、马牛、禾粟
(5)饮食歌乐	(15)祠祀
(6)盖屋筑室	(16)乘车冠带
(7)穿门为户	(17)临官莅政
(8)出行移徙	(18)起事
(9)种获	(19)攻伐
(10)筑兴土功	(20)亡盗[72]

这些项目跨度很大,不仅涉及数术之学的各个分支,有时还超出数术之学本身的范围。如这里的"生子",即与方技之学中的房中术有关;"葬埋"和"盖屋筑室",隋唐以来有专门的葬经和图宅术;"娶妻嫁女",隋唐以来有专门的婚嫁书;"乘车冠带"和"临官莅政",隋唐以来有专门的临官冠带书;"攻伐",则与兵书中的"兵阴阳"有关。另外,书中还有人忌、马忌、牛忌、羊忌、猪忌、犬忌、鸡忌、木忌、土忌、禾忌、田忌、五种忌等等,名目极为繁多。

古人表示岁月禁忌,所用术语主要有以下各种[73]:

---

[72] 同注⑥⑨。
[73] 《唐六典》卷十四《太卜》"凡用式之法"注"凡阴阳杂占,吉凶悔吝,其类有九,决万民之犹豫":一曰嫁娶,二曰生产,三曰历注,四曰屋宅,五曰禄命,六曰拜官,七曰祠祭,八曰发病,九曰殡葬。

（1）吉（包括小吉、大吉）：表示得，贞问有验，结果好。

（2）凶（包括小凶、大凶）：与吉相反，贞问无验，结果坏㉔。

（3）悔：表示后悔，是比祸、害、咎等字程度略轻的不利情况。

（4）吝：表示惋惜，与悔近似，常与悔字连用㉕。

（5）忧（分有忧与无忧）：表示忧虑，与悔、吝二字含义接近。

（6）咎（分有咎与无咎）：本指罪过。反义词无咎是指经过弥补，尚无大过㉖。

（7）祸（分有祸与无祸）：表示灾祸。

（8）害（分有害与无害）：表示危害，与祸相近。

（9）利（反义是不利）：表示有利。

（10）宜（反义是不宜）：表示适合。

（11）可或可以（反义是不可或不可以）：表示允许。

这些术语既有表示客观结果之好坏，也有表示主观感受之好坏，还有表示行为所受之约束。大抵皆有肯定与否定两种不同表示。古代的"禁忌"，所谓"禁"或"忌"虽然字面含义都是表示否定，但讲这种禁忌的书却无一例外都既包含有肯定的规定，也包含有否定的规定。只讲忌不讲宜或只讲宜不讲忌，这种时令是没有的。所谓"月讳""日禁"都应这样理解㉗。

（二）占验与赌博

式作为一种占验时日的工具，还有一个方面很值得注意，就是它与古代博戏的关系。

人类的游戏往往都与赌博有关，棋可以赌，牌可以赌，马也可以赌，拳也可以赌。这些游戏一般都包含两方面，一方面是比技巧，一方面是比运气。即使表面看最不带赌博成分的游戏，人与天争、力与命争的机遇捕捉也常常要比人与人争的竞技状态本身还吸引人。

中国古代有一种很古老的游戏叫"六博"（或"陆博"）。"赌博"一词就是来源于这种游戏。它盛行于先秦两汉时期，但现在已经失传，只是借助考古发现，

㉔ 这些术语与甲骨卜辞、《易经》和战国楚占卜竹简大体相同，说明古代的占验术语具有通用性。
㉕ 《易·系辞上》："是故吉凶者，失得之象也。""吉凶者，言乎其失得也。"《系辞下》："吉凶者，贞胜者也。"
㉖ 《易·系辞上》："悔吝者，忧虞之象也。""悔吝者，言乎其小疵也。"
㉗ 《易·系辞上》："善补过也。"

人们才对它重新有所了解。

现已发现与六博有关的出土实物已有一定数量。它们包括以下五项：

（1）战国秦汉时期的六博棋具[78]；

（2）汉博局镜（旧称"规矩镜"或"TLV 镜"）；

（3）汉画像石中的六博图；

（4）汉六博俑；

（5）汉六博人像铜镇（博镇）。

最初人们对这一问题的研究只限于（2）（3）（4）三项[79]，但近年来，由于（1）（5）两项材料激增，也有一些学者对这两项作专门探讨[80]，使我们对六博的认识较前有很大提高。

下面对六博作一简短介绍，并顺便指出研究者的若干错误：

（甲）出土博具（图三十六：3、4）。

（1）博。即博戏所用的筹码。其形式是仿布算用的算筹，也是用竹木小棍做成，一般为 6 枚，长各 23—24 厘米（约合汉一尺）。"六博"之名即由此而来。博有很多异名，往往都与算筹有关，如马王堆 M3 和凤凰山 M8 遣册称博为"筭"[81]，《西京杂记》卷四称六博为"六箸"或"究"。筭指算筹。箸本指竹筷，张良尝借箸为刘邦画策（《史记·留侯世家》），说明箸与筹策相近。"究"则有可能是筹的另一种写法。博还有许多方言异名，如据《方言》，"簿"是北方秦晋一带流行的叫法，吴楚一带则称之为"蔽"。"蔽"是用一种叫"筥簬"或"箇簬"（也叫"箇"）的细竹做成。这种细竹，竹节间距较大，适于做箭杆，古代也叫"箭""箭囊"或"射筒"。此外，《方言》还提到"蔽"的另一些叫法，如"簿毒""夗专""匴

⑦⑧ 我在《〈长沙子弹库楚帛书〉补正》（中国古文字研究会第七届年会论文，待刊）一文中针对饶宗颐先生以楚帛书兼言宜忌而不可名之曰月禁之书的说法已指出此点。

⑦⑨ 现已发现年代最早的六博棋局是平山中山王墓所出。

⑧⓪ 中山平次郎《古式支那镜鉴沿革》（七），《考古学杂志》九卷八号（1919 年）。Lien-sheng Yang（杨联升）"A Note on the so-called TLV Mirrors and the Game LIU PO 六博"（*Harvard Journal of Asiatic Studies* Vol.9, February 1947, No.3—4）和"An Additional Note on the Ancient Game LIU-PO"（同上，Vol.15, June, 1952, No.1—2）。劳干《六博及博局的演变》，《历史语言研究所集刊》35 期。

⑧① 熊传新《谈马王堆三号西汉墓出土的陆博》，《文物》1979 年 4 期。傅举有《论秦汉时期的博具、博戏兼及博局纹镜》，《考古学院》1986 年 1 期。曾布川宽《六博の人物坐像铜镇と博局纹について》，《古史春秋》第五号（朋友书店 1989 年）。

璇""棋"(《说文》也叫"簙棋")。

（2）算席。凤凰山 M8 遣册提到"博：箄、紪、桐、博席一具、博橐一。箄：箄席一"⑧²，"博席"似指放置博具的席，而"箄席"则指放置博筹即"箄"（即"算"）的席。傅举有先生谓博具之中，重要者为局、棋、箸（即博）、茕四物，其余则可有可无⑧³。但严格讲，这里的"箄席"也很重要，并非可有可无。因为出土汉画像石上的六博图，往往都在博局旁边表现出箄席（图三十六：1）。其大小约与博局等或略大于博局，上面放有六博。四角镇压之物，当即博镇。

（3）棋。即博戏所用的棋子。往往用象牙做成（但也有用骨、玉等制成），故也叫"象棋"。一般为 12 枚，长各 2.3 或 2.4 厘米（约合汉一寸），形状类似后世之麻将牌。《韩非子·外储说左上》讲秦昭王做大博，博、棋之长，比例为 10∶1，出土发现与之大体相合。这 12 枚棋，博弈双方，每方各 6 枚，或以颜色相别，或以形状相别。每方的棋又分两种，一种是"一大五小"，即"一枭五散"（如睡虎地 M13 所出）；另一种是 6 枚完全相同（如睡虎地 M11、马王堆 M3、凤凰山 M8 所出），只是根据行棋，得在一定条件下竖起，变为枭棋（参看《太平御览》卷九百二十七及《楚辞·招魂》洪兴祖注引《古博经》）。

（4）茕。即博戏所用的骰子，作十八面球状体，上书"骄""𣬉"和"一"至"十六"等数字。一般为两枚。魏晋以来，茕字亦作琼，形状变为六面体，每面镂点 1—6 个，称为"双陆"。

（5）棋局。即博戏所用的棋盘。《晋书·天文志》引周髀家说"天员（圆）如张盖，地方如棋局"，出土棋局在形式上正是模仿式的地盘（图三十七：1、2）⑧⁴。其平面分为两层，外层是个大正方形（也有些略呈长方形）。沿四条边内侧有 8 个反 L 形钩识分布在四正四隅，象征十二度；内层是个小正方形，沿四条边外侧有 4 个 T 形钩识分布在四正，4 个圆圈（或作鸟形或花形）分布在四隅，象征四方八位。外层的 8 个反 L 形钩识和 4 个 T 形钩识叫"曲道"（《广雅·释器》）⑧⁵。

---

⑧² 注⑧¹引熊传新文及金立《江陵凤凰山八号汉墓竹简试释》（《文物》1976 年 6 期）。

⑧³ 注⑧¹引傅举有文。

⑧⁴ 罗文认为《史记·日者列传》"旋式正棋"的"棋"是指地盘。但《索隐》谓"棋者，筮之状。正棋，盖谓卜以作卦也"，则以"棋"为博筹。即《说文》所谓"簙棋"。

⑧⁵ 傅举有文认为大坟头 M1 所出木牍上的"画「（曲）一"，是指"曲道"，恐误。

出土博局,曲道一般都作右旋(但广西西林西汉墓所出铜博是作左旋),可能是表示"地道右行"(外层的 8 个反 L 形钩识按右旋正好是一顺)。

像博与筭席配套,棋、凭也是与棋局配套。如张家湾汉墓所出六博俑就是置博于筭席,置棋、凭于棋局(图三十六:2)。

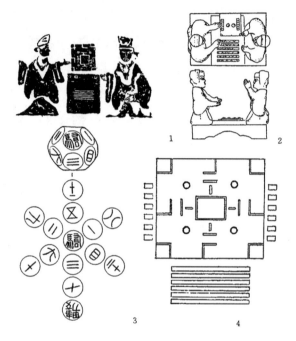

图三十六　六博的博具

1.博局与筭席和博(山东微山雨城画像石)

2.博局与棋、凭和博(河南灵宝张家湾汉墓出土釉陶俑)

3.博局与棋、博(湖北云梦睡虎地 M11 出土)

4.凭(秦始皇陵园出土)

此外,马王堆 M3 还出土了盛放博具的博盒,内有博、棋、棋局、凭和割刀、削等物。遣册记为:"博一具:博局一、象其十二、象直食其廿、象筭三十枚、象割刀一、象削一、象□□□。"[86]凤凰山 M8 遣册也记有"博橐一"[87]。博盒、博橐都是用来盛放博具的东西,本身并不是博具。

<hr />

86　注⑧引熊传新文。

87　注⑧引金立文。

（乙）文献所记博法。

博具的使用方法无法从博具本身推测。杨联陞先生和劳干先生曾据《西京杂记》卷四引许博昌口诀"方畔揭道张，张畔揭道方。张究屈玄高，高玄屈究张"，"张道揭畔方，方畔揭道张。张究屈玄高，高玄屈究张"推测其法[38]，难以证实。但《颜氏家训·杂艺》说"古为大博则六箸，小博则二茕，今无晓者，比世所行，一茕十二棋"，涉及博具本身，则可略加讨论。傅举有先生对大、小博有一解释，他认为古法博具本身就分两种，一种是大博，有箸（博）无茕，可以叫"投箸的博"（如睡虎地 M11、凤凰山 M8 所出），一种是小博，有茕无箸（博），可以叫"投茕的博"（如马王堆 M3 所出和张家湾汉墓出土六博俑所表现）。但他所说"投茕的博"却并非"有茕无箸"，如马王堆 M3 所出有长博 12 枚，短博 30 枚，张家湾汉墓出土的六博俑有博 6 枚。我们与其这样理解，反而不如把古代博法理解为一套博具，兼有博、茕，既可作大博用，也可作小博用。即：

方法		箸	棋	茕
古法	大博	六箸	十二棋	——
	小博	——	十二棋	二茕
今法		——	十二棋	一茕

颜氏所说古法，验之出土发现，情况还要复杂。对弈，从汉画像石的六博图和六博俑看，既有二人对弈，也有四人对弈（二人行棋，二人计筹）；出土博镇，也既有两人一套，也有四人一套（还有三人一套的情况）。用博，一般以 6 枚为常，但马王堆 M3 所出则为长博 12 枚，短博 30 枚（遣册记为"象筭三十枚""象□□□"），前者是 6 的 2 倍，后者是 6 的 5 倍。用棋，一般以 12 枚为常，但马王堆 M3 所出则为大棋 12 枚，小棋 20 枚［遣册记为"象其十二、象直食其廿"］。用茕，一般以 2 枚为常，但马王堆 M3 所出则为 1 枚。

颜氏所说新法，大概主要在于废博用茕，茕数是一是二倒在其次，其实亦可视为小博的变种。《列子·说符》张湛注引《古博经》："博法，二人对坐，向局，局

---

[38] 注[30]引杨联升、劳干文。

分十二道,两头当中名为水,用棋十二枚,故法六白六黑,又用鱼二枚,置于水中。其掷采,以琼为之。琼畟方寸三分,长寸五分,锐其头,钻刻琼四面为眼,亦名为齿。二人互掷采行棋。棋行到处即竖之,名曰骄棋,即入水食鱼,亦名牵鱼。每牵一鱼,获二筹;翻一鱼,获三筹。若已牵两鱼而不胜者,曰被翻双鱼,彼家获六鱼为大胜也。"所述似即新法。其博具包括:

(1)局。有 12 个曲道,当中的方形叫"水"。

(2)棋。12 枚。6 枚白,6 枚黑,依行棋所到,得竖为骄棋(即枭棋)。

(3)鱼。2 枚,置"水"中。

(4)琼。即茕。变为正六面体,各面镂刻点数(文中未说几枚)。

(5)筹。文中所说获筹多少,可能只是计数,而不一定是指用博。

唐代以来,六博仍在流行。其法大概与颜氏所说新法相似,但用二琼,称为"双陆"。[89]

上述博戏,不仅博具本身是模仿式,而且其游戏方法,从投茕、行棋到计筹,可能也是脱胎于演式。上文已说,式法占验是一种模拟系统。它的演式方法虽甚烦琐,但推其心理,无非是想以人工模拟的随机组合去再现天道运行的随机组合,本身已包含了某种赌博的心理成分(有点像是"轮盘赌")。

六博在古代既是流行的娱乐形式,也是流行的艺术主题(见于汉画像石、陶俑和镜鉴等)。有些学者已注意到,汉代风靡一时的博局镜虽然是以博局为装饰,但比出土的博局要复杂,它不仅有博局的曲道,往往还有表示四方的青龙、朱雀、白虎、玄武,表示四维的四瓣花,以及表示十二辰的文字(图三十七:3),与式图更为接近[90]。特别是西田狩夫先生和周铮先生提到的博局镜铭文"左龙右虎掌四方,朱雀玄武顺阴阳,八子九孙治中央,刻娄(镂)博局去不羊(祥)"[91],更清楚地显示出这种纹饰是代表着宇宙模型,同时还具有厌除不祥的神秘含义。

---

[89] 《隋书·经籍志》载梁有《大小博法》一卷。《旧唐书·经籍志》载《大博经行棋戏法》二卷,《小博经》一卷(鲍宏撰)、《大博经》二卷(吕才撰)。

[90] 见罗维文。

[91] 西田狩夫:《"方格规矩镜"的图文的系谱》,*Museum* 427 号。周铮《"规矩镜"应改称"博局镜"》,《考古》1987 年 12 期。

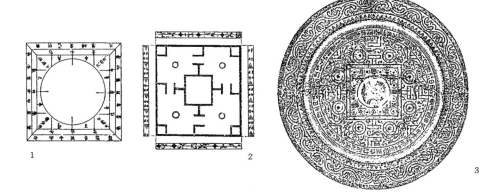

图三十七 式与博局和博局镜的比较

1.式(双鼓堆 M1 出土第一种漆木式的地盘)

2.博局(湖北云梦大坟头 Ml 出土)

3.博局镜(西田狩夫文插图)

六博是人与人之间进行的游戏,但古书却还提到仙人之间,特别是神人之间的博弈。如:

(1)《史记·殷本纪》:"帝武乙无道,为偶人,谓之天神,与之博,令人为行,天神不胜,乃僇辱之。"

(2)《韩非子·外储说左上》:"秦昭王令工施钩梯而上华山,以松柏之心为博,箭长八尺,棋长八寸,而勒之曰:'昭王尝与天神博于此矣。'"

(3)《风俗通义·正失》:"武帝与仙人对博,棋没石中。"

故事的主人公都是雄心不可自已的帝王,所以会于沟通天人之外,另生奇想,竟欲力克天神而胜之。

所有这些都表明,六博的风靡,六博艺术主题的风靡,从根本上讲是式所代表的宇宙观念的风靡。

七、结语：阴阳五行学说的再认识

本文从内容上讲是一种器物学的研究，但笔者的兴趣却并不在于器物本身，而是希望给思想史的认识提供一种新的角度，或一种新的解释线索。

过去，在中国思想史的研究上，人们总是习惯于把阴阳五行学说看作一种晚出的支流：推其源，不过是邹衍一派的怪迂之谈；述其流，也无非是盛极汉代的荒唐迷信（他们给阴阳五行学说派定的角色有些像西方宗教史上的异教）。这种看法既缘于古史背景的模糊和有关史料的缺乏，也与汉代以后人们对历史认识的"逆溯差异"，特别是中国近代史学从"古史辩派"论战中所受到的那次重要"洗礼"有关。当年，顾颉刚先生为了推倒儒家经典中的古史系统，恰恰是从讨论这一学说而入手[92]。他们认为阴阳五行学说既然这样巧具心思，从任何一点可做无穷推演，则它只能是一种特殊文化氛围下突然出现的东西，一种人为编造的东西。儒家经典中的古史系统就是受这种风气的感染，直到很晚才被炮制出来。

现在，以我们对考古发现的认识来看，阴阳五行学说在中国思想史上所扮演的角色恐怕应做如下校正：

（1）这种学说在战国秦汉之际臻于极盛，虽然遇有新的思想契机，也包含了许多添枝加叶、整齐化和系统化的工作，但它绝不是邹衍一派的怪迂之谈所能涵盖，而是由大批的"日者""案往旧造说"，取材远古，以原始思维做背景，从非常古老的源头顺流直下，其势绝不让于由诸子学说构成的思想大潮。

（2）对诸子学说在两周之际的酝酿成熟，形成加斯波耳（Karl Jaspers）所说的那种文明发展的普遍性突变[93]，或张光直先生反复强调的"人神异界"之格局

---

[92]　参看顾颉刚《五德终始说下的政治和历史》（《古史辨》第五册）。

[93]　Karl Jaspers, *The Origin and Goal of History*, New Haven: Yale University Press 1953。许倬云《论雅斯培枢轴时代的背景》，《中央研究院历史语言研究所集刊》第五十五本第一分。

奠定⑨，最顺理成章的解释恐怕还是，它本身不但不是阴阳五行学说的背景或并生形态，反而是从这种学说的源头派生而出，初则甚微，后始洪大。

（3）即使在诸子学说经进一步分裂、融合而形成汉以后儒家独尊的上层文化之后，阴阳五行学说也仍然在中国的实用文化（数术、方技、兵学、农学、工艺学）和民间思想（与道教有关的民间宗教）中保持着莫大势力，足以同前者做长期的抗衡。

1990 年 4 月 18 日写于美国西雅图

【李　零　北京大学中文系教授】
原文刊于《中国文化》1991 年 01 期

---

⑨　张光直《连续与破裂：一个文明起源新说的草稿》，《九州学刊》1 卷 1 期（1986 年 9 月）。

上古天文考

古代中国"天文"之性质与功能

江晓原

【内容提要】本文根据文献资料的排比考证,纠正了今人对古代"天文"本义的科学化误解,指出上古"天文"本义类似于现代所谓的"星占学"(astrology),上古"传天数者"大都是星占学家或擅星占以论治世者,都不能与现代意义上的"天文学"或"天文学家"混为一谈,从司马迁《史记·天官书》中所提供的资料可以看出,这是从上古"通天巫觋"演化而来的,前者是星占术即通天之术,后者是巫觋即是星占学家,而"灵台"即是他们进行"通天"巫术之所,正因为上古"天文"是沟通天人之际的重要手段,拥有宣示天意的权威,所以历代统治者严禁私习天文。

是篇之作,非为考论中国古代天文学(astronomy)之成就或内容,而旨在阐明古代中国"天文"之性质及其社会、文化功能。顾专治天文学史者,或因此事无关乎"成就",或认为此事不属天文学史之范围,大都不屑及此。然而此事不明,则对于中国古代社会文化之历史,终不能臻于全面、深刻之理解。因草成此文,俾作引玉之砖,以就正于高明。

一、"天文"之本义

"天文"一词,较早见于《易·象·贲》:"观乎天文,以察时变。"其义本指"天象",为古代中国"天文"一词传统含义之一。早期文献中作"天象"解之例甚多。兹更举稍晚文献中两例,以见此义保留之久。《汉书·王莽传》:

> 十一月,有星孛于张,东南行,五日不见。莽数召问太史令宗宣,诸术数家皆谬对,言天文安善,群贼且灭。莽差以自安。

此所谓"天文",指上述"有星孛于张"事。又《晋书·天文志下》引《蜀记》云:

> 明帝问黄权曰:天下鼎立,何地为正? 对曰:当验天文,往者荧惑守心而文帝崩,吴、蜀无事,此其征也。

黄权所言"天文"亦指天象甚明。此类例子极多,无烦多举。

"观乎天文,以察时变","时变"云何? 可求之于《易·系辞上》:"天垂象,见吉凶。"今人观天象为探索自然,先民观天象为预知由天象所兆示之人事吉凶,由此"天文"一词又引申为:仰观天象以预占人事吉凶之学。此"天文"之第二义也,可引《汉书·艺文志》之语说明之:

> 天文者,序二十八宿,步五星日月,以纪吉凶之象,圣王所以参政也。

是"天文"在古人心目中,其性质如此。可知古代中国之"天文",实即现代所谓"星占学"(astrology)。历代正史中诸《天文志》,皆为典型之星占学文献,而其名如此,正与班固用法相同。而此类文献在《史记》中名为《天官书》,则尤见

"天文"一词由天象引申为星占学之痕迹——天官者,天上之星官,即天象也。后人常"天文星占"并称,亦此之故,而非如今人以己意所逆,将"天文"与"星占"析为二物也。

"天文"之本义既明,则可知今人以"天文学"译西文 astronomy(由拉丁文 astronomia而来)一词,虽不为无因,终不免大违"天文"之传统本义。第以约定俗成既久,当然不妨继续沿用。

古代中国"天文"虽可对应于今人所言之星占学,然西人在此事上有两项不同概念,亦不可不稍察。古代中国星占专言军国大事,如战争胜负、年岁丰歉、王朝兴衰、帝王安危等,而不及一般个人之穷通祸福,对此类星占学,西文谓之 judicialastrology,以区别于欧洲专以个人出生时黄道十二宫等天象预测其人一生祸福之星占学,后者被称为 horoscope astrology。horoscope 意为"天宫图",即其人出生时刻之天象也。

二、"昔之传天数者"

在拉丁文中,astrologus 一词兼有两义,其一指现今意义上之"天文学家",其二为"星占学家"。此事适与中国古代相合,可视为古代中西文化有相同处的例证之一。在古代中国,本无现代意义上之天文学家,而仅有星占学家,但星占学家既要执行其职事,势不得不从事若干合于现代天文学范畴之工作——其最显著者为推算日、月及五大行星之运动规律与位置。故 astrologus 之两义,正揭示今之天文学家系从古之星占学家演变而来。此原为众所周知之理,无须深论,唯对于"古代中国本无现代意义上之天文学家而仅有星占学家"一事,尚可提供具体证据以说明之。

现今所见古籍论及此事者,以《史记·天官书》为最早,也最重要。此后各史《天文志》及言"天文"之书,或有论及此事者,不过复述太史公之文而稍有增损。故以《史记·天官书》所记最有考察价值。原文如下:

昔之传天数者,高辛之前:重、黎;于唐、虞:羲和;有夏:昆吾;殷商:巫咸;周室:史佚、苌弘;于宋:子韦;郑则裨灶;在齐:甘公;楚:唐眛;赵:尹皋;魏:石申。

此为中国历史上第一份 astrologus 名单。称为"昔之传天数者",至为确切。且名单追溯到上古时代,尤能看出上古"天文"发生与演变轨迹。上述名单可以巫咸为界,分为两部分:巫咸及其以上诸人,皆为上古传说中人物;巫咸以下诸人则大抵为先秦史籍中有确切记载可征,因而较为真实者。太史公记巫咸及其以上诸人,大有深意,留待下节考述。此处先论巫咸以下诸人。

先秦典籍中以《左传》记载"传天数者"之行事最多,故以下据《左传》为主而兼采旁书,进行考察。考察之目的,不在论定事件之真伪,而在于判明诸"传天数者"在历史上主要以何种面目出现。

史佚

《左传》提及史佚六次,《国语》提及史佚一次,先依次列出如下:

且史佚有言曰:无始祸,无怙乱,无重怒。(僖十五年)

史佚有言曰:兄弟致美,救乏,贺善,吊灾;祭敬、丧哀,情虽不同,毋绝其爱,亲之道也。(文十五年)

君子曰:史佚所谓毋怙乱者,谓是类也。(宣十二年)

史佚之志有之,曰:非我族类,其心必异。(成四年)

史佚有言曰:非羁何忌?(昭元年)

昔史佚有言曰:动莫若敬,居莫若俭,德莫若让,事莫若咨。(《国语·周语下》)

以上七则,同一模式,皆援引史佚之政治格言,类宋明诸儒之称引语录然。稍可怪者,初看似无一语及于其"传天数"之事。

史佚,《国语》韦昭注谓"周文、武时太史尹佚也"。据《周礼·春官宗伯》,太史之职掌甚多，其中与"传天数"有关者包括：

> 正岁年以序事，颁之于官府及都鄙，颁告朔于邦国。闰月，诏王居门；终月，大祭祀。与执事卜日，戒及宿之日。

此后其职责与其他官员互有分合，逐渐演变成为皇家"天文"机构——兼有《周礼》中太史、冯相氏、保章氏、挈壶氏等职掌——之负责人，即后世之"太史令"。史佚既任太史，其本职自与"天文"有密切关系，此当为司马迁列之于"传天数者"名单之故。太史地位尊崇，殆类帝师，上述格言正与其身份相符。或因其格言极为有名，遂掩其旁的行事，而使其人特以政治格言名世。

苌弘

《左传》共载苌弘八事，列出如下：

> 景王问于苌弘曰：今兹诸侯，何实吉，何实凶？对曰：蔡凶。此蔡侯般弑其君之岁也。……岁及大梁，蔡复，楚凶。天之道也。（昭十一年）
>
> 苌弘谓刘子曰：客容猛，非祭也，其伐戎乎？……君其备之。（昭十七年）
>
> 春王二月乙卯，周毛得杀毛伯过而代之。苌弘曰：毛得必亡，是昆吾稔之日也。侈故之以，而毛得以济侈于王都，不亡何待。（昭十八年）
>
> 苌弘谓刘文公曰：……周之亡也，其三川震。今西王之大臣亦震，天弃之矣，东王必大克。（昭廿三年）
>
> 刘子谓苌弘曰：甘氏又往矣。对曰：何害？同德度义，……君其务德，无患无人。（昭廿四年）
>
> 晋女叔宽曰：周苌弘、齐高张皆将不免。苌弘违天，高子违人。天之所坏，不可支也；众之所为，不可奸也。（定元年）
>
> 卫侯使祝佗私于苌弘曰：闻诸道路，不知信否——若闻蔡将先卫，信乎？苌弘曰：信。蔡叔，康叔之兄也，先卫，不亦可乎？子鱼曰：以先王观之，则尚

德也。……吾子欲复文、武之略,而不正其德,将如之何?苌弘悦,告刘子,
与范献子谋之,乃长卫侯于盟。(定四年)

六月癸卯,周人杀苌弘。(哀三年)

其中昭十一年、昭廿三年两事显属星占预言。古代中国人心目中之"天",
常泛指"人"之外的整个大自然,故据"三川震"而言胜负,乃至昭公十八年之预
言毛得灭亡,都属"传天数"之事无疑。其余昭十七年、廿四年、定四年事,皆属
政治活动及建议。定元年、哀三年两事则载苌弘之死。苌弘之死在《史记·封
禅书》中也曾提到。

上八事年代确切,情节分明,据此已可勾勒苌弘其人之大致轮廓。《史
记·天官书》张守节《正义》称苌弘"周灵王时大夫也",而《左传》所载八事皆
景、敬两王时事,苌弘死时上距灵王末年 63 年,其为三朝老臣亦有可能,但主
要活动于景、敬两王时则无疑。苌弘并非专职"天文"官员,但精擅星占之学,
又积极参与政治活动,终因政治斗争而招杀身之祸,与后世北魏崔浩一生行事
极相类似。

子韦

子韦事较早见于《吕氏春秋·制乐》

宋景公之时,荧惑在心,公惧,召子韦而问焉,曰:荧惑在心,何也?子韦
曰:荧惑者天罚也,心者宋之分野也,祸当于君。虽然,……可移于岁。公
曰:岁害则民饥,民饥必死,为人君而杀其民以自活也,其谁以我为君乎!是
寡人之命固尽已,子无复言矣。子韦还走,北面载拜曰:臣敢贺君!天之处
高而听卑,君有至德之言三,天必三赏君。今夕荧惑其徙三舍,君延年二十
一岁。

此事亦见《淮南子·道应训》《论衡·变虚》等篇,所述大同小异。是子韦以
典型星占学家面目出现无疑。

又《汉书·艺文志》诸子略阴阳类共二十一家，为首即《宋司星子韦三篇》，其书虽佚，其主旨尚可得而言，班固阴阳类按语云：

> 阴阳家者流，盖出于羲和之官，敬顺昊天，历象日月星辰，敬授民时，此其所长也。

可知仍是古时星占学之别流。至于"羲和之官""历象日月星辰，敬授民时"等古代习语，今人多有误解，说详下文。

裨灶

《左传》记裨灶行事共六则：

> 裨灶曰：今兹周王及楚子皆将死。岁弃其次，而旅于明年之次，以害鸟帑。（襄廿八年）
>
> 于是岁在降娄，降娄中而旦，裨灶指之曰："犹可以终岁，岁不及此次也已。"及其（伯有氏）亡也，岁在娵訾之口，其明年，乃及降娄。（襄三十年）
>
> 夏四月，陈灾，郑裨灶曰："五年，陈将复封，封五十二年而遂亡。"子产问其故，对曰："陈，水属也，火，水妃也，而楚所相也。今火出而火陈，逐楚而建陈也。妃以五成，故曰五年。岁五及鹑火，而后陈卒亡，楚克有之，天之道也，故曰五十二年。"（昭九年）
>
> 春，王正月，有星出于婺女。郑裨灶言于子产曰："七月戊子，晋君将死。今兹岁在颛顼之虚，姜氏任氏实守其地，居其维首，而有妖星焉，告邑姜也。邑姜，晋之姚也。"（昭十年）
>
> 冬，有星孛于大辰。……郑裨灶言于子产曰："宋、卫、陈、郑将同日火。若我用瓘斝玉瓒，郑必不火。"子产弗与。（昭十七年）
>
> 宋、卫、陈、郑皆火。……裨灶曰："不用吾言，郑又将火。"郑人请用之，子产不可。……亦不复火。（昭十八年）

裨灶六事,全为典型之星占学预言。裨灶似特别熟悉木星运动,其前四事皆据此立论。此为星占学家掌握若干天文学知识之例证。但裨灶之言,或故神其说,或牵强附会。如襄三十年事,本不过预言伯有氏将在十一年后灭亡,乃引入岁星之运行、十二次等星占学专业概念,哗众取宠。又如昭十年事,天象为女宿出现新星,欲联系到晋君,苦于毫不相干,乃由二十八宿而十二次(玄枵之次为女、虚、危三宿),由玄枵而颛顼(《尔雅・释天》:玄枵,虚也,颛顼之墟也),由颛顼而姜氏任氏,由姜氏而邑姜,由邑姜而晋之先妣,终及于晋君。凡此种种,皆古时星占学家之惯技耳。

观上述史佚、苌弘、子韦、裨灶四人,子韦被认为是宋景公时"司星",以星占之事著于世,固属正常;裨灶与苌弘相似,职务为"大夫",并非专业星占学家,而《左传》提及裨灶六次,乃无一不是星占之事;史佚被认为是太史,为专职之"天文"官员,乃反以政治格言名世。可知"昔之传天数者",并不限于专职之"太史""司星"等,只需身为朝廷重要官员而又精于星占之学,皆有可行使"传天数"之职责。

甘公、唐昧、尹皋、石申

前述史佚、苌弘、子韦、裨灶四人,年代较远,却仍有颇多事迹可考;而甘、唐、尹、石四人活动于战国时期,年代较近,可考事迹反而甚少,故合论于此。四人之中,唐昧、尹皋未见事迹记载,推而论之,当不外甘、石之同类人物。

《史记・天官书》"昔之传天数者"名单提及甘公处,裴骃《集解》云:"徐广曰:或曰甘公名德也,本是鲁人。"张守节《正义》则称:

《七录》云:楚人,战国时作《天文星占》八卷。

司马迁将甘公归于齐,张守节则谓楚人,又《汉书・艺文志》数术略后亦有"六国时楚有甘公"之语。《集解》鲁人之说转辗相引,似难信据。或者也可解释为本是鲁人,而后仕于齐或楚。

甘公行事,尚可于《史记・张耳陈余列传》中考见:

> 张耳败走，念诸侯无可归者，……甘公曰："汉王之入关，五星聚东井。东井者秦分也，先至必霸。楚虽强，后必属汉。"故耳走汉。……汉王厚遇之。

则甘公亦典型之星占学家。此处《集解》引文颖之言曰"善说星者甘氏也"，是甘公当时以精通星占学闻名。

魏人石申，或作石申夫，行事未见记载。《史记·天官书》"昔之传天数者"名单处张守节《正义》称："《七录》云：石申，魏人，战国时作《天文》八卷也。"

甘、石齐名，汉人常并称之。《史记·天官书》云：

> 故甘、石历五星法，唯独荧惑有反逆行；逆行所守，及他星逆行，日月薄蚀，皆以为占。

此处"历"字宜注意，作动词用，犹步也，描述推算也。而描述推算五星运动正是古代历法之重要内容。甘、石已掌握一定水准之行星运动理论，但其宗旨则仍在星占。又《汉书·天文志》云：

> 古历五星之推，亡逆行者，至甘氏、石氏《经》，以荧惑、太白为有逆行。

其说与《天官书》稍异。

关于甘、石著作，汉以后古籍中常称引（如上述《汉书·天文志》所谓之《经》）。其可怪者，《汉书·艺文志》数术略之天文类、历谱类竟未著录任何甘、石著作。仅在杂占类中著录一种：《甘德长柳占梦》十一卷，以星占学家而作占梦之书，在古时也属正常，《周礼·春官宗伯》有"占梦"之官，"掌其岁时，观天地之会，辨阴阳之气，以日月星辰占六梦之吉凶"，足见占梦古时确与"天文"相关。而自东汉以降，对甘、石著作之记载反而转多。许慎《说文解字》中出现《甘氏星经》之名，《后汉书·律历志》有《石氏星经》之称，梁阮孝绪《七录》谓甘公作《天文星占》八卷、石申作《天文》八卷，至《隋书·经籍志》乃称"梁有石氏、甘氏《天文占》各八卷",又著录石氏《浑天图》《石氏星经簿赞》《甘氏四七法》等书,后两书《旧唐书·经籍志》亦著录,题"石申甫撰"及"甘德撰"。

甘、石星占著作目前可能尚有部分内容留存,主要见于唐瞿昙悉达所编《开元占经》,其中有甘氏、石氏、巫咸氏三家大量星占占辞及恒星表。又有唐萨守真《天地祥瑞志》、唐李凤《天文要录》抄本残卷,现皆藏于日本,其中也有甘氏、石氏及巫咸氏三家星占遗文。三氏星占之书一同留存,并非偶然,此事显然与《晋书·天文志上》所记西晋初陈卓有渊源:

> 后武帝时,太史令陈卓总甘、石、巫咸三家所著星图……以为定纪。

此外另有《甘石星经》一种,见于《说郛》《汉魏丛书》《道藏》等丛书中,题"汉甘公、石申著",殆为后人伪托无疑。

关于甘、石遗书之真伪及成书年代,中外学者竞相考证,言人人殊[①],此处不暇论及,但明其书皆为星占学著作可矣。唯有一事宜稍加申论:学者多从甘、石遗书之年代(据其中恒星位置以岁差之理推得,但仍多歧见)以推论甘、石其人生活之年代,而遗书年代又难以确认,遂每泛言甘公为"战国时代人",时间跨度长达数世纪之久,而不知由前引《史记·张耳陈余列传》甘公为张耳作星占预言事,已可确定甘公生当战国末年,至楚汉相争时尚有活动也。此与甘氏遗书中星表年代较此更早也不矛盾,因星经之占辞、星表之数据,皆可承自前代,而行事则非身当其时不可也。

以上八人,为司马迁"昔之传天数者"名单之后半部。由考论结果可知:八人之中,或为著名星占学家,如子韦、甘德、石申;或为精擅星占学之政要,如苌弘、裨灶;或为以政治格言名世之太史,如史佚;而无一人为现今意义上之天文学家。

司马迁之名单又将先秦时代重要的"传天数者"大体囊括,因而极具代表性。考之史籍,可补入该名单者至多不过鲁之梓慎、晋之卜偃等二三人而已。然

---

① 较近出之述评可参见潘鼐:《中国恒星观测史》第二章。学林出版社 1989 年。

此二三人皆为裨灶等之同类人物,故对考察司马迁名单所获之结论并无丝毫影响。

又八人之中,唯甘、石有著作残编传世,关于两氏遗书在古代中国"天文"上之地位,《晋书·天文志上》言之甚明:

> 降在高阳,乃命南正重司天,……(与司马迁名单相似,略之——晓原案)魏有石申夫,皆掌著天文,各论图验。其巫咸、甘、石之说,后代所宗。

考之古代中国星占学文献,保存于《开元占经》等古籍中的甘、石、巫咸三氏之说为正统,为主流,确是事实。

三、巫咸与通天巫觋

据前节所述,已知传世星占学系统有甘氏、石氏、巫咸氏三家。巫咸,《史记·天官书》列为"殷商",《晋书·天文志上》亦谓"殷之巫咸",张守节《史记正义》更谓:"巫咸,殷贤臣也,本吴人,冢在苏州常熟海隅山上。"然而谓殷代人而作此星占体系,其说实不可信。学者以传世巫咸星表推算其年代,乃远在公元之后,[②]无论如何未能及于殷商。以古代所掌握之天文学知识而言,后人继承前代星表固是常事,但殷代人则绝不可能预知一两千年之后的星象(此事在今人已轻而易举)。故欲明巫咸之事,不能借助归于其名下之星占学遗书,即"殷贤臣"之说亦仅可聊备一格。然而巫咸其人,实勘破司马迁"昔之传天数者"名单奥义之大关键也,故又不可不另觅考察途径。

除"天文"古籍外,其他古籍中论及巫咸者颇多。其说虽似荒诞不经,但合而观之,大有帮助。先列出如次:

---

② 潘鼐:《中国恒星观测史》,第116—117页。

昔黄神与炎神争斗涿鹿之野,将战,筮于巫咸。巫咸曰:果哉而有咎。(《太平御览》卷七十九引《归藏》)

巫咸作筮。(《世本·作篇》)宋衷注:巫咸不知何时人。

神农使巫咸主筮。(《路史·后纪三》之说)

巫咸,尧臣也,以鸿术为帝尧之医。(《太平御览》卷七百二十一引《世本》)

昔殷帝太戊使巫咸祷于山河。(《太平御览》卷七百九十引《外国图》)

巫咸,古神巫也,当殷中宗之世。(《楚辞·离骚》王逸注)

以上六则皆神话传说,单独一则,颇难信据,合而观之,则可明了两点:

其一,巫咸之身份。前三则谓巫咸创立筮法或为人筮吉凶,第四则系以"鸿术"为帝医,第五则为"祷于山河",此三种行事,皆上古时代巫觋之"本职工作"也,故王逸径指巫咸为"古神巫也",信乎不谬。其二,巫咸之时代。六则之中,而有五说:黄帝时、神农时、帝尧时、殷中宗(即太戊,又作大戊)时、"不知何时"。可知巫咸作为一传说中人物,其年代已无法确定。

综上两点,应将巫咸视为一近似虚构之概念化人物——上古神巫之代表或化身,最为妥当。此说或可在《山海经》两条记载中得到旁证:

巫咸国在女丑北。右手操青蛇,左手操赤蛇。在登葆山,群巫所从上下也。(海外西经)

有灵山,巫咸、巫即、巫盼、巫彭、巫姑、巫真、巫礼、巫抵、巫谢、巫罗十巫从此升降。百药爰在。(大荒西经)

所谓"巫咸国""十巫"等,不妨视为上古巫觋——女巫曰巫,男巫曰觋——阶层之缩影。而十巫之首,正是巫咸,则将巫咸视为上古神巫之代表或化身,当是虽不中亦不远矣。

然而上引《山海经》记载,意义远不止于此。其最重要者,在于触及中国上古文化之核心观念——通天。登葆山、灵山,实即上古神话中之"天梯",群巫缘此上下,即上通于天矣。袁珂释"十巫从此升降"谓:"即从此上下于天,宣神旨、达民情之意。灵山盖山中天梯也。诸巫所操之主业,实巫而非医也。"③深得其旨。上古巫医同源,群巫升降之所既"百药爰在",则巫咸以"鸿术"而为帝医,特其余事而已。

关于通天之意义,留待下文详论。此处宜注意者,通天之人为谁——以巫咸为代表之上古巫觋也。持此观点,转而考察司马迁"昔之传天数者"名单之前半部,则此中未发之覆,遂能次第显现而真相大白矣。兹略仿上节之法,通过考述巫咸以上诸人,以申论之。

重、黎

关于重、黎,先秦典籍中记载颇多,兹列其较重要者数条如次:

> 皇帝哀矜庶戮之不辜,报虐以威,遏绝苗民,无世在下,乃命重、黎,绝地天通。(《尚书·吕刑》)
>
> 及少暤之衰也,九黎乱德,民神杂糅,不可方物。夫人作享,家为巫史,无有要质。民匮于祀,而不知其福。烝享无度,民神同位。民渎齐盟,无有严威。神狎民则,不蠲其为。嘉生不降,无物以享。祸灾荐臻,莫尽其气。颛顼受之,乃命南正重司天以属神,命火正黎司地以属民,使复旧常,无相侵渎。是谓绝地天通。(《国语·楚语下》)
>
> 重实上天,黎实下地。(同上)
>
> 大荒之中,有山名曰日月山,天枢也。……颛顼生老童,老童生重及黎。帝令重献上天,令黎邛下地。(《山海经·大荒西经》)

以上数则,所述为一事,即重、黎受命断绝天地间之通道。《国语》"少暤之衰也"以下长段描述,即上古巫术盛行,人神交通之场景。天为神所居,地为人所处,故人神交通与天地相通,实一义也。观夫"夫人作享,家为巫史",则可知交通天地人神之巫术普遍流行,大有"世俗化"之嫌,故帝颛顼采取断然措施。

---

③　袁珂:《山海经校注》,上海古籍出版社,1980 年,第 397 页。

所谓"重献上天""黎邛下地","献"训举,"邛"训抑,压也,④举上天,压下地,正"绝地天通"之形象描述也。关于此举之真实意义,杨向奎有如下解释:

> 那就是说,人向天有什么请求向黎去说,黎再通过重向天请求。这样是巫的职责专业化,此后平民再不能直接和上帝交通,王也不兼神的职务了。……国王们断绝了天人的交通,垄断了交通上帝的大权。⑤

其说至为精当。此上古时代社会演变之历史,虽以神话面目呈现,但当时实况,即使稍有变形,当已大致反映于此神话故事之中。

由此可知,若以巫咸为上古通天神巫之抽象化身。则重、黎二人当可视为专业化巫觋之首席代表矣。

羲和

近代论者每因不明"天文"本义,遂将羲和(若果有其人的话)及以羲和为代表之古代 astrologus 与现代天文学家等量齐观,羲和竟以"古代天文学家"知名于世。然而考之古籍,此说与历史事实相去甚远,斯不可不辩也。

关于羲和,古有一人,两人(羲、和)乃至两氏四人(羲仲、羲叔、和仲、和叔)等说,因无关本文宏旨,以下不对此多加区分。兹仍先列有关羲和身份行事之记载如次:

> 有羲和之国,有女子名曰羲和,方浴日于甘渊。羲和者,帝俊之妻,生十日。(《山海经·大荒南经》)
>
> 羲和盖天地始生,主日月者也。故《启筮》曰:空桑之苍苍,八极之既张,乃有夫羲和,是主日月,职出入,以为晦明。(同上郭璞注)
>
> 颛顼受之,……是谓绝地天通。其后三苗复九黎之德,尧复育重、黎之

---

④ 袁珂:《山海经校注》,第403—404页。
⑤ 杨向奎:《中国古代社会与古代思想研究》上册,上海人民出版社,1962年,第164页。

后,不忘旧者,使复典之,以至于夏、商。故重、黎氏世叙天地,而别其分主者也。(《国语·楚语下》)韦昭注:绍育重、黎之后,使复典天地之官,羲氏、和氏是也。

其后三苗服九黎之德,故二官咸废所职,而闰余乖次,孟陬殄灭,摄提无纪,历数失序。尧复遂重、黎之后,不忘旧者,使复典之,而立羲和之官。(《史记·历书》)

乃命羲和,敬顺昊天,数法日月星辰,……(《史记·五帝本纪》)裴骃《集解》:孔安国曰:重、黎之后,羲氏、和氏世掌天地之官。张守节《正义》:《吕刑传》云:重即羲,黎则和,虽别为氏族,而出自重黎也。

重、黎之为专业通天巫觋既已如前述,则观上列各条,羲和作为其后任,其身份与重、黎相同,已无疑义。所谓"典天地之官""掌天地之官",即专司沟通天地人神也。既明羲和为通天巫觋,《山海经》中之羲和神话遂亦有义理可寻:《国语·楚语下》固已明言"在男曰觋,在女曰巫"矣,则神话中羲和身为女子,于理亦无不可。帝俊与"有通天彻地之能"的女巫结婚,正可视为上古王巫结合之遗迹。而生日、浴日乃至"主日月",亦不外司天之象征也。由此而重温《尚书·尧典》中"乃命羲和,钦若昊天,历象(前引《史记》文作'数法',司马贞《索隐》谓与'历象'相同,意为'以历数之法观察日月星辰之早晚',是)日月星辰,敬授人时"等语,方可得到更深刻之理解。其语在表面上虽略有"科学"色彩,实质所指,仍不出通天事务也。

昆吾

"昔之传天数者"名单前半部诸人中,唯昆吾稍异。考之古籍,昆吾似为一与通天巫觋无关之神话传说人物。《山海经·大荒西经》云:"有三泽水,名曰三淖,昆吾之所食也。"不能由此知其为何种身份之人。《史记·楚世家》谓昆吾为重、黎之后裔:"吴回生陆终,陆终生子六人,坼剖而产焉。其长一曰昆吾"而吴回为重、黎之弟。由此仍不知昆吾为何等人物。《左传》昭十八年苌弘预言毛得必亡,有"是昆吾稔之日也"之语,稔训为"恶贯满盈",是昆吾似未得善终。然而终无法知其为何种人。但司马迁列之于"传天数者"之中,必有所据,姑存疑于此。

综上所述,《史记·天官书》"昔之传天数者"名单之前半部,除昆吾一人稍异,姑置不论外,其余巫咸、重、黎、羲和诸人,皆为专司沟通天地人神之巫觋。斯诚不必凿定为具体之真人真事,第明乎诸人在历史上确以此种面目出现,已足为后文讨论之阶梯矣。再回忆名单之后半部,据上节考述,皆为著名之星占学家或参与星占事务者,则此"传天数者"名单之蕴义,已可得而言。

十四人既列入同一名单,则此诸人必有某种共同之处无疑。此共同之处为何?可一言以蔽之曰:通天。所谓"传天数者",即专司通天事务之杰出人物也。观此名单,其上半部为专司沟通天地人神之巫觋,下半部则为以星占学名世之astrologus,文明演进之痕迹于此判然可见——古之天文星占学家(此实为astrologus较切合之对译),即上古时代通天巫觋之遗裔也。换言之,天文星占学,即通天之术也;太史观星测候,即不啻巫觋做法也。

四、灵台与通天事务

前述《山海经》中所载,以巫咸为首之十巫在"灵山"升降,上通于天。而后世皇家天文星占学家观天之台,恰被称为"灵台"。两名相合,恐非偶然。灵本作靈,其下部赫然有"巫"字,指明灵台与巫之密切关系,亦犹筮下之"巫"字,表明筮本为巫之专职。故灵台者,本巫觋作法通天之坛场,而非科学家探索自然之机构也。论者多将灵台称为现代天文台之前身,如仅就台上有人观天一点而言,此语固无不可,然而两者之根本性质,遂由此而混淆矣。关于灵台之性质与用途,古人言之甚明:

> 天子有灵台,所以观祲象、察气之妖祥也。(《诗·大雅·灵台》郑玄注)
>
> ……灵台,观台也,主观云物、察符瑞、候灾变也。(《晋书·天

文志上》)

灵台又被称为观星台、司天台等,为皇家"天文"机构之表征。在古代传说中,虽尚有清台、神台等名,但以灵台为最常用。东汉张衡作有《灵宪》,为一典型星占学著作,论者或谓不知其命名之义,其实,灵者,灵台也;宪者,宪则、法则也,故《灵宪》者,犹"星占纲要"或"天文要论"也。观其书所存内容,正是如此。

《诗·大雅》有《灵台》篇,首章云:

> 经始灵台,经之营之,庶民攻之,不日成之。

对此追论中国天文台历史者常加引用,所获推论,大致有二:中国天文台历史之早,于周文王时已有之,一也;周文王重视天文学,二也。但由前论"天文"本义及灵台性质,此种推论皆类郢书燕说,已不待言,而此章另有重大意义,则尚未见有阐述者。

夫"庶民攻之,不日成之"者,人海战术,搞"工程会战"以赶建灵台也。周文王即使真是"重视天文学",亦何至于如此?《灵台》篇小序有言:

> 《灵台》,民始附也。文王受命,而民乐其有灵德。

此数语已初揭其秘。"民始附"者,政权粗具规模也。其时周渐强盛,对商已有不臣之意。《灵台》篇孔颖达疏引公羊说云:

> 天子有灵台以观天文,……诸侯卑,不得观天文,无灵台。

彼时商为天子,周文王仅为"不得观天文"之诸侯,而竟聚众并工赶造灵台,是已有犯上作乱之心,敢于窥窃神器,觊觎大宝矣。

九鼎之为神器,王孙满不许楚子问其轻重,此已为人所熟知,然而观天、通天之灵台,实为古时最大、最重要之神器。因为通天之事,为上古时代政治上头等

急务,直接关乎统治权之有无。比如董仲舒《春秋繁露》卷十一云:

> 古之造文者,三画而连其中,谓之王。三画者,天、地与人也;而连其中
> 者,通其道也。取天、地与人之中以为贯而参通之,非王者孰能当是?

若以此为造字之说,或未免穿凿,然而其所依据之观念,实为上古政治思想
之要义所在。所谓"通其道",即沟通天地人神也。又如张光直通过研究夏商周
三代考古文物,得出如下结论:

> 占有通达祖神意旨手段的便有统治的资格。统治阶级也可以叫作通天
> 阶级,包括有通天本事的巫觋与拥有巫觋亦即拥有通天手段的王帝。⑥

张光直的研究,因系以三代青铜器等文物为主,故未及于典籍中之"天文"
等方面,但他对中国古代帝王(他喜称"王帝")通天与统治权关系之论述,确有
真知灼见。

灵台之性质与地位既明,则中国历史上官营"天文"之强大传统及有关现
象,遂可获得合理解释。中国历史上,每一个王朝皆设有官营御用之灵台,后世
改称司天台、太史院、钦天监等,甚至还有所谓"内灵台",由宦官掌之。即令只
金瓯一片之小朝廷,亦必设立钦天监。现代论者对于古人当四方攻伐、生死存亡
时刻,何以如斯重视此不急之务,无法说明,遂常以"有重视天文学的传统"解释
之,而不知愈当兵凶战危之时,灵台观天愈为急务也,《史记·天官书》云:

> 田氏篡齐,三家分晋,并为战国。争于攻取,兵革更起,城邑数屠,因此
> 饥馑疾疫焦苦,臣主共忧患,其察禨祥候星气尤急。

是时各国纷纷僭号称王,无复天子诸侯"名分",当然各有各的灵台及星占

---

⑥　张光直:《考古学专题六讲》,文物出版社,1986年,第107页。

学家,此甘、石、唐、尹诸人所以垂名于世也。而昔年周将革命,文王赶建灵台,固已树立榜样于先矣。

灵台既为观天通天、得国掌权之神圣处所,则灵台所陈列之观星仪器,也就不同凡响。清代《皇朝礼器图式》中详录当时皇家观象台上所陈大小仪器,上古遗留之传统观念,于此清楚可见。若谓之"重视科学仪器",则世间其他科学仪器尚多,《图式》何以无一列入?礼器也者,通天通神、象征王权之重器也。"国之大事,在祀与戎",戎所以攘外安内,祀所以通天通神,故礼器中包括观星之器,在古人看来实属顺理成章。极而言之,观星之器与传说中之九鼎,同一性质,同一级别也。

后世灵台之中,人员众多,分工明细。其日常事务,大体可分为两大端,曰观天,曰造历。观天为观"天文"以占人事吉凶,比较易知。太史之地位,虽不若上古时重、黎之神圣崇高,但作为"天意"之传达者与解释者,其品秩虽不甚高,却仍隐然有"帝师"意味,非同品秩之其他官员可比。秦汉以降,两千年间宫廷天文星占学家谈论天象、预言吉凶之例甚多,皆不出前述苌弘、子韦、裨灶、甘公等人行事之模式。因观天为通晓"天意"之途径,而"天意"又直接关乎王朝之兴衰存亡,故古人观天甚勤,留下大量天象记录。此种记录,在今天固可利用为科学研究之资料,但在当时则尽为星占学文献,而不具有任何现代意义上之科学性质,此不可不注意也。

关于造历,现代论者常将其与观天分割开来,谓观天即使属星占学活动,造历则为现代意义上之数理天文学无疑矣。此说亦非无据,因传世之古代中国历法,其内容确属数理天文学;然而历法在古代之主要功能,以及历法在古人心目中之性质,遂因上述说法而被掩盖。实际上,历法在古代中国,就其功能言之,是为星占活动所必需之工具(预知日、月和五大行星运行状况及位置);就其性质言之,则与星占学同为通天之手段,仍属"天文"范畴之内(古人常将"天文历法""星象历法"并称,正因此故)。关于此事笔者已有另文专论之,[7]此处姑略举古人论述数则,以见在古人心目中,历法性质确乎如此。《汉书·艺文志》数术略

---

⑦ 江晓原:《中国古代历法与星占术》,《大自然探索》7卷3期(1988年)。

历谱类下云：

> 历谱者，序四时之位，正分至之节，会日月五星之辰，以考寒暑杀生之实。故圣王必正历数，以定三统服色之制，又以探知五星日月之会，凶厄之患，吉隆之喜，其术皆出焉。此圣人知命之术也。

班固于《艺文志》各略各类后所加之简要评语，皆为古代中国具有代表性之观念，对于其说，自不能视而不见。又《后汉书·律历志下》云：

> 夫历有圣人之德六焉：以本气者尚其体，以综数者尚其文，以考类者尚其象，以作事者尚其时，以占往者尚其源，以知来者尚其流。大业载之，吉凶生焉，是以君子将有兴焉，咨焉而以从事，受命而莫之违也。

此可视为对上引班固之说的补充与阐发。又《史记·历书》云：

> 尧复遂重、黎之后，不忘旧者，使复典之，而立羲和之官。明时正度，则阴阳调，风雨节，茂气至，民无夭疫。年耆禅舜，申戒文祖，云："天之历数在尔躬。"舜亦以命禹。由是观之，王者所重也。

《史记·历书》为历代正史中《历志》《律历志》之祖，其说同样值得重视。若谓古之历法具有现代数理天文学之内容则可，若谓其已具有同样性质，则一有此数理天文学，竟能使"阴阳调，风雨节，茂气至，民无夭疫"，岂不荒唐？然而一旦明白历法亦为通天工具，则司马迁之言自不难解也。

五、为何严禁"私习天文"

帝颛顼使重、黎"绝地天通"，从此垄断了交通天地人神的途径，该神话的重大象征意义,成为古代中国政治思想的精义之一,垂数千年而不变。在此问题,历代帝王从两方面着手:其一,官营"天文",即自己牢牢掌握通天手段;其二,禁止民间私习"天文",即不准旁人染指通天手段。

关于古代禁止民间私习"天文",天文学家曾偶有述及,但往往仅据《万历野获编》中之片言只语立论。而对于古代帝王此举之根本原因,则始终不得要领,或干脆避而不谈。其实,历代帝王禁止私习"天文"之事,史不绝书。兹先列举若干则记载,再进而论其原因:

> (泰始三年)禁星气、谶纬之学。(《晋书·武帝纪》)
>
> 诸玄象器物、天文图书、谶书、兵书、七曜历、太乙、雷公式,私家不得有,违者徒二年。私习天文者亦同。(《唐律疏议》卷九)
>
> 诸道所送知天文相术等人凡三百五十有一。(太平兴国二年)十二月丁巳朔,诏以六十有八隶司天台,余悉黥面流海岛。(《续资治通鉴长编》卷十八)
>
> (景德元年春)诏:图纬推步之书,旧章所禁,私习尚多,其申严之。自今民间应有天象器物、谶候禁书,并令首纳,所在焚毁。匿而不言者论以死,募告者赏钱十万。星算伎术人并送阙下。(同上书卷五十六)
>
> (至元二十一年)括天下私藏天文图谶、太乙、雷公式、七曜历、推背图、苗太监历,有私习及收匿者罪之。(《元史·世祖纪》之十)
>
> (钦天监)人员永不许迁动,子孙只习学天文历算,不许习他业;其不习学者发南海充军。(《大明会典》卷二百二十三载洪武六年诏)
>
> 国初学天文有厉禁,习历者遣戍,造历者殊死。(《万历野获编》卷二十)

当代论者颇谓禁民间私习历法自明代始,此前则只禁"天文"不禁历法,但据上引各则记载,此说显然不确。《唐律》所禁,即包括"七曜历",历代因之,七曜历虽与中国正统历法可能有所不同,终也是历法之属;又"推步之书"即指历法,此为古今公认,而宋真宗景德元年诏称"图纬推步之书,旧章所禁",则历法之禁,早已有之。又由前论历法之性质,知其与"天文"同为古代通天手段,则既禁私习"天文",自然也要同禁私习历法。观上列诸禁私习"天文"历法记载,又可见其严酷程度,有今人不易想象者。宋太宗时诸私习者被送至京师,除录用于司天台者外,"余悉黥面流海岛",对于如此粗暴行为,宋代士大夫中竟有人认为"盖亦障其流,不得不然也"(岳珂《桯史》卷一)。宋真宗时,更至"匿而不言者论以死,募告者赏钱十万"。明太祖之酷烈,竟又及于重、黎、羲和辈本身,不继承祖业者"发南海充军",此与宋太宗将私习者"黥面流海岛"堪称异曲同工。

历代帝王禁止私习"天文"何以如此严厉?其原因仍当从前论通天之义求之。张光直论古代通天手段之独占云:

> 经过巫术进行天地人神的沟通是中国古代文明的重要特征;沟通手段的独占是中国古代阶级社会的一个主要现象;促成阶级社会中沟通手段独占的是政治因素,即人与人关系的变化;……从史前到文明的过渡中,中国社会的主要成分有多方面的、重要的连续性。[8]

张光直虽因大致限于考古文物之研究而未能及于"天文"历法等方面,但其所得关于独占通天手段之重要性等结论则完全可适用于后者;而从史前至文明过渡阶段连续性之说,尤有助于说明上古"天文"对两千年封建社会之重大、深入影响。

昔王孙满之斥楚子,谓"鼎之轻重,未可问也"(《左传》宣三年),是因九鼎系通天之礼器、王权之象征,故不许旁人觊觎。后世帝王之禁民间私习"天文"历法,其理完全相同,不过为保证此通天通神、王权攸关之工具绝对为自己垄断而已。对此尤可引有关历法数事以说明之:《周礼·春官宗伯》载太史之职掌,有"正岁年以序事,颁之于官府及都鄙,颁告朔于邦国"一项,颁告朔即颁历法,历法既为通天之工具,则此历法由天子所颁赐,而诸侯臣民共遵用之,其象征此通天手段为天子所独占,至为明显矣。后世"奉谁家正朔"每成政治态度上之大关

---

[8] 张光直:《考古学专题六讲》,第13页。

节，原因亦在于此。故沈德符谓明初"习历者遣戍，造历者殊死"，当非虚语。今存之明代《大统历》刊本封面上，皆盖有一木戳，其文曰：

> 钦天监奏准印造大统历日，颁行天下。伪造者依律处斩。有能告捕者，官给赏银五十两。如无本监历日印信，即同私历。

历本既为颁行天下之物，而犹有"伪造者依律处斩"之禁者，殆类今之"侵犯专利权"也。此权即为帝王独占通天手段之权。

私习"天文"之禁虽厉，然而代代重申禁令，足见私习始终不绝，得非煌煌上谕，每徒为具文乎？此又不可不稍辩也。固然，文化方面之禁令再严厉，终不能使"异端"绝对消失，观始皇帝之焚书坑儒，虽成文化之浩劫，而所禁之书并未绝迹，自己倒二世而亡，即可知矣。然而，历代之所以屡申私习"天文"之禁，其中另有原因。

观前列七条各代禁私习"天文"记载，皆为王朝初期之事，此绝非偶然也。"天文"既为通天手段，而此种手段之独占又与王朝统治权密不可分——在上古，原是王权之来源；至后世，乃演变为王权之象征，则每逢改朝换代之际，新崛起者必"窥窃神器"，另搞一套通天手段为己用（如周文王之造灵台），以打破旧王朝对通天手段之独占。当斯时也，私习"天文"历法而投效新主者，在旧朝固为罪犯，在新朝则为佐命功臣矣。故历史上诸开国君主，身边常有此类人物为之服务，较著名者，如吴范之于孙权，张宾之于杨坚，李淳风之于李世民，刘基之于朱元璋等。然而青史留名，主要限于成功者，而当时群雄逐鹿，成则为王，败则为寇，失败者（其数量远较成功者为多）身边，同样会有此类人物。于是，旧朝所垄断之通天手段，遂经历一段扩散过程。至新朝打下江山，一统天下之后，自然会转而步旧朝后尘，尽力保证本朝独占特权，此所以历朝常在开国初期重新严申私习"天文"之禁也。此种做法，纯为帝颛顼命重、黎"绝地天通"之翻版。对于此中转折，可参考刘基一事，《明史·刘基传》：

> （刘基）抵家，疾笃，以《天文书》授子琏曰：亟上之，毋令后人习也！

刘基是"天文"高手,当然深知此中危险。朱元璋天下既定,对于当年以通天术助他夺天下者,难免转而疑忌,政敌也正好借此打击刘基:"谓谈洋地有王气,基图为墓,民弗与,则请立巡检逐民。帝虽不罪基,然颇为所动,遂夺基禄。"故刘基临终亟令子上交《天文书》,且戒后人不可习之,正为免祸也。

六、结语

综本文所述,可得如下结论:

古代中国之"天文",其本义为星占学(judicial astrology)。古代"天文"家即星占学家,实为上古巫觋之遗裔;巫觋以沟通天地人神为其职业。在上古时代,唯掌握通天手段者(有巫觋为之服务者)方有统治权,而"天文"即为最重要之通天手段,故"天文"在谋求统治权者为急务,在已获统治权者为禁脔。对"天文"之垄断主要表现为两方面:官营"天文"之传统,以及对私习"天文"之厉禁。

【江晓原　上海交通大学讲席教授,科学史与科学文化研究院首任院长】
原文刊于《中国文化》1991 年 01 期

天象与沟通天地的工具性符号

程 曜

一、前言

新千年开始没多久,分子生物学就抛出了非常重要的跨领域成果,由染色体的变异追溯出智人的起源与其迁徙路径,可以说是近几十年来考古人类学最重要的进展之一。以基因序列分析人种的学科刚刚开始启动,虽然说还有很多探索和修正的空间,但已大致确定,所有的智人都来自非洲的一小部分区域,在十五万年前走出非洲。智人到达欧亚大陆,遇上一些残留下来的其他人类分支,如尼安德特人和丹尼索瓦人,彼此间发生混血,使二者的部分基因在智人身上流传了下来[①]。鉴于人类同源的证据日益坚实,全球史观大行其道,现代智人也将在网络世界里重逢,不断消除时空、语言、文化种种差异所带来的传统影响。

希伯来大学的历史学家赫拉利,在他那本全球视野的宏大历史论述但也颇具争议的《人类简史》中断言,智人不靠生物体征而战胜尼人,其秘诀在于抽象

---

① Chris Stringer,"Evolution:What Makes a Modern Human", *Nature* 485,No.7396(2012):33—35.

思维能力,也就是语言和认知②。知识体系发展到当今,从过去的封闭形态转为开放,否定全知全能的存在;承认自己的无知后,才能展开心胸探索假象与禁忌,不断推陈出新。科学发展进步的过程,需要工具和方法得到可重复的证据,实验仪器和数学计算的两种工具彼此辅成,观察和推演的工具创新将开辟通往未来的大门③。赫拉利的说法似乎很有说服力,可是我们将如何确定三万年前智人的语言能力,优于尼人的语言认知能力呢?考古发现智人拥有比尼人更多的饰物,而看似与生存无关的装饰符号能主宰种族的优势吗?我们必须进入文化人类学的领域,探讨先于文字的符号,探索这些符号的功能。

如同黄帝使用指南车战胜蚩尤的神话一般,在战场上决定胜负不仅依赖数量、体能和武器的优势,还需要认知能力所产生的工具和信仰。赫拉利所说的开放知识体系,难道在历史上完全没有出现过吗?在过去的两千年里,道家的创造力远胜过儒家。如果我们承认这一点,可否重新看待老子的绝圣去智以及在不同版本上的分歧?他主张反对预设立场的教条而不反对有机灵活的智慧,或许早已启动了开放知识的体系。

智人既然都来自同一个区域,出埃及之前的血缘、体征、面貌、习惯、语言和文化必然相去不远。后来出现的各人种、民族的体貌和文化差异,必定与和不同人种的混血、居住环境、迁徙路径,以及其他种种与生活相关的状态不同有关。走出非洲后的迁徙路径,会对文化产生什么样的路径依赖影响?如何由可重复的现象追溯过去的旅程,将是本文努力的重点。路径依赖的文化研究在文化人类学上意义重大,如果能够找到各地民族分立文化中的共通不变元素,不但可以促进各文化之间的相互理解,还能消除自我认识的歧义,在全球化的网络世界中,数万年所赋予的基本认知结构将一扫千年分歧,产生难以估量的作用。

中国文明有一个特色,就是三千多年来的主流象形文字系统没有断裂式的变异,虽然面临各朝代更替的重新诠释,基本上记录翔实,还算容易追溯。可是要回到没有文字的远古时代符号,仍然非常困难。所谓失之毫厘差之千里,起点

---

② 尤瓦尔·赫拉利著,林俊宏译:《人类:一种也没有什么特别的动物》,《人类简史》,中信出版社,2014 年。

③ 尤瓦尔·赫拉利著,林俊宏译:《发现自己的无知》,《人类简史》,中信出版社,2014 年。

的偏差将会导致后续一系列的诠释错误,不得不慎重。最早的中国文字记录,目前可以确定到三千三百年前的殷商甲骨文。相信在盘庚迁殷之前的商朝初期,也在使用类似的文字,但在夏朝文物还没发掘出来之前,先商的文字目前暂不可考。原则上,要解释这些上古或远古的符号,不能使用后来的文字叙述回溯,否则容易产生置入性误导,甚而引发无谓的争议。

本文由可重复的天象、生理特征、生存需求、认知结构等资料切入,尝试分析先商符号以及文字。天道恒久,公开而且公平,不分种族文化,不论阶级贵贱,人人都可以看到相同的天象。本文试图仿效赫拉利《人类简史》的大时空史观,摆脱个体差异,寻找文化上的不变性,当然论述时难免在个案上出现不同的细节。

二、文化交流大历史

追溯夏朝之前欧亚大陆的文化交流上的最新参考文献,值得推荐易华的《夷夏先后说》④。他率先由基因和气候变迁等可重复数据来推论上古史,避免中国长久以来的训诂问题,不必在亲民和新民的文字上打转。想要对气候变迁与人类文明的关系有所了解,王绍武的《全新世气候变化》也值得一读。他列举了气候对文明的冲击,尤其是近年的气候研究发现了一系列的全球性突冷事件,温度下降的脉冲冥冥中指挥着各地文明彼此之间同步的节奏。全新世欧亚大陆各地同步兴起农耕文明和游牧文明⑤,而现代文明同步的时间尺度,正在以惊人的速度缩小。

万年前全新世开始,全球升温十几度进入大暖期,然后缓慢持续降温,到四千年前大暖期结束⑥。我们现在刚脱离百年前的小冰河期,如今发现升温过快的全球暖化,似乎将超越大暖期的最高温,地球上的多数物种将可能落入灭绝的境地。游牧与农耕的分布主要由降雨量决定,大暖期长城以北的降雨量比现在

---

④ 易华:《夷夏先后说》,民族出版社,2012 年。
⑤ 王绍武:《气候与人类》,《全新世气候变化》,气象出版社,2011 年。
⑥ 王绍武:《全新世大暖期》,《全新世气候变化》,气象出版社,2011 年。

多一倍,可想而知农耕区的界限要比现在所见更偏西北。在有历史记录的两千多年里,中原受到北方大草原游牧民族的入侵,明显是受到了气候变迁的影响,六个冷期不断发生战争,其中最强的三个冷期都有游牧民族南下侵袭⑦。因此推断,从人类六千年前驯化马匹之后到周朝的史前时期,草原民族也应有过多次南下。由于殷墟出土文物显示断裂性的飞跃,与其他同期考古遗址大为不同,驱使郭静云提出一个有趣的新观点,如同时期的埃及和巴比伦遭受草原民族占领统治,盘庚带领骑马商王族渡黑龙江迁安阳殷墟⑧。即使这个观点仍有争议,读郭静云的《夏商周》可以了解北方草原民族与上古中原互动的各种可能性。中西亚各民族还保留万物有灵论,却有一个主神明显不同于其他神灵,与北方大草原需要热力生存的太阳神息息相关。受骑马民族统治后,不论在埃及、巴比伦或古波斯都出现独一主神思想,郭静云所主张殷商王族南下论,于是也支撑着甲骨文中独一无二的"帝"。

在全新世的缓慢降温过程中,夹杂着邦德事件造成的长达百年的气候突冷,其周期大约是一千五百年⑨。《夷夏先后说》讨论的一个夷夏之分时间点,正是四千两百年前的一次全球性强冷气候事件,驱使欧亚大陆上的各地民族开始移动⑩;中国南涝北旱的气候,也触发各族群北上南下,不停地寻找新的契机,促成了各文化的相互吸纳与混杂。诸夏文化因夏朝而得名,属于接触游牧文化的农耕族群,南方群夷则是农耕渔猎杂处的文化。历史上来自海洋的影响基本被忽视,这里也无法作更多的论述。因后文略微涉及良渚文化,仅在此提醒渔猎如捕猎一样,海洋文化仍然保留了一些最原始的巫术特征。商王族如果沿渤海而南下,除了带有骑马民族的特色,混入海洋文化采用鸟图腾也不足为奇。

易华认为群夷在新石器时代北上首先到达中原,后到的诸夏带着铜武器、驾着马车入侵,夏文化因此压制了夷文化。现有的夏朝史料大都属于神话性质,无法断定其文化属性,保守地由后羿射日夺权和少康中兴等神话推测,那是一个夷夏文化冲突剧烈的时代。商朝毫无疑问地属于东夷,融合了夏文化和血缘之后

---

⑦ 王绍武:《气候变化与中国的朝代交替》,《全新世气候变化》,气象出版社,2011 年。
⑧ 郭静云:《殷商王族的发祥地和进入中原的路线》,《夏商周》,上海古籍出版社,2013 年。
⑨ 王绍武:《全新世北大西洋冷事件与快速气候变化》,《全新世气候变化》,气象出版社,2011 年。
⑩ 易华:《夷夏先后说》,民族出版社,2012 年,第 10 页。

反扑。周朝发迹于关中平原以西,脱离不了北方大草原的影响,华夏文化从此占据了上层,夷文化转到下层。《夷夏先后说》把三代往复拉锯的过程称之为夷夏文化的双螺旋,这种往复争斗还可延伸到夏朝之前的时期,不失为一个宏观而简洁的历史描述,有助于展开以下论述。

秦始皇(前247—前210)设立郡县、统一度量衡以及书同文车同轨等制度,中央帝国思想是本土突发的,还是外来的? 在秦帝国之前三百年,阿契美尼德王朝已经建立了横跨欧亚非的波斯大帝国,接着被亚历山大大帝(前336—前323)消灭,马其顿帝国又快如闪电地往东扩张到达葱岭。由秦国的地理位置来考虑,战国群雄中的秦国首当其冲受到威胁,应该最先关注西边帝国发展的动态。大流士一世(前521—前485)任命总督管理各郡、统一度量衡和开辟驿道的帝国新体制,也很容易越过葱岭而传到关中。东西两大帝国对峙并自我设限之后,匈奴王国才成为文化交流的壁垒,在此之前,上古北方丝路应该是畅通的。

三、先夏符号

四千到五千年前,分布在青海、甘肃等西北区域的马家窑文化属于原始华夏文化。北方大草原像一条骑马的高速公路,中西亚到甘肃之间的约五千千米路程,一个夏季就可以往返来回,已经超越了距离障碍。在国家壁垒尚未成形的时代,北方的动物、植物、人种等随着东西方贸易而传播,比如大麦、小麦由西向东走,大米、小米由东往西传[11],文化亦随之相互扩散,马家窑文化于是也具有中亚色彩。

我们在马家窑文化四千五百年前的彩陶罐上看到图一的类文字符号,这个符号就是"巫"字,相同的符号在殷商的卜辞中也能看到,证明它延续使用了一千多年。图一的"巫"字也出现在西周早期礼器上[12],本文将"卐"字和"巫"字视为同一类的先夏符号来讨论。为什么"巫"字被甲骨文使用,而"卐"字却不被甲

---

① 易华:《青铜时代世界体系中的中国》,《夷夏先后说》,民族出版社,2012年。
② 郭静云:《夏商周》,上海古籍出版社,2013年,第238页。

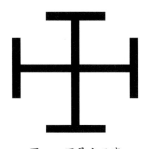

图一　甲骨文巫字

骨文采纳？"巫"字是不是原先就在夷文化之中,而"卐"字不属于原有的夷文化? 良渚玉器的玉琮具有天圆地方四象限结构,象征天圆的玉环中也有象征地方的四象限图案,但还需要更多的研究来详细论证,无法简单地在这里给出答案。本文仅举出更古老的十字是"巫"字与"卐"字的字根,都具有四象限对称结构,推断三字都来源于沟通天地所使用的工具,但"巫"字偏向太阳崇拜的升降符号,而"卐"趋向于天极崇拜的旋转符号。

　　捕猎时期的生存之神在农牧时期退位,然后月亮与太阳接替它成为主宰周期更新的丰产之神[13]。月亮因为更替周期与女性生理周期接近而被视为女性之神,而早晨太阳升起与男性生理的晨勃同步,所以太阳在北方大草原的男权社会中被奉为主神,众多符号皆与太阳有关。本文要证实马家窑文化的"巫"和"卐"具有北方文化的特征,不只是来源于太阳,也与天极有关联,两种天象的意义在文化流变中不断交叉重组,不断分裂。

　　图二为新西兰大学南极科考队拍摄的幻日(parhelia)图像[14]。拍摄地点于南纬 80 度到 90 度之间,一月初的极昼期太阳不落,拍摄时间接近当地午夜,幻日现象长达数小时之久。太阳光经过散布在大气的冰晶反射或折射,在空中形成多个白色的太阳影像,隐约包络在圈状日晕中的叫作幻日,如图二所见左右两边的光斑,都属于日晕(Halo)的大气光学现象。有些情况下,两个模糊的幻日如太阳本尊影像一样真实,仿佛三个太阳一起出现,除了亮度差异之外根本无法分

⑬　米尔恰·伊利亚德著,吴晓群译:《最漫长的革命:农业的发明——中石器时代和新石器时代》,《宗教思想史》,上海社会科学院出版社,2011 年。

⑭　G. Heiser:6/1/2009 半夜在南极洲 Patriot Hills 拍摄。

图二　南极夏天所摄的幻日

辨。白色的光柱常垂直穿过太阳,所以也叫白虹贯日,左右两幻日之间有横向线条联络穿越中间的太阳本尊,形成四极对称的图案。产生幻日和产生霓虹的物理机制差不多,前者被各向异性的六角状冰晶反射,后者被高度对称的球形水滴反射。霓虹有分明的彩色,而幻日大多不是彩色的。幻日由直线和弧线构成,样式变化多端,而霓虹只有简单的弧形。在五千年前潮湿的气候下,两者都比现在更为常见。幻日出现的概率比霓虹低,但在气候不稳定时,冷空气与湿空气混合,冰晶反而比水滴更容易出现。

　　在南亚或南岛语系,太阳被称为白天的眼睛[15],眼睛很容易让人联想到下列几个特征。首先是数目大于一的多数,比如有些蜘蛛有三个以上的眼睛。图二的幻日即可视为三个太阳,事实上德文的"幻日"为复数,正是称呼左右两个太阳为"旁边的多个太阳(Nebensonne)",而实际幻日影像经常比图二更接近真实的太阳圆盘形状。再者,眼睛有结构,当高空冰晶的大小一致时,幻日的日晕会因衍射出现围绕着太阳的彩环,形成类瞳孔的色环结构。《山海经·海外东经》十个太阳轮流出现,"九日居下枝,一日居上枝"正告诉我们先民心中的想象,他们认为太阳不止一个,不但多个而且每个形状都不一样。多数化的太阳神们是

　　⑮　吴安其:《长江黄河流域和华南地区的古代语言》,《现代人类学通讯》2012年,第六卷:第1—13页。

否能说明海洋潮湿空气的介入,更容易观察到冰晶幻日,一个主神的思想在中国因此不容易被接受。

大气光学的偶发现象在古代被认为是上天示意,与其他天象一样体现在饰物上,比如玉璜既是象征银河也是象征彩虹。如果冰晶反射出八个幻日,连太阳本尊就会一共看到九个太阳,所以叫旭日或旮旯。我们仔细以成形的物理机制论证,白天任何时间里都有可能看到九日或更多的幻日,比方说《山海经·大荒东经》:"有女子名曰羲和,方浴日于甘渊。羲和者,帝俊之妻,生十日。"帝俊与羲和不只生了十个太阳,《山海经·大荒西经》还记载他与常羲生了十二个月亮,一方面可以理解为日晕和月晕,另一方面还可以理解为十天干与十二地支的干支记日历法,这是以神话的方式来把历法神圣化。邦德气候事件发生时,中国南涝北旱,大旱时气候不稳定,容易十日并出,因此有后羿射日之说。

本文不以《史记·天官书》大量对日晕和月晕的叙述作为"巫"字的依据,只是拿两千年前的认识说明古人对日晕做了非常详细的观察。"两军相当,日晕;晕等……有胜;薄短小,无胜。……青外赤中,以和相去;赤外青中,以恶相去。……白虹屈短,上下兑,有者下大流血。日晕制胜,近期三十日,远期六十日。"整段两百多字都是描述战争与日晕的关系。其中不但有各种形状的日晕,也有不同色序的日晕。冰晶原则上都是六角形,偶尔有钻石形或其他的形状,加上六角冰晶长宽比的变化,这些因素都会影响日晕或幻日的形状。冰晶的颗粒大小、密度、形状都均匀时会出现彩色,因反射次数奇偶差异会出现"青外赤中"与"赤外青中"等不同的色序,与霓虹色序差异的物理机制一样。白虹贯日因冰晶的六角结构,很容易出现十二道光芒,偶尔也有二十四道光芒。十二时辰或二十四小时不是由年与月的非整数关系决定,而是由幻日的整数光芒决定。

读完《史记·天官书》对日晕的描述,我们不禁要问,两军对垒难道敌军看不到天上的日晕,怎能作为我军胜败的判断依据?日晕的形态又为何与战争有关?要给出合理的解释,观测点必须在远离战场的我境圣山上。而且冰晶形状形成的机制与气象有关,才发展出一套烦琐的战术预测法则。现代美国明尼苏达州流传有印第安人的天象经验,冬天傍晚的幻日之后必有严寒。类似的天气传说在德国也有幻日必雨之说。

图二幻日出现的地方不限于南极,北半球一样可以观察到,没有任何不同之处,使用这张照片的原因是得到了拍摄者 Heiser 的授权。幻日形状变化多端,图二的幻日属于比较常见的一种,两个幻日分布在太阳的两旁,夹杂着白虹贯日的光柱看起来有如四个太阳分布在一个十字架的四端。前述"巫"字和"卐"字起源于比甲骨文更早的先夏文字,而"十"字(甲骨文的甲字)甚至可以追溯到旧石器时代的符号,所以我们讨论这三个符号时,不必局限于甲骨文及其之后的文字知识。基督教认为通过十字架才能和天国沟通⑯,"十"字和"卐"字都代表中心,"卐"字也代表天极或太阳。本文认为图一的"巫"字如图二所示,来源于太阳。"巫"字篆文由图一变为工字两旁有一个是人另一个是入(左右对称不变),而隶书才形成今天相同的两个人字(左右对称破缺)。镜像对称消失,说明了在秦汉造隶书的时期,"巫"字的原始意义已经失传。

附带说明甲骨文的日字中有一点,不可能是观察到太阳黑子。图二中间的太阳和外围的日晕环,才是真正甲骨文日字所象形和指事的图案,月字也是完全一样,在多个幻日与幻月中指出中间的那个才是真的。偶然所见的日月晕成为最常用的文字,甚至古埃及的太阳象形字也一模一样,必定含有文化人类学上的特殊意义,也许还能推论到指事造字的起源。

图二的幻日具有基本的圆形和四象限对称,与良渚文化玉琮的横剖面相似,在本文第六节将解读玉琮上的神人像来自幻日。张光直在《中国青铜时代》一书中指出,玉琮的形状天圆地方象征通天地,焚玉仪式后埋葬大巫师的寺墩三号墓中布满了玉琮和玉璧(环),可能都是巫师生前在圣山上使用的通天法器⑰。由本文幻日假说,想象大巫师如何操作通天仪式,以玉琮的中间通孔对准太阳,把难得长久的光辉力量保存下来,进而控制天气的变化。玉琮在殷代仍然流行,由此设想安排玉璧和玉琮在一定的角度下置放,观察日影沟通天地而定节气,可用玉璧与日影重合的地面以玉琮来校正历法,与下节论述的商朝特征相符。或者将玉琮置于玉璧之上,观察星象旋转,以玉琮指向不同的图案来表示季节。还

⑯ 米尔恰·伊利亚德著,吴晓群译:《十字架和生命之树》,《宗教思想史》,上海社会科学院出版社,2011年,第754—755页。

⑰ 张光直:《谈"琮"及其在中国古史上的意义》,《中国青铜时代》,三联书店,2013年,第299—314页。

可以想象出很多可能的使用方法,哪一种方法真正使用于通天仪式中并不重要,本文的目的,在于说明所谓的天圆地方的象征意义其实有很严肃的使用目的。

张光直还谈道,图一的"巫"由两个相互垂直的工字组成,是一种用来象征天地方圆的规矩,巫师掌握了工具,也就掌握了话语权⑱。我除了击掌赞叹张光直如此敏锐的直觉和联想力之外,也将在下节给出"十"字与天象的直接联系,主张旧石器时代传下来的"十"字是一个辨别方向的工具。图一的"巫"字具有与"十"字相同的结构,更展现了新石器时代的进步,把端点与中心位置等距离用纵横接点标示出来,方便于准确测量。这个推断证明了张光直所述天地方圆的象征,的确有操作性,幻日天象赋予的"巫"字工具应用于星宿天象坐标的辨认,作为沟通天地的工具不但直观也合理。

四、神圣十字符号

图三为两千五百年前波斯阿契美尼德王朝的大流士一世的崖壁墓葬,位于伊朗波斯波利斯东北十二千米处的 Naqsh-e-Rostam。崖壁上除了大流士墓外还有另外三个墓,分别属于他的三个后继者。图中朝南的大墓有个明显的十字框架"亚形",棺葬悬空置于十字的中心位置。十字上臂有幅石雕壁画,二十八个人撑着王台,台上有大流士、火祭台以及张开双翼飞翔的马兹达教天使法拉瓦哈(飞翔的善灵)。天使左手持环代表神授予大流士君权。二十八个人举起大流士的图像,也出现在波斯波利斯的百柱宫大门以及大殿进贡图壁刻上,一般认为这代表波斯帝国当时的附属国。但墓左上方的古波斯铭文列出了不包含波斯的三十个属国名称,贝希斯敦铭文等所有的阿契美尼德王朝遗迹都没有出现二十八属国的记录。

类似于波斯墓葬的十字框殷墟大墓也有,张光直认为其如同一个正方形九宫格去掉了四个边角宫格的十字"亚形",属于遍布欧亚大陆及美洲的神圣格

---

⑱　张光直:《商代的巫与巫术》,《中国青铜时代》,三联书店,2013 年,第 261—290 页。

图三　伊朗在 Naqsh-e-Rostam 的大流士墓葬

局,等同于旧石器时代出现的"十"字符号,亚也是商朝随王出征的军事将领。
我认为这个"亚形"有一种原始功能,用来辨别天极的位置,指引游牧民族夜间
在大草原上移动;亚或多亚也非常可能是负责辨认地形方向和天气变化的商朝
随军巫师。原始智人在非洲的赤道草原看不到天极旋转,进入北半球后,突然发
现了有效的方向指标,以十字辨别方向的工具演变为象征中心的"亚形"。"十"
字为甲骨文的"甲"字,演变到金文的军事虎符,还在十字工具架下加了手持的
把柄,方便使用。

　　现代科学已知地球自转轴的岁差进动,天极无法固定指向同一个位置,而是
缓慢地在星空中绕圈,周期大约为两万六千年。历史上的人类仰望天极位置时,
大都没有明亮的北极星,近五千年以来,天极只有三次走到有北极星的位置。第
一次在五千年前,天龙座 α 星(右枢)是个 3.7 等黯淡的北极星,太一和天一两颗
更暗的星就在旁边,肉眼几乎看不到;第二次在隋唐,是一对更难观察到的五等

和六等双星,鹿豹座 HIP 62561／HIP 62572(天枢);第三次就是现在的北极星,2 等小熊座 α 星(勾陈一),虽然比较明亮,寻找时仍必须使用一些方法,比如说先找到更明显的大北斗七星,顺着斗勺端口的两颗星延伸寻找小熊 α 星。另一个方法可以利用两个更明显的星座关系定位,比如小熊座就在大熊座和仙后座之间。

天极位置一向没有明显的大型星座群提供辨认,需要以十字对准上下左右四个星座,包含在宽阔的"亚形"内,才能准确标定空空荡荡的天极位置。周朝时天极位置没有明星,虽可用附近的二等小熊座 β 星(帝星)当作方位指示,但仍须使用四星座定位法协助寻找,比如东青龙、西白虎、上玄武、下朱雀的十字辨认口诀。当用旋转十字工具定位天极时,旋转的角度和测量的时间点还可以推算出节气,所以十字架或巫字架是一个时空定位的工具,巫字架的外围交叉节点能更准确地指出星座的位置。

经历过五千年前大肆神化天龙座 α 的右枢星后,三千年前周朝的小熊座 β 星虽然接近天极却明显偏离天极,就必须有新的解释。《史记・天官书》言"天有五星,地有五行"。此五星为行星,盈缩有度会逆行。但太史公还说明紫宫、房心、权衡、咸池、虚危乃"天之五官坐位也,为经,不迁徙,大小有差,阔狭有常"。即其为不动恒星之星座。素数组合的不可化约性质在数学上可以提供多样性,素数五这个数目与洛书九宫幻方数字组合的中宫数字相同,用来塑造五行神学,甚至是以分布在当时天极的北极五星来协助辨认没有亮星的天极位置,因而形成新的五行神学体系。

中国古代星辰的名称不统一,公元三百年虞喜推算过岁差进动,才真正认识到历代天极的不同,他所处的时间正是以天枢为北极星的时代。宋代《步天歌》的星名与《史记・天官书》的星名不同,称小熊座 β 星为帝星,比曾经作为真正北极星的右枢和天枢的名称还要突出,反映周天子以北辰自居。但帝星从来就不在天极位置,而是一直绕着天极做环形运动,后文将更仔细解读环状运动所包含的意义。《步天歌》中北极五星分别被命名为太子、帝、庶子、后宫、天枢,由太子到天枢排成一列,引向真正的天极星,天枢因此而得到天上枢纽的名称。周朝在帝星附近的天极,隋唐移动到天枢,北极五星序列不外乎岁差进动的神学解释,说明宋朝《步天歌》使用帝星名称意图跨越异族统治的文化断裂,回归到周朝的华夏文化。

我认为,前文提到的,所谓二十八人代表波斯附属国拥抬帝王不是个恰当的诠释,其实是拟人化的二十八宿。像萨满的顺势巫术,巴比伦建筑模拟天上的星空,波斯帝王四周也模拟黄道星空凸显中心位置,这和周朝九宫明堂的意义都差不多⑲。女性生理周期为二十八天,月亮每天在黄道面上停留一宿,二十八宿之说遍布埃及、巴比伦、波斯、印度直至中国,包括整个欧亚大陆和北非。二十八宿的起源众说纷纭,但使用素数七和四季的文化如巴比伦或古波斯,才有可能是真正的源头。当然二十八宿起源并非本文讨论的重点,黄道二十八宿围绕着天极旋转形成君权神授的环和中心帝王思想才是重点。

大流士王中之王的永续中心,被马其顿毁灭,又经帕提亚人的统治。萨珊王朝再度刻画君权神授在崖壁上,重申其源于阿契美尼德王朝的正统性,但二十八宿围绕中心帝王的图像已经不复存在。天极道统消失,或者因丧失属国无法自圆其说而被放弃,或者因文化清洗而失传,不得而知。跨朝代重申合法性极为普遍,周朝源于对夏文化的认同,重拾天极授权概念(如濮阳西水坡遗址)。但中国宁可牺牲文化史实,也要把不同信仰不同种族的统治纳入道统之中。Naqsh-e-Rostam的墓葬则呈现不一样的格局,萨珊王朝并没有把安息王朝刻在壁上,让大流士的附属国帕提亚人也加入波斯的天极道统。张光直称之为断裂性发展,对照于中国的持续性道统。

南方的农耕民族迁徙到北方,会面临严酷的考验。原本一年四季都能生长,耕种时间顺序并不重要,只要看到某种植物开花结籽就知道接着该种哪种作物;而到了北方之后,冬季白雪茫茫,春季黄土一片,在春夏之际的一刹那间万物开始活动成长。这时候历法、春祭和春耕就显得无比重要,错过了这个时机就会挨饿乃至死亡,所以不惜以血祭来提醒。十字或巫字工具此时扮演了非常重要的作用,用对准星座的角度来辨认季节。

不同于埃及的三季历法,四季划分因十字辨认法在中西亚出现,而中国更精确的划分被延伸为伏羲的先天八卦,顺着时钟依乾、巽、坎、艮、坤、震、离、兑的八

---

⑲　张光直:《说殷代的"亚形"》,《中国青铜时代》,三联书店,2013年,第315—327页。

卦顺序旋转排列。我发现先天八卦每旋转 45 度都变动一爻,比如逆时针旋转 45 度,三根阳爻的乾卦变成两根阳爻和一根阴爻的兑卦,顺时针旋转到巽卦也是一样,只有一根阳爻变成阴爻。如果再顺时针由兑卦转到离卦时,又只有一根爻发生变动,也就是最上方的第一爻移到中间的第二爻,以此类推(请注意文王后天八卦不具有这个特性)。《易经》从一阳复始的复卦到三阳开泰的泰卦代表节气冬至往春夏移动;所以先天八卦是旋转时间卦,具有旋转 45 度变动一爻的对称性。"十"字和"巫"字的测节气功能也按旋转的表现成为"卐"字,成为辨认时间和空间的工具,也有可能在中西亚触发了转盘与轮子辐射支撑条的发明。

天极崇拜和太阳崇拜的文化符号随族群迁徙,时而混杂,时而分立。殷大墓墓主的头向北偏东,我认为不正对着天极有一定的意义,应该是面向西南见日晕授权。如果把大流士墓"亚形"的中心当作太阳,其和黄道二十八宿的关系就太勉强了,毕竟二十八宿不环绕太阳。透过幻日的图像,"十"字的中心虽然等同于星象的天极中心,两个中心还是有所不同,一个是明亮而固定的太阳,另一个"卐"字则是阴暗且旋转的天极点。这会不会是太极双鱼图二元皇极的起源,也值得大家继续关注和探索。

五、甲骨"帝"字

冰晶常出现在 5—7 千米高度,因此幻日大都出现在地平线的上方,清晨的东方或傍晚的西方均可以看到,在北半球高纬度区南方的中午也可以观察到。幻日出现的形状不稳定,受到冰晶的构形影响非常大,像图四这么复杂完整的幻日在高山上比较容易看到。《山海经·海外西经》有"在登葆山,群巫所从上下也";圣山信仰、伏羲先天八卦以及多臂观音都可能与高山上的全景幻日有关。

我特别选择了 Hinz 在中午十二点所拍摄的图四全景幻日[20],图形看起来类似"军"字或"永"字,因此造有"晖"和"昶"两个字。请注意甲骨文的"晕"字本

---

[20] C. Hinz and W. Hinz:27/11/2010 在德国巴伐利亚高地阿尔卑斯山拍摄。更多幻日和月晕的照片、德国十六世纪的日月晕记录以及日月晕的产生原理可以参考他们的网站 http://old.meteoros.de/haloe.htm。

身就是幻日环绕图像;幻日图形变化莫测,其他类似的字不能在此全部列出。如果不上到高几千米的高山上,我们在平地上看不到下面的完整圆弧。Hinz 早上刚开始拍摄时风很大,到了中午云气都被吹散了,图四因此比图五更清楚,所以请读者遮蔽照片下面三分之一,所见三分之二的图形将是 Hinz 在早上九点钟所拍摄到的图五,有助于读懂下一段有关"帝"字的论述。

图四　德国巴伐利亚高地阿尔卑斯山中午拍摄到的幻日景象

图五　德国巴伐利亚高地阿尔卑斯山早上拍摄到的幻日景象

"帝"字的甲骨文如图六,金文如图七[21]。不论是甲骨文、金文或者是其他甲骨卜辞上的各种不同形状的"帝"字,都具有图五幻日顶部的月牙帝冕(或牙璋)特征,金文甚至还能描述帝冕之上的第二圈日晕。除此之外,图四的幻日还具有由中心八条向外延展的联络,与图六"帝"字在中心附近的局部旋转八极对称一样,因此可以断定"帝"字就是图五的幻日。并不是所有的幻日都是四极或八极对称,也有十二极对称的,都和冰晶的结构有关。殷商卜辞"帝"能令风雨降灾,幻日冰晶出现之后也经常伴随气温下降以及大雪,这种天象与天气的联系颇能说明帝与幻日的关联。

图六 甲骨"帝"　　　　　图七 金文"帝"　　　　　图八 多层"卐"

《殷虚卜辞综述》殷墟卜辞中经常有"巫帝一羊一犬""帝东巫"或"帝北巫",巫帝和帝巫两字联用但顺序不同[22],至今还无法解读其真正的意义。我大胆提出一个想法,"巫"和"帝"都是幻日,幻日出现后必须有祭祀活动,才接着书写一羊一犬。陈梦家认为"巫"可能是地名或神名,幻日在北半球不会出现在朝北的方向,因此猜测东巫和北巫也可以解释为"群巫上下"的东圣山与北圣山;封禅的泰山因为东南西三方视野宽阔应该是四千年前观测幻日重要的东圣山。南面而王会面向天帝得到授权,朝北而立的臣民却不能面对天帝,只能面对王举牙璋或圭得到王的授权。

幻日的日晕经常有图四的双层日晕圈,表达如图八的多层"卐"字因此和幻日有关,这个证据就如同图七上面有分离的横线一样扎实可信。我们虽然也可以诠释多层"卐"字为多星环绕天极,但幻日的独特对称性不能被忽视,因此源

[21]　快学网:http://zidian.kxue.com/zi/di28_ziyuan.html
[22]　陈梦家:《帝之一些问题》,《殷墟卜辞综述》,中华书局,1988年,第577—582页。

于幻日的"圻"字表达了原来没有的旋转特性。

近年《清华简·系年》出土,记录了周公东征平定四国叛变,被强迫移民到甘肃的商奄顽民就是秦国的先人。陈梦家在《殷虚卜辞综述》提出了他的看法,秦国祭祀白、青、炎、黄四帝中以白帝为最尊,他认为墟在奄地的嬴姓秦高祖少皞既是白帝也是卜辞中的上帝。太史公早已明确指出白帝就是月晕,可惜陈梦家在《殷虚卜辞综述》的这段叙述中,并没有警觉到白、青、炎、黄四帝和日晕月晕的关系。《史记·天官书》的结构分成三个部分,第一部分描述恒星分布,第二部分描述行星及其运动,第三部分则是日月星三光变化,包括日晕、月晕及星变,星变有多种而超新星爆炸的客星就是其中的一种。让我们翻开属于日月星三光变异的最后一段:

> 苍帝行德,天门为之开。赤帝行德,天牢为之空。黄帝行德,天夭为之起。风从西北来,必以庚、辛。一秋中,五至,大赦;三至,小赦。白帝行德,以正月二十日、二十一日,月晕围,常大赦载,谓有太阳也。一曰:白帝行德,毕、昂为之围。围三暮,德乃成;不三暮,及围不合,德不成。二曰:以辰围,不出其旬。黑帝行德,天关为之动。天行德,天子更立年;不德,风雨破石。三能、三衡者,天廷也。客星出天廷,有奇令。

合理推测苍、炎、黄、白、黑是由早晨到半夜的时间顺序,苍、炎、黄三帝都是日晕,分别出现于东、南、西三方,因太阳位置高低而色泽有所不同。黄帝为夕阳西下的落日日晕,所以冰晶在西方经常引起西北风;黑帝则是夜半当空的星变。金牛座的天关星位于赤纬 21 度附近,正是夏至太阳在天空最北的位置,太阳接着就启程回归往南运动,因此有日月五星七曜出天关一说。天关星不是一颗星而是双星,环绕的周期为 133 天,亮度在 2.9 与 3.2 之间摆动。我们很难想象在数千年前有能力观察到如此微弱的变化,作者由自转一天的周期推算,主星诞生于数百万年前与人类历史无关,天关为之动,必定还有其他的星变原因。太初历的正月初为立春的季节,白帝月晕在二十日下弦半月之际月光减弱,戌时东边已升起的月亮和西边还没有落下的毕、昂星宿,这两者都因距离月亮比较远,都可以同时看到。清晨卯时在西方见月晕,也可见辰星或即将东升的旭日(类似现象也可见图十三)。盘庚和秦始皇自称的"朕"字,在甲骨文、金文和小篆中都与月晕无关,但是隶书右偏旁的"关"字,在"天"字之上出现了明显的帝冕特征(请注意冕字上也有日,可见其与幻日的相关性),"关"字也就是月晕。依此推测秦朝程邈不依甲骨文和金文的来源造字,反而直接以白帝月晕造隶书的"朕"字。

除了在《史记·天官书》的"帝行德"找到了"帝"字与日月晕最直接的文字证据之外,还意外地解读出"德"是日月晕的光华,与波斯天使法拉瓦哈左手持环、右手指路一样,也与古籍《阿维斯塔》的王者祥光(Khvarenah)和圣人头上的光环都能联结,如同圣山、圣人、圣光等概念,都是横跨欧亚大陆有趣而且重要的不变文化性质。甲骨文的"行"一般解释为四通八达的十字路口,本文解读为以十字架寻找方向。甲骨文的"德"字,眼睛透过通天工具对准方向走,原来的实际工具转变为社会规范。大学之道在明明德,"明""德"两字解读为日月星三光引导正确的方向。《郭店楚简·五行》:"仁(义礼智圣)形于内,谓之德之行;不形于内,谓之行。""行德"于是成为由内心通天,找到正确的人生方向,形成儒家所倡议的五行神学。"德"另外一种写法如"直""心"两字上下合,不也是用心找方向的会意字?

两千年前《史记·天官书》所记载的半月月晕,与图九1572年在德国看到的半月月晕一样,记录者甚至还凭记忆画出月晕围绕着星星的细节。我们由图九可以想象,没有照相机记录的年代,记忆将会加入很多联想来表达短暂出现的天象。对于使用象形文字的中国人来说,一旦神圣的"帝"字深入脑海之中,看到图五幻日后,主观上就会立刻联想到"帝"字,进而容易附会并忘记其他不同的细节。

发现殷商甲骨文之后经过一个世纪到现在,"帝"字的象形来源有了很多种说法,例如架木燔祭或花蒂之说,悬宕了将近百年一直还没有令人满意的答案。十年前 Pankenier 给过一个新的看法[23],推论"帝"字和北极星的关系。他在商朝的天极位置找了八颗星,画上四条连接线后,中心交叉刚好在没有星星的天极点

---

[23] D. W. Pankenier,"A Brief History of Beiji 北极(Northern Culmen),With an Excursus on the Origin of the Character di 帝",*Journal of the American Oriental Society* 124,No.2(2004):211—236。

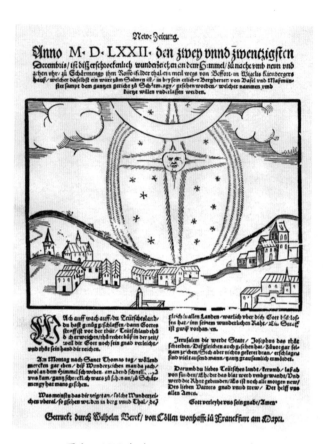

图九　1572 年德国 Beffort 附近的月晕

上,成为本文图六"帝"字的中心点。他在参考文献的图十六还额外地添加了左右两侧的竖立短线,除了使人在视觉上产生像是图六"帝"字的效果,并没有做出任何有凭据的说明。我们把他手绘的连接线去掉之后,只剩下空空荡荡的八颗星星,根本看不出和图六有任何关系。如果不使用这八颗星,还可以找到更多星星,它们的连线都能穿过天极。如前段所述,我们必须要有一个先入为主的图形,看到猎户座马上联想到猎户身上系的腰带、配的短剑,才可能由八颗星的分布联想到帝。所有星座的道理都一样,必须先有图像才有联想,因此"帝"字必定先于星图,才可能产生星图的联想。Pankenier 认为他所绘的中心交叉刚好在天极点,以此作为"帝"字的证据。我认为这种说法非常勉强,反而可以当作一个极好范例来支持本文以工具辨认无明亮星天极的主张。

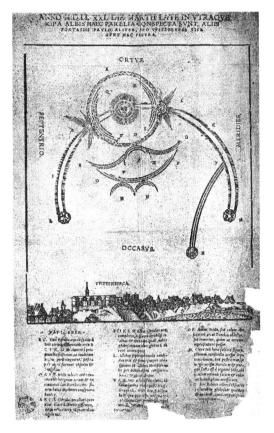

图十　1551 年 3 月 21 日在德国 Wittenberg 看到的幻日

　　龙与星座的关系不难理解。《史记·天官书》东宫苍龙、西宫咸池、北宫玄武、南宫朱鸟如上节所述,本来就是用巫字架或十字架来辨认时空的四个星座。因为地轴的进动,环绕天极的四个星座指定非常任意,由新石器时代到现在,这万年之内都不能指向相同的星座,不断随着朝代的大时间尺度而变化,因此星座变迁与五德终始说有关。由此可知,我们在任何一个时间点,都可以凭想象力在天极找到龙图,当然也可以找到帝图。不过殷商卜辞中,只有帝陟降的概念,还没有见到帝旋转的概念,不得不说 Pankenier 的北极说属于牵强附会。

　　除了上述星座和连线的任意性之外,我还不同意 Pankenier 大部分其他的论述,在此举例反驳。他引用《史记·天官书》"中宫天极星,其一明者,太一常居也"。叙述天极星和太一星的关系,这大概算是太史公的著作中最大的错误。

我在本节的前文已经阐明,有史以来除了现在天极位置都没有明亮星,天枢星在汉代接近天极的位置非常黯淡,也不会永远停留在那个位置。有人类以来,真正的太一星都不在中心位置,而是环绕着天极旋转的。我将另文详述道与太一之间的关系,南方"太一"在《道德经》中是太初混沌创世后留下的银河,它的周行天象和北方"太一"星绕天极旋转,两者在春秋时还各自分立。丁山指出在战国后期,《吕氏春秋》以及《周易·系辞》都说明两个概念已经合并,发展成为太极流传至今。地球自转轴的进动来源于绕太阳的公转面,我因此把太极双鱼图视为地球自转轴和公转轴两轴所涵盖的双轴心系统。

郭静云持类于 Pankenier 的观念,"帝"字为明星连线[24],却指出类似本文的观点,"帝"其实是一个标示天极的工具。图七金文的变异,在顶端有一条不连续的横线,足以否定"帝"为工具的假说。郭静云以卜辞"帝于北方曰夗,风曰役,求(年)""帝于南方曰娀,风曰夷,求年。一月""帝于西方曰彝,风曰裛,求年""帝于东方曰析,风曰劦,求年"来佐证定位天极必须旋转工具。但卜辞说明"帝"出现时有风,符合本文的幻日假说。幻日不会出现在北方,只有前文所述的黑帝星变而与冰晶无关,因此"帝于北方"的卜辞没有与冰晶相应的自然风。

《郭店简·太一生水》的创世太一,实际上是《吠陀·无有歌》太初混沌"彼一(Tad Ekam)"的音译[25],与太一暗星旋绕天极有关。我们如果把五千年以来地面观测的太一星轨迹画出来,将会是一条绕着天极旋转的螺旋线,由天极点往外扩张,因此太一星才会被认为是在创世之际由天极中心的太初混沌中诞生。虽然到魏晋南北朝才记载地轴进动和天极的移转,但并不意味着在长期的星象观测中始终没有警觉到天极的变化,战国时期的太一创世及其螺旋轨迹,可视为观察天极进动的阶段性总结。

可能是观察到天极迁徙和行星赢缩等无规则的天体运动,也可能是觉察到周朝的文化清洗,老子愤而大声疾呼绝圣去智,要承认自我的无知,要保持知识的开放性,有如赫拉利在书中阐述的科学本质。"道可道,非常道"说明万法无

---

[24] 郭静云:《殷商的上帝信仰与"帝"字字形新解》,《南方文物》2010 年第二期,第 63—67 页。

[25] 丁山:《论老子有、无、道一名词皆出〈吠陀典〉》,《古代神话与民族》,商务印书馆,2013 年,第 369—374 页。

常,否认永恒的秩序存在。"名可名,非常名"说明文字符号因文化不同而有差异,同一象形符号在各地文化源流中会产生多重意义的分歧,不像拼音文字易因发音不同而改变拼法。本文讨论的"十""巫""丂"三字,就受各地文化螺旋纠缠,既升降且旋转,是太阳也是天极,往复拉锯。

"身"字在甲骨文中有两种写法,男身意为疾病,女身意为怀孕,小篆虽然合并为同一个字,修身和有身的双重意义仍都存在。"身"字作为一个文字符号,却不符合形式逻辑的同一律,在语言叙述的过程中就会丧失逻辑性,这也是中国文化的特征。同一个符号在夷夏文化之中有不同的诠释,但遇到种族更替的情况下道统仍然可以持续,就很难说是缺陷。大流士的百柱宫有三种楔形文字的壁刻,会不会产生道统断裂性?梵文和波斯文都是雅利安人的拼音文字,因南北发音不同而拼写改变,出现印度与伊朗的神系对立分裂[26],历史上称之为印伊分裂,那是一个道统断裂的很好的例子。

Pankenier 又以天子为例,叙述天极与权力的关系,更让我难以认同。商朝即使吸收了夏文化而留下天极崇拜的痕迹,原则上还是太阳崇拜之邦,我们可以由历法的季节划分来说明。埃及受尼罗河泛滥影响分为三个季节,而周朝承袭了四季划分的西亚传统,因此是天极崇拜的文化。商朝分禾季与麦季的两个季节[27],我们由此知道商朝人以日影校正历法,一季日影长一季日影短,两季以春分和秋分来分界。我将在下面更进一步以幻日和上帝下王的卜辞关系,摆脱周朝对前朝文化清洗的影响,还原商朝的太阳崇拜情结及其对后世的影响。

我们都知道拼音文字具有音节字根,我们要问象形文字是否也具有偏旁之外的字根呢?当然也有的,比如"子"字作为字根包含于甲骨女身字中(男身则没有子)。因此,我主张"十"字也应该是一个字根,隐藏于"王"之中。甲骨文"王"字的写法,第一期像现在的"大"字站在地平线之上,第二期像"天"字站在地平线之上,几种书写方式已经作为殷商卜辞断代的标志[28]。周原甲骨的"王"字和金文的"王"字,下面代表地平线的一横线不是平直的,往往呈弧形向上弯

㉖ 阿卜杜勒·侯赛因·扎林库伯,张鸿年译:《印伊雅利安人和塞族人》,《波斯帝国史》,昆仑出版社,2014年,第4—14页。

㉗ 陈梦家:《殷虚卜辞综述》,中华书局,1988年,第225页。

㉘ 朱歧祥:《周原甲骨研究》,台湾学生书局,1997年,第74页。

曲,并包括一个斧形三角,因此也有人认为斧钺代表了王的权力。仔细检查图四全景幻日的中心十字下缘,不但是一条弯曲的弧线,还有一个斧形的三角结构。冰晶的反射原则上理当出现上下左右的对称形状,下面的斧形其实是上下对称地反映了上面的帝冕,只是因为光线路径不同而变形,产生了视觉上的差异。周甲骨文和金文的"王"字,象形地反映了图四下半部的幻日。图十给出 1551 年德国所观察到的幻日,王钺就明显出现在下方。作为字根的"人"在"天"字中,具有下垂的双臂,但"王"字没有这个特征,所以"王"和"天"的字根是不一样的。"王"顶天立地的图像,其实来自帝降陟的升天或降神。

《商颂·长发》"浚哲维商,长发其祥。洪水芒芒,禹敷下土方。外大国是疆,幅陨既长。有娀方将,帝立子生商"和"帝命不违,至于汤齐。汤降不迟,圣敬日跻。昭假迟迟,上帝是祗,帝命式于九围",这两段描述商朝起源的文字都与帝有关,借"长发其祥(光)"再一次强调商为太阳崇拜之邦。张光直讨论"商"字的起源,认为是"辛""丙""口"由上到下的三个字组成,"口"有时被省去不写,因此"口"对"商"这个字的起源意义不大㉙。"辛"要追溯到少皥之孙帝喾高辛氏,而"丙"为祭台,供奉帝喾于圣都商丘。发现"帝"字的幻日起源后,我对张光直的观点也有不同的看法:为什么追溯到帝喾高辛氏而不追溯到更早的白帝少皥?"辛"字其实是"帝"字的变化,仅存帝冕和十字的"辛"字位于日晕(月晕)的圆弧之上,于是"帝立子生商"。而"商"字其实是在帝喾的"有辛"圣山上观察到的日晕(月晕),籀文和金文的"商"字还可以看到"辛"字两旁有两个太阳(如图十一)。河南商丘并没有隆起的山丘,达到观测完整日月晕的高度,因此观察幻日的圣山有可能是泰山,距白帝少皥之墟的曲阜奄地不到五十千米。

张光直在《濮阳三蹻与中国古代美术上的人兽母题》中给出一幅"神人与兽面复合像",图片解说是良渚文化玉琮上的巫蹻形象㉚。上一段把籀文和金文"商"字两旁的幻日太阳用图十一解读出来,也可理解为南岛语太阳的"白天的眼睛"。张光直所称的巫蹻,有两个幻日太阳的形象捧在胸前的鸟爪人,巫蹻神

㉙ 张光直:《商名试释》,《中国青铜时代》,三联书店,2013 年,第 291—298 页。
㉚ 张光直:《濮阳三蹻与中国古代美术上的人兽母题》,《中国青铜时代》,三联书店,2013 年,第 328—335 页。

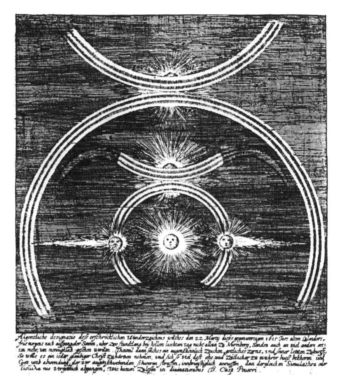

图十一　1615 年 3 月 22 日于德国纽伦堡所见幻日

像与籀文的"商"字构成极其相似,神像人头即是本文一直描述的帝冕,因此神人就是太阳神。良渚文化与商朝关系深厚,两者均来源于深层以鸟为图腾的海洋文化,商青铜器上的饕餮纹和玉琮上的巫跷有着一定的相似性。前述"甲"字为幻日,这里又解读出"辛"字也是幻日,进一步检视甲骨文的十天干字形,除了戊字比较难和幻日联系上,其他九天干基本上都是各种日晕的形状,"商"字成为上辛下丙的幻日组合。同理,地支大部分也可能是月晕的形状,仓颉"于是穷天地之变,仰观奎星圆曲之势"造字,而鬼夜泣。《山海经·海外东经》言"九日居下枝,一日居上枝",意味着天干地支符号始于记录天象,干支历法轮流用一个天干记日,并且轮流用一个地支记月。

　　商朝太阳崇拜,以日晕的帝授以王君权,到了天极崇拜的周朝,日晕环被星星环绕天极取代。幻日上半部的"帝"字在天上,对称反射为幻日下半部的王字。上帝下王两字合成完整的图四幻日,在周朝"天"的概念取代了商朝的"帝",成为上天下子,实为天子图像的滥觞。这个文字学上的发现带来全新的历史诠释,重新检视上帝之子概念的流变。周王分封血亲管理夷夏不同文化的族群,以共同天象为语言推广君权神授,普世化的天子概念于是浮上台面。西方以神子身份统治帝国,首推罗马的奥古斯都大帝(公元前 27 年—公元 14 年),可以追溯到亚历山大大帝。源于商朝上帝下王的天子概念,不只在时间上领先,也在象形文字上有深厚的依据,反映了人与神的关系,君王代天行使世俗的权力。上帝以自己的形象造人,其实是人以自己的形象造上帝。

赫拉利认为神道巫术原本具有区域性和排他性(张光直也谈到中国传统上祭自己祖先不祭他人祖先),到了三千年前才出现具备普世和推广特质的轴心时代新宗教,其重要性堪比帝国一体化和金钱流通㉛。可惜赫拉利没说清楚,是什么原因让新宗教、帝国和金钱流通凑在一起同时发生的。铁器时代开始,中国铁农具在春秋时期出现,诱发了一系列的变化:比如生产力的变革、人口增长、土地需求增加、长距离贸易兴起。前文叙述商朝的亚可能是随军巫师,商旅队伍里也有巫师,借助天象表达的神道随着军事与贸易传播既远且快。如果天子思想向西传递属实,我们将有下面的推论:可持续性发展的和平共存观,随同天子宇宙观和政治观,一同由关中传播到中亚。波斯居鲁士大帝(公元前 559 年—前530 年)建立波斯帝国后,改变了美索不达米亚的毁灭性竞争传统,采用温和的多神并存方式对待巴比伦和犹太人的信仰㉜。整个欧亚大陆的北方,当时存在一种以百年为时间尺度的同步性,随着全球史观的发展越来越明显了。

简单总结本节所述:旧石器时代的"十"字不但演变为图一"巫"字的字根,也是"王"字的字根;"巫"字甚至更进一步演变为图五和图六"帝"字的字根;"帝"字是图四幻日的上半部,"王"字则是图四幻日的下半部;"王"字的具体形状可以参考图十。我们由早到晚在圣山上观察幻日陟降,会先看到幻日上半部的"帝",然后看到下半部的"王",升起来不久又降下去。"王"字在平地上不容

㉛　尤瓦尔·赫拉利著,林俊宏译:《人类简史·宗教的法则》,中信出版社,2014 年。
㉜　尤瓦尔·赫拉利著,林俊宏译:《人类简史·帝国的愿景》,中信出版社,2014 年。

易看到,凭借圣山下来的人的传说和想象,随着岁月流转和族群迁徙,字形发生较大变化,而"帝"字的变化相对稳定。昊天的"昊"字与"皇"帝的皇字都没有甲骨文,但从金文结构推断"昊"字是日晕而皇字是月晕。"皇"字包含了半月和背景的星星,因为半月时星光更容易被看到。图九记录了在德国观察到的半月月晕有星星伴随,也同样具有如幻日一般复杂的结构。金文"皇"字下半部后来演化为"王"字,正好说明本文的观点,"帝""王都是日月晕的象形文字。

图十二 2009在苏州摄日环食㉝

六、环状符号

最古老的指环可追溯到两万年前的旧石器时代,我们问契约的隐喻为什么是环状的? 图十二是日环食复原一刹那出现的戒指形状,现在也把镶宝石的戒指作为婚姻的契约。全球只要有太阳照射的地方都有机会观测到日环食,没有任何地域性的限制,作为所有民族文化共同拥有的普世的天象。火山爆发乌云蔽日,持续降雨的洪涝,大陨石的撞击等天灾事件,也没有地域上的限制。长期不能见到青天,气温严重下降导致物种灭绝,在文化传承上留下了不可磨灭的记忆。

《老子》第三十九章的"天得一以清,地得一以宁,神得一以灵",说人类面对

㉝ 紫金山天文台:http://www.pmo.jsinfo.net/wenben/2009/riquanshi.htm.

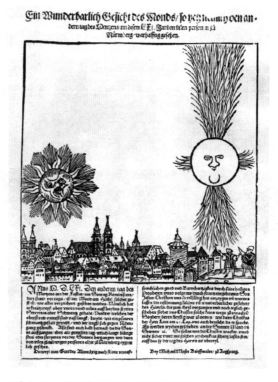

图十三　1561 年德国纽伦堡所见傍晚的白虹贯月

各式各样的自然灾害,即便在天崩地裂之际大家也必须保持信念,天将维持约定不变,灾难一定会过去。"上德不德,是以有德;下德不失德,是以无德。"月有阴晴圆缺,天上来的祥光也有一天不再照射,不再保佑我们的生存,但一定还会恢复。大自然的光如果没有变化,我们不可能察觉光的存在,有变化是非常正常的事。永远存在的光,有如宇宙背景辐射的稳定不变,我们不可能察觉,也就等同于没有光。老子告诉我们要居安思危勇于面对恐惧,处之泰然而不怨天尤人。保有这种平和的处世态度,才能拥有真正的道德,拥有一种认知所赋予的力量,即信仰。

　　白虹贯日或白虹贯月视冰晶成形的位置,可以在天空任何的位置出现,图十三的白虹贯月出现于满月的傍晚,太阳在西方而月亮在东方。请注意图十三的白虹贯月像甲骨文的"中"字,也常常在白虹贯日的现象中被观察到。商周甲骨文的"中"字具有多种白虹贯日和白虹贯月的形状,有些甚至把中间的太阳或月亮去掉,如同发号施令的旌旗(像图五上面的帝冕和下面的王钺),十分可能与变幻莫测的日月晕形状有关。《清华简·保训》的周文王遗嘱,以舜帝求中得中的故事责成武王剪商。《论语·尧曰》的"允执其中",尧帝将权力与责任交给舜帝。古文不断提到"中"。

我谨慎地认为,"中"字的日环与日月晕环所代表的信任与契约一致,舜帝由天象得到授权并受到尧帝的背书。"中"的书写形状也与含义有关,可以是天授权,可以是日影校正历法季节,也可以是王权象征的旌旗,甚至也有可能是王下达命令给其他方国,如圣旨奉天承运般的文函装饰,故而延伸为正确和裁决。天使法拉瓦哈左手持环,举起右手指示道路,西文因此留下了语言的印记,右边和正确为同一个字,拥有双重意义。

七、结语

米尔恰·伊利亚德也简单地谈到了神圣十字作为中心沟通天国的解释[13],而我则直接给出了操作和视觉图像的来源,具体推论有些民族不一定会有神圣的"十"字和"巫"字,也不会有卐字。除了没离开非洲的桑人、布须曼人,以及没有经过北半球大草原的印度泰米尔人和澳洲土著等之外,其他不论是停留在欧亚大陆,或是到达美洲,或是再回到非洲的,所有在旧石器时代迁徙经过北半球大草原的民族,都共同拥有"十"字、"巫"字或卐字神圣符号,其中心正是指引行进方向的天极旋转中心或日月晕中心。以此继续推测,如果澳洲南部土著也拥有神圣"十"字符号,"十"字和太阳月亮的关系就比本文宣称的天极更为密切,因为他们也看得到十字幻日出现于天空的景观。但停留在赤道附近的桑人,不论是天极还是日月晕(需要冰晶)都难以看到,应该不会有神圣的"十"字、"巫"字以及卐字。

君权神授有几种,都以环形特征表示信任与契约。太阳崇拜的以日晕象征,天极崇拜的以星星环绕天极象征,看不到天极的区域以银河环绕画圈(曼荼罗㉞)或日环食作为象征。采于天象的符号是原始的语言文字,本来代表着一种认知能力,说明自己族群的优势,具有排他性和局域性。三千年前的范式变革㉝,反而转化为以普世天象消除各地的文化差异。这类源于天象的符号应该还有更多的例证,有待继续发掘。各族群因迁徙路径不同发展出不同的宇宙观,经文化交流而相互渗透彼此混杂,不再那么容易辨认。本文仔细地探索后,发现可以由素数、几何形状、对称性甚至拓扑结构辨认而出。

本文由可重复证明的科学方法论开始,以大气光学现象及通天工具操作观点来分析象形文字符号,证实或证伪了此前的同类研究结果,开启了一种人类信仰文化的研究方法,其重要性不言而喻。随各地文化差异而有所不同的表征,却有共同一致的不变性,挖掘这些独立于文字史料的线索相互参照,有助于对自我文化的理解,也能帮助我们理解他人的文化。我相信还有更多类似的方法,随着气候变迁而被忽视还有待发掘。新方法应用的时空区域将不只局限于中国,甚至可以拓展到旧石器时代的欧亚大陆,相互参考对照。

致谢:

感谢杨蓉给出象形文字字根的联想以及详细讨论校读,修正了数不清的错误,张钊维和张宇光的校稿,殷力欣提供"皇"和"日"两字的讨论,Gernot Heiser授权使用幻日照片,Wolfgang Hinz 和 Claudia Hinz 不但授权照片还提供德国历史上记录的日月晕,范丽梅提供 David W. Pankenier 的参考文献。

【程　曜　清华大学工程物理系教授】
原文刊于《中国文化》2016 年 01 期

㉞　斯坦利·沃尔波特著,李建欣、张锦冬译:《印度史》曼荼罗(mandala)论,征服者的王国在中心,外围有12 个同心圆,东方出版中心,2013 年,第 57 页。

月令、阴阳家与天文历法

陈美东

　　自战国末到西汉早期，曾出现多种关于月令的专文。所谓月令，如东汉蔡邕所云："因天时，制人事，天子发号施令，祀神受职，每月异礼，故谓之月令"[①]，它包括十分丰富的政治、文化、思想、宗教及科学的内涵，是先秦阴阳家的杰作。其中有三种最具代表性的专文（以下简称月令之文）：《吕氏春秋》十二纪之首章（以下简称《吕》文）、《礼记·月令》（以下简称《礼》文）、《淮南子·时则训》（以下简称《淮》文）。《吕》文与《礼》文的主要区别仅仅在于：《吕》文分全文为十二部分，分置于《吕氏春秋》十二纪之首章，《礼》文则贯通为一文。我们认为东汉郑玄之说是可信的：《礼》文"本《吕氏春秋》十二纪之首章也，以礼家好事抄合之"[②]而成，即《吕》文与《礼》文实为一文，当然两者之间也存在若干文字的不同。《淮》文的大部分系由删《吕》文而得，同时有若干意义重大的差异，又有一部分关于五方政令的内容则是《吕》文所无。这些差异表明，《吕》文与《淮》文应是阴阳家中两个不同流派的著作。本文拟仅从天文历法的角度对之做初步的讨论。

---

① 蔡邕：《月令明堂论》。
② 戴圣：《礼记·月令》正义引郑玄：《三礼目录》。

一、月令乃是阴阳家的作品

纵观月令之文,乃以阴阳五行的理论贯穿始终,由其形式及至内容均以之为本。它将一岁分为春夏秋冬四时,每一时又分孟、仲、季三个月,凡十二个月,第一月均有星象、物候及与之相应的政事、民事的记述。它以阴阳的消长说明春夏秋冬四时的次第降临,阐述春生、夏长、秋收、冬藏之理,并以之作为设定诸多政令宜忌的依据。所列宜忌种类繁多,鱼龙混杂,其中有不少是符合生态、环境与资源保护思想的,是对人类行为的合乎科学的规范,同时也有不少不科学、不合理的宜忌规定。在月令之文中还大书特书遵循或违背所设政令将造成的截然不同的后果,顺者致福,逆者招灾,令人战战兢兢,如履薄冰。

已有一些学者③④指出,月令之文应是阴阳家的作品,他们主要列举如下三项记述为依据:

> 《史记·太史公自序》述司马谈论六家要旨:"尝窃观阴阳之术,大祥而众忌讳,使人拘而多所畏,然其序四时之大顺,不可失也。""夫阴阳、四时、八位、十二度、二十四节,各有教令,顺之者昌,逆之者不死则亡,未必然也,故曰'使人拘而多所畏'。夫春生、夏长、秋收、冬藏,此天道之大经也,弗顺则无以为天下纲纪,故曰'四时之大顺,不可失也'。"
>
> 《汉书·艺文志》述刘歆《七略》之说云:"阴阳家者流,盖出于羲和之官,敬顺昊天,历象日月星辰,敬授民时,此其所长也。及拘者为之,则牵于禁忌,泥于小数,舍人事而任鬼神。"
>
> 《礼记·月令》正义引郑玄《三礼目录》云:《礼》文在刘向的《别录》中被归于"阴阳明堂"一类。

---

③ 容肇祖:《月令的来源考》,《燕京学报》1935年第18期,第98—105页。

④ 杨宽:《月令考》,《齐鲁学报》1941年第2期,第1—36页。

月令之文的架构与内涵,正同司马谈与刘歆关于阴阳家特色的描述相吻合,且又有刘向的分类意见,故月令之文为阴阳家所作的论点是可信的。

月令之文中的教令,有依春夏秋冬四时而设的,有依孟春之月等十二个月而设的,对某些特定的日子还设特定的教令,如对于孟春之月的立春、仲春之月的日夜分(春分),孟夏之月的立夏、仲夏之月的日长至(夏至)、孟秋之月的立秋、仲秋之月的日夜分(秋分)、孟冬之月的立冬、仲冬之月的日短至(冬至)等八节均特设教令。由此看来,月令之文是对于四时、八节、十二月各有教令。《史记·太史公自序》注引张晏曰:"八位,八卦位也。十二度,十二次也。二十四节,就中气也。"其中八卦位应与八节相当,十二次应与十二月相当,唯二十四节在月令之文中未见完整的描述,所以也就谈不上对二十四节气的教令。应该说月令之文仅仅是司马谈所见阴阳家言的一篇作品而已,关于二十四节气的教令应见于阴阳家的其他著作。

阴阳家的又一个学术特色是"迂大而闳辩"[5],如邹衍的大小九州说即如此。而由《淮》文亦可见这一特色;在叙毕孟春之月等十二月之后,它又扩而大之,分东西南北中五方,各设教令,"自昆仑……东至于碣石",东西、南北各"万二千里"为"中央之极",约当赤县神州之地;其四外又各"万二千里",为"东方之极,自碣石山过朝鲜,贯大人之国,东至日出之次";"南方之极,自北户孙之外,贯颛顼之国,南至委火炎风之野";"西方之极,自昆仑,绝流沙沈羽,西至三危之国";"北方之极,自九泽穷夏晦之极,北至令正之谷",对于东方行春令,南方行夏令,西方行秋令,北方行冬令,中央行季夏之令。这是一种典型的、不切合实际的闳大不经之说。由此更可证《淮》文等为阴阳家言无疑。

阴阳家的代表人物邹衍曾被"齐人颂曰'谈天衍'",盖因"邹衍之言五德终始,天地广大,书言天事,故曰'谈天'"[6],这又可旁证上引司马谈与刘歆所说阴阳家以天文历法为特长、其贡献大于其他各家之说,殆并虚言。

有人认为《吕》文就是邹衍所作[7],其主要论据是,东汉马融提及《周书·月

---

⑤ 《史记·孟子荀卿列传》及注。
⑥ 《史记·孟子荀卿列传》及注。
⑦ 容肇祖:《月令的来源考》,《燕京学报》1935年第18期,第98—105页。

令》的更火之文⑧，与郑众见于《鄹子》者⑨全同："春取榆柳之火，夏取枣杏之火，季夏取桑柘之火，秋取柞楢之火，冬取槐檀之火。"可是，《吕》《礼》文中并无更火之说，而在《淮》文中虽有更火之文，但内涵不同，其说为春取其之火，夏取柘之火，秋亦取柘之火，冬取松之火。这些情况表明，邹衍作《吕》文之说难以成立，但说明阴阳家有多种月令的流派，秦相吕不韦的食客、淮南王刘安的门客各承传一种月令流派，邹衍则当另属一支。

　　阴阳家者流，是否如刘歆所说是"出于羲和之官"，尚难断言，但是阴阳家作为前代天文历法知识的重要传承者之一，于天文历法不断有所总结与发展，当是毋庸置疑的，仅由月令之文就可见阴阳家在天文历法领域的特长与贡献。为便于讨论，可将月令之文等与天文历法有关的内容列如表1中。

表1　月令之文等与天文历法有关的内容

A	B		C	D	E	F	G	H	I		J	K
十二纪	日在宿次		昏中星	旦中星	天子居	招摇指	物候	月令之文、节气名	淮南子天文训		逸周书候应	正光历候应
	吕礼文	淮南子天文训							节气名	斗指		
孟春	营室	同左	参	尾	青阳左个	寅	1.东风解冻,2.蛰虫始振,3.鱼上冰,4.獭祭鱼,5.鸿雁来,6.天气下降、地气上腾,7.草木萌动	立春	立春	东北	1、2、3	89 1、2
								左8	雨水	寅	4 5、7	3 4、5
仲春	奎	奎娄	弧	建星	青阳太庙	卯	8.始雨水,9.桃始华,10.仓庚鸣,11.鹰化为鸠,12.玄鸟至,13.雷始发声,14.始电,15.蛰虫咸动,16.启户始出	左15	惊蛰	甲	9 10、11	8 9、10
								日夜分	春分	卯	12 13、14	11 12、13
季春	胃	同左	七星	牵牛	青阳右个	辰	17.桐始华,18.田鼠化为鴽,19.虹始见,20.萍始生,21.生气方盛、阳气发泄,22.句者毕出、萌者尽达,23.鸣鸠拂其羽,24.戴胜降于桑		清明风至	乙	17 18、19	14 15、16
									谷雨	辰	20 23、24	17 18、19
孟夏	毕	同左	翼	婺女	明堂左个	巳	25.蝼蝈鸣,26.蚯蚓出,27.王瓜生,28.苦菜秀,29.麦乃登,30.靡草死,31.麦秋至	立夏	立夏	东南	25 26、27	20 24、25
									小满	巳	28、30 32	26 27、28
仲夏	东井	同左	亢	危	明堂太庙	午	32.小暑至,33.螳螂生,34.鵙始鸣,35.反舌无声,36.黍乃登,37.鹿角解,38.蝉始鸣,39.半夏生,40.木堇荣	芒种	芒种	丙	33 34、35	30 32、33
								日长至	夏至	午	37 38、39	34 35、37

---

⑧　何晏:《论语集解·卷十七》引马融语。
⑨　《周礼·夏官·司爟》郑玄注引郑众语。

续表

A	B		C	D	E	F	G	H	I		J	K
十二纪	日在宿次		昏中星	旦中星	天子居	招摇指	物候	月令之文、节气名	淮南子天文训		逸周书候应	正光历候应
	吕礼文	淮南子天文训							节气名	斗指		
季夏	柳	张	心(火)	奎	明堂右个	未	41.温风始至,42.蟋蟀居壁,43.鹰乃学习,44.腐草化为萤,45.土润溽暑,46.大雨时行	左32	小暑	丁	41 42、43	38 39、40
									大暑	未	44 45、46	41 42、43
孟秋	翼	同左	建星	毕	总章左个	申	47.凉风至,48.白露降,49.寒蝉鸣,50.鹰乃祭鸟,51.天地始肃,52.登谷	立秋	立秋	西南	47 48、49	44 45、47
									处暑	申	50 51、52	48 49、50
仲秋	角	亢	牵牛	觜巂	总章太庙	酉	53.盲风至,54.鸿雁来,55.玄鸟归,56.群鸟养羞,57.雷始收声,58.蛰虫坏(培)户,59.杀气浸盛,60.阳气日衰,61.水始涸	左48	白露降	庚	54 55、56	51 53、54
								日夜分	秋分	酉	57 58、61	55 56、57
季秋	房	同左	虚	柳	总章右个	戌	62.鸿雁来宾,63.雀入大水为蛤,64.菊有黄华,65.豺祭兽,66.霜始降,67.寒气总至,68.草木黄落,69.蛰虫咸俯	左66	寒露	辛	62 63、64	58 59、61
									霜降	戌	65 68、69	62 63、64
孟冬	尾	同左	危	七星	玄堂左个	亥	70.水始冰,71.地始冻,72.雉入大水为蜃,73.虹藏不见,74.天气上腾、地气下降,75.闭塞而成冬	立冬	立冬	西北	70 71、72	65 66、71
									小雪	亥	73 74、75	72 73、74
仲冬	斗	牵牛	东壁	轸	玄堂太庙	子	76.冰益壮,77.地始坼,78.鹖旦不鸣,79.虎始交,80.芸始生,81.荔挺出,82.蚯蚓结,83.麋角解,84.水泉动		大雪	壬	78 79、81	77 78、79
								日短至	冬至	子	82 83、84	80 81、82
季冬	婺女	虚	牵牛	娄	玄堂右个	丑	85.雁北乡,86.鹊始巢,87.雉雊,88.鸡乳,89.征鸟厉疾,90.水泽腹坚		小寒	癸	85 86、87	83 84、85
									大寒	丑	88 89、90	86 87、88

二、月令与星象

《吕》《礼》文中十二个月与星象的对应关系包含三项内容,一是太阳所在赤道宿次,二是昏中星,三是旦中星(见表1中B、C、D栏)。《淮》文的内容有同有异,一是招摇指向,二、三则同(见表1F、C、D、栏)。

据日本能田忠亮的研究[⑩],日所在宿次系指孟春之月等十二个月月初时太

---

⑩ 能田忠亮:《礼记月令天文考》,《东方学报》1941年,又收载于《东洋天文学史论丛》1943年。

阳所在的赤道宿次,其观测年代当在公元前 620 年±100 年。其中,仲秋之月日应在轸,而不在角,季秋之月日应在氐,而不在房,其余十个月日所在宿次的记载均合。对于昏旦中星(昏或旦时见于南中天的星宿),能田忠亮设定在南北子午线左右 15°范围内皆可认为是南中天,观测地点在北纬 35°,并以日出没前后三刻为旦昏,这样在公元前 620 年±100 年间,《吕》《礼》文所载昏旦中星全合。若以日出没前后五刻为旦昏,则昏中星有孟夏之月的翼、季夏之月的火稍偏于子午线西 15°,旦中星有孟秋之月的毕稍偏于子午线东 15°,其他各月昏旦中星的记载均合。对其不合者,能田忠亮以为是误记所致。潘鼐依大体相同的思路重作考察[11],他赞同能田忠亮的基本结论,但他认为古人应以日出没前后二刻半为旦昏,由此判定昏旦中星记载中,唯有孟冬之月七星旦中偏于子午线西 15°以上,其余则均合。

纵观能田忠亮和潘鼐的研究结果,《吕》《礼》文的星象记载除二、三项为误记外,应是公元前 620 年前后各百年间在孟春之月等十二个月月初的星象实录。应该说在此期间的观测还是半定量的,因其只言某宿次,而不书某宿某度,并以在子午线左右 15°即为南中天,这大约反映了春秋中期前后天文学由定性向定量过渡的客观发展状况。

关于日所在宿次记述的早期文献当推《春秋左氏传》,僖公五年(公元前 655年),卜偃在回答晋侯之问时,先引"童谣云:丙之晨,龙尾伏辰,均服振振,取虢之旗,鹑之贲贲,天策焞焞,火中成军,虢公其奔",尔后解释说:"其九月、十月之交乎,丙子旦,日在尾,月在策,鹑火中,必是时也。"这里九月、十月之交,正值孟冬之月,日在尾,正与《吕》《礼》文所载相合,而与鹑火之次相应的星宿为柳、七星、张,诚如潘鼐所述,此月七星已在子午线西 15°以上,则该月的旦中星应为张宿,这与卜偃之说不悖。特别要指出的是,其时关于日所在宿次、旦中星等的描述,是以童谣的形式出现的,可见这些星象应是当时人们的常识。其实,对昏中星的观测还可以追溯到《尚书·尧典》所记载的对四仲中星的观测,关于昏旦中星的有关记录亦见于《夏小正》中,如正月"初昏参中"、五月"初昏大火中"、八月

① 潘鼐:《中国恒星观测史》,1989 年,第 13—16 页。

"参中则旦"等。由此可知,《吕》《礼》文中成系统的星象记录有一个漫长的发生、发展及至完成的过程,起初还失之零散,而到公元前 620 年前后渐成系统,阴阳家则采之建构其月令系统,使之成为孟春之月等 12 个月起始的星象标志。

《淮》文取招摇指向作为孟春之月等十二个月的星象标志之一。招摇指向系指北斗七星中第一、五、七星与招摇星的连线方向,见图一[12](系为公元前 1 世纪的图像,其前后数百年图像不会有大变化)。这四颗星大体位于同一大弧线上,测定其方向时,令该弧线位于与地平相垂直的平面上,该平面招摇一方的指向即为招摇指向。我们知道,天球上任一大弧方位的变化与该大弧在地平面上投影的方位变化,呈线性正比关系,即招摇指向应是均匀变化的。

《淮》文以孟春之月、仲春之月等十二个月招摇分别指向寅、卯等十二辰(见表 1F 栏),亦即在地平上均匀分布的十二个方位,也就是说每经一个月,招摇指向移过 30°。这至少要满足以下两个条件才有可能,第一必须在每一个月的某一固定日子(如月初或月中)进行观测,第二必须在观测日的某一特定时刻进行观测。由于每一个月的初昏时刻都是不同的,如对于北纬 35°处而言,一年中最早的初昏时刻在仲冬之月,约为 17 点 24 分、最晚的初昏时刻在仲夏之月,约为 19 点 48 分,两者之差可达 2 小时 24 分钟,如果在各月不同的初昏时刻进行观测,每经一个月招摇指向的变化就不是均匀的,到仲夏之月招摇将不指午而是指未。这就反证观测需在某一特定时刻进行,而这一特定时刻应该定在 19 点 48 分前后为宜。至于在每一个月的哪一天进行观测,我们以为当在每月的月中,对此可申论于下:

在《淮南子·天文训》中,载有与二十四节气相应的"斗指"(见表 1 I 栏),其中东北、寅等系指地平方位的二十四向(见图二),相邻两向间为 15°的夹角。如果将这里所谓"斗指"理解为北斗第六、七两星的连线方向,即北斗斗柄的指向,由《淮南子·天文训》言立春初日斗柄指向东北当无异议,而如图 1 所示,斗柄指向与招摇指向之间大约相差 15°,则此时招摇指向应在丑,这与《淮》文所载(见表 1F 栏)不合。同理,《淮南子·天文训》言雨水初日(值孟春之月月中)

---

[12] 孙小淳博士论文:《汉代星空研究》,1993 年。

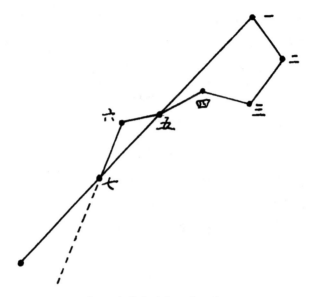

图一　招摇与斗柄指向示意图

"斗指"寅,若将"斗指"理解为斗柄指向,此时招摇应指在东北,也与《淮》所载不合,余皆类此。由此看来,《淮南子·天文训》所说"斗指"应理解为与《淮》文所言的招摇指向为同义词,于是,《淮》文所载孟春之月招摇指寅,应指孟春之月月中时的星象,其余各月亦同。

又,在《淮南子·天文训》中载有十二个月日所在宿次(见表 1B 栏),与《吕》《礼》文所载比较,其中有仲春、季夏、仲秋与仲冬四个月日所在宿次不同,而且前者均较后者的宿次偏东,如果虑及能田忠亮指出的仲秋之月日应在轸,季秋之月日应在氐,则《淮南子·天文训》所载日所在宿次与《吕》《礼》文不合者有五个月份,前者较后者的宿次也均偏东。对这一状况所能作的较合理的解释是,《吕》《礼》文所载是指孟春之月等十二个月月初的日所在宿次,而《淮南子·天文训》所载日所在宿次系当十二个月月中之时。《淮南子·天文训》所载日所在宿次与"斗指"方向理应属于相同的传承系统,所以两者均以每月月中作为观测时间是不言而喻的。

既然在日所在宿次问题上,吕氏与淮南王刘安的门客们分属于不同的传承

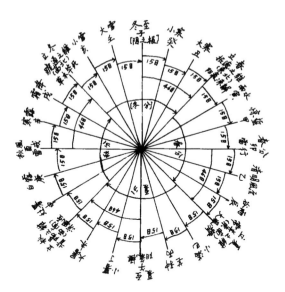

图二　《淮南子·天文训》二十四节气及"斗指"图

系统,而且以招摇指向作为星象标志具有更直观、更显现的优势,所以在《淮》中以招摇指向取代日所在宿次是可以理解的。《淮》文在每月月初验以昏旦中星、月中验以招摇指向,又实际上是对《吕》《礼》文仅于月初验以星象的一种发展。顺便还要指出,《淮》文还增列孟春之月等十二个月的树名与职官名,以及春夏秋冬的燧火、乐器与牺牲名等,皆为《吕》《礼》文所无。《淮》文还突出了季夏之月的地位,把《吕》《礼》文分一岁为春夏秋冬四时改变为春、夏(包括孟夏与仲夏)、季夏、秋、冬五季,增添了五行理论的色彩。这些差异都说明两者是阴阳家中不同的月令流派的作品。

　　关于以斗柄指向作为月份或季节的标志,最早的记载见于《夏小正》:正月"初昏……斗柄悬在下",六月"初昏斗柄正在上",它们系以正月与六月各自初昏时刻斗柄的指向作为正月与六月份的星象标志。在《鹖冠子·环流》中也有"斗柄东指,天下皆春;斗柄南指,天下皆夏;斗柄西指,天下皆秋;斗柄北指,天下皆冬"的说法。这些记载均还零散或简略,而《淮》文(当然还有《淮南子·天文训》)则对之做系统的描述,使之成为孟春之月等十二个月以至二十四节气的星象标志系统之一。

三、月令是十二月太阳历

月令之文分一岁为十二个月,分别以孟春、仲春、季春、孟夏、仲夏、季夏、孟秋、仲秋、季秋、孟冬、仲冬、季冬之月命名之,这与商、周及至西汉初年广泛使用的正月、二月直至十二月的名称不同,这两套不同的名称是否表明两者内涵的不同,这正是需要讨论的问题。我们知道后者是以阴阳历为基准的,除一至十二月的月名外,还时有闰月的插入,那么,前者的情况如何呢?

首先,月令之文一岁十二个月,每个月之间首尾相接,周而复始,没有给闰月留下任何空余之地。月令之文的每一个月各有教令,其教令均因天时而设,环环相扣,如果其中插进闰月,则将全盘打乱与各月相应的教令的安排,即教令仅为一岁十二个月而设,亦不容有闰月的插入。

其次,在上一节的讨论中,已指出《淮》文十二月招摇指向均匀变化的特征,其实,除必须要满足前述的两个条件外,孟春之月等十二个月的长度必须均为一回归长度的1/12,才能呈现此特征。则孟春之月等十二个月的长度应为365.25/12＝30又21/48日,这与阴阳历大月30日、小月29日,大小月相间,偶或安排连大月并插入闰月的月份设置法完全不同。

第三,月令之文的孟春、孟夏、孟秋、孟冬之月分别有如下记述:“是月也,以立春”,天子“迎春于东郊”;“是月也,以立夏”,天子“迎夏于南郊”;“是月也,以立秋”,天子“迎秋于西郊”;“是月也,以立冬”,天子“迎冬于北郊”,这些记载均为相应月份的第一个教令,这显然是以立春、立夏、立秋、立冬分别作为孟春、孟夏、孟秋、孟冬之月的肇端,亦分别作为春、夏、秋、冬四时的开始,并以此作为天子迎四时的礼祭之日。东汉蔡邕在《月令章句》中指出:“故言是月也,以立春明,得立春,则孟春之月,可以行春令矣”[13],说的正是以立春作为孟春之月的端始。将此四立明确无误地设定在四孟之月,这只有在一岁分为十二个月太阳历

---

⑬　杜台卿:《玉烛宝典·正月孟春第一》引。

的情况下方可实现。若以阴阳历而论，四立并不一定在正月、四月、七月与十月，它们可能分别出现在其前一个月，即上一岁的十二月、三月、六月与九月，这与月令之文的明确规定是不相容的。

在月令之文中，在四立来临的前三日，太史均有所告于天子，如在孟春之月，"先立春三日，太史谒之天子曰：某日立春，盛德在木，天子乃齐"，孟夏、孟秋、孟冬之月皆仿此。这表明太史自有一种推知四立来临的方法，也就是说，孟春之月等十二个月的月首均可由预先的测算而得，并不是真正依赖于临时观测日所在宿次、昏旦中星或招摇指向来确定各月的端始或月中，而这些星象只是一种自古承传下来的起参照作用的标志。当然，在较早的年代，这些星象标志在厘定各月端始或月中的功能上，也许要比后来重要得多。到春秋战国之交，人们已经能够较好地用晷影测量方法测定冬至，对于回归年长度的认识也有了重大进展。孟轲云："千岁之日至，可坐而致也。"⑭这正是当时学界基于这些进展而表现出的极大自信。我们认为，阴阳家自然会应用这些成果作为预推立春来临以及其他各月起始之日的手段。

第四，由于月令之文是在阴阳历早已占据主导地位的历史背景下的作品，所以它既要保持自身的特色，又要协调与阴阳历的关系，《吕》文问世之时，秦正施用颛顼历，该历法以十月为岁首⑮，面对这些现实问题，月令之文自有独特的处理方法。

在月令之文中，"岁"字三见，"年"字一见。"岁"字先见于季秋之月，云"为来岁受朔日"，又见于季冬之月，云"是月也……岁且更始"，又云"天子与公卿大夫，共饬国典，论时令，以待来岁之宜"。"年"字则见于孟冬之月，云"天子乃祈年于天宗"。历代学者对这些记述的解释莫衷一是⑯，他们均将"岁"与"年"训为一义，故对为什么一年之中有两个岁首疑惑不解。这两个岁首一在孟春之月，因为在季冬之月言"岁且更始"，并论"来岁之宜"；二在孟冬之月，因为在季秋之月言"为来岁受朔日"，并在孟冬之月行"祈年"之礼。有人更指出："若以十月为

---

⑭ 《孟子·离娄下》。

⑮ 陈久金、陈美东：《从元光历谱及马王堆天文资料试探颛顼历问题》，中国社会科学院考古研究所编《中国古代天文文物论集》，1989年，第83—103页。

⑯ 杨宽：《月令考》，《齐鲁学报》1941年第2期，第1—36页。

来岁,而九月始受朔日,则就百县言为可,若远方诸侯,则不能逮者矣"⑰,这自然是一个重要的问题,到九月才颁朔,十月便要执行,对于远方的诸侯来说怎么来得及呢? 由这些困惑及疑点,又引出秦不用十月为岁首等问题。

我们认为,这里一个关键的问题是,月令之文中的"岁"与"年"是两个不同的概念,明乎此,上述疑惑便可化解。班固在《白虎通德论·四时》中指出:岁是"以纪气物,帝王共之"者,而据"有朔有晦"之"月断",为言年。郑玄在为《周礼·春官·大史》"正岁年以序事"句作注时更指出:"中数曰岁,朔数曰年",即年是就阴阳历而言,其中平年十二朔(354 日至 355 日)、闰年十三朔(383 日至 385 日);而岁是指经十二个中气(365.25 日),更为合理的理解应是指经十二个不同的昏旦中星,即把"中数"的"中"理解为"中星"的"中"要比理解"中气"的"中"更符合当时的历史情况。这两种理解都可以得到同一个结论:经孟春之月等十二个月是为一岁。依此,前引月令之文可作这样的解释:因秦以十月为岁首(严格地说应称年首,《史记·封禅书》就直书其"以冬十月为年首"),于季秋之月(相当于阴阳历的八或九月)颁布来岁孟春至季冬之月间的朔日安排及有关政令,这就有三个月左右的时间颁朔于远方诸侯,不存在来不及的问题。在孟冬之月(相当于阴阳历的九或十月,亦即年末或年初),天子正可行"祈年"之礼。到季冬之月,正值"岁且更始"之时,对一岁之事作出总结,"以待来岁之宜"。

由以上四个不同角度的考察可说明,月令之文乃是以一岁平分为十二个月的太阳历作为基本框架的,它以孟春之月为一岁的岁首与月首,又以立春为其首日,孟春之月等十二月为其月名,它们同阴阳历的正月直至十二月以及闰月等月名,不但名称不同,其内涵亦有根本差异,两者分属于两种不同的历法系统。

月令之文所反映的十二月太阳历并非历史上的突发现象,而是有其源流可寻。已经有人指出《夏小正》为十月太阳历⑱,不失为一家之言,但它究竟是十月或是十二月太阳历还有待商榷。《管子·幼官》所反映的则是分一岁为三十节的太阳历,已似无疑问。戴德《礼记·诰志》云:"虞夏之历,建正于孟春",这是

⑰ 毕沅:《吕氏春秋新校正·序》引卢文弨语。

⑱ 陈久金、卢央、刘尧汉:《彝族天文学史》,1984 年。

否含有关于十二月太阳历有更悠久历史的信息，也值得注意。至于十二月太阳历在后世的发展大约分为两途：一是为阴阳历所吸收，如日所在宿度、昏旦中星，以及下面就要论及的二十四节气、七十二候、闰法等，均成为阴阳历中不可或缺的组成部分；一是为农家所采用，成为月令式农书的主干。十分有趣的是，月令之文所反映的十二月太阳历，在宋代还曾以沈括再发现的形式被重新提出来。沈括在《补笔谈》卷 2 中指出，当时的历法"专以朔定十二月"，这或者造成"时已谓之春矣，而犹行肃杀之政"，"徒谓之乙岁之春，而实甲岁之冬也"，或者造成"时尚谓之冬也，而已行发生之令"，"徒谓之甲岁之冬，乃实乙岁之春"的历日与时节、政令不合的混乱局面，于是他主张"莫若用十二气为一年，更不用十二月，直以立春之日为孟春之一日、惊蛰为仲春之一日，大尽三十一日、小尽三十日，岁岁齐尽，永无闰余"，"如此历日，岂不简易端平，上符天运，无补缀之劳。"沈括的十二气历几乎就是月令之文所反映的十二月太阳历的翻版。他对专以朔定历日的缺欠的批评和对十二气历优越性的肯定，是极其中肯的，当年阴阳家提出并坚持月令之说，大约也是基于这些考虑。

四、月令与二十四节气、七十二候

在月令之文中与二十四节气之名相同或相似者仅有十三个（见表 1H 栏），虽然如此，《吕》文仍是先秦文献中提及二十四节气名称最多者，是为反映二十四节气逐渐完善过程的重要文献之一。二十四节气的完善应是阴阳家的重要贡献之一，在本文第一节中，我们已经提及司马谈所说阴阳家对"二十四节，各有教令"，正可作为证明。

二十四节气完整的名称首见于《淮南子·天文训》（见表 1I 栏），严格地说，其中还有两个节气的名称与后世稍异，一为清明风至，一为白露降，后世分别称为清明和白露。而与后世二十四节气名完全相同的文献记载，则首见于《逸周书·时则解》。从月令之文到《淮南子·天文训》再到《逸周书·时则解》，二十四节气名的演变过程依稀可见，如从始雨水到雨水、从清明风至到清明、从小暑至到小暑、从白露降到白露、从霜始降到霜降等等(见表1G、H、I栏),它们之间应存在某种有机的联系,这可以从七十二候的产生与演变中看得更加清楚。

关于七十二候的完整记述亦首见于《逸周书·时则解》,它把二十四节气的每一节气均分为首、中、末三个时段,即得七十二个候应,每一候应约为五日,各有名称。察其名称则全部源于《吕》《礼》文。《吕》《礼》文的物候名计有九十项(见表1G栏),而《逸周书·时则解》则从中选出七十二项作为候应之名(见表1J栏),选用时似有较严密的原则:一是立春与雨水、惊蛰与春分……的候应名在与之相应的孟春之月、仲春之月……的物候名中选取,仅仅有一个例外,即小满的末候取小暑至(32),已跨入仲夏之月的物候名;二是大体上以《吕》《礼》文每一月内的第一个物候名作为立春、惊蛰等十二节气的首候名,而以每一月内的最后一个物候名作为雨水、春分等十二中气的末候名,但有六个例外:惊蛰取桃始华(9)而不取始雨水(8),白露降取鸿雁来(54)而不取盲风至(53),大雪取鹖旦不鸣(78)而不取冰益壮(76)为首候,春分取始电(14)而不取启户始出(16),小满取小暑至(32)而不取麦秋至(31),夏至取半夏生(39)而不取木堇荣(40)为末候。

《逸周书·时则解》的七十二候系统,于公元728年被一行引入大衍历中,自此以后为各代历家沿用,直至郭守敬授时历(1281年)之前因循不改。郭守敬仅对之做一处修订,即取小满的末候为麦秋至(31),他可能正是注意到上述选用原则之一中提及的唯一例外,与原则之二中提及的第五个例外,而且又虑及小暑已是二十四节气名之一,为不至两相混淆,故作此修订。

将七十二候引入历法并不自大衍历始,而是发端于北魏张龙祥、李业兴的正光历(540年),其所用七十二候名与《逸周书·时则解》有同有异,应属于另一个系统,该系统为大衍历以前的历法所采用。正光历七十二候名亦全部源于《吕》《礼》文(见表1K栏),选用时似无规则可言。若将《逸周书·时则解》与正光历两个七十二候系统所取候应名相同者在七十二候中所处的先后序数做一比较(见表2)。表2中,"候应名"栏的数字同表1G栏的物候序数,"候应晚数"栏的数字指正光历候应较《逸周书·时则解》候应的序数晚的个数,如表1G、J、K栏所示,《吕》《礼》文中的物候名(1)均被两个系统取为候应名,(1)在《逸周书·时则解》中为第一候应，而在正光历中则为第二候应，于是后者较前者的候应序数晚一，余可类推，可知正光历候应较《逸周书·时则解》候应平均晚2.2个，即晚11天左右。

对于两个七十二候系统间的差异，已有学者作过定性的描述，并试图说明其原因。有人认为，这是由于北魏的国都在平城，而平城的纬度与海拔高度均较《逸周书·时则解》的作者当年所处之地都要高造成的[19]。又有人认为，正光历候应的推迟，"大体冬夏季迟的时间特别多，春秋季候应的推迟是由冬夏季候应推迟所造成的"，而且这是因"北魏时，我国气候普遍比战国末期和西汉初期要暖"所致。[20] 这两种解释都是说正光历候应的选定是由实际观测为基准的，若此前提成立，依第一种解释，一般说来春夏的候应要晚出现，而秋冬的候应当早出现，如桃始华等应当晚出现，而水始冰等则要早出现。依第二种解释，一般说来春夏的候应当早出现，而秋冬的候应要晚出现。可是这与表2所示正光历候应一种后移的情况并不符合。又由表2知，春夏秋冬四时，正光历候应分别平均后移1.6、2.3、2.6和2.7个，并不是冬夏迟得特别多，春秋候应的推迟也并不是冬夏候应推迟所造成的，其间看不出有什么因果关系。鉴于这些情况，我们不认为正光历候应是经由系统的观测之后选定的，但其秋冬候应的推迟相对于春夏为多，这多少反映了北魏气候较暖的实际情况，张龙祥等人是依据此一般性的体验，重新参照《吕》《礼》文的物候记载，对《逸周书·时则解》候应做出调整的。

唐代一行曾指出，正光历候应"乃依易轨所传，不合经义，今改从古"[21]。这里所谓易轨当指《易纬·通卦验》，从该文的若干辑佚本看，内中物候约有50项与《吕》《礼》文相同，不同者另有约10项，如蝙蝠出、鹊鸣声、虎啸、荞麦生、射兰干生等等，颇具特色，是在《吕》《礼》文基础上的发展。查该文中将《逸周书·时则解》不取用的始雨水（8）、木堇荣（40）等列为候应，正光历则因循之，这大约是一行批评正光历候应传自易轨的凭据。其实该文亦取草木萌动（7）、大雨时行（46）、草木黄落（68）、蛰虫咸俯（69）等为候应，而正光历则不取，所以一行的说

[19] 竺可桢、宛敏渭：《物候学》，1973年。
[20] 中国科学院自然科学史研究所主编：《中国古代地理学史》，1984年，第84页。
[21] 《新唐书·历志三上》。

法是不全面的。其真正的原因应是一行视《逸周书·时则解》为正统,同时唐代的气候较为寒冷也应该是原因之一。

固然,《逸周书·时则解》与正光历在以《吕》《礼》文的物候名为基础建立各自的七十二候系统时,以及一行重新启用前一个七十二候系统时,都多少虑及候应名与真正的物候现象之间的对应关系,但由于七十二候自身是在二十四节气的框架内,严格以每经五日左右为一候,所以也就不能不冲淡候应的真正物候的意义,而变成一种特定的七十二候应之名。

现在我们回过头来考察《吕》《礼》文中 90 项物候名的问题。严格地说,《吕》《礼》文物候名与上述两个七十二候系统候应名有少数是不尽相同的,如蝉始鸣(38)、登谷(52)和盲风至(53)在两系统中分别作蜩始鸣、禾乃登与暴风至,其实蜩蝉同义,谷与禾均指稷,盲风与疾风、暴风义同,故并无本质的区别。由表 1G、J、K 栏知,《吕》《礼》文中物候有 83 项分别为两系统所采用,其中有 62 项为两系统所共取者(见表 2 所示),7、23、31、46、52、68、69、74、75、89、90 等 11 项为《逸周书·时则解》取用而正光历不取,8、15、16、40、53、59、60、76、77、80 等 10 项为正光历所取而《逸周书·时则解》不用。两个系统均不取用者有 6、21、22、29、36、66、67 等 7 项,我们之所以把这 7 项也列为物候名,除霜始降(66)有明显的气候意义外,是参照两个系统把登谷(52)、天气上腾、地气下降(74)等均列为候应名而定的。

《吕》《礼》文中的物候可分为植物、动物与气象候三类,分别占 18、42 与 30 项。据统计,《夏小正》中的物候共有 57 项,同样可以分为三类,分别占 16、37 与 4 项。《吕》《礼》文物候有 31 项与《夏小正》相同,它们是 1 至 5、9 至 12、15、17、18、23、25、27、34、40、43、46、49、55、56、62 至 65、69、72、83、88,其中植物 5 项,动物 23 项,气象 3 项。由这些基本状况表明,《吕》《礼》文中的物候受到了《夏小正》的重大影响,直接承继者占 1/3 强。同时,《吕》《礼》文物候又有了巨大的发展,其中以气象类的增加最为突出,从 4 项增至 30 项,植物与动物候的数量略有增加,分别从 16 项增至 18 项与从 37 项增至 42 项,二者所选用的具体动、植物象有较大差异,不同者分别为 13 和 19 项,从而证明《吕》《礼》文物候的发展带有创造性与突破性的意义,《逸周书·时则解》与正光历正植根于这一丰厚的土壤中,分别发展出两种不同的七十二候系统。

五、月令与闰月

在阴阳历中,为协调以朔望月为准的月份与反映春夏秋冬四季变化的回归年长度之间的关系,在一年十二个月之外按某种方法增添一个月份。在殷墟甲骨文中,它被称为十三月,随后又被称为又某月、再某月,在秦汉之际称之为后九月等等,汉太初以后则统称为闰月。而"闰月"这一名词的使用应不晚于春秋晚期,在《春秋》中,就二见闰月的记载,一在文公六年(前621),一在哀公五年(前490)。

《春秋》文公六年的有关记载是,"闰月不告月,犹朝于庙",对此经言,为之作注的三大家提出了两种不同的注释意见:

《公羊传》指出:"不告月者何? 不告朔也。曷为不告朔? 天无是月也,闰月矣。何以谓之天无是月? 非常月也。"《穀梁传》亦指出:"不告月者何? 不告朔也。不告朔,则何为不言朔也? 闰月者,附月之余日也,积分而成于月者也,天子不以告朔。"这两家的理解大体一致,是为一种注释意见:因为闰月并不与规定的有关天象相应,是非正常的月份,它系由一回归年较十二个朔望月多出的日数积累而成的,所以天子是不告闰月之朔的。遇闰月,天子既不告朔,文公亦应无视朔之事,还临于祖庙,故《春秋》书以讥之。

《左传》则持另一种注释意见:"闰月不告朔,非礼也。闰以正时,时以作事,事以厚生,生民之道,于是乎在矣。不告朔闰,弃时政也,何以为民?"即以为闰月与其他十二个月没有什么不同,其重要性并不亚于其他各月,天子是告闰月之朔的,而文公不行视朔之事,却临于祖庙,故《春秋》书以讥之。

从经文的表意考察,两种注释难分伯仲。欲辨其是非,还需做进一步的讨论。

《春秋》哀公五年关于闰月的记事是:"闰月,葬齐景公。"《公羊传》注曰:"闰不书,此何以书? 丧以闰数也。"这里提出了《春秋》不书闰的重要命题,以为于此书闰,是因为涉及丧期计数的重大问题,故不得不书之。

据初步统计,《春秋》中明确载有月名与月日干支的记事共有 746 项,其中记事最多的月份是正月,93 项,最少者为十一月,37 项,其他各月为 50 至 71 项不等。就拿十一月作标准衡量,闰月的记事也不应少于 13 项,所以《春秋》仅有上述二项闰月记事,显然是另有原因的。若依《左传》的注释意见,对此难作合理的解释,若依《公羊传》与《穀梁传》的注释意见,则为之提供了一个可令人接受的答案:天子不告闰月之朔,《春秋》不书闰则是顺理成章的,况且,《公羊传》对哀公五年书闰的特殊原因作了必要的说明。所以《公羊传》与《穀梁传》的注释意见是较为可信的。

在《周礼·春官·大史》中载有凡遇闰月天子须行区别于其他各月的特殊礼仪之事:"闰月,诏王居门,终月。"在《礼记·玉藻》也有类似的记载:"闰月,则阖门左扉,立于其中。"对此,东汉郑玄注曰:"门,谓路寝门也。郑司农云:《月令》十二月,分在青阳、明堂、总章、玄堂左右之位,惟闰月无所居,居于门,故于文"王"在"门"谓之闰。"又注曰:"天子庙及路寝皆如明堂制,明堂在国之阳,每月就其时之堂而听朔焉,卒事,反宿路寝亦如之。闰月非常月也,听其朔于明堂门中,还处路寝门,终月。"这些记述透露着十分重要的关于闰月的信息:闰月确是与其他十二月不同的月份,故天子有非常的举动,设特殊的礼仪;据《吕》《礼》文,天子于孟春之月等十二个月各有明确的居处(见表 1E 栏),十二个月各居一处,周而复始,而天子听朔的场所正依此为基准并做出调整,即正月至十二月各安排在与之相应的孟春之月等十二个月居处的堂中,闰月无与之相应者,则安排在门中,而且在闰月的始终天子均居于路寝门中;闰字本身即由王居门内而得。

我们认为,在月令之文的十二月中,无论是关于天子居处的安排,还是与之相应的日所在宿次、昏旦中星、招摇指向的标志,以及相应的各种政令,都是以十二月太阳历为基准做出的十分理想化的规定。为了既保留自身的特色,又协调与阴阳历的关系,才有关于天子听朔处所的安排,也因而衍生出"闰"字来。为不致整个打乱月令十二月理想化的规定,令闰月做上述特殊的安排是一种明智的选择。同理,既然闰月无所居,闰月也不应有与之相应的星象标志,这大约就是《公羊传》所说的闰月是天无是月的意思。又同理,闰月亦不应有政命的安排,《公羊传·文公六年》何休注云:由于闰月"所在无常,故无政也",说的就是这一层含义。值闰月,天子还是行听朔之礼,听朔后即居于路寝门终月,这亦有不行政之意,故亦并不告闰月之朔于诸侯。天子告朔,是颁布给诸侯等十二月朔之政令,诸侯受之,藏于祖庙,每月朔日,诸侯临祖庙视朔,再依令行当月之政。天子所颁政令,至少应包括每月朔至晦所值的月令某月教令的硬性规定,如正月朔在孟春之月甲日,正月晦在仲春之月乙日,则正月的政令至少应包括《月令》孟春之月甲日至仲春之月乙日设定的教令,其余各月可类推。这就是说,月令所规定的教令乃是天子告朔的基本内容。

"闰月"一词的使用见于《春秋》,而且是在文公六年(前 621)就论及如《公羊传》与《穀梁传》所注释的闰月不告朔之说,再虑及郑众对于"闰"字的来由所作的如此明白透彻的说明,即可知"闰"字的出现不晚于公元前 621 年,而且《月令》十二月中关于天子居处、有关星象与教令的出现更不应晚于此时。在本文第二节中已经提及,能田忠亮所说《吕》《礼》文有关星象是公元前 620 年±100年的观测结果。综而论之,《吕》《礼》文的基本框架和不少内容,当在公元前 720年至公元前 620 年间便已成型,后经不断传承,特别是阴阳家的总结与充实而成我们现今所见及的文本。

在《逸周书》中,除了"时则解"篇外,还有一篇"周月解",它们同为发展阴阳家月令说的重要文献。后者论及:"凡四时成岁,有春夏秋冬,各有孟、仲、季,以名十有二月。中气以著时应,春三月中气雨水、春分、谷雨,夏三月中气小满、夏至、大暑,秋三月中气处暑、秋分、霜降,冬三月中气小雪、冬至、大寒。闰无中气,斗指两辰之间。"这是一段非常重要的论述,它把月令十二月太阳历同阴阳历有机地结合了起来,从中可以看到月令十二月太阳历被纳入阴阳历的历史轨迹。首先,它明确提出了"中气"的概念,系为二十四节气中雨水、春分等十二个气的统称;其次,对于月令十二月太阳历而言,雨水、春分等十二个中气必须分别出现在孟春之月、仲春之月等十二个月内,而且必须正值各月的月中,而它放弃了后一个规定,仅要求雨水、春分等十二个中气分别出现在阴阳历的正月、二月直至十二月中,同时借用孟、仲、季之法加以命名;第三,它提出了闰月的设置方法,即令无中气之月定为闰月,这不但使雨水、春分等十二个中气必须分别出现在正月、二月直至十二月的规定得以实现，而且又是一种十分理想的置闰方法。这不但较当时正在行用的十九年七闰的闰周要准确，而且一直到唐代李淳风麟德历（665）以前，虽然历家还在探求更好的闰周，但在真正确定闰月时还是遵循"闰无中气"的基本准则，自李淳风以后人们才中止了对闰周的追求，径直取"无中气者为闰月"[②]的方法。第四，它为闰月寻得了相应的星象。在本文第二节中，我们业已指出，月令孟春之月等十二个月月中招摇的指向应分别是寅、卯等十二向（亦可称十二辰），闰月无中气，闰月的初日当稍落在某一中气之后，闰月的末日当稍居于下一中气之前，初日与末日招摇当指在十二辰的某两辰前后不远之处，于是闰月的月中，招摇正好应指在这两辰之间。由之可见，它为闰月寻得的相应星象，正源于月令十二月的星象规定。

【陈美东　曾任中国科学院自然科学史研究所研究员】
原文刊于《中国文化》1995 年 02 期

---

② 《新唐书·历志二》。

李之藻和《浑盖通宪图说》

——比较天文学的地平

赵建海

【内容提要】明末期间,在西学东渐、东西两个异质文化发生碰撞时,在朝中曾形成一个积极翻译引进西洋科学著作和技术的官僚群体,从而触发中国科学进入一个重要转换期。技术高官李之藻就是其中一个积极受容西学并在当时产生重要影响的人物。

本文分前后两篇。前篇论述了李之藻的东西文化背景和西学受容的学问性格,对李氏思想深层存在的中华文化主义和逐渐形成的非儒非耶的文化特征、源流做了初步探讨。后篇考察了李氏早期师从利玛窦译著的《浑盖通宪图说》的学术意义以及他对西洋天文学的有用性、中国传统天文学欠缺点的认识,并对李氏当时天体观测记录做了数值性的定性分析,以检证通宪平仪的测量精度和李氏的观测能力。

前编:李之藻的文化背景和学问性格

序章

西洋科学进入中国之前,历学在中国作为传统的数学和天文学结合的一门精密科学,在历代的正史律志中占有重要篇幅,这是因为中国历学不仅与农业有关,而且与社会变迁密切相关之缘故。

最初在中国颁布的通用历法是汉朝的四分历。汉朝以后,历代的中央政府都动用了当时最新科学技术,力图保持历法的精密性。但是,中国历学成为精密科学的真正理由是:中国封建王朝的支配者将历法的更改和社会政治联结在一起,把自然界的日月食、五星犯凌等天体运动现象与政权更迭捆结在一起。因此从汉朝颁布的四分历至元朝的授时历的 13 世纪中,改历和改历方案竟达 50 回程度,其中,真正因科学的理由改历的次数则屈指可数。在欧洲的历学史里,仅在 1582 年把回归年的长度修定过一次。埃及人使用的太阴历从史前一直沿用迄今,而对社会和农业未产生过任何影响。欧洲人和埃及人与中国人对历法的含义理解不同,因而历法所具有的科学意义和社会影响也就不同。因此,历学作为精密科学,在中国科学史上具有政治性和科学性的二重性格,并在诸学科领域中,占有特殊地位。

然而到明朝,像历代王朝频繁改历的现象不见了。从明初至 16 世纪末,近 200 年的时期里未做过一次改历。这种现象的出现,既不是明朝使用的历法完美无缺,也不是明朝社会的国泰民安,而是一成不变的保守制度所致。明朝使用的大统历基本是沿用元朝授时历模式,由于钦天监预报日月食的不断失误,对大统历的修正案分别在成化十九年(1483)、正德十年(1515)上呈明皇帝[1],但均以"祖制不可变"的理由被否定。墨守祖制、严禁民间习历,反映了明朝支配者的极端保守的态度。随着历史的发展,改历的呼声和"祖制不可变"之间的矛盾随着大统历的缺陷日益显出,改历派和守旧派之间的矛盾也随着激化。与此同时,明朝社会已过了鼎盛时期,国力日渐衰弱,境外倭寇不断骚扰,丰臣秀吉发动的二次朝鲜战役,满蒙族军事力量的兴起,使北部边境告危,明王朝可谓陷入内忧外患的苦境。

在这个动荡的时代里,头戴四角巾、身穿儒服的耶稣会传教士利玛窦出现在北京城里,利氏利用被康熙帝称之为"利玛窦规则"的方略,不仅在中国成功地

---

[1]　薮内清、吉田光邦:《明清时代的科学技术史》,京都大学人文科学所刊,1970 年。

布教,而且在天文学、数学、哲学等领域里播下了西洋科学的种子。在当时的东西文化圈的激烈碰撞中,由于利氏的广博知识和灵活有力的方略,一部分士大夫深信西洋科学的有用性。虽然利氏介绍的欧几里得几何学和托勒密的天文学在欧洲已有 1000 多年的历史,但对中国士大夫来说,仍是异邦的新鲜学问。就此引发出以李之藻、徐光启等人为代表的、积极翻译西洋科学著作的技术官僚群,并使中国科学体制发生重要转换,开始并入西洋科学的运行轨道。尽管 17 世纪中叶以后的近 300 年里,中国科学体制转换形成了中西合轨运行状况,但由于教案等问题引发清廷闭关自守的锁国政策,从而出现中国科学发展的断层。另一方面,欧洲科学革命带来了新科学的全面迅速发展,其结局,中国传统科学逐渐地丧失竞争力,招致中国国力的衰败。

纵观中国历史上三次外来文化的渗入,唐朝的印度文化、元朝的伊斯兰文化均被中国文化自然地吸收消化了,对中国文化的发展方向无甚大影响,然而明末以后的欧洲文化的到来,对中国传统科学的基盘带来很大冲击。在这场中国传统科学和西洋科学冲突初期,利玛窦的学生徐光启、李之藻等人非常活跃。徐光启作为《几何原本》《泰西水法》等书的译著者而知名,他在西洋科学较全面传入中华文化圈并在朝廷中有一定影响的基础上,利用钦天监再次误报日食的机会,屡屡上奏改历,成功地领导了《崇祯历书》的编纂。虽然这部历法未能在明末投入使用,但其母体为清朝编历所用。徐光启因其思想和科学著作在东西科学史和政治史中被广泛研究,成为有影响的人物。早于徐光启师从利玛窦演习西洋科学的李之藻,其编译的《坤舆万国全图》《浑盖通宪图说》(以下简称《浑》文)《同文算指》中传达的西洋科学新思想,在当时反响甚大。其中李氏译注的《坤舆万国全图》版,流传至东邻日本,引发了江户时期的涉川春海的改历意念,编制了日本第一部历法——贞享历[②]。李氏晚期编译出版的《天学初函》,因该书具有宗教彩色而招后世的猛烈抨击。《天学初函》出版的第二年,即被日本当政者打入禁书之列。因宗教等诸类历史原因,有关李之藻的文献资料和研究论著甚少。至今关于李之藻研究的最具有权威者,当数台湾的方豪先生于 1966 年出

---

② 梁启超:《中国三百年学术史》,中国书店,1985 年,第 8 页。

版的《李之藻研究》一书,这本传记体著作详细地记述了李氏成进士后的生涯和主要的宗教、科学和政治活动,但对李氏的科学思想和著作分析不足,生平中几段重要经历尚需考证。

李之藻生于1565年,杭州仁和县人。据说出身名门,但其成进士之前的记载甚少,目前唯一可据的是利玛窦书信集中提及李氏少年时代曾绘制一幅中国地图一事。因此有关李氏这段历史还有待于考证。李氏三十四岁(1598年)考上进士时,可谓中年得志。耶稣会中国区会长曾德昭在《中国通史》一书写道:之藻异常聪明,中国人视为才子。会试时,应试者三千余人,之藻获得第五名。当时举人云集京城应试时,采用分五经取士的制度,各经的第一名称为"魁",共计五魁。1598年为戊戌年,故李氏在《浑》文等著作中,常用"戊戌会魁"之印。可能是李氏好自然之故,京城会试中榜后,即赴南京工部,长期任治水官吏,人称李都水,官至正四品。

中国历史上才子自命不凡、独行来往于世间者居多,李氏也不例外。这仅从他师从利氏译著西洋科学著作时,即可见其一斑。其编纂出版译著多改原作者之风格和内容,而尽编著者之特点,因而《浑》文等译著合作者多无其师利氏大名,而名不见经传的州官郑怀魁却跃然纸上。作为技术官僚的李都水不仅在治水方面多有建树,还涉足修历、国防等领域。尤其在上奏《请译西洋历法等书疏》(1613)中,列举中西历法之利弊,陈述中国历法之所以落后的社会原因,其笔锋之尖锐、胆识之大,实为不可多得的奏本,后因不满东林党和宦官的宫内权力争斗弃官回乡。李氏与郑玉函、傅泛际等耶稣会士结伴于西子湖畔,形成了一个独特的学术研究团体,埋头于西学研究九载,完成传世大作《天学初函》(1629),后又因徐光启在京城设历局成功,邀其赴京修历,几经推脱,终因挚友之重托,抱病赴京,次年殉身于职上。李之藻作为明末率先受容西学的一代宗师,在他身上表现出很有特点的学问性格,因此,研究李之藻对了解明末西学东渐时,中国士大夫的受容态度和西学在中国科学史中占有的学问地位,具有重要的科学史学术价值。笔者将多视角地展开这方面的讨论。

一、李之藻的中西学文化背景

（一）阳明新学的新意性

"中国近二千年以来支配学者阶级精神的是儒教学派，性格是本质性的现实世界。人们在社会里表示幸福和调和，同时所表示生存的方式，渗进某种形态的社会伦理中去。"③如李约瑟精辟指明一样，无论从中国历史进程看，还是现代社会里，维持社会秩序伦理行动的准绳是与现实的圣人本性密切相关，产生于自然界中的现实的圣人成为实践而被崇敬。作为学问流派的儒学，在士大夫阶级支配的中国社会里，曾经以某种宗教的形式左右着人们的言行。在春秋时代，孔子与老子、庄子、墨子等诸子创立的哲学理论，一般称之为古儒学。在宋朝时，以朱子"太极理学"为中心，形成了新儒学的理论体系。朱子的理论发展了古儒学，在中国思想史中占有重要的地位。但是，到了元、明朝，朱子理论不仅没有新发展，而且作为公家学问被固定化。尤其是明朝的政治绝对论和朱子理学的权威化形成表里一体的关系，因此儒学成为束缚人们思想的一种宗教模式。

基于这种状况，旨在打破权力政治理论的朱子理学，王阳明提出以下观点：

> 朱子所谓物之者，在即物而穷其理也。即物穷理，是非事事物物上求其所谓定理也。是以吾心而求理于事事物物中，析心于理而为二。……若鄙人致知格物者，致吾心之良者，致知也。事事物物皆得其理者格物也。是合人与理而为一者也。（《传习录·答顾东桥书》

朱子认为太极是诸理之源，人和物都各自独立具有一太极，故心和理是两个物体。而王阳明则主张人的心感受到物的存在时，人和物就合为一个太极；并提出知行合一的心学，"知是行的主意，行是知的工夫。知是行的开始，行是知的

③ 杨廷筠：《同文算指序》（天学初函版），台湾学生书局，1965年，第1709页。

成功"④。王阳明的理论核心是直观法,心学强调自然的存在和证明的必要性。中国的儒学哲学各个流派的共通点是用人的直观法达到伦理的实践。伦理中则又以人伦的知的行为作为目的。正如伊东俊太郎所述:中国的知的民族精神里,比其他任何重要的是人伦的道路,大至国家、小至个人,是很大的处世原则⑤。

这不仅指出了儒家的哲学性格,而且指明了中国人的经世哲学观念。对于儒家哲学的历史界限,直至清末,受容了欧洲资产阶级进步思想的知识人,才清楚认识到使中国不断衰落的根本原因是儒家固定化的思想束缚了中国支配阶级的思想。"当严复读到由 Whewell 精神其本身的构造引申到先验的见解的段落时,立即想起了王阳明的良知概念。然后,在严复看来 Milljohn 主张的数学性的真理全部导入到归纳法是对中国所谓的直观主义痛烈的反论。"⑥

虽然说,朱子理学和阳明心学都强调人的直观作用,但是,朱子理学特点是人的自然置于伦理之中,阳明心学则特别强调用心探索人伦的根本。当然,阳明心学并没有存在论的成分,而且没有脱出古儒学的基本框架。但阳明心学强调的具有个性的自然存在和实验精神,从更广泛的历史意义看,阳明心学旨在打破朱子理学固定化了的学问构造,使儒学作为学问理念不断发展。

明末的改革派徐光启、李之藻等人所处的时代,正值阳明心学盛行时期,这从徐光启的书札和李之藻的《浑》文、《圜容较义》(1614)序文中都能寻觅到阳明心学的思想痕迹。因此可以认为阳明心学的新意性是李氏能正面受容西学、提出改历的历史文化背景。

(二)利玛窦的耶儒结合的策略和学问性格

李之藻师从利玛窦演习西学十年(1601—1610),基本形成了自己独特的学问性格,其中无不渗透了利氏的思想。分析利氏其人其思想,有助于客观理解李氏受容西学的文化背景。

利玛窦(Matteo Ricci,意大利人,1552—1610),1583 年随耶稣先辈罗明坚(P.Michele Ruggieri,1543—1607)进入广东肇庆。为适应当地民情,即剃发刮

---

④ 《利玛窦全集》第四册,台湾光启、辅仁联合出版,1986 年,第 357 页。
⑤ 李之藻:《浑盖通宪图说序》(天学初函版),台湾学生书局,1965 年,第 1714 页。
⑥ B.I.S 著,平野健一译:《中国的近代化和知识人、严复和西洋》,东京大学出版会,1988 年,第 190 页。

须,自称僧侣,以不引起士大夫和民众的反感。为区别于现地的僧侣,时人称之为番僧。在中国近十年的传教生活,利氏感到番僧不仅没受到尊敬,而且受到恶意的官吏和市民的二重欺凌。同时又看到通过科举进入国家支配阶层的士大夫受到社会的尊敬。因此,利氏报告耶稣总会东亚地区的负责人,期望改称僧侣的称呼。1594 年 11 月,得到教会允许,废弃“僧”名改称“道人”。继而在 1595 年5 月赴江西南昌时,改穿儒服。这是利氏积极改进传教方式迈出的第一步。随后,利氏深入研究儒学的经典,在尊孔祭祖的中国传统宗教礼仪上,又采取了灵活的方式,赢得了士大夫们的信任,由此进入了中国社会的上层阶层。这即是利氏确定的符合中国国情的“耶儒结合”的传教策略。

利氏确定“耶儒结合”策略的同时,他又发现与一部分士大夫交往中,立即引起对方兴趣的不是“福音书”,而是挂在墙壁上的世界地图,于是采用先以西洋的科学、哲学、伦理等吸引士大夫,然后再施教,后人称之为学术传教。李之藻即是很典型的受容范例。因此,为了理解利氏的学术传教和特征,有必要分析一下利氏的科学思想特征。

利氏 16 岁(1567)时,遵从父命在罗马学习法学[7],课余,经常去罗马耶稣会会馆。时逢“16 世纪的科学运动,耶稣会具有特殊地位,会馆充满了科学的探究和改革的学术气氛”。在这种气氛影响下,利氏放弃了法学的学习,加入了耶稣会。从利氏最初三年的课程表看,主要以数学和天文学为主,“数学教师全力奉献给学生的是纯正的数学,从不教授占星学”[8]。同时,地理学教师经常考虑的是“地理学的根本改革以及使用地理学和数学结合航海用的地图制作投影法”[9]。教会的教学思想的改革,对利氏在中国传播西洋科学的指导思想产生了重要的影响。对利氏产生最大影响的是要数 16 世纪的 Euclid 的 Clavius。李氏、徐氏称之为丁先生,Clavius 的两个思想对利氏的科学思想形成有很大的影响。一个是“用会的学术(academy)促成发达的数学教育法”。另一个是“利氏曾着手协助 Clavius 利用最新的地理学和数学成果作改历的努力”[10]。无疑利氏继承

---

[7]　徐宗泽编著:《明清间耶稣会士译著提要》,中华书局,1989 年,第 225 页。
[8]　小野忠重:*Matteo Ricci*,双林社,第 22 页。
[9]　小野忠重:*Matteo Ricci*,双林社,第 23 页。
[10]　小野忠重:*Matteo Ricci*,双林社,第 28 页。

了 Clavius 的科学改革思想,并在中国科学传教中得到了延续。利氏在 1596 年 9 月、1603 年 5 月、1607 年 2 月三次成功地预报了日食,并提出参加中国的改历工作⑪。利氏期望改革中国传统科学中不合理的思想,向李之藻和徐光启传授西洋科学时,肯定也渗入进去。李之藻在 1613 年提出的改历奏本、徐光启在 1629 年设置历局,都能看到从罗马耶稣会延伸的科学思想的痕迹。

二、李之藻的西学受容和学问性格

清朝的阮元在《畴人传》中曾写道:"西人书器之行于中土也,之藻荐之于前,徐光启、李之经译之于后,三家者偕习于西人,极欲明其术而亟恐失之者也。"⑫李之藻于 1601 年,在利玛窦留居北京不久,即去登门造访,曾自述道:

> 万历辛丑,利氏来宾,余从寮友数辈访之。其壁间悬有大地全图,刻线分度甚悉。……余依法测验,良然。乃悟唐人划线分里,其术尚疏,遂译以华文,刻下万国屏风。⑬

李氏去利氏住处后,脑海中留下的不是圣母像,而是利氏制作的"万国图"。检证了西洋地图绘制法的精细和合理性之余,意识到由来的制图法的欠妥一面。于是,李氏不仅很快接受了西洋的地理概念和制图法,并协助利氏绘制了一幅多面屏风式《坤舆万国全图》并写了跋。这幅图上呈给了万历帝,是利氏监制的最后版本,也是当时最权威的版本。这个版本流传最广,流传到日本,并保存至今⑭。中国人的地球和世界地理分布的正确概念,恐怕也是这时建立起来的。

利氏当时介绍的虽然是 Clavius 改造的托勒密学问体系,但是,李氏由此看

---

⑪ 《利玛窦全集》第四册,台湾光启、辅仁联合出版,1986 年,第 530 页。

⑫ 阮元:《畴人传》,卷三十二,"李之藻"。

⑬ 徐宗泽编著:《明清间耶稣会士译著提要》,中华书局,1989 年,第 312 页。

⑭ 方豪:《李之藻研究》,台湾商务印书馆,1966 年,第 4 页。

到了中国传统的学问和西洋科学之间的差异,于是与利氏深交,"勤事所学,凡无碍于公务者,彼皆为之"⑮。李氏师从利氏十年(1601—1610)间,涉及西学的地理学、算学、天文学、哲学、宗教学等学科领域,涉及面甚广。这时李氏对西学的受容方式,采用拟同思考法,即是检证—批判—受容。笔者称之为李氏西学受容的初期阶段。拟同思考法是受儒家思想影响的中国传统知识人对外来新奇文化采用的共通做法。李氏认为:西学"说天最佳",与"昔时儒者""意兴暗契""东海西海,心同理同,于兹不信乎"⑯,因此,学习西洋科学,"礼失而求之于野"⑰,以达到"会通一二,以遵中历"的西学受容之目的。李氏接触西学的初期,其拟同思想的深处,仍是中国为天下。华夏文明乃世界文明的文化中心的经世意识。日本学者川胜义雄氏认为:中国的政治,也就是伦理的(经世)意识的强烈程度,为维护文明的基本秩序的强烈意识,可与 Mircea Eliade(1907—1987,罗马尼亚人)比拟,这可认为是向往宇宙再生的意志的一种表现⑱。

确实,只有不坚持中华文明独尊的地位、承认中西文明的差别,才能使社会文明不断进步。可喜的是李氏并没有停留在拟同的阶段,而是在以后长期的科学实践中积极思索,形成了独立的思想方式。

利氏病故(1610)以后的二十年,李氏的西学受容进入学问成熟期,这时期,李氏学问性格的最大特征是探索中国科学止步不前的原因,并且,激烈地批判了儒家保守思想和压抑科学进步的政治体制,在指明中西学差距的基础上,导入了两者竞争的观点。彼在《请译西洋历法等书疏(1613)》中写道:

> 盖缘彼国不以天文历学为禁,五千年来通国之俊,曹聚而讲究之。窥测既核、研究亦审,与吾中国数百年来始得一人、无师无友、自悟自是,此岂可以疏密较者哉!⑲

⑮　方豪:《李之藻研究》,台湾商务印书馆,1966 年,第 81 页。

⑯　李之藻:《坤舆万国图跋》。

⑰　李之藻:《坤舆万国图跋》。

⑱　川胜义雄:《中国人的历史意识》,平凡社,1993 年,第 80 页。

⑲　《李我存集·皇明经世文编卷》,第 483 页。

李氏的这个奏本,可以说是大胆暴露明王朝的政治黑暗和科学止步不前原因的战斗檄文。与当时其他奏本比较之下,李氏的奏本率直地表明了自己的政治立场和战斗思想。他在冷静且科学的批判基础上,提出"并蓄兼收"[20],然后"借异邦之物、激发本性",经达"终实相生"[21]之目的。在这个意义上,探讨与西学的竞争,促进中学进步的方略,是李氏科学治国思想的成熟表现。可惜,他这种具有超前意识的治国方案,未能得到朝廷采纳,直至清末,国家危急存亡之际,近代爱国主义运动中类似的思想才开始显露出来。

1623 年,李之藻因厌恶宫廷内的权力斗争,以"丁忧"之理由,弃官归里,与修士傅泛际等人在西子湖畔结成西学研究小组。李氏在杭州的别墅成为当时西学研究中心,金尼阁的《西儒耳目资》、郑玉函的《泰西人身说概》等著作都是在李氏家完成的[22]。李氏和傅泛际共译了《寰有诠》《名理探》,编纂了著名的《天学初函》。经过长期的悉心研究,李氏可谓当时中西学对话和解释的第一人。

后编:《浑盖通宪图说》析

一、《浑》文的全容

《浑》文是李之藻早期编译的西洋实用天文学著作。1605 年开始编译,1607 年刻印出版,有北京版和福建版。《浑》文的原本出自利玛窦的老师 Clavius 用拉丁语著作的 *Astrolabium*,由利氏和李氏合作,以"耳受手书"的方式写成。这本书的内容是 Clavius 改良的托勒密天文学体系。而李氏在编著这本书时,因其喜好形而上学和验证法,从书名到内容都以其独特的风格发表,比如,拉丁语中的 *Astrolabium* 现代中国语译为星盘。李氏认为"截盖緐浑总归圆度,全圆为浑、割圆为盖",因而他称之用"通宪平仪"来解释浑盖之说最为适宜。而"通宪"之说

[20]　杨廷筠:《同文算指序》天学初函版),台湾学生书局,1965 年,第 1709 页。

[21]　李之藻:《刻职方外纪序》。

[22]　方豪:《李之藻研究》,台湾商务印书馆,1966 年,第 205 页。

是最能反映李氏"会通一二,以遵中历"的中华至上的早期西学受容思想。《浑》文应是李氏和其师利氏的合译本,但李氏在该书中,从内容到体裁和原著多有相悖。利氏大概不愿苟同,福建初版则用李之藻演、郑怀魁校并由樊良枢作跋。四库全书版则只用李之藻撰,删去了郑氏和樊氏的名字和"跋"。除此之外,李氏演撰的《浑》文有以下三个特点:

1.要便初学。《浑》文中介绍了不少当时中国初次接触的天文学新概念,例黄道十二宫、晨昏朦影。但其本着"要便初学,俾一览而天地之大意或深究而资历家之原理"[23],一扫明朝流行的八股气。笔者将该著作与同期著作作比较,确有通俗易懂、标新立异之感。

2."测验无爽"。李氏借出差福建之际,行程万里,利用通宪平仪,做了大量的天文观测和计算,以证明西洋天文学的有用性。

3.形而上学的推测。在《浑》文中,李氏不是就事而论,而是重视宇宙间的圆形和圆周运动的关系、天体运动形式的完全性,李氏这种形而上学的推测和耶稣会用欧洲中世纪经院哲学表现的科学假说有很大的不同。

《浑》文分自序、首卷、上卷、下卷。从内容上看,主要分三类:第一类是在《浑》文的首卷中,主要介绍了通宪平仪的原理、基本构造和黄道坐标、地平坐标等天体测量学的基本概念;第二类是通宪平仪的使用方法;第三类是李氏用通宪平仪作天文观测的记录。

二、中西浑仪的比较

"天体浑圆,运而不息,古今制作,浑仪最肖。"李之藻在《浑》首卷开头即高度评价浑仪。此处说的浑仪则有浑天仪和浑象仪之分。

浑天仪由各种轮的组合表示日、月、地的关系,利用旋转轮内部的窥管和轮来观测和确定天体的位置,并可进行天文坐标的变换。浑天仪在西洋、伊斯兰国

---

[23] 李之藻:《浑盖通宪图说序》(天学初函版),台湾学生书局,1965 年,第 1714 页。

里被叫作 armillary sphere。armilla 用希腊语解释是"轮"的意思,中国语译成多环仪。中国传统的浑天仪和西洋浑天仪之间的雷同处甚多。中国的浑天仪起源于前汉落下闳(BC104)的单环观测器,经历代改造演变,元朝郭守敬制成一个机械结构合理、观测精度高的简仪。这个简仪一直沿用到明末清初。由于元朝的天文学受伊斯兰很大的影响,在一定程度上可认为是古希腊科学的一条演化分支,因此,明末时期的浑仪与李之藻介绍的浑仪在机械结构上有雷同处不足为怪。尽管如此,仍有不同处。李在《浑》文中引进了几个重要的天文学概念:

地球的周日运动为 360 度。"昼夜平分"若均分 365 度有奇,则可细列宿度,今且作 360 度锲之。365 度原是反映地球的周年运动的数值,中国传统天文学借用了 365 度的数值来描述周日运动,是不合理的。

黄赤交角(ε)的精度。中国当时的测量精度上,元朝郭守敬的测定值为 23 度 90 分,《元史·郭守敬传》用 360 度制换算的话,数值为 23 度 33 分 23 秒,当时西洋的测定值是 23 度 30 分。基于近代天体力学公式计算值 23 度 27 分,因此当时的西洋值比郭氏值更接近真值。以 360 度能精确描述天体的周日运动。

晨昏朦影的引入。晨昏朦影是指太阳出入地平时,对天体观测的影响。中国自古都没注意到这个现象[24]。晨昏朦影概念的引入,使中国人就此知道了太阳在地平线下 18 度出没时对天体观测的影响。晨昏朦影的中国语译词可能始于李之藻之手。最重要的是中西浑天仪中地平坐标、赤道坐标、黄道坐标的天文学意义都存在异处,这在以下各节中详述。

三、"黄道坐标"和李之藻的注释

黄道坐标作为天文学基本坐标,主要用于太阳系内描述天体在黄道面的浑动状态的天文坐标,对预报日、月食现象尤为便利。李之藻为了强调西洋天文学的有用性,在《浑》文中用大量篇幅介绍了西洋黄道坐标。但是,李氏在"会通一

---

[24] 陈遵妫:《中国天文学史》,6 册,上海人民出版社,1984 年,第 46 页。

二,以尊中历"的思想指导下,提出了一个中西混合型的黄道坐标,这种坐标模型引起后世治历的混乱和天文学史界的争议。

有关中国式的黄道装置最早恐怕出现在后汉的永元十五年(103)贾达(?—101)生前指导下制作的太史黄道铜仪,这是架只装有黄道环的单环浑仪。由于中国的天文观测系统是赤道坐标,因此,这个单环黄道浑仪的黄经刻度是借用赤道坐标的二十八宿,而无独立的黄道坐标尺度。

这个单环的黄道坐标浑仪一直被沿用至唐代的李淳风(602—670)做成的浑天黄道仪。这个浑天仪的特点是附加了三辰仪(即黄道、赤道和白道等三圈)。三辰仪中,黄道、赤道两个环相对固定在一起,只在赤道环上刻有二十八宿的距度。当被观测天体落在浑仪的观测视线范围内时,利用赤道环和黄道环之间的固定位置,就能直接读出天体的黄道入宿度[25]。

此后不久,梁令瓒在开元十一年(723)制作了一台黄道游仪。梁氏的黄道游仪和李淳风的浑天黄道仪并无大的区别,只是在三辰仪中的赤道环里按当时的中国周天度(365度)每一度锲一洞,因此黄道环相对赤道环的位置变化,就能表示岁差现象,弥补了李淳风浑天黄道仪忽视岁差的欠点。梁氏黄道游仪一直使用到明末,近900年里无任何改动[26]。

(一)黄道十二宫二十四气

西洋的黄道十二宫是指黄道上均等分布的12个区段。十二宫的概念起源于古代巴比伦。古代埃及在公元前15世纪开始引用黄道十二宫的概念,这可从残留在 Isis 神殿中的浮雕中得到证明[27]。

李之藻在《浑》文中关于黄道十二宫的概念写道:

> 周天"三百六十度计之,则南北所出经度各一百八十岁,而纬度之最远者大约二十三度有半,其经度每三十度为一宫,十五度交气"。

---

[25] 伊东俊太郎主编:《科学史科学技术史事典》,1988年,第500页。
[26] 同上,第1102页。
[27] 荒木俊马:《西洋占星术》,恒星社厚生阁,1963年,第69页。

李氏在《浑》文中多次用几何等分法绘制黄道十二宫的位置。这在当时可视为相当抽象且复杂的几何图形,这也可能是应用利玛窦传来的西洋圆规绘制的最早一批天文学平面几何图。李氏还特地在《浑》文中介绍了圆规的结构和用法。在介绍黄道十二宫的同时,李氏借用中国传统的二十四气拟合西洋的黄道十二宫,以此作为黄道经度的尺度。

中国历学中的二十四气之说,最早见于《淮南子·天文训》。二十四气科学地反映地球的周年运动,但主要是反映中国地区地表的季节变化,是一种地域的表现。二十四气是用中国传统周天度三百六十五又四分之一计算,以冬至为始点。确定二十四气的方法在各时期也不相同。中国古历采用恒气(或称平气)的方法。该方法用圭表测定太阳的影长,以此确定一回归年的长度,并均等分成二十四等分,这样一个月平均各有一个节气和中气。但是,由于太阳轨道运动速度是个变量,即在冬至(远地点)和夏至(近地点)时,太阳运动速度是不断变化的。刘焯(544—610)发现了恒气的不合理现象,创造了定气方法。即根据太阳相对地球的运动速度变化,加权于每个节气的长度。李淳风(602—670)和一行(683—727)利用定气方法推算了交食[28]。李氏在译著《浑》文时,似乎并不知定气的方法,仍用恒气注释二十四气,并把二十四气和十二宫都固定在黄道上,把十二宫和二十四气连接在一起的思考方法是和李氏的"会通一二,以尊中历"的主旨是吻合的。

(二)黄道十二宫和中历十二次的比较

李之藻在《浑》文中介绍黄道坐标时,还探讨了中国历法中使用的十二次和黄道十二宫的关系。李氏在《浑》文中是这样叙述十二宫和十二次之间关系的:

> ……中历太阳所躔星纪等次,又与西历白羊等名,常差数日。……今只据西历,取其便于镀度,则以白羊戌宫为始,所谓"步戌戌岁"者也。所以分黄道为十二宫者,日月相逐会于黄道者。

㉘　陈遵妫:《中国天文学史》,3 册,上海人民出版社,1984 年,第 1379 页。

李氏认为中历的星纪等十二次与西历白羊等十二宫之间"常差数日"的原因，是中西"锁度"不同，即中国的周天度为三百六十五又四分之一度，西历的周天度为365度。因此，李氏模型里排除中历星纪等，以白羊宫为始点，以360度为周天度，并以中历的二十四气中的十二气为各次的始点，以此作中西结合的黄经刻度。

当初李氏认为西历十二宫和中历十二次不同的根本原因是中西历的周天度不同所致。其实，西历十二宫和中历十二次是描述完全不同天文现象的天文模型。

十二次的说法最早见于收录天象记事的《左传》。十二次的概念最早是为了表示木星（岁星）的位置。因为当时认为木星的周期为十二年，一年移动一次，十二年即移动十二次。中国科学史家钱宝琮认为，十二次的划分原是基于二十八宿的四宫（即四象），每宫各分三次，由于四宫所跨的赤经广度并不均匀。以后发展成按赤道度数等分，以十二节气为各次的起点，十二中气为各次的中点[29]。十二次最初应用于占星术，描述木星等天体在天宫的位置。而十二宫为了表示太阳的位置而创立。前者分布于天赤道面，后者则散于黄道面。十二次以星纪开始、冬至点处在星纪中央的位置；十二宫从白羊宫起算，以春分点为其始点。十二次是中国占星家始用于表示木星等五星的位置。十二宫则是历学家为了描绘日月交食等天文现象设定的位置参照系，因此，无论从历史的源流，还是从天文学的含义看，十二宫和十二次是建立在完全不同概念基础上的独立的天文量。李之藻借用西历十二宫的概念，假称中历十二次，形成一个中西混合的天文概念。由此，给后世产生对十二次和十二宫之间关系的误解和治历的混乱。直至清朝梅文鼎的《历学疑问》和江永的《中西合法》中，才详细阐述了李之藻等人继往开来中历二十四气、十二次和西历十二宫带来的利弊。

（三）黄道内外度和黄纬的比较

黄道内外度是指《大唐开元占经》提到的《石氏星经》中的外度。据传《石氏星经》是战国时期魏国天文学家石申的著作。《唐书·天文志》写道："天关，旧

---

[29] 《中国大百科全书·天文学》，1980年，第318页。

在黄道南四度,今当黄道。"此后黄道南即黄道外度。因而,李之藻看到西洋黄道坐标的黄纬概念时,即认为是中国的黄道内外度。但是中国古代黄纬计算的概念是建立在赤道坐标系上的,只反映了黄赤纬度差[30]。

四、中国地平坐标的不完全性

天体测量学的地平坐标有地理经纬度两个基本圈,然而,在不同的地理经纬度观测同一天体时,该天体通过当地子午圈中天时刻是因地而异,在西洋天文学传入中国之前,中国天文学者并未能清楚了解这个理论。

唐朝前,中国制造的浑仪就有地平装置,但只有二十四个不连续的方位,而不具有连续性量度的性质。至唐朝,一行利用履矩图测出北极出地的高度,而且南宫说测量了子午线的长度。但是,当时人们并不知道北极的地平高度就是当地的地理纬度。北极的高度差即是子午线的长度[31]。

明代使用的大统历,几乎原本照抄元代的授时历。授时历是元代王恂、郭守敬等人于至元十七年(1280)完成的,并在翌年投入使用,授时历在中国传统历法史上被高度评价并具有重要学术价值。这部历法采用了精密的测量方法和先进的数学处理方法(招差法),利用地平坐标、以大都(北京)以东的海平面为基海平拔高度,测量了大都、开封等地域的地理经度、纬度。但是,授时历的制作者和后世利用者对地理经度差、纬度差都没有明确的理解。

其实,当时的契丹族天文学者耶律楚材注意到了由经度差带来的观测时刻,提出了"里差"的概念。他在中国西域编纂的《庚午元历》中提出:以西域中原地里殊远,创立里差,经增损之。并在这部历法中,提出了解决地域的经度异同带来的观测系统的误差方法,即里差理论。但是,郭守敬在1279年制定授时历时,可能考虑到里差的始点西域不是在元朝的政治中心大都,对里差定义未作验证,

---

㉚ 薮内清:《中国的天文历法》,平凡社,1969 年,第 65 页。
㉛ 薮内清:《明清时代的科学技术史》,京都大学人文科学所,1970 年。

故在授时历里未采用里差理论㉜。郭氏对经纬度的认识不足,给明代的大统历和日本的宣明历带来了影响。

明太祖设都于应天府(南京)时(1368),钦天监的工作人员利用地平坐标,测定昼夜时刻值,为应天府所采用。明成祖于1403年迁都往顺天府(北京),但仍沿用在南京测定的昼夜时刻值。对这不合理现象,正统十四年(1449)曾采用顺天府测定的时刻值。但不久,便被这年冬天即位的明景帝否定,复又采用原来应天府的时刻值㉝。

这段历史掌故不仅反映了明朝的极端保守性,同时也说明了当时钦天监的公职人员谁都不知道这不合理的真正原因。这以后,《七政推步》的著者贝琳、《古今律历考》著者刑云路都曾指出大统历的不足,时有改历之议论,但谁也没有就里差(时刻差)问题提出异议。

直到李之藻师从利玛窦演习西学时,方从《坤舆万国全图》中得知,在不同地理经纬度观测到的天象不同,观测到的时刻也不同。李氏在《坤》的序文中写道:

> 凡地南距北二百五十里,即日星晷必差一度,其东西则交食可验,每相距三十度者,则交食差一时也。

李氏依此法检验无误,即对西学甚感兴趣。数年后,李氏在译著《浑》之时,对地平坐标的概念有了进一步的认识,其中在列举子午规五个特点以后写道:

> 《万国全图》所列曲线皆系此理,但取中分南北、过顶一线为名,随地而异。

李氏不仅说明了子午规的使用方法,更重要的是阐明了子午线的测定"随

㉜ 陈遵妫:《中国天文学史》,6册,上海人民出版社,1984年,第27页。
㉝ 陈遵妫:《中国天文学史》,6册,上海人民出版社,1984年,第27页。

地而异"的重要理论。也就是说,对处在不同地理经纬度观测同一天体的观测者来说,被观测天体的地平高度和天体通过当地子午线的时间也不同。

李氏运用西洋地平坐标理论不仅解明了元朝授时历以后几百年未能解决的治历悬案,而且这个理论为明末引据西洋历法完成《崇祯历书》打下了重要基础。

无独有偶,日本的涉川春海(1639—1715)也因天文方预报日月交食屡屡出错,对沿用数百年的授时历中核的《宣明历》提出了疑问。在受到利玛窦和李之藻绘制的《坤舆万国全图》的启发后,独立提出了里差的修正项,在此基础上,发表了日本最初的历法《贞享历》(1684)[34]。

五、通宪平仪和李之藻的历史改造

(一)通宪平仪的发展史

通宪平仪一词出自希腊语 astrolabe,也有 planispheric astrolabe 之说。李之藻在《浑》文中称之为"通宪平仪"。通宪之语取意于中西天文学系统的共通点,现代译名为"星盘"[35]。

通宪平仪据称是古希腊天文学者 Hipparchus(前 190—前 125)发明的天文观测仪,后经托勒密(Ptolemaios)(2 世纪)的改造,不仅能测量天体的高度和方位,而且成为地平坐标、黄道坐标、赤道坐标等天文参照系的基本观测仪[36]。10世纪在伊斯兰文化圈,13 世纪在欧洲文化圈里盛行,成为航海定位用的装置[37]。这种装置可能是现代航海用的六分仪前身。

李之藻对通宪平仪特别青睐,他不仅在《浑》文中详细介绍了通宪平仪,而且在数年后出版的《简平仪说》(1611)中对平仪的构造作了更详尽的解说。书

---

[34] 西内雅:《涉川春海的研究》,锦正社,1940 年,第 156 年。
[35] 《中国大百科全书·天文学分册》,中国大百科全书出版社。
[36] 托勒密著、薮内清译:《アルマゲヌト(上)》,恒星社厚生阁,1968 年,第 200 页。
[37] 坂本贤三泽:《航海术的历史》,岩波书店,1983 年,第 15 页。

中多为经李之藻改造的中国式的注解。直到清朝中期(18世纪),平仪仍作为钦天监公职人员理解各天文坐标的变换关系、辨星的亮度和位置的教育工具。

(二) 李之藻对平仪的历史改造

李之藻在《浑》文的上卷里详细解说了平仪。其解说有两个特征,天文坐标尺度的中国化和平面几何图形化。在《浑》文上卷里探讨了平仪各种天文坐标的尺度。在平仪下面所示的是平面地平规和斜刻的黄道旋规。李氏称之为天中外规的地平规是用中国式的时刻法表示地平经度的度量单位。其中1天为24小时,1小时为60分,1刻为15分钟,1分为60秒,1秒为60忽。中国传统的度量单位至明末一直沿用百进制。西洋60进制的时间单位可能就此开始使用。时间单位细分到"忽"的精度并采用60进制,与现代用法虽不同,但反映了当时的观测精度。斜刻的黄道旋规的尺度不是十二宫,而是李氏改用的二十四气。平仪的反面图上刻有三种天文坐标的尺度。其中外圈是地平坐标的度量单位,其单位长度、名称与正面地平坐标的单位相同。中圈是赤道坐标,度量单位除用二十八宿表示外,还引用十二辰来表示。十二辰也是中国古时用于分割周天度的一种方法,与二十八宿的度量法保持相对星系,内圈黄道坐标度量单位同正面一样,李之藻在介绍通宪平仪时,在其理解的基础上保留了中国传统的天文体系。这种组合式的平仪度量方法,不仅是李氏为中国人容易接受而考虑,而且也是中国人受容外来文化的独特传统方式。

(三) 平仪的计算法和天文坐标转换

平仪作为观测仪器,在伊斯兰、西洋天文学中长期被应用,但在进入中国时,其观测精度与同期的浑仪等观测器比较相差较大,故未被重视。原因诸多。其中可能是中国人未能掌握平仪的投影几何计算法。因此,李氏在《浑》文中利用各种平面几何图形来说明平仪的计算方法,其基本操作、计算方法简介如下:

利用窥筒捕捉到目标,利用天体在平仪上的投影,用旋转规做相关坐标曲线合成,同时也能做天体测量学中的坐标变换,然后,用一种球极平面几何图法(非球面几何)求出各坐标系的计算数值。李氏在《浑》文中写道:

> 凡黄道细分之度,其疏容与赤道迥异。赤道以盘心北极为心。黄道则

别有旋规之枢,又有斜望之枢。……黄道斜转之极,在天黄道极,原去北极
二十三度半,其错行赤道内外,亦只去二十三度半。

根据黄赤坐标转换关系,"以尺按比"并运用球极平面几何计算法,就能求
出被测天体的黄赤道经纬度值。

李氏在《浑》文各卷中占用大量篇幅画了许多图形各异的平面几何图,其中
有几何学的两个重要应用。一个是称之为球极平面几何。根据各图形的特点,
极以现代数学中极坐标圆方程式的应用图。另一个是李氏用西洋圆规画了近百
个几何图形,并在附页中介绍了他用的圆规,这恐怕在中国是最早介绍西洋圆规
的篇章。

李之藻利用平仪投影法的平面几何学,不仅介绍中国人认识了完整的黄道
坐标概念和黄赤坐标的变换方式,而且在中国初次介绍了几何学知识在天体测
量学中的应用,借此说明西洋天文学的有用性和合理性,这是李氏介绍通宪平仪
的重要目的。

(四)中西赤道坐标的异点

迄明末,赤道坐标的使用在中国天文学史中已有 1600 余年的历史。中国式
和西洋式赤道坐标的共通点是赤道坐标的天极以天极星为极轴方向,且有南北
二极。天赤道垂直于极轴方向。异同点是西洋式的赤道坐标是以太阳沿着黄道
由南向北穿过赤道的春分点作为始点,且以此为赤经的原点,沿着赤道圈逆时针
方向度量,从 0 至 360 度。赤纬由赤道起向南北天极两个方向计算。从 0 至 90
度,赤道以北的赤纬为正,以南则为负,中国式的赤道坐标是太阳沿着黄道运行
至赤道南的冬至点作为始点,不使用赤经,而使用入宿度。入宿度是指某天体和
二十八宿距星的角距。像这样的位置记录法是以离冬至点最近的二十八宿的角
宿距星作为始点,并分别计算的。因为二十八宿之间的角距不是均等的,故各宿
星的角距也不同,同时,由于岁差的原因,各宿距星的角距是不断变化着的。各
宿距星的角距合计为 $365\frac{1}{4}$ 度。中国式赤道坐标不使用赤纬,而用去极度。去
极度是从北天极始计的角距,以 0 至 180 度计量,因此无南北纬之说。

比较中西赤道坐标的两个基本参量,中国式赤道坐标的不合理性显而易见。尤其是入宿度的计测因各宿距的岁差各异,使被观测的天体长期连续记录复杂化,增加了误差的概率,同时也给黄赤坐标的变换带来麻烦。因此,围绕着如何用合理的赤道坐标方式表现天体的运动状态,统一中西赤道坐标始点的度量方式,确认黄赤道坐标的变化关系等问题上,对最初提倡用西学改造中历的李之藻等人来说,把握东西两个异质科学文化之间的冲突,用适当的方式消除对立因素,是科学治国的大略方针能否成功的重要一环。

(五)李之藻的调和思想

对赤道坐标的异调表现,从根本上讲,是由于中西天文学者在不同文化背景下形成各自的认识。就像中国人喜用算盘的二进制表示数的循环,希腊人善用笔算的记号方式表示算式,因而不能简单地判断其是与否。无论用春分点还是用冬至点表示赤道坐标的始点,用赤经赤纬或入宿度、去极度表示天体的位置,这仅仅是异质文化的认识不同所形成的文化特点。对科学异质文化的受容者来说,受容唯一的标准,就是合理性。但当时李之藻受"祖制不可变"等历史的局限和对外来文化受容理解的程度,在西学受容初期,不可能触及中历的根本点,也不可能用西历替代中历,否则其官职都难保。因此,李氏采取了中国支配者和士大夫能接受的调和方式。

李氏的调和方式,就是《浑》文通篇都以介绍黄道坐标为主,而无专门章节论述赤道坐标系。他在首卷论述太阳等天体的周年和周日运动时,貌似重点论述黄赤坐标系而实以赤道坐标系为本,因此,在他做黄道坐标的变换和大量验证中,都贯穿了这个学问思想。譬如,李用黄道坐标计算天体黄经时,仍采用天体过宫(二十四宫)和入宿度的统一形式。赤道坐标仍以冬至点为始点,保留入宿度,兼用中国式的去极度和西洋式赤纬的记位法。李氏调和黄赤坐标系中,只统一了360度的周天度,其他都是采用中西混合型的天文坐标系,以此试图达到回避中西学冲突的核心部分和改造旧历的目的,并说服朝廷上下接受其介绍的改历方案。

17世纪以来,像这样的利用西学、改造中学和科学改良思想,是中国知识人科学治国屡招失败的重要原因。因此李之藻的调和式西学改历方案上奏数次均遭到同朝保守派的猛烈攻击而告失败。直到晚期埋头全面研究西学中，才对自己的科学改良思想有所反省，由此对西学科学思想的真髓有了更深的认识。

六、对李之藻调和式的天文记录的检证

李之藻为了说明调和式的黄赤道坐标的合理性和有用性，分别做了三种类型的天文观测记录：

（1）黄道经度和赤道纬度的立算

（2）赤道经度和北极度（纬度）的立算

（3）黄道经纬合度的立算

以上三类观测数据是《浑》文下卷的主要内容。笔者用现代天文学计算式和统计学的误差理论分析了这三类数据，并试着定量分析了李之藻的西洋黄道坐标的有用性、中国式赤道坐标的特征、黄赤道经度复合立算的构想，以此判断李之藻利用通宪平仪的观测水准。

1.对黄道经纬度立算的检证

检证黄道经纬合度的数据，是为了得到李之藻观测结果统计学上的绝对误差和平均误差，以及平仪的测量系统误差。

李之藻观测黄道经纬合度等三组数据时，主要参照了 Clavius 的 *Astrolabium*（Rome1593）星表。当时李氏译的中国星表《经天该》基于这本星表[38]。李氏观测日期是万历甲辰年（1604）的夏至[39]。笔者检证用的黄赤道经纬度岁差也以这年为计算基准年。笔者使用的星表是东京天文台编纂的"理科年表"（1986）和NEW 星表（1888），对李氏其他二组的检证，也参照了上述办法。

笔者对"黄道经纬合度立算"中的 48 颗星作了认定。其中一部分星的经纬度明显是李氏搞错。例如，阁道南二星（δcas）的黄经、星宿大星（αHya）、角宿南星（αvir）的黄纬等。另外，天纲星等星的名称无法确认，故在统计验证中舍去。

---

[38]　桥本敬造：《星界总星图和恒星总图》，京都大学人文科学研究所报告，1991 年。

[39]　李之藻：《浑盖通宪图说序》（天学初函版），台湾学生书局，1965 年，第 1714 页，下卷。

李氏还把北河中星（αGem）和北河东星（βGem）二颗毗邻星的位置颠倒了。笔者认定的星及有关参量的观测值和检证值列于表2。表中的"体等"为天体的大小（亮度），现代天文学称之为星等（magnitude）。当时的天体（李氏称为经星）分为六等。计量标准以地球为准。笔者对李氏列举的太阳系的体等作了检证，除了火星地球的大小比率较接近真值之外，其他比率相差甚大。因此，表中不能用"体能"作为认定星等的参考。笔者使用的是天体坐标的球面三角式[40]。黄经岁差常数使用 Simon New comb 值。黄经、黄纬的检证值和李氏立算值的比较结果其中80%的数据弥合在2度之内。为了进一步知道量的数据的误差范围，笔者对李之藻的黄道经纬合度立算值进行了绝对误差的计算，计算结果：

9.8%的数据落在0.5度的范围

37.2%的数据落在1.0度的范围

20.9%的数据落在5.0度的范围

因此绝对误差的度数分布的最频值 Mo 在1度区间。如果把在1.5度以上的数据作为随机测量误差去除的话，占全部数据70.7%的观测值个数的平均误差是1.08度。这个平均误差值是李氏使用平仪立算水准。表1中，28组数据中，有18组数据的绝对误差值落在20角秒以下。这说明当时平仪的测量精度在角秒程度。

2.有关赤道经度和北极纬度的误差分析

李之藻的赤道经度和北极纬度的立算数据，是中西赤道坐标系结合的混合物。实际上是用中式的赤道坐标的入宿度、离北极表示赤经赤纬。入宿度仍以二十八宿的距星为计算始点。北极纬度仍以北天极为始点，至南天极为180度，而不是以赤道为中心分南北纬度各90度。为了便于统计和比较，笔者的检证数据也用入宿度和北极纬度表示。经误差分析的赤道经度和北极纬度的统计结果用表2表示。在二十八宿的距星认定中发现，某些距星的亮度较暗，未经过专门训练难辨认。比如，二十八宿中距星（ζAnd）的目视星等为4.88等，因此，李氏对这类星等的距星观测误差较大，其中检证用的赤经、赤纬的岁差公式如下：

---

⑩　大胜直明：《天文资料集》，东京出版会，第108页。

$$\Delta\alpha = 3.075 + 1.336\sin\alpha\tan\delta$$

$$\Delta\beta9 = 20.04\cos\alpha$$

统计表明,其中:53%的数据落在 1 度内;8%的数据落在 1.5 度内;38%的数据落在 1.5 度以外,绝对误差数分布的最频值 Mo = 1。若除去 1.5 度以外的随机测量误差,58%的数据平均误差值 X = 1.06。根据以上的计算,李氏用黄道坐标和中国式赤道坐标系立算的数据绝对误差的度数配布最频值和平均误差也处于同一水平。

3.黄道经度赤道纬度立算的评论

李之藻用黄道经度和北极纬度、赤道纬度不同的天文坐标概念作为同时描述天体的参量,按今日的天文学观点,这种观测法是无学术价值的。具体而论,作为共通点,黄赤道坐标不受观测时间和地点变化的限制,不同点是黄赤道岁差不同,从而对各经纬度的反映也不同,在黄道坐标中,太阳对地球的影响只反映在黄经上有岁差现象,而对地球自转轴的运动的岁差影响,同时反映在赤经、赤纬两个分量上。

李之藻试图在西洋坐标中掺进中国传统的坐标参量,这是他混淆了天文学基本概念,作为一个完整的天文坐标系来说,其科学价值甚微,但就具体内容来说,他引进了赤道纬度来表示天赤道的一维向量并与离北极作比较,这具有积极的意义。因此,笔者将李氏的赤道纬度和离北极的立算值与检证值作了比较,检证计算结果如下:李氏立算的赤纬度值的绝对误差的度数配布的最频值 Mo = 0.5 度,除去 1 度以上的随机测量误差,88%的值的平均误差值 X = 0.47 度,北极度数值的绝对误差的度数配布的最频值 Mo = 1 度内,除去 1 度以上随机测量误差,53%数据的平均误差值 X = 0.59 度,赤道纬度和北极纬度的比较,赤纬度的观测量数据密度明显要高些。这组比较观测数据的结果,是不是就是李氏想说明西式赤道坐标要比中式棋高一着?

对李之藻的天文观测记录做的分析表明,李氏的记录是相当粗糙的,这是因为他没受过专门的训练之故。因此,与其说李氏作为天文观测者还不如说其作为改历的提倡者和天文学理论者的历史意义来得更重要。

表1 黄道经纬合度立算值和检证值的比较

中国星名	体等	同定	离黄道（黄纬B）			离白羊宫（黄经L）		
			B1（李氏值）	B2（检证值）	△β（β1—β2）	L1（李氏值）	L2（检证值）	△λ（λ1—λ2）
奎左北三星	3	βAnd	25.2	26.06	−0.46	25.28	24.41	0.47
娄宿中星	3	βAri	7.20	8.39	−1.19	28.08	28.16	−0.08
阁道南二星	3	δCas	46.48	46.37	0.11	32.18	42.11	−9.53
天囷东大星	3	αCet	−11.20	−12.22	−1.02	39.08	38.46	0.22
大陵大星	2	βPer	33.00	30.23	2.37	51.08	56.25	−5.17
昴宿二星	5	ηTau	5.00	4.17	0.43	54.08	54.28	−0.2
毕宿大星	1	αTau	−5.10	−5.11	0.01	64.08	64.1	−0.02
参右足星	1	βOri	−31.30	−30.5	0.4	70.29	71.16	−0.47
参左肩星	1	αOri	−17.00	−15.45	1.15	83.28	83.01	0.27
句陈三星	3	αUmi	66.00	66.23	−0.23	81.38	83.02	−1.24
五车西北	1	αAur	22.30	23.8	−0.38	76.28	76.07	0.21
天狼星	1	αCMa	−39.10	−39.2	−0.1	99.08	98.26	0.42
北河中星	2	αGem	9.30	10.22	−0.52	104.28	104.44	−0.16
北河东星	2	βGem	6.15	6.54	−0.39	107.58	107.25	0.33
南河东星	1	αCMi	−16.10	−15.47	0.23	110.38	110.11	0.19
北斗天枢	2	αUMa	49.00	49.52	−0.52	132.08	129.53	2.18
星宿大星	2	αHYa	−30.30	−22.26	8.04	141.28	141.35	−0.07
轩辕南三星	2	γLeo	8.30	7.25	0.55	142.38	140	2.38
轩辕大星	1	αLeo	0.10	0.36	−0.26	143.58	144.2	0.22
北斗玉衡	2	εUMa	53.30	54.2	−0.5	153.38	153.37	0.01
北斗开阳	2	ζUMa	55.40	56.22	−0.42	159.28	160.25	−0.57
北斗摇光	2	ηUMa	54.00	52	2	171.18	171.42	−0.24
微西垣上相	2	δLeo	13.40	14.22	−0.42	155.38	155.41	−0.03
太微帝星	1	βLeo	11.50	12.14	−0.24	165.58	165.59	−0.01
招摇	3	γBoo	49.00	49.28	−0.28	191.08	192.27	−1.19
角宿南星	1	αVir	−11.00	−2.14	8.46	198.08	198.39	−0.31
大角	1	αBoo	31.30	30.47	0.43	198.08	198.07	0.21
贯索大星	2	αCrB	44.30	44.05	0.25	216.08	216.26	−0.18
氐宿右南	2	αLib	0.40	0.11	0.29	219.28	219.32	0.04
天市垣梁	2	δOph	16.30	17	−0.3	237.28	236.49	0.29
心宿中星	2	αSco	−4.00	−4.52	−0.52	244.8	244.2	0.06
天市垣侯星	2	αOph	36.00	35.33	0.28	256.18	256.43	−0.25
天棓南二星	3	βDra	75.30	74.59	0.31	261.38	256.37	5.01
织女大星	1	αLyr	63.00	61.28	1.32	278.48	279.39	−0.51
河鼓中星	2	αAql	29.10	29.5	0.05	295.18	296.2	−0.44
危宿北星	3	εPeg	21.30	21.58	0.28	326.48	326.17	0.31
北落师门	1	αPsA	−23.00	−21.14	1.46	328.28	329.12	−0.44
天津右北星	2	αCyg	60.00	59.5	0.1	330.38	329.13	1.25
室宿南星	2	αPeg	19.40	19.34	0.06	348.08	347.49	0.19
室宿北星	2	βPeg	31.00	30.44	0.16	353.38	353.18	0.2

表中**数据**用户60进制

表 2 赤道经度北极纬度立算值和检证值

中国星名	同定	28 宿の距星	赤道入宿			离北极		
			L1	L2	L1−L2	D1	D2	D1−D2
奎左北五星	βAnd	奎 ζAnd	3.56	3.3	0.26	62.3	56.31	5.32
天船西三星	αPer	胃 35Ari	5.42	9.45	−4.03	41.52	41.34	0.18
大陵大星	βPer	胃 35Ari	3.45	5.45	−2	53.46	50.38	30.8
昴宿二星	ηTau	胃 35Ari	15.1	15.5	−0.35	68.11	67.08	1.03
天囷东大星	αCet	胃 35Ari	8.07	4.3	3.37	85.42	87.29	−1.47
毕左大星	αTau	毕 εTau	1.58	1.3	0.28	75.21	74.18	1.03
五车西北	αAur	毕 εTau	8.53	11.2	−2.25	45.48	44.29	1.19
参右足星	βOri	毕 εTau	12.5	11.2	1.33	98.3	98.3	0
参左肩星	αOri	参 δOri	5.2	5.45	−0.25	82.44	82.39	0.05
天狼星	αCMa	井 μGem	8.22	5.39	2.43	106.2	106.2	0.05
北河中星	αGem	井 μGem	16.3	17.5	−1.21	58.6	57.13	0.53
北河东星	βGem	井 μGem	20.2	20.2	−0.6	60.05	61	−0.55
南河东星	αCMi	井 μGem	20.2	19.1	1.09	84.13	835	0.23
星宿大星	αHYa	星 αHYa	0.8	0	0.8	97.43	96.54	0.49
轩辕大星	αLeo	张 υHYa	3.8	4	−0.2	75.45	76.03	−0.18
轩辕三星	γLeo	张 υHYa	3.27	6.45	−3.18	68.28	67.51	0.37
北斗天璇	βUMa	张 υHYa	15.8	17.2	−2.7	31.1	31.27	−0.17
北斗天枢	αUMa	张 υHYa	15.3	15.3	0.1	25.36	26.04	−0.28
北斗天玑	γUMa	翼 αCrt	13	13.2	−0.15	33.1	34.04	−0.54
太微帝星	βLeo	翼 αCrt	13.4	14.3	−0.54	71.54	73.09	−1.05
微西垣上相	δLeo	翼 αCrt	2.57	3.15	−0.18	66.3	67.12	−0.42
北斗玉衡	εUMa	轸 γCrt	10.2	9.3	0.51	31.01	31.51	−0.5
角宿南星	αVir	角 αVir	0	0	0	98.3	99.04	−0.34
北斗开阳	ζUMa	角 αVir	1.11	0.15	0.56	32.01	32.52	−0.51
北斗摇光	ηUMa	角 αVir	7.52	5.45	2.07	37.3	38.31	−1.01
大　角	αBoo	亢 κVir	1.46	0.3	1.16	67.58	68.55	−0.57
招　摇	γBoo	亢 κVir	6.36	4.3	2.06	49.15	49.55	−0.4
氐宿右南	αLib	氐 αLib	0	0	0	103.6	104.3	−0.38
贯索大星	αCrB	氐 αLib	4.46	11	−6.14	56.09	61.57	−4.48
天市垣梁	δOph	房 πSco	4.56	4	0.56	91.36	92.41	−1.05
心宿中星	αSco	心 σSco	1.58	2.3	−0.32	115.2	115.3	−0.19
天市垣侯星	αOph	尾 μSco	2.49	3	−0.11	76.21	77.11	−0.5
天棓南二星	βDra	箕 γSgr	3.56	2	1.56	40.23	38.28	1.55
河鼓中星	αAql	斗 φSgr	18.2	15.5	2.35	83.44	82.11	1.33
织女大星	αLYr	斗 φSgr	20.3	28.5	−8.15	51.43	50.34	1.09
天津右北星	αCyg	女 εAqr	2.1	2.15	−0.05	47.17	46.11	1.16
天钩大星	αCep	虚 βAqr	2.22	3	−0.38	30.5	28.27	2.23
室宿北星	βPeg	室 αPeg	0	0.15	−0.15	65.3	64.06	1.24
室宿南星	αPeg	室 αPeg	0	0	0	78.19	76.59	1.2
羽林大星	29Aqr	室 αPeg	9.45	15.2	−5.3	106.5	105.1	1.45

表中数据用60进制

【赵建海　东京大学综合文化研究科博士研究生】

原文刊于《中国文化》1995 年 02 期

东亚文明与中美洲文明天文考古录

吕宇斐

提　要:天文学是自然科学中的第一学科,是人类形成早期宇宙观和信仰体系的源泉和原动力。天文考古学(考古天文学)是国际天文学界与考古学界中新兴的、跨众多自然科学与人文科学领域的前沿学科;是从科学天文学的角度,结合民族历史文献,严谨地重构新石器时代远古人类认知的星空、建立的观象授时体系,重现其时人类形成的宇宙观、构建的信仰体系的强大学科工具;是打开人类从蒙昧走向文明,从物质世界的自然生物走向精神世界的灵性生物这道神秘大门的关键钥匙。本文通过充分的天文学、考古学与文献学论据,对东亚(阜新查海、濮阳西水坡、黄梅焦墩、广汉三星堆等)和中美洲(拉本塔、伊萨帕、帕伦克等)两个地区新石器时代中晚期的诸多遗址进行天文考古学的详细比较分析,论证东亚与中美洲文明形成前后,先民所建立的以北斗、银河与东宫苍龙为核心的天文体系,以及由此产生的宇宙观与信仰体系,阐述东亚与中美洲早期文明诞生前后的同源的天文体系、宇宙观和信仰体系的思想基础。

关键词:新石器时代　东亚文明　中美洲文明　天文考古学(考古天文学)观象授时　北斗　银河　苍龙七宿　宇宙观　信仰体系　阜新查海遗址　濮阳西水坡遗址　黄梅焦墩遗址　广汉三星堆遗址　拉本塔遗址　伊萨帕遗址　帕伦克遗址

　　人类自具备思维能力伊始便非常关注头顶上美妙绝伦的星空和浩瀚无垠的宇宙，尤其自农耕文化起源后，人类便把她与脚下的大地密切地联系起来，认为她们之间周期性的变化一定存在着某种密切的内在联系，其中奥秘永远吸引着人类中的思想者上穷碧落下黄泉。星空周期性的变化成为人类探索自身居住的地理单元内的昼夜、季节、年度和大跨度的纪元变化的关键参照系，甚至成为人类探索自身和人类社会周期性变化的参照系。因此，天文学便成为自然科学体系中当之无愧的第一学科，正如恩格斯提出："必须研究自然科学各个部门的顺序的发展。首先是天文学——游牧民族和农业民族要定季节，就已经决定需要它。"[①]而笔者认为，农耕民族在生产劳动、物质和精神活动中远比游牧民族需要天文学的指引，故在人类历史上，无论是在东方还是西方文明中，都是农耕民族率先建立起完整的天文学体系。

　　由于人类观测星空和宇宙的历史是如此的悠久，他们热衷于把对星空和宇宙的认知尽量地融入其时代的物质和精神艺术活动中，但却没有留下几篇文字说明。这样，当代研究古代文明的学者便不得不面对着一个巨大的困难：久远的神话传说和历史文献仅剩下难辨真伪的只言片语，遗址和文物只留下神秘莫测的符号图案和寂静无语的墙基柱础，一切以语言或文物承载的远古文化信息早已因为面目全非而变得渺渺茫茫。虽然困难重重，但没有别的选择，历史与考古学者的志向和责任依然驱使他们不得不回溯深邃久远的历史，希冀探索出人类文明的早期面貌，其第一个目的是认识和理解人类文明的过去，最终目的则是找到人类文明的未来。由于宇宙和星空是不断变化的，当代人类又生活在充斥着各种现代工业污染的城市人工环境当中，曾经灿烂而美妙的星空早已被遮挡在厚厚的雾霾和尘埃之后，要去认知数千年前那段漫长的人类与星空深度合一的久远文化是难以想象的。不过，20世纪60至70年代才出现的天文考古学和环境考古学为我们提供了两种破解一些我们难以理解的新石器时代文化现象比较有力和有效的科学研究方法。

　　中华民族在近代以前一直是世界上最纯粹的农业民族，先民们在万年前就

---

① 恩格斯：《自然辩证法》，《马克思恩格斯全集》第20卷，第523页。

在东亚地区的自然资源和生产资源基础上,在气候和地理环境变化契机的诱发下逐步发展起来一个生产规模无与伦比、文化面貌独树一帜的农业文明体系。在这个独特的文明体系影响下,先民把宇宙看成是一个统一体,她不仅统一了地球生物圈,统一了人类世界,也统一了东亚的国家、宗族、家庭和个人,统一了东亚人的认知和知识体系。归纳起来,就是宇宙与自然界和人类在各领域完成"天人合一"的终极目标,故中华民族和东亚文明在早期发展阶段皆与天文息息相关,这就是顾炎武在《日知录》中所说的:"三代以上,人人皆知天文:七月流火,农夫之辞也;三星在户,妇人之语也;月离于毕,戍卒之作也;龙尾伏辰,儿童之谣也。"

东亚文明认为人是宇宙的一部分,宇宙决定了东亚民族所认知的世界的一切物质和生命规律。要认识这些规律,推动农业文明的发展,天文学成为必然的首要知识。因此,东亚民族在东亚传统农业开始蓬勃发展的新石器时代中晚期已经非常重视观测星空,为了农业生产和农耕文化的发展而细心地、系统地观测天文。《易·乾》云:"见龙在田,天下文明。"孔颖达疏曰:"天下文明者,阳气在田,始生万物,故天下有文章而光明也。"虽然孔颖达的解释脱离了此卦本意,但也说明了天文与气候变化、农业生产之间的密切关系。自新石器时代晚期开始,随着东亚地区农业生产规模的增加和技术的提高,天文知识对指导小至聚落、大至国家的农业生产皆起着日益决定性的作用,各部落首领和地方政权日渐把天文学看成统治的决策依据,故孔颖达云:"经天纬地曰文,照临四方曰明。"最后天文学竟成为东亚地区部落首领们和国王们统治合法性的依据,于是东亚统治阶层决定垄断天文学,这才产生了"绝地天通"的法令,而天文学家就算不成为王之肱股之臣,也可能成为大祭司,甚至可能直接成为神权合一的王。

东亚文明这个特质与西方文明有本质的区别。西方文明虽然坐拥两河流域、古埃及和古希腊的天文学体系,但自古希腊以后,其文明本质已经是商业文明,人们在日常生活和生产中对天文知识需求不大;而且西方民族一直是非此即彼的虔诚宗教徒,他们一直认为宇宙是唯一的上帝创造的,是完美无缺的,不需要人去观测和研究,这就是亚里士多德和托勒密落后的水晶球宇宙观禁锢了西方思想上千年的一个最重要原因。因此,在西方工业革命以前,西方民族除了其中极个别哲学家之外,上自统治阶级下至黎民百姓没有几个人需要关心宇宙的问题。

因此在很长的一段历史时期里,天文学只限于个别哲学家们自娱的私密,统治阶层并不需要天文学提供决策依据,更不会把天文学家纳入统治阶层中来,天文学家与政府和教廷是完全对立的关系。因此托勒密才批判性地说:"希腊的天文学家是隐士、哲人和热爱真理的人。"他指谁不热爱真理已经不言自明。身为法国海军军官的瑞士汉学家、天文学家德莎素(Léopold de Saussure)比较东西方天文学家后说:"他们(指西方天文学家)和本地的祭司一般没有固定的关系;中国的天文学家则不同,他们和至尊的天子有着密切的关系,他们是政府官员之一,是依照礼仪供养在宫廷内的。"正如李约瑟引用奥地利人屈纳特语带讽刺的评论:"许多欧洲人把中国人看成野蛮人的另一个原因,大概是在于中国人竟敢把他们的天文学家——这在我们有高度教养的西方人的眼中是最没用的小人——放在部长和国务卿一级的职位上。这是多么可怕的野蛮人啊!"②尊天文学家为国之上宾的文明和视天文学家如国家寇仇的文明有何区别?笔者另文论述。

在地球人类文明圈中,玛雅文明堪称是东亚和西方这两座文明高峰之外的一朵奇葩,是与东亚文明最相似的一种人类史前文明。自新石器时代末期至今居住在中美洲的玛雅民族与旧石器时代末期至新石器时代早期生活在东北亚的人群有着千丝万缕的体质和文化关系。古人类学研究证明,东北亚蒙古人种与美洲土著的祖先有血缘关系;考古学研究证明,美洲土著,尤其是中美洲土著的史前文化与东北亚新石器时代早期的文化有许多渊源。出现这些渊源的原因与第四纪冰川有直接的关系。在文化上,笔者认为最关键的是他们对星空的关心和对宇宙的认知,这是这两个文明最显著的文化相似点。在天文观测中,西方民族使用的是黄道坐标体系,而从新石器时代中晚期开始,东亚先民则逐渐建立起了北天极和赤道坐标体系,它们代表了东西方两大文明体系的本质区别。那么,玛雅民族使用了什么坐标体系呢?

---

② 李约瑟:《中国科学技术史》第3卷第二分册,科学出版社、上海古籍出版社,1990年第1版,第2页。

在中美洲文明的前古典期(公元前 1500 年至前 250 年)中期早段,玛雅宗教信仰体系已渐趋复杂和周密,在建筑形式上,他们使用土坯砖来建筑高台作为神龛、陵墓和神庙的基础;在文化内涵上,他们基于部分记录在《波波乌》(又名《公社之书》,Popol Vuh)上的玛雅民族创世神话和宇宙观构建了一套万神崇拜体系、神话史学观、石柱燎祭和战争猎俘献祭仪式。③ 这套精神和宗教信仰体系是玛雅文明最值得深入研究的文化内核。

在雕塑和壁画中占据重要地位的是玛雅文明的玉米神、英雄双胞胎、商业神等的雏形,其中最重要的是玛雅民族最古老的上位神,伊察姆·乙——至尊神鸟。从前古典期的圣巴托罗玛雅壁画到后古典期仅存的玛雅文字《巴黎手稿》《马德里手稿》和《德累斯顿手稿》,伊察姆·乙至尊神鸟在玛雅诸神世系中皆代表着上天的最高神力。④ 在圣巴托罗壁画中,至尊神鸟高踞在大地中间支撑着大地和天盖的宇宙树(擎天柱)之巅,代表着创造天地万物至高无上的地位。⑤

"至尊神鸟"和"宇宙树"是玛雅文明宇宙观的两大核心,玛雅民族对此两者的研究和崇拜贯穿着玛雅文明延续 3500 年的历史。这两个宇宙观念究竟象征着什么? 它们能说明玛雅文明与东亚文明在文化上同出一源吗?

一、东亚北斗"观象授时"体系

由于东西方文明起源时间的先后,以及起源地带气候和地理环境的差异,她们在新石器时代中期后便开始根据各自不同的物质和文化属性,逐步建立起了不同理念、不同结构的两套天文学体系来服务于不同的族群和社会需要。东亚文明从清乾隆开始衰落了两个半世纪,传统的天文学体系遭官方彻底摒弃,已经式微了两百多年。但从学术上来说,这并不能说明中国天文学体系比不上西方

③ Christenson, Allen J. (trans.) (ed.), *Popol Vuh*: *Literal Poetic Version*: *Translation and Transcription*, Norman: University of Oklahoma Press, 2004.

④ Espinosa Díaz, Margarita (2001), "Creación y Destrucción en Toniná", *Arqueología Mexicana*, Vol. IX, número 50, July–August 2001, (Mexico: Editorial Raíces). p.16.

⑤ Karen Bassie-Sweet, *Maya Sacred Geography and the Creator Deities*, Norman 2008. pp.141–143.

天文学体系。相反,中国天文学体系在科学水平和文化内涵上不仅不输于西方天文学体系,至少可以说更源远流长和博大精深。正如李约瑟评价:"现在无疑已经证实,中国古代(和中古代)的天文学虽然(该语法不通,笔者认为应该翻译为'不仅')在逻辑性和实用性方面毫无逊色于埃及、希腊以及较晚的欧洲天文学,然而(应该翻译为'而且')它是以大不相同的思想体系为基础的。"⑥

中国天文学体系与西方天文学体系究竟有何不同? 西方文明以黄道坐标建立了天文体系,而东亚远古时代则发展了以北天极和天赤道坐标建立的天文体系。最独特的是,东亚先民在北天极的概念中引入了北斗七星作为参照物,创立了东亚文明独有的北斗建时系统,使北斗成为中国统治阶层"观象授时"的主星,即指示时间和季节,制定历法的核心星象是常年在天北极附近周游的北斗七星。在北斗建时系统的基础上,又以北斗为中宫建立了周天二十八宿天官体系,最终形成了与西方天文学并立于世的天文学体系。那么,东亚先民是如何确定天北极的? 为什么要把北斗作为天北极的参照物?

地球自转轴是周期性摆动的,地球自转轴北极指向的天空以每年50角秒的速度运动,这旋转一周的时间是26000年。因此,地轴北极指向的天空位置在这漫长的周期中缓慢变化,形成天文学中的"岁差"现象,北极星也因此以千年为时间单位由最接近北极天区的星座轮流"坐庄"。由当前回溯至8000年前,荣登过北极星榜的有:公元2000年的"勾陈"(小熊座α星,α UMi,星等1.95);公元前1000年是"帝(北极二)"(小熊座β星,β UMi,星等2.05);公元前2000年的"太一",(可能即天龙座κ星,κ Dra,星等3.82,李约瑟认为可能是天龙座42或184)⑦;公元前2500年的"天一"(天龙座i星,iDra,星等4.55);公元前3000年的"右枢"(天龙座α星,α Dra,星等3.65);公元前5000年的"左枢"(天龙座ι星,ι Dra,星等3.25)。在以上数千年中,这6颗星是距离真天极最近的。从北半球看上去,它们是完全不动的。那么北斗与它们又有什么关系呢?

从公元前5000年至前2000年,东亚地区形成从满天星斗走向多元一体的庞大东方农业文明——东亚文明。这也是东亚天文学体系逐渐完善的时代。东

---

⑥ 李约瑟:《中国科学技术史》第3卷第二分册,第138页。

⑦ 李约瑟:《中国科学技术史》第3卷第二分册,第203页。

亚文明诞生于北纬 30°至 40°之间的钱塘江—长江中下游—黄河中下游—辽河流域地带。在此地带,以北天极为中心,以赤纬 50°至 60°为半径的圆形天区是一个常年显现在地平线上的"恒显圈"。从古代文献来看,东亚先民认为天北极是永恒不动的,所以认为那里是天帝的居所,故《史记·封禅书》司马贞《索隐》引《乐汁征图》云:"天宫,紫微。北极,天一、太一。"引宋均云:"天一、太一,北极神之别名。"再引石氏云:"天一、太一各一星,在紫宫门外,立承事天皇大帝。"北斗七星永远位于恒显圈内,并周旋于天北极附近,因此古人视之为天皇大帝御用的"帝车"(图一)。故《史记·天官书》云:"斗为帝车,运于中央,临制四乡。分阴阳,建四时,均五行,移节度,定诸纪,皆系于斗。"

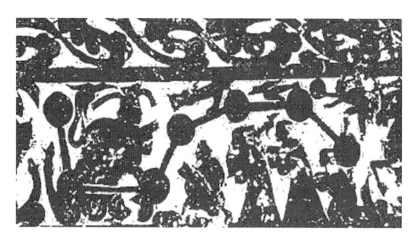

图一　山东嘉祥武梁祠东汉北斗帝车石刻

关于北斗,《尚书》中的《尧典》和《舜典》都提到:舜让于德,弗嗣。正月上日,受终于文祖。在璇玑玉衡,以齐七政。对此的解释有三种。

其一,璇玑玉衡是指北斗七星。《史记·天官书》云:"北斗七星,所谓'璇、玑、玉衡以齐七政。'"《史记·律书》云:"璇、玑、玉衡,以齐七政,即天地二十八宿。"《春秋文耀钩》云:"斗者,天之喉舌。玉衡属杓,魁为璇玑。"萧吉《五行大义》引《尚书说》解释得最为明白:"璇玑、斗魁四星。玉衡、拘横三星。合七,齐四时五威。"又云:"北斗居天之中,当昆仑之上,运转所指,随二十四气,正十二辰,建十二月。"这些古籍所言都说明:北斗位于天北极。

　　其二,璇玑就是天北极。《尚书·大传》云:"琁者,还也。机者,几也,微也。其变几微,而所动者大,谓之琁机。"是故琁机谓之北极。《续汉志十注补》明确指出:"《星经》曰:璇玑者谓北极也。"刘向《说苑辨物》云:"璇玑谓北辰勾陈枢星也(即小熊座)。"此说最差强人意。

　　其三,璇玑玉衡为天文仪器。马融云:"璇,美玉也。玑,浑天仪,可旋转,故曰玑。衡,其横箫,所以视星宿也。以璇为玑,以玉为衡,盖贵天象也。"郑玄云:"璇玑玉衡,浑仪也。七政,日月五星也。"孔颖达《尚书正义》因蔡邕云:"玉衡,长八尺,孔径一寸。下端望之,以视星辰。"虽然三者略有不同,但都一致指向了北斗与北天极的密切关系。

　　解读北斗与天北极关系的最原始的文献资料可能蕴藏在《周髀》的盖天学说之中,依次见于原书卷下之第8、9、12节中:

　　　　欲知天极枢,璇周四极,常以夏至夜半时北极南游所极,冬至夜半时北游所极,冬至日加酉之时西游所极,日加卯之时东游所极,此北极璇玑四游。正北极枢,璇玑之中,正北天之中,正极之所游。

　　　　璇玑径二万三千里,周六万九千里(《周髀》全书皆取圆周率=3)。此阳绝阴彰,故不生万物。

　　　　牵牛去北极……术曰:置外衡去北极枢二十三万八千里,除璇玑万一千五百里……东井去北极……术曰:置内衡去北极枢十一万九千里,加璇玑万一千五百里……

　　赵爽《注》解释道:"极中不动,璇玑也,言北极璇玑周旋四至。极,至也……极处璇玑之中,天心之正,故曰璇玑也。"可见,天极枢围绕天北极周旋四方,划出一个圆形天区称为璇玑[8],而璇玑之正中心就是天北极。实际上,要找到准确的天北极,是必须借助天文仪器的,这应该就是马融等人所说的"璇玑"这种天文仪器。但如果没有一台精确的天文仪器,要进行北天极的天文观测就必然会

---

　　⑧　江晓原:《〈周髀〉盖天宇宙结构》,《自然科学史研究》第15卷第3期,1996年。

选择当时最接近北天极同时充当"观象授时"主星的星体,把它围绕北天极中心点所作拱极运动划出的圆形天区作为北天极。众所周知,地球每24小时自转一周,北斗也在围绕着北天极每日旋转一个角度,先人以此来测时;地球每365天围绕太阳公转一周,同时北斗也在围绕北天极作周年旋转,使斗勺在十二个月中旋转十二等份,指向十二个不同的方向,先人根据斗勺的指向来测定春夏秋冬的更替,这样才有了《鹖冠子·环流》这样的观测记载:"斗柄东指,天下皆春;斗柄南指,天下皆夏;斗柄西指,天下皆秋;斗柄北指,天下皆冬。"

东亚先民对天北极和北斗七星"情有独钟",建立了以北斗建时的"观象授时"方法和以北斗七星为中央星官的四象二十八星星官体系,并留下了充满奥妙的优美天文学记录。《史记·天官书》对北斗建时法则有如下两段记录:

> 用昏建者杓,夜半建者衡,平旦建者魁。斗为帝车,运于中央,临制四乡。分阴阳,建四时,均五行,移节度,定诸纪,皆系于斗。
>
> 北斗七星,所谓"璇玑、玉衡,以齐七政"。杓携龙角,衡殷南斗,魁枕参首。用昏建者杓;杓,自华以西南。夜半建者衡;衡,殷中州河、济之间。平旦建者魁;魁,海岱以东北也。

东亚先民建立了北斗为核心的建时系统,把北斗视作北极天帝。郭店竹简载:"太一生水。水反辅太一,是以成天。天反辅太一,是以成地。"[9]说明太一属水,配属北方,后天八卦中在坎位。《周易·说卦》言"坎为豕"。《说文解字》解释:"豚祠司命。"司命即太一,主管人间的生死,说明太一比拟为猪,猪主天北极和北斗的文化传统,故《初学记》卷二十九·兽部引《春秋说题辞》:"斗星时散为精,四月生,应天理。"《大戴礼记·易本命》云:"六九五十四,四主时,时主豕,故豕四月而生。"这就非常明白地指出,太一属水,主天北极,斗为帝车,载太一,为北极天帝,它们有时被比拟为猪。而大熊星座的形态除了可以说像熊,难道不可以说像猪吗?故唐人郑处海撰《明皇杂录》中才有北斗化身为群豕这样的记载:

---

⑨　荆门博物馆:《郭店楚墓竹简》,文物出版社,1988年。

初,一行幼时家贫,邻有王姥,前后济之约数十万。一行常思报之。至开元中,一行承玄宗敬遇,言无不可。未几,会王姥儿犯杀人。狱未具,姥诣一行求救。一行曰:"姥要金帛,当十倍畴也。君上执法,难以请求,如何?"王姥戟手大骂曰:"何用识此僧。"一行从而谢之,终不顾。一行心计浑天寺中工役数百,乃命空其室内,徙一大瓮于中。密选常住奴二人,授以布囊,谓曰:"某方某角有废园,汝中潜伺,从午至昏,当有物入来,其数七者可尽掩之,失一则杖汝。"如言而往。至酉后果有群豕至,悉获而归。一行大喜,令置瓮中,覆以木盖,封以六一泥,朱题梵字数十。其徒莫测。诘朝,中使叩门,急召至便殿。玄宗迎问曰:"太史奏,昨夜北斗不见。是何祥也? 师有以禳之乎?"一行曰:"后魏时失荧惑,至今帝车不见。古所无者,天将大警于陛下也。夫匹夫匹妇不得其所,则陨霜赤旱。盛德所感,乃能退舍。感之切者,其在葬枯出击乎。释门以嗔心坏一切善,慈心降一切魔。如臣曲见,莫若大赦天下。玄宗从之。"又其夕,太史奏。北斗一星见。凡七日而复。

北斗七星作为东亚先民"观象授时"的参照物究竟有多久的历史,从考古发掘数据中可以看出一些端倪。在距今 6500 年前的河南濮阳西水坡遗址 M45 号墓葬中,古人把河蚌或海贝铺成斗魁形状,把少年的小腿骨摆成斗勺形状,放置在墓主人的脚下,这已经充分反映了古人已经建立了圭表侧影和北斗建时系统。在距今 7000 年至 6500 年的河姆渡遗址文化层,出土一件斗状的夹炭黑陶钵(T243④:235),陶钵两侧对应刻画着两条身上带圆圈的野猪,有学者认为这就是北斗的形象[10]。在距今 7000 年至 6700 年的内蒙古敖汉旗赵宝沟小山遗址,出土了 2 件陶尊形器(F2②:30、F6①:3 图二),图案的主体内容为前鸟后鹿,中间野猪,明显表达了中宫北斗与南宫星、张两宿,北宫危宿的关系[11]。在距今 12000 年前(断代有争议)的山西吉县柿子滩遗址附近的古老岩画中,可以明显看到一位神人头顶呈弓形排列的北斗七星,脚踏南斗六星的形态,可见古人已经把北斗

---

⑩ 冯时:《中国天文考古学》,中国社会科学出版社,2007 年。
⑪ 陆思贤、李迪:《天文考古通论》,上海古籍出版社,2006 年。

看作天神⑫。

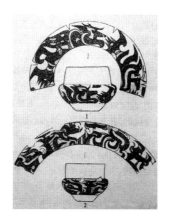

图二　赵宝沟陶尊形器

　　从古籍文献资料和考古发掘材料对比可以看出,北斗七星作为授时主星的历史在东亚确实非常久远,因此,北斗作为北极星的时代也非常久远。当前来看,北斗虽然依然周游在天北极附近,但离真天极最近的天枢也有超过28°,并非很理想的天北极参照物。然而从逻辑推理来看,既然岁差导致天北极在过去万年之中不断变化,那么,东亚先民在建立东亚天文学体系之初,北斗应该因"岁差"的原因而远较现在接近北天极,且因为常年不隐而成为定位北天极、测定周日和周年时间和观测该天区内天象最好的参照物。那么,在东亚民族建立东亚天文学体系之初,即10000年至5000年前,哪颗星最接近天北极?它和北斗又有什么关系?

　　根据天文计算,在整个新石器时代中晚期,天北极附近没有亮星,而北斗此时比现在接近天北极,因此,把北斗整体作为极星是唯一合适的"观象"方法。而且,由于北斗的斗勺具有非常明显的方向性,比单一的、低亮度的恒星容易观测得多,其参照意义也大得多,把北斗作为极星是最合适的"授时"方法。仅此两点,北斗七星便足以成为东亚民族"观象授时"的主星。故《晋书·天文志》中引张衡说道:"一居中央,谓之北斗。四布于方各七,为二十八舍。"笔者认为,张

---

⑫　山西省临汾行署文化局:《山西吉县柿子滩中石器文化遗址》,《考古学报》,1989年第3期。

衡生活的东汉时代,北斗离天北极最近的天枢也有19°,已经比夏王朝时期要远得多,更不用说新石器时代的中晚期了,但他的说法却依然继承着非常久远的东方天文学传统,明确指出北斗七星就是中天星官。北斗七星以斗魁四星最耀眼,第一颗星名为天枢,说明建立北斗建时系统之初,天枢应该就是《周髀》中的"天极枢"。天枢围绕天一、太一"璇周四极"作拱极运动,划出的圆周穿过北斗第二颗星天璇和第三颗星天玑。天枢璇周四游,斗勺四指,成为东亚地区"观象授时"的最佳参照物。

年代	星体（中文、希腊文）	星等	赤纬（°）
-1000	帝（小熊座β星，βUMi）	2.05	6
	右枢（天龙座α星，αDra）	3.65	10
	左枢（天龙座ι星，ιDra）	3.25	19
	勾陈（小熊座α星，αUMi）	1.97	17
	天枢（大熊座α星，αUMa）	1.83	17
	天权（大熊座δ星，δUMa）	3.32	18
	玉衡（大熊座ε星，εUMa）	1.78	18
-2000	右枢（天龙座α星，αDra）	3.65	5
	左枢（天龙座ι星，ιDra）	3.25	15
	帝（小熊座β星，βUMi）	2.05	8
	玉衡（大熊座ε星，εUMa）	1.78	14
	开阳（大熊座ζ星，ζUMa）	2.20	14
	天权（大熊座δ星，δUMa）	3.32	15
	天枢（大熊座α星，αUMa）	1.83	18
-3000	右枢（天龙座α星，αDra）	3.65	1
	左枢（天龙座ι星，ιDra）	3.25	10
	玉衡（大熊座ε星，εUMa）	1.78	12
	开阳（大熊座ζ星，ζUMa）	2.20	11
	摇光（大熊座η星，ηUMa）	1.85	15
-4000	左枢（天龙座ι星，ιDra）		6
	右枢（天龙座α星，αDra）		7
	开阳（大熊座ζ星，ζUMa）		11
	摇光（大熊座η星，ηUMa）		12
-5000	左枢（天龙座ι星，ιDra）		5
	右枢（天龙座α星，αDra）		12
	摇光（大熊座η星，ηUMa）		13
	开阳（大熊座ζ星，ζUMa）		15
-6000	左枢（天龙座ι星，ιDra）		8
	天龙座η星，ηDra	2.70	12
	右枢（天龙座α星，αDra）		17
	摇光（大熊座η星，ηUMa）		17
	开阳（大熊座ζ星，ζUMa）		20
-7000	左枢（天龙座ι星，ιDra）		12
	右枢（天龙座α星，αDra）		22
	摇光（大熊座η星，ηUMa）		22
-8000	天棓三（天龙座β星，βDra）	2.75	11
	左枢（天龙座ι星，ιDra）		16
	右枢（天龙座α星，αDra）		27
	摇光（大熊座η星，ηUMa）		27

图三 公元前8000年—前1000年北斗的位置

根据笔者进行的星象模拟计算(图三),公元前2000年,右枢较接近天北极,只有5°,同时北斗的第五颗星玉衡和第六颗星开阳离天北极也只有14°,天权有15°;公元前3000年,右枢成为真正的北极星,只有1°,左枢有10°,而开阳只有11°,玉衡有12°,摇光有15°;公元前4000年,右枢逐渐离开天北极,左枢更接近天北极,两者皆以6°左右一左一右拱卫着天北极,同为北极星,成为其名称的真正来源,而开阳也只有11°,摇光只有12°;公元前5000年,左枢成为北极星,离天北极有5°,右枢有12°,摇光有13°,开阳有15°;公元前6000年,左枢依然为北极星,但开始离开天北极,还有8°,右枢和摇光已经远离,有17°,开阳更远,有20°;公元前7000年,紫微和北斗开始远离北极天区,只剩下左枢,还有12°;到公元前8000年,除了摇光,整个北极天区30°圆周范围内几乎不再看得见紫微和北斗。反过来看,而从公元前10000年开始,北斗则以每千年5°接近天北极,从公元前8000年开始进入东北亚人的视野。而公元前4000年前后的两千年应该是中国史前天文学确立了天北极和北斗作为天北极参照物的时期。因为这个阶段不仅是左枢和右枢名称的真正来源,而且是北斗七星最接近天北极的时期。北斗的斗勺三星,玉衡,即大熊座 ε 星,ε UMa,星等1.78;开阳,大熊座 ζ 星,ζ UMa,星等2.20;摇光,大熊座 η 星,η UMa,星等1.85,不仅比太一和天一的星等要高得多,在夜空中要明亮得多,也比右枢和左枢的星等要高不少,在夜空中也亮不少。更重要的是,北斗七星作为一个很独立完整的星象(比西方大熊座要明显得多)在公元前3000年至前5000年这漫长的两千年中距离北极天区比现在要近得多,因此才有充分的条件和资格为正在形成的东亚民族选为当时的北极星。

由此可以比较肯定地得出如下结论。新石器时代早期(12000年至9000年前),东亚的原始稻作和粟作农业开始起步,主要还是依赖渔猎和采集经济,对天文学的需求还不是很迫切。该时期的北极天区内也没有亮星,北斗离北极天区还有20°至30°,东亚先民对周天星象还在黑暗中摸索。新石器时代中期(公元前7000年至前5000年),东亚已经形成了长江中下游稻作和黄河中下游粟作农业经济区,农业的发展需要天文学的指导。在这个两千年里,作为后来"观象授时"核心的北极帝星和璇玑,即紫微垣(天龙座)和北斗七星(大熊座)才开始接近北极天区,因此这个两千年是中国古代天文学的萌芽时期。新石器时代晚期早段(公元前 5000 年至前 3000 年),也就是紫微垣的左枢和右枢,北斗的斗勺最接近天北极的两千年,东亚远古天文学逐渐成形,尤其是公元前 4500 年至前 3500 年之间的一千年,当左枢和右枢以双星各 6°同时拱卫着真天极的姿态而成为北极星,斗勺三星也以 11°至 12°最接近天北极,二十八宿中最多的星宿均匀地分布在天球赤道和黄道上时(竺可桢算出公元前 4300 年至前 2300 年有 18 至 20 个星宿)[13],东亚先民对天北极、北极星、北斗,乃至苍龙七宿和白虎七宿的认识和命名已经最后确定并延续至今。虽然马伯乐(H.Maspero)[14]、桥本增吉[15]、李约瑟等一大批学者认为不可能那么早,认为中国的天文学体系虽然很古老,但可能还是从古代巴比伦接受过来的[16],但从天文计算,结合本文后面论及的辽宁阜新查海遗址、河南濮阳西水坡遗址和湖北黄梅焦墩遗址的星图的论证,笔者认为,客观来说,东亚先民确实应该是在 6500 年前就开始独立创建以天北极、北斗、银河和二十八宿为核心的宇宙观和东方天文体系。

除此之外,这个世界还有别的文明拥有与东亚文明相似的古代天文学体系吗?有。中美洲最古老的奥尔梅克(公元前 1500 年至前 400 年)文明相信宇宙中心是北极天区和北极星,所有其他恒星都围绕它旋转。玛雅文明(公元前 1500 年至公元 1521 年)初期公认的宇宙中心也是北极天区和北极星,其次是天顶中心,第三个是银河系的中心。

中美洲古代文明对天北极和北极星的观测首先要追溯到奥尔梅克文明最重要的遗址,墨西哥塔巴斯科州的拉本塔(La Venta,公元前 800 年,图四),其古代遗址群里的所有建筑全都基本朝向北偏西 8°[17]。这显示出以拉本塔土筑的"十

---

⑬ 竺可桢:《论以岁差定〈尚书·尧典〉四仲中星之年代》,《科学》第 11 卷第 12 期,1926 年;《二十八宿起源之时代与地点》,《思想与时代》第 34 期,1944 年。

⑭ [法]H. Maspero, *Etudes Historiques:Melanges Posthumes sure les Religiones et I' Histoire de la China*, Paris, 1950.

⑮ [日]桥本增吉:《书经的研究》,《东洋学报》1912 年 2 卷 3 号,1913 年 3 卷 3 号,1914 年 4 卷 1 号、3 号。

⑯ 李约瑟:《中国科学技术史》第 3 卷第二分册,第 201 页。

⑰ [美]Elizabeth P. Benson, Beatriz de la Fuente:*Olmec Art of Ancient Mexico*, the National Gallery of Art, Washingtion, by Harry N. Abrams, Inc., New York, 1996. p.74.

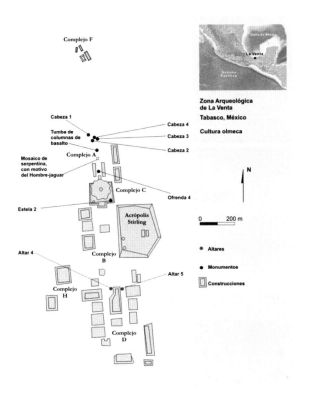

图四　拉本塔奥尔梅克建筑群遗址

面金字塔(C-1)"为核心的各个建筑群的建造意图是为了对准北极天区的某一点[18]。20世纪70年代初,巴拿马考古学家马里昂·波比诺·哈特奇(Marion Popenoe Hatch)推测,该遗址群当初的建造目的,其核心建筑——金字塔的作用可能也像其他奥尔梅克遗址那样具有某种天文学方面的功能——正对着北部天区的某个点。在奥尔梅克文明中,天文观测的发展有上千年的历史,因此哈特奇将起始年份设定在公元前2000年。按照笔者的计算,如果4000年前从拉本塔所在的塔巴斯科州观测天北极,那时的北极星是右枢。该星星等只有3.65,从北纬18°的低纬度目测比较困难。也就是说,如果拉本塔遗址中轴线上C区的金

⑱　[美]Jenkins, John Major(1998), *Maya cosmogenesis* 2012：*the true meaning of the Maya calendar end-date*, Santa Fe, NM：Bear.

字塔及其北面 A、E、F、G、I 五个区，南面 B、D、H 三个区的土筑高台群的作用都是观测天文和计算历法，那么就必须找到一颗与遗址中轴线在同一条直线上的更明亮的恒星[19]。

大熊座（即北斗）是必然的首选。这个星座作为天文"星钟"在东亚古代文明中拥有非常悠久的历史，一是因为它的七颗亮星在夜空中极易辨认；二是由于它始终都在天赤道上方的"恒显圈"范围内围绕天北极作拱极运动。根据笔者的模拟计算，公元前 2000 年 6 月 21 日夏至午夜 1 点，北斗的斗魁与当地子午线北端的最低点重合，子午线在此穿过斗魁中心点。然而在实际观测中，从北纬 18°的拉本塔向正北眺望，斗魁几乎贴着正北方的地平线，从平地上不易被看到。如果此时把目光向正上方移动，"天津"（天鹅座）就在中天之上，其心脏部位那颗星等 2.20 的天津一（天鹅座 γ 星，γ Cyg）正穿过当地子午线的最高点。斗魁和天津两个星座在北天极和南中天两个地方同时穿越当地子午线。哈特奇文中说："这是一个相当壮观的场面，因为它刚好发生在一年内太阳升降于最北端的那一天的夜晚。"这个天象对于奥尔梅克人来说非常重要，因为它们标志着雨季的开始，自然界中万物复苏，一切都在恢复生命力；还标志着新的一年、新的周期的开始，旧的一年、旧的周期的结束。

通过天文模拟计算得知，天文观测者在公元前 2000 年 6 月 21 日夏至午夜后，会看到天津一（天鹅座 γ 星，γ Cyg）正位于拉本塔子午线上的中天，此时太阳就在呈 180°的地球的另一面，在"轩辕"和"太微垣"（狮子座）之间；六个月后的 12 月 21 日冬至午夜后，轩辕十（狮子座 μ 星，μ Leo）、轩辕十二（狮子座 γ1 星，γ1Leo）和最明亮的轩辕十四（狮子座 α 星，α Leo，星等 1.35）相继穿越中天上的子午线，那时"天津"也会出现在地球的正对面。如果观测者在公元前 2000 年 6 月 21 日午夜眺望东方地平线的话，他会看到正在升起的白虎七宿中的毕宿（金牛座昴星团，Pleiades）。如果此时回头扫视西方地平线的话，则会看到正要隐没的苍龙七宿的心宿（天蝎座）。因此，心宿会在 3 月 21 日春分午夜后穿过子午线，夜空中最明亮的红巨星心宿二（天蝎座 α 星，α Sco，星等 1.05）会在凌晨2:00

---

⑲ ［美］Elizabeth P. Benson, Beatriz de la Fuente: *Olmec Art of Ancient Mexico*, the National Gallery of Art, Washingtion, by Harry N. Abrams, Inc., New York, 1996. p.74.

高踞中天;而毕宿也会在 9 月 22 日秋分午夜穿过子午线,其主星毕宿五(金牛座 α 星,α Tau,星等 0.85)也会在凌晨2:00到达中天。心宿、毕宿、天津和轩辕的主星分别在公元前 2000 年的两分两至的午夜后到达拉本塔子午线上的中天,这四个星座的固定关系为奥尔梅克人提供了一个对太阳历的完美四分法。在公元前 2000 年至前 1000 年那个遥远的年代,也许正是北斗和它们在奥尔梅克人的夜空中构成了最重要的星象。

公元前 2000 年 6 月 21 日午夜后发生在天津一以及斗魁四星的类似现象,在接下来的 1000 年内没有改变,这样的现象可以追溯到修建拉本塔古代建筑群的时代。缓慢的岁差运动改变了观测者视野中恒星位于中天的时间。在公元前 1000 年的时候,斗魁四星会在天津到达天顶之时沉入正北方的地平线。凌晨 2:00,天津一在斗魁四星第二明亮的天枢(大熊座 α 星,αUMa)上方天顶穿过子午线向西移动,而天枢会穿过地球对面的子午线向东移动。因为岁差现象的原因,斗魁四星的中心点此时轻微向西偏离 8°,而这个方向正是拉本塔的朝向。不仅如此,位于拉本塔大金字塔西北方的一个小土堆(A-6),经考古学界的查证后发现,它的朝向非常精确地指向了公元前 1200 年天津在地平线上落下的位置。可见,早在公元前 1200 年开始修建拉本塔的时候,奥尔梅克人已经使用北斗为主、天津为辅的建时体系。

奥尔梅克人将北斗和天津两星座的主星视为观测时间和确定历法的重要星体,这样的宇宙观自然而然地反映在他们众多的艺术品当中。其中最突出、最典型的是美洲考古学界称为“美洲豹人”的人兽合体神像。神像的头颅一般宽阔扁平,比较特殊的是其头冠中部切开一“V”形裂口。通常,从裂口中冒出来的是神圣的玉米图案,它们象征着万物诞生的神秘之地,象征着沟通阴阳两界,进入天北极这个宇宙生命之源的门户。后来的玛雅象形文字中,洞穴被一个像“山上的裂缝”那样的图形所代表,和奥尔梅克人神合体像头部裂口的象征意味相一致。洞穴因而象征着神圣的王位,以及不同世界之间的纽带。玛雅文明是神权合一的,国王作为巫师,负责沟通天地。中美洲大巫师国王插足阴阳两界,因此才被描绘成在连接不同世界端口的宇宙之洞里被加冕。

美洲豹的口,和带有裂口的神人头颅,都象征进入另一个王国,也就是诞生

图五　奥尔梅克美洲豹人

之地的入口。类似的抽象符号在奥尔梅克的祭坛和石碑柱上都有发现,有时后者会有一个拱门或壁龛,暗指美洲豹摆着防御架势时的血盆大口。嘴呈覆斗形,上唇上翻,两边向下弯折恰好形成北斗中倒扣着的"覆斗状"的斗魁四(图五)星。有时甚至会用一条连接着四个洞的阴线来表示嘴唇,应该表达着这四颗恒星的独特排列方式。这种神像的石头雕塑和翡翠小雕像的前胸和下腹上往往都有个带框的"X"符号,笔者认为应该是奥尔梅克人设计出来表现斗魁四星的交叉线,或者天津一上的天鹅座交叉线,甚至黄道和银河在两个至点上的虚拟交叉形态。嘴唇和前胸、小腹正在人体正中的子午线上,这是否正是奥尔梅克人反映这两个星座特征的设计理念呢? 在奥尔梅克许多浮雕上,这种"X"形符号都是作为一个人头蛇身神的眼睛而出现的。它暗示着在某个时期里,天津上的恒星可能是一个超级星座的一部分,而这个超级星座的形象很可能就是蛇,或者蛇形的鸟,其中还包括了天龙座。

这个成果来自玛雅文明仅存的四部文献之一的《马德里手稿》(*Madrid Codex*)[20]。通过对该手稿进行的研究,"X"形符号的形象与出现在一连串页码角落上的蛇的位置之间的关系,这正是天津(天鹅座)与天厨、天棓(天龙座)三个星象的恒星之间关系的象征。它们在午夜穿越当地子午线中天那一天,标志着玛雅太阳历法中的转折点。玛雅人依此将一年等分为三个季节,两个为122天,另一个为121天,并在每一个闰年加入额外的一天。依据这些情况,哈特奇得出了最后的结论:在我看来,这些"X"形符号与天鹅座运动之间的诸多联系早已不只是巧合。如果正确地分析这种联系,那么它将很明显地告诉我们,无论出于什么原因,玛雅人都对这个特定的星座(或恒星)有着深深的兴趣。

拉本塔的天文观测在每个夏至日伴随着宗教仪式一同举行,它们在午夜之

---

[20]　FAMSI:*"Maya Hieroglyphic Writing-The Ancient Maya Codices:The Madrid Codex"*,FAMSI(Foundation for the Advancement of Mesoamerican Studies).

前开始,并在日出之后的某个时间进入高潮。为了支持这个想法,哈特奇研究了加利福尼亚州印第安土著中的迈杜人(Maidu)部落的情况。事实证明,那里的祭司依然延续着古老悠久的天文传统,他们依然精确计算着进入夏至日破晓庆典的倒计时,而他们的计算依据就是对北斗(大熊座)的观察[21]。在公元前100年的纽瓦克大圈(Newark Great Circle,有东北的方形和西南的圆形两处祭祀遗址),庆典会伴随着银河在地平线上的出现而开始,几个小时之后,夏至日的太阳将在同一个位置冉冉升起,这样的仪式会一直持续到日出时分[22]。

从拉本塔金字塔所对准的北极天区中作拱极运动的北斗来看,奥尔梅克人和东亚先民一样,他们认为整个天空是围绕着天北极旋转,于是他们也把该区域看作宇宙的中心和源头,而北斗则是天北极的标志,于是北斗成了他们信仰体系中最高的神祇。哈特奇对拉本塔遗址的研究充分证明了3000年至4000年前奥尔梅克人选择使用北斗(大熊座)和天津(天鹅座)这两个星座作为"观象授时"的主星和辅星。

广泛使用北斗作为观测周天星象,确立时间节气,制定历法的基础星座是东亚(主要是东亚文明)的原始宇宙观。在地球北回归线以北,天顶中心的观念对北斗在天界中至高无上的地位毫无影响,因为在热带纬度之外,太阳永不会从天顶掠过,天顶没有显著的天象作为"观象授时"的坐标。这个宇宙观从新石器时代至近代一直在东亚文明中传承,北斗是天帝,天北极乃万物的源头和归宿,也是王国中最高祭司们要到达的终点。如果奥尔梅克文明和玛雅文明也使用同样的宇宙观,那就说明,新石器时代早期(10000年至9000年前),东北亚与北美洲之间的白令陆桥被最终淹没之前的某个时期,东亚的"观象授时"方法和宇宙观被最末期的东亚移民带到了美洲,遂使由北斗七星形成的"北斗建时"观念成了东亚文明与美洲文明之间最大的文化渊源。奥尔梅克人的祖先在新石器时代早期从东北亚迁徙到中美洲,他们继承的应该就是新石器时代早期开始逐渐形成的东亚和东北亚宇宙观。

---

[21] Alfred L. Kroeber, The Kuksu Cult, Paraphrased, Maidu Culture, *The Religion of the Indians of California*, University of California Publications in American Archaeology and Ethnology 4:#6. 1907.

[22] Ephraim G. Squier and Edwin H. Davis, *Ancient Monuments of the Mississippi Valley*, Washington D.C.: Smithsonian Institution Press, 1998.

新石器时代早期从东北亚迁徙到中美洲的东方先民,其宇宙观所形成的宗教观念必然经受着数千年的考验。在东北亚文明的宇宙观中,北天极,以及在26000年的周期中循环占据该位置的北极星,是当之无愧的宇宙中心。纬度越高,北极星在天空的位置越高。在北极,圆圆的天穹绕着地轴指向天北极旋转。所以,与热带地区不同,东亚和东北亚地区的天文观测者不用为寻找宇宙中心烦恼。

但是,对于由东北亚迁往中美洲的部落则逐渐出现了差异。离开祖先生活了数万年甚至数十万年的土地进入完全陌生的生存环境,必然伴随着种种的兴奋,但也同时伴随着深深的忧虑。这对部落的领导者和祭司提出了更高的要求,他们必须与从东北亚带来的对生命之源的信仰保持着密切的联系。在由北向南穿越美洲大陆的迁徙过程中,他们的远古宇宙观,作为宇宙中心的至高无上的北极天帝,发生了一定的变化。有一点是明确的,天北极的倾斜度(地平线上的角距离)从北极的90°到赤道的0°,一个天体的倾斜度总是等于观察者所在的纬度,越往南走,它在地平线上的位置会越低。到了热带,北极天区的位置已经没有北半球高纬度那么突出。所以,在北纬18°的拉本塔,北天极只在地平线上18°,所观察到的星空与北纬30°—40°的钱塘江至辽河流域之间的有所不同。

当东北亚移民向中美洲迁徙时,已经在亚洲发展了上千年的宇宙观遇到了挑战。在热带地区,南北纬23.5°之间,当然也包括拉本塔,天北极在天空的位置非常低,天不是圆形的穹庐而更像是一个万花筒。对地面的观察者来说,星座升起和降落的位置更明显,而且看起来升降得很快。拉本塔的天文观测者确定,作为宇宙之轴,天北极不再那么"高"了,而且还在移动。因此,在东亚地区形成了以北斗建时系统之后两千年,由于岁差的作用,中美洲的天北极在"观象授时"中的核心作用已经明显削弱了,一是位置太低,二是变化明显。由于热带地区星座的升降更加明显,当地天文观测者可能已经准确地掌握到它们在地平线上升降的位置。他们最终认识到,围绕极地的星座位置在不断变更。天北极至高无上的地位因此改变了,北极天帝在创世神话中的地位也因此动摇了。

这样便出现了玛雅文明古代天文学中北斗七星的中心地位动摇之后被太阳取代的神话传说。但玛雅人在其文明早期很长的一段时期内依然继承着奥尔梅克人的宇宙观。在玛雅文明仅存的一些珍贵历史文献中,有一部著名的创世神话典籍《波波乌》(Popol Vuh),该书明确记载着玛雅文明的宇宙观。

There was just a trace of early dawn on the face of the Earth. There was no sun.［*But*］*there was one who magnified himself*：*Seven Macaw is his name*… *It is said that his light provided a sign for the people who were flooded*…［*There were*］*two boys, the first named Hunahpu and the second named Xbalanque. Being gods, the two of them saw evil in his attempt at self-magnification*… "*It is no good without life, without people here on the face of the Earth.*"… "*Well then, let's take a shot*… *So be it.*" *said the boys, each one with a blowgun on his shoulder.*[23]

译文:在大地上仅有黎明前的一丝光线,未有日月,仅有一位傲慢的神,名叫七金刚鹦鹉……人们说,他发出的光给被洪水冲走的人指示了方向……有两位神人兄弟,大的叫胡纳普,第二个叫恰巴兰奇。他们看出这位傲慢者的邪恶……"大地上没有生命,没有人不好"……"好吧,让我们把他射下来……"就这样,两兄弟说着,各自扛起了一支吹枪。

和旧大陆东西方文明中心的创世神话一样,玛雅文明的创世神话里面也明确记载了史前大洪水。玛雅长历法中的创世时间定在 13.0.0.0.0,通过对长历法的研究,美洲考古学界算出玛雅民族的创世时间是公元前 3114 年[24]。根据《波波乌》记载,天神开始创造的两种人类都不成功,第二种木做的人类被世界大洪水冲走。在大洪水之前的漫长的年代里,太阳和月亮还没有被创造出来,这个世界由 Vukub-Caqujx(Seven Macaw),即七金刚鹦鹉统治着。他自比太阳,众神认为他应该让位给太阳和月亮才能创造出真正的人类,故英雄双胞胎决定把他射下来,让太阳和月亮取而代之。

---

[23] Allen J. Christenson, *Popol Vuh*：*Literal Poetic Version*：*Translation and Transcription*, Norman：University of Oklahoma Press, 2004.

[24] James Q. Jacobs, *Mesoamerican Archaeoastronomy*：*A Review of Contemporary Understandings of Prehispanic Astronomic Knowledge*, Mesoamerican Web Ring. jqjacobs.net. 1999, Retrieved 2007-11-26.

太阳和月亮化身的英雄双胞胎经过惨烈的搏斗,最后把七金刚鹦鹉从他所栖息的宇宙树上射了下来㉕。笔者认为,这比较充分地说明了玛雅人继奥尔梅克人之后已经发现了岁差的问题,他们认为奥尔梅克人所确定的古代北极星、北斗七星与它们北极天帝的身份已经不相符。很明显,这个创世神话事实上反映了玛雅天文观测者对天北极、北极星和北斗七星的再认识过程。在玛雅文明中,北斗和天津两个星象在玛雅天文学中被视为"观象授时"的主辅两个参照系,这似乎同时还能在一定程度上有助于理解玛雅"宇宙树",这棵树被称为哇卡成(Wakah-Chan,银河系中心),或者"擎天树"(Raised-Up Sky)及其树梢顶端蹲踞着的神鸟的真实身份。

二、玛雅"宇宙树"天文体系

"宇宙树"的观念是人类文明早期,尤其是东亚、美洲和澳大利亚土著文明早期阶段中普遍存在的神话传说主题。但从近 100 年来中国的田野考古发掘中,考古学界似乎并没有发现过这样的物证。东亚先民难道没有这样的信仰吗?笔者认为,由于悠久的岁月,这个宇宙观可能已经被完全忘记了,更不用说这个宇宙观的源头了。但笔者认为,在中国海量的考古发掘数据中,其实还是可以找到一些蛛丝马迹的,只是它们很容易被忽略了或者被一种表面化的解读误导了。要搞清楚东亚文明中究竟有没有存在过这样的宇宙观,前提是必须先研究清楚玛雅文明中"宇宙树"的文化内涵。

在中美洲前哥伦布时期,宇宙树是中美洲玛雅民族各部中普遍盛行的创世神话、生命传说和图像记录的主题。玛雅民族著名的创世神话史诗《波波乌》中明确地记载了"宇宙树"的形象,其根深入玛雅神话传说中的冥界席宝巴(Xibalba),树枝伸展在大地和天空之上,顶端的枝丫则在天顶中展开。古典期以后的玛雅人也把宇宙树描绘成一条横行天际的巨蛇并称之为"白骨蛇"。如

㉕ Dennis Tedlock, *Popol Vuh: the Definitive Edition of the Maya Book of the Dawn of Life and the Glories of Gods and Kings*, New York: Simon and Schuster.

今这棵神树在玛雅宗教习俗和信仰中依然是一个非常重要的符号,至今依然能在墨西哥尤卡坦半岛(Yucatan)的传统神坛上看得到。当地人称其为亚克斯切(Yax Che),意为第一棵(或绿色的)树。在十八世纪发现的著名的玛雅创世神话《楚玛耶尔的契兰巴兰(意为美洲豹巫师)》(*Book of Chilam Balam of Chumayel*)一书中有一段这样的记载:

When the world was created, a pillar of the sky was set up⋯ that was the white tree of abundance (in the north). Then the black tree of abundance was set up (in the west)⋯ Then the yellow tree of abundance was set up (in the south). Then the red tree of abundance was set up (in the east). Then the (great) green (ceiba) tree of abundance was set up in the center (of the world).㉖

译文:当世界被创造出来时,(神)在北方竖起了一根擎天柱⋯⋯那是一颗很茂盛的白色的树。之后,在西方竖起了一棵很茂盛的黑色的树⋯⋯之后,在南方竖起了一棵很繁茂的黄色的树。之后,在东方竖起了一颗很繁茂的红色的树。之后,在(世界的)中央,竖起了一棵很茂盛的绿色的树。

宇宙树,是宇宙生命之源,由大地中央一棵和四维的四棵组成,中间一棵像宇宙之轴,一般是耸立在宇宙之中,支撑着宇宙中心——北天极和大地中心,周边四棵标志着大地的四极,同时支撑着天盖的四边,这样就维持着天地之间的距离。树干分为上中下三层,连接冥府、人间和天上三界㉗。以上这段文字会给熟悉长沙子弹库楚帛书的学者一种很熟悉的感觉,因为在该帛书上有这样的一段文字㉘:

㉖ [墨]Barrera Vásquez, Alfredo and Silvia Rendón (translators), El Libro de los Libros de Chilam Balam, Traducción de sus textos paralelos, Mexico: Fondo de Cultura Económica, 1948.

㉗ [英] Mary, Miller and Karl Taube (1993), *The Gods and Symbols of Ancient Mexico and the Maya*, London: Thames and Hudson.

㉘ a.冯时:《中国天文考古学》,中国社会科学出版社,2007 年;b.李零:《长沙子弹库战国楚帛书研究》,中华书局,1985 年;c.饶宗颐:《楚帛书》,中华书局香港分局,1985 年。

　　未又(有)日月,四神相弋(代),乃步以为岁,是佳(惟)四寺(时)。伥曰青□杆,二曰朱四单,三曰□黄难,四曰□墨杆。

　　千又百岁,日月夋生。九州岛不平,山陵备矢,四神乃乍(作),至于覆,天旁动,攷(捍)畀攵(蔽)之青木、赤木、黄木、白木、墨木之木青(精)。炎帝乃命祝融以四神降,奠三天,维思孚攵(敷),奠四亟(极),曰:"非九天则大矢,则毋敢睿攵天霝(灵)。"帝夋乃为日月之行。

译文(参考饶宗颐、冯时、李零、李迪、陆思贤等译本):当时还未有日月,(伏羲和女娲之四子)四神轮流更替,订立周岁和四时。四神之长名叫青杆,第二名叫朱四单,第三名叫黄难,第四名叫墨杆。

　　千百年后,帝俊生育了日月。当时九州岛地势倾斜,山陵倒塌。于是四神来到天盖上,推动天盖环绕北极旋转。他们守护着青木、红木、黄木、白木和黑木的精气以支撑天盖。炎帝又命令祝融以四神先定出三天,固定天盖和大地的四维,再定出四极。他说:"没有订立九天,天下就会大乱,现在万民不敢蔑视天神。"于是帝俊开始推动日月正常运转。

　　楚帛书里的四神,是伏羲和女娲生的四个儿子,也就是《尚书·尧典》中被尧指令"历象日月星辰,敬授人时"的羲仲、羲叔、和仲、和叔,和《尔雅·释天》中:"春为青杨,夏为朱明,秋为白藏,冬为玄英"的分至四神。他们掌管和守卫着撑起天盖的五色之木。除了东亚最古老的东夷民族留给了其后裔(楚国人)这样的创世神话之外,还有古老的西南夷留下了非常相似的传说。其中最有名的当属纳西族17世纪的东巴文史诗《创世经》,其开篇有如下记载㉙:

　　译文:九个神兄弟做开天的师傅,七个神姐妹做辟地的师傅,东方竖白螺抵天柱,南方竖绿松抵天柱,西方竖黑玉抵天柱,北方竖黄金抵天柱,在天地中央,竖立白铁抵天柱,用绿松宝石以补天而天体固,用黄金矿石以补地

㉙　17世纪无名氏手抄本:《创世经译本全部》。

而地体稳。

纳西族《创世经》神话所记载的五色石做成的"抵天柱"与上面楚帛书中记载的五色木和玛雅创世神话中记载的五色树具有相似的宇宙观。这一古老的中华宇宙观后来在先秦和两汉典籍之中还能看到大量的孑遗。在《淮南子·览冥训》中有详细的记载：

> 往古之时，四极废，九州裂；天不兼覆，地不周载；火爁炎而不灭，水浩洋而不息；猛兽食颛民，鸷鸟攫老弱。于是女娲炼五色石以补苍天，断鳌足以立四极，杀黑龙以济冀州，积芦灰以止淫水。苍天补，四极正；淫水涸，冀州平；狡虫死，颛民生；背方州，抱圆天；和春阳夏，杀秋约冬，枕方寝绳；阴阳之所壅沈不通者，窍理之；逆气戾物、伤民厚积者，绝止之。

很明显，东亚文明和玛雅文明竟然有数段非常相似的创世神话，也具有一幅相似的天地构造想象图。中国人最早期的宇宙构造学说是盖天说。从濮阳西水坡遗址的情况来看，这一学说最迟在新石器晚期早段已经形成[30]，最终在三代确立。盖天家认为，"天圆如张盖，地方如棋局"，穹隆状的天覆盖在呈正方形的平直大地上。但圆盖形的天与正方形的大地边缘无法吻合。于是又有人提出，天并不与地相接，而是像一把大伞一样高高悬在大地之上，地的中央和周边有五根柱子支撑着，天和地的形状犹如一座顶部为圆穹形的凉亭。玛雅人拥有和中国人一样的天地观念。他们认为，地球是平面，呈方形，有四个角落。这四个角落指向四个方向，每个方向都有各自的颜色：东方红色，南方黄色，西方黑色，北方白色，中央绿色。在中央和四个角落，五种不同颜色的美洲豹形成的天地柱支撑着天盖。楚国人、玛雅人、纳西族人三部创世神话中天地的中央和四极都同样竖立着五根天地柱，只是这五根柱子的颜色有些换了位置。

中美洲文明创世神话中的五棵"宇宙树"是该文明中最具研究价值的宇宙

---

[30] 冯时：《中国天文考古学》，中国社会科学出版社，2007年，第374页。

观。在玛雅人的创世神话《楚马耶尔的契兰巴兰》中有详细的描述:这些高耸天际的树是木棉树,她的根深入了玛雅人的冥界席宝巴(Xibalba)中,树干穿越太空,树干中间向左右伸出两条下垂的横枝,有些树干中间则变成向左右伸出的两头蛇,树梢直插入生命之源的北极天区,天顶树梢上蹲踞着一只神鸟,它是玛雅文明最古老和最伟大的神鸟伊察姆·乙,他脚下是一头水怪,鸟喙却通向冥界[31]。

"宇宙树"这个奇特的宇宙观和构造原理究竟源自什么? 有何内涵? 为什么这个宇宙观只存在于东北亚和中美洲而不存在于欧亚大陆的其他地方? 这个问题本可能无法解决,但近几十年的中美洲考古发掘,玛雅文化圈出土了大量有明确文字记载的石碑,基本解决了中美洲文明中的"宇宙树"之谜,同时也给中国相关的考古发现提供了解读的基础和可能。

图六　25 号石碑

在中美洲文明的后形成期(Post Formative Period),最著名的玛雅文化遗址是坐落在墨西哥恰帕斯州的伊萨帕(Izapa)。该遗址由公元前 1500 年延续至公

③　David A. Freidel, Linda Schele and Joy Parker ：*Maya Cosmos*：*Three Thousand Years on the Shaman's Path*, New York：William Morrow & Co. 1993.

元1500年,早期的文化形式介乎奥尔梅克与玛雅文化之间,以总工程量达到了25万立方米的69座土筑高台和89块图像信息丰富的石碑名闻美洲考古界。在伊萨帕文化最繁荣的时代(公元前400年至公元250年),即中美洲文明前古典期末段,玛雅人最早明确地刻画并记录下了宇宙树。其中与之相关的著名石碑有三块:第2号、5号和25号石碑。在第25号石碑(图六)上,画面左边的宇宙树很奇特,是一条倒立着的大鳄鱼的形象。鳄鱼的巨嘴和两只前爪形成树根部,披着厚厚鳞甲的身躯形成布满粗糙树皮的树干部,树干中间没有横枝,而尾巴则分开了四枝,形成树冠部,最长的那条树枝上站着一只头带四根羽冠,正在作睡眠状的真神鸟——至尊神鸟[32]。石碑右边是独臂的英雄双胞胎举着站在树梢上,打扮得很夸张的假神鸟——七金刚鹦鹉[33]。第2号石碑表现了玛雅的英雄双胞胎射落占据着宇宙树树梢的古老冥神"七金刚鹦鹉"的战斗传说(图七)。第5号石碑,年代约在公元前300年至前100年,其上除了宇宙树之外还有十多个人物、十多种动物,表现了玛雅人所理解的宇宙树的复杂的结构原理及其创造人类的过程[34]。

图七　2号石碑

㉜　Julia, Guernsey Ritual and Power in Stone: *The Performance of Rulership in Mesoamerican Izapan Style Art*, University of Texas Press, Austin, 2006.

㉝　Pool, *Christopher Olmec Archaeology and Early Mesoamerica*, Cambridge University Press, 2007.

㉞　Linda, Schele, Mary Ellen Miller: *The Blood of Kings*: *Dynasty and Ritual in Maya Art*, Fort Worth, Texas: Kimball Art Museum, 1986.

　　到了玛雅文明前古典期晚期至古典期后期(公元前226年至公元799年)，最著名的代表性遗址是坐落在同州的帕伦克。该遗址保留了几座举世闻名的精美绝伦的神庙和更多有关宇宙树的石碑，其上雕刻的宇宙树的文化内涵更为规范、清晰和丰富。在强·巴鲁姆二世为其父，帕伦克王国著名的巴加尔二世，即巴加尔大帝建造的"十字神庙"里，文化内涵最丰富、雕刻工艺最精美的是覆盖在巴加尔大帝石棺上的墓碑(玛雅人的墓志铭，图八)。它是强·巴鲁姆二世为神化其父巴加尔大帝而制作的。在该墓碑上，早期自然形态的宇宙树已经变成工整对称的符号化宇宙树。根部代表冥界席宝巴的怪兽张着巨口，准备吞没坐在象征着玉米发芽的祭坛上即将离开人间的巴加尔二世。巴加尔二世则意态安详地仰望着蹲踞在宇宙树顶上的玛雅创世神话中最古老、最崇高的至尊神鸟——伊察姆·乙。树干左右衬托着太阳系中对于地球最重要的星体：太阳、月亮和金星。宇宙树则由树干和中间伸出的横枝组成规整的十字。奇特之处是宇宙树的横枝两头竟是两个长着巨嘴的兽头，既可以按美洲文化的概念称之为蛇头，也可以按中国文化的观念称之

图八　巴加尔大帝石棺上的墓碑

为龙头。墓碑上的文字解释道：巴加尔二世将从冥界沿着宇宙树穿越黄道登上天顶而转世为玉米之神。在太阳神庙的石碑图案上，强·巴鲁姆和他去世的父亲分别站在宇宙树的两旁，宇宙树下是冥界之兽，宇宙树中间伸出的横枝变成了玉米秆和两个人头，其上是头顶着两头蛇的方形太阳神，最上面依然是蹲踞在一切之上的神鸟。

　　为了了解玛雅人的宇宙树的源头和寓意，需要弄清楚以下三个部分：树根的兽面，树干横枝上的太阳、月亮、两头蛇符号，树顶的神鸟，究竟代表着宇宙中的什么对象？这些形象与东亚文明中的宇宙观有联系吗？

首先是宇宙树根部代表的冥界怪兽。在玛雅人的创世神话中,山丘是一个重要的场所。根据《波波乌》的记载,天神在创世的时候放了三颗天炉石支撑天空,并且创造了山丘、湖泊、雨林等地形。接着天神在山丘的裂缝中创造了第一个人(该创世神话源自奥尔梅克文明)。因此,山丘怪兽是天神创造第一个人"Hun Nal Ye"(即第一父亲)的地方。在帕伦克的浮雕是巴加尔大帝和强·巴鲁姆二世站在宇宙树的两侧,脚踩着山丘怪兽(图八)。山丘怪兽裂开的前额长出一些嫩芽。在山丘怪兽的双眼雕刻着两个铭文,被研究者释读为"Yax-Hal-Witz",意为"第一真实山丘"。可见,玛雅文化的冥界既是生人归去之处,也是死人重生之处。Mo'Witz 是科潘古城遗址出土铭文中常提到的地名,意为"金刚鹦鹉山丘",也就是玛雅文明最古老的神祇"七金刚鹦鹉"与冥界相关的证明。刻有 Mo'Witz 的石碑 B 位于科潘古城北部的大广场,石碑东侧雕刻着山丘怪兽的装饰,山丘上部则刻画着一位与巴加尔大帝相似的王国统治者正进入山丘所代表的冥界。

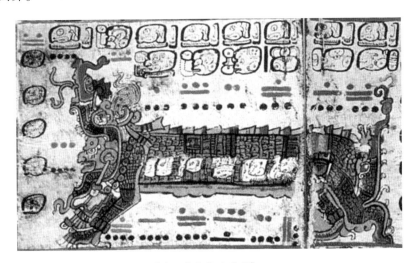

图九 《马德里手稿》

其次是宇宙树横枝的意义。在天文学上,太阳在天空中运行的轨道称为黄道,黄道带经过一系列的星座,这些星座标志着太阳、月亮和其他行星在一年中经过的天区。在中国,这条带状天区被称为"日月舍"。古希腊人把黄道划分为

12个天区,每段都有一个星座标识,称为黄道十二宫。东亚先民则把黄道和天赤道均分为28个天区,每段也有一个星宿天官标识,称为四象二十八宿星官,文献称"二十八宿为日月舍"说明星官是太阳和月亮运行轨道上的标识物。而玛雅人则把黄道分为十三个天区[35]。在玛雅语中,Chan 意思是天空,Kan 意思是蛇,两者为同义词,因此玛雅文化中蛇或蛇形往往象征着一条带状天区。玛雅人在石碑上往往把太阳所运行的黄道绘成一条爬行类的两头蛇或一只长着兽类身躯的双头怪兽,玛雅人称之为"宇宙怪兽",美洲考古学界称之为两头蛇。美洲考古学者研究发现,宇宙怪兽一边是长着鹿耳和鹿蹄的鹿头,且一般都带有金星的标志;另一边通常是长着一个枯瘦下颚的头,且总是带有太阳的标识,身躯象征着太阳经过的天区。在天文学上,金星总是在太阳东升之前先出现在东方,又在太阳没入西方地平线后出现在西方,故又称启明星和长庚星,是太阳的伴星。如图八,帕伦克宇宙树上的蛇形横枝代表的正是太阳的黄道,如图九,《马德里手稿》中一条响尾蛇蜿蜒在数页纸上,玛雅学者认为这代表着雨季来临时的天象与历法[36]。很明显,玛雅人把黄道比拟成一只两头怪兽或者双头蛇,因此在帕伦克神庙里的墓志铭上,双头蛇旁边标志着太阳、金星和月亮。

最关键的是宇宙树上的神鸟,它究竟代表什么?从上至前古典期末段的伊萨帕石碑,到古典期末段的帕伦克墓志铭,再到当代的"基切族"玛雅人,宇宙树上的神鸟一直是他们最古老的神伊察姆·乙,至尊神鸟。伊察姆·乙在玛雅人标识着天文符号的天区上代表着天顶、天极枢或北极星。直至今天,生活在危地马拉的"基切族"玛雅人依然把北斗七星称为 Vucub Caquix,即七金刚鹦鹉。从鸟的形态和名字来看,玛雅人把北斗七星的斗魁看作鸟身,斗勺看作长长的鸟尾(图十)。从后形成期的奥尔梅克人至前古典期的玛雅人,他们都把北斗七星看

㉟ Bibliothèque Nationale de France, "*Codex Peresianus*", Paris, France: Bibliothèque Nationale de France (2011), Retrieved 2013-04-15.

㊱ a.[危] Ciudad Ruiz, Andrés; Alfonso Lacadena (1999): "El Códice Tro-Cortesiano de Madrid en el contexto de la tradición escrita Maya", In J.P. Laporte and H.L. Escobedo, *Simposio de Investigaciones Arqueológicas en Guatemala*, 1998 (Guatemala City, Guatemala: Museo Nacional de Arqueología y Etnología): 876–888, Retrieved 2012-07-23; b.[墨] Noguez, Xavier; Manuel Hermann Lejarazu; Merideth Paxton and Henrique Vela: "Códices Mayas", *Arqueología Mexicana*: *Códices prehispánicos y coloniales tempranos- Catálogo* (Editorial Raíces), August 2009-10-23.

作北天极的标志。但到了前古典期末段，北斗七星作为建时和授时标准的准确性已经受到玛雅星象学家或祭司们的质疑，故在石碑上，国王们总是头上顶着至尊神鸟的神徽和头饰，臂上戴着代表黄道的两头蛇饰带起舞。他们此时化身为天顶上取代北斗七星地位的太阳神，身具沟通天地和天神的功能。到了古典期，鸟神的头饰更加式微，但伊察姆·乙的地位依然很高，他被尊为伊察姆那，身上有时还会加上太阳的标识。至此，北斗七星与太阳同为建时和授时标准，北斗神和太阳神融合，而伊察姆那始终被尊为玛雅民族的人文始祖，相当于中华民族的三皇之首——伏羲的地位。

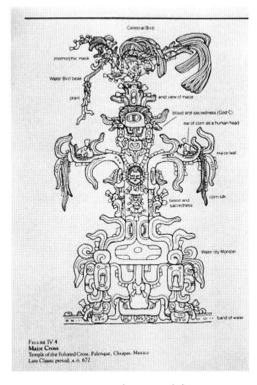

图十　玛雅宇宙树及神鸟

从表层文化来说，在现在的尤卡坦半岛和危地马拉，每年的8月13日日入后（21∶00），夏季的银河在夜空中处于子午线的东方，近乎垂直于地平线（北偏东30°）。此时，生活在这个地区的玛雅后人所见的北斗七星已经移到了赤经13时48分至11时02分和赤纬50°至60°之间的西北天顶。两小时后的午夜时分，银河转过了子午线以西，而北斗七星则消失在北方地平线下。这就是玛雅神话传说中七金刚鹦鹉被英雄双胞胎从至高无上的宇宙树树顶上射下来的原版。对于基切族玛雅人来说，仲夏之后当北斗七星在日入后不久便没入北方地平线，预示着每年飓风和洪水季节的到来。因此在玛雅传说中，七金刚鹦鹉统治着大洪水之前的时代，后来英雄双胞胎夺取了七金刚鹦鹉的统治地位，大洪水来临，英雄双胞胎化身太阳和月亮，成为玛雅世界新一代空间、时间和精神信仰的统治者。

从深层的历史文化来说,在前古典期,玛雅人继承了奥尔梅克人从东亚带来的古老的"观象授时"传统,把北斗七星作为建时和授时的标准,因而依然把北斗七星看成本民族最古老的人文始祖——伊察姆那,把他比作至尊神鸟置于宇宙树之巅,让他继续统治着玛雅世界。然而,因为岁差的原因,北斗七星从玛雅文明的前古典期,公元前1000以后逐渐远离了天北极,到了玛雅文明古典期,公元0年时,北斗七星已经移到了赤纬60°至70°之间,对观测真天极的指示作用已经远不如一千年以前。加上中美洲的纬度比东北亚的纬度低得多,较难观测到北斗七星,因此在玛雅文明的古典期,北斗在玛雅历法中的权威地位日益动摇,于是才有了太阳和月亮取代北斗七星作为建时和授时标准建立玛雅新历法的需要。在此前提下,玛雅文化中才产生了英雄双胞胎取代七金刚鹦鹉而成为新世界统治者的必要性。

图十一　玛雅宇宙树壁画

基于以上对宇宙树树根、横枝和树顶神鸟的系列解读,已经完全可以把宇宙树的树干清晰无误地解读出来:宇宙树就是春夏时节的银河。1993年,美洲学家戴维·福瑞德尔(David Freidel)、琳达·席勒(Linda Schele)和乔伊·帕克(Joy Parker)共同出版了研究著作《玛雅宇宙:三千年萨满之路》[37]。他们在文章中描绘了一幅玛雅宇宙图。他们认为,同全世界的文明一样,玛雅文化中的宇宙树被视为通过天极而洞穿了"天之心脏",即北极天区所在的黑暗区域。而且,

---

[37]　David A. Freidel, Linda Schele and Joy Parker: *Maya Cosmos: Three Thousand Years on the Shaman's Path*, New York: William Morrow & Co. 1993.

在玛雅艺术中很多关于宇宙树的图画中(图十一)都很清晰地描绘了宇宙树上蹲踞着的伊察姆·乙,树干上左右各一颗巨大的果实,要留意的是右边的那颗果实比左边的略低一些,还有树根那张着巨口的怪兽,树根的右边经常出现一只巨大的蝎子。所有这些构成成分使这幅图画的内涵已经非常明确地表达了出来。玛雅宇宙树是春夏时节银河的象征,此时的银河比较垂直于地平线。她从西南的苍龙七宿(天蝎座)开始,即玛雅人画的大蝎子,经过牛郎星(天鹰座)和织女星(天琴座),即树干上的两颗大果实,延展到北部极星,即北斗七星附近。

笔者认为,在新石器时代末期(公元前2500年至前2000年),从东北亚迁徙至中美洲的美洲先民到了墨西哥和危地马拉交界处的太平洋沿岸,当他们在漆黑的夜晚仰望浩瀚的宇宙时,他们总会清晰地看到一条巨大的、周边闪烁着数以亿计璀璨星光的银白色带状物横亘天际。他们注意到,当旱季来临时,即11月15日左右开始,它在东方地平线上由东南向西北方竖起,穿过夜空直达北极天区附近,之后逐月顺时针旋转;2月15日左右,它旋转到低纬度,与天赤道平行,像一条巨蛇横穿南中天,之后继续顺时针旋转,直到变成雨季的状态。当雨季来临时,即5月15日左右开始,它在西方地平线上由西南向东北方竖起,穿过夜空到达北极天区附近,之后继续顺时针旋转;8月15日左右,最壮丽的天文景观出现,巨大的银白色带状物像彩虹一样跨越天顶,连接东西天赤道。

在玛雅人眼里,在中美洲的雨季(5月至10月),这条银白色带状物就像从一棵地底下生出而伸向北天极支撑着天地的巨树,天上的群星就是那棵擎天树树枝上开满的鲜花(图十二)。其间,也会像彩虹一样成弧形跨越天赤道的东西两端和天北极。而在旱季(11月至来年4月),就像一条横跨天际的大白蛇(或白色的路)。他们把欧亚大陆普遍被称

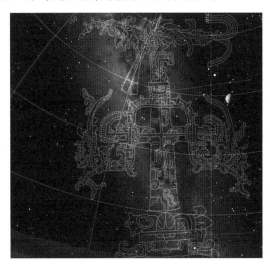

图十二

为银河的银河系称为"哇嘎坎",哇嘎表示"六"或"竖起",坎表示"四""蛇"或"天空",就是从地上长出来,伸到北天极,支撑天地中央和四方的"宇宙树",或横跨天际的"白骨蛇",或通向玛雅人复活之渊的"白路"(玛雅语 sak beh)和"冥府之路"(Xibalba Bih)。而且,玛雅人还注意到,"宇宙树"和太阳、月亮和五大行星运行的黄道相交,有时在中天,有时在靠近西方地平线,他们便在石碑上雕刻的宇宙树主干上刻上一横枝来表示银河与黄道的相交,以两头蛇表示太阳神和月亮神运动的黄道带。在树顶上蹲踞着的玛雅民族的最古老的至尊神鸟,伊察姆·乙,象征着奥尔梅克和早期玛雅天文学的授时主星北斗七星[38]。

宇宙树的横枝象征的黄道带与苍龙七宿(天蝎座)和玄武七宿(人马座)星群相交于银河之上。通常,这些出现在玛雅宇宙树上的横枝都有蛇头,这再次将天蝎座的恒星与这种神秘的生物联系在了一起。玛雅人应该将天蝎座单独识别为一个小型星群,称为 sinaan,意即"蝎子",并把它放在象征着银河的宇宙树的底部。如果这个星群正是现代西方天文学观念中完整的天蝎座,那么这种对应就很有研究意义。因为如果在两千多年前玛雅人和巴比伦人就将夜空的恒星联想为同一种物体,那可能不是巧合。

对于玛雅人来说,"天之心脏"的位置与东北亚最古老的盖天学说传统完全相同。在宇宙树穿过北天极的前方。蹲踞在其顶部的是伊察姆·乙神鸟,也就是伊察姆那。伊察姆·乙在犹加德克的玛雅人(Yucateca Maya)中对应基尼奇卡科莫(K'inich K'ak'mo),意指"太阳眼—火鹦鹉",也是一位先祖,形象是带翅膀的怪物,学者们称其为"至尊神鸟",该神鸟常常表现为一张嘴上叼着两头蛇的至高无上的彩色秃鹫国王(Sarcoramphus papa)。鹦鹉、秃鹫、蛇三者在中美洲的卡克奇克尔信仰(Cakchiquel,与玛雅有关的一支危地马拉山地部落)中汇聚在了一起。他们崇拜着"冥界鹦鹉"(Xib'alb'ay Kaqix),源于七金刚鹦鹉,并将其描述为"一只吃蛇的状如秃鹫的鸟"。根据上文的论证,所谓口中叼着蛇的形态各异的神鸟的原型就是中国天文学文献中"二十八宿为日月舍"所指的太阳和月亮停留的赤道带和"杓携龙角,魁枕参首"的北斗七星。

---

[38]　George Kubler, *The Art and Architecture of Ancient America*, 3rd Edition, Yale University Press, 1990.

很明显,这只鸟就像奥尔梅克传统中的美洲豹一样,是作为时间记录者而出现的。在新石器时代末期,它在天文学、历法上漫长的统治便结束了,其原型被逐渐遗忘。因此在漫天的恒星中找回伊察姆·乙(伊察姆那)/七金刚鹦鹉的真正原型是很有意义的。笔者认同纽约州立大学的丹尼斯·特德洛克(*Dennis Tedlock*)教授 1985 年对玛雅神话的一段注释:"在民族天文学中,以前某些使用奎室语(一种玛雅语言)的居民将七金刚鹦鹉用于表现大熊星座的七颗恒星。"[39]《玛雅宇宙》的几位作者把这只宇宙树上的神鸟等同于大熊星座也是正确的。而马里昂·哈特奇则率先注意到天津(天鹅座)在玛雅文明中也扮演着协助北斗七星进行建时和授时的工作。笔者相信天津(天鹅座)在奥尔梅克人和玛雅人早期的宇宙观中应该是北斗建时系统的一个辅助定时器。

总而言之,玛雅民族把欧亚大陆所熟知的银河想象为宇宙树,玛雅宇宙树代表着地球和太阳系所在的银河系,而银河系则代表着宇宙生命的诞生、死亡和秩序。这个宇宙观是否合理呢?经过近两个世纪的科学研究,我们已经知道,地球围绕着太阳公转,而太阳则围绕着银河系的中心公转。天体学家指出,太阳位于银河系这个带有两条悬臂的棒旋星系中一条叫作猎户的旋臂上,距离银河系中心约 2.64 万光年,逆时针旋转。太阳系在猎户臂靠近内侧边缘的位置上,正位于科学家声称的银河生命带上。太阳带领着九大行星在轨道上以每秒 217 公里的速度在一条椭圆轨道上围绕银河系中心高速旋转,依然需要 2.25 亿年至 2.5 亿年才能在轨道上绕行一圈,经历一个银河年。地球的生命已经过去约 49 亿年,可知已经经历了约 20 次银河年。在过去数十亿年中,地球陆地和海洋的所有变化,所有物种的生生灭灭,都是地球在这漫长的银河年中因银心引力场的变化而改变飞行速度,使地壳发生改变而发生的。可见,银河系确确实实决定了我们所在这个星系、这个星球上所有生物和非生物的诞生和死亡秩序。因此笔者认为,玛雅文明的宇宙观相比其他文明确实有非常先进之处。

那么,作为中美洲民族的来源地的东北亚,在新石器时代早期文化中难道完

---

[39] Denise Low,"*A comparison of the English translations of a Mayan text, the Popol Vuh*", *Studies in American Indian Literatures*, *Series* 2[New York:Association for Study of American Indian Literatures (ASAIL)]4(2-3):15-34.1992.

全没有对银河系的观测和信仰吗？东亚民族难道没有类似的宇宙观吗？

在中国东北地区的兴隆洼文化区,辽宁省考古研究所发掘了三处祭祀遗迹,其中辽宁省阜新市距今8000年前的查海遗址比较突出。1994年6月至1995年1月,在查海聚落遗址的第七次发掘的报告中称,在聚落中部偏上坡处,有一座120平方米的大型房址,房址南面的基岩上有一处"龙形堆石"(图十三),采用大小均等的红褐色玄武岩自然石块堆摆而成。"龙"腹南面有三个祭祀坑,西南有十座墓葬。发掘者描述:"其造型酷似一条巨大的龙,头朝西南,尾向东北,方向215度。龙头龙身堆摆石块厚密,而尾部堆摆石块较松散。头部堆石保存不甚良好,局部有缺失。其整体造型呈昂首、张嘴、屈身、弓背、尾部若隐若现状,给人一种巨龙腾飞、神龙见首尾难见之感。龙形堆石全长19.7米,头部宽约3.8米、厚约0.12米,颈部宽约2.85米、厚约0.38米,龙身宽约2.2米、厚约0.16米,尾部石块散乱。"[40]

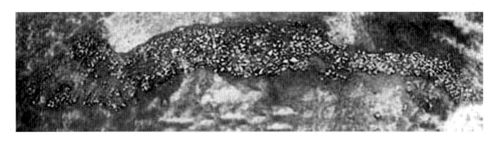

图十三　阜新查海"龙形堆石"

当初发掘者对这堆石是否是"龙"持比较谨慎的态度。因为客观来说,如果仔细观察,这条"龙"确实有点似是而非,它只有身躯,并没有明确的头部,更没有足,躯干部分还多了不少无法解释的"零碎"。这条"龙"与濮阳西水坡M45号墓出土的蚌壳龙形象有质的区别。西南部的所谓"龙头"呈较宽阔的三角形,石堆仅有北部一堆和南部三堆石子组成该三角形的外部轮廓,中间零散铺些石

⑩　a.辽宁省文物考古研究所:《查海——新石器时代聚落遗址发掘报告》中册,文物出版社,2012年,第539页;《阜新查海新石器时代遗址试掘简报》,《辽海文物学刊》1988年第1期;《辽宁阜新县查海遗址1987年—1990年三次发掘》,《文物》1994年第11期;b.方殿春:《阜新查海遗址的发掘与初步分析》,《辽海文物学刊》1991年第1期;c.辛岩:《阜新县查海新石器时代遗址》,《中国考古学年鉴·1995》,文物出版社,1997年。

子,还有很多空缺,发掘者因此认为是保存不好所致。这些空缺是因为岁月流逝和保存不好而失落呢,还是本来就这样?西南部龙头龙身较粗,石块较厚较密,东北段较细,石块较少、较松散,是为了表现龙的形象吗,还是为了表现别的形象?有学者认为这是中华龙最原始的形态,并引闻一多先生龙的起源考证,认为龙起源于大蛇,大蛇就是龙。后经苏秉琦先生考证,认定这是龙形堆塑。这样,阜新便发现了8000年前中国最早的龙图腾。

龙确实是中华民族后来的图腾和族徽,说这条带状石头堆塑是龙本来也是顺理成章、无可厚非的。但要证明这条8000年前与龙形象还有较大距离的堆塑是龙,中间还缺乏很多的科学论证环节,并不是罗列后世文献中本身就很难经得起推敲的莫衷一是的“证据”就行的。其实,研究过兴隆洼文化的玉玦,看过濮阳西水坡M45号墓中蚌壳铺设的象征东宫苍龙七宿和西宫白虎七宿,就知道古人信仰之虔诚,心思之缜密,做事之认真,创造力之强大,表现力之丰富只在今人之上而不在今人之下,要摆出明确的龙形象并非难事,为何要摆出这么一条模糊不清的石头堆来表现龙呢?如果对此表示怀疑,那么查海先民堆砌那么庞大的一条碎石带究竟想表达什么?对他们来说有何意义?

在长江中游的大溪文化区,1993年6月底,在挖掘合九铁路路基时,湖北省考古研究所在湖北省黄梅县境内离县城10公里的白湖乡焦墩遗址大溪文化地层抢救性发掘了一条用颜色

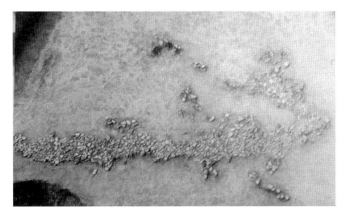

图十四　湖北黄梅“卵石摆塑龙”

各异的卵石铺成的不规则的东西走向的带状物(图十四)。该遗址距今6000年左右,经考古专家鉴定,这条带状物是用鹅卵石堆塑的“一条龙的形象”,长4.46米,高2.26米。一些学者描绘得很生动,这条“龙”头朝正西,尾朝正东,龙首高昂,长角后扬,张嘴曲颈,眺望远方。龙头或似牛或似鹿,龙身似蛇身,龙尾象鱼

尾,龙爪或类兽爪或类猛禽爪。呈东西走向,形态生动,威武雄壮,状若腾飞。有鉴于此,考古学界称之为"卵石摆塑龙"。

该堆积物粗略来看确实可以说略有点像抬头爬行着的龙。首先,黄梅先民在"龙"头用鹅卵石铺出两处突起,使之似是而非,既像长着双角的牛头,也像举着双钳的蝎子,故研究者们的解读也莫衷一是。而且问题在于他们在左边的"犄角(或钳子)"上方还用鹅卵石铺出一条明显的延长线,远处顶端还有一些学界至今没有解释的东西。其次,"龙"身上也有至少三处疑惑:一是身躯粗细不匀,起伏不规则,多棱角,不像濮阳西水坡 M45 号墓那条明确无误的蚌壳龙;二是本来应该只有两爪或四爪的龙身却有至少五处长短不一、形状不一且无法解释的"龙爪",不像蚌壳龙确凿无疑的爪子,更无法确定是兽爪还是鸟爪;三是尾部比身躯还粗,与一般龙尾的表现方式不同,形态也不明确,不像任何动物的尾巴。总体而言,黄梅鹅卵石"龙"形象与濮阳西水坡象征苍龙七宿的清晰的爬行类完全不同,而与查海模糊不清的玄武岩"龙"形象异曲同工。因此,如果完全客观地、细致地去观察这条鹅卵石铺成的带状物时,就会看到很多明显的、无法解释的"龙"身上的"多余"部分。这条鹅卵石堆积虽在土里历经了 6000 年,但科学的发掘未曾对它产生破坏,也就是说,黄梅的鹅卵石和查海的玄武岩石块一样,应该不会因岁月而导致整个堆积形态由原来清晰变得漫漶不清,甚至多出很多不必要的东西。那么,黄梅先民堆砌这么一条形态特别的鹅卵石带究竟想表达什么? 对他们来说有何意义?

在地球上,人们一年四季都可以看到银河,而在北半球,当前(2014 年)在夏至午夜开始才能在南中天看到斗宿(人马座)至天津方向那段最明亮、最壮观的银心和银河大裂缝部分(图十五)。对于地球人来说,银河其实像一个光环围绕着地球,在天空上明暗不一、宽窄不等。夏季看到的尾宿(天蝎座)至斗宿所在的银心(银河系中心)最宽处约 30°,是最明亮的一段,其中最引人注目的是斗宿至天津之间的银河大裂缝(the Great Rift);而冬季看到的银河比较细小和惨淡,阁道至天船(仙后座至英仙座)所在最窄处只有 4° 至 5°。对于北半球来说,作为夏季午夜星空的重要标志,银河是由东北天顶向西南地平线延伸的白色光带,在右旗(即天鹰座 δ 星,δAql)与天赤道相交。银河周边最显著的当然是其北面天北极附近的北斗和大角星（牧夫座 α 星），银河北边的织女一（天琴座 α 星，αLyr）、南边的河鼓二（天鹰座 α 星，αAql）和银河中间的天津四（天鹅座 α 星，αCyg）所构成的"夏季大三角"。

大角是全天夜空中第二，北半球夜空中第一亮星，远古时期被看作是东方苍龙七宿的一只角，这就是"大角"星名的来源。现在的东方苍龙七宿之第一宿角宿的两只角并不包括大角，而是角宿一（室女座 α 星）和角宿二（室女座 ζ 星）。远古时期的东方苍龙曾经有三只角吗？陈久金先生解释：根据古史记载，东宫苍龙七宿确只有两只角，但原本的那两只角，一只是

图十五　大裂缝

大角，另一只是角宿一，当初角宿二因为很暗而没计入角宿。后人认为大角距离黄道和赤道太远，才以角宿二取代了大角。但是，大角这一星名却一直保留了下来。陈遵妫先生也指出："古法角宿，实从大角算起，它和角宿二星，共三星形成牛首的样子。由于它最亮，所以列为二十八宿之首，后人由于它入亢宿 2.5°，遂把它列入亢宿。"[41]大角星又名天栋。《史记·天官书》说："大角者，天王帝廷。"《晋书·天文志》说："大角者，天王座也，又为天栋。"

大角在中国古代天文学中有特殊的地位，它不仅是全天第二，北半球第一亮星，更重要在于它是北斗七星指示方向的标志。《史记·天官书》称："昏建者杓""杓携龙角""大角者……直斗杓所指，以建时节"，明确记载了古人凭斗杓的指向确定时节的方法。仅仅说斗杓所指的方向还不太明确，在斗杓的下方，以大角和左右摄提为标志，则其方位就具体多了。斗杓所指，沿着大角摄提方向往南，其对应的星官便是角宿和亢宿，角亢是二十八宿的开始。《尔雅·释天》云："数起角亢，列宿之长，故角之见于东方也。物换春回，鸟兽生角，草木甲坼。"郭璞注："数起角亢，列宿之长，故曰寿。"在公元前 4000 年至前 3000 年，当岁首角、

亢二星昏见东方时,房宿(天蝎座 β、δ、π、ρ 星,Sco β、δ、π、ρ)和心宿(天蝎座 α
星,αSco)都在秋分点方位。因此,斗勺所指的延长线上,不仅有大角和摄提,
角、亢二宿,还有梗河、氐宿、房宿和心宿等,它们都在不同的时代起过判断时节
的作用,因此为东亚先民所重视和关注。

"夏季大三角"(图十六)由银河
北面赤经 279°22′30″、赤纬 38°47′59″
的织女三星,银河南面赤经 297°54′、
赤纬 8°54′45″的牛郎三星,银河东面赤
经 310°30′、赤纬 45°20′26″的天津四星
组成。夏季大三角近似一个直角三角
形,织女星就位于其顶点的直角上。
由于附近鲜有亮星,所以夏季大三角
在北部天空非常突出。

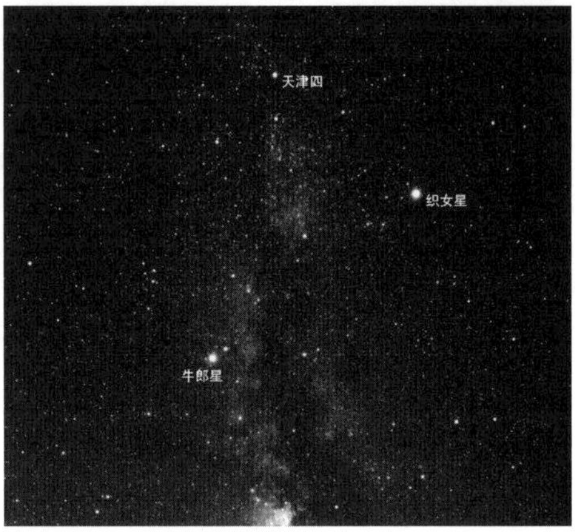

图十六 夏季大三角

织女星对中国人来说非常重要,
在西方属天琴星座,有三颗,织女一,织女二,织女三,其标志是织女一。织女一
在公元前 12000 年离真天极 6°,是公元前 13000 年至前 11000 年唯一的北极星,
在全天夜空中亮度排名第五,是北半球第二明亮的恒星,仅次于大角星,而且非
常靠近地球,距离只有25.3光年,是太阳系附近最明亮的恒星之一。在中国古代
神话传说中,织女为天帝孙女,故亦称天孙。当前,在夏夜的北半球中纬度地区,
织女星经常出现在天顶附近,正如 2013 年 6 月 30 日00:00,织女星正好穿越天
顶的子午线;而对于冬天的南半球中纬度地区,织女星一般低垂在北方的地平线
上。由于织女星在赤纬 38°47′,因此观测者只能在南纬 51°以北的地区看见它。
在南极洲以及南美洲的大部分地区,织女星不会升到地平线上。而在北纬51°
以北的地区,织女星一直位于地平线上,成为一颗重要的拱极星。

牛郎星属天鹰星座,也有三颗:河鼓一、河鼓二、河鼓三,通常说的牛郎星是
河鼓二,在全天夜空中亮度排名第十二。河鼓一、河鼓三则被视为牛郎星的两个
孩子。在河南南阳出土一块汉代画像石(图十七),中心为白虎,白虎前刻出织
女星,白虎后为牛郎星,明确指出织女星在前,牛郎星在后,这是公元前第 1 千

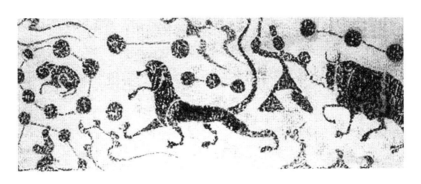

图十七　南阳汉画像石

纪,即西周以后的天文现象。其中的牛郎图像是一位农夫牵着一头牛,表示牵牛星,牛体上方呈横直线的三颗星,正是牛郎星。织女图像,高髻坐姿,周围有四颗星,正代表织女星。最值得留意的是,织女星和牛郎星在赤经上的位置在过去的数千年中是有变化的。当前,织女一在赤经上比河鼓二往西 1° 有余,也就是织女一在河鼓二之前。而在公元前第 2 和第 3 千纪,织女一和河鼓二在天上几乎在同一赤经,肉眼难分先后。回到公元前第 4 和第 5 千纪,肉眼看河鼓二就明显超前于织女一了。

天津四是星官天津中的第 4 颗恒星,在全天夜空中亮度排名第十九。在中国神话故事中,牛郎和织女这一对分隔在天河两边的恋人会在七夕这一天通过由喜鹊搭建的桥跨过银河相会,这座桥被称为天津。天津四处银河正中,与天津一组成天津桥的核心和西方天鹅座的身躯,在织女一的东面,与织女一、河鼓二组成夏季大三角,在古代天文观测中也非常重要。

回溯到 8000 年前,当前夏至午夜开始的这种天文现象提前了三个月。春分的午夜或者夏至的日入后,从东经 121°48′6.72″,北纬 42°11′2.91″,海拔 295 米的辽宁阜新查海仰望宇宙,银河从东北天顶以约东偏北 35°,即呈 215° 左右,穿过子午线没入西南地平线,而银河最明亮的银心和银河大裂缝部分恰好在天赤道上,非常令人瞩目。此时的银河在天赤道上并不是与右旗,而是与苍龙七宿的尾宿二(天蝎座 μ2 星,μ 2Sco)、尾宿八(天蝎座 λ 星,λ Sco)、箕宿二(人马座 δ 星,δ Sgr),玄武七宿的斗宿四(人马座 σ,σ Sgr)在银河的南部相交。因为天赤道以下部分的银河比较稀疏,且查海的海拔在 166 米左右,天赤道以下的银河较难观测。而银心北面的心宿和房宿两个星群,南面的尾宿、箕宿、斗宿和建星三四个星群包围着银心和银河大裂缝,形成夜空中一个庞大而明亮的三角形银河区域,使银心和银河大裂缝对比更加强烈,成为春夏夜空壮观的天文景观。

从以上的天文观测可以明显看出,虽然不能完全否定辽宁阜新查海的玄武岩石堆与后世龙形象有某些潜在的联系,但查海先民摆出来的确实不是龙更不是蛇,而是银河。他们把在春分午夜后或者夏至日入后所观测到的银河形态以镜面的方式精确地摆在了他们的聚落中心——当时的祭祀中心。

其一,为什么要把石块堆摆成头朝西南、尾向西北、215°的带状?因为春分午夜后或者夏至日入后,银河正是从东北天顶贯穿南中天没入西南地平线,角度215°左右,与查海玄武岩堆成的银河恰恰形成镜面对应关系。而且从发掘报告来看,该石堆的长宽比例为19.7米比2.2米,约合9:1,这个比例正是春分到夏至期间东北亚看到的银河的长宽比例。也就是说,查海先民是有意把地面上的玄武岩堆摆成215°,这样在春分午夜或夏至日入后的两个时间进行祭祀活动时,天上的真银河和地上的模拟银河会在特定的时间形成了上下完全对应的震撼场景,这将令查海先民午夜或日入后对祖先的祭祀活动进入高潮。因此,这条玄武岩石块堆摆起来的带状物应该称为"春夏银河星图"。

其二,为什么龙头龙身堆石厚密,而尾部松散成"若隐若现状,给人一种巨龙腾飞、神龙见首尾难见之感"?因为只要研究和观测过银河,就知道银河系是一个巨型棒旋星系(漩涡星系的一种),由中间的银河系中心(也称银心),由内而外的四条旋臂和旋臂边缘组成。从正面看是一个巨大的逆时针漩涡,从侧面看则是一个中间厚、两边薄的蝶形。带状石堆的西南段其实是银心,中间段是旋臂部分,是银河系的中心和接近中心的最厚部分,东北段则是旋臂边缘部分。银心是一个很亮的扁球体,直径约为20000光年,厚约为10000光年,由高密度的恒星组成,主要是年龄大约在100亿年以上的老年红色恒星,这应该就是查海先民选用红色玄武岩,并把西南部和中部石块堆砌厚密的真实含义。而东北部是银河系旋臂的边缘部分,恒星很少,所以看起来很稀疏,若隐若现,并不明亮,这便是查海先民把东北部石块堆砌松散、若隐若现的真实原因。

其三,为什么"龙头堆石厚密却又保存不甚良好,局部有缺失"?这是因为在斗宿(人马座)至天津(天鹅座)之间存在着一条银河大裂缝。大裂缝(或称为暗缝和暗河),是一系列重叠的非发光体、分子尘埃云,位于银河系的人马臂和太阳系之间,距离地球大约 100 秒差距,即 300 光年。以肉眼观察,大裂缝像是纵向切割银河最明亮部分的黑暗带,占了银河宽度的三分之一。建星(人马座 π 星等,πSgr)至尾宿这段在银心部分,非常清晰。而从天津开始的大裂缝一直延伸到尾宿,天津至河鼓这段因靠近旋臂边缘,肉眼看没有银心部分清楚。这就是为什么查海先民在模拟银河西南部的银河大裂缝时有意两边堆放厚密而中间很稀疏,确实极容易造成不理解银河形态的后人的严重误解。从东北亚到中美洲,先民们都极其注意银河大裂缝,玛雅人认为那是生命的源泉和归依,笔者认为查海人也有类似的认知,因为那 10 座墓葬之处正对着银河大裂缝,明确指向的正是生命归去和复活的方位。

其四,考古报告上称,"其整体造型呈昂首、张嘴、屈身、弓背"。所谓西南方昂首张嘴的龙头实际上与龙头毫无关系,而是查海先民表现银河系最明亮的银心部分,这部分夹在房宿、心宿、尾宿、箕宿、斗宿和建星之间,呈三角形,这就是为

图十八

什么查海先民把西南部摆出三角形,北部一堆正对应着天上西南部银心北边相邻的房宿和心宿所在,南面三堆正对应着分布在天赤道南北、银心南面的尾宿、箕宿、斗宿和建星所在(图十八)。而所谓"屈身、弓背"是银河在建星至河鼓二(牛郎星)至织女一(织女星)之间向北弓起靠近银心的旋臂部分。

其五,报告把玄武岩石堆定性为龙,自然不会提及天文上的"夏季大三角"。然而查海先民却在石堆上清晰地记录了下来,只是根本没有引起后人注意而已。石堆东北部的 D 区,一是明显变窄了,二是有两块较大的和一堆玄武岩石块明

显地离开了石堆主体,一在 D 区北,一在 D 区南,这两块的连线几乎位于正南北,它们的东面的一堆碎石与这两块较大的石块可以连成一个三角形。这三个位置很清楚地显示出,查海先民已经注意到了我们现在称为"夏季大三角"的银河中最明亮的河鼓二、织女一和天津四所在的天津星座。而且很明显,查海先民也注意到了其时河鼓二和织女一几乎在相同赤经上,也就是两星连线几乎正南北的天文现象。因为在 8000 年前,河鼓二在赤经 $199°39'30''$,而织女一在赤经 $211°23'30''$,即河鼓二比织女一往西 $11°45'$,但明显是河鼓二在前,织女一在后。这个形象到了 5000 年前就改变了。

图十九　阜新查海"龙形堆石"180°旋转后效果

最后,由于具备了这样的天文认知,决定了查海先民在把春分或夏至那一天夜空中的银河形态完全作镜面对称地摆在地面上。笔者完全可以想象查海先民的心情,春分午夜或者夏至日入后,升上了南中天的银河与地面上玄武岩堆摆起来的银河交相辉映,那是多么美妙而神圣的时刻。象征银河的石堆的北面的大房基址和南面的祭祀坑和墓葬遗址应该是在信仰的驱使下刻意安排的(图十九)。银河北面的大房子所在应该对应着北斗所在的北极天区,银河南面的 3 个祭祀坑表现的应该对应着银河"夏季大三角"的河鼓二、织女一和天津四三颗最明亮的星体,把重要死者的十座墓穴摆放在对应银河大裂缝的南面,应该表示在此时分,查海先民为死者进行一系列祈求生命的安息和回归的祭祀礼仪活动。

到了 6000 年前,这种天文现象从东经 115°54′28.66″,北纬 29°58′47.25″,海拔 15 米的湖北黄梅焦墩观测则推迟了一个月。此时的银河在天赤道上并不是与尾宿、箕宿或斗宿,更不在右旗,而是与苍龙七宿的距星心宿二在银河的北部相交,南部依然是尾宿、箕宿、斗宿和建星,但这几个星宿已经往天赤道南移了 10°,到达了南赤纬 10° 至 20° 之间,明显已经没有 8000 年前那么瞩目了;其次,织女一、河鼓二和天津四组成一个近似直角三角形的夏季大三角;其三,大角与亢宿在同一赤经之上,故开阳、摇光和大角的连线直指亢宿,而且大角与心宿的连线与银河形成 45° 的夹角;其四,大角星在天赤道以北的赤纬 53°,角宿一在赤纬 18°,两角相距 35°,这两个角组成的古龙角,比起角宿一和角宿二组成的新龙角壮观得多,这就是远古时期以大角和角宿一组成苍龙七宿的龙角的原因,两个角与心宿二在南中天上组成一个比河鼓二、织女一和天津四夏季大三角大数倍的夏季大三角;其四,此时的河鼓二在赤经上在织女一的西边 4°33′36″,两者几乎在同一赤经上,这是 5000 年以前的天象,5000 年后,织女越过了河鼓,变成了织女一在西,河鼓二在东;其五,大角与心宿二之间的连线与织女一与河鼓二之间的连线近乎平行,如果把大角、心宿二、织女一和河鼓二连接起来,其形状近似一直角梯形。

再仔细审视黄梅焦墩鹅卵石堆摆成的"龙"(图二十),此时应该已经非常清楚。黄梅先民堆摆该形态的精神文化内涵之复杂程度,表现形态之精确程度其

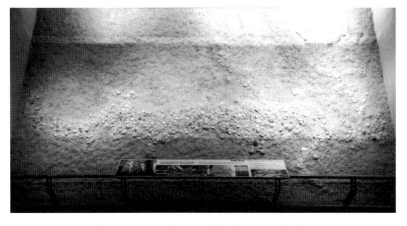

图二十　湖北黄梅县博物馆"卵石摆塑龙"

实远远超越当代人的想象力。一定要把这个图像解释为"龙"不是不可以"自圆其说",只是实在太辱没了我们先民的智慧而高估了现代人的水平了。

其一,参考阜新查海玄武岩堆砌的银河,头朝西,尾朝东,或者头朝西南,尾朝东北,都是春分午夜或夏至日入后人们所看到的银河形态,因此,这个鹅卵石铺就的形态的全称应该是"春夏银河及东宫星图"。

其二,与阜新查海玄武岩堆摆的银河和濮阳西水坡的蚌壳铺砌的青龙对比,黄梅鹅卵石摆塑的"龙身"颈部和肩膀转折突然,前后粗,中间细,粗细不匀,起伏不定,有棱有角,不符合龙身应有的匀称流畅的体态。因此可以更加肯定,黄梅先民 6000 年前摆塑的这个形态与龙没有关系,而与查海先民堆塑的那条银河有关。但黄梅银河与查海银河的形态区别很大,其西面多了一个由西南折向东北,与银河成几乎 45° 的昂起的"龙头"形象,这是为什么?这个昂起的"龙头"并不是当代人认识的图腾龙头,而是濮阳先民用蚌壳铺砌的苍龙七宿的龙头。从两只龙角的距离来看,6000 年前的黄梅先民所选用的苍龙七宿的两只龙角不是 6000 年前在赤纬 18°宿一和 29°宿二,而是在 18°宿一和 53°大角,这验证了陈遵妫先生所说的:"古法角宿,实从大角算起"之天象使用方法至少流行于 6000 年前。这样,两只角的间距比角宿一和角宿二大得多,壮观得多。令人叹为观止的是,如果把 6000 年前大角和心宿的连线与银河相交,其夹角也是 45° 左右。

其三,从濮阳西水坡 M45 号墓出土的蚌壳星图来看,6500 年前,濮阳先民至少已经建立了二十八宿星官体系中的东宫苍龙和西宫白虎两个星官体系。这说明他们已经认识到了东宫苍龙七宿与春分和夏至的关系。故后世如《尚书·尧典》才有四仲中星的记载:"日永,星火,以正仲夏……日短,星昴,以正仲冬。"这个火便是大火,东宫的氐、房、心三宿,昴便是西宫的昴宿星团。虽然这是殷末周初的星象,但古人肯定很早已经观测到,大火在昏中天时,夏至来临[42]。《尔雅·释天》所云:"数起角亢,列宿之长,故角之见于东方也。物换春回,鸟兽生角,草木甲坼。"古人很早就知道,平旦角、亢升起东方时,春分来临。从黄梅鹅卵石星图来看,很明显,黄梅先民在 6000 年前已经认识到苍龙七宿与银河的关系,即苍

---

⑫　竺可桢:《论以岁差定〈尚书·尧典〉四仲中星之年代》,《竺可桢文集》,科学出版社,1979 年。

龙七宿总是与银河最明亮的银心部分同时出现在春夏之际的南中天。于是黄梅先民们把苍龙七宿与银河结合了起来,创造出远比查海星图和濮阳星图要复杂得多的银河与苍龙七宿的星图形象。参考玛雅宇宙树与蝎子的壁画,两者的共通之处显而易见。当然,东亚先民创造龙形的过程可能是一个比我们目前所知复杂得多的过程,不仅取材于一般所知的东宫苍龙七宿,很可能也取材于银河,最后两者结合才真正成为后世中华民族的龙图腾。

其四,审视黄梅银河及东宫星图,原来"龙"身上一些"不应该"有的"多余"的鹅卵石部分的意义便逐渐清晰了。西部下方伸出比较长的一连串断断续续的鹅卵石当然不是"龙"的前爪,而是斗宿和天鳖(南冕座)所形成的星座连线,其后突出的鹅卵石表示建星。西部上方无法解释的看似杂乱无章的鹅卵石当然也不是被扰乱了的"龙"的前爪,而是天市垣(蛇夫座)中的侯(蛇夫座 α 星,α Oph)、宗正(蛇夫座 β 星,β Oph)、女床(武仙座)和贯索(北冕座)等群星。后部下方的突出由三块较大鹅卵石组成,其后上下各有一处突起,上部的由东面一块较大的鹅卵石、西面两块较大的和数块较小的鹅卵石组成,下部的只有一块鹅卵石。令人惊奇的是这三组鹅卵石形几乎成了一个直角三角形。根据前文所述,其内涵已经很明显。后部下方的三块鹅卵石正是河鼓一(天鹰座 β 星,β Aql)、河鼓二和河鼓三(天鹰座 γ 星,γ Aql),上方东面较大的鹅卵石表示织女一,西面几颗大小不等的鹅卵石应该表示渐台一(天琴座 δ 星,δLyr)、渐台二(天琴座 β 星,βLyr)和渐台三(天琴座 γ 星,γLyr)等,《隋书·天文志上》云:"东足四星曰渐台,临水之台也。"笔者相信天津四和天津一就是尾部鹅卵石当中某两块较大的鹅卵石。三组鹅卵石形成的直角三角形正是织女一、河鼓二和天津最南面的天鹅座 ζ 星形成的三角形。

最后,也是最令人难以置信的是大角东北方连线末段那一堆鹅卵石(图二十一)。根据前文所述,这一连串的鹅卵石证明黄

图二十一　湖北黄梅"卵石摆塑龙"

梅先民和濮阳先民一样明确地把《史记·天官书》里所载的："昏建者杓""杓携龙角""大角者……直斗勺所指,以建时节"等一套北斗建时原则的形成期提前到了 6000 多年前新石器晚期中段。黄梅先民在大角的东北方指示北天极的方向用鹅卵石摆出了斗勺和斗魁组成的北斗七星。斗勺的开阳和摇光连线所指的延长线上,不仅有大角和摄提,角、亢二宿,还有梗河、氐宿、房宿和心宿等,它们都在不同的时代起过判断时节的作用,因此为关注银河和东宫苍龙七宿的黄梅先民所重视便不足为奇了。

迄今为止,在中国新石器时代遗址中经考古发掘出土的大型地面星象图仅有三处:8000 年前的辽宁阜新查海遗址、6500 年前的河南濮阳西水坡遗址和6000 年前的湖北黄梅焦墩遗址。一是三幅星图分处我国的辽河上游、黄河下游和长江中下游,距离之遥远自不待言,故各因地制宜、用材不一、体量各异,但均各有所指、表达精准、内涵深邃,充分证明了苏秉琦先生提出的新石器时代中晚期东亚地区考古学文化的满天星斗理论。二是三幅星图观天方法之相似,信仰之一致,却明显地展示出东亚文明天文观测的发展和传承的趋同性,也从天文学的角度证明了严文明先生提出的新石器时代晚期,东亚文明走向重瓣花朵般的多元一体文明体的理论。

查海遗址准确地表现了春夏之际的银河及部分重要星座,而礼仪中心和墓葬位置则表达了查海聚落人群对银河作为万物生命之源的强烈信仰。西水坡遗址经冯时先生充分、合理的科学解读,已经很清晰地把墓主人和随葬少年的身份和寓意揭示了出来,同时把西水坡墓主人对盖天理论中的北斗、东宫和西宫三个天官体系的认知和信仰展现在我们面前。而比较来说,焦墩遗址时代最晚,但天文学和民俗学内涵也更加复杂深邃,历史文化意义更加重大。虽然从 1993 年发掘至今还没有发表考古发掘报告,但笔者相信该遗址范围远不止这个鹅卵石铺就的银河和苍龙七宿,它绝不可能是孤立的,它应该和查海一样,是焦墩聚落人群的一个祭祀中心,周围应该有一定规模的聚落遗址环绕着,只是非常遗憾由于历史原因没有被发现和发掘出来。然而这三个聚落遗址已经足以说明,东亚文明在新石器时代中晚期已经具备比较系统的天文学观念和观测绝非孤证,而且还拥有相当深刻和系统的银河、北斗和东西两宫星官体系的认知和信仰。

　　然而,难道中国灿若群星般的新石器时代聚落遗址就只有这么三个星图堆塑？难道这么伟大的宇宙观在新石器时代晚期断裂了吗？

　　在四川广汉三星堆,经过多年的考古发掘,出土了大量精美绝伦的青铜器。除了举世闻名的体量巨大的、数量众多的三星堆青铜人像(笔者将另文深入解读),竟然在最著名三星堆二号祭祀坑出现了六棵青铜神树,分为大、中、小三型。其中大型神树两件以及破碎和无法拼接的小型神树及残段若干。大型青铜神树修复后高达396厘米,这可能是目前世界范围内发现的最大的单件青铜文物。其余神树则太过残破,难窥全貌。但即使只剩下1号和2号青铜树的残件,也足够让国内外学术界众说纷纭了。

　　一号大铜树残高396厘米,复原后的青铜神树上除了树顶缺失,还保留着树身、树干及其上的九只鸟和树根(图二十二)。树根部是一个圆形底座,三道如同根状的斜撑扶持着树干的底部。树干笔直,套有三层树枝,每一层三根枝条,全树共有九根树枝。在每层三根枝条中,都有一根分出两条长枝。所有的树枝呈弧形下垂。枝条的中部伸出短枝,短枝上有镂空花纹的小圆圈和花蕾,枝头有包裹在一长一短两个镂空树叶内的尖桃形果实。花蕾上各有一只昂首翘尾的小鸟。青铜铸造的树枝上共栖息着九只神鸟,显然符合中国古代文献中"九日居下枝"的写照,出土时青铜树的顶部已断裂,一些学者推测上面应该还有一只象征"一日居上枝"的神鸟。因此,同时同坑出土的数件立在花蕾上的铜鸟,其中一件应该就是那只居于青铜树树顶的神鸟。在树干的一侧有四个横向的短梁,将一条身体倒垂的龙固定在树干上。

图二十二　三星堆一号青铜树

　　两棵青铜树皆体量巨大,尤其一号大铜树上还有"龙"盘绕。很明显,它们绝不可能是普通树木。神树在中国的古代神话传说中不止一种,例如建木、扶桑、若木、三桑、桃都等。曾经在三星堆祭祀中心巍然矗立的高大青铜树应该是哪一种神树呢? 学者们大多希望从历代古籍的神话传说之中寻求"真实"答案。他们对照相同的文献,却得出了不同的结论。陈德安、孙华等都认为它代表着建木、扶桑和若木,是古蜀人幻想成仙的一种上天的天梯,这种天梯是同太阳所在的地方相连接的,在东方称扶桑,天地之中称建木,在西方称若木。[43] 俞伟超先生则认为它与上古时代的"社"树也有密切的关系。"社"一般建立在坛上或者山丘之上,称为"社坛"。"社坛"中心往往是一棵树。《论语》记载鲁哀公向孔子的学生宰我请教关于社的问题,宰我曰:"社,夏后氏以松,殷人以柏,周人以栗。"作为社的标志的树往往巨大无比。后世把"社"等同于土地,作为国家的象征而存在。但上古时代的"社",却具有更为广大的意义,人们在社坛上从事测天、祭祀天地神灵以及求雨、祈农等政治及宗教活动,这是一个沟通天人的极其神圣的场所。[44] 英国学者罗森在《古中国的秘密》一书中写道,三星堆的青铜树使用了贵重材料,即用青铜来铸造,也许是暗示了它所表现的是人世以外的一个非物质的世界。三星堆大铜树以树的躯干、龙、鸟、花、神树和太阳向人们展示了一个通天的主题。

三星堆青铜树是建木、扶桑还是若木? 建木等神树与宇宙树是否有关系?

> 《山海经·海内经》载:西南黑水之间,有都广之野,后稷葬焉。爰有膏菽、膏稻、膏黍、膏稷,百谷自生,冬夏播琴。鸾鸟自歌,凤鸟自舞,灵寿实华,草木所聚。爰有百兽,相群爰处。此草也,冬夏不死。
>
> 南海之外,黑水青水之间,有木名曰若木,若水出焉。

> 有九丘,以水络之。名曰陶唐之丘,有叔得之丘,孟盈之丘,昆吾之丘,黑白之丘,赤望之丘,参卫之丘,武夫之丘,神民之丘。
>
> 有木,青叶紫茎,玄华黄实,名曰建木,百仞无枝,上有九欘,下有九枸,

[43] a.陈德安、魏学峰、李伟纲:《三星堆——长江上游文明中心探索》,四川人民出版社,1998年,第34页;b.孙华、苏荣誉:《神秘的王国——对三星堆文明的初步理解和解释》,巴蜀书社,2003年,第285页。

[44] 俞伟超:《三星堆文化在我国文化总谱系中的地位、地望及其土地崇拜》,《四川考古论文集》,文物出版社,1996年,第61、62页。

其实如麻,其叶如芒,大皞爰过,黄帝所为。

《山海经·海内南经》:"有木,其状如牛,引之有皮,若缨、黄蛇。其叶如罗,其实如栾,其木若苴,其名曰建木。"郭璞注:"建木,青叶,紫茎,黑华,黄实,其下声无响,立无影也。"

《山海经·海内北经》:"大荒之中,有衡石山、九阴山、洞野之山,上有赤树,青叶赤华,名曰若木。"

《山海经·海外东经》:"汤谷,上有扶桑,十日所浴,在黑齿国北。"郭璞注:"扶桑,木也。"

《吕氏春秋·有始》:"极星与天俱游,而天极不移。冬至日行远道,周行四极,命曰玄明。夏至日行近道,乃参于上。当枢之下无昼夜。白民之南,建木之下,日中无影,呼而无响,盖天地之中也。"

《淮南子·地形训》:"昆仑之丘,或上倍之,是谓凉风之山,登之而不死。或上倍之,是谓悬圃,登之乃灵,能使风雨。或上倍之,乃维上天,登之乃神,是谓太帝之居。扶木在阳州,日之所曝。建木在都广,众帝所自上下,日中无景,呼而无响,盖天地之中也。若木在建木西,末有十日,其华照下地。"

《海内十洲记·带洲》:"多生林木,叶如桑。又有椹,树长者二千丈,大二千余围。树两两同根偶生,更相依倚,是以名为扶桑也"。

《太平御览》卷九五五引旧题晋郭璞《玄中记》:"天下之高者,扶桑无枝木焉,上至天,盘蜿而下屈,通三泉。"

《梁书·诸夷传·扶桑国》:"扶桑在大汉国东二万余里,地在中国之东,其土多扶桑木,故以为名。"

《南齐书·东南夷传赞》:"东夷海外,碣石、扶桑。"

综合以上诸文献记载的传说来看,关于建木、扶桑和若木的记载明显隐含了东亚文明建立之初根据东亚天文学体系建立起来的宇宙观。这个宇宙观在《吕氏春秋》和《淮南子》中体现得比较完整。《吕氏春秋·有始》云:"当枢之下无昼夜"取自《周髀》卷下的盖天学说,"枢"指北极枢,"极星"指北斗,北斗环绕北极枢而璇周四极,故天枢不移动。天枢之下对应天地之中,此地无声,日中时无影。《淮南子·地形训》说得更明白:"昆仑之丘……登之乃神,是谓太帝之居。"太帝即北极天帝,即北极星天一和太一。可见神话传说中的"昆仑之丘"便是"天地之中"(此天地之中与后世文献所说的西周初期周公在登封告成镇测影确定的天地之中不同),太帝便是北斗璇玑环绕的北天极的极星。正是萧吉《五行大义》所云:"北斗居天之中,当昆仑之上,运转所指,随二十四气,正十二辰,建十二月。"这些古籍所言都说明:北斗位于天北极。而建木则扎根于昆仑之丘上,树梢直达北极枢,是"众帝所自上下"的沟通天地的宇宙树。可见,中国古文献记载的建木便是玛雅文明中伊萨帕和帕伦克遗址的石碑上刻画的生长在天地之中,延伸至北天极的宇宙树。参考长沙子弹库的楚帛书,笔者认为,建木、扶桑和若木的原型其实就是东夷民族创世神话中伏羲、女娲所生四子守护着的支撑天地四方的五根神木中的中央、东方和西方三根。而这五根神木也就是五棵宇宙树。至于为什么最古老的文献中记载的五棵不同颜色的神木,在后世文献中只剩下中央的建木、东方的扶桑和西方的若木而没有了南方和北方两棵,则有待进一步研究。

按照前文所述,三星堆青铜树的内涵便得到比较彻底的解读。

首先,三星堆青铜树之所以被制作得如此高大,是因为它象征着东北亚和中美洲早期文明所崇尚的宇宙树,象征着春夏之际那段最灿烂的跨越天际的银河,即银河的中心和接近银心的旋臂。新石器时代中晚期,东亚先民通过对天体的观测逐渐认知了银河在"观象授时"中的天文学意义,并把银河想象成宇宙树。在中国的神话传说中,建树生长在天地之中的昆仑之丘,乃支撑天地之中央宇宙树,其树梢插入北极天区。天地之中的昆仑之丘,在《山海经·海内西经》有记载:

> 海内昆仑之虚,在西北,帝之下都。昆仑之虚,方八百里,高万仞。上有木禾,长五寻,大五围。面有九井,以玉为槛。面有九门,门有开明兽守之,百神之所在。在八隅之岩,赤水之际,非仁羿莫能上冈之岩。

虽然《山海经》语焉不详,以讹传讹,但参考《周髀》《吕氏春秋》和《淮南子》等文献,最重要的是结合考古发现,就可以比较清晰地了解其原型。它当然只存在于神话传说中,并不存在于现实中。在盖天学说中,我们却可以找到它的原型。

> 《周髀》:凡日月运行四极之道,极下者其地高,人所居六万里,滂沲四隤而下,天之中央亦高四旁六万里。
>
> 《晋书·天文志》:天象盖笠,地法覆盘。天地各中高外下,北极之下为天地之中,其地最高,而滂沲四隤,三光隐映,以为昼夜。

很明显,神话传说中的昆仑之丘便是东亚文明最古老的盖天学说中的"极下者",即天地之中。昆仑之丘是一块明显高出周边大地极多的特殊地方。汉人云:"天如张盖,地法覆盘。"此地从覆盘似的地面上像天柱一样耸起六万里,其上正对应着北极天区。北极天区是以真天极为中心的圆形天区,即璇玑四游所划出的天区,也就是《周髀》卷下云"璇玑径二万三千里,周六万九千里,此阳绝阴彰,故不生万物"之地,这个地方"日中无影,呼而无响"。由此笔者认为,盖天学说中的这套理论其实源自新石器时代中晚期形成的宇宙观,把银河看成是从冥界之中生长出来,树干穿越大地和天空,树梢直达北极天区的擎天柱,即宇宙树。而昆仑之丘作为"帝之下都",自然是北极天帝乃至天界群帝上下人间的必经之处,因此昆仑之丘只能是上应北极枢,下应天地之中的那块特殊土地。

其次,三星堆青铜树的横枝(图二十三)代表了什么?为什么树干上不是一层或者两层而是三层?这个问题要了解《周髀》中的那张"七衡六间图"才能解答。算经对其中最重要的内衡、中衡和外衡有如下说法:

图二十三　青铜树的横枝

黄图画者,黄道也。二十八宿列焉,日月星辰躔焉。使青图在上不动,贯其极而转之,即交矣。我之所在,北辰之南,非天地之中也。我之卯酉,非天地之卯酉。内第一,夏至日道也。中第四,春秋分日道也。外第七,冬至日道也。皆随黄道,日冬至在牵牛,春分在娄,夏至在东井,秋分在角。冬至从南而北,夏至从北而南,终而复始也。

这段关于黄道的文字描述成为后世历代官修正史中律历书的来源。司马迁的《史记·律书》记载:"《书》曰二十八舍。律历,天所以通五行八正之气,天所以成孰万物也。舍者,日月所舍。舍者,舒气也。"东汉王充所著《论衡·谈天》曰:"二十八宿为日、月舍,犹地有邮亭,为长吏廨矣。邮亭着地,亦如星舍着天也。"这与玛雅人的《巴黎手稿》《马德里手稿》和《德累斯顿手稿》所绘的黄道图是多么的相得益彰,就像同出一书的文字和配图一样。

盖天学说认为,太阳在天盖上的周日视运动在不同的节气里沿不同的轨道运行。以北天极为中心,在天盖上以相等的间隔画出七个同心圆,这就是太阳运行的七条轨道,称为"七衡",七衡之间的六个等分区间称为"六间"。最里的第一衡为"内衡",为夏至日太阳的运行轨道,对应北回归线;中间的第四衡为"中衡",为春秋分太阳的运行轨道,对应赤道;最外的第七衡为"外衡",是冬至日太阳运行的轨道,对应南回归线。内衡和外衡之间涂以黄色,称为"黄图画",即所谓"黄道带",太阳只在黄道带内运行。

图二十四　三星堆青铜神鸟

到此,三星堆青铜树上三层横枝的意义已经很明了,它们代表着太阳在两分两至中运行的黄道带里的三条轨道。三层青铜树横枝上的果实明显象征着天上星宿,神鸟则象征着负载太阳在黄道带运行并创造地球生命的力量,正符合黄道上"二十八宿列焉,日月星辰躔焉"的天文现象。

其三,从东亚文明的历史文献和考古资料来看,参考玛雅文明的石碑上的图文,三星堆青铜树树顶一定缺失了最重要的第一神鸟,而且它应该就是同坑出土

图二十五　三星堆青铜鸟

的青铜神鸟中较大,头上有三根冠羽,尾部有三根尾羽,甚至是人面鸟身(图二十四、图二十五)的那只,因为它是北斗的化身,三根冠羽和三根尾羽象征着北斗的斗勺三星,人面鸟身则象征着北斗之神。这只神鸟和玛雅宇宙树上的伊察姆那或伊察姆·乙(七金刚鹦鹉)一样,代表着北天极和北极枢。这种神鸟在中国古代神话传说中生活在宇宙树之一的东方扶桑树和西方若木之上,每日早晨专职从扶桑树上背负太阳在天空上按黄道由东向西飞翔,傍晚落在若木上。这个传说符合北斗和太阳在东亚和中美洲文明的天文历法发展史上神圣地位的变化和转化。

《山海经·大荒南经》:东南海之外,甘水之间,有羲和之国。有女子名曰羲和,方日浴于甘渊。羲和者,帝俊之妻,生十日。

《海外东经》:下有汤谷。汤谷上有扶桑,十日所浴,在黑齿北。居水中,有大木,九日居下枝,一日居上枝。

《大荒东经》:大荒之中,有山名曰孽摇頵羝。上有扶木,柱三百里,其叶如芥。有谷曰温源谷。汤谷上有扶木,一日方至,一日方出,皆载于乌。

这些片段很明显是一个本来完整的创世神话史诗的残存记忆,也就是说,《山海经》和长沙子弹库出土的楚帛书一样,其实是新石器时代中晚期东夷民族口口相传的创世神话史诗的残存汉字记录。其中内容虽然极其丰富,包括了东夷民族创世思想中丰富的天文学、地理学、生物学和民族学知识。但由于东夷民族主体逐渐迁离中原,东夷语言也逐渐淡出中原,致使成书于战国时期的《山海经》只能保留这部创世神话的残存部分,而且由于东夷语言在翻译成中原汉语的过程中产生了很多的谬误,导致这些记忆片段支离破碎,有时显得荒诞不经。但这部创世神话中对太阳有很明确的认识,太阳自身不具备飞翔能力。因此可以确定的是在这部创世神话史诗中,太阳不是神,而让十个太阳完成照耀世界任务的"乌"才是神,神鸟决定了太阳每天的运行时间和运行轨道。这些记载成为许多后世文献的蓝本。

> 《春秋元命苞》:日中有三足乌。
>
> 《淮南子·精神训》:日中有踆乌。
>
> 《淮南子·本经训》:逮至尧之时,十日并出,焦禾稼,杀草木,而民无所食。猰貐、凿齿、九婴、大风、封豨、修蛇皆为民害。尧乃使羿诛凿齿于畴华之野,杀九婴于凶水之上,缴大风于青丘之泽,上射十日而下杀猰貐,断修蛇于洞庭,禽封豨于桑林,万民皆喜,置尧以为天子。
>
> 《玄中记》:蓬莱之东,岱舆之山,上有扶桑之树,树高万丈。树巅有天鸡,为巢于上。每夜至子时则天鸡鸣,而日中阳乌应之;阳乌鸣则天下之鸡皆鸣。

根据上述后世文献中源自《山海经》的创世神话的残存记录,三足乌,即踆乌,也就是蹲踞在扶桑树上的鸟,是背负太阳飞翔的神。郭璞在《玄中记》中进一步以讹传讹,他把扶桑树,即东方宇宙树树巅上蹲踞着的踆乌说成了"天鸡",又增加了"日中阳乌",也是踆乌,其实他所说的天鸡和阳乌是同一只神鸟——踆乌。

尧帝时代,即考古学上的龙山文化时代中期(距今4300年前后),此时北斗七星整体偏离天北极达15°,其在"观象授时"的指示功能较之新石器时代晚期(距今7000年至5000年前)已大为弱化。随着东亚先民对天文历法认识更精确,虽然不能说已经发现了岁差的奥秘,但他们可能比奥尔梅克人和玛雅人更早发现祖辈数千年来口口相传的北极星和北斗七星早已偏离真天极颇远。于是,数千年来建立的北斗建时理念有所动摇。因此,扶桑树上负日飞翔的踆乌和十个太阳的观念便引起了观测者的怀疑。为了说明这是个错误观念,神话传说中便出现了原来每天只背负一个太阳飞翔在黄道带上的踆乌突然把十个太阳同时带上黄道,制造了很大的世界灾难,其责任在踆乌呢还是在太阳? 当然在踆乌,因为太阳自己不会飞,它们只能依靠踆乌才能完成每天普照大地的工作,因此神话中的羿射九日其实是羿射九乌,踆乌射下来了,太阳还能飞吗? 这与玛雅文明中的英雄双胞胎射落七金刚鹦鹉,之后化身太阳的神话传说何其相似?

在考古发掘中,仰韶文化庙底沟类型出土的彩陶(泉护村 H1052:05、H14:180)[45],大汶口文化莒县陵阳河类型的大口尊(M02:1)[46],蒙城尉迟寺类型的大口尊(JS4:1、M96:2、M177:1、M215:1)和鸟形神器[47],河姆渡文化的象牙器(T226③B:79),良渚文化福泉山遗址的黑陶豆(M101:90)等新石器时代晚期遗址中出土的器物都强烈地表现了东亚先民所认知的神鸟与太阳的密切关系。这些器物纹饰都有圆形的太阳和背负太阳的神鸟。这些出土文物充分证明了《山海经》等后世文献记载的创世神话有多么久远。很显然,先民只把太阳视为太阳,并没有把它视为神,而明确地把鸟视为神,视为操控太阳运行的神鸟。可见,在东亚文明中,太阳本身并没有像玛雅文明的太阳那样最后取代北斗的地位而变成太阳神。

最后,也是最有深远意义的便是三星堆青铜树上的"龙"(图二十六)。根据前文所述,它必然象征着太阳运行的黄道带和东方苍龙七宿中的一个。笔者认为,青铜树上的横枝已经充分地表现了太阳在两分两至中运行的黄道带,这条龙确实没有必要再象征黄道带。再从这条龙的龙头与宇宙树根部相交的情况来看,三星堆青铜树上的"龙"最可能代表着从银河西南部向西北天区伸展出去的苍龙七宿。

在三星堆文化所处的商代早期(公元前3600 年),从四川成都观测星空,夏至日入后便能清楚地从东北天顶投入西南地平线的灿烂的

图二十六　青铜树上的苍龙七宿

[45]　中国科学院考古研究所:《庙底沟与三里桥》,科学出版社,1959 年。

[46]　a.山东省文物考古研究所、山东省博物馆、莒县文管所:《山东莒县陵阳河大汶口文化墓葬发掘简报》,《史前研究》1987 年第 3 期;b.山东省文物考古研究所、莒县博物馆:《莒县大朱家村大汶口文化墓葬》,《考古学报》1991 年第 2 期。

[47]　中国社会科学院考古研究所:《蒙城尉迟寺》,科学出版社,2000 年。

春夏季银河,以及从天赤道以南 31°40′ 的尾宿五(天蝎座 θ 星,θ Sco)向东北天区延伸至天赤道以北 18°50′宿二(室女座 ζ 星,ζ Vir)。整个苍龙七宿都处于南中天较低的位置,视觉上正与银河这棵宇宙树相交于树根部。此时的大角星位于赤纬 40°22′,正穿越南中天子午线。其正北延长线上正是高踞赤纬 68°43′北斗第七颗星摇光,其上当然便是整体离开真天极有 16° 的北斗。从三星堆人的眼中来看,苍龙七宿的箕宿、尾宿和心宿与银河相交,而亢宿、角宿则和大角、北斗连成一线,指向北极天区,因此苍龙七宿在观念上也与宇宙树相交于伸入天北极的树梢。于是,我们看到了一条从宇宙树树顶伸向树根的大龙,为《说文·龙部》描述的"龙,鳞虫之长,能幽能明,能细能巨,能短能长,春分而登天,秋分而潜渊"打下了其形态的真正基础。

至此,笔者认为,早到新石器时代早期(距今 12000 年至 9000 年前)晚段(距今 10000 年至 9000 年前),不晚于新石器时代中期(距今 9000 年至 7000 年前)早段(距今 9000 至 8000 年前),东亚先民已经对银河和北斗有了初步的正确认知,这个认知是一个极其漫长的过程,而这个初步的认知被新石器时代早期晚段东北亚庞大的移民群带到了美洲大陆。东亚先民在对银河和北斗的认知达到了相当成熟的程度以后,即已经对北天极、天赤道和黄道带作出划分之后,首先把东方苍龙七宿和西方白虎七宿两个最重要的天官体系纳入到了该天文学体系之中。这个东亚天文学体系以北天极,即北斗和银河为核心,以夹在赤道和黄道之间的苍龙七宿和白虎七宿为辅,初步形成了独具特色、内涵丰富的东亚天文学体系。

对于银河和北斗的认知,新石器时代的东亚先民与商代以后的中华民族存在着一定的差异。从新石器时代中期(8000 年前)的辽宁阜新查海到新石器时代晚期(6500 年至 6000 年前)的河南濮阳西水坡、湖北黄梅焦墩再到三代中期(3000 年前)的商王朝早期的四川广汉三星堆,东亚文明原来曾经存在着一个至少延续了 5000 年的以宇宙树而非银河,北斗七星和苍龙七宿为核心的宇宙观和天文体系,这个体系与中美洲文明具有明显的、深刻的文化同源性。虽然之后因为白令海峡的隔断而各自独立发展,而且存在很大的时间差,但都发展得很完善、很成熟,并造就了红山、良渚、商王朝和玛雅那样辉煌的文明高峰。但为什么在三星堆文化之后，东亚先民曾经拥有的宇宙树与北斗、苍龙七宿结合的宇宙观竟消失得一干二净呢？是什么原因造成这个传承了 5000 多年的宇宙观消失的呢？是自然的原因还是人为的原因呢？笔者将另文论述。

【吕宇斐　北京大学玉器与玉文化研究中心研究员】

原文刊于《中国文化》2016 年 02 期

八角星纹与史前织机

王　予

在中国新石器时代出土的某些陶器上，饰有一种八角"✚"字结构的心对称纹样（⬡），中心多作方形孔或圆孔，通常被称作"八角星纹"（以下称"八角纹"）。它的形象是如此明了具体，可是它的含义却又神秘莫测。自1964年见于报道以来，这种八角纹在不同地点时有发现，但一直还未能得到比较合理、比较根本的解释，遂成为一个引人注目的问题。

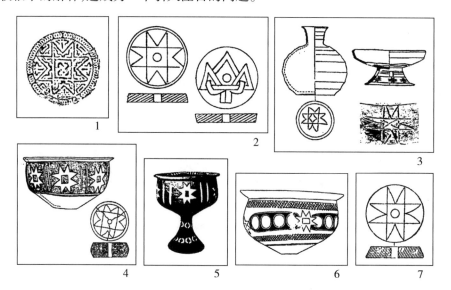

图一　不同文化类型的"八角纹"

　　1.大溪文化:白陶盘(印纹 M1:1),湖南安乡汤家岗出土;2.马家滨文化:陶纺轮(刻纹),江苏武进潘家塘出土;3.崧泽文化:陶壶(底划纹 M33:4)陶盆形豆(刻划纹 T2:7),上海市青浦崧泽出土;4.大汶口文化:彩陶盆(M44:4),陶纺轮(划纹大 T3:1),江苏邳县大墩子出土;5.大汶口文化:陶形豆,山东泰安出土;6.大汶口文化:彩陶盆(M35:2),山东邹县野店出土;7.良渚文化:陶纺轮(划纹 M17:3),江苏海安青墩出土;8.仰韶文化:彩陶壶(P.1130),西安半坡出土;9.仰韶文化:陶纺轮(T2M8:1),江西靖安出土;10.齐家文化:晚期铜镜;11.齐家文化:石滕花(原名多头斧。T4:13),甘肃武威皇娘娘台出土;12.小河沿文化:彩陶器座(右为上视口沿花纹),内蒙古敖汉旗小河沿出土;13.殷代:青铜辖套(左),铜踵饰(右),安阳小屯 M20 出土;14.夏家店上层文化(西周):陶纺轮(M3:4),内蒙古宁城南山根出土;15.东周:铜车饰,江苏镇江谏壁王家出土;16.战国:陶瓦钉两种,河南洛阳出土。

　　粗略统计,饰有八角纹的陶器(或石器),至少有十余件之多(见图一及说明)。它们分属于好几个文化类型,如:

大溪文化 （距今约 6200—5200 年）

崧泽文化 （距今约 6000—5300 年）

大汶口文化 （距今约 6200—4500 年）

小河沿文化 （距今约 4000 年）

齐家文化 （距今约 4000 年）

分布情况以长江中下游和黄河下游之间地区最为集中,向西伸展到河西走廊中部,向北偶见于黄土高原的东端,地域范围相当广阔。从时间上看,前后跨越达两千年之久。而这些发现于不同地区、不同时期、不同文化的八角纹图形,却表现出惊人的一致性,它显然是规范化了的某种物件的标准形象。

鉴于八角纹在纺轮上的重复出现,除了装饰艺术的目的(如宗教、审美)之外,它是否还在向我们透露着史前时代的生产力水平以及生产工具的信息? 特别是当我们看到江苏武进潘家塘新石器时代遗址的陶纺轮上面的八角纹"正面图"和另一种"侧面图"(图一,2),如同向我们展示了六千年前的两幅机械零件图。受到这种启迪,我们开始检点历代纺织机具的形象资料,自汉、晋、六朝,宋元明清,以至于现代民间纺织机具(图二;图七,4),终于解开了这种具有强烈个性的八角纹之谜。原来它是"台架织机"上最有代表性的部件——"卷经轴"两端八角十字花搬手的精确图像。而齐家文化的八角形石器(图一,11),正是它的立体模型或是当时实用的原物。如果和今日四川成都的"丁桥织机"相应部件

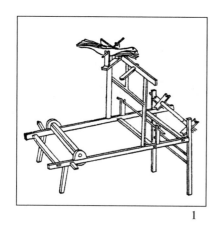

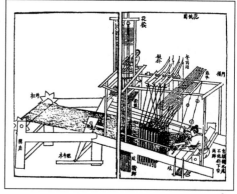

1

2

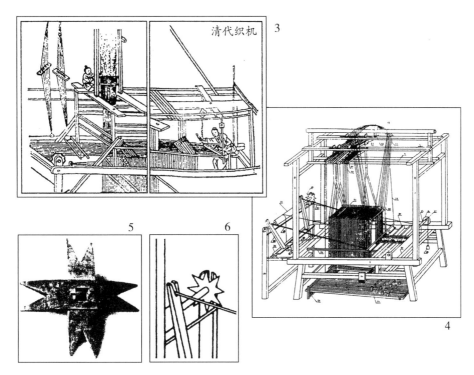

图二　文献插图中所见织机经轴"滕花"形象

1.罗机子(滕花),见元初薛景石《梓人遗制》;2.花机(滕花),见明宋应星《天工开物》;3.攀花机(滕花),见清卫杰《蚕桑萃编》;4.丁桥织机,见《中国纺织科学技术史》;5.丁桥织机滕花(羊角)实物照片;6.丁桥织机滕花图

羊角(即"滕花"图二,5)作比较,两者之间的一致性,更加令人惊诧不已!这种八角形织机部件竟然沿用了六千余年之久,其形制的稳定性,充分显示着新石器时代,一种装置有定型化经轴的织机已达成熟水平。这是此前所不可想象的。

织机的经轴(见图三,1),不论古代还是现今民间(如安阳农村)一般都称之为"胜"或"滕"。① 八角纹所反映的实体,是经轴两端的档板和搬手,名叫"滕花"(河南),也叫"羊角"(四川)。搬动它可以将卷经轴上的经线,在织造过程中控制卷放。先民把滕花——八角纹图形刻画到陶盆及纺轮上,看来绝非偶然

---

① 滕,《说文》作"滕,机持经者",《广韵》"织机滕也",今安阳小屯小营均称经轴为滕。滕端的十字形或米字形搬手叫作滕花。

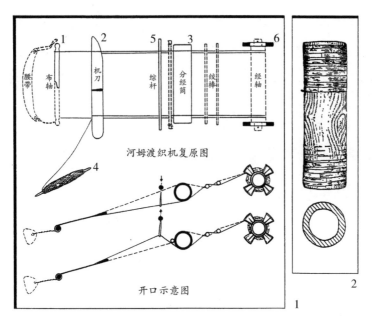

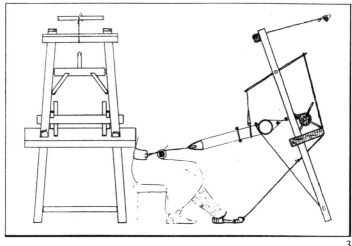

图三　河姆渡文化织机部件装置复原

1.河姆渡织机复原示意图:(1)据 T18④:47,长 17×2Ø1.5cm 各家共认为布轴;(2)据《中国纺织科学技术史》第 25 页硬木制木刀长 43,背厚 0.8cm,浙江博物馆定为机刀;(3)据 T17④:23,长 32.6,Ø9.4(见图三,2);(4)据 T26④:53,长 26.2,Ø1.5cm 两头尖为穗梭;(5)据《考古学报》1978 年 1 期第 62 页"小木棒,硬木磨制尖头圆木棒 18 件,最长 40cm 可能是综杆";(6)经轴据图五,1 陶纺轮,滕纹计,其余绞棒、压杆等据宋复原图设置。2.分经筒:T17④:23)。3.云南文山大龙潭苗族梯架式织机、机架(左)及开口运动示意图。

即兴涂饰,而是和纺织工艺有关的一种标记与象征。由于纺织机具是史前时代妇女的一项伟大发明,这个重要部件——经轴的出现,标志着6000年前,没有机架的原始腰机(踞织机),转变成有框架的织机的一项重要科技成就。它为此后的台架织机奠定了基础,这个叫作"滕"的部件,已成为织机和纺织工艺的象征。满载着荣誉和男耕女织社会分工的表记而演化成妇女的首饰,如玉胜、华胜等等。② 所以《山海经》述西王母故事,描写这位显赫女性的华妆盛饰时,说她"蓬发戴胜""梯几而戴胜"。注云:"胜,玉滕也"。就是说头上戴了一支玉制的织机经轴,这一点虽出自传说,其实反映的是一种传统,《后汉书·舆服志》说到皇太后、太皇太后参加庙祭大典的盛妆时"簪以瑇瑁为擿(释为柚,即经轴),长一尺,端为华胜(两头饰胜花)"犹保留着远古以织机经轴——华胜为饰,对于权贵妇女的尊严意义。据《淮南子·泛论训》:"机杼胜复"可以知道"胜"就是"滕"。《说文》:"滕,机持经者",是织机的卷经轴。将经轴用为妇人首饰的形象资料,可从沂南汉墓西王母画像看到具体样式(图四,4、5)。另一有趣的例子是北齐孝子棺线刻孝子董永故事,其中降临人间的天孙织女,手中就只拿了一支织机的经轴——滕,便点明了这位女主角的纺织专家身份(图五,19、20)。其象征意义和在纺织机械中的重要地位于此可见一斑。至于用金玉材料做成的首饰实物,以往在汉、晋墓葬中亦有出土,形制趋于小巧(图四,6),已失去传说西王母画像额间横贯经轴、端饰华滕的那种经纬一方的威仪。意味深长的是,在现代少数民族的纺织刺绣图案中,这一古老八角纹仍旧盛行不衰(图六),但是人们多已忘记了它在纺织机具发展史上成就的本意。

至此,可以说这个令人迷茫的"八角星纹"所传载的远古信息,已经得到基本的破译;它反映的实际事物是定型化了的织机经轴——"滕"的形象,应命名作"八角滕纹"。这就提出了一个新问题,在新石器时代的大溪、马家滨、崧泽、大汶口诸文化类型时期,是不是已经实际应用着比原始腰机更为进步的一种织机了? 就是说出现了定型化的经轴,便标志着有机架的织机已经诞生? 答案是肯定的。据专家研究,现存于少数民族中的所有原始腰机,或不用经轴,或经轴极其

---

② 《荆楚岁时记》:"人日剪彩为花胜相遗,或镂金箔为人胜。"皆妇女首饰进一步衍化。曹植《七启》李善注引晋司马彪《续汉书》:"皇太后入庙先为花胜。"

简陋(不过是一根木棒而已),只有产生了有架的织机(如水平坐机)之后,"经轴才定型化,并且装置在机架上"③。这个结论是正确的。可以判定在6000多年之前,我国先民凭借着石器时代的工具,完成了原始腰机向有架织机的变革,是何等了不起的一项技术成就。这是我们从八角滕纹中获得的一份古老而崭新的答案。

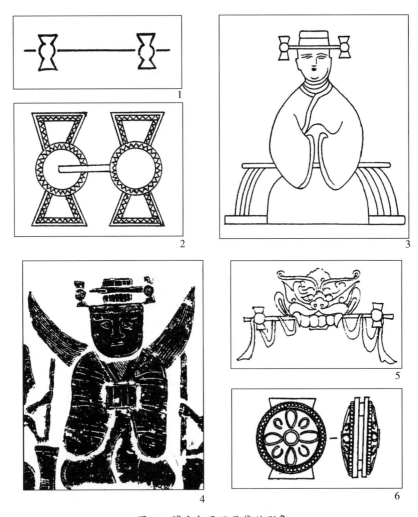

图四　滕文与西王母戴胜形象

1.滕纹(晋砖纹饰);2.玉滕纹(见《金石索》);3.嘉祥画像石贵族妇女戴胜形象;

4.沂南汉墓西王母戴胜画像;5.滕纹(邓县画像砖墓出土);6.铧滕(江苏邗江出土)。

③　参见宋兆麟、牟永杭《我国远古时期的踞织机》载《中国纺织科技史资料》十一集。

1

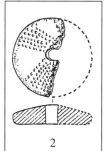

2

3

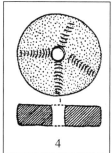

4

5

6

7

8

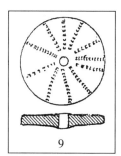

9

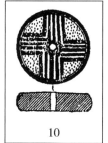

10

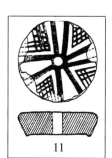

11

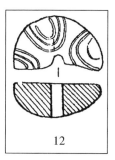

12

13

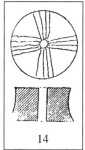

14

15A

15B

16

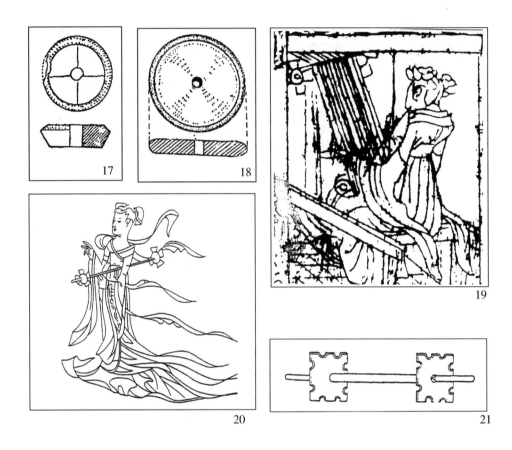

图五　河姆渡文化　纺具上的滕纹及相关形象

1~3.陶纺轮(T235④:102,T16④:13;T32④:65),浙江河姆渡出土;4.陶纺轮(T804:8),江苏邳县刘林出土;5.彩陶钵,南京北阴阳营出土;6.石纺轮(M35:1),山东邹县野店出土;7.彩陶壶,陕西宝鸡出土;8、9.陶纺轮,大连市郭家村出土;10.陶纺轮(T9④:20),湖北宜昌中堡岛出土;11.陶纺轮(T6:3),甘肃武威皇娘娘台出土;12.陶纺轮(1T1④:4),大连市郭家村出土;13.彩陶豆(M47:10),甘肃武威皇娘娘台出土;14~17.陶纺轮,福建闽侯昙石山出土;18.石纺轮(M24:3),贵州威宁中水汉墓出土;19、20.线刻孝子董永织女故事,六朝孝子棺石刻;21.滕图,据元薛景石《梓人遗制》华机子部分。

1.苗族　　　　2.苗族　　　　3.苗族　　　　4.瑶族

5.壮族　　　6.壮族　　　　7.傈僳族　　　8.傣族

图六　现代少数民族织锦刺绣中保存的"八角滕纹"图样

1、2,引自《贵州少数民族服饰图案选》,上海人民美术出版社,1965 年;3～6,引自《广西少数民族图案选集》,广西人民出版社,1958 年;7、8,引自《云南少数民族织绣纹样》,文物出版社,1987 年。

但是,这种有架的织机还有些什么构件?框架又是什么样子?在上述文化范围内却找不到有关实物或形象资料。我们沿着文化叠压关系向上追溯:在长江下游浙江余姚县河姆渡遗址,出土了一批木制的织机部件(见《考古学报》1978 年 1 期、《文物》1980 年 5 期)。据专家们根据实物分析研究,认为它是距今7000 年前,箕坐而织的水平式原始腰机(踞织机),形式与云南晋宁石寨山出土汉代贮贝器上的腰机差不多,并作出了复原图(图七,1—3)和评价。[④] 可是从河姆渡同一层位出土的某些未被注意的实物来看,当时织机的形制,可能比以上的估计要进步得多。如第一期发掘简报(《考古学报》1978 年 1 期第 62 页)提到的"木筒七件,形似中空的毛竹筒,系用整段木材加工制成,内外都锉磨得十分光洁。……器形精美,用途不明。标本 T17④:23,长 32.6,径 9.4,壁厚 0.7 厘米(图

④ 宋氏前文第 34—38 页。

　陈维稷主编:《中国纺织科学技术史》,科学出版社,1984 年,第 25、26 页。

三,2)。器壁均匀,外壁近两端处缠有多道藤篾类圈箍,金黄闪光,绚丽夺目。"度其尺寸与形制,它应是织机上的"筒式后综"(或叫作"分经筒")。此外还有18件木棒,最长的达40厘米,是否还有综杆、绞棒之类尚可进一步鉴别。

更为重要的是第二次发掘出土的一件陶纺轮(T235④:102)面上阴刻"十"字形(⊕)花纹,中部圆圈内穿孔。这个图形,也是织机经轴的一种定型"滕花"形象,而且也自成系统(图五),若和汉代织机及前面提到的六朝石棺画像织女手中所持的滕纹形象比较,则一脉相承。使我们有理由得出结论,河姆渡文化的织机,也已经出现了装置有定型经轴的框架织机。根据现有的资料,参照专家研究成果,这里把它的机芯部分和开口方式重行复原(图三,1),而机架的形式则只能作如下推测:

(一)近于汉代织机形式的"台架织机"(图七,4);

(二)近于现代云南文山苗族的"梯架式织机"(图七,5)。

1

2

3

4

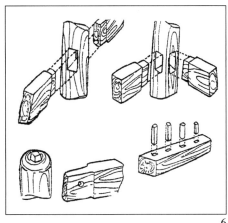

图七　河姆渡文化织机的复原与比较

1.石寨山贮贝器上纺织造像;2.宋兆麟复原河姆渡织机;3.《中国纺织科学技术史》第26页;
4.江苏曹庄出土画像石;5.云南文山苗族梯架织机;6.河姆渡出土榫卯构件。

　　后者是有架织机的一种初级形式,只有承置经轴和控制提综的竖向梯架,还没有横向的机台。或者说是从踞织腰机向台架织机的过渡形式。从机芯部分观察,河姆渡织机与文山苗族梯架织机非常相似,第二个推测方案比较合理(图三,3)。

　　我们知道,马家滨文化(包括崧泽)来源于河姆渡文化,从纺轮上的縢纹考察,两者差别小而共性大。縢纹都作十字形,功用也相同。

　　综合以上的分析研究已可得出进一步的结论。7000年前的河姆渡文化时期的纺织手工业中,已经产生了"梯架式织机",这种织机的完备程度,也许会超出我们的意料之外。只要我们考察一下河姆渡遗址显示的、带榫卯的木结构干栏式建筑技术,便不会感到突然(图七,6)。

　　国内外专家们曾经评论说,20世纪的后半叶,是中国考古学的黄金时代。以新石器时代而论,近30年来田野发掘提供的大量新资料,使各地原始文化的面貌日益明确。长江、黄河两大水系的宽阔地域中,已形成以农业为主的空前发达的综合经济,定居生活相当稳固,边缘地带已有了畜牧业,原始手工业(制陶、纺织工艺……)也得到极大发展⑤。在这个整体背景中出现了纺织技术突破性的改革,在原始腰机的基础上,创造出"有架织机"是自然而然的。它的历史价值和意义如下:

(1)有架织机可能在长江下游东南沿海一带于7000年前就已经存在。

(2)有架织机的创用和经轴位置的抬高以及对经线卷放的控制,使经线保持整列度以及匀称张力的功能大大提高,经线上机长度也大为增加,使织造细密的长丝织物有了可能。

(3)机架的产生,使织工的两足得以参与织造,并发挥技巧,为后来织机的完善、高级织物的生产奠定了基础。

(4)有架织机的出现,生产力大为提高,可能影响到纺织纤维原料由采集为主向种植放养的过渡。

(5)有架织机的出现有可能是史前先民最初制造的机械设备,其主要部件结构已然是现代织机的基本模式,对琢玉机床、轮车的发明必然产生影响。

总之,新石器时代有架织机的出现,是考古发掘的重要收获之一,在纺织技术史上,为我们揭开了新的篇章。

【王　孖　曾任中国社会科学院历史研究所高级工程师】

原文刊于《中国文化》1990年01期

---

⑤　距今6000年,江苏草鞋山遗址已发现纱罗织物。浙江吴兴钱三漾出土绢织物48×48/cm^2,距今4700年。

论新石器时代的纺轮
及其纹饰的文化涵义

刘昭瑞

中国考古学词汇中的纺轮,国外学者称为纺锤,作为一种原始纺织工具,它是伴随着农业文明的产生而出现的,如德国学者利普斯所说:"人们开始定居,纺锤便出现在重要工具之中。我们能够确定,农业的发明和纺锤作为一种文化因素的出现,两者是有密切关系的。"又指出:"史前人最古老遗物表明,最早定居部落每个房屋中,都存在纺织的装备。"①纺轮应是史前文明的重要标志之一。

在我国,经科学发掘的新石器时代遗址中,纺轮也极为常见。就迄今所见的材料言,我国最早的纺轮形式,是利用破碎的陶器残片打制而成,然后才是用细泥焙制的陶纺轮。我国迄今发现的较早时期的诸新石器时代的文化遗址中,20世纪80年代初发表的河北武安磁山遗址材料,出土纺轮11件,皆陶片加工而成,碳-14对同出两件木炭标本年代值的测定,为距今7355±100年和7235±105年②。河南新郑裴李岗文化中,1979年发掘的材料,陶制工具仅一种,即纺轮2件,也是利用陶片制成,碳-14测定为距今7445—7145年③。河南舞阳贾湖类型遗址,其一到三期的碳-14测定年代值为距今8000—7000年,所报道的纺轮亦为

---

① 汪宁生译:《事物的起源》,四川民族出版社,1982年,第22页。
② 河北省文物管理处、邯郸市文物保管所:《河北武安磁山遗址》,《考古学报》1981年第3期。
③ 中国社会科学院考古研究所河南一队:《1979年裴李岗遗址发掘报告》,《考古学报》1984年第1期。

废陶片打制而成④。早于仰韶文化的陕西宝鸡北首岭下层遗存中所出的纺轮，亦皆为陶片制成⑤。在长江中游的湖南澧县彭头山文化(距今约 8000 年)⑥，又石门皂市下层文化(距今约 7500 年)⑦，迄今报道的材料尚未见有陶纺轮。浙江桐乡县罗家角遗址，是我国东南地区较早的新石器时代文化遗存，其第四层年代为距今 7000 年左右⑧，除第一层所出一件为焙制的纺轮外，其他亦为利用碎陶片改制。到了在以仰韶文化为代表的黄河流域及其他周边地区的文化遗址中，开始大量出现焙制的陶纺轮，并且还有石、玉、骨等质地的纺轮出土。而在长江下游的河姆渡文化的第四层中，却发现了有刻画精美的焙制陶纺轮 2 件，该文化层的年代在距今 7000—6500 年⑨。早于仰韶文化早期的半坡类型，黄河流域及其他地区同时期文化中迄今还没有可以与之媲美的例子，但河姆渡所出焙制纺轮应该不是该文化最早形态的纺轮。总之，由上述距今 8000—6500 年的较早文化遗址所出纺轮看，纺轮的发展是经过了从利用改制陶片到陶土焙制而成这么一个阶段⑩。国外的材料，早期的纺轮也有用碎陶片加工钻孔而成的，如美索不达米亚北部公元前 4000 年左右的新石器时代遗址中所出⑪。在苏联境内最古老的农业文化——中亚的哲通遗址中，有陶土焙制的纺轮，该遗址的年代在公元前 6000—前 5000 年⑫，略早于河姆渡文化，有没有更早形态的纺轮，尚不是太清楚。

关于纺轮的使用方法及其定义，国外学者描述道："假如纺线悬吊一根小棒，一端有钩，另一端有重物，由于连续旋转的调节作用，使线纱易于匀称地扭

④ 河南省文物研究所：《河南舞阳贾湖新石器时代遗址的第二至第六次发掘简报》，《文物》1989 年第 1 期。
⑤ 中国社会科学院考古研究所：《宝鸡北首岭》，文物出版社，1983 年。
⑥ 湖南省文物考古研究所、湖南省澧县博物馆：《湖南澧县新石器时代早期遗址调查报告》，《考古》1989 年第 10 期。
⑦ 湖南省博物馆：《湖南石门县皂市下层新石器遗存》，《考古》1986 年第 1 期。
⑧ 罗家角考古队：《桐乡县罗家角遗址发掘报告》，《浙江文物考古所学刊》，文物出版社，1981 年。
⑨ 林华东：《河姆渡文化初探》，浙江人民出版社，1992 年。
⑩ 也有人认为，汉水上游和渭河流域的"前仰韶"文化遗址中这类有孔陶片可能还有其他用途，并非纺轮，见吴加安等：《汉水上游和渭河流域"前仰韶"新石器文化的性质问题》，《考古》1984 年第 11 期。联系其他较早新石器遗址所出类似陶片，本文仍用普遍认同的看法。
⑪ 《世界考古学大系》第 10 卷西アジア I 第 110—111 页，平凡社，昭和二十五年。
⑫ Ⅱ·A.阿甫杜辛《中亚考古》，陈弘法译，见《考古参考资料》(6)，文物出版社，1983 年。

绕,这样的棒便称为纺锤。"[13]我国也有学者结合出土物与古文字材料,对纺轮与同类纺织工具做了很好的研究[14]。也有的学者研究云南西双版纳傣族的纺织技术时,对新石器时代出现的纺轮及其大小不同形式的功用做了比较研究[15]。在我国,纺轮的使用一直延续到近现代,但一棒一轮式的组合完整的纺轮,在迄今所见的考古实物中,可以早到战国或秦汉时代,更早的实物材料已难以见到了。

图一·1纺轮为广东高要县茅岗所出,孔中穿有木棒,该遗址大约为战国到秦汉时期[16]。图一·2为四川宝兴东汉墓中所出,孔中所贯为一带钩铁棒[17]。图一·3则为浙江余姚上林湖南朝梁大同元年砖室墓所出[18],轮挂青黄色釉,亦贯带钩铁棒。在古希腊文明遗物中,作为职司纺织工业的女神雅典娜,有手持纺轮的形象,如图一·5女神左手所执;又,图一·4为小亚细亚出土的古希腊银币(drachma),雅典娜右手扶枪,左手亦执一纺轮[19]。古埃及第十一王朝大臣梅喀特拉(Meketra)墓中出的平民纺织木雕加彩像,

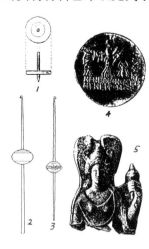

图一

双手持物亦当为纺轮[20]。我国迄今发现的材料中,还没有类似上述的例子,但在六朝时的织女形象中,却有手持织机经轴的图像[21]。

我国境内新石器时代的先民们,在创造出了诸如玉雕、彩陶等史前艺术的同时,也把他们的有关观念和情感注入到了与他们日常生活极为密切的纺轮之上,对纺轮进行了审美装饰活动。就其装饰手法而言,可以分为两类。一是用硬质

⑬　汪宁生译:《事物的起源》,四川民族出版社,1982年,第22页。

⑭　王若愚:《纺轮与纺专》,《文物》1980年第3期。

⑮　宋兆麟:《云南西双版纳傣族的纺织技术——兼谈古代纺织的几个问题》,《文物》,1965年第4期。

⑯　杨豪、杨耀林:《广东高要县茅岗水上木构建筑遗址》图一四,《文物》1983年第12期。

⑰　四川省文物管理委员会、宝兴县文化馆:《四川宝兴陇东东汉墓群》,《文物》1987年第10期。

⑱　浙江省文物管理委员会:《余姚上林湖水库墓葬发掘简报》,《文物参考资料》1958年第12期。

⑲　Eva C.Keuls,*The Reign of the Phallus*,New York 1985,采自1989年日译本图229、230。

⑳　《世界博物馆全集》第11册《埃及博物馆》,台湾出版家文化事业股份有限公司,1983年,第101页图198。

㉑　王予:《八角星纹与史前织机》图五·20,《中国文化》第二期,三联书店,1990年。

工具在陶或石等质地的纺轮上刻画出有关图案或符号,这种装饰手法遍布新石器时代各个时期的遗址中,较早而又精美的,如上举河姆渡文化所出的纺轮。第二类是彩绘,这种装饰手法迄今所见,比较集中地出现在两个地区,一是长江中游的屈家岭文化及稍后的石家河文化,时代在距今 5000 到 4000 年左右[22];另一个是东南沿海的福建闽侯县石山文化遗存,时代距今 3000 年左右[23]。其他各新石器时代遗址也时有发现,如青海乐都柳湾所出[24],但均不及上述两地那么集中。

丰富多彩的纺轮装饰,不仅是我国史前时期原始艺术的一个重要组成部分,同时,其中的一些重要纹饰图案还直接反映了当时人们的某些观念与审美心理,而不同时期不同地区文化类型中所见到的相同纹饰,一方面反映了各个文化各不同发展时期相互之间的内在联系,另一方面又反映出处于相同发展阶段的各独立文化的人们所类似的观念与情感。有些纹饰则又是商、周青铜器艺术中相关纹饰的源头。就纺轮本身讲,已有学者指出,我国古代社会用以礼祭天地的玉璧,其原型就是纺轮[25]。在有些文化类型的墓葬中,如山东曲阜西夏侯大汶口文化墓葬,在成人墓中,石镞只见于男性墓,纺轮则只见于女性墓[26],这说明纺轮又是当时社会分工现象存在的标志。以上诸例可以看出,纺轮虽小,但它所蕴含的史前文明的信息却是十分丰富的。

在迄今发表的有装饰的纺轮材料中,我们以下的讨论,仅限于最有代表性的两种,一是太阳图饰的纺轮,一是涡形图饰的纺轮,在讨论中通过结合其他类型的相似材料,看这两种图饰的演变及其意义。

不少文化类型的纺轮上有八角形图饰,如图二·1—4:

图二·1 江苏武进潘家塘所出,两面刻纹,时代相当于崧泽中层文化层[27],在距今 5800—5100 年[28]。图二·2、3 江苏海安青墩所出,属良渚文化早期,时代距

㉒ 参见张绪球:《长江中游新石器时代文化概论》,湖南科学技术出版社,1992 年,第 202 页、第 274 页。

㉓ 福建省博物馆:《闽侯县石山遗址第六次发掘报告》,《考古学报》1976 年第 1 期。

㉔ 青海省文物管理处考古队、中国社会科学院考古研究所:《青海柳湾》图版六三,文物出版社,1984 年。

㉕ 周南泉:《试论太湖地区新石器时代玉器》,《考古与文物》,1985 年第 5 期。

㉖ 中国社会科学院考古研究所山东工作队:《西夏侯遗址第二次发掘报告》,《考古学报》1986 年第 3 期。

㉗ 武进县文化馆、常州市博物馆:《江苏武进潘家塘新石器时代遗址调查与试掘》,《考古》1979 年第 5 期。

㉘ 上海市文物保管委员会:《崧泽》,文物出版社,1987 年,第 88 页。

今5000—4500年[29]。图二·4江西靖安郑家坳所出,属江西境内新石器时代晚期樊城堆文化,该文化与广东曲江石峡第三期文化遗物颇多相似之处,石峡三期的碳-14测定年代值在距今4200年左右[30]。

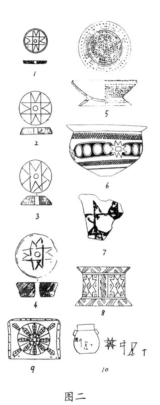

图二

这种极为规范的八角图饰还见于其他文化类型的陶器上。就现存的材料看,这种图饰最早见于湖南安乡县汤家岗所出的印纹白陶盘(图二·5)[31],属大溪文化早期,距今在6000年左右[32],为整模印制,极为精美。又见于黄河下游的大汶口文化,如山东邹县野店彩陶盆腹部所饰(图二·6),盆出于属该遗址墓葬

㉙ 南京博物院:《江苏海安青墩遗址》,《考古学报》1983年第2期。
㉚ 见李家和等:《樊城堆文化初论——谈江西新石器时代晚期文化》,《考古与文物》1989年第2期,又《再谈樊城堆—石峡文化》,《东南文化》1989年第3期。
㉛ 湖南省博物馆:《湖南安乡县汤家岗新石器时代遗址》,《考古》1982年第4期。
㉜ 同㉒第三章。

分期第四期的 M35,时代距今 5500—5200 年[33]。在山东泰安大汶口遗址中采集的陶片上亦有这种八角图饰(图二·7),发掘者认为,陶片"器形不明,泥质红陶,色彩为黑(赭)、白彩兼施","风格与墓葬出土彩陶不同,接近庙底沟仰韶文化彩陶"。[34] 仰韶文化庙底沟类型距今 5000 年左右。这种图饰还见于我国东北地区的赤峰敖汉旗小河沿文化遗址出土的彩陶器座上(图二·8)[35]。该文化自红山文化发展而来[36],处于相当于中原地区仰韶文化至龙山文化过渡阶段,时代应在距今 4500 年左右。著名的安徽含山凌家滩玉片上八角图饰(图二·9),出于该遗址 M4,同墓两陶片热释光的测定年代值为距今 4500±500 和 4600±400 年[37]。江苏澄湖古井遗址所出黑陶鱼篓形罐上的八角图饰(图二·10),与其他三个符号组合在一起,属良渚文化,是比较特殊而应引起人们注意的一例,它显示出该图饰在这里应具有类似文字功能的意义[38]。罐属该遗址器物第二类型,距今 4000 年左右[39]。

关于上述八角图饰的取象,传统的解释是太阳的象征,八角是太阳辐射的光芒。近年又有下述一些新的看法:1.原始织机卷经轴两端搬手象形说[40];2.缚龟腹甲象形说[41];3.四鱼相聚形的鱼图腾族徽说[42]。又有学者在传统解释的基础上,认为如安徽含山凌家滩玉片的图像乃是方位上的"八方图形与中心象征太阳的图形","玉片表现的内容应为原始八卦"。[43] 还有人认为含山玉片"可能具有夜间观星测时的作用",是史前日晷[44]。我们以为这种八角图饰的取象仍当以传统的解释为是,第 1 说考原始织机的搬手作此形,应是正确的,但这只能说是织机工具取象于太阳图饰,而不是相反。第 3 说的根据太薄弱。而对含山玉片

㉝ 山东省博物馆、山东省文物考古研究所:《邹县野店》,文物出版社,1985 年。

㉞ 山东省文物管理处、济南市博物馆:《大汶口》,文物出版社,1974 年。

㉟ 辽宁省博物馆等:《辽宁敖汉旗小河沿三种原始文化的发现》,《文物》1977 年第 12 期。

㊱ 郭大顺、马沙:《以辽河流域为中心的新石器文化》,《考古学报》1985 年第 4 期。

㊲ 安徽省文物考古研究所:《安徽含山凌家滩新石器时代基地发掘简报》,《文物》1989 年第 4 期。

㊳ 见张明华、王惠菊:《太湖地区新石器时代的陶文》,《考古》1990 年第 10 期。

㊴ 南京博物院、吴县文物管理委员会:《江苏吴县澄湖古井的发掘》,《苏州文物资料选编》,1980 年。

㊵ 同注㉑。

㊶ 王育成:《含山玉龟及玉片八角形来源考》,《文化》1992 年第 4 期。

㊷ 见张明华、王惠菊:《太湖地区新石器时代的陶文》,《考古》1990 年第 10 期。

㊸ 陈久金等:《含山出土玉片图形试考》,《考古》1989 年第 4 期。

㊹ 李斌:《史前日晷初探——试释含山出土玉片图形的天文学意义》,《东南文化》1993 年第 1 期。

意义的相关解释与传统的太阳图饰说并无太多扞格之处。上举第 2 说是在否定新石器时代的太阳辐射光芒没有作锐角形的基础上建立起来的,其实见于其他新石器时代的太阳图饰多种多样,作锐角形的太阳图饰并不罕见。

在迄今所见的新石器时代遗址材料中,发现的表示天象的彩陶图饰,以郑州大河村遗址所出最为集中和丰富,这些绘有天象图饰的彩陶残片大都出自该遗址第三期文化层中,碳-14 测定两个数值,在距今 5000 年左右,属中原地区仰韶文化晚期遗存[45]。研究者将所出彩绘天象图饰陶片分为太阳纹、月亮纹、星座纹、晕珥纹等类[46]。太阳及晕珥图饰见图三·1—3,太阳均作圆外线状辐射光芒。这种光芒呈线状的太阳纹,亦见山东烟台白石村相当于大汶口文化早期的遗址中所出[47],时代应早于大河村所出,为硬质工具刻画的太阳图饰(图三·4)。又甘肃永靖县莲花台辛店文化彩陶上亦有这种太阳图饰(图三·5)[48],已是铜石并用时代。大河村彩陶上还有图三·7—9 类图饰,它与同出的星座纹作圆点间有线相连不同,我们认为这种图饰是另一种形式的太阳符号,这种图饰亦见于

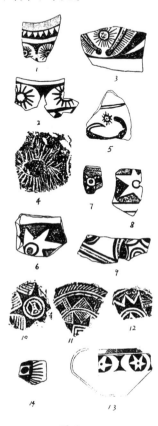

图三

洛阳西干沟仰韶文化晚期彩陶上(图三·6)[49]。这些辐射光芒呈锐角或连弧形的太阳图饰与八角图饰应该是一致的,只是后者更加规范化,更接近于我们现代人所理解的象征符号而已,如现代不少天文台用来表示太阳的符号即作八角形。光芒呈锐角的太阳图饰还见安徽宿松黄鳝嘴新石器时代遗址中,亦刻画在陶

⑤ 郑州市博物馆:《郑州大河村遗址发掘报告》,《考古学报》1979 年第 3 期。
⑥ 李昌韬:《大河村新石器时代彩陶上的天文图像》,《文物》1983 年第 8 期。
⑦ 烟台市文物管理委员会:《山东烟台白石村新石器时代遗址发掘简报》,《考古》1992 年第 7 期。
⑧ 中国社会科学院考古研究所甘肃工作队:《甘肃永靖莲花台辛店文化遗址》,《考古》1980 年第 4 期。
⑨ 中国社会科学院考古研究所:《洛阳发掘报告》图二五,7,燕山出版社,1989 年。

器上(图三·10—12)⑩,图三·11 很可能与八角图饰是相同的,这些显然都是太阳图饰,它的时代与安徽境内的薛家岗文化一期相当,应在距今 5200 年左右⑪。又见河南长葛石固第七期文化遗存彩陶罐上,时代在距今 5000 — 4500 年⑫。图三·14 出于大河村第二期遗址中,中心作方形,与图三·10 是相似的,而光芒为线状辐射,也应为太阳图饰,与图一中所示的有的八角图饰中心不作圆而作方形是一致的,它们表现的同是史前人类对太阳的各种理解和想象。

这种以锐角或连弧角象征太阳辐射光芒的图饰亦见于新石器时代的纺轮上,而纺轮的圆孔正象征太阳本身,如图四· 1—6 所示,分属大汶口文化(图四·1)⑬、崧泽文化(图四·2)⑭、樊城堆文化(图四·3)⑮、马家窑文化马厂类型(图四·4)⑯、龙山或相当于龙山晚期文化(图四·5、6)⑰,与图三·10—12 是相似的。

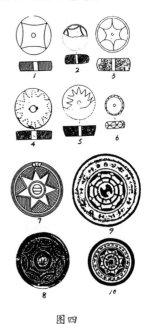

图四

这种太阳纹饰,很容易使人想起我国古代铜镜上的纹饰,图四·7 是为人们所熟知的出于甘肃贵南尕马台的齐家文化铜镜,图四·8 为战国时楚式镜⑱,两汉时类似的连弧纹镜极为流行,如图四·9、10,学者一般称其为"内向连弧纹",实际上也是太阳纹饰,镜钮当象征太阳,镜钮外围一般都有一圈十二圆乳,也有作八圆乳的,过去一般称为连珠纹,实际上应是十二辰或八方的象征。这类镜

⑩ 安徽省文物考古研究所:《宿松黄鳝嘴新石器时代遗址》,《考古学报》1987 年第 4 期。

⑪ 参见杨德标:《谈薛家岗文化》,见《中国考古学会第三次年会论文集》,文物出版社,1984 年。

⑫ 河南省文物研究所:《长葛石固遗址发掘报告》,《华夏考古》1987 年第 1 期。

⑬ 同注㉝图二三,1,石纺轮。

⑭ 南京博物院:《江苏武进寺墩遗址的试掘》,《考古》1981 年第 3 期。

⑮ 同注㉚第 2 文。

⑯ 同注㉔图七二,12。

⑰ 图四·5 见安徽省文物考古研究所、含山县文物管理所:《安徽含山大城墩遗址第四次发掘报告》,《考古》1989 年第 2 期。图四·6 见山东大学历史系考古专业:《山东泗水尹家城第一次试掘》,《考古》1980 年第 1 期。

⑱ 见李正光:《略谈长沙出土的战国时代铜镜》,《考古通讯》1957 年第 1 期。

在西汉时多有"见日之光,天下大明"或"内清质以昭明,光辉象夫日月"类铭文,所以又称为"日光镜"或"昭明镜",可以证明这类连弧纹镜正是太阳图饰镜,而这类图饰的来源可以追溯到新石器时代的纺轮图饰上。商、周以来青铜器纹饰的原始形态,向来是古器物研究的学者们寻找的目标,随着新石器时代器物图饰的大量发现,人们也把目光投向了这里,而不仅仅再局限于一些畸零的文献记载了。上面所述的青铜镜上连弧纹来源及其意义的解决,又是一个极好的例子。

新石器时代的纺轮上还常见下列图饰,它也是太阳纹饰(图五):

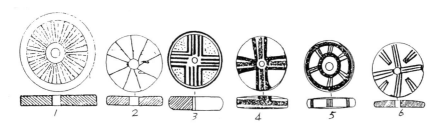

图五

分属东南地区湖熟文化(图五·1)[59]、青莲岗文化(图五·2)[60]、长江中下游的屈家岭文化(图五·3)[61],黄河上游马家窑文化的半山类型(图五·4)和马厂类型(图五·5、6)[62]。

美国人类学家罗伯特·莱顿曾说:"小型社会中的艺术品,常常也是那些具有工艺用途并饰以艺术图案的日用物品。"[63]他在这里所说的小型社会,就是通常所说的原始部落社会,他之所以不用通常的说法,是为了避免给人以愚昧与落后、单调与贫乏之感,我国新石器时代不同文化区系的先民们,正是通过多种多样纺轮上的太阳图饰,表现了他们丰富多彩的艺术世界。

这里还有必要对十分规范了的八角形太阳图饰再做一些叙述。

这类图饰还见于我国后来的一些器物或服饰上,见王孖、王育成二位先生所

[59] 南京博物院:《江宁汤山点将台遗址》,《东南文化》1987年第3期。
[60] 南京博物院:《江苏邳县大墩子遗址第二次发掘》,《考古学集刊》,中国社会科学出版社,1981年。
[61] 见刘德银:《论江汉地区新石器时代出土的陶纺轮》,《湖北考古学会论文集》(二),1991年。
[62] 同注㉔图二五,5,又图七一,7、9。
[63] 《艺术人类学》,靳大成译,文化艺术出版社,1992年,第50页。

搜集的材料[64]，但还可以做若干补充，并附带介绍一些国外材料。

旧出于安阳大司空村 M175 的殷代弓形器上，也有这种图饰（图六·1），近林沄先生撰文，认为弓形器应起源于北方游牧地区，而后为殷文化所吸收，并说："青铜弓形器在殷文化中刚出现时，就饰以非商文化传统的铃首和马首，反映出北方系青铜器的色彩。"[65]该弓形器上八角图饰的来源也有待推敲。

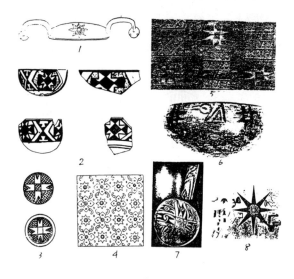

图六

就国外的考古材料看，作为彩陶上的装饰，也可以见到八角图饰，如土库曼斯坦南部的纳马兹加（Namazga-Tepe）文化第三期遗址所出彩陶钵形器上图饰（图六·2）[66]，属铜石并用时代，公元前 3000 年左右。类似的装饰也见于我国青海乐都柳湾所出马家窑文化马厂类型的彩陶上（图六·3）[67]。所不同的是，纳马兹加三期八角图饰是以留白的手法装饰在十字图形上，但青海柳湾的陶器与纳马兹加陶器上都常见十字符号。马厂类型的时代，碳-14 测定年代值在公元前

[64] 见注㉑、㊶。

[65] 《商文化青铜器与北方地区青铜器关系之再研究》，见苏秉琦主编《考古学文化论集》（1），文物出版社，1987 年。

[66] 图采自：Raffaele Biscione, Dynamics of an Early South Asian Urbanization: the First Period of Shahr-i Sokhta and its connection with Southern Turkmenia, 见《南亚考古学者第一次国际会议论文集》，Noyes Press, New Jersey 1973。

[67] 同注㉔第 146 页图谱一（5）218、219。

2415—前 2040 年[68]。我国出土的西汉时的隐纹花卉纹锦中有八角图饰(图六·4)[69],现代少数民族,如苗族、傣族织物上仍有这种图饰,见王孖文中所搜集。而在秘鲁古印加文明晚期遗址中出土的丝织物上也有八角织纹(图六·5),在秘鲁的喀喀湖沿岸遗址出土的彩陶钵形器上也有这种图饰,钵沿口部下画一周八角图,各间以鸟纹(图六·6)[70]。上举两例时代在公元 12 世初至中叶,在西班牙人 1532 年进入印加帝国之前。又北美洲 Anasazi 彩陶器物上有近似的图饰(图六·7)[71],两河流域公元前 3000 年以前的文化中也有这种图饰(图六·8)[72]。

这种遍布世界各地的八角图饰所表现出的惊人的一致性,其取象无论如何都是经轴搬手说、缚龟象形说、四鱼相对说所难以解释的,它只能是一种极其规范了的太阳符号。太阳崇拜是世界大多数独立发生的史前文明共有的现象,而原始宗教所普遍具有的功利性,又是这种受崇拜的太阳符号被用来作为一般生活用品上装饰图饰的主要原因[73]。

这种图饰还见于我国境内西南地区唐、宋以来流行的佛教密宗教徒的葬式中,与密宗种子字和汉字一起组成密宗曼荼罗,如近些年在四川西昌地区发现的南诏、大理时期的火葬墓,常见刻有曼荼罗的石刻覆盖在骨灰罐上(图七·1—3),也有刻在瓷片上的,如云南玉溪元代遗址所出(图七·4)[74]。有学者根据密宗经典《大日经》,认为八角图饰相当于经文中的八方天,代表四方四隅八个方位,实际上它仍不过是太阳符号的进一步神秘化,该类八角图饰各角顶端皆有一圆圈,与一些西汉时期的日光镜纹饰极为相似(图四·9),它们之间应该是有一些渊源关系的。

---

[68] 同注[24]。

[69] 王磊义编绘:《汉化图案选》图 312,文物出版社,1989 年。

[70] 图六·5、6 采自 Luis G. Lumbreras, *The Peoples and Cultures of Ancient Peru*, p.211.日译本作"アニデス文明",岩波书店,1977 年。

[71] 采自 Gkaadme Clark, *World Prehistory*, p. 398, Figwre. 230, 1977.

[72] 同注[11]。

[73] 图七·1 采自黄承宗《四川西昌城郊出土唐宋时期八角形图案墓冢石》,《考古与文物》1983 年第 3 期;图七·2 采自刘世旭《凉山的考古与民族》,《四川文物》1992 年第 4 期;图七·3 采自温玉成《浅谈西昌的卵塔及曼荼罗》,《四川文物》1988 年第 6 期。

[74] 葛季芳、李永衡:《云南玉溪古窑遗址调查》,《考古》1980 年第 3 期。

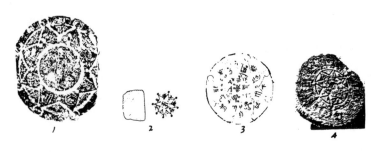

图七

以上所述的是新石器时代陶纺轮及其他类材料上的太阳图饰,下面谈一谈彩绘陶纺轮上的涡纹,并从古器物学的角度讨论一下道教阴阳鱼图的来源问题。

彩绘涡纹的纺轮,比较集中的出土地是长江中游的屈家岭文化和石家河文化,后者是从前者直接发展而来的,过去曾称之为"湖北龙山文化",年代下限在距今 4000 年左右[75]。在甘青地区马家窑文化中,涡纹曾是各类陶器的主要装饰图案之一[76],但据报道的材料所见,却没有施之于纺轮上的例子。其他诸文化类型的彩陶中,时有涡纹的陶纺轮,但也都不如屈家岭和石家河所见那么典型。图八所示诸纺轮即为二文化遗址所出,皆系米红色颜料用"毛笔"一次勾勒而成,下图中的黑色本身为米红色。

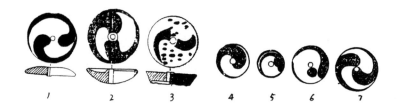

图八

图八·1、2 为屈家岭晚期物,分别出于湖北天门邓家湾[77]和孝感应城门板湾[78],近也有人认为两遗址亦属石家河文化类型。图八·3 出于湖北钟祥县六合

⑦⑤　同注㉒第 274 页。
⑦⑥　刘溥、尚民杰:《涡纹、蛙纹浅说》,《考古与文物》1987 年第 6 期。
⑦⑦　石河考古队:《湖北省石河遗址群 1987 年发掘简报》,《文物》1990 年第 8 期。
⑦⑧　蒲显钧、蔡先启:《孝感地区两处新石器遗址调查》,《江汉考古》1980 年第 2 期。

遗址,属石家河文化第一期[79]。图八·4—7出于石门石家河[80]。

看到以上纺轮图饰,自然而然会使人联想到明、清以来极为流行的被称为太极图的阴阳鱼图。上述遗址的发掘者即称这类纹饰为太极图饰,如果从周易图像学的发展史看,太极图本指北宋周敦颐《太极图说》所传的"无极而太极"之图,如图九·1。该图的来源颇有争议,是学术史上的一桩疑案,近年浙江衢州发现南宋史绳祖墓[81],遗物中有一银杯,杯外壁镌刻八重卦,外底与内底分别镌如周敦颐所传太极图的象征阴阳对立的第二圆(报道中图翻置)和象征五行关系的第三部分,值得注

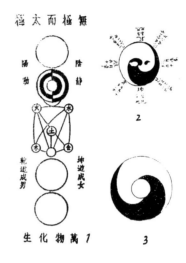

图九

意的是,出土的五行关系图与周敦颐太极图的五行关系图有一重大区别,这就是水和木的位置正好互易,同墓所出史绳祖墓志记史精于易学,有多种著述,今所传只有《学斋占毕》一书,不知史墓所出银杯五行图另有所据还是史本人的创作,它的发现对学术界探索周敦颐太极图的来源及其传播带来什么新的认识,还有待继续讨论。

阴阳鱼图形的太极图,实际上最早仅见于明代人的著作,即明初赵㧑谦《六书本义图考》一书[82],赵称之为"天地自然河图"(图九·2),该图是宋代以来周易图像学思潮盛行下的产物[83],后人又将其更加规范化,变成了我们今天所常见的那种S曲线的太极图,并成为道教的标志。自该图出现始,即倍受人们赞赏,以为深得《周易·系辞传》所说的:"天垂象,见吉凶,圣人象之"的本义,现代人更从哲学、自然科学乃至人体科学等角度去寻找该图的取象或阐释该图的精义,诸说纷纭,不胜枚举。这里我们只是想从古器物学中纹饰衍变的角度说一说该

⑦⑨ 荆州地区博物馆、钟祥县博物馆:《钟祥六合遗址》,《江汉考古》1987年第2期。

⑧⓪ 石龙过江水库指挥部文物工作队:《湖北京山、天门考古发掘简报》,《考古通讯》1956年第3期。

⑧① 衢州市文管会:《浙江衢州市南宋墓出土器物》,《考古》1983年第11期。

⑧② 见《四库全书》经部小学类。

⑧③ 详见李申:《周易图像学思潮》,《文献》1993年第1、2期。

图的来源。

流水涡纹是由于不同流速或流向的水流相互作用下产生的,是自然界中一种永恒存在的现象,新石器时代纺轮上的涡纹,正是史前人类对大自然这一现象的模拟。涡纹自新石器时代出现以来,作为一种装饰图案,广泛应用在商、周以降各类器物上,图十是其中的一些例子,从中我们可以看到从涡纹到阴阳鱼图的轨迹。

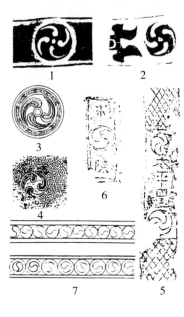

图十

图十·1为殷代晚期瓿簋口沿部纹饰[84],图十·2为西周恭王时格伯簋圈足上纹饰,间以柿蒂纹[85]。图十·3为安徽舒城九里墩所出车害轴头纹饰[86],图十·4为洛阳中州路M4所出鼎盖上纹饰[87],上二者皆东周时物。商、周青铜器上的这类纹饰,传统的说法认为是涡纹,但近年中外学者提出了若干新的解释,或名曰火纹[88],或名曰囧纹[89]。从与新石器时代的相类似纹饰看,二者显然是一脉相

[84] 上海博物馆青铜器研究组:《商周青铜器纹饰》图667,文物出版社,1984年。

[85] 同注[84]图706。

[86] 安徽省文物工作队:《安徽舒城九里墩春秋墓》,《考古》1982年第2期。

[87] 中国科学院考古研究所:《洛阳中州路(西工段)》图五七,9。

[88] 同注[84]。

[89] 林巳奈夫:《殷周时代青铜器纹样の研究》,吉川弘文馆,昭和六十一年。

承的,商、周时期的上述纹饰仍应以涡纹名之为是⑩。这类纹饰在商、周以后有了一些新的变化,图十·5为浙江嵊州市石璜镇下村砖室墓所出墓砖上纹饰,并有"太平四年"字,发掘者认为当三国吴景帝孙休永安二年(259)⑪,图为线构涡纹,已颇简洁。图十·6出自嵊县南朝陈墓中,亦为墓砖上纹饰,同墓所出砖上有"东洗马明堂""祯明二年"铭文⑫,祯明为陈后主年号,祯明二年当为公元588年。该墓砖上涡纹简化为三道弧线,与阴阳鱼图已是非常接近。图十·7为北京元代建筑居庸关石刻上纹饰⑬,这种涡纹,只消在S曲线两侧各画上一小圆,或如赵㧑谦图各撇上一点,与明、清以来流行的阴阳鱼图已没有任何差别。而明以来流行的阴阳鱼图各式各样,甚至也有没涂上两点的,则和元代石刻完全相同了。图九·3是明代万历年间来知德创作的圆图,后来也被称作太极图⑭,该图与图八·4石家河文化纺轮上涡纹几乎完全相同。我们不敢说宋、明人已经发现过新石器时代的涡纹纺轮,但他们对先秦以来世代常见的如上举涡纹应该是较为熟悉的,当他们想用图像来表达满脑袋周易"一阴一阳之谓道"的思想时,是很可能联想到这类图饰的。

　　以上我们列举了从新石器时代历经商、周,直到元代的各种涡纹图饰,并不是想证明上述各时期的人们已赋予了涡纹以种种神秘意义,而只是想从古器物学的角度证明,阴阳鱼图不过是从远古人们模拟自然界流水所产生的涡纹演变来的而已,作为一种图饰,它不过是线条的组合,毫无神秘可言。而新石器时代的人们把涡纹勾勒在纺轮上,也只是为了在视觉上增加纺轮的转速,当然,还表现了当时人们的审美情趣。

【刘昭瑞　文学博士,中山大学人类学系教授】

原文刊于《中国文化》1995年01期

---

⑩　若仔细区分上海博物馆与林巳奈夫二书所收的火纹或囧纹,似可以分为两类,一类如图十·1—4所示,另一类以单线自外圆为起点构成,可能有所区别。

⑪　嵊县文管会:《浙江嵊县六朝墓》,《考古》1988年第9期。

⑫　嵊县文管会:《浙江嵊县六朝墓》,《考古》1988年第9期。

⑬　采自张广立编绘:《中国古代石刻纹样》,人民美术出版社,1988年,第163页。

⑭　详见李申:《周易图象学思潮》,《文献》1993年第1、2期。

"累黍"与"指律":
中国古代度量衡思想略论

曹 晋

提 要:本文提出了"度量衡思想"研究的重要性,并对中国古代度量衡思想的发展和演变作一略述。在对"度量衡"和"度量衡思想"的概念和定义做出明确的界定后,文章对"度量衡思想"的范畴给出例证并简要阐述;之后,着重就中国古代度量衡思想中的核心内容"律度量衡"理论体系加以分析和评价;最终考察这一体系如何受到挑战,从尝试修复到接受现状的过程,以及北宋时期的论争和革新。通过对中国古代度量衡思想中的核心体系"律度量衡"演变过程的考察,文章展示了度量衡思想的发展脉络、走向以及它与政治、社会经济、文化之间的互动关系。

关键词:度量衡史 计量史 度量衡思想 律度量衡 律吕 黄钟

中国古代度量衡史的研究,历来为人所重视,因为它涉及国家制度与权力、社会经济和市场、科学技术和思想等方方面面;也正因此,度量衡史的研究也分散于各个不同的领域,分别取得了令人瞩目的成就。自 20 世纪 70 年代以来,度量衡史的研究进入了一个蓬勃发展的时期。在国家计量总局牵头下,丘光明先生等人集全国各地博物馆之力,编成《中国古代度量衡图集》一书,于 1981 年出版,收录自商代至清代的尺度、量器和衡器共 240 件,分类按时代编排,并作实测和考订,取得了较为准确的数据,科学性强,为之后开展的度量衡史研究奠定了基础。① 社会经济史方面的专家,如已逝的郭正忠先生,从盐业史的研究出发,继而探究社会生活各个方面的权衡和度量,完成《三至十四世纪中国的权衡度量》这一巨著,对于史料的搜集和辨析,功力尤深。关增建教授从物理学史的角度出发,以现代科技的观点审视中国古代计量史,他所领导的"中国计量史"课题组还包括了空间计量、时间计量等内容,为人们从科技的角度更深入了解中国传统社会提供一个新的视角。② 戴念祖教授从声学史的角度,尤其以朱载堉为主要研究对象,指出在中国古代乐律与历法、度量衡相合的观念。③ 在度量衡思想或曰计量思想(metrosophy)方面,以傅汉思(Hans Ulrich Vogel)为代表的西方学者已建立了基本的理论概念和研究方法,并以其来考察中国古代度量衡的特性。

然而,度量衡的研究一直以来有两个难点:一是由于中国历史之长与幅员之广,度量衡的时代和地区差异相当复杂。随着各地各时代的度量衡器物不断涌现,对度量衡的长时段变化的掌握和认识就尤为重要。二是考察不应局限于器物和制度本身,还应探究其背后的度量衡思想。只有掌握了上述两条线索,度量衡史的研究才有可能成为一个有机的整体。本文的宗旨,即在提出"度量衡思想"研究的重要性,并对中国古代度量衡思想的发展和演变作一略述。本文将首先对"度量衡"和"度量衡思想"的概念和定义做出明确的界定;然后对"度量衡思想"的范畴给出例证并简要阐述;之后,着重就中国古代度量衡思想中的核心内容"律度量衡"理论体系加以分析和评价;最终将考察这一体系如何受到挑战,从尝试修复到接受现状的过程,以及北宋时期的论争和革新。通过对中国古代度量衡思想中的核心体系"律度量衡"演变过程的考察,我们可以看到度量衡思想的发展脉络和它与政治、社会经济、文化之间的互动关系。

---

① 在此基础上,丘光明先生于2001年与邱隆等人合作完成《中国科学技术史·度量衡卷》(科学出版社,2001年),是迄今最为重要的、系统的度量衡通史。

② 关增建教授主持的国家社科基金重大项目《中国计量史》分为度量衡卷、空间计量卷、时间计量卷、管理与社会卷、中外交流卷、人物卷、文物图集卷、文献史料卷、年表卷九个部分。

③ 戴念祖:《天潢真人朱载堉》,大象出版社,2008年。戴念祖、王洪见:《论乐律与历法、度量衡相和合的古代观念》,《自然科学史研究》2013年第2期,第192—202页。

一、"度量衡"与"度量衡思想"的概念和定义

从现代科学的角度来说,"度量衡学"(metrology)就是"量度的科学"(science of measurement)。具体言之,根据国际计量局(Bureau international des poids et mesures)的定义,它"包括所有理论和实际的量度方法,涵盖了测量理论与实践的所有方面,不受其测量不确定度或应用领域的限制",又称计量学或量测学。④从古代历史的角度来看,"度量衡学"是"量度的知识"(knowledge of measurement)。具体于中国的历史,"度量衡"语出《尚书·舜典》:"协时月正日,同律度量衡。"度指长度,量指容量,衡指重量。所谓"同律度量衡",就是由规范音律出发进而规范度量衡。郭正忠教授指出,"权衡与度量,主要指检测轻重、长短和容量(容积)的秤、尺、升斗等器物及有关的计量制度。"⑤这一定义,精准地指出了"度量衡学"的两个方面——器物与制度。

与有着悠久历史且被广泛接受的"度量衡学"不同,"度量衡思想"(metrosophy)是一个新名词,并且经历了一番发展演变的过程。它首先源于20世纪50年代德国艺术史家哈特拉伯(Gustav Friedrich Hartlaub,1884—1963)对于建筑史和建筑美学的研究,他提出要思考"古代艺术和建筑中的计量和数字"(Maß und Zahl in Alter Kunst und Architektur)。⑥继他之后,慕尼黑工业大学的数学史及天文史教授弗雷肯斯坦(Joachim Otto Fleckenstein,1914—1980)将之引申至计量学,指出"计量方法和计量思想的思辨"(Metrologische Methodik und Metrosophische Spekulation)的重要性。⑦他的讲席继任者、专攻化学史的教授费

---

④ 原文的英文定义为"Metrology is the science of measurement, embracing both experimental and theoretical determinations at any level of uncertainty in any field of science and technology"。上述定义请见 http://www.bipm.org/en/worldwide-metrology/(2017年6月13日访问)。

⑤ 郭正忠:《三至十四世纪中国的权衡度量》,中国社会科学出版社,2008年,前言,第1页。

⑥ Gustav Friedrich Hartlaub, *Fragen an die Kunst: Studien zu Grenzproblemen*, Stuttgart: Koehler, 1953, pp.209—216.

⑦ Joachim Otto Fleckenstein, "Metrologische Methodik und Metrosophische Spekulation in der Wissenschaftsgeschichte", in: *Travaux du 1er Congrès International de Métrologie Historique*, Zagreb, 28—30 octobre 1975.

佳拉（Karin Figala,1938—2008）等人将之抽象化为一个概念，即"带有宇宙观哲学元素的数字思考"（Zahlenspekulationenkosmologischer Philosopheme）。⑧ 汉学家傅汉思（Hans Ulrich Vogel）综合了前人的研究和思考，在考察中国古代度量衡史尤其是《汉书·律历志》的过程中，首次给予了 metrosophy 以明确的定义——"度量衡思想是度量衡和原科学（proto-science）、宇宙论（cosmology）、政治思想与政治伦理（political and politico-ethical thought）以及神秘主义（magic and mystery）之间的关系"。⑨ Metrosophy 一词，由 métron（量度）和 sophía（技能和智慧）两个部分构成，中文暂且译作"度量衡思想"。傅汉思的定义不但得到了其他汉学家的认同，⑩也为计量学家接纳和采用，超越了不同文化的度量衡史研究，甚至不局限于历史，而成为理解当下计量现象不可或缺的重要概念。例如美国石溪大学科学哲学教授克里斯（Robert P.Crease）将"度量衡思想"理解为"随时间演变和跨文化的对于我们因何量度以及量度结果的共享理解"。⑪

　　尽管国内的学者没有使用"度量衡思想"（metrosophy）这一概念，但也注意到了度量衡在思想、观念、文化层面的重要性。如赵晓军所做的"度量衡理论"研究，认为其"萌芽于原始社会末期，形成于春秋，定型于西汉，成熟于东汉。周易哲学'阴阳和合'的辩证法则和'天人合一'的宇宙观念，则贯穿于我国度量衡理论形成和发展的始终"⑫。赵的研究，对于探讨早期度量衡思想的产生和发展十分有益和富于启发。又如前引戴念祖等对乐律与历法、度量衡相和合的古代观念的阐述，牛晓霆等探究营造用尺的"压白"尺法时着重分析其所蕴含的哲

⑧　Karin Figala and Otmar Faltenheiner," Metrosophische Spekulation - Wissenschaftliche Methode ", in: Kultur&Technik,1986,3,pp.172-177.

⑨　Hans Ulrich Vogel,"Aspects of Metrosophy and Metrology during the Han Period",Extrême-Orient,Extrême-Occident,1994,vol.16,pp.135-152. 又见他的另一篇文章"Metrology and Metrosophy in Premodern China: A Brief Outline of the State of the Field",in: Jean-Claude Hocquet (ed.), Une activité universelle: Peser et mesurer à travers lesàges（Acta Metrologiae IV,VIe Congres International de Metrologie Historique,Cahiers de Métrologie,Tomes 11-12,1993—1994）,Caen: Editions du Lys,1994,pp.315-332.

⑩　Howard L. Goodman,Xun Xu and the Politics of Precision in Third-Century AD China,Brill,2010,p.174.

⑪　Robert P. Crease, World in the Balance:the Historic Quest for An Absolute System of Measurement,New York; London: W.W. Norton,2012,p.227.

⑫　赵晓军、蔡运章《论周易哲学与度量衡制度》,《河南科技大学学报（社会科学版）》,2009 年第 5 期,第 5 页。又见赵晓军《中国古代度量衡制度研究》,中国科学技术大学博士论文,2007 年,第八章《中国古代度量衡制度的理论基础》,第 140—155 页。

理,⑬以及张宇在探讨中国建筑思想中指出"律度量衡"在建筑中的数理哲学及音乐因素⑭等,都已属于"度量衡思想"的范畴。然而,赵晓军的"度量衡理论"这一概念,虽然是"度量衡思想"的重要组成部分,但对于全面理解不同历史时期、不同地域乃至不同文化的度量衡,是有局限性的。至于"观念"和"哲理"等词,对于囊括度量衡器物和制度所涉及的政治、文化、科学等各个领域的内容,恐怕也无法胜任。因此,我们有必要使用"度量衡思想"这一概念,才能完整地、全面地探究中国古代度量衡史牵涉到的方方面面。如果我们将目光投向世界其他地区和文化的度量衡史,会立即发现,量度是人类共有的活动,量度的知识有相通之处,又因各自文明的发展产生了多姿多彩的思想、制度和器物。因此,"度量衡思想"这一概念的使用,为跨时间、跨地域乃至跨文化的比较研究提供了可能。

度量衡思想的形成、发展和演变,是一个不断变化更新的过程,直至今日仍在进行。在探讨这一复杂的思想体系之前,有必要基于傅汉思对度量衡思想的定义,对以下几个方面举例略作阐发:度量衡与政治思想及政治伦理的关系、度量衡与宇宙论的关系、度量衡与神秘主义的关系、度量衡与原科学的关系。如果可以把"度量衡思想"视为一块"领域",那么上述这些关系就构成了划出范围的界石。

在与政治思想及政治伦理的关系方面,中国历史上第一次统一了度量衡的秦代以法家思想立国,对后世产生了重要的影响。对于这样一个重法的国家而言,度量衡制度及其器物代表了严厉的法律标准和手段,适用于任何人,并符合国家利益。而"以法治国",最重要的就是保证度量衡制度的运作,例如在《韩非子·有度》:"巧匠目意中绳,然必先以规矩为度;上智捷举中事,必以先王之法为比。故绳直而枉木斫,准夷而高科削,权衡悬而重益轻,斗石设而多益少。故以法治国,举措而已矣。"⑮以庄子为代表的道家对于这一政治思想和政治伦理的态度则反其道而行之,"虽重圣人而治天下,则是重利盗跖也。为之斗斛以量之,则并与斗斛而窃之;为之权衡以称之,则并与权衡而窃之……掊斗折衡,而民

---

⑬ 牛晓霆等《对"压白尺"所蕴含哲理的思考》,《山西建筑》2012年第18期,第2—4页。
⑭ 张宇:《中国建筑思想中的音乐因素探析》,天津大学博士论文,2009年。
⑮ 韩非子校注组:《韩非子校注》,江苏人民出版社,1982年,第50页。

不争。"⑯从反面论证了度量衡与政治的关系。再看北大藏秦简《鲁久次问数于陈起》，充分说明了度量衡对于治理国家的重要性，如：

> 夫临官立(莅)政，立庀(度)兴事，数无不急者。……和均五官，米粟絫(黍)枲(漆)，升料(料)斗甬(桶)，非数无以命之。⑰

其中"料"疑为"料"的讹字，可能是量制单位"半斗"的专用字。"甬"读为"桶"，一桶为十斗。升、半斗、斗、桶皆为量制单位，且顺序由小到大。本句是说官府征收、处置的各项物资以及与此密切相关的度量衡制度。又如：

> 凡古为数者，何其智(知)之发也？数与庀(度)交相剺(彻)也。民而不智(知)庀(度)数，辟(譬)犹天之毋日月也。天若毋日月，毋以智(知)明晦。民若不智(知)度数，无以智(知)百事经纪。⑱

此番度数论之"立度"指确立法度、准则，应包括度量衡制度、田律、厩苑律、仓律等含有计量的法律。⑲由此可见在治理国家的过程中，度量衡尤为重要，非数无以成事，唯数不可或缺，只有提高计数水准和普及度量衡方可兴大业。

在与宇宙论的关系方面，暂且仅以《淮南子》为例说明。如"天文训"中说："古之为度量轻重，生乎天道。"⑳又如"时则训"中说：

> 阴阳大制有六度，天为绳，地为准，春为规，夏为衡，秋为矩，冬为权。绳者所以绳万物也，准者所以准万物也，规者所以员万物也，衡者所以平万物

⑯ 《庄子·外篇·胠箧》。王叔岷：《庄子校诠》，"中研院"历史语言研究所，1999年，第354—357页。
⑰ 韩巍：《北大藏秦简〈鲁久次问数于陈起〉初读》，《北京大学学报(哲学社会科学版)》2015年第2期，第30页。
⑱ 韩巍：《北大藏秦简〈鲁久次问数于陈起〉初读》，《北京大学学报(哲学社会科学版)》2015年第2期，第30页。
⑲ 韩巍、邹大海：《北大秦简〈鲁久次问数于陈起〉今译、图版和专家笔谈》，《自然科学史研究》2015年第2期，第232—266页。
⑳ 何宁：《淮南子集释》卷三天文训，中华书局，1998年，上册，第256页。

也，矩者所以方万物也，权者所以权万物也……明堂之制，静而法准，动而法绳，春治以规，秋治以矩，冬治以权，夏治以衡，是故燥湿寒暑以节至，甘雨膏露以时降。[21]

将度量衡与天地、四季的变化联系在一起，认为是衡量万物的标准，而唯有这些标准的达成，才能获得人与天地的和谐。度量衡与"天人合一"的宇宙观念，《淮南子》的论述已发展至成熟阶段。[22]

在与神秘主义的关系方面也有许多例证，例如，工匠在房屋建筑中所用的尺度运算的方法有三：门公尺法、尺白寸白法[23]、步法，各有其适用的场合。事实上，中国传统的尺寸与八卦、九宫、五行、纳甲有着密切的关系。这些尺寸关系，大都使用于木工、建筑业，最后演变为木工与建筑于形制上的规范。度量尺寸之外，用来判凶吉，与民间数术、阴阳五行的传统概念相符。

在与原科学的关系方面，古人对于度量衡起源的考察是一个很好的例证。前面已经引用过"律度量衡"这句话，律作为度量衡的起源，是诸多学说之一。李淳风在《隋书·律历志》中总结道：

> 《史记》曰："夏禹以身为度，以声为律。"
>
> 《礼记》曰："丈夫布手为尺。"
>
> 《周官》云："璧羡起度。"郑司农云："羡，长也。此璧径尺，以起度量。"
>
> 《易纬通卦验》："十马尾为一分。"
>
> 《淮南子》云："秋分而禾綖定，綖定而禾熟。律数十二而当一粟，十二粟而当一寸。"綖者，禾穗芒也。
>
> 《说苑》云："度量权衡以粟生，一粟为一分。"
>
> 《孙子算术》云："蚕所生吐丝为忽，十忽为秒，十秒为毫，十毫为厘，十

---

[21] 何宁：《淮南子集释》卷五时则训，中华书局，1998年，上册，第439—441页。

[22] 赵晓军：《中国古代度量衡制度研究》，第145页。

[23] "尺白寸白法"的研究参见 Klaas Ruitenbeek，"Craft and Ritual in Traditional Chinese Carpentry"，in *Chinese Science*，1986，7.1，pp.1—23. 又见程建军：《"压白"尺法初探》，《华中建筑》，1988年第2期，第47—59页。

厘为分。"

此皆起度之源，其文舛互。[24]

从以人的身体来规定度量衡的单位，到利用"璧羡""马尾""粟""蚕丝"等复现性能较好的自然物或人造物来定义度量衡单位，这本身就体现了科学性。[25]下文还会展开阐述的"律度量衡"理论体系，更加具体地展现了度量衡和原科学的关系。

以上是对"度量衡思想"所涉及的方面和范畴所做的简要阐释。接下来，本文将着重探讨中国古代度量衡思想中的重要组成部分——"律度量衡"，通过展示它的内涵和演变，可以对度量衡思想这一概念有进一步的理解。

二、"律度量衡"理论体系

中国古代的度量衡思想和其他文化有许多相似之处，比如上文提到的"布手为尺"等以人体为度量衡单位，两河流域亦有"肘尺"，中世纪的英国以足长为英尺，等等，不一而足；又如利用谷物，英国也以麦粒作为重量的标准。然而，古代的中国建立了一套为其独有的理论体系，以黄钟乐律为理论基础，以律管为实物依据，参校累黍作为理论上的标准，从而形成了"律度量衡"的传统正法。这一独特的理论体系，在相当长的历史中是中国古代度量衡思想的核心内容，由刘歆在《汉书·律历志》中做出了首次完备的阐述。

什么是"律"？"律"也称"律吕"，是古代用竹管或金属管制成的定音仪器，共十二管，它们的管径相等，以管的长短来确定音的不同高度。从低音管算起，成奇数的六个管叫作"律"，成偶数的六个管叫作"吕"，合称"律吕"。律吕不但

---

[24] 中华书局编辑部编：《历代天文律历等志汇编》第 6 册，《隋书·律历志上》，中华书局，1975 年，第 1873—1874 页。

[25] 关于中国古代度量衡单位的不同起源和定义标准，请参阅丘光明等：《中国科学技术史·度量衡卷》第三章，第 39—50 页。

是律管本身,更是传统科学的一门。科学史家内森·席文(Nathan Sivin)将传统中国科学分为"量"与"质"两大类,如表1所示:

表1　传统中国科学

量 (quantitative sciences)	算,数学(mathematics)
	律,律吕(mathematical harmonics)
	历,历法(mathematical astronomy)
质 (qualitative sciences)	天文(astronomy)
	医(medicine)
	本草(materiamedica)
	外丹(alchemy)
	地理,堪舆,风水(siting or geomancy)
	物理,物类,格物(physical studies)

按照这一分类,"律"被解释为数的和谐(mathematic harmonic),属于"量"类的科学。㉖

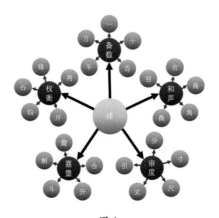

图1

根据《汉书·律历志》,"律"由备数、和声、审度、嘉量、权衡五个部分组成,

㉖　Nakayama Shigeru and Nathan Sivin (eds.), *Chinese Science*: *Explorations of an Ancient Tradition*, Cambridge (Mass.)/London, 1983, pp.xiii−xxvii; Nathan Sivin, "Science and Medicine in Imperial China – The State of the Field", in: *Journal of Asian Studies*, 1988, 47.1, pp.42—48.

而每个部分又由五个部分构成，即五数、五声、五度、五量和五权。

如图1所示，"五数"是一、十、百、千、万，本起于黄钟之数；五声是宫、商、角、徵、羽，生于黄钟之律；五度是分、寸、尺、丈、引，本起黄钟之长。五量：龠、合、升、斗、斛，本起于黄钟之龠；五权是铢、两、斤、钧、石，本起于黄钟之重。然后，"度""量""权衡"分别通过"累黍"的方式与黄钟发生联系，具体如下：

> 五度：
>
> 以子谷秬黍中者，一黍之广，度之九十分，黄钟之长。一为一分，十分为寸，十寸为尺，十尺为丈，十丈为引，而五度审矣。

> 五量：
>
> 龠、合、升、斗、斛……本起于黄钟之龠，用度数审其容，以子谷秬黍中者千有二百实其龠，以井水准其概。合龠为合，十合为升，十升为斗，十斗为斛，而五量嘉矣。

> 五权：
>
> 铢、两、斤、钧、石……本起于黄钟之重。一龠容千二百黍，重十二铢。两之为两。二十四铢为两，十六两为斤，三十斤为钧，四钧为石……而五权谨矣。[27]

这一理论体系的独到之处，首先，在于建立了"律吕"之学，把数、声、度、量、衡视为一个整体；其次，它突出强调了"数"的作用："夫推历生律制器，规圆矩方，权重衡平，准绳嘉量，探赜索隐，钩深致远，莫不用焉。"对数的认识和推崇，体现了律吕学的科学性。

第三，数、声、度、量、衡都以黄钟为本，从而形成一个整体。什么是"黄钟"？

㉗　中华书局编辑部编：《历代天文律历等志汇编》第5册，《汉书·律历志上》，中华书局，1975年，第1392—1395页。

　　其传曰,黄帝之所作也。黄帝使泠纶,自大夏之西,昆仑之阴,取竹之解谷生,其窍厚均者,断两节间而吹之,以为黄钟之宫。制十二筒以听凤之鸣,其雄鸣为六,雌鸣亦六,比黄钟之宫,而皆可以生之,是为律本。㉘

　　黄钟本身是一根竹制的律管,一段开口,另一端闭口。黄钟的音高是基准音,而音的高低在中国古代的乐律理论中是极为重要的,如《吕氏春秋》所言:

　　夫音亦有适。太巨则志荡……太小则志嫌……太清则志危……太浊则志下……故太巨、太小、太清、太浊皆非适也。何谓适? 中音之适也。何谓中? 大不出钧,重不过石,小大轻重之中也。黄钟之宫,音之本也,清浊之中也。中也者,适也,以适听适,则和矣。㉙

　　按照这种理论,音乐要能起到和同各个阶级成员的作用,因此音调必须适中,太高或太低都不宜于庙堂。而要求适中的音调,则必须先确定基音的绝对音高,确定"音之本",即黄钟之宫的音高。如何确定黄钟的音高? 我们知道,声的振动由振幅和频率等常数来表征:振幅引起对于声音的音量的感觉;频率则产生对于声音的高低的感觉,也就是音调。音调越高,频率越大;音调越低,频率越小。频率又与声波的波长成反比。以律管为例,一根律管的发声,是由于管内空气柱的振动。在管内空气柱振动时,在管的开端形成波节,闭端形成波腹,所以理论上闭管空气柱基波的波长等于管长的四倍。频率既与波长成反比,则如果管的口径不变,频率与管长的四倍成反比。管愈长则音愈低,管愈短则音愈高。管的口径和长度如已确定,则此管所发出的音的绝对高度也就被确定。㉚ 因此,黄钟律管的长度,和声音的高低直接相关,也就是五度"本黄钟之长"的原因。

㉘　中华书局编辑部编:《历代天文律等志汇编》第5册,《汉书·律历志上》,中华书局,1975年,第1384—1385页。

㉙　见《吕氏春秋·仲夏纪·适音》。陈奇猷:《吕氏春秋新校释》,上海古籍出版社,2002年,第276页。

㉚　关于黄钟律管的长短与声音的高低之关系,科技史和音乐史界的学者对此的研究颇丰且深,如夏季、李幼平等。曾武秀虽不及前述学者的深入,但对此的阐释尤其明白易懂,故本文引述于此。见曾武秀:《中国历代尺度概述》,《历史研究》1964年第3期,第178页。

第四，"度""量""衡"分别通过"累黍"的方式，和黄钟律管建立联系。利用"黍"这一介质的长度、体积和重量与黄钟的联系，定义了度、量、衡各自的单位。这里尤其值得注意两点：其一，"累黍"所用的是"子谷秬黍中者"。所谓"子谷"，是指未舂过的稻谷；"秬黍"，指的是黑黍；而且需要其形状大小适中。只有满足了这三个条件的黍，才可被利用。累黍法的作用，在于创造出一种以自然物为基准的可复现、可检验的测量标准，正如唐代李淳风所言："以律度量衡，并因秬黍散为诸法，其率可通故也。"[31]"累黍"这一方法具有一定的科学性，有学者在利用野化的黍进行试验，证明《汉书·律历志》的"累黍法"的确是可操作、可复现的。[32] 第二是"用度数审其容"的原则，即从尺度可以计算量的容积，从而决定它的容量。对于这一点，现代的物理学家对其赞誉有加，认为它充分体现了科学性。[33]

在这一理论基础上，四种度量衡标准器被制造出来，它们是：铜丈、竹引、铜衡杆和铜嘉量。[34] 其中，中国台湾故宫博物院珍藏的新莽嘉量，不仅是古今学者考证的重要资料，而且也是三国以后历代封建王朝修订度量衡制度时的主要参考根据。为什么它如此重要？因为

图 2

它把龠、合、升、斗、斛这五个量器单位设计到了一个器物上，而且还规定了它们的尺寸和总的重量，从而真正实现了度量衡基本单位在一个器物上的统一，而彼此之间又存在着相成相通的关系，正与《律历志》中所说的"用度数审其容"的原则相符，代表了一种空前完整的制度。

"律度量衡"这一中国度量衡思想中的重要理论体系，极为难得地展现了当

---

[31] 中华书局编辑部编：《历代天文律历等志汇编》第 6 册，《隋书·律历志上》，中华书局，1975 年，第 1874 页。

[32] 高振声：《〈汉书〉累黍之争新探》，《农业考古》2016 年第 1 期，第 35—39 页。赵晓军也做过类似的试验，参见其文章《山西羊头山黍样实测度量衡标准考》，《文物世界》2010 年第 1 期，第 35—38 页。

[33] 关增建：《刘歆计量理论管窥》，《郑州大学学报（哲学社会科学版）》2003 年第 2 期，第 128 页。

[34] 关于这四种度量衡标准器的介绍，请见关增建：《刘歆计量理论管窥》，第 129—130 页。

时的科学性、先进性，它的建立发展出了一种数理哲学，为后世建立了普遍的学术规则。我们不妨引用秦汉魏晋思想史专家和美学教授章启群对它的高度评价："……是一种哲学，其中包括宇宙论、本体论、伦理学、美学等。《律历志》不仅把律吕与历法结合，还与度量衡贯通，使传统的'礼'和'乐'在汉代社会中结结实实、有血有肉地成为一体，伸展到日常生活的每个角落，让占星学—阴阳五行说思想全面落实到人们的日常生活，进入'百姓日用而不知'的潜意识之中。这是一种多么具有艺术创造力的形而上学！"㉟

三、"律度量衡"受到挑战：从尝试修复到接受现状

"律度量衡"作为一个不可分割的整体，从此深深植根于中国古代的文化。一直到西方米制取代中国传统的度量衡制度之前，度量衡学一直深受这一理论体系的影响。然而，它本身存在的局限性、历史现实的变化以及度量衡思想的不断发展，使得这一理论逐渐受到挑战和质疑。

首先袭来的是战争对礼乐制度的打击。东汉末年的战乱，直接导致"乐工散亡，器法湮灭"㊱，而不足百年之后的永嘉之乱（311），更是使得"中朝典章，咸没于石勒"㊲。在战争纷乱的年代，没有强有力的中央集权的控制，度量衡制度难以维系。

与此同时，日常用尺在逐渐变大。王国维指出："尺度之制，由短而长，殆成定例。其增率之速，莫剧于东晋后魏之间。三百年间，几增十分之三。……求其原因，实由魏晋以降，以绢、布为调。官吏惧其短耗，又欲多取于民，故尺度代有增益。"㊳王国维在这里所说的，是日常生活所用的尺度。它的不断增大，使得天

㉟ 章启群：《〈汉书·律历志〉与秦汉天人思想的终极形态——以音乐思想为中心》，《安徽大学学报（哲学社会科学版）》2012 年第 3 期，第 13 页。

㊱ 中华书局编辑部编：《历代天文律历等志汇编》第 6 册，《隋书·律历志上》，中华书局，1975 年，第 1858 页。

㊲ 中华书局编辑部编：《历代天文律历等志汇编》第 6 册，《隋书·律历志上》，中华书局，1975 年，第 1858 页。

㊳ 王国维：《中国历代之尺度》，《学衡》第五十七期，1929 年，第 4—5 页。

文、礼乐用尺与之分离开来，并各有其独立的发展系统。量、衡同样也有增大的趋势。㊴ 如前所述，在"律度量衡"理论中，和量、衡不同，尺度和黄钟的音高直接相关，因此历代在审定乐制和"律度量衡"体系的演变中，尺度的变化最为引人注目，文献资料也因而最为丰富。而日常用尺和乐律尺的分离和区别，是"律度量衡"体系最大的危机，这一点下文将会详示。

从内在而言，这一体系的另一个核心内容"累黍法"也存在着不可回避的问题。尽管《汉书·律历志》中对黍的要求不低，使之有一定的复现性和检验性，但诚如李淳风所言："黍有大小之差，年有丰耗之异，前代量校，每有不同，又俗传讹替，渐致增损。"㊵黍本身的不确定性，也为"律度量衡"的维系带来了挑战。

由于上述三点原因，中国古代度量衡思想中的"律度量衡"体系面临着危机。乐律用尺和日常尺的分离，持续挑衅着"律度量衡"体系的"完美"，引发了当时学者的讨论和试验。这样的活动历史上有过若干次，以西晋、北周隋初和北宋时期三次最为重要。纵观其发展的过程，大体上我们可以将之分为两段：西晋至北宋之前，是一个发现问题、试图修复到无奈接受的过程；北宋朝在乐制改革的背景下，"律度量衡"得到了空前的重视，长时期、大范围的论争最终催生了度量衡制度的改革，而度量衡思想也受到了巨大的影响。本节将首先对北宋之前的情况进行梳理。

史籍中记载最早发现问题的是西晋时的荀勖(？—289)。他"以魏杜夔所制律吕，检校太乐、总章、鼓吹八音，与律乖错"㊶。杜夔，本是汉灵帝(156—189)时期的雅乐郎，汉中平五年(188)因病离职。"魏武始获杜夔，使定乐器声调。夔依当时尺度，权备典章。及武帝受命，遵而不革。"㊷西晋代魏后，继续沿用此制，但当荀勖按照杜夔之制去演奏音乐时，竟出现了"乖错"的情况。如前文已述，黄钟律管的长度是最先确定的，是律尺的十分之九，然后可以随之确定林钟、

㊴ 梁方仲：《中国历代度量衡之变迁及时代特征》，《中山大学学报》1980年第2期，第3页。梁以新莽时代的制度为基数，将后世分为三期：新莽至三国西晋止的三百年、东晋南北朝至隋的三百年和唐至清的一千三四百年。在此三期中，"度"的增量分别是5%、25%和10%；"量"的增量分别是3%、200%和200%；"衡"的增量分别是不明显、100%—200%和几乎无变化。

㊵ 中华书局编辑部编：《历代天文律历等志汇编》第6册，《隋书·律历志上》，中华书局，1975年，第1874页。

㊶ 中华书局编辑部编：《历代天文律历等志汇编》第6册，《宋书·律历志上》，中华书局，1975年，第1674页。

㊷ 中华书局编辑部编：《历代天文律历等志汇编》第5册，《晋书·律历志上》，中华书局，1975年，第1556页。

太簇、南吕、姑洗、应钟、蕤宾、大吕、夷则、夹钟、无射、中吕等十一律管。因此,如果律尺有了变化,黄钟管长也就随之变化,而其他十一律管长也就都要变化。不仅从黄钟音高的变化,而且从任何一律音高的变化,都可以察觉律尺的变化。于是,从音高的乖错,荀勖找到了问题的根源:"始知后汉至魏,尺度渐长于古四分有余。夔依为律吕,故致失韵。"[43]今人的研究表明,王莽时期的尺度为23.1厘米,而东汉时期民间日常用尺增长很快,至汉末已经达到了24厘米,到了荀勖时,已经增长至24.2厘米了。[44]针对尺度变大的情况,荀勖求助于"累黍法",令刘恭"依周礼更积黍起度,以铸新律"[45]。制成之后,再与募求而来的古器——周时的玉律相校,"比之不差毫厘"[46]。荀勖通过累黍和与古器相校的方法,成功还原了新莽时的尺度(23.1厘米),这一尺度也被称为"晋前尺"。但是,这一发现问题并解决问题的过程,并没有对后来的日常用尺产生影响,"荀勖新尺惟以调音律,至于人间未甚流布"。自此,专门用以调乐律的尺就与日常用尺分离了。在"人间"使用的日常尺,继续朝着增大的方向一路迈进。

经过了永嘉之乱的破坏,直到北魏太和年间(477—499)时,才又兴起了"同律度量衡"的讨论,永平年间(508—512)更是出现了三家造尺的局面:

> [公孙]崇更造新尺,以一黍之长,累为寸法。寻太常卿刘芳受诏修乐,以秬黍中者一黍之广即为一分,而中尉元匡以一黍之广度黍二缝,以取一分。三家纷竞,久不能决。太和十九年(495),高祖诏,以一黍之广,用成分体,九十黍之长,以定铜尺。有司奏从前诏,而芳尺同高祖所制,故遂典修金石。迄武定末,未有谱律者。[47]

造尺的三人公孙崇、刘芳和元匡都采用"累黍法",但纠结于到底是用"一黍

[43] 中华书局编辑部编:《历代天文律历等志汇编》第6册,《宋书·律历志上》,中华书局,1975年,第1674页。
[44] 曾武秀:《中国历代尺度概述》,第169页。
[45] 中华书局编辑部编:《历代天文律历等志汇编》第6册,《宋书·律历志上》,中华书局,1975年,第1674页。
[46] 中华书局编辑部编:《历代天文律历等志汇编》第6册,《宋书·律历志上》,中华书局,1975年,第1674页。
[47] 中华书局编辑部编:《历代天文律历等志汇编》第6册,《魏书律历志上》,中华书局,1975年,第1782—1783页。

之长""一黍之广"还是"以一黍之广度黍二缝"来定"一分"的长度。最终的结论只能是遵循"高祖所制"。然而,到东魏武定末年(550)之前都没有懂律之人的说法是不正确的。西魏时,尚书苏绰以南朝宋(420—479)的日常用尺来定律管的长度,只可惜"草创未就"[48]。他的这一做法和后来北周的情况不谋而合。

北周时期对于恢复"律度量衡"的统一十分重视,按时间先后,分别有所谓"玉尺"和"铁尺"的制作颁行。武帝保定(561—565)年间,诏遣大宗伯卢景宣、上党公长孙绍远、岐国公斛斯征等累黍造尺,其结果和前述北魏时一样,"纵横不定"。后来在一次修仓掘地时偶然得到古玉斗,于是以之为正器,据玉斗来造律度量衡,所造之尺遂称"玉尺",其一尺的长度为 26.75 厘米。[49]"因用此尺,大赦,改元天和,百司行用"[50],俨然一场全面的改革。但这番改革的寿命并不长,在大象(579—580)末年已然偃旗息鼓,"其事又多湮没"[51];而且也没有达到"百司行用"的程度,因为在灭北齐的武帝建德六年(577),即以南朝的日用"铁尺"来"同律度量,颁于天下"[52]。此外,在实际生活当中,北朝的日常用尺不断增大。据《隋书·律历志》记载,北魏时期即有三变:北魏前尺长度 27.9 厘米,北魏中尺长度 28 厘米,而北魏后尺已达 29.6 厘米,东魏、北齐的日常用尺甚至达到了 30.1 厘米。[53] 南朝的情况则与之相反,所谓"宋氏尺",也就是上文所说的"铁尺",本来是南朝宋时日常用尺,传入齐、梁、陈,也被用来制作乐律,一直保持在 24.6 厘米左右。[54] 北周宣帝时(579),达奚震和牛弘等尝试了多种方法来验证"铁尺"的合理性,包括以上党羊头山黍来累黍、与周汉古钱相校、与宋朝的天文仪器浑仪相校、铸黄金校验等,最终得出"论理亦通""大小有合""尺度无舛""于理为便"[55]的结论。然而,还未来得及详定制度,北周已为隋朝所取代。隋文帝在灭

㊽　中华书局编辑部编:《历代天文律历等志汇编》第 6 册,《隋书·律历志上》,中华书局,1975 年,第 1863 页。

㊾　曾武秀:《中国历代尺度概述》,第 180 页。

㊿　中华书局编辑部编:《历代天文律历等志汇编》第 6 册,《隋书·律历志上》,中华书局,1975 年,第 1878 页。

[51]　中华书局编辑部编:《历代天文律历等志汇编》第 6 册,《隋书·律历志上》,中华书局,1975 年,第 1863 页。

[52]　中华书局编辑部编:《历代天文律历等志汇编》第 6 册,《隋书·律历志上》,中华书局,1975 年,第 1878 页。

[53]　中华书局编辑部编:《历代天文律历等志汇编》第 6 册,《隋书·律历志上》,中华书局,1975 年,第 1876 页。曾武秀:《中国历代尺度概述》,第 170 页。

[54]　曾武秀:《中国历代尺度概述》,第 180 页。

[55]　中华书局编辑部编:《历代天文律历等志汇编》第 6 册,《隋书·律历志上》,中华书局,1975 年,第 1878—1879 页。

陈后不久,盛赞南朝的"江东乐",认为这是"华夏旧声",于是废除北周的玉尺律,将铁尺定为乐律尺,而以铁尺的一尺二寸之长作为日常用尺,即 29.5 厘米。自此,乐律用尺和日常用尺之间有了法定的比例。(56)

从"律度量衡"初定的新莽时期到固定比例的隋朝,在政权更迭频仍、民族混杂交融的大背景下,仅以尺度为例,我们已然看到了中国度量衡史所经历的复杂演变。纵观这五百多年的历史,尺度的变化有以下几个要点:其一,日常用尺渐长,从而与乐律用尺分离。其二,中国的南北两大地区有明显的区别:南朝尺度增幅较小,且南朝宋、齐、梁、陈的乐律用尺与日常用尺通用;北朝日常用尺增幅较大,乐律用尺无法与之通用,不得不屡作变革,两次采用南朝尺度作为乐律用尺。其三,最终的统一政权隋朝,面对这样的南北差异以及实际生活中乐律用尺和日常用尺之间的分离,采取了接受现实、设定比例的折中办法。唐代因之为典:

> 凡度以北方秬黍中者一黍之广为分,十分为寸,十寸为尺,一尺二寸为大尺,十尺为丈。凡量以秬黍中者容一千二百为龠,二龠为合,十合为升,十升为斗,三斗为大斗,十斗为斛。凡权衡以秬黍中者百黍之重为铢,二十四铢为两,三两为大两,十六两为斤。凡积秬黍为度、量、权衡者,调钟律,测晷景,合汤药及冠冕之制则用之;内、外官司悉用大者。(57)

至此,度量衡的大小制成为定制而并存,区别在于使用的范围:礼乐、天文、医药领域使用小制,内外官司用大制。

从以上的梳理我们可以看到,在北宋以前,历代对于"律度量衡"体系的问题,有一个发展的过程,即发现问题——试图修复——无奈接受。问题的发现,

(56) 大小制的研究,请参阅丘光明的文章《隋文帝统一度量衡及大小制的形成》,《中国计量》2014 年第 1 期,第 62—64 页。丘光明指出,杨坚因其特殊的家族和政治背景,在统一度量衡问题上表现出两种理念:一方面他十分了解北方的习俗;另一方面又很尊重南方汉族的尊古的传统。大小制的方案是统一度量衡中的创举。

(57) 《唐六典》尚书户部卷第三,金部郎中。李林甫等撰,陈仲夫点校:《唐六典》,中华书局,1992 年,第 81 页。

来自于对黄钟音高的感觉。在修复的过程中,采用的方法首先是累黍来还原西晋之前的尺度,即所谓"晋前尺"。第二个方法是与"古器"相校,包括律管、斗、古钱和天文仪器等。荀勖时,尚可得周时的玉律,结果成功地复原了晋前尺。但是北周时根据修仓掘地时所得的古玉斗来复原律尺,显然没有成功。第三个方法是北朝以南朝的"人间尺"即日常用尺作为当代的乐律用尺,这样一来,日常用尺和乐律用尺在南北空间上的对立,在时间上却又统一起来了。这一做法的结果是乐律用尺随着日常用尺的增大,也逐渐增大。直至隋唐时期,两种尺度无法统一,只有设立比例,写入法典,试图以变化小的乐律用尺牵制变化大的日常用尺。但这一举措收效有限,日常用尺还是从唐初的 29 厘米增大到唐末五代的 31 厘米[58],1∶1.2 的比例难以维持了。值得注意的是,这一时期形成的南北差异以及隋唐时期的固定下来的大小尺制度,和宋代的地方用尺"浙尺""淮尺"和"京尺"之间的比例差异,似乎有着极为密切的因缘关系,值得进一步深入研究。[59]

表2　北宋之前的尺度　　　　　　　　　　（单位:厘米）

日常用尺			乐律用尺			
战国	22.5		周	22.5		
秦、西汉、新莽	23.1（晋前尺）			23.1		
汉末（220）	24					
曹魏、西晋（220—316）	24.2			23.1		
东晋（317—420）	24.5	前赵（304—329） 24.3				
南朝宋（420—479）	24.6（铁尺）	北魏（386—534）前尺 27.9	南朝宋	24.6		
南朝梁（502—557）	24.7	北魏中尺 28	梁	23.24	北魏	23.1

---

[58] 曾武秀:《中国历代尺度概述》,第 174 页。

[59] 据南宋程大昌《演繁露》卷十六:"官尺者,与浙尺同,仅比淮尺十八,而京尺者又多淮尺十二……",认为浙尺与淮尺的关系,或许本于唐代秦尺(即乐律用尺)一尺二寸当大尺一尺的关系。王国维认为此言不诬。(《中国历代之尺度》第 6 页)郭正忠对浙尺、淮尺、京尺、福建乡尺、太府寺布帛尺、营造官尺、官小尺、唐前期日用官尺、唐秦尺之间的比例关系做了计算,得出"唐宋之际常用尺度的增长似乎并非混乱不堪"的初步结论,其中奥秘有待继续考究。见郭正忠:《三至十四世纪中国的权衡度量》,第 252—254 页。

续表

日常用尺					乐律用尺	
	北魏后尺	29.6				
	西魏(535—556)	29.6	东魏(534—550)	30.1		
	北周(557—581)	29.6	北齐(550—577)	30.1	北周	26.75(玉尺)/24.6(铁尺)
隋(581—618)	29.6					24.6(铁尺)
					万宝常律吕水尺(590)	27.397
					梁表尺(605—607)	23.61
唐初(618—712)	29.6					24.6
中唐至唐末五代(821—979)	31				后周(951—960)王朴尺	23.585
数据来源:曾武秀《中国历代尺度概述》						

四、论争和革新：北宋"雅乐六改"下的度量衡

北宋延续了隋唐时的情况，天文、礼乐、医药所用尺度和日常用尺是分离的。但是经过了五代时期的分裂局面，又继承了参差纷呈的地域差异，再加上另有创新之制，北宋时出现了形形色色的尺度，名目非常之多。根据郭正忠先生的考察，至少存在 35 种，主要可以分为三个类型：一是全国各地日常通用的官尺，就北宋而言，主要是太府尺（熙宁四年即 1071 年之前）和文思尺（熙宁四年之后），称谓的由来同当时度量衡器的制造和发行机构有关，其一尺长度为 31.3 厘米；二是礼乐与天文等方面专用的特殊尺度；三是某些地区行用和民间惯用的俗尺。[60] 从众多的名目和类型看来，乐律用尺和日常用尺的分化趋势有增无减，而地域的区别更是越发复杂。然而，北宋时期恰恰是对"律度量衡"理论体系着力

---

[60] 郭正忠：《三至十四世纪中国的权衡度量》第三章第三节"形形色色的宋尺"，第 208 页。

最多的时代。在"雅乐六改"的背景下，"律度量衡"被反复地讨论、争辩、创新、改革，持续的时间长，参与的人员众多，身份各异。目前，宋代雅乐改革的研究受到学界的重视，已有较为丰硕的成果，如着重于音乐史方面的林萃青(Joseph S. C.Lam)[61]、李幼平[62]等，着重于礼乐制度方面的如胡劲茵[63]、Christian Meyer[64]，以及从思想史角度观察的如左娅(ZuoYa)[65]、杨成秀[66]等。上述学者在讨论乐律改革之时，自然都会涉及"律度量衡"的理论，但对度量衡本身的注意则较少。郭正忠在宋代度量衡的研究中，亦对乐律尺及量、衡有过概述，但由于缺乏"度量衡思想"的理论建构，他没有把日常所用度量衡和礼乐制度下的律度量衡联系起来思考，对乐律用尺改革中的思想、原因、制作依据和方法以及对后世的影响少有论及。有鉴于此，本文试图从度量衡思想的总体发展中辨析"律度量衡"理论体系在这一重要时期所经历的论争，尤其注重乐律用尺的改革和日常用尺的互动关系，在政治、社会、经济、思想的具体现实中思考度量衡思想的发展和变化。

《宋史·乐志》开篇即言："有宋之乐，自建隆迄崇宁，凡六改作。"[67]高度概括了北宋的雅乐改革。这六次改作，指的是宋太祖朝建隆年间(960—963)的和岘乐，仁宗朝景祐年间(1034—1038)的李照乐、皇祐年间(1049—1054)的阮逸乐，神宗朝元丰年间(1078—1085)的杨杰、刘几乐，哲宗朝元祐年间(1086—1094)的范镇乐和徽宗朝崇宁(1102—1106)以来的魏汉津乐。林萃青指出，从宋太祖开始，人们就把雅乐制定权和皇权相等同：太祖登基不久，便下令窦俨制定新朝廷的雅乐，以彰显皇权；仁宗亲政之始的景祐元年，燕肃等人上书请求调修大乐钟磬，"但其背后的动机是请求新皇帝积极参与并推动朝廷各项政策的施行"。

[61] 林萃青：《宋代音乐史论文集：理智与描述》，上海音乐学院出版社，2012 年。

[62] 李幼平：《大晟钟与宋代黄钟标准音高研究》，中国艺术研究院博士论文，2000 年。

[63] 胡劲茵：《从大安到大晟——北宋乐制改革考论》，中山大学博士论文，2010 年。

[64] Christian Meyer, *Ritendiskussionen am Hof der nördichen Song-Dynastie* (1034—1093): *Zwischen Ritengelehr-samkeit, Machtkampf und intellektuellen Bewegungen*, Sankt Augustin: Institut Monumenta Serica, 2008.

[65] Zuo Ya, "Keeping Your Ear to the Cosmos: Coherence as the Standard of Good Music in the Northern Song (960—1127) Music Reforms", Forthcoming in *Standards of Validity in Late Imperial China*, edited by Martin Hofmann, Joachim Kurtz, and Ari D. Levine.

[66] 杨成秀：《思想史视域下的北宋雅乐论研究》，上海音乐学院博士论文，2014 年。

[67] [元]脱脱等：《宋史》卷一百二十六，志第七十九，乐一，中华书局，1977 年，第 2937 页。

仁宗、神宗和哲宗朝长期的乐制之争，同时也是官员为攫取自身政治利益的运作。徽宗重视雅乐改制，以在臣民面前展示他是一位可以控制朝政和百官的强势天子。(68) 由此看来，一部北宋的雅乐史，也是一段政治斗争的历史。雅乐建设的核心问题正是黄钟的音高，而黄钟又是整个"律度量衡"体系的根基所在，度量衡思想与政治的关系在北宋的雅乐六改之中得到了充分的展现。然而，"律度量衡"的讨论不仅仅是政治斗争的需要或是产物，还受到当时社会经济发展的影响，也与北宋的学术思想环境有着密切的关系。

北宋之初，本是沿用五代后周的王朴（906—959）所造之尺。和前代一样，王朴也使用了累黍之法以审其度；但和以往不同的是，他参考了西汉学者京房的学说，采用旋相为宫之法，制造了律准。(69) 王朴尺的长度是23.585厘米(70)，较之前代的24.6厘米，其实更接近于新莽制度。

建隆元年二月（960），判太常寺窦俨提议，新的国家建立，"礼乐不相沿袭"，应为"圣宋"立"一代之乐"。建隆四年（963），宋太祖嫌王朴尺所作乐声高，命判太常寺和岘重新考订乐尺。

> 和岘上言曰："古圣设法，先立尺寸，作为律吕，三分损益，上下相生，取合真音，谓之形器。但以尺寸长短非书可传，故累秬黍求为准的，后代试之，或不符会。西京铜望臬可校古法，即今司天台影表铜臬下石尺是也。及以朴所定尺比校，短于石尺四分，则声乐之高，盖由于此。况影表测于天地，则管律可以准绳。"上乃令依古法，以造新尺并黄钟九寸之管，命工人校其声，果下于朴所定管一律。又内出上党羊头山秬黍，累尺校律，亦相符合。遂下尚书省集官详定，众议佥同。由是重造十二律管，自此雅音和畅。(71)

---

(68) 林萃青：《宋徽宗的大晟乐：中国皇权、官权和宫廷礼乐文化的一场表演》，《宋代音乐史论文集：理智与描述》，第75—87页。又见杨成秀关于燕肃提议的时机和背景的分析，《思想史视域下的北宋雅乐乐论研究》，第87页。

(69) 王朴的律学实践以及后周雅乐的特殊地位，请参阅王小盾、李晓龙：《中国雅乐史上的周世宗——兼论雅乐的意义和功能》，《中国音乐学》2015年第2期，第12—18页，第46页。

(70) 曾武秀：《中国历代尺度概述》，第181页。郭正忠：《三至十四世纪中国的权衡度量》，第252页。

(71) 中华书局编辑部编：《历代天文律历等志汇编》第8册，《宋史·律历志一》，中华书局，1975年，第2444页。

从这一段引文可知，和岘已经意识到，以累黍法"或不符会"。所以他以宋初沿用的唐代洛阳影表尺（所谓"西京铜望臬""影表石尺"）的长短为准制造乐尺，然后再用上党羊头山秬黍，用累黍法作为验校的参照。用和岘乐尺制作出来的黄钟律管之声果然比王朴乐音"特减一律"[72]，即低半音，完美解决了宋太祖对于"雅乐声高"不满的问题。这是北宋前期沿用较久的乐律和乐尺，其一尺长度为24.5厘米至24.55厘米[73]。1978年发现的元明影表尺，据考订，即依宋影表尺为准而制，是隋、唐小尺，其前身是北周的"铁尺"，实测长度为24.525厘米。[74]

仁宗朝修改雅乐，始于他亲政的第二年，即景祐元年（1034）。年轻的皇帝决心走出太后政治的阴影，努力开创新的政治局面。[75] 也就在此时，他对郭皇后的废黜受到群臣的反对，又恰好发生了"孛星不见"的上天的警示。正是在这样的情形下，在"孛星"消失的第七天，燕肃上书皇帝，请求调修大乐钟磬。这个时机对于正想改弦更张的皇帝来说，真是恰到好处。燕肃所请，其实并非修订雅乐，而仅是根据后周王朴的律准对于钟、磬两类乐器进行"考击按试"和"添修抽换"[76]。但此后宋仁宗的系列举措，完全超出了这个范围，变成了对太祖年间窦俨、和岘所创立的雅乐体系在音高和仪式上的整体性变革，李照的乐尺就是在这一背景下制造出来的。[77] 李照不认同燕肃的做法，而是采用所谓的"神瞽律法"：

> 臣闻昔者轩辕氏伶伦截竹为律，复令神瞽协其中声，然后声应凤鸣，而管之参差，亦如凤翅。是以大乐著美，世称其善，传之夐古，不刊之法也。望令臣特依神瞽律法，试铸编钟一架，则大小轻重、长短厚薄必令合法，复使度量权衡无不协和。[78]

72　[清]徐松辑，刘琳等点校：《宋会要辑稿》乐一之一，上海古籍出版社，2014年，第1册，第341页。

73　曾武秀：《中国历代尺度概述》，第181页。郭正忠：《三至十四世纪中国的权衡度量》，第252页。

74　伊世同：《量天尺考》，《文物》1978年第2期，第10—17页。

75　仁宗亲政之初的政治背景，请参阅邓小南：《祖宗之法——北宋前期政治述略》，三联书店，2014年，第370—375页。

76　[清]徐松辑，刘琳等点校：《宋会要辑稿》乐一之三、四，第1册，第342页。

77　杨成秀：《思想史视域下的北宋雅乐乐论研究》，第86—87页。

78　[清]徐松辑，刘琳等点校：《宋会要辑稿》乐一之四，第1册，第342页。

在用"神瞽律法"协音高的同时,他仍被要求以累黍法来验证其律高的"合法"性。首先取京县秬黍累尺成律,审之,钟声犹高。李照认为,这是京县秬黍太小的缘故,十二粒才得一寸,而当时的日用官尺"太府寺尺"的要求是每寸十黍,与《汉书·律历志》相符。于是他一面请求皇帝下诏求取潞州羊头山秬黍,一面在黍到来之前直接用太府布帛尺为法,来制定度量衡器。[79] 这一过程显示出,李照乐尺的制定一方面在音高标准上以"神瞽"法为用,另一方面则在律学理论上寻求累黍法与其音高标准的相合。

景祐二年(1035),李照进呈了七件"权量律度式",意即度量衡标准器,它们是新尺、律、龠、合、升、斗、秤。具体的制定方法及数值请见表3:[80]

表3　李照的七件乐律度量衡标准器

器物	原文描述	实际数值
尺	准太府寺尺以起分寸	31.3 厘米
方龠	广九分,长一寸,高七分,积六百三十分	19.3 毫升
黄钟律管	横实七分,高实九十分,亦计六百三十分。以黄钟管受水平满,注龠中亦平满,合于筭法。若依古法千二百黍而为一龠者,则于筭法加减不成	19.3 毫升
乐合	方一寸四分[81],高一寸,受水三龠	57.96 毫升
乐升	广二寸八分,长三寸,高二寸七分,受水十二乐合。乐升所受如太府升制	695.5 毫升
乐斗	广六寸,长七寸,高五寸四分,受水十升。总计三百六十方龠,以应乾坤二策之数	6955 毫升
乐秤	以一合水之重为一两,一升水之重为一斤,一斗水之重为一秤	

仔细观察李照所制的这七件器物,不难看出他的革新之处:其一,他直接以日常用尺太府寺尺为乐尺,其31.3厘米的长度比之前沿用最久的24.6厘米乐

---

[79] [清]徐松辑,刘琳等点校:《宋会要辑稿》乐一之四,第1册,第343页。
[80] [清]徐松辑,刘琳等点校:《宋会要辑稿》乐一之五、六,第1册,第343—344页。
[81] 原文"方寸四分",疑应为"方一寸四分",笔者据上下文数值计算补充。

尺,足足长了 27% 还多,黄钟的绝对音高当然会低很多。其二,全部器物的制定不见黍的踪影,而是以水为自然参照物:以黄钟律管受水平满而得一龠,而不是传统累黍法的一千二百黍为一龠。其三,龠、合、升之间的比例关系,不同于古制的二龠为一合,十合为一升,而是三龠为一合,十二合为一升。其四,乐秤的计量方法也与古制大不同:一斤为十二两,十斤为一秤。

在上述度量衡器制成数月之后,潞州羊头山秬黍才终于送到,李照等人挑选其中的大黍,纵向累之,"与太府尺合法,乃坚定"[82]。最终仍不得不通过累黍法来进行合法化的包装。但是,如此不合经典的制作方法和不合常理的比例关系,给时人的印象自然是"形制诡异,多非经说"[83]。再加上乐尺本身过长,以其为准制作的钟磬,比和岘乐低两度,导致太常歌工"歌不成声",因此被指责为"率意诡妄,制作不经",最终难以为人所接受。然而,李照的度量衡制仍然值得我们重视,一是他试图摆脱传统"累黍"为准的规则,表现为尺的制造和秤的进制;二是他选取自然物"水",以一定容量的水定义重量。郭正忠认为李照的度量衡器"可以在已往众所周知的宋代各种科技发明之外,再添入一项新的创造发明"[84]。

景祐年间,在继李照的失败之后,内侍邓保信、布衣胡瑗以及阮逸等人也各自以累黍法制作出乐尺,长短不一,具体的方法也各异。邓保信用的是上党羊头山乌圆秬黍;阮逸、胡瑗用大黍制尺、用小黍制律龠,受到奉诏校验的丁度、韩琦等人"不合古制"的批评。二者的相同之处在于,都具有将律、度、量、衡四者相统一的数理推算过程,充分体现了以《汉书》为核心的学术思想。[85] 但在他们实践"累黍法"制作乐尺的同时,以及在丁度、韩琦等人的校验之下,人们逐渐意识到累黍之法的现实可行性相对较低,存在着或不依古制或自相矛盾的问题。于是丁度等人提出两种方案:要么以汉代的古钱来校定造尺,即使用"汉制",要么以太祖时和岘改乐所用的唐代影表尺,则使用"唐制",请仁宗圣鉴裁处。[86] 在这

---

[82] ［清］徐松辑,刘琳等点校:《宋会要辑稿》乐二之二,第 1 册,第 355 页。

[83] ［清］徐松辑,刘琳等点校:《宋会要辑稿》乐一之四,第 1 册,第 343 页。

[84] 郭正忠:《三至十四世纪中国的权衡度量》,第 61 页。

[85] 具体请见杨成秀:《思想史视域下的北宋雅乐乐论研究》,第 129—133 页;胡劲茵:《从大安到大晟——北宋乐制改革考论》,第 92—97 页。

[86] ［清］徐松辑,刘琳等点校:《宋会要辑稿》乐二之十六至十九,第 1 册,第 363—365 页。

种纷争不决的情况下,仁宗认为不如仍用和岘尺定律。⑧ 争议暂且告一段落,一切貌似又回到了原点。但实际上,这一看似做了无用功的过程,恰恰是对传统累黍法产生质疑的关键时期。

　　皇祐二年(1050),大乐之议再起,起因是这年秋天举行了北宋建国以来最高规格的皇帝亲祀明堂大典。闰十一月,宋仁宗颁布了一项关于修定吉礼用乐的诏令:"宜……审定声律是非,按古合今,调谱中和,使经久可用,以发扬祖宗之功德,朕何惮改为!但审声验书,二学鲜并,互诋胸臆,无所援据,慨然希古,靡忘于怀!"⑧ "审声验书,二学鲜并"道出了将现实和理论完美结合的艰难之处,而"发扬祖宗之功德"的目的又将乐制改革推到一个不得不完成的地步。最终,阮逸、胡瑗的新法终于使得仁宗的梦想成真,皇祐五年(1053)乐成,《皇祐新乐图记》被颁于天下。吸取了上次大黍、小黍为人诟病的教训,这一次,他们改用"中黍",累以为尺,结果与"司天影表尺"符同,⑧ 即一尺长 24.6 厘米,实则又回到了太祖时的和岘乐,他们自诩之为"冥合太祖皇帝之圣意"。胡劲茵指出,阮、胡完善整个"律度量衡"制度的论证过程,根本目的就是为了证明两个结论:一是新乐的成器合乎古制,二是"前圣、后圣相去百年而圣意符同"⑨。如此巧合的"符同"和如此之强的目的性,让人不得不怀疑他们的论证是否有牵强附会之处。臣僚中不少人不以为然,或责其累黍未合而制作粗疏,或指其以尺定律而与真相相悖。⑨ 与阮、胡笃信《汉书·律历志》中累黍以得尺、由尺度生律的观点截然相反,音乐家房庶从根本上否定这一看法。他提出自己的理论,即"以律生度",他的理由如下:

　　　　尝得古本《汉书》,云:"度起于黄钟之长,以子谷秬黍中者,一黍之起,积一千二百黍之广,度之九十分,黄钟之长,一为一分。"今文脱去"之起积

---

⑧　[宋]李焘:《续资治通鉴长编》卷一百十九,景祐三年九月丁亥条,中华书局,1995 年,第 9 册,第 2802—2803 页。

⑧　[宋]李焘:《续资治通鉴长编》卷一百六十九,皇祐二年闰十一月丁巳条,中华书局,1995 年,第 12 册,第 4065—4066 页。

⑧　[宋]阮逸、胡瑗:《皇祐新乐图记》卷上,《皇祐黍尺图》,影印文渊阁四库全书本。

⑨　胡劲茵:《从大安到大晟——北宋乐制改革考论》,第 117 页。

⑨　[清]徐松辑,刘琳等点校:《宋会要辑稿》乐二之二十八、二十九,第 1 册,第 369—370 页。

一千二百黍"八字,故自前世累黍为之,纵置之则太长,横置之则太短。今新尺横置之不能容一千二百黍,则大其空径四厘六毫,是以乐声太高,皆由儒者误以一黍为一分,其法非是。不若以千二百黍实管中,随其短长断之,以为黄钟九寸之管九十分,其长一为一分,取三分以度空径,数合则律正矣。[92]

房庶根据这一"以律生尺"的说法制作了律尺,受到了范镇的支持。范镇盛称此论,以为先儒用意皆不能到。南宋绍兴年间李如箎对此评价道:"庶之增益《汉志》八字以为脱误,及其他纷纷之议,皆穿凿以为新奇,虽镇力主之,非至当之论有补于律法者也。"[93]房庶与范镇的想法,是当时对《汉书·律历志》质疑的表现,而他们的解决方法却过于极端了。

神宗元丰间(1078—1085),范镇与刘几再度议乐。刘几的新乐实用性非常强,以合于人声来定夺乐律,而不再陷于仁宗朝的乐律理论之争。而范镇仍然执着于求取所谓"真黍",以定乐律。然而实际上,范镇制作的乐尺是以太府寺尺为准,并且从未在元祐大乐中应用过。[94]他的另一项著名的事迹是与司马光"争论往复,前后三十年不决,大概言以律起度,以度起律之不同"。[95]这旷日持久的讨论其实还是如何解读《汉书》的问题。朱熹对这几人的评价分别是:刘几是"晓音律者",而范镇"徒论音律,其实不晓";司马光"比范公又低"[96]。

从和岘怀疑累黍"或不符会",到李照的"神瞽律法";从仁宗景祐年间论争时对"累黍"的质疑,到房庶、范镇对《汉书》的颠覆,我们可以看到累黍法的式微。与此同时,更为复古的"以身为度"理论逐渐抬头。哲宗元祐年间(1086—1094),陈祥道上《礼书》一百五十卷,总结了历代审度"指尺"与"黍尺"两种方

---

[92] 中华书局编辑部编:《历代天文律历等志汇编》第 8 册,《宋史·律历志十四》,中华书局,1975 年,第 2865 页。

[93] 中华书局编辑部编:《历代天文律历等志汇编》第 8 册,《宋史·律历志十四》,中华书局,1975 年,第 2867 页。

[94] [清]徐松辑,刘琳等点校:《宋会要辑稿》乐二之 29、30,第 1 册,第 371—372 页。

[95] 中华书局编辑部编:《历代天文律历等志汇编》第 8 册,《宋史·律历志十四》,中华书局,1975 年,第 2866—2867 页。

[96] [宋]朱熹《朱子语类》卷九十二,乐(古今),《朱子全书》,上海古籍出版社、安徽教育出版社,2002 年,第 3094 页。

法,认为周代制尺之法就是"布手知尺",亦即所谓"寸尺之度取诸身"的"以身为度"之意。⑨ 其弟陈旸的《乐书》亦认为周汉以来历代审度之法虽有不同,但大体"不出以身为度之意"⑱。胡劲茵指出,陈氏兄弟的"审度"理论为徽宗时魏汉津提出"指律"法提供了思想土壤。⑲

徽宗崇宁三年(1104),方士魏汉津请以指律法铸钟。据其所说,指律之法比《周礼》《汉书》更为古老:

> 黄帝以三寸之器,名为咸池,其乐曰《大卷》,三三而九,乃为黄钟之律。后世因之,至唐虞未尝易。洪水之变,乐器漂荡。禹效黄帝之法,以声为律,以身为度,用左手中指三节三寸,谓之君指,裁为宫声之管;又用第四指三节三寸,谓之臣指,裁为商声之管;又用第五指三节三寸,谓之物指,裁为羽声之管;第二指为民,为角;大指为事,为徵。民与事,君、臣治之,以物养之,故不用为裁管之法。得三指,合之为九寸,即黄钟之律定矣。黄钟定,余律从而生焉。又中指之径围乃容盛也,则度量权衡皆自是出而合矣。⑩

对于这番与之前的累黍截然不同的方法,徽宗称赞他"斥先儒累黍之惑"⑩,刘昺称赞他"前此以黍定律,迁就其数,旷岁月而不能决。今得指法,裁而为管,大律之定,曾不崇朝"⑫。

宋徽宗采纳了这一建议,并据之定律制乐。崇宁四年(1105)八月,新乐成,试奏于崇政殿。九月朔,初用新乐,并下诏:"礼乐之兴,百年于此。然去圣愈远,遗声弗存……适时之宜,以身为度,铸鼎以起律,因律以制器,按协于庭,八音克谐。……昔尧有'大章',舜有'大韶',三代之王,亦各异名。今追千载而成一

---

⑨ 《礼书》卷二十六,尺,影印文渊阁四库全书本。

⑱ 《乐书》卷九十六,审度,影印文渊阁四库全书本。

⑲ 胡劲茵:《北宋徽宗朝大晟乐制作与颁行考议》,《中山大学学报(社会科学版)》2010 年第 2 期,第 103 页。

⑩ 魏汉津札子见《宋会要辑稿》乐五之 18、19,刘琳等点校本,第 1 册,第 416—417 页。

⑩ [宋]杨仲良:《皇宋通鉴长编纪事本末》卷一百三十五。

⑫ [宋]杨仲良:《皇宋通鉴长编纪事本末》卷一百三十五。

代之制，宜赐名曰'大晟'。"⑩

石慢（Peter C.Sturman）指出，大晟乐制作的成功，反映在瑞鹤降临开封，且在上元次夕这种场合出现，体现了当时社会从最高层到底层的全面和谐。⑩ 然而，当时的学者对大晟尺的看法大多是负面的。例如朱熹说道："崇宣之季，奸谀之会，黥涅之余，其能有以语夫天地之和哉？"⑩指的就是蔡京、魏汉津之辈所为大晟乐一事。后代的音律学者对此也严厉批评，如朱载堉所言："夫大晟乐生于徽宗指寸，故汉津之说曰：'后世以黍定律，其失乐之本矣。'又妄引《孟子》曰：'万物备于我，反身而诚，乐莫大焉。秬黍云乎哉？'此其巧饰之辞，足以欺惑徽宗者。"⑩当代学界对魏汉津和大晟尺的看法则更为客观，如林萃青认为："魏汉津的理论有效地借用古代圣王的制度来说服朝臣，令他们无法挑战：徽宗的手指就是最自然、最具权威的定律依据……为宫廷乐师们回避那些迂腐的理论提供了一条出路。"⑩

作为北宋"雅乐六改"之下的最后一种乐尺，大晟尺的重要性是其他乐尺无法相提并论的。尽管大晟乐制成之时距离北宋的灭亡只有短短的二十二年，但大晟乐对后世的礼乐制度产生了深远的影响，南宋、金、元、明乃至朝鲜，大晟尺作为乐律用尺得以长期流传。⑩ 同时，它又绝不仅仅存在于乐律之中。政和元年（1111），徽宗决定将新的乐尺推广为全国通用的日常用尺，取代各地现行的太府布帛尺，其绢帛尺寸，一律用大晟新尺"纽定"。⑩ "自今年七月一日为始，旧

⑩ [元]脱脱等：《宋史》卷一百二十九，志第八十二，乐四，中华书局，1977 年，第 3001—3002 页。

⑩ Peter C. Sturman, "Cranes above Kaifeng: The Auspicious Image at the Court of Huizong", in: *Arts Orientalis*, 1990, 20, pp.33-68.

⑩ [宋]蔡元定：《律吕新书》，朱熹序，影印文渊阁四库全书本。

⑩ [明]朱载堉：《乐律全书》，《律学新说》卷之三，审度篇第一之下，第 20 页上。明万历郑藩刻增修清印本。

⑩ 林萃青：《宋徽宗的大晟乐：中国皇权、官权和宫廷礼乐文化的一场表演》，《宋代音乐史论文集：理智与描述》，第 89 页。

⑩ 据郭正忠考证，南宋绍兴年间新铸景钟用的是"皇祐中黍尺"（24.6 厘米），而造礼器尺是"与大晟尺非常接近"而"略有变通"的一种尺度，见《三至十四世纪中国的权衡度量》，第 235 页。据《金史·乐志》："皇统元年（1141），熙宗加尊号，始就用宋尽。有司以钟磬刻'晟'字象犯太宗讳，皆以黄纸封之。"又云，明昌五年（1194）有奏："今之钟磬，虽崇宁之所制，亦周隋唐之乐也。"可知金代沿用大晟尺。曾武秀考证元代未正式制雅乐，其乐器部分由搜括南宋遗器而得，部分依宋器补作，则乐律、律尺自亦沿用大晟律和乐尺。（《中国历代尺度概述》，第 182 页。）明代继续沿用。迟凤芝（2007）对大晟雅乐向朝鲜半岛的传播过程进行了考证，并探讨了中国的雅乐在进入朝鲜半岛以后所发生的传承与变迁。

⑩ [清]徐松辑，刘琳等点校：《宋会要辑稿》食货六九之七，第 13 册，第 8050 页。

尺并毁弃",甚至还决定斗、秤、等子之类也一律依新尺进行改造,[⑩]一场规模空前的度量衡制度全面改革运动拉开了帷幕。除了作为布帛尺,大晟尺还被用作量地尺:

[政和]六年(1116),始作公田于汝州。公田之法:县取民间田契根磨,如田今属甲,则从甲而索乙契;乙契既在,又索丙契,展转推求,至无契可证,则量地所在,增立官租。一说谓按民契券而以乐尺打量,其赢则拘入官,而创立租课。[⑪]

大晟尺在土地丈量中的使用以及对后世日常用尺的影响,笔者将另文详述。

对度量衡思想而言,大晟尺的制作、颁布和使用有着重大的意义:首先,它的制作理论和方法完全颠覆了传统的累黍法,而是以复古为名,以皇权为依托,以徽宗手指为尺度的标准;其次,它的颁行力求将乐律用尺和日常用尺重新统一起来,并引发了度量衡制度的改革,暂且不论改革成功与否,但已足以彰显封建王朝试图重塑"同律度量衡"的决心和手段。自新莽时期理论的提出,至北周玉尺短命的尝试,最后到北宋徽宗的大晟乐尺,"律度量衡"在国家层面的统一至此终成绝响。北宋乐律用尺的几次变革情况,简列于表4。

表4　北宋乐律尺度表

时间	尺　名	长度(厘米)	制作依据及方法
太祖朝	王朴尺	23.585	累黍、旋相为宫之法
	和岘尺	24.6	影表尺,累黍相校
仁宗朝	李照尺	31.3	太府寺尺,累黍相校
	邓保信尺	28.1	以"圆黍"而累
	阮逸、胡瑗尺	25.2	以"大黍"制尺,以"小黍"制律龠

---

⑩　[清]徐松辑,刘琳等点校:《宋会要辑稿》食货四一之三十一、三十二,第12册,第6925—6926页;食货六九之七,第13册,第8051页。

⑪　[元]马端临:《文献通考》田赋七,考八十(下),中华书局,1986年。

续表

时间	尺　名	长度(厘米)	制作依据及方法
	韩琦、丁度尺		以汉代古钱校定"汉尺"，或以唐代影表为尺（即和岘尺）
	阮逸、胡瑗皇祐中黍尺	24.6	以"中黍"而累
	房庶尺		古本《汉书》
神宗朝	范镇尺	31.2	太府寺尺
徽宗朝	大晟尺	30	徽宗手指

数据来源：曾武秀：《中国历代尺度概述》，第181—182页；郭正忠：《三至十四世纪中国的权衡度量》，第252页。

五、从"累黍"到"指律"：度量衡思想走向何处？

回顾中国古代度量衡思想中"律度量衡"思想体系的发展和变化，我们可以看到，这一体系在相当长的时间里是深入人心的、权威的学术规则，也有其高度的科学性。然而，随着日常尺度的增大，日常用尺和乐律用尺出现了分离，使得"律度量衡"的思想体系受到挑战。但"律度量衡"作为政治思想的基石又不可动摇。为了解决这一矛盾，北宋之前的历代在遵循原有学术规则的框架下，做了多次尝试，但结果只能是设定日常用尺和乐律用尺之间的比例，而无法重回和谐。北宋时，尤其是仁宗亲政之后，把这种努力推向顶端。然而，在实践的过程中，人们却不断发现累黍法本身所存在的问题，在依托和质疑的矛盾中反复。最终，累黍法被摒弃，徽宗的手指成为一切尺度的依据。从"累黍"到"指律"的变化，改变的是乐律用尺制作的规则，最终在徽宗朝成了对日常度量衡制度的全面改革。

为什么"累黍"法最终在北宋被摒弃？首先，律学理论的质疑精神与北宋时代思潮的发展和整体的学术特征是分不开的。皮锡瑞将宋代称为"经学变古时代""宋人治经,务反汉人之说"。⑫ 周予同也说,"宋学是破汉学,建立新经学""怀疑……也是宋学的特点"。⑬ 在北宋中期以后士大夫的论说中,五德终始说、谶纬等传统政治文化、政治符号走向了末路,神秘论在儒学当中逐渐被摒弃了。取而代之的,是一种新的学术和政治文化,余英时称之为"回向三代"⑭。北宋后期士大夫对于三代文明有了空前的认识,金石学的成就使得当时对于古代的了解比以往更深刻。对于三代的复古,不但是理想,也有了实现的可能。

其次,徽宗朝政治的特殊性使指律法在这一时期有了实现的可能。方诚峰的《北宋晚期的政治体制与政治文化》一书详细分析了徽宗朝方士与政治的关系。⑮ 他指出,徽宗通过任用方士,利用道教的手段,获得了神性,在君主的形象和自我定位上,超越了他之前的神宗和哲宗,达到了全新的境地。在追求"圣治"的理想下,他建立起一整套的祥瑞体系,而大晟乐尺以及大晟乐的制作,正是上述祥瑞体系的一部分。

第三,这个时代对计量制度的精细度和方便有效要求越来越高。随着市场交换关系的越发频繁和活跃,金银等贵金属的流通,古老的铢累制越来越不能有效而方便地为人们效力。中国古代权衡计量对于精密化的要求逐渐提高,刘承珪发明的等秤即是这一背景下的产物。铢累制被钱分厘毫十进制所取代,也发生和成熟于这个时代。铢累制在现实生活中的式微,势必会加剧理论上对累黍法质疑和放弃的趋势。李照乐尺和乐秤的制造就是一个例子。大晟尺及其代表的度量衡改革虽然短暂,也未必成功,但把乐律用尺强行颁于天下人间,使之成为量布帛、量器物乃至量土地的尺,展示了封建王朝对"同律度量衡"建立"政和"的决心。北宋之后制度的制定,往往更是出于实用性和合理性的考虑,例如南宋定都杭州后,以浙尺为官尺;例如明代以钞准尺、以尺准步、以步准亩的构想,把法定的宝钞和官尺的长度统一起来,进而用于作为土地丈量的标准。度量衡思想朝着"实用性"发展。在这一转变的过程中,大晟尺扮演了至关重要的角

---

⑫ [清]皮锡瑞著,周予同注释:《经学历史》,中华书局,1959年,第257页。
⑬ 周予同:《中国经学史讲义》,上海文艺出版社,1999年,第73页。
⑭ 余英时:《朱熹的历史世界:宋代士大夫政治文化的研究》,三联书店,2011年,第184—198页。
⑮ 方诚峰:《北宋晚期的政治体制与政治文化》第六章"道教、礼乐、祥瑞与徽宗朝的政治文化",北京大学出版社,2015年。

色。Robert P.Crease 说，现今社会度量衡思想的核心就是"高效"（efficiency），这样的说法未免有些太过简化，但他所观察到的历史发展趋势是正确的。[⑯]

表 5　权衡的铢累制和十进制

铢累制	十进制
1 斤 = 16 两	1 斤 = 16 两
1 两 = 24 铢	1 两 = 10 钱
1 铢 = 10 累	1 钱 = 10 分
1 累 = 10 黍	1 分 = 10 厘
	1 厘 = 10 毫
	1 毫 = 10 丝
	1 丝 = 10 忽

最后，我们必须应该考虑"黍"这一自然物在历史上的发展情况。伊懋可（Mark Elvin）指出，八至十世纪，中国的农业发生了转化。在这段时间中的早期，在北方，磨粉工具的进步使得小麦取代了黍而被广泛种植。南方的进步则更大，水稻种植技术的熟练掌握使得大量人口向南迁移到这个以前欠发达的地区。[⑰] 白馥兰（Francesca Bray）的研究表明，甚至早在唐代，相较于黍，很多人已经更爱吃米；至宋代中国北方的许多地方，小麦已经取代了黍。[⑱] 可见，在八至十世纪，也就是在隋代固定乐律用尺和日常用尺的比例之后到北宋乐制改革的讨论兴起之前，黍的情况发生了很大的变化：北方黍的生产下降，同时小麦的种植和使用增多；经济重心、政治重心和人口从黍的种植地向水稻的种植地迁移；水稻种植技术的发展使之成为人们最重要的谷物，无论南北。黍在百姓的日常食用以及在文化意义上的作用，和《汉书·律历志》的时代比，都已不能同日而语了。

从"累黍"到"指律"，我们看到了中国古代度量衡思想在长时段内发展的一条主线。这条线索并没有到此结束，它还对明清时代的学者乃至统治者继续发

⑯　Robert P.Crease,"The Metroscape:Phenomenology of Measurement",in:Babett Babich,Dimitri Ginev(eds.),*The Multidimensionality of Hermeneutic Phenomenology*,Berlin:Springer,2014,p.83.

⑰　Mark Elvin,*The Pattern of the Chinese Past:A Social and Economic Interpretation*,Stanford University Press,1973,p.113.

⑱　Francesca Bray,*Science and civilisation in China*,vol. 6,*Biology and Biological Technology*,Part 2:*Agriculture*,Cambridge University Press,1984.p.402.

挥着影响力,如朱载堉继续试验,甚至自己种黍;如康熙皇帝亲自累黍,确定黍尺和营造尺之间的关系。可见"律度量衡"思想已深深植根于中国的传统文化。但更重要的是,我们看到"同律度量衡"在北宋末年短暂地达到顶峰之后,这一理论体系正式走向衰微,从而赋予了度量衡思想新的发展空间和更为丰富的内容。

对度量衡思想的考察和长时段的分析,是度量衡史研究必不可少的手段。与此同时,我们还应继续关注百姓日常生活中、市场上、不同地域、不同时代的度量衡现象,包括制度史的研究、器物的考订以及语言、文化中的存留,从零散于各种文献的资料和出土于各地各朝的文物中吸取养分,从而进一步充实和修订我们对度量衡史和度量衡思想的认识。

本文是笔者目前的研究项目《国家、市场和宇宙观:宋代的度量衡及其思想(960—1279)》的一部分。在德国图宾根大学傅汉思教授(Hans Ulrich Vogel)的启发和指导下,该项工作始于 2011 年。2012 年,我与傅汉思教授和田宇力博士(Ulrich Theobald)共同编纂 Chinese, Japanese and Western Research in Chinese Historical Metrology: A Classified Bibliography (1925—2012) 一书,于图宾根大学图书馆线上出版。2014 年 1 月,我于德国马普科学史研究所作了题为"Between Market and Cosmos: Negotiating Metrology and Metrosophy in Song China"的报告,薛凤教授(Dagmar Schäfer)和白馥兰教授(Francesca Bray)等曾给予我有益的建议。2016 年 9 月起,我受邀在北京大学人文社会科学院访问,此项研究从内容到组织活动都得到了邓小南教授和渠敬东教授的悉心指点和帮助。在多次愉悦的长谈中,计量史家丘光明先生为我解答了很多疑难问题。在上海交通大学关增建教授的支持下,我组织了一场小型的工作坊"多学科视野下的中国古代度量衡",其间更是得到了诸多师友的惠教。这篇小文即是这一阶段的成果之一。

参考文献

古籍

韩非子校注组：《韩非子校注》，江苏人民出版社，1982 年。

何宁：《淮南子集释》，中华书局，1998 年。

[宋]杨仲良：《皇宋通鉴长编纪事本末》，《续修四库全书》史部第 386 册。

[宋]阮逸、胡瑗：《皇祐新乐图记》，影印文渊阁四库全书本。

[清]皮锡瑞著，周予同注释：《经学历史》，中华书局，1959 年。

中华书局编辑部编：《历代天文律历等志汇编》，中华书局，1975 年。

陈祥道：《礼书》，影印文渊阁四库全书本。

[宋]蔡元定：《律吕新书》，影印文渊阁四库全书本。

陈奇猷：《吕氏春秋新校释》，上海古籍出版社，2002 年。

王利器：《吕氏春秋注疏》，巴蜀书社，2002 年。

[清]徐松辑，刘琳等点校：《宋会要辑稿》，上海古籍出版社，2014 年。

[元]脱脱等：《宋史》，中华书局，1977 年。

[唐]李林甫等撰，陈仲夫点校：《唐六典》，中华书局，1992 年。

[宋]李焘：《续资治通鉴长编》，中华书局，1995 年。

[宋]程大昌《演繁露》，影印文渊阁四库全书本。

[明]朱载堉：《乐律全书》，明万历郑藩刻增修清印本。

汪圣铎点校：《宋史全文》，中华书局，2016 年。

[宋]陈旸：《乐书》，影印文渊阁四库全书本。

王叔岷：《庄子校诠》，中研院历史语言研究所，1999 年。

[元]马端临：《文献通考》，中华书局，1986 年。

[宋]朱熹《朱子语类》，《朱子全书》，上海古籍出版社、安徽教育出版社，2002 年。

论著

戴念祖：《天潢真人朱载堉》，大象出版社，2008 年。

邓小南：《祖宗之法——北宋前期政治述略》，三联书店，2014 年。

方诚峰:《北宋晚期的政治体制与政治文化》,北京大学出版社,2015 年。

郭正忠:《三至十四世纪中国的权衡度量》,中国社会科学出版社,2008 年。

林萃青:《宋代音乐史论文集:理智与描述》,上海音乐学院出版社,2012 年。

丘光明、邱隆、杨平:《中国科学技术史·度量衡卷》,科学出版社,2001 年。

周予同:《中国经学史讲义》,上海文艺出版社,1999 年。

余英时:《朱熹的历史世界——宋代士大夫政治文化的研究》,三联书店,2011 年。

Francesca Bray, *Science and civilisation in China*, *vol.* 6, *Biology and Biological Technology*, *Part* 2: *Agriculture*, Cambridge University Press, 1984.

Robert P. Crease, *World in the Balance: the Historic Quest for An Absolute System of Measurement*, New York; London: W.W. Norton, 2012.

Mark Elvin, *The Pattern of the Chinese Past: A Social and Economic Interpretation*, Stanford University Press, 1973.

Patricia Ebray and Maggie Bickford(eds.), *Emperor Huizong and Late Northern Song China: The Politics of Culture and The Culture of Politics*, Cambridge, Mass.: Harvard University Asia Center, 2006.

Howard L. Goodman, *Xun Xu and the Politics of Precision in third-century AD China*, Brill, 2010.

Gustav Friedrich Hartlaub, *Fragen an die Kunst: Studien zu Grenzproblemen*, Stuttgart: *Koehler*, 1953.

Witold Kula, translated by R. Szreter, *Measures and Men*, Princeton University Press, 2016.

Christian Meyer, Ritendiskussionen am Hof der nördlichen Song-Dynastie(1034 —1093): *Zwischen Ritengelehrsamkeit*, *Machtkampf und intellektuellen Bewegungen*, Sankt Augustin: Institut Monumenta Serica, 2008.

Nakayama Shigeru, and Nathan Sivin, (eds.), *Chinese Science: Explorations of an Ancient Tradition*, Cambridge (Mass.)/London, 1983.

论文

程建军:《"压白"尺法初探》,《华中建筑》1988 年第 2 期,第 47—59 页。

迟凤芝:《中国雅乐在朝鲜半岛的传承与变迁》,《黄钟(中国武汉音乐学院学报)》2007 年第 2 期,第 95—101 页。

戴念祖、王洪见:《论乐律与历法、度量衡相和合的古代观念》,《自然科学史研究》2013 年第 2 期,第 192—202 页。

高振声:《〈汉书〉累黍之争新探》,《农业考古》2016 年第 1 期,第 35—39 页。

关增建:《刘歆计量理论管窥》,《郑州大学学报(哲学社会科学版)》2003 年第 2 期,第 125—130 页。

韩巍:《北大藏秦简〈鲁久次问数于陈起〉初读》,《北京大学学报(哲学社会科学版)》2015 年第 2 期,第 29—36 页。

韩巍、邹大海:《北大秦简〈鲁久次问数于陈起〉今译、图版和专家笔谈》,《自然科学史研究》2015 年第 2 期,第 232—266 页。

胡劲茵:《从大安到大晟——北宋乐制改革考论》,中山大学博士论文,2010 年。

胡劲茵:《北宋徽宗朝大晟乐制作与颁行考议》,《中山大学学报(社会科学版)》2010 年第 2 期,第 100—112 页。

李幼平:《大晟钟与宋代黄钟标准音高研究》,中国艺术研究院博士论文,2000 年。

李浈:《官尺·营造尺·鲁班尺——古代建筑实践中用尺制度初探》,中国建筑学会建筑史学分会专题资料汇编,《建筑历史与理论》第十辑,第 17—27 页。

李浈:《官尺·营造尺·乡尺——古代营造实践中用尺制度再探》,《建筑师》2014 年第 5 期,第 88—94 页。

梁方仲:《中国历代度量衡之变迁及时代特征》,《中山大学学报》1980 年第 2 期,第 1—20 页。

牛晓霆、郭伟、王逢瑚:《对"压白尺"所蕴含哲理的思考》,《山西建筑》2012

年第 18 期,第 2—4 页。

丘光明:《隋文帝统一度量衡及大小制的形成》,《中国计量》2014 年第 1 期,第 62—64 页。

王国维:《中国历代之尺度》,《学衡》1929 年第 57 期,第 1—6 页。

王小盾、李晓龙:《中国雅乐史上的周世宗——兼论雅乐的意义和功能》,《中国音乐学》2015 年第 2 期,第 12—18 页,第 46 页。

吴慧:《魏晋南北朝隋唐的度量衡》,《中国社会经济史研究》1992 年第 3 期,第 7—18 页,第 60 页。

夏季、王昌燧、郑聪:《先秦黄钟律管考——利用现代声学公式推测先秦黄钟律管管径的尝试》,《自然科学史研究》2006 年第 3 期,第 239—245 页。

杨成秀:《思想史视域下的北宋雅乐乐论研究》,上海音乐学院博士论文,2014 年。

伊世同:《量天尺考》,《文物》1978 年第 2 期,第 10—17 页。

曾武秀:《中国历代尺度概述》,《历史研究》1964 年第 3 期,第 178 页。

章启群:《〈汉书·律历志〉与秦汉天人思想的终极形态——以音乐思想为中心》,《安徽大学学报(哲学社会科学版)》2012 年第 3 期,第 8—15 页。

张宇:《中国建筑思想中的音乐因素探析》,天津大学博士论文,2009 年。

赵晓军:《中国古代度量衡制度研究》,中国科学技术大学博士论文,2007 年。

赵晓军:《山西羊头山黍样实测度量衡标准考》,《文物世界》2010 年第 1 期,第 35—38 页。

赵晓军、蔡运章:《论周易哲学与度量衡制度》,《河南科技大学学报(社会科学版)》2009 年第 5 期,第 5—13 页。

Robert P., Crease "The Metroscape: Phenomenology of Measurement", in: BabettBabich, Dimitri Ginev (eds.): *The Multidimensionality of Hermeneutic Phenomenology*, Berlin: Springer, 2014, pp.81–87.

Karin Figala and Otmar, Faltenheiner "Metrosophische Spekulation – Wissenschaftliche Methode", in: *Kultur & Technik*, 1986, 3, pp.172–177.

Joachim Otto, Fleckenstein " Metrologische Methodik und Metrosophische

Spekulation in der Wissenschaftsgeschichte", in: *Travaux du* 1er *Congrès International de Métrologie Historique*, Zagreb, 28—30octobre 1975.

Klaas, Ruitenbeek, "Craft and Ritual in Traditional Chinese Carpentry", in: *Chinese Science*, 1986, 7.1, pp.1—23.

Nathan, Sivin"Science and Medicine in Imperial China – The State of the Field", in: *Journal of Asian Studies*, 1988, 47.1, pp.42—48.

Peter C., Sturman"Cranes above Kaifeng: The Auspicious Image at the Court of Huizong", in: *Arts Orientalis*, 1990, 20, pp.33—68.

Hans Ulrich Vogel, "Aspects of Metrosophy and Metrology during the Han Period", in: *Extrême-Orient, Extrême-Occident*, 1994, vol. 16, pp.135—152.

Hans Ulrich Vogel, "Metrology and Metrosophy in Premodern China: A Brief Outline of the State of the Field", in: *Jean – Claude Hocquet* (*ed.*), Une activité universelle: Peser et mesurer à travers les àges (ActaMetrologiae IV, VIe Congres International de Metrologie Historique, Cahiers de Métrologie, Tomes 11—12, 1993—1994), Caen: Editions du Lys, 1994, pp.315—332.

ZuoYa, "Keeping Your Ear to the Cosmos: Coherence as the Standard of Good Music in the Northern Song(1960—1127)Music Reforms", forthcoming article.

【曹　晋　北京大学欧洲中国研究合作中心学术主任】

原文刊于《中国文化》2017 年 02 期

秦汉时期匈奴族提取植物色素技术考略

王至堂

匈奴歌谣及其历史背景

匈奴,也称"胡",战国时游牧于河套地区及阴山一带,其政治中心是头曼城(今内蒙古五原县)。秦汉之际,冒顿单于乘楚汉相争之机,东破东胡,西攻月氏,北征丁零,南灭楼烦,控制了东至松辽平原,西至巴尔喀什湖,北至贝加尔湖,南至长城的广大地区。公元前 200 年,冒顿又攻晋阳(今太原),汉高祖刘邦亲率 30 万大军迎战,被冒顿围困于平城(今大同)达七天七夜,后用陈平计,向阏氏行贿,才得脱险[①]。此中的"阏氏"乃单于妻子之号,其谐音为"焉支"。

公元前 121 年,匈奴攻入上谷(今河北怀来),汉武帝派霍去病出陇西,过焉支山千余里,短兵肉搏,大获全胜。同年夏,霍去病二次西征,出陇西、北地二千里,攻祁连山,大破匈奴军,俘获三万多人[②]。是时,匈奴有歌曰[③]:

---

① 司马迁:《史记·匈奴列传》,中华书局,1959 年版,第 2894 页。
② 同上,第 2908 页。
③ 张守节:《史记正义》,见《史记》第 110 卷,中华书局,1959 年版,第 2909 页。

亡我祁连山,使我六畜不蕃息;

失我焉支山,使我妇女无颜色。

歌虽浅显,存疑颇多,注家纷纭,互有异同。由于匈奴族"毋文书,以语言为约束",加之年远代湮,更使考据维艰。笔者不揣浅陋,襞绩补貂,从科技史角度,结合民族习俗和历史典籍,对此歌的后两句进行考辨。谬误之处,敬请中外各族方家教正。

"焉支山"及"焉支"考

据《括地志》载:"焉支山一名删丹山,在甘州删丹县东南五十里。"④其中"删丹"二字,现代写为"山丹",《辞海》"焉支山"条目:"甘肃省永昌县西,山丹县东南"。有人据此推演,认为焉支山是以盛产山丹花而得名的,匈奴妇女又以此花做胭脂,用以美容。另有一说:"古匈奴女子喜欢浓颜粉装,……其女子用山丹花的叶子涂脸。"文中未注明出处,查阅典籍也均未找到此类记载。据考察,山丹花在中国北方山野随处可见,至今也并非罕物,而焉支山夹在祁连山与龙首山之间,乃"工"字之一竖,面积甚小,并非巨脉,与当时匈奴控制的广大地区内产山丹花的地方相比,亦属微不足道,何能影响"颜色"之有无,可见"山丹花"之说不确。

又一说,焉支山的"焉支"二字,与"阏氏""胭脂"谐音,而"阏氏"(亦作"焉提"),"匈奴皇后号也"⑤,或"匈奴名妻作'阏氏'"⑥。据此,焉支山也可转意为"皇后山"或"美人山",与现在的"神女峰"相类。失去美人或失去胭脂,都会"使我妇女无颜色"。可见"匈奴歌"的后两句,本是语带双关的。从艺术角度来看,如此理解的确韵味深长。可是谐音终究是谐音,仍无法解释为何失去焉支山

---

④ 《内蒙古社会科学(文史哲)》1988年第2期,第87页。
⑤ 颜师古:《汉书注》,见《汉书》,中华书局,1959年版,第3749页。
⑥ 司马贞:《史记索隐》,见《史记》,中华书局,1959年版,第2889页。

则失去了作为妇女化妆品的胭脂。

《史记索隐》引习凿齿《与燕王书》曰："山下有红蓝,足下先知不？北方人探取其花染绯黄,接取其上英鲜者作烟肢,妇人将用为颜色。"[⑦]一语泄漏天机,原来是焉支山下盛产"红蓝",其花可做"烟肢",匈奴妇女"用为颜色"。所以,失去焉支山,无以采"红蓝",无从做"烟肢",当然"无颜色"了。

"烟肢"及"红蓝"考

"烟肢",亦作"燕支""嫣支""燕脂""臙脂""胭脂",是一种红色颜料,妇女用以涂脸颊或嘴唇。问题是为什么同一种东西,同样的发音,用汉字却有这样多的不同写法？其单字和组词均无实质语义,东汉许慎的《说文解字》也概未收入,何以如此？合理的解释是,它们并不是古代汉语的原有词汇,很可能是由西域引入的"外来语",可能都是由匈奴语"焉支"派生的。

近代有一种称为"胭脂红"的颜料,又叫"虫虹",由干燥的雄性胭脂虫经化学处理而得,然而胭脂虫(Coccus cacti)原产墨西哥;还有一种名为"胭脂花"的,实指紫茉莉(Mirabilis Jalapa),原产南美洲。它们都不能与古代的"胭脂"列为同侪。

习凿齿《与燕王书》所记的,产于焉支山并用以做胭脂的"红蓝",是"红蓝花"的简称,也称"红花"。据寇宗奭《图经衍义本草》(第九卷):"红蓝花生凉汉及西域,一名黄蓝,张骞所得也。"又据徐光启《农政全书》:"红花,《博物志》曰张骞得种于西域,一名红蓝,一名黄蓝,以其花似蓝也。"再据赵彦卫《云麓漫钞》所引张华《博物志》:"黄蓝,张骞得自西域。"由于张华原书已佚,今本由后人搜集而成,因而在今本《博物志》中找不到徐光启和赵彦卫的引文,可能系后人搜集遗漏所致。对照《中国大百科全书·农业卷Ⅰ》:"红花,喜温暖干燥气候,耐旱,耐寒,耐盐碱,适于阳光充足、地势高燥、肥力中等、排水良好的砂质土壤栽培。"这正是地处河西走廊的焉支山地区的自然环境之写照,可为今本《博物志》补遗

---

⑦ 《钦定四库全书·子部》,台湾商务印书馆1983年版,第1047册,第574页。

旁证。

依据《史记·大宛列传》推算,张骞两度出史西域的时间是公元前138年至公元前126年,以及公元前119年,而产生"匈奴歌"的时间当是公元前121年。如此可知张骞引入红蓝花与汉朝攻占焉支山,都在公元前2世纪末。显然,匈奴人以红蓝花做胭脂的历史会比这更早些。焉支山原属月氏,在秦末才归属匈奴,可以推想,在秦汉时期,不独匈奴,而且包括月氏在内的西北部少数民族都可能掌握过此种技术。

提取色素技术考

匈奴人无文字,"匈奴歌"失载于《史记》及《汉书》,可见于《史记》的《正义》及《索隐》,歌词首载于北凉无名氏所编的《西河故事》,虽字字珠玑,也无法直接从中考证其制作胭脂的方法。"解铃还须系铃人",还是引种红蓝花的张骞,为我们提供了一个线索:张骞第一次出使西域时,曾被匈奴招婿,居留12载。在此期间,他可能多次见过他的"胡妻"及别的"胡妇"如何制作胭脂。耳濡目染,即使并不参与,也会记住其方法。张骞归汉时,不但带回了"红蓝"和"胭脂",而且带回了他的"胡妻"和"胡奴"⑧。由此推想,他们已完成了从种植到制作的"成套技术引进"。汉人从他们那里学会了这套技术,因地制宜并发扬光大,以致后来写成了文字⑨。这些汉文古籍就可作为考证的原始根据,再结合当时匈奴人的民族习俗及地理环境,进行综合考察,就不难追溯到匈奴人提取植物色素的具体方法。

据北魏时期贾思勰的《齐民要术》记载:"杀花法:摘取即碓捣使熟,以水淘,布袋绞去黄汁,更捣,以粟饭浆清而醋者淘之,又以布袋绞去汁,即收取染红,勿弃也。绞讫著瓮器中,以布盖上,鸡鸣更捣令均,于席上摊而曝干,胜作饼,作饼者不得干,令花浥郁也。"同书又记"作燕支法:预烧落藜、藜藋及蒿作灰(无者即

---

⑧ 司马迁:《史记·大宛列传》,中华书局,1959年版,第3159页。

⑨ 贾思勰:《齐民要术》,李时珍:《本草纲目》,宋应星:《天工开物》,徐光启:《农政全书》。

草灰亦得),以汤淋取清汁,揉花十许遍,势尽乃止,布袋绞取淳汁,着瓷碗中,取醋石榴两三个(引者按:《天工开物》中用乌梅水),擘取子,捣破,少着粟饭浆水极酸者和之,布绞取沈,以和花汁(若无石榴者,以好醋和饭浆亦得用,若复无醋者,清饭极酸者亦得空用之),下白米粉大如酸枣(粉多则白),……痛搅,盖冒至夜,泻去上清汁至淳处止,倾着帛练角袋子中悬之,明日干浥,浥时,捻作小瓣如半麻子,阴干之则成矣。"[10]记述如此详细,真乃考据者之大幸!

按现代化学知识解释:红蓝花中含有红、黄两种色素,若不分离,则色不纯正。红色素不溶于酸,可溶于碱,故先用酸性溶液将红色素沉固于花中,绞出黄色素。做胭脂时,则先用碱性溶液(草木灰水,内含很多碳酸钾)浸取,溶出红色素(红花苷),再加入过量的酸性溶液(醋石榴、乌梅、酸饭汤)中和,便把红色素单独沉淀出来了。如此反复操作几次,便可将黄色素全部除尽,得到颜色纯正、极为艳丽的红色素。捻成小饼即为胭脂。这是典型的化学中和反应和典型的化工单元操作。

这些操作显然未必是当初匈奴人作胭脂的原法,现在只要再考察一下游牧民族的习俗和自然环境,就不难还原了。问题集中在匈奴人用的是什么酸和什么碱。要解决这个问题并不需要太多的想象力,只要再查一查司马迁的《史记》,就迎刃而解了。

先考证用什么酸。《史记·匈奴列传》记:匈奴人"得汉食物皆去之,以示不如湩酪之便美也"[11]。由此可知,其无"粟饭",当然也无"粟饭浆清而醋者",《史记索隐》:"湩,乳汁也。""酪",是用乳汁做成的半凝固食品。此外还有"干酪"(现代蒙语称为"胡酪得"),是将脱脂后的乳汁,在乳酸菌的作用下自然酸化,极酸时,胶体破坏,酪蛋白凝结成块,分离和干燥后就得"干酪"。滤出的清液(现代蒙语称为"泻拉斯")中含丰富的乳酸,用以加工红蓝花自然又好又方便,中原地区无此物,不得已才代之以酸米汤。当然也不能排除匈奴人使用"醋石榴"的可能性,因为石榴原产波斯,也是经西域才传到中国的。

再考证用什么碱。《史记·匈奴列传》记:"汉议击与和亲孰便。公卿皆

---

⑩ 《钦定四库全书·子部》,台湾商务印书馆1983年版,第730册,第63页。
⑪ 司马迁:《史记》,中华书局,1959年版,第2899页。

曰：……'匈奴地，泽卤，非可居也。和亲甚便。'"⑫岂知正是多泽之地，其卤之中富含天然碱（碳酸钠），甚至附近地表的泛白之处也可轻易得之，简直像尘土一样平常，仅仅现今内蒙古范围内，天然碱蕴藏量即达 2000 万吨。天然碱溶于水，可得清澈透明的碱性溶液，远比草木灰为好。可能因汉地得之不易，而求其下，代之以草木灰。

通过上述分析，当初匈奴人制作胭脂的技术便可见端倪了：先用制干酪时滤出的乳酸汁处理红蓝花，分离出黄色素。然后用天然碱溶液，溶出红色素，再加入过量的乳酸汁，中和天然碱，并使红色素沉淀出来。如此反复进行中和反应，就把黄色素分离干净，就得到艳丽、纯正的胭脂了。由于所用的酸和碱都比《齐民要术》所用的好，因此，匈奴胭脂很可能比汉胭脂的质量更好。

仿照匈奴人制作胭脂的方法，作了模拟实验：原料是干燥的红蓝花，自然酸化的牛奶，内蒙古伊盟的天然碱。用具是粗瓷大碗，兽骨筷子，粗纺毛布。实验条件是常温常压。实验结果令人喜出望外，不但得到了艳如桃花的胭脂，而且得到了嫩如蛋黄的黄色素。同时还制得了一种副产品，即乳香四溢的干酪。

中原地区，早有许多植物可做染料，例如茜草、栀子、蓼蓝等。《诗经·小雅·采芑》篇有："路车有奭"，《正义》注为："彼茅搜染为奭，故知赤貌也。"茅搜即茜草，在长江流域及黄河流域都有分布，是中原地区染色业的主要原料。而红蓝花引入中原以后，它就由涂面用的"胭脂"，成长为染色业的"娇娘"，不久就成了著名的经济作物（还可入药），与原有的栀子、茜草平分秋色，竟达到不辨彼此的程度了，以致不少人将"茜"与"红蓝"和"红蓝花"混为一谈。⑬ 西汉时期，有的人家种植栀茜和红蓝花竟达千亩，以成巨富，"此其人皆与千户侯等"⑭。足见红蓝其盛！后又东渐日本，亦足见彰施之远！

【王至堂　内蒙古大学化学系教授】

原文刊于《中国文化》1993 年 01 期

---

⑫　司马迁：《史记》，中华书局，1959 年版，第 2896 页。

⑬　司马贞：《史记索隐》，见《史记》，中华书局，1959 年版，第 3273 页。裴骃《史记集解》，

⑭　司马迁：《史记·货殖列传》，中华书局，1959 年版，第 3272 页。

中国古代造纸术与永续发展

刘广定

引　言

　　"造纸术"是中国古代对世界文明发展产生巨大影响的四大发明之一。在 21 世纪各种电讯功能发达之前,人类文化中的学术、思想、文艺、史迹与典章制度等,多赖文、图载录,并借"纸"以保存、发展、传播和交流。一般的了解,"纸"乃蔡伦在东汉和帝元兴元年(105)所创制,因他于安帝元初元年(114)受封为龙亭侯,之后以他的方法所做之纸曾称为"蔡侯纸"。中国制纸行业的"行神"即是蔡伦。①

　　"蔡伦造纸"的最早记载见于由当代史官所修,记事起于光武帝,终于灵帝之《东观汉记》卷十八:

　　　　蔡伦字敬仲,桂阳人,为中常侍。有才学,尽忠重慎。每至休沐,辄闭门绝宾客,曝体田野,典作尚方。造意用树皮及敝布鱼网作纸。(案一本作:伦典

---

　　① 郭立诚:《行神研究》:"国立"编译馆,1967 年,第 65—66 页。

尚方作纸,用故麻名麻纸,木皮名穀纸,鱼网名网纸。)元兴元年奏上之。帝善其能,自是莫不用,天下咸称蔡侯纸。

较后出的《后汉书》卷七十八中也说:

> 蔡伦字敬仲,桂阳人也。……永元九年,监作秘剑及诸器械,莫不精工坚密,为后世法。自古书契多编以竹简,其用缣帛者谓之纸。缣贵而简重,并不便于人。伦乃造意,用树肤、麻头及敝布、鱼网以为纸,元兴元年奏上之。帝善其能,自是莫不用,天下咸称蔡侯纸。

但据《后汉书》卷十和熹邓皇后传的记载:

> (和帝永元)十四年(102)夏,阴后以巫蛊事废…至冬立(邓贵人)为皇后,辞让者三,然后即位。……是时,方国贡献,竞求珍丽之物,自后即位,悉令禁绝,岁时但贡纸、墨而已。

表示蔡伦“造意”作纸之前,当时来附的外国(现多已入中国版图)已有“纸”。另有一些记载也说西汉时期有“纸”。例如《北堂书钞》卷一百四“太子纸蔽鼻”引“三辅故事”:“卫太子大鼻,武帝病,太子来省疾。江充曰:上恶大鼻,当持纸蔽其鼻而入,帝怒。”有人指出20世纪70年代出土,战国时代“睡虎地秦简”的《日书》第60与61两简也有“纸”字,释文者误以为“抵”,而为释“抵”。②
其文为:

> 人毋故而发掊,若虫及须眉,是＝(是)恙气,处之,乃煮贲屦以纸,即止矣。

---

② 钱存训,2002年在《文献季刊》第1期发表《纸的起源新证——试论战国秦简中的纸字》,又载《中国古代书籍纸墨及印刷术》,北京图书馆出版社,2002年,第68—75页。

其实早在唐宋时期，已有人认为蔡伦之前已有"纸"，如唐张怀瓘的《书断》卷下说："汉兴，用纸代简，至和帝时蔡伦工为之"，南宋陈槱的《负暄野录》卷二也说："盖纸旧亦有之，特蔡伦善造尔，非创也。"

自20世纪以来，考古学者已在中国西北地区多次发现汉代古纸。如黄文弼首于1934年在新疆罗布淖尔汉代烽燧亭遗址发现一片约4厘米×10厘米的古纸，他的发掘报告说：[③]

> 麻纸：麻质，白色，作方块薄片，四周不完整。……质甚粗糙，不匀净，纸面尚存麻筋，盖为初造纸时所作，故不精细也……同时出土者有黄龙元年（前49）之木简，为汉宣帝（前73—前49在位）年号，则此纸亦当为西汉故物也。
>
> ……据此，是西汉时已有纸可书矣。今予又得实物上之证明，是西汉有纸，毫无可疑。不过西汉时纸较粗，而蔡伦所作更为精细耳。

惜此物于抗日战争初期即毁于战火。1942年劳干等在甘肃的额济纳河沿岸汉代居延地区烽燧亭遗址也发现一有字麻纸，纸质"粗、厚，而帘纹不甚显著"，大约在和帝永元十年（98）前后，[④]也可能在安帝永初三年或四年（109—110）[⑤]。20世纪50年代起多次考古发掘得到西汉不同时期制造的古纸，例如最早是1957年在陕西西安发现的灞桥纸，[⑥]由于考古遗址的年代、"纸"之用途以及"纸"质是否合乎造纸工艺标准等问题重重，而在中国大陆引起了造纸起源问题之辩论，一派[⑦]认为西汉有纸而否定蔡伦造纸说，另一派[⑧]则否定所谓的西汉

③ 黄文弼：《罗布淖尔考古记》，国立北京大学出版部，1948年。

④ （a）劳干：《中央研究院历史语言研究所集刊》第19本，1948年，第489—498页；（b）劳干：《中国古代书史后序》，载钱存训《中国古代书史》，香港中文大学出版社，1975年，第179—183页。

⑤ 劳干1954年12月10日致李书华函，见李书华《造纸的传播及古纸的发现》，"国立"编译馆，1960年，第23—24页。

⑥ 潘吉星：《文物》，1964年第11期，第48—49页。

⑦ 例如（a）Tsien Tsuen-Hsuin, *Paper and Printing*, in *Science and Civilisation in China*, Vol.5：1, Cambridge University Press, 1985.（b）潘吉星：《中国科学技术史·造纸与印刷卷》，科学出版社，1998年。（c）张秉伦、方晓阳、樊嘉录：《中国传统工艺全集·造纸与印刷》，大象出版社，2005年。

⑧ 例如许焕杰主编：《纸祖千秋》，岳麓书社，2005年。（b）王菊华等：《中国古代造纸工程技术史》，山西教育出版社，2006年。

纸是真正的纸。长期争议不休,甚至有人用马克思主义的唯物观来评论此事。[⑨]

笔者拟简介中国造纸术的发明,从不同观点来探讨此一问题,并阐述蔡伦所发明的造纸方法呈现传统中国文化中的现代价值。

纸的定义与造纸术

"纸"字意义中国古代即有不同,前引《后汉书》有关蔡伦部分就说:"自古书契多编以竹简,其用缣帛者谓之纸。"《初学记》卷二十一引东汉服虔《通俗文》:"方絮曰纸。"许慎《说文解字》十三篇上有"纸,丝滓也。从糸,氏声"又有"纸,絮一笘也。从糸,氏声",可见缣帛是纸,丝滓与经过处理的絮也都是纸。《太平御览》卷六百五引王隐《晋书》:

> 魏太和六年,博士河间张揖上《古今字诂》。其巾部,"纸",今(帋)也,其字从巾。古之素帛,依书长短,随事裁绢,枚数重沓,即名幡"纸"。字从糸,此形声也。后和帝元兴中,中常侍蔡伦以故布捣锉作"纸",故字从巾是。其声虽同,糸、巾为殊,不得言古纸为今纸。[⑩]

魏太和六年相当公元 232 年,这段文字说明蔡伦以后的纸与以前的纸是不同的。实际上,纸字也有"纸""紙""帋"甚至"纸"的各种写法,陈大川特别指出汉末以后,尤于南北朝时期乃以"帋"表示用蔡伦方法所造的纸,但后人不察而混用。[⑪] 笔者同意他的说明:"蔡伦以前是否有纸,应以有年代记载确实无争的

---

⑨ (a)潘吉星:《中国科技史料》第 32 卷第 4 期,2007 年,第 561—571 页。(b)潘吉星:《争鸣》,2008 年第三期,第 4—8 页。

⑩ 上海商务印书馆涵芬楼影印之南宋蜀刊本《太平御览》有关"纸"的部分,"纸"皆作纸,缺"帋"字。按,《初学记》卷二十一的记载是:"魏人河间张揖上《古今字诂》。其巾部云,纸今帋,则其字从巾之谓也。"

⑪ (a)陈大川,《造纸史周边》第一章,台湾省政府文化处,1998 年。(b)文渊阁及文津阁《四库全书》子部类书类之《太平御览》纸皆作"纸"。

出土物为准。古今文献上的'纸'字,只能作为参考。"⑫

"古纸"与"今纸"有何不同呢? 汉末刘熙的《释名》卷六"释书契十九"说:"纸,砥也,谓平滑如砥石也",可知平滑、利于书写是纸的特性。西汉元帝时期(前48—前33)史游所撰的《急就篇》解说众物。卷三述及与书写有关之物只包括"简、札、检、署、椠、牍、家",其中并无"纸"。至于"纸(paper)"的现代定义也因时代而异。早年英文 paper 的定义⑬为"以几乎纯的植物纤维从水的悬浮液中摊在细帘上所形成席状或毡状结构的薄片;加用石棉者只是特例",正和《说文解字》里的"纸,絮一笘也"相同,但近年因有用动物纤维及化学合成纤维制成者,故新的定义⑭将"植物纤维"改为"各种纤维"。

有关中国造纸术之起源,有认为可能自"漂絮"而获纤维形成的毡状薄片之经验,⑮也有认为可能是捶打树皮制造"树皮布"时之经验⑯等不同说法。陈大川自20世纪70年代即从事造纸技术史之研究,⑰1987—1988年曾于试由楮树(即构树或称榖树)做"树皮布"时发现可将水中废絮制成"树皮絮纸",⑱性能优于"树皮布纸"。乃采用泼入或称浇入的方法,即将有废絮的水溶液,舀起后,浇入竹编成的滤过器上,使水由竹器底下流出,留存纤维,与滤过器一同晒干。所获之纸,较粗,厚薄不匀。若改用麻料,则难制作,且纸质软弱。陈先生认为若在土坑沟池中将树皮放入腐化,将能成为纸浆纤维,他说:

> 随手用打树皮布的木棒,捶打纤维,将粗块打散打细,都是最简单易行
> 的事。这些打散的纤维,一旦留存在竹席上,干后成为一张柔软的东西,成

---

⑫ 陈大川,《科学史通讯》第33期(2009),第1—5页。又见:陈大川:《纸由洛阳到罗马》,树火纪念纸文化基金会,2014年,第16—23页。

⑬ (a) *Classification and Definitions of Papers*, pp. 59—60, Lockwood Journal Co., Inc., 1924. (b)参考注2;英文字典如 Merrian Webster's Collegiate Dictionary, 1996年第10版,第840页对 paper 的解释是:1.通常以植物纤维从水的悬浮液中摊在细帘上所形成的毡状薄片。2.其他物质(如塑料)制成的相似物。

⑭ 钱存训,2002年在《文献季刊》第1期发表《纸的起源新证——试论战国秦简中的纸字》,又载《中国古代书籍纸墨及印刷术》,北京图书馆出版社,2002年,第68—75页。

⑮ 劳干:《中央研究院历史语言研究所集刊》第19本,1948年,第489—498页。

⑯ 凌纯声:《树皮布印文陶与造纸印刷术发明》第一章,中研院民族学研究所,1963年。

⑰ 陈大川:《中国造纸盛衰史》,中外出版社(台北),1979年。

⑱ (a)陈大川:《由树皮布到树皮纸(兼论与蔡侯纸的接触关系)》,《第二届科学史研讨会论文汇刊》(台北),1989年,第101—116页。(b)注11a,第二章及第三章。

为后人所称的纸,也是很自然的事,依此延伸,蔡伦再用废麻制品,如破布、鱼网,浸水腐化、捶打,成为蔡侯纸的一系列产品,应是可能的。

因此,他对"先有麻纸而后蔡伦改良用生树皮原料造纸的主张"[19]并不认同。他认为"麻与树皮两者比较,树皮制纸,简单而原始,在麻纸之先,应是合情合理的事"。蔡伦发明的造纸术确受树皮布文化的影响,但应是捶打树皮布时,由掉落入水中的纤维絮与腐败的树皮等直接制成,并不是捶打成的布纸。

传统的造纸术可分三种,[20]主要的两种都是中国古代用过的:

（一）抄纸

抄纸是现代最广用的方法,又称"捞纸""撩纸"或"筛纸",英文是Dipping method。操作法是双手执竹帘架或网框两端,以倾斜角度浸入浆料中,舀取浆料,平举起后,使纤维均匀平铺在网或帘上,水穿过网孔向下流出。抄纸的动作,在不同地区,有所不同。制成的纸较薄、平且质地均匀。

（二）浇纸

浇纸亦称泼入法,英文为Pouring method。较抄纸单纯,一般认为即是原始的造纸方法,已见前述。此法是先将帘架（竹帘、草帘或粗布钉在木框）飘浮在不流动或微流动的水面上,然后将搅散好的浆料浇在帘面上,用手或工具略搅均匀,然后举帘离水,将水滤过,就帘一同晒干。制成的纸较厚且不均匀,一个帘架只能做一张纸,一直到纸晒干后,才能再用于浇纸,故用帘架甚多而产量甚少,且多在较落后的国家及地区如不丹、尼泊尔及新疆和阗等地使用。

另一种称为"漉纸",可视为介于抄纸与浇纸中间的方法,中国少用。故不赘述。

---

⑲　(a)劳干:《中央研究院历史语言研究所集刊》第19本,1948年,第489—498页;(b)劳干:《中国古代书史后序》,载钱存训《中国古代书史》,香港中文大学出版社,1975年,第179—183页。
⑳　(a)陈大川:《造纸史周边》第七章,台湾省政府文化处,1998年。

　　李晓岑等[21]自 1999 年起陆续研究白族、傣族、彝族、哈尼族、瑶族、藏族、苗族、壮族、维吾尔族、纳西族各中国少数民族和汉族的手工造纸。从造纸的各个步骤分析比较后认为中国的传统造纸有抄纸法和浇纸法两种，可以证明陈大川之观点正确。这两种方法在技术工艺和关键步骤上有所差异，其大致的工艺流程是：

　　　　抄纸法——剥料→浸泡→浆灰→蒸料→清洗→打浆→加纸药→抄纸→压榨→晾纸→分纸。

　　　　浇纸法——剥料→清洗→煮料→捶打→捣浆→浇纸→晾纸→揭纸。

　　两种造纸方法所造出的纸有明显不同的特征。抄纸法造出者为薄纸、表面较光滑、纤维分布均匀、表面往往有帘纹等。而浇纸法造出者为厚纸、粗糙、纤维分布不均、表面往往无帘纹等。李晓岑认为这两种造纸方法均起源于中国，浇纸法造纸是中国最早发明的，产生于西汉时代，为"非蔡伦系"的造纸方法；抄纸法造纸可能是东汉以后发明的，为"蔡伦系"的造纸方法，经阿拉伯人向外流传者即此法。目前在中国境内，还至少有云南傣族、新疆维吾尔族、西藏和四川藏族、贵州侗族四个少数民族使用浇纸法造纸。另有纳西族融合这两种方法制造"东巴纸"。

　　此外，李晓岑等[22]也根据简牍的纪年对甘肃悬泉置遗址出土古纸各层位的时代进行分析，发现悬泉置遗址的第 3 层和第 4 层应为确切的西汉层位。这两个层位出土的古纸经分析，知乃使用麻类纤维以浇纸法制成，可推测中国造纸术起源于西汉时代的浇纸法造麻纸。第 1 层或第 2 层的晚期层位，年代未定。出土的古纸不排除是东汉纸的可能，乃由抄纸法制成，其中一部分经过了内部加填

---

[21]　(a)李晓岑、朱霞：《关于亚洲传统造纸的发源地问题》，《云南社会科学》，2001 年第 6 期，第 61—65 页。(b) 李晓岑：《早期古纸的初步考察和分析》，《广西民族大学学报（自然科学版）》，2009 年第 4 期，第 59—63 页。(c) 李晓岑：《浇纸法与抄纸法——中国大陆保存的两种不同造纸技术体系》，《自然辩证法通讯》，第 33 卷第 5 期，2011 年，第 76—82 页。

[22]　李晓岑、王辉、贺超海：《甘肃悬泉置遗址出土古纸的时代及相关问题》，《自然科学史研究》第 31 卷第 3 期（2012 年），第 277—287 页。

或表面涂料等工艺处理,已属初级的加工纸范畴。

蔡伦造纸术的重要性

无论蔡伦是不是纸的发明人,至少他是造纸技术的重大改良者。向世界流传而成为中国四大发明之一的是他的造纸技术,而他会利用树皮、破布、旧渔网和织布剩下的麻头等"废弃物"制成有用物品,则是当今国际所盛行"永续发展"(sustainable development,或译作"可持续发展")这一重要观念下,化学工艺的最早实例。

按,蔡伦所用之破布、旧渔网和麻头都是以纤维素为主要成分。树皮应是指用过的"树皮布",[23]其中除纤维素外还有木质素。现代的方法是用碱水(氢氧化钠)浸煮而将两者分离。当时何以知道这种化学反应呢? 笔者推测可能是由于当时用的破布、旧渔网等都曾经过多次洗涤,但其中仍混有洗涤用的草灰而具碱性,或他先用草灰洗涤原料但未完全冲洗除净。故在水中能将树皮内不溶于碱的纤维素与可溶解于碱的木质素分离。纤维素部分以水浸舂捣后分解,再经抄纸,滤去水分就能形成"纸"。且他试验时,极可能将制作失败或质量不好的产物重复使用,尝试改进,才得成功。前引《东观汉记》及《后汉书》均言是蔡伦的"造意",实是正确的描述。他采用的原料正与"永续发展"观念契合。

所谓"永续发展"或"可持续发展",据 1987 年联合国"世界环境与发展委员会(WCED)"报告书之定义为:能满足当代所需但不损及后代满足其所需之发展称为"永续发展"。1992 年 6 月,联合国在巴西里约热内卢召开首届"环境与发展"会议,议定"二十一世纪待办事项"(Agenda 21)40 项。1993 年又成立了"永续发展委员会",倡导加强世人认识自然、保护环境之观念外,并采积极的态度以创新之发明与设计来促成世界进步,以使环境、经济和人类社会三者得以同时永续发展。2002 年底联合国乃据上述"待办事项"第 36 项,决定以 2005—2014

㉓ 凌纯声:《树皮布印文陶与造纸印刷术发明》第一章,中研院民族学研究所,1963 年。

年为"永续发展教育的十年(Decade of Education for Sustainable Development)"，冀借"教育"普遍灌输"永续发展"的观念及知识于人心，使不同地区社会之公民皆能以公平方式，促成维护生态与发展经济同步进行，而达"永续"之目的。亦即试图经由教育以达到环境、社会及经济相辅相成的永续发展。

国际纯粹及应用化学联合会(IUPAC)与经济合作与发展组织(OECD)也于1999年6月在巴黎举行联合会议，拟定"永续化学(Sustainable Chemistry，或由另名Green Chemistry译成'绿色化学')策略"。其中优先推展的"研究与发展"部分又于2000年10月归纳出永续性产品与制程的三个大原则，第一项即：使用可反复利用或可再生的原料。[24] 故知蔡伦造纸法的重要性在利用废弃物与可再生的植物为原料，正合此新订之永续化学发展原则。但这不是巧合，而是中国文化中自古即有永续发展之观念。

中国古代之永续发展观念与再生纸

由于考古发掘所得"西汉"或"东汉初期"的"纸状物"上并无"字迹"，有人即认为发明"纸"非为书写，而是为包裹、衬垫等日常生活之用。[25] 然此说法实可商榷，盖中国古代早有永续发展之观念。如《孟子》"梁惠王"篇云：

> 不违农时，谷不可胜食也；数罟不入洿池，鱼鳖不可胜食也；斧斤以时入山林，材木不可胜用也。谷与鱼鳖不可胜食，材木不可胜用，是使民养生丧死无憾也。养生丧死无憾，王道之始也。

西汉时期编成的《礼记》"月令"篇则说：

---

[24] 以上叙述参考 Collection of Documents for IUPAC Workshop on Green Chemistry Education，Venice—Italy，September 12—14，2001

[25] 例如：注7a，b；Temple，R，The Genius of China，Simon and Schuster，pp. 81-82，1986。

> 孟春之月……禁止伐木。（卷十四）
>
> 仲春之月……毋竭川泽，毋漉陂地，毋焚山林……
>
> 季春之月……无伐桑柘……
>
> 孟夏之月……毋伐大树……（卷十五）
>
> 仲夏之月……毋刈艾蓝以染，毋烧灰……
>
> 季夏之月……树木方盛……毋有斩伐……（卷十六）
>
> 季秋之月……草木黄落，乃伐薪为炭……
>
> 仲冬之月……伐木取竹箭……（卷十七）

更早的《吕氏春秋》也有同样观点，在在表示古代中国人早有节约、保护天然资源之"永续发展"观念。

不奢侈浪费也是中国文化传统的思想，例如《韩非子》卷三"十过"篇有由余对秦穆公论"得国失国""以简得之，以奢失之"的说法：

> 昔者尧有天下，饭于土簋，饮于土铏，其地南至交趾，北至幽都，东西至日月之所出入者，莫不宾服。尧禅天下，虞舜受之，作为食器，斩山木而财之，削锯修之迹，流漆墨其上，输之于宫，以为食器，诸侯以为益侈，国之不服者十三……

西汉末年刘向编《说苑》时，除收此段在卷二十"反质"中，另有侯生说秦始皇"奢侈失本，淫佚趋末……陛下坐而待亡耳……"一文。均可为证。

中国早有洗涤后可以重复使用的丝质和布质品，可作为衣着、包裹、衬垫等用。故可推想：实无制造不能洗涤、不能重复使用的"纸类"为此用途之必要，蔡伦造纸之目的实为书写、便于传播传统文化及新输入的佛教文化。

再者，中国人在"造纸"的永续发展上还有一项值得称道的是，将用过的废纸制造"再生纸"。[26] 笔者推测蔡伦最初试验时，即取制作失败或质量不好的产

---

[26] 《天工开物》卷中"杀青"部分称为"还魂纸"。

物反复使用,尝试改进。故后人制纸时也会有此经验。最早的文献记载为北宋初年人陶谷记述唐及五代轶事之《清异录》,卷四有"化化笺"条云:

> 记未冠时游龙门山寺,欲留诗,求纸。僧以皱纸进,余题大字曰"化化笺"还之。僧惭惧躬揖,请其故。答曰:纸之麄恶,则供溷材,一化也。丐徒取诸圊厕积之家,匠买别抄麸面,店肆妆苞果药,遂成此纸,二化也。故曰化化笺。备杂用可也,载字画不可也。

说明劣质纸及污秽纸经重制而得"皱纸",可供"杂用"而不浪费。至于原先质量好的纸,再生后则可用来书写。据潘吉星[27]报告,北京中国历史博物馆所藏,北宋太祖乾德五年(967)的敦煌石室写经用麻纸含有"未经捣碎的故纸残片",是最早的"再生纸"实物。另据《宋史》卷一八一记载,南宋孝宗隆兴元年(1163)"湖南漕司根刷举人落卷及已毁抹茶引故纸,应副抄造会子",说明乃用落榜者之试卷与已废的卖茶执照,重经制浆、抄作以造纸印钞。此将大量废纸回收后再生利用之举,应是手工业史上的最早记录,也是中国古代文化中永续发展观念之另一体现。

按,化学制成之产品或废弃物,理论上经过适当处理大多可能再利用。其中又以无机化合物及金属,因较为稳定、结构也较单纯,而易达到目的。青铜、黄铜与铁器等之重铸,自古已然;玻璃经熔融再制,亦有长久历史。但有机化合物则由于稳定性稍差,结构、反应皆较复杂,因而困难度高,古代尤为不易。我国古代利用废纸再生,可能是世界回收利用有机化合物之滥觞。

结论

"纸"是中国对世界文明发展产生巨大影响的四大发明之一。虽据史书记

㉗ 注7b,第192页。

载,"纸"乃蔡伦在东汉和帝元兴元年(105)所发明。然而,近半世纪来多有争议,迄未获定论。笔者从不同方向思考此一问题,得知:

(一)即使蔡伦只是造纸术的重要改进发展者,只有他的造纸技术成为中华民族对世界文明史的一大贡献。

(二)中国人自古即知节约、保护天然资源之"永续发展"观念。发明"纸"是为了方便书写及传播、交流文化,而非为包裹、衬垫等日常生活之用。

(三)蔡伦利用树皮、破布、旧渔网等废弃物制纸,实有"造意",亦合现代的永续发展观念。

(四)中国人最早知道回收利用废纸制造"再生纸",符合现代永续化学发展的原则。

故蔡伦的造纸术与后世回收废纸制造"再生纸"是表现中国文化中永续发展的观念,成为永续化学发展的最早实例,其价值不可忽视。

附启:2005 年 7 月 24—30 日在北京市举行的第 22 届世界科学史大会,笔者曾发表英文论文"Invention and Recycling of Paper, Chemical Technology for Sustainable Development in Ancient and Medieval China"一篇。今就该篇增删改写,求教于方家。

【刘广定　台湾大学名誉教授】

原文刊于《中国文化》2016 年 01 期

两宋胡夷里巷遗音初探

黄翔鹏

【内容提要】文化问题的命脉所在,其至大至要之处在于古今的联系。作者以为,我们对丝路有关的中、西文化史作研究,除了尊重古物与古文献的记载以外,必须对至今仍然存活着的有关文化现象乃至遗俗、遗风、遗音进行研究。本文讨论了姜白石歌曲中的新变声问题并首次发表了温庭筠的[菩萨蛮]和柳永的[瑞鹧鸪]译谱。

丝路是一条瓷色多彩、丝光闪烁,牵系着东西方古代文化光辉历史的通道;丝路也多有风沙弥天、雾障千重、难见真实历史踪迹的迷途。这对于近似"羚羊挂角、无迹可寻"的古代音乐来说,昔日的许多真实情况恐怕尤其是只能留下一连串的疑问了!

历史上对于丝路音乐的胡乐成分问题,从来只有两种极端的估计。这两种说法互成二律背反关系;如把它连到一起时,实成悖论;但总是人云亦云地被某些不加深思的论者说个不休。

一曰:隋唐以来"胡乐"泛滥,华夏之声早已"胡化","纯"华夏的"清商乐"也在歌工李郎子逃走之后断了种。(你相信吗?)

一曰:汉族的"同化"力量极强。自从"诏道调、法曲与胡部新声合作"以后,胡乐的新变声已被吞没无遗。君不见：作为隋唐二十八调孑遗的南北曲音乐中，除了"仩乙五""六凡工"之类的痕迹而外，哪里还有"新变声"的存在?!（这真是文化上的"消化力"吗?）

笔者以为，我们如果把有关文字史料放到当时历史的背景中去作进一步的追寻；如果我们能够打破局限于文字史料的研究而能放眼于音乐实践材料，包括在古谱解读问题上来作进一步的钻研；如果我们进而考虑到事物的古今联系；恐怕就可以得到一些大异其趣的认识和理解：

1.宋人"前世新声为清乐"①的认识不错，但很少人知道"前世新声"中原本就存在着前代的"胡乐"。

2.后出的"胡乐"在某些特定的时期也确曾有过盛行的阶段或时机。但在宫廷的盛行未必便是全社会的"泛滥"，在宫廷的"销声"也未必是社会上的完全绝迹。其间的消、长之际，也未必像某些论者所设想的那样，一定是由于"胡乐"与"清乐"之间存在着"你死我活"的对立关系。恐怕却可以是：风格上的某种融合，或在某种程度上保持各自特点的并存关系。难道，这两者就不可以并行而不悖吗?

3.隋唐歌舞伎乐的某种形态学特点不见于后世的南北曲，未必出于多种民族风格的"同化"，而却另有更为深刻的历史原因。歌舞伎乐的传承关系虽在五代入宋时已遭破坏，但在两宋间，以时代之近，却应遗韵犹存。只在戏曲艺术代替歌舞伎乐而又普及于全社会的发展以后，旧谱始渐无人能识；但如审慎地研究宋代歌伎音乐及其有关乐律技能与知识，我们至今却仍能有根据地恢复其中某些古谱的原貌。

4.根据实践依据译出的白石谱，应是当时某种新声的风俗之证。他的《醉吟商小品》更非出自创作，却是唐代胡乐的遗音。本文首次发表的［菩萨蛮］和［瑞鹧鸪］二曲，却是近世工尺谱式中极为稀见的，以骠国古曲与龟兹乐舞而采用于宋词的宝贵见证。

盛唐时，胡乐有其兴盛的存在而已，却偏要说成是"泛滥"；两宋胡乐仍有存

_____

① 沈括《梦溪笔谈》卷五，乐律第九十四。

在之时,却偏又视如无物;仿佛白石谱中的新变声,都是译谱者生造出来的、历史上原不存在的"假象"。这是中国历史上某种观察问题方式的"特有恶习"。我怀疑:易卜生在诗剧《勃兰特》中塑造的人物及其"All or nothing"的思想,竟是出自中国史上的这种温床。看来,孔老夫子的教导,提倡"执其两端而折衷之",倒是切中我们这个古老民族的通病。中国自古及今都有太多的思想家"一生儿爱好言其极",立论必走极端,否则便不舒服。

一、晚唐与两宋文字史料中所见胡夷里巷之曲的踪迹

历史上的汉、唐,是中国以国势之盛著称于世界的时代。也是中国音乐文化的发展最有消化力、最能融合诸种风格、兼容并包的年代。一到国势陵替的时候,就会有人出来惊呼华夷并存是"以乱干和"[②]了。甚至,这时还不到晚唐的十分衰落的境地,而白居易本人也还算不得一个迂夫子,却连他也来讲这种话了。说真的,白居易这时算得有点"两面派"。实际上,他是一个爱《霓裳》、夸《柘枝》、赞美李士良弹琵琶"声似胡儿弹舌语",并不掩饰自己喜爱西北民族之声的音乐欣赏家;如尚在《法曲歌》中讲什么"一从胡曲相参错,不辨兴衰与哀乐",不过是他在谏官任内不得不站在狭隘的大汉族主义立场上讲"官话",做出这样一种"讽喻之作"而已。

不过,这总是从客观上反映出《旧唐书·音乐志》"自开元以来,歌者杂用胡夷里巷之曲"的记载,真有其真实性。但要说盛唐时因为对于胡夷乐的极端提倡,而弄到原有的传统清商乐"阙焉"以至"唯歌一曲"的程度[③],那就不对了。反之,根据"诏道调法曲与胡部新声合作"[④],也不能断言胡乐已被传统音乐全部消化、吸收,因而只剩下"骡子",而不再有"驴"有"马"。丝路上,国与国之间,不同的民族之间,其相互交往并非一时一事,更非单纯的一次性的遇合。岸边成雄先

---

② 见《白香山集》卷二《诗》,《法曲歌》。
③ 《旧唐书》卷二十九《音乐志》记开元中清商部歌工李郎子事。
④ 《新唐书·礼乐志》卷二十二,开元二十四年。

生在讨论中唐的胡、俗融合时，又同时指出了胡、俗融合的产物即"新俗乐"从而又在晚唐遇到不同风格乐曲间的新的并立⑤。这就比一般论者带有更多辩证观点了。历史研究，特别是音乐风格史的研究，本来最忌"刻舟求剑"，自当这样来审察时光流变的。

《宋史·乐志》"教坊"条，有"龟兹部"的记载⑥。大中祥符五年（1012）在军乐部门"钧容直"中又"因鼓工温用之请，增龟兹部，如教坊"。在分析这种史料时也很忌名实不分的简单态度，不能以此断言北宋仍如初唐、盛唐一样立有胡人乐伎的乐部。证据是宋真宗时画家武宗元奉旨为玉清昭应宫所作壁画：以龟兹乐队为内容的《朝元仙杖图》，图中乐伎皆非胡人，而其风格则纯为汉家气象。实际上这时的"龟兹部"除了仍有个别胡、俗乐融合时期所留下的乐曲片段如《苏暮遮》之外，主要只是用作仪仗、鼓吹而已。《宋史》教坊四十大曲之后所载龟兹部乐器虽然仍有羯鼓等特有之器，但于此时，羯鼓演奏技术也已失传。《唐音癸签》卷十四引用唐、宋史料讨论羯鼓技艺时综论曰"至宋而古曲益不存，唯邠州一父老能之，中有《大合蝉》《滴滴泉》之曲。其人死，羯鼓遗音遂绝"。沈括《笔谈》卷五，乐律第八十七条直说："今时杖鼓，常时只是打拍，鲜有专门独奏之妙。"羯鼓技术就其经丝路传入日本而言，亦如宋代记载，而绝无唐时盛况。

唐代歌舞大曲至五代间，已成末运，整个宋代已不再有唐代任何一套完整的胡、俗乐大曲。其社会历史背景至为密切相关的原因当在歌舞伎乐已经失去了它原有的豪门贵族恩主。⑦ 但如就丝路音乐中，西北民族音乐的成分说来，实在也不曾间断。

因为，大曲虽然不传，大曲的摘遍却仍有所流行；亦如清末很难再有全本的昆剧演出，但昆曲的折子戏却仍存在一样。其中出自胡曲的《柘枝》篇，就曾保存在号称"柘枝颠"的寇准府邸所蓄家伎之舞曲中，后来虽然连这也零落了，但

---

⑤ 1982 年日本讲谈社版《古代丝绸之路的音乐》，见人民音乐出版社 1988 年王耀华中文译本，第 51 页。

⑥ "第十七、奏鼓吹曲，或用法曲，或用龟兹。"

⑦ 详见拙著《论中国传统音乐的保存与发展》第一部分、第 3 节"三大历史阶段"。中文本见《中国音乐学》1987 年第四期，英文本见联合国教科文组织《亚太地区传统音乐研讨会文件》或 *Musicology in China* 1989 Vol.I。

旧妓"尚能歌其曲",并且以此传世。⑧

这是王公贵族、巨刹豪门私养乐伎让位于勾栏、瓦舍的时代,也是大宴中以歌舞大曲为主的大场面让位于酒席筵前以歌者侑酒活动为主的小场面,这是另一种上层社会生活的年代。

唐以来的丝路音乐就是这样仍有条件经由"歌者""杂用胡夷里巷之曲"而流传于社会生活的。如果我们混言唐、宋燕乐,对两种社会生活不加区别、不明音乐的流变,当然绝不是实事求是的态度;但如绝不承认"胡夷里巷之曲"在宋代音乐中仍有存在,那在客观实际上却是另一种相对的歪曲了。

在宋代,除了《宋史·乐志》所载宋初曲目可见若干消息而外,前述的寇准宅柘枝伎及其后仍以歌曲形式而流传的记载,即是证据之一。

证据之二是苏轼的文章《书鲜于子骏传后》。苏轼是一个敢携伎乐深入禅院去和有道高僧开玩笑的通脱之士,并不是假道学先生。他却在上文中声言:乐坛"变乱之极","凡世俗之所用皆夷声夷器也"。

证据之三是词人们习惯于用来抒写歌舞场面的词牌[减字木兰花]。用这一词牌写作的,如欧阳修写"歌檀敛袂,缭绕雕梁尘暗起";张先写"舞彻《伊州》,头上宫花颤未休";吕渭老写"愁损腰肢,一桁香消旧舞衣"等语,从歌舞活动,以至舞蹈的动态,这应该是与它原有曲调、节拍相应的。那么我们能够证明它与西北民族的乐舞有关吗?《武林旧事》卷二"元夕"条记载有"乘肩小女,鼓吹舞绾者"成队遮道献舞的繁华景象。而吴文英用[木兰花]⑨词牌写的《咏京市舞女》却正是这种舞队景象的过细描述:

> 茸茸狸帽遮梅额,金蝉罗剪胡衫窄。
>
> 乘肩争看小腰身,倦态强随闲鼓笛。

---

⑧ 沈括《梦溪笔谈》卷五,乐律第91。

⑨ 梦窗词以[木兰花]之同调为[玉楼春]。按愚见,词乐之学泯没已久,混用牌名实为南宋以后词人之误解,盖平仄、句式、叶韵虽有全同者,亦为词调之同调而非曲调(旋律)之同调,[木兰花]应如《金奁集》或《张先集》入林钟商,而[玉楼春]应如柳永入大石调。前者为上板曲,多舞蹈节奏并出七声,后者则为散板五声。本文只因[木兰花]现存曲调虽亦与西北民族音调相仿佛,但非典型之作,以此暂不引为乐例,而只就其文字内容用为论证。

问称家住城东陌,欲买千金应不惜。

归来困顿殢春眠,犹梦婆娑斜趁拍。

如果张子野词中不过是点出了西北乐曲《伊州》之名,那么吴文英词中描写的却是清清楚楚的天山南路民族服装,而可明确这种歌舞的民族形态了。

南宋时的再一个证据是俞文豹《吹剑录》。这是宋理宗时就有刻本。他的《吹剑三录》有话说:"夷乐以淫声荡人,雅乐遂至于尽废,世变至此,虽豪杰之士,无所施矣。"

这是不知雅乐为何物的"雅乐派"的观点。第一,他们不知道汉代雅乐从李延年用西北民族之声起就来自"俗乐"与"夷乐"。第二,他们又不知道南北朝以来的"正宗雅乐"一般都是博采各方民族曲调的魏晋"清商乐"。第三,他们更未深考,近在唐代就把西凉乐和龟兹乐用于最隆重的雅乐活动中作为文舞与武舞。

俞文豹,其人迂阔,是一个能出卓论也颇多俗谬的、瑕瑜互见的人物。他的"夷乐淫声"之论,在南宋国力屡弱之际也如后世一些没出息的庸人一样,不知奋发图强、放过真正的病源,却要抱怨客观,诿过于音乐上出了什么问题。真是安得唐太宗复生,与腐儒们讨论"治政善恶,岂此之由!"⑩

我们不论上文所述诸例中,各有如何不同的观点或论点,纵观北宋以来,从寇准蓄柘枝伎、苏轼谈伎乐、两宋诸贤以[木兰花]咏歌舞之例,以至俞文豹论"夷乐"等,都可以看出,宋代音乐中的边疆民族音调或诸种音乐中习惯使用的"新变声"——即所谓"淫声",实在是有一定普遍意义的客观存在。

这和我们现代人臆想中的宋代音乐大概颇有不同,因为迷信陈旸之说的人真是太多了⑪。他们大多以为"华夏正声"只该是五声音阶,连加上"二变"的七声都被看作"异端",何况"新声极变"呢!

我以为宋人中间有一派极端复古之论的好"古"成癖者不但远离了真正的古代实际情况,也更昧于当时的"今"乐。恐怕当时的复古思潮,正该是另一面

---

⑩ 见《贞观政要》卷七。

⑪ 许多人并不知道,理学家如朱熹这样被看作"道统所系"的人,都认为陈旸这种理论是谬误,而且力为"二变"辩冤。

在音乐实践中真正存在着某种"新潮"的反映吧。

二、白石谱的新变声令人难以置信吗?

古谱的今译,是少数人难能掌握的技能,有时可称"绝学",又常比"绝学"还难,因为,但凡是成了"学"的,哪怕已至一线之延、所悬将堕的程度,总还有"一线"可学之途。只怕是暗中摸索,并无途径的"试探",就很难讲了。因此,译谱的是否准确,既有难于取证者,又更有例如敦煌琵琶谱那样的,几乎无从取证者。许多人怀疑白石谱中"二变"的使用以及二变以外的更为复杂的临时变化音的出现,怀疑这并非当时的实际用音,这就是有原因的了。

如论当前,现在我们来看白石谱,其实已经再也不能算是"绝学"了。因为,自从杨荫浏发表译谱以来,许多有关知识,久已不再能称为秘密。近起诸家虽有不同议论,或在板眼处理问题,或在现代记谱法如何表达音阶与调式结构问题,除了个别乐曲、少数谱字的校勘或有不同看法以外,实在都已无关于南宋乐调实质的宏旨。

不过,既然疑之者众;既然白石谱的新变声已经涉及我们对宋代音乐作风格史的判断问题;笔者就感到颇有必要不惮其烦,把一些前人未及的讨论展开来稍做研究。

《醉吟商小品》的曲调,原来出于唐代的《胡渭州》,姜夔的题记说明此曲入南宋时已失传,这是从乐工学了此曲的琵琶定弦法,根据旧谱的指位符号译出来,才知道合于南宋"双调"的。这当然是十分可靠的乐谱,不像前代的工尺字音位谱,南宋人虽然直接可读;但如王灼等人有心而未识唐、宋以来几次乐调变迁的历史,反而只能读出一个音调歪曲的结果。或者,见了真迹,却一定要疑心它不合于历史记载了。

南宋的固定名工尺字,"合"字为 D,据张炎《词源》可知双调调头用"上"字,当 G。七音中只有"一""凡"二字用"下一""下凡",其他皆用本位音。合现代音名全用七个白键。实际上是以 F 均七音为基本音列、以 G 音为调头的清商音

阶宫调式乐曲：⑫

在曲中，稍为复杂一点的"新变声"只是在"一点芳心休诉"句，"点"字上用了"勾"音(升G)。换句话说，就是在F均的商音上，由升高半音的游移中再回到商音(清商音阶的宫音，本位G)原位的变化：

这个"勾"字是个毋庸置疑的变音。不论谱字之证而讲实际音高，它也应是唐代"醉吟商"的本来面目。我以为，"醉吟"的题名就是证据。"吟"字作为弦乐的琴曲手法一种摇曳取声的游动来解释是不待言的，"醉吟"状其原位与离位的交替不稳之态，正应这里的变化音处理手法的本义。

出于某种观点，因而力主此一"勾"字应予校改的看法是不妥的。此外，12世纪下半叶日本《三五要录》⑬所载"双调"调弦法，也已略可为证。因为那里分明存在着从"双调"基础上运用这一变化音的可能性。如果换用别调的定弦法，就未必仍有奏出这一变音的可能了。

白石歌曲中，变音体系用得令人最觉新奇的可以数得上《杏花天影》一曲。

---

⑫ 为了便于不识白石旁谱的一般读者，这里已经改写为容易认识的近世工尺字。
⑬ 日本平安朝末期琵琶名手权中纳言，约当中国南宋姜夔时留下的著作。

争议也因之而较多。再因白石原谱失记调名,而今谱系转据张文虎《舒艺室余笔》所定"中吕调"来译谱的,疑问也就更有理了。

[杏花天影]既然是姜白石创调的诗歌,这乐调似乎也就无例可循。但是笔者研究了词调[杏花天]以后,敢说姜夔既名之为"影",必据原有词牌脱胎而出。朱希真[杏花天]用北宋教坊律"越角",实为 F 均七音;张文虎定[杏花天影]为大晟律"中吕调",同此七音是没有错的。

现在已经可以肯定姜夔此曲同《醉吟商小品》的 F 均音列,那么不懂古谱的读者都可据上例而断定它的工尺谱七个字,只有一、凡两字是用下一和下凡。

古谱异于今者,主要在唐、宋用固定名,在于难明当时乐调体系,因而在音位谱工尺字的谱面上难定其看不出的上字(高半音)、下字(低半音),以此也就难辨调性,而认不出它们的本位音、变化音。现在既已弄清前述的乐调与谱字问题,如下例"绿丝低拂鸳鸯浦,想桃叶当时唤渡"两句的复杂音调,虽然颇有点惊世骇俗,使能听现代音乐的听赏者都要觉得有点新奇,我们也只有对它的译谱确信无疑了[14]:

现在我们知道:七八千年以前"贾湖骨笛"[15]的时代,中国已使用着七声或六声的音阶;两千四百年前的"曾侯乙钟"上,已经备全十二律位,并且具备了使用多种音阶及其变音体系的可能;秦汉以来的"八音之乐"与"应声"变音的使用已是历史上确凿有据之事;西域与丝路的影响更使魏晋隋唐从音乐风格上得到更大的丰富和发展。那么为什么到了两宋以后,这一切却又销"音"匿迹,弄得只认"宫、商、角、徵、羽"才算"中正和平"呢?!

---

⑭ 杨荫浏译谱的体例,在写谱法上皆据其七音为"均"以定谱号而不标宫位。我同意夏野同志《中国古代音乐史简编》例 15 对此曲宫位的判断,但主张在写谱法上既定宫位也于同时体现出七音为"均"的音列。因而于此例即可标明是"正声调"音阶,体现出升高第四级的特点。

⑮ 请见《文物》1989 年第 1 期拙作《舞阳贾湖骨笛的测音研究》。

这却令人想起了鲁迅先生的《说胡须》一文。从出土文物和古代画家看来，秦皇汉武、唐宗宋祖的胡子本来都是上翘的。元明以后却都向下了。鲁迅说拖下的胡子本来并不是汉族的传统，"然而我们的聪明的名士却当作国粹了"（《鲁迅全集》1.《坟》）。我以为，古时原是五声与七声、九声并行着的；后来之所以在某种广泛流传的音乐（如戏曲中之"南曲"）中形成了五声独霸的局面，实在很难说是远古的传统，恐怕这也正和胡须的下垂一样，恰也另有来源。现在白石谱中的新变声也就因之而成了上翘的胡须，似乎变成"外国货"了！

我们不妨看看真正是来自外国的［菩萨蛮］在宋代词乐中却又经历着什么样的变化！

三、海上丝路的缅甸古乐［菩萨蛮］

［菩萨蛮］在《教坊记》中著录有曲名，应是开元天宝间已传入的乐曲。旧以《杜阳杂编》之说定为九世纪中期之曲，却是向后晚推了一个世纪有余。下列这首在今译中已经予以复原了的曲谱，其根据是十一世纪后期，即北宋熙宁以后教坊律俗乐调体系所规定的固定名工尺音位。作为熙宁间写定的乐谱而论，距唐代传入之初应已作为外来歌调流传了三百多年了。似乎较难置信，北宋年间此曲究竟还能保存有当初面貌的几分真实？但以歌舞伎乐的传承关系自有专业水平，及其不像后世戏曲班社中处理腔调那样灵活自由而言，其保守性之强大概也正是它不能适应戏曲时代而终至止息的原因吧！

现在根据宋代历次乐调改制情况的考证结果，以及有关［菩萨蛮］一曲历次分宫入调的不同记载互相对证，至少却可证实它是宋初所存的本来面目。此外，我们更可详细追踪此曲在进入宋代以后约三百年间的流传过程。以致最后如何发生了丧失原有音调的情况。这对于研究丝路音乐如何在南北曲盛行的年代中泯没了本来面目的问题，是一个极为难得的、可作全过程考察的实例，同时也是一个少有的、难得恢复了古传外来曲调的罕见之例。

此谱的来源，见存于《碎金词谱》卷七，搜集者根据《九宫大成》，列入"高宫"

调、按"小工调"笛色作为首调工尺谱的羽调式歌曲刊出的。但如根据历史线索来考察它的乐调名实之变时，就会发现，《碎金词谱》所定"小工调"笛色却应非此曲在五代至北宋以来的原有宫调面貌：

1.《尊前集》作"中吕宫"，不知曾否是五代调名，或只是宋初调名？

2.《宋史·乐志》作"中吕宫"为宋初乐调，应为降 A 均。

3.《张子野集》入"中吕调"，可合宋初调。

4. 明代《太和正音谱》入"正宫"，不合宋初"太常律"，用北宋教坊律则为 G 均，合经由宋初降 A 均转写之调。如用南宋及元、明之"正宫调"解释之，则虽与所注笛色"小工调"相应，却与应有之来源如①②③各项历史著录不符。

王国维亦考为"正宫"。应非元、明之正宫，而系北宋教坊律之"正宫"，始为有据。

5.《九宫大成南北词宫谱》入"高宫"，但不知此谱以皇家搜罗之富、曲师人才之高，何所据而云然。综上考之，作为北宋教坊律"高宫"则与宋初名为"中吕宫"者同实（降 A 均），亦可与教坊律"正宫"（G 均）以半音之差而相代用。

6.《碎金词谱》以十九世纪中叶刊本，从《九宫谱》定为"高宫"，却以"小工调"笛色范定其调归属"大晟律"之"高宫"。说明清代曲师虽能尊重前人所标宫调，实已不知乐律异代之变，同名却已异实。按"小工调"笛色常规，此曲则为 D 均或降 E 均，再加误以首调读谱法为固定名乐谱解读，如能无所歪曲，那就太奇怪了。

根据以上乐调名实关系转换过程的分析，可知：如按首调唱名读此曲为"小工调"笛色谱，如非错译则亦与宋初所传者无关。最多亦不过估计为南宋以后人拟作之曲而已。

如果我们根据王国维的考订，依上列分析解作北宋教坊律的"正宫"，就会发现这一曲谱的传抄规律，恰是来自宋初"中吕宫"、经北宋教坊律"高宫"的转写乐调，又因其工尺字上用了过多的非本位"下字"，再使全曲降低半音，以利乐器演奏方便而成的"正宫调"固定名乐谱：

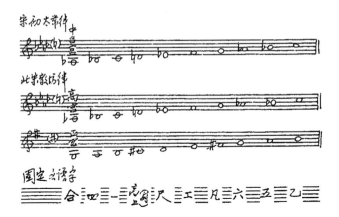

应予说明的是:北宋教坊律固定名工尺谱在"正宫调"中,"上"字是升C而不是原位的C,按通行此律时沈括所作说明,也该是有蕤宾,无仲吕,即按"高上作勾字"来读谱的。按此,我们就可得出,这首[菩萨蛮]实为G宫商调式,正声调音阶第四级升高半音的骠国古曲:

《碎金词谱》卷七存谱原注"高宫"

[菩萨蛮]

宋传温庭筠原词

黄翔鹏据北宋教坊律

"正宫调"固定名译谱

查证《新唐书·骠国传》,当时传来诸曲所用宫调甚简,横笛两件作为定调乐器,其一笛所用调高:"律度与荀勖《笛谱》同",如上用 G 均是相合的⑯。骠国古曲的特性乐器是凤首箜篌,它的调高无定,随管乐器而定安弦之缓急,所以《格罗夫音乐辞典》的"缅甸乐"条目中说明是可变宫音高度,条目作者 M.C.威廉生说它的音阶结构中有些特性音程存在,谱例中注明是自宫音起算的三、七两级偏低而第四级则偏高。这一点恰恰已为上列"正宫调"固定名工尺字的本身特点所证实。因为:按照"黄钟律"作"合"字的调律乐器所限,宫音第三、七级恰为"一""凡"两字。作为本位音的高乙、高凡,本来就有偏低的倾向,这本原是中国传统乐器的特点。不同者是中国乐器的第四级如作"上"字时。一般却难能微升微降,现以"上字作勾"作高半音处理,才能得到偏高的感觉⑰。须知,这就必须是北宋教坊律的"正宫调"才能获得这种效果了!

至此,乐律本身的内证,实在已至无可争议的程度。

戏曲时代的曲师们除却"大晟律"以外,已经既难知道同为高宫或正宫之名,实有不同乐调体系;更无从明白弦索定律的歌舞伎乐应系固定名的读谱法才

---

⑯　参见杨荫浏《中国古代音乐史稿》上册,第 167 页。

⑰　也许,缅甸这一音阶的本来面目原本是使用偏高的原位 C 音,而非升 C,但由于中缅的音律矛盾,使之演示于中国乐器时,如上所说却只有应用"勾"音,才能显示出第四级的偏高了。

符实际。所以他们在《碎金词谱》中用小工调笛色的首调读谱法演唱此曲时,当然就由商调式变成了羽调式,而且还把富有缅甸古曲特色的音调唱成了中国调。

这也称作"同化"吗?

这却并不是什么"消化"或"吸收",而只是一种扭曲与误传,由此,我们可以知道文化上的传承渠道的破坏将会形成何种结果,由此可以略略明白歌舞伎乐包括丝路上的种种内、外交流的实况何以会在元、明以后失去真相,而被历史的帷幕掩盖了实情。

四、龟兹大曲《舞春风》的遗音

宋词诸家敢用纯龟兹曲调填词的人,大概不多。估计,词曲间的风格矛盾是较难处理的。不过,不知乐者但以字调为据时,叫作"混填",也就无所谓敢与不敢。近世工尺谱中能保存有龟兹音调和它特有节奏形态的那种异于汉家风格的曲子也极为稀见。笔者的发现中,除了保存于《魏氏乐谱》的《敦煌乐》以外,也只是柳永填词的[瑞鹧鸪]这一例了。

出于唐代大曲《舞春风》的一些可歌的摘遍,原先是用七言律诗歌唱的。由于被乐又再填词,就渐渐演成长短句字数不等而略有出入的词牌及其"又一体"。如[天下乐](《教坊记》)、[瑞鹧鸪](《乐章集》)、[太平乐](《词律拾遗》作[瑞鹧鸪]别名)等。这里译出的一首是由柳永演为八十八字、双阕的一曲。

《舞春风》大曲,《教坊记》不著调名。但据[天下乐]著"正平调",苏轼七言八句的[瑞鹧鸪](《观潮》)在北宋标"黄钟羽",可以推知应在"七羽"之属。果然,柳永此词在《乐章集》中自注"南吕调"。

但是,现有的乐谱,即见于《碎金词谱》而已转写为近世工尺谱式的[瑞鹧鸪]却注笛色为"六字调"而以"上"字作结,这却是难解的。

因为《碎金词谱》注明"从《九宫谱》",是认作"南吕调"的。这就引出了下列疑问:

第一,宋人的"南吕调",不论柳永之时,或为后出的北宋教坊律、南宋大晟律,皆与近世工尺笛色谱"六字调"无关。

第二,如系元、明以后人牵合"南吕调"而成的伪作,则一般曲师只应作"乙字调",其中个别高手或解作"上字调""凡字调"也不会用"六字调"来作谱。

第三,宋人对"七羽",一般都用于羽调式的调名;虽然实践中颇有错乱而名之曰"旁煞""偏煞""侧煞";但据宋、元以来词牌、曲牌、结音的统计研究,[18]其中只有"仙吕调""中吕调"常被处理为宫调式乐曲。"南吕调"者绝少如此,而《碎金词谱》这一首如按其"六字调"作首调唱名读曲,却以"上"字煞成了宫调式。

笔者研究这一"六字调"的来源,数作多种试译方案以后,才渐得知:这是采用近世工尺谱转写古谱时留下的隐秘。

(一)《舞春风》是开、宝间法部奏唱的龟兹大曲,而法部所采乐制即"前世新声为清乐"的乐制,其制与琴律密切相关。这种"琴律",南宋时犹为朱熹所知:"唐人纪琴,先以管色'合'字定宫弦,……上下相生,终于少商……"此语具在《朱文公文集》与《宋史》卷一百四十二《志》第九十五中。这就是流传至今的 C、D、F、G、A、c、d 七音的古琴"正调"定弦,即以 F 音定近世工尺"上"字的律法。

(二)唐代法部的古谱"上"字(F),恰当宋初太常律即柳永大半生所用乐调的黄钟音高。这就是南宋以后人以 F 为"上"字读此谱而误作"六字调"的原因了。

(三)柳永填写[瑞鹧鸪]此曲时,所据古谱,实非以 F 为"上"的首调唱名乐谱,而是以 F 为"上"的固定名乐谱;它在宋初太常律中,属南吕一均,用此古谱则应以"上字作勾"而成如下音列:

宋初太常律"南吕宫"所用音列

---

⑱ 已发表的统计材料有孙玄令《元散曲的音乐》,上册,第167—169各页诸种表格。

这当然是比较特殊的情况了。据此而译也必须用译谱实践来验证它是否通顺。作为一次非常规的译谱尝试,倘能不出怪腔怪调,粗可证明上列程序的估计正确无误,还算是意料中事;意料之外的却是——此曲竟赫然以天山南路的音调与西北民族歌舞的节律呈现在我们面前:

《碎金词谱》卷十存谱

[瑞鹧鸪]

柳永填词

黄翔鹏据宋初"南吕调"译谱

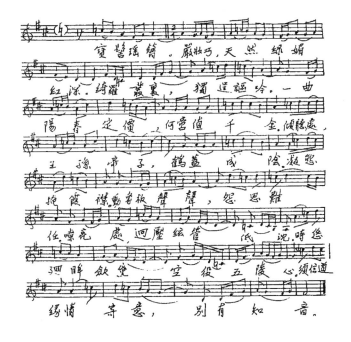

还有一个意外的发现是音调的民族特性原来和节奏的民族特性之间似乎天然存在着某种相辅相成或可称作相得益彰的关系。如果我们改变上谱的调号,把它由两个升号改成一个降号,真是用"六字调""上字煞"把它唱成 F 调的宫调式,那么即使它的节拍依旧不变,我们立刻就会感到,这些切分音、让板的节律似乎也变成了南北曲中通常的节奏处理方法。哪里还有什么"天山南路"的节律风味?

在另一面,当然不是换用任何一种适合于"六字调"汉族风格的节拍都仍可以同时也能适应于这首龟兹古曲的原有曲调的。这只要稍做尝试就可知道。

新的问题是：明、清的曲师既然并不知道这是龟兹古曲，这里的点板的安排当然就不会是他们的处理了。难道它的节拍符号也是传自唐、宋的吗？从我们目前仅有的知识说来，只能猜测：也许这是宋以来某个音乐世家手口相传的结果吧。（直至它被写定为近世工尺谱式而有点板符号时为止）

笔者至此仍将留下的问题，还有关于写谱法的商榷。即：此曲在俗乐调理论上归属"七羽"，而调式结构在一般乐律理论中却为"角调式"。因而上列译谱根据宋初南吕调应属 C 均音列的规律，作了 D 宫清商音阶角调式的记谱。这不过是使之圆满吻合于传统俗乐理论的权宜之计。由于我们所知龟兹乐古代音调的实际资料极少，目前尚难对它的调式结构规律作出最后的判断。也许此曲应以 C 宫记谱而为"变徵之声"（这却只是笔者的直觉而并无他据）；如果另依宋代的角调理论（我们已知，宋人只以此曲为"七羽"之一），那么它却应是"变宫"调式，即古希腊诸调中的 Mixolydian 或欧洲中世纪教会调式的 Locrian 了。这一笔糊涂账已经涉及古代乐学的历史理论之比较研究问题，似乎已与本文并无直接挂碍，而可在此置而不论了。

最后，这篇论文只是关心如下几点：

（一）两宋间，事实上仍然存在着相当数量来自南北丝路的胡夷里巷遗音。我国传统音乐在"民族风格"问题上历来是百川入海般容汇多端，不但"兼收"而且"并存"着多种风格的。

（二）由于技术性原因而在历史上被掩没了的事物，诸如记谱法、读谱法的流变所带来的问题，我们仍能通过历史背景的考察与乐律理论的研究，充分利用可能条件，在一定程度上复原这类事物的历史原貌。

（三）古乐实仍存活于今乐之中，从上文所举南北丝路两例看来，无论是骠国古乐或是龟兹古乐，至今仍与现存的缅甸传统音乐或新疆天山南路的音乐，密切地仍相仿佛。盖文化形态及其民族特性虽然必有时代之异，而亦固有千古不能磨灭之处。这却应该是文化史的一个至大至要的命脉问题所在。

我们研究丝路的有关问题，以及东西方各民族对于精神财富的创造与交流诸问题,如不仅仅停留在文字所能反映的历史信息之中,而是更把生活实践中的活材料放到重要地位上来作考察,恐怕将能更好地展开眼界而为这方面的文史工作带来某些新的生机。

1990 年 8 月初稿

【黄翔鹏　中国艺术研究院音乐研究所研究员】

原文刊于《中国文化》1991 年 01 期

晚明儒学科举策问中的"自然之学"

[美]艾尔曼　著　雷　颐　译

一、中华帝国晚期的　"自然之学"研究

学者们在考虑科学在中华帝国晚期(1400—1900)的作用时,最常见的一个概括是:在 16 世纪耶稣会士到达之前,此间的天文与数学研究一直在不断衰退①。中国第一个耶稣会的创立者利玛窦(Matteo Ricci, 1552—1610)在谈论中国人的科学才能时这样写道:"中国人不仅在道德哲学上而且也在天文学和很多数学分支方面取得了很大的进步。他们曾一度很精通算术和几何学,但在这几门学问的教学方面,他们的工作多少有些混乱。"在力论他们的某些数学知识来自撒拉逊人之后,利玛窦描述了主管数学的皇朝机构及南京天象台。但利玛窦的结论是②:

在这里每个人都很清楚,凡有希望在哲学领域成名的,没有人会愿意费

---

① Keizo Hashimoto,《徐光启与天文学改革》,Osaka:Kansai 大学出版,1988 年,第 17 页。
② 《利玛窦中国札记》,何高济等译,中华书局,1983 年版,第 32—34 页。

劲去钻研数学或医学。结果是几乎没有人献身于研究数学或医学,除非由于家务或才力平庸的阻挠而不能致力于那些被认为是更高级的研究。钻研数学和医学并不受人尊敬,因为它们不像哲学研究那样受到荣誉的鼓励,学生们因希望着随之而来的荣誉和报酬而被吸引。这一点从人们对学习道德哲学深感兴趣,就可以很容易看到。在这一领域被提升到更高学位的人,都很自豪他实际上已达到了中国人幸福的顶峰。

据此观点,中国的数学和天文学在宋(960—1274)元(1280—1368)两朝即达到成功的顶点,但在明朝(1368—1644)却突然衰退③。但这种由来已久的看法近来受到挑战,有研究表明,在耶稣会士来华之前,历法改革即为明儒深深关切④。进一步说,席文(Nathan Sivin)的研究表明,耶稣会士有意为了宗教目的而修改近代欧洲早期的天文学知识,从而冲淡了他们把欧洲科学输入晚期的中华帝国时在晚明儒生中获得的成功⑤。从这一观点来看,晚明儒生并未因他们"衰退"的科学通过耶稣会士而与欧洲天文学接触深受鼓舞⑥。反之,他们立即着手重整自己的天文学遗产,并颇为成功地将耶稣会士所介绍的欧洲科学的某些方面考虑进去⑦。

一般认为明儒与他们的宋元前辈不同,他们已置身于一个已经开始衰败的文明之中,其精英分子深陷于一种具有文人"业余"观念的文职系统中。对自然界的兴趣也因声名不佳的科举制而受到阻碍,这一制度是帝国晚期为遴选官员而设置的。例如,利玛窦这样写道⑧:

---

③ 见李约瑟《中国科技史》,英文版第三卷,第173、209页。又见Ho Peng Yoke,《理、气、数:中国科学与文明介绍》,香港大学出版社,1985年版,第169页。

④ 见 Willard Peterson《耶稣会士进入明廷之前的历法改革》,《明史研究》第21期,1986年,第45—61页。见拙著《经学、政治与家族》,加利福尼亚大学出版社,1990年版,第78—79页,讨论了唐顺之(1507—1560)对历法的兴趣及他在16世纪中叶把历法研究与儒学研究整合一体的努力。

⑤ 席文(Sivin):《哥白尼学说在中国》,《哥白尼学术讨论会》Ⅱ:Études Sur I' audience de la thêorie hêliocentrique,华沙,国际哲学科学史协会,1973年版,第63—114页。

⑥ 杰克斯·戈内特(Jacques Gernet),《中国与基督教冲击》,剑桥大学出版社,1982年版,第15—24页。

⑦ 席文(Sivin):《王锡阐传》,《科学传记辞典》(纽约 Scribner's Sons 出版,1970—1978),第159—168页。Hashimoto,《徐光启与天文学改革》第91页,Hashimoto 认为耶稣会士试图把17世纪欧洲近代天文学介绍给中国,中国无论如何不该低估。

⑧ 《利玛窦中国札记》,第43页。

在结束有关中国人学位授与的这一叙述时,不应该不谈到下述情况,在欧洲人看来,那似乎是一种颇为奇怪的并且或许有点无效的方法。所有考试中,无论是军事科学或数学或医学以及特别是哲学的考试,主考或监考都是从哲学元老中选出,从不增加一位军事专家或数学家或医生。擅长于伦理学的人,其智慧受到极高的尊敬,以致他们似乎能对任何问题做出正当的判断,尽管这些问题离他们自己的专长很远。

由于缺乏其他具有相应的社会地位和政治荣耀的职业供人选择,所以在帝制中国做官便是人们的主要目的。当然,正如耶稣会士充分认识的那样,文职人员的增补系统使儒学教育达到全国标准化的程度,并使地方在前现代世界中具有空前的重要性[9]。更进一步说,虽然科考内容曾一度有医学、法律、财政及军务等方面内容,但自南宋(1127—1279)以后,只有武举才作为一种与文举平行的增补武员的固定制度存在[10]。结果,科举程序固定化的巨大重心仍使精英专注于强调道德哲学和书本价值的新儒学课程,离专业化或技术研究更远。人们认为,像法律、医学及数学等技术方面的内容在唐宋科考中并不罕见,但在明代科考中却不复存在[11]。

在明清两代(1368—1911),儒学化的官员以沉浸在经年苦读宋儒的《四书》《五经》注释和官史及以书法为基础的道德价值中洋洋自得。只有在异族统治下,第一次是在蒙古人后来是在满人统治下的极短时间内,才有许多文人与那些在三年一次竞争中的失败者一样,选择了科举以外的职业。在 18 和 19 世纪,当人口压力使乡试和会试的中榜者也无法得到官职保证时,许多儒生便转而选择

⑨ 乔治·H.杜内:《巨人时代:明末在华耶稣会士经历》,杜梅大学出版社,1962 年版,第 129—130 页。

⑩ 李约瑟:《中国与医学合格考试的起源》,《文史与工匠在中国与西方》,剑桥大学出版社,1970 年版,第 379—395 页。罗伯特·哈特维尔(Robert Hartwell):《财政专业,考试与中国北宋经济政策的形成》,《亚洲研究》30,2,1971 年,第 281—314 页。布朗·麦克纳特(Brian Mcknight):《作为法律专家的儒吏:宋代中国的专业学习》,见狄百瑞、约翰·查非编《新儒学教育:形成阶段》(加利福尼亚大学出版社,1989 年版),第 493—516 页。Miyazaki Ichisada:《中国的考试关》,耶鲁大学出版社,1981 年版,第 102—106 页。大卫·尼维森(David Nivison):《对常规的抗议与抗议的常规》,芮玛丽编:《儒学信条》,斯坦福大学出版社,1960 年版,第 177—201 页。

⑪ 见拙作:《明清两代科举制发展》,艾尔曼与亚历克山大·伍德塞编:《中华帝国晚期教育与社会》,即出。

教书和学术研究为业,对自然界的研究仍无荣光,还属儒学经典以外之事⑫。

自汉代(前206—220)始,经典被称为"圣经",并与四书一起成为书院和私塾儒学教育的基础。在科举考试中,虽然唐(618—906)宋两代都要求从《九经》或《十三经》中引用语录,但自明代以后,问题则多出自《五经》。为了成为官吏,就必须钻研《五经》⑬。

在对1400年以后儒学精神世界的大致勾画中,这种评估总的说来是正确的⑭。但严格地说,对现存于中国和日本的档案馆和图书馆中明代科考文献的仔细研究表明,科考内容确实考查了参试者的天文、历法及自然界的其他方面等我们今日称之为"自然之学"的知识⑮。这些意外发现说明,我们早先对帝国晚期精神生活的评估需根据新近发现的史料作些修改,我们以前那种科举制与新儒学文化霸权绝对联为一体的印象必须有所松动和改变,当然,不是被完全取代。在考试科目中,经典的突出地位是毋庸置疑的,但在明代的乡试和会试中,应考者对天文、音乐和历法等有关技术事物,亦需有相当的了解。

例如,明初的永乐皇帝(1403—1424)便曾力图使历法和实学接近官方学术的顶峰地位。他于公元1404年命令当年会试主考解缙(1369—1415),考察472名将被取为进士和派任为高官(从几千名应考者中考选)的中试者的"博学"。解缙为取悦皇帝,便以与天文、法律、医学、礼乐和典章制度等有关的内容作为策问题目。更重要的是,与天文、历法及我们称之为"自然之学研究"的其他方面有关的"策问"题目,以后便常常出现在有明一代的科考中⑯。

---

⑫ 罗伯特·海默(Robert Hymes):《不是君子?——宋元医生》,《中国科学》,7,1986年,第11—85页。史景迁(Jonathan Spence):《改变中国:在华外国顾问,1620—1960》,企鹅丛书,1980年。列文森(Josenh Levenson):《明代与清初社会中的业余精神:绘画中的证据》,费正清编:《中国思想与制度》,芝加哥大学出版社,1957年版,第320—341页。艾尔曼:《从理学到小学》,哈佛大学东亚研究会,1990年版,第67—137页。

⑬ 在1905年废科举之前,《四书》《五经》是教育体系中的基石。

⑭ 见拙作:《从理学到小学》,第61—64页。

⑮ 席文:《东亚科技·序》,纽约,1977年版,XI—XV。席文《马克斯·韦伯、李约瑟、本杰明·尼尔森(Benjamin Nelson):中国科学问题》,V.沃尔特(V.Walter)编:《东西文明:尼尔森纪念文集》,人文出版社1985年版,第45页。

⑯ 见《皇明三元考》第2—3页,张弘道、张凝道编,明末刻印。《状元策》,焦竑、吴道南编。

这样,虽然由来甚久的经史关系仍为有明一代正统儒生最为关注[17],但"自然之学"作为官员必备的"博学"之一部分,其地位却得到提高,且得到皇上的支持。另外,经学的普遍性与实学的特殊性间的分野并不成问题。但天文历法之学等等在官方的三场考试中作为策问必备内容而渗入科考之中。

当我们检查晚明科考中的策问与对策的实质时,发现这种新的学术取向,即科考中通常包括"自然之学"大都可以确证[18]。例如,我们有幸拥有明代应天府和清代浙江省使我们得以重建主考者策问范围的全部记录[19]。就应天府而言,我们现有 1474 年到 1600 年这 126 年间 47 次乡试的全部文献。而浙江省,我们则有从 1646 到 1859 年这 213 年间 92 次乡试的全部策问题录。表一和表二便是明清两朝这两地区策问主题的类别概括:

表一　明代策问主题分类

应天府,1474—1600,230 题,仅前 15 位

位别	主题	占总数百分比
1	学/取士	9.6
2	道学	8.3
3	太祖/成祖	7.4
4	治国	7.0
5	经济之学	5.7
6	君臣	5.2
7	国防	4.3
7	经学	4.3
9	法	3.5

---

[17] 见拙作:《明末清初南方诸省科考中的历史》,"明末清初华南杰出历史人物"会议论文集,香港中文大学出版社。

[18] 最典型的是与历法、天文、音乐、五行、灾异等有关的问题。

[19] 在明代,应天府属"南直隶地区",含江苏、安徽两省,清代称为"江南省"。

续表

位别	主题	占总数百分比
9	兵事	3.5
11	文/诗	3.0
11	自然之学	3.0
13	史学	2.6
13	农	2.6
13	俗/化民	2.6

资料来源:《南国贤书》,张朝瑞辑,1600 年编。

表二 清代策问主题分类

浙江省,1646—1859,460 题,仅前 15 位

位别	主题	占总数百分比
1	经学	14.1
2	学/取士	10.7
3	经济之学	9.6
4	治国	7.8
5	史学	7.4
6	道学	6.1
7	文/诗	5.1
7	吏治	5.1
9	小学	4.2
10	国防	3.8
11	法	3.1
11	文训	3.1
13	农	2.7
13	兵事	2.7
15	民	2.2

资料来源:《本朝浙闱三场全题备考》,1860 年编。

尽管可从不同角度来看待这些结果,但它表明与自然之学有关的问题,在明代应天府的第三场考试中居第 11 位,而在清代浙江省的考试中却迅速下降(低于前 15 位,仅占问题总数的 0.9%)。很清楚,从明至清,与自然界有关的问题实际是在下降。这也说明,我们通常认为 17 世纪时的中国知识分子由于耶稣会士的影响而对欧洲科学比对本土传统的自然之学更感兴趣的看法,是言过其实了。

另外,上述二表还清楚表明,从明至清,与经学有关的问题在不断上升,在明代应天府位居第七,而在清代的浙江省却位居第一。由明至清,有关"道学"(我们通常称之为新儒学)问题的下降速度亦十分引人注目,由第二位降至第六位。到 18 世纪,经史二科作为策问主题,已经超过了新儒学。但当考虑到汉学和考证在乾隆(1736—1795)和嘉庆(1796—1820)时代的流行时,这一发现便不会使我们感到惊讶[20]。颇为奇怪的是,到 1700 年,与天文和历法有关的问题则从科考中完全消失了。

大体说来,当我们衡量明清策问问题的变化率时就会看到,与学、经济及舆地有关的问题仍是最常见的策问问题。进一步说,在第三场考试中,制度问题仍是主考者策问的主要内容。作为事后观察,我们知道汉学的经典研究注定要在近代中国超过宋儒的"道学",成为占统治地位的学术话语的。这也反映在晚清科考课目的变化之中[21]。

但下列事实将使我们的发现受到某种限制:

(1)我们仅有华南长江三角洲两个相邻地区的全部史料;(2)我们仅统计了乡试的第三场即最后一场的考试问题。就第一点限制而言,我们可以回答说即便江苏、浙江两省可能不代表所有其他各省,但却可以代表像福建、广东这类华南最为富庶、文化最为发达的省份。在这些地区,那些能够为科考士子提供足够的财产和文化资源的富家比例,远远超过华北和其他地区。

对第二点限制我们必须更加谨慎。在整个明清两朝,策问被认为没有乡试和会试第一场的有关《四书》《五经》选一的文章那样重要。为能回答主考者选

---

[20] 艾尔曼:《新儒学解》,《清华中文学报》,1983 年 15 期,第 67—89 页。
[21] 《从理学到小学》。

自《四书》和《五经》中的语录,应考者必须:(1)按"八股"的严格程式㉒;(2)阐明道德真理时必须"代圣贤立言"。在晚明时,论文通常约500字长,后增至700字,在清代则增至800字。主考者还希望考生在文中能包括对像程颐(1033—1107)、朱熹(1130—1200)这类宋代"道学"大师的研究心得㉓。

当然,尽管第三场策问的实质有所变化,但在第一场考试中,新儒学仍是不变的科目。除每位应考者自己选定的经典外,乍看之下,无论是经还是史,在第一场中并非十分重要。再者,正如主考者与应考者所熟知,第一场的问题对考生最后能否中试至关重要。由于主考者只能在大约20天时间里阅读为数甚巨的应考文章,所以在多数情况下,第二场及第三场的考卷仅供主考者印证第一场的成绩。尽管"道学"问题在由明至清的地位不断下降,但宋代新儒学的格言形式虽是一套陈辞,却是贯穿第一场八股文始终的。

使我们的分析更为复杂的事实是,直到1787年,在考试科目中《四书》仍超过《五经》。这是由于从1384年到1787年,莘莘学子仅要掌握《五经》之一即可。事实上,顾炎武(1613—1682)及其他人指出,经学在有明一代已降至书生不愿费心读原著的地步,他们仅想从那些遍布华南的书商为应付八股文而出版的纲要简编中选读自己需要的段落和语录。顾氏还抱怨说,由于宋明两代的考试过分注重文学才能,导致了史学的衰落。他力促恢复唐代考试仅重史学的做法㉔。耿介之士通常掌握《五经》之一,其余四经不必考察。

在《五经》之中,究竟哪一部是绝大多数士子最可能的选择?对史学研究来说,这一问题十分重要。因为在《五经》之中,有两部在形式和内容上基本是史学的:《书经》和《春秋》,而且历法之事在这两经之中反复出现。如果多数书生选择《书经》或《春秋》作专门研究对象,我们便可说尽管由明至清与自然之学有关的问题的位次不断下降(见表一),但史学及随之而来的具有科学倾向的科目,有时仍是第一场考试的部分内容。再则,我们很幸运地拥有华南的史料,使我们能够回答这一问题。表三与表四提供了明代应天和福建的情况。表五提供

㉒ 见杜清一(音,Tu Ching-i):《中国考试文论:某些文献研究》,《纪念碑》,1974—1975年31期,第393—406页。

㉓ 艾尔曼:《明清两代科举制的发展》,《近代中国史通讯》,1991年11期,第65—88页。

㉔ 见顾炎武:《三场》《史学》,《日知录集释》。

了清季江南省的专门化模式,为便于比较,表六则提供了清季北方首善之区顺天府的数字。

表三　明代应天府《五经》选一专门化变化表(%),1474—1630

经典	1474	1501	1525	1549	1576	1600	1630
《易经》	17.8	20.7	29.6	30.3	32.6	33.6	33.3
《书经》	25.9	24.4	20.7	18.5	20.7	21.4	22.0
《诗经》	39.3	43.7	40.0	37.8	34.8	32.1	31.3
《春秋》	9.6	5.2	5.2	7.4	5.9	6.4	6.7
《礼记》	7.4	5.2	4.4	5.9	5.9	6.4	6.0

注:从1474年至1588年,应天府的举人名额为135名。1600年增为140名;1630年为150名。

资料来源:《南国贤书》,张朝瑞编,1600年编。《应天府乡试录》,1630年编。

表四　明代福建省《五经》选一专门化变化表(%),1399—1636

经典	1399	1453	1501	1549	1600	1624	1636
《易经》	17.5	16.8	33.3	36.7	33.3	32.6	32.6
《书经》	36.8	25.6	16.7	20.0	18.9	20.0	20.0
《诗经》	29.8	31.4	33.3	28.9	34.4	33.7	33.7
《春秋》	12.3	11.7	6.7	7.8	6.7	6.3	6.3
《礼记》	3.5	14.6	8.9	6.7	6.7	7.4	7.4

注:从1399年至1453年,福建省举人名额在46—128名之间。1465年名额为90名,直到1624年始增至95名。

资料来源:《闽省贤书》,邵捷春编,1636年版。

表五　清季江南省《五经》选一专门化变化表(%),1678—1747

经典	1678	1684	1720	1738	1741	1744	1747
《易经》	31.5	31.5	35.2	31.7	29.4	30.9	31.6
《书经》	23.3	23.3	17.0	23.0	22.2	19.0	18.4
《诗经》	31.5	31.5	30.7	29.4	30.2	31.8	34.2

续表

经典	1678	1684	1720	1738	1741	1744	1747
《春秋》	6.8	6.8	11.4	5.6	6.3	6.3	7.0
《礼记》	6.8	6.8	5.7	5.6	7.1	7.1	4.4
《五经》	–	–	–	4.8	4.8	4.8	4.4

注:1678 年和 1684 年,江南的举人名额为 73 名。1720 年省试举人名额为 99 名,但其中 11 人姓名缺漏。从 1738 年至 1747 年,名额为 126 名,但 1744 年名额降至 114 名。在乾隆时期,除了《五经》选一之外,学子尚可回答所有经典问题,这样便排除了科举其他场次回答问题的要求。

资料来源:《江南乡试录》,江南乡试包括江苏、安徽两省的考生。

表六　清代顺天府《五经》选一专门化变化表(％)1654—1759

经典	1654	1657	1660	1729	1735	1756	1759
《易经》	28.3	29.6	29.5	29.7	31.4	29.6	27.9
《书经》	20.3	20.4	20.9	22.3	20.8	22.9	19.7
《诗经》	38.0	35.4	34.3	31.4	26.1	30.4	33.2
《春秋》	7.3	8.3	7.6	11.4	8.9	11.9	13.9
《礼记》	6.2	6.3	7.6	4.9	8.2	5.1	4.8
《五经》	–	–	–	0.4	8.2	–	–

注:1654 年顺天府举人名额为 276 名。在 1657 和 1660 年乡试中,名额初减为 206 名,后再减至 105 名。从 1729 年至 1759 年,名额在 229 至 253 名之间。

资料来源:《顺天府乡试录》,1654、1657、1660、1729、1735、1756、1759 年,北方地区的乡试在顺天府举行。

总体上看,现有的明清两朝史料基本相同。大多数士子,通常为 60%—65% 或选《易经》或选《诗经》作专门研究。仅有约 20% 的人选《书经》,另只有 6%—7% 的人才选《春秋》作为自己专门研究的对象。自然,在乡试中还有约 1/4 的应考者选择与历史有关的经典作为自己的专门研究对象。这个数字虽不是最少的,但却落在选择《易经》或《书经》的玄学/宇宙论作为自己专门研究对象的人数之后。如果我们把《易经》也算作一种与"自然之学"宇宙论可能有关的问题的话,这样,在第一场中与"自然之学"某些方面有关的问题的变化比便会超过50%[25]。

在此我们应十分慎重,因为我们上述所考虑的数字仅是已获举人资格者,只是所有应试者中的极小一部分。通常,学者往往把中试者从广大应试者中抽离出来区别看待。所以我们得到的只是参加科考总数中极少数"幸存者"的数字。很不幸,这些给我们提供的只是在挑选过程中教育全部功能的一种并不真实的景象。为更好理解自然之学对科举考试的全面影响,强调科考在创造一个满腹经史的宏大男性阶层——包括挑选过程中失败者在内的全部参加者——的作用是颇有用处的。所以,我们既要考察有幸中考者人数,又要考察参与乡试所有应考者的人数。表七和表八提供了明代应天府和清代江南省的有关情况[26]:

表七 明代应天府乡试应考人数与中考人数的百分比

年代	应考者	中考者	百分比
1474	2300	135	5.9
1477	2500	135	5.4
1480	2700	135	5.0
1492	2300	135	5.9
1519	2000	135	6.8
1540	4400	135	3.1
1549	4500	135	3.0
1561	5400	135	2.5
1630	7500	150	2.0

资料来源:《南国贤书》,《应天府乡试录》。

---

[25] 据我研究,这一比率在会试中也大致相同。

[26] 布劳代尔、让-克劳德·帕斯罗尼:《教育、社会与文化中的复制》,圣贤丛书,1977年版,第141—167页。

表八　清季江南省乡试应考人数与中考人数百分比

年代	应考者	中考者	百分比
1684	10000	73	0.7
1738	17000	126	0.7
1744	13000	126	0.9
1747	9800	114	1.2
1893	17000	145	0.8

资料来源:《江南乡试录》。

　　显然,这些数字中最突出的一点是竞争性越来越强,在明末应天府乡试中录取率为 50 比 1,而在清季大多数时间内,江南省录取率降至 100 比 1。这样,如果我们仅专注于中考者,那就会失去"自然之学"在三年一次乡试中的作用的真实图像。如果我们假设科举落第者中有 25%的人选与历史有关经典、30%的人选《易经》作为自己的专门研究对象㉗,我们便可推断,在晚明三年一次的应天府乡试中,约有 1250 至 1875 名应考者或选《书经》或选《春秋》作专门研究,大约同样数目的人选《易经》。同样,在 17 和 18 世纪的江南省,有 2500 至 4250 名应考者选史籍作专门研究,大约同样多的人选择《易经》。由于明末至清季的人口迅速增长,我们可以认为,考试规则和定额说明在 17 省三年一次的乡试中,有更多的人以钻研史籍和《易经》来作考试准备。

　　进一步说,除了在第一场考试中有可能从《易经》《书经》或《春秋》中摘录有关天文历法片段外,明代乡试应考者还须回答一个或更多的与天文历法有关的策问。这样,在 17 省每省三年一次的乡试中,每回都有超过 50000 甚至多达 100000 名的应考者钻研准备此类问题。这类问题在清季很少出现,意味着应考

㉗　这一设定因乡试会试中,所有考生都根据所选经典而被分入考"房"中,而每房人数相等这一事实而加强。据顾炎武说,在明代的 1580 年和 1583 年,有 18 房:其中选《易经》《诗经》者各有 5 房;选《书经》者 4 房;选《春秋》和《礼记》各有 4 房。见《十八房》,《日知录集释》。在清代,直到专门化要求停止前,通常有 5 或 6 房考生选《易经》,4 房选《书经》,5 或 6 房选《诗经》,选《春秋》和《礼记》者各 1 房。见《进士三代履历便览》。从科考的总房数来看,与史学有关的经典在明代占 33%,在清代占 28%到 31%。在总房数中,《易经》占 28%到 33%。

者不必再为此类问题作准备。反之,他们要为由在 18 世纪达到顶点的考证引起的越来越多的故纸堆问题费心㉘。

现在,我们再回到明代中国乡试中与"自然之学"有关的策问及对策中来。从上述统计分析中,我们可以得出两个总体性结论:(1)在明清两代的科举考试中,就以史籍和《易经》作为专门研究的应试者人数来说,"自然之学"作为应考者准备考试的一个研究方面,其重要性在不断加强,但就天文历法研究在策问中的地位来说,却是不断下降;(2)18 世纪晚期,由考据派学者提倡的由"道学"向经史研究的转变,反映了清代社会和科考科目中广泛的教育变化,这种变化使应考者再也不必回答"自然之学"问题。

二、科举考试中策问的作用

在评估乡试会试的主考者提出的策问问题时,主要问题如上所述,即策问在明清两代长期处于从属于第一场中以《四书》为主的八股文地位。这种从属地位使帝制晚期的史家忽视了策问的重要性,未能看到这类问题在从汉代(公元前 206—公元 220)到 1905 年废除科举中的漫长演变。在纵观这 2000 年的历史连续统一体时,不能仅用维护了约 400 年的八股文便将策问轻易一笔勾销。历史地说,对策问的研究使我们对中华帝国晚期的考试与帝国早、中期考试间的联系知之更多㉙。

策问的源起,可追溯至汉代皇帝向"贤良"的"策问";后者便以自己对当日最紧迫问题的看法形成"对策"以答。在汉代的策试中,最著名的为汉武帝(公元前 140—前 87 在位)在公元前 134 年向董仲舒(前 179—前 104)提出的三问。结果,董氏以其极具说服力的《贤良三策》成为对汉武帝最有影响的策士之一㉚。董仲舒在对策中提出的一种既一贯且又变通的儒学经世观,在帝国晚期仍甚有

㉘ 艾尔曼:《明清两代科举制的发展》,即出。

㉙ 历史在策问中的重要性见《常谈》,陶福履编《图书集成初编》,商务印书馆,1936 年版,第 21—24 页。

㉚ 见班固《汉书》。

影响。在 18 世纪,乾隆皇帝仍将董氏著名的对策作为他经世治国思想中的一个基本因素㉛。

董仲舒的对策在文体上也受到赞扬,并被模仿。例如,明代文体学家的主导人物唐顺之(1507—1560)在其《文编》中,便将董仲舒的"对策"作为古文的典范。自然,策论文与八股文一样,主要是以美学和文学标准来衡量其价值的。事实上,唐顺之在选编文章时,是以董仲舒的策论文章而不是时文作为文编的主要文章㉜。而且,汉武帝以对董仲舒这样的人进行策试来任命高官的做法,成为"殿试"的先例。在唐、宋、元、明、清这几代,殿试成为应考者取得任高官必备的进士资格的最后一关。在 1070 年以前,宋代殿试仅考诗赋;1070 年以后,殿试改为由皇帝仅向这些高官的竞争者们提出策问问题。直到 20 世纪初,这一程式一直未受触动改变㉝。

尽管策问在帝国晚期科考的最后评判中成为八股文的附属,但作为选人时的量才手段,自汉以来便一直存在。为争状元、榜眼和探花的进士对策尤受重视,明清两代的许多文集都收有这些对策㉞。除殿试的策问以外,应试者在乡试、会试的第三场考试中,还需回答策问五道。在唐宋时期,策问作为对政制问题,有时还包括某些不同之见一抒己见的工具,以弥补帝国中期过分强调诗赋的偏颇。

在中国历史上,最著名的策论文章,大约是受人尊敬的南宋忠臣文天祥(1236—1283)在 1256 年殿试中写的近万言(实为 9600 字)的策论文章了。文天祥的文章,回答了皇上关于"道学"形而上的无极和太极概念是如何构成自然运动、形成万物秩序的策问㉟。在南宋京城杭州受到向华南进犯的蒙古人的威胁日益严重之时,可能要解释的是为什么皇上关注的仍是一种永恒的真理,而不

㉛ 张春书(音译,Chun-shu Chang):《十八世纪中国的皇权》,《香港中文大学中国研究所学报》,7,2,(1974年 12 月):第 554—556 页。

㉜ "文编"收入《四库全书》之中。

㉝ 《皇明贡举考》,张朝瑞编,明万历年间出版,卷 1,第 73—74 页。另,有关 1148 年殿试皇上的策问可见《绍兴十八年同年小录附录》。1148 年殿试要求考生回答为何东汉光武帝(25—57 在位)在西汉之后的统治最为辉煌,实际暗示尽管有金人入侵的威胁,南宋依然超过北宋。

㉞ 《皇明状元全策》,蒋一葵编。又见《状元策》。

㉟ 见《文苑英华》;权德舆:《权载之文集》;陈亮:《龙川文集》。

是迫在眉睫的灾难。这样,文天祥关于"天人合一"的文章便被后世儒生代代诵读,认为这是一个坚定的儒学道德论者在南宋最终将被蒙古人占领时,宁可饿死也不事新朝的心声表白[36]。

元初,诗赋被认为过于无聊而被从科举中取消[37],以《四书》《五经》为基础的文论,便成为帝国晚期检测学子掌握经世治国之才的主要内容。策问便被用来检验"经史时务策"[38]。

虽然策问长期处于从属《四书》《五经》的地位,但策问往往被认为是基本的,所以受到主考者和学者们的高度重视。例如,在北宋有关科举制的争论中,欧阳修(1007—1072)认为策问应高居首位,以便首先检测应试者的实际知识和能力。只有通过这场考试,应试者才能参加后面的考试,检查他们的文才,并作最后评判的工具。所以,无人能仅靠文才便通过进士考试[39]。

在明末万历年间(1573—1620年在位),策问的地位突然得到戏剧性提高[40],在此期间编纂了两部策问问答文集。第一部是1604年编纂的《皇明策衡》[41],包括1504年到1604年会试和乡试的范文,按年号和策问主题编纂,其全部内容都与上列表一的内容相对应。稍后,这部文集又于1633年被扩充为《皇明乡会试二三场程文选》,将1504年至1631年二三场科举问题包括进去[42]。

在清初,满洲皇帝继续批评主考者和应试者都不重视策问这一事实。1728年,雍正皇帝(1723—1735年在位)明谕主考者"不得专重首场(四书文),忽略后场(策)"。同样,乾隆皇帝在整个18世纪50年代对科考过分注重文才亦甚为不满,尽量鼓励注重实际[43]。稍后,当力图使策问与八股文在18世纪60年代达到同等程度的努力失败后,乾隆皇帝谕令考官将1756、1759、1760和1762年乡试的最佳策论编辑印刻,名为《近科全题新策法程》。与当时被称为"时文"的

㊱ 见《宝祐四年登科录》,《南宋登科录两种》,《宋历科状元录》。

㊲ 《皇明贡举考》卷一,第17—18页。

㊳ 见《金华黄先生文集》,《皇明文衡》,《四库全书》(台北商务印书馆重印),1233:217—236。

㊴ 马端临:《文献通考》,上海商务印书馆1936年版,第289—290页。

㊵ 《明万历至崇祯间乡试录会试录汇集》。

㊶ 见《皇明策衡》,茅维编。

㊷ 见《皇明乡会试二三场程文选》,陈仁锡编。

㊸ 《钦定磨勘条例》,卷二,第7—13页,第21—25页。

官编八股文汇编类似,这种策问汇编不仅包括提问与回答,还包括旨在使策论得到重视的眉批⑭。

在 19 世纪,策问在形式和内容上虽然都有发展和变化,但仍有规律可循(见上列表二)。在对北京第一历史档案馆和台湾明清档案馆有关乡试会试史料进行研究的基础上,我对清末乡试中的策试内容进行下述排列:(1)经;(2)史;(3)文;(4)典章制度;(5)舆地。但这并非说这一顺序是固定的,也不是说必须总有这五方面内容,但对 19 世纪乡试中策论的研读表明,一般是按这种秩序排列的。而 19 世纪以前,则很难说是依此排列的,正如有关明代应天府乡试的表一和清浙江省乡试的表二所表明的那样。另外,我对会试的研究还表明,会试内容大多也不是按这种序列排列的。

不过,我们仍可得出大概的结论,在明代准备策试的人员中,有3%的人钻研"自然之学"。但大多数策试问题与"自然之学"关系不大,这便意味着应考者将准备回答被问到的任何一个历史问题,可能是典章制度,也可能是治水或吏治等问题。下面我们将要讨论中华帝国晚期乡试中作为一门学科的天象与天文,律吕之学的乐理及作为学术问题的历法之学。但我们应记住,很少有策问问题未受儒学对时务、制度发展变化的关注的影响。经学与时务在策问中往往又被不加区别地称之为"博学"⑮。

三、1525 年与历法有关的策问与对策

1525 年江西乡试时,主考者提出的策试问题之一便与"历法"有关。在问题的第一部分,主考者要求这些举人资格的应考者详细说明古人的历法方法,尤其强调"自古帝王之治天下莫不以治历明时为首务"。随后,主考者又提出为何汉、唐及宋代历法长期以来容易出错这一问题。接着又指出,明代采用元代的"授时法",建立了"大统历法",而元代停止使用源自汉代"三统历"的"积年

---

⑭ 见《近科全题新策法程》,刘坦之编。
⑮ 见《皇明策衡》,卷二,第60页;卷三,第7页;卷十五,第7、23页。

法"，以解决逐渐积累起来的岁差问题，而明朝历法学家所用的"闰月"制已有约200年的时间未作改变了。主考者接着问道："授时历不立元乃能久而无弊，何欤?"另外，应试者还必须解释如何预测日食的问题，因"夫天运无形而难知，所可见者日月之交而已"。最后，主考者要应考者对两种历法观作一评论⑯:

> 古今论历者或曰有一定之法，或曰无一定之法，不过随时考验以合于天而已。若果有一定之法，则皆可以常数求，而考测推步之术为不足凭，是皆载诸史册，班班可考……

其中一位考生的回答（不知其姓名，但却是优秀者之一）立即抓住"造历者有一定之法乎，其无一定之法乎"这一主要理论问题，并回答说"而曰无一定之法，吾不信也"。但他马上又对自己的结论加以限定，认为"日月之有盈缩朓朒之不齐焉，星辰之有迟留疾伏之不同焉，而错综往来出入于二道之间，虽竭天下之智巧而不能尽者也，而曰有一定之法，吾不信也"。

这位应考者论证说，应采取中庸之道，"于不可一定之中而参之随时考验之术，是乃所以为一定之法也"。对测算与预测的随时"考验"是必需的，经验与理论这两方面的问题都谈到了，但应考者却没有——他也未被要求——说明历法测量如何能解决宇宙的空间对称。由于预测日月食的技术不行，所以也无法预测天体运行。无论是主考者还是应考者，都丝毫未提及天体问题⑰。

应考者然后转向古代圣贤的历法原则，从《书经》和《易经》中寻章摘句，证明经典的宇宙秩序框架首先是"顺天以求合之意也"，然后是"随时以更改之意也"。1280年，元代的郭守敬（1231—1316）在伊斯兰影响下以"授时历"改善了"三统历"，对"周天"的测度更为精确。正如主考者所说，新历省却了"三统历"中许多烦冗的计算步骤，并对此有详细描述。新法"顺天以求合，而不为合以验天者也"。"夫历法之所以易于差忒者，以宿度之未真，以天运之不齐耳。""然天有自然之运，而以己意断之可乎?""故郭守敬始测景验气，减周岁为三百六十五

---

⑯ 见《皇明策衡》卷二，第19页;卷四，第32页。
⑰ 见《皇明策衡》卷二，第19页。

日二十四分二十五秒,加周天为三百六十五度二十五分七十五秒,强弱相减,差一分五十秒。积六十六年有奇,而退一度,定为岁差。"使授时历更为精确[48]。

最后,应考者谈到了天体运行与测定日月相交的交食问题。应考者再次强调,观察者有限的视野并不能将诸如太阳沿黄道运行(可用图表示)等所有天界运行的自然运动全都包括无遗。但天体运行时间与日月相交相对应,所以便预测日月食成为可能。这里再三强调的是预测的实际问题,而将天界的宇宙志(cosmognanhy)留给自然但不可知的运行[49]。

明代的"大统历"是在 1384 年,一个轮回之始开始创立的。应考者解释说,在随后的 150 余年中,这部历法无错。但近来由于"先天"与"后天"的不一致,这部历法便不够精确。他建议说,关于如何修正这些错误的争论与他读过的《元史》中的这种争论类似,都应从"春秋"纪年(前 770—前 403)以来的 2160 余年这一角度来看。在耶稣会士来华的一代人之前,这位应考者便吁请重用自郭守敬 1280 年改革之后留给钦天监的仪器[50]:

> 今许衡、郭守敬所造简仪及诸仪表之制,具载于史,或可仿而行之否乎?

但是,在耶稣会士到达约 50 年前这种对历法改革和重新使用元代天文仪器的引人注目的呼声,立即又被装入新儒学正统言辞的框架之中。在"人事"与"天道"中,皇上的德行是最重要的。他以朱熹的言论作为权威根据:"朱子曰,王者修德行政,用贤去奸,能使阳盛足以胜阴,则月常避日而不食,是或一道也。"为使人不误以为他是在向朝廷建议,他最后写道,自己本是"草茅下士,素无师传,姑举经史所载者云耳,而未敢以为然也,惟执事进教之"[51]。所以,无论是主考者还是回答者,都不是将此作为一种技术性的历法知识看待。应试者不是将技术书,而是将官史作为自己的信息源。这也说明,主考者想考察的是历法在政治生活中的一般作用,但又意识到要保持官方历法精确以合今用的某些困

---

[48] 见《皇明策衡》卷一,第 19—21 页。

[49] 见《皇明策衡》卷一,第 22 页。

[50] 见《皇明策衡》,卷一,第 23 页。

[51] 见《皇明策衡》,卷一,第 23 页。

难。另外,应考者在十六世纪吁请将元代仪器作为一种修正误差的标准工具,也意味着策问变成一种朝廷得到明“大统历”现已渐渐不甚精确的信息反馈,但应考者不是提出专家性建议,而是力论国家应用专门仪器来改革历法。最后,这篇策论对帝国是皇德与天道间的中介感应者这种皇权论卑躬屈膝。这种提问与回答的根据,便是朝廷的政治和道德居宇宙中心。

四、1558 年策问与对策中对自然灾害的意义之考查

下面,我们转向 1558 年策问中一个有关灾异的问题,这是北方首善之区顺天府一次乡试主考者提出的[52]。应试者有 3500 多名,但只有 135 名(3.86%)通过考试。在第三场的五道策试中,有两道直接与“自然之学”有关,这五题是:①“事天”,②“建官”,③“用才”,④“灾异”,⑤“四夷”。这样,就有 3500 多应考者必须准备回答两道与自然之学有关的策问,这就进一步证实了我们稍早的假设,即晚明乡试对士子为准备考试而钻研自然之学有广泛的影响[53]。

主考者以“天人合一”及这种“合一”之后的微妙原理开始提问。在引录了人们经常引用的《书经》中的《洪范》篇后,主考者要求应试者解释人事中的“五事”与天道中“五行”如何对应。在其他科考中,提出这些问题仅集中于五行本身[54]。但 1558 年的主考者却继续问道[55]:

> 以五行应五事,何所验欤?省财或以岁,或以月,或以日,何若是分欤?乃孔子作《春秋》,书灾异,不书事应,抑又何欤?说者谓其恐有不合,反致不信,然欤?否欤?

---

[52] 《皇明策衡》卷十二、十五、十六均与 1594 年顺天、1597 年江西、湖广及云南乡试中的策问有关。
[53] 见《嘉靖三十七年顺天府乡试录》。
[54] 见《皇明策衡》卷七,第 26 页;《南国贤书》卷四,第 37—42 页。
[55] 见《嘉靖三十七年顺天府乡试录》。

主考者然后提出史书记载尧帝时期的九年洪水和汤治下的七年大旱为灾异之例,要求应试者作一评说。如果后来的朝代没有这种灾异记载,他们便超过像尧汤这样的圣王治下的时代吗？如果天无目的,为何人们害怕灾异？如果天确有目的,其心必厚爱生命。但如果天有目的,灾异又如何能为其厚爱生命的目的服务呢？

最后,问题转向公元1世纪的汉代,当时官方将灾异视为政治事务的预兆,以谶纬为基础的预测之学在朝廷盛行。主考者举京房为例。京房原是一位朝臣,因预言洪水而被逐,当预言被应验时,他先是被囚,后又被杀。这些大都不甚可信,但应试者被问及其中某些说法是否有某种根据。而主考者的结论是,必有解释此类事的某些原理[56]。

主考者将考生吴绍的答卷选为范文。吴绍是位来自浙江嘉兴的官学生,他在顺天府乡试中答完了全部三场考试。主考者将他的答卷作为究天人之际的"穷理"典范。答卷开始时,吴绍同意主考人的看法,即天人之间的互相感应微妙难辨。但吴绍又论辩说天有"实理",人有"实事"。天的"实理"以阴阳运作为基础,"实事"则在人的控制之下实现。据此,吴绍结论道[57]:

> 谓天以某灾应某事,是诬天也。谓人以某事致某灾,是诬人也。皆求其理而不得,曲为之说者也。君子奚取之哉？

由于天人合于理,所以儒家君子可以成功地探求天地运行之道。孔子的《春秋》便是这种路径的典范之作。他对事件与灾害的记载并未把天人连为一体来解释怪异之事;由于他的立场是为公,由于他寓于正道之中,所以并不强把人事塞入灾害是预兆的概念之中。吴绍继续解释说:"愚以为论灾异者必当以《春秋》为准,其意真,其辞直,确乎不易者也。"[58]

论及问题中有关圣王尧汤被灾害所困部分时,吴绍认为尽管后世统治者并

---

[56] 见《嘉靖三十七年顺天府乡试录》。

[57] 见《嘉靖三十七年顺天府乡试录》;《皇明策衡》,卷二,第24页。

[58] 《皇明策衡》,卷二,第24—26页。

无灾害记载,这也并不意味着尧汤在道德上有所欠缺。准确些说,问题在于"气"的运作。"盖天地之间惟一气而已矣。气之行也,有时而顺,有时而舛。"当"时乎舛也,虽尧汤不能御其来,犹之时乎顺也,则庄宣可以安享者也。"而儒学君子不是畏惧这些,而是认为"盖天有天之道,而人有人之为"。对宇宙运行的畏惧,应掌握在人事范围的自我控制、自我省查的范围之内⑤。

为解释灾害发生的所以然,吴绍求助于超出人类知识范围的"天道"之微妙运行。"天之大德"厚爱生灵,但即便天心为处于灾害中的人类惨状大动恻隐之心时,亦不能妨碍"道"的运作。要天为灾害负责,实则诬天,误解了它对人间生灵的厚爱。当像京房这样的古人预言灾害时,并非天意的明证,而只说明了当灾害发生时人类把原因归咎于天的种种目的。这类灾害的真实原因,决非人力所能预测。吴绍将天灾比作人的疾病,正如要通过号脉来判断是否有病一样,"灾亦有征,在天则见于象纬,在地则见于山川,在物则为鸟兽草木之妖,在人则为奸宄寇贼之戾,皆元气不足为之也"。一旦查明原因,病人与灾害都可诊治。恰如病人需要医生、药物,需要恢复元气一样,想要战胜自然灾害,以固国家之元气,则以"修纪纲""审法令"为基础的德行也是必需的⑥。

吴绍在对策的结尾称,"故善治论治者不计灾与不灾,但视备与弗备"。尧汤都是在抗灾中因早就制订了适当的计划因而能治水九年抗旱七年的,而常人未面临灾害时绝无抗灾计划。吴绍认为,尧汤之所以是伟大的圣王,就是因为他们要克服这些困难而治世。结果,吴绍将对灾异的讨论翻转过来,使之成为对伟人的考验而不是一种超自然的干涉人世的预兆,洪水与旱灾成为尧汤神圣性的明证⑥。

这种策问与对策充满一种对自然灾害的理性态度,并很明显反对一种被称为"以迷信解释自然"的倾向。无论是主考者还是回答者,都承认人类认识宇宙的局限。反之,按照预言派的看法,则将"人事"的意义和目的归于灾害,将"天"人格化并将人类的知识译成人类的畏惧与无知。更进一步的是,应试者认为圣

---

⑤ 《皇明策衡》,卷二,第26—27页。
⑥ 《皇明策衡》,卷二,第27—28页。
⑥ 《皇明策衡》,卷二,第28—29页。

人应是能面对当前灾害、能战胜灾害的看法,则表明这样一种观念,即对正统儒家来说,面对灾难时的听天由命和畏惧退缩态度是不能接受的。重要的不是洪水或旱灾的象征意义,而是对付它们的具体政策。在一个人的统治居优先地位的世界中,"天"的全部作用是超过人的理解的。

五、1561 年策问与对策中与天象有关的问题

下面,我们转向一个具有代表性的与"天象"有关的策试问题,这道题是1561 年浙江乡试提出的。这种问题在策试中出现时题为"天文"[62]。主考者说道,尧命羲和廓清星宿的运行,以分辨四季。后来人以天气为基础来预测善恶。因此依靠与人事有关的"象纬",随后设"太史"一职以"察天文,纪时政,则于天人之际未可谓远"。主考者然后问道,太史的天文与政治功能是何时并为何分离开来? 这种分离使验测术和观天术居于皇朝史官的职权之外[63]。

这一次,我们仍然不知道这位被选为 1561 年乡试策问最优答卷者的姓名,但他的答卷被保存下来,其中最使人感兴趣的是应试者在开始时提出的"数"即"理"的论断[64]:

> 运造化之妙者数也,亦理也。探造化之妙者心也,非迹也。理也者,乘乎数者也。心者也,具乎理也者也。

主考者的提问是以《尚书》中的"尧典"为基础的,这位应试者在引述"尧典"一些片段之后又断续指出,"日月之行,星辰之旋绕,因气也"。人只有通过"心"才能洞察潜藏于被观察到的"象"下之"理"。这是因为"心"与"理"同一。此外虽未用王阳明及其弟子在 16 世纪提出的"心即理"这一著名论断,但这位浙江

---

[62] 见《皇明策衡》,卷四,第 49 页;卷二十一,第 7 页。
[63] 《皇明策衡》,卷二,第 54 页。
[64] 《皇明策衡》,卷二,第 54 页。

考生的对策实际已完全接受他的那位赫赫有名的同胞对自己哲学信条所宣扬的观念的优先地位。他颇为雄辩地提出自己的论点："苟昧其理,泥其数,按其故迹而不会之以心,粗亦甚矣。又何以观天文而察时变也?"[65]

这份答卷认为,古人知晓自然之理,所以能识天,将图(如伏羲之图)传给后世研究。答卷实际上简要复述了有关伏羲(又称庖羲)观察天象,研究其运行规律的历史记载,对此《晋书》有较好的概括。同样,黄帝收到"河图"时,也发现根据星宿位置来预测吉凶的图像。这位应试者还复述了元代对从伏羲到夏、商、周三代被命观察天象的史官的有关古代天文学发展的历史叙述[66]。

这份策试答卷又继续廓清了天文机构在汉、唐、五代及宋代的作用,并且讨论了郭守敬在 13 世纪依天文仪器为基础绘制的天象图。很清楚,为准备这个问题,应试者细读了正史上的天文记载及其解说[67]。

应试者随后又转向源于"一元之气"的宇宙起源问题。在天地未分的"太虚"状态,只有水火是变化的两大本原。"惟火极清,则为天,为日星,为风雷。惟水极浊,则为山岳,为雨露,为霜雪。"能成形的便是气的凝聚,不能成形的则转为神。天理依阴阳变化,由"气"的疏密不同而产生天地万物。日月之行循天宫黄道赤道运行,二者相交便产生日月相食现象。另外,这一答卷还将季节的变化与日月经过天界的二十八宿时的互相影响联系起来[68]。

答卷随后还描述了金木水火土这五颗行星的运动,并集中探讨了"日月星辰之所会"及水星金星的运动关系。"金木附日一岁而周天,火二岁而周天,木十二岁而周天,土二十八岁而周天。"而且,行星的运动被与位于中心的北极星联系起来。北极星是测量其他星角距的参考点,因为北极星的位置明显固定,其他星则绕北极运行[69]。

这位应试者认为,古代官员已经认识到天文对统治的重要性。"明堂"和"灵台"是王朝合法性的象征,被用来观察记录天界运动图像。但由于年代久

---

⑥⑤ 《皇明策衡》,卷二,第 54 页。
⑥⑥ 《皇明策衡》,卷二,第 54—55 页。
⑥⑦ 《皇明策衡》,卷二,第 55 页。
⑥⑧ 《皇明策衡》,卷二,第 55—56 页。
⑥⑨ 《皇明策衡》,卷二,第 56 页。

远,古代的天文知识已经失传。如"盖天"与"宣夜"理论与天文或历法的实际问题几乎没有联系。在周代和汉代,天文观察和术语已丧其古意,而为当时的方法和理论所取代、解释。由于缺乏任何确定的理论,所以最后"泥于数而遗其理,执其迹而弗通以心,又何足以上达天载之神也哉?"[70]

然后,答卷又从宇宙转向仪器,测量天体位置的浑天仪、璇玑和玉衡被认为是古代圣王测绘天象仪器的代表。论者采用汉代马融的注说,认为璇玑是后来经尧、舜改进的一种天文仪器。他还论证说这些是浑天仪的雏形,黄帝即用此来制定以浑天说宇宙论为理论基础的历法,这也成为后来解释天体运动及确定"日月星辰之所在"的基本理论[71]。

据答卷者称,直到元代郭守敬发明简仪、仰仪及诸仪表,才使天体观察和测量的精确性大为改观,远远超过了这些早已过时却被一直使用的仪器,这些仪器才被丢弃,《元史》记载了这种直到此时还在使用的方法。我们再次看到了正史对这类策试对策者的重要性。"中国文明"正是以这种方法跟上天文学的变化,而且,仪器的成功使用也不仅限于某一时代。

当然,元代的历法、钦天监及后来与之同样的明代在多大程度上受到阿拉伯的影响则未说明[72]。

这份答卷在结束时,对国家在天文中的作用和责任作了讨论。由于天子是天人之间的中介和体现,他的皇德便在日月星辰的运动间反映出来,"天地合其德,日月合其明,星辰合其轨矣"。而交食则是皇德或刑法有缺的最明显表现。日月及金木水火土五星的运作与人事相关,"于是法四时之均,齐七政之常,以贞其令"。他最后文辞华丽地强调心在统括天地中的作用:"观天而观之以心,观心而观之以尧舜之心,斯其为善观天者矣!"[73]

对策者再次以一种通才的论调,以文章的形式来谈论星体运动。他在天文问题中以明代"心法"及王阳明的"心学"来证明自然哲学中道统与政统的运作,在构架天体运动的言说中,"理"胜过观察。这种把天文知识与新儒学道德哲学

---

[70] 《皇明策衡》,卷二,第56—57页。

[71] 《皇明策衡》,卷二,第56—58页。

[72] 《皇明策衡》,卷二,第58页。

[73] 《皇明策衡》,卷二,第58—59页。

引人注目地融为一体,虽说明后者在级别上仍明显高于前者,但亦表明二者实际上是互相依存的。主考者与应试者都认为哲学与天文学是相交的,而不是相斥的。

六、1567 年策问与对策中有关乐理及律吕之学

中华帝国晚期关于音乐的作用和功能的律吕之学清楚表明,音乐与在天文学中的宇宙理论一样,与国家统治是不可分割的[74]。从帝国初期便设立的太乐、太常寺等机构便说明,任何朝代都将官方和民间音乐作为提高政治合法性的手段。官方对音乐的兴趣是以宇宙和谐是内在于音乐的产生与应用这一设定为基础的。作为一种数的学科,音乐被从音调体系的发展及其象征性解释这一角度来看待,而这有赖于数量的运用。确定音高标准及音列的内在比率其实质都是数,这自然与官方的标准与规定有关。据席文(Nathan Sivin)称,数学与律吕之学都是"自然之学"之一种,"基本是有关数学及应用于物理界的"。与天文学一样,音乐作为一种以数学为基础的和声体系,也经常作为一个策问问题出现在明代科考中[75]。

在 1567 年南直隶应天府乡试中,策问的第三题即主考者要应试者回答与从古代传下的十二乐律问题,并与十二半音的半音休止有关,即一个八音度内的六阳六阴半音音列等中国音乐中的生律方法。音高标准被用来确定乐音,而不是作为音符本身[76]。提问者说道:"宋儒有言寓器以声当求之声,而不当求之器者;有言审音之难不在于声而在于律,不在于宫而在于黄钟者。可指而言与?"对策者应详尽阐发这些互相矛盾的观点[77]。

---

[74] 见约翰·哈德逊(John Henderson):《中国宇宙论的发展与衰败》,哥伦比亚大学出版社,1984 年版,第 22—23 页。

[75] 见《皇明策衡》,卷六,卷七。李光地:《古乐新传》。

[76] 劳拉·冯·福克豪森(Lothar Von Falkenhausen):《中国乐理的早期发展:音高标准的产生》,《美国东方学会学报》。

[77] 《皇明策衡》,卷三,第 1 页。又见《南国贤书》,卷四,第 7—12 页。

第二,主考者要求学子评论黄钟律,这被认为是黄帝为各种仪式所设的代表性基本音高。千百年来,恰如各朝各代都要重定历法起点一样,也必须为基调分辨正确的律长与律高标准,以合官方仪礼及正统音乐之需。某些记载言黄钟之长九寸,亦有言长三寸九分者。主考者问道:"其损益相生之论,视黄钟九寸者同与?否与?其清浊之辨、多少之数,果孰为当与?彼作为通解钟律《律吕新书》者,其中亦有相发明者与?在昔有得牛铎而知为黄钟之宫,得玉磬而识为黄钟之缺者,岂以明盛之世而顾无神解其人乎?"《律吕新书》为蔡元定(1135—1198)所著,在原初的音高体系中增加了"变律",以解决由古代音律系统中的不同解释而导致音乐方面长久以来所存在的自相矛盾及欠缺之处[78]。

此题的最佳对策者(此次仍不知其姓名)开始便将"作乐之本"与"作乐之具"作一区分,接着又以"五经"之一的《礼记》中的《乐记》的音乐理论为根据,认为"参之造化,发之性情,达之伦理,验之风俗,以还隆古之盛治"为音乐之本。其基础与风俗教化是分不开的[79]。

但同时,只有通过精良的"具",才能得到音乐技术方面所要求的音韵和谐,否则音律必将有误。换句话说,音乐又不能简化为道德与心性之理。"世之论乐者,往往究心于中和之理,致详于神化之精,而于钟律诸家之说漫置之不辨。曰此器数之小也,此节目之微也。听其言非不美矣大矣,而实则不然。夫金石不调,后夔无以施其智;律吕不具,师旷无所寄其聪。"正是由于重声不重器,致使各种理论纷争,所以"圣人寓器以声,不先求其声而更求其器"[80]。

对策者继续说道:"自汉以后,通经学古之士类能因文以求其义,而音律之制,载籍亡传,则知之者益鲜矣。是以为论愈多,为法愈淆。"甚至许多宋儒对此也知之甚少。对策者恰当地举策问中朱熹语录,认为他说过"审音之难,不在于声,而在于律,不在于宫,而在于黄钟"。说明朱熹正确地意识到,古乐的关键当求诸黄钟[81]。

对策又转向黄钟的长度问题,因为这是音乐中其他各律的基础。他描述了

[78] 《皇明策衡》,卷三,第1页。
[79] 《皇明策衡》,卷三,第1页。
[80] 《皇明策衡》,卷三,第1—2页。
[81] 《皇明策衡》,卷三,第1—2页。

自汉代史家司马迁(前145—前86?)开始,直到明代儒生们提出的如何计算十二律序列的种种观点。以黄钟为根据的六个阳律(律)和六个阴律(吕)的区分,是最基本的音调。不仅司马迁的《史记》记有这些,宋代蔡元定的《律吕新书》也有此说。对策者指出,律吕也是有宇宙意义的对应体系中的一部分。据对策者观点,《易经》中八卦的产生过程与乐律的产生过程相同[82]。

对策者还认为,乐律与历法、节气及天体现象均是宇宙的一部分,"夫律历一道也"。某些音律与十二月中的某天、一天十二时中的某时一一对应。而且,对策者注意到,音律与"阳气"在冬至、夏至的变化有关。"气"的变化对"律"产生重大影响。因此,远古便用将音律与地气相通的"候气"之术来测定音律。但他又指出,由于律管与"气"间的共鸣难辨,所以"律管候气亦不可用矣"。

对策者又以《资治通鉴》为证,转回音律测定上来。据《资治通鉴》记载,黄帝命取竹"断两节间,长三寸九分而吹之,以为黄钟之宫"。而"近世儒家因取是说以为元声",以与律吕这十二律相应。十二音阶序列又被称为"三分损益"的乐理来解释。根据这种理论,在"三分损益"过程中得到的最后音调,便是基本音高标准。这一公式是以"三分益一"或"三分损一"这种比率来表示的。在这种生律过程中,以"三分益一"或"三分损一"而增减音高的律管长度将产生一串音高的长度值。这样,律管长度产生的蕤宾是九寸,而作为基音的三寸九分则是始发律的数据[83]。

他以自己的分析为基础,认为司马迁等人以为黄钟长九寸是错误的,只有蕤宾是如此产生的。为确证自己的论断,他又引述其他儒学权威来加强自己的论点。他特别谈到了朱熹对以现存记录作为古声标准的怀疑。"朱子亦曰古声既不可考,姑存之以见声歌之仿佛,以俟后之知乐者。是朱子亦未敢自以为知,而必有俟于后也。"

的确,后来明代数学家和音乐家朱载堉(1536—1611)精构了平均律的正确公式。他在16世纪后期对十二律体系的开拓性研究于1606年呈送朝廷,以纠正律高序列中的误差。朱的研究充分表明,黄钟长度不可能是九寸。正如这位

---

[82] 《皇明策衡》,卷三,第2—3页;哈德逊《中国宇宙论的发展与衰败》,第163、188页。

[83] 《皇明策衡》,卷三,第2—4页。福克豪森《中国乐理的早期发展》。

对策者所说:"作乐之本者,是天地之元声也。作乐之具者,是天地之元数也。"为测算律长以产生黄钟十二律音列,数学是先决条件[84]。

这篇文章表面虽是探讨音乐在帝国统治中的作用,但对十二律音列的回答在概念上,以及用数来测定律高序列的音调这两方面,都具有明显的技术性。科考中这类问题的频频出现,说明乡试的应试者必须掌握乐理,以对可能出现的此类问题有充分准备。而且,这种策论还表明数的和谐作为"自然之学"之一种,对国家的重要性。从现代观点来看(略去明代科学的政治性),在医学和炼丹术仍在"自然之学"之外,仍有待成为科考内容之时,音乐却得到如此重视,的确十分引人注目。

七、最后评论

进一步的研究将有助于平衡我们对帝国晚期"自然之学"的文化地位的片面看法。上述例子表明,那种认为新儒学的道德哲学与"自然之学"互相排斥、在学问领域文化与技术截然对立的设想多么危险。我们应该承认,科举中对天文、历法及音乐和声等一般知识的要求,使儒学官员与钦天监或太常寺任用的专家在文化资本和社会地位上有某些不同。作为一种精通经典教义、充满道德精神的通才,儒学官员能得到最高的社会、政治和文化威望,同时,也要求他们大致知道天文、数学、历法研究及音乐和声是如何成为使王朝权力具有政治合法性的正规程式的一部分的。

进一步说,儒学大员长期存在的理由是他们是作为一种具有官方地位的道德楷模而存在。他们将科举得来的儒学资本转变成一种官僚地位,儒家的经世从来就是以经典之学与政治能力的联系为前提的。这种能力不是由儒生作为"自然之学"的专家地位来衡量,相反,是由他能在多大程度上将道德威望带入当朝统治体系中的历法或音乐作用的理解之中来决定的。在上述讨论的每道策

---

[84] 《皇明策衡》,卷三,第5页。

问试题中,问题的基本目的并不是技术本身。反之,主考者期望应试者将技艺之学置于圣王传下的治世经典规范之中。

据此,策问局限于与王朝及其官僚统治体系有关的"自然"之中。"五行"与"灾异"是蕴含政治统治合理化的宇宙运作的宇宙论解释。对此类策试的"错误"回答,即是说这位应试者未能掌握任何观察天地间对王朝权力构成挑战的现象的异端意义。作为公共事务,策试与对策在一个囚笼般的场所进行,以使"自然之学"作为科考课程而成为正统体系的一部分(或一种"抵押")。主考者不是"促进"技术知识,而是成功地"驯化"天文、音乐及历法。之所以要严格依此来挑选儒学官员,是因为他们知道其政治成功的道德开价即是以专业知识从属于新儒学文化资本为条件的,这种文化资本通过科考转化为官僚权力。

从与社会和政治等级制平行的文化等级制来看,"自然之学"则作为道德化通才的正当关心而合理化,因其将因此而被纳入正统体系之中。只要专家从属于儒学正统及其合法代表,他们便是这种文化、政治和社会等级的一个必要组成部分。在国家机构中,儒学官员与历法专家共存,但在政治地位、文化资本及社会威望这种较高层次中,情况却并非如此。所以,科举并非因为包括与"自然之学"有关的策试而引人注目,而是因其成功地将"自然之学"置于一种保证王朝长治久安的儒学知识及新儒学正统的政治、社会和文化的不断再生中而备受重视⑧。

但我们仍不清楚,与明代相比,为何清代策试中与"自然之学"有关的问题如此之少。若按我们现在的理解,耶稣会士在清初进入钦天监及清初帝王对天文学所表现出来的兴趣等,当可指望这种影响能渗入科考之中。在此,我们很可能陷入一种目的论历史叙述之中,正是这种目的论历史叙述使我们认为1600年后对"自然之学"应该兴趣大增。但实际上,到1700年,这些问题在科考中已经消失。这的确使我们感到困惑不解。目前看来,这种现象可能是反直觉的,但从17世纪50年代和60年代满人举办科举的历史记载(例如,科考在1664年前曾有较大的改革而在1667年又恢复旧样)来看,这与当时耶稣会士与满洲大员间

---

⑧ 艾尔曼:《中华帝国晚期通过科考的社会、政治与文化的再生》,《亚洲研究》51,1(1991年二月号),第1—23页。

震撼正统文化系统基础的历法之争似有关联[86]。

直到 1683 年,明朝的覆亡及随后的清朝统治,仍为天文、音乐方面的专家提供了一个摆脱附属命运的机会,为他们提供了在新的满洲精英统治下、为政治资本而向已经声誉扫地的儒学精英挑战的机会。在一个新朝急需专家重订历法、音乐以为自己的合法性服务的时刻,天文学专家的文化资本迅速增加,很可能压过或至少一度能向儒家通过掌握经学而集聚起来的文化资本挑战。

直到 17 世纪 80 年代,当满洲新朝已处理完它的政治和军事敌人之后,清初几十年所出现的社会流动才渐渐消失,使儒学官员与满洲精英在政治和社会等级制顶层(历法专家再次沦入低层)达成一种不稳定的平衡,一直延续到 18 世纪。在这一过程中,在乡试会试第三场的策试中实际已不再含有"自然之学"的问题,其原因还待进一步探讨发现。可能是新儒学在 17 世纪 80 年代经过力争之后终于在朝廷取得胜利,由一位精明的满洲皇帝操纵,在科举中排除了成为明代科举标志的新儒学与"自然之学"的成功调适[87]。

【[美]艾尔曼　美国加州大学洛杉矶分校历史系教授
雷　颐　中国社会科学院近代史研究所研究员】

原文刊于《中国文化》1996 年 01 期

---

[86] 史景迁:《中国帝王:康熙皇帝画像》,纽约,1974 年版,第 XVII—XIX 页,第 15—16 页,第 74—75 页。凯瑟林·杰米(Catherine Jami):《十八世纪中国数学中的西方影响与中国传统》,《数学史》,15,1988,第 311—331 页。

[87] 目前我的工作将对这一问题作进一步探讨。另见拙作《从理学到小学》,第 79—85 页。

沉重的阴阳

《仲景方证学解读与应用》序

秦燕春

题记：我充分希望读者能够真正理解，促使我写此长序的，并非出于对医学的热衷，而是出于对医学的"绝望"。我的绝望既指向西医，也指向中医，因为两者我曾经和正在亲炙。① 但人世的希望，正是源于我们感到绝望、面对绝望、承荷绝望，而非相反。鉴于本序发表波折过多，有缘赐教者，请以此版为准。

就人类的智慧可能而言，一切文化范式的构成会首先基于某种文化认识"生命"，尤其"人的生命"的方式：开辟鸿蒙人之初，人以何种思路展开对自我的认知。即使究竟"人副天数"还是"天副人数"的先后次序还需仔细斟酌，②"人类如何可能"③的凸显是沉重、深入的。这点微识自然不是我的独见。就西方文化史而言，古典哲学与医学一直曾经相互作用、彼此影响，许多以哲学为业者同

---

① 关于现时代东西方医学都在"失去疗效"的问题，满晰博先生（Manfred Porkert，汉学家、中医教育家，慕尼黑大学终身教授）同样与此休戚相关，参阅《中医是一门成熟科学——晰博先生谈中医》（周建平翻译整理，文载《中国软科学》，2008 年第 1 期）。满氏观点，下文还将详述。

② 参阅李建民《生命史学：从医疗看中国历史》余英时序，复旦大学出版社，2008 年。我相信，这个问题值得深究的更在"人副天数"或"天副人数"的取舍与其说出于客观知识，不如说出于价值立场，这一取舍之中已然凸显了古今之争的核心问题。

③ 李泽厚：《知识论答问》，《中国文化》2012 年春季号。虽然李泽厚先生恰恰坚持"中国只有技术并无科学"。参见李泽厚著《中国古代思想史论》及其他文章。

时精通医学,④伯奈特(John Burnet)甚至认为"恩培多克勒之后,离开对医学史的关注,……理解哲学史是不可能的"⑤。德国古典学家耶格尔(Werner Jaeger)在其《教化》一书中于此作出如下分析:柏拉图的伦理学和政治学既不是以精确的数学,也不是以基于假设(hypotheseis)的自然哲学,而是以医学作为模型,通过医学与伦理学、政治学的模拟来解释政治学的方法与目的。⑥ 亚里士多德不仅恰好出生在医学世家,更和他的老师柏拉图一样,也常在医学与哲学间出入自如,尤其讨论伦理问题之时。医学的新方法、新概念为伦理学、政治学研究提供了恰切的参照,这在柏拉图和亚里士多德以及后世哲学家那里都有明显的体现。⑦ 即使在此我们不必急于回溯中国"上医医国,其次疾人"(《国语》)的古老传统、表出"内经"的"黄帝"其人集通灵、治国、医人于一体的必然身份。

人唯一的深渊,的确就是其自身。

怎能不紧张(绝望)? 作为终有一死的人!

就根本而言,没有医学问题,只有生命问题。医学的根本问题,就是生命如何得以可能的问题;医学的首要问题,则是生活如何如其所是展开的问题。唯其如此,显明了东西方精神史均一再凸显的医学与哲学(姑且借用这个语词)的从属关系。

整个20世纪甚至21世纪已经过去的第一个十年,就"中医史"而言,却几乎成了她蒙难的历史、受辱的历史。曾经数千年来扶助、温暖、救护中国人生命的"杏林悬壶""妙手回春",在现代西方医学全然两样的身体文化、疾病认知与技术手段的冲击之下,迅速沦为"巫术""经验""不科学"等种种说辞下尊严扫地的下等文明、不堪一击的"原始思维"、粗野浑朴的"民俗遗迹"⑧。即使在"国学"

---

④ 以哲学为业而精通医学者,最为著名的或许就是毕达哥拉斯、恩培多克勒和德谟克利特。Celsus, *De Medicina*, trans. W. G. Spencer, Cambridge, Massachusetts, Harvard University Press, 1960。

⑤ John Burenet, *Early Greek Philosophy*, Cleveland and New York, 1930, p.201, n.4.

⑥ Werner Jaeger, *Paideia: the Ideals of Greek Culture*, vol. III, New York, Oxford University Press, 1944, p.21.

⑦ 关于古代西方医学史的个案研究,张轩辞博士的论文《灵魂与身体:盖伦哲学中的医学》(北京大学哲学系,2011)给予我相当的知识。

⑧ 参阅杨念群《再造"病人":中西医冲突下的政治空间(1832—1985)》中相关内容。中国人民大学出版社,2006 年。

素称流传有绪的台湾地区,中医也被视为"举世禁忌不为之旧学"⑨。20 世纪 30 年代前后攻击中医不遗余力者包括傅斯年、胡适、丁文江这些现代学术史上的重量级选手,或说竟以他们为主力。"废除中医"这样极端的提案,不仅多次提出,直至惊官动府,其主持最力者之一余云岫,还是时号"清学最后殿军、古文押阵大将"(胡适语)章太炎的学生,尽管太炎先生本人倒是颇为信奉中医并试图深研。

不熟悉或对中医抱有成见的人,往往随意指责中医的"随意性"、主观断定中医的"主观性"⑩……其背后隐含的价值体系与判断标准,难道不是以实验、计算等必须"用数学证明实在"的"实证科学"为诊断依据的西方医学? 在这个各行各业包括社会学科、文史学科也要争先恐后引入"数学模式"以便证明自己"符合科学"的时代——这些随意的主观的指责,是否认真考虑过中医"辨证"的另类"科学性"? 抑或这不容我们不稍微回溯一下何谓真正的"科学精神"。

据说在"作为近现代科学的大本营的德语文化中,科学 Wissenschaft(en)不过是知识系统的意思"⑪——此即中文《辞海》中将"科学"界定为"关于自然、社会和思维的知识体系"的语源? 日常我们所使用的"科学"一词,往往又只是针对"近代科学",而"近代科学"的典范据说就是物理学。All science is either physics or stamp collecting(科学若非物理学就只是集邮)。"近代科学精神"据说就是理性态度、理性精神的发展,注重事实、逻辑,力求客观。众所周知,近代"科学"的起源乃是源自古希腊的理性主义,"科学"是从希腊特有的"哲学"传统中才能生长出来。伯奈特所谓科学就是"以希腊方式来思考世界""在那些受希腊影响的民族之外,科学就从来没有存在过"(*Early Greek Philosophy* 第三版序言)⑫。如此我们需要继续接近"(西方)科学"的鼻祖的自我界定。

在哲人柏拉图那里,"爱智慧"的 philosophos 追求 episteme。Episteme 在英语世界中的身位往往就是 science。这个在汉语语境中被意译为智能、客观真

---

⑨ 参阅李建民《发现古脉:中国古典医学与数术身体观》大陆版序(2006),社会科学文献出版社,2007 年。

⑩ 而真正业医之深士,往往感同身受"这种传统方法绝不是毫无根据的主观成分过多的思辨,而是依据中医之理来推敲"。参阅裴永清《伤寒论临床应用五十论》,学苑出版社,2005 年。

⑪ 参阅杨煦生《世界失魅,中医何为》,文载《读书》2005 年,第 9 期。

⑫ 转引自陈嘉映《哲学 科学 常识》"导论",东方出版社,2007 年,第 8 页。

理、科学的 Episteme，基本特征乃是一种认知的态度：反省的认知、批判的认知、真理需要批判才能获得。这种"科学态度"毋宁就是"哲学态度"。⑬

叙说这些陈年往事并不表明我是一个反对"（近代）科学"的主张者，尽管让人必须直面的困境当下即是："对于希腊哲学—科学，近代科学既是继承人，又是颠覆者"⑭。我想说明的只是：如今我们所谓"科学"，从较为接近实相的思路考索，它揭示的也只是某一层面/层次的人类"经验"，尽管"近代科学"自诞生之日起就向人类承诺：它将向我们揭示宇宙的真实以及关于人的真理。但"承诺"是否曾经兑现？而我们因其实验的手段就冠名其为"真理"。于此谬相，真正的科学家往往有着更为洞察的真知灼见："我们所观测的不是自然的本身，而是由我们用来探索问题的方法所揭示的自然"⑮。深刻的思想家亦往往"英雄所见略同"，例如伽达默尔（Gadamer）注意到用西方意义上的"哲学"讨论中国或印度的思想或智慧往往不得要领⑯，毋论由某一"哲学"传统发展而来的"科学"。甚至曾经亲身领略过中医扎实有效的活人能力的西方人，同样会慨叹"更有意思的是中国人分析疾病的症状时所用的哲学方法思考的过程，中医如何看待人体"⑰。人类因为认识能力的有限，在试图认识宇宙、世界尤其人自身的时候，往往只能倒果为因，而非由因及果——就此而言，陈嘉映先生认为著名的"李约瑟问题"："为什么中国没有发展出近代科学？"这一"提问"本身就很"成问题"的断制甚是精当⑱。因为西方的思想、制度等两个世纪以来对世界的统治，西方的发展模式包括思维方式常常不假思索就被一知半解的人们视为"常识"或"正

---

⑬ 参阅陈嘉映《哲学 科学 常识》的相关讨论。

⑭ 陈嘉映：《哲学 科学 常识》，第 179 页。

⑮ 海森堡：《物理学和哲学》（范岱年译），北京：商务印书馆，1981 年，第 24 页。钱学森先生亦敏锐洞见了"中医"作为"经典意义上的自然哲学"的一面，这位"现代科学家"甚至希望从中医独辟蹊径创立"新的科学体系"了，只是他依然要致力于将中医从"自然哲学"、从"阴阳五行"中解放出来、解脱出来（而这似乎得力于他对恩格斯将自然哲学从"现代科学"中清除出去的主张的接受），致力于中医的"现代化""未来化"。参阅黄建平《中医学方法论》第三版代序（钱著），湖南科学技术出版社，2003 年。并见黄荣国《学习钱学森关于发展中医的思想》（《山东中医学院学报》，1994 年第 6 期）。

⑯ Gadamer, *Reason in the age of Science*, trans. By Frederick G. Lawrence, the MIT Press, 1983, pp.1–2.

⑰ What is of greatest interest in reading this work is to follow the analysis of disease symptoms through the way of Chinese philosophy combined with the unique traditional approach to looking at the human body. 张长恩《中国中医诊疗十步曲》序（Richard Janosy），人民军医出版社，2008 年。

⑱ 幽默的是，根据余英时先生追忆，李约瑟这个"提错了的问题"，本身就是对冯友兰另一"提错了的问题的纠正"：《中国为什么没有科学？》参阅李建民《生命史学：从医疗看中国历史》余序。

道"、视为"唯一的真理"——结果的沉重导致了源头的放大。然而,在人类现有的知识史或文明史上,"常识"或"自然"才几乎已经成了最为可疑的规定,曾几何时的"常识"几个回合之后就可能成为"妖妄之言"[19]。这里所谓"真理",当然并非人类永恒渴望认识到的那个如理致、因果森严的"实相"本身。借用唯识论的针砭,我们往往将"比量"乃至"非量"误认作"现量"本身。饶是如此,李约瑟博士当年面对中医表现出的"科学精神",也远超生息于此地的民人自己:

> 中国人以他们的特殊天才发展起来的中国医学,这种发展所循的道路和欧洲的迥然不同,其差别之大超过了任何其他领域。[20]

这巨大的差别,无疑印证了两种文化立论根基的深刻差异。

究其实在,真正的或说古老的"科学精神"就是人试图理解自身所属之整全,就是人试图理解他尚不理解的东西,而不是试图抵达这些理解所必然借助的某些具体手段诸如逻辑、直观、渐修、顿悟乃至实验技术、数学分析、仪器图表、检测数据之类数理证明……本身就是"理性"、就是"科学"[21]。那句老掉牙的老人言:手段本身并不就是目的——尽管手段里面均隐藏了目的。就此意而言,传统中国历史悠久的"试图理解自身所属之整全"的医学所借助的具体手段本身,诸如阴阳五行,脏腑经络,六经八纲、气血营卫、津液水火……这些源出"生生"的易学精神的辩证的思路与体系,是否就"不科学"? 如果说"医者意也"的表达方式使得"这门知识在历史发展的'内在一致性'(internal consistency)"[22]始终显得比较晦暗难明,那我们需要做的也是努力去解读并把握这一婉曲隐晦的"藏—象"思路,而非因为手段的不同或艰涩而否认了"目的"的正确。(此处需要说明,本文所使用之"藏—象",并非中国医学中与脉象、气象、证象……并列之脏

---

[19] 根据陈嘉映先生提醒,此语似乎是徐光启用来指责阴阳五行的——只是,他为什么偏偏引证了徐这个已经挤压在"东西"夹缝人语? 参阅氏著《哲学 科学 常识》,第163页。

[20] 转引自黄建平《中医学方法论》刘炳凡序。抱有此种见谛的西方学者,著名者至少还能举出卫礼贤(德)、荣格(瑞士)。

[21] 刘长林:《中国象科学观:易、道与兵、医》(社会科学文献出版社,2008年)中关于"科学与科学方法"的不同提出了干脆的意见。虽然该书中至少关于"医"的论述部分依然多有未逮之处。

[22] 参阅李建民《发现古脉:中国古典医学与数术身体观》大陆版序(2006)。

象,具体含义见诸文本)何况往往是近世以来所谓从事"医学哲学"研究之人氏较易徜徉于中医貌似杳渺的语词层面,从真正的职业医生的解读中,我们不难体味中医理法严密、方药整饬的本来面目。指责"中医理论的演变形式颇像一个集装箱,历代医家不断地往里面填入不同的物品——没有内在联系和逻辑关系的部件"㉓,这样的思路是危险的——因为致命的问题先在我们这些后世发言者是否已经弄清或驾驭了中医自身特有的"内在联系"或"逻辑关系"。是的,据说"科学"要求"仅当它是可重复的、公众的和非个人的情况下才是可信的"㉔。但既然"实验世界"也一如"经验世界",并不圆成,并不完满,既然承认经验事实与实验事实之外还存在"其他类型的事实",承认"人外有人、天外有天"才是最接近"真理"的态度之一㉕,我们难道不应对于古人的"世界观"(生命观、本体论)更客气、更审慎点儿? 也因此,陈嘉映先生在《哲学 科学 常识》一书中讨论"感应思维"的方式仍然让我遗憾,以严谨著称的语言分析哲学家试图在对称意义上使用"感应思维"与"因果思维"(他之谓"理性思维")的时候,这里的"因果"无妨还是窄化为"物理因果"。尽管之后他以惯有的缜密马上注意到"佛教里的因果报应"这个特例,却只是一带而过。尽管之后分析马林诺夫斯基对"科学"的议论时,他以惯有的缜密认真分析了"感应思维"与"原始科学"的可能关系。但谁说或谁能"证明"所谓"初民"的"感应思维"中并不藏纳"因果"——那不为物理学(近代科学)方式所能"实证"的因果呢? 这恐怕并非一个"认知原型"的概况所能容纳。何况,具体到"中医",其中流传千载而仍然常用常新的"感应思维",恰恰成型于陈嘉映先生所界定的东西方共同的"理性(理知)时代"——公元前800年至今——"世界上最为理性的民族"何以如此"原始"地坚守一种婴儿般的"初民"的天真? 其中难道没有发人深思的奥秘? 如此看来,所谓"初民"也许缺乏的只是关于"因果"(包括"规律")的系统"说辞"——"道可道,非常道"欤?!

展开如许貌似节外生枝的"商榷"来强调,因为这关乎"中医"——中国传统

㉓ 黄龙祥:《中医现代化的瓶颈与前景——论中医理论能否以及如何有效进入实验室》(《科学文化评论》2004年1卷3期),转引自李建民《发现古脉:中国古典医学与数术身体观》大陆版序。

㉔ David Bloor语,转引自罗杰·牛顿《何为科学真理》,武际可译,上海科技教育出版社,2001年,第11页。

㉕ 陈嘉映:《哲学 科学 常识》,第122页。

医学或古典医学的根本命脉:阴阳五行统系中的天人关系。人之为人的本性、可能与自由的权限与许可,以及与其紧密关联的针对"生活方式"的健康与常态的探索。非以此,张仲景《伤寒杂病论》原序中"夫天布五行,以运万类;人秉五常,以有五藏;经络府俞,阴阳会通;玄冥幽微,变化难极。自非才高识妙,岂能探其理致"的浩叹将无法落脚。那些被界定为"感应认知"的"思维模式",例如人体小宇宙与天地大世界的种种对应,从最严格的"理性"意义上,充其量只是一种不同于"理性认知"的模式。符合现代逻辑学的严格推理的那些"理论",并不能从更加广袤的"因果关系"中证明自身更加"正确"。㉖

何况陈嘉映先生在其著述中毕竟直言阴阳五行理论无非"便宜的宏大叙事""似乎是对智性的愚弄",甚至貌称"这种理论很容易取信于无知识的广大人群"㉗,当然更不及古希腊的毕达哥拉斯学派显得"理论成熟"㉘,"阴阳五行理论若被理解为关于机制的学说,那么,我们可以基于其预测的失败把它视作伪科学"㉙。据说"哲学—科学"与"阴阳五行"这类"概况类推理论"的区别在于"把我们日常实践活动中所具的求真态度带进理论思考"㉚,然而何以"阴阳五行"就不是一种"求真态度"? 即使她的求真方式有别于"哲学—科学"。流行中国学界几十年的"现象学",其鼻祖胡塞尔所谓"本质直观"不也在"以不同的方式寻求着同一种东西"?㉛ ——西方古典哲学已经寻求了几千年的"东西"——却在旧有"方式"遭遇困境时不得不选择手段的突围。"存在主义时代"唯一的大思想家海德格尔(海氏恰好还是胡氏最出色而叛逆的学生)紧张于"我们对世界的

㉖ 难怪有作者著文感叹:"明乎此,那么,任何时代都会拥有一套把握世界、把握生活的知识系统,每种系统都有一套自洽的、独立的范式(Paradigmen),不本来天经地义吗?! 就宏观历史时段而言,古典时代自有古典的知识系统,而近现代有其近现代的知识系统,各自又都在特定语境中有其自洽的范式。尽管后者目前事实上是最为强势的也可能是比较明晰有效的系统,但有什么可以为后者的价值化和意识形态化提供依据呢?"参阅杨煦生《世界失魅,中医何为》。

㉗ 陈嘉映:《哲学 科学 常识》,第48页。

㉘ 陈嘉映:《哲学 科学 常识》,第160页,脚注3。

㉙ 陈嘉映:《哲学 科学 常识》,第208页。未知陈嘉映先生在何种意义上断言了阴阳五行理论"预测的失败"。

㉚ 陈嘉映:《哲学 科学 常识》,第55页。

㉛ 参阅张祥龙《现象学导论七讲》,中国人民大学出版社,2011年。

原初理解并非把事物理解为客体,而是理解为希腊人所谓的处境(pragmata)"㉜,其问题本质不也同样源于这古老的"天人关系"——希波克拉底也揪心过的"天人关系"?读书人经常敢对自己基本无知的东西"越界发言"——例如,何以任何外行都具备了对"医学"指手画脚的魄力?然而却又容易理解:审判治病犹如经历生病,不是制造导弹,任何人似乎都可根据自己的"经验"表达一番见解,视此医学则几为人类最艰巨的专业。因此,何必苛责我所尊敬的陈嘉映先生?我所尊敬的余英时先生论此议题,依然要"郑重声明":"我既不是为传统医学的理论与实践作辩护,更不是为阴阳五行说扶轮。阴阳五行说今天在知识界大概已不容易找到支持者了。至于它早已成为一个过了时的错误学说,甚至可能曾严重阻碍了本土科学的进步,则是一个完全不同的问题,这里用不着讨论。"甚至断言"今天中国人无论住在什么地区,治病首先必找受过现代严格训练的专科医生,只有在西医束手无策的情况下才偶尔祈援于中医。这是中国人的一种实际而理智的态度。这一基本情况在短期内似乎不易改变,除非中医也能建立一套现代知识系统,并且在治疗效应方面足以与西医互争雄长"㉝。这些言辞却又的确是在余先生自谦"我对于中国传统医学完全外行,绝没有发言的资格"㉞背景之下的"郑重声明"。然而甚至又何必苛责余英时先生?我所尊敬的李泽厚先生同样将阴阳五行视为"某种非常有缺陷的发明",尽管他认可中医"仍然在有效地指引着人们的养生和治病"㉟——然而,当现代中国第一流的思想家与学问家均纷纷出手来合力摧毁中医的"立论基础—生命基础",她的"有效指引"恐怕早就岌岌可危了。犹然去古未远的陈寅恪先生不是同样坚持"不信中医",以为"中医有见效之药,无可通之理"㊱:"若格于时代及地区,不得已而用之,则可。

㉜ 参阅施特劳斯《海德格尔式存在主义导言》(丁耘译),收入《古典政治理性主义的重生:施特劳斯思想入门》(Pangle 编),华夏出版社,2011 年。

㉝ 参阅李建民《生命史学:从医疗看中国历史》余序。

㉞ 参阅李建民《生命史学:从医疗看中国历史》余序。

㉟ 参见李泽厚《知识论答问》。

㊱ 此语对于强调"理、法、方、药""一药之中,理性具焉"(金元大家李东垣语)不可分割的中医,乃至叹息中医"精于穷理而拙于格物""信理太过而故涉于虚"的职业名医(近代名医朱沛文语),毋宁构成讽刺?!就中医学说内部针对阴阳五行辨证论治的精密理致而言,所谓"曲体病情,至精至密"(清代名医徐大椿语),称中医为"经验医学"很不"科学":除非你不肯认真面对这套完全两样的理致精密。

若矜夸以为国粹,驾于外国医学之上,则昧于吾国医学之历史,殆可谓数典忘祖欤?"[37]尽管余英时先生难免回护陈寅恪先生说:"陈先生终身以维护中国文化的基本价值为己任,又生长在中医世家,他毅然舍中医而取西医,自是经过慎重的考虑,绝无半点浮慕西方文化的心理在内。"[38]

幸亏据说"在非实用的领域,求真是一种边缘要求"[39],在必然"实用"的"中医"领域,我们必然追求"求真"并用临床疗效验断真伪。自然,设若遭逢傅斯年先生"我是宁死不请教中医的,因为我觉得若不如此便对不住我所受的教育",或丁文江先生"科学家不得自毁其信仰的节操,宁死不吃中药不看中医"这类放言,便是华佗再世、扁鹊重生,亦无可置喙。如此不惜以"生死置之度外"的代价追求一种"信念"——上述言论出自号称追求"科学"的"五四"学者之口,怎不叫自然而然追求"正常、健康、幸福"生活的我辈"平人"无所适从?

的确,阴阳五行隶属于古老的东方,没有像古希腊原子论一样做出"近代意义上的物理学"需要的那种贡献——却不等于它对人类生命与社会的健康维系与发展没有贡献,如果我还不便断言它更有贡献。纵观一部人类"科学史",对于"技术—手段"的理解与接受所导致的人类对于宗教、道德、宇宙、自然……包括人体自身的"观念"的理解与接受的改变是惊人的。决定"观念"的往往无非"观—点"——我们设身处地站位观看的那个基点,不妨也被称为立论得以成立的"前提"。我这一代人,甫一读书就被灌输着对于"知识爆炸"的憧憬与追求,直到有一天发现自己被埋藏在惊人的有毒的知识、虚假的知识、以放弃是非判断为代价还美其名曰"多元审美"的知识的山中,虽然这山中同样"藏—象"、披沙拣金始终都是可能的。这点痛苦,我在自己的博士论文出版自序《站着读书与三十而立》中曾反复申说。

安置人类的肉身与精神的有益、有效生活,知识的累积与拣择同样重要。

那么,"中医"究竟是什么?是"天人相应"?是"易"?是"阴阳"?是"藏—

[37] 陈寅恪:《吾家先世中医之学》(收入《寒柳堂记梦未定稿》),见氏著《寒柳堂集》,三联书店,2001年,第188—189页。

[38] 参阅李建民《生命史学:从医疗看中国历史》余序。

[39] 陈嘉映:《哲学 科学 常识》,第56页。

象"？是"术数"？是"巫医同源"？是"整全"？是"系统"？是"辨证"？是"以气为本"？是"正邪交争"？"素者，本也。方陈性情之源，五行之本，故曰《素问》"（隋·全元起）……它是又不是，不是又是。它是一又是万，一含万有，万法归一（尽管此语马上又会遭遇立言玄远的批判）。它是《素问·阴阳系日月第四十一》与《灵枢·阴阳离合论第六》针对"阴阳"问题均反复陈说的这段意味深长的话：

> 且夫阴阳者，有名而无形。故数之可十，离（推）之可百，散（数）之可千，推之可万，此之谓也。

或许将"中医"绎为"中庸医学"不失为一种精炼慧冶的妙悟[40]，此"中庸"自然极为"生生之易"之"起用"——"方技者，皆生生之具也"（《汉书·艺文志》）。"中医"的精神落为名相，似乎的确遭遇了《老子》中所谓"强为之名"的困窘，这困窘也是所有古典学问身处此世均会遭遇的困窘。"恍兮惚兮，其中有物，窈兮冥兮，其中有精"。但"无名天地之始，有名万物之母"，人类文明的起源与发展"历史地"注定必然依然表现为言说之旅。这依然属于"藏—象"："天地阴阳者，不以数推，以象之谓也"（《素问·五运行大论篇第六十七》）；老子同样认为至道"不可致诘"；《周易·系辞》更有"圣人立象以尽意"的说法……何以这一文明在其"轴心"时代[41]就明确表示了对于"数"的警惕而选择了"象"的变易、流动、纤微、莫测……乃至模糊？或说"非实体性"？这难道不可能是一种更为审慎的"理性"与"科学"？在"系统论""控制论""信息论"广为接受并流传的20世纪中后期，"黑箱""反馈""输出（入）"……诸理论无妨也是在某一层面表达了

---

⑩ 参阅《国医仁术，妙手丹心，天地春回：张长恩教授访谈录》，载《21·名家》，总第16期，2007年3月。

⑪ 尽管《素问》"七大论"的起源与身份至今仍是学界争执不已的问题——但每一个曾经放下自己自以为是的"身段"切实走近"七大论"的读者，能不震撼于其严密、高超、精悍的生命观照？于此我认可长恩先生的断制：即使古人（例如王冰）将"七大论"添加入《素问》，这也不会是一次空穴来风的"添加"。与其不明就里妄加揣测，不如潜心琢磨何以发生了有此必要的一次"添加"。毕竟较之我辈，古人到底"去古未远"。何况"观象取物""观象授时"的《周易》当非造伪之书？幸亏我们还有富有实践意义、必须首先具备实践意义的医学。较之单纯的案牍考证、文本校勘，医学得天独厚的优势就在其更能从"理—事"双圆的层面鉴别理论的真伪。

"藏—象"的意蕴——只是彼时中国人急切需要在"符合西方（科学）标准"的基础上寻求并认可自己的知识统系合法性[42]。这一"现象—本质"[43]渴望是人类最为朴素、最为恒久却又最难抵达的追问，藏纳了人类亘古唯一的困惑。

就此让我转入张长恩先生的系列著述。先生毕生致力的张仲景《伤寒论》研究与实践，语词表象中究竟含藏了何种精微的"中医之相"？尽管"象"之能否如其所是、如（人类之）愿以偿而得以还原，也早已是个问题。

被誉为"医门之规绳，治病之宗本""启万世之法程，诚医门之圣书"的《伤寒杂病论》（分为《伤寒论》与《金匮要略》两书），其独到之处或者就在："以一个个方证来充实六经辨证的内容，阐明六经辨证的具体应用。"[44]此种将"理相"（辨证）深藏于"事相"（方证—证方）的表现形式，本身就是"藏—象"理念的一种极佳的体验模式。此即长恩先生谓为"是书质朴，文字精要，寓精深理蕴于指事之中"[45]的真义。

此前初次拜读长恩先生《伤寒论临证指南》一书，我十分欢喜。直觉先生在以一种"中医"领域中少见的独特方式诠释"中医"精髓——这点苦心孤诣，就是先生试图以更为今世学人所能认同的一种"科学手段"将真正的"中医精神"表达出来。这一点，在两本《中国汤液方证（续）》中体现尤为昭然。虽然就纯粹的学理探讨而言，我本人并不认为"理论""实践""认识论""方法论"等术语的引介更能彰显中医的真正"精神"，但我懂得家世渊源深厚的"传统中医"何以要如此"苦心孤诣"。

长恩先生系出名门，河北冀州张氏医学延绵一十九代，其尊人曾为天津"国医馆"教习，并先后八次为"国医馆"撰写《伤寒论》教材。长恩先生自己不仅转益多师（师从经方大师胡希恕、陈慎吾、宗维新等），目前更已有若干系列著述问

---

⑫ 晚近以来多少"中医学方法论"的整理与归纳不是均表明了这一倾向？耐人寻味的就包括，当下的职业中医（或说职业中医教育），似乎成为最焦灼于自身"科学合法性"的所在，也许根本原因在于所谓"评价体系""考核机制"——制度问题？

⑬ 这无妨还被概况为个别—普通、个别——一般、the individual and the general……开始胶着于"现象里头已经包含了本质"，希望"找到一种方法（一种思维态度）打通个别与普遍"正是"现象学"的起源——难怪"现象学"的出现曾让渴望"东学西渐"的国人好一阵兴奋（参阅张祥龙《现象学导论七讲》）。就名相而言，我本人很怀疑"象思维"这一概念的使用是否允洽。"圣人观物玩象"（《周易》）的取态恰好说明"象"之难以"思议"。对于"反思弃想"的道家传统而言，"象思维"这一概念的出现近乎嘲弄。此类"翻译"之难，犹见于"冥想"与"佛禅"的荒谬对举。

⑭ 参阅《国医仁术，妙手丹心，天地春回：张长恩教授访谈录》。

⑮ 张长恩编著《伤寒论临证指南》"前言"，中国中医药出版社，2011年。

世。尤其让我爱不释手的犹有：先生著述之语言风格。简洁雅饬，精准干练，可谓"下一字泰山不移"，又如"东邻之子"之美"一分"增减不得——试想先生劝诫后学研读《伤寒论》应适当读点先秦两汉古书[46]，则不难明了先生超逸高妙之学术语言的背景与资源。

长恩先生在这本《仲景方证学：解读与应用》中，将已在前两本《中国汤液方证（续）》中明确化的思路进一步精炼化，其对方证、方证学、"病—证型—方证"、方证"四要素"（证象、证质、证治、证方）、方证"七层次"（主治证、适宜证、禁忌证、兼夹证、变化证、坏病证、类似证）、辨证论治十步曲的提炼分析均示以图例，对于"病域"分布块图中展现的六经辨证、脏腑辨证、六经传变辅以某种统计学思路……诸如此类均很容易让人联想到最讲究抽象的数理方程式或化学分子式的表述习惯，这种别出手眼的解读，让人对"中医"本来面目的理解与认识，确有耳目一新却又万变不离其宗——中医之"根、本、线、魂"（邓铁涛先生语）之感。无论"不言阴阳而处处不离阴阳，不论五行而时时不少五行，不言经络而一切根本在于经络[47]的《伤寒论临证指南》，还是从"有是证用是方"到"有是质用是方"的系列"方证学"的明晰，均正体现为对"藏—象"精神的正向或反向把握。

长恩先生以耄耋之年，不辞劳苦，如此三著《方证学》，《中国汤液方证》—《中国汤液方证续》—《仲景方证学》，除将历史地"一分为二"的《伤寒论》与《金匮要略》再度"合二为一"，试图在1800年之后全面体现"仲景医学"的有机的整体面貌——这一愿景，据先生自陈，乃为二十年前在胡希恕、陈慎吾两前辈指点之下即萌发了"按其所论方证重新编撰《伤寒杂病论》的想法"，这本《仲景方证学》正是"《中国汤液方证》之完卷"[48]。除此之外，先生另一具体的苦心孤诣，实在"方证学"作为学科的建立并希望其能早日纳入中国医学教育体系。毕竟，在真理的薪火相传当中，在当下的人类社会，作为"制度"的"教育"（管理机构、上层建筑）起到了相当重要的作用。这一点，甚至与"古典学"作为学科的确立之间构成了遥相呼应的景观。于此关怀，长恩先生同样休戚相关、念兹在兹，不同

---

[46] 参阅张长恩编著《伤寒论临证指南》"前言"。

[47] 张长恩编著《伤寒论临证指南》张绪通序。

[48] 张长恩编著《中国汤液方证续》"前言"，人民军医出版社，2008年。

场合多次言及。

还是那位"我们时代"德国最伟大的哲学家海德格尔,因为忧戚于现代科学技术对于"人的人性有毁灭之虞",于是渴望西方思想"朝向东方的转向"、希望东方思想可以担当"超越那些'希腊哲学本质局限'的途径"——这话听起来很让我们中国人神气活现。然而,"21世纪是中国的世纪",这好听话背后的沉重是否更加耐人寻思?Roy Portey 主编《剑桥插图医学史》中,这位作者对于西方医学的反省是深入的:

> 我们将追溯从古希腊开始的悠久传统,人类第一次将医学建立在理性和科学的基础之上。我们将考察在文艺复兴和科学革命激发下产生的转变,它显示出物理学和化学在医学上的胜利。我们也将展示19世纪医学科学在公共卫生、细胞学、细菌学、寄生虫学、消毒防腐技术和麻醉外科方面的重要贡献,以及20世纪早期在X射线、免疫学、内分泌学、维生素、化学治疗和心理分析方面的主要进步。[49]

> 西方医学的根源似乎十分相似于中国、日本或印度医学。早期的西方医学,如我们所提到的希腊医学,尤其是希波克拉底和盖伦,都是一种整体医学;它强调心与身、人体与自然的相互联系;它非常重视保持健康,认为健康主要取决于生活方式、心理和情绪状态、环境、饮食、锻炼以及意志力等因素的影响。在这个传统中,要求医生应当特别重视研究每个病人个体健康的特殊性和独特性。它关注的是病人而不是疾病,强调的是病人和医生之间的主动合作。

> 在所有这些方面,西方医学传统和印度次大陆以及东南亚的医学传统之间都有着广泛的相似。[50]

就医学的"整体"意味而言,的确,近现代以来发生在中国的医学争论,并非只是中西之争,同时更是古今之争。只是,当中国人十分受用聆听这位谦恭的作

---

[49] Roy Portey 主编:《剑桥插图医学史》(张大庆主译),山东画报出版社,2007年,第10页。

[50] Roy Portey 主编:《剑桥插图医学史》,2000年6月9日中文版序言。

者对于"今天的西方医学"的反思:

> 它在某种程度上已背离了自己的传统,转变了新的方向。尤其是从 16
> 世纪文艺复兴以后,盖伦和其他希腊、罗马医学家的著作逐渐被抛弃,人们
> 认为真理不在过去而在现在和未来,不是在书本上而是在躯体上,医学进步
> 不是取决于理解古代的权威的看法而是取决于观察、实验、新事实的收集以
> 及对病人生前和死后的严密检查。
>
> 在文艺复兴的西方,解剖技术已十分普及并获得了权威和合法化。此
> 后,尸体解剖开辟了细致观察骨骼的结构、血管系统、神经系统和组织本身
> 的新天地。……其后果是,在西方医学的进一步发展中,疾病越来越变得比
> 病人重要了,解剖学、生理学越来越变得比生病个体的后果重要了。通过连
> 续不断的新技术——显微镜、听诊器、血压计、体温计和其他记录装置,然后
> 是以 X 射线开始的各种影像技术的应用,西方医学以一种全新的方式思考
> 健康和疾病。这些是它不同于亚洲医学体系的思考方式。
>
> 这是一种越来越倾向于唯物论的和还原论的方式……[51]

如今我们中国人真的还敢坦然接受作者在此基础上对"亚洲医学"的善好
想象与溢美之词?

> 在亚洲医学基本上原封不动地保持着它的古老传统、尊重古代的经典
> 文献之时,西方医学闯入了迄今为止一直在亚洲医学传统中依然保持着神
> 圣的领域。

"中国医学"作为"亚洲医学"最重要的起源与构成,中国医学如今的现状,
"古老传统"何在?"尊重经典"何在?"神圣领域"何在? 我们理应记得另一位
德国人并不遥远的严厉指责:"中医的教育,甚至在最高、最权威的级别上,都处

---

[51] Roy Portey 主编:《剑桥插图医学史》中文版序言。

于崩溃的边缘"。52 我们亦当俯身倾听并思索这位异乡人对于"阴阳五行"的独特解读：

> "阴阳五行"的术语贯穿于中国的各个传统学科之中，也贯穿于中医学的各个经典文献和现代教科书中。但是，任何了解中医经典的人都知道，从来就没有过什么"阴阳五行学说"之类的说法。这种"学说"是 20 世纪一些学者的新近发明。其实，阴阳五行只是一种标准。我们知道，标准的存在与持续的应用，是真科学的基本特征和必不可少的属性。没有应用标准、规范、规范术语，就没有精确、普遍有效和整体的表述，也就没有科学的交流。定量的方法描述过去的也就是物化的效果，这就要求有定量的标准，如公制；这是今天最常用的西方科学的定量标准。而定性的方法描述现在的方向性，这就要求有方向性的即定性的标准。在中国科学和中医里，阴阳五行所起的作用就是一种定性标准的作用，它类似于在西方科学中，公制的定量标准的作用。53

我们并不需要急于交换一些似是而非的浮皮潦草的知识、谈资甚至口水——而这是如今所谓"比较研究""高端对话""峰会商谈"乃至媒体、网络与芸芸众生的情绪冲动所乐此不疲的。东方与西方文明或文化的交会或对话，首先需要双方彼此沉潜到自己的至深的根源来做好准备，准备那个相遇的机会。需要双方先"把各自分内的事情做得更好""东西方的真正交会不可能在东西方最

---

52 《中医是一门成熟科学——晰博先生谈中医》。上述此语的具体语境是："1978 年，当我作为第二次世界大战及中华人民共和国成立后第一个访问中国的德国（西德）官方医学代表团成员访问中国时，我甚至还遇到过连脉搏位置都找不准的中医实习生。一些'专家'，在自己的名下出版了中医药典的鸿篇巨著，却连最重要、最常用的中药都认不出。很多'中医'，在他们的生活和医疗实践中，从未接触过中医曾经拥有，并且现在和将来还能拥有的辉煌。"作者事后撰写了《中医在当今中国》一文。

53 《中医是一门成熟科学——晰博先生谈中医》。作者文中尚言："了解了这些，你就会明白，20 世纪六七十年代，在中国开展的关于保留还是废除这一方向性标准（特别是五行）的讨论毫无意义，它只说明人们不仅全然遗忘了中医的经典论述，而且对于理性科学的构成也浑然不知。"李约瑟《中国科学技术史》第二卷第十三章 C 部分对这个问题的大致解释为："五行的概念，倒不是一系列五种物质的概念，而是五种基本过程的概念。中国人的思想在这里独特地避开了本体面。"——但他对此的评价，之后显得非常"历史主义"。

浅薄时期的最吵嚷、最轻率的代表者之间发生”。(54) 具体到医学难道不是同样如此？具体到中医难道不是同样如此？在这个动辄就搞“中西医结合”的时代（笔者的学医生涯就经历过如此洗礼），诚如长恩先生所言，这首先不是一个“中医如何跟国外医学接轨的问题”，而是一个首先“自性澄明”“复归自家本来面目”的问题。而这，首先需要我们自己默默沉潜、涵泳精神，先“将自己分内的事情做得更好”。

在我心目中，长恩先生就是如此默默先“将自己分内的事情做得更好”的那一个中国人。身在美国的寿春张绪通先生，为长恩先生《伤寒论临证指南》一书所作序中，由衷称叹：“中国有人，中医不亡！”

我并不否认中医学界目前存在的并不轻松的种种问题。拉丁古谚有谓“corruption optimi pessimum est（最坏的事情，莫过于最好的东西腐化）”。中医何尝不是如此？不必讳言医学不只在中国又尤其在中国的凋敝，让医患双方均感心寒失落又似均感无能为力的医患关系……回溯古罗马1—2世纪“第二智者运动”中医生何以积极参与“公民教育运动”？回溯希波克拉底之后最伟大的医生盖伦同时还是一位哲学家与教育家？回溯盖伦何以写出《最好的医生同时也是一位哲学家》这种文章？(55) ……在业已丧失了对于中国传统“生命观念”的根本信心、信任与信仰的意识形态土壤中，我怎么可能不懂得：“振兴中医”或说“恢复健康”，对于中国人是多么奢侈无望、遥遥无期的事？尽管我又始终明白：人类有史以来，从来不乏逍遥于、超越于意识形态之外的人物，默默受用生命的真谛，并以同体大慈、无缘（普缘）大悲的精神为悲苦的人世提供自己力所能及的帮助。健康其实依然是人自己的事，犹如只属于自己的深渊。饶是大医精诚，

(54) 参阅《古典政治理性主义的重生》“中译本前言”（Pangle 撰，郭振华译）、《海德格尔式存在主义导言》（施特劳斯撰，丁耘译）。

(55) 在这篇小文中，盖伦说，医生“为了能一直从事这一事业，他们必须蔑视金钱、培养节制。因此，他必须了解哲学中的所有分支：逻辑学、物理学、伦理学。因为他行为节制、蔑视金钱，他就不会有采取任何恶的行为的危险：人们的所有恶的行为都是由于贪婪或者享乐而引起。他必然也拥有其他的诸种美德，因为所有的美德是联系在一起的。不可能只获得了其中的一个而其他的不立刻随之而来，它们就如同是连在一根绳子上一样。”文见“The Best Doctor is also a Philosopher ”，in Galen：*Selected Works*，trans. P. N.Singer，Oxford University Press，1997，p.33.（K I 60—61）。盖伦甚至认为：追求美德不仅是对医生自身的要求，也是医生帮助病人所要达到的目标。

无非一个"助缘",即使作为"教化"。但无论如何,让我们一起期待中国有志于成为"苍生大医"而非"含灵巨贼"者,多些更多些先"将自己分内的事情做得更好"的人。让我们一起上路。毫无疑问,这条路上已经汇集了不少志同道合者,也出现了不少卓有见识的著述,见证了太多起死回生的庄严……这些感动绝非此序所能完成,它们将留给另外的时空。

(《图解仲景方证学——仲景方证学解读与应用》由中国中医药出版社出版。作者张长恩,生于1936年,早年随父行医,后师事胡希恕、陈慎吾、宗维新等经方大师,数十年致力于仲景医学理论与实践研究。曾任首都医科大学中医药学院伤寒教研室教授、主任,中医系主任,全国仲景学说专业委员会委员等职。主编《中国中医诊疗疾病十步曲》《中国汤液方证(续)》《伤寒论临证指南》等著作。1995年获国际医学交流基金会"林宗杨医学教育奖"。)

【秦燕春　中国艺术研究院中国文化研究所副研究员】

原文刊于《中国文化》2012年01期

在科学与宗教之间

论西方科学的东方渊源

陈方正

自 2500 年前的轴心时代开始，以迄 17 世纪为止，人类社会的结构、理念在很大程度上是由各大文明的传统宗教所陶铸，但自 18 世纪开始形成的现代社会，则深受现代科学所陆续发现的自然规律以及由是衍生的崭新技术影响，人类生活与观念，因而出现翻天覆地巨变。表面上，无论从实质内涵抑或人生取向看来，宗教与科学都好像是南辕北辙，各不相干，甚至势同水火，互不兼容。其实，就起源于印度的佛教而言，这是个误解：它不但与西方科学有很深的历史渊源，而且在根本观念上，与现代科学也不无相通之处。本文以阐述此历史渊源为主[①]，余论旁及上述观念之相通，以及科学、佛教、基督教三者之间的比较。

一、西方科学发展概观

要明了西方科学与印度宗教的渊源，必须先对西方科学传统整体有一概观。

---

① 本文除最后一节"余论"以外，基本上为拙作《继承与叛逆：现代科学为何出现于西方》（北京三联书店 2009 年）2—5 章之综述及节录（但书中其他部分亦有涉及），详细论证及相关征引具见原书，在此不再重复。

今日所谓"科学",是指塑造今日世界的现代科学,它是从西方的科学传统发展出来,但两者并不一样,因为 17 世纪的科学革命,也就是牛顿所发现的物理学理论,将两者截然分隔开来了。我们所谓科学与印度宗教的渊源,所指是西方科学大传统在源头处与印度宗教的关系。这个关系在底子里其实很简单:西方科学的起源和一个古希腊神秘教派有密切关系,而这教派,又有种种迹象是和印度宗教特别是佛教相关。但要说清楚这两层关系,则需要牵涉不少史实,所以还得先从西方科学大传统的概观说起。

西方科学传统非常悠久,在 17 世纪科学革命以前,它已经经历了统共超过 2000 年的三个阶段。(1)希腊科学:从公元前 6 世纪开始,延续到公元三四世纪,前后大约千年之久;地域最早是在希腊,后来转移到埃及尼罗河口的亚历山大城,总而言之,是在地中海东部的周边地区。它以古希腊文明,特别是希腊哲学为背景,所用语文是希腊文。(2)伊斯兰科学:从 9 世纪延续到 15 世纪,前后大约 700 年之久;它的地域极广,最早在两河流域,后来扩散到整个伊斯兰世界,即伊朗、埃及、西班牙,乃至中亚。它以伊斯兰文明为背景,所用语文是阿拉伯文。(3)传统欧洲科学:从 13 世纪延续到 17 世纪,前后 400 年;它早期的中心是英国的牛津和法国的巴黎,后来扩散到德国、意大利乃至整个欧洲。它以基督教文明为背景,所用语文是拉丁文。

在这三个阶段的科学发展虽然时代、地域、文化背景、言语都大不相同,然而它的典籍、方法、问题意识则一脉相承。这是因为伊斯兰科学的起点是延绵 200 年之久的"阿拉伯翻译运动"(公元 800—1000 年),此运动把几乎所有希腊科学、医学、哲学典籍都从希腊文或者中介的叙利亚文翻译成阿拉伯文;欧洲科学的起点则是其初持续百年,然后延绵将近五个世纪之久的"拉丁翻译运动",它把大量古希腊科学典籍,以及伊斯兰科学典籍,从阿拉伯文或者希腊文翻译成拉丁文。在历史上,这两个翻译运动规模之大,影响之深,只有中国长达六七百年的佛经翻译运动可以比拟。而正是这两个翻译运动,使得西方科学能够跨越不同文化,从古希腊传递到近代欧洲,成为一个大传统。

以上是西方科学传统的整体,要探讨它的宗教渊源,则还须进一步细究它的最初阶段,即有上千年历史的希腊科学,那又可以分为以下四个时期。(1)酝酿期,亦即"周边时期":大约在公元前580—公元前430年,前后150年。这同时是古希腊哲学亦即所谓"自然哲学"萌芽的时期,当时的自然哲学家也就是最早的科学家。此时期的开始比孔子的年代稍早,而和佛教出现相差不远,因为释迦牟尼诞生年份有公元前630年和公元前550年两说。所谓"周边时期"是指这个时期的希腊哲学家都出现于它本土周围的海外殖民地,例如小亚细亚半岛西岸的城邦、意大利半岛南端和西西里岛上的城邦,以及希腊北面的色雷斯(Thrace)等等。(2)确立期,亦即"雅典时期":公元前430年—公元前300年,前后130年。这是古希腊哲学的经典时期,也就是苏格拉底、柏拉图和亚里士多德的时代,它相当于中国百家争鸣的时代。这时期希腊的哲学和科学中心从周边移到了它最主要的城邦雅典。(3)发展期,亦即"亚历山大时期":公元前300年—公元200年,前后大约500年,这是希腊科学蓬勃发展的黄金时代,它的中心移到了埃及尼罗河三角洲西端的亚历山大城。(4)衰落期,公元200—500年。以亚历山大为中心的希腊科学从三世纪开始衰落,公元500年左右西罗马帝国被入侵蛮族所灭,自此希腊科学也连带消失,仅余最粗浅部分残留于罗马学者所编纂的百科全书之中。

与西方科学传统的宗教渊源有关系的,主要是希腊科学最初两个时期,即"酝酿期"和"确立期",这是希腊科学基本观念和方法形成的时期,也是它和印度宗教特别是佛教之间的渊源还可以辨认的时期。

二、西方科学渊源概说

西方科学的渊源头绪很多,主要脉络可以用两个人和一本书作为代表。这两个人是毕达哥拉斯(Pythagoras)和柏拉图(Plato),一本书就是《几何原本》(Elements)。

毕达哥拉斯是谁?一般人知道他都是因为在初等几何学里面有一条毕达哥拉斯定理,即勾股定理。其实,这定理不见得是毕达哥拉斯发现或者证明,因为在距今大约4000年前,古巴比伦的文士已经在泥板上记录了和此定理有关的各种知识，至于此定理的严格证明，则恐怕也并非毕达哥拉斯所及，而是后人的依附。但在西方科学史上，毕达哥拉斯的确非常重要，因为他创立了一个神秘教派，它通过特殊的教义，将宗教意识与宇宙奥妙的探索（亦即今日所谓科学研究）这两者牢牢结合起来，从而对理论科学特别是数学，产生了强大的推动作用。这教派一度非常强大，但没有多久就被反对者所消灭。然而，它的思想由星散到希腊各地的教徒传播开来，最后传授给雅典城邦里面一位最有才华的贵族子弟，那就是柏拉图。在毕达哥拉斯教派影响下，他创办了"学园"（The Academy），广招弟子，大力提倡数学研究，这大约是公元前400—公元前340年的事情，正当孟子的年代。后来学园中的数学研究获得突破性进展，重要成果编纂成书，那就是公元前300年出现的《几何原本》，它成为其后两千年间西方所有理论科学的基础。毕达哥拉斯是神龙见首不见尾的传奇人物，而且不立文字，没有片言只语流传，在后世却广受尊崇，成为西方学术与智慧的象征，其影响历久不衰。至于柏拉图则被公认为西方哲学体系的开创者和西方文明精神的缔造者。因此，西方文明的"内核"包含了宗教、哲学和科学，这三者在它的源头是三位一体、密不可分的，而毕达哥拉斯、柏拉图和《几何原本》则正好分别是这三者的象征。

以上是西方科学起源的轮廓。它与印度宗教的渊源主要见之于两方面：毕达哥拉斯本人的东方背景，以及他所建立的神秘教派所具有的某些与印度宗教特别是佛教非常相近的信仰与特征。首先，毕达哥拉斯的背景非常复杂：他出身于移民家庭，父亲尼莫沙喀斯（Mnemosarchus）是从巴勒斯坦的腓尼基（Phoenicia）移居希腊的铭刻匠。相传他曾经得到传奇人物菲勒塞德斯（Pherecydes）传授有关灵魂不灭与转世（transmigration）思想，年轻的时候曾经到埃及、巴比伦等地游历甚久，行踪没有人知道，因此有可能深受东方古老文明包括波斯、印度的影响。其次，他出生于小亚细亚西岸的萨摩斯（Samos）城邦，它邻近自然哲学发源地米利都（Miletus），两地相距仅数十公里。米利都学派的泰勒斯（Thales）是古希腊第一位哲人，时代上只比毕达哥拉斯早半个世纪，他提倡天文学、几何学，提出水为天地万物的本质或曰原质（arche）之说，开创了希腊的自然哲学。他的弟子阿那克西曼德（Anaximander）比泰勒斯略小，对于自然现象有仔细观察和种种假说,以"无穷"(apeiron)为原质,并留下了著作。再下一代的阿那克西美尼(Anaximenes)则和毕达哥拉斯大致同时,他秉承此派传统,猜测自然现象成因,将作为原质的"无穷"称为"气"。很显然,毕达哥拉斯在年轻时又深受米利都学派影响,养成了以理性来观察、解释自然现象的习惯。

最后,我们还要谈谈希腊的宗教观。这本来是由希腊的神话以及荷马(Homer)史诗塑造的,它非常简单、朴素:世界上有人,也有众多神祇,但"神"和人基本上一样,都有七情六欲,有大小强弱之分,其与人的分别只在于两点:神的能力远胜于人,非人所能抗拒;而且神是永生的,人则必然要死,死后成为游荡于地下阴间、没有躯体能力的幽灵。因此人对神必须恭敬,按时祭祀,不可妄自尊大,惹其发怒,以得其眷顾、助力。但除此之外,人对于神就没有什么可以祈求,因此也就没有什么诫命、规范是需要遵循的了。一直到公元前 7 世纪为止,在希腊盛行的,都是这种朴素的、以集体祭祀和外在崇拜为主的宗教。但到了公元前 6 世纪,希腊宗教观发生根本变化,因为在意大利南部的希腊城邦出现了一个奥菲士教派(Orphism),它是讲轮回、修炼和永生的。而恰恰就在这时候,毕达哥拉斯从东边的萨摩斯跑到西边的南意大利,在那里的克罗顿(Croton)城邦建立神秘教派。这毕氏教派在时代、地域和教义上和奥菲士教派有惊人的相同。但两者也有根本分别,那就是毕氏教派有教主、教规、教义、历史,是个完整、有组织的宗教,而奥菲士教派只是松散的民间信仰;两者更相异而令人极其惊讶的,则是毕氏教派的教义中居然还有数理和哲学成分,这将在下面详细讨论。

总而言之,毕达哥拉斯的背景包含多个不同方面:第一,他在身世和经历上有强烈的东方背景;第二,通过邻近的米利都学派,他承袭了在希腊本土兴起的、以理性探究为核心的自然哲学;第三,通过菲勒塞德斯和奥菲士教派,他又承袭了另一种新兴于公元前 6 世纪的、以内在修炼与永生追求为特征的宗教思想。这三个不同背景令毕达哥拉斯得以发展出一个具有强烈东方色彩,但又融会了宗教与科学追求的神秘教派,它对于柏拉图的深刻影响可以说就是古希腊科学兴起的关键。

三、毕达哥拉斯及其教派

毕达哥拉斯生于公元前 570 年左右,介乎释迦牟尼与孔子之间,也就是正当所谓"轴心时代"(The Axial Age)[②]。除了游历东方的传说之外,我们只知道他在 40 岁即公元前 530 年左右移居克罗顿,受到当地领袖盛大欢迎,并获得民众的广泛尊崇,随即建立了以他个人为绝对领袖的教派。同时,他在政治上成为强势领袖,其教派因此得以在意大利南部所谓"大希腊"(Magna Graecia)诸城邦之间广泛发展。但教派大权在握,作风诡秘,这为习惯于散漫自由的希腊人所难忍受。因此短短数十年后(约公元前 490 年),原有贵族和低下民众就联合起来攻击教派,导致毕达哥拉斯本人殉难,其后双方继续斗争,公元前 470—公元前 460 年间教派终于受到致命打击,自此一蹶不振,教徒逐渐流散到希腊各地。

毕氏教派是具有严格制度和纪律的组织,而且是"密教":教徒对外必须严格保守秘密,不得泄露教派的规条、教训、学说、状况,教内也不立文字,不作记录,所有教导、指示只凭口耳相传。这规定保证了教派纪律,而且的确为教徒所遵奉不渝,只是在教派覆灭多年之后才被放弃。此外,教徒还必须彻底"皈依":希望入教者须通过品性心志的审查,初入教者只能旁听教诲,经过长期考察合格后,方才准许直接聆听毕达哥拉斯本人教谕;教徒须保持缄默,谨守戒律,经常努力学习、思索、求真,过有规律的团体生活,甚至个人财物也须奉献成为公有。这些规条不大可能全属毕达哥拉斯个人的创造、发明,而颇有继承古埃及、巴比伦祭师组织甚至印度宗教传统的痕迹。

其次,毕氏教派虽然没有苦修传统或者规定,但有许多个人修炼的要求,其

---

② 德国哲学家雅斯贝尔斯在 20 世纪 50 年代指出,人类各大文明的开创人物都出现于大约公元前 600—公元前 400 年之间,因此这时期是人类文明形成的关键时期,这就是所谓"轴心时代"观念,见 Karl Jaspers(M. Bullock transl.), *The Origin and Goal of History*(New Haven:Yale University Press, 1953);原著为 *Vom Ursprung und Ziel der Gesschichte*(1949)。雅斯贝尔斯此观念是专指各文明的"精神化"(Spiritualization),亦即高等宗教(包括儒教)之出现。然而,在原书的讨论中,此观念并不包括毕达哥拉斯的教派,更没有涉及希腊哲学,这我们认为是十分令人遗憾的缺失。

中最为人熟知的是:素食,祭祀时不得杀生,不用毛织品,注重洁净身体(Purification)的仪式,等等。这些修炼和仪式的确切意义多数已经不复可考,但它们很可能是混合了其他不同宗教传统,包括民间习俗、禁忌而来。其中最显著的,自然是素食和戒杀生这两项戒条与佛教的关系,以及祭祀时不用毛织品的禁忌与埃及神庙的关系。统而言之,混合、融会多种不同宗教、传统的理念、仪式,显然是毕达哥拉斯创建教派的基本策略。

教规是形式,教义方才是精髓。毕氏教派教义有两个不同成分,一是灵魂观,一是宇宙观。灵魂观指灵魂不灭、转世观念与永生追求,这可能受希腊本土的埃洛西斯信仰(Eleusinianism)影响,或者直接承袭奥菲士教派,也可能承受了希腊以外其他宗教,例如佛教的信仰。综而言之,毕派教义最核心的观念是:人的灵魂(soul)是生命的主宰,它是不灭、永存的,亦即在离开躯壳之后它仍然可以独立存在。由此而引申出来的,是相当完整的一套修炼和轮回观念:(1)人的现世躯体(soma)犹如禁锢、羁绊灵魂的坟墓(sema);(2)人在生之时其灵魂会受世上不洁事物或者个人不洁、不当、不义行为污染;(3)人可以通过冥想、数学、哲学探究,以及净化仪式等修炼工夫而恢复灵魂的纯洁;(4)人死后灵魂将在阴间受审判,并且根据生前行为亦即"业报",以及其修炼工夫深浅,而投身于不同等级的生物,即所谓"转世"(transmigration),如此轮回,以迄经过十趟,每趟为期千年的转世,才有机会得以再复为人;(5)所有生物,包括动植物,都同样具有灵魂。

从上述灵魂观,毕派更发展出灵魂的宇宙观,即宇宙整体也有其大灵魂,或曰"宇宙灵魂"(cosmic soul),人的个别灵魂是由宇宙大灵魂的"流溢"或曰"发射"(emanation)而来。因此人的灵魂有可能通过修炼而上升为遨游空间,不再受生灭变化天体的限制——至于个别神祇的灵魂,也同样是运行中的天体。这样毕氏教派的灵魂观统摄了人生观、救赎观乃至宇宙观,构成一个以灵魂为核心的泛神神学系统。不过,灵魂的宇宙观当非教派原来所有,而是后起的,很可能是教派核心覆灭之后,迟至柏拉图甚至"新柏拉图学派"时代方才出现。

从以上的简略描述可以见到,毕氏教派很可能与印度佛教或者婆罗门教有渊源:毕达哥拉斯本人有强烈东方背景和色彩,他的教派大体跟着佛教出现,这教派又提出了和古希腊传统宗教完全不同，而相当接近印度宗教的一套观念，包括提倡素食，戒杀生；宣扬灵魂受身体禁锢，受俗世污染；讲轮回、转世、追忆前生；又认为洁净身体、冥想、思索宇宙原理与奥妙等修炼工夫，皆有助于灵魂之向上；而修炼的最高境界则是令灵魂达到寂然不再变化，即所谓不生不灭，如天体般永恒运行的境界——而且，天体就是神祇的灵魂所居。当然，这些只能够说是毕氏教派与印度宗教之间笼统的、大体的相类似之处。要仔细比较两者的观念、教义，从而判断它们之间的关系，那是非常困难的，因为两者的年代久远，历史文献和细节都已经湮没，我们现在所知，只是根据后人追述和极少数遗留经卷、残篇所拼凑起来的模糊轮廓，因此也只能够大致猜测两者可能是有渊源而已。至于梳理经典，探幽析微，作更深入探讨，则需寄望于来者了。

四、宗教与科学的结合

以上所论，是毕氏教派与印度宗教的渊源，以下所要讨论的，是毕氏教派与西方科学的关系。这关系有两层：第一层是教派本身的原始科学思想；第二层则是这思想如何通过柏拉图学园而激发了西方科学第一次革命，导致了以严格论证为特征的数学之出现，以及西方科学传统之建立。这两层关系分别在本节和随后两节讨论。

我们首先讨论毕氏教派的科学思想。这思想的起源在于，他们的灵魂观之中有个非常特殊的观念：冥想以及数学和宇宙奥秘的探究可以导致永生，这就将宗教修炼与科学探索从根本上结合起来了。为什么这两者可以结合？何以宇宙奥秘的探索居然会有洁净灵魂的功效？因为在毕派观念中，灵魂本来是宇宙整体的一部分，因此得以分享其条理、秩序，从而得以自由自在，长存不灭。人在世之时其灵魂是受躯体禁锢、污染的，要使它恢复到原来的自由状态，自然便先得充分明白宇宙本身的原理、结构和奥秘，因为这探索、理解、明白的过程就足以改变灵魂的状态。柏拉图在《对话录》中的两段话是这一观念的最佳论述："人倘若专注于那些有秩序和不变的事物，而这些事物的作为是依据理性而不会互相伤害,就会仿效它们,竭力受其同化。人怎能不去仿效他所尊崇的事物呢？爱智者亲近神圣秩序,因此会在人性允许的范围内变得神圣与条理清明"(《国家篇》);"但倘若他对于知识与智能的热爱是认真的,并且运用心智过于身体其余部分,那么自然就会有神圣和永恒的思想;倘若他获得真理,就必然会得到人性所能够赋予的最充分永生;因为他永远珍惜神圣力量,并且保持本身神性的完整,他将得到无上幸福"(《蒂迈欧篇》)。

上述观念和宋儒"变化气质"之说颇为相似,但它是以宇宙的秩序、原理而并非道德形象作为变化气质的楷模,两者正所谓"差以毫厘,谬以千里"。因此,毕氏教派的灵魂观只是一面,另外一面是它的宇宙观,亦即宇宙生化、结构的原理。它的神学和宇宙论是有机地结合起来,不可分割的。

那么,毕派的宇宙观是怎么样的呢？毕氏教派"不立文字",后来更被消灭,所以并无原始文献遗留。幸而教派留下两位杰出传人,即菲洛劳(Philolaus)和阿契塔(Archytas),他们又转而影响柏拉图和亚里士多德(Aristotle),这两位大哲学家的著作因而保存了大量毕派宇宙论的材料。后来毕氏教派对于罗马帝国时代的"新毕达哥拉斯学派"和"新柏拉图学派"产生巨大影响,因此又有大量后代学者研究、注释上述经典,由是形成的学术传统一直延续到文艺复兴时期。以下对毕氏教派宇宙观的粗略介绍,大体就是从上述文献、材料得来。

甲 万物皆数的思想

和其他自然哲学流派一样,毕达哥拉斯学派也致力于"宇宙万物到底如何生成"这个中心问题。但相对于自然哲学家之以水、气、火,或者土、水、风、火四元素为宇宙"原质",毕氏学派却舍弃实体,转而以抽象原则作为宇宙生化的解释基础,那就是"万物皆数"观念,亦即数目(number)是了解宇宙的关键。用毕派传人菲洛劳斯的说法,这是因为"事实上,一切可知之物都有数目,因为没有这个(数目)就无法用心智去掌握任何事物,或者去认识它。"这话最简单的解释是:许多自然现象之中都有数量关系,天文和音乐尤其如此,所以数目本身是实体,它就是直接构成事物的质料或者成分。

亚里士多德的《形而上学》第一卷纵论哲学流派各家要旨,它对毕派为何会发展出这个观念的解释很清楚,也很重要,值得详细征引:"和这些哲学家(按:

指"前苏格拉底"自然哲学家）同时以及在其前,有所谓毕达哥拉斯派学者致力于数学;他们是最先推进这门学科的,而且由于浸淫其中,他们认为其原理就是万物的原理。……这样,既然所有其他事物的全部性质似乎都出于数目,而数目又似乎是整个自然界中最原始的,他们认为数目的元素(elements)就是所有事物的元素,而整个天(whole heaven)都是乐音阶律,都是数目。""但由于看到感性事物(作者按:指以感官来认识的事物)也具有数目的许多属性,毕达哥拉斯派学者认为实物就是数目——不过并不是另有数目,而就是构成实物的数目。可是为什么呢? 因为数目的性质出现于音乐的音阶和诸天(heavens)以及许多其他事物之中。"这引文最后一句说明,毕派的确是由于数目的广泛功能,特别是在音乐上的应用,而天真地将它与事物本身混为一谈。这朴素的观念曾经为亚里士多德所严厉批判。但这并不重要,重要的是:以数目为认识世界的关键这一根本观念,后来证明是正确的,它导致了西方科学的第一个大突破,最后成为现代科学的基础。说到底,现代科学的精神就是"将大自然数学化"。

不过,对于毕派来说,数并不仅仅是计算、推理工具,还是神秘、有生命、有性格的事物。例如,他们认为:偶数和无限、多元、阴性等观念相关,它代表混沌(chaos)和邪恶;奇数则和限度、单一、阳性等观念相关,它代表秩序和优良;"10"是"完整数",因为它是由 1、2、3、4 相加而成,而这四者是构成几何形体以及音阶比例的基础。所以,他们的数目观念也带有原始崇拜色彩,这就是所谓数目神秘主义(Number Mysticism)。从对于数目的敬畏、崇拜出发,他们作出了各种猜测和探索,但最后又超越这个阶段,促成了严格论证的数学之萌芽。

乙 从数目衍生宇宙

然而,在毕氏教派的观念里面,数并不是最原始的:它是从更根本的无限和限度这些原始观念生出来;数也并不直接化生万物:它是先产生几何形体,后者才转化生出天体和世上万物。因此,从原始的"无限"和"限度"产生宇宙实体是个多层次过程,它可以称为"纵向发展",在其中数目是承上启下的关键。这里还需要强调一点:他们所谓的"数",指的是自然数,即正整数。当然,从正整数可以引申出比例,也就是有理分数,但此外他们并没有小数或者其他更复杂的数之观念。

数目的功能还有个"横向发展",因为在算术之外,毕派还有三方面探究:首先是音乐,它与和谐观念相关;其次是几何学,它被认为可以解释地、水、风、火四元素以及行星轨道的结构;最后还有天文学,它是宇宙结构最清楚、直接的体现。算术、几何、音乐、天文合称"四艺"(quadrivium),它们在根基上和功能上相互通连,构成了一个完整的学术体系。这个由毕氏教派创立的体系后来为古代西方学术传统所承袭,那是学者公认的。在欧洲中古大学里面,最基本的课程称为"文科"(arts),它包含"三艺"(trivium)和"四艺"两个部分:前者包括文法、修辞和逻辑,是真正的我们今日所谓"文科",至于"四艺"却是科学。中古的"文学院"实际上是今日大学中的"文理学院"。

丙 几何学与乐理

算术是数目之学,但数目和几何、音乐、天文怎么会拉上关系呢?这牵涉到毕氏教派一些很特殊的观念,下面只介绍其最粗略的一些想法。在最基本层次,毕派认为数目序列的衍生和几何元素的衍生是一致的。例如,数目中最原始的"1"相当于没有大小的点;其次的"2"相当于没有宽度的直线,因为两点决定一直线;"3"相当于三角形或者没有厚度的平面,因为三点决定一个平面;"4"相当于立体空间,因为四点决定一个四面体(tetrahedron)。这样随着数目序列前进,就可以依次得到维度(dimension)逐步增加的空间和在此空间中越来越复杂的几何形体,乃至现实事物。1、2、3、4 这四个最简单的自然数象征了从原始、没有大小的点产生几何形体乃至万物的过程。而且它们的总和是 10,最完美的数目。因此毕派信徒把这四个数目的点阵构造成 tetractys 这个神圣符号作为特殊标志,以及毕达哥拉斯教诲的象征。

到后来,毕氏教派对于几何形体如何构造世界还有更进一步的具体想法,即是构成世界的元素(地、水、风、火和"清气")都是由无数细不可见的原子集合而成,这些原子视元素不同而有不同几何形状:土是由正立方体状的原子造成,因为它最最稳定;正四面体即金字塔状最轻巧能动,所以是火原子的形状;气原子是正八面体;水原子是正八面体;"清气"(aither)即"以太"(ether)原子是十二面体,等等。这样,他们就将希腊自然哲学中的四元素说和原子论结合起来了。

毕派与音乐的渊源很深:奥菲士(Orpheus)相传是古希腊七弦琴(lyra)的发明者,以他命名的奥菲士教派以重视音乐著称,毕氏教派也承袭这个传统。前述的菲洛劳斯在他遗留的残篇中提出乐音和谐的理论。它的根本观念是:乐音高低的比例是由1、2、3、4等几个最小的数目构成。古希腊乐师只懂得以琴弦来决定音调高低,而在弦线张力(即其松紧)相同的情况下,琴弦长度和震动频率成反比例。菲洛劳斯残篇记载:假如两根琴弦所发的乐音是"和谐"的,例如相差"八度""五度"或者"四度"(这些都是他们的乐师可以凭听觉分辨的"音程"),那么弦线长度比例就应该分别是(1:2)(2:3)和(3:4)。此外,他还提出了"全音"(whole tone)和"半音"(semitone)这两个音程的观念。换而言之,乐师以耳朵来判断的乐音和谐,以及最细微的乐音差别,竟然都可以用数目决定,用算术计算。这是个令人震惊的大发现,因为七弦琴(lyra)的弦线长度实际上相差并不很远,它们音调的调校基本上是凭着改变弦线张力。根据记载,上述理论是毕达哥拉斯本人用不同长度的单根弦线,在固定其张力的状况之下,通过有系统的试验而发现的。这一发现给古希腊音乐理论带来了巨大刺激,其后它在希腊文明中形成坚强传统,不断出现新进展,其影响一直延续到现代。

丁　宇宙结构

"四艺"的最后一项是天文学,那也就是自然哲学传统中的宇宙论,包括宇宙的生成(cosmogony)和结构。就宇宙生成而言,毕派的基本观念是:从"无限"与"限度"生出数目,由数目生出几何形体,再由后者生出万物。但要解释宇宙整体的存在,则需要更为简单、直接的想法。根据亚里士多德的记载,那基本上是以"无限"为原始的虚空、混沌,以"1"(借用中国古代观念,这正好称为"太一")为最初的"限度"、秩序,这"太一"作用于"无限",就形成宇宙(cosmos),即具有秩序的世界。更为形象的描述是:原始的"太一"首先产生了原始的四面体,亦即是火,然后它逐步向外扩张、生长。这样,就产生了宇宙在无限之中"吸入"虚空,从而使物质"分离"那样的说法。

就最后形成的宇宙结构而言,毕派有个非常奇特和壮丽的构想,即在宇宙中心有个"中央火球",环绕它运行的最外层是恒星,其内是五大行星,然后依次是日、月、地球,以及最接近火球的"反地球"(counter-Earth)。这个构想中最令人惊讶的,自然是地球并非居于宇宙中央不动,而被认为也是循环形轨道运行,那也就是第一次清楚提出了地动观念。为什么会有此构想?一个可能的理由是形成宇宙的原始中心点是前述的"太一",它首先产生了四面体亦即火,这成为炽热的"中央火球",因此被冠以宇宙的"火炉"(hearth)、宙斯之守卫营房(the Guardhouse of Zeus)等称谓,这样地球就失去了它的特殊位置,变为与行星等同。"中央火球"之所以无法从地上得见解释,是地球有人居住的一面永远背向火球;至于凭空造出"反地球"的奇特构想,则似乎是为了将它和恒星、五大行星、日、月、地球等九者合起来,以凑足"10"这个圆满数目。

最后,毕派还有所谓"天球谐乐"之说,亚里士多德说毕派"整个天"(whole heaven)都是乐音阶律,都是数目,就是指此。它的基本观念来自毕派的声学:他们误以为,物体移动的时候会发声,声音的高低视速度而定,因此天上迅速运行的星球必然会发出乐音,由于它们速度快慢不等,所发乐音也高下不同,然而它们是和谐的:恒星、五大行星,加上日、月,刚好凑成一个"八度"音阶!这奇特而富有魅力的构想最早出现于柏拉图《国家篇》,直接论述则见于亚里士多德的《论天》。亚氏对于这可以称为"钧天之乐"或者"天籁"的观念表示欣赏,又指出其要害:以星球之巨大和运转迅速,它们所发声音应该响亮无匹,有穿云裂石之力,人类却绝不曾听闻,那么它也就是不存在的了。毕派对此的解释则是它经常充塞宇宙,所以人类久闻惯习而不再有感觉。毕派这个熔冶数学、乐理与天文于一炉的奇异构想对后世学者有极大吸引力,直到 17 世纪的开普勒(Johannes Kepler)也还追承此意而详加论证,其书名为《宇宙之和谐》(The Harmony of the World)。

五、从毕氏教派到柏拉图学园

上述这套复杂的原始科学观念本来是毕氏教派内部秘密,那么,它是如何传播到整个希腊世界,又如何蜕变,成为希腊科学传统的基础的呢? 这过程的梗概大致如下:毕氏教派的后代向柏拉图披露了教中秘密,说服他全面和教派合作,在雅典成立"学园",在其中继续推进宇宙奥秘探索,特别是数学研究,学园旋即成为希腊最活跃、最强大的学术中心,从各地吸引了最优秀学者来参加它的研究。与此同时,希腊蓬勃的自然哲学运动和智者运动也对几何学问题产生了巨大促进作用。这最后导致希腊数学产生革命性突破,其成果被欧几里得(Euclid)汇集成《几何原本》。此时雅典已经衰落,亚历山大大帝(Alexander the Great)经过十年东征,建立了混一欧亚的大帝国,它旋即分裂为三,其中托勒密王国占据埃及,以尼罗河口西岸的亚历山大城(Alexandria)为都城。王国的君主认识到可以凭借希腊文明的声望团结少数统治阶层,怀柔治下的广大埃及民众,因此以柏拉图"学园"和亚里士多德的"吕克昂学堂"(Lyceum)为典范,在王宫中设立"学宫"(Museum),广招天下优异学者聚集研究、讲论。《几何原本》最早就是在亚历山大出现,并且成为希腊科学之进一步发展基础的。这样,希腊科学的中心从雅典转移到亚历山大学宫,从而迎来了它辉煌的黄金时代。

甲　毕氏教派覆灭后的变化

西方学术大传统的形成是从柏拉图开始,他一生做了两件大事:创办"学园"和撰写《对话录》(*Dialogues*),而这两件事情都与毕氏教派有密切关系。现在我们顺着年代把这层关系说清楚。毕氏教派受到克罗顿的敌对势力攻击和覆灭大约在公元前465年前后,此后发生了两件重要事情。其一是:教徒莱西斯(Lysis)逃到希腊本土的底比斯(Thebes)躲避风头,在那里将聪明俊秀的教中子弟菲洛劳斯抚养成人。菲洛劳斯大概和苏格拉底同时,生于公元前470年左右。他是后来把毕氏教派学说、思想"传授"或者"引荐"给柏拉图,从而使之发扬光大的关键人物。第二件事情是教派覆灭后,散处各地的教徒分裂了,导火线是谜样人物希巴沙斯(Hippasus of Metapontium)。他在教派中辈分颇高,可能见过毕达哥拉斯本人,又可能曾经向外界透露教派秘密,或者自立门户与毕达哥拉斯竞争,因而导致教派分裂。相传同门曾经将他驱逐出教,甚至将他抛到海里处死。这些传说显示,教派在经受沉重打击之后陷入严重危机,原因则是希巴沙斯向外界泄露了以下数学奥秘:正方形的边与对角线两者为"不可测比"(incommensurable),也就是说,$\sqrt{2}$ 是不尽方根。这发现为什么对于教派有生死攸关的重要性? 这留待下面讨论。

乙 柏拉图的转向

至于柏拉图则生于公元前 427 年,即教派覆灭之后三四十年。他出身雅典贵族,家世显赫,才华过人,年轻的时候本来有意依循家族传统,在政治上建功立业。然而,就在将届而立之年的关头,一件大事改变了他的命运:雅典在伯罗奔尼撒战争(Peloponessian War)中被斯巴达打败,举国陷入狂热、暴戾气氛。在此关头他自幼认识和敬爱的老师苏格拉底(Socrates)被敌人控告不敬神祇,最后遭受公开审判和处死(公元前 399 年)。此事不但令柏拉图痛心疾首,更使他感到恐惧不安,所以他悄悄离开雅典,到附近的麦加拉(Megara)躲避风头,其后据说又曾经到北非、意大利、埃及等地游历,离开雅典 12 年之久。从此他抛弃政治野心,彻底转向哲学思辨,以之为终生职志。撰写《对话录》开始于此时期之初,开办"学园"则在此时期结束之际。

丙 柏拉图与毕氏教派的结合

柏拉图在此时期的行踪并不确定,但有几件事情是没有疑问的。首先,是他开始撰述《对话录》,以长篇对话方式来发挥、探究伦理、哲学和神学问题,这至终成为他传世的经典之作。《对话录》中以苏格拉底的自辩和道德探究为主题的"早期篇章"就是此期作品。其次,他在此时期之末(公元前 387 年)访问了西西里,那是毕氏教徒聚居之地,其时估计他已经和菲洛劳斯以及他的弟子阿契塔(Archytas)密切交往。这是个历史性聚会,因为此后他就回到雅典,购买土地建立学园,《对话录》的思想也发生基本转变,从早期的道德探索转向形而上学、灵魂观和宇宙观。例如,柏拉图在《斐多篇》(Phaedo)中提到菲洛劳斯的两个弟子,借他们之口详细描述苏格拉底临终的对话,其中讨论了为什么不应该自杀、记忆的意义和重要性、灵魂不灭的证据、轮回的历程和意义等等，这些都是毕氏教义的核心。所以，通过菲洛劳斯和他的弟子，毕氏学说对柏拉图产生了重大影响，而他平生两件大事也都和毕氏教派分不开。

事实上，柏拉图后来的事业、作为，也都和毕派密切相关。他平生访问西西里一共三趟：初度如上述，第二度是在62岁，此行得到了菲洛劳斯的赠书，那是毕派有感于他们历代相传的学问有可能失传而写下来的第一本著作，名曰《论自然》（*On Nature*），它在亚里士多德的时代仍然可见，其中相当部分至今还留存在菲洛劳斯残篇中。《对话录》中讨论宇宙、人体以及灵魂的《蒂迈欧篇》（*Timaeus*）大部分就是得自该书，这是《对话录》中科学成分最重的一篇，也是西欧历经中古黑暗时期而始终没有遗失的经典，对后世影响特别大。因此，毕氏学说的大部分，包括数为万物本源的观念、宇宙论、乐论等等，都通过菲洛劳斯而传授予柏拉图了。

至于菲洛劳斯的弟子，和柏拉图同年的阿契塔，则是赫赫有名的乐理学家和数学家，对"倍立方"问题（见下文）有大贡献，又是塔伦同城（Tarentum）名重一时的政治、军事领袖。他和柏拉图有深交：柏拉图在暮年第三度赴西西里会见当地僭主就是出于阿契塔的鼓励，后来在性命交关之际，也是阿契塔派遣舰队救他性命。《对话录》中所描述的"哲王"（Philosopher King），大概就是以此君为原型。除此之外，阿契塔还有一位弟子梅内克莫斯（Meneachmus）是学园成员。

六、新普罗米修斯革命

那么，毕氏教派、柏拉图和学园与西方科学大传统的建立，又有什么关系呢？关系在于，在公元前430年—公元前350年这80年间，希腊数学发生了一次史无前例的革命，这我称之为"新普罗米修斯革命"，它是可以和17世纪的牛顿革命相提并论的，而其所以得以发生，正就是由于上述三者的结合。这场革命的重要性在于，希腊的数学因此发展出了严格证明的观念与方法。我们要记得，在此之前巴比伦和埃及数学已经有将近1500年之久的数学传统。例如，记载在陶泥板上的巴比伦数学已经有二次代数方程式的普遍解法、毕达哥拉斯定理的观念，以及几何图形的多种巧妙分割方法，而且这些也为希腊数学家所知悉和吸收了。然而，这些"传统"数学仍然带有浓厚的实际应用色彩，而且运作并不严谨。数学结果必须用严格推理方法来证明其绝对正确无误，是希腊人发明的。这发明有两条不同脉络，那就是无理数和几何学的研究，而这两方面的突破都是由于受到极大难题的刺激而出现。

甲 "不可测比"的震撼

无理数的研究是从希巴沙斯开始，或者是由于他被驱逐或者处死而使我们窥见其重要性。当时毕氏教派发现了正方形的对角线和一边的长度"不可测比"，亦即 $\sqrt{2}$ 不能够用两个正整数的比例来表示，也就是说，它并非有理分数，而是"无理数"，那是可以用很简单的"归谬法"来严格证明的。这个问题甚至在柏拉图《对话录》的《美诺篇》（Meno）之中，也还有一大段作详细讨论。为什么无理数的发现对于毕派教徒那么重要呢？道理很简单：他们深信"万物皆数"，但他们心目中的"数"只是1、2、3等正整数亦即"自然数"，或者由自然数构成的有理分数。现在他们却发现 $\sqrt{2}$ 并不能够以有理分数来表示，那么它到底是什么样的事物呢？这样"万物皆数"的信念不就崩溃了吗？所以，这个发现对他们的信仰造成了空前巨大的震撼。后来继续研究这问题的有两个人，即特奥多鲁斯（Theodorus）和泰阿泰德（Theaetetus），他们大概都是毕派信徒。特奥多鲁斯的辈分和苏格拉底相若，而且同样是柏拉图的老师，他证明了3到17之间所有"不尽方根"（即平方根并非整数者）都是无理数。至于泰阿泰德则比柏拉图稍晚，他证明了所有不尽方根都是无理数，而且对各种形式的无理数作了详尽分类。这些结果后来收入《几何原本》，成为它的第十章，那也是该书最复杂冗长的一章。

乙 几何三大难题的挑战

几何学的传统是希腊自然哲学的一部分，它的研究最早由泰勒斯和其他自然哲学家例如安那萨戈拉（Anaxagoras）、德谟克利特（Democritus），还有"智者"（sophists）安梯丰（Antiphon）、希庇亚斯（Hippias）等所推动，但也和毕氏教派有密切关系，那主要是由于五种正多面体（regular polyhedra）的发现和研究一向被认为是教派的工作。和无理数的研究一样,几何学获得飞跃进步,同样是因为某些巨大难题的震撼、刺激,那就是有名的"几何三大难题",即在仅仅用圆规和直尺作图的条件下,如何解决:(1)圆方等积问题:给予圆形,如何画出一个等面积的正方形?(2)倍立方问题:给予正立方形,如何画出双倍其体积的正立方形的边长?(3)三分角问题:给予任意角度,如何将它分成三个相等部分?现在我们知道,这三个问题都不是所谓"二次型问题",因此不可能仅仅用圆规和直尺来作图解决。

这些问题的研究大约也是在希巴沙斯的时代即公元前430年开始,而第一位真正在这些问题上取得重要进展的,则是和苏格拉底、特奥多鲁斯大致同时的专业数学家希波克拉底(Hippocrates of Chios)和多位"智者";毕派传人阿契塔则发现了解决倍立方问题的立体几何学方法。

丙　学园中的新普罗米修斯革命

柏拉图本人在数学上并没有建树,他对数学的巨大贡献是在学园里面营造了活跃、开放、热烈的学术气氛,并且极力鼓励、推动数学研究,由是吸引、集合了希腊第一流心智向这个方向努力。和学园有关的最重要也最著名的数学家是比柏拉图晚一辈的尤多索斯(Eudoxus)。他天赋极高,曾经师从阿契塔,又两度访问学园,而且还有两位弟子在学园中工作,因此他虽然特立独行,但和毕氏教派以及学园的关系都毋庸置疑。尤多索斯在几何学上发明了"比例理论"、极限观念和"归谬法",这三者大概是公元前350年左右发现的,它们可以说是使得希腊几何学能够获得根本性突破的基本方法。说得更具体一点,这就是使得"数"的观念得以通过广义的"比例"而扩展为"连续统"(continuum)观念,以及能够精确地计算和证明曲线所包围面积和曲面所包围体积的原理。《几何原本》中许多重要结果都是借此得以发现和证明的;此后的希腊数学得以出现如阿基米德(Archimedes)和阿波隆尼亚斯(Appolonius of Perga)那样精妙的工作,也是由于能够在尤多索斯所建立的牢固基础上发展之故。因此,将他称为古代的牛顿,实不为过。

那么,为什么这场前后持续大约80年之久的数学革命要称为"新普罗米修斯革命"呢?那是由于柏拉图在《斐莱布篇》(Philebus)中的下面这段话:"诸神借着一位新普罗米修斯之手将一件有光芒随伴的天赐礼物送到人间；比我们更贤明也更接近诸神的古人相传，万物都是由一与多组成，而且也必然包含了有限与无限。"这话清楚表达柏拉图对于毕派的亲近和敬仰，又直接征引了菲洛劳斯残篇所阐述的万物组成原理，所以其中所颂赞的"新普罗米修斯"（New Prometheus）只能够是指毕达哥拉斯本人。也就是说，在柏拉图眼中，毕氏在探究宇宙奥秘的诸多发现，是可以和普罗米修斯为人类偷来火种之功相提并论的。我们所说的数学革命是由希巴沙斯所泄露的教派秘密"不可测比"大发现作为开端，由教派嫡传弟子尤多索斯完成，称之为"新普罗米修斯革命"，当是再也确切不过了。

丁　西方科学大传统的建立

最后，我们还应当为多次提到的《几何原本》作一简略介绍。此书一共 13 章，原作者最少有上文提到的希波克拉底、泰阿泰德和尤多索斯等三人，他们继承了毕氏教派的算术和古希腊自然哲学的几何学这两大传统；但书中尚有第三个传统，即古巴比伦的代数学传统。所以，和一般人的印象相反，此书既非单纯是关于几何学，亦非个人著作，更不是初等教材：它其实是集希腊古代数学研究大成的汇编，编纂者是公元前 300 年左右的欧几里得。他在西方数学史上未必有原创性发现，但功绩同样不可磨灭，因为他将所有前人成果加以整理，全部用定义、公理、命题、证明等标准程序、步骤，纳入一个合乎逻辑的庞大体系中去。他所编纂的这本大书，所建立的这个证明体系、方法，以后成为西方数学和科学的典范，它的强大影响贯穿亚历山大、伊斯兰、欧洲中古和近代时期的科学，包括 17 世纪推动第二次科学革命的主要人物，例如笛卡儿（René Descartes）、惠更斯（Christian Huygens）和牛顿本人。最显著的证据是：牛顿虽然已经发明了崭新的数学方法即"流数法"，但是他的巨著《自然哲学之数学原理》（*Mathematical Principles of Natural Philosophy*）仍然采用《几何原本》的几何论证方法，因为他对此最熟习，认为它最严格可靠。单从这一点，我们就可以看出，西方科学传统的延续性是如何之强大了。这样，一直要到 18 世纪，《几何原本》方才逐渐被新的数学程序、方法和观念所取代。

我们还应该提到，西方天文学传统也和柏拉图与学园分不开。柏拉图首先在《对话录》的《法律篇》(*Laws*)提出：所有天体运行的轨道基本上都是圆形，因为那是最完美的曲线，即便天体轨道表面上不是圆形，其实也是圆形的组合。从他这基本思想出发，并且应用了刚刚发展出来的几何学，学园中的学者就为各个天体的运行设计出不同几何模型。其中最早的是尤多索斯的"同心球面"(homocentric sphere)模型，最重要而影响最大的，则是学园中另一位重要学者赫拉克里德斯(Heraclides of Ponticus)所发明的"本轮模型"(epicycle model)。到公元2世纪，亚历山大的托勒密(Ptolemy)将前人的天文学工作和他自己的研究汇集起来，编成了《大汇编》(*Almagest*)，那可以说是古代天文学的一部总汇。但它并非以言语为载体的百科全书，而基本上是以数学为基础的天体运动理论。在这个意义上，它也同样是秉承《几何原本》精神，其影响也一直延续到近代。到了16世纪哥白尼(Nicolaus Copernicus)方才将它的一个基本假设即"地心说"改变了，但计算方式仍然不变，要到17世纪的开普勒和牛顿，它的"以圆为本"思想和计算方法才被抛弃。因此，毕氏教派、柏拉图和学园通过《几何原本》与《大汇编》这两部经典建立起了西方科学的大传统，他们影响后世足足有2000年之久。

对于西方科学传统的东方渊源之论述，到此就结束了。其实，这两个大传统在历史上的接触点只限于于毕氏教派和印度宗教在教义上的多重相似，但毕氏教派在整个西方科学传统中的关键性地位并不广为人知，因此本文在这方面多作了一些论述。但是，了解西方科学与佛教的这个渊源之后，我们自不免还会生出这样一个疑问：佛教和现代科学既然有那么久远的历史渊源，那么即使在今日，它们的观念、理念是否也仍然有某些相通之处呢？这是我们在以下的"余论"所要讨论的问题。

七、余论：在佛教与现代科学之间

众所周知，科学的价值和重要性在于，它对此大千世界，有非常独特和深入的认识，人类通过这认识，可以发展出种种技术，获得前此无法梦见的无上神奇力量,也就是能够改变世界、人体本身,乃至人的思想。另一方面,佛教也同样根究万事的生灭缘起,也同样是从对于世界的深刻认识而建立其教义的。那么,在这两种认识世界的方式之间,究竟有何异同?这异同又是缘何而生的呢?这是关乎两种不同文明精神的根本问题,自非我们在此所能够作系统性的考察和论列。以下所谈,无非一鳞半爪的观察、随想、阅读偶得而已,读者鉴之。

甲　佛教与古希腊哲学相通的举例

首先值得注意的,是佛教经典和古希腊哲学有不少共通观念。例如,世界万物是由"四大"即地、水、风、火四者所造成,人身亦复如是,那在《四十二章经》第二十章和《楞严经》③卷三都有论及。而在古希腊的自然哲学传统中,恩培多克勒(Empedocles)有地、水、气、火"四元素"的说法,这后来成为西方科学传统的核心观念。又例如,《楞严经》卷三论"地大"部分提到"虚空"和造成物质的最小粒子"邻虚尘",认为物质的生灭是由"邻虚尘"在"虚空"中的聚散形成,故此生灭无常。这和古希腊"原子论派"所提出的"大虚空"和"原子"观念惊人地相似。显然,这都不可能出于偶然,也就是说,《楞严经》的这些观念相当肯定的是和古希腊自然哲学的相应思想有渊源的。另一方面,古希腊四元素说和原子论猜想在现代科学中已经证明为大体正确,虽然细节颇有出入。例如,"四元素"相当于造成世界物质的上百种化学元素;德谟克利特的"原子"和佛教的"邻虚尘"可以理解为现代物理学所发现的数十种基本粒子;而"大虚空"则相当于宇宙大部分空间所显示的高真空。因此,佛教和现代科学对于世界结构的几个基本观念——元素、虚空、原子等等,也就是有对应的、相通的了。

乙　佛理与物理学观念之契合

其实,佛家讲"觉行圆满",即通过了解、觉悟世间万象生灭的根本原理,而求"解脱",求复归于澄清湛然不动的"自性",这与毕氏教派通过修炼而追求永生是相类似的。因此,在追求了解宇宙最深刻隐秘的基本法则这点上,佛法与现代科学也最少有部分是契合的。譬如,要证色、受、想、行、识"五蕴皆空",那就得讨论物质世界的生灭变化过程,以及人的观感和心理认识作用,而这些都是现

---

③　《楞严经》的真伪曾经有争议,有认为它是唐代禅师所伪造者,但它有藏文译本,多数人仍然承认它是早期佛经。这点我们不在此深究。

代科学辨析入微，能够以精确实验来量度、证验的道理。

就此，我们可以再举更深刻的例子来作说明。《心经》有云"色不异空，空不异色"，这一般解释为表观现象（色）没有实体，因此无异于虚空，而虚空没有本性、自性，因此能够随缘生出现象来。故此又云："色即是空，空即是色。"从现代物理学的观点，这些观念可以得到更为准确和透彻的印证。例如：（1）物质可以因为温度、压力的变化，而从可见、可触摸的凝聚态（亦即"色"、实体）变为不可见、无从捉摸的气态（亦即"空"），以及来回变化，这是物理学最基本的原理。（2）宏观物体例如桌子、石头、墙壁等，从微观角度看来，也并非"实体"，因为它们是由分布于真空中的粒子（例如电子和质子）和能量（即势场）组成，而粒子并不占据空间。两个"实体"似乎不能够共存于同一空间，例如手不能穿过墙壁，那只是因为彼此的能量场互相抗拒、排斥而已。但光线虽然不能够穿透墙壁，高能光子例如 X 光、伽马射线则可以轻易穿透；不受电磁场影响的中子、中微子更可以轻易穿透厚土甚至整个地球。这就可以为"色不异空""色即是空"提供确解。（3）大约半个世纪之前就已经证实，整个宇宙，包括星云之间最空虚之处，其实都充满了微波辐射，也就是低能量的光子。这辐射的性质、分布，已经极其细致准确地探测、描绘出来；它和宇宙形成过程的关系，也已经阐明。这当亦可以为"空不异色"添一新解。（4）更玄妙的是，只要有粒子存在，它附近的空间就必然会由于其能量场的作用，而产生所谓"极化"，也就是出现无数旋生旋灭，有如波浪上泡沫的"粒子对"（particle pairs），它们的生灭不定虽然快速得不可思议，但其效应却还是可以实际测量出来。显然这同样是"空不异色"或者"空即是色"的更深入解释。

广而言之，在今日说"五蕴"，说"空无自性"，说因缘、因果，恐怕都可以从现代科学所发现的自然规律、自然现象，而得到更深入和确切的说明，而传统经典中的例证、说法，恐怕也需要作相应的调整了。说到底，佛教的根本道理是从分析、反思自然万象的生灭缘起过程建立起来，而现代科学的大发现，恰恰就是自然现象及其规律。

丙　佛教与科学之异同

然而，佛教和科学的根源虽然有相通之处，两者却并不相同，不同之处有两个层面。在认知的层面上，科学以追求自然界规律、知识为主，至于有关人事因缘、业报的问题则非所论及。这是"不能也，非不为也"，也就是说人事、世事的因果、规律都太复杂，并非目前的自然科学方法，特别是数学方法所能够处理。其实，自 18 世纪以来就有大量学者朝这方向努力，但结果和预期相差甚远，基本上是失败了。在今日，我们不能不接受，社会科学和人文科学是和自然科学有本质上的不同，是不能够以后者为典范与终极目标的。另一方面，佛教所讲的五蕴虽然也论及自然现象即色蕴，但绝不局限于此，而更关注人的一切活动、意识、苦乐、业报，以及人事、世事的因果缘起等等。这些绝大部分都超出了自然科学的范围，那是佛教与现代科学的第一层不同。

为什么科学规律、方法不能够应用于人事，为什么自然科学与社会科学、人文科学之间横亘着鸿沟呢？这是个需要解释的问题。事实上，现代科学已经相当彻底地发现和阐明了自然界的所有基本规律，而人身、人事其实也属于大自然一部分，也同样服从大自然规律，即物理、化学、生物学的规律。那么为何人事、因缘、业报等问题却不能够以科学方法来研究、处理呢？这问题一直令科学家、哲学家感到极端困惑，直到 20 世纪 80 年代所谓"混沌现象"（chaos）的本质发现之后，其解决方才露出曙光。解答的关键在于：人和社会都是极端复杂的所谓"非线性"系统，此类系统的特点是：即使在其基本运作原则已经完全确定、了解的情况下，它的长期变化却仍然没有可能预计、测算，原因不在于所需计算过于繁复冗长，而在于它起始状况的丝毫误差或者不确定，就足以导致后来结果之完全不同。这原理的最好说明是：关系千百万人命运的战场胜负或者政局成败往往维系于一二关键人物的存亡、健康、喜怒，甚至个人一生的顺逆否泰，亦往往决定于关键瞬间的一念之差。这极细微差别对于庞大复杂系统的至终去向、表现具有决定性影响，便是现代科学虽然发现了自然界的几乎全部基本原理，但仍然不能够准确处理、分析人事和社会现象的基本原因。

当然，佛教和科学还有第二层的，也就是根本的不同。那就是佛教所讲的"觉"不仅仅止于了解世界，而还有对于人生状况的"觉悟"，也就是说，在求得知识、了解人生之后，必须有进一步的决心、行动，乃至生活态度之基本改变。这和现代科学之以知识为尚，以智性的了解为满足，自然完全不一样。而且，科学本身虽然并无生命取向，但它所带来的理解与力量，则往往令人有控制自然、介入自然、凌驾自然的冲动。因此，佛教和科学在人生态度上是有基本差异的。借用梁漱溟先生的话来说，那就是对于世界上的问题，科学采取了进取的、奋斗的态度，而佛教则采取了后退的、取消的态度④。他的说法，可能有人不赞同，因为佛家也同样讲勇猛精进，也讲发大宏愿救度众生，而不徒然以自家修行，作自了为满足——毕竟，所谓"觉行圆满"，是包括了"觉他"即"教化众生"之意的。然而，即使如此，也还是不能够不承认，佛教的"教化"仍然是要以"五蕴皆空"和"无苦集灭道"为真谛，以灭寂为最终目标，这是无法回避的。所以，梁漱溟的说法基本上还是不容否定的。

丁　佛教与基督教之比较

佛教与科学的关系，可以从另外一个角度看得更清楚，那就是把佛教和基督教来比较。为什么呢？因为佛教与科学虽然有方向上的异同，却并无义理冲突，而基督教与西方科学虽然历来有千丝万缕的关系，义理上则处处有冲突与矛盾。所以，作这么一个比较，很能够从另外一个角度来凸显佛教与科学在多个重要方面之相近。

首先，佛教是人的、讲理性、讲平等的宗教：人人皆有佛性，皆可以通过修行成佛，释迦虽然有种种尊号，虽然为信众所顶膜礼拜，但说到底，亦只不过为最早觉行圆满而成佛者而已。诚然，在历史上，在实践中，佛教颇受婆罗门教、道教以及大众心理需要的影响，而讲论了许多不同神佛、超自然力量和神异果报事件，亦往往因此被目为迷信鬼神的宗教，但其核心义理的确如此，无可更易，亦无可增添。至于基督教则恰恰相反：它是以神为中心、凭信仰而非理性、有绝对等级的宗教：虽然说人是神所爱惜的儿女，神甚至甘愿降世成肉身，为人钉十字架，因此人人皆有得救上天堂的可能。然而，人无论如何虔信修行，如何努力行善，却绝不可能逾越鸿沟，获得与神等同的能力、智慧、地位，甚至这种想法、愿望，亦是罪过、亵渎。在基督教观念中，神独一无二，至高无上，绝非人所能够企及于万一者，而渺小、生来即带有"原罪"的人之所以有可能"得救"上天堂而非堕地狱，亦

---

④　梁漱溟：《东西文化及其哲学》（香港朗敏书局 1975 年，原版上海商务印书馆 1922 年），第 53—54 页。

绝非凭理解，或者人自己所能够做的任何事情，而是单纯凭上帝之大爱以及坚定信仰——相信耶稣为上帝降生，为拯救世人被钉十字架，受死后三日复活，上帝、耶稣与圣灵三位为一体，等等。此等信条是基督教的核心教义，即使有不合常理、荒诞不经的，亦须坚信，否则就不成为其基督徒了。

在 17 世纪科学革命以后，在新的科学观念冲击下，欧洲思想界发生了一场翻天覆地的巨大革命，那就是 18 世纪的"启蒙运动"，它矛头所指，主要就是基督教，特别是它教义中的种种非理性成分。当时的"启蒙思想家"认为，基督教的道德伦理教训还是可取，还是社会所需要的，但它不合乎理性的种种信条、故事，即所谓"希伯来迷信"，则必须扫除廓清。基督教在西方社会根深蒂固，这个运动最终并没有把它打倒，但它在西方思想界、学术界的宰制性地位，则自此彻底崩溃，一去不复返了。时至今日，基督教大部分有思想、有见地的信徒，都已经意识到他们《圣经》中的许多记载、故事、神话不能尽信，亦不必尽信，而将之解释为譬喻，或者将之还原为希伯来民族在蒙昧阶段从猜测、想象而生出的故事、神话。不过，尽管如此，神降世成肉身，为人受死，然后复活升天，人神有绝对的差别等核心教义，却仍然无法凭理性来"消解"或者"绕开"，仍然是只能够凭信仰来接受的信条。至于基督教中还有所谓"基要派"，他们不但不同意对《圣经》故事另作解释，仍然坚持诸如上帝"创世"之说，并为此而发起各种社会抗争，那和科学思想的对立就更明显、更尖锐了。

归根究底，佛教是说"空"，说"无"，强调随缘、无执的宗教，是从理性，从觉悟出发的，因此和科学虽然有侧重的不同，有至终目标的不同，却并没有思想、义理上的基本冲突，反而有多重相通、相成、相互补充之处。基督教则是说"有"，说"信"，强调坚执不能改变的宗教，是从崇拜至高无上、独一无二之神出发的，因此虽然也曾融合于西方文明之中，虽然在历史上与科学传统经历了妥协、融合、共生等阶段，但最后仍然不免发生不可调和的基本冲突，这是由两者的根本性质所决定，是无可避免的。西方文明能够融会这样两种截然相反的文化精神，并且为之提供极其宽广的发展空间，足见其包容能量之强大。然而，它们最终仍然不免分道扬镳，那是无可奈何的了。

后记

嵩山位居五岳之首,少林千年古刹,禅宗祖庭,天下知名。2009 年 8 月初,有幸蒙邀参加"禅宗中国·少林问禅·百日峰会"讲座,因不揣谫陋,以"在宗教与科学之间"为题,在寺中作两次演讲,兹应梦溪兄厚意,将讲稿删削修订,在此发表。

2009 年 8 月 14 日于用庐

【陈方正　香港中文大学中国文化研究所名誉高级研究员】
原文刊于《中国文化》2009 年 02 期

"李约瑟悖论"评析

冯天瑜

中国创造了辉煌的中古文明,其物质生产和精神生产在公元 1 世纪至 15 世纪间走在世界前列。然而,自 16 世纪开始,中国文明渐次落后于经历文艺复兴和宗教改革洗礼而实现文明近代转型的西方,并落后于 18 世纪发端于西欧的科技革命和工业革命,19 世纪中叶以降更沦为工业化西方侵凌、掠夺的对象。这样一种形成巨大落差的诡异现象,当然会激发人们的疑思。中国学者较早关注此题的是中国科学社发起人任鸿隽(1886—1961),他于 1915 年在中国最早的科学杂志《科学》第 1 卷第 1 期发表《说中国无科学之原因》,提出中国为何没有产生近代科学的问题。在此前后展开类似议论的,还有一些考察中国文明史的西方人,如韦伯、魏特夫、贝尔纳等,而较为系统深入探讨这一论题的是英国科学家、长期研究中国科技史的李约瑟。李约瑟围绕上述议题的一组设问,被称作"李约瑟悖论",因其涉及中国文化史的症结处,我们无法绕过,而必须深加探究。

一、"韦伯疑问"与魏特夫、贝尔纳设问

"李约瑟悖论"的先导,是韦伯、魏特夫等人的设问。

德国政治经济学家、社会学家马克斯·韦伯（Max Weber，1864—1920），对基督教及新教、儒教和道教、印度教等宗教与文明进程的关系做过视野开阔的考析，所著《儒教中国政治与中国资本主义萌芽：城市和行会》①，就中国文明的现代进程提出问题：

> 18世纪英国工业革命的条件，在14世纪的明初中国全部具备，一些对资本主义经济发展有利的因素在中国存在（长期的和平、运河的改善、人口增长、取得土地的自由、迁徙至异地的自由，以及选择职业的自由），但工业革命未在中国产生。原因安在？

这便是所谓"韦伯疑问"。

韦伯对自己的设问给出的答案是：那些有利因素都无法抵消其他因素的负面影响，这种影响大多数来自宗教（指儒教）。

韦伯认为，儒教和新教代表了两种不同的理性化路径。两者都试着依据某种终极的宗教信仰设计人类生活，都鼓励节制和自我控制，也都能与财富的累积并存。然而，儒教的目标是取得并保存"一种文化的地位"，并且以之作为手段来适应这个世界，强调教育、自我完善、礼貌以及家庭伦理。而新教则以那些手段来创造一个"上帝的工具"，积累并增殖财富，以服侍上帝。这种精神追求的差异便是导致资本主义在西方文明发展繁荣，却迟迟没有在中国出现的原因。

略晚于韦伯，以《东方专制主义》一书著名的德裔美国历史学家、汉学家魏特夫（K.A.Wittfogel，1896—1988）于1931年发表《为何中国没有产生自然科学?》一文，发挥韦伯质疑。正是魏特夫的设问，激发了李约瑟研究中国文明的兴趣。不过，魏特夫从欧洲中心主义出发，秉持的是"中国无自然科学论"，而李约瑟经过长时期研究后，充分肯定中国古代科技成就，并就中国未能诞生近代文明提出了较为完整、深刻的问题。

在韦伯、魏特夫质疑以后，英国物理学家、科学史家贝尔纳（J.D.Bernal，1901

---

① 见［德］韦伯：《文明的历史脚步》，《韦伯文集》，上海三联书店1997年版。

—1971）于1939年再次发问：古代中国曾是一个"政治和技术都最发达的中心"，"为什么后来的现代科学和技术革命不发生在中国而发生在西方"？他对此一"饶有趣味"的问题作答曰：

> 也许是由于在农业生活与受过经典教育的统治阶级之间，在必需品和奢侈品的充沛供应与生产这些物品所需要的劳动力之间保持着十分令人满意的平衡，中国才没有必要把技术改进工作发展到某一限度之外。[②]

如果说，韦伯试图从文化指向之异诠释中西差别，那么，贝尔纳则试图从经济结构和社会需求上解答何以"现代科学和技术革命不发生在中国而发生在西方"的问题，虽语焉未详，却视野开阔，略具深度。

二、"李约瑟难题"

对上论题作深度开掘的西方学者，莫过长期研究中国科技史的英国科学家李约瑟（Joseph Terence Montgomery Needham，1900—1995）。他于1969年在所著《中国的科学与文明》（传播广远的译名是《中国科学技术史》）的序言里，提出三组彼此连贯的问题：

> （1）为什么在公元前3世纪到公元15世纪之间，中国文明在把人类自然知识运用于人的实际需要方面比西方文明有效得多？
>
> （2）为什么现代科学，亦即经得起全世界的考验并得到合理的普遍赞扬的伽利略、哈维、凡萨里马斯、格斯纳、牛顿的传统——这一传统肯定会成为统一的世界大家庭的理论基础，是在地中海和大西洋沿岸发展起来的，而不是在中国或亚洲其他任何地方得到发展呢？

---

② ［英］贝尔纳著，陈体芳译：《科学的社会功能》，商务印书馆1982年版，第297页。贝尔纳的英文版1939年。

（3）中国科学为什么会长期大致停留在经验阶段，并且只有原始型和中古型的理论？如果事情确实是这样，那么中国人又怎么能够在许多重要方面有一些科学技术发明，走在那些创造出著名的希腊奇迹的传奇式人物的前面，和拥有古代西方世界全部文化财富的阿拉伯人并驾齐驱，并在公元3世纪到13世纪之间保持一个西方所望尘莫及的科学知识水平？中国在理论和几何方法体系方面所存在的弱点为什么没有妨碍各种科学发现与技术发明的涌现？中国的这些发现和发明往往远远超过同时代的欧洲，特别是15世纪之前更如此（关于这一点可以毫不费力地加以证明）。欧洲在16世纪以后就诞生出现代科学，这种科学已被证明是形成近代世界秩序的基本因素之一，而中国却没有能够在亚洲产生出与此相似的现代科学，其阻碍因素又是什么？从另一方面说，又是什么因素使得科学在中国早期社会中比在希腊或欧洲中古社会中更容易得到应用？最后，为什么中国在科学理论方面虽然比较落后，却能产生出有机的自然观？

1976年，美国经济学家肯尼思·博尔丁将李约瑟的设问称为"李约瑟难题"，还有人称之为"李约瑟悖论"。

韦伯、李约瑟之后，中外学人继续发出类似追问，大略可以归纳为两个问题：

其一，中国何以能创造超过西方的辉煌的中古文明？

其二，拥有如此丰厚的中古文明积淀的中国何以未能实现科学革命和工业革命，让西方在创建近代文明上着了先鞭，由此中国在近代陷于落后挨打？

这一组问题是李约瑟数十年研究中国科技史的核心论题，在某种程度上逼近中国文化史的关键题旨。

李约瑟问题引起中外人士的广泛注目与思考。但也有人认为，李约瑟没有区分科学与技术，而古代中国有技术无科学，因此，求问中国何以在中古创造了最先进的科技，这是一个"伪问题"，既然此一前提性问题不存在，中国近代科技何以落后，便没有研讨的必要。笔者以为，李约瑟问题确实存在概念不够精确的缺陷，未能厘清"科学"与"技术"的界限，又有将中国古代观察性、记录性、个别性的科技成就拔高之嫌，但李约瑟揭示了中西文明史的路径差异，洞见了中国在中古时代文明的整体水平领先于欧洲,却又在近代落伍,将科技革命、工业革命的创发拱手交给西方,提出了真实的、具有历史深度的问题。我们不应因为问题包含某些含糊处而置之不理,必须直面此一尖锐问题,并当从理论与实践两个层面去寻求解答。在某种程度上可以说,这是探求中华文化现代进程的一种努力。

三、中古中国文明是否领先

"李约瑟悖论"包含两个前后承接却又似乎彼此悖反的历史判断:一为中国文明中古领先,二为中国文明近代落伍。评析"李约瑟悖论",应当从对上述历史判断的考量入手。

先议中国文明是否领先中古。

近年一些西方史学家从计量经济学视角,估量中国自中古到近代在世界经济所占份额的变迁,其情形大略为:1500 年(明朝弘治年间)25%,1600 年(明朝万历年间)28%,1820 年(清朝嘉庆年间)33%,均高于西欧在世界经济所占份额的总和。然而,在处于峰值的 1820 年以后(即"乾嘉盛世"以后),中国发展顿滞,而工业化西方突飞猛进,中国占全球生产总值份额直线下降,1950 年达到谷底,不足 5%,远低于西欧的 20%和美国的 21%[③]。这类统计的精确度如何,当在可议之列,但约略反映了历史大势,可以作为讨论中西国力消长、升降的依据。

与中古时代中国经济总量领先相关,那一时代中国的技术成就长期引领群伦。

(一)卓异的农业技术

对比欧洲中世纪农业,中国传统农业显示出毋庸置疑的先进性:

当欧洲人还在使用木犁时,中国在汉代已经推广铁犁。

欧洲人在 18 世纪才使用条播机,中国却早在 1 世纪前后便发明这种农具。

---

③　见[英]尼尔·弗格森:《文明》,中信出版社,2012 年版。

当欧洲农业还实行耕地休闲制时,中国已进入轮作复种阶段。

欧洲人长期实行畜禽放牧,中国早就家畜、家禽舍饲。

中国古代的农业技术的特点是:

循环利用,低能消耗;

多种经营,综合发展;

以种植业为主,重视植物蛋白的利用;

用养结合,使地力常新,集约耕作,提高土地利用率。

这些经验不仅在古代长期发挥作用,而且对于当下乃至未来农业发展都具有启示意义。

(二)工业技术先进

甲、较早使用矿物燃料。公元前5世纪中国开始用煤作燃料,西汉时河南等地已有相当规模的煤田开采。元初入华的意大利人马可·波罗在其《行纪》中载,他亲见中国北方用黑色石头(煤炭)作燃料,而那时的欧洲人尚不知煤为何物。

中国是世界上最早发现石油的国家之一。宋人沈括在《梦溪笔谈》中命名"石油",指出:石油"生于水际,沙石与泉水相杂,惘惘而出""生于地中无穷",将来"必大行于世"。

乙、在人类冶金技术的6000年历史中,相当长时期中国人充当前驱先路,早在公元前14世纪的殷商时代,中国青铜冶铸技术便高度发达,中国人掌握了范铸法、分铸法、镶铸法、失蜡法,制范材料有石范、泥范、陶范、铁范、铜范,型范的结构有单面范、双面范、复合范、叠铸范,并提出世界上最早的青铜配比和性能用途关系的规律——"六齐"法则。

约在公元前3世纪的战国中期以后,中国达到世界冶铁技术的先进水平,铣铁冶炼技术领先于西方约1800年。用焦炭高炉冶铁技术,渗碳钢、铸铁脱碳钢、炒钢、百炼钢和灌钢等技术也长期领先。宋元丰年间(11世纪后期),中国铁年产量达12.5万吨,平均每人3.9磅,而欧洲的铁产量在17世纪才达到这个水平。

丙、中国的炼丹、制瓷、丝织等技术长期为世人叹为观止。

丁、中国曾经产生过世界第一流的数学成果。从公元前2世纪直到14世纪,中国涌现出一批划时代的数学家,如祖冲之、秦九韶、李冶、杨辉、郭守敬、朱世杰等,创造了十进位值制记数法,最早提出开平方、开立方法则,最早精密推算圆周率,等等。中国数学卓有成就之时,正值欧洲中世纪,基督教神学和经院哲学的权威与教条统治全社会,障碍了人们思想的自由发展,在东方(中亚、西亚使用阿拉伯文的各民族)学术输入之前,欧洲数学水平和中国相比,相形见绌。

戊、中国实施最宏伟的工程,总长度逾越两万里的长城、一千多公里的千余年京杭大运河、北京紫禁城,皆为各相关领域的世界之最。

据德国人维尔纳·施泰因 1981 年编的《人类文明编年纪事》(科学和技术分册)统计,16 世纪前世界重大科学发现共 152 项,古希腊 54 项,中国 24 项,表明科学发现在古典时代希腊领先,中国次之。而中古时代中国领先,据上海人民出版社 1975 年出版的《自然科学大事年表》统计,16 世纪前全世界 270 项重大科学发现中,中国占 136 项,约达总量的一半。

中国古代的技术发明发现通过文化传播,惠及外域。李约瑟在《中国科学技术史》中列举机械与技术从中国向西方传播的项目,并指出中国发明物在时间上的领先地位(见下页图表)。

在列举以上成就后,李约瑟强调指出:"我写到这里用了句点。因为二十六字母都已经用完了,可是还有许多例子可以列举。"④

承接李约瑟研究的美国学者德克·卜德在《中国物品西传考》中说:

从公元前 200 年到公元后 1800 年这两千年间,中国给予西方的东西超过了她从西方所得到的东西⑤。

至于造纸术、火药、指南针、印刷术等古代中国的四大发明,在人类历史上的革命性影响,人们耳熟能详,此不赘述。

总之,16 世纪以前的千年间,中国的生产力及技术水平世界领先,是可以确认的。

---

④ 〔美〕德克·卜德:《中国物品西传考》,转引自《中国文化》第二辑,第 352 页。
⑤ 〔美〕德克·卜德:《中国物品西传考》,转引自《中国文化》第二辑,第 352 页。

名称	西方落后于中国的 大致时间（以世纪计算）
1.龙骨车	15
2.石碾	13
用水力驱动的石碾	9
3.水排	11
4.风扇车和簸扬机	14
5.活塞风箱	约14
6.提花机	4
7.缫丝机（使丝平铺在纺车上的转轮在11世 　纪时出现，14世纪时应用水纺车）	3—13
8.独轮车	9—10
9.加帆手推车	11
10.磨车	12
11.拖重牲口用的两种高效马具：胸带、套包子	8
12.弓弩	6
13.风筝	13
14.竹蜻蜓（用线拉）	约12
走马灯（由上升的热空气流驱动）	14
15.深钻技术	约10
16.铸铁	11
17.游动常平悬吊器	10—12
18.弧形拱桥	8—9
19.铁索吊桥	7
20.河渠闸门	10—13
21.造船和航运的许多原理	1—17
22.船尾的方向舵	多于10
23.火药	约4
用于战争的火药	5—6
24.罗盘（磁匙）	4
罗盘针	11
航海用罗盘针	4
25.纸	4
雕版印刷	2
活字印刷	10
金属活字印刷	6
26.瓷器	1
	11—13

四、对近代中国落伍的认识过程

中国文明近代落伍,似为不争事实,然而中国人认识并承认此点并不简单。

由于近古以降社会发展迟缓并伴之闭关锁国,中国朝野曾经陷于由文化自闭导致的文化虚骄与文化自卑的两极病态之中。

截至清朝中叶,中国人对发端于西欧的以工业化、全球化为标志的现代化进程基本上是隔膜不知的,因而还陶醉于农耕文明时代曾经拥有的"声明文物之邦"地位,典型表现是,1793 年乾隆皇帝(1711—1799)接见英国使臣马戛尔尼(1737—1806)时显示的"集体孤独症"[⑥]。乾隆皇帝对于已经进入工业革命时代的英国仍以野蛮夷狄视之,自负天朝"无所不有",自认是"世界上唯一的文明"[⑦],在致英王乔治三世(1738—1820)的复信中,他断然拒绝与英国通商、建交。这种自我封闭带来的直接后果是,1839—1840 年间,乾隆皇帝的孙子道光皇帝(1782—1850)遭遇英国来袭,茫然不知这个"蕞尔小邦"地处何方,与中国是隔陆还是隔海,甚至误以为英国军人腿不能打弯,遂以轻敌始,以恐敌终,应对乏策,终于连连惨败,签订城下之盟,割地赔款。从"盛世"乾隆皇帝的自傲,到"衰世"道光皇帝的愚钝,共同点皆在昧于世界大势,沉溺于自认优胜的迷梦,不能为中国文化准确定位,以致举措乖方。从这一意义言之,其时的中国尚处于自在状态,未能赢得文化自觉,也就谈不上理性地决定自己的文明进路。

19 世纪中叶以后的百余年来,与西方列强的坚船利炮、鸦片、商品相伴随,现代化浪潮自西徂东,日渐迅猛地推进,中国文化经历着"三千年未有之变局",自晚清、民国以至于当下,中国人一直面临"现代性"的反复拷问——

从器物层面到制度层面,再到观念层面,中国文化迎受现代化的能力如何?

中国固有的"内圣外王"之学,历经工业文明的激荡,是否可以开出并如何开出新"内圣",以提升国人的精神世界,成就健全的"现代人"? 是否可以建设,

---

⑥ [法]佩雷菲特:《停滞的帝国——两个世界的碰撞》,三联书店 1993 年版,第 326 页。
⑦ [法]佩雷菲特:《停滞的帝国——两个世界的碰撞》,三联书店 1993 年版,第 330 页。

并如何建设新"外王",以构筑持续发展的制度文明与物质文明,跻身现代世界强国之林?

在严峻的民族危机挤迫下(空间性压力),在文化现代性的追问下(时间性压力),国人展开关于中国文化的新一轮自省,从而开辟艰难、壮阔的文化自觉历程。

近代中国的文化自觉,是由秉承经世传统、深怀忧患意识的士人率先展开的,他们于西学东渐⑧的大势下,"反躬自问",发现自邦原来并非"天朝上国",文化并非全都优胜,从器物层面到制度层面颇有"不如人"处,以致国力衰颓,屡败于入侵的西洋劲敌。

林则徐(1785—1850)、魏源(1794—1857)、徐继畲(1795—1873)是"开眼看世界"的前驱,他们于19世纪中叶编纂的《四洲志》《海国图志》《瀛环志略》初具世界眼光,承认中国在技艺层面乃至制度的某些领域落后于西洋,提出"师夷长技以制夷"⑨方略,并有"变古愈尽,便民愈甚"⑩的改革主张。

紧随其后,曾师从林则徐、后又入李鸿章幕府的冯桂芬(1809—1874)作出较广阔的文化反省,他撰于1861年的《校邠庐抗议·制洋器议》指出,中国与西方在人事、财经、政制、观念等方面存在差距:

> 人无弃材不如夷,地无遗利不如夷,君民不隔不如夷,名实必符不如夷。⑪
>
> 军事劣势更显而易见,"船坚炮利不如夷,有进无退不如夷"⑫。

冯氏倡导不崇古、不鄙洋的健康文化观,并饱含昂扬的进取精神,力主正视文化差距,奋发努力,争取迎头赶上:

---

⑧ 此语借自第一位赴美留学生容闳所著《西学东渐记》。书名并非容闳拟订,而是编书者所加。

⑨ 魏源:《海国图志·原叙》。魏源主张师法的西洋长技,主要指战舰、火器、养兵练兵之法,又旁及其他。

⑩ 《默觚下·治篇五》,《魏源集》,中华书局1976年版。

⑪ 冯桂芬:《校邠庐抗议》,上海书店出版社2002年版,第49页。

⑫ 冯桂芬:《校邠庐抗议》,上海书店出版社2002年版,第49页。

始则师而法之,继则比而齐之,终则驾而上之。自强之道,实在乎是。[13]

冯桂芬指出了理性的、开放的文化自强之路。

自林、魏、徐、冯以下,觉醒者日多,洪仁玕(1822—1864)、郭嵩焘(1818—1891)、王韬(1828—1897)、容闳(1828—1912)、薛福成(1838—1894)、马建忠(1844—1900)、郑观应(1842—1922)等为其健者,他们的中西比较,从器物层面推进到制度层面,并略涉观念层面,提出下列现代性建策——

倡"商战",立商部(郑观应),"以工商立国",修订传统的以农立国(薛福成、张謇);

"设议院"(陈炽、郭嵩焘),实行君主立宪以救正君主专制(郑观应、汤化龙);

开报馆、兴学堂、遣留学,以更新文教(容闳、陈虬、张之洞)……

近代初具文化自觉的哲人们多有实践性品格,并未满足于坐而论道,他们奋力投身政治、经济、文化变革的实务之中,张謇(1853—1926)为其佼佼者,他创建近代工业(大生纱厂、资生铁冶厂等)、近代学堂(通州师范、通州学院等)及图博事业(南通图书馆、博物院),并致力宪政建设(1912年清帝退位诏书为其起草)。康有为(1858—1927)、梁启超(1873—1929)更是戊戌维新的倡导者、实行家。

张謇、郑观应、康有为、梁启超们的"坐言起行"特点,正是中国文化"经验理性"和士人信守"经世致用"的体现。

近代中国赢得文化自觉,其艰难性,突出表现为先驱者的孤独、寂寞,他们的觉醒之论往往无人问津,被长期搁置。

文化自觉的前导作品——林则徐的《四洲志》(1839年编译,1841年刊行)、

---

[13]　冯桂芬:《校邠庐抗议》,上海书店出版社2002年版,第50页。

魏源的《海国图志》(1841年编著,1842年刊印五十卷本,1847年刊印六十卷本,1862年刊印一百卷本)提供了开放的世界观念和富于远见的军政谋略,无论就认识水平,还是就时间前导性而言,在东亚都是领先的。然而,这两种世界史地书兼时政书,在第一次鸦片战争至第二次鸦片战争之间(19世纪40年代初至60年代初)这一最应当发挥作用的期间却遭到冷遇,朝野少有应响,诚如蒋廷黻(1895—1965)所言:"中国不思改革达20年之久。"这个"20年",正是指的第一次鸦片战争至第二次鸦片战争(19世纪40年代初至60年代初)这一关键时段。迟至19世纪60年代中期以后,因洋务大吏曾国藩(1811—1872)、左宗棠(1812—1885)推介,《海国图志》才流播士林。反观日本,自1851年《海国图志》首次输入,立即引起亟欲开国变政的幕府人士注意,除继续进口外,还于1854—1856年间大量翻印,出版选本即达21种。江户末期的开国论者佐久间象山(1811—1864)读《海国图志》后,盛称魏源为"海外同志"。日本幕末维新志士无不受《海国图志》影响。明治维新间,朝野争读、热议《海国图志》,该书更成为日本皇室的御用书。

《海国图志》在中国和日本的不同遭遇,反映了近代转型的关键时刻,两国的文化自觉程度形成明显差距,这正埋下了此后中日近代化进程迟与速的伏笔。

除林、魏二位之外,冯桂芬、黄遵宪等人也有类似遭际。冯氏的《校邠庐抗议》、黄氏的《日本国志》都有相当先进的思想,所提出的颇具前导性的倡议都被束之高阁,错过了最佳采纳、实行的时机。如冯氏的《校邠庐抗议》著于1861年,长期被冷落,20年以后全本方刊印,这已在冯氏辞世后10年。

黄遵宪(1848—1905)的《日本国志》,完整介绍日本明治维新学习西方、富国强兵的过程,昭显中国面对的新兴劲敌的历史和现状。是书1879年开始撰写,1882年完成初稿,1887年定稿,1895年方得刊印,其时已在中日甲午战争之后。黄遵宪的朋友袁昶(1846—1900)在马关条约签订后不久,责备黄遵宪:《日本国志》若早些刊行流布,可以省去战败输银二万万两。梁启超为黄书作后序,也有类似责难:

> 知中国之所以弱,在黄子成书十年,久谦让,不流通,令中国人寡知日

本,不鉴不备,不患不悚,以至今日也![14]

黄遵宪对人们的责难,隐忍而不解释,以致多年来的流行评议是:《日本国志》延迟行世确系因为黄氏出书过于慎重,以致耽误了国人认识日本的最佳时机。近年中国社会科学院近代史所李长莉研究员访学台湾"中研院",得见相关原始材料,发现《日本国志》的延迟刊印达8年之久,令国人于甲午战败后扼腕痛惜,但此一憾事的铸成,责任不在黄遵宪的"成书十年,久谦让,不流通",而在清廷当道的阻滞[15]。李长莉君的此一发现甚有价值,有助于我们认识甲午战争前夜清廷的麻木。

黄遵宪是在出任驻日本公使馆参赞期间着手撰著《日本国志》的,该书为"使官奉职而作",理当由朝廷刊印,故黄遵宪完稿后于1888年将抄本呈交总署(清政府办理洋务及外交事务的总理各国事务衙门),其时总署的总领大臣是庆亲王奕劻,实际主事的是北洋大臣李鸿章。黄遵宪的稿本和呈文递到李鸿章那里,李氏认为黄遵宪的《日本国志》主张中国效法日本明治维新的看法过于激进,如允其刊印,易犯朝廷之忌,故李氏在《禀批》中说了一些客套性的赞语之后,又对黄遵宪的主张加以批评,且不予推荐该书刊印。黄遵宪在总署碰壁后,于1889年求助于两广总督张之洞。张氏对《日本国志》给予较积极的评价,但也没有肯定其战略价值,加之远在广州,并未用力促成刊印。这样,《日本国志》的出版便耽搁下来,直至1894年,黄遵宪将《日本国志》寄给时在巴黎任出使大臣的薛福成,薛福成对该书高度赞扬,称曰:"此奇作也!数百年鲜有为者。"然薛氏不久返国病故。《日本国志》终于拖到1895年中国惨败于日本并签订割地赔款的《马关条约》之后方由民间印行。曾任总署章京的袁昶向黄遵宪透露,《日本国志》1888年呈至总署后,官员们置之不理,"此书稿,送在总署,久束高阁,除余外,无人翻阅"。一部详解劲敌日本、反照自国革新之路的杰作,就这样被打入冷宫,致使耽误军国大政。

近代中国的落伍乃至屡败于人,其因由正寄寓于制度腐败及其导致的文化

---

[14] 梁启超:《日本国志后序》。

[15] 见李长莉:《黄遵宪日本国志延迟行世原因解析》,《近代史研究》2006年,第2期。

自觉的姗姗来迟。鲁迅小说《明天》中的革命者夏瑜(喻秋瑾)的牺牲并不为大众所理解,贫民华老栓还试图用"人血馒头"救治病重的儿子,正是此种社会状态的艺术表现。

五、近现代中国科技落伍的表现

中国未能创发科学革命和工业革命,16 世纪以后文明创造发源地从东方转移到西方,这也有大量的历史事实可资佐证。而且,时下中国的现代化建设虽然取得显著进展,但落后于西方的基本情状至今尚未扭转,在整个 20 世纪和 21 世纪初的 10 年,中国很少进入科技发明发现的前沿,20 世纪影响人类生活较大的 20 项发明,全属西方。

1.无线电,意大利人格列莫·马克尼、俄国人波波夫,1901 年

2.洗衣机,美国人费希尔,1901 年

3.塑料,比利时人贝克兰,1906 年

4.味精,日本人池田菊苗,1908 年

5.不锈钢,英国人亨利·布诺雷,1912 年

6.电灯,英国人约瑟夫·斯旺、美国人爱迪生、米兰尔,1913 年

7.电视,美国人费罗·法恩斯沃斯、英国人约翰·贝尔德、俄国人弗拉迪米尔·兹沃利金,1908—1928 年

8.人造纤维,美国人卡罗塞斯,1934 年

9.磁带录音机,美国人马文·卡姆拉斯、德国人弗里奥默,1935 年

10.电子显微镜,德国人鲁斯卡,1938 年

11.静电复印机,美国人切斯特·卡尔泰,1938 年

12.电子计算机,美国人阿塔纳索夫、莫利奇、冯·诺依曼,1946 年

13.微波炉,美国雷声公司,1947 年

14.晶体管,美国人肖克莱、巴丁、布拉顿,1948 年

15.避孕药,美国人格雷戈里·平卡斯,1955 年

16.集成电路,美国人杰克·基尔比、玻勒·诺耶斯,1958 年

17.机器人,美国人乔治,1961 年

18.液晶,日本夏普公司,1973 年

19.试管婴儿,英国人帕特里克·斯特培托、罗伯特·杰佛里·爱德华兹,1988 年

20.国际互联网,美国,1990 年

从现代文化诸层面观察,当下中国还未能进入先进行列。

(1)以物态文化论之,20 世纪十大经典发明(原子弹、航天飞机、电视、人造卫星、阿司匹林、民航客机、个人电脑、移动电话、克隆羊、因特网),皆属西方创造。现在盛称中国是"世界工厂",然中国制造业的大部分高端品牌都是欧美及日韩所创,中国尚处在仿制、加工阶段。今日中国是"世界加工厂",是"OPM(贴牌生产)大国"类的"躯干型国家",而非"世界办公室""世界实验室"类的"大脑型国家"。中国正从一个以技术模仿为主的制造业大国向以自主创新能力见长的制造业强国迈进。

(2)以心态文化论之,中国更需要奋力跟进。世界大学排名,中国少有进入前百位的。北京大学、清华大学在亚洲大学的排名分别为 12 位、16 位,列东京大学、京都大学、希伯来大学、香港大学、国立新加坡大学之后,表明中国大陆高教在亚洲尚处中游,更遑论竞比欧美。中国中学生在国际竞赛中,计算能力排名第一,创新能力却倒数几位,想象力更排名倒数第一。中国大陆尚未产生科技领域的诺贝尔奖获得者,而日本有 18 位,人口 700 万的以色列有 10 位(2011 年化学奖为以色列人谢赫特曼独享),英国剑桥大学一校即有数十位。另外,海外华裔学者 9 位获得诺贝尔奖。在人文社会科学领域,现代中国很少提出学术前沿的新概念、新理论和新方法,近大半个世纪以来,中国没有产生一位世界级思想家,没有推出一部影响全球的文学作品。

(3)西方国家现代化进程已历三个世纪,文化三层面(物质—制度—观念)的矛盾还困扰着人们(如 2012 年 1 月举行的达沃斯世界经济论坛,讨论 20 世纪

的资本主义不再适合21世纪的问题),而晚近展开现代化的中国,文化的物质—制度—观念三层面协调发展问题的妥善解决,更是尚待时日。体—用、道—器的错位、扞格,随处可见,社会矛盾复杂而尖锐,国际环境也相当严峻(C形包围圈形成),可持续发展的"中国模式"并没有成型,我们对于前景宜持谨慎有节的估量。

六、悖论因由简析

李约瑟指出,中国创造了领先欧洲的中古文明,宋元明(10—15世纪)的经济水平和技术水平列于世界前列。

李约瑟进而指出,经济最繁荣、技术较发达的中国,却徘徊于中古文明的故辙,未能实现科学革命和工业革命,在16世纪以降现代转型的关头落伍了。

在这一悖论的背后,潜藏着怎样的历史因由?

(一)中古中国实行地主经济、官僚政治,优于中世纪欧洲的领主经济、贵族政治,具有创建较发达的中古文明的制度前提

秦汉以下,尤其是中唐之后,中国确立地主—自耕农土地所有制,这种经济体制比西欧中世纪的领主制经济给予农业劳动者以较多自由,同时,地主经济下的劳动者同生产资料结合成男耕女织的生产单位——农户,这些独立农户中的农民,可以支配自己一家的劳动时间,有较大的经营自主权,因而生产积极性较高,而且生产成本低廉。这显然比农业劳动者处于农奴、半农奴地位的领主制经济优越。中国在16世纪以前,一直保持着领先于西方的经济发展水平,与此直接相关。

同此,自秦汉以下,尤其是中唐之后,中国确立中央集权的官僚政治,朝廷与庶民对接,扩大了统治基础,这当然优胜于欧洲、日本中古时代的世袭贵族政治。秦汉以下的皇权专制较彻底地实现政治大一统(政令通行全国,达成国家稳定)、文化大一统(统一度量衡、统一文字等),较之欧洲、日本中古时代的国家分裂,更有利于经济、文化的发展。

中古时代的中国没有陷入宗教迷狂,儒释道等多元信仰并行不悖、相得益彰,也是中国人赢得经济文化创造力的缘故。

中国发达的经验理性和中国人勤勉的个体劳作习惯,都有益于农耕文明时代生产的发展和技艺的应用及传承。

概言之,相对自主的农户与农民、集权而开放的官僚政治、经验理性支撑的技术、较为宽容的儒释道三教共弘的精神世界,便是中古时代形成的区别于欧洲中世纪文化的中华元素,中国创造领先中古世界的经济及科技成就,基本原因正深蕴其间。

(二)前近代中国的经济—政治—社会形成结构性的稳定板块,在中古晚期日渐陷入顿滞,难以主动完成近代转化

前述中国中古文明的优势,又演化为障碍中国走出中世纪的劣势。

首先,小农业与家庭手工业相结合的自然经济的自足性,形成抗拒商品经济的惰性。

其次,建立在这种经济结构之上的宗法专制政治的强固有力,典章制度的完备严密,成为压制资本主义萌芽的巨石。

其三,中国流行经验理性,可能有助于技术传承与应用,却未必有益科学思想的创发;而与社会经济生活相隔离、对科技采取贬斥态度的儒学占据精神世界的统治地位,也是中国难以产生现代科技的一个具体原因。

前近代中国,教育与科学技术相脱节,教育内容和考试内容都排斥科技知识。这种状况,在某些宋明学者那里有所改变,如北宋沈括对科学技术的精深研究,南宋朱熹注意吸取自然科学成就,明末徐光启以内阁大学士之尊考察并总结农业生产技术。但就总体而言,儒学忽略从科技成果里吸取营养的情形没有改变。这不仅对科技发展不利,反过来,又给儒学发展带来弊害。

(三)思维方式缺陷有碍近代科学诞生

哲学是关于自然知识和社会知识的概括和总结,是研究自然界、人类社会和思维发展的普遍规律的科学。哲学上的概念、范畴和规律,是对自然界、社会和思维等领域中所使用的概念、范畴和规律的高度概括而产生的。因此,自然知识是哲学的重要基础之一。在自然科学的传统中,包含有实践和理论两个部分,它

所取得的成果也就具有技术的和哲学的两方面意义。由于儒家从开创之始便排斥自然科学，不仅厌弃其技术成就，也忽视自然哲学成果，这就限制了儒家在思辨领域里的发展。

墨子、亚里士多德等人，由于较为注意吸取自然科学成就（当然还有其他原因），所以能广泛使用比较、分类、类比、归纳和演绎等逻辑方法。如墨子的"上本之于古者圣王之事""下原察百姓耳目之实""观其中国家百姓人民之利"的"三表法"[16]，就古代而言，是一种相当严密的论证法；至于亚里士多德，"已经研究了辩证思维的最主要的形式"[17]。形式逻辑，乃至于辩证逻辑的若干规律，亚里士多德都有所阐发。然而，孔子的逻辑方法比较单一，他无限制地运用"无类比附"的类比法（孔子所谓的"闻一知十""闻一知百"，便是这种类比法的应用），而不懂得类比法固然自有其功效，但类比的逻辑根据是不充分的，"类比"是以对象之间的某些相似属性为依据，推出它们在其他方面也可能相似的一种逻辑方法。但是，两个事物之间存在某些相似属性，并不意味着两事物的其他属性也必然相似。因此，由类比法推导出来的结论可能是正确的，也可能是错误的。特别是把不同范畴的对象（如自然界与人类社会），无条件地加以类比，其结论往往失之荒诞。但孔子按照"天人合一"的世界观，把自然和人事看作同类，加以比附，用松、柏、栗等树木比拟夏政、商政、周政；用众星拱卫北极星比拟人间被统治者与统治者的关系；用水比喻智者，用山比喻仁者。这种逻辑方法是诗化的而非科学的，不可能把人们引导到自然和社会内部进行深入的剖析。

前文述及中国古代数学的成就，然而中国传统数学也存在思维方式上的缺陷：

其一是未能形成严密的演绎体系。数学是思维方式的一面镜子。中国传统数学以实用、经验为基本前提，是讲究实用价值的思维方式的产物，因而重于计算，轻于逻辑。古埃及、巴比伦的几何学和古代中国的情形一样，以实用为主，但是，这些数学成就转移到希腊以后，便从实用折入演绎推理研究的轨道。古希腊的数学家泰利斯、毕达哥拉斯、柏拉图、亚里士多德、欧几里得，无一不是哲学家

---

⑯ 《墨子·非命上》。

⑰ 《马克思恩格斯选集》第3卷，人民出版社1972年版，第59页。

或教师,他们把数学发展成纯理论性的独立科学。但中国的情形相异,古代的数学家是掌天文的畴人和计吏。由于未经哲学逻辑思辨的洗礼,中国古代数学只是天文、农业、赋税、商业的附庸,没有形成一个严密的演绎体系。

其二是未能完成数字抽象。数学进一步发展,要求以抽象的符号形式来表示数学中各种量、量的关系、量的变化以及在量之间进行推导和运算。但是,中国传统的筹算和珠算制度只能借助文字来叙述其各种运算,妨碍了数学语言的抽象化,四元术之所以成为中国古代方程式发展的极限,关键原因也正在于筹算法所能提的天地过于狭小。

14 世纪以后,中国数学停滞不前,除社会原因外,与中国数学自身的缺陷,或者说与传统思维方式的缺陷也直接相关。

"一个民族想要站在科学的最高峰,就一刻也不能没有理论思维。"[18]应当承认,由于思辨能力有所亏欠的儒学被推尊为文化正宗,中华民族理论思维的发展受到抑制,偏于实用的经验理性,阻碍了逻辑的、分析的、演绎的科学思维的发展,这是中国自然科学和社会科学的攀登高峰以及中国文化现代转型需要解决的一个问题。

总之,在"李约瑟悖论"背后,不仅需要探究经济、社会、政治层面的因素,还应当考析古典学术主潮(包括思维方式)的利弊得失,这正是我们在开辟现代文明进路时必须展开的文化反思。

【冯天瑜　武汉大学中国传统文化研究中心教授】

原文刊于《中国文化》2012 年 02 期

---

[18]　《马克思恩格斯全集》第 20 卷,人民出版社 1971 年版,第 384 页。

16—17世纪的中国海盗与海上丝路略论

谢　方

　　中国海盗,以16世纪中叶至17世纪中叶为最剧,其人数之夥、规模之大、影响之巨,历代罕有其匹,亦最为世人所诟。近10年来,始有学者究其原,探其因,对其冲破明朝海禁之束缚,发展海外贸易,给予积极之评价①;然论亦有未尽善之处。现不揣浅陋,略陈已见于下。

　　　　一

　　16—17世纪100年间,著名的中国海盗首领就有嘉靖年间之李光头、许二、王直、徐海、陈东、叶明、萧显、邓文俊、林碧川、何亚八、洪迪珍、张维、许栋、吴平、曾一本、谢老、严山老、张琏、林国显;隆庆万历年间之林道乾、林朝曦、林凤;天启崇祯年间之颜思齐、郑芝龙、李魁奇、褚彩老、刘香。他们先后活动于江浙沿海和闽粤沿海;北边远至日本,南边远至印度尼西亚一带海域,也是他们经常出没的

---

　　① 主要论著有:戴裔煊《明代嘉隆间的倭寇海盗与中国资本主义萌芽》,中国社会科学出版社,1982年;李洵《公元16世纪的中国海盗》,载《明清史国际学术讨论会文集》,天津人民出版社,1982年;薛国中《王直和明王朝的海禁政策》,载《15、16世纪东西方历史初学集》,武汉大学出版社,1985年;林仁川《明末清初私人海上贸易》,华东师范大学出版社,1989年。

范围。这些海盗此伏彼起，旋灭旋生，声势也越来越大。至 17 世纪 20 年代，闽南海盗郑芝龙家族赫奕东南，终于成为我国历史上最大的亦盗亦商亦官的地方势力。为什么会出现这种愈演愈烈的局面呢？

首先应从明代中叶以来东南地区经济发展的形势来考察。自英宗正统以后，北方边患频仍，但江南地区仍是比较安定的，经济和生产一直在发展之中。特别是纺织业、陶瓷业、冶炼业和制糖、制茶业都有很大发展。这里着重指出的是嘉靖以来江南地区的商品经济出现了空前未有的活跃景象。嘉靖中曾宦游全国的张瀚在晚年所写的《松窗梦语》中有一段话，很好地反映了这一盛况。他特别提到徽州地区："其民多仰机利，舍本逐末，唱棹转毂，以游帝王之所都，而握其奇赢。休、歙尤夥，故贾人几遍天下，良贾近市利数倍，次倍之，最下无能者逐什一之利。"浙江地区："桑麻遍野，茧丝绵苎之所出，四方咸取给焉。虽秦、晋、燕、周大贾，不远数千里而求罗绮缯币者，必走浙之东也。宁、绍、温、台并海而南，跨引汀、漳，估客往来，人获其利。严、衢、金华邵郭徽、饶，生理亦繁。"江西地区："独陶人窑缶之器，为天下利。九江据上流，人趋市利，南、饶、广信，阜裕胜于建、袁，以多行贾，而瑞、临、吉安，尤称富足。"福建沿海："民多仰机利而食，俗杂好事，多贾治生。""汀、漳人悍嗜利……而兴、泉地产尤丰，若文物之盛，则甲于海内矣。"广东沿海："兵饷传邮，仰其权利。""滨海诸夷，往来其间，志在贸易。非盗边也，顾奸人逐番舶之利，不务本业，或肆行剽掠耳。"[②]这些话充分说明了当时商业已在东南地区人民经济生活中占有相当大的比重。著名的徽商、浙商、闽商都是"操巨万赀以奔走其间"[③]。他们早就不满足于国内市场，传统的海上丝路贸易对他们有着巨大的吸引力。冲破海禁，出海通商，就自然成为富商大贾和舶主豪绅们的共同要求。

我国海上丝路贸易到了宋代和元代，已经达到了全盛时期。明州、泉州、广州是当时海外贸易三个最大的港口。从朝鲜、日本到东南亚、南亚、西亚直到非洲东北岸，中国商舶往来不绝于途。14 世纪初成书的《大德南海志》就记录了从广州通往海外各地贸易的地方共 135 处，远至欧洲的芦眉（罗马）和非洲的茶弼

---

②　张瀚《松窗梦语》卷四《商贾纪》，中华书局点校本，1985 年。

③　同上。

沙(摩洛哥)都在其中。与此同时,东西方出现了两大航海游历家:摩洛哥的依宾拔都他和中国的汪大渊,他们留给后世的著作《拔都他游记》和《岛夷志略》,都记载着元代中国商舶已定期远航印度洋,中国商人在海上丝路贸易中掌握着贸易的主动权。明初永乐至宣德年间由国家组织的大规模航海活动郑和七下西洋,更表明了中国的造船技术和航海技术已达到世界最先进的水平。但郑和下西洋之目的并不是要发展通商贸易,而是为了炫耀明朝国威的政治性和军事性的远洋巡海活动。下西洋虽然招致了许多海外国家使者来朝,但朝贡贸易得不偿失。在后来北方边防日紧,连年的军事费用和修筑长城消耗了国家大量资财的情况下,国库渐空,国家财政入不敷出。下西洋在宣德八年(1433)后便不再出现。宪宗成化十一年(1475)时刘大夏说:"三保下西洋费钱粮数十万,军民死且万计,纵得奇宝而回,于国家何益? 此特一弊政,大臣所当切谏者也。旧案虽存,亦当毁之,以拔其根。"④这时距郑和最后一次航海仅40年,国家主办的远洋航海事业便彻底解体,甚至连档案也荡然无存了。

其实下西洋的不幸结局与明王朝建立以来一贯的海禁政策分不开。明朝的海禁,是统治阶级传统的重农抑商思想和明代高度中央集权政治的产物。明初,由于元末农民起义的残余队伍(如方国珍的"兰秀山逋逃")逃到海外和倭寇的不断骚扰,洪武四年(1371),便"仍禁濒海民不得私出海"⑤。其后朱元璋屡申此一令,对海外入贡也有严格的勘合制度,违者拒贡勿纳。永乐宣德间虽然国家组织了下西洋活动,但仍遵守朱元璋的海禁规定,禁止军民私自出海通番贸易。明代有关海禁的法规具见《大明律》及《明会典》。现举《明会典》中"私出外境及违禁下海"条于下:

> 一沿海去处,下海船只,除有票号文引令出洋外,若奸豪势要及军民人等擅造二桅以上违式大船,将带违禁货物下海前往番国买卖;潜通海贼,同谋结聚,及为向导,劫掠良民者,正犯比照谋叛已行律处斩,仍枭首示众,全

---

④ 严从简《殊域周咨录》卷八《琐里古里》。
⑤ 《明太祖实录》卷七洪武四年十二月。

家发边卫充军。⑥

海禁从洪武到嘉靖，200 年间就未停止过。这是明代对海上丝路贸易打击最大的政治措施，使宋元时期已经蓬勃发展的海上贸易遭到严重的挫折。到 15 世纪正统时，海外贸易已呈萧条状态，到天顺以后，甚至官方的朝贡贸易也奄奄一息了。

但是明代商人反海禁的斗争从明中叶以后却逐步发展起来。由于海外贸易巨大利润的吸引力⑦，沿海商人冒禁私自出海者渐渐增多。走私贸易在成化时便已抬头，到了弘治时，走私队伍很快就壮大起来，特别在闽南一带，"成弘之际，豪门巨室间有乘巨舰贸易海外者，奸人阴开其利窦，而官人不得显收其利权。初亦渐享奇赢，久乃勾引为乱"⑧。豪门巨室参加到走私队伍中来，海禁和反海禁的斗争已日渐尖锐。这时，许多流民、失业渔民也纷纷加入走私队伍，到嘉靖初，便出现"名为商贩，时出剽劫"的武装走私：

> 初，浙江巡按御史潘仿言：漳、泉等府黠滑军民私造双桅大船下海，名为商贩，时出剽劫，请一切捕获治，事下兵部议。行浙、福二省巡按官：查海船但双桅者即捕之，所载即非番物以番物论，俱发戍边卫。官吏军民知而故纵者，俱调发烟瘴。⑨
>
> 兵部其亟檄浙、福、两广各官督兵防剿，一切违禁大船尽数毁之。自后沿海军民私与贼市，其邻舍不举者连坐。⑩

海禁和反海禁的斗争都逐步升级。仅漳州一地，"至嘉靖而弊极矣。……一旦戒严，不得下水，断其生路，若辈悉健有力，势不肯搏手困穷，于是所在连结

---

⑥ 《明会典》卷一百六十七《刑部》九《律例》八《关津》。

⑦ 明代海外贸易的利润率参见林仁川《明末清初私人海上贸易》第六章第三节《贸易额和利润率》，第 267—272 页。

⑧ 张燮《东西洋考》卷七《饷税考》，中华书局点校本，1981 年。

⑨ 《明世宗实录》卷五十四嘉靖四年八月。

⑩ 《明世宗实录》卷一百五十四嘉靖十二年九月。

为乱,溃裂以出。其久潜踪于外者,既触网不敢归,又连结远夷,向导以入,漳之民始岁苦兵革矣。"⑪嘉靖十九年(1540)王直下海前便声称:"中国法度森严,吾辈动触禁网,孰与至海外逍遥哉!"⑫16世纪中叶的中国海盗,就是在这一情况下出现在历史舞台上的。万历时徐光启在论及嘉靖海盗时便指出:"官市不开,私市不止,自然之势也;又从而严禁之,则商转而为盗,盗而后得为商矣。"⑬张维华先生也说:"明代的海寇,可以说有许多是为了反抗专制政权的海禁而发生的。"⑭嘉靖以后海盗之兴起,源于海禁,这是完全正确的论断。

但16—17世纪中国海盗兴起还有一个重要因素,即国际海盗的出现和勾结。16世纪以后,日本倭寇在我国沿海侵掠有加无已,而西方葡萄牙、西班牙、荷兰的海盗、冒险家这时也相继来到中国东南沿海,和中国走私商人勾结,进行武装走私活动。这三股势力都有着共同的目标和手段,即反对明王朝的海禁政策,和从事掠夺性的走私贸易。因此他们相互勾结利用,狼狈为盗。嘉靖中叶以后,几乎所有的中国海盗活动都与倭寇和西方海盗有关。王直甚至还是倭寇的公认首领,在日本被称为"徽王","三十六岛之夷,皆听其指使,每欲侵盗,即遣倭兵"⑮。而许多中国海盗在沿海劫掠,也都打扮成倭寇的样子,"顶前剪发而椎髻向后"⑯。西方冒险家更需中国走私商人的引导,进入中国沿海。葡人在嘉靖初(1522)从广东被逐出来后,就是由走私商人引导到福建和浙江沿海进行武装走私的。张天泽在其著作中指出:"由于葡萄牙人本身就是走私贩子,所以很自然,他们不久就和其中国同伙交往甚密。至于那些走私贩子,正如我们所知道的那样,他们从事的非法活动得到势豪的鼓励和支持。葡萄牙人还与沿海地区的流氓歹徒有着友好关系,他们并不把这些人的海盗行径视为可怕罪行。因此完全可以想象,一旦有必要或面临威胁,所有这些人就会纠集在一道,甚至给政府造成更大的麻烦。"⑰事实正是如此,从李光头到郑芝龙,西方海盗不但是他们最

---

⑪ 《东西洋考》卷七《饷税考》。

⑫ 《殊域周咨录》卷二《日本》。

⑬ 徐光启《海防迂说》,《明经世文编》卷四百九十一。

⑭ 张维华《明代海外贸易简论》,上海人民出版社,1956年,第80页。

⑮ 《殊域周咨录》卷二《日本》。

⑯ 顾炎武《天下郡国利病书》卷一百○四《广东》八。

⑰ 张天泽《中葡早期通商史》,姚楠、钱江译,香港中华书局,1988年。

大的买主,而且也是他们入侵大陆沿海最积极的同伙。16 世纪中国海盗一出现,实际上就已和国际海盗勾结起来,并成为国际海盗的一部分了。

二

16—17 世纪中国海盗的特点,许多人都指出它有着"亦盗亦商"的二重性。其实,这也是当时国际海盗的特性。葡萄牙、西班牙、荷兰、英国的海盗 16—17 世纪在大西洋、印度洋和远东地区都从事"亦盗亦商"的活动。过去许多人只看到中国海盗为"盗"的一面,对它大加挞伐,全部否定,这是不公正的;近年来又有人只强调它为"商"的一面,对它颂扬备至,而对其为"盗"的活动则说成是"人民起义",全部肯定,这也是不对的。

中国海盗的构成是比较复杂的。当时郑晓就指出:"小民迫于贪酷,苦于役赋,困于饥寒,相率入海为盗,盖不独潮、惠、漳、泉、宁、绍、徽、歙奸商而已。凶徒逸贼,罢吏黠僧及衣冠失职,书生不得志,群不逞者皆从之,为向导,为奸细。"[18] 它既有商人,又有流民、渔民、船工和失败的农民起义队伍,又和沿海的富绅大姓、失意的下级官吏和知识分子有着种种联系。以致坚决主张海禁的朱纨抱怨说:"治海中之寇不难,而难于治窝引接济之寇;治窝引接济之寇不难,而难于治豪侠把持之寇。"[19]这"豪侠"就是富绅大姓。但海盗并不等于海商,也不等于富绅大姓,不应把海盗和没有武装的正常海商混为一谈。一部分有势力的海商和流民武装起来,一面反抗明朝的迫害,进行走私活动;一面在海上和沿海从事劫掠,杀人越货,这就是海盗。特别是他们和外国的冒险家、海盗勾结一起,入侵我国沿海地方,进行烧杀抢掠,使东南沿海人民生命遭受重大损失,这是他们为"盗"的罪恶活动,是不应讳言,而应加以谴责的。

以嘉靖间最大的海盗王直为例。王直在嘉靖十九年(1540)下海后,"置硝黄、丝绵等违禁货抵日本、暹罗、西洋诸国往来贸易,五六年致富不赀,夷人大信

---

⑱　郑晓《与彭草亭都宪书》,《明经世文编》卷二百一十八。
⑲　朱纨《请明职掌以便遵行事疏》,《明经世文编》卷二百〇五。

服之，称为五峰船主"。这时他还是个海商。嘉靖二十四年以后，他又"招集亡命，勾引蕃倭，结巢于宁波、霩衢之双屿，出没剽掠，海道骚动"[20]。这时方和国际海盗结合，武装走私，成为海盗。此后十余年间，王直所属的海盗不断侵掠苏、浙沿海一带。其中著名的"壬子之变"，就是"倭奴借华人为耳目，华人借倭奴为爪牙"[21]对浙江沿海地区的一次大洗劫：

"（嘉靖）三十年，直遣倭兵寇温州，寻破台州黄岩县，复寇海盐，长驱至嘉兴城外。官兵御贼，战于孟家堰，死者三千余人。"次年，"贼袭破乍浦城，由是澉浦、金山、松江、上海、嘉定、青村、南汇、太仓、昆山、崇明诸处及苏州府治，皆仅保孤城，城外悉遭焚劫。贼或聚或散，往来麾定，如入无人之境，遍于川陆。凡吴越所经村落市井，昔称人物阜繁、积聚殷富者，半为丘墟，暴骨如莽。"[22]

这是海盗勾结倭寇的两次对浙东和苏南一带最早的大规模登陆入侵。据《倭变事略》，倭寇"犯湖州市，大肆毁掠，东自江口至西兴坝，西自楼下至北新关，一望赭然，杀人无数。城边流血数十里，河内积货满千船。"仅海盐一地，便"被寇者四，死者三千七百有奇"[23]，昆山县"孤城被围凡四十五日，……被杀男女五百余人，被烧房屋二万余间，被发棺冢四十余具，各乡村落凡三百五十里，境内房屋十去八九，男妇十失五六，棺椁三四，有不可胜计而周知者"[24]。发棺是为了劫财。有的学者认为海盗中真倭仅十分之一二，其余都是中国下层人民，便得出海盗与人民打成一片的结论，这是很片面的。问题在于海盗登陆的性质，是中国海盗勾结倭寇进犯大陆，是国际海盗对我国的袭击和掠夺，从国家利益和民族利益来看都是应受谴责的。嘉靖二年（1523）日本的宗设谦道和宋素卿争贡，宋素卿原也是中国人，所谓日本人不过百余人，而宁波、绍兴两地百万军民，咸被其祸，倭人流窜抢掠，如入无人之境，可见不能小看这十分一二的倭寇。明代外患，历来南倭北虏（鞑靼）并称，国际海盗为祸之烈，于此可见。嘉靖时中国海盗与倭寇、西方海盗相互勾结，在沿海一带烧杀抢掠，其为"盗"的恶名，是无论如何

⑳　上引均见《殊域周咨录》卷二《日本》。
㉑　郑晓《乞收武勇亟议招抚以消贼党疏》，《明经世文编》卷二百一十七。
㉒　《殊域周咨录》录二《日本》。
㉓　采九德《倭变事略》，《丛书集成初编·史地类》。
㉔　归有光《昆山县倭寇始末》。

也洗不掉的。

也有人把16世纪的中国海盗和同期西方资本原始积累时期的海盗相比,认为西方国家可以把他们的某些海盗作为英雄予以表彰,为什么中国的海盗就不能作为英雄? 这是不了解,那些被西方封为英雄的是在本国领土之外,在海上袭击外国商船,杀掠殖民地和征服外国的人民,贩运黄金、奴隶等。他们没有在自己的国土上对本国人民进行烧杀抢掠,而是将在海外掠夺得来的大批赃物和金钱运回本国,对本国的资本原始积累起了重要作用,所以他们中的一些人受到本国政府的表彰。中国海盗则不然,他们虽然也在海外进行经商和掠夺,但他们却不断勾结外国海盗,对本国进行入侵,使本国人民生命财产受到很大的损失。中国人民拥护的是抗倭名将俞大猷、戚继光,而不是导引倭寇入侵的中国海盗。当然,海盗中也有维护民族利益,站在中国人民和华侨立场上与西方海盗进行斗争的,如后期海盗林凤在万历二年(1574)从中国台湾转战菲律宾,矛头直指西班牙殖民军队,受到当地人民和华侨的热烈欢迎。还有崇祯十二年(1639)郑芝龙在湄洲外洋大败荷兰海盗,以及清顺治十八年(1661)郑成功驱逐荷兰殖民者收复台湾的战斗,这已经不仅是海盗争夺霸主的斗争,而是反对殖民者侵掠,保卫中国神圣领土和领海的斗争。出身海盗商人的郑成功收复台湾,最后成了中国历史上的民族英雄,这就和王直等人勾结倭寇侵掠大陆有着天壤之别了。

三

现在再谈谈海盗从商的一面,主要谈中国海盗与海上丝路贸易的关系。16世纪的中国海盗既然脱胎于走私商人反海禁的斗争,因此它和通商有着先天性的紧密关系。许多海盗首领的出身都是海商。如李光头原在漳州"私招沿海无赖之徒,往来海中鬻贩番货"[25]。许栋"下海通番,入赘于大宜满剌加"[26]。何亚

---

[25] 《明世宗实录》卷三百六十三嘉靖二十九年七月。
[26] 郑舜功《日本一鉴》卷六。

八原是通大泥的海商㉗,洪迪珍则是贩日本的海商㉘。王直不但在为盗前是个北通日本、南通东南亚各地的大海商,为盗后仍"屡乞通市",其至被囚后还上疏要求"浙江定海外长涂等港,仍如广中事例,通关纳税"㉙。郑芝龙则是从小依靠大海商黄程、李旦贸易起家的㉚。一些海盗失败后,仍然在海外从事通商贸易活动,如张琏到旧港为蕃舶长㉛,林朝曦到三佛齐为蕃舶长㉜。海盗把掠夺所得财物,也都运到日本和东南亚,特别是向葡萄牙、西班牙人销售。16—17世纪的海上丝路贸易,主要就是以海盗为动力和主力,才得以恢复并有了新的发展的。

我们可以从中国海盗呈马鞍形的发展来说明海盗和通商的密切关系。从嘉靖十九年到隆庆初(1540—1567),海盗大量出现,是第一次海盗高潮;从隆庆到万历末(1567—1619),海盗相对减少,是海盗低潮;从天启初到崇祯末(1621—1644)海盗又增加起来,成为第二次海盗高潮。为什么出现马鞍形的发展呢? 这主要是隆庆初年出现弛禁,"福建巡抚都御史涂泽民请开海禁,准贩东西二洋"㉝在漳州月港开放海禁,海商可以通过合法途径,从事海上贸易,于是"市通则寇转为商",所以隆庆到万历四十多年,海盗大大减少。但万历后期,由于日本侵入琉球,荷兰海盗又横行福建海外,占据澎湖,明朝又惊恐万状,重申海禁之令,停止海外贸易,"市禁则商转为盗"㉞,于是便出现第二次海盗高潮,海盗与通商本来就是紧密联系在一起的。

我们还可以从当时新兴的海外贸易港口来看海盗和通商的关系。明中叶以后,由于海禁森严,原来的宁波、泉州、广州等港口海外贸易大部都已停顿,但不久就出现了一批从走私贸易口岸发展起来的新兴港口。澳门港由于一直在葡萄牙人控制之下,可以不论,其他三个最大的港口双屿、月港、安海都是在海盗活动最集中的地区发展起来的。双屿原是倭寇、葡萄牙海盗和中国走私商人在宁波海外的一个走私据点,嘉靖二十年(1541)后,很快就发展成为走私贸易的港口,

---

㉗ 严如煜《洋防辑要》卷十五《广东海防略》。
㉘ 《乾隆海澄县志》卷二十四。
㉙ 《倭变事略》附。
㉚ 江日昇《台湾外志》卷一,上海古籍出版社点校本,1986年。
㉛ 《明史》卷三百二十四《三佛齐》。
㉜ 《东西洋考》卷三《旧港》。
㉝ 《东西洋考》卷七《饷税考》。
㉞ 谢杰《虔台倭纂》卷七《倭原》。

以王直为首的中国海盗就不断在这里出没活动。据葡萄牙冒险家平托(Fernao Mendez Pinto)《游记》(*Peregrinacao*)的描述,葡萄牙在此地每年贸易额就达 300 万葡元以上[35]。因为它距离宁波太近了,所以海禁派以朱纨为首,采取坚决措施,于嘉靖二十七年(1548)予以荡平。这个浙东海外最大的走私港口存在不到 30 年就消失了。月港和安海都在闽南,这里离明朝的政治和军事中心都较远,又有海外交通的传统,工商业也很发达,是个走私活动的理想地区。朱纨在提督浙闽海防之初便指出:“泉州之安海、漳州之月港,乃闽南之大镇,人货萃聚,出入难辩,且有强宗世获窝家之利。”[36]活动于这一地区的海盗,就先后有何亚八、洪迪珍、张维、许栋、许西池、谢老、严山老、张琏、林朝曦、林凤、郑芝龙、李魁奇、褚彩老、刘香等,是武装走私最集中的一个地区。到了隆庆元年(1567),统治阶级采纳了开禁派的建议,在月港首先开放海禁,允许私商出海,准贩东西二洋,政府征收饷税。“于是五方之贾,熙熙水国,刳艅艎,分市东西路。其捆载珍奇,故异物不足述,而所贸金钱,岁无虑数十万,公私兼顾,其殆天子之南库也。”[37]这充分反映了开禁后月港海外贸易盛况。与此同时,泉州南部的安海港海外贸易也有很大发展。特别到天启以后郑芝龙时代,安平镇是郑氏的老家和根据地,郑芝龙在这里大力发展海上贸易,使安海取代月港成为闽南最大的海外贸易港口。“海舶不得郑氏令旗,不能往来。每舶例入二千金,岁入千万计,芝龙以此富敌国。”[38]郑芝龙就是主要依靠垄断海上贸易成为东南亚地区最大的地方势力的。这都充分说明了海盗冲破海禁以后,确实出现了海外贸易的繁盛局面。

实际上当时从事海外通商贸易的还有许多走私港口。如舟山、温州、泉州、梅岭、南澳、潮州等,甚至南京、苏州、福州、广州等都有商船通日本长崎贸易。到 17 世纪,从中国东南沿海通向日本、菲律宾和印度尼西亚的海上丝路,成为我国有史以来最频繁的海上交通线。如 1635 年,到日本长崎的外国船 49 艘,中国船就有 47 艘,崇祯十七年(1644)明亡时,外国来日船 12 艘,中国也有 9 艘[39],南明时期

---

[35] 转引自《中葡早期通商史》,第 87 页。

[36] 朱纨《阅视海防事疏》,《明经世文编》卷二〇五。

[37] 《东西洋考》周起元序。

[38] 邹漪《明季遗闻》卷一。

[39] 据全汉升《明季中国与菲律宾间的贸易》,《中国文化研究所学报》1968 年第 9 卷第 1 期,香港中文大学。

（1648—1661），中国船到长崎每年平均47艘㊵。菲律宾更是漳泉人常去之地，有华人数万人聚居之涧内，据考证为西班牙语Arciria，其义为生丝市场。16世纪时，漳泉商船每年至少有三四十艘停泊于马尼拉，运来各种生丝及丝织物，㊶并由此转运到日本和拉丁美洲，马尼拉成为16—17世纪最大的生丝交易市场。17世纪初，我国商船运抵西爪哇万丹的生丝总量每年为300—400担，由荷兰东印度公司运走的丝绸有几千匹，而出口到印度尼西亚传统数量为一万匹至二万匹㊷。这仅仅是丝绸一项，还有其他大量的瓷器、糖、茶和手工艺品的出口，海上丝路的贸易数量不仅超越前代，而且从地区性的贸易变为世界性的贸易。中国商船在17世纪仍然深受日本和东南亚各国的欢迎，并在数量上占有领先的地位。因此，不少学者都认为，当时中国在远东海上丝绸之路的"航运和商业上的领导地位仍在继续"㊸，"明后期中国在东南亚地区海上贸易以至太平洋贸易上仍占有重要的地位"㊹。这无疑都是以海盗为主的中国海商于冲破海禁后，致力发展海外贸易的结果。

但是，从海上丝绸之路发展的整个历史来看，我认为16世纪以后，它已经进入了末期阶段。这一阶段的重要标志，就是中国商人在海上丝路贸易的地位开始由主动变为被动，最后逐渐成为西方殖民者经济掠夺的对象。16—17世纪以走私贸易发展起来的海上丝路贸易，在有些地区虽然出现了空前的规模，中国帆船的数量在东南亚虽然仍占主要地位，但这种繁荣的局面只不过是有着1700多年悠久发展历史的海上丝路的回光返照。海上丝路原来是我国与亚洲和非洲国家进行经济文化交流的海上通路，阿拉伯人、波斯人、印度人、斯里兰卡人、马来人、爪哇人、琉球人、日本人和中国人的商船在海上丝路自由航行，进行和平贸易和政治交往，为印度和太平洋西岸各国的经济文化发展做了重要贡献。特别是中国商船和阿拉伯国家商船，在远洋航海贸易中长期占有重要的主导地位。然而到了16世纪以后，海上丝路的交通贸易开始起了质的变化：首先是西方的葡萄牙冒险家和殖民者垄断了印度洋的海上贸易，把印度洋的航业变成掠夺东方

㊵　据［日］木宫泰彦《日中文化交流史》，商务印书馆，1980年，第627页。
㊶　转引自傅衣凌《明清时代商人及商业资本》，第118页。
㊷　转引自李金明《明代后期部分开放海禁对我国社会经济发展的影响》，载《海交史研究》1990年第一期。
㊸　田汝康：《17—19世纪中叶中国帆船在东南亚洲》，上海人民出版社，1957年，第12页、第15页。
㊹　陈尚胜：《明代海外贸易及其世界性影响》，《海交史研究》1989年第1期。

各国的海上通道,中国的商船也在这时被迫退出了印度洋。其次是葡萄牙、西班牙和荷兰、英国等西方殖民者相继来到太平洋西岸进行掠夺,这一地区的海上贸易也逐渐变成西方殖民者经济掠夺的对象。

　　17 世纪东南亚地区的丝绸贸易虽然得到了发展,但中国商人的地位已由主动变成被动,受西方殖民商人的操纵。以中国和菲律宾的丝绸贸易为例,隆庆开禁以后,中菲海上贸易有了空前的发展,然而它只不过是西班牙人太平洋大帆船贸易的一部分。"大帆船贸易是西班牙殖民者剥削的主要形式之一。……大帆船贸易给他们带来了巨额利润,有时达到百分之六百或百分之八百。……对于菲律宾殖民地来说,大帆船贸易无疑是它的经济生命线。"[45]菲律宾的丝绸,虽然全部都是从中国特别是从漳、泉二地运去的,但中菲贸易实际上是受西班牙人的操纵,中国大量的丝绸、瓷器通过西班牙人掠夺性的贸易被运到拉丁美洲,这与传统的丝路贸易毫无共同之处。有人称"大帆船贸易"为"太平洋丝路贸易",给殖民者掠夺东方的贸易航路冠以"海上丝路"的美名,这是不恰当的。如果这一名称得以成立,那么葡萄牙人从澳门经东南亚、印度洋、大西洋到达欧洲的海上航路,也可作为"海上丝路"的继续发展了。但事实是,西方商人用大大低于国际市场的价格,用巧取豪夺的办法搜购中国的丝绸、瓷器、茶叶、糖等,运销欧洲及世界各地,又用大大高于国际市场的价格把西方的消费品和东南亚各地搜购的土特产,卖给中国商人。这种贸易已经使传统的海上丝路发生了质的变化。

　　17 世纪后,西方列强在远东的争夺更加激烈,荷属东印度公司和英属东印度公司相继成为远东海上贸易的霸主。到了 18 世纪,中国海商一落千丈,而且一部分已变为西方列强的帮凶和附属。18 世纪中叶以后大宗的鸦片贸易出现,海上丝路实际上就已经完全消亡了。

【谢　方　中华书局编审】

原文刊于《中国文化》1991 年 01 期

---

⑤　李永锡:《菲律宾与墨西哥之间的早期大帆船贸易》,载《中山大学学报》1964 年第 3 期。

利玛窦在认识中国诸宗教方面之作为

[德] 弥维礼

1983年,利玛窦来华400周年纪念之后不久,北京首次发行《利玛窦中国札记》①的中译本,原著系利氏以意大利文所撰写。译者何兆武和何高济在序言中如斯评论:

> 利玛窦这个名字在中国是并不陌生的。历史上到中国来的欧洲人中间,也许马可波罗和利玛窦是最为人们所熟知的两个名字了。在近代以前,中国的学术思想和外界的大规模接触只有两次:一次是魏晋以来的佛学,一次是明清之际的"天学"②。作为正式介绍西方宗教和学术思想的最早、最重要的奠基人,这个在中国度过了他后半生的耶稣会传教士,对于发展中国和欧洲的文化交流及其历史性的影响,是值得我们重视、研究并做出实事求

---

① 何高济、王遵仲、李申(翻译)、何兆武(校对),《利玛窦中国札记》,中华书局,1983年。共二册。意大利文原著为 Pasquale M.D' Elia S.J.:Storia dell'Introdutione del Cristianesimo in Cina,Scritta da Matteo Ricci S.J.罗马:卷一,1942,卷二、卷三,1949。对于此版"Fonti Ricciane"的讨论刊载于《Monumenta Serica》XIII (1948),pp.413-415(出版者 Kroes SVD),《Monumenta Serica》XIV (1949—1954),pp.600—603(Busch SVD),The Far Eastern Quarterly X,2(二月,1951),pp.201-211(Rudolf Loewenthal)。中译本据 Louis J. Gallagher,S.J.China in the sixteenth Century:The Journals of Mathew Ricci 1583—1610,译自拉丁文。纽约,1953年。德文译本 1617年于奥格斯堡出版:Geschichte der Finführung des Christentums in China。

② 原文称"天学"。

是的评价的。③

就宗教和传教的学术观点而言,利玛窦也理应受重视,人们当研究他,并对他作出实事求是的评价;这位中国近代教会的创始人,堪称是优秀的中国通和汉学之父,他对中国各宗教的了解、他的求实态度以及他的著作,曾在与中国本地宗教的理论和实际交流中起过重要作用。

利玛窦的生平

此处简介系以沃尔夫冈·弗兰克(Wolfgang Franke)所编的《明代名人生平大全》④为依据。

利玛窦于 1552 年 10 月 6 日出生在意大利中部安柯那(Ancona)省的马塞拉塔(Macerata)。1561 年他开始就学于本地的耶稣会学校,16 岁时,被父亲送往罗马专攻法律。1571 年,他在罗马加入耶稣会的青年修士见习班,先后修毕哲学和神学,并在著名数学家丁先生(Cristofero Clavio)的指导下学习数学和天文学。由于他有志在远东传教,1577 年,他与其他耶稣会年轻教士一起奉派前往印度。1578 年 3 月 24 日,他们从里斯本乘船东行,于同年 9 月 13 日到达果阿,并在那里居留四年。此间(1580 年 7 月 26 日),利玛窦被授神甫圣职。受当时耶稣会东亚教区巡阅使范利安(Valignano)的指派,利玛窦于 1582 年 8 月来到澳门(范氏系利玛窦在见习期时的教师)。从此他钻研中国的语言文学,据云,其造诣之深,令中国学术界折服,视之为小小世界奇观。

以往的传教士中,尚未有人能从澳门而深入内地,并作久留。1583 年,利玛窦却被允准于广州以西的肇庆建造传教会所。知府王沣特赠匾额两幅,悬挂于教堂入口,称之为"仙范寺"和"西来净土"。可见这些来自欧洲的修士被人尊为

---

③ 引文据中文版序言。

④ L.Garrington Govdrich(editor),Chaoying Fang(assoc.edito):*Dictionary of Ming Biography* 1368—1644,2Bd,New York and London 1976.

佛、道合一教派或变种净土宗的代表。传教士的生活方式独特、知识渊博,且他们的用品皆为西方文明和技术的产物,故颇能赢得学士名人的友情。譬如,一张世界地图就足以令人惊讶不已,因为,连有识之士也才恍然大悟,原来中国并非世界中心,世上还有许多别的国家。

利玛窦的关系虽广也不得不舍弃他在肇庆的寓所。但他却能在广东省北部的韶州建立新的传教点。由于他博学多才,作为当时先进的西方自然科学的代表,他与当地的士大夫广泛交友。

起初,耶稣会教士身披佛门袈裟,削发剃须,因而也被称为佛教的"僧"或"和尚"。但他们不久便感到佛教僧侣的社会地位不高,便脱下袈裟,改穿有教养者儒家的服装。其称呼也相应地改为"道人",以及"神甫"和"司铎"。显然,利玛窦欲以此举明确表示与佛门弟子的疏远,并显示自身与儒家有识之士具有相通之处。

在韶州,利玛窦的语言知识日臻完善,他甚至把《四书》(《大学》《中庸》《论语》《孟子》)译成拉丁文,并建立了自己的拼音系统。这两项学术成就足以使他当之无愧地被誉为西方汉学之父。

韶州不过是利玛窦的中间站,他的目标是入京觐见明神宗万历帝。并且他认为,学界名流皈依宗教才能确保具备大规模传教活动的条件。1595年,利玛窦来到江西省会南昌,在此著述《交友论》,这是独一无二地被列入中国古典文学之林的一部西人之作。他在江西还继续完成早在韶州就开始的工作,即编写第二版教义问答手册《天主实义》。

1598年9月,利玛窦首次进京,但两个月后却不得不返回。1599年2月,他来到南京。一年后又复启程,此番虽历尽艰辛,终于被引进宫内,并得以在北京定居(1601年1月24日)。他从此在中国知识界的中心活动达九年之久,直到临终。作为西方数学、天文学、音乐和制图学的大师,他备受欢迎,当然,人们也乐意与他共同研讨哲学和宗教问题。他时常进宫,虽不能与皇帝谋面。他的友人均为达官显贵,其中最著名者为徐光启(洗名保罗)和李之藻。1605年,他获准建立永久寓所,即尽人皆知的耶稣会南堂,迄今依然是天主教在北京的聚会中心。利玛窦卧病不久后即于1610年5月11日逝世,年仅57岁。皇帝赐葬于栅栏。

最后,沃尔夫冈·弗兰克对利玛窦的评价如下:

若以今天对明朝末年中国文化的理解而进行回顾,便会对如下事实感到难以置信,那就是,一个事先对中国语言和文化一无所知的洋人——无论他的受教育程度多高和多么聪明——在不到二十年的时间内能在京都定居,并被这个迥然不同的、十分高雅、以本民族为中心并对外来势力敌视的上层社会所接纳,成为其中的一名佼佼者,结识众多名公巨卿,乃至使若干人皈依基督,再者,活着受俸于朝廷,死后赐地埋葬。唯利玛窦能以其超群的智慧和人品取得这般成就。

在中国人的心目中,利玛窦的形象远远高大于其他欧洲人士。他那美妙、温和、友好的态度符合中国的最高标准。这种天赋使他了解和赏识中国文化的实质。所以,他给华人留下的最深刻印象,也许并非他所布的道,而是他独特的人品。总之,利玛窦是历代沟通中西方文化的最杰出使者。⑤

为评论利玛窦的人格和他对中西方文化交流所作的功绩,还可引用许多东、西方权威人士的类似见解。不容忽视,利玛窦的"独特人格"彻底表现于他所传播的教义中,而他本人则为其信仰的最好见证。还应强调指出,利玛窦在一切文化交流活动中所坚定不移追随的目标是,为传播基督教而创造条件。因而,他研究中国的宗教,并以基督教教义来替换或补充这些宗教。同时可以断定,利玛窦的鲜明立场为毫不含糊地赞同以宗教观点阐述的儒家学说,却反对原来的宗教,即佛教和道教。

利玛窦的某些中文著作在一定程度上反映了他对中国宗教的系统观点。值

---

⑤ L.Garrington Govdrich(editor),Chaoying Fang (assoc.edito):*Dictionary of Ming Biography* 1368—1644,2Bd,Ⅱ,New York and London 1976,pp.1143-1144.

得一提的是：一、《天主实义》，二、《畸人十篇》，三、《答虞淳熙书》⑥。其中表明，利玛窦系按亚里士多德—托马斯主义的哲学和神学观点来分析这些宗教的要点，并发现了其主要差别，但对佛教和道教均未得出正面的评价。这些著作系为中国读者以汉语撰写，经翻译后传至西方的年代较晚，甚至迟于这些宗教原来经典和全貌的翻译介绍，所以在探讨本题的过程中可对此略而不谈。与本题密切相关的要数利玛窦的《基督教在华传播史》。《中国札记》的意大利文原稿系在他辞世后由教会弟兄、比利时人金尼阁（Trigault）捎往欧洲，1615 年（利玛窦去世后五年）在奥格斯堡出版其拉丁文译本⑦。这部著作的反响甚大，曾先后译成多种文字，并反复再版。1617 年，德文版的《中国札记》首次发行于奥格斯堡。本书包括五卷八十章，记载了自肇庆首建会堂至利玛窦去世和安葬期间的种种历史事实；其中最后两章系由金尼阁和另一位耶稣会教士在北京脱稿。利玛窦在第一卷中首先介绍中国和中国的文化，随后在第二至第五卷中按时间顺序叙述他与著名儒家和佛教法师会面和讨论的经过。第十章专述中国的宗教——1617年的德译本称之为"华人臆想中的宗教及其教派"。接着才介绍儒、佛和道教的基本教义。

利玛窦心目中的儒教

关于儒家学说，利玛窦写道：

在欧洲所知的所有异教徒教派中，我不知道有什么民族在其古代的早期是比中国人犯更少错误的了。从他们历史一开始，他们的书面上就记载

---

⑥ 《答虞淳熙书》见克尔恩（Kern）所著《利玛窦与佛教的关系》，载于：*Monumenta Serica* XXXVI（1984—1985），pp.65-126，注 42，pp.78-79。该文引自《天学初函》新版，台北 1978。正如 N.Standeaert 在论文"Confucian and Christian in late Ming China：The life and Thought of Yang Ting-yun（1562—1627）"（Leiden，1984）中推测，信件的书写者也许是信奉天主教的儒家李之藻，而不是徐光启。

⑦ 1615 年拉丁文版的标题为：De Christiana Expeditione apud Sinas a Societate Jesu suscepta，exp.Matteo Ricci Commentariis Libri V，auctore P.Nicolao Trigautio，Belga。长时期内，金尼阁被认为是本书的作者。参阅 H. Busch 的 Fonti Ricciane 讨论：*Monumenta Serica* XIV（1949—1954），pp.602-603。

着他们所承认和崇拜的一位最高的神,他们称之为天帝,或者加以其他尊号表明他既管天也管地。看来似乎古代中国人把天地看成是有生灵的东西,并把它们共同的灵魂当作一位最高的神来崇拜。他们还把山河的以及大地四方的各种神都当作这位至高无上的神的臣属而加以崇拜。他们还教导说,理性之光来自上天,人的一切活动都须听从理性的命令。我们没有在任何地方读到过中国人曾把这位至高神及其臣属的各神祇塑造成鬼怪,像罗马人、希腊人和埃及人那样发展为神怪或邪恶的主宰。

人们可以满怀信心地希望,由于上帝的慈悲,很多古代中国人借助于他们所必然有过的那种特别的帮助,已在自然法则中找到了得救,据神学家说,那是只要一个人根据自己良心的光芒,尽力去寻求得救,上帝就不会拒绝给他帮助。他们已经努力这样做了,这一点是完全可以从他们四千多年的历史中断定的,他们的历史就是他们代表国家谋公共福利所做的无数善行的记录。从他们古代哲学家的那些罕见的智慧的著作中也可以得出同样的结论……原始的宗教概念随着时间的推移,也会变得非常糊涂,以致当他们放弃对那些没有生命的神灵的迷信时,很少有人能不陷入无神论的更严重的错误之中。⑧

利玛窦所设想的中国宗教的理想境界当存在于孔子和其他伟大儒家哲学家的时代。他认为,当时的宗教特别纯,纯于一切他从书本上知晓的各民族的宗教。此理想宗教的特点为,尊敬一位所谓"天皇"或"天和地"的至高无上者。当时的人只受理性支配,即只听天空的呼唤。他认为,迄今依然能以适当方式引导人们的古代艺术大师和哲人,曾描写过此理想境界。可惜随着时间的推移,古老的宗教内蔓延败坏之风,以致如今不少人崇拜"毫无价值的偶像",甚至变成无神论者。所以,在他看来,一旦排除后来的糟粕和歪曲,恢复这些宗教的原来纯洁性,就等于创造了基督福音的最佳基础。

在第十章的后面数段中,利玛窦深入探讨儒家的宗教观点,从而得出如

---

⑧ 据中文版(参见注1),第99—100页。

下结论：

> 此教派十分古老，统治着中国，具有大量文献。人们不是特意学它，而是在研究学问时吸收它的教义，所以，凡研究它或达到一定程度的人便不言而喻地成为其中的一员。该教没有偶像，崇拜单一的神，并相信他是世界的维护者和统治者。此外，他们也承认其他权力有限的神灵。真正的学者从不发表自己的看法，说世界是何时，由谁和如何创造的。他们相信一种善有善报、恶有恶报并功过及于其子孙的学说。古代人大概还相信灵魂不朽，并听说过天上的圣者。文献中从未提及恶人在地狱受惩罚的情况。较晚近的儒家则认为，只有做过善行人的灵魂才能继续存在，而恶人的灵魂则一脱离躯体就烟消云散。

提起对纯宗教的另一种歪曲，利玛窦十分激动：

> 儒教目前最普遍信奉的学说，据我看似乎是来自大约五个世纪以前开始流传的那种崇拜偶像的教派。这种教义肯定整个宇宙是由一种共同的物质所构成的，宇宙的创造者好像是有一个连续体的，与天地、人兽、树木以及四元素共存，而个体事物都是这个连续体的一部分。他们根据物质的这种统一性而推论各个组成部分都应当团结相爱，而且人还可以变得和上帝一样，因为他被创造是和上帝合一的。⑨

利玛窦很明白，一切事物在宇宙中统一的学说并非儒家原来的思想，而是后来受佛教影响而采纳，例如，《华严经》和禅宗为代表的看法是，佛性体现于万事万物中，以及万事万物基本和谐。令利玛窦怒不可遏的事实莫过于把造物主与被造之物视为等同，他认为，佛教之此类谬误应归咎于撒旦的傲慢个性。

此外，利玛窦认为值得一提的是，人们并未为至高的神祇建殿堂，也没有专

---

⑨ 据中文版（参见注1），第101—102页。

门委托任何人对它表示崇敬。也就是说，没有"僧侣或祭司"，没有仪式、没有教规，也没有对触犯宗教的越轨行为施行任何惩罚。"没有任何念或唱的公众或私人的祷词或颂歌。"唯皇上履行此任务，并享有对天帝献祭和侍奉天帝的特权。一旦有人僭越这一权力而自己献祭的话，便被当作反对皇上的权威而处以叛逆之罪。据利玛窦介绍，在北京和南京各有两座皇帝专用的宏伟庙宇，用来祭天和祭地。现在则由最高的大臣主持仪式。地位较低的神灵则由其他官吏献祭，但也必须经批准才能行事。

书中有一段专门介绍祭祀亡灵，即死者的周年纪念（个人周年和集体的"清明节"）。利玛窦的解释符合荀子（约公元前 313 至前 238 年）以来诸哲人所理解的宗教惯例。墓前供奉食品并不表示人们以为死者果然会来品尝，而是人们别无他法可借以寄托对已故亲人的深情。而这种表达敬畏和爱心的方式恰巧也可激励青年，使他们以相应的方式来尊敬和供养在世的长者。利玛窦的结论为：

> 这种在死者墓前上供的做法似乎不能指摘为渎神，而且也许并不带有迷信色彩……然而，对于已经接受基督教的教导的人，如果以救贫济苦和追求灵魂的得救来代替这种习俗，那就似乎更要好得多。[10]

利玛窦说，孔庙实际是儒教上层文人唯一的庙宇。凡有学校的城市均有一座孔庙。庙中最突出的地位供着孔子的塑像，或一块牌位，"用巨大的金字书写着孔子的名讳"。每逢朔望，合城士子文士在此聚会，向先师致敬。既然他们从不请求孔子降福或希望他帮助，可见他们并不把他当作神看待。他们还建别的庙宇，供奉级别较低的神，但供奉之事属当地行政官吏的任务，并且他们还在那里宣誓就职。

整个教派的目的是全国上下、家家户户确保太平、安全，并期待个人品行端正。为此，该教派具有良好、符合良心的光明和类似于基督教真理的箴言和规定。这些可归纳为父子、夫妻、主仆、兄弟以及朋友之间的五种关系。

---

[10]　据中文版（参见注 1），第 103 页。

儒教视独身者为谴责对象,而男子则允许多妻。在经籍中详尽地解说了仁爱的准则,即"己所不欲,勿施于人",并十分强调子女应当顺从父母。

最后利玛窦注意到,某些人把此教派的教义和行为方式与另外两种教派的混为一谈。并且他们认为,如果他们不公开摒弃谬误的话,就是虔诚。这些儒家还不承认自己属于教派,而宣称它是确保国家治理的学术团体。总之,利玛窦认为,除了个别之处,此派与基督教并不相悖,后者恰巧是使前者趋于完美的一种途径。

利玛窦对佛教的态度

利玛窦对按宗教意义解释的儒教表示公开好感,认为它的纯净理想境界是基督教建树的天然基础,与此同时,他却毫不掩饰地对佛教表示反感。也许这一态度应追本溯源至耶稣会为布道而确定的策略性警句"补儒驱佛"。

《札记》第十章中涉及佛教僧侣的语言不大有恭维之意,但它很可能反映了当时中国社会内众多阶层的评价。他说,一部分僧侣 Osciani(意大利语"和尚")生活清苦,不断徒步朝圣,靠乞求布施为生,有的为苦行僧,在深山古洞中修道。为数估计约为二三百万的人则住在庙里,依靠昔日所得的施舍生活。利玛窦绝不替这些人说好话:

> ……全国最低贱和最被轻视的阶层。他们来自最底层的群众,年幼时就被卖给和尚们为奴。他们由作奴仆而成为弟子,以后再接替师父的位置和津贴……但他们里面决没有一个人是心甘情愿为了过圣洁的生活而选择了参加这一修道士的卑贱阶层的。他们也和师父一样无知识又无经验,而且又不愿学习知识和良好的风范……虽然这个阶层不结婚,但是他们放纵情欲,以致只有最严厉的惩罚才能防止他们的淫乱生活。[11]

---

[11] 据中文版(参见注1),第108页。

有关佛教的起源,利玛窦写道,它系由天竺王国(即汉语佛经中的印度)或
Scinto,即今日之印度斯坦传往中国。中国人称其为释迦(Scioquia)教,或阿弥陀
佛(日语为 Sciacca 和 Amidabu)。利玛窦引用一则多年流传的故事,说佛教之传
入中国基于公元 65 年,东汉明帝的一场梦[12]。受梦的启示他派使节前往印度寻
求真正的律法,结果带回了全部佛经以及译者。据说,其间产生了悲剧性的谬
误,或称撒旦的欺骗。同一个时期,恰巧使徒巴多罗买在印度斯坦所在地的上印
度传道,使徒多默在下印度布道。很可能明帝因为风闻他们的声誉才派使节。
但是,或是使臣方面的错误,或"因为他们所到国家的人民对福音的敌意,结果
中国人接收了错误的输入品,而不是他们所要追求的真理"[13]。

利玛窦无法漠视某些佛教教义与基督教颇为相似。他说,某些教义可能取
自"我们的",即希腊哲学家,即一切物质皆由四元素组成的学说(中国人则认为
由金、木、水、火、土五行构成);此外,德谟克利特的世界多重性论和毕达哥拉斯
的灵魂轮回学说与佛教也有相通之处。佛教学说中也提到过某种三位一体,使
利玛窦清楚地看到了基督福音的痕迹。佛教的神以天堂报答善人,以地狱惩罚
恶人。他们对独身生活的评价甚高,从而谴责了婚姻。他们的一些"非宗教的
礼节"和教会的仪式也很近似。比如,他们诵经犹如我们唱赞美诗;他们的庙宇
里也有塑像,僧侣在祭祀仪式中所穿的袍服如同我们的大圆袍。利玛窦还发现,
佛教徒祈祷时常重复念多罗美(Tolome)一词。这很可能是使徒多默的名字,他
们企图借此美化自己的异端而已[14]。

利玛窦认为,真理之光却被和尚的可耻谎言之迷雾所笼罩。转世论和轮回
幽报论使国家陷于一片混乱。斋戒不严,宽恕的理由信手拈来。更有甚者,和尚
竟然提出"用钱"超度亡灵。中国人最初乐意接受佛教,原因是它传播灵魂不朽
论,并许诺来世的善报。[15] 但事实却与之相悖,许多皈依佛教的帝王将相均遭毒

---

[12] 有关此传说可参阅 Zücher, *History of the Buddhist Conquest of China*, Leiden 1959 年。

[13] 据中文版(见注①),第 106 页。

[14] Pasquale D'Elia, Fonti Ricciane, 卷一, 124, 推测在此名后为 Bodhidharma(中文为达摩),根据发音不可
能。而且 Bodhidharma 在祷文中不起作用。此处可能是 toloni,梵文 dharani 系满怛罗式的梵文祷文,在
佛教仪式中常出现,有时发 toloni 的音。

[15] 有关佛教此荒诞情况,即首先在中国提出灵魂不朽,见 Moutza, Li huo Lun,载于 Zürcher 前面已提之作。

手而惨死。大批佛家经籍竞相问世，其中有起源于印度者，但也不乏国人之作。书籍与教义之多，令教师无所适从。

寺院内收藏众多贵重物品，也有许多巨大笨重的佛像，由金属、大理石、木和泥土制成。庙宇的塔中均存放着钟。虽然和尚的"卑鄙无耻是出了名的"，很多人还是请他们帮忙办丧事。此外，利玛窦也熟悉放生的礼仪。

除僧侣外，利玛窦还提及为数不太多的尼姑庵。其香客虽多，但大部分系太监、妇女和无知的"庶民"[16]。

在伊索·克尔恩(Iso Kern)所著的《利玛窦与佛教的关系》一书中，深入探讨了利玛窦激烈反对佛教的原因。他认为，出自政治策略的需要，"使他进入有威望的中国国家哲学界"，以便找到通向中国社会的道路，这一理由不足以说明他的态度。既然明朝末年以来，"许多儒家和高官显贵，甚至朝廷"[17]对佛教产生了浓厚的兴趣，与佛教为敌的态度对他毫无政治上的裨益。再者，即使他视佛教为自己信仰的死敌而欲击败之，也不必表现如此生硬的态度。既然他在儒教的"自然神学"中找到了与基督福音的共同点，理应也能在佛教中发现自己信仰所关切的良好或更为良好的方面。

令人诧异的是，利玛窦没有，也不愿在佛教中寻求此类相通之处。在华的最初 12 年中，他不是曾以佛教僧侣的形象出现，并自称"和尚"吗？正如肇庆会堂前的匾额所暗示，人们设想他们是净土宗的变种。怀抱婴儿耶稣的圣母像必然被理解为送子观音。而且，官吏们一开始就赐他们佛教寺院为住所。乍看佛教徒和蔼可亲的态度与他们也有表面相似之处。但是，这也表明佛教的内在吸引力，尤其大乘佛教，以及"适当的方法"(方便)可把一切信条和所有宗教包容在内。数百年以来，中国和日本的佛教已使一切宗教协调在不同的等级制度内。

更使人感到惊讶的是，当时博学的佛家已看到基督教与他们在精神上有相通之处，便一再设法与利玛窦作建设性的对话，却毫无结果。例如，著名法师憨山德清(1546—1623)于 1604 年造访韶州会堂时表示，"凡神甫(此处指神甫龙

---

⑯　据中译本(见注①)，第 109 页。

⑰　克尔恩(Kern)《利玛窦与佛教的关系》，载于 *Monumenta Seruca* XXXVI(1984—1985)，第 65—126 页，此处为第 65—66 页。

华民 Nicolas Longobardi)所说的话,皆与他的教派(佛教)教义一致"。⑱ 明末著名法师虞淳熙在 1608 年致函利玛窦,也表达了类似的愿望。他在信中⑲指出,来自西方的著名智者因自然科学的知识而令他本人折服,但从《畸人十篇》一书中可窥,利氏尚未研究和理解佛教之义。他向利玛窦推荐一本基本的佛教著作,认为此书将使对方明白,佛教完全可与基督教作对比。信中最后写道:

> 幸无以西人攻西人,一遭败蹶,教门顿圮。天主有灵,宁忍授甲推彀于先生,自瓤圣城,失定吉界耶? 不佞固知先生奉天主戒,坚于金石,断无倍师渝盟之理。第六经子史既足取征,彼三藏十二部者,其意每与先生合辙,不一寓目,语便相袭。讵知读《畸人十篇》者,卷卷而起曰:"了不异佛意乎!"

既然他本人和他的佛教朋友都认为他们所信仰的宗教之间有相似之处和共同点,而且佛教法师又特别希望作对话,他却始终保持强硬态度,其根本原因或许在于,他坚信在佛教教义[即佛性体现于万事万物中,以及宇宙万有藏识(阿赖耶识)]的背后隐藏着人类的傲慢,根子在于想自尊为神的撒旦的傲慢个性。"佛教徒的基本错误是,把自己与自然界的创造者混为一谈"。⑳ 所以,利玛窦对佛教的看法为,"虽有可亲和相似之处,与基督教却并非志同道合,我们只能把它视为说谎者和篡权者"。他认为,从佛教三身论和道教三清论中可以看到"谎言之父和一切尚未放弃与造物主并起并坐之傲慢要求者的唆使者"㉑。

利玛窦笔下的道教

由《札记》的第一卷第十章可见,利玛窦对道教的批判和排斥的程度不亚于

---

⑱ 克尔恩(Kern)《利玛窦与佛教的关系》,载于 *Monumenta Serica* XXXVI(1984—1985),第 71 页。

⑲ 克尔恩(Kern)《利玛窦与佛教的关系》,载于 *Monumenta Serica* XXXVI(1984—1985),第 72—73 页。

⑳ Fonti Ricciane,I,第 181 页。

㉑ Kern,前面提到之作,第 77 页。

他对佛教的态度。他写道,此教派的创始人老子为孔子时代的哲学家。据说,他在母腹中滞留80年才奇妙地出生,因此叫他老子,即老人哲学家。他本人没有留下任何著作,也未曾打算建立任何教派。在他死后,自称为道士的弟子却把他供奉为头目,并杜撰了许多书籍和荒诞故事。

利玛窦写道,道教除崇拜许多偶像外,还崇拜一位肉身的"天师"。他们如今推崇的"天师"实际上是天上宝座的篡夺者。现时的天师姓张,他的前任姓刘。有一天,刘天师乘龙降凡至姓张处。他邀刘天师赴宴,正当天上来客在大吃大喝之际,张天师悄悄骑上他的龙直飞天堂并夺取了宝座。当刘天师后来返回天堂时,不仅失却了宝座,而且还被发配至中国的一座山,居留至今[22]。利玛窦说,人们自己崇拜这些偶像,也向老子提供这些偶像,可见谎言之父欲与神比高低,始终不愿自认低神一等。

此教派的追随者坚信,可用人工方法使肉体不朽,却置灵魂于不顾。利玛窦认为这是应当受谴责的:

> 他们也谈到奖善惩恶的地方,但是他们对这类地方的说法和前面提到的那种教派的说法大不相同。这一派鼓励他们的成员肉体和灵魂一起飞升天堂,在他们的庙里有很多肉身升天者的图像。为了成就这种景象,就规定要做某些修炼,例如固定的打坐,并念一种特定的祷文以及服药。他们许诺他们的信徒说,这样做可以蒙神恩在天上得到永生,或者至少是在地上得享长寿。虽然能一眼识破这些谵语中的破绽和谎言,中国人热衷于长期过这种舒服生活,不少人甚至相信这一切都是可能,他们至死生活在妄想中,不断做修炼,实际上却促使他们早死。[23]

---

[22] Bertuccioli Giuliano, Matteo Ricci and Taoism, 见 International Symposium on Chinese-Western Cultural Interchunge in Commemoration of the 400th Anniversary of the Arrival of Matteo Ricci, S. J. in China,台北:辅仁大学出版,1983,41—43,据 Bertuccioli 所写的神话故事:全真派的刘渊然与正一派的张宇初竞争,结果后者击败了前者。

[23] 据 Franco Di Giorgio, "L'attoggiamento di Matteo Ricci nei Confronti del Taoismo", 见 *Mondo Cinese* XIII (1985)3, pp.22-37。

利玛窦首先批评道教企图提供纯人身安全的方法来取得长生不老。此外，他还谴责道教的狂妄炼丹术，并自称能驱妖和呼风唤雨：

> 这类道士们的特殊职责是用符咒从家里驱妖。这可以用两种不同的方法进行：一种是家中墙上贴满用墨画在黄纸上的凶神恶煞的图像，另一种是在家中各处狂叫乱嚷，就这样把自己也变成了妖。他们还自称有能力在旱时求雨，在涝时止雨以及一般避灾禳祸……所以很难理解那些在别的方面是足够聪明的人能提出什么借口和遁词来相信他们……这个教派的道士们住在皇家祭祀天地的庙里，他们的部分职责就是当皇帝本人或代表皇上的大臣在这些庙里举行各种献祭时必须在场。这当然有助于提高他们的声望和权威。这种场合的乐队也由道士们组成。凡是中国人所知道的各种乐器都包括在乐队里面，但是他们奏出来的音乐让欧洲人听起来肯定是走调的。这些乐师还常常被请去办丧事，他们穿上华丽的道袍，吹笛和演奏别的乐器。新庙宇建成时的献祭仪式和指导那些祈福者列队上街，也都属于他们的权限。㉔

在利玛窦的心目中，道士的另一特点是对人和自然的无知，这也是有教养的儒家所以藐视他们的原因。对于这一教派的头目，利玛窦说，他们"实在无知，居然不知道本派中亵渎神明的诵经和礼仪"。"他们对老百姓没有任何管辖权。他们的权威只限于对他们教中的低级道士，并限于他们自己的宗教居住区"。

利玛窦认为道教在寺院组织方面颇受佛教的影响，但也有自身的特点：

> 这些信士也有自己的修道院，过独身生活。他们也买人做徒弟，这类人也和前面所述的那种是一样地低下而且不老实。他们不剃头，像普通人一样蓄发，但他们把头发结扎起来盘在头顶，戴一个木制小冠，这种习惯使他

㉔ 据中译本（见注1），第111—112页。

们很容易被辨认出来。这种信仰的香徒有些结了婚,在自己家中行更带宗教性的仪式,给自己以及别人诵经祷告。㉕

结语

本文有关利玛窦对西方认识中国宗教所作贡献的论述基本上限于他本人在《中国札记》第一卷第十章中的现象介绍。然而,此文也涉及他在汉文著作中详细叙述过的,他对这些宗教的态度以及与佛、道教分歧的要点。

正如他本人一有机会就强调的那样,他在中国一开始就知道的东西不外乎传奇英雄尧、舜、禹和儒家,并且他愿在其余生中把此铭记在心。由于他对改写后的神缺少明确的概念,并且不理解佛性体现于万事万物中的观念,更不明白佛教徒视万事万物为一体,且可将此移至意识之中的信念,使利玛窦成为佛教和道教的不可调和的敌人。他认为没有必要通过钻研佛教经籍而探索佛教的神秘经验和观点,否则也许能取得理解和较为肯定的评价。令人不解,并至今使人感到难堪的是,他在表达摒弃佛教时的粗暴语气,这与他一贯十分高雅的姿态格格不入。人们乐于猜测,这样的态度并非仅仅出自利玛窦一人。人们理所当然称利玛窦为第一位汉学家,却不能称他为西方第一位佛学和道教专家。

本文最初提及的汉译本《札记》的出版者,承认利玛窦给中国带来了欧洲的新思想,但他们表示遗憾,因为他并没有带来当时最新的思想,致使中国的现代化不必要地延迟。这样的指责是否有理,值得商榷。但无论如何令人遗憾的是,他片面地倾向于儒家学说,并且设想一种也许根本不存在的儒教理想境界,子孙后代如欲证明这种境界也必将徒劳而无益。㉖ 由于他对佛教和道教的生硬摒弃

㉕ 据中译本(见注1),第110页。

㉖ 见 Claudia Von Collani: P, Joachim Bouvet S. J. 生平与著作。St. Augustin 1985,(*Monumenta Serica* 专题系列 XVIII)。

　* 原文曾以德文发表: Originally published in J. Triebel (ed.), Der Missionar als Forscher, Beiträge Christlieher Missionare zur Erforschung Fremder Rulturen und Religionen (The Missionary as Researeher: Contributions of Christian Missionaries to the Understanding of Foreign Cultures and Religions) Gütersloh, 1988, pp. 130–154.

态度,妨碍他去研究这些宗教的起源和深层思路,也杜绝了他去了解中国人心灵深处的宗教层次。

伊索·克尔恩倡议思考这样的问题,即利玛窦和别的传教士如具有"新柏拉图神秘主义"或"圣维克多派或来自爱克哈特(Eckerhard)、陶勒(Tauler)或库萨努斯(Cusanus)派修士"的背景,去与当时的中国宗教交流,当出现何等情况。可能情况不尽相同,但必然会有分歧或争论。联系到亚里士多德—托马斯思想,这种交流在反改革的时代是不可设想的。唯有在20世纪下半期,在神学研究中提出了新的精神后,才创造了完全不同的前提;那种新的精神促进基督教与非基督教建立关系,主张重新评价其他宗教,并赞成在对话中"承认、保留和促进"这些宗教的原有价值。

【[德]弥维礼 联邦德国访问中国学者】

原文刊于《中国文化》1990年02期

耶稣会士汤若望在华恩荣考

黄一农

【内容提要】本文依据汤若望于康熙元年所辑印的《奏疏》四卷以及汤若望一家历次所获封赠的制诰等原始资料，尝试理清汤若望在华所受历次晋封的原因，并厘清近人论著中所记涉及其晋封职衔与时间的讹误。由文中的讨论，可发现清政府一直将汤若望视同朝廷命官，而其所受的各项恩礼，则多是在当时封赠以及考课的制度之下，因其治历之劳依例所锡加的。

汤若望在无法劝服统治者信教的情形下，只得努力争取隆宠，希望借官方对其个人的具体褒扬，以增强布教的说服力或减少传教的阻力。顺治十五、十六年，汤氏曾请旨封赠三代并乞将己衔改升为"用从一品顶戴"，其主要的目的应即是为此。而他历来所受封赠或敕锡的制诰以及顺治皇帝御制的《天主堂碑记》，均曾被刊刻成小册，相信应是用以为教会的文宣品。此外，他更利用其个人在官僚体系中的身份地位，多方护持天主教在华的传教事业，此等策略对清初天主教的蓬勃发展应有相当程度的影响。

康熙元年，汤若望在管钦天监监正事十八年之后，终获敕封为光禄大夫，并得以用一品顶戴、着绣鹤补服，成为历史上在中国任官阶衔最高的欧洲人之一，并为极少数获封赠三代以及恩荫殊遇的远臣。然而这些荣典背后所蕴含的意义，应仅止于清政府对西方天算的认可以及对忠勤西士的笼络，而并不等同于清政府对西士所奉天主教的支持。

一、前言

今年(1992)适逢德国籍耶稣会士汤若望(Johann Adam Schall von Bell；1592—1666)诞生四百周年,其家乡科隆(Köln)地区的中华资讯中心(China-Zentrum)以及华裔学志研究所(Institut Monumenta Serica)为纪念此事,特别在五月四日至九日举办了有十余国学者参加的学术会议。

为配合此一纪念活动,科隆市的市长于大会前一天在该市 Minoriten 街的街角为汤若望的雕像举行揭幕典礼。此像刻法朴拙,为一写意之作,仅由面部的形象,颇难辨识为汤氏,但其胸前所刻的鹤形图案,则为几乎所有现存各汤若望肖像的共同特征。

经查清代的服制,品官在其补服的前胸及后背均以金线及彩丝缀有徽识,文官绣鸟、武官绣兽,而其中仅一品文官得绣鹤①。汤若望在明、清两代备受政府优礼,然而考诸晚近各汤氏的传记②,对汤氏究竟是在何时晋封何种职衔,却多语焉不详,甚或屡见讹误。笔者在此文中即爬梳国内外现藏的各种原始资料,尝试对汤若望在华所受官方的荣典略作一番理清。

---

① 《清史稿·舆服二》(台北:洪氏出版社,1981 年重印),卷一百零三,第 3055—3056 页。

② 如见清·阮元等:《畴人传汇编》(台北:世界书局,1962),卷四十五,第 581—589 页;AlfonsVath S.J.(魏特),*Johann Adam Schall Von Bell S. J.*, *Missionar in China*, *Kaiserlicher Astronom und Ratgeber am Hofe Von Peking*,1592—1666(Cologne:J.P.Bachem,1933),pp.1—380,中译本《汤若望传》(台北:台湾商务印书馆,1949)为杨丙辰所译;Louis Pfister(费赖之)著,冯承钧译,《入华耶稣会士列传》(台北:台湾商务印书馆,1960),第 192—211 页,原书名[*Notices biographipues et bibliographiques sur les Jésuites de l'ancienne Mission de Chine*](Shanghai:Mission Catholique,1932—1934);渠志廉:《汤若望司铎年谱》,《新铎声》,第 17 期(1958),第 72—84 页;方豪:《中国天主教史人物传》中册(香港:香港公教真理学会,1970 年),第 1—15 页;L·Carrington Goodrich & Chaoying Fang,*Dictionary Of Ming Biography*,1368—1644(New York:Columbia University Press,1976),vol.2,pp.1153—1157;林毓辉,《汤若望》,收入王思治主编《清代人物传稿》(北京:中华书局,1984),上编第一卷,第 292—299 页。

二、明末所受荣典

利玛窦（Matteo Ricci）自万历十六年（1588）主持耶稣会在华的传教工作以来，即采行所谓的"知识传教"政策，他以西方当时先进的科技为媒介，先设法与官绅士民建立良好关系，其次方始言及教义。

由于受天人感应思想的笼罩，中国自古多信"天垂象，见吉凶"之说[3]，而明代钦天监中的历官自景泰（1450—1456）以来即屡推交食不验，故利玛窦以为大可借西方天算之长，为中国政府推验天象，间接替教会宣传，于是天算之学因缘际会地成为明末清初中西两大文化交会的主要接触点之一。当时入华的天主教士中，精天算者即占相当比例，汤若望更为其中的佼佼者。

崇祯二年（1629），因钦天监按《大统历》与回回历预推日食又颇疏，曾随教士习学各类科技知识的礼部左侍郎管部事徐光启，乃受命成立历局，并率龙华民（Nicolas Longobardi）及邓玉函（Jean Terrenz）等西士勠力推行改历运动，冀望能将钦天监变成中国官僚体系内第一个奉教据点，以利在中土宣教。由于邓玉函因病于三年四月身故，在徐光启的请求之下，罗雅谷（Jacques Rho）与汤若望乃奉召分别自开封及西安抵京参与修历的工作[4]。

崇祯九年，汤若望及罗雅谷奉命指授铸放铳炮之法，加以两人历年"修历演器，著有勤劳"，故于十一年获礼部题请叙奖[5]。由于汤、罗二人在入京修历以来，每日只领银三分、米四合，生活清苦，且罗雅谷又已于十一年三月病殁，故若望疏称"望等俱系守素学道之人，生既不敢萌服官之荣想，死亦不敢邀逾分之荣

---

③ 如见张嘉凤、黄一农：《天文对中国古代政治的影响——以汉相翟方进自杀为例》，《清华学报》第 20 卷第 2 期（1990），第 361—378 页；江晓原：《上古天文考——古代中国"天文"之性质与功能》，《中国文化》，第 4 期（1991），第 48—58 页。

④ 王重民辑校《徐光启集》（上海古籍出版社，1984 年），卷七，第 343—346 页及第 361—363 页。

⑤ 详见汤若望等：《新法算书·缘起六》，卷六第 28—32 页，收入影印《钦定文渊阁四库全书》第 788 册（台北：台湾商务印书馆）；黄伯禄：《正教奉褒》（台北："中研院"近代史研究所藏，光绪三十年上海慈母堂第三次排印本），第 16 页。黄伯禄（1830—1909）为江南教区之不隶会籍司铎，其所著的《正教奉褒》一书，内容丰富，屡为治中国天主教史的学者引用，惜其中多未注明出处；参见方豪：《中国天主教史人物传》下册（香港公教真理学会及台中光启出版社，1973），第 270—275 页。

施,惟乞题补汤饭、酒食银两,俾生者得以资其朝夕,殁者得以充其葬埋",并请求能敕赐雅谷匮坊⑥。经光禄寺卿王一中奉旨查算汤、罗两人八年来应补发的银米,算得其应给的"汤饭半卓(桌)",每月该折银五两五钱,又,饭食每月另折银二两六钱一分五厘,亦即两人各应得银七百多两。十一年七月,谕命补发,十一月,若望并获赐御题的"钦褒天学"匮额一方⑦。

崇祯十三年,若望奉旨监造战炮,他在局内设台一座,上供天主像,每开炉镕铸,必穿司铎礼服,恭跪台前,祝祷降佑。由于其所造之炮经验放后均证明为精坚利用,帝因此赐金字匮额两方,一旌其功,一颂其教⑧。

十四年,上因西士修历有成,乃谕吏部议赐爵秩,但诸西士固辞,以"不婚不宦,九万里远来,惟为传教劝人,事奉天地万物真主,管顾自己灵魂,望身后之永福",请求收回成命。黄伯禄在光绪年间所著的《正教奉褒》中,称上从其请,并称礼部遵旨将御题的"钦褒天学"匮额分赐各省西士祗领,悬挂于天主堂中⑨。但在清初由文秉所撰的《烈皇小识》中,则称汤若望于是年加尚宝司卿衔,并受命专理历法⑩。据《明史·职官志》中所记,尚宝司卿秩正五品,掌宝玺、符牌、印章,而辨其所用,但后多以恩荫寄禄,无常员。由于文秉与若望为同时代之人且此一加衔之名相当具体,故若望当时很有可能曾获赐爵秩。

十六年十一月,上依督修历法、光禄寺卿李天经之请,对"首先创法、劳勚年深"的汤若望,加给"酒饭卓半张",并着吏部另行议叙其劳绩,十七年正月,上并依若望所请,钦赐"旌忠"匮额一方,以示朝廷柔远优劳至意⑪。

虽然汤若望等天主教天文家所用的西法,在明季测验交食或凌犯时屡屡密合天行,却因受到保守人士的多方阻挠,而一直未曾正式颁行。崇祯十六年三月朔,西法预推日食又独验,明朝政府终于八月决定将西法改用"大统历法"之名

---

⑥ 汤若望等:《新法算书·缘起六》,卷六,第28—32页。
⑦ 汤若望等:《新法算书·缘起七》,卷七,第5—9页;黄伯禄:《正教奉褒》,第17页。
⑧ 黄伯禄:《正教奉褒》,第18页;费赖之:《入华耶稣会士列传》,中译本第195—196页。
⑨ 黄伯禄:《正教奉褒》,第20页。
⑩ 文秉:《烈皇小识》,卷八,第4页,收入《明清史料汇编》二集第三册(台北文海出版社)。
⑪ 汤若望等:《新法算书·缘起八》,卷八,第33—36页。当时礼部奉旨拟字,遂拟"旌忠"及"崇义"两幅字样供上选择,渠志廉在其《汤若望司铎年谱》一文中,误以汤若望获赐"旌忠"及"崇义"匮额各一方。

颁行天下,但未几明室覆亡,而未能施行[12]。

三、清初所受荣典

满人以外族入主中原之际,亟须在即将举行的福临登基大典中,颁一象征新朝的新历,恰巧顺治元年(1644)八月初一日出现日食,汤若望很幸运地得以借着此一众目所瞩的天象,验证西法的优越,使奉教天文家自明末以来的长期努力,终于开花结果[13]。

十一月,礼部奉令旨称"钦天监印信着汤若望掌管,凡该监官员俱为若望所属,一切进历、占候、选择等项,悉听掌印官举行,不许紊越"[14]。但由于耶稣会士在入会时即"誓绝宦婚",汤若望因此奏辞掌管印信一职[15],惟谕旨不准。而传教会会长傅汎济(Francisco Furtado)以此事对天主教在华的传教事业大有帮助,乃劝他接受新职[16]。十二月初七日,汤若望终于正式接掌监务[17],并开始在章奏中使用钦命修政历法、掌管"钦天监远臣""修政历法、管监正事"或"钦天监管监正事"等衔[18]。若望在稍后虽屡获晋封,然而在其职衔中却始终保有"管钦天监监正事"或"掌钦天监印务"的字样。

二年十一月,汤若望进呈《西洋新法历书》一百卷共十三套,十二月奉旨:"新历密合天行,已经颁用,这所进历书考据精详,理明数著,着该监局官生用心肄习,永远遵守,仍宣付史馆,以彰大典。汤若望勤慎可嘉,宜加叙赉,着吏、礼二

---

⑫ 《明史·历一》,卷三十七,第543页。耶稣会士瞿纱微(Andreas Koffler)曾于南明永历三年(1649)正月奏进新历,并获准颁行,成为第一个正式取代《大统历》之西历,然同年十二月时,即因给事中尹三聘劾其"擅用夷历,爘乱祖宪",废行。

⑬ 拙文《汤若望与清初西历之正统化》,收入吴嘉丽、叶鸿洒主编《新编中国科技史》(台北银禾文化事业公司,1990)下册,第465—490页。

⑭ 汤若望:《奏疏》,卷二,第66—69页,收入《西洋新法历书》(台北故宫博物院藏)。

⑮ 若望在明末时多用"修政历法极西耶稣会士"衔,满人入京之初,亦仍多自称"修政历法";如见方豪:《顺治刻本"西洋新法历书"四种题识》,收入《方豪六十自定稿》(1969年印本),下册,第1893—1894页。

⑯ 魏特:《汤若望传》,原书第159页或中译本第一册第239页。

⑰ 汤若望:《奏疏》,卷二,第75—76页。

⑱ 汤若望:《奏疏》,卷二,第78—91页。

部议奏。"[19]三年六月,汤若望即以进书之功,蒙恩加升为正四品的太常寺少卿[20]。

四年三月,若望因职务以及宗教方面的理由,奉准"戴太常寺少卿顶戴、束带,免随朝参,不吃少卿俸越薪"[21]。六年十月,又因覃恩加升为从三品的太仆寺卿[22]。

顺治七年(1650),上将宣武门内天主堂侧隙地一方赐予汤若望,以为重建圣堂之用,由于获孝庄文皇后颁赐银两,且亲王、官绅等亦相率捐助,若望遂鸠工兴建,九年,新堂告竣,上赐"钦崇天道"匾额一方,礼部尚书与孔子裔孙亦各题赠堂额[23]。

八年正月,顺治帝因亲政而颁恩诏,其中有封赠内外满汉官员之条,称"一品封赠三代,二品、三品封赠二代,七品以上封赠一代,八、九品止封本身"[24]。依照顺治初年的封典,凡遇覃恩及三年考满,例给封赠,存者曰封,殁者曰赠,按品颁给,五品以上所授者为诰命,六品以下则称敕命,其中正一品封赠为特进光禄大夫、从一品为光禄大夫、正二品为资政大夫、从二品为通奉大夫、正三品为通议大夫、从三品为朝议大夫,至于命妇的封赠,一品之妻为一品夫人、二品为夫人、三品为淑人。顺治九年,又改特进光禄大夫为光禄大夫[25]。当时官至三品的汤若望即因此得封赠其父、祖两代。

笔者在法国巴黎的国家图书馆(Bibliotheque Nationale, Paris)曾见到一题为"敕谕"的刻本(编号 BNP 1324),此书所收即八年八月二十一日颁赐汤氏的三件诰命。其中时任"太常寺卿、管钦天监监正事"的若望被特授以通议大夫阶[26],

⑲ 汤若望:《奏疏》,卷首。

⑳ 《世祖章皇帝实录》(中华书局,1985),卷二十六第 12 页,顺治三年六月己丑条。《清史稿》中以若望因此事加太常寺卿衔(卷四十五第 1659 页),误,方豪在其《中国天主教史人物传·汤若望》中,亦同误。

㉑ 汤若望:《奏疏》,卷三第 6 页。

㉒ 见汤若望:《奏疏》,卷三页又十三,此页被置于页十三之后。经查《世祖章皇帝实录》中所记,洪承畴等多位汉官曾于顺治六年十月丙申获恩诏加衔,原因不明(卷四十六第 11 页),若望加升太仆寺卿,不知是否亦同在此时。

㉓ 黄伯禄:《正教奉褒》,第 25—26 页。

㉔ 《世祖章皇帝实录》,卷五十二第 8—9 页,顺治八年正月庚申条。

㉕ 参见昆冈等奉敕撰:《钦定大清会典事例》(台北:新文丰出版社,1976 年重印光绪二十五年刻本,卷一百四十三第 1—2 页)。

㉖ 魏特的《汤若望传》中误以汤若望在一日之内获通议大夫、太仆寺卿及太常寺卿三衔(中译本第二册第312 页或原书第 201 页)。

其祖父玉函及父亲利国均被赠为"通议大夫、太常寺卿",祖母郎氏及母亲谢氏则获赠为淑人。若望父、祖的两轴诰命,并被邮寄至其国,交家属祗领⑳。

由前述诰命上的职衔,知若望在不到两年的时间内,即从三品的太仆寺卿晋升至正三品的太常寺卿。笔者未在文献中见到有关此次迁官的直接记载,但经查《实录》中的记事,顺治帝尝于八年二月以上其生母尊号礼成而颁恩诏,诏中有云"五品以上的在京文官均各加一级"㉘,汤若望应是有此遇合,而自太仆寺卿升为太常寺卿的。

汤若望在受封诰后的全衔应为"通议大夫、加太常寺卿、管钦天监监正事",其中的"通议大夫"乃封阶,"太常寺卿"为加衔,"管钦天监监正事"则为其实际的职务。由于在当时所订的职官品级中,钦天监监正系四品,亦即汤若望是以高阶官员奉派管低级衙门事务,故谓之管理。又,当时在恩诏中亦许"文官在京四品以上、在外三品以上,武官在京、在外二品以上,各送一子入监读书",但若望因独身无子,而未受恩荫。

九年七月,汤若望进浑天星球、地平日晷等仪器,上赐以朝衣、朝帽、靴、袜等物㉙。

十年三月,上以"朕承天眷,定鼎之初,爰咨尔姓名,为朕修《大清时宪历》,迄于有成,可谓勤矣!尔又能洁身持行,尽心乃事,董率群官,可谓忠矣!比之古洛下闳诸人,不既优乎"之故,特敕锡汤若望为"通玄教师"。此一诰命原是分以满、汉文缮写在周边雕有双龙戏珠花样的木匾上㉚,全文可见于维也纳奥地利国家图书馆(National Austrian Library in Vienna)现藏的一本未题书名的刻本中

⑳ 黄伯禄:《正教奉褒》,第26页。但该书在叙述此事时所称的"貤封若望父祖为通奉大夫、母与祖母为二品夫人"句,则有多处讹误。首先,貤封本指官员以己身受封之爵位名号移授尚在的亲族尊长之谓,若其人已殁,则谓貤赠,而若望当时父、祖均殁,且亦不曾将本身的封爵改授,故此句中所称的"貤封",根本不合实情。再者,依律只有从二品官员的父、祖始得貤赠通奉大夫,正、从二品官员的母、祖母始得封赠夫人,而若望当时的品级尚不够此一资格;《钦定大清会典事例》,卷一百四十三第1—5页。
㉘ 《世祖章皇帝实录》,卷五十三第7—10页,顺治八年二月丁亥至己丑条。
㉙ 《世祖章皇帝实录》,卷六十六第2页,顺治九年七月甲戌条。
㉚ 参见魏特《汤若望传》原书中的插图(第203页)。

（编号为 Sin.56），此本半叶四行，行九字，四周雕刻有龙纹的装饰花边㉛。

"通玄教师"并不属清代封典之阶，但此一嘉名，显然要较若望先前封的"通议大夫"为高，此故若望稍后所上的奏疏中即改称己为"敕锡通玄教师、太常寺卿、掌钦天监印务"㉜。又，由于古字中的"锡"字与"赐"字互通，故文献中亦偶见有将此衔中的"敕锡"书成"敕赐"者㉝。

汤若望在晋授为"通玄教师"之后，其俸禄亦奉特旨照太常寺卿原俸加一倍给与㉞。但因若望先前并不曾支领正式的官俸，以至户部对如何照其原俸加倍计算，颇为困惑。若望当时虽未支领正俸，但他每月仍支有卓儿银十六两四钱、米四石四斗、茶十五两、盐十五两㉟，故户部建议应照太常寺卿每岁所支的俸薪二百零八两八钱四分加一倍给发㊱，唯其月领的卓儿银、米、茶、盐，则应停支。三月二十九日，奉旨："不必论俸，只照原与卓儿银、米等项加倍给与。"依此，若望当时可岁支银约四百两，并另加有米、茶、盐等实物配给，此较正一品官的薪俸尚要来得多，充分显示出政府对其的优遇。

十一年三月，上将阜成门外利玛窦坟茔两旁的地亩赏予汤若望，以为其将来的葬所。十二年十月，汤若望曾在其地立碑，志此盛事㊲。

顺治十二年，汤若望因己管钦天监监正事已十载有余，故自陈任满，等候皇帝敕裁。清初的考课制度大体因袭明制，对官员行所谓的考满法，"满三年为一考，九年通考黜陟"，其考绩有称职、平常、不称职三个等次，分别给与调迁、升

㉛ 笔者所见乃为华裔学志图书馆获自奥地利国家图书馆的影印本，由于此本内文中尝为避圣祖玄烨的名讳，而将"通玄教师"改写成"通微教师"，但未避高宗弘历之名，故应是康熙朝或雍正朝时所刻。又，黄伯禄所编的《正教奉褒》（第 26 页）以及《世祖章皇帝实录》（卷七十三第 1—2 页）中，亦收录有此一诰命的全文。

㉜ 见汤若望：《奏疏》，卷三，第 12 页。

㉝ 见汤若望：《奏疏》，卷三，第 23 页。

㉞ 见汤若望：《奏疏》，卷三，第 5—8 页。

㉟ 由于太子太保、吏部尚书韩岱等于顺治十二年七月十二日所上的题本中，有称汤若望当时"不受俸薪，照旧惟领酒饭一卓"，故笔者以为所谓的"卓儿银"，或指的是官民在特殊情形下任事时，每餐获供酒食所需的用费，若望在明末时亦曾领酒饭卓一张；《明清档案》，A23—87。

㊱ 据清朝《文献通考》中所记，顺治初，正三品的汉文官每岁实支俸银为八十八两八钱有奇，另外，每岁尚可支领柴薪银一百二十两（卷九十第 5647 页），总计二百零八两八钱有奇，此与《奏疏》中所称之数合（卷三，第 8 页）。

㊲ 黄伯禄：《正教奉褒》，第 27—28 页。

级、复职、降级、罢免等奖惩[38]。钦天监官因不属常选,故其堂上正官在任满九年后的黜陟,是取自上裁,"或令复职,或升俸级,或量升相应职事"。由于若望的表现一直相当优异,上乃于七月十二日谕旨称:"汤若望著复职,念其远臣供职有年,勤劳可嘉,应优加恩典,尔部议奏。"[39]

虽然吏部的《职掌》中,原有一条明称:"钦天监、太医院堂上正官九年任满,俱不宜升与九卿正佐职衔。"但因汤若望是奉特旨加恩,与常例不同,故于十二年八月获加通政使司通政使的职衔[40],照旧管钦天监监正事,并获赐羊、酒。由于通政使司通政使在当时秩属二品,故汤若望自此年起即奉准着用二品顶戴,而其全衔则成为"敕锡通玄教师、加二品顶戴、通政使司通政使、掌钦天监印务"[41]。又,据《会典》中开载,三品以上京官考满复职时,得荫一子入国子监读书,但汤若望仍以无子而未荫[42]。

十四年二月,上巡幸南苑,偶经位于宣武门内新修的天主堂,乃以"若望入中国已数十年,而能守教奉神,肇新祠宇,敬慎蠲洁,始终不渝,孜孜之诚,良有可尚,人臣怀此心以事君,未有不敬其事者也,朕甚嘉之",而赐亲书的"通玄佳境"堂额一方以及御制的《天主堂碑记》一篇[43]。

十四年六月,汤若望又遇恩诏而加一级[44],其确实的原因不见文献提及。由于《实录》在此月或稍早并未有颁恩诏于全国之举,故此一恩诏应属其个人的行为所致。经查汤若望在此期间的行事,发现他曾于十三年八月进呈《简要历书》

---

[38] 李东阳等纂,申时行等重修:《大明会典·吏部十一》(台北新文丰出版公司,1976 年重印),卷十二,第 1—13 页;李铁:《中国文官制度》(中国政法大学出版社,1989 年),第 243—260 页。

[39] 《明清档案》,顺治十二年七月十二日韩岱等题本,A23—87。

[40] 魏特的《汤若望传》中,将若望晋授为通政使司通政使一事,误系于顺治十四年(中译本第二册,第 317 页或原书第 204—205 页)。

[41] 汤若望:《奏疏》,卷三,第 14—28 页。

[42] 本段之讨论,请参见汤若望《奏疏》,卷三页又十三及再十三;《世祖章皇帝实录》,卷九十三第 3 页,顺治十二年八月辛未条;《圣祖仁皇帝实录》(中华书局,1985 年),卷四,第 8 页,顺治十八年八月己酉条。陈垣在 1919 年所作的《三版主制群征跋》一文中,误以汤若望是在顺治十四年始加通政使一衔,笔者所见的《主制群征》藏台北"中研院"历史语言研究所。

[43] 黄伯禄的《正教奉褒》中,收录有此一碑记的全文(第 30—31 页)。又,奥地利国家图书馆亦藏有此一碑记的刻本,编号为 Sin.45,半叶五行,行十五字,四周单边,单鱼尾,版心刻"御制碑文"四字,但此本显然非顺治朝所刻,因其中将"通玄教师"及"通玄佳境"均改为"通微教师"及"通微佳境",又将"玄笈贝文"改避成"县笈贝文"。

[44] 汤若望:《奏疏》,卷四,第 101—102 页。

两套,并于十四年三月将先前成书的《西洋新法历书》依旨再进一套,四月,《简要历书》更蒙旨宣付史馆[45]。不知他是否即因此一劳绩而在六月获加级? 若望先前所恭进的《西洋新法历书》,亦曾被宣付史馆,并因此获加衔。

十四年十月,若望以己"年过六旬,血气日益衰耗,印务殷烦,非精明强干之人不克胜任,若不及今控辞,恐致事有差违。况新法悉传监员,所有印务皆系料理衙门事宜,舍臣自当有人",奏请准辞,但获谕旨慰留,称:"汤若望供职有年,勤劳懋著,着益殚心料理,不必请辞印务。"[46]汤若望当时请辞监务之举,或受原回回科秋官正吴明烜于四月疏控新法不合天行一事的影响[47],他很可能是欲借此举窥知皇上对他支持的程度。

顺治十五年,汤若望又三年考满,因无子可荫,故九月奉旨"赐羊、酒,仍给与应得诰命"[48]。当时吏部以若望为二品官,故仅拟诰赠两代,但若望则以己为"用二品顶戴加一级",因此上疏希望能依一品之例赠及曾祖[49]。吏部为此疏请圣裁,以确定若望官衔上的"用二品顶戴",究竟指的是从二品还是正二品。因若为正二品的话,加一级之后则可以从一品的身份封赠。十六年二月初四日,汤若望奉旨准以从一品的身份封赠三代[50]。

汤若望在蒙准封赠三代时,亦获赐只有一品文官始得穿配的玉带,但因其职衔中仍有"用二品顶戴"字样,故若望又上疏请皇上特赐鉴裁,希望能将其衔改称为"用从一品顶戴",以符事实,然而此一请求并未获同意,五月二十九日,谕旨将其官衔中原涉及应用顶戴的部分删去,而改称"通政使司通政使、加二品又加一级、掌钦天监印务"[51]。

---

[45] 《简要历书》事实下包含汤若望:新近完成的三本书,其中《新法表异》乃叙述新历与前代诸历不同之处,《历法西传》乃记新法所本的西洋诸治历名家,《新法历引》则总历法之大成;汤若望:《奏疏》,卷三,第23—25页。

[46] 汤若望:《奏疏》,卷三,第47—48页。

[47] 《世祖章皇帝实录》,卷一百零九,第3页,顺治十四年四月庚辰条。

[48] 汤若望:《奏疏》,卷四第76—77页。

[49] 此应据顺治十四年所定"凡恩诏内有加级者,均以新加之级给封典"之法;参见《钦定大清会典事例》,卷一百四十三,第1—3页。陈垣在《三版主制群征跋》一文中,称汤若望所获三代一品封典乃清廷强予之,此说与事实不合。

[50] 汤若望:《奏疏》,卷四,第91—93页。又,《清史稿》中误以若望曾"进秩正一品"(卷二百七十二,第10020页)。

[51] 汤若望:《奏疏》,卷四,第101—102页。

　　顺治十八年正月,康熙帝御极,恩诏三品以上均得荫一子入监[52]。虽然恩荫依例只及于嫡庶子孙或兄弟之子,但九月奉特旨称:"汤若望系外国之人,效力年久,原无妻室,不必拘例,其过继之孙著入监,钦此。"其中所提及的义孙名汤士弘,原系若望门人潘尽考之子,据说此一领养之事是因顺治皇帝念若望"矢志贞修,终身不娶,孑然羁旅,苦独无依",而令其抚养一幼童以终老[53]。又,汤若望原敕锡的"通玄教师"号中因含圣祖玄烨名讳中的上一字,故在新帝登基后不久,他亦奉旨改锡"通微教师"号(详见附录)。

　　原本应于顺治十六年封赠汤若望一家的诰命,是在康熙元年(1662)二月二十五日始正式颁赐的,其延迟达三年的原因尚待考。奥地利国家图书馆现藏有一题为《思荣四世录》的刻本(编号为Sin.57),即收录的是这四件诰命的全文[54]。汤若望在此一诰命中获授光禄大夫阶[55],其曾祖笃琭、祖父玉函以及父亲利国亦因此被赠为"光禄大夫、通政使司通政使、用二品顶戴加一级",曾祖母赵氏、祖母郎氏以及母亲谢氏则均获赠为一品夫人。

　　依照清代封赠之例,汤若望的新衔应与其父、祖相同,但因吏部曾于顺治十六年将其衔议改成"通政使司通政使、加二品又加一级、掌钦天监印务",以避免与他所获赐的一品顶戴矛盾,故此若望在敕封后的全衔应为"敕锡通微教师、光禄大夫、通政使司通政使、加二品又加一级、掌钦天监印务"。

　　台北故宫博物院现藏有汤若望所编康熙元年至四年的《月、五星凌犯时宪历》(又名《相距历》),在各历的历尾均附有监官职衔。经查在元年及二年的历中,若望用的是"敕锡通微教师、通政使司通政使、加二品又加一级、掌钦天监印务"衔。由于《实录》中记若望曾于顺治十五年正月上《相距历》[56],若当时均是

<hr>

[52] 此据胡世安所撰的贺汤若望荣荫文,其文见《主制群征》三版书末所收录的《赠言》。虽然在《圣祖仁皇帝实录》中,仅称"诏内恩赦凡十四条",而不曾详列各条的内容(卷一第8页,顺治十八年正月己未条),但笔者在《钦定大清会典事例》中,则见有"(顺治)十八年,钦奉恩诏,满汉官员,文官在京四品以上、在外三品以上,武官在京、在外二品以上,各送一子入监读书"之记载(卷一百四十四第1页)。

[53] 黄伯禄:《正教奉褒》,第43—45页。此书中因避高宗弘历之讳而将此一义孙之名书作"士宏"。

[54] 笔者所见为华裔学志图书馆获自奥地利国家图书馆的影印本,此本无封面,仅在首页的拉丁文说明之旁有"思荣四世录"五小字,由字义判断,或应为"恩荣四世录"之误。

[55] 费赖之原著的《入华耶稣会士列传》中,误以若望获授少保之衔(中译本第201页)。

[56] 《世祖章皇帝实录》,卷一百十四第4页,顺治十五年正月壬寅条。

在正月进呈来年《相距历》的话，则可合理解释为何在康熙二年的《相距历》中，仍未见若望新诰封的光禄大夫衔，亦即他应是在康熙元年二月获制诰以后，始正式使用新衔的[57]。

在三年及四年的历中，则可发现若望的职衔均为"敕锡通微教师、光禄大夫、通政使司通政使、掌钦天监印务"，此衔中不曾在"通政使司通政使"之后加"加二品又加一级"字样，很可能是因空间不够所致，当时在历尾所列的监官职衔，依式各官均只书一行，而此两历所书的"敕锡通微教师、光禄大夫、通政使司通政使、掌钦天监印务臣汤若望立法"等字，已占满一行，以致无从再添上较不重要的"加二品又加一级"字样[58]。

康熙元年四月，汤若望曾撰成《民历补注解惑》一书（BNP 4982），但此书直到康熙二十二年时始由南怀仁（Ferdinand Verbiest）校订刊行[59]。在此本的目录之前，刊有两叶当时参与纂著以及共参的钦天监监官名衔，其中称若望为"敕锡通微教师、光禄大夫、加从一品通政使司通政使、掌钦天监印务"，此为文献中具体所记汤若望最高的官衔。但笔者怀疑其中"加从一品通政使司通政使"的部分，或为南怀仁在刊刻时为突显若望曾用从一品顶戴的荣典而自行编造的，此因《民历补注解惑》成书距若望获授诰命之后仅月余，在这段时间他似不曾因功又获晋升，如果若望在受封后的全衔确如《民历补注解惑》中所称，则其曾祖等三代于二月时应均获赠为"光禄大夫、加从一品通政使司通政使"，此与诰命不合。

汤若望在清初官场中绚烂的生涯，至康熙元年时达到巅峰。然而因中西间

---

57 文献中屡见将汤若望诰授为光禄大夫且封赠三代之事，误系于顺治十五年正月，如见《正教奉褒》（第32页）或魏特所作的《汤若望传》（中译本第二册，第317页或原书第205页）。

58 笔者在台北"中央图书馆"所藏的《大清顺治十五年岁次戊戌时宪历》（善本第6339号）中，即见有一相近的事例，汤若望在进历之时的全衔原为"敕锡通玄教师、加二品顶戴、通政使司通政使、掌钦天监印务"，但因字数过多，故在历尾的职衔中仅称"敕锡通玄教师、加二品、通政使司通政使、掌钦天监印务"，删去了其中较不重要的"顶戴"二字。

59 拙文《汤若望〈新历晓惑〉与〈民历补注解惑〉二书略记》，《"国立中央图书馆"馆刊》，第25卷，第1期（1992），出版中。

对天文术数看法上的冲突以及监中各派天文家权力的摩擦[60]，未几，即在鳌拜等四大臣辅政的新政治环境下，被保守儒教人士杨光先、前礼部尚书恩格德及前回回秋官正吴明烜等人联手攻讦，以致锒铛入狱，不仅职衔尽失，甚至本拟凌迟处死。稍后，若望虽援赦得免，终在四肢麻痹、口不能言的情形下，于五年七月卒于北京，结束了其在中国长达四十多年的传奇一生[61]。

由于接替天主教天文家管理钦天监监务的杨光先与吴明烜，"只知历理、不知历数"，故自七年十二月起，南怀仁等奉教人士开始抨击历日中的诸般谬误[62]，试图为"历狱"翻案。加以鳌拜于八年五月失势之后，杨光先被控依附"权奸"鳌拜[63]，故整个平反的过程算是相当顺利。

八年七月，和硕康亲王杰淑等呈称：

> 汤若望等建造天主堂供献天主，系伊国之例，并无诱人作恶、结党乱行之处，只因供献伊国原供献之天主缘由，将汤若望官职并所赐嘉名革去……且所赐汤若望通微教师之名，因通晓天文历法赐给，应将汤若望通微教师之名复行给还，该部着依原品级赐恤[64]。

---

[60] 参见拙文《清初钦天监中各民族天文家的权力起伏》；拙文《耶稣会士对中国传统星占术数的态度》，《九州学刊》，第 4 卷第 3 期(1991)，第 5—23 页，法文本将由 Catherine Jami 博士翻译，发表于 1991 年 10 月在巴黎举行的"Temps et espace dans la rencontre de la Chine avec l'Europe aux XVIIe et XVIIIe siecles"会议的论文集上；拙文《中西文化在清初的冲突与妥协——以汤若望所编民历为个案研究》，将发表于 1992 年 5 月在德国 St. Augustin 举行的"International Symposium on the Occasion of the 400th Anniversary of the Birth of Johann Adam Schall Von Bell, S.J.(1592—1666)"会议的论文集上；拙文《择日之争与康熙历狱》，《清华学报》，新 21 卷第 2 期(1991)，第 247—280 页，日文本篇名为《択日の争いと"康熙历狱"》，伊东贵之先生翻译，《中国—社会と文化》，第 6 号(1991)，第 174—203 页，英文本篇名为 Court Divination and Christianity，席文(Nathan Sivin)教授翻译，Chinese Science，第 10 号(1991)，第 1—20 页。

[61] 有关"历狱"的原委及过程，请参见拙文《择日之争与康熙历狱》及魏特《汤若望传》(中译本第二册第 471—518 页或原书第 295—320 页)。又，今北京第一历史档案馆中，尚藏有当时两造在法庭上的详细辩论记录，可惜此一满文的珍贵文献一直未曾发表。

[62] 《圣祖仁皇帝实录》，卷二十七第 24—25 页，康熙七年十二月己丑条，卷二十八第 6—9 页，康熙八年正月庚申条及庚午条；卷二十八第 15—16 页，康熙八年三月庚戌条。

[63] 清·何世贞：《崇正必辩》(北京中国科学院自然科学史研究所藏康熙十一年刻本)，书末所附和硕康亲王杰淑等所上之题本。

[64] 南怀仁等：《熙朝定案》(罗马耶稣会档案馆藏本，编号 ARSI Jap.Sin.II67)，第 59—65 页。有关此书各版本的讨论，可参见 Willy Vande Walle, Problems in Dating the Writings of Ferdinand Verbiest：The Astronomica Europea and the Xi-chao dingan，收入《南怀仁逝世三百周年国际学术讨论会论文集》(台北辅仁大学出版社，1987)，第 237—252 页，或见拙文《康熙朝涉及"历狱"的天主教中文著述考》，《书目季刊》，第 25 卷第 1 期(1991)，第 12—27 页。

在几经详议后,汤若望个人终于八月十一日获谕旨复通微教师之名、照原品赐恤,并给还建堂基地,但天主教在华的传教禁令,并未获得全面的纾解[65],如对天主教在聚会时所散给的《天学传概》及铜像等物,仍严加禁止。又,除南怀仁等少数在京教士准自行外,亦禁止直隶各省立堂入教[66]。

八年九月,礼部题请照汤若望原品级赐恤,称"应照原任通政使司通政使、加二品又加一级、掌钦天监印务事汤若望,给与合葬之价,并给与一品致祭银两,遣官读文致祭,祭文内院撰拟",奉旨依议[67]。依照当时的恤典,满汉大臣所得的造葬银两俱照其加赠品级给予,一品官的造坟银为五百两、致祭银为二十五两,且部院堂官加衔至一品、二品者卒,亦可获遣官读文致祭一次以及工部立碑的恩遇[68]。十月,上即遣礼部官一员至汤若望墓前致祭,当时在京的三位耶稣会士利类思(Ludovicus Buglio)、安文思(Gabriel de Magalhaes)与南怀仁,同于墓前设香案跪接御祭文,其文曰:

> 皇帝谕祭原任通政使司通政使、加二级又加一级、管钦天监印务事汤若望之灵曰:鞠躬尽瘁,臣子之芳踪;恤死报勤,国家之盛典。尔汤若望来自西域,晓习天文,特畀象历之司,爰锡通微教师之号,遽尔长逝,朕用悼焉,特加恩恤,遣官致祭。呜呼聿垂不朽之荣,庶享匪躬之报,尔如有知,尚克歆享[69]。

汤若望先前所锡的"通微教师"号,虽于"历狱"翻案后又获给还,并奉旨照原品级赐恤,但若望在康熙元年二月所给封的光禄大夫阶,却不再出现于御祭文所用的职衔中,此可能是因其诰命或已在"历狱"初起时因革职而被追夺,且又

---

⑥⑤ 康熙八年二月,礼部遵旨查对两造在"历狱"中的争执时,曾获谕旨曰:"杨光先本当依议交与刑部从重治罪,但前告汤若望是实,依议着从宽,免交刑部,余依议",可知杨光先对汤若望的疏告,并不曾全面被翻案;南怀仁等,《熙朝定案》(ARSI Jap.Sin.II67),第10—12页。

⑥⑥ 《圣祖仁皇帝实录》,卷三十一第4—5页,康熙八年八月辛未条。

⑥⑦ 南怀仁等:《熙朝定案》(ARSI Jap.Sin.II67),第66页。

⑥⑧ 当时的恤典请参见《钦定大清会典事例》,卷四百九十九,第1—6页。又,黄伯禄在其《正教奉褒》一书中,称"上赐银五百二十四两,以资筑建汤若望坟茔,并表立墓碑、石兽"(第64页),而依若望的品级,他应得造坟银以及致祭银共五百二十两,黄氏所称的赐银数目或有小误。

⑥⑨ 南怀仁等:《熙朝定案》(ARSI Jap.Sin.II67),第67页。

未获重给所致。

又,御祭文中称若望原任"通政使司通政使、加二级又加一级、管钦天监印务事",北京马尾沟教堂原藏的《汤若望谕祭碑》上亦同[70],此与若望原衔中所用的"加二品又加一级"有一字的出入。虽然归咎于刊误即可解决此一矛盾,但笔者怀疑当时用"加二级又加一级"之衔[71],或有其他的理由。由于顺治十五年七月议改满汉官品时,通政使司通政使被自二品降成正三品,此后虽然满通政使的品级曾有更动,但汉通政使则一直维持为正三品[72],而正三品在加二级后恰与汤若望原衔中所称的正二品相当,且此一衔名亦能与其时汉通政使的品级相切合。

四、结语

本文尝试自原始史料中理清汤若望在华所受历次晋封的原因,并厘清近人论著中所记涉及其晋封职衔与时间的讹误。知若望的加衔乃由正五品的尚宝司卿,一直升至二品通政使司通政使,而其封阶则从正三品始能获赐的通议大夫,一直升至一品的光禄大夫,并曾于顺治十年三月敕锡"通玄教师"号(参见附录)。

虽然汤若望受知于顺治帝,且恩礼优渥,彼此间的来往亦颇为亲近,然而若望欲劝顺治信奉天主教的努力,却收效甚微[73]。顺治十四年(1657),上在御制的《天主堂碑记》中,即明白指出他对天主教的教义兴趣不高,其文曰:

---

[70] 北京图书馆金石组编:《北京图书馆藏中国历代石刻拓本汇编》(中州古籍出版社,1989—1991),第 62 册,第 142 页。

[71] 经查康熙各年《月、五星凌犯时宪历》历尾所附的监官名册,发现在六年至十四年的历中,屡可见如"博士、加从八品、加一级又加一级、臣鲍英华"(见十四年历)之类的职衔,而未见直接将"加一级又加一级"称为"加二级"者,当时或借此法以保留各次升降的过程,然而在十五年历以后,此一情形则开始改变,如再获升级的鲍英华,在十五年历中即用的是"博士、加从八品俸、又加三级"衔。

[72] 《世祖章皇帝实录》,卷一百一十九第 4—6 页,顺治十五年七月戊午条;卷一百二十五,第 1—2 页,顺治十六年闰三月辛酉条。《圣祖仁皇帝实录》,卷二十一,第 10—11 页,康熙六年二月癸酉条。

[73] 天主教当时在永历宫廷中则相当活跃,如王皇太后、马皇太后、皇后王氏、皇子慈烜等人均受洗为教徒;方豪,《中国天主教史人物传》上册(香港公教真理学会及台中光启出版社,1967 年,第 294—301 页)。

夫朕所服膺者，尧、舜、周、孔之道，所讲求者，精一执中之理，至于玄笈、贝文所称《道德》《楞严》诸书，虽尝涉猎而旨趣茫然，况西洋之书、天主之教，朕素未览阅，焉能知其说哉？

而在木陈忞等龙池派僧人的影响之下，顺治并于稍后开始参禅礼佛，甚至曾动出家之念，更尝命阁臣冯铨等为《辩天三说》制序，欲翻刻此一由明末僧人密云悟所著专辟天主教义的书籍⑭。

陈垣在其《汤若望与木陈忞》一文中，即尝比较两人的知遇，曰："木陈以禅为本业，其见召即为禅；若望以教为本业，其见用却不在教。"并称："若望本司铎，然顺治不视为司铎，而视为内庭行走之老臣，若望亦不敢以司铎自居。"观诸本文中的讨论，我们可发现若望的确一直被清政府视同朝廷命官⑮，而其所受的各项恩礼，则多是在当时封赠以及考课的制度之下，因其治历之劳依例所锡加的，至于特旨荫义孙入监一事，更是陈垣用来印证当权不以教士看待若望之一重要证据。

汤若望在无法劝服统治者信教的情形下，只得努力争取隆宠，希望能借官方对其个人的具体褒扬，以增强布教的说服力或减少传教的阻力。顺治十五、十六年，若望曾请旨封赠三代并乞将己衔改升为"用从一品顶戴"，其主要的目的应即为此。而若望历来所受封赠或敕锡的制诰以及顺治皇帝御制的《天主堂碑记》，均曾被刊刻成小册，相信应是用以为教会的文宣品。此外，若望更利用其个人在官僚体系中崇高的身份地位，多方护持天主教在华的传教事业，此等策略对清初天主教的蓬勃发展应有相当程度的影响⑯。

康熙元年，汤若望在管钦天监监正事十八年之后，终获敕封为光禄大夫，并

---

⑭ 陈垣：《汤若望与木陈忞》，收入叶德禄辑《民元以来天主教史论集》（北平辅仁大学出版社，1943年），第102—132页，原文发表于《辅仁学志》，第七卷，一、二合期（1938）。

⑮ 或因若望长期负责监务，以致文献中尝见径称其为"钦天监监正"，亦即将他视同成一位专职的技术官僚。如见《世祖章皇帝实录》，卷二十二第6页，顺治二年十二月庚子条；卷二十六第12页，顺治三年六月己丑条；卷六十六第2页，顺治九年七月甲戌条。《明清档案》，顺治十二年七月十二日韩岱等题本，A23—87。

⑯ 据统计，全国耶稣会所属的教友，在崇祯九年时共三万八千人，顺治七年时约十五万人，康熙三年时则达十六万四千余人（亦有云二十四万八千余人者）；方豪，《中西交通史》下册（中国文化大学出版部，1983年新一版），第973—974页。

得以用一品顶戴、着绣鹤补服,成为历史上在中国任官阶衔最高的欧洲人之一[77],并为极少数获封赠三代以及恩荫殊遇的远臣[78]。然而这些荣典背后所蕴含的意义,应仅止于清政府对西方天算的认可以及其对忠勤西士的笼络,而并不等同于清政府对西士所奉天主教的支持。虽然顺治皇帝在《御制天主堂碑记》中尝勉励传教士们要"事神尽虔、事君尽职",但其所看重的显然是后者。

(笔者感谢德国华裔学志研究所的 Barbara Hoster 女士以及 Roman Malek 博士在资料上所提供的协助。本研究受"国科会""杨光先与反西教"计划(NSC 81—0301—H—007—505)及"清华学术研究专案"支助。)

附录

汤若望在明、清两代所获晋授或敕封的职衔

年月	获授职衔
崇祯十四年	加尚宝司卿、治理历法
顺治元年十一月	修政历法、管钦天监监正事
顺治三年六月	加太常寺少卿、掌钦天监印务
顺治六年十月	加太仆寺卿、管钦天监监正事
顺治八年二月	加太常寺少卿、掌钦天监印务
顺治八年八月	通议大夫、加太常寺卿、管钦天监监正事
顺治十年三月	敕锡通玄教师、加太常寺卿、管钦天监监正事
顺治十二年八月	敕锡通玄教师、加二品顶戴、通政使司通政使、掌钦天监印务
顺治十四年六月	敕锡通玄教师、加通政使司通政使、用二品顶戴又加一级、掌钦天监印务
顺治十六年六月	敕锡通玄教师、通政使司通政使、加二品又加一级、掌钦天监印务
康熙元年二月	敕锡通微教师、光禄大夫、通政使司通政使、掌钦天监印务

【黄一农　台湾清华大学历史研究所教授兼"中研院"院士】

原文刊于《中国文化》1992 年 02 期

---

[77] 南怀仁在过世前的职衔为"钦天监治理历法、加工部右侍郎、又加二级",并获谥"勤敏",其所获的恩礼较若望犹高;参见南怀仁等:《熙朝定案》(方豪藏本),第 41 页,收入《天主教东传文献续编》第三册(台湾学生书局,1966 年)。

[78] 汤若望之时较易获得封赠,此因自康熙二年正月起,清政府停文官考满即给诰敕之例,惟遇覃恩时,文武大小官员始准给封赠诰敕;《圣祖仁皇帝实录》,卷八第 2 页,康熙二年正月戊寅条。

康熙天体仪：东西方文化交流的证物[①]

伊世同

清康熙八至十二年(1669—1673)，为引进西法观测天象，南怀仁设计大型铜仪六件，替换了北京观象台顶明铸仪象[②]，从而揭开中国天文学史的新篇章。

一

天体仪即天球仪，中国古称浑象[③]；文献中凡是提及历代浑象时，往往冠以帝王年号，使词意明确。

康熙天体仪是清初六仪(即天体仪、赤道经纬仪、黄道经纬仪、地平经仪、象限仪和纪限仪的总称)的代表作品，无论就工艺难易、工期长短、用料轻重、用途大小等相比较，天体仪皆为诸仪之冠。天体仪不仅综合地显示其他仪器所测得的恒星球面位置；还能演示不同纬度、不同季节和不同时间的天体周日或周年视

---

① 本文是为纪念南怀仁逝世 300 年及中、比联合复制康熙天体仪而写的。初稿草于 1986 年底，以后又改写了几次，手头则只存第三次稿。英译本是请张宗炽先生翻译的，由比利时鲁汶大学发表。

② 明代陈设北京观象台顶的天文和气象仪器共七件，但大型铜器仅三件，即：浑仪(现存南京)、浑象(失传)和简仪(存南京)。

③ 浑象又称浑天象，有时也与浑仪、浑天仪混称。

运动;也可利用天体仪的球面位置和环架刻度,直接读得天体的不同系统球面坐标或从事不同系统的球面坐标换算。它不仅直观性强,更能解除或减少古人的大量繁复计算和换算,用途是多方面的。

中国有悠久的敬天传统,天文仪器必然是敬天礼器;从帝王礼天的角度来看,天体仪则象征着所崇敬的星象主体。按古老的祀天礼制,天子祭天于南郊,祭地于北郊。故南怀仁在《灵台仪象志·图》④中,把天体仪安放在观象台顶南侧居中,从安放位置上也体现出对天体仪的重视程度。康熙天体仪曾被誉为"诸仪之宗"⑤是有一定道理的。

康熙天体仪由三部分组成:

A.斜交的承重底梁,以及底梁中心处的云墩(实为传动齿轮的装饰件,其内包有轴承)和与之相连接的齿轮传动系统。在底梁西侧装有齿轮箱和摇动手柄,用来改变天极高度,可模拟不同纬度所见的天球视运动。

B.可调整高度和水准的地平环套架。环面设环状水渠,环基部位(底环)有调整高度和平度的地脚螺钉。地平环套架的底环套装在天球承重底梁的外面,在结构上与承重底梁不相连接,但在外观上粗看起来则很像一个整体,很少有人注意地平环套架与承重底梁实际上是各自独立的。从使用性能上看,地平环套架和承重底梁这两大部件之间的分合关系是仪器结构和装饰上的一种矛盾统一,是非常必要的。

C.天球和装置天球的子午环。子午环的北极轴承处装设有时盘和指时表,还有可以移动的天顶表以及表端花饰。

康熙天体仪共由 120 多个零件和部件组成,球面星体为 1888 颗。如果把每颗星体在组装成天球之前都看成是零件,则康熙天体仪是由 2000 多个零件组装成的大型铜制天文仪器。其中,天体仪的天球直径 1860mm,子午环外径

---

④ 《灵台仪象志·图》虽然内容大部分相当于《灵台仪象志》一书的附图,且其序言部分讲明图应与书对读,不再另写说明;但由于开本比章大,刷印量极少,很类似一部独立发行的专著,很难访得现存善本,书中有些图也不是和《灵台仪象志》对读就能求解的。笔者研究的主要版本藏南京紫金山天文台,是国内所见较好的本子。书中图画有些实际上是与《灵台仪象志》毫无关系的。

⑤ 参阅《灵台仪象志》前几卷涉及天体仪的文字,实导源于《崇祯历书·浑天仪说》,是当年颇为流行的看法。

2095mm,地平环套架上端的地平刻度盘外径为 2340mm,球心距离地表面
1370mm,仪器总高度 2760mm,仪器总重量为 3850 千克。

就康熙天体仪整体效果评论,仪器造型庄重,纹饰华美,布局适当,结构合
理,雕技传神,为清代罕见的工艺精品。

二

作为引进西法所铸造的首批大型仪象中的典型或代表作,康熙天体仪与中
国历代承传的浑象究竟有哪些异同点呢?

这是一幅 90 年前的照片,在能看到的早期照片中,它是最好的,零部件也相
当完整。当年,康熙天体仪已被劫往德国,陈设在波茨坦离宫。

第一,明代或明代以前的传统浑象,就设计的主导思路来讲,它所体现的实为古浑天学家天圆地方基本理论的模型,仪器下半部是雕有纹饰的方箱,箱的顶平面象征地平面,天球则在其间半露半隐。西方从古希腊时代起,就一直在追求天球运动的几何学解释,并将球体视为几何形状中最为完美的象征,在一般情况下,是不肯把天球半露半藏的。去掉天体仪下半部的方箱,实为康熙天体仪和中国传统浑象在造型上的最大区分之一。

第二,中国传统浑象的子午环架为双环结构,它是从观测用的浑仪子午双环移置过来的。中国的天文观测很重视中天数据,而浑仪子午双环是与夹装有窥管的四游双环配套的定置环架,它在观测天体的中天位置时,不影响窥管视野,配重均衡,结构上比单环轻巧、巩固,夹装四游双环的极轴轴承也非常方便。西方天球仪子午环架不仅为单环,且为偏置,以便利用子午环的一个侧面为子午面,子午面投影在天球上则为天球子午线。这类仪器结构区别,以今天标准衡量,固属技术枝节,但却涉及东西方的历史与文化背景以及思想方法。

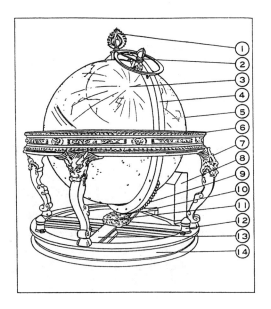

康熙天体仪部位名称(请和前图对读)及简略说明:

①天顶游表及其花饰。

②天球北赤极附近的指时表与时盘。

③天球北黄极。

④子午环。

⑤天球。

⑥地平环套架的顶环。环的顶平面刻有地平经度和八风方位,还铸有环形水渠,用以取平。

⑦地平环套架的龙柱。

⑧齿轮箱。箱的西侧附有手柄,用以改变极高,模拟不同纬度的天象。

⑨附于子午环西侧的象限齿弧。

⑩传动主轴。

⑪承重云墩。墩上的云纹罩用以掩盖传动轴端的轴承结构。

⑫和脚罩。罩内装有调整地平环套架高低和水准的地脚螺丝。

⑬承重十字梁架。实际上它是"又"字形梁架,封闭端横梁上装置齿轮箱。

⑭地平环套架的底环。它和承重梁不是整体结构。

第三,就制度比较:中国古代分周天为 $365\frac{1}{4}$ 度,是以太阳在天球上的视位置每日位移量为尺度标准的;在时间上,中国古时则分昼夜为百刻……西方分周天为 $360°$,分昼夜为 24 时,度、时以下,采用 60 进位制等等。以康熙天体仪为代表的清初六仪,实乃中国大型仪象采用西方制度之始。

第四,康熙天体仪球面星象虽然仍保留着中国传统星象的晚期体系(通常称其为《步天歌》系统[⑥]),但其位置数据中的绝大部分已被西方星表所载数据置换。

第五,采用了流行于西方的天体视亮度标准,即所谓星等概念。

第六,增加了近南天极附近的一些星座。

第七,中国古代恒星的天球位置坐标固然有其独特的表示方法,但从体系上看则是属于赤道坐标系统,康熙天体仪当然也可以度量天体的赤道坐标位置,不过从球面坐标的主导地位来看却是突出了黄道坐标体系,是空前的;黄道坐标由

---

⑥ 《步天歌》是隋唐以来流传国内的认星歌诀,左右初学者长达千年。其间通行于民间的传抄本虽然互有出入,但就我们这里的讨论来讲,无实质影响。

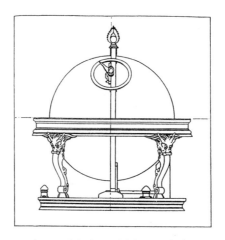

康熙天体仪侧视图（由北向南看）

于计算太阳系天体位置变换或恒星岁差等较为简便，虽曾风传一时，但却没能占上风，因而以黄道坐标系居主导地位的康熙天体仪，在中国仪象演变史中也是绝后的。

第八，康熙天体仪球面反映着晚明历局中西学者合作译书时期的星象对比研究成果，保留有早期星座或恒星译名。

第九，就传动体系而言，中国古代传动系统均为模拟天体的周日视运动；改变极高，使之能模拟不同纬度地区的星象升没规律，也是由康熙天体仪开始的（在此之前，曾做过小型实验）。此外，在传世天体仪中，康熙天体仪也是中国最大的。

康熙天体仪从设计的主导思路直到结构、制度等细节，均引入西方天文学体系中的关键内容；但它也保留了传统浑象中的星象基础和纹饰风采，使仪器既突破了传统的束缚和局限，而引进和发展得又相当自然，合情合理⑦。如果考虑到南怀仁所处的时代背景和工作条件，能做到这种程度是很不容易的。

---

⑦　无论中外，天体仪均为演变史极长的经典仪象，涉及中西方有关制度的混合过程，可参阅笔者写的《徐光启和晚明仪象》一文，载《徐光启研究论文集》，学林出版社，1986年版，第76页。

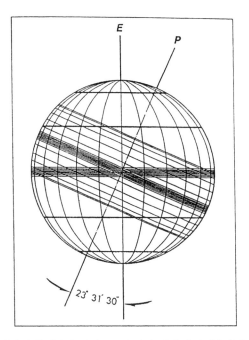

康熙天体仪上所刻画的黄道坐标网线，以及对应于黄道上24节气点的赤纬平移圈。黄赤交角数据也引用了第谷数值。图中E表示黄极轴，P表示赤极轴。

三

康熙天体仪的球面星象，引自晚明以来徐光启、汤若望等中外学人开局译书时期的集体成果《崇祯历书·恒星历指》。入清后，《崇祯历书》[⑧]虽然曾被汤若望略加删改，更名为《西洋新法历书》[⑨]在清初刊行，但包括星表部分在内的学术内容却极少变动。南怀仁涉及清初星象的工作不外是把《西洋新法历书》中的恒星坐标位置数值加岁差订正，归算到所用历元。其中，黄道星表用康熙壬子（1672）历元，赤道星表用康熙癸丑（1673）历元。1673年秋，南怀仁新制六仪告

---

⑧ 《崇祯历书》世无完本。入清后经汤若望删改，更名为《西洋新法历书》，删减者多为前朝议奏或官职名称之类的文字，这是非删不可的；学术方面除极个别的微量调整外，对明刻书板可说是纹丝未动（也没有大动的时间）。当然，这是仅就笔者二十多年前在故宫博物院核校过的部分而言，难以概括其余。

⑨ 同上。

成并安装完毕(仪器上雕刻有落成年号),表明康熙天体仪球面恒星位置是依照康熙壬子历元的黄道坐标星表标示的。为给工匠留有足够的加工时间,黄道星表数值早赤道星表一年就要交给工匠,这也是黄道和赤道星表所用历元不一的根本原因。仪成之后,黄、赤道星表皆收入《灵台仪象志》[⑩]书中。

据乾隆间刊行的《仪象考成·恒星总纪》[⑪]统计:在《灵台仪象志》星表中,星名与古代相同者,有 259 座 1129 星;较《步天歌》少 24 座,335 星;在有名常数之外,增 597 星,又多近南极星 23 座,150 星。《灵台仪象志》表列恒星总计为 1876 星。但这些数据是按《仪象考成》恒星命名系统归纳的,如果仍然用《灵台仪象志》所载星名体系去归纳,某些星座名数的统计结果将会稍有出入。

实际上,由于《灵台仪象志》成书匆忙,各卷虽有分工,相互配合甚少,以致星名、星数互不吻合;甚者,同一星名,在表中竟会重出两三次。但《灵台仪象志》星表是唯一能和康熙天体仪球面恒星位置相核对的数据,引用时要格外注意,并应以书中的黄道星表为主。

在与比利时鲁汶大学合作复制康熙天体仪的过程中,笔者曾重新校核了有关数据,又依星表所载数值逐一与康熙天体仪球面位置对读,总计星表和仪器球面共涉及 1895 颗天体位置数据。其中,仪器球面有星而表中未列位置数据的有 19 颗,表中列有数据而仪器球面缺星的共 7 颗,即:

1895−19＝1876(表列星数)

1895−7＝1888(仪器球面星数)

表列星数与前人统计结果相符,球面星数似乎从来无人过问,尚属新的发现。

核校过程中,也发现星的仪器球面位置有少量错误,也有星名、编号颠倒等存疑问题(很难说是星表的错误还是仪器加工中的错误)。但为了尊重历史事实,除注明情况外,在复制件上不再改动。

《灵台仪象志》星表(实乃《崇祯历书》星表)虽然为清代星象位置和命名体

---

⑩ 《灵台仪象志》星表中的黄道坐标值,是引自《崇祯历书》中的黄道星表数据,黄经值加岁差改正,黄纬数值则与《崇祯历书》星表中的黄纬数值相同;赤道坐标值是据改正后的黄道星表换算的,传承关系极易证实。

⑪ 涉及考订研究,详见拙著《中西对照·恒星图表》(星表分册)的"后记"。科学出版社,1981 年版。

系提供了基础,但对清代中后期的星象或恒星命名体系却影响较少,主要是乾隆间刊行的《仪象考成》星表对星象命名体系做了较为系统的调整,所对应的西方星表也重新改换的缘故。考虑到《灵台仪象志》和晚明开局译书时期工作的直接或间接联系,说它是清代星象的开始或明代星象的结尾都同样正确。如果联想到早于康熙天体仪的明代正统浑象和成化浑象,已于乾隆三十六年(1771)被毁铸为一对镀金铜狮子⑫,致使传统浑象失传,把康熙天体仪球面星象当作明代星象的总结可能更合适些。

四

从《灵台仪象志·图》中,我们所见到的清初六仪布局情况,实际上是经过调整的第二次排列方案。据文献所载康熙八年(1669)八月初三日南怀仁的一次答问⑬,他最初曾想把黄道经纬仪安放在台顶东南角,地平经仪安放在西南角,台顶南侧正中安放赤道经纬仪,正东安放象限仪,正西安放纪限仪,天体仪则安放在台顶北侧正中。布局情况与后来实际的安放位置是大不相同的。比较仪器前后布局变动因素,估计南怀仁受三种原因支配,促使他改变了当初的布局方案或有关设想。

我们从《灵台仪象志·图》中,能看到台顶正东方位南怀仁曾考虑安放象限仪的位置上,建有一座收分明显的小型砖台,它不是南怀仁设置的,而是保留下来的一座前代建筑物,其作用相当于目视天象(包括气象)瞭望塔,它的名称叫作"坐更台"⑭,主要用于以肉眼发现特殊天象,以供占卜吉凶祸福的依据。它当年在古观象台上的作用,实比仪器更受重视,这类监测全天的目视项目也无法以其他仪器代替。它相当于指示仪器观测目标的塔台,除事先拟定的巡天观测项目外,一般都是坐更台上发现目标天体之后,才动用仪器测定其具体位置。就当

---

⑫　有关原始文献藏中国第一历史档案馆造办处活计库乾隆三十六年存档,是经过乾隆皇帝批准的。

⑬　载南怀仁手辑的《熙朝定案》。笔者所见的是一部抄本,藏中国科学院自然科学史研究所。

⑭　参阅拙文:《坐更台考》,《文物》1991年1期。

年钦天监的主要任务来看,坐更台不能拆除或轻易移位,迫使南怀仁不得不改变新仪器的安放布局。

同最初设想的方案比较,我们还注意到黄道经纬仪的领先地位变了,它被安设在台的西南角,原先的位置上则安设了赤道经纬仪;这反映着南怀仁改变了黄道坐标系统优先于赤道坐标系统的西方习惯思路[15]。

前后两种布局方案里,天体仪始终保持着绝对优先的中心地位;但在具体安放位置上,康熙天体仪则由台顶的正北改为正南,这体现了中国长期礼制传统中的习惯方位。由于"天南地北"久已成为生活中的习惯用语,台面仪器布局与此相呼应是很自然的。

排列仪器次序,这在今天来看,除考虑工作上的方便条件(如仪器之间的相互遮挡影响或相关仪器的协同操作之类)之外,其他方面都无所谓。但是,在历史上,它却反映着一个文化古国的传统礼制规定,反映着形成这套礼制的历史背景。今天的年轻人对此往往容易忽视,对历史事件的研究者来讲,这类问题是忽视不得的,应格外注意。

五

人们通常愿意把古代器物造价与当前的价值与价格相比,但这却不是一件很容易办到的事;因为古今价值观念不同,比较标准不一,同一种物品在价值或价格上,古今可能相差悬殊,采用的比较方法或依据资料的不同,所得结果也大有出入,很难公正评比。

由南怀仁手辑的《熙朝定案》[16]记载:监造清初六仪(包括改造观象台上的仪器基座和铸铁栅栏等),共用匠夫工价银 12027.3 两。基于当年宫廷物料请领制度,使用的金、银、铜、铁、焦煤、黄蜡、松香等物,均由有关专库拨给,另行奏销,不必支付现银。故而考虑仪器造价时,要对所需物料估值;此外,清初六仪目前只

---

[15] 实际上这只能说是一种形式上的妥协或退让,长期的习惯思路是很难改变的。
[16] 见注[12]。

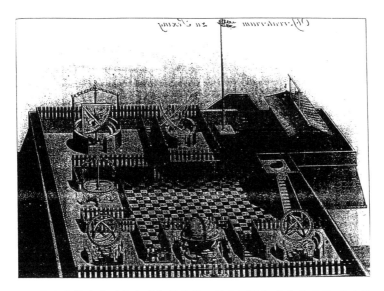

康熙年间北京观象台的仪器布局。惜乎原图把方向画反了;这次故意把图印反,使之符合实际,请注意。

查得一笔总开支银两数字,还要估算天体仪本身的造价以及其他因素,但不妨一试。

依据 1983 年北京古观象台大修时对有关仪器的称重结果⑰,可统计出六仪用铜总重量;而每件仪器用铜量与总共用铜量之比,大体与每件仪器造价与总开支的比例相当,可依据比值从总开支中按比例关系估算出每件仪器的造价。

不过,仪器净重与当初投料重量是两码事,因为投料要考虑铸铜时的浇铸冒口,某些零部件的修补或重铸,以及加工余量等等,还应考虑其他物料杂支。

铸造天文仪器这类大的工程项目,宫廷中的食粮匠役(长期工)会感到人手不足,要增加大量外雇匠役(临时工),通常食粮匠役在工期中仅贴补饭银,工薪则仍由主管部门支给,不能列入奏销账目。食粮匠役与外雇匠役人数之比约为 1∶2,因而奏销工价银两主要是外雇匠役工银、杂支银和食粮匠役的贴补饭银。

---

⑰ 见拙文《北京古观象台的考察与研究》的文后附表,载《文物》1983 年 8 期。

BRONZE CELESTIAL GLOBE (ABOUT 7 FEET IN DIAMETER) CONSTRUCTED BY PERE VERBIEST, IN 1674, AT THE OBSERVATORY OF PEKIN.
THE ASTRONOMICAL INSTRUMENTS AT THE OBSERVATORY OF PEKIN, SEIZED BY THE GERMAN AND FRENCH GOVERNMENTS

19世纪末的北京观象台——选自美国史密根学报1900年12月29日所刊载一组评论北京观象台仪器遭劫文章中的插图。

按照上述情况,想估算当年仪器造价,必须估算投料总数以及食粮匠役的工薪开支,然后再计入奏销的开支银两,才能求得比较接近于实际的答案。

把前述诸因素考虑在内,再参照乾隆年间造玑衡抚辰仪时所用工料预算和结算清单[18],可求解康熙天体仪用工、用料、用银概况,特罗列如次:

投入铜料:5248(折合千克)
仪器净重:3850(折合千克)
贴补饭银:360两
食粮匠役:1538两(9990工银)
外雇匠役:2173两(14110工银)
外雇杂役:43两(535工银)
杂支银两:636两
总用工数:24635工
总支银数:4707两

⑱　参阅童燕、司徒冬、伊世同合写《玑衡抚辰仪》,载《故宫博物院刊》1987年1期。

　　表列数据显示：当年每千克净重铜活，约用六个工，工料合银（已计入古今度量衡的差异及其他影响因素）= 100 克。即康熙天体仪的造价同 385 千克银价相当。问题在于时代不同，银价变化甚大，仅以银价折算则仪器造价显得过低，以今天的工价折算又显得太高（古时生产效率太低），把当年用工数适当折扣，再换算成今天的平均工价，可能较为符合实际。不过，这类比较还要注意：今日工效虽高，工人的手艺水准反比古人降低了，而造类似铜仪，今天仍然以手工为主，因而折扣不能过多，换算成今日美元价格，为 75 万—100 万美元之间，只能看成为近似值[19]。

六

　　康熙天体仪作为中西方文化（特别是天文学）交往的证物，是其他仪象所无法比拟的：

　　（1）它所涉及的资料或数据，以及某些中小规模的中间实验，是晚明以来中外几代学人共同努力的成果；而这类成果在康熙天体仪上则又显示得相当充分[20]。

　　（2）康熙天体仪除工艺、结构引用西法（或称新法）外，在天文学上最主要的是学习和建立起一套几何概念更为严格的坐标体系和度量制度。

　　（3）康熙天体仪上采用了游表，利用游表指标与环架平行刻度线网上的斜线相交点做线性内插，可读得分或分以下的估计数值。这在当年的西欧，也是刚推行不久的发明。

---

[19] 不同历史时期，银所对应的实际物价是大不相同的，因此，不能以今天的金属银对应价简单地去设想历史上不同时期的物价，据此折算的古仪器造价也是不真实的。要考虑工、料的综合价格，还要注意不同历史时期的工效和物价变动指标，才能求得接近实际的结果。

[20] 晚明设历局合作译书时期的集体成果，较为集中地反映在汤若望后期学术活动中，其标志则是入清后推行西法（新法），颁布"时宪历"，仪象也经过晚明和清初的几次小中型实验而定型为南怀仁所经手的六件大型铜仪，按理应视康熙天体仪（清初六仪的代表作）为明代晚期历书编译时期中外学人集体成果的继续或总结与提高过程。南怀仁身为汤若望的衣钵传人，承传关系和影响是非常清楚的。不过要强调的是：从中小型仪器的实验，到大型仪器的制造，是有着本质上的跃迁区别的，在这方面，南怀仁的贡献是值得大书特书的。

1900年冬,侵华德军在北京观象台拆运康熙天体仪。

（4）康熙天体仪上所刻画的坐标网线,主要属于黄道坐标系统,这在中国是无此前例的。中国固然早在几千年前就知道了黄道,但却始终未能形成一套以黄道为基准的独立坐标体系,也一直未采用黄道的几何极,即一种黄道赤极的半独立坐标体系。

（5）当然,引进一种新的坐标体系,不等于能马上推广使用。康熙天体仪上的天体黄道坐标经纬值均系换算结果,实际观测则仅采用了黄经,黄纬在有清之年始终未被实际观测者所采用。不妨举一个例证:1983年北京古观象台大修台体和仪器时,笔者发现,当年由于工匠的操作错误,黄道经纬仪可以用来测定天体黄纬值的观测用短横柱表,指向竟然差了90°,导致柱表轴线与观测者的视线平行,根本无法用来测定黄纬。这类错误只要用来观测,马上就会被发觉;由于柱表在结构上只能做180°转向调整,因而证明黄道经纬仪从安装之后,从来就没有做过黄纬观测(也无法观测)。从结构上能用来做黄纬观测是1984年以后的事了。

(6)康熙天体仪上,引用了源自西方的视星等符号,增设了在中国无法见到的南天极附近星座,又在传承星数之外,增加了一些恒星位置,使用了对每个星座的恒星编号的命名办法,影响所及,至今仍留有痕迹,并被人们称道。

(7)康熙天体仪球面星象坐标所采用的西方对应星表,主要是引用丹麦天文学家第谷(Tycho Brahe 1546—1601)的星表数据。中方则为传承星表数据,少量为明末清初的实测数据㉑。

(8)1572年11月11日,第谷在仙后星座里发现了一颗新星,通常称为第谷新星,是一颗属于银河系的超新星。新星在中国一般被称为客星。虽然中国的天文学者也曾看到过这颗新星,但在康熙天体仪上所引用的数值还是第谷的。一般在天球仪上,通常是不标记新星这类突然出现的天体的,因此,标有第谷客星的康熙天体仪更容易使人联想起它的引用资料来源,是颇具特色的。

(9)康熙天体仪球面星象仍然属于隋唐以后中国传统星象中的所谓《步天歌》体系,并用十二次、十二辰作为西方十二宫的译名。十二次、十二辰都是中国古代对周天的区分方法;大抵是沿赤道等分为十二部分,十二次自西向东排列,十二辰则从东向西将周天等分为十二个部分。十二次和十二辰本来都是赤道坐标体系的区分标志,但在晚明译书时,也把它们用作黄道十二宫的译名,实则很不严格,忽视了两者实质上的区别,成为科学史上一个很有趣的故事。㉒

康熙天体仪还沿着黄道刻有二十四节气的名称。

十二次、十二辰、十二宫、二十四节气,二十八宿,以及黄道经度、赤道时区等等的大概对应关系请参阅下表:

㉑ 明清实测的直接证据不多,部分结论是从史料数据中用间接办法推得的结论,其线索有二:首先,中国传统星象中的某些暗星,在当年传教士们所带来的西方星表中,查不到所对应的位置数据;其次,这类暗星有较大的系统位置误差,表明它们另有引自国内的早期实测数据源。

㉒ 见注⑥。

十二次	星纪		玄枵		娵訾		降娄		大梁		实沈		鹑首		鹑火		敦尾		寿星		大火		析木	
二十八宿	斗牛		女虚危		室壁		奎娄		胃昴毕		觜参		井鬼		柳星张		翼轸		角亢		氐房心		尾箕	
十二辰	丑		子		亥		戌		酉		申		未		午		巳		辰		卯		寅	
二十四节气	冬至	小寒	大寒	立春	雨水	惊蛰	春分	清明	谷雨	立夏	小满	芒种	夏至	小暑	大暑	立秋	处暑	白露	秋分	寒露	霜降	立冬	小雪	大雪
十二宫	摩羯		宝瓶		双鱼		白羊		金牛		双子		巨蟹		狮子		室女		天秤		天蝎		人马	
黄道程度	270°	285°	300°	315°	330°	345°	0°	15°	30°	45°	60°	75°	90°	105°	120°	135°	150°	165°	180°	195°	210°	225°	240°	255°
赤道时区	18^h	19^h	20^h	21^h	22^h	23^h	0^h	1^h	2^h	3^h	4^h	5^h	6^h	7^h	8^h	9^h	10^h	11^h	12^h	13^h	14^h	15^h	16^h	17^h

（10）西方的黄道十二宫,隋唐以来,随着佛教经典的翻译,早有译名在国内流传,晚明设局译书时期的学者们也不可能不知道这段历史。为什么对原有的黄道十二宫译名舍而不用,大概与晚明徐光启等人的"以中法为体、以西法为用"之指导思路有关;历局学者们对佛教的敌对态度可能对此也有所影响。

结语

本文的开头部分已论证了康熙天体仪涉及中西方的学术传统和学术史料,是晚明、清初几代中西学人经过共同努力所取得的科学与文化交往成果。这里要稍加强调的是:康熙天体仪等清初六仪的告成,既有前人的基础,更有南怀仁独到的创作贡献,二者是很难截然分开的[23]。

---

[23] 推论南怀仁所掌握的金属加工工艺水平和铸造技术,应该比其同辈更为成熟。

就科学技术史的进展过程来考察，康熙天体仪是中国天文学正式采用西法（或新法）的标志，也意味着：起码在天文学领域里，清廷已承认（或默认）自己是落后了。

康熙天体仪作为东西方科学与文化交往的产物，是一件中西合璧的佳作。它既是中国天文学悠久传统和光辉成就的象征，也是从科技发展高峰跌入低谷的历史见证，可歌可泣，教益良多。

明末，西方传教士东来。由于历史上的多种因素和一些偶然条件，北京古观象台成为传教士们的最早落脚点，并以天文学为媒介，进一步促成了东西方既不是情愿的又不是理想的文化交往。但其结果和长远影响却是任何人均不能低估或忽视的；无论是中国所讲的"新学"（特别是天文学）或西方所谓的"汉学"，都和明末清初的北京观象台史有关，和当年西方传教士们在华的文化交往活动有关，康熙天体仪就是距我们最近而又影响深远的东西方文化交往的标志物。

中国和比利时合作复制的康熙天体仪，于1989年初夏安放在鲁汶大学中国欧洲研究中心的庭院里。

附:恒星总纪表

星名	正星				增星		
	歌	志	成	续	志	成	续
紫微:							
北枢 一、太子	1	1	1	1	0	0	0
二、帝	1	1	1	1	0	3	3
三、庶子	1	1	1	1	0	0*	0
四、后宫	1	1	1	1	0	0	0
五、天枢	1	1	1	1	0	0	0
四辅	4	4	4	4	1	1	1
勾陈	6	6	6	6	8	10	10
天皇大帝	1	1	1	1	0	0	0
天柱	5	0	5	5	0	6	6
御女	4	0	4	4	0	1	1
女史	1	1	1	1	0	1	1
柱史	1	1	1	1	1	2	2
尚书	5	5	5	5	0	2	2
天床	6	0	6	6	0	2*	2
大理	2	0	2	2	0	1	1
阴德	2	2	2	2	0	1	1
六甲	6	1	6	6	0	1	1
五帝内座	5	0	5	5	0	2	3
华盖	7	4	7	7	0	0	0
杠(附华盖)	9	0	9	9	0	1	1
左垣 一、左枢	1	1	1	1	0	0	0
二、上宰	1	1	1	1	2	0	0
三、少宰	1	1	1	1	1	0	0
四、上弼	1	1	1	1	0	0	0
五、少弼	1	1	1	1	3	0	0
六、上卫	1	1	1	1	0	3	3
七、少卫	1	1	1	1	1	8	8
八、少丞	1	1	1	1	0	1	1
右垣 一、右枢	1	1	1	1	0	0	0
二、少尉	1	1	1	1	1	2	2
三、上辅	1	1	1	1	0	2	2
四、少辅	1	1	1	1	0	1	1
五、上卫	1	1	1	1	3	3	3
六、少卫	1	1	1	1	2	1	1
七、上丞	1	1	1	1	0	3	3
天乙	1	1	1	1	0	0	0
太乙	1	1	1	1	0	0	0
内厨	2	0	2	2	0	2	2
北斗 一、天枢	1	1	1	1	2	3	3
二、天璇	1	1	1	1	0	8	8
三、天玑	1	1	1	1	0	0	0
四、天权	1	1	1	1	1	3	3
五、玉衡	1	1	1	1	0	0	0
六、开阳	1	1	1	1	0	2	2
七、摇光	1	1	1	1	0	0	0
辅(附北斗)	1	1	1	1	2	3	3
天枪	3	3	3	3	2	4	4
玄戈	1	1	1	1	4	2	2
三公	3	3	3	3	1	0	0
相	1	1	1	1	2	3	3
天理	4	4	4	4	0	1	1
太阳守	1	1	1	1	0	1	1
太尊	1	1	1	1	1	0	0
天牢	6	1	6	6	0	2	2
势	4	0	4	4	0	16	19
文昌	6	6	6	6	1	8	8
内阶	6	6	6	6	0	10	10
三师	3	3	3	3	3	1	1
八谷	8	8	8	8	4	34	34
传舍	9	8	9	9	0	4	4
天厨	6	5	6	6	2	2	2
天棓	5	5	5	5	4	10	10
计:37座 66名	163	111	163	163	52	177	181

续表

星　名	正星				增星		
	歌	志	成	续	志	成	续
太微:五帝座	5	5	5	5	0	3	4
太子	1	1	1	1	0	0	0
从官	1	1	1	1	0	0	0
幸臣	1	1	1	1	0	0	0
五诸侯	5	0	5	5	0	7	7
九卿	3	3	3	3	0	9	9
三公	3	3	3	3	0	0	0
内屏	4	4	4	4	4	6	6
左垣 一、左执法	1	1	1	1	0	1	1
二、上相	1	1	1	1	0	1	1
三、次相	1	1	1	1	2	3	3
四、次将	1	1	1	1	0	2	4
五、上将	1	1	1	1	0	0	0
右垣 一、右执法	1	1	1	1	0	0	0
二、上将	1	1	1	1	0	0	0
三、次将	1	1	1	1	1	3	3
四、次相	1	1	1	1	1	2	2
五、上相	1	1	1	1	0	2	2
郎将	15	10	15	15	0	3	3
郎位	7	1	7	7	2	6	7
常陈	2	2	2	2	1	7	7
三台 上台	2	2	2	2	6	3	4
中台	2	2	2	2	0	2	2
下台	1	1	1	1	0	0	0
虎赏	1	1	1	1	0	0	0
少微	4	4	4	4	1	8	8
长垣	4	4	4	4	0	9	9
灵台	3	3	3	3	5	8	8
明堂	3	3	3	3	1	6	7
谒者	1	1	1	1	0	2	2
计:20座　33名	78	62	78	78	24	93	100

星　名	正星				准星		
	歌	志	成	续	志	成	续
天市:帝座	1	1	1	1	0	0	0
侯	1	1	1	1	3	5	6
宦者	4	4	4	4	0	5	5
斗	5	5	5	5	0	11*	11
斛	4	4	4	4	2	6*	7
列肆	2	2	2	2	0	4	4
车肆	2	2	2	2	0	2	2
市楼	6	2	6	6	1	1	1
宗正	2	2	2	2	1	3	3
宗人	4	4	4	4	3	4	4
宗	2	2	2	2	0	0	0
帛度	2	2	2	2	2	3	3
屠肆	2	2	2	2	0	3	3
左垣 一、魏	1	1	1	1	0	8	8
二、赵	1	1	1	1	0	3	3
三、九河	1	1	1	1	0	1	1
四、中山	1	1	1	1	6	7	7
五、齐	1	1	1	1	0	8	12
六、吴越	1	1	1	1	6	7	7
七、徐	1	1	1	1	6	4	4
八、东海	1	1	1	1	0	4	4
九、燕	1	1	1	1	1	0	0
十、南海	1	1	1	1	1	0	0
十一、宋	1	1	1	1	1	2	2
右垣 一、河中	1	1	1	1	1	0	0
二、河间	1	1	1	1	0	1	1
三、晋	1	1	1	1	1	3	5
四、郑	1	1	1	1	1	0	0
五、周	1	1	1	1	2	14	16
六、秦	1	1	1	1	4	1	2

续表

星名	正星				准星		
	歌	志	成	续	志	成	续
右垣 { 七、蜀	1	1	1	1	3	2	3
八、巴	1	1	1	1	2	4	5
九、梁	1	1	1	1	1	0	0
十、楚	1	1	1	1	1	0	0
十一、韩	1	1	1	1	1	0	0
天纪	9	9	9	9	1	14	15
女床	3	3	3	3	6	0	0
贯索	9	9	9	9	22	13	13
七公	7	7	7	7	4	16	16
计:20座 42名	87	83	87	87	83	159	173

星名	正星				准星		
	歌	志	成	续	志	成	续
青龙							
角:角宿	2	2	2	2	5	13	16
平道	2	2	2	2	0	0	0
天田	2	2	2	2	2	6	7
周鼎	3	3	3	3	0	0	0
进贤	1	1	1	1	7	9	9
天门	2	2	2	2	2	11	11
平	2	2	2	2	1	3	4
库楼	10	8	10	10	2	1	1
柱	15	9	11	11	0	0	0
衡	4	4	4	4	0	0	0
南门	2	2	2	2	0	2	2
计:11座 11名	45	37	41	41	19	47	50
亢:亢宿	4	4	4	4	3	12	12
大角	1	1	1	1	1	1	2
左摄提	3	3	3	3	1	3	4
右摄提	3	3	3	3	1	3	6
折威	7	0	7	7	0	6	7
顿顽	2	1	2	2	0	1	1
阳门	2	2	2	2	0	0	0
计:7座 7名	22	14	22	22	6	26	32
氐:氐宿	4	4	4	4	5	29	30
亢池	6	4	4	4	0	0	0
帝席	3	0	3	3	0	1	1
梗河	3	3	3	3	9	5	5
招摇	1	1	1	1	1	0	0
天乳	1	0	1	1	0	3	4
天辐	2	2	2	2	0	1	1
阵车	3	3	3	3	0	2	2
车骑	3	0	3	3	0	0	0
骑阵将军	1	1	1	1	0	0	0
骑官	27	14	10	40	0	0	0
计:11座 11名	54	32	35	35	15	41	43
房:房宿	4	4	4	4	2	6	6
钩钤(附房宿)	2	1	2	2	0	0	0
键闭	1	1	1	1	0	0	0
对罚	3	3	3	3	0	3	3
东咸	4	4	4	4	2	1	2
西咸	4	4	4	4	4	2	2
日	1	1	1	1	1	1	1
从官	2	2	2	2	0	1	1
计:7座 8名	21	20	21	21	9	14	15
心:心宿	3	3	3	3	4	8	9
积卒	12	2	2	2	0	0	2
计:2座 2名	15	5	5	5	4	8	11
尾:尾宿	9	9	9	9	1	1	4
神宫(附尾宿)	1	1	1	1	0	0	0
天江	4	4	4	4	3	11	11
传说	1	1	1	1	0	0	0
鱼	1	1	1	1	0	0	0
龟	5	4	5	5	0	0	0
计:5座 6名	21	20	21	21	4	12	15

续表

星　名	正星				准星		
	歌	志	成	续	志	成	续
箕:箕宿	4	4	4	4	0	0	0
糠	1	1	1	1	0	0	1
杵	3	3	3	3	0	1	1
计:3座　3名	8	8	8	8	0	1	2
合计:46座 48名	186	136	153	153	57	149	168
玄武							
斗:斗宿	6	6	6	6	1	4	5
天龠	8	0	8	8	0	4	4
天弁	9	9	9	9	0	5	6
经建	6	6	6	6	1	8	10
天鸡	2	2	2	2	1	3	3
狗	2	2	2	2	1	6	7
狗国	4	4	4	4	0	0	3
天渊	10	10	3	3	0	0	3
农丈人	1	0	1	1	0	0	0
鳖	14	13	11	11	0	0	0
计:10座　10名	62	52	52	52	4	30	41
牛:牛宿	6	6	6	6	2	9	14
天桴	4	0	4	4	0	2	2
河鼓	3	3	3	3	8	9	9
左旗	9	9	9	9	14	29	30
右旗	9	9	9	9	3	12	12
织女	3	3	3	3	3	4	4
渐台	4	4	4	4	2	6	7
辇道	5	4	5	5	0	9	9
罗堰	3	2	3	3	0	1	1
天田	9	0	4	4	0	0	0
九坎	9	4	4	4	0	0	0
计:11座　11名	64	44	54	54	31	81	88
女:女宿	4	4	4	4	2	5	5
离珠	5	0	4	4	0	1	1
败瓜	5	5	5	5	0	3	3
瓠瓜	5	5	5	5	0	5	8
天津	9	9	9	9	24	38	40
奚仲	4	4	4	4	3	7	7
扶筐	7	4	7	7	1	4	4
十二国〈一、周	2	1	2	2	0	0	0
二、秦	2	1	2	2	0	0	0
三、代	2	1	2	2	0	2	2
四、赵	2	1	2	2	0	0	0
五、越	1	1	1	1	0	0	0
六、齐	1	1	1	1	0	0	0
七、楚	1	1	1	1	0	0	0
八、郑	1	1	1	1	0	0	0
九、魏	1	1	1	1	0	0	0
十、韩	1	1	1	1	0	0	0
十一、晋	1	1	1	1	0	0	0
十二、燕	1	1	1	1	0	0	0
计:8座　20名	55	43	54	54	30	65	70
虚:虚宿	2	2	2	2	0	8	8
司命	2	2	2	2	0	0	0
司禄	2	2	2	2	0	2	0
司危	2	1	2	2	0	0	0
司非	2	2	2	2	0	2	3
哭	2	2	2	2	0	4	4
泣	2	2	2	2	0	2	2
璃瑜	3	2	3	3	0	3	3
天垒城	13	5	13	13	0	0	2
败臼	4	2	4	4	0	1	1
计:10座　10名	34	22	34	34	0	22	23

续表

星　名	正星				准星		
	歌	志	成	续	志	成	续
危：危宿	3	3	3	3	1	11	14
坟墓(附危宿)	4	4	4	4	0	4	4
盖屋	2	1	2	2	0	0	0
虚梁	4	4	4	4	0	0	0
天钱	10	10	5	5	0	4	3
人	5	4	4	4	0	4	4
杵	3	1	3	3	0	2	2
臼	4	3	4	4	0	5	8
车府	7	5	7	7	3	19	30
造父	5	5	5	5	1	5	5
天钩	9	6	9	9	0	16	18
计：10座　11名	56	46	50	50	5	70	78
室：室宿	2	2	2	2	1	7	7
离宫(附室宿)	6	6	6	6	0	8	8
螣蛇	22	17	22	22	0	14	19
雷电	6	6	6	6	1	8	8
土公吏	2	1	2	2	0	0	0
垒壁阵	12	12	12	12	0	7	8
羽林军	45	26	45	45	0	0	0
天纲	1	0	1	1	0	0	0
北落师门	1	1	1	1	0	0	0
铁钺	3	0	3	3	0	2	3
八魁	9	0	6	6	0	0	0
计：10座　11名	109	71	106	106	2	46	53
壁：壁宿	2	2	2	2	4	23	23
天厩	10	3	3	3	0	1	1
上公	2	2	2	2	1	11	11
霹雳	5	5	5	5	2	8	9
云雨	4	4	4	4	0	9	10
铁锁	5	5	5	5	3	0	0
计：6座　6名	28	21	21	21	10	52	54
合计：65座　79名	408	299	371	371	82	366	407
白虎							
奎：奎宿	16	16	16	16	10	22	23
王良	5	5	5	5	1	5	14
策	1	1	1	1	2*	0	0
附路	1	1	1	1	0	0	0
军南门	1	1	1	1	0	0	0
阁道	6	6	6	6	5	5	5
外屏	7	7	7	7	2	15	15
天溷	7	4	4	4	0	6	6
土司空	1	1	1	1	2	0	0
合计：9座　9名	45	42	42	42	22	53	63
娄：娄宿	3	3	3	3	5	15	15
天大将军	11	10	11	11	12	16	17
左更	5	5	5	5	2	7	8
右更	5	5	5	5	0	5	5
天仓	6	6	6	6	13	18	21
天庾	3	3	3	3	0	3	3
合计：6座　6名	33	32	33	33	32	64	69
胃：胃宿	3	3	3	3	2	5	5
大陵	8	8	8	8	9	20	21
积尸	1	1	1	1	0	0	0
天船	9	8	9	9	6	9	10
积水	1	0	1	1	0	1	1
天廪	4	4	4	4	4	2	3
天囷	13	13	13	13	4	20	21
合计：7座　7名	39	37	39	39	25	57	61

续表

星　名	正星				准星		
	歌	志	成	续	志	成	续
昴:昴宿	7	7	7	7	0	5	13
天河	1	1	1	1	0	0	0
月	1	1	1	1	0	1	1
卷舌	6	6	6	6	5	6	7
天谗	1	1	1	1	0	0	0
砺石	4	4	4	4	1	0	0
天阴	5	5	5	5	0	4	6
刍藁	6	2	6	6	0	5	5
天苑	16	16	16	16	24	16	18
计:9座 9名	47	43	47	47	30	37	50
毕:毕宿	8	8	8	8	0	13	18
附耳(附毕宿)	1	1	1	1	0	1	4
天街	2	2	2	2	1	4	4
天高	4	4	4	4	1	4	4
诸王	6	6	6	6	3	4	4
五车	5	5	5	5	12	18	19
柱	9	9	9	9	0	0	0
咸池	3	0	3	3	0	0	0
天潢	5	5	5	5	0	2	2
天关	1	1	1	1	3	6	6
天节	8	8	8	8	4	0	0
九州殊口	9	9	6	6	0	10	11
参旗	9	9	9	9	3	11	12
九斿	9	8	9	9	0	5	7
天园	13	13	13	13	0	6	6
计:14座　15名	92	88	89	89	27	84	97
觜:觜宿	3	3	3	3	2	0	0
司怪	4	4	4	4	0	6	6
座旗	9	9	9	9	0	11	11
计:3座　3名	16	16	16	16	2	17	17
参:参宿	7	7	7	7	22	37	39
伐(附参宿)	3	3	3	3	3	2	2
玉井	4	4	4	4	2	2	3
军井	4	4	4	4	0	1	2
屏	2	2	2	2	0	0	0
厕	4	4	4	4	3	7	8
屎	1	1	1	1	0	0	0
计:6座　7名	25	25	25	25	34	49	54
合计:54座　56名	297	283	291	291	172	361	411
朱雀							
井:井宿	8	8	8	8	0	17	19
钺(附井宿)	1	1	1	1	1	1	1
水府	4	4	4	4	2	8	8
天樽	3	3	3	3	0	9	9
五诸侯	5	5	5	5	2	5	4
北河	3	3	3	3	5	4	4
积水	1	1	1	1	0	0	0
积薪	1	1	1	1	4	3	3
水位	4	4	4	4	5	11	12
南河	3	3	3	3	10	10	11
四渎	4	4	4	4	5	6	8
阙丘	2	2	2	2	1	7	7
车市	13	5	6	6	4	5	7
野鸡	1	1	1	1	2	0	0
天狼	1	1	1	1	4	5	6
丈人	2	2	2	2	0	0	0
子	2	2	2	2	1	1	1
孙	2	2	2	2	1	4	4
老人	1	1	1	1	2	4	4
弧矢	9	9	9	9	18	24	32
计:19座　20名	70	62	63	63	67	124	140

续表

星　名	正星				准星		
	歌	志	成	续	志	成	续
鬼:鬼宿	4	4	4	4	0	18	19
积尸	1	1	1	1	0	3	3
爟	4	4	4	4	6	11	11
外厨	6	5	6	6	4	17	17
天记	1	1	1	1	0	2	2
天狗	7	7	7	7	0	0	0
天社	6	6	6	6	6	5	5
计:7座　*7名	29	28	29	29	16	56*	57
柳:柳宿	8	8	8	8	1	10	13
酒旗	3	3	3	3	9	5	5
计:2座　2名	11	11	11	11	10	15	18
星:星宿	7	7	7	7	8	15	15
天相	3	3	3	3	3	12	11
轩辕	16	16	17	16	16	57	59
御女(附轩辕)	1	1	0	1	0	0	0
内平	4	3	4	4	0	11	11
天稷	5	0	0	0	0	0	0
计:5座　6名	36	30	31	31	27	95	96
张:张宿	6	6	6	6	6	4	5
天庙	14	0	0	0	0	0	0
计:2座　2名	20	6	6	6	6	4	5
翼:翼宿	22	22	22	22	0	7	7
东瓯	5	0	0	0	0	0	0
计:2座　2名	27	22	22	22	0	7	7
轸:轸宿	4	4	4	4	1	5	5
左辖(附轸宿)	1	1	1	1	0	0	0
右辖(附轸宿)	1	1	1	1	0	0	0
长沙(附轸宿)	1	1	1	1	0	0	0
青丘	7	3	7	7	0	3	3
军门	2	0	0	0	0	0	0
土司空	4	0	0	0	0	0	0
器府	32	0	0	0	0	0	0
计:5座　8名	52	10	14	14	1	8	8
合计:42座　47名	245	169	176	176	127	309	331
近南极:海山	0	6	6	6	0	2	2
十字架	0	4	4	4	0	0	0
马尾	0	4	3	3	1	0	0
马腹	0	3	3	3	1	0	0
蜜蜂	0	4	4	4	0	0	0
三角形	0	3	3	3	2	4	4
异雀	0	12	9	9	0	0	0
孔雀	0	14	11	11	4	4	4
波斯	0	11	11	11	0	0	0
蛇尾	0	7	4	4	0	0	0
蛇腹	0	4	4	4	1	0	0
蛇首	0	4	2	2	0	0	0
鸟喙	0	7	7	7	0	1	1
鹤	0	12	12	12	0	2	2
火鸟	0	10	10	10	0	1	1
水委	0	3	3	3	0	0	0
附白	0	2	2	2	0	0	0
夹白	0	3	2	2	0	0	0
金鱼	0	5	5	5	0	1	1
海石	0	5	5	5	2	3	3
飞鱼	0	7	6	6	0	0	0
南船	0	5	5	5	0	1	1
小斗	0	9	9	9	0	1	1
计:23座　23名	0	144	130	130	11	20	20
总计:307座　394名	1464	1287	1449	1449	608	1634	1791

说明:A.表栏中的"歌"指《步天歌》;"志"指《灵台仪象志》;"成"指《仪象考成》;"续"指《仪象考成续编》。

B.《灵台仪象志》仅引用其黄道星表数据,论文中已稍加说明,不再重复。

C.有"*"号的数据表示原书前后数据不符,表中数据则是核算后的准确数值。

D.本表主要部分草就于30年前。《灵台仪象志》星表与其前后星表相比,更容易看出它在中国星象演变和中西文化交往中的过渡性质。

【伊世同　中国天文博物院院长】

原文刊于《中国文化》1992年02期

明至清中叶长江流域的西器东传

谢贵安

一、长江流域西器东传的概念、分期及特点

从静态角度分析,文化一般分为器物、制度、风俗和观念四个层面,器物是文化形态中最浅表的层面;然而从动态角度分析,文化又是一个整体,器物中也浸润和蕴含着制度、风俗和观念的成分。以器物为视点去观察文化,既可专注以往人们比较容易忽视的物质层面的文化现象,又可折射其他文化层面的内容和样式,并进而透视文化形态的根本实质。

西器,是指欧美创制和生产的器物,包括农牧业产品、工业产品和科技产品,属于西方物质文明的范畴。《易传》称:"形而上者谓之道,形而下者谓之器。"意思是超越具体的物质形态的精神观念叫作道,以具体的物质形态存在的现象叫作"器",明确地将文化分为物质与精神两大类。西器便是西方输入的"形而下"的物质形态,与基督教教义、西方近代科学思想、人文精神等分属不同的文化范畴。本文所讲的西器,则主要指明清时期由西方输入中国的物质成品,尤其是指技术含量较高的手工及工业制品、科技仪器等,对于西洋小白牛、荷兰马、旃檀

树、牡丁香之类的农林牧业产品,由于缺乏技术含量,不易反映西方的时代进步,则不在本文探讨之列。本文以明清为断限,是因为明清正是西方从中世纪跨入近现代的文化转型时期,而中国的古典文明也恰在这一时期逐渐落后于西方社会,因此探讨这一时期西器东传及对中国社会的影响,勾勒中国文化在应对西洋器物文明挑战时的实际状况,可以寻绎中国传统文化衰落的原因、近代文化滋生并形成的过程,以及中西文化交流中碰撞、涵化及融合的特殊历程及一般规律。

明清的西器东传是西学东渐的先导①,西器常常是作为传教士传播基督教文化观念的敲门砖。由于文化传播的一般规律是由器物逐步向制度、风俗和观念层面深入,因此,为了传播基督教文明,耶稣会士便以自鸣钟、三棱镜等器物作为与中国人建立感情联系的见面礼。同时,西方殖民者如葡萄牙、西班牙、荷兰、英国等国的探险家、商人,则以获取利润为目的,直接向东方倾销商品,输入西器,但自觉不自觉地也向明清时期的中国输入了西方制度、风俗及观念。

长江流域是指长江及其支流流经的区域,本文所指的长江流域,特指长江及其支流流经的省、市、区,范围较前者略大,包括今天的青海、西藏、四川、云南、贵州、重庆、湖北、湖南、江西、安徽、江苏、浙江和上海。需要指出的是浙江,本来与长江没有直接联系,但由于大运河的沟通,特别是它与江苏、上海的密切关系,故本文径将其列入长江流域。

西器在长江流域的传播,分为明至清中叶和晚清两个时期。前一时期虽然时间跨度大,但西器输入的品种少、速度慢和范围窄;后一时期虽然时间较短,但西器输入的密度大、速度快和范围广。明至清中叶,西器的传播主要是由南而北,穿越长江流域。晚清西器的传播主要是由东而西,沿长江逆水而上,向中国腹地纵深推进。这是因为前期西器输入的口岸主要是澳门和广州,无论是澳门的传教士还是中国的广东地方官员,都将西器送往首都,因此他们不约而同地自广东出发,经江西、江苏,沿运河北上,抵达北京。如此一来,长江流域的江西、江苏则是西器输入和传播的重要地区,而该流域的其他省区,西器的传播尚难以到达。晚清以后,中国的国门大开,上海、宁波、南京、汉口、宜昌、重庆等成为西方

①　关于西学东渐,学界研究甚多,而对于西器东传则少有探讨。本文拟对明清长江流域的西器传播及应用情况作简要的概括。

列强强辟的通商口岸,尤其是上海,取代广州而成为中国最大的西器输入口岸,英、法、美、意、德、日等国的商品源源不断地自上海输入内地,特别是从长江下游输入中上游地区。

明至清中叶,西器输入长江流域的主要是西方早期手工艺制品和科技仪器,如自鸣钟、三棱镜、铁丝琴、千里镜、火枪、火炮、书籍、洋画等物。晚清时期,受洋务运动的影响,输入长江流域的西器则比较有迹可循,首先是军事装备,如洋枪、洋炮、弹药、军舰(木帆舰艇、铁甲舰)、水雷等,其次是民用设备,如纺织机器、铁路、火车、电气、电灯、电报、电话、自来水、黄包车、自行车等。与前期零散传入不同,后期的西器都是成批、成规模地输入,并很快为中国人所仿造。

西方器物在前一时期的传入比较分散和零碎,因此对长江流域的社会没有产生大的影响,后一时期由于如潮水般地涌入,因此对长江流域的社会文化产生了强烈的冲击或潜移默化的影响。本文拟对前一时期长江流域的西器东传作初步探讨。

明至清中叶,长江流域的西器东传还处于初级阶段,其传播方向是从广东入江西、江苏而后北上抵京,可谓纵向穿越长江流域。

二、江西:西器由广东传入长江流域的第一个省份

介于长江中游与下游之间的江西,受西洋器物文明的影响较早。这主要是由于它处在南北交通要道之上,是澳门、广州与北京之间的必经之路。早期的西器东传路线,正是由澳门、广州出发,然后抵达江西。于是江西成为西器东传在长江流域的第一个省份。

明代耶稣会士利玛窦正是从广东通过江西抵南京、北京的。利玛窦随着奉召赴京的兵部侍郎石星,从韶州出发,翻越梅岭,从南安乘船抵赣州,进入长江流域。当时石星因遭水祸,有意将利玛窦送回韶州。于是利玛窦拿出随身携带的一块被明人誉为"宝石"的三棱玻璃镜,赠给石星,才得以继续随其家属顺水路前往南昌。为北上京城作准备,利玛窦的随员范礼安将搜集到的油画、钟表等西

方珍品全都送到了南昌。1595年11月4日,利玛窦在写给耶稣会总会长阿桂委瓦的信中,谈到了南昌市民摩肩接踵地拜访他的原因之一,便是想观赏来自欧洲的各种器物,如三棱镜、油画、精装书籍、世界地图以及各种科学仪器,民众对此颇感新奇②。在南昌,利玛窦还在学生们的帮助下制造了各种各样的日晷,"标明着天体的天球仪和表明整个地球表面的地球仪以及其他科学仪器"分送给中国民众和官员③。首次拜见南昌建安王朱多㸅时,在呈献的礼物中,最使这位王爷高兴的是两部用日本纸张而按欧洲样式装订的书籍。利玛窦还赠送南昌知府王佐两座石制日晷,并在南昌留下了由他绘制的与中国不同的世界地图。与利玛窦过从甚密,且为其居留南昌出过大力的硕儒章潢,所撰《图书编》卷29中,收录了《山海舆地全图》六幅。据章潢称:"此图即太西所画,彼谓皆其所亲历者。且谓地像圆球,是或一道也。"1598年6月,利玛窦随同南京礼部尚书王忠铭从南昌出发,取道南京前往北京,途中,王忠铭观赏了利玛窦准备送给皇帝的礼品,其中之一便是一幅刻在大板上面的世界地图④。在南昌,利玛窦还刻印了《天主实义》和《畸人十篇》等书籍,作为礼品送人。据沈定平所讲,利玛窦在从韶州北上南昌的途中,曾不断用随身携带的天文仪器进行测量,详细标明所经城市的纬度。特别是在南昌,更运用西洋仪器准确测定并预报日食时间,与此同时明朝朝廷的钦天监却因计算错误而愆期⑤。

由于江西特殊的地理位置,以及像利玛窦这样的西洋传教士在江西的影响,使江西成为较早接受西洋器物文明的地区之一。江西奉新人、晚明著名学者宋应星(1587—?),在任江西分宜教谕时所著《天工开物》一书中,不止一次地叙说西洋"火药机械""焊铁之法"制造技术的优点和实际的威力。如说:"焊铁之法,西洋诸国别有奇药……故大炮西番有锻成者,中国则惟事冶铸。"而冶铸者,"历岁之久,终不可坚",又易生裂缝,不像西方锻造者坚固。又:"西洋炮,熟铜铸就,圆形若铜鼓,引放时,半里之内,人马受惊死……红夷炮,铸铁为之。身长丈

---

② 罗渔译:《利玛窦书信集》上册,第208—211页。
③ 何高济等译:《利玛窦中国札记》下册,第351—352页。
④ 《利玛窦中国札记》下册,第320页。
⑤ 沈定平:《明清之际中西文化交流史——明代:调适与会通》,商务印书馆2001年版,第609页。

许,用以守城。"⑥过去一般认为受识见和地域的限制,西学对宋应星影响甚微,但仔细查考起来,可稽之处亦复不少。在《天工开物》中记载倭缎(实即西洋天鹅绒)、布衣、造白糖、炮、硫磺、佳兵、火器等条目内,都有关于西洋食品、衣物、火器及制造技术的介绍。可见江西在近代以前西器东传中的特殊地位。

江西在近代以前所拥有的这种通道优势,使得当地成为西器传播的重要地区,比较容易采集到西方器物。清康熙六十一年(1722)万寿节时,各省大臣皆进土特产方物,唯有江西巡抚王企靖所献,多为闻所未闻的外洋器物,因其既奇且异,被收录于《养吉斋丛录》卷 24 中:"罗纹纸二十张,格尔莫斯一瓶,歌尔德济辣一瓶,哩哑嘎一瓶,巴木撒木香避凤巴尔沙摩一瓶,番红花一瓶,巴尔白露一瓶,哑挂济拿摩摩三瓶,金济纳(案:即金鸡纳)一瓶,包衣巴尔二瓶,安利摩牛一包,苏济尼三瓶,甘佛蜡一座,巴尔加德哩一瓶,阿都尔则一瓶,西洋班毛一匣,波罗额德一瓶,色路撒一包,沙宾香一瓶,达尔默的歌一瓶,翁文多哩歌一瓶,武马武一包,撒勒步路蜡一瓶,西洋硫磺一包,苏尔佛助一盒,哑挂辣喜纳一瓶,百蜡济多露我乐二瓶。皆异域之产,名仍国语,或传写错误,莫能详译矣。"⑦这些礼品多不可考,但金济纳即金鸡纳,是欧洲人在殖民美洲时发现的一种治疟疾的特效药;沙宾香可能就是香槟,是产自法国香槟省的葡萄酒;西洋班毛、西洋硫磺,也毫无疑问为来自西方的器物。

利玛窦在南昌展示近代天文仪器的行为,对江西一带的人也有示范作用。据钱泳(1759—1844)《履园丛话》"铜匠"条载:"近时婺源齐梅麓员外又倩工作中星仪,外盘分天度为二十四气,每一气分十五日,内盘分十二时为三百六十刻,无论日夜,能知某时某刻某星在某度,毫发不爽,令天星旋转,时刻运行,一望而知,是开千古以来未有之能事,诚精微之极至矣。其法日间开钟对定时刻,然后移星盘之节气,线与时针切(如立春第一日,则将时针切立春第一线),则得真正中星。如夜间开钟对定中星,然后移时针与星盘之节气线切,则得真正时刻。"婺源原属安徽,但距江西景德镇很近,风气得染至此。

---

⑥　宋应星:《天工开物》卷一○,《锤锻》;卷一五,《佳兵》。
⑦　转引自祁美琴:《清代内务府》,中国人民大学出版社,1998 年版,第 154 页。

西器对江西的生产起到一定的影响。清雍正、乾隆年间,唐英监江西景德镇窑务,"仿古采今,凡五十七种。自宋大观,明永乐、宣德、成化、嘉靖、万历诸官窑,及哥窑、定窑、均窑、龙泉窑、宜兴窑、西洋、东洋诸器,皆有仿制。"⑧可见,早在近代以前,江西的景德镇便在仿制西洋瓷器。

此外,江西还是使用西洋火炮较早的地区。清康熙十三年(1674),吴三桂、耿精忠并反,犯江西。朝廷命安和亲王岳乐为定远平寇大将军,率师征讨,攻克靖安、贵溪。上疏道:"三桂闻臣进取,必固守要害,非绿旗兵无以搜险,非红衣炮无以攻坚。请令提督赵国祚等率所部从臣进讨,并敕发新造西洋炮二十。"⑨可见,清代康熙年间,在江西战场上便已使用了荷兰人的红衣大炮。

三、江苏: 早期长江流域西器东传的轴心地区

江苏是前近代西器传入长江流域的轴心地区。西器从广东北传江西后,接着便直达江苏(明属南直隶),因此江苏特别是南京成为西器纵向传播的轴心;同时,西方器物又从南京沿长江向上海和汉口方向流传,因此江苏南京又成为横向传播的轴心。明代作为南都的南京,为人文渊薮之地,士人云集,传教士一般都将此地作为扩大基督教影响、寻求北上发展的重要据点。另一方面,由于南京设有操江衙门,负责上下江防,因此最早从澳门和广东传入中国的西洋火器便被应用于江防之上,使南京成为重要的西器聚散地。与南京不远的苏州,自然也成为西器传播的辐射区域。

早在明嘉靖年间,南京便成为西洋火器仿制的城市。据沈德符(1578—1642)记载:"嘉靖十二年,广东巡检何儒,招降佛郎机(即葡萄牙)国,又得其蜈蚣船铳等法。论功升上元县主簿,令于操江衙门督造,以固江防。三年告成,再升宛平县丞。中国之佛郎机(指葡萄牙所造火炮),盛传自此始。"⑩但据《明会

---

⑧ 《清史稿·唐英传》。
⑨ 《清史稿·太祖诸子列传二》。
⑩ 沈德符:《万历野获编》卷十七,"兵部·火药"条,中华书局,1959年版,第432页。

典》卷一九三记载,早在嘉靖二年(1523)便造大佛郎机 32 副,七年(1528)造小佛郎机 4000 副;嘉靖三年(1524)四月,明政府正式在南京铸造大型葡式铳炮。

万历二十六年(1598),耶稣会士利玛窦等人从江西进入江苏,在传播西洋精神文明的同时,扩散着西方物质文明。在南京,利玛窦在与焦竑、李贽和顾起元等士大夫的交往过程中,曾展示过西洋器物。顾起元(1565—1628)曾记载了利玛窦所携西式画幅、精装书籍、特殊纸张、自鸣钟、铁丝琴、珍珠宝石等西器的情况:"利玛窦,西洋欧罗巴国人也。面皙,虬须深目而睛黄如猫,通中国语,来南京居正阳门西营中。自言其国以崇奉天主为道,天主者,制匠天地万物者也。所画天主,乃一小儿,一妇人抱之,曰'天母'。画以铜板为幐,而涂五采于上,其貌如生,身与臂手儼然隐起幐上,脸之凹凸处,正视与生人不殊。……携其国所印书册甚多,皆以白纸一面反复印之,字皆旁行,纸如今云南绵纸,厚而坚韧,板墨精甚。间有图画人物屋宇,细若丝发,其书装订如中国宋折式,外以漆革周护之,而其际相函,用金银或铜为屈戍钩络之,书上下涂以泥金,开之则叶叶如新,合之儼然一金涂版耳。所制器有自鸣钟,以铁为之,丝绳交络,悬于簨,轮转上下,戛戛不停,应时击钟有声。器亦工甚,它具多此类。利玛窦后入京,进所制钟及摩尼宝石于朝。"[11]关于利玛窦所携之西洋画幅,虽属精神文明,但本身又是艺术物品,其形式而非内容,对中国人产生了强烈的刺激。顾起元指出:"欧罗巴国人利玛窦者,言画有凹凸之法,今无解此者。"[12]"画以铜板为幐,而涂五采于上,其貌如生,身与臂手儼然隐起幐上,脸之凹凸处,正视与生人不殊。人问画何以致此,答曰:'中国画但画阳,不画阴,故看之人面躯正平,无凹凸相。吾国画兼阴与阳写之,故面有高下,而手臂皆轮圆耳。凡人之面,正迎阳,则皆明而白,若侧立,则向明一边者白,其不向明一边者,眼耳鼻口凹处皆有暗相。吾国之写像者解此法,用之,故能使画像与生人亡异也。'"李贽在与利玛窦晤面后,曾赠与纸折扇,并题有短诗[13],利玛窦是否回赠以所带西器,虽史无明证,但不妨以理测之。此后,利玛窦携带"耶稣像、万国图、自鸣钟、铁丝琴等"礼物[14],离开南京

---

[11] 顾起元:《客座赘语》卷六,"利玛窦"条,中华书局,1987 年版,第 193—194 页。

[12] 顾起元:《客座赘语》卷五,"凹凸画"条,中华书局,1987 年版,第 153 页。

[13] 李贽《焚书》卷六。

[14] 刘侗、于奕正:《帝京景物略》卷五,"利玛窦坟"条,上海远东出版社 1996 年版,第 303—304 页。

前往北京。

利玛窦在南京传播的西器,还包括具有全新世界观念的地图。早年在肇庆绘制并雕版印刷的《山海舆地全图》,已经流传至江南,被非常喜欢这幅地图的应天巡抚赵可怀镌刻在苏州的石头上,还临摹了一幅送给随利玛窦同行的官员王忠铭。当赵可怀获悉此地图的作者已来到南京,便迫不及待地邀请利氏去其驻地句容做客,予以隆重的接待和礼遇⑮。1599年末至次年春,利玛窦居留南京时,担任南京吏部主事的吴中明曾"要求利玛窦神父修订一下他原来在广东省所绘制的世界舆图,给它增加一些更详尽的注释。他说他想要一份挂在他的官邸,并放在一个地方供公众观赏。利玛窦神父非常乐于从事这项工作,他大规模地重新绘了他的舆图,轮廓鲜明,便于检查。他加以增订并改正了错误,毫不迟疑地修订了整个作品。他的官员朋友对这个新舆图感到非常高兴。他雇了专门刻工,用公费镌石复制,并刻上了一篇高度赞扬世界舆图及其作者的序文。这幅修订的舆图在精工细作和印行数量上都远远超过原来广东的那个制品。它的样本从南京发行到中国其他各地,到澳门甚至到日本"⑯。其中一份为贵州巡抚郭子章所得,他把全部舆图复制成一本书的形式以广流传。地图是道器合一的西方器物。

南京人似乎更愿意接受其器物文明成果,而激烈排斥所传的基督教教义。据沈德符《万历野获编》卷三〇"外国·大西洋"条所载:"利玛窦字西泰,以入贡至……今中土士人授其学者遍宇内;而金陵尤甚。盖天主之教,自是西方一种。"然而,"丙辰,南京署礼部侍郎沈㴶、给事晏文辉等,同参远夷王丰肃等,以天主教在留都,煽惑愚民,信从者众。且疑其佛郎机夷种,宜行驱逐"。结果王丰肃等人被递解广东抚按,督令西归。

后来,利玛窦的徒弟罗儒望曾来南京,亦携有西方器物,顾起元曾有所记载:"后其徒罗儒望者来南都,其人慧黠不如利玛窦,而所挟器画之类亦相埒,常留客饭,出蜜食数种,所供饭类沙谷米,洁白逾珂雪,中国之粳糯所不如也。"⑰

---

⑮ 何高济等译:《利玛窦中国札记》,下册,第320—324页。
⑯ 何高济等译:《利玛窦中国札记》,下册,第355页。
⑰ 顾起元:《客座赘语》卷六,"利玛窦"条,中华书局1987年版,第193—194页。

江苏作为西器在长江流域传播的轴心地区,还在于它常常成为外国贡使沿运河入京的必经地区。据姚廷遴《历年记》所载,清康熙六年(1667)八月,"余在苏州胥江,见荷兰国朝贡大船六只,伴送兵船数只",发现其"人略似西洋天主等形象,但衣服竟短齐膝……发长至肩,自然卷转。头戴毡笠,足履无跟……其袜如绒,甚小……记此知外邦人物如是也"。虽然未能看到其所携贡品,但这些洋人的穿着打扮和所乘船只,已经透露出西洋物质文明的某种信息。

另外,商人也将江苏作为推销西器的市场。据《消夏闲记摘抄》载,晚明的苏州"洋货、皮货、细缎、衣饰、金玉、珠宝、参药诸铺,戏园、游船、酒肆、茶店如山如林"[18]。

江苏早期输入的西洋器物品种主要有自鸣钟表、光学仪器、玻璃制品等。第一,自鸣钟、洋表。这是江苏最为风行的西洋奇物。反映清康熙年间社会生活的小说《红楼梦》,谓"锦衣卫"抄宁国府时,一下子抄出钟表18件。贾府平日里"外间屋里槅上自鸣钟"当当响(第五十回),宝二爷"回手向怀内"一掏,便能"掏出一个核桃大的金表来"(第四十五回)。就连伺候琏二奶奶王熙凤左右的奴仆差役"随身俱有钟表,不论大小事都有一定的时刻"(第十四回)。最有名的钟,要数刘姥姥一进荣国府时听见"咯当咯当的响声,很似打罗筛面一般","忽见堂屋中柱子上挂着一个匣子,底下又坠着一个秤砣似的,却不住地乱晃……正发呆时,陡听得当的一声,又若金钟铜磬一般……接着又是八九下"。刘姥姥见的是一百年前由惠更斯发明的那种摆钟。曹雪芹是1764年去世的,生前还没有大量进口。所以第七十二回说,王熙凤那个金自鸣钟花了560两银子,如果按今天的银价折合,怕也要值五六万人民币。第九十二回冯紫英带来4种洋货,"一个儿童拿着时辰牌"的自鸣钟,外加24扇隔子,开价5000两银子,连贾府也嫌太贵[19]。以清代康熙、雍正年间河道事务为背景的小说《儿女英雄传》,讲男主人公之父安学海授河工知县后,前往淮安河道总督衙门拜见上司河道总督,所送的礼物不过是些"京靴、杏仁、冬菜等件"。总督门上家人看了,便向巡捕官发话道:"这个官儿来得古怪呀!你在这院上当巡捕,也不是一年咧,大凡到工的官儿们

---

⑱　转引自刘志琴:《明代饮食思想与文化思潮》,见《中国社会历史评论》,第 2 卷,第 323—324 页。

⑲　参见刘善龄:《西洋风——西洋发明在中国》,上海古籍出版社 1999 年版,第 221 页。

送礼,谁不是绉绣、呢羽、绸缎、皮张,还有玉玩、金器、朝珠、洋表的,怎么这位爷送起这个来了? 他还是河员送礼,还是'看坟的打抽丰'来了? 这不是搅吗! 没法儿见,也得给他回上去。"[20]从总督家人的讥讽中,可见当时送给总督的贵重礼物中便有西洋器物——洋表。乾隆八十大寿时,两淮盐政使准备贡物,有一广东商人前来出售一架大型的自鸣钟,于是发生了一段离奇的故事。据《清代野史大观》载:"乾隆间,西洋通商仅广东一口,钟表呢羽各玩物,其精致工巧,胜今日百倍,价亦极昂。时高宗八旬万寿,两淮盐政办贡,有一粤人以一巨厨售之,中具庭舍,门启则一洋人出,对客拱手,能自研墨,取红笺作'万寿无疆'四字,悬之壁后,拱手而退。人皆惊为神异。定价五万两。将交价矣,盐政门丁索费五千,粤人愕不与。门丁曰:'过明日一钱不值矣。'粤人不之信。次日果退货不复购,不得其故。徐侦之,盖门丁说其主曰:'其物虽巧,全由关捩耳。设解京小有损,进御时脱落末一字,则奇祸至矣。'盐政深然之。遂不售。小人谗构之功,真可翻覆黑白。然其言亦诚有至理。但以索费不得而出之,则真小人也矣。"[21]

第二,光学仪器。包括望远镜、显微镜等。据刘献廷《广阳杂记》卷四载,他曾远眺采石西南东西对峙横、截江中的梁山(天门山),只见"山上长松古柏,郁然参天,山后人家,参差隐见于松柏中,风帆盘于两山之间",于是"以玻璃镜照,毫发皆见"。这里的玻璃镜便是望远镜,显系西洋舶来之物。明末苏州人薄珏(字子珏)曾仿制过千里镜,置于铜炮之侧,说明当时江苏已传入过这种仪器,所以他才能仿制。

第三,玻璃制品。玻璃,中国古代曾经炼制过,后来技术失传。明清以后的玻璃大都是从西方舶来的商品或仿制品。反映清康熙年间江宁织造曹寅府上生活的小说《红楼梦》,其第十八回对大观园元宵灯节盛况作了描写:"贾妃下舆登舟,只见清流一带,势若游龙,两边石栏上,皆系水晶玻璃各色风灯,点的如银光雪浪;上面柳杏诸树虽无花叶,却用各色绸绫纸绢及通草为花,粘于枝上,每一株悬灯万盏;更兼池中荷荇凫鹭诸灯,亦皆系螺蚌、羽毛做就的,上下争辉,水天焕

---

[20] 文康:《儿女英雄传》,第二回"沐皇恩特授河工令,忤大宪冤陷县监牢",中州古籍出版社1998年版,第23页。

[21] 小横香室主人编:《清朝野史大观》五《清代述异》卷十二,《铜人写字》,上海书店1981年版,第128页。

彩,真是玻璃世界,珠宝乾坤。"

第四,西洋药品。康熙五十一年(1712),时任江宁织造的曹寅得疟疾后,曾对李煦言:"必得主子圣药救我。"康熙于是在李煦的奏折上朱批云:"今欲赐治疟疾的药,恐迟延,所以赐驿马星夜赶去。但疟疾若未转泄痢,还无妨,若转了病,此药用不得……金鸡拿专治疟疾,用二钱末,酒调服。若轻了些,再吃一服,必要住的。"及至西药传至南京,曹寅已经去世。

江苏作为西器传播轴心的地位,还在于刻印和撰写有关西器及其原理的著作。如扬州刻印了一部有关西洋器物及其原理的著作,这就是传教士邓玉函与王征合著的《远西奇器图说录最》,该书由邓口授,王征译绘成书。其书内容是从千百种新奇的西方器具中精选出来。王征在选择时相当严格:"不甚关切民生日用者不录,非国家工作之所急需者不录,器之工值甚巨者不录,重繁者不录……"

西洋物品也曾被外国人赠送给江苏的士人。如江苏如皋人冒襄(1611—1693)便用意大利传教士毕方济赠送的西洋夏布为小妾董小宛做成一件轻衫,冒辟疆在《影梅庵忆语》中称其"薄如蝉纱,洁比雪艳",董小宛以退红为里,制成轻衫,冒称此"不减张丽华桂宫霓裳",引起一时轰动,"凡有钱者任其华美,云缎外套遍地穿矣"②。

除了西洋传教士输入西器外,到过澳门、广东、北京等地的江苏人还主动接受西洋物质文明。由于江苏在明清时期为文化发达之地,当地通过科举入仕者甚众,这些人常常游历四方,将西洋器物文明传回江苏。如明嘉万时江苏昆山人王临亨(1548—1601),中进士后长期在外游宦,当利玛窦尚在南京居留的时候,他就于万历二十九年(1601)奉命到广东审案,根据此次途中的见闻编撰成《粤剑编》一书,内有《志外夷》一篇,专门记录"香山澳"(即澳门)的西洋人及其风俗,当然也包括西洋器物文明。清初,江苏常州人吴历,曾到北京与汤若望相识,在《读史偶述》诗中描述了汤若望身边的西器状况:"西洋馆宇逼城阴,巧历通玄妙匠心。异物每邀天一笑,自鸣钟应自鸣琴。"㉓吴历自称"晚年作画,好用西

② 姚廷遴:《纪事编》。转引自冯天瑜等:《中华文化史》,上海人民出版社1990年版,第722页。

㉓ 程穆衡:《吴梅村诗集笺注》卷十八,上海古籍出版社1983年版,第507页。

法",曾到澳门学道,所谓"试观罗马景,横读辣丁文"[24]。江苏常州府阳湖县(今常州市武进区)人赵翼(1727—1814),在其《檐曝杂记》卷二中专立"钟表"一目,对西洋自鸣钟、洋表作了介绍:"自鸣钟、时辰表,皆来自西洋。钟能按时自鸣,表则有针随晷刻指十二时,皆绝技也。"他还在"西洋船"一目中,对西洋船舶的先进性作了介绍,指出:"西洋帆则每缏皆著力,一帆无虑千百缏,纷如乱麻,番人一一有绪,略不紊。又有以逆风作顺风,以前两帆开门,使风自前入触于后帆,则风折而前,转为顺风矣,其奇巧非可意测也。红毛番舶,每一船有数十帆,更能使横风、逆风皆作顺风云。"

由于直接接触或间接了解西器的机会较多,至明末清初,江苏已开始仿造西洋器物。自鸣钟是江苏人较早仿制的西洋制器。据江苏金匮(今无锡)人钱泳(1759—1844)在《履园丛话》中称:"自鸣钟表皆出于西洋,本朝康熙间始进中国,今士大夫家皆用之。……近广州、江宁、苏州工匠亦能造,然较西洋究隔一层。"清初南京人吉坦然是一位仿制自鸣钟的行家。据刘献廷《广阳杂记》卷三载:"吉坦然,江宁人,流寓衡阳。……通天塔,即自鸣钟也。其式坦然创为之,形如西域浮屠,凡三层,置架上,下以银块填之。塔之下层,中藏铜轮,互相带动,外不得见。中层前开一门,有时盘,正圆如桶,分为十二项,篆书十二时牌,为下轮之所拨动,与天偕运,日一周于天,而盘亦反其故处矣。每至一时,则其时牌正向于外,人得见之。中藏一木童子,持报刻牌,自内涌出于中层之上,鸣钟一声而下。其上层悬铜钟一口,机发则鸣,每刻钟一鸣,交一时则连鸣八声,钟之前有韦驮天尊象,合掌向外,左右巡视,更上则结顶矣。此式未之前见。宜供佛前,以代莲花漏。予恳坦然拆而示之,大小轮多至二十余,皆以黄铜为之……遂得其窾窾。然于几何之学,全未之讲,自鸣钟之外,他无所知矣。"

江苏还成为西洋玻璃制品的仿制中心。首先,西洋眼镜在江苏首先被输入和仿制。眼镜曾被明清人称作"叆叇",赵翼《陔余丛考》称:"古未有眼镜,至明始有之,名曰叆叇。"眼镜有单片镜(单照)和双片镜。苏州是较早输入眼镜的地区,明人所绘《南都繁会景物图卷》中,在"兑换金珠"店的幌子下便有一位戴眼

㉔ 李兰琴:《汤若望传》,东方出版社1995年版,第86页。

镜的老者,这是迄今所见最早的中国人戴眼镜的图画。据《道光苏州府志》称"单照明时已有,旧传为西洋遗法"。又《吴县志》载,清初苏州眼镜匠孙运球曾经制作过七十多种镜子,被人誉为"巧妙不可议"。其次,显微镜也被仿制。孙运球曾仿制过被称为"察微镜"的显微镜。其三,江苏人还仿制游戏之用的"西洋镜"㉕。据乾隆时人李斗称:"江宁人造方圆木匣,中点花树、禽鱼、怪神、秘戏之类,外开圆孔,蒙以五色玻璃,一目窥之,障小为大,谓之'西洋镜'。"这显然也是西洋传过来的器物,而为南京人所仿造者。

在仿制西器的过程中,出现了一些著名的专家。如明末苏州秀才薄珏(字子珏)便是其中之一。《启祯野乘》称其"洞晓阴阳占步(就是天文算学),制造水火诸器"。他制成铜炮、水车、水铳、地弩、算筹、起重负担机等各种器具。所制铜炮旁边还装有千里镜设备,铁弹发射得很远,也非常准确,见者无不称赞其技术高妙。他制器在一小车间内,内有锻、炼、碾、刻等各种工具。亲自从事制造工作,并向徒工们讲解制造原理。《启祯野乘》称"其学奥博,不知何所传",谢国桢认为可能是中国社会自身蕴藏的智慧之显现㉖。笔者则认为可能受到西方物质文明的影响。下面这个例子可能说明问题。据刘献廷称:"昔闻薄子珏曾制一镜,能返照桅竿斗中鸟雀,历历可数,凡物之在高在深,非有盖覆者,皆可照见。"㉗薄珏所制镜子,乃是据西洋水银镜技术而仿制。

由于江苏工匠仿制西器有一定的经验和较高的技术,因而与广东工匠一起被征入宫中使用。据《清宫述闻》载:"造办处工匠,向令苏州织造及粤海关监督等挑选送京。"宫中造办处主要任务便是仿造西洋器物:"造办处有炮枪处、油木作、玻璃厂、盔头作、灯裁处、铸炉处、舆图房、金玉作、匣裱作、做钟处。又炮枪处随同平署钉安铁料活计,并擦抹上用、官用炮枪。"乾隆时造办处又增加了眼镜作㉘。可见江苏在传播西器文明中的特殊地位。

㉕ 李斗:《扬州画舫录》卷十一,"虹桥录下",广陵古籍刻印社 1984 年版,第 253 页。
㉖ 谢国桢:《明代艰苦朴素的科学家薄珏》,《明清史谈丛》,辽宁教育出版社 2000 年版,第 39—40 页。
㉗ 刘献廷:《广阳杂记》卷四,中华书局 1957 年版,第 220 页。
㉘ 章乃炜:《清宫述闻》,北京古籍出版社 1988 年版,第 165—168 页。

四、早期西器在长江流域其他地区的流传

江苏以东的上海和浙江地区,除了接受江苏传播过来的西器文明外,还直接接受来自粤闽和北京等地的西洋物质文明。

上海在明代属于松江府,亦属南直隶管辖。由于此地在明代防御倭寇,属于闭关锁国的前沿,因此流传至上海的西器应当不是海上舶来,当是由南京输入。但至清代,上海的濒海地位,使它成为许多商船停泊的重要口岸。据鸦片战争前上海海关船舶进出口登记簿记载,每年有2000多只帆船载各种各样的本国货和外国货从外洋来到上海。外国人也对上海港印象深刻,鸦片战争前夕来访的英国人马丁(R.M.Martin)说,上海"铺多得惊人,各处商业繁盛,一进黄浦江就看到江上帆樯如林"[29]。

明代末年,由于上海人徐光启(1562—1633)对西学的理解和积极参与,使天主教及其所依托的西洋物质文明,得以顺利地推广至上海地区。徐光启于万历二十四年(1596)曾作为家庭教师随赵凤宇赴广西,遇郭居静,得闻天主教义及西方科学技术。二十八年结识利玛窦,三年后入教。中进士后任翰林院庶吉士,在北京从利玛窦等传教士研习欧洲近代科学,译《几何原本》等。天启三年(1623)擢礼部右侍郎,旋受宦官魏忠贤排挤回乡,乃广搜博采,撰著《农政全书》,书中对西方水利机械及其灌溉作用有深刻的认识。他曾就"泰西水法"多次请教耶稣会士熊三拔。熊深恐此法盛传将掩没其传教本意,徐光启则开导说:"器虽形下,而切世用,兹事体不细已。"于是由熊氏口述,徐光启笔记其说,遂成《泰西水法》[30]。崇祯元年(1628)复官,不久升礼部尚书,主持编纂《崇祯历书》,制造天文仪器。五年,兼东阁大学士,次年升文渊阁大学士。上疏言:"可以克敌制胜者,独有神威大炮一器而已……惟尽用西术,乃能胜之。欲尽其术,必造

㉙ 转引自姚贤镐编:《中国近代对外贸易史资料》第1辑,中华书局1962年版,第556页。

㉚ 徐光启:《〈泰西水法〉序》,王重民辑校:《徐光启集》,上册,上海古籍出版社1984年版,第66—67页。

我器尽如彼器,精我法尽如彼法,练我人尽如彼人而后可。"㉛曾督造的鹰嘴铳、鸟铳等共106门火器。卒于北京,葬于上海徐家汇。

有徐光启这样的开放心态及崇高地位影响,上海因此得以成为较早接受西洋器物文明的地区。明万历三十五年(1607)徐光启邀西洋传教士郭居静至上海开教。崇祯十三年(1640)西洋教士潘国光借徐光启孙女之助,在上海城北安仁里潘允端的世春堂旧址(今梧桐路137号)建造天主教堂,名敬一堂,是为最早的天主教堂,人称"老天主堂"。尽管教堂为中国式建筑,但像其他地区的天主教堂一样,为了吸收当地百姓入教,教堂内照例陈列西洋自鸣钟、千里镜和三棱镜等物,使西洋器物文明传入上海。

西洋眼镜在上海有一定的市场。早在康熙五十八年(1791)上海人便在南市方浜路开办出售眼镜的"澄明斋珠宝玉器店",后改为吴良材眼镜店。

此外,西洋自鸣钟和洋表在上海一带也较流行,以至于有不少人开始仿制。清嘉庆十四年(1809),自幼喜爱钟表制作的松江人徐朝俊专门著有《自鸣钟表图法》,是现存唯一的清代钟表专著。

处于上海南边的浙江地区,接受西器文明的途径更为多元化。

江浙人对西洋器物的认识,最早可上溯到明代嘉靖末年,当时防倭将军戚继光在浙江与倭寇作战时,便仿制了西洋火器。据陈懋恒《明代倭寇考略》载,戚继光督造的战船配备了各式火器,如大型福船,装备有发贡(发贡又写作火贡,是一种大型火炮)1门,佛郎机6座,碗口铳3门,鸟枪10把。海沧船佛郎机4座,碗口铳3门,鸟枪6把。据《明史》载,西洋火器早在嘉靖初便由何儒在南京仿制。因此,戚继光之督造西器,不能排除从南京请来技术人员的可能。但随之而来的闭关锁国,使浙江人对西器的认识变得颇为淡薄。据浙江嘉兴人李日华(字君实)载,万历三十七年(1609)九月七日,在等候谒见"兵宪"周幼华时,郡中诸老咸集。"坐有宦闽广者,因谈海事",对早期葡萄牙、西班牙殖民者印象模糊,涉及西洋船舶,也多奇谈:"其船甚长大,可载千人,皆作夹板,皮革束之,帆

㉛ 徐光启:《西洋神器既见其益宜尽其用疏》,王重民辑校:《徐光启集》,上册,上海古籍出版社1984年版,第288—289页。

樯阔大。遇诸国船,以帆卷之,人舟无脱者。"[32]

　　然而,浙江与江苏一样,都属于经济文化发达地区,出外做官者甚多,因此能够将外面领略的西洋器物文明介绍或传播回来。明末浙江乌程(今湖州市吴兴区)人朱国祯(1558—1632),在其《涌幢小品》中介绍过火器,认为"国朝火车、火伞、大二三将军等铳,四眼、双头、九龙、三出、铁棒、石榴等器,最利者为佛郎机、鸟嘴,近又增火桶、火砖,而用无可加矣。此外则猛火油最烈,今未之闻。"[33]尽管朱国祯对火器认识还比较肤浅,但已经认识到佛郎机火炮和鸟嘴铳等西洋火器最为厉害。成书于明代、由杭州人西湖浪子、梦觉道人撰写的小说《三刻拍案惊奇》在虚构靖难之役的济南之战时,提到过西洋火器。谓李景隆、铁参政、盛参将在城上"又将神机铳、佛郎机随火势施放,大败北兵"[34]。

　　至清初,浙江人对西器的描述更加详细和深入。浙江兰溪人李渔(1611—1679),在顺治年间(1644—1661)成书的小说《十二楼》之《夏宜楼》中,便描绘了一位公子瞿佶(字吉人)用望远镜窥探富家小姐詹娴娴在夏宜楼居住时的闺房生活,以达到与詹小姐成婚的目的。李渔指出"这个东西,名为千里镜,出在西洋,与显微、焚香、端容、取火诸镜,同是一种聪明,生出许多奇巧","千里镜:此镜用大小数管,粗细不一,细者纳于粗者之中,欲使其可放可收,随伸随缩。所谓千里镜者,即嵌于管之两头,取以视远,无遐不到。'千里'二字,虽属过称,未必果能由吴视越,坐秦观楚,然试千百里之内,便自不觉其诬。至于十数里之中,千百步之外,取以观人鉴物,不但不觉其远,较对面相视者,便觉分明。真可宝也"。有《西江月》一词为证:"非独公输炫巧,离娄画策相资,微光一隙仅如丝,能使瞳人生翅。　　制体初无远近,全凭用法参差。休嫌独目把人嗤,眇者从来善视。"并说:"这件东西的出处,虽然不在中国,却是好奇访异的人家都收藏得有,不是甚么荒唐之物。但可惜世上的人,都拿来做了戏具,所以不觉其可宝。"同时,李渔还顺带介绍了他所知晓的其他西洋奇器:"显微镜:大似金钱,下有三

㉜　李日华:《味水轩日记》卷一,上海远东出版社1996年版,第43页。

㉝　朱国祯:《涌幢小品》卷十二,文化艺术出版社1998年版,第264—265页。

㉞　西湖浪子、梦觉道人:《三刻拍案惊奇》,第五回"烈士殉君难,书生得女贞",岳麓书社1993年版,第41页。

足。以极微、极细之物,置于三足之中,从上视之,即亦为极宏、极巨。虮虱之属,几类犬羊;蚊虻之形,有同鹳鹤;并虮虱身上之毛,蚊虻翼边之彩,都觉得根根可数,历历可观。所以叫作显微,以其能显至微之物,而使之光明较著也。"根据李渔的描述,当时传入浙江的显微镜非复式显微镜,乃单显微镜。李渔还介绍了其他几种光学透镜焚香镜、端容镜、取火镜等:"焚香镜:其大亦似金钱,有活架,架之可以运动,下有银盘。用香饼、香片之属,置于镜之下盘之上。一遇日光,无火自爇。随日之东西,以镜相逆,使之运动,正为此耳。最为可爱者:但有香气而无烟,一饼龙涎,可以竟日。此诸镜中之最适用者也。端容镜:此镜较焚香、显微更小,取以鉴形,须眉毕备。更与游女相宜。悬之扇头,或系之帕上,可以沿途掠物,到处修容,不致有飞蓬不戢之虑。取火镜:此镜无甚奇特,仅可于日中取火,用以待爇。然迩来烟酒甚行,时时索醉,乞火之仆,不胜其烦。以此伴身,随取随得。又似于诸镜之中,更为适用。此世运使然。即西洋国创造之时,亦不料其当令至此也。……以上诸镜,皆西洋国所产。二百年以前,不过贡使携来,偶尔一见,不易得也。自明朝至今,彼国之中有出类拔萃之士,不为员幅所限,偶来设教于中土,自能制造,取以赠人。故凡探奇好事者,皆得而有之。诸公欲广其传,常授人以制造之法。然而此种聪明,中国不如外国,得其传者甚少。"⑤

清初西洋器物在浙江一般由古玩铺出售,但非成批出售。据李渔讲道:"(瞿佶)同了几个朋友,到街上购买书籍,从古玩铺前经过,看见一种异样东西摆在架上,不识何所用之。及至取来观看,见着一条金笺,写着五个小字贴在上面道:西洋千里镜。"

从李渔的记载来看,当时浙江一般的知识分子都见所未见,闻所未闻:"众人问说:'要他何用?'店主道:'登高之时,取以眺远,数十里外的山川,可以一览而尽。'众人不信,都说:'哪有这般奇事?'店主道:'诸公不信,不妨小试其端。'就取一张废纸,乃是选落的时文,对了众人道:'这一篇文字,贴在对面人家的门首,诸公立在此处,可念得出吗?'众人道:'字细而路远,哪里念得出!'店主人道:'既然如此,就把他试验一试验。'叫人取了过去,贴在对门,然后将此镜悬

---

⑤ 李渔:《十二楼·夏宜楼》,上海古籍出版社 1992 年版,第 40—55 页。

起。众人一看，甚是惊骇，都说：'不但字字碧清，可以朗诵得出；连纸上的笔画，都粗壮了许多，一个竟有几个大。'店主道：'若还再远几步，他还要粗壮起来。到了百步之外，一里之内，这件异物才得尽其所长。只怕八咏楼上的牌匾，宝婺观前的联对，还没有这些字大哩。'众人见说，都一齐高兴起来，人人要买。……吉人问过店主，酌中还价，兑足了银子，竟袖之而归。心上思量道：'这件东西，既可以登高望远，又能使远处的人物，比近处更觉分明，竟是一双千里眼，不是千里镜了。我如今年已弱冠，姻事未偕，要选个人间的绝色；只是仕宦人家的女子，都没得与人见面，低门小户，又不便联姻。近日做媒的人，开了许多名字，都说是宦家之女，所居的宅子，又都不出数里之外。我如今有了千里眼，何不寻一块最高之地，去登眺起来？料想大户人家的房屋，绝不是在瓦上开窗、墙角之中立门户的，定有雕栏曲榭，虚户明窗。近处虽有遮拦，远观料无障蔽。待我携了这件东西，到高山寺浮屠宝塔之上，去眺望几番，未必不有所见。看是哪一位小姐，生得出类拔萃，把他看得明明白白，然后央人去说，就没有错配姻缘之事了。'"

从江苏沿江上溯是安徽。安徽在前近代属于比较封闭的地区，但皖南的徽州因为其商人足迹遍及全国，则显得比较开放。安徽人对西洋奇器有一定的见识。徽州商人室内布置，一般都在中堂内天地桌上摆上自鸣钟，左面置瓶，右面安镜③⑥。"左瓶右镜"是暗示在家留守的商妇安于平静，而自鸣钟则表明徽商在经营中近水楼台的特殊地位，因为自鸣钟在当时是一种时髦的外来商品。明代嘉靖年间安徽休宁人叶权（1522—1578），字中甫，曾游历广东，将其所见西洋文明特别是器物文明作了记录，在所著《贤博编》中称赞葡萄牙的鸟嘴铳"以精铁先炼成茎，立而以长锥钻之，其中光莹，无毫发阻碍，故发则中的"，"恃此为长技，故诸番舶惟佛郎机敢桀骜"③⑦。清代乾嘉年间，著名学者皖派宗师戴震，便是安徽徽州休宁人，他在北京四库馆中修书，临死前一年患了足疾，又戴上了"老光之最"的眼镜③⑧。安徽桐城人姚元之（1776—1852），嘉庆十年（1805）中进士，道光二十三（1843）年年迈离官，对西洋器物有所了解："闻番人言，红毛国中水

③⑥　参见姜眛著：《论影响明清徽州民居的社会文化因素及表征》，华中师范大学历史文献研究所，2003年印，第41页。

③⑦　叶权：《贤博编》，中华书局1987年版，第22页。

③⑧　许苏民：《戴震与中国文化》，贵州人民出版社2000年版，第65页。

火皆有专家,只许一家卖火,一家卖水,无二肆也。人家夜不举火,至晚,鬻火者能令室中自明,无俟燃烛也。欲水亦无告鬻者,屋宇皆有水法,水即自至,无俟担桶也。夷人多巧工,此语或不虚也。"[39]这里便介绍西洋自来水和用电的情况。但明至清前期,直接叙述安徽西器应用情况的记载则比较少。

从安徽溯江继续西进便到了湖北。在明至清前期,湖北是内陆地区的九省通衢,然而,对于由海洋舶来的西器而言,在接受上则显得比较迟缓和封闭。不过,据《湖北通志检存稿·食货考》记载,清代早期汉口镇已有来自两广的洋货及洋药(鸦片)在市场上销售。另据《汉口竹枝词·市廛》的吟咏词中出现了"玻璃",说明汉口已经有玻璃之类的洋货从海外进口,可见汉口的经济联系已经扩大到海外。西洋火器自明代中期便已在中国流传,因此湖北的战场上也使用过这种武器。康熙二十七(1688)年六月湖广督标裁兵,夏逢龙作乱,据平武昌塘报称,清廷军队当时使用了火器:"臣指挥沿岸及先锋营开放战船枪炮,打坏沙船二只,淹死逆兵五百余名。"[40]这里的枪炮,便很可能有西洋鸟嘴铳等仿制品。明末清初,西洋传教士在湖北黄冈建天主教堂,"宏丽深邃,人不敢窥"。但当时湖北人对西洋天主教及其器物文明了解甚少。如认为天主教牧师"善作奇技淫巧及烧炼金银法,故不耕织而衣食自裕","工绘画,虽刻本亦奇绝,一帧中烟云人物,备诸变态,而寻其理,皆世俗横陈图也。又能制物为偓妇人,肌肤、骸骨、耳目、齿舌、阴窍无一不具,初折叠如衣物,以气吹之,则柔软温暖如美人,可拥以交接如人道,其巧而丧心如此"。这是时人对西洋传教士制造西器能力的歪曲理解。康熙中,黄冈令刘泽溥深恶之,议毁天主教堂,逐其人,但不久上司反责以多事。雍正二年(1724),因大礼仪之争,朝廷禁天主教,西洋人除留京办事人员外,其散处直隶各省者,督抚转饬各地方官,查明果系精通天文及有技能者,起送至京效用,其余俱遣送澳门。"其所造天主堂,令皆改为公所。"[41]

与湖北隔江相对的是湖南。湖南的西器流传情况较湖北稍强,但与广东和江苏相比,相差较远。清初,刘献廷(1648—1695)游湖南衡阳时,称他于"壬申

---

[39] 姚元之:《竹叶亭杂记》卷三,中华书局 1982 年版,第 92 页。

[40] 刘献廷:《广阳杂记》卷四,中华书局 1957 年版,第 229—230 页。

[41] 梁章钜:《浪迹丛谈》卷五,中华书局 1981 年版,第 79—81 页。

(1692)春日,于茹司马署中,与虞臣卧地看楚地全图,图纵横皆丈余,不可张挂。而细如毫发,余既短视,立则茫无所见,遂铺图于地,而身卧其上,俯而视之。楚地全局,见其梗概矣"[42]。刘献廷眼睛近视,看不清楚地全图,只好铺图于地,卧其上观看。如果不是刘献廷不愿戴眼镜的话,就是当时西洋眼镜在湖南尚不多见。然而,刘献廷长期生活在吴地,对于西洋文明有所了解,因此当衡阳的朋友紫廷欲将楚地全图分装成册时,刘献廷便按西洋经纬线法将之拆分。据《广阳杂记》卷三载:"紫廷家藏楚地全图,从横皆丈余。张挂甚难,浏览亦苦。紫庭欲改为书册,可置案头,以便披阅,而请其法于予。予为之先造经纬表一通,从横相遇,可合可离,亦图中之变调也。"刘献廷在衡阳时,还听紫廷讲过西洋制铅的方法:"紫庭(即廷)言,西洋有制南铅法,每铅一石,追出银四两、铜六斤,余皆变为黑铅,亦厚利也。余向以黑铅置南铅,则南铅皆变为黑铅,然为时颇久,若不多折耗,则利亦可倍。"[43]这表明湖南由于离广东较近,接受西洋技术较湖北等地仍然方便快捷。

明末清初湖南人已经能够仿制西洋奇器。李渔指出:"独有武陵诸羲庵讳某者,系笔墨中知名之士,果能得其真传。所作显微、焚香、端容、取火及千里诸镜,皆不类寻常,与西洋土著者无异,而近视、远视诸镜更佳,得者皆珍为异宝。"[44]据刘献廷云:"张枚臣,武陵人,讳锡信。其尊人弘载先生,讳嗣陇,初任无为州同知,甲寅(1674)随征,授福清县丞,与戴文开为中表兄弟。文开火攻之学,半得之弘载。枚臣令祖少室先生,与孙大东同事。少室先生字惟照,少室,其别号也,仁和县籍,由材望天启六年四月授守备,升广东游击,奉命取西洋大炮,制造施放。崇祯辛未,计功升参将,又升江东副总兵,又升大凌河挂印总兵,左府都督同知,赐蟒玉,又调山东,壬申七月二十三日登州失陷,殉难。"[45]

至于长江上游的云贵川藏青,由于闭塞,西器传入比较困难。加之记载较少,因此目前难以弄清其状况。据《明史》载,四川早在明代就曾仿制过西洋火器:"明置兵仗、军器二局,分造火器,号将军者自大至五。又有夺门将军大小二

㊷ 刘献廷:《广阳杂记》卷二,中华书局1957年版,第55页。
㊸ 刘献廷:《广阳杂记》卷二,中华书局,1957年版第88页。
㊹ 李渔:《十二楼·夏宜楼》,上海古籍出版社1992年版,第40—55页。
㊺ 刘献廷:《广阳杂记》卷四,中华书局1957年版,第177页。

样、神机炮、襄阳炮、盏口炮、碗口炮、旋风炮、流星炮、虎尾炮、石榴炮、龙虎炮、毒火飞炮、连珠佛郎机炮、信炮、神炮、炮里炮、十眼铜炮、三出连珠炮、百出先锋炮、铁捧雷飞炮、火兽布地雷炮、碗口铜铁铳……木厢铜铳、筋缴桦皮铁铳、无敌手铳、鸟嘴铳、七眼铜铳、千里铳、四眼铁枪、各号双头铁枪、夹把铁手枪、快枪以及火车、火伞、九龙筒之属,凡数十种。正德、嘉靖间造最多。又各边自造,自正统十四年四川始。……军资器械名目繁夥,不具载,惟火器前代所少,故特详焉。"[46]其中的连珠佛郎机炮、鸟嘴铳等,便是来自西洋的火器,而为四川等地所仿制。

通过考察明至清中叶西器在长江流域的流传历史,我们发现:前近代长江流域并非西器传播的中心地区,一般属于过境传播。其传播的中心在珠江流域的广州和澳门,而非长江流域的上海。但无论传教士还是商人,都不得不承认要想在中国打开局面和市场,北京是他们不得不首先"攻克"的目标。于是,无论是利玛窦般的传教士还是马戛尔尼般的通商使者,都必须穿越长江流域前往北京。这样,长江流域特别是下游地区便成了西器东传的重要中转地区。明至清中叶长江流域的西器东传在中西文化交流史上有其特殊性。与近代大规模引进西方生产设备制造西式物质产品不同,明清时期长江流域大多是接受或引进西方物质成品,虽有部分欧洲传教士、中国士大夫及工匠在苏州、南京和松江等地制造或仿制过自鸣钟、三棱镜等西洋器物,但均不成规模,难成气候。尽管前近代西器东传规模较小,在长江流域的传播范围主要集中在中下游地区,但它开启了近代西器东传的门缝,为晚清中国人接受西方器物在一定程度上作了思想上的准备。因此,剖析明清时期西器东传的历史过程,对于探讨中国社会的近代演变和文化转型,有着不可忽视的价值和意义。

【谢贵安　武汉大学中国传统文化中心教授】

原文刊于《中国文化》2004 年 01 期

---

[46] 《明史·兵志四》。

从中国历史地理认识郑和航海的意义

葛剑雄

从明朝永乐三年(1405)起,由郑和率领的庞大船队进行了人类历史上空前规模的七次航海,历时 28 年,遍及亚洲和东非 30 多个国家和地区,充分显示了当时中国已达到的科学技术水平和经济实力,进一步加强了中国与外界的联系,产生了巨大的影响。

近 600 年过去了,世界和中国都已发生了翻天覆地的变化,并且逐渐连成一体。当年郑和探寻的航路早已成为各国之间来往频繁的航路,他到达的国家和地区都已成为世界大家庭的一员。尽管他与随员们早已是历史陈迹,但他们对人类的影响会永久存在,并且已经超越了中国、亚洲和东非的范围。

无论对中国还是对世界,郑和航海都不是一个孤立的、偶然的事件,而是政治、经济、文化、科学技术发展的必然产物。我们今天纪念郑和航海,也正是为了从中汲取人类共同的智慧。

一、郑和航海是中国航海事业和科学技术长期发展，特别是宋元以来航海发展的必然结果，也是对外开放、中外交流的必然产物

至迟在春秋时期，中国的沿海航行已经相当普遍，并广泛用于军用和民用。公元前 3 世纪，成熟的航线已扩大到朝鲜、日本及周边的岛屿。

成书于公元 1 世纪的《汉书·地理志》记载了由中国南部通往东南亚、南亚的航线：

> 自日南障塞、徐闻、合浦船行可五月，有都元国；又船行可四月，有邑卢没国；又船行可二十余日，有谌离国；步行可十余日，有夫甘都卢国。自夫甘都卢国船行可二月余，有黄支国，民俗略与珠崖相类。其州广大，户口多，多异物，自武帝以来皆献见。……平帝元始中，王莽辅政，欲耀威德，厚遗黄支王，令遣使献生犀牛。自黄支船行可八月，到皮宗；船行可二月，到日南、象林界云。黄支之南，有已程不国，汉之译使自此还矣。

这段文字可以看成当时南方对外航线的总结。尽管对其中一些地名的今地目前还有不同看法，但可以肯定的是，覆盖东南亚和南亚大部分地区的航线已经纳入汉朝的控制之中，并且已由官方派遣"译使"，具有语言沟通能力。

魏晋南北朝期间，海上交通是联系中国与南亚、西亚的重要途径。东晋义熙八年(412)，高僧法显由今印度搭乘商船回国。此船载客 200 人，按正常情况可在 50 天内到达广州①。隋、唐、宋、元时期，中国与朝鲜、日本、东南亚、南亚、西亚间频繁的航海活动，不仅密切了相互间的联系和交往，也使中国的航海技术日益发达，中国人对海外的了解逐渐深入，官方和民间都积累了丰富的航海知识和

---

① 《法显传校注》，章巽校注，上海古籍出版社，1985 年。

经验。如随高仙芝西征而于怛罗斯(今哈萨克斯坦的江布尔)被俘的杜环,于宝应初(762)搭乘商船由大食(今阿拉伯半岛)回到广州[2],说明在西亚与中国间已有稳定的航线。元朝与蒙古四大汗国的并存,促进了中国与外界的海上交通。除了见于《元史》《新元史》外,这一时期还留下了《大德南海志》《真腊风土记》和《岛夷志略》等重要专著。其中汪大渊所著《岛夷志略》涉及的国家和地区多达220余个,远远超过了宋朝的《岭外代答》和《诸蕃志》等书[3]。这固然与作者前后两下东西洋,游踪广远有关,也得益于当时发达的航海业和中外之间的广泛交往。

正是长期积累的航海经验、技术和大批无名的航海家的存在,郑和的船队才能在短时间内启航,并能持续多次。就是郑和本人,也充分体现了中外交流的结果。郑和是回族,是蒙元时期外来移民的后裔,本人出生于云南。他的祖父和父亲都到过伊斯兰教的圣地麦加,因此他不但从小有机会了解阿拉伯地区和境外的知识,还具有汉族传统文化中所缺乏的外向观念。从这一意义上说,处于这样一个时代的郑和成为一位伟大的航海家并不是偶然的。

郑和航海固然是中国航海史上一次重大的飞跃,却是建立在长期、稳固的发展基础上的。

二、郑和航海是明朝初年国力强盛的集中表现

据《明史》等记载,郑和首次下西洋时,"将士卒二万七千八百余人,多赍金币,造大舶,修四十四丈、广十八丈者六十二"。对郑和航海的规模,历来并无疑问,这充分显示了明初的国力。哥伦布、麦哲伦等率领的船队根本无法望郑和之项背,这完全取决于中国与其他国家整体实力的对比。

从金元之际到明初,中国的北方天灾人祸不断,但南方受影响较小,并且一直得到开发和发展。元朝期间,中国的南北人口之比达到了空前绝后的程度,南

---

② 杜佑《通典》卷一九一《边防七·西戎总序》注,中华书局,1988年。
③ 《岛夷志略校释》,苏继顾校释,中华书局,1981年。

方的人口超过了总人口的 80%。在元末的战乱中,朱元璋正是凭借南方的人力和物力作为消灭北方的元朝和其他割据势力的基础。明朝初年,南方不仅提供了全国多数的粮食和物资,也是移民的主要输出地。到洪武二十六年(1393),全国人口已经恢复到 7000 万以上④。在一个基本自给自足的农业社会,这意味着粮食和主要生活物资的产量也已达到了相应的高度,这就为郑和航海准备了充足的物质基础。

明初丰富的人力资源中还包含着一批训练有素的船工水手。据《明实录》卷七十记载,洪武四年(1371)十二月,征调"方国珍旧部"与沿海贫户"充船户者,凡一十一万一千七百三十人,录各卫为军"。可以肯定,当时明朝军队中从事航海的人员至少应在 11 万以上,而散在民间的船户也不在少数。所以郑和要征集上万名船工,仅从军队中就能办到。即使连续出动,也能保证船的正常替补和轮换。从如此多的船工也可以推断,相应的其他人员如船舶的制造、维修、补给也相当充足。

所以尽管七次航海耗费了巨大的物资和财富,但明初的经济和社会并未受到明显影响。与此同时,明朝正新建北京的皇宫,迁都北京,纂修《永乐大典》,出兵安南,明成祖多次亲征鞑靼、瓦剌,治理黄河水患。这些项目都要耗费巨资,或动员大量兵力和人员,这说明当时的经济相当发达,积累相当丰富。

三、郑和航海的成就对中国历史具有相当深远的影响

由于此后明朝实行海禁,也由于郑和航海的档案被毁,影响了后人对此举意义和影响的认识。

关于郑和航海档案的下落,最具体的叙述见于《殊域周咨录》:

> 成化间,有中贵迎合上意者,举永乐故事以告,诏索郑和出使水程。兵

---

④ 有关人口数据据拙著《中国人口发展史》,福建人民出版社,1991 年。

部尚书项忠命吏入库检旧案不得,盖先为车驾郎中刘大夏所匿。忠笞吏,复令入检三日,终莫能得,大夏秘不言。会台谏论止其事,忠诘吏,谓库中案卷宁能失去? 大夏在旁对曰:"三保下西洋费钱粮数十万,军民死且万计,纵得奇宝而回,于国家何益? 此特一敝政,大臣所当切谏者也。旧案虽存,亦当毁之以拔其根,尚何追究其无哉!"忠竦然听之。

《明史·项忠传》和《刘大夏传》均未提及此事。但《刘大夏传》称:"成化初……乃除职方主事,再迁郎中。明习兵事,曹中宿弊尽革。所奏复多当上意,尚书倚之若左右手。汪直好边功,以安南黎灏败于老挝,欲乘间取之。言于帝,索永乐间讨安南故牒。大夏匿勿予,密告尚书余子俊曰:'兵衅一开,西南立糜烂矣。'子俊悟,事得寝。"或许即因此而将毁郑和航海档案一事附会在他身上。《殊域周咨录》成书于万历二年(1574),已在郑和最后一次航海的一百多年后。作者严从简虽曾供职行人司,此说显然并无确切证据,或许即因刘大夏有此事迹而加以附会。但这种说法也反映了到明朝后期,由于长期受到官方海禁政策的影响,舆论对郑和航海的评价的转变。因此,到目前为止,郑和下西洋的档案是否被刘大夏销毁只能存疑,但这些档案到明朝后期已不复存在当是事实,而真正的原因,只能归咎于明朝对外政策和航海管理的改变。

原始档案的散佚影响了后人对郑和航海全过程的了解和研究,一些重要的数据也因此而变得无法查考。但随着郑和随从和民间的记载不断问世,郑和七次下西洋的业绩还是得以流传。

马欢的《瀛涯胜览》一卷,其序作于永乐十四年(1416),当时下西洋的壮举还在进行;而当该书于景泰二年(1451)完成时,离最后一次下西洋才二十余年。更重要的是,马欢亲历了第四次、第六和第七次下西洋,并担任翻译,此书的重要性不言而喻。

费信《星槎胜览》二卷,成书于正统元年(1436),离最后一次下西洋才几年。作者于永乐、宣德年间曾四次随郑和等下西洋,也是以亲身经历为基础的记载。

巩珍《西洋番国志》一卷,成书于宣德九年(1434)。作者曾于宣德五年以随员身份随船队通使西洋,往返三年,历二十余国,所记大多为自己的见闻。

郑和时所用航海图的原本虽早已失传，但在茅元仪《武备志》中收录了《自宝船厂开船从龙江关出水直抵外国诸番图》(俗称《郑和航海图》)。该图起自南京，最远至东非的慢八撒(今肯尼亚蒙巴萨)，绘有沿途的海域、岛屿、港口、居民点、礁石、浅滩等，列出自太仓至忽鲁谟斯针路56线，自忽鲁谟斯回太仓针路53线。所录约500个地名，外国地名约300，约是《岛夷志略》所录外国地名的三倍。所附《过洋牵星图》四幅，提供了当时的船队如何利用天文导航的实例，具有相当高的科学价值。

黄省曾《西洋朝贡典录》三卷，成书于正德十五年(1520)。此书虽属编集，但郑和航海所用《针位》原本已佚，因此书收录而得以保存。

张燮《东西洋考》十二卷，成书于万历四十五年(1617)。作者虽已远离郑和时代，但他"间采于邸报所抄传，与故老所传述，下及估客舟人，亦多借贷"；作了大量调查考察。特别是书中《舟师考》一卷，详细记载了航海技术、天文地理和海洋科学知识，是对郑和船队、民间航海和沿海舟师丰富的经验和知识的概括，从中可以看出郑和航海的基础和影响。

严从简《殊域周咨录》二十四卷，成书于万历二年(1574)。作者曾任行人司行人，有条件查阅和使用行人司等机构的档案和资料，其中不少史料往往为《瀛涯胜览》《星槎胜览》所不载。

此外，还有慎懋赏《海国广记》(不分卷)、郑晓《皇明四夷考》二卷、茅瑞征《皇明象胥录》八卷、罗曰褧《咸宾录》八卷、杨一葵《裔乘》八卷等书。至于流传于民间的各国海图、针路图更不计其数，直到近代还有发现。

官方政策的改变并不意味着郑和航海的影响已经消失，实际上，终明一代，民间航海从未停止，并且不断发展。如福建的走私贸易一直是当地主要产业，并且是地方财政的重要来源。"倭寇"其实是以中国人为首、为主的武装走私集团，而颜思齐、郑芝龙等"海盗"集团与日本等海外各地有广泛的贸易关系。而海外对中国的了解，包括此后西方航海家、传教士、殖民者对中国的兴趣，无疑也得益于郑和航海留下的影响，只是由于记载缺乏，难以复原。

四、客观认识郑和航海的局限

用今天的眼光看,郑和航海的目的显得片面甚至可笑。特别是从物质利益衡量,明朝既未获得任何有价值的回报,也没有增加属国和势力范围,更没有建立殖民地。但这一结果却符合中国历史发展的趋势和当时的现实需要。

从明朝的实际出发,郑和航海的目的本来就只是宣扬国威,以此保障本国的安全。当时明朝直接统治的领土已大致恢复到汉唐的郡县部分,足以养活它的7000万人口,并且有很大余地,完全没有必要向外扩张。而且,经过郑和航海,并没有发现海外存在着对明朝的威胁,即使从战略上考虑,也没有必要以攻为守,或采取先发制人的措施。明朝的海防着眼于守卫本土,符合实际形势。

中国传统的夷夏之别和以中原为核心的天下观,决定了统治者和士大夫都不可能形成客观的世界观念。另一方面,在外部世界对中国还不具有明显的优势时,在中国人对外界尚未充分了解时,这种传统观念是无法动摇的,所以不能想象明朝的统治者将郑和航海当成对外开放的措施,也不能想象会随着郑和航海的进行而改变。

郑和航海期间实行的政策也符合沿途各国的实际,这些国家和地区当时还处在相当落后的状况,并不具备与中国建立经常性的、大规模的贸易或交流的条件。郑和船队在经停地点如东非、西亚等未留下遗址遗迹,正说明其目的不是侵略和扩张,不愿也不必在经停地兴建经营。这种与西方殖民主义者截然不同的做法,正是郑和和明朝人爱好和平、光明磊落的表现。

五、实事求是地开展郑和航海史的研究,准确认识郑和航海的历史意义

由于史料不足和以往研究中的某些片面性,对郑和到达的范围、船队规模和

涉及的科学技术问题等方面尚待深入研究。但无论如何,应采取实事求是态度,切忌片面夸大郑和航海的成就。郑和航海固然是中国人的光荣,但也是全人类的成就。郑和属于中国,也属于世界。应该看到,郑和早已引起了世界学术界、科技界、航海界的重视,一般来说,并不存在蓄意贬低其成就、歪曲其历史贡献的现象,因此对不同意见不应随意作政治化、情绪化的判断。同时,必须坚持严肃的科学态度和学术规范,不能把可能性当成必然性,对标新立异的说法不能轻信。

不久前,我在肯尼亚的拉姆岛访问过当地博物馆馆长等人士,从现有资料看,该岛附近小岛上存在郑和船员后裔的说法还缺乏可靠的证据,目前所见的报道既包含着不少推理的成分,也不乏作者诱导的结果。而且,即使存在着中国人的后裔,由于这一带的岛屿正处于阿拉伯人经常性的航线上,岛上的居民中有大量阿拉伯移民的后代,所以这些人究竟是随郑和航海而去,还是由阿拉伯商人带入,何时开始在该岛定居,也还值得作深入调查和研究。如上所述,即使今天在东非找不到任何遗迹和遗物,也无损于郑和航海的伟大意义和深远影响。

【葛剑雄　复旦大学中国历史地理研究所教授】
原文刊于《中国文化》2004 年 01 期

"印度"的古代汉语译名及其来源

钱文忠

在长达数千年之久的中印文化交流史上，我们曾经使用过许许多多的名字来称呼印度。"身毒"是其中最古老的一个，"天竺"是最重要的过渡形式，而"印度"则从唐朝起一直沿用至今。曾经有人注意到这些译名有这样或那样的问题，但至今未能彻底解决。尤其是最重要的来源问题，更可谓是众说纷纭。本文拟在前人研究的基础上，进行一些考察。[①]

甲　汉文典籍中的印度译名

吴其昌先生在《印度释名》一文[②]里收集了大量的资料，虽然没有齐全，但仍有"共异名三十有八，共三十四种"。限于当时的条件，他过多地依据了瓦德斯

---

① 大约在两年前，我曾写过一篇《"身毒"读音考》。两年来，我仍在思考这个难题。本文得以写成，我要感谢业师季羡林先生、上海汉语大辞典出版社徐文堪先生、北大历史系荣新江先生及文物局古文献研究室林梅村先生。

② 载《燕京学报》第 4 期，第 717—743 页。

《〈大唐西域记〉注释》一书,③而瓦德斯的研究成果受到了时代限制,不尽如人意。④ 因此,吴其昌先生自己的研究成果也就屡见误失。但是,他所搜集的资料仍是有用的。在本节中,我拟依据这些资料,再列出汉文典籍中的另外一些印度的汉译名。佛典一般都使用"天竺",故不一一具列。

魏晋以前

《史记·大宛列传》	身毒
《史记·西南夷列传》	身毒
《汉书·张骞李广利列传》	身毒
《汉书·西域传》	天笃
《汉书·西南夷两粤朝鲜传》	身毒
《后汉书·杜督传》	天督
《后汉书·西域传》	天竺
《三国志》裴注引《魏略·西戎传》	贤督

魏晋南北朝

《拾遗记》	申毒
《法显传》《水经注·河水篇》	天竺
《高僧传·释智猛传》	天竺
《史记集解》	身竺、乾毒
《梁书·天竺传》	天竺
《广弘明集》引荀济《论佛教表》	乾毒
《广弘明集》引道宣《驳荀济佛教表》	贤豆、天竺

隋　唐

《大慈恩寺三藏法师传》	印特伽
《大唐西域记》	印度

---

③ Thomas Watters, *On Yuan Chwang's Travels in India*, edited by T.W.Rhys Davids and S.W.Bushell, London, 1904。我依据的是 1941 年北京翻印本。

④ 参考 P.C.Bagchi, *Ancient Chinese Names of India*, Monumenta Serica, vol.xiii, 1948, p.366-375.

这里举的都是有代表性的例子。隋唐以后的译名不属本文范围，可参考吴其昌先生的文章。在这里，还有两点要加以说明。

首先，吴其昌先生还认为"新头""辛豆"和"新陶"也是印度的译名，这其实是不对的。

案"新头"出自《法显传》与《水经注·河水篇》。章巽先生校本《法显传校注》⑤第一段话就是：

> 法显昔在长安，慨律藏残缺，于是遂以弘始元年，岁在己亥，与慧景、道整同契，至天竺寻求戒律。

可见法显也是用"天竺"来称呼印度的，下文的"新头河"显然是河名而不是国名。《水经注》大量抄引《法显传》，⑥可不别论。

"新陶"出自《梁书·天竺传》：

> 中天竺国，……身毒即天竺，盖传译音字不同，其实一也。……国临大江，名新陶。

可见"新陶"亦是河名。

"辛头"出自《高僧传》卷三《智猛传》：

> 释智猛，雍州京兆新丰人。……每闻外国道人说天竺国土有释迦遗迹及方等众经。……遂以伪秦弘始六年甲辰之岁，……发迹长安……渡辛头河。

"辛头"也仅仅是河名而已。由此可见，"新头""新陶"与"辛头"绝非当时的印度国名。

---

⑤ 上海古籍出版社，1985年。丹枫先生以改定本见赐，谨致谢忱。
⑥ 《法显传校注》第26页。

其次，吴其昌先生还列举了"信度"和"信图"。案"信度"见于《大唐西域求法高僧传·太州玄照法师》⑦下：

> 渐至迦毕试国……，复过信度国，方达罗荼矣。

又见于《大唐西域记》卷十一等。"信图"见于悟空《佛说十力经序》。我认为，这两个城名无疑等同，今地虽不可确考，但根据师觉月《印度之古代汉名》的意见，它只不过是印度极西部的一个小城邦，大致处今天的信德（Sind）地区。

由上可知，五代以前印度的汉语译名主要有三种写法，即身毒、天竺和印度。

乙 伊朗语中的印度译名

在早期中印交流史上，各种各样的流行在当时西域的伊朗语充当了中介语言的重要角色。这一点早已成为常识，勿庸讳言。为了下一步的对比研究，我们必须了解伊朗语中的印度译名。

欧洲的学者们很早就注意到了这些伊朗语译名。英国著名学者贝利教授在他的名著《于阗语文书〈7〉》⑧中有专门一章加以罗列。我们在下面主要依据贝利先生的大作，略加补充，列出这些译名，供大家参考。

于阗语（名词）

Z24.269⑨　hiṃ dava-kṣ īra；KBT14b，3v4⑩h īdva-kṣ īrä KT2.56.14⑪

h īdva-kṣ īrāṣṭä；KT3.122.44　hīdū

---

⑦ 《大唐西域求法高僧传校注》，王邦维先生校注，中华书局，1988 年。承校注者惠赠，谨致谢忱。

⑧ H.W. Bailey，*Indo-Scythian Studies*，*Khotanese Texts VII*，Cambridge University Press，1985.

⑨ Z 表示 *The Book of Zambasta*，*A Khotanese Poem on Buddhism*，edited and trans lated by R.E.Emmerick，London Oriental Series，Vol.21，Oxford University Press，1968.

⑩ KBT 表示 H.W.Bailey，*Khotanese Buddhist Texts*，London，1951，New Edition，1981，Cambridge.

⑪ KT 表示 H.W.Bailey，*Khotanese Texts I-VII*.

于阗语（形容词）

Z23.4 hiṃ duvau dātu；Z12.36 hiṃ duvānäna hauna KT1.34, 100vl hīṃdvām ga ttumgara；KT2.56.19 hīdvāṃga katha KT1.4, I～V3 hīdvāṃgye vīje u krre；KT1.2, Iv3 śāsträ hīdvāṃ

于阗梵语

KT.3.122.44 hīdūka；KT.3.121.12 hīdūka-deśa

耆那教梵语

SK.10f., 40, 57, 89, 100[12] hindukadeśa 在其他几种语言里的情形分别是：

耆那教俗语：hiṃduga-desa-

粟特语：'yntk'w, 'yntkwt,

'yntwkstny, 'yntkwq'nty

回鹘突厥语：'n'tk'k, 'ntk'k, 'ntk'

蒙古语：indu, hindu, hindbeg, enetbek

阿维斯塔语：həndu-, hindu-, haudu, hundu

希伯来语：hoddū

袄教巴利维语：hindūk, hindūkān, haft-hindūkānīh šāhpuhr.

I.安息语：hnd.hndstn

阿美尼亚安息语：hndik, hndakam, hinduok

波斯语：hndy

新波斯语：hindū, hindistān, hindūstān, hindī

龟兹语：yentu keṃne

我们可以清楚地看到，伊朗语中的印度译名全是以"h"或元音起首的。学界一致认为，这些译名都来自表示今天印度河的古代梵文字 Sindhu。在古伊朗语中 s>h；而"h"经常弱化乃至失落。hindu>indu。希腊人是通过波斯人了解印度

---

⑫ SK 表示 W.Norman Brown, *The Story of Kālaka*, Washington, 1933。

的,所以称印度河为 indus,称印度居民为 indoi。今天通用的英文字 india,德文字
Indien(法文同)就是这么来的。

丙 古代汉语译名的来源与读音

首先我们必须搞清楚古代汉语译名的古音,不然,无从确定它们的来源。当
然,如果不从史实出发来确定语源,也无从真正地断定这些译名在当时的读法。

"身毒"是出现最早的印度译名。按照一般的情况,"身"的古音应当是
ɛien。[13] 这就很容易使人产生错觉,认为"身毒"是梵文的 Sindhu 的直接音译[14]。
但是,史籍明确记载着,张骞并没有到达印度本土,他是在大夏听说"身毒"这个
名字的,也就是说,"身毒"的直接来源只可能是大夏语。可惜的是,在现存的大
夏语词汇中,我们尚未找到表示"印度"的词[15]。然而,按照语言学的一般规律,
我们可以参照与大夏语同系的其他伊朗语。从上一部分中我们可以看见,印度
的伊朗语译名非常统一。那么,我们应该回过头来,进一步考虑"身毒"的古音。

实际上,古人早就不把"身毒"的"身"读成ɛien了。《史记索隐》云"身音
捐"[16];《史记集解》注作"乾毒";《佛祖统纪》卷卅五又云"音虔毒"。更多的史书
则是"天竺"与"身毒"互注,所以我们只要确定了"身毒"的古音,"天竺"的古音
应该也可以确定了。

众所周知,欧美学者以印欧语为参照,在汉语音韵学领域中别开洞天,在某
些方面,尤其在梵汉对应关系方面,我们应该注意参考他们的成果。

最早试图解决这一难题的是瓦德斯,[17]但囿于时代,他没能解开这道难题,

---

[13] 郭锡良先生《汉字古音手册》,北京大学出版社,1986 年版。

[14] 参见[⑥]引书。

[15] 参见 G.Djelani Davary, *Baktrisch: ein Wörterbuch auf Grund der Inschriften, Hand schriften, Münzen und Sie-gelsteine*, Heidelberg, 1982.该书蒙日本友人管原泰典君惠赠复印本,谨致谢忱。

[16] 这里牵涉身毒与捐毒是否同一个地方的问题,我们认为王先谦《〈汉书〉补注》和徐松《〈汉书·西域传〉补注》的意见是对的。

[17] 参见[③]引书 pp.131-141。

反而把问题搞得混乱不堪。[⑱] 在他之后,伯希和曾指出"身毒"和"天竺"都来自伊朗语 hinduka。[⑲] 他的观点是以史实为根据的。几十年后,蒲立本在长篇论文《古代汉语的辅音系统》[⑳]中云:

> 较早的转写形式"身毒"表面上看很简单,但实际上需要同样的解释。绝对不能把它看成是直接以梵文形式 Sindhu- 为基础的,汉语字是腭音送气音而不是齿音送气音。"身"(śīn)指示着古代汉语的 *θen,而我们于是就可以假设一个汉朝的发音 *hēn 或 hīn。

以研究汉藏语,特别是汉蕃碑铭成名的柯蔚南也认为"身毒"来自古代伊朗语 hinduka~hindukha[㉑],综合古代史籍的注释、伊朗语中印度译名的情况以及历史事实,我们完全可以肯定,"身毒"来自某一种伊朗语(极可能是大夏语),古音读作iʷə̌n-dʼuo 而不是ȿĭen-dʼuok。

最早见于《汉书·西域传》的"天笃",至少在形式上无疑是《后汉书·文苑列传·杜督传》中的"天督"与《后汉书·西域传》的"天竺"的底本。"天竺"在古代,特别是唐以前风行一时,一直被用作印度的汉译名称。实际上,它的来源与"身毒"绝无二致。

早在 1954 年,勃德曼就在研究《释名》的专著里谈到了"天>显 hen"的现象。[㉒] 这个观点被蒲立本进一步发挥了,[㉓]他说:

---

⑱ 譬如他引用了《闻奇典注》,认为"天竺"等译名来自东南海道。这种毫无根据的说法被吴其昌先生全盘接受了。

⑲ P.Pelliot, *Les noms propres dans les traductions chinoises du Milindapañha*, JA.1914.

⑳ Pulleyblank, The Consonantal System of Old Chinese, AM, new series, 1962, 9.pp.58-144.引文出 p.117。他的另一篇重要论文 Stage in the Transcription of Indian Words in Chinese from Han to Tang,刊于 *Sprachen des Buddhismus in Zentralasien*, herausgegeben von Klaus Röhrborn und Wolfgang Veenker,在 pp.76-77,他进一步论证了他的观点。

㉑ W.South Coblin, *A Handbook of Eastern Han Sound Glosses*, Chinese University Press, Hong Kong, 1983。文忠案,从汉语方面亦可提供许多材料,如摩哂陀对译 Mahinda。

㉒ N.C.Bodman, *A Linguistic Study of the Shih Ming*, Harvard-Yenching Institute Studies, XI, 1954, p.28。转引自[⑳]文。

㉓ 同⑳。

"天"这个字也用于和梵文 Maharddhika（Bailey1946，p.784）相对应的"摩天提伽"ma-then（读若 hen）-dei-ḡia 之中。如果我们为"天竺"重构一个汉朝发音 *hen-tuk，则它和伊朗语的 Hinduka 完美对应。

可见，这些译名都直接译自伊朗语。这和当时中印交流必须经过西域这一史实完全吻合。

今天通行的"印度"，是由唐朝的玄奘率先使用的。《大唐西域记》卷二中云：

> 详夫天竺之称，异议纠纷，旧云身毒，或曰贤豆，今从正音，宜云印度。印度之人，随地称国。殊方异俗，遥举总名，语其所美，谓之印度。印度者，唐言月。

玄奘这段话本身自相矛盾，一千多年来竟没人加以怀疑。玄奘所说的"正音"，一般的确是指梵文，但这个"印度"却不是。而是"殊方异俗，遥举总名"而来的。印度本土的人，则是"随地称国"。义净《南海寄归内法传》[24]卷三"师资之道"条下记载道：

> 其北方胡国，独唤圣方以为呬度。呬音许徺反。全非通俗之名，但是方言，固无别义。西国若闻此名，多皆不识，宜唤西国为圣方，斯成允当。或有传云，印度译之为月，虽有斯理，未是通称。

义净这段话清楚地说明了，当时不存在一个像今天"印度"那样的通称。这是由古代印度一直像我国战国时期那样小国林立的史实决定的。印度人当时只是用神话中的一些名字来形容自己的国家，如"赡部洲"（Jambudvīpa）、"圣方"

---

[24] 王邦维先生博士论文《〈南海寄归内法传〉校注与研究》（油印本刊两册），承校注者惠赠，谨致谢忱。

或"圣域"（Āryāvarta 或 Āryadeśa）㉕,还有"主处"（Indravardhana）㉖。既然连印度人自己都没有一个国名通称,玄奘的"正音"从何而来,又怎么可能是梵文呢?事实上也不是。《大慈恩寺三藏法师传》卷二记载了玄奘遇见突厥叶护可汗:

> 因留停数日,劝住曰:"师不须往印特伽国,彼地多暑。十月当此五月,观师容貌,至彼恐销融也。"

"印特伽"就是(乙)中列出的'n'tk'k,'ntk'k 或'ntk'的音译。可见玄奘在入印之前早就在强盛一时的突厥汗国耳闻了"印特伽"。又《宋高僧传》卷三"论"云:

> （前略）天竺经律传到龟兹,龟兹不解天竺语。呼天竺为印特伽国。（后略）

此"印特伽"即龟兹语（吐火罗语 B）Yentu Keṃne 之音译,似无疑问。揆以当时吐火罗人役属于突厥人,而前者的文化远胜于后者这一史实,则玄奘听说的"印特伽"显然追根寻底是来自龟兹语。

现在,我们可以想见玄奘之所以选择"印度"并强为之解的前因后果了:他带着"印特伽"的先入之见到了印度,却无法找到国名通称,只可将与"印特伽"的"印特"（Yentu）发音相近之"印度"（Indu,月亮）来附会脑中的记忆,把它当作"正音"了。

印度本土没有国名通称这一史实之所以极为重要,还在于它可以解释为什么在印度国名的汉译名如此扑朔迷离的同时,那么多的游方僧却用"信度"等译名翻译了 Sindhu 河的河名。因为 Sindhu 河（今天我们数典忘祖,译之为"印度

㉕ 见④引书 p.366 注(3)。

㉖ 见③引书 p.132。《续高僧传》卷二有云"阇那崛多。隋言德志。北贤豆（下有脱文——文忠注）。贤豆,本音因陀罗婆陀那,此云主处。谓天帝所护故也。贤豆之音,彼国之讹略耳。身毒、天竺,此方之讹称也。而彼国人,总言贤豆而已。"印度人称自己的国家为 Indravardhana,翻成"主处"是对的,但说"贤豆"是它的讹略,失之不考。

河")是具体的一条有专名的河流。

丁 结论

通过上面的考证,我们可以清楚地看到,古代梵文 Sindhu 一字进入伊朗语后发生了语音变化,成为古代印度在中亚民族中的国名,并由中亚语言为媒介被译成了汉语中的印度国名。

[**附记**] 此稿既成,呈业师季林先生审阅。师以为用"印特伽"来对 yentukem 有欠审慎。遂归而思之,益以师言为然。撰成附记一则,列于篇末。

考 Yentu Keṃne 一字,Keṃ在吐火罗语 B(龟兹语)中的意思是"土地、国土"(TE*,§47),ne 是吐火罗语 B 单数依格之标志(TE,§71)。因是,贝利把此字分成两个来写是不妥当的。由于 Yentu 没有格位,故应将其与 Keṃne 合写成 Yentukeṃne,意思是"在'yentu'的国土上"(贝利英译作 Indian Land,见[⑧]引书 p.23)。据对音之一般规则,略去尾语-ne-,所以只剩下 yentukeṃ 了。如果不加细考,"印特伽"似乎完全可以对译 yentukeṃ。但是,如果严以责己,则"特"很难对-tu;而"伽"亦难对-keṃ-。我对汉语音韵学绝无通解,没有资格和能力来解决这个问题,只有敬待贤者,恪守"不知为不知"之古训。

但是,我想从历史的角度来提出一个假设。考《大慈恩寺三藏法师传》所记得遇突厥叶护可汗事不见于今本《大唐西域记》。然慧立曾参加玄奘主持之译经工作凡二十年之久,彦悰亦身列奘师之门,所述玄奘行迹当据奘师亲述,绝无伪托之可能。然据《宋高僧传》卷十七《唐京兆魏国寺惠立传》,无一言道及慧立善胡梵文字,《慈恩传》写于奘师圆寂之后。"立削稿云毕,虑遗诸美,遂藏诸地府,世莫得闻。"则《慈恩传》当有缺失遗漏。

又考玄奘以表示"月亮"之梵文字 indu 附会 yentu(Keṃ亦可略去,如日本国,自可称之为日本),于字义虽极不洽,于字音固甚合适,因奘师固确知读音者,而以梵语对龟兹语,固易于以汉语对龟兹语也。

我在下面列一草表：

印度←玄奘对之以梵文字 indu←yentu(keṃ)→玄奘对之以汉语某字？→慧立记以语音相似之"印特伽"→《宋高僧传》卷三"印特伽"

* TE：Wolfgang Krause und Werner Thomas，*Tocharisches Elementarbuch*，*Band I*：*Grammatik*，Heidelberg，1960．

1990.2.19 补记

【钱文忠　复旦大学历史系教授】

原文刊于《中国文化》1991 年 01 期

犍陀罗语文学与古代中印文化交流

林梅村

犍陀罗语属于中古印度雅利安语西北方言（North-Western Prakrit）。它最初流行于古代犍陀罗（今巴基斯坦白沙瓦），始见于公元前 3 世纪印度孔雀王朝阿育王所立佉卢文摩崖法敕，所以英国语言学家哈罗德·贝利爵士（Sir Harold Bailey）建议命名为 Gāndhārī（犍陀罗语）。[①] 这个建议目前已经为学界普遍接受。

犍陀罗语在丝绸之路上的流行,归功于公元最初几个世纪在中亚和印度建立贵霜帝国的大月氏人。贵霜帝国以佛教立国,随着帝国的扩张,佛教亦被大月氏人推广到东方各地。他们向征服者输出的不单是物质文化,还有其宗教思想。

大月氏对佛教的传播有两大贡献。第一,他们借鉴希腊罗马艺术发明了佛像,创造了举世闻名的"犍陀罗佛教美术";第二,他们将以前口头传播的佛言写成文字,于是贵霜帝国的官方语言——犍陀罗语成了大月氏人编纂佛典的圣语,后来发展成中亚早期佛教最重要的文学语言之一。

1890 年法国探险家杜特雷依·德兰斯（J.L.Dutreuil de Rhins）在新疆和田征集到一部出自古代于阗佛教圣地牛角山的犍陀罗语《法句经》残卷,揭开了犍陀罗语文学研究的序幕。于阗不产桦树,亦无使用桦树皮作书写材料的习惯。故

---

① H.W. Bailey, "Gāndhārī", *BSOAS*, XI, 1946, p.790.

有研究者怀疑,这部桦树皮犍陀罗语写经很可能来自中亚。② 1900—1930 年,英国考古学家斯坦因(M.A.Stein)先后四次到中亚考察。斯坦因中亚考古最重要的成果之一就是在塔克拉玛干沙漠古城——尼雅发掘出公元 3 世纪左右的犍陀罗语文书。这些文书分别抄写在木椟、丝绸、皮革和麻纸上。内容多系古代鄯善和于阗国商业文书及官方档案,也有少数佛经残卷。③ 由此可证,犍陀罗语传播范围,向东可达塔里木盆地东南的鄯善。

1995 年盗宝人在阿富汗东境一个大夏佛寺内发现 13 捆犍陀罗语桦树皮写卷,现已流入欧洲,入藏大英图书馆。据美国华盛顿大学梵学教授邵瑞琪(R. Salomon)考证,它们是犍陀罗语三藏,现已鉴定出 20 多种不同内容的佛经。这些佛经的抄写年代约在贵霜帝国建立之初(公元 1—2 世纪),相当于中国的两汉之际。这是目前世界范围内发现的年代最早的佛典。④ 长期以来一直困扰学术界的原始佛教语言、佛教初传中国、犍陀罗艺术起源等问题,必将随着这批写卷的解读和研究而取得重大突破。

一、犍陀罗语文学的兴起

公元前 4 世纪末,印度军人旃陀笈多在北印度起兵,越过兴都库什山,占领坎大哈、喀布尔和赫拉特,结束了希腊人在中亚的统治。尔后,他又向印度南部扩张,推翻恒河流域的难陀王朝,建立了横跨中亚和印度的大帝国——孔雀王朝。孔雀王朝第三代君主阿育王(Asoka,前 268—前 232 年在位)笃信佛法。为了在帝国全境推行佛教,阿育王派人到印度和中亚各地刻石立碑,颁布法敕。据巴利文史籍和阿育王碑铭记载,阿育王所派佛教使团曾到中亚迦湿弥罗(今克

② G. Fussman, "Gāndhārī écrite, gāndhārā parlée", in *Dialectes dans les littératures indo-Aryennes*, ed. by C. Caillat, Paris: College de France,1986, pp.433-501.

③ A.M. Boyer et al., *Kharoṣṭhī Inscriptions Discovered by Sir Aurel Stein in Chinese Turkestan*, I-III, Oxford: Clarendon Press, 1920—1929.

④ 参见 J. Darnto, "Fragile Scrolls Cast New Light on Early Buddhism", *New York Times*, July 7, 1996; R. Salomon, *JAOS*, 117, 1997。本文所引 R. Salomon 之说均据这两篇报道,恕不一一出注。

什米尔)、犍陀罗(今巴基斯坦白沙瓦)、雪山(今兴都库什山)、迦毕试(今阿富汗东南伯格腊姆)和耶盘那(今阿富汗西北马扎里沙里夫)立碑,弘扬佛法,甚至远及希腊化王国安条克和托勒密的领地(今叙利亚和埃及)。

19 世纪以来,阿育王碑铭不断在印度和中亚各地发现,单在中亚地区就发现了九个阿育王碑。值得注意的是,中亚所立阿育王碑都是用当地语言文字刻写的。例如:犍陀罗地区用佉卢文犍陀罗语,阿富汗拉格曼河流源和巴基斯坦北部呾叉始罗用阿拉美文印度俗语,阿富汗东南坎大哈使用希腊文希腊语以及阿拉美文和希腊文双语。唯有一件在犍陀罗发现的阿育王碑铭采用孔雀王朝官方文字——婆罗谜文刻写。⑤ 凡此表明,阿育王时代的佛教尚无统一的经堂用语,犍陀罗语只在印度西北流行。

目前所知最早的犍陀罗语文学是佉卢文刻写的阿育王法敕,其中包括 1836 年和 1889 年在巴基斯坦白沙瓦附近发现的沙赫巴兹迦尔希法敕(sāhbāzgarhī Rock-Edicts)和曼色赫拉法敕(Mānsehrā Rock-Edicts)两大碑铭。经欧洲语言学家普林谢甫(J.Prinsep)、拉森(Ch.Lassen)、孔宁汉(A.Cunningham)和塞那(É. Senart)等人的共同努力,才得以全部解读。1925 年德国语言学家胡尔兹(E. Hultzsch)发表了他对犍陀罗语阿育王碑的精细校勘和语法分析。⑥ 今天我们对阿育王时代犍陀罗语文学研究就是在这一基础上展开的。

沙赫巴兹迦尔希法敕得名于白沙瓦附近一个村落的名称。它刻在一块不甚规则的大岩石上,内容包括阿育王颁布的第 I-XIV 法敕。这块岩石的东面是第 I-XI法敕(第 VIII 法敕刻在岩石顶部左边),西面是第 XIII-XIV 法敕,而第 XII 法敕补刻在这块岩石附近另一块圆石上。

曼色赫拉法敕得名于白沙瓦附近另一个村落的名称。内容也是阿育王颁布的第 I-XIV 法敕。和沙赫巴兹迦尔希法敕不同是,曼色赫拉法敕分别刻在三块圆石上。第 1 块圆石刻有第 I-VIII 法敕;第 2 块圆石的北面刻有第 IX-XI 法敕,南面则是第 XII 法敕;第 3 块圆石刻有第 XIII-XIV 法敕。

---

⑤ F.R. Allchin and K.R. Norman, "Guide to the Asokan Inscriptionus", *South Asian Studies*, vol. 1, 1985, pp. 43–50.

⑥ E. Hultzsch, *Inscriptions of As'ok*a, Corpus Inscriptionum Indicarum, vol.1, Oxford. the Calarendon Press, 1925.

为便于了解阿育王时代的犍陀罗语文学,我们将沙赫巴兹迦尔希法敕中的一段文字(大岩石东面 A—H)翻译如下:⑦

　　此系诸神爱戴的国王(指阿育王)颁布的法敕。此地不许宰杀或祭祀任何生灵,也不得举行任何节日庆典。因为诸神爱戴的爱见王见到节日庆典上充满罪孽。当然,有些节日庆典还是得到诸神爱戴的爱见王的赞许。以前在诸神爱戴的爱见王的厨房里,每天都有数以百计的动物惨遭杀戮。然而,当这道法敕颁布以后,每天只许宰杀三只动物,也即两只孔雀和一头鹿。即便只有一头鹿,亦非每天宰杀;即便只有三只动物,将来也要禁止宰杀。

犍陀罗语文学自从诞生之日起就和佛教结下不解之缘。随着佛教的传播,犍陀罗语成了丝绸之路上最早的国际交际语(lingua franca)。佛教赋予犍陀罗语强大的生命力。阿育王碑铭创造的 devanaṃpri'asa(诸神爱戴的)和 priyadarsin(爱见的)等文学词汇在 500 年后塔里木盆地古代王国官方文书和私人书信中仍在使用。

二、贵霜时代的犍陀罗语文学

早在 19 世纪中叶,贵霜帝国统治中心地区就曾出土过写在桦树皮上的犍陀罗语佛经,但都是仅存零星字母的残片。⑧ 贵霜时代犍陀罗语佛教文学的完整标本是 20 世纪末在新疆和田发现的犍陀罗语《法句经》残卷(参见图一)。该写卷用-ṣa 来表示梵语单数属格语尾-sya。⑨ 这个现象始见贵霜王胡维色伽时期

---

⑦　参见 E. Hultzsch,前揭书,第 51 页。

⑧　H.H. Wilson, *Arian Antiqua*, London, 1840 (repr. Delhi, 1971), pp.52–53 and Pl. III–11.

⑨　J. Brough, The *Gāndhārī Dharmapada*, London Oriental Series VII, London：Oxford University Press, 1962.从该书所附图版可知,犍陀罗语《法句经》采用-ṣa 表示单数格语尾,可惜 Brough 未予区别,将其一概转写-sa。

（迦腻色伽纪元第 51 年/公元 179 年）刻写的瓦达克瓶铭,后来在公元 3 世纪鄯善国犍陀罗语文书中普遍应用。所以犍陀罗语《法句经》的年代大致在公元 2世纪末。⑩ 史载贵霜帝国的创立者丘就却(Kusula Kadphises)已经皈依佛门。由于缺乏证据,有人对此持怀疑态度。1995 年大夏遗址新出土的犍陀罗语三藏首次提供了解决这个问题的直接证据。

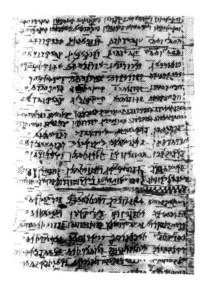

图一　新疆和田牛角山佛寺遗址出土公元 2 世纪犍陀罗语《法句经》桦树皮写卷（据J.布腊夫:《犍陀罗语〈法句经〉》,剑桥大学出版社,1962 年）

这批犍陀罗语三藏是在一个藏经罐内发现的,罐上刻有丘就却时代一位历史人物的题名。所以邵瑞琪将其年代定在公元 1—2 世纪。我们注意到,新发现的犍陀罗语三藏不用-sa 表示单数属格语尾,而且多处用/ṇa/来表示/na/。这些都是早期贵霜碑铭的显著特点。后一现象在新疆和田所出公元 2 世纪犍陀罗语《法句经》中未曾发现。据邵瑞琪介绍,这批大夏三藏中一个残卷的行间插注说,该写卷在"下葬"前曾被重新抄录。换言之,这部佛经是个古本,重新抄录后

---

⑩ 关于迦腻色伽在位的绝对年代,学界尚有争议。我们认为伦敦大学 Bivar 教授将其断在公元 128 年较为可信。参见 A.D.Bivar,"History of Eastern Iran", in E. Yarshater (ed.), *The Cambridge History of Iran*, vol. 3-1, Cambridge, 1983, P.226。

才埋入藏经罐的。无论如何,新发现的犍陀罗语三藏早于犍陀罗语《法句经》残卷,估计写于公元1世纪。

犍陀罗语三藏全都写在桦树皮上,所以《纽约时报》记者称其为 Fragile Scrolls(极易破碎的写卷)。这种极易破碎的写卷居然能保存两千年,简直是个奇迹。据说,目前已经从中鉴定出20余种三藏。它们从仅有几个字母到数百行不等。其中,经藏有《犀角经》(khagga-sūtra)、《集众经》(saṃgīti—sūtra)和各种《譬喻经》(apadāna-sūtra)。《犀角经》以前仅见过巴利文本。新发现的犍陀罗语《集众经》带有一个以前不知道的经注。目前尚不清楚新发现的犍陀罗语三藏中是否有律部文献,不过有《阿毗达摩论》(Abhidharma-sāstra)等论藏残卷。为使读者更深入地了解这些世界上现存最早的佛经的情况,我们读一下《纽约时报》发表的这个犍陀罗语佛经残片(参见图二)。据目前通行的拉丁字转写,这个残片读作:

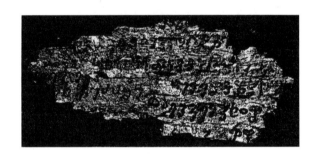

图二　阿富汗大夏佛教遗址出土公元1世纪犍陀罗语三藏写卷残页[据《美国东方学报》(JAOS)1997年第117期所刊照片]

1./// …… a …… ///

2.///【bhaga】va bhaṣaka aṇasata ○ aka x x x ///

3./// -u -a abasaṃ prasadi oca s'ruta baṇati x ma x x x x ///

4.///(ña maṇa bu (or su) gha iṣu o aba …… adehi a///

5./// …… (ka)ṣu ○ prasa abadhasa va sarva aruma maraka pra(sa) ///

第1行过于残破,不堪卒读。第2行第2字 bhaṣaka 同梵语 bhāsaka(言)。

其后一字 aṇasata 相当于梵语 anāsita（服从）。故疑这行第一字 ⋯⋯va 可能是 bhagava，相当于梵语的 bhagavat（薄伽梵，佛世尊）。这段残文意为：要听从佛世尊的话。

第 3 行的 abasaṃ 相当于梵语 ābhāsa（光明）。该词语尾-aṃ 系业格单数语尾。其后 prasadi 同梵语 prasādya（旧译"净信"）。这行第 3 字的 oca 可读作 vaca，相当于梵语 vacas（说，忠告）。其后一字 s'ruta 系动词过去分词，和梵文的词形完全一样，意为"所闻"。这行的第 5 字 baṇati 当即梵文 bhaṇati（朗诵）。这句话大意说：他听了光明、净信之言，然后朗诵。

第 4 行的 iṣu 相当于梵语 ṛṣva（庄严的）。这行最后一字 adehi 是个犍陀罗语常用的副词，意为"从那里"。第 5 行的 prasa 可能相当于梵语 prāsa（刀枪）。其后一字 abadhasa 可能相当于梵文 ābādha（危险）。值得注意的是，该词所用单数属格语尾以-sa 表示梵文的-sya（＝巴利文-ssa），而不用犍陀罗语《法句经》的-ṣa。这是早期贵霜碑铭独有的特点，因而清楚地表明这个残片的年代无疑早于犍陀罗语《法句经》。其后的 va 相当于梵文不变词 vā（或者）。va 字后面的 sarva 和梵文词形相同，意为"一切"。第 5 字 aruma 读作 arupa，相当于梵语 arūpa（丑恶的）。第 6 字 maraka 相当于梵语 māraka（害人者）。可惜过于残破，无法通读第 4—5 行的残文。

一般认为，经藏的最初形式是 dharma（达摩、法），由佛陀遗教片段集成。佛陀说教的总汇称作 dharma-paryāya（法门）。阿育王法敕记录的七种法门就是研究原始佛典的重要材料。后来佛说又按照内容的不同和编纂形式分类为九分教或十二部经。九分教由契经、应颂、记说、偈颂、自说、如是语、本生、方广和未曾有法组成。九分教加上因缘、譬喻和论议构成所谓"十二部经"。更为完善的经藏形式，就是我们现在见到的佛经。由于传播路线不同，佛经分南传和北传两大系统。北传佛典有《长阿含经》《中阿含经》《杂阿含经》《增一阿含经》和《杂藏》，分别相当于南传佛典的《长部经典》《中部经典》《相应部经典》《增支部经典》和《小部经典》。⑪ 关于佛法的说明和解释亦被纳入经藏。例如：《十上经》

---

⑪ 佐佐木教悟等著，杨曾文等译：《印度佛教史概说》，复旦大学出版社，1989 年，第 45—48 页。

(dasuttara-suttanta)和大夏新出土的《集众经》都是最早对佛法进行说明和解释的著作。这些经藏以三界、四念处或五蕴等法数来分类,名曰 mātrkā(论母)。随着佛教的发展,又形成独立解说经藏的文献,也就是 abhidharma(阿毗达摩)。大夏新发现的犍陀罗语三藏中就有《阿毗达摩论》。

史载东汉灵帝年间曾有数百贵霜大月氏人从中亚流寓塔里木盆地诸国,乃至东汉都城洛阳。[12] 于是犍陀罗语成了中亚与洛阳之间丝绸之路的 lingua franca(国际交际用语)。这些贵霜移民的遗物已在洛阳发现。这就是 20 世纪 20 年代北京大学马衡教授在洛阳汉魏故城附近征集的佉卢文井阑题记(拓片参见图三),现藏北京大学赛克勒考古艺术博物馆。[13]

图三　洛阳汉魏故城出土公元 2 世纪末犍陀罗语井阑题记拓片(据《伦敦大学东方与非洲研究学院院刊》第 24 卷,1961 年)

三、犍陀罗语东渐疏勒、于阗和龟兹

1907 年法国东方学家伯希和(P.Pelliot)在丝绸之路北道巴楚县图木舒克遗址发现一件佉卢文纸本残文书,可惜他当时未能予以辨认。60 年代韩百诗(L·

---

⑫　参见梁僧祐《出三藏记集》卷十三《支谦传》。

⑬　林梅村:《西域文明——考古、民族、语言和宗教新论》,东方出版社,1995 年。

Hambis)整理伯希和中亚收集品才注意到编号为 P.413 的文书是佉卢文书。⑭ 1959 年新疆博物馆前馆长李遇春先生在巴楚县托古孜沙来古城曾发掘出一件犍陀罗语木牍文书。他告诉我,该古城还出土过一件犍陀罗语木牍文书,现为当地维吾尔乡民私藏,他仅拍摄了一张照片。从他拍摄的照片看,这件文书确系佉卢文犍陀罗文书。

于阗王国流行犍陀罗语的史迹是于阗本地所出土汉佉二体钱披露的。这种钱币上最常见的佉卢文铭文有两种。其一曰:maharajasa rajatirajasa mahatasa gugramayasa,意为"伟大的国王、众王之王、太上秋仁之(钱货)";其二曰:maharayu-thubiraja-gugramadasa,意为"伟大的国王、都尉之王秋仁之(钱货)"。于阗王秋仁的上述称号几乎是从贵霜碑铭逐字抄下来的。据大英博物馆钱币部主任克力勃(J.Cribb)先生研究,斯坦因收集品中还有一位名叫"伊那巴"的于阗王发行的汉佉二体钱。有铭曰:maharajasa thabi-rajasa rajatirajasa inabasa,意为"伟大的国王、都尉之王、众王之王伊那巴之(钱货)"。据我所知,新疆和田博物馆近年又收集到一枚类似的钱币。⑮

斯坦因在新疆安迪尔河流域的一座古城内曾采集到一件按照于阗王尉迟信(Vij'ida Siṃhä)纪年的犍陀罗语文书,编号 661 号文书。据我们考证,这位于阗王大概就是《梁书·西北诸戎传》提到的曹魏文帝年间(220—226)的于阗王山习。这是现存文献所载最早的以尉迟为姓的于阗王。汉佉二体钱记录的两位于阗王都不以尉迟为姓,其年代必在于阗王山习之前,也即公元 2 世纪后半叶。⑯

70 年代末,海德堡大学教授耶特玛尔(K. Yettmar)领导的中亚考古团在印度河上游丝绸之路古道旁发现大批古代摩崖石刻。计有汉文、粟特文、中古波斯文、古藏文、婆罗谜文、佉卢文、大夏文和希伯来文铭刻数百条。他们在巴基斯坦北部边境齐拉斯灵岩发现的一条婆罗谜文佉卢文双语题记相当重要。据法国语

---

⑭ L. Hambis, *Tumchouq* II, Mission Paul Pelliot, Documents archéologiques publiés sous les auspices de l' Académie des Inscriptions et Belles-Lettres, Paris, 1964, 112, P[elliot].413.

⑮ J. Cribb, "The Sino-Kharoṣṭhī Coins of Khotan, Part I", *NC*. 144, 1984, 128—152; ibid., Part 2, 145, 1985, pp.136-148; 林梅村:《西域文明——考古、民族、语言和宗教》,东方出版社,1996 年,第 313 页。

⑯ 林梅村:《佉卢文书及汉佉二体钱所述于阗大王考》,《文物》1986 年第 2 期,第 35—42 页。

言学家福斯曼(G.Fussman)解读,婆罗谜文部分读作[deva]dharmoya,佉卢文部分读作 vijiya-priya ribeṃdhatha-vaṃsa-raja。那么整个铭文意为"这是虔诚的供物,Ribeṃdhatha 种国王尉迟敬"。福斯曼认为,这条双语铭刻的年代不早于公元 5 世纪,尉迟敬大概是齐拉斯历史上某个国王。⑰ 众所周知,尉迟氏是塔里木盆地西南于阗国王室姓氏。所以耶特玛尔提出,灵岩题名上的尉迟敬也许是于阗史上某个国王。⑱ 后一说似乎更为合理。既然如此,这条双语题记大概不是公元 5 世纪的产物。因为公元 5 世纪于阗已不流行佉卢文。我们注意到,塔里木盆地流行犍陀罗语的晚期(公元 3—4 世纪)犍陀罗语文书中"国王"一词通常写作 raya,而在塔里木盆地早期(公元 2 世纪左右)犍陀罗语文书和公元 1—2 世纪贵霜碑铭中这个词一律写作 raja。所以印度河上游发现的这条双语碑铭大概不晚于公元 3 世纪。

　　犍陀罗语文学流行于阗的史实进一步为新疆和田出土犍陀罗语佛经证实。最好的例证就是前文介绍的犍陀罗语《法句经》。其实,杜特雷依·德兰斯收集的这部佛经残卷仅是该写本的一少部分。它的主要部分落入俄国驻喀什噶尔总领事彼得洛夫斯基(N.F.Petrovskii)手中,现藏俄罗斯科学院东方研究所彼得堡分所。1961 年英国梵学家布腊夫(J.Brough)整理校勘了这部犍陀罗语佛经。⑲据他研究,其中某些残片不属于《法句经》,而是巴利文佛典最古老的经文《集经》(suttanipāta)中的诗颂。此外,英国驻喀什噶尔总领事斯克林在和田策勒县卡达里克佛寺遗址还发现过一批写在桦树皮上的犍陀罗语佛经残片,现藏大英博物馆人类学部,⑳目前尚无人研究。

　　丝绸之路北道出土犍陀罗语文书屡次被学者们提到,可惜大多数材料尚未发表。据法国印度学家费寥才(J.Filliozat)和保罗(B.Pauly)说,伯希和收集品中有一些出自新疆库车的犍陀罗语材料。它们是和公元 7 世纪的婆罗谜文写卷一

⑰　G. Fussman, "Les Inscriptions Kharoṣṭhī de la Plaine de Chilas", in K.Yettmar(ed.), *Antiquities of Northern Pakistan*, vol. 1, Mainz: Verlag Philip von Zabern, 1989, p.24.

⑱　K. Yettmar (ed.), *Antiquities of Northern Pakistan*, vol. 1, Mainz: Verlag Philip von Zabern, 1989, p.51.

⑲　J. Brough, *The Gāndhārī Dharmapada*, London Oriental Series VII, London: Oxford University Press, 1962.

⑳　C.P. Skrine, *Chinese Central Asia*, An Account of Travels in Northern Kashmir and Chinese Turkestan, London: Methuen, 1926, pp.170-171.

起发现的。不过从发表的照片看,其中有些犍陀罗语材料写在桦树皮上,字体和犍陀罗语《法句经》类似,当属于公元 2 世纪遗物。1993 年访美期间,邵瑞琪教授请我看过几件伯希和在库车收集的佉卢文残文书。其中一片为佉卢文梵语残文书,并提到或[maṃ]j[u]sriḥ(文殊师利)一词,显然是佛经残片。这个残片上的文字和尼雅遗址出土佉卢文梵语佛经残卷所用文字完全相同,大约写于公元 3 世纪。

本世纪初,德国东方学家勒柯克(A.von Le Coq)在库车还发现过犍陀罗和吐火罗 B 双语文书。据汉堡大学汉森教授解读,犍陀罗语部分有 koci maharaya(龟兹大王)和 devaputra(天子)等。后者和吐火罗语 B 的 ñäkteṃts soy(天子)对译。㉑

据以上调查,公元 2—4 世纪塔里木盆地的疏勒、于阗和龟兹历史上都曾流行犍陀罗语。它不仅是三地佛教经堂用语,甚至影响到这三个古代王国的官方行政用语。

四、鄯善流行的犍陀罗语文学

犍陀罗语何时传入鄯善,学术界一直存在争议。1991 年我们曾推论这个时间当在东汉末年,并首次提出斯坦因收集品第 549 号文书记录的国王童格罗伽(Toṃgraka)是目前所知佉卢文书中最早的鄯善王。㉒ 就在这篇论文发表的同一年,尼雅考古取得重大新发现。中日联合考察队在尼雅 N.XXXVII 号遗址发掘出一批佉卢文书。㉓ 1996 年 7 月间,新疆文物考古所所长王炳华先生将新发现的佉卢文书的照片带到北京,委托我们做解读工作。我们很快发现其中 91NS9

㉑ W. Winter, "Tocharians and Turks", in *Aspects of Altaic Civilization*: *Proceedings of the Fifth Meeting of the PIAC held at Indiana University*, June 4–9, Ural and Altaic Studies 23, Bloomington: Indiana University, 1963, pp.239–251.

㉒ 林梅村:《佉卢文时代鄯善王朝的世系研究》,《西域研究》1991 年第 1 期;收入《西域文明——考古、民族、语言和宗教》,东方出版社,1996 年。

㉓ 新疆文物考古所的王炳华、于志勇和张铁男共同核定,该文书当出自斯坦因编号的 N.XXXVII 号遗址;文书照片编号为 91lNS9,谨致谢忱。

号文书与众不同,语言特征接近公元 2 世纪中亚贵霜碑铭的语言,于是首先着手解读这件文书。令人振奋的是,它竟然是鄯善王童格罗伽纪年文书。[24] 这个发现具有划时代意义。它的问世拨开了长期以来笼罩在佉卢文时代鄯善国早期历史上的迷雾。如果把目前所见佉卢文中记录的七位鄯善王在位的最大年数相加,长达 131 年。据《晋书·张骏传》,第七位鄯善王元孟曾于公元 335 年向前凉张骏献楼兰女。由此推算,佉卢文时代第一位鄯善王童格罗伽的年代可以追溯到公元 210 年,也即汉献帝建安十五年。所以佉卢文犍陀罗语传入鄯善的时间和龟兹、于阗等塔里木盆地诸国同步,无疑在东汉末年。

丝绸之路开通后,东西方的贸易往来与日俱增,因而给鄯善国经济带来空前的繁荣。经济的繁荣又推动了鄯善文学和艺术的发展。于是鄯善国成了古典世界各文学艺术流派争奇斗艳的舞台。一位佚名鄯善作家在尼雅出土犍陀罗语文书(第 514 号)中这样写道:

> 大地不曾负我,须弥山和群山亦不曾负我,负我者乃忘恩负义之小人。
> 我渴望追求文学、音乐和天地间一切知识,追求天文、诗歌、舞蹈和绘画。世界有赖于这些知识而存在。

当时丝绸之路流行的文学正是犍陀罗语文学。目前中外考察队在鄯善境内古城遗址发现的犍陀罗语文书已经积累了近千个标本,但是绝大多数文书是鄯善国的公私档案。所以鄯善出土的为数不多的犍陀罗语文学作品显得弥足珍贵。据考证,第 511 号文书正面和第 647 号文书上的两首偈颂出自《譬喻经》(avādanasataka)。第 511 号文书背面写的则是佛经律部(vinayapiṭaka)文献。第 510 号文书是《解脱戒本》(prādtimokṣa)残片。第 204 号文书抄有《法集要颂经》(udānavarga)的偈颂。第 512 号文书抄有所谓"佛教神秘字母"(arapacana)。其中,《解脱戒本》属于小乘佛教法藏部经典。《法集要颂经》属于小乘教说一切有

㉔ 林梅村:《尼雅新发现的鄯善王童格罗伽纪年文书考》,《西域考察与研究续集》,新疆人民出版社,1998 年。

部文献。佛教神秘字母则与大乘教密宗教派相关㉕。

图四　新疆尼雅遗址新发现的公元3世纪犍陀罗语木椟文书(新疆文物考古研究所供稿)

为便于深入了解犍陀罗语佛教文学,我们将《法集要颂经》和《解脱戒本》残卷翻译如下:

【请听】我这个已获得最高果位的人说:从疲倦的睡眠中醒来之后,令人满心欢喜。我要向听众宣讲佛的语录《法集要颂》。世尊起初是这样说的。

——犍陀罗语《法集要颂经》

【毗婆尸】:"忍是最高的苦行,最好的忍是涅槃。"诸佛说:"出家人绝不伤害他人,沙门远离杀界。"

尸弃:"就像明眼人脱离危险到达智慧的彼岸一样,智者能避免人世上任何罪恶。"

【毗叶罗】:"不诋毁别人,尊敬别人,不嫉妒别人,按照解脱戒守戒如下:饮食要知道节制,住房和座位要选隐蔽之处,专心致志,达到脱凡超俗的心境。这是诸佛的教诲。"

阿罗汉、苦行者和导师拘楼孙:"就像蜜蜂采蜜,从花上飞过,不伤害花

㉕　Lin Meicun, "Kharoṣṭhī Bibliography: The Collection from China (1897—1993)", *CAJ*, 1996, p.195.

香花色。所以圣贤路过乡村时,既不挑剔别人,也不管别人做什么不做什么,他只应注意自己的行为正确与否。"

佛陀拘那含牟尼:"对于圣贤来说,他不沉迷于超凡脱俗,而是遵循圣人的旨意。所以救世主们总是幸福的,有德的人能入静,然后进入涅槃的境界。"

【迦叶】:"别犯任何罪恶,要严格守戒,净化心灵。这是诸佛的教诲。"

【……】、佛陀、耆那、【释迦牟尼】:"……在人世上,他能避免罪恶……"

——犍陀罗语《解脱戒本》

鄯善出土犍陀罗语文书中还有若干佛教文学残片。例如:第 647 号文书有一段非常精彩的文学描述。文中说:"所闻为导者(船筏)回避。耆婆啊! 你的美德无量。让我们用满足之心来听斋戒沐浴之课!"可惜我们尚不知这段文字出自哪一部佛经。

此外,鄯善国采用的书写材料也充分反映了中印文化交流的情况。桦树皮和皮革(参见插图一至图三)纯属印度和中亚文书形式,而丝帛、纸和简牍等则是典型的中国古代文书形式(参见图五)。

图五 新疆尼雅遗址出土公元 3 世纪犍陀罗语羊皮文书(据斯坦因:《古代和田》,1907 年)

五、以犍陀罗语为媒介的中印文化交流

众所周知,印度佛教文学曾对中国古典文学中的譬喻文学产生过深远影响。曹操《短歌行》有诗曰:"对酒当歌,人生几何。譬如朝露,去日苦多。"据考证,这段诗文实际上仿自汉末粟特高僧康僧会译《六度集经》卷 88 的偈颂。其文曰:"犹如朝露,滴在草上,日出则消,暂有不久,如是人命如朝露。"汉代翻译的佛教譬喻文学首推《法句经》,而在尼雅发现的《法集要颂经》残片就是小乘佛教说一切有部派传承的《法句经》,和田市牛角山佛教遗址出土犍陀罗语《法句经》和民丰县尼雅遗址出土《譬喻经》,均为印度譬喻文学的代表作。凡此表明,中印文化的最初接触不是直接的,而是通过犍陀罗语文学这个中介。这个推论从古汉语中早期外来语借词可以得到进一步证明。

研究者早就注意到,早期汉译佛典的原本不都出自梵文,其中相当一部分来自中亚胡语,尤其是犍陀罗语。下面一组佛教词汇的梵语、犍陀罗语和汉语译名相当能说明问题。㉖

	梵语	犍陀罗语	汉语音调	汉语翻译
1	dharmagupta	dharma'ute	昙无德	法藏
2	vihāra	viyar	毗耶罗	寺院
3	kṣāpita	jhāp ita	阇维	侵扰
4	śramaṇa	ṣama ṇa	沙门	僧侣
5	hermaêus	·—·	阴末赴	大夏末代君主之名
6	bodhi(sattva)	bosa	菩萨	觉悟者

除佛教文学外,印度世俗文学也通过犍陀罗语文学对中国古典文学产生影响。据胡适和陈寅恪等学者考证,中国著名古典小说《西游记》即取材于印度两

㉖ 梵语的/h/在犍陀罗语中读/y/,所以大夏王名 hermaêus 受犍陀罗语影响才被《汉书·西域传》译作"阴末赴"。

大史诗之一《罗摩衍那》。[27] 塔里木盆地诸国出土犍陀罗语文书中未见《罗摩衍那》,但是印度两大史诗中的另一部《摩诃婆罗多》却见于尼雅古城出土犍陀罗语文学残片,也即斯坦因收集品第 523 号文书。其文曰:

> 就像行路人感到疲惫而在这里或那里歇息,而后精力逐渐得到恢复。
>
> 人之初精力旺盛,而后精力枯槁;人之初受到赞美,而后受到责骂;人之初心中悲伤,而后喜悦;人之初乐善好施,而后向人乞讨。
>
> 有人因为悭吝,既不舍弃他们的财产,又不能正当地享用他们的财产,已经失去种种愉快,正刺痛着他们的心。犹如贪婪者不断地将其所有谷物堆放在谷仓而在饥馑发生时全被焚为灰烬一样,穷人的命运呀! 那些不知享受或分配(自己财富)的富人的命运呀!

据英国语言学家巴罗考证,这个文学残片中的第 2 段出自《摩诃婆罗多》浦那版第 36·44 颂。

随着佛教的传入,数以万计的佛经从梵语或中亚胡语翻译成汉语,然而很少有汉语文学译成梵语或中亚胡语。唯有老子《道德经》曾有过一个梵文译本。太宗年间,大唐使臣李义表和王玄策首次取道吐蕃出访印度。李义表在印度时曾访问东天竺迦摩缕波国。此国佛法未兴,外道盛行。国王童子听说中国在佛教传入以前盛行道教,于是请求中国使臣将道教经典翻译成梵语。贞观二十一年(647),唐太宗下诏,令玄奘会同道士蔡晃、成玄英等人组成 30 多人的译场,将《道德经》逐字逐句译成梵文;同时将《大乘起信论》从汉文还译为梵文。[28] 王玄策第二次出访印度时将这部梵本《道德经》送到童子王手中。迦摩缕波国外道从此染上道教习俗。[29] 这部梵本《道德经》迄今尚未发现。不过斯坦因收集品

---

[27] 胡适:《西域记考证》,原载《中国章回小说考证》,收入郁龙余:《中印文学关系流源》,湖南文艺出版社,1987 年。陈寅恪:《〈西域记〉玄奘弟子故事之演变》,《中央研究院历史语言研究所集刊》第二本第二分册,1930 年。

[28] 参见《佛祖统纪》卷三十九及道宣《集古今佛道论衡》。

[29] P. Pelliot, "Autour d'une traduction Sanskrit du Ta-Tö-King (Tao Tê Ching)", *T'ong Pao*, vol. 13, 1912, pp.350-430.沈福伟:《中西文化交流史》,上海人民出版社,1985 年,第 142 页。

中有个《日书》的犍陀罗语译本(第 565 号)。译文如下:

> 星宿之首谓之鼠日,这天可做任何事,万事如意。星宿日牛日,宜沐浴。吃喝之后,可演奏音乐取乐。星宿日虎日,宜作战。星宿日兔日,若逃亡,必能成功,难以寻觅。星宿日龙日,须忍耐,事事要忍。星宿日蛇日,百事皆凶。星宿日马日,宜向东西方向旅行。星宿日羊日,宜沐浴。星宿日鸡日,宜裁剪和缝纫衣服被褥。星宿日猴日,万事如意。星宿日狗日,来去从速。星宿日猪日,宜耕作、播种葡萄园。耕作顺利并能增产。

这件文书引起东西方研究者的广泛兴趣。以前一度被视为占星术著作。北京大学中文系李零先生最近提醒我注意,该文书可能出自先秦两汉流行的《日书》。我根据他提供的材料作了进一步分析,大量类似语句使我们相信,这件文书应是《日书》的犍陀罗语译本。尽管目前尚未发现汉语原本,但类似的句子在近年出土的《日书》中随处可见。例如:睡虎地秦简《日书·衣篇》(甲种 121 背)有"丁酉,材(裁)衣常(裳)",勘同犍陀罗语文书的"星宿日鸡日,宜裁剪和缝纫衣服被褥"。睡虎地秦简《日书·秦除篇》(甲种 24 正贰)有"开日,亡者不得",勘同犍陀罗语文书的"星宿日兔日,若逃亡,必能成功,难以寻觅"。又如:睡虎地秦简《日书·稷辰篇》(甲种 44 正)有"彻,是胃(谓)六甲相逆,利以战",勘同犍陀罗语文书的"星宿日虎日,宜作战"。㉚

【作者附注】此文为作者 1997 年 9 月 23 日在日本京都佛教大学召开的中日联合考察尼雅遗迹国际学术讨论会所做学术演说稿,日文概要题为《Gāndhārī 语文献と古代中国印度の文化交流》,刊于《日中共同二ヤ遗迹学术研究国际シソポゾゥム发表要旨》,京都:佛教大学二ヤ遗迹学术研究机构,1997 年,第 102—105 页。这篇演说稿全文将首次在本刊发表。大夏佛教考古最近又传来振奋人心的消息,1997 年战火中的阿富汗再次发现大批古代佛典,不久流入伦敦古物

㉚ 本文所引睡虎地秦简《日书》句例,参见李零《中国方术概观·选择篇》上,人民中国出版社,1992 年。刘乐贤:《睡虎地秦简日书研究》,台北文津出版社,1994 年。

市场,据说现在已被一位挪威亿万富豪全部购得。根据伦敦山姆·弗吉稀有印本和写本书店(Sam Fogg Rare Books and Manuscripts)刊布的目录,流入伦敦的大夏古代佛教写本的总数多达6000余件,主要是婆罗谜文和佉卢文写卷。柏林大学哈特曼(J-U.Hartmann)教授、柏林印度艺术博物馆的桑德尔(L.Sander)博士和奥斯陆大学冯·辛森(Von Simson)教授正在联手整理这批文书,参见"Manuscripts from the Himalayas and the Indian Subcontinent", *Catalogue No.* 10 and *No.* 17 *of Sam Fogg Rare Books and Manuscripts*, London, 1997。我的日本朋友,创价大学国际佛学高等研究所辛嶋静志博士提醒我注意这个重要发现,谨致谢忱。

【林梅村　北京大学考古学系教授】
原文刊于《中国文化》2001年Z1期

徐福东渡日本研究中的史实、传说与假说

王妙发

一

有关秦代徐福东渡日本的研究,在日本和中国两地,这几年都稍有点"热"起来的样子。契机似乎应是 1982 年在江苏省赣榆县地名普查时发现了一个曾经叫过"徐福村"的地名。1984 年,罗其湘、汪承恭为此在《光明日报》撰文,论定该地(现名"徐阜村")"是徐福的故乡"①。这以后,又有徐福故乡山东黄县(今龙口市)徐乡说②以及出海地河北盐山县千童镇说③等被提出来。各地有关的研究会相继成立,有关文章、书籍接连发表、出版④,仅全国性的专门讨论会就

① 《光明日报》1984 年 4 月 18 日。
② 该说集中见于《徐福研究》一书,青岛海洋大学出版社,1991 年 7 月。
③ 河北省盐山县徐福研究会:《勃海文化的传播人——徐福》《中国历史上第一侨乡——千童故里》《千童のふゐさと》等。
④ 据吴杰先生 1992 年称,"近七八年发表的论文已有二三百篇"。见程天良著《神秘之雾的消散》一书序言,学林出版社 1992 年 10 月。

至少在江苏和山东各开过一次⑤,再加上地方性的讨论会⑥,说有点"热",好像不算言过其实。相对而言,日本方面的"热",似乎温度略低一些,而且看起来主要还是接受的中国方面的"辐射热"。1989年4月,在九州的佐贺开过一个颇具规模和学术水准的专门讨论会⑦,出席者包括中国方面的有关学者。这以外,就是民间的主要是一些爱好者的研究和活动了。当然,有关出版物也有一些,包括日中两方研究者共同编写的。

徐福东渡这件中日关系史上的悬案,笔者以为,就目前已经知道了的实物或文献史料而言(包括上述"徐福村"的发现),恐怕还是很难说较这以前已经有了突破性的进展的。而且整个问题应该说仍然停留在非常原始的史学起点上,即首先要解决的,是一个有还是没有、史实还是传说的问题。从这个基点出发,其他相关问题的探讨才有可能比较坚实一些。问题虽然很原始,然而非常明显"解决"的难度也很大。因为这只有倚赖于新的、更为坚实的文献或实物史料的发现,而这种发现恐怕需要相当耐心的等待。

不用说本文也并无要立刻"解决"这个问题的意思,只是在阅读了有关的史料以及若干相关的论文之后感到,对史实和传说这两者之间的明确界定的问题可能有加以检讨的必要。即不只是以史实或传说的某一种认识为前提出发来讨论,而是冷静地界定一下哪些应该可以认为是确切无疑的史实,哪些又只是明显的传说。这以外,对不易界定或史实传说参半、看似传说又不绝对排除史实可能性的某些说法,如徐福东渡到了日本,以及有可能被认为非常荒唐的"徐福得平原广泽,止王不来",其实即是日本开国天皇神武的这一类研究结果("结论"),笔者以为可能也有加以重新审视的必要。并认为这一类说法暂时可以换一个角度令其成立,即不作为结论,而是作为"假说"来令其成立,以留待后证。

---

⑤ 1987年在徐州、赣榆举行过"中国首届徐福学术讨论会",会后出版了《中国首届徐福学术讨论会论文集》一书,中国矿业大学出版社。
1990年10月在山东龙口市举行过"徐福学术讨论会",会后由青岛海洋大学出版社出版了《徐福研究》论文集。
⑥ 1986年5月举行过"江苏省首届徐福研究学术讨论会";1990年12月举行过"中国赣榆首届徐福节"及学术讨论会,出版了《纪念徐福东渡二千二百周年论文集》,中国科技出版社。
⑦ 会议发言编成《徐福传说を探る——日中友好佐贺シンポジウム"徐福をさぐる"の记录》一书,(日本)小学社1990年7月。

其实人文学科也应该可以有假说的想法或说法一点也不新，胡适早就有过"大胆假设，小心求证"的说法了。

二

先说史实。可能一直有人认为甚至连徐福这个人都未必确实有过。笔者的看法是，徐福作为确实存在过的历史人物应该没有问题。理由并不复杂，因为这段历史最早见诸司马迁《史记》中的好几处记载，而司马迁所记，虽然不排除也可能会有失误，然而几处地方都写到同一件全然无中生有的事的可能性应该说是没有的。

　　《史记·秦始皇本纪》："二十八年，始皇东行……齐人徐市等上书，言海中有三神山，名曰蓬莱、方丈、瀛洲，仙人居之。请得斋戒，与童男女求之。于是遣徐市发童男女数千人，入海求仙人。"
　　（同上）："三十五年，……（始皇）乃大怒曰：'……徐市等费以巨万计，终不得药，徒奸利相告日闻。……'"
　　（同上）："三十七年，……北至琅邪。方士徐市等入海求神药，数岁不得，费多恐遣，乃诈曰：'蓬莱药可得，然常为大鲛鱼所苦，故不得至。愿请善射与俱，见则以连弩射之。'始皇梦与海神战，如人状。问占梦，博士曰：'水神不可见，以大鱼鲛龙为候。今上祷祠备谨，而有此恶神，当除去，而善神可致。'乃令入海者赍捕巨鱼具，而自以连弩候大鱼出射之。自琅邪北至荣成山，弗见。至之罘，见巨鱼，射杀一鱼，遂并海西。"
　　《史记·淮南衡山列传》：(伍被)曰："……又使徐福入海求神异物，还为伪辞曰："臣见海中大神，言曰：'汝西皇之使邪？臣答曰：'然。''汝何求？'曰'愿请延年益寿药。'神曰：'汝秦王之礼薄，得观而不得取。'即从臣东南至蓬莱山，见芝成宫阙，有使者铜色而龙形，光上照天。于是臣再拜问曰：'宜何资以献？'海神曰：'以令名男子若振女与百工之事，即得之矣。'秦皇帝大说，遣振男女三千人，资之五谷种种百工而行。徐福得平原广泽，止王不来。于是百姓悲痛相思，欲为乱者十家而六。”

徐市即徐福，"市""福"两字古音通假，或许不必补充说明在这里。

《史记·封禅书》中还有这样一段："及至秦始皇并天下，至海上，则方士言之不可胜数。始皇自以为至海上而恐不及矣，使人乃赍童男女入海求之。船交海中，皆以风为解，曰未能至，望见之焉。其明年，始皇复游海上，至琅邪，过恒山，从上党归。后三年，游碣石，考入海方士，从上郡归。后五年，始皇南至湘山，遂登会稽，并海上冀遇海中三神山之奇药。不得，还，至沙丘崩。"这里所记的，虽未明指，应该是包括了徐福在内的。"方士言之，不可胜数"，看来徐福是其中比较成功的一个。

司马迁其人惜墨如金，落笔慎之又慎，这一点好像不必再证明。《史记》所记，虽不必说绝，但基本上是信史，这一点笔者以为应该可以断言，包括一些暂时还不能确证的，比方说夏代和这以前的记载。最好的例子是商代王室世系的记载，真实性曾经也被怀疑过，在甲骨文被发现之后被证实为信史。有关徐福的事迹也应该是同样，如果没有确凿的根据，相信太史公绝不会在《史记》中四处不同的地方写到徐福其人，还有一处可以认为是提到其事。秦亡时，汉军入咸阳，萧何所做的第一件事是"收秦丞相御史律令图书藏之"[8]，秦朝政府档案得以完整保存。到司马迁时（汉武帝时），相距不过七八十年，其间并无大乱，应该仍然完好。司马迁本是西汉政府的史官，不用说他是最有资格读到那些资料的人之一。不只资料，司马迁写《史记》时，离徐福出海这件事的发生大约一百年[9]，不能排除仍能找到与有关的当事者有过接触或交往的人核对过事实的这种可能性。例如荆轲刺秦王，事在秦王二十年，较徐福出海事的发生还要更早了七八年，司马迁还是能找到与当事人夏无且（秦始皇侍医）有过交往的公孙季功和董生，核对世间传说的真伪[10]。而且从司马迁所引的伍被之言看，伍被是将徐福出

---

⑧　见《史记·萧相国世家》。
⑨　按汉武帝太初元年述《史记》说，见《史记·太史公自序》。
⑩　见《史记·刺客列传》。

海一事与秦始皇使"百姓力竭"的其他种种暴政相提并论,作为秦亡的理由之一在谈论的,并且又是与尉佗伐南越,也是"止王不来"一事相提并论的(尉佗的事相信不会有人怀疑)。可见在当时以及稍后,都认为徐福出海是一件影响颇大的事。因而,说司马迁所记的徐福确有其人,徐福受秦始皇之命出海确有其事,不会是司马迁的杜撰,这一点应当没有问题。

只是坦率地说,而且可以说很遗憾,可以被认为是信史的,其实仅此而已。至今为止,可能还谈不上已经发现了或证实了比上述司马迁所记的更多或更可靠的实质性史料。上文提到过的徐福村的发现亦然,后面还要论到。

较《史记》为晚的记载,如果说是可靠的话,其源头可以说都在《史记》。这以外,只好说是可靠程度不一,以及一些明显的传说了。

《汉书·伍被传》:"又使徐福入海求仙药,多赍珍宝,童男女三千人,五种百工而行。徐福得平原大泽,止王不来。"基本上同《史记》。

西晋成书的《三国志·吴主传》:黄龙二年(230年)"遣将军卫温、诸葛直将甲士万人浮海求夷洲及亶洲。亶洲在海中,长老传言秦始皇帝遣方士徐福将童男童女数千人入海,求蓬莱神山及仙药,止此洲不还。世相承有数万家,其上人民,时有至会稽货布,会稽东县人海行,亦有遭风流移至亶洲者。所在绝远,卒不可得至,但得夷洲数千人还。"夷洲为今天的台湾,可"得数千人还";亶洲"绝远",在何处不得而详,徐福"止此洲不还"也很谨慎地说仅是"长者传言"。只是亶洲人常有来会稽做生意(货布)的,而会稽人也有不时遭风流移去亶洲一事,倒看起来是作为实事在叙述的。后文会记到,现代宁波帆船也有乘风很便利地到了日本的[11],这两者间是否互证着一些什么,后面还要谈到。

五代后周成书的《义楚六帖》:"日本国亦名倭国,在东海中。秦时,徐福将五百童男、五百童女止此国,今人物一如长安……又东北千余里,有山名'富士',亦名'蓬莱',……"这是中国史籍中第一次直截了当将徐福与日本连在一起,也是第一次指富士山即为蓬莱的。只是这却是出于来到中国的日本和尚宽辅之口,由中国和尚义楚记录成书的。由此可知,最早将两者联系起来的并非中

---

[11] 安志敏:《江南文化と古代の日本》。同注(7)p.74。

国人,而是日本人。而且宽辅之言并不像是他自己的杜撰,即他是转述在日本已经流传着了的一种说法。只是我们现在已经无从知道日本人当时是有所真实的根据,还是也不过是起于附会。对此,严绍璗有一种解释可能是颇为合理⑫。简单地说,即是从前三世纪起,就一直有中国人向日本移民(所谓"渡来人"),并归化为日本人,实际人数无法确知。应该是相当可观。这些中国血统的日本人,因为无从知晓自己的真实祖先及历史,久而久之,就附会到了徐福身上。如果这个解释不枉,则徐福东渡"到了日本"的说法,是根据确有徐福东渡的史籍记载而附会演绎出来的传说,先在日本,然后再流传到中国来的。

这以后将徐福和日本连在一起的就越来越多且越来越详细了,包括一些文学作品。比方常被引用的欧阳修《日本刀歌》(或谓司马光作),明洪武朱元璋与日本高僧绝海中津的唱和诗等。不过他们在作诗时,恐怕未必认真想过史实与否的问题,倒是后人有时会认真地以他们的诗来作史料根据⑬。

至于近年来被认为是新发现的遗址或史料,以及徐福故乡赣榆说、黄县说等的各持己见的争论,坦率地说,都不大有说服力。

先说徐福村的发现。读罗其湘、汪承恭文⑭,有这样两个疑问。

1.“按《史记》,徐福是齐琅邪人”一说,可能是因为《史记》中有"齐人徐市"以及"北至琅邪。方士徐市等"这样两句话,这两句话是否一定就可以这样直接连起来呢? 或许可以说有这个可能性,似乎不宜由此断言。

2.今天的徐阜村这个地名,原来叫过徐福村。可以证明这一点的,除了民间口承,还有嘉庆和光绪年间的三种方志,以及若干种家谱。并且"明初之有徐福村,绝不意味着徐福村名始于明,而是意味着徐福村的由来始于更早的历史年代",这都不错。然而早到什么时候? 说一直早到秦汉时代,好像并没有其他根据。文中说,在后徐阜村收集的板瓦碎片,"初步鉴定"为汉代布纹板瓦,"如可靠,就可证明徐福村当数汉代村落遗址",可知该村落是否一定可以追溯到汉代还没有最后结论,则由此断定这里就"是(秦代)徐福的故乡",怎么说理由也太

⑫ 严绍璗:《徐福东渡的史实与传说》,《文史知识》1982 年 9 期。
⑬ 例子有很多。如青岛海洋大学出版社《徐福研究》一书第 153 页称《日本刀歌》"写明徐福是到了日本"。
⑭ 同注①。

不充分。即便赣榆在战国时确属齐地这一点（这一点尚未定论），也并不能直接或间接帮助证明上述论断。只好说，这个结论可能是比较轻率的。退几步，好像也只是可能谨慎地说这里"或许""有可能"是徐福的故乡。

至于徐福故乡山东黄县说⑮，文章不少，然而所持最主要的根据，其实仅有一条，即清朝王先谦注《汉书》时引元朝人于钦《齐乘》中"盖以徐福求仙为名"一语（见王先谦《汉书补注·徐乡》）。于钦说这话有两种可能：一是他当时确有所据，二是他也不过是说有这样的传说而已。假设（假设而已）他确有所据，用在这里也只是一条孤证；如果是第二种情况，则不但"孤"，且无法为"证"了。

河北省盐山县境内有秦千童城、汉千童县故址。传为"徐福将童男女入海求蓬莱，置此城以居之，故名"⑯所据史料较上面赣榆、黄县两地的更早，为唐朝的《元和郡县图志》，更早的记载据说还有南朝的《舆地记》（笔者目前无法读到此书）。是否可信？只好说可信度不大，也同样是没有理由可以绝对排除这种可能性，但也仅此而已。

至于各地方志、家谱中所载的传说，更有许多，无法一一列举。可以说基本上没有多少实质性的史料价值。

各类记载有一个共同特点，即顾颉刚所谓的对于前代的历史，越晚的文献反而越详细。原因不是后人掌握有更多的资料，而是后人有更多的想象（大意）。

日本方面也差不多一样，仅传为徐福上陆地点的，日本各地就有二十多处⑰，以九州的佐贺县为最多，原因可能是因为九州离中国最近，历史上受中国影响也大，华侨也多。另外和歌山县的新宫市有徐福墓，神奈川县藤泽市还有徐福子孙的墓⑱，不用说都是先有传说，后有好事者的建墓之举。此外还有不少见于风土记、名胜志之类的记载，当然都谈不上有真实的史料意义。顶多可以补充一句话，可能并非全然无中生有，只是今天已经全然无法知道源头在何处了。

综上所论，单就史实而言，确有徐福其人以及确有徐福受命出海其事，应该可以说没有问题。这以外，只好说，就都不大可靠了。

---

⑮ 同注②
⑯ 同注③。
⑰ 梅原猛：《徐福伝説の意味するもの》，同注⑦p.16。
⑱ 奥野利雄：《ロマンの人·徐福》第149页，（日本）学研奥野图书1991年4月。

从史实出发,比较重要且尚未解决的问题笔者以为可能主要有这样两个,即:

一、徐福一行最终去了哪里?《史记》中徐福自称的目标是"蓬莱、方丈、瀛洲"所谓"三神山"。司马迁没有写到也可能不屑于关心"三神山"的具体地理位置(司马迁笔下方士徐福的形象其实颇为卑琐,迹近于骗子)。到陈寿写《三国志》时,据"长老传言"将三神山与亶洲县联系起来,但也没有直指亶洲究竟为何地。《义楚六帖》说到了日本,却又看起来只是日本人自己的传说,则日本人到底是否有所本?

二、"得平原广泽,止王不来"一语具体是怎样展开的?徐福如果确实是到了日本并称了王的话,建立的是什么样的政权?后来又怎样了呢?

上面两个所谓比较重要的问题,就目前可能获得的资料来看,短时间内恐怕是难以得到确切的结论的。据现有的材料,包括史实、传说以及某些史实传说参半的资料如《日本书纪》(后面要论到),再加上当时的各种背景以及现代的一些实际例子综合起来看,或者可以令两个假说得以成立。

三

第一个假说是,考虑到历史的、地理的以及技术上的背景,徐福一行出海,极有可能确实是到了日本。理由如下——

1.徐福的时代,中日间的航海,技术上应该已经没有问题。自春秋以来,各种大规模的江河以及沿海的航运或战争等已经不绝于史载。

《春秋左传·僖公十三年》:"秦于是乎输粟于晋……命之曰泛舟之役。"(杜预注:"从渭水运入河汾"。)

《吴越春秋·卷六》:"(越王勾践二十五年)楼船之卒三千余人,造鼎是之羑"……"起观台周七里以望东海,死士八千人,戈船三百艘"⑲。

虽然能够到达日本这样距离的或类似的"远航"的记载还谈不上,只是造船的技术已经达到相当高度、规模已经相当可观这一点应该没有问题。据专家认为,当时的造船技术再加上如果能够巧妙地利用海流,从中国东海岸出发到达日本并不是一件太难的事。可能的海路有这样几条:一是北路,夏季的话主要走北路,先靠近朝鲜半岛南部的济州岛,再到达九州;一是南路,主要利用黑潮,可沿着东北方向直抵九州。如果是冬天的话,因为主要刮北风,黄海沿岸出发的船无法直接北行,必须先南行到长江口以南,如果能等到南风,反而是可以非常顺当地到达九州⑳。上面说的海路,不但理论上可行,并且有现代的实际例子可为佐证。1944 年,有一艘帆船从浙江省的宁波出发,仅用了二十几个小时,就到达日本九州佐贺县的唐津港㉑。这个现代的实际例子,与《三国志·吴主传》所记的会稽人海行,遭风流移至亶洲的说法不是有点不谋而合吗? 古代会稽人"遭风流移"到达的是亶洲,今天宁波(古属会稽)帆船乘风而去的是日本,两者有否可能是同一地呢? 假设是,则《三国志》所记的徐福一行的去处,是不是已由现代的例子作了旁证了呢? 不管怎么说,有理由认为徐福一行从中国东海岸出发,最终到达日本的可能性确实是有的,技术上应该已经完全没有问题。

2.上文也写到过,战国秦汉时期,因种种原因,有大量的大陆上的中国人流亡或逃亡到了日本,在日本史上被称为"渡来人",这一点有大量的地下出土文物的证明,在学界已被视为定论。这些人带去的大陆文化,促使日本从以采集、狩猎的绳文文化为代表的石器时代,一跃而进入了以稻作农耕、铜器铁器并用的弥生文化为代表的金属时代。其过程是始于九州,然后向本州发展的。而渡来人的经由以及稻作农耕的传来,过去日本学界倾向于认为主要通过朝鲜半岛。但是至今为止,朝鲜半岛发现的相当于弥生时代的稻作农耕遗址仅有六处㉒,与

---

⑲ 此外,《左传》鲁昭公二十四年、二十七年,《庄子·逍遥游》,《国语·吴语卷十》等书籍中皆有"舟师""舟运"等的相关记载。
⑳ 茂在寅男:《绳文·弥生时代の日中交流の船と航海》,同注⑦p.24。
㉑ 同注⑪。
㉒ 樋口隆康:《考古学かる见た徐福说の背景》,同注⑦pp.52-53。

日本各地的大量发现不成比例。因而，与上述海上交通的可行性综合起来考虑，稻作农耕文化的传来日本，经由海上比经由朝鲜半岛的可能性被认为反而更大。徐福集团的东渡，很可能只是这股大陆中国人向日本移民潮流中的颇具规模的一股。中国史籍中有关这方面的记载很少，而民间则可能是实实在在地实行过的，而且很可能主要是通过海上交通来实行的。有一种推测认为徐福本是为避暴秦而有计划地移民，当然也不排除这种可能性。

3.伍被所说的徐福"得平原广泽，止王不来"一语，是一个极重要的参考。出中国东海岸，其实是一个被朝鲜半岛、九州岛为南端的日本列岛、琉球群岛以及台湾岛所包围的半封闭的海。上述岛屿中，有可能被称为"平原广泽"的，其实只有日本本州岛上近畿地方。这一带有琵琶湖（面积近700平方公里），周围有近江平原、大阪平原以及奈良盆地；再向东，伊势湾周围有伊势平原、浓尾平原和冈崎平原以及虽然谈不上"广泽"的滨名湖。而其他岛屿却没有一处是既有平原又有大湖的。伍被这话，是在淮南王欲反，伍被劝其罢事时所说的，只是淮南王反意已决，伍被遂又为其策划，事败遭诛。此事当为汉代官方档案所存，之后见载于《史记》《汉书》。伍被所举其他例子如尉佗伐南越等皆为史实，说徐福的一段应当也确有所本。因而徐福所去有平原广泽之处一事，可以说史料价值、可信程度都是相当之高，而所去之处为日本的可能性相应地也应该是非常之高。

上述各点，当然暂时无法确证，只有等待新的文献或实物史料的发现来证明。然而作为假说，笔者以为有充分的可以成立的条件。

第二个假说看来颇为荒诞，以第一个假说即徐福到了日本为前提，则徐福称王并统一了日本列岛，其实即是日本开国第一个天皇神武。

或许先应该说要想证明这一点几乎是接近于不可能。中国的文献史料恐怕是很难再有可以证明这一点的新发现了；而日本"开史"很晚，文献方面几乎完全不能期许。只有中日两方的考古发现或许可以令我们有这方面的微弱的希望。也许这将是一个永远的假说。然而就"假说"一词可以成立的条件而言，这些条件是具备的。

最早意识到这两者间可能有某种联系的是黄遵宪。黄遵宪在《日本国志·国统志注》中有这样一段话："崇神立国，始有规模。计徐福东渡，已及百年矣。

当时主政者,非其子孙,殆其党徒欤? 至日本称神武开基,盖当周末,然考神武至崇神,中更九代,无事足纪,或者神武亦追王之词乎?"黄遵宪在这里虽未明说,然而却提出了一个清晰的疑问,即日本古代史之开始,与徐福可能有某种关联。

第一次正式明确提出两者实为一者之说的是卫挺生。卫挺生在他的《日本神武开国新考》一书[23]中明确提出,根据他的考证,日本的开国者神武天皇其实就是徐福。此后又有《徐福与日本》[24]一书亦持同说。只是与本文一再申明此仅可以是一种假说不同,卫氏则一再坚持己说不但成立,且是定说。卫氏之书资料工作相当全面,考证也颇为详尽。只是所病一是太断然,不留余地;二是牵强之处确实也不少,有的甚至颇为荒唐。发表之初,很受中国一部分学者推崇,并由杨家骆、沈刚伯、李济三位学者推荐,获得过台湾地区特种教育基金会的学术研究奖[25]。日本学界则对此反应不大,且基本上持反对意见。曾有一位日本学者家永三郎与卫氏以书信颇为认真地探讨过几次(持反对意见)[26]。这以后几十年,基本上就一直被"冷冻"起来了。

卫氏所根据的史料虽然很多,只是中国方面的,主要的,本文上面大都引过了;日本方面的史料,主要依据的是《日本书纪》。《日本书纪》成书于奈良时代,是日本第一部正史性质(形式)的史书,以"一书曰"的方式记录了大量奈良时代之前的史料,或者应该叫史籍汇编。然而书中所记,特别是早期部分,相当大量的看起来只是神话和传说。只是读世界各国、各民族的最早的起源或开国的历史,几乎全带有神话色彩。其实是神话中藏有一部分真实,在这方面100%的神话恐怕反而没有。《日本书纪》中有关神武天皇的事迹,因为涉及本文第二个假说能否成立,有必要引在这里——

> 及年四十五岁,谓诸兄及子等曰:"昔我天神高皇产灵尊、大日霎尊,举此丰苇原瑞穗国而授我天祖彦火琼琼杵尊。……是时运属鸿荒,时钟草昧。故蒙以养正,治此西偏。……而辽邈之地,犹未沾于王泽。遂使邑有君,村

㉓ 卫挺生:《日本神武开国新考》(又名《徐福入日本建国考》),香港商务印书馆,1950年11月。

㉔ 卫挺生:《徐福与日本》,(香港)新世纪出版社,1953年。

㉕ 同注㉔,pp.138-142。

㉖ 同注㉔。

有长,各自分疆,用相凌轹。抑又闻于盐土老翁曰:'东有美地,青山四周。……'余谓彼地必当足以恢弘大业,光宅天下。盖六合之中心乎?……何不就而都之乎?"诸皇子对曰:"理实灼然,我亦恒以为念。宜早行之。"是年也,太岁甲寅。其年冬十月丁巳朔辛酉,天皇亲帅诸皇子,舟师东征。……十有一月……筑紫国岗水门。……乙卯年……积三年间,修舟楫、蓄兵食,将欲一举而平天下也。戊午年,春二月……皇师遂东。舳舻相接。……九月……又于女坂置女军,男坂置男军。……己未年春二月……命诸将练士卒。……三月辛酉朔丁卯,下令曰:"自我东征,于兹六年矣。赖以皇天之威,凶徒就戮。……"是月,即命有司,经始帝宅……辛酉年春正月庚辰朔,天皇即位于橿原宫。是岁为天皇元年。……㉗

这里所引,仅是很小一部分,神武东征其实写得非常详细。即位以后,大体是所谓"无事足记"了。仅有"二年春二月……天皇定功行赏。……以珍彦为倭国造。又给弟猾猛田邑,因为猛田县主。……(这以外还有'矶城县主''葛城国造'等分封)",以及"四年春二月""三十有一年夏四月""四十有二年春正月"等一共很短四段,接下来就"七十有六年春三月甲午朔甲辰,天皇崩于橿原宫,时年一百廿七岁"了。

全篇神话色彩很浓,只是引在上面的这些,却与完全的神话似乎有所不同,总令人感觉也许多少是有一些事实为根据的。

卫挺生的结论,在两书中小有不同,按其出版较晚的《徐福与日本》一书中的顺序简略地综合起来介绍如下——

1.地理上一致。神武天皇建都之近畿地区,正是有平原广泽的徐福称王之地,应该说这可以看成是一个巧合,本文前面也论及过,可以成立。

2.时代上的一致。"神武天皇即位之时,正是徐福称王之时",本来就时代而言,有可能两件事都发生在弥生初期(神武的事只是推测)。然而卫氏连具体年份也算出了,见后面第9点。

㉗ 《日本书纪》卷第三(神日本磐余彦天皇—神武天皇),(日本)中央公论社昭和六十二年(1987)版,第538—546页。

3.神武天皇东征之"舟师",于当时的日本,制造技术以及指挥能力,非"渡来人"莫属,亦非徐福莫属。前一点笔者相当程度持同调,后一点只能说不排除也有这种可能。

4.神武东征时,曾于男坂用男军,女坂用女军,正是徐福东渡时所带的童男女训练而成。这一点怎么说也只能算是推测。男女同上战场,任何地方任何年代都有可能,与徐福所携童男女未必有必然联系。

5.神武天皇东征期间,蓄食粮、制造兵器、舟楫等,证明其随军有相当的农工技术人员,而这一点正与徐福的"五谷百工种种"相合,是当地刚出石器时代的土著很难做到的,这一点可以认为言之成理。

6.政治制度思想上神武与徐福一致。徐福为秦统一前之齐人,思想中无秦汉之郡县制度。神武立国后所设之国造、县主等制度,皆为先秦的政治制度之影响表现。这点或可以作为参考,只是说不上有多少根据,想象的成分过多。

7.愚民政策上的一致。神武建国,用中国之器物制度而独不用中国之文字,乃刻意模仿秦始皇的愚民政策。这一点殊难成立。且不说与上文第6点自相矛盾,即便真欲推行愚民政策,对象也只是"民",于统治阶层而言,文字之利用有百利而无一害,绝不会有意将文字全部消灭的。何况并不能绝对排除有关神武建国或日本早期建国的文字资料将来被发现的可能性。

8.神话之巧合。徐福故乡齐国之神话、祭祀思想、方法,可以在神武天皇的行状中找到种种影响。说受中国文化影响不用说当然成立,一定说成是齐地的文化,这一点除了说牵强附会以外很难再说其他什么。

9.年代之巧合(注意年代与时代有所不同)。按卫氏的计算,徐福称王和神武建国两件事正好发生在同一年即前203年,"其巧合而至于如此程度,吾人不能不狂喜而至于拍案叫绝也"㉘。只是读他的年代计算方法,无论如何无法令人相信。

10.文物及考古上的巧合。传自神武的日本传国三宝(镜、玉、剑)为中华秦时物,东征途经之沿地以及将士之墓(卫氏并不能证明这些墓主的"将士"身份)和早期古坟中的出土物,皆有大量的中国、秦代物品,"可知神武天皇及其将士

㉘　同注㉔,p.20。

皆大陆秦时人","而在秦汉间除徐福外不可能有另一率领大批舟师冒险者","故……必然即是徐福"。其实日本确有大量传世的或出土的中国秦汉时文物,可以证明那个年代与大陆间的频繁交流,却不能就此证明可以直接和徐福连在一起。

11.人种,"日本皇室华族在人种上与中华朝鲜之贵族,经证明为同种。故以神武为徐福,在科学上并不抵触"。这一点先在《日本神武开国新考》中写到,大概自觉荒唐,在《徐福与日本》一书中不再提及。

上述各条,归结成一句话,即徐福=神武天皇。读全书,确实要说牵强甚至荒唐之处相当多。但客观地看,应该说也有言之成理之处。上面11条结论中,有若干条笔者以为大体可以说通。比方第1、第2、第3、第5这四条,笔者以为一定程度上是可以成立的;第6条很勉强,稍可作参考;第8条和第10条其实作为背景是通的。日本确实自弥生时代起就大规模接受中国文化,且有相当数量传世及出土的秦汉时文物,但具体落实到人、地和事(徐福、齐地、神武、东征将士之墓),只好说毫无根据,过于牵强和轻率。

卫挺生的11条理由,笔者认为一定程度可以持同调的有四条即第1、第2、第3和第5条,第6和第8、第10条或者应该说是同意一半,特别第10条的前一半是笔者本想要强调的。当然,说同调是指这些说法言之成理,推理可以成立,绝非全盘赞同卫挺生的全部结论。

——以笔者赞同的这样一些理由,是否也已经可以构成徐福有可能就是神武天皇的假说了? 笔者以为仅就假说而言,应该是可以成立的。

第1条地理上的一致,前面已谈过,似已可不论。

第2条时代一致。有必要说明的是,日本信史"开史"得很晚,虽然无法直接证明神武建国传说的背景一定是弥生时期,只是弥生时代在日本古代国家形成中是一个极其重要的时期,这一点为学界所重视㉙。而徐福的"止王不来"一事也正是发生在弥生时代的初期,不能不说这是一个颇引人注目的巧合。

第3条,除了上面已经谈到的以外,《日本书纪》中的神武形象,其政治军事等方面的纯熟,确实不像刚脱离了石器时代的土著的部落首领。(当然不排除

㉙ 大塚初重:《シンポジウム・弥生时代の考古学》,第11页,(日本)学生社,昭和四十八年(1973)5月。

是《日本书纪》成书时的形象塑造)。

第 5 条也同样,不难想到这可能是渡来人集团之所为。

第 6、8、10 条的一部分作为参考的背景,无疑也是有意义的。

似乎没有必要再次申明,这里所主张的仅是假说而非定说。笔者主要想强调的是,徐福的行状和神武天皇的行状之间,令人感觉似乎不能排除可能会有某种联系,似乎不能断然地说绝对没有这种可能性。劳干在谈这个问题时的说法笔者以为是比较中肯的:"三番四复的考虑,只能下一个'证据不足,尚难采信'的判断。这并不意味排除此事发生的可能性,只是凭现有的证据,尚不能证实有此事确实发生过。"[30]

不用说,最好的证明是考古发现。不能绝对排除有关弥生时代早期的文字记录有可能被发现,虽然看起来可能性非常小;也不能绝对排除有关徐福的更多的文字记录或实物史料的被发现,当然,最期望的是在日本被发现。

因考古发现而将传说改变为史实的最好例子是殷商的历史,契机是甲骨文的被发现。有关徐福的史实以外的部分,在暂时还不能证明的情况下,上面两个假说应该可以成立。也许有一天,会有地下出土文物来作实证,学界应该或者只有认真和耐心地等待。

日本和歌山新宫市徐福墓显彰碑碑文开首一句颇可玩味,抄在这里,以为本文之结束(笔者未必一定与作者持同样观点)——

> 后之视古,其犹月夜望远耶,视其有物,不能审其形,以为人则人矣,以为兽则兽矣,以为石则石矣,虽其形不可完,而其有物也信矣。[作者仁井田好古,江户时人。碑文书于天保六年(1835)]

(1994 年 12 月于大阪)

【王妙发　日本和歌山大学经济学部助教授】

原文刊于《中国文化》1995 年 01 期

㉚　劳干:《〈徐福研究〉序》,彭双松著《徐福研究》第 9 页,富惠图书出版社(台湾苗栗市)1984 年 1 月。

泰国、朝鲜出土的中国陶瓷

冯先铭

　　我国以盛产瓷器而闻名世界,并享有"瓷国"之称。早在公元四五世纪的南朝时期,浙江青瓷已远渡重洋销往海外,公元 7 世纪初建立了强大的唐代封建帝国,经济有了较大发展,长安和扬州成为东方国际贸易都市,西亚各国商人从事贸易者络绎不绝,唐代丝绸、陶瓷等商品沿着丝绸之路及海上通路大量销往海外。宋代随着造船业的发展,进一步扩大了海外贸易与交往,为了适应当时需要,先后于广州、杭州、明州、泉州设立市舶司管理贸易事务,瓷器输出激增。元代重视海外贸易,贸易往来地区、国家及瓷器输出数量均比宋代有了很大的增长。明初郑和七次出使西洋,船队规模之大,出海人员之多是空前的,郑和的出使与宋、元时期海上贸易不同,瓷器是以礼品的形式出现,今天可以作为友好往来的历史见证。明后期经荷兰东印度公司之手,瓷器大量地转运至欧、亚各国。

　　半个世纪以来,在丝绸之路以及海上陶瓷之路上发现了不少唐代以来的陶瓷器,出土的地区亚洲有伊拉克、土耳其、伊朗、巴基斯坦、印度、斯里兰卡、泰国、柬埔寨、朝鲜、日本、印度尼西亚、马来西亚和菲律宾;非洲有埃及、肯尼亚和坦桑尼亚;拉丁美洲和美国近几年也有新发现。

　　本文仅就亚太地区的泰国和朝鲜半岛出土的中国历代陶瓷做一简要的叙述。

一、泰国出土的中国陶瓷

有关泰国出土的中国陶瓷的专题报道发表极少,有之则散见于日本出版的书籍或刊物之中,因之我对泰国出土的中国陶瓷的资料可以说是知之甚少。1980 年 5 月有机会去泰鉴定暹罗湾沉船中打捞的中国文物,此行虽为期不长,但除沉船文物之外,又参观了一些博物馆,亲眼看到一些泰国出土的中国陶瓷,初步了解到一些情况。

为数不少的中国陶瓷是在泰国南部发现的,从北大年(Pattani)、宋卡(Songkhla)、那空是贪玛叻(Nakhon Srithammarat)到素叻他尼(Suratthani)省都有出土。出土陶瓷的年代最早为唐代,最晚至清代,绝大多数为江南地区产品,以福建、浙江、江西三省占主要比重。

在曼谷国家博物馆里展览泰国素可泰(Sukhothai)窑产品外,中国陶瓷器有唐长沙窑釉下褐绿彩绘碗和越窑青瓷,通过它们可以得知最迟在 9 世纪,中国瓷器已经作为商品到达了泰国。1982 年国家博物馆在那空是贪玛叻(Nakhon Srithammarat)省古遗址发掘时出土了唐代陶瓷标本 700 余件,国家博物馆选择具有代表性的陶瓷 23 片,经我驻泰使馆转我鉴定,其中有唐邢窑白瓷 5 片,唐越窑划花碗 1 片,唐长沙窑贴花壶、釉下彩绘碗共 4 片,唐广东地区青釉盘、碗、罐 7 片(其中有梅县窑碗 2 片、高明窑碗 1 片、三水窑碗 1 片,另外还有壶、罐 3 片)、唐三彩碗 2 片、浙江黑褐釉罐 3 片和伊朗绿釉陶 5 片。邢窑白瓷、越窑青瓷,长沙窑贴花釉下彩绘及唐三彩在亚洲不少国家均有发现,唯广东地区梅县、高明、三水等窑青瓷尚属首次发现,为研究唐代外销商品瓷增添了新的内容。国家博物馆展出的还有元、明两代龙泉窑青瓷及景德镇青花瓷器。沉船打捞的文物,绝大多数为泰国陶瓷,中国瓷器只占很小比例,有龙泉窑罐、碗等器物,造型具有元末明初特征。

从沉船上打捞的大量中国铜钱中的一部分存放在沉船工作站,工作站在春武里(Chonburi),由曼谷乘车 2 小时到达。工作站为我们准备了少量打捞出的瓷器,其中有龙泉窑印花双系罐、碗及菊瓣口小碟,有越窑仿元青花碗及高足杯等器物。

打捞的铜钱数量很多,由于时间关系只鉴定了其中的一部分,计有唐开元通宝、乾元通宝;宋代铜钱最多,有太宗时期的太平通宝、淳化元宝、至道元宝,真宗时期咸平元宝、景德元宝、祥符元宝、天禧元宝,仁宗时期天圣元宝、明道元宝、嘉祐元宝,英宗时期治平元宝,神宗时期熙宁元宝、元丰元宝,哲宗时期元祐元宝、绍圣元宝、元符元宝,徽宗时期崇宁元宝、大观元宝、政和元宝、宣和元宝,宁宗时期嘉泰元宝。金代有正隆元宝,元代有正大元宝,明代有洪武通宝。

铜钱中最晚为洪武通宝。洪武曾两次铸钱,一次为洪武元年(1368),背面有"京"字;一次为洪武四年,背面无字。沉船打捞出的有"京"字,当为洪武元年所铸,从而可以确定船沉于明洪武元年以后,沉船所出商品瓷器当属洪武元年以后产品。

在泰期间还观看了大城府(Ayuthaya)出土中国瓷器及有关文物,出土文物分别在各种类型的博物馆中展出。在一座小型旧宫原状博物馆里展出八个柜子的中国瓷器,其中有出于塔基之内的元青花八方形花卉纹双兽耳盖罐,器物完整,纹饰清晰,在出土文物中是难能可贵的。塔内还出土一件元龙泉窑浮雕菊瓣纹荷叶盖罐,两件均属元代后期作品;另外展出的还有17世纪属于粤北、闽南地区的红绿彩绘大盘及清代德化窑青花碗。

在国家博物馆分馆里也展出有大城府出土的中国瓷器,有元代青花小罐三件,元龙泉窑小罐五件,此类小罐特征与菲律宾出土者略同。

大城府的挽巴茵皇家行宫表达了中泰两国人民的友谊。行宫建于清光绪十三年(1887),从建筑到宫内陈设均具中国民族形式。清朝派李德源负责筹建。行宫具广东地区建筑格局,室内为潮州金漆装修,家具为紫檀镶嵌螺甸,具广东特色;地面铺青花及粉彩方瓷砖,室内陈设粉彩地瓶,高均在1.40米以上,瓷砖及地瓶均为景德镇定烧品。此外,还定烧有书写大城府铭文的青花瓷桌面及茶具。全部瓷器是清光绪十三年烧制的,这批瓷器对于解决光绪时期传世瓷器的分期,无疑有其重要参考价值。

在大城府古城附近的河里还打捞出明景德镇青花瓷器残片达四吨之多,多为民窑青花盘碗,少数碗内绘青花,碗外绘红绿彩和描金纹饰,这类瓷器在国内也出土过,但为数不多,通过出土文物,得知青花加彩瓷器也作为商品瓷而外销。

素可泰(Sukhothai)为泰国古都,现有庙宇 127 座,古塔 108 座。20 世纪 60 年代塔内曾出土有元青花缠枝牡丹纹罐,另一座塔出土有明嘉靖、万历时期青花加彩碗 20 件,碗底有"万福攸同""富贵佳器"及仿"大明宣德年制"等款识。

在素可泰古城附近有宋加洛(Swankalok)古窑址,窑址遗留有古窑遗迹十几座,窑基保存大体完整,燃烧室、窑床、火道及烟筒均清晰可见,整个窑炉结构与我国江南地区窑炉近似。地面散布有大量青瓷及釉下彩绘残片,就釉色及装饰特征看,明显受我国龙泉及磁州两窑影响。

据暹罗史记载,泰国曾于 1293 年(元至元三十年)及 1300 年(元大德四年)两度遣使朝贡中国,其第二次进贡,曾从中国带回大匠及陶工多人,中国进步的制陶技法于是传入暹罗,Sukhodaya 和 Shrisajjanalaly 两地的古窑,都是中国人建筑的。

素可泰省收藏有宜兴砂壶数十件,是 19 世纪拉玛五世(RamaV)定烧赐给高僧的,壶的形式有多种,色有紫砂、黄砂及黑光三种,有的于壶底镌刻楷书"贡局"二字,有的于盖内或底内印有双鼠及泰文方章,一些壶底墨书泰文。黑光者质感如马金釉,似仿宣德铜炉,但壶多配以泰式铜提梁;紫砂、黄砂壶有镌刻诗句者,如"秋水明月一圆天",下有"孟臣"二字,有的壶底印"惠孟臣制"方章。惠孟臣为宜兴 18 世纪制壶名匠之一,19 世纪宜兴紫砂壶印前期名匠款识的屡见不鲜,与景德镇清代瓷器书写明代宣德、成化年号者如出一辙。19 世纪宜兴紫砂壶销泰国并镌刻"贡局"字样者,文献中未见著录,通过泰国收藏的这批紫砂壶,对于研究宜兴紫砂壶的对外传播有其一定的意义。

二、朝鲜半岛出土的中国陶瓷

根据已发表的资料得知,早在 19 世纪后期,朝鲜半岛的古墓及古遗址里不断有中国陶瓷出土,20 世纪以后,出土中国陶瓷仍时有所闻。

1983年9月在日本大阪召开的新安海底打捞文物国际学术讨论会上,有机会亲自听取了朝鲜学者所做的《南朝鲜出土中国陶瓷情况介绍》,大会并展出了新安沉船打捞的中国元代瓷器85件,加深了对朝鲜半岛出土中国陶瓷的了解。

朝鲜半岛出土的中国陶瓷,时代最早的为1971年忠清南道出土的南朝青瓷莲瓣纹罐、四系壶、碗,两件罐上都装饰有浮雕的莲瓣纹。就造型和装饰说,出土器物具有南朝时期特征,此类器物的产地为浙江地区,目前已在杭州湾一带不少瓷窑址里发现了类似的标本。

出土的唐代陶瓷有湖南长沙窑贴花人物壶两件和河南巩县窑三彩三足炉。前者约50年前出土于海州郡龙媒岛及庆州,两件均书写铭文八字,一件书"郑家小口天下有名",一件书"卞家小口天下第一",壶撇口,短颈,腹部饱满,短流,平底,壶施青釉,腹两面各贴一人物,上覆褐彩圆斑。类似堆贴人物壶在长沙窑遗址遗留很多,用褐彩书写诗句的在窑址里也出土不少,但书写带商品宣传性质的铭文尚未发现,印"张"字铭文的长沙唐墓出土过两件,与"郑""卞"都属于作坊主的标记。三彩三足炉1975年出土于庆州道,炉通体如钵而稍矮,下承以三兽足,施以黄绿蓝白等彩,三彩陶器能完整地出土是难能可贵的。与此相类似的三足炉在河南巩县也有出土,器形大体雷同,三彩色调、施釉方法也很近似。

1965年7月庆尚北道义城古墓出土唐代白瓷唾壶一件,唾壶式样与西安、洛阳唐墓所出者略同。1960年12月庆州市拼里出土唐长沙窑双系罐一件;罐体无纹饰,双系有印纹,出土时罐口覆盖一越窑碗,碗浅式,宽圈足,有紫红色支烧痕六点,具典型的唐代越窑特征。

景德镇生产的青白瓷(俗称影青)出土数量最多,有瓶、壶、炉、盒子和碗等器。瓶呈瓜棱形,壶亦有作瓜棱形的,有的带刻花装饰;炉的形式较美,下承以三层菊瓣纹座;盒子多扁形,盒盖多有印花,盒底印"□家合子记"五字铭文,出土带五字铭文的有陈、许、蔡、汪、蓝、朱、徐、程八家,可以看出景德镇南宋时仅制作瓷盒的作坊即有十几家(国内出土尚有潘、张、段、吴、余等家)之多,足见制瓷业的兴盛情况;出土的盒子也有高式呈瓜棱状的,但数量很少。出土的江南地区瓷窑产品还有江西吉州窑玳瑁釉及剪纸纹碗以及福建泉州窑黄釉褐彩鱼纹盆等物。

1976 年在全罗南道木浦市新安海底发现元代沉船一艘，到 1982 年止，经过六年的八次打捞，共获得各类文物 17947 件，其中瓷器 16792 件，包括龙泉青瓷 9639 件，占 57.28%，景德镇青白瓷 4813 件，占 28.66%，黑瓷 371 件，占 2.21%，杂釉瓷 1789 件，占 10.65%，均釉瓷 180 件，占 1.07%。打捞瓷器数量如此之多，质量之好以及品种之齐全，可以说是空前的，是 20 世纪国际考古工作的一件大事。消息公布后，引起国际考古界与各国陶瓷学者的普遍重视，并由此掀起了研究中国古陶瓷的热潮。1977、1979 和 1983 年先后在开城、香港及大阪召开了三次国际讨论会，探讨有关沉船航线、始发港口、目的地、沉没时间、瓷器烧造时间、窑口与断代等情况，并出版了介绍打捞瓷器的图录四册。

会议期间有些问题已大体上取得了一致意见，如始发港为浙江宁波，多数瓷器窑口的确定等；对沉船的国属和沉船时间还存在不同看法，对沉船的国属有中国和日本两种不同见解。

新安沉船打捞的瓷器绝大多数是 14 世纪 30 年代即元代中期产物，这批瓷器以浙江、江西两地瓷窑为主，此外还有福建、广东、河北等地少数产品，基本上反映了元代重要产瓷区的生产概况。浙江龙泉青瓷南宋时已臻于成熟，入元以后产量较南宋时成倍地增长，产品不仅行销国内各地，并且大量行销海外。新安沉船打捞的元龙泉窑青瓷多达 9600 余件惊人数字，这与瓯江两岸发现的 200 处元代窑址是相适应的，都反映了元代龙泉窑的生产能力。

景德镇宋代以烧成色质如玉的青白瓷而著名，景德镇也由此而进入宋代四大名镇行列。元代继续大量烧制瓷器，产品畅销海外。沉船打捞的元景德镇窑产品也多达 4800 余件，基本上反映了景德镇的高超制瓷工艺，通过这批瓷器可以了解元代青白瓷的主要面貌。江西吉州窑和河北磁州窑白地黑花瓷器虽然仅有几件，但不失为代表作，反映了它们的时代风格。沉船还打捞出 180 件具有钧窑特征的窑变乳浊釉花盆、鼓钉三足洗等器物，对于其产地有三种推断：(1) 江南地区产品；(2) 苏州或宜兴产品；(3) 江西景德镇产品。推论虽不同，但认为属于江南地区产品这一点是一致的。

近两年浙江金华地区考古工作者在金华铁店发现了一处专烧此类乳浊釉的元代瓷窑遗址，笔者 1983 年也对金华铁店窑做了调查，发现了与沉船打捞完全相同的花盆和三足洗等器物,从而解决了 180 件器物的具体产地。

沉船里还有三件高丽青瓷,两件为康津窑,一件为扶安窑,数量虽少,但引起各国学者的极大兴趣,并围绕着它们展开了有关沉船路线以及目的地等问题的讨论。不少学者认为沉船因故在高丽停泊过,三件高丽青瓷是在停泊期间带到船上的。笔者认为有这种可能,但不一定是唯一的,另一种可能是三件高丽青瓷是从明州港直接装船的,而不是途经高丽时带到船上的。

笔者 1983 年 9 月应邀参加会议期间的发言中谈到这一问题。高丽青瓷是受唐越窑和宋汝窑的影响开始烧制的,而且以很快的速度发展,高丽青瓷仿越窑的作品已出土不少,仿汝窑的作品传世比较多,今天珍藏在朝鲜、日本、英国等国家的博物馆。

北宋宣和年间徐兢奉命出使高丽,他撰写的《高丽图经》记录了所闻所见,他对高丽仿汝窑作品称之为"汝州新窑器";宋太平老人撰写的《袖中锦》,在"天下第一"条目里列举了当时的天下名产有高丽秘色。太平老人对定窑白瓷及高丽青瓷评价很高,宋代的汝、官、哥、钧、龙泉等青瓷名窑均名落孙山。由此可见高丽青瓷当时深受上层人士赏识,大量高丽青瓷流入临安是可以想象得到的。

20 世纪 50 年代安徽滁县出土了一件康津窑镶嵌云龙纹罐。60 年代浙江杭州宋墓出土高丽青瓷碗两件,同墓出土有绍兴十九年(1149)字铭铜印。1980 年 5 月北京丰台辽乌古论窝论墓出土一件高丽青瓷葫芦式带盖壶,窝论葬于金大定二十四年(1184),出土高丽青瓷属 12 世纪后期产品。此外,各地还出土有康津窑镶嵌青瓷器残片,北京元大都遗址出土两片,1983 年江苏扬州及浙江杭州均出土有碗和高足杯残件。

上述高丽青瓷的出土,一方面证实了《袖中锦》所记属实,同时使我们看到了驰名于当时的高丽青瓷的实物例证。基于上述情况,沉船所出三件青瓷有较大可能是从明州装船出海的,而且判明三件青瓷是放在船舱下面木箱之内,因此就更增加了这种可能性。

沉船打捞瓷器中有釉里红诗句盘一件,盘施青白釉,盘中心书"流水何太急,深宫尽日闲"唐五言诗二句,反映了唐代宫女的悲伤心情,借以抒发内心感情。宋孙光宪《北梦琐言》载,进士李茵尝游苑中,见红叶自御沟流出,上题诗即为"流水何太急,深宫尽日闲,殷勤嘱红叶,好去到人间"。釉里红诗句盘制作工序比较繁复,制瓷匠师为表达红叶传书含义,充分发挥了聪明智慧,其制作工序大体为五步,首先在半干的坯体上,用刀具在盘心刻画两片梧桐叶,其次在两片叶上各用铜红料书五言诗一句,第三道工序施透明釉,第四是在梧桐叶上用铜红料点上几点,然后装入匣钵入窑烧制。在烧制过程中,桐叶上的红点逐渐晕散,桐叶形成红色,使之符合深秋时节的自然景象。可以说此盘从构思到创作表达了元代中期景德镇制瓷匠师们的高度艺术技巧。

打捞瓷器中还有釉下黑彩描绘不同动物及花卉题材小盘十件,绘动物的有犀牛望月、鹿衔灵芝、兔子花卉等纹,绘花卉的有莲花、牡丹、梅花等纹。元代景德镇创烧青花和釉里红釉下彩绘品种早为人们所了解,但是釉下黑彩既未见诸记载,也未见过实物,景德镇湖田古窑址清理发掘中也未发现类似残片。釉下黑彩为宋磁州窑的主要品种,它以氧化铁为呈色剂,元代磁州窑仍继承这一优良传统,对各地瓷窑产生一定影响,江西吉州窑南宋到元也烧制这一品种。沉船发现十余件器物后,开阔了人们的眼界,再一次证明北方制瓷工匠云集景德镇的历史事实,也为景德镇陶歌里的"工匠来八方,器成天下走"增添了新资料。

【冯先铭　陶瓷专家,曾任故宫博物院研究员】

原文刊于《中国文化》1990 年 01 期

瞿佑的《剪灯新话》
及其在近邻韩、越和日本的回响

徐朔方　　［日］铃木阳一

一

　　瞿佑《剪灯新话》包括文言小说二十篇,外加自传性文言小说《秋香亭记》一篇。它完成于洪武十一年(1378)。

　　自序说:"余既编辑古今怪奇之事,以为《剪灯录》,凡四十卷矣。好事者每以近事相闻,远不出百年,近只在数载,襞积于中,日新月盛,习气所溺,欲罢不能,乃援笔为文以纪之。"这是说二十篇大都以真实的"近事"为依据,即使有的夹杂着鬼神怪异之谈,作者也是将它们作为真人真事而叙述的。艺术虚构往往由无意的以讹传讹的失真而形成。集中一些精彩的爱情故事,如《金凤钗记》《联芳楼记》《牡丹灯记》《渭塘奇遇记》《爱卿传》《翠翠传》可能都是如此。

　　另外题材则可能就前人的文献加工如《水宫庆会录》之于旧题苏轼《仇池笔记》卷下《广利王召》,《天台访隐录》之于陶潜《桃花源记》,《永州野庙记》之于陆龟蒙《野庙碑》等。当然口头传说和文献并没有绝对的差别,口头传说可以是还没有记录下来的文献,文献则可能是已被记录的口头传说。以口头传说为主,也可以同时参考文献,依据文献,也不排斥同时从口头传说汲取营养。

瞿佑的词曲集《乐府遗音》有《一剪梅·舟次渭塘书所见》。词云:"水边亭馆傍晴沙,不是村家,恐是仙家。竹枝低亚柳枝斜,红是桃花,白是梨花。 敲门试觅一瓯茶,惊散群鸦,唤出双鸦。临流久立自咨嗟,景又堪夸,人又堪夸。"小说《渭塘奇遇记》的青年男女主角和他们的爱情故事已经呼之欲出了。

《归田诗话》卷中《三高亭》与小说《龙堂灵会录》为伍子胥抱不平也是一脉相通。松江渭塘和吴江三高亭都离作者家乡不远。小说和《乐府遗音》的《一剪梅》词以及《归田诗话》关于三高亭的记载可能是同时的作品而略有后先。

《乐府遗音》《木兰花慢·金故宫太液池白莲》云"记前朝旧事,曾此地,会神仙"以及别的句子的句法,同小说《滕穆醉游聚景园记》或相同或近似。《剪灯新话》完成于作者三十岁出头时,金故宫无论指燕京或指南京(开封),据现存记载,瞿佑都没有去过,而南宋故都的聚景园却近在他的家乡。显然,作者是借他家乡的景色描写金故宫了,也许相反,金故宫引起了他的乡思。正如小说中的滕穆凭吊宫女卫芳华的祭文所说"中原多事,故国无君。抚光阴之过隙,视日月之奔轮。然而精灵不泯,性识长存",归根到底还是那一缕凄婉的怀旧之情,在明初而怀念动乱之前的元末那一段承平生活。《剪灯新话》对读者的魅力不在于小说的情节紧凑,故事生动,而在于他感情的深沉和执着,这恰恰是他作为《乐府遗音》的作者所独有的,如果以一般的小说艺术来要求它,未免不着边际了。

都穆《都公谈纂》根据嘉兴周鼎的说法,以为《剪灯新话》原是杨维桢的作品。他说的杨维桢同瞿家的交往是可信的,老诗人杨维桢对少年瞿佑确实产生了深远的影响。杨维桢有诗集《丽则遗音》,瞿佑也有集《乐府遗音》;杨氏晚年自号风月福人,瞿佑则以乐全叟为号。《剪灯新话》卷一《联芳楼记》可说由杨氏的诗引起。《剪灯新话》吴植、桂衡和凌云翰的序文都说是他们友人瞿佑的作品。《谈纂》的说法可说事出有因,而难以作准。

在唐宋传奇之外,收录在北宋《太平广记》里的卷帙浩繁的作品大都由委婉曲折、生动有致的文言短篇小说缩成为简短的笔记。所谓笔记小说原来可以分指笔记和小说两类,长短和艺术虚构处于它们两者之间的作品,不妨称之为笔记小说,它成为一种单一的文体。《剪灯新话》在明初的出现可以说是唐宋传奇的复兴。它同唐宋传奇一样主要以爱情故事为题材，大约占《新话》的半数。

《剪灯新话》传诵的不是科第中人和北里名媛之间的风流韵事，而是兵火之余发生在如画的江南水乡的恍惚迷离的悲欢离合。它不是旧传奇的简单复活，而带有元末明初特定的社会背景。同一般想法不同，它不带有民族矛盾的烙印，而对旧时代殷富的江南城乡带有脉脉柔情。令人惊奇的是元末明初的遗老遗少同任何朝代兴废交替的感觉相同。包括瞿佑在内，他们同明末清初的文人简直很少差别，尽管民族背景大异。

悲欢离合的恍惚迷离情调同样贯穿在带有作者自传色彩的文言短篇小说《秋香亭记》中。《剪灯新话》中带有自传和非自传色彩的作品如此协调地融合在一起，这是这些作品获得成功的秘密。

唐宋传奇中的女主角多半假借女仙、名妓或公主等特殊的身份以超出礼法的束缚，《剪灯新话》则以易代之际的离乱以解脱因袭的约束，手法虽异，目的则同。作者未必意识到这一点，效果并不因此而削弱。

《剪灯新话》以文言写成，浅近而不鄙俚，浓艳而不刻露，同爱情题材十分适合。同时插入一些诗词或骈文，适可而止，并不令人生厌。不考虑它的内容，片面地责备它文笔冗弱，有失公允。它的成功也不是"闺情""艳语"取悦时人所能说明。

《剪灯新话》成书四十一年后，出现了李昌祺的拟作《剪灯余话》，以后又有万历年间邵景詹的《觅灯因话》，可见它对后世影响深远。《新话》二十篇中，《金凤钗记》《翠翠传》《三山福地志》被改写为白话编入初、二刻《拍案惊奇》；沈璟据《金凤钗记》改编为《坠钗记》传奇，《联芳楼记》则有南戏《兰蕙联芳楼记》，《渭塘奇遇记》则有无名氏杂剧《王文秀渭塘奇遇》和叶宪祖的《渭塘梦》杂剧，《翠翠传》则有叶宪祖的杂剧《金翠寒衣记》，《绿衣人传》则有周朝俊的《红梅记》传奇，在昆剧、京戏、秦腔和其他地方戏中一直被作为保留剧目。

《剪灯新话》以它特有的诗情画意见长，因为作者本人就是一位诗人。在中国古代，诗歌包括诗和词两种主要艺术形式。词尤其适合抒写缠绵悱恻的柔情。

元末张士诚时而叛乱，时而归顺。瞿佑的童年在宁波流亡时度过。

回到杭州后，诗人杨维桢（1296—1370）同瞿家是世交。杨氏专攻《春秋》，而又擅长香奁诗,被人称为"文妖"。他既有《正统辨》那样有关《春秋》大义的奏章,主张元朝是宋朝正统的继承者,将辽金排斥在外,这是一种曲折的民族思想的表达,另一方面他又以香奁诗闻名。青年瞿佑既有《通鉴(纲目)集览镌误》(未见),又有《香奁八题》和《沁园春·鞋杯》(鞋杯指以酒盅置放在妓女的绣花鞋子中劝酒)。可见他在两个方面都接受了杨维桢的影响。

瞿佑曾仿效元好问的《唐诗鼓吹》,编选宋金元三朝的律诗一千二百首,名为《鼓吹续音》。他题了一首诗附在卷后。末句说:"举世宗唐恐未工。"这也正是杨维桢对他的影响。

瞿佑在二十岁时曾重到苏州,那是吴王张士诚覆灭的前一年,刚好没有受到牵连而受到明朝的惩罚。

瞿佑有一篇缠绵悱恻的自传体爱情小说《秋香亭记》。男主角商生是作者借孔门弟子商瞿为自己取的化名,女主角采采是已故诗人杨载和他祖姑的孙女儿。两小无猜,就被家人作为未婚夫妻看待,却因战乱而离散。采采出嫁之后仍然不忘旧情,商生也一样。瞿佑到苏州,是为了旧梦重温。这时采采已随丈夫住在南京,她和商生仍不时以寄诗表情达意。后来恍惚凄迷的恋情成为《剪灯新话》的基调,而诗词则是必不可少的穿插。

瞿佑少年多才,杨维桢、凌彦翀、丘彦能、吴敬夫等元朝遗老和他订忘年交,这加强了他创作中的追忆旧时代的情调。

瞿佑三十二岁时完成了文言短篇小说集《剪灯新话》二十篇的创作。

洪武后期,瞿佑先后任仁和、临安和河南宜阳的学官。在家乡仁和和临安是训导,后升宜阳教谕,相当于县一级的教育行政长官兼教师。

他五十四岁升南京国子监助教,中央一级的教育长官所属的低级官员,从八品。

永乐元年(1403)升为周王府的右长史,正五品。长史处理王国的政务,又负有辅导国王的职责。周王是永乐帝的同母弟,居功自大,向封地外的一些府州县擅自发布公文被告发。朝廷既对周王有所猜忌,又不愿轻易地被人看作兄弟相煎,瞿佑以辅导失职充当替罪羊,下狱后充军(编管)到塞外保安(今河北省涿鹿)。这时他已六十多岁了。

七十四岁那年，同被编管的友人胡子昂带了他保存的《剪灯新话》来访。次年，瞿佑写了一篇《重校剪灯新话后序》，而这位友人却因驻地兴和（今河北省张北）失守而死难了。

瞿佑的妻子同他分别十八年后去世。这时他已七十九岁高龄。友人劝他纳妾以缓解他的独居之苦，他没有接受。同年，他完成了《归田诗话》。《四库全书总目》批评它"所见颇浅"，疏于考证，同时也赞许它所记载的元末文人事迹可供采择。

由于太师英国公张辅的保奏，他在这一年从关外召还，在张家做家庭教师。他庆幸自己平安归来，以"乐全叟"为号。

三年后，他启程回到南京长子住所，次年回到次子松江训导瞿达那里。在故乡杭州，他已经没有自己的住所，但还是回去了一次。纪行的诗编为《乐全稿》和续集。

1433 年，他以八十七岁高龄去世。

二

中国同近邻友邦的交往以朝鲜为最早。朝鲜同明朝的关系限于封建时代宗主国和藩属的关系，明朝没有对它发动战争或进行直接统治。相反，在日本入侵时，明朝还出兵援助朝鲜抗战。因此，朝鲜金时习在《剪灯新话》影响下所写的汉文文言短篇小说集《金鳌新话》没有像越南阮屿的《传奇漫录》那样对"北朝"和"吴兵"作指斥和控诉，还在《醉游浮碧亭记》和《南炎浮洲志》分别采用明朝的年号"天顺（1457—1464）初"和"成化（1465—1487）初"。不仅如此，《醉游浮碧亭记》一开始就标明周武王克商，封箕子于朝鲜，平壤被称为箕城。女主角自称"殷王之裔，箕氏之女，我先祖实封于此。礼乐典型，悉遵汤训，以八条教民。文物鲜华，千有余年。一旦天步艰难，灾患奄至。先考败绩匹夫之手，遂失宗社。卫瞒（汉籍作卫满）乘时窃其宝位，而朝鲜之业坠矣"。日本学者小野湖山评小说"有麦秀殷墟之叹"句说："殷墟二字，不泛。"这是不错的。女主角自己认为是国王箕准的女儿，为"此国之鼻祖"即传说中的檀君接引而升天。显然这是对朝鲜开国的两个最有影响的箕子传说和檀君传说的结合。小说以男主角受封"河鼓幕下为从事"升天而结束。这则爱情故事实质上是对中韩两国人民传统友谊的讴歌。

《南炎浮洲志》，南炎浮洲当是佛经中所说的南阎浮提洲的误传，阎误作炎，然后又望文生义地同"火炎涨天，融融勃勃"加以穿凿附会。这是作者的虚构。小说又以南炎浮洲(南阎浮提洲的误传)同阎罗王相联系，这是中国民间以讹传讹的"创造"，作者只是被动地接受而已。

小说说："故与浮屠交，如韩之颠、柳之巽者，不过二三人；浮屠亦以文士交，如远之宗、雷，遁之王、谢，为莫逆友。"韩指韩愈，颠指韩的友人僧大颠，柳指柳宗元，巽指柳的友人巽上人；远、遁指释慧远、支遁，宗、雷指宗炳、雷次宗；王、谢指支遁的友人王羲之、谢安。小说又说："夜则凄风自西，砭人肌骨，吒波不胜。""吒波"是"吒吒波波罗罗"的简化，原出佛典，指人在寒冷时自然发出的声音。可见作者对中国古籍的修养很深，如果再作进一步提高，南阎浮提洲误会为南炎浮洲的事就不会发生，那就不会有这篇小说了。

最易见出《金鳌新话》来源于瞿佑《剪灯新话》的是《龙宫赴宴录》，这是瞿佑《水宫庆会录》的套用，人和地都由中国换成韩国。结构雷同，原为新构宫殿改为营建佳会阁，迎请人间文士到龙宫(水宫)撰写上梁文，上梁文各以东、南、西、北、上、下为韵也一样。

另外两篇《万福寺樗蒲记》和《李生窥墙记》都写才子和女鬼的情缘，前者少女"当寇贼(倭寇)伤乱之时，死于干戈，不能宛岁"，后者则才子和佳人原已由窥墙而幽会，终于正式成婚，"辛丑年(恭愍王十年，1361)红贼据京城……女为贼所房，欲逼之。女大骂……贼怒，杀而剐之"，后又人鬼结合。女鬼要求丈夫"拾骨附葬于亲墓傍。既葬，生亦以追念之故，得病数月而卒"。这两个爱情故事都以诗词传情，都以战乱为背景，这两点正是《剪灯新话》爱情故事的特色。

《金鳌新话》明治十七年(1884)日本东京梅月堂刊本，韩国学文献研究所1974年影印本，卷首有《梅月堂小传》。据小传，金时习字烈卿，号梅月堂。光山人。"年十三，闻端宗逊位于世祖，大哭，佯狂，尽焚其书，中夜被发而逃"，后削发为僧。《金鳌新话》当作者三十一岁至三十六岁隐居于金鳌山时所作。据朝鲜史书记载,他的生卒年为1435—1493。端宗逊位在1455,那时他二十一岁。传文"年十三"显然有误。"大哭,佯狂"云云也不是十三岁少年做得出的举动。大朝鲜开国四百九十三年(1880)汉阳(汉城)李树廷的跋说:"考以年代,瞿佑明季之人,在先生之后百余年。故后人疑其雷同,而且书中诗词不甚工,遂有鱼目之辨。其实取固有者载之,非梅月堂之杜撰故尔。"按,瞿佑生于1347年,早于金时习88年,李树廷所云不足为据,他所提出的解释也不值一辩了。金时习的《金鳌新话》模拟瞿佑的《剪灯新话》,这是无可否认的事实。

三

瞿佑的文言短篇小说集《剪灯新话》(1378)大约在一个半世纪后在越南出现了阮屿的仿作《传奇漫录》。阮的父亲翔缥是1496年的同进士。黎贵淳(1726—1784)的《见闻小录》卷五《才品》说:阮屿"后以伪莫篡窃,誓不出仕,居乡授徒,足不出城市。著《传奇漫录》四卷。文辞清丽,时人称之"。莫登庸建立的越南王朝始于1527年,《传奇漫录》当成书于此后。何永汉序署"永定初年秋七月",永定只有一年(1547),这是《传奇漫录》成书年代的下限。

何序说:"其文辞不出宗吉(瞿佑)藩篱之外。"《传奇漫录》全书二十篇,分四卷,同《剪灯新话》一样。《项王祠记》为项羽翻案,连"项王语塞,面色如土"也模仿《剪灯新话》的《龙堂灵会录》:"相国(范蠡)面色如土,不敢出声。"当然像这样有迹可循的模拟痕迹并不太多。带有创造性的模拟不会是简单地依样画葫芦。同是龙王水府的故事,《龙庭对讼录》大异于《剪灯新话》的《龙堂灵会录》;同是荒祠野庙,《伞圆祠判事录》不是《剪灯新话》的《永州野庙记》可比;同是世外桃源,《徐式仙婚录》《那山樵对录》都不像《剪灯新话》的《天台访隐录》那样不关男女私情。作为越南后来一系列汉文传奇小说的开拓者,《传奇漫录》在《剪灯新话》的影响下自有它不可替代的特色。

瞿佑出生在元末,《剪灯新话》完成于洪武十一年(1378),他所描写的悲欢离合的故事因夹杂着易代之感而带有恍惚迷离的悲意,如作者自序所说那些都是"近事","远不出百年,近只在数载"。令人惊异的是占《传奇漫录》的半数篇章都以1404—1436年越南历史上的一个关键时期为背景,而下距作者创作年代约有一个世纪之久。瞿佑上距他所写的时代多数只有短短几年,阮屿则上距他所写的年代相当久远。这是他们的不同。两者所写的年代都是战乱的岁月。这又是他们的相同。瞿佑经历元末红巾起义,朱元璋、张士诚、方国珍的群雄割据,战火可说烧到了他的身边。他是汉族人,被推翻或正在被推翻的是蒙古族建立的元朝。他对同民族的朱元璋统治和张士诚割据都没有太大的好感,就他的思想感情来说他倒更像元朝的遗少,正如同那时的多数文人一样。他在晚年被长期流放到塞外,并不是由于"诗祸",如同有些记载说的那样,而是他奉命辅导的周王同朝廷有矛盾,惩罚无辜地落到他的头上。

1404—1436年在越南历史上是一个关键时期。它北方的封建帝国明朝正处于极盛时期。掌握强大武力的明朝永乐皇帝朱棣派遣大军护送前安南国王陈日煃的弟弟天平返回越南。据越南历史记载,陈天平(越南文献作添平)不过是王室陈元辉的家奴阮康的冒名。1406年朱棣以朱能为征夷将军,以沐晟、张辅为副将,率领大军讨伐安南。次年擒获安南胡朝君主胡季牦父子,并设立交趾布政司,企图并吞安南,把它变成明朝的一个行省。1418年越南人民在黎利的杰出领导下在蓝山举行大起义,以多次军事胜利,挫败了侵略者,迫使明朝在1427年全部撤回文武官员和驻军,这是越南人民的伟大胜利。尽管如此,明朝还是坚持立陈暠为安南国王,直到1436年,黎朝太祖黎利的儿子黎麟即位,黎氏才得到明朝的承认,封为安南国王。

《传奇漫录》继承唐宋传奇的传统,以神怪和爱情故事为题材,但它半数以上的篇章以明军入侵和越南人民英勇抗战的动乱岁月作为时代背景。列举如下:

《快州义妇传》女主角徐蕊卿"窃听诸仙语,谓胡朝(胡季牦建立于1400年,《明史》作黎季牦)讫篆,丙戌岁(1406)兵革大起……只恐玉石俱焚,时有真人姓黎(名利)从西南方出。勉教二子坚与追随……及黎太祖蓝山奋剑,二子以兵从之"。

《伞圆祠判事录》："胡氏末（1406），吴兵（明军）侵掠，地为战场。沐晟（明朝侵略军副将）部将有崔百户者，阵亡于祠所。"

《那山樵对录》："后胡开大，汉苍（《明史》作黎苍，季牦之子）出猎……明师纳款以求退……后二胡（指胡季牦父子）得祸……""二胡得祸"，指1407年胡季牦父子为明军所俘，那时没有"明师纳款以求退"之事，所以小说中樵夫说："若子之言，无乃铺张过甚，听之令人面赧而心怍。"

《东潮废寺传》"后陈简定帝时，连年兵火，煨焚畿尽……吴兵既退，民始复业"。据《明史·成祖本纪》，简定（越南史书又作陈顾）在1408年起兵反明，次年被俘。

《南昌女子录》"胡开大末，伪陈添平还国，犯支稜关（谅山）"。

《李将军传》"后陈简定帝之即位谟渡也，四方豪杰，远近响应。各招集徒侣，为勤王之师"。时在1407年。

《丽娘传》"胡氏末，明将张辅分兵入寇，侵掠京城……会简定帝起兵长安州……吕毅果拔垒宵遁……退保谅山北峨驿……会有燕台赍班师诏书至者，张辅督诸军还，上道有日矣……及黎太祖起兵蓝山乡，生以宿恨未偿，将兵应募。凡遇明朝将校，无不剪灭，故荡平吴寇，生多有力焉"。张辅分兵入寇在1407年，明朝都督金事吕毅同年十二月战死。张辅率部回国在次年。黎太祖起兵则在1418年。

此外，如《徐式仙婚录》《昌江妖怪录》《翠绡传》《沱江夜饮记》《夜叉部帅录》只记录年代，没有提及战争，不引录。

汉文化对包括越南在内的周边国家的影响大约相当于拉丁文化对西欧和南欧的影响。它一度是周边国家的文化摇篮，到它们发展成为现代国家时拉丁文化又成为民族文化发展的障碍。在政治上可能问题更为严重，一方是宗主国或扩张主义国家，另一方则是新兴的民族独立国家。这是历史遗留的复杂而又微妙的国际关系。《传奇漫录》的作者对此问题的处理可说恰到好处。他既不因为明军入侵使祖国陷入水深火热的灾难中而迁怒于汉文化，也不因为自己具有高度的汉文化素养而动摇他的爱国心。《快州义妇传》，他让男主角和义妇阴魂的重逢特地安排在民族英雄征王祠下；他不承认陈添平是陈朝的王子。明朝入侵者没有人具有正面形象,只有与此相反;但他对本国君臣也不是一味讴歌。《那山樵对录》借樵夫之口抨击国君胡汉苍(《明史》作黎苍)"言多诡谲,性多贪欲""用金如草芥,使钱如泥沙。狱因贿而成,官以财而叙";而《李将军传》则是对胡作非为的权臣的鞭笞。

《传奇漫录》中的作品明显脱胎于《剪灯新话》,而又最能推陈出新显示自己特色的首推《伞圆祠判事录》。《剪灯新话》的《永州野庙记》可说是唐代陆龟蒙《野庙碑》的故事化。陆龟蒙以抒写水乡隐居诗得名,他的小品文却锋芒毕露。他指出"升阶级,坐堂筵,耳弦匏,口粱肉,载车马"的高官大吏,只要老百姓对他们的奉献差了那么一点点,他们就"发悍吏,肆淫刑",强迫他们做到。"平居无事,指为贤良,一旦有天下之忧",那就对不起,变成泥塑木雕一样。瞿佑从这篇小品文得到灵感,他虚构了一个野庙。过往行人如果不对神灵奉献祭礼,就会飞沙走石,阴兵紧追。有一书生经过这里,不愿祭献,遭到惩罚。脱险之后,他到南岳祠去告状。南岳大帝差吏士押解野庙神前来对质。野庙神说是蛇精兴妖作怪,他无力制止。在阮屿的笔下,蛇精改为明朝入侵军官崔百户"阵亡于祠所,自是以来转作妖怪。民至倾赀破产,犹不足以供祈祷"。野庙神则改为生前"以死勤王"的神灵。他要求书生做一个刚正的"人间直士",终于将崔百户这个"北朝偾将,南国羁魂"打入地狱。瞿佑笔下的一个普通的神怪故事,在《传奇漫录》中改造成为闪烁着爱国精神的动人篇章。

《剪灯新话》传入越南的年代难以查明。何永汉《传奇漫录序》(1547)说:"其文辞不出宗吉(瞿佑)藩篱之外。"可见在那时越南的汉学家对《剪灯新话》相当熟悉,而《新编传奇漫录增补解音集注》据1763年刊本过录,《龙庭对讼录》注全文引录《广利海神传》,却只知道它引自类书《天下异纪》,而不知道它是《剪灯新话》之《龙堂灵会录》的原文。由此可以想象《剪灯新话》在越南原本相当流行,到十八世纪时却少见了。敢于为《传奇漫录》作详注的汉学家不会是孤陋寡闻的人,然而他就不知道《剪灯新话》。

本文愿意提供一条线索,太师英国公张辅在永乐年间曾四次作为主将或副将出征安南,而若干年后他正是《剪灯新话》作者瞿佑的恩主。时间则在洪熙元年(1425),上距张辅最后一次出征不过十年。张辅上奏章让瞿佑从塞外归来,并在他家教习子弟三年,后来又以"家舰"远送瞿佑还乡。张辅在出征时可能已经对瞿佑和他的《剪灯新话》发生兴趣。由于明朝入侵和张辅的关系使得《剪灯新话》流行于当时的安南,这样的可能性难以排除。

四

《剪灯新话》最早传入朝鲜,由金时习(1435—1493)改编为《金鳌新话》,1658年附以训点(即加上假名训读),在日本出版,明治十七年(1884)又有东京梅月堂刊本。

《剪灯新话》在日本庆长年间(1596—1615)刊行了活字本四卷。这时正当德川幕府经历长期战争之后,人们对战死者深怀悲痛、哀悼与畏惧的思念,以鬼怪故事为内容的"怪谈"小说(故事)遂应运而起。日本本土的民间故事、佛教故事和来自中国的文言笔记小说成为"怪谈"的三个来源。外来小说只有在或多或少地日本化之后才为日本广大读者所爱好。《剪灯新话》的《牡丹灯记》由僧侣浅井了意(约1611—1690)改编成为《伽婢子》中的《牡丹灯笼》,在1666年出版。

伽婢子的原意指陪睡的婢女,而实际上它是防止鬼怪对幼儿作祟的一种布娃娃,通常它和纸狗之类一起放在枕边。女儿长大出嫁时将它带走,或者孩子夭折时将它放进棺材。这都是为了避邪。瞿佑原著中的丫鬟是作为殉葬品的纸人,或称"明器婢子"。日本除了第五至七世纪的古坟时代外,不用殉葬品,因此浅井了意才将它改为伽婢子。有时为了表示对它亲昵,也称御伽婢子。这有如苏州、温州一带的人常常取人姓名的最后一个字,上加一个"阿"作为爱称一样。

按照瞿佑的原作,故事发生在元宵节,为了切合日本的风俗,《伽婢子》所收的《牡丹灯笼》改为发生在中元节,一称盂兰盆节。

在《伽婢子》刊行以后二百年,由于说唱艺术家三游亭圆朝(1839—1900)成功地将《牡丹灯笼》用落语改编而成为风行日本的作品,大多数人都不知道它是瞿佑《牡丹灯记》的改编。当时的说唱艺术形式一是以讲史为主的讲释,另一种则是以街谈巷语为主的富有人情味的说唱艺术——咄,它在歌舞伎的影响下快速地成长和发展。圆朝就是江户时代杰出的咄家之一。

1885 年圆朝表演的《牡丹灯笼》有了书面的速记本,它在《大和新闻》上发表,受到热烈欢迎。坪内逍遥(1859—1935)等杰出作家乐于以圆朝的文学语言作为新小说的范本。这是中日文化交流史上少有的成功范例。

【附记】 本文第一至三节由徐朔方执笔,第四节由日本神奈川大学铃木阳一教授以汉语撰写的论文《牡丹灯记在日本》缩写而成。

【徐朔方 曾任浙江大学中文系教授

铃木阳一 日本神奈川大学教授】

原文刊于《中国文化》1995 年 02 期

想象异域悲情

朝鲜使者关于季文兰题诗的两百年遐想

葛兆光

引子：江南女子季文兰的题诗

康熙二十二年（1683），来自关外的满人打败明王朝建立大清帝国，已经整整四十年了。不仅原来中国的汉族人已经渐渐习惯了异族新政权，就连一直相当固执地认定清朝是蛮夷的朝鲜人，尽管心底里始终还怀念大明王朝，但对这个日渐稳定的新帝国也无可奈何，只好承认它的合法性和权威性，把原来对大明帝国的朝贡，原封不动地转输给了新朝。这一年初冬，朝鲜使者金锡胄（1634—1684）奉命出使清国，经过多日跋涉后，进了山海关，有一天，使团一行到了丰润县附近的榛子店，在中午息歇时，金锡胄无意中看到，在姓高的一户人家墙上有一首旧日的题诗：

> 椎髻空怜昔日妆，红裙换着越罗裳，
> 爷娘生死知何处，痛杀春风上沈阳。

诗下还有小序,记载着这个题诗者的经历和悲哀,"奴江右虞尚卿秀才妻也,夫被戮,奴被掳,今为王章京所买,戊午正月二十一日,洒泪拂壁书此,唯望天下有心人见而怜之",尾题"季文兰书"①。

原来,这个题诗的江南女子叫作季文兰,丈夫被清人杀害之后,被王章京买去沈阳,不仅是生离死别,远赴殊方,而且被掳入天寒地冻的北方蛮夷之地,比起远嫁匈奴的王昭君和蔡文姬,仿佛更加多一重被迫为奴的痛苦。在始终对清王朝怀有偏见的朝鲜使者看来,季文兰的题诗,当然象征的是汉族江南人对北方入侵蛮族的痛诉。越罗裳换了蛮衣衫,江南繁华换了关外荒凉,爷娘亲人换了陌生人,所以,同样心里深藏着对满人鄙夷的朝鲜使者,便不断想象着这个弱女子的痛苦、无奈、屈辱和哀伤。当时,金锡胄就写下了两首和诗,一首是:"绰约云鬟罢旧妆,胡笳几拍泪盈裳。谁能更有曹公力,迎取文姬入洛阳。"另一首则是:"已改尖靴女直妆,谁将莲袜掩罗裳。唯应夜月鸣环珮,魂梦依依到吉阳(下注:吉阳即古袁州,今江南地也)。"他在诗里感慨,在中国,再也没有人能像当年曹操从匈奴那里赎回蔡文姬一样,把季文兰解救出来了,他想象,这个苦命的女子也许可以在梦中魂回故乡,无可奈何之下,他只能为这个弱女子一洒同情之泪②。

明清易代,对于一直怀念和感恩于大明帝国特别是对自己国家有"再造之恩"的万历皇帝的朝鲜人来说,简直是天崩地陷,"万代衣冠终泯灭,百年流俗尽蒙尘",他们很难想象这个一直被当作文明中心的"天朝",怎么竟然会在数年之间,就一下子变成了"蛮夷"。在一直坚持奉皇明正朔、书崇祯年号的朝鲜人心里,充满了对于历史的想象,在这个想象世界中,季文兰就是明清易代的落难者,在季文兰身上演出的就是明清之际的悲剧。所以,他们一而再,再而三地为她抒发朝代兴衰、华夷变态的感慨。在现存的几百种朝鲜使者出使清朝的日记、笔记

① 见金锡胄《捣椒录》,林基中编《燕行录全集》第二十四卷,东国大学校韩国文学研究所,2001年,第69页。以下凡引《燕行录全集》均此本。
② 其实,在三年前的康熙十九年,一个叫申晸(1628—1687)的朝鲜使者就已经从一个姓睦的书状那里听说榛子店有这首题诗,而且睦氏凭记忆向申氏转述了诗歌及跋语的字句,比起亲眼看到的金锡胄,似乎还多一些内容,是否在金锡胄看到的时候,题诗的字句已经漫漶?这就不得而知了。见申晸《燕行录》,载《燕行录全集》第二十二卷,第480页。这一条资料,承南京大学中文系张伯伟教授提示。

和诗集中,留下了好多对此事发感慨的诗文。金锡胄路过之后两年,也就是康熙二十四年(1685),作为到清国贺岁兼谢恩副使的崔锡鼎(1646—1715)路过此地,也写了一首和诗,说"纤眉宝髻为谁妆,染泪潇湘六幅裳。却羡春鸿归塞远,秋来犹得更随阳。"③此后,"榛子店"就成了一个象征,朝鲜人只要路过,就会想起这个弱女子来④。偏偏这里又是清帝国规定的朝鲜朝贡使必经之路,于是,一首又一首追忆季文兰的诗歌就不断出现。他们想象季文兰的题诗是献给前明凄哀的挽歌。乾隆年间,李坤(1737—1795)路过榛子店,就遥想当年说,"此店原有江南女人季文兰壁上所题诗,即悼念皇明,有慷慨语云,而今已泯灭无迹,欲寻不得,只诵天下有心人见此之句,而为之兴感"⑤。嘉庆年间,徐有闻(1762—?)想起季文兰的故事,也说是"大明末年江南女子□文兰被虏向沈阳时所作也"⑥,而另一个姜浚钦(1768—?)更是清清楚楚地说,作者是"明季江南女子季文兰"。

在朝鲜人的想象中,季文兰被当成一种历史回忆,她就是明清易代时的悲剧主角,她的诗中透露的,就是前明江南汉族人在战乱中的悲情。

一、想象中总是以夷乱华的离散悲剧

兵荒马乱的时代常常上演家庭离散的悲剧,这些悲剧总是引出对战争的悲情,传为元代关汉卿的《闺怨佳人拜月亭》和施惠的南戏《幽闺怨佳人拜月记》写的是同一个故事,记载那个改朝换代的战争里面人们的凄惶,"风雨催人辞故国,行一步,一叹息,两行愁泪脸边垂,一点雨间一行恓惶泪,一阵风对一声长吁气"⑦。这个故事后来在《六十种曲》里面改名作《幽闺记》,唱词里也说"怎忍见

---

③ 崔锡鼎:《椒余录》,《燕行录全集》第二十九卷,第 412 页。他在康熙三十六年(1697)再度出使的时候,经过这里,又写了一首《榛子店》,首句就是"季女何年过此村,至今行客暗伤魂",见其《蔗回录》,《燕行录全集》第二十九卷,第 364 页。

④ 例如李颐命(1658—1722)《燕行诗》就有《榛子店次副使次季文兰韵》两首,写于康熙年间,《燕行录全集》第三十四卷,第 88 页。

⑤ 李坤(1737—1795)《燕行纪事》上,第 586 页,《燕行录选集》下册,韩国成均馆大学,1962,下引《选集》均同此。

⑥ 徐有闻:《戊午燕录》,《燕行录全集》第六十二卷,第 173—174 页。

⑦ 关汉卿《闺怨佳人拜月亭》,王季思主编《全元散曲》第一册,人民文学出版社,1999 年,第 427—428 页。

夫挈其妻,兄携其弟,母抱其儿。城市中喧喧嚷嚷,村野间哭哭啼啼。可惜车驾奔驰,生民涂炭,宗庙丘墟"⑧。不过,有一点很值得深思,这出悲剧原来写的是蒙古兵入侵大金朝,蒙古固然是北狄,可金朝女真在汉族中国人看来也是蛮人,但是,在后来的记述中,这样的战乱离散,好像只是属于汉族人的,只有以夷乱华才会演出如此凄惨的故事。所以在记忆中,战乱仿佛总是被置于"蛮族入侵"和"文明遭劫"的背景下,像《幽闺记》里面,就好像忘了金朝原来也是"番邦",倒把骑马入侵劫掠的人叫作"蠢尔番兵",把虎狼扰乱大金朝的情势叫作"势压中华",说是"胡儿胡女惯能骑战马,因贪财宝到中华"⑨。所以,这悲情又常常糊里糊涂就被引向华夷之分背景下的民族仇恨,像《醒世恒言》第十九卷《白玉娘忍苦成夫》里被掳的白玉娘,后来被改成《生死恨》京剧中的韩玉娘,有一段唱就是"说什么花好月圆人亦寿,山河万里几多愁。金酋铁骑豺狼寇,他那里饮马黄河血染流。尝胆卧薪权忍受,从来强项不低头。思悠悠来恨悠悠,故国月明在哪一州"⑩。

历史上,中国曾经有太多的改朝换代,改朝换代里又有不少不只是皇帝改易了姓氏而且是皇帝换了民族,像蒙元代替了大宋,"内北国而外中国,内北人而外南人",就让汉族中国人平添了好多"遗民"⑪,而清朝替代了大明,剃发易服,也让汉族人着实悲伤了很久。不过,时间似乎总是很好的疗伤剂,时间一长,伤口就渐渐平复,历史也就被当作遥远的记忆,放进了博物馆,除了还记得沧桑的人看到会唏嘘一番之外,大多数人都会把这种惨痛淡忘到脑后。在大多数汉族中国人都渐渐心情平静的时代,倒是固执的朝鲜人,却总是在心底里替汉族中国人保留着一份回忆,当他们的使者来到中国的时候,就非常敏感地寻找民族悲情。看到季文兰的题诗,就会想到,"海内丧乱,生民罹毒,闺中兰蕙之质,亦未免沦没异域,千古怨恨,不独蔡文姬一人而已"。在他们的心里,最不能释怀的是,中国人为什么这么容易就忘记了明清易代的惨痛历史。

---

⑧ 《幽闺记》,《六十种曲》第三册,中华书局重印本,1982 年,第 7—8 页。

⑨ 同上,第 3 页。

⑩ 《醒世恒言》第十九卷,人民文学出版社,1956 年,第 391 页以下;《新编京剧大观》,北京出版社,1989 年,第 498 页。

⑪ 叶子奇《草木子》卷三上《克谨篇》,中华书局,1959 年,第 55 页,又参看第 49—50 页。

季文兰的那首题诗,就是这样被朝鲜使者一次又一次地从历史招回现实。

二、季文兰题诗故事:成为典故与象征

其实,并没有多少朝鲜使者亲眼看到过这首诗。最早听说这首诗的申晸本人,并没有亲眼看到它,而当年金锡胄看到题诗的时候,已经有一些字漫漶不清,仅仅七年后的康熙二十九年(1690),随冬至使团入燕京的徐文重(1634—1709)路过此地,已经说季文兰题诗"今漫漶无存"⑫。到了康熙三十六年(1697),崔锡鼎路过榛子店的时候,更只是借着当年的回忆,在想象中感慨"素壁题诗字半昏"。二十多年后(1720),在李宜显(1669—1745)不那么清楚的记载中也已经说,季文兰诗由于人家"改墁其壁,仍至泯灭云"⑬。泯灭归泯灭,泯灭的只是在壁上的题诗,但在朝鲜使者的历史记忆里面,它却始终留存。

康熙过了是雍正,雍正以后到乾隆。每一年,朝鲜使者要到大清国来贺岁谢恩,奉命前来的使者,大都事先看过很多前辈的诗文。《燕行录》里很多记载中国当年风景文物世俗的文字,并不见得都来自亲眼看见,很多有关中国的风物、很多故事甚至很多感慨,很可能都来自文学和历史的典故代代沿袭。不管看没看见真的季文兰题诗,朝鲜使者一到这个地方就要对想象中的这个女子吟一吟诗,雍正十年(1732),韩德厚经过榛子店,就凭了阅读金锡胄的想象和记忆,说"清初江右女子季文兰,士族也,颜貌绝丽,又能歌诗,为胡人所掳过此店,题怨诗于壁上……,清城金相公奉使时,适见壁诗。文兰则莫究所终焉。"⑭到了乾隆年间的李坤(1737—1795)路过榛子店,虽然一面说季文兰壁上所题诗,"而今已泯灭无迹,欲寻不得",但是一面又好像亲眼所见似的,照样悲悲切切地想象着当年的悲情。乾隆四十七年(1782)作为冬至谢恩副使的洪良浩(1724—1802)路过榛子店,也写道:

---

⑫ 徐文重:《燕行日录》,《燕行录选集》下册,第268页。
⑬ 《庚子燕行杂识》,见《陶谷集》卷二十九、三十,《燕行录选集》下册,第483页。
⑭ 《承旨公燕行日录》,《燕行录选集》下册,第531页。

> 偶过榛子店,遥忆季文兰,
>
> 古驿春重到,辽城鹤未还。
>
> 空留题壁字,何处望夫山,
>
> 蔡女无人赎,遥瞻汉月弯⑮。

尽管那个时候,榛子店的墙壁上早就没有季文兰的题诗了,就连当地人,也已经记不得有这回事了,到了乾隆五十年(1785),这里早已经是"数株垂杨,摇曳春风。欲觅壁上题字,了不可得,且举其事问诸店人,漠然无知者"⑯。

"举目山河异昔时,风光纵好不吟诗。胸中多少伤心事,尽入征人半蹙眉。""兹行归自黍离墟,痛哭山河属丑渠。况复箕都逢壬岁,小邦悲慕更何如。"⑰对于满族入主中国,成了新的统治者,朝鲜人似乎比汉族人还要介意,他们出使北京的路上,只要一有感触,就会写诗,只要一看到可以联想的题诗,就会感慨万端,像乾隆五十一年,曾经中过状元的沈乐洙(1739—1799),出山海关过王家台,看见墙壁上题有一诗"长脚奸臣长舌妻,苦将忠孝受凌迟。乾坤默默终无报,地府冥冥果有私。黄桔主谋千载恨,青衣酌酒两宫悲。胡铨若教阎罗做,拿住奸臣万剥皮",虽然明明知道它的水平不高,而且有欠格律,但是,他想象这是汉族人指桑骂槐,有激而发,就说"于此亦可知海内人心可悲也"⑱。所以,季文兰的那首已经随着坏壁消失了的题诗,就成了他们唤回历史记忆的契机,只要经过榛子店,它就会从心底里搅起他们的浮想涟漪。乾隆五十八年(1793)的谢恩副使李在学(1745—1806)经过此处时写道:

> 痴儿金货买残妆,尚忆征车泪染裳。

---

⑮ 《燕云纪行》,载《燕行录全集》第四十一卷,第273—274页

⑯ 佚名:《燕行录》,《燕行录全集》第七十卷,第42—43页。

⑰ 闵镇远:(1664—1736)《燕行录》,《燕行录选集》下册,第332页,第348页。

⑱ 《燕行日乘》,《燕行录全集》第五十七卷,第87—88页。

壁上芳诗无觅处，一尊惆怅酹斜阳。[19]

道光八年（1828），上距季文兰被掳已经整整一百五十年，离开明朝覆亡也已经近两百年，朴思浩经过此地，仍然写得悲悲切切：

塞天漠漠晓啼妆，尚忆阿娘作嫁裳。
梦里江南春草绿，芳心应羡雁随阳[20]。

三、凭想象改塑历史

可是蹊跷的是，大多数朝鲜使者在有意无意之间，都把季文兰故事想象成了明清易代时候的历史断片，时间越久，这种想象仿佛就成了历史。可是，这里却有一个破绽在，所有的资料都证明，当年金锡胄看到的这首诗，明明写于"戊午年正月二十一日"，然而，这个戊午如果不是后金国天命三年即明万历四十六年（1618），那么，就应当是大清康熙十七年（1678）。可是，万历四十六年的时候，明帝国控制着关内，清朝人不可能从这里把江南女子掳到沈阳，而康熙十七年，明朝已经覆亡，清人却已经不需要与明朝人在北京附近打仗了。那么，把季文兰想象成明清易代时的落难人，把这首诗解读成明清之际的悲剧记录，不免就有些落空。

文学家常常在前台看戏，随着戏中人泪水涟涟，可是历史家却总是到后台窥戏，看到卸妆以后种种"煞风景"的情态。从想象中稍稍清醒一下，朝鲜人也会看到这里的历史裂缝，于是不免匆匆去修补一下。乾隆五十八年（1793），李在学路过这个地方，在一个姓张的人家歇脚，想起这段往事，便写道，"天启中东使过此，招问此媪，具言五六年前沈阳王章京用白金七十两买此女过此，悲楚惨黯

---

[19] 《榛子店古有江右女子季文兰题壁诗，语甚凄切，多见于东人诗集，今过其店，用原韵次之》，载李在学《癸丑燕行诗》，《燕行录全集》第五十七卷，第486页。

[20] 朴思浩：《心田稿·燕行杂著》，《燕行录选集》上册，第845页。

之中,姿态尚娇艳动人",又说"今距天启已近二百年,店舍亦墟,不可复寻"㉑,有意无意中,他把题诗的时间一下子从康熙年间,提前到了明代天启年间,也许他意识到了康熙十七年的季文兰并不是明清落难人?

可是,换了"天启"并不管用。因为天启年间并没有一个戊午,事实上,只剩下了康熙十七年(1678)这一个可能。然而,康熙十七年并不是清兵入关征服中原的时代,倒是吴三桂叛乱反清(康熙十二年,1673)之后,清兵与叛军大战的第五年㉒,这个时候被掳为奴,恐怕并不是明清易代时遭遇世变的江南女子,即使她有故国之思,似乎怀念的也不一定就是朝鲜使者想象中的"皇明"。

其实,事情一直很清楚。康熙二十二年金锡胄路过榛子店看到这首诗的时候,就已经让他的副使柳氏招呼这座房舍的女主人询问过,而"媪具(言)五六年前,沈阳王章京以白金七十两买此女过此",五六年前,恰恰就是康熙十七年前后,这时被掳的季文兰,恐怕就是属于吴三桂一部的家属,所以,康熙二十九年(1690)的徐文重(1634—1709)在《燕行日录》中说的季氏,就是"顷年吴三桂平后,南中士女为沈阳王章京者掠去"㉓,而康熙四十年(1701)姜鋧到榛子店的时候,也清楚地记载说,"此乃吴三桂起兵南方也,江州秀才之妻为北兵所掳,怆感伤悼,而有此作也"㉔。只是在稍稍时间流逝以后,固执的朝鲜人就是要把江南女子季文兰当成大明秀才的妻子,就是要把满洲王章京以七十两白金买她上沈阳,想象成明清之际蛮夷乱华的一出悲剧。

朝鲜人很不喜欢吴三桂。一开始,他们还期待他作三国蜀汉假降邓艾却试图复兴汉室的姜维,"我东闻中原人,皆以为三桂必复立皇明子孙以图复兴云"㉕,但是,在康熙年间吴三桂再度反清,却并不用大明旗号之后,他们已经放弃了对吴三桂所有的同情和期待,一致把他看成是断送大明锦绣河山的罪人。像康熙十六年(1677)的孙万雄,就说吴三桂"手握重兵,外召戎狄,一片神州,终

㉑ 李在学:《燕行日记》,《燕行录全集》第五十八卷,第 84 页。

㉒ 在这一年之前,吴三桂败势已现,失去陕西王辅臣、福建耿精忠、广东尚之信三大援,又丢掉了江西和浙江,故虞秀才之被戮,季文兰之被掳,恐怕都是在这一背景下的事情。

㉓ 徐文重:《燕行日录》,《燕行录选集》下册,第 268 页。

㉔ 姜鋧:《看羊录》,《燕行录全集》第三十卷,第 31 页。

㉕ 闵镇远《燕行录》中《译官金庆门所记吴三桂事》,《燕行录选集》下册,第 350 页。

为羯胡之窟"㉖,康熙五十一年(1712)的崔德中,也痛斥吴三桂"自坏长城,请入外胡,使神州陆沉,可胜痛惜"㉗。但是,这并没有影响到朝鲜使者借题发挥的兴致,康熙五十一年,金昌业再次路过榛子店,又为季文兰题诗一首,"江南女子洗红妆,远向燕云泪满裳,一落殊方何日返,定怜征雁每随阳"㉘。这以后,榛子店和季文兰就成了一个典故、一个记忆㉙,不管这个墙壁和这首诗还在不在,他们仍然在不断地借了季文兰题诗想象中国的悲情,用种种和诗表达自己对满清蛮夷的鄙视:

> 王嫱出塞犹平世,蔡女沦身尚得归。
> 琵琶弦弱胡笳短,难写崇祯万事非。
>
> 临水无心洗汉妆,胡儿夺掷旧衣裳。
> 苍黄死别三生恨,不向江南向沈阳。
>
> 千行哀泪洗残妆,一叠清词惜旧裳。
> 堪恨当时无义侠,教他流落海山阳。
>
> 名花一朵堕胡尘,度尽榆关不见春。
> 秉笔兰台谁作传,千秋寄与有心人。
>
> 悲容想见靓明妆,尘壁题诗泪渍裳。

㉖ 孙万雄:《燕行日录》,《燕行录全集》第二十八卷,第 340 页。

㉗ 崔德中《燕行录》,《燕行录选集》下册,第 406 页。

㉘ 见金昌业《燕行日记》卷二,《燕行录全集》第三十一卷,第 408—409 页。又,见金昌业《燕行埙篪录》,《燕行录全集》第三十四卷,第 36 页。此诗似乎流传更广,又见于朴思浩《心田稿·燕行杂著》,载《燕行录选集》上册,第 845 页。

㉙ 道光十二年(1832)金景善(1788—?)在《燕辕直指》记载说"其后金稼斋到此,亦次曰:……自此遂成故事,我人到此者,多次其韵"(《燕行录选集》上册,第 1006 页)。

天下有心东海子,芳魂独吊立斜阳。㉚

四、悲剧如何演成正剧?

在朝鲜人的记载中,季文兰不仅身世凄楚,而且也容貌动人,而容貌动人,本身就更增添了身世凄楚。当年,金锡胄不仅听说季氏"悲楚惨黯之中,姿态尚娇艳动人",而且听说弱不胜衣,"垂泪书此,右手稍倦,则以左手执笔疾书",在想象中已经平添了许多同情和怜爱。而后来的传说里,更在同情和怜爱中加上了更多想象,在十九世纪下半叶林翰洙(1817—1886)的笔下,季文兰是"姿貌真笔画书琴俱极绝美"㉛,而且在申锡愚(1805—1865)咸丰十年(1860)写的《榛子店记》一文中,还想象出了季文兰到达沈阳之后的故事,说她不仅被章京掳到沈阳,而且被"河东狮子,日吼数声""鞭笞严下,辱等奴婢",只好到夜半三更时到后亭,"以泪和墨,题三诗于壁",其中最后一首说道:"万种忧愁诉与谁,对人强笑背人悲。此诗莫把寻常看,一句诗成千泪垂。"当然,这是故事外编故事,传说中加传说了㉜。

在我的有限视野中,这些朝鲜使者有关季文兰的诗歌里面,最早的是作于康熙十九年(1680)的这一首:

壁上新诗掩泪题,天涯归梦楚云西。
春风无限伤心事,欲奏琵琶响转凄㉝。

而最被推崇的是说不清作者的这一首:

㉚ 以上五首见佚名《燕行录》、姜浚钦《辖轩录》、李基宪《燕行诗轴》、李始源《赴燕诗》,大约分别写于1784—1800 年之间,分载《燕行录全集》第七十卷,第 43 页;第六十七卷,第 47 页,《燕行录选集》下册,第 706—707 页;《燕行录全集》第六十八卷,第 414 页。
㉛ 林翰洙:《燕行录》,《燕行录选集》下册,第 1220 页。
㉜ 申锡愚:《入燕记》上,《燕行录全集》第七十七卷,第 195 页。
㉝ 申晸:《燕行录》,载《燕行录全集》第二十二卷,第 480 页。

江南江北鹧鸪啼,风雨惊飞失旧栖,

日暮天涯归不得,沈阳外城草萋萋㉞。

据说,正是因为这首诗被乾隆皇帝知道,便下诏在离榛子店二十里的地方,特意为季文兰立了一块碑㉟。可是,如果季文兰始终被视为明清之际汉族悲情的象征,乾隆不会赞同立碑,如果季文兰已经被知晓是吴三桂孽党家属,乾隆也不会赞同为她立碑。所以,皇帝为其立碑是什么意思,是迎合朝鲜使者的心情?还是附庸风雅?现在不得而知。

不过,这块碑也很早就已不存,在乾隆四十三年(1778)李德懋(1741—1793)路过此地的时候,就已经感慨,"榛子店荒凉愁绝,有古陂,天旱水干,往往有芍药丛生。金清城《息庵集》有江右妇人为满洲章京所掠,过榛子店,题七绝于壁,词甚哀怨,使臣所过者,皆有诗,后来磨灭不辨,今不知其为何家也"㊱。到了道光十二年(1832),金景善(1788—?)也说到,"榛子店有古城,城周可七八里,今尽颓夷。……肃宗癸亥,息庵文忠公奉使过此………其后金稼斋到此……自此遂成故事,我人到此者,多次其韵,闻其后使行过此,见有短碑在路旁,曰:季文兰所过处。必因我国人闻之而为此,其好事者有如此,而今不见"㊲。

让人注意的是,渐渐地,倒是另外一些诗歌开始浮出水面。

五、同情之泪何以变成了斥责之声?

朝鲜人好像比中国人更加道德严厉。也许是因为他们一直顽固地恪守程朱

㉞ 一说为柳下洪世泰作,一说为赵秀三作,分别见李基宪《燕行录·燕行日记》上,林翰洙《燕行录》,均载《燕行录选集》下册,第761页、第1220页。

㉟ 李基宪《燕行录·燕行日记》记载,"或言乾隆帝嘉其诗,特命立碑在此二十里许云,而今无知者",《燕行录选集》下册,第761页。姜浚钦《辋轩录》中有《文兰怨》小序,也说"其后乾隆闻而怜之,命立碑旌之,碑在去店二十里",《燕行录全集》第六十七卷,第47页。

㊱ 《青庄馆全书》卷六十六《入燕记》上,载《燕行录全集》第五十七卷,第262页。

㊲ 《燕辕直指》卷二《出疆录》中有《榛子店记》,见《燕行录选集》上册,第1006页。

理学的缘故,他们一旦认准了一个真理,常常会义无反顾,不像中国人那么容易动摇,这就是他们对于清帝国中对程朱信心不强的汉族读书人很鄙夷的一个原因。在他们多少有些固执的心里,对于季文兰的同情,渐渐却又演化出一些不满。最早是康熙四十年(1701),一个叫姜锐的朝鲜使者引了一首题作滨氏的和诗,对季文兰没有自杀,反而忍辱随王章京赴沈阳,提出指责,"痛杀羞容理异妆,罗衣脱却整丧装。既经兵火当应死,问甚河阳与沈阳",姜氏便写了一段文字,很赞成滨氏的话,说:

> 此乃吴三桂起兵南方也,江州秀才之妻为北兵所掳,怅感伤悼而有此作也。夫既戮矣,身既掳矣,爷娘生死无路闻知,惨祸穷毒,行路犹涕。此女之忍辱偷生,禽兽不若。观乎滨氏之诗,则辞严义正,真所谓一字一鞠血,文兰之罪,尤无所逃于天地之间。

他们这些朝鲜男性士人,总希望这个季文兰以其一死,成全他们自己的理念,所以对这个忍辱而悲哀的故事多少有一些不满。不过,姜锐还算宽容,当话说到这里时,他倒又下了一个转语,异想天开地猜测说,也许季文兰不死,可能是要"将欲有为也",有什么为呢,可能是"效申屠氏之隐忍不死,下报董君于九泉之下耶?"所以他又写了一首和诗说,"江州少妇注残妆,哀怨非徒在裂裳。不死偷生知有意,深羞倘欲报沈阳"㊳。

他说得婉转,可能也有些为难,最后的两句话好像想为季文兰不死偷生开脱。不过道德标准更严厉的朝鲜人很多,百年以后的姜时永(1788—?)就说,我曾在元代郝经的《巴陵女子行》诗中看到韩希孟的故事,韩是宋代韩魏公韩琦的五世孙,尚书之子贾琼之妇,宋末元兵攻陷岳阳,韩氏被掳,便投水自杀,所以,郝经才会给她写诗,赞扬"芙蓉历乱入秋水,玉骨直葬青海头。丞相魏公犹不死,名与长江万古流",姜时永觉得,"文兰所遇,与希孟无异,而题诗乞怜,未能效希孟之洁",于是,他写了这样一首诗说,"一女何须惜旧妆,中州亦已变冠裳。堪

㊳ 姜锐:《看羊录》,《燕行录全集》第三十卷,第31—32页。

怜秋水芙蓉节,让与韩娥擅岳阳"㊴。

让季文兰去死而全其名节,然后满足朝鲜人的守节观念和对清朝的鄙夷,这未免太严厉太残忍,不过这确实是一部分朝鲜士人的想法,朝鲜由于两班阶层的存在,这些上层人士始终垄断了知识和观念,他们对程朱理学的维护和固执,要比清帝国的文人厉害得多,在他们这里,季文兰已经不仅仅只是一个民族主义的故事,也成了一个文化传统的符号,它的意义是,季文兰题诗是控诉蛮夷蹂躏中华,季文兰去死更是凸显传统价值。因此,本来只是吴三桂部下家属的季文兰,在一次又一次地被吟诵中,承负了太多的责任。她要让人觉得这是一个楚楚可怜的柔弱女子,又要成为让人敬佩的刚烈节妇;既要满足朝鲜使者们对于异域悲情的想象,还要满足朝鲜使臣的道德伦理批判;不仅要成为斥责清帝国的象征,而且要成为维护程朱理学的楷模。所以,乾隆五十年(1785)一个佚名的朝鲜使者在路过榛子店,到处寻访季文兰遗迹而不得的时候,便写诗大发感慨,他虽然也同情这个弱女子,"榛子城中多少店,无人知道翠眉啼",也相信这是明末易代故事,"琵琶弦弱胡笳短,难写崇祯万事非",但是,他却在记录了季文兰诗句之后,冷冷地加上了一行旁批:

可怜,书完只欠一条罗巾㊵。

尾声 依旧东风榛子店,令人痛哭季文兰

同治元年(1862)崔秉翰再次路过这个地方,想起往事,就写道:"店古有江南名姝季文兰,于皇明末为虏时,俘上沈阳抵此,题一诗于壁间,以现柏舟之意,死而全节云。故遇境生感,遂补闲笔":

㊴ 姜时永《辖轩续录》,《燕行录全集》第七十三卷,第109—110页。另外一个在咸丰五年(1855)出使北京的使者徐庆淳(1803—?),好像也想起了郝经这首诗,也觉得季文兰的受辱而不死,境界远不如韩希孟,"希孟之洁身,发于吟咏,其节可尚",见《梦经堂日史编》卷二,《燕行录全集》第九十四卷,第288页。

㊵ 佚名:《燕行录》,《燕行录全集》第七十卷,第42页。

江南儿女怨春阑，上马红妆泪不干。

地下三生芳草在，天涯万事落花残。

血恨有诗啼杜宇，香魂无影吊孤鸾。

依旧东风榛子店，令人痛哭季文兰。[41]

仍然想象这是像李香君一样的"名姝"，仍然想象这是"皇明末"的离乱，虽然中国人早已经不再有所谓的"黍离"之思了，对程朱理学也不再那么怀有神圣感了，而朝鲜人却始终对明清易代耿耿于怀，对季文兰不能死节怀有遗憾，他用了《诗经·柏舟》的典故，也不知他用的是《鄘风》中那一首以"之死矢靡它"来表示忠贞不贰的意思呢，还是用《邶风》中那一首"我心匪石，不可转也"来表示意志坚定，但是，总之他们还是希望她能够"死而全节"。

可是，这时上距满清代明立国已经两百二十二年，距季文兰题诗的康熙十七年（1678）也已经近两百年，而下距朝鲜被日本吞并亡国以及清帝国的崩溃，也只有半个世纪了。

2005年4月4日初稿　2005年8月1日重改

【葛兆光　复旦大学文史研究院教授】

原文刊于《中国文化》2006年01期

---

[41]　崔秉翰：《燕槎从游录》，《燕行录全集》第七十八卷，第263页。

中国最早的文学翻译作品《越人歌》

钱玉趾

    中国最早的文学翻译作品当属《越人歌》，是一位越族的榜枻人为楚国的鄂君子皙唱的歌，由翻译人将越语翻译成楚语，后经记录传世，成为公认的中国最早的文学翻译作品。《越人歌》分为记音直译与意译两种。

    最早记录《越人歌》的文献是西汉刘向的《说苑》①。本文直接引用《龙溪精舍丛书》第五函《说苑》卷十一《善说》第十三则，关于《越人歌》一节载：襄成君始封之日，立于流水岸上，想渡河。楚国大夫庄幸走过来对他说：

> 君独不闻夫！鄂君子皙泛舟于新波之中也。乘青翰之舟……会钟鼓之音毕，榜枻越人拥楫而歌，歌辞曰："滥兮抃草滥予昌枑泽予昌州州𩜌州焉乎秦胥胥缦予乎昭澶秦逾渗惿随河湖。"鄂君子皙曰："吾不知越歌，子试为我楚说之。"于是，乃召越译，乃楚说之。曰："今夕何夕兮，搴洲中流。今日何日兮，得与王子同舟。蒙羞被好兮，不訾诟耻。心几顽而不绝兮，得知王子。山有木兮木有枝，心说君兮君不知。"于是，鄂君子皙乃揭修袂行而拥之，举绣被而覆之。鄂君子皙，亲楚王母弟也，官为令尹，爵为执珪，一榜枻越人犹得交欢尽意焉。

---

① 王瑛等：《说苑全译》，贵州人民出版社1992年版，第479页。

　　《越人歌》的记音式直译共 32 字（音节），没有断句，没有标点。第 11 字起是"昌州州"，而不是"昌昌州州"；第 8 字是"木"旁加"玄"（或木加互）；第 14 字是"食"旁加"甚"；第 29 字是"忄"（竖心）旁加"是"。《越人歌》的意译共 54 字，也没有断句，没有标点。本文的标点是据后人的引文而加。"搴洲中流"的"洲"，原文如此，当系"舟"之误排。

　　据《史记·楚世家》载，鄂君子晳是楚共王的儿子，于公元前 528 年任楚令尹，《越人歌》问世距今应有 2500 多年了。

　　《越人歌》的唱者是男是女？从其"蒙羞被好……心说君兮君不知"以及鄂君子晳听完唱词后，即对唱者"榻修袂行而拥之，举绣被而覆之……得交欢尽意焉"的情况看，唱者应为女子。《说苑》卷九载楚庄王（共王之父）"左伏扬姬，右拥越女"[2]，《吴越春秋》载：楚共王即位三年，不听国政，沉湎于酒，淫于声色，"左手拥秦姬，右手抱越女"[3]。祖辈、父辈都曾拥、伏越女，他拥之，举绣被覆之，并与交欢尽意的歌者，应属越族女子。梁启超《中国之美文及其历史》说："楚国的王子鄂君子晳乘船在越溪游耍，船家女子'拥楫而歌'，歌的是越音。"所以梁启超又称为《越女棹歌》[4]，本文采梁说。

　　《越人歌》由越语译成楚语，那么，楚族语言究竟是什么语言呢？楚之祖封于周，周成王将楚先王熊绎封于睢山、荆山之间的穷乡僻壤，以后逐步发展。楚的先民依附先进的夏族，长期受到熏陶，首先是语言文字的熏陶。在春秋时代，楚人说楚言，但懂夏言的人越来越多。在国与国交往中，楚国贵族一般说夏言，并且相当流利。在楚成王（公元前 655 年至前 613 年在位）时代，楚国贵族就熟知华夏的重要典籍，引用最多的有《诗》《书》和《军志》。由于地域邻近，楚人长期与诸夏交往，使用诸夏的语言文字了。因此，楚言逐渐靠近了夏言。而由殷人创制、周人继承的华夏古文字，也被楚人学习移植成具有特殊风格的楚文字，能流行中原为周代各国通用的文字[5]。直到楚怀王时代，屈原创作的楚辞，能被中

　②　张正明：《楚文化史》，上海人民出版社 1987 年版，第 59 页。
　③　张觉：《吴越春秋全译》，贵州人民出版社 1993 年版，第 58 页。
　④　梁启超：《中国美文及其历史》，东方出版社 1996 年版，第 13 页。
　⑤　张正明：《楚文化史》，上海人民出版社 1987 年版，第 100 页。

原各国贵族和平民识读和喜爱,就是很自然的事了。

据研究,古越语与夏言、楚语是完全不同的。古越语词类构成的一个重要特点是名词类音缀多带有复辅音或连音成分,相当一部分单词由复合声母或几个连用声母拼缀而成。例如,古越语(括号里是汉语):须虑(船)、句吴(吴)、于越(越)、羞泽纷母(广大)等。古越语中的修饰词倒置,如称"盐官"为"朱余"(余为盐、朱为官);越国的国君称为"无余、无壬、无疆、无诸等",其中"无"即为"王""君""主"之类,后面的才是国君的名字。古越语是一种粘着语⑥。一般认为,壮侗语族(包括傣族),是古越人的后裔。江应梁先生说:"古越语和今天的壮傣语,不仅语法相同,而且词的读音也有很多相同或近似之处。"⑦壮语以词序和虚词为主要语法手段。句子的基本语序是:主语·谓语·补语或主语·谓语·宾语·定语。壮语合成词构成,偏正式是主体在前,如"鸟钉树(汉语的啄木鸟)、枪长(汉语为长枪)"等。

楚文化受华夏文化影响很深。《国语·楚语上》载,申叔时对答楚庄王问教育太子的问题,就有"教之诗"的建议。这诗就是周诗。《越人歌》译成楚语时,应该说,受夏文化影响是很大的。"今夕何夕兮,搴舟中流。今日何日兮,得与王子同舟。"可以说,简直是《诗经·绸缪》"今夕何夕?见此良人"的演绎。那么,《越人歌》记音式直译,也会留下夏文化楚文化融合的印记。可以凭借这种印记,找到解读的钥匙。

解读《越人歌》直译,第一重要的是断句。我们可否借语气词的帮助来断句。王力《诗经韵读》中专门讲到"虚字脚",如:兮字脚、也字脚、矣字脚、焉字脚、与字脚、哉字脚等等。如《卫风·硕人》:"巧笑倩兮,美目盼兮。"《商颂·那》:"猗与! 那与!"《卫风·氓》:"反是不思,亦已焉哉!"《秦风·权舆》:"于嗟夫,不承权舆!"⑧例子很多,这些虚字,都是语气词。记载《越人歌》的《说苑·善说》也喜用语气词 ,如:"臣愿把君之手,其可乎?""众人见之,无不愀焉!"

---

⑥ 董楚平:《吴越文化新探》,浙江人民出版社 1988 年版第 112 页。陈剩勇:《中国第一王朝的崛起》,湖南出版社 1994 年版,第 215 页。

⑦ 江应梁:《傣族史》,四川民族出版社 1983 年版,第 5 页。

⑧ 王力:《诗经韵读》,上海古籍出版社 1980 年版,第 42、182、411、183、232 页。

《吴越春秋》记载一些古越人的歌词,也有不少使用了语气词。例如,伍子胥在父兄被楚平王杀害后逃亡,冒险出了昭关,到了长江边,呼唤渔父为之渡江南逃。此时,渔父唱出一首歌,称为《渔父辞》,辞有:"芦中人,芦中人,岂非穷士乎?"

昭关,在今安徽含山县北,春秋时处吴、楚之界,为两国往来要冲。这位渔父可能是越族人;即使不是,他也可能会操越语。越王勾践卧薪尝胆后返回故国,经艰苦的准备后要去攻打吴国,勾践夫人靠着船帮哭着送行唱了首歌,即《越王夫人歌》,歌中有:"去复返兮於乎!""於乎"即为"鸣乎"。这位夫人应是越女。勾践攻灭了吴国,置酒文台,命乐师作曲歌功。乐师遂作《章畅》,辞曰:"屯乎,今欲伐吴可未耶?……"

现在试借助语气词这把钥匙解决断句问题。《越人歌》中的兮、予、乎、焉乎,应为语气词的记音字。《九歌·山鬼》有"岁既晏兮孰华予",陆侃如等将"予"注释为语助词。"予"应为"与"的记音字,而"逾"同"予"为"与"的记音字,末字"湖"应为"乎"的记音字。据此可断句为:"滥兮,抃草滥予,昌枑泽予!昌州州,偡州焉乎!秦胥胥,缦予乎。昭澶秦逾,渗惿随河湖?"

如将其意译联系起来,再加上《善说》提供的前因后果、人物、环境等等,解读即有径可寻了。直译并非纯记音,在可能情况下会与字义相联系,或者与词性挂钩。例如:"枑",木旁构成的字多数是名词类词,可能指代《善说》中所谓的"青翰之舟"(或船);"泽",是聚水的地方,如沼泽、湖泽。据研究,鄂君子皙"泛舟新波之中","新波"是河名。用"泽"译代"河流"应属可行。综上所述,再考虑到古越语、壮侗语与汉语的语序(主谓宾)一样,可试作解读。现将古直译(A)、古意译(B)、解读(C)断为9句,列表对照如下:

B1	(今)夕	(何夕)	兮			
A1		滥	兮			
C1		夕	兮			
B2	(搴舟)					
A2	抃草	滥予				
C2	拥棹(的)	夕予				
B3	搴	舟	中流(今日何日兮)			
A3	昌	枑	泽予			
C3	航[行]船(于)	泽予				
B4	(得与)		王子			
A4	昌——		州	州		
C4	航[行]——		王子	王子		
B5	同(舟)					
A5	偘	州	焉乎			
C5	(幸)侍(着)	王子	焉乎			
B6	(蒙)羞		(被好兮,不訾诟耻)			
A6	秦	胥胥				
C6	羞(耻)	答答				
B7	心几顽而不绝	兮(得知王子)				
A7	缦	予	乎			
C7	丝(思)长(长)	乎				
B8	(山有木兮)木	有	枝			
A8		昭	澶	秦逾		
C8		树	长(有)	枝予		
B9	心说[悦]君(兮君不)知					
A9	渗惿	随——	河	湖		
C9	心悦	君——	知	乎		

现对上表加以简要说明。《吕氏春秋·音初篇》载：大禹治水途遇涂山氏之女后南行，"涂山氏之女乃命其妾待禹于涂山之阳，女乃作歌，歌曰：'候人兮猗！'实始作南音"。夏代的涂山在安徽蚌埠附近，这里应是华夏族与古越人杂居之地。我的家乡江苏金坛及溧阳等地的方言，说"等待人"仍说"候人"，似有古代遗风。首句"滥兮"无疑是"夕兮"。二句的"滥予"应为"夕予"。在金坛、溧阳等地的方言中，只说"晚"不说"夕"，而"晚"的读音（不读 wǎn）又与"滥"相近。"抃"为动词，"草"为名词，据《善说》中"越人拥楫而歌"，"抃草"译为"拥棹"或"拥楫"较当（《善说》第十五则有"子皙接草而待"，也应是"接棹"）。三句"昌枑泽予"与"搴舟中流"相对应，"泽"对应"中流"，"枑"对应"舟"，舟即船。船是木制的，用木旁表示，应有用意。我的外祖父家居江苏溧阳，楚国的伍子胥逃亡曾乞食此地，此地的方言只说"船"不说"舟"，"船"与（形符为"木"）声符为

"玄"的读音(不读 chuán)至今相近。这些是作以上解释的缘由。"昌"应对应"搴",可译为"航"或"行"。四句是"昌州州"中的"昌"同三句,应为"航"或"行";"州"对应于古意译是"王子",今译亦作"王子"。五句"湛州焉乎","焉乎"是语气词,"州"同四句译作"王子";"湛"的含义是"饥饿",五句可理解为:拥楫侍候王子的越女觉得非常有幸并渴求着王子,可译为"(幸)侍—王子",古意译为"得与王子同舟",表达了这层意思,但未把"有幸"与"饥渴"的情感充分显现出来。六句"秦胥胥",对应"蒙羞被好兮,不訾诟耻",主体词是"羞"或"耻"。"秦"应该对应"羞"(耻)。《诗经·小雅·桑扈》有"君子乐胥",《大雅·韩奕》有"侯氏燕胥","胥"用于句末,一般作语助词,无义。故"秦胥胥"可译成"羞答答"。

七句"缦予乎"对应"心几顽而不绝兮"。其中,"乎""兮"为语气词;"予"应对应"不绝",可理解为"不断绝的""长长的";"缦",意为无文采的帛、丝织物。庄子《齐物论》有"小恐惴惴,大恐缦缦","缦缦"是大大的惴惴不安。七句可理解为"惴惴不安的心绪不绝","缦"也可直译为"丝",谐音"思",丝(思)不绝,即丝(思)长长。八句"昭澶秦逾"对应"山有木兮木有枝","逾"和"予""与"同,应为语气词,剩下三字(音节)没法既对应"山有木"又对应"木有枝";这里的"秦"只有对应"枝"了。"昭"有"明亮""彰明""显扬"之义,"澶"有"纵逸"之义。"昭"对应木,"澶"对应有。长于地(山)上的树木是十分显扬的,树木可以自由自在生长、摇曳枝叶,用以反衬九句中越女"心悦君"而不能明白表述,更显得情深意长,显示了高超的艺术手法。

九句"渗惿随河湖"对应"心悦君兮君不知"。前面说过,《越人歌》中的兮、予、乎、焉乎、逾、湖等,应为语气词,"逾"应为"与"的替代字,"湖"应为"乎"的替代字。

末句"渗惿随"对应"心悦君",与首句"滥兮"对应"夕兮",应该说不会有什么偏差。"惿",音提,有"心怯"之义。《诗经·小弁》有"归飞提提","提提"可解为"翩翩的样子";《诗经·葛屦》有"好人提提,宛然左辟",朱熹训"提提"为"安舒"之意。"安舒"可理解为"悦"。为鄂君子皙拥楫而歌的越女既"悦"君又担心得不到宠幸,译者用"惿"表述,应该说有其深层用意。有些文章,将"惿"写作"堤",可以说有违原意。末句第二字对应"悦"确定后,第一字"渗"对应"心"也可定下,因为据"主谓"的语序,"心"不得能对应第三字"随",而"随"也只有对应"君"。末句"渗"的原字是其异体字,即"渗"的末三撇是"慕"的末部件,也就是个变体心字,这好像是有意安排。值得注意的是:现在的粤语中,"心"的发音为"渗"。也可进一步证明,《越人歌》中的"渗"是"心"。反过来可以说,现在粤语的"心"字,保留了2500年前的古越语的读音。剩下末句第四字"河"就应该对应"知"了。其实,越女面对鄂君子皙唱:"心悦君——知乎?"已经表述得够清楚了。八句中没有"山有木"的成分,末句中也容纳不了"知不"的成分,这些应是古意译的添加。添加的还有"今日何日兮"等词句。

末句的"河"还有另一种解释即为"何"的记音字。春秋时代,河、何的读音相同,都读 hai(见王力《诗经韵读》)。末句意为:我(越女)"心悦君"而君"何乎?"即"怎么样啊",也"悦我"吗? 本文暂取前一种解释。

《越人歌》32字(音节)断为九句,其中,二字句一、三字句三、四字句四、五字句一。五字句中尚有一字为语气词,不记此字,整个歌辞可算四言以内。

《越人歌》带有浓厚的春秋时代特征,风格古朴,因为出自民间,甚至可以说有些"鄙陋"。《越人歌》意译意境优美,辞藻华丽,感情缠绵,音韵铿锵,明显具有楚辞《九歌》风格,比较准确地表达了原意,但加工润色痕迹较重。相比之下,其记音直译显得古朴、鄙陋,忠实保留了2500年前古越语民歌的本来面目,其价值可谓无比珍贵。梁启超认为《越人歌》真实可信,他说《吴越春秋》中的《渔父辞》"此歌尚朴……也不能不有些怀疑";说:《越人歌》还有佶屈聱牙的"越语原文,我想总不会是伪造的"[9]。

韦庆稳《试论百越民族的语言》将《越人歌》断句为:6.4.4.6.8.4.[10];张民《试探〈越人歌〉与侗歌》断句为3.3.7.7.3.3.6.[11];陈抡《历史比较法与古籍校释·〈越人歌〉新探》断句为4.5.7.6.6.4.[12];日本的泉井久之助断句为:每句4字,8句[13],

⑨ 梁启超:《中国美文及其历史》,东方出版社1996年版,第13页。
⑩ 韦庆稳:《试论百越民族的语言》,《百越民族史论集》,中国社科出版社1982年版,第289页。
⑪ 张民:《试探〈越人歌〉与侗歌》,《贵州民族研究》1986年第1期,第73页。
⑫ 陈抡:《历史比较法与古籍校释·〈越人歌〉新探》,湖南教育出版社1987年版,第68页。
⑬ 许友华:《试论〈越人歌〉的原文和译文》,《福建师大学报》1983年第1期,第77页。

此外还有一些。断句都不同,释读也有差异。林河的《侗族民歌与〈越人歌〉的比较分析》⑭与张民文章是用汉字上古音与侗语音比照释读的。韦庆稳文用汉字的上古音、中古音构拟与有关的壮语词对照释读,多位学者认为有价值而引用。

我们认为:一、百越民族的地域广阔,支系较多,有杨越、于越、夔越、闽越、骆越、西瓯等等。而壮语分南部、北部两个方言,其相同的词约占65%,北部方言又分为7个土语,其相同的词约占80%;南部方言又分五个土语,其相同的词只占70%。用古音读《诗经》,现在懂汉语的人会听不懂。那么,古越语与壮语语音的对应的正确率到底有多大? 二、古越语的"须虑"对应"船";"无"对应"王"(或君、主),《越人歌》无法应用这种对应。三、《越人歌》有32字,韦文中有6字借用他字构拟古音,约占19%,如将"㑳"借用"湛",显然欠妥。四、将所有语气词作有义词构拟古音,将"昌枑泽予"构拟为"坐在船正中的是哪位大人",似欠妥。五、韦文将《越人歌》断为5句,末句4字,将"随"解为"心"、"河"解为"喉",将末句构拟为"小人心喉感受",将歌者定为男子,似欠妥。基于上述因由,韦文似有商榷的余地。

林河将"草"解作"我们",译作"我";将"秦"译作"我"。将第一个"昌"解作"舱",将第二个"昌"解作"府"。将"州"解作"王"。将末四字解作"小弟·魂魄·欢乐·啊",译作"弟心欢乐"。林河翻译的主要内容是:"是王府的王爷到了。蒙王爷召见啊,我越人谢谢了……同我越人再去郊游,在下的心里多快乐啊!"面对王爷,自称"小弟",似不合适;将"小弟"译为"在下的"或"小的我"也不合适。更重要的是,将《越人歌》由越女唱的情歌认作"小弟"唱的"谢辞"或"颂歌",似不妥。

《楚辞的文化破译》将《越人歌》的五种破译作了介绍及简评⑮。萧兵认为:《越人歌》"如此柔软娇媚",歌者应为越女,"其为情歌,恐怕很难否认"。讳言《越人歌》是情歌的今译的"不可靠颇显然"。此观点很有见地。

---

⑭ 林河:《侗族民歌与〈越人歌〉的比较分析》,《贵州民族研究》1985年4期,第87页;林河:《古傩寻踪》,湖南美术出版社1997年版,第534页。

⑮ 萧兵:《楚辞的文化破译》,湖北人民出版社,1997年版,第589页。

从尽量保留《越人歌》原古朴风格、民歌特色出发,作出如下翻译,并将原辞的断句、解读附上,以便于阅读、对照及评判。

原　辞	解　读	今　译
滥兮,	夕兮	夜晚啊,
抃草滥予,	拥棹(的)夕予,	划桨的夜晚哎,
昌枑泽予。	航[行]船(于)泽予。	航船在河中哎。
昌州州,	航[行]——王子王子,	航行——王子王子,
饧州焉乎,	(幸)侍(着)王子焉乎!	幸侍着王子哦呵!
秦胥胥,	羞(耻)答答,	羞答答,
缦予乎。	丝(思)长(长)乎。	思悠悠呵。
昭澶秦逾,	木长(有)枝予,	山树长有青枝枝哎,
渗惿随河湖?	心悦君——知乎?	心悦君来君可知呵?

【钱玉趾　四川省科学技术协会高级工程师】

原文刊于《中国文化》2002 年 Z1 期

西学东渐与外国文学的输入

施蛰存

一、东方与西方

人的群体，从部族、民族发展到国族，除非长时期夜郎自大，闭关自守，总不免与相邻的群体有所往来。有往来，就不免有彼此间的互相影响。在我们中国这一大片土地上，从许多部族的互相影响、互相融化，凝固为一个大一统的国家，已经是秦汉时代了。

汉武帝刘彻是一位开放型的皇帝，同时又是一个扩张主义者，他从抵抗外族入侵发展到侵略西域诸国，扩大领土。在这一时期的中西交往中，经济、文化等各方面，彼此都获得利益。中国从西域获得大宛马、蒲桃、琵琶、横吹、胡麻、苜蓿。西域诸国获得了蚕丝织物、冶金技术。东汉末年，西域传来了火浣布（石棉），曹丕还不信天地间有火烧不坏的东西，著文抨斥，及至亲眼看到了火浣布，才自悔其所见不广。

从汉末开始，印度的佛教经典，陆续由胡僧输入中国。这标志着从物质文明的西化，已提高到精神文明的西化。佛教哲学在中国思想界发生了巨大的、长远的影响,同时也促进了道家和儒家哲学的发展。

云岗、龙门、敦煌的石刻佛像、龟兹乐、胡旋舞、霓裳羽衣曲,都是西方输入的艺术。阿含部的佛教经典,催生了我国的六朝志怪小说和唐人传奇。高座讲经和梵呗,导源了我国的变文、弹词和各种说唱文学。这又是文学西化的成果。

中国历史上有两个时期,几乎有一大半国土,被外来民族所侵占。鲜卑族的拓跋氏的侵入,造成了170年的南北朝时期;女真、蒙古族的相继入侵,占领并统治了中国江淮以北的土地、人民,有240年之久。这两个时期,是异族文化的强迫输入,应该有可能使汉族文化全盘夷化。但是,事实并不如此。鲜卑文化,非但没有影响汉族人,反而为汉族文化所同化。拓跋氏连自己的姓也改从汉姓了。女真、蒙古人都想大力改变汉族文化。蒙古人把中国知识分子的地位和任务贬到极低,把代表他们文化的僧侣地位和职责升到极高。但是无济于事,蒙古政权在中国崩溃之后,他们的文化也全部返回草原里去了。到现在,在我们汉族人民的生活里,已看不到蒙古文化的遗迹,只有北方小儿顶门上的一撮头发,还是元朝制度下的"钵焦头"。

在明代以前,汉族人民所吸收的外来文化,仅限于西域近邻诸国。虽然《大秦景教流行中国碑》上刻有叙利亚文字,可以证明当时长安已有叙利亚来的传教士,但是景教并没有在中国移植成功。从非洲被贩卖来的黑奴,已在唐代贵族家里服务,他们对中国的贡献只有劳动力。波斯商人带来大批珠宝,以换取我们的丝绸、茶叶和瓷器,他们的功绩只是扩大了中国的国际贸易。在元代,意大利人马可·波罗来到中国,住了几年,十分炫目于中国文化,而自己对中国文化并无贡献。因此,我们可以说,在明代以前,中国所受西方文化的影响,最远只到地中海东岸,也就是,没有越出亚洲大陆。这些近邻国家的文化总体,都低于中国,因此,中国文化能吸收其所长,而不会被侵吞。

明清两代,整整500多年,我们一直是个闭关型的国家。从帝王大臣到大多数知识分子,都是顽固自大的保守派,封建思想和封建制度的复古和变本加厉,使人民的物质生活和精神生活非但没有提高和解放,在某些方面,甚至反而落后于前代。在同一时期,欧洲诸大国却经历了人文主义的文艺复兴运动、民主主义的法国大革命、资本主义的产业革命和无神论的科学思想,使许多本来是远远落后于我国的国家,迅速地超越在我国前面。

于是,我们开始接触到欧洲文化。

首先是绕过好望角航海而来的商人,其次是陆续结伴而来的耶稣会教士,以后是奉使来华的外交官。他们中间有文人学士,俄罗斯诗人杰尔查文就是在康熙朝参加使团到中国来的。这一大群欧洲人给我们送来了天文、历法、数学、冶炼技术、天主教义、舆地图。郎世宁给我们应用透视法的绘画。商人们运来了时钟、眼镜、望远镜、古剌水、咖啡、淡巴菰、鼻烟、鸦片。我们回馈他们的是指南针、火药、造纸、印刷技术。这一笔国际贸易,从长远的效益来结账,我们做了亏本生意。

欧洲人用我们的火药制造了枪炮和炸弹,用我们的指南针发展了海运,用我们的造纸和印刷技术使羊皮、麻布和芦纸的手抄本得以大量用铅字排印。这些中国货使西欧一些国家获得了成为帝国主义者的能源。1840 年的鸦片战争,1894 年的甲午战争,1900 年的八国联军,一次又一次地打破了我国的大门和围墙。面对优势的武力,先进的文化,于是朝野忧国之士大梦惊醒,认识到老大帝国的"文武之道"已不中用了。于是一方面输入轮船、火车、大炮、步枪、电报、电话,一方面派遣留学生,去东西洋学习政法、经济、科技、文教,出现了物质与精神双管齐下地向西方大开放的形势。

二、第二次翻译高潮

向西欧派遣留学生,开始于 19 世纪 70 年代。留学生回国后对祖国的第一个贡献,便是以中文译本介绍、输入外国的自然科学和人文科学,推动中国固有的封建制度和文化的改革波澜。从 1890 年到 1919 年这一段时期,是中国文化史上继翻译佛经以后的第二次翻译高潮。

外国文学的翻译介绍,也在这一时期突然兴旺起来。1899 年,林纾以"冷红生"的笔名译出了法国作家小仲马的《巴黎茶花女遗事》。这是欧洲文学名著输

入中国的第一部⑯。林纾不解外国语言,他译小仲马此书是依靠留学生笔名为
"晓斋主人"的王寿昌的合作。由王氏口述,而林氏笔录。《巴黎茶花女遗事》的
出现,震动了中国的作家和文艺读者。许多读者热烈赞赏这部西方式的爱情小
说,为它写了不少诗歌和评论。文艺作家们觉悟到才子佳人式的中国旧小说已
不能表现时代精神,在《巴黎茶花女遗事》的直接或间接的影响或模仿之下,写
出了不少新意义、新结构的爱情小说。

　　《巴黎茶花女遗事》之后,林纾又译出了美国作家斯托夫人的《黑奴吁天
录》。这是一部为被白人奴役的黑人诉苦申冤的名著。原书在美国出版后,激
发了白种人的人道主义良心,造成强大的舆论,迫使执政者不得不颁布解放黑奴
的法案。林纾的译本在中国出版后,中国读者慨叹于非洲大陆沦为白人的殖民
地,非洲人民成为白人的奴隶,联系到当时的国运衰败、人民被掠卖到新大陆去
做苦工的情况,也激发了国家要富强、民族要独立的爱国主义思想,在广大人民
中间,开始萌生了反对帝国主义和争取自由平等的思想。1902 年,梁启超发表
了《论小说与群治之关系》,1903 年,有署名"楚卿"者,发表了《论文学上小说之
位置》,1907 年,天僇生发表了《论小说与改良社会之关系》,同年,陶祐曾作《论
小说之势力及其影响》。此外,在这几年间,有关小说之社会效益的论文,发表
于各报刊者,屡见不鲜。各种报刊也都以连载形式发表翻译小说,较早的是
1900 年兴中会在香港创刊的《中国旬报》,此后有《觉民》《江苏》《浙江潮》《汉
声》《童子世界》等革命派的政治刊物,将翻译小说的发表作为政治宣传的辅助。
改良派报刊也都如此。严复与夏曾佑主办的著名国际政治和社会新闻性质的杂
志《国闻报》,从 1907 年起,每期也增加了小说连载栏,并发表了《国闻报附印说
部缘起》的长文,强调小说对民众的教育意义⑰。

　　《巴黎茶花女遗事》和《黑奴吁天录》译本的成功,鼓舞了林纾继续从事译述
外国小说的趣味。当时,由于严复的邀请,他到京师译书局工作,得到几位精通
英法语言、了解西方文学的青年学者的合作。在辛亥以前,先后与他合作的有魏

---

⑯　在此之前,有过西方传教士译述的文学作品。例如《伊索寓言》,在 1840 年已有中文译本,书名《意拾蒙
　　引》。但都作为教义宣传品,而不认为是文学作品。

⑰　以上所举关于小说诸论文,均见于阿英编辑的《晚清文学丛钞·小说戏曲研究卷》,中华书局 1960 年版。

易、曾宗巩、陈家麟、李世中等十余人。他们翻译了大量的英、法、美国文学名著，包括司各特、狄更斯、笛福、斯威夫特、大仲马、欧文等的主要代表作。三十年间，林纾一人就译出了一百六七十种外国小说。

日本明治元年（1868），开始维新政治。一切政法制度、经济结构、文化设施，都摆脱了中国的影响，而向欧洲诸大国学习。不到三十年，国势民风，焕然一新。1894—1895年的中日甲午战争，庞然自大的大清帝国竟惨败在"倭夷"手里，这才使中国人注意起日本人来了。1886年，开始派遣学生留学日本。北京的同文馆增设东文馆。天津、杭州、福州、泉州等地，纷纷设立东文学堂。康有为、梁启超在上海创办大同译书局，其译书对象"以东文为主，而辅以西文，以政学为先，而次以艺学"。在甲午战争以前300年间，日本人翻译的中国书有129种，而中国人翻译的日本书仅有12种。在甲午战争以后至1911年的15年间，日本书的中译本多至958种，而中国书的日译本则降到16种。这一现象，可见日本在甲午战争的胜利以后，完全遗弃中国文化而倾向西方；中国人则感到日本维新的显著成效，急起直追，想就近从日本转手学习西洋。所以，中国人从日文翻译的958种书，绝大多数是西欧原著的重译本，或日本学者所著的西方学术书。[18]

于是，从华蘅芳译《代数术》、严复译《天演论》、林纾译《巴黎茶花女遗事》开始，我国的文化史上出现了第二次翻译高潮。

三、外国文学大量输入

小　说

上古文学以散文为大宗，中古文学以诗为大宗，近代文学以小说为大宗。凡是文化史悠久的国家，其文学史的发展，无不如此。不过，在我国，虽然近代型的小说早已出现于宋元时代，却还未能厕身于正统的文学类型。在士大夫的观念中，小说还不是文学。

---

[18]　此处统计数字及中日译书情况均取材于《中国译日本书综合目录》，香港中文大学出版社1980年版。

在第二次的翻译高潮中,外国文学之被介绍给中国读者,首先是大量外国小说的涌入。单是林纾一人,就翻译了一百多种外国小说。此外,还有周桂笙、包公毅、梁启超、陈景韩、吴梼、徐卓呆、周瘦鹃、伍光建、鲁迅、周作人等十余家,也译了许多外国小说。大概的情况是:译纯文学的小说名著较少,通俗文学较多。译西欧及美国小说较多,译东欧及日本小说较少。

纯文学作品的翻译介绍虽然比较的还是少数,但在短短的 30 年间,欧洲几个文学灿烂的大国,英、法、德、俄、西班牙、意大利,凡是 18 世纪、19 世纪许多主要的作家,他们的作品,几乎都有了译本。甚至在 19 世纪最后一二十年间才蜚声文坛的作家作品,也迅速地有了中国译本。

明治维新时期的日本作家,正在开始追随西欧文学的形式与创作方法。在最初的二三十年间,他们还没有新文学的突出成就。中国人翻译的日本小说,也以押川春浪、矢野文雄等人模仿西欧的通俗小说为多。当然,像尾崎红叶、德富芦花等著名的代表作家,也不是没有介绍。出人意料的是:德富芦花的名著《不如归》,却是首先由不懂日文的林纾和魏易从英译本转译的。

在通俗文学方面,更明显地可见翻译介绍的熟度和敏感。法国作家儒勒·凡尔纳[19],是科学冒险小说的创始者。他的第一部小说《空中旅行记》发表于 1863 年。此后 40 年间,他写了几卷风行一时的小说。他的最早的中译本,有卢籍东译的《海底旅行》,发于 1902 年。还有包天笑译的《铁世界》,梁启超译的《十五小豪杰》和鲁迅译的《月界旅行》,都发表于 1903 年。其时作者还在世。以后,几乎每年都有凡尔纳作品的译本出版。我们查到,在 1902 年至 1914 年,共出版了至少 14 种,同一原著的重译本还不在内。从 1919 年到 1950 年,凡尔纳的作品只有两个译本:《十五少年》和《十五小英雄》,都是《十五小豪杰》的重译本,而且仍然是从日译本转译的。

凡尔纳在欧洲的杰出继承人是英国的威尔斯。威尔斯的第一部科幻小说《时间机器》,中文译本题作《八十万年后之世界》,出版于 1915 年。同年还出版了威尔斯的另一作品《月球上的第一个人》,中译本题作《火星与地球之战争》,

---

⑲　凡尔纳(Jules Verne,1828—1905)。

二书译者皆署名"心一"。同时，林纾也译了一本《鬼悟》，未知原书名是什么。这个译本出版于1921年，已在五四运动之后。

明治维新初期的日本作家，一方面迅速而大量地翻译西方文学，一方面又竭力模仿西方作家。凡尔纳在日本，也有不少模仿者，通过译本，为中国读者所熟悉的有井上圆了，他的《星界旅游记》，有戴赞的译本，题作《星球旅行记》，出版于1903年。又有菊池幽芳的《电术奇谈》，又名《催眠术》，出版于1905年。这个译本，似乎很被重视，正文前题头为"方庆周译，我佛山人衍义，知新室主人评点"。押川春浪恐怕是作品最多、最知名的一位。从1904年到1911年，我国出版了他的科幻小说《千年后之世界》等共8种。

侦探小说的翻译介绍，也几乎与这一文学类型的发展同步行进。美国的爱伦·坡首先创造推理侦探小说，他塑造了一个大侦探杜宾，成为侦探小说的鼻祖。周作人以"碧罗"的笔名译了他的《玉虫缘》，出版于1905年。不久，又有李常觉等译的《杜宾侦探案》。法国作家迦蒲流是犯罪侦探小说的先驱者，他塑造了一位大侦探勒高克先生。他的小说在欧洲风行的时期在19世纪中期，他的作品被译为中文，开始于本世纪最初十年间。他的名著《毒药樽》还有了两个译本。此后，英国接连地涌现了许多侦探小说作家，从摩利孙、嘉维斯到那个最著名的福尔摩斯的塑造者柯南·道尔。这许多侦探小说，也都在五四运动以前有了中译本。甚至在福尔摩斯以后出现的大侦探亚森·罗宾，也赶在五四运动以前，被介绍给中国读书界。

自从有了电讯和报纸以后，文学对国际事件也非常敏感。1793年，波兰被三国所瓜分。1849年，印度全部沦为英国的殖民地。1884年，越南沦为法国的保护国。1910年，日本并吞了整个朝鲜。十月革命前，东欧许多弱小民族纷纷掀起了民族解放、民族独立的斗争。这些事件，迅即引起了各国人民的关切。他们同情这些被侵略、被迫害国家和民族的命运，同时自己也提高警惕，坚决反抗外来的侵略和迫害，维护国家的领土完整和民族独立自主的尊严。中国的知识分子，对国际动态也同样的敏感。关于波兰、印度、越南和朝鲜人民的亡国痛史，很快就有了历史和文学的出版物。文学书中，有创作，也有译本。例如梁启超译的《佳人奇遇》(1899)，吴超译的《比律宾志士独立传》(1902)，陈鸿璧译的《苏格兰独立记》(1906)等等,对广大读者群,既提供了世界知识,又进行了爱国主义教育。另一方面,由于对被侵略、被压迫的民族、国家的同情,又引起了对东欧许多弱小民族文学的重视。鲁迅、周作人兄弟合译的两册《域外小说集》,周瘦鹃选译的《欧美名家短篇小说丛刊》,都偏重于介绍东欧诸小国的作品。

诗

一首诗的好坏,多半决定于语言文字的艺术性。一个国家的诗歌,用另一国的语言文字来移译,很难取得同样的艺术效果。为此,国际间的文学互译,诗歌的译作,数量总是最少。

近代外国诗被译为中文,不知开始于什么时候。据钱锺书的考察,他以为同治年间由英国驻华公使威妥玛和中国人董恂合作翻译的美国诗人朗费罗的《人生颂》等诗,可能还有英国诗人拜伦的诗,是最早的译诗。但是,如果《旧约全书》的中文译本,出版得更早些,那么,我们不妨认为其中的《雅歌》部分,是最早的译诗。

译诗的来源,有两个渠道。一个是散文文学作品或社会科学著作中引用的诗,一个是外国诗人的单篇诗作。前者的译作,似乎较早于后者。1873年,王韬编译《普法战记》,书中就译出了《马赛曲》和普鲁士人的爱国诗。1898年,严复译出《天演论》,其中引用了英国诗人蒲柏的长诗《原人篇》中的片段和丁尼生的长诗《尤利西斯》中的一节。1902年,梁启超作政治小说《新中国未来记》,其中也以译文引用了拜伦的《渣阿亚》和《端志安》。此外,林纾、伍光建、周作人等翻译的小说中,也常有诗篇或民谣。这些译诗,大多是一章一节,很少全篇。

把诗作为独立的文学作品而介绍给中国读者的翻译家,有马君武、辜鸿铭、苏曼殊、应溥泉、刘半农、胡适等人。马君武在日本留学时,于1905年编印出版一个刊物《新文学》,发表了他译的拜伦诗《哀希腊》等。1907年,又在巴黎出版的留学生刊物上发表了英国诗人胡德的《缝衣曲》,国内刊物《繁华报》《神州日报》等都有转载。1914年,朱少屏为他印行了《君武诗集》,收自作诗83首,译诗38首,有德国诗人歌德、席勒的作品。

辜鸿铭译英国诗,亦在这一时期。今所知者,他译过柯勒律治的《古舟子咏》和柯珀的《痴汉骑马歌》。后者有中英文对照的单行本,由商务印书馆出版。

初版本以彩色插图作封面，再版本就是素色封面了。此本未印出版年份，大约亦在 20 世纪 90 年代。

苏曼殊是诗人，对翻译介绍外国诗尤有热情，他在 1908 年印了他的第一本译诗集《文学因缘》。1909 年又印了第二本译诗集《拜伦诗选》。1911 年印了《潮音》。共译了拜伦、雪莱、彭斯、歌德等的著名诗篇数十首。前两种的初版本是在日本印的，《潮音》未见原本，不知是否亦在日本印刷。

应时，字溥泉，是一位攻读政法的留德学生。他很爱好德国名家的诗。回国后，在 1914 年，印行了一本中德文对照的《德诗汉译》，共收歌德、乌郎等人的诗 11 首。此书有 1939 年译者的重印本。

苏格兰诗人堪白尔的《军人梦》是胡适最早的译诗，以后发表了朗费罗、歌德、拜伦等人的诗，总共十余首，其一部分已收入《尝试集》。刘半农译过胡德的《缝衣曲》，陆志韦、赵元任也偶有译诗，都在五四运动前夕了。

从译诗的选题，可以理解当时知识分子吸收外国诗的趋向。《马赛曲》《缝衣曲》，至少有三个译本。拜伦的诗，似乎最有影响，而且集中在《哀希腊》。由此可见，许多人选择外国诗的标准，在其思想性。他们要从外国诗的民主主义、爱国主义和人道主义精神获得鼓励与安慰。

几乎所有的译诗，都用中国传统诗的形式，或译成五言古体，或译成四言的《诗经》体，或译成《楚辞》体。一些叙事诗，例如辜鸿铭的《痴汉骑马歌》，颇有《陌上桑》的情致。苏曼殊的译文，都经章太炎润色过，辞藻极为古雅，却不免晦涩。1918 年，刘半农发表其译诗《我行雪中》，有一段《译者导言》，透露了他对译诗所用语言的思索："两年前，余得此诗于美国 *Vanity Fair* 月刊，尝以诗赋歌词各体试译，均苦为格调所限，不能竟事。今略师前人译经笔法写成之，取其曲折微妙处，易于直达，然亦未能尽惬于怀。意中颇欲自造一完全直译之文体，以其事甚难，容缓缓尝试之。"由此文可知当时译诗者已感到用文言译外国诗，不能尽达原意。正当刘半农欲"缓缓尝试之"的时候，胡适已经开始"尝试"。他在同年四月的《新青年》杂志上发表了苏格兰女诗人林赛的《老洛伯》，完全用口语白话译，即刘半农理想中的"完全直译之文体"。五四运动以后，译述小说，已全用白话；译诗则还有一部分人认为白话非雅言，没有诗意，仍在用文言译述。

关于外国诗的介绍,或对译诗的评论,这一类文学批评也同时出现。苏曼殊在《文学因缘·自序》中会提起马君武所译《哀希腊》"虽宛转不离原意",但未免"失之粗豪"。胡适在他译的《哀希腊歌》序文中又批评二家的译文:"颇嫌君武失之讹,而曼殊失之晦。"1908年,鲁迅发表了《摩罗诗力说》,介绍了英国的拜伦、雪莱,俄国的普希金、莱蒙托夫,波兰的密茨凯维奇、斯洛伐茨基,匈牙利的裴多菲等浪漫主义的爱国诗人。他把这些诗人称为"摩罗"(恶魔)诗人,因为他们的作品具有"立意在反抗,指归在动作"的革命精神。同一年,鲁迅还翻译了《裴彖飞诗论》,专题介绍这位匈牙利爱国诗人的生平和诗作。鲁迅对欧洲文学,为什么特别注意东欧诸国的作家及其作品,小说和诗?他曾自己解释过:"介绍波兰诗人,还在三十年前始于我的《摩罗诗力说》。那时清廷宰华,汉民受制,中国境遇,颇类波兰。读其诗歌,即易于心心相印。"[20]

刘半农写了一部《灵霞馆笔记》,1916年起在《新青年》上陆续发表。此书大部分是外国诗话,讲到许多英、美、法诗人,如拜伦、莫尔、胡德、皮亚士、瓦雷、麦克顿那等,还详细介绍了《马赛曲》的创作因由。对胡德的《缝衣曲》也作了分析。此外,还有署名仲遥者,在1908年的《学报》上发表了一篇长文《摆伦》,全面介绍了英国浪漫派诗人拜伦的生平与作品。

1902年创刊的《新小说》杂志,每期有铜版插图4页,印了欧美作家的照相,书中并有简短的介绍文字。第2期的图版有"英国大文豪摆伦"和"法国大文豪嚣俄"。第7期是"比利时大词曲家觅打灵"和"西班牙大词曲家伊芝加利"。第14期是"欧洲大诗人:德国舍路拉,德国哥地,英国斯利"。大约都是配合当时译诗的发表而刊印的。

从以上各方面情况看来,外国诗歌在当时也已很被重视,它们不仅对新诗创作有直接的影响,即使对梁启超、黄公度等人的"诗界革命"也可能起了推动作用。

戏　剧

一直到19世纪中期,欧洲的戏剧,还是以歌舞为主,歌剧称为奥贝拉

---

[20]　见《题未定草三》。

（Opera），舞剧称为芭蕾（Ballet）。歌剧所演的都是历史人物的英雄事迹或恋爱纠葛，台词大多是诗。其情况和日本的能乐、中国的京戏差不多。这种戏剧，民族形式很浓厚，不容易影响到亚洲大陆。

19世纪六七十年代，欧洲兴起了搬演社会现实问题的戏剧。不用歌唱，台词都是恰如剧中人物身份的口语，故事情节都是当前的人情世故、政治或社会问题。每一个剧本有明显的宗旨，或是揭发，或是讽刺，都是正面教育，使观众引起思考。这种戏剧，首先影响到日本，然后影响到中国。日本人称为新派剧，中国人称为文明戏。现在称为话剧。

1903年，有人发表了一篇《观戏记》，作者竭力推崇法国与日本的戏剧，对当时中国舞台上的那些"红粉佳人，风流才子，伤风之事，亡国之音"，表示深恶痛绝。1904年，南社发起人陈去病、柳亚子等创办了我国第一个戏剧杂志《二十世纪大舞台》。他们对中国传统戏剧严重脱离现实的状况极为不满，强调要打破旧戏只演帝王将相、才子佳人故事的题材和呆板僵化的形式，大力提倡从文学入手，改革传统戏剧。同一年，陈独秀发表了《论戏曲》一文，明确提出"采用西法"的口号，公开号召学习外国戏剧。1907年，巴黎的中国留学生在他们办的刊物《世界》画报上发表长篇文章，叙述他们欣赏到的十几出欧美屡演不衰的戏剧情节，而且还着重介绍西方剧场的构造、舞台灯光和布景的新颖，以此来批判中国传统戏剧的陈旧与落后。这一系列事实，标志着我国戏剧界接受西化、积极开放、大力改革的发展时期，并不迟于小说。

西方戏剧介绍到中国来，主要是依仗演出。最早的记录是教会学校中，由外国教师导演，由学生在校园中演出，作为节日或假日的娱乐节目。1889年，上海圣约翰大学学生排演过《官场丑史》，大约是根据《官场现形记》改编的。1900年，南洋公学学生演出过《经国美谈》，用梁启超的译本改编。此后，上海如圣玛丽女校、中西女塾，外地如苏州的东吴大学、南京的金陵女校，也每年都有一两次演出，不是圣诞节，便是五月节（May day）。

介绍西方戏剧的另一个渠道是留学生的爱美演出。有一个春柳社，是日本留学生的业余剧团。1907年春在日本公演了《茶花女》片段，轰动一时，大约是中国话剧史上第一次公演的外国剧。同年秋，上海春阳社借用外国侨民建造的兰心戏院的全套新式布景和灯具,公演了《黑奴吁天录》。1908年,上海通鉴学校以完整的分幕剧本演出了《迦茵小传》。这三出戏都是根据林纾译的小说改编的。

西方戏剧一下子盛行于中国舞台,并不以翻译的剧本为主要媒介,因此,外国剧本的翻译本,却并不多见。1908年,李石曾译出了波兰作家廖抗夫的爱国主义剧本《夜未央》[21]。这大约是最早的一个翻译剧本。此后,李石曾又译了法国蔡雷的《鸣不平》。陈冷血译了法国柴尔的《祖国》等。钱杏邨编的晚清翻译剧本目录,共收14种,其中有包天笑改编的莎士比亚剧本《威尼斯商人》,剧名《女律师》。如果加上辛亥革命后至五四运动这八年间出版或发表的翻译剧本,大约有三四十种。但这个数字,还是不可依据的。因为有许多创作剧本,事实上是外国剧本的改编本。另外有许多剧本,仅仅作为演出用的脚本,从来没有印成单行本,或在刊物上发表。

散文及其他

散文,在中国传统文学概念中,是一个文体名词:一切文章,只要不是韵文,不是骈文,就是散文。在新文学的概念中,它又是一个文学类型名词。它代表的是一种随笔、漫谈之类的轻性文章。可以讲故事,但没有小说结构。可以发议论,但不是严肃的论文。它没有明确的疆域,凡一切叙人物、记游踪、抒情愫、论世故的文章,都属于这一类型。但是,在五四运动以前,文学界还没有这个概念,因此,这一类型的著译,都混合在其他各种文类中。

我们现在设置散文这一类目兼用新旧两种概念。欧文的《大食故宫余载》和《旅行述异》,都是游记。《吟边燕语》是莎士比亚戏剧的本事,这一类作品,都是文学的散文。严复译了不少社会科学名著,本身不是文学作品。但如《天演论》之类,原文既以文笔见长,译文亦雅驯可观,我们以为亦应当采及,这就是依据于散文的旧概念了。

儿童文学、青少年读物、神话、寓言等,亦有相当数量的译本,今以其原作著名者,酌量选录,统属于杂文学,与戏剧、诗歌、散文合为一卷,虽具体而微,亦可

―――――――――――――

[21] 有巴金的新译本,题名《前夜》,1930年版。

以窥见此一时期文学翻译的多面性。

四、文学翻译的得失

晚清30年间的文学翻译出版物,在五四运动以后,只有林纾、伍光建等人的译品,因出版家商务印书馆、中华书局(前身是文明书局)仍然存在,而得以保留下来,还继续印行。其余许多译本,都因出版社先后停业,或其他原因,逐渐绝迹。书既不为后人所知,又没有留下较全面的记录,加以五四运动以后的翻译家及读者,对前代的翻译工作,不免有些鄙夷不屑,因此,这30年的文学翻译情况,既无文献可征,又无人从事研究,竟成为一片洪荒未辟的处女地。直到19世纪30年代,才有赵景深、郑振铎、钱杏邨(阿英)等人注意到晚清文学及其出版物,对这块处女地进行探索。赵景深集中注意于收集民间文学、传统的通俗小说、说唱文学。郑振铎集中注意于收集戏曲、小说和文集,只有钱杏邨,兼顾到文学翻译的出版物。当时,距离五四运动不过十多年,距离《巴黎茶花女遗事》的出版,不过30多年,可是,钱杏邨以8年时间收集到的外国文学译本,根据他所编的目录,只有七八百种。

1908年,在《小说林》第七期上,发表过东海觉我(徐念慈)的《丁未年(1907)小说界发行书目调查表》,列出这一年出版的创作小说共40种,翻译小说共80种。1911年,《涵芬楼新书分类目录》著录创作小说120种,翻译小说400种。这两份书目,都反映当时外国文学译本的出版数量,为创作文学出版物的一倍以上。据钱杏邨的估计,当时创作小说的实际数字,可能有两倍于120种,而翻译小说的出版数字,可能两倍于创作小说。

这一现象,是非常突出的。我们从来没有注意到,也从来没有敢于设想。从五四运动到1950年,也是30年。在这30年中,外国文学译本的出版,很可能反而少于前一个30年。《民国时期总书目·外国文学卷》著录的是1911—1950年这40年间的外国文学论著及作品的出版物,共收书4400余部。除去1911—1919年部分,应归属于近代文学,又除去论述、文学史及非小说译本,大约翻译小说的数字,最多不过 1500 种。

从 1950 年到现在,又是 40 年。在这 40 年间,外国文学的译本,不区别小说和非小说,其出版数字恐怕更少,也不会有创作小说的两倍以上。

经过这一次的查核,我们才发现,从 1890 年到 1919 年这 30 年,是迄今为止,介绍外国文学最旺盛的时期。我们把这一现象,突出地标举为近代文学在接受外国文学方面的第一项特征。

自从李卓吾、金圣叹开创了批点小说的风气,成为中国文学批评的一种形式。比较早期的外国文学翻译家或读者,也往往继承这个传统,在译本上加批点、题辞或序跋,以阐发原作者的艺术手法,或译者、读者从原作中所感受的思想意义。通过这些批点、题辞和序跋,我们可以观察当时外国文学的译者和读者,如何评价和认识外国文学,外国文学在哪些方面对他们起过影响。严复译书,每章都有按语。林纾的早期译本,几乎都有序文,他喜欢以司马迁的“龙门笔法”来分析外国文学的艺术性,其中有一部分中肯的,可以说他与原作者具有通感,但也常常有迂阔之谈。对于某些杰出的外国文学名著,例如狄更斯的批判英国政治、社会的现实主义小说,斯威夫特的讽刺小说,林纾都在序文中对他们的思想意义给予高度赞扬,并且还联系中国的现实,在慨叹、惋惜的微词中,透露出他对封建专制政体的不满和对民主、自由政制的向往。林纾曾因为反对白话文而被认为新文学运动中的一位顽固的保守派,从此以后,历史学家不免以偏概全,把他列入与革命派、进步派对立的人物。我们从林纾的许多翻译小说的序文、题辞中,可以发现他的思想境界,也还有并非顽固、并不保守的一面。

从翻译小说数量之多,说明外国小说的读者群正在迅速扩大。其中除一部分略知外国情况的知识分子以外,大多数是趋向变法维新的一般士民。他们爱看外国小说,一半是为了猎取新奇,一半是为了扩大视野,认识世界。但是他们的文化水平还低,理解力还浅,就是所谓“民智未开”。翻译小说卷前的译者序文,对这一类读者大有启发作用。在那个时期,这是有意义、有必要的。五四运动以后,新一代的文艺工作者,并不重视这种传统的文学批评方式。批点,绝迹了;题序,侧重在介绍原作者的生平及著作。他们对前代的旧式文学批评,不屑注意,甚至贬为迂谈腐论,而不能以历史的观点去作公允的评价。因此,我们现在要特别提出这一现象,作为近代翻译文学的又一个特征。

有一些现象,显示在本世纪最初三十年的文学译本中,暴露了它们的缺点。首先是:译名的对音不正确、不统一。很多翻译小说,都是从日文译本转译的。原作者的名字也从日文对音转译。例如高尔基,吴梼译作戈砺机,鲁迅译作戈理基。周瘦鹃从英译本翻译,译作高甘,这是由于英文读音不正。林纾把法国作家雨果,译作嚣俄,可知同他合作的人是从英译本口述的。依照英文读音,雨果读作许果,林纾又用他的福州方音,译成嚣俄。这个不正确的译名,一直被许多译者沿用着,直到1929年出版的方于译《可怜的人》,也还是题作"嚣俄箸"。可怪的是,林纾译了一本雨果的《九十三年》,译本书名题作《双雄义死录》,作者名却是"预勾"。从此可知这本书的口述者用的是法文本。但林纾自己恐怕不知道"预勾"就是"嚣俄"。

法国科学冒险小说作家儒勒·凡尔纳的名字,出现了许多不同的译名:卢籍东、鲁迅、包天笑译作迦尔威尼,梁启超译作焦士威尔奴,奚若译作焦士威奴,叔子译作裘尔俾奴,包天笑的另一本《一捻红》,题其作者为房朱力士,一本不署译者名的《环游月球》,题其作者为焦奴士威尔。对于一个不熟悉外国文学,又不识外文的读者,无论如何不会知道这许多名字就是一个人。

大部分翻译小说都没有原著者姓名,几乎全部翻译小说都不交代原本的书名。译本的书名又不是原本书名的译语。译者总是追求典雅,另立新名。如《孤星泪》《块肉余生述》之类,还比较可以揣测本书的内容,至如《恨绮愁罗记》《红礁画桨录》之类,则无从捉摸其内容性质了。这种以五字丽语标题书名的风气,林纾大约是始作俑者。他非但在翻译界有影响,也沾染了不少创作小说。

整章译文不分段落,对话也不分行写,人名长的可以简化缀音,或者用一个不对音的中国人名来代替。这些情况,也是当时翻译界的通病。但是,最严重的缺点,莫如对原作的大量删节。有许多译本所依据的已经是一个删节本,如日本人译西方小说,常有删节。英美出版的文学名著,也有各种供青少年阅读的删节本。中译者用这种版本译述,可能自己也不知道是一个删节本。有少数译者,外文水平不高,遇到原文难解的章节,就跳过不译。有些译者,没有文学翻译的责任感。他们以为翻译就是传达一个外国故事。他们读了一本外国小说,把其中的故事扼要写下来。篇幅比原本少了许多，章节也不同于原本，虽然在第一页和版权页上印着"某人译"，其实已不是译了。德国作家史笃姆的中篇小说《茵梦湖》，近年出版的全译本有五万字，而1916年发表在《留美学生季报》上的译文《隐媚湖》，只有四千字。我们能说它是一个译本吗？

以上这些现象，还是国际翻译界共同存在的。只有一种原因的删节，可以说是我国当时翻译界独有的现象。严复根据他的译书经验，提出了三个字，作为译书的要求：信、达、雅。信是要忠实于原文，达是要充分表达原文的内容，雅是要用雅驯的文辞译出。关于"雅"这个条件，他自己也有怀疑。如果原文中有不雅的文字或事情，怎么能用典雅的中文来译述呢？他说："行文欲求尔雅。有不可阑入之字，改窜则失真，因仍则伤洁。"他写信去请教古文家吴汝纶，问他该怎么办。吴汝纶回信说："鄙意与其伤洁，毋宁失真。凡琐屑不足道之事，不记何伤？若名之为文，俚俗鄙浅，搢绅所不道。"底下又举例说：《左传》《史记》中虽然有些"化俗为雅"的文章，但如果碰到"俚鄙不经之事"，估计太史公一定都"芟剃不言"了。这就是早期翻译界一部分古文家译书大量删节原文的理论根据。林纾是反对"引车卖浆之徒"的语言的，他翻译外国小说，碰到不雅的语言和情事，如果无法"化俗为雅"，就干脆删去了。

更有一种情况，以前没有觉察的。当时的翻译家和出版家对外国文学，似乎都不能区别其文学类型。《十之九》是安徒生童话选集。《时谐》是格林童话选集。《大食故宫余载》是一部西班牙游记。《吟边燕语》是莎士比亚剧本的散文演述本。《荒唐言》的原著是斯宾塞的长诗《仙后》，有马克尔赫斯的散文演述本，林纾根据散文演述本译出，而题云"司宾塞著"。这些书都不是小说，而分别编入《说部丛书》《小本小说》《小说汇刊》，一概都被目为小说，《吟边燕语》甚至题为"神怪小说"。于此可见早期文学翻译工作者或出版家的幼稚的一面。

五、文学翻译的历史任务

历史上第一次翻译高潮，给中国送来的是印度哲学和佛教。从总体上看，他们对中国没有什么积极的效益。从晚清到民国初年这三十年间的第二次翻译高潮，对中国的政治、文化和人民的思想状态，却起过积极的冲击和提高作用。

在 19 世纪后半期，世界上许多国家的政治结构、经济结构和社会结构都发生很大的变化。有些国家成为帝国主义者而繁荣，相应地，有些国家由于被侵略、被掠夺而衰落。中国人经受了几次抵抗战争的失败，几次签订丧权辱国的条约，对一向引以为自豪的具有三千年华夏文明的中央帝国失去了信心。民族意识、国家观念、民主主义思想，迅速地启发了广大人民的意志，"自由、平等、博爱"成为青年人的口号标语。

导致广大人民思想上起如此急剧变化的，主要通过三个渠道：留学生和进步人士的宣传，报章、杂志对东西洋各国情况的及时报道，大量外国书籍译本的传布。在这里，外国文学的译本也应当有一大部分功绩。为什么拜伦的诗《哀希腊》会有好几个译本？秋瑾在就义前五日写的自挽联云："不须三尺孤坟，中国已无干净土；好持一杯鲁酒，他年共唱摆伦歌。"外国文学，在中国人民思想界所起的影响，在这一事例中，已强烈地反映了出来。

现在我们从文学本体的影响来探讨。我们发现，大量外国小说的输入，在知识分子狄更斯传统的文学观念中，小说的价值改变了。他们向来不重视小说，以为小说是市井人的读物，不入著作之林，更不得谓之文学。现在，他们开始惊讶地知道，在外国，小说是一种重要的文学类型。有些作家及其作品，在文学上占据专章论述，地位不下于我国的唐宋八大家。他们通过许多译本，感觉到外国小说，如狄根司、大小仲马、嚣俄、欧文等人的著作，有深刻的意义，能感人肺腑，即使爱情小说，也比才子佳人小说纯洁高尚。再加以梁启超、夏曾佑等人许多推崇小说的论文，使知识分子改变了对小说的观念，承认小说是可以厕身于诗古文辞作品之间，纳入文学领域了。于是，再用这个新的观念，重新衡量我们自己的传统小说，经过筛选，取其艺术性较高的，雅俗共赏的，如《三国演义》《水浒传》《红楼梦》《儒林外史》等，写入了中国文学史。楚卿的《论文学上小说之位置》一文，标志了这一文学观念的转变时期。而且，在这一转变过程中，还有一种值得注意的情况：梁启超等人的竭力提高小说的地位，还是由于认识到小说的社会作用，因而还是从文学的功利主义出发。到王国维发表《红楼梦评论》，才从文艺的美学价值出发,真正提高了小说作为文学本体的地位。

我国传统小说的读者,绝大多数是小职员、小市民。只要略通文理,不限年龄,他们喜欢在业余时间看各式各样的小说。他们以小说为消遣物,供茶余酒后的谈话资料。不能阅读书本的,就是听书,以耳代目,同样可以列入小说的读者群。小说是不是文学?小说的地位该有多高?这不是他们会考虑的问题。因此,对于小说的观念转变,主要发生在知识分子群中。传统的知识分子,看小说书一般都在青少年时期,十四五岁到二十四五岁。过此以后,除了少数纨绔子弟或文化水平无法提高的青年之外,多数人不看小说,或难得看一部小说了。林纾用古文翻译外国小说,还在题记序跋中阐发原作者的文笔,有与司马迁、班固异曲同工之妙。这样,他首先把小说的文体提高,从而把小说作为知识分子读物的级别也提高了。《巴黎茶花女遗事》一出版,风行一万余册,读者都是知识分子。他们一向读古文、写古文,可是从来没有读到用古文写的长篇言情小说。这种形式的小说,文体既不是唐人传奇,内容又不同于《红楼梦》,于是,他们对小说另眼相看,促成了文学观念的一大转变。

当各阶层知识分子在茶余酒后的闲谈中间,或在报刊上发表评论及题诗,一致赞扬《茶花女》和《黑奴吁天录》的时候,阅读古文小说有困难的小职员、小市民便有向隅之叹。他们不了解这些读书人为什么大惊小怪,把一本外国小说夸奖到这么好!他们去买来看,可是不很懂,有语言障碍。于是有好心人出来,把一本《黑奴吁天录》改写为白话文本,解决了问题。当翻译家发现白话文译本有更大的读者群,他们就不跟林纾走,而用白话文翻译了。

传统的章回小说虽然多数是用白话文写的,但并不一致。《三国志演义》是夹杂不少文言的白话。《水浒传》用的是宋元白话。《儒林外史》用的是酸秀才的白话。这些白话文体,一向为作家所沿用,各从所好,各取所需,实质上还是一种书本白话,而不是口头日用的白话。外国文学的白话文译本,愈出愈多,译手也日渐在扩大,据以译述的原本有各种不同的语言,在潜移默化之间,产生了一种新的白话文。它没有译者的方言乡音影响,语法结构和辞气有一些外国语迹象。译手虽然各有自己的语言风格,但从总体来看,它已不是传统小说所使用的白话文。它有时代性,有统一性,有普遍性。当时的文艺创作家,即我们新文学史上所轻蔑的"鸳鸯蝴蝶派",他们所使用的,就是这一种白话文。特别是几位既是翻译家,又是创作家,如包天笑、周桂笙、陈冷血等人,他们的译文和他们的创作,文体是一致的。这一种白话文体的转变,是悄悄地进行的,我们在最近,看了不少译本和创作小说及杂文,才开始有所感觉。是不是可以说:早期的外国文学译本,对当时创作界的文学语言也起过显著的影响呢?

外国文学,通过译本,给中国近代文学的影响,最显著、最迅速的是在小说方面。中国传统小说,虽然数量不少,实在只有讲史和传奇(包括烟粉、灵怪、公案等)两个类型。而外国小说却有更多的类型,例如政治小说、科幻小说等等,都是中国所没有的。在各种类型小说的故事情节、主题思想、描写技巧各个方面,外国小说都显得更繁复、深刻、高明。于是,《茶花女》《漫郎摄实戈》淘汰了《西厢记》《红楼梦》。《法宫秘史》《大侠盗邪洛屏》淘汰了《七侠五义》《小五义》。《月界旅行》《八十日环游记》淘汰了《西游记》《镜花缘》。福尔摩斯、亚森·罗宾淘汰了《包公案》《施公案》。鲁迅曾评凡尔纳的科幻小说的长处是"经以科学,纬以人情"。又有署名"侠人"者,作《小说丛话》,以为中国的公案小说"往往凿空不近人情",而且没有西方侦探小说的"层出不穷境界"。

中国传统小说的创作方法,永远是按照编年排日的次序以叙述故事情节的发展。不会用倒叙、插叙、推理、分析,旁白、独白种种艺术手法。碰到一个故事需要追溯前情或补述旁事的时候,只会用"话分两头,且说……",或"这且按下不提,再说……"这一类公式化的结构。晚清许多小说作家,从外国小说中得到启发,逐渐放弃传统的创作方法。周桂笙译法国作家鲍福的《毒蛇圈》,在《新小说》上发表时,特别推荐这篇小说在开头时采用了父女对话的形式。他说这种别开生面的写法是"凭空落墨,恍如奇峰突兀,从天而降。又如燃放花炮,火星乱起。然细察之,皆有条理,自非能手,不敢出此"。周桂笙这段题记发表后四个月,我佛山人创作《九命奇冤》,就采用了以对话开头的方法。林纾在他的许多译作题跋中,也经常涉及原作者的创作方法,表示他的赞赏。从这些事例,我们可以设想,当时的外国文学翻译者,十分注意外国作家的文学技巧。一经指出,立即启发了创作家。根据这一理解,我们再检查一下"鸳鸯蝴蝶派"的创作小说,不论长篇或短篇,它们的创作方法,显然已有绝大多数和传统小说不同了。

以上，我们初步探索了五四运动以前三十年间的外国文学输入的情况，其得失，及其影响。大量外国文学的译本，在中国读者中间广泛地传布了西方的新思想、新观念，使他们获得新知识，改变世界观。使他们相信，应当取鉴于西方文化，来挽救、改造封建落后的中国文化。至于外国文学本体的影响，我们发现的是上文提到过的三项较明显的效益：（一）提高了小说在文学上的地位，小说在社会教育工作中的重要性；（二）改变了文学语言；（三）改变了小说的创作方法，引进了新品种的戏剧。这些情况，都出现在近代文学史的后半期。由此，我们又可以回顾一下唐代文学的类似现象。唐诗在中唐的前半期，是继承盛唐传统的时期；到后半期，却开始发生新变。我们的近代文学史亦完全一样，前半期是旧传统文学的尾声，后半期是新文学的前奏。这一时期的外国文学译本尽了它们在一个文化转型期的历史任务。

（本文系作者为《近代文学大系·翻译文学集》所写的序言）

【施蛰存　华东师范大学中文系教授】

原文刊于《中国文化》1991 年 02 期

鸦片战争前后士大夫西学观念的演进

郑师渠

在中国,西学观念最初是随明末耶稣会士传入的西方科技而俱来的。艾儒略撰有《西学凡》一卷,"所述皆其国建学育才之法",①分六科:文科、理科、医科、法科、教科、道科。显然,艾儒略的所谓"西学",是包括了自然科学与社会科学在内的西方学问,而为中学的对待之词。但其时耶稣会士仅传入天文、算学、水利等,并未介绍社会科学。时人因之通常称之为"西法"或"西术"。

明末以徐光启为首的一些科学家对西法极表欢迎,表现了吸收科学新知的强烈愿望和远见卓识。徐已初步理解到西法中蕴含着的西方自然科学体系的博大精深。他说,西方"更有一种格物穷理之学,凡世间世外、万事万物之理,叩之无不河悬响答,丝分理解"。"格物穷理之中,又复旁出一种象数之学。象数之学,大者为历法,为律吕;至其他有形有质之物,有度有数之事,无不赖以为用"。②"格物穷理之学",是一内涵丰富的统一体,象数之学仅为其中一个分枝,但算术又为整个西方学问的基础。"此事不能了彻,诸事未可易论"。③ 徐的可贵不仅在于他能"因小识大",理解西方自然科学的统一性,而且还在于他并无

---

① 《四库全书总目》,卷一百二十五,杂家类存目二,《西学凡》条。
② 《徐光启集》,中华书局,1963 年,第 66—67 页。
③ 同上,第 81 页。

虚骄,以科学家的良知,承认西法优于中法,从而为时人提出了对待西方进步文化应有的态度:"欲求超胜,必先会通;会通之前,必须翻译。"④这就是拿来主义,着眼于超胜,立足于吸收。徐身体力行,他与利玛窦合译了《几何原本》等书,并在大量观测实验的基础上完成了科学巨著《农政全书》。徐的科学理论与实践已显示出向近代实验科学迈进的强烈意向。

但很可惜,此后朝代更迭,人事皆非。徐等人所刚刚显露的正确思路被打断了,被否定了。中国士大夫西学观念的演进,不能不倒退回去,从此峰回路转,开始其曲折的历程。

一、"西学源出中国说"与清初西学观念的倒退

清初,耶稣会士继续受到了清廷的礼遇。西方天文算法虽曾遭到杨光先等人的激烈反对,"然分曹测验,具有实征""故攻新法者至国初而渐解焉"。⑤ 论理说,西法既有实证,即当加以进一步的研究和引进;但事实上正相反,封建士大夫却从中得出了扭曲的观感与蒙昧的结论。这就是鸦片战争前盛行的所谓"西学源出中国"说。它反映了士大夫西学观念的倒退。

"西学源出中国"说,固然可追溯到魏晋时的"老子化胡"说,但是,就清代而言,其时大数学家梅文鼎是主要的始作俑者。他在《天元一即借根解》中说:

> 后供奉内廷,蒙圣祖仁皇帝授以借根方法,且谕曰:"西洋人名此书为阿尔热八达,译言'东来法'也"。敬受而读之。其法神妙,诚算学之指南,而窃疑天元一之术颇与相似。复取《授时历草》观之,乃涣如冰释,殆名异而实同,非徒曰似之而已也。夫元时学者著书,台官治历,莫非此物。不知何故,遂失其传,犹幸远人慕化,复得故物。"东来"之名,彼尚不能忘

---

④ 阮元:《畴人传·徐光启》,上海玑衡堂石印,光绪二十二年。
⑤ 《四库全书总目》,卷一百零六,天文算法类一。

所得。⑥

《四库全书总目》推波助澜,进一步肯定了梅说:

> 迨我国家,……欧罗巴人始以借根方法进呈。圣祖仁皇帝授蒙养斋诸臣习之。梅毂成乃悟即古立天元一法,于《赤水遗珍》中详解之,且载西名阿尔热巴拉即华言东来法,知即冶之遗书,流入西域,又转而还入中原也。⑦

不难看出,"西学源出中国"说,其最初发难的依据只在借根法"西名阿尔热巴拉即华言东来法"一语。阿尔热巴拉为法文 algebre 之译音,今译数学,并无"东来法"之意,显为误译。1859 年,伟烈亚力在《代数学序》中还特别声明:"代数术略与中土天元之理同,而法则异,其原始即借根法,西国名阿尔热巴拉系天方语,言补足相消也。昔人译作东来法者非也。"⑧"东来法"本是误译,由此附会而成的"西学源出中国"说,更纯属虚假认知。

但此说在流传过程中被系统化了。梅氏初始只谓西方借根法源出元代李冶的天元一法;时人意犹未尽,进一步扩大范围,干脆将一切西法皆说成源出中国。阮元把《曾子十篇》等书说成是西法的先导:

> 元尝博观史志,综览天文算术家言,而知新法亦集合古今之长而为之,非彼中人所能独创也。如地为圆体,即《曾子十篇》已言之,太阳高卑,与《考灵曜》地有四游之说合。蒙气有差,即姜岌地有游气之论。诸曜异天,即郄萌不附天体之说。凡此之等,安知非出于中国,如借根方之本为东来法乎?⑨

---

⑥ 梅文鼎:《赤水遗珍》,《梅氏丛书辑要》,1874 年刻本。
⑦ 《四库全书总目》,卷一百零七,天文算法类二,《测圆海镜》条。
⑧ 《代数学序》,1859 年刻本。
⑨ 《畴人传·汤若望》。

邹伯奇有《论西法皆古所有》一文,则认为西人"尽其伎俩,犹不出墨子范围",将墨子视为西法始祖。他说墨经里已包含了西洋的数学、重学、视学,等等,即是西方的旁行文字和所奉的上帝,也无非"祖其遗法","故谓西学源出墨子可也"。⑩ 同时,西学源出中国的时间也由元代推到了虚无缥缈的远古时代。其具体西播过程,被杜撰成一篇玄妙的历史故事。《明史·历法》写道:

> 西洋人之来中土者,皆自称欧罗巴人,其历法与回回同而加精密。尝考前代,远国之人,言历法者多在西域,而东南北无闻。盖尧命羲和仲叔分宅四方,羲仲、羲叔、和叔,则以隅夷、南交、朔方为限,独和仲但曰"宅西",而不限以地,岂非当时声教之西被者远哉? 至于周末,畴人子弟,分散西域、天方诸国,接壤西陲,非若东南有大海之阻,又无极北严寒之畏,则抱书器而西征,势固便也。

《明史》扬其波,《御制数理精蕴》和《四库全书总目》则助其浪,"西学源出中国"说,被系统化、定型化了。

由是,士大夫形成了两个谬见:一是古人无法超越。阮元说,"读者因流溯原,知后世造术密于前代者,盖集合古人之长而为之,非后人之知能出古人上也";⑪二是中非不如西。王锡兰虽然承认"西历善矣",但却又认为西法既原本于中法,就不可能"越其范围"。⑫ 阮元虚骄益甚:"吾中土之法之精微深妙,有非西人所能及者"。⑬ 故他质问道:"使必曰西学非中土所能及,则我大清亿万年颁朔之法,必当问之于欧罗巴乎,此必不然也。"⑭

"西学源出中国"说日益弥漫与士大夫西学观念的倒退,在中国科技界思想界产生了严重的后果:

首先,钝化和消弭了西法所带有的启迪新思的锋芒,麻痹了封建士大夫从西

---

⑩ 《学计一得》卷下,见《邹征君遗书》。
⑪ 《畴人传·凡例》。
⑫ 《畴人传·王锡兰》。
⑬ 《畴人传·利玛窦》。
⑭ 《畴人传·汤若望》。

法中捕抓世界科学发展的信息的自觉。他们贬低以至于否定西学,却付出了自外于世界科技发展主潮、陷于孤陋寡闻的昂贵代价。哥白尼学说在中国的命运即是一例。哥白尼学说在创立二百多年之后,在中国不得传播,首先固然当归咎传教士的有意作梗,但封建士大夫排斥西学的心理,也无异作茧自缚。1760 年,法人蒋友仁向乾隆进献《坤舆全图》,时已指明哥白尼学说的正确性,并且介绍了刻卜勒三定律和地球为椭圆形等欧洲天文学的最新发展成果,但不被重视。该图及两件仪器被封入宫内,无人问津。只是三四十年后,钱大昕才奉命将《坤舆全图》加文字润色并定名为《地球图说》。他在《与戴东原书》中说,“本轮、均轮本是假象,今已置之不用,而别创一椭圆之率。椭圆亦假象也,但使缠离交食,推算与测验相准,则言大小轮可,言椭圆也可”。[15] 对此重大的科学成就,他取实用主义的态度,漠然处之。时乾隆命钱进一步探询日心说,结果却是“终疑其说,勿用”[16]。阮元更对日心说大加讨伐,以为“其为说至于上下易位,动静倒置,则离经畔道,不可为训,固未有若是甚焉者也”[17]。“学者不必喜其新而宗之”[18]。他还进一步发挥自己见解说,天道精微,并无规律可循。古人只讲所当然,不讲其所以然,正是古人立言之慎重。西人先主地圆说和地心说,今复倡椭圆说和日心说,是在故弄玄虚。一种学说创立才及百年,而其结论屡变,何时是了。还是只言其当然,不言其所以然者为终古无弊[19]。他不仅否定哥白尼的学说,且抱残守缺,否定了科学发展的必然性和必要性。

其次,西学观念的倒退导致的直接恶果,是科学界出现的复古倾向。我国的数学研究,从明末到乾隆前期,大致有两种体系,一是研究传统的《九章算术》的体系,一是研究《几何原本》等从西方传来的初等数学体系。但从乾隆中期到鸦片战争前夕,科学界的注意力都转到了对传统数学的挖掘和校勘上,西方数学的输入和研究中断了。后一种体系被纳入了第一种体系之中。中国科学界原有的少许探求西学新知的活力,复溶化于传统的冰水之中。数学家罗士琳研究方向

---

⑮ 《潜研堂文集》卷三十二,商务印书馆,1929 年。

⑯ 《郭嵩焘日记》卷一,湖南人民出版社,1981 年,第 26 页。

⑰ 《畴人传·蒋友仁传》。

⑱ 《地球图说序》,见《文艺楼丛书》。

⑲ 《畴人传·蒋友仁传》。

的改易，可以看作是科技界复古倾向中的一个有代表性的事例。他年轻时"顾习西法，几以比例、借根为止境"，是追求西学的。但后来受同乡阮元影响，相信倡明古法就能使"中学兴而西人退"[20]，于是"幡然改辙，尽废其少壮所业，殚精乎天元四元之术，……墨守终老，惟以兴复古学，昌明中法为宗旨"[21]。科学的生命在于开拓进取，守成怀旧是其天敌。从这个意义上说，其时科技界不是透过西法向前看，开拓未来，而是附会西法向后看，追溯过往，倡明古学，是中国科学发展的真正悲剧。这样说并不否定此期罗士琳等人对古学的研究也自有创获，但他们的研究成果毕竟等而下之，远远地落到了西方已有成果的后面。因之不能不说，西学观念的倒退，是此期科学发展停滞不前的一个重要原因。

"西学源出中国"说之所以风行一时，绝非偶然，它反映了其时社会文化的心态。

其一，它适应了清朝统治者"天朝大国"的虚骄心理和维持正统观念的政治需要。

清初诸帝较前代帝王具有更加强烈的"天朝大国"的虚骄心理和正统的观念。这只要看看乾隆《敕谕英王》怎样充满着"万国之主""君临万邦"的口吻就够了。康熙颇重西法，但耐人寻味的是，"西学源出中国"说恰恰是在他的授意下出现的。梅文鼎自己说得清楚，康熙授其借根法，有谕曰"西洋人名此书为阿尔热八达，译言东来法也"，梅心领神会附会出西人借根法窃自元李冶天元一法的说法，首先为译名找到了"根据"。是说既起，康熙复据此加以倡导，他说："论者以古法今法之不同，深不知历源。源出自中国，传及于极西。西人守之不失，测量不已，岁岁增修，所以得其差分之精密，非有他术也。"[22]乾隆对此也津津乐道："西法何自仿乎，曰周髀。何以知其然也，曰周髀者，盖天也。盖天之学始立勾股，勾股者西法所谓三角也。"[23]他们何以乐此不疲？个中原因即在于"西学源出中国"说有助于维护自己"君临万邦"的正统观念。由此亦不难理解《四库全书总目》何以强调既经圣祖手，中西两法归一了："圣祖仁皇帝《御制数理精蕴》

⑳　罗士琳《割圆密率·捷法跋》，《清儒学案》卷一百五十一。
㉑　诸可宝：《畴人传三编》，"罗士琳传"，上海玑衡堂石印，光绪二十二年。
㉒　《康熙政要》卷十八。
㉓　诸可宝：《畴人传三编》卷一。

诸书,妙契天元,精研化本,于中西两法权衡归一,垂范亿年"㉔。"洵乎大圣人之制作,万世无出其范围者矣"㉕。宣告终极真理,不仅抹杀了科学的发展,更主要是使中西学重新归于天朝圣君一统之下,虚骄心理得到了满足。

清初几个帝王一脉相承,都对西学采取了不同程度的限制政策。康熙一向被认为是爱西学的明君,实则不太全面,他还有限制西学的一面。康熙的本末观从来都是明确的。他认为理学是本,器数之学只能是末。他要求臣下当守根本,"非泛骛于器数之末,为支离无本之学"㉖。从根本上讲,康熙并不偏爱西学,其朝西士虽多,但"朝廷制度森严,无敢与之交结"㉗。梅文鼎等畴人供奉内廷,康熙能将借根法交其习之,却不愿让他们与西士抵掌切磋。清初终不见类似明末徐光启、李之藻与利玛窦诸人自由往来合作译书之事,良可深思。其子孙又逊一筹。乾隆恶西器"淫巧","尝禁其入贡"㉘。乾隆敕修的《四库全书总目》贬西学为"异学",将《西学凡》一书"存其目于杂家",虽"著于录而辟斥之"㉙。以官方的身份否定了西学为"学"的资格。嘉庆又等而下之,"不识西士,不爱西学,不喜西艺"㉚。他在上谕中,更要求官民禁绝西器:"朕从来不贵珍奇,不爱玩好,乃天性所禀,非骄情虚饰。……至于钟表,不过为考察时辰之用,小民无此物者甚多,又何曾废其晓起晚息之恒业乎? 尚有自鸣钟等物,更如粪土矣。当知此意,勿令外夷巧取,渐希淳朴之俗。"㉛嘉庆十七年(1812),钦天监西士最终被逐,沟通中西文化的唯一渠道被阻绝了。

其二,西学观念的倒退,又是与其时崇古的社会风气相通的。乾嘉汉学兴盛,人人以谈经名高,考据风炽,形成了尚古的社会风气。这不能不影响到科技界。汉学家为治经的需要,多重视古代天文算学古籍的收集。明清之际,古代算学名著极少流传,康熙朝辑成《古今图书集成》,虽内容宏富,但有关算学古籍甚

㉔ 《四库全书总目》,卷一百零六,天文算法类一。

㉕ 《四库全书总目》,卷一百零六,天文算法类一,《御定历象考成》条。

㉖ 《圣祖仁皇帝圣训》卷五,见《十朝圣训》(康熙朝)。

㉗ 金安清:《水窗春呓》卷下,"中外通商"。

㉘ 昭梿:《啸亭续录》卷二,扫叶山房石印,1901年。

㉙ 《四库全书总目》,卷一百二十五,杂家类存目二,《西学凡》条。

㉚ 圣教杂志社编:《天主教传入中国概观》,台北文海出版社,1971年,第42页。

㉛ 《清仁宗实录》卷三百二十九,嘉庆二十一年七月。

少，仅有《周髀算经》等四种共 16 卷。迨《四库全书》编辑，汉学家多参此役，如戴震、李潢、庄存与、陈际新等皆懂数学，收集算学古籍不遗余力。与《古今图书集成》较，《四库全书》所收的算学古籍数量大增。仅其子部"算书之属"，所收即达 25 部，共 207 卷。其中包括唐末以前算书 10 部、宋元 3 部、明代 4 部。同时，清廷还印行了《武英殿聚珍版丛书》一套，其中有算书 7 种，计百卷。这些巨型丛书的编辑，对传统天文算学的发掘和研究自然是有益的；但问题在于，汉学家辑校古算经的本意不在算学的研究，而在于经学考据。戴震特别申明："六书、九数等事，如轿夫然，所以异轿中人也，以六书、九数等书尽我，是犹误认轿夫为轿中人也。"[32]古算经是辑校出来了，但慕古相尚的汉学家习气也浸润了畴人界。钱大昕批评西法说："西人之术，止实测于今，不复远稽于古。"[33]在尚古的社会氛围下，辑校古算经的戴震被认为是倡明绝学的功臣，而自薄俸，养工匠，制仪器，从事实测的张作楠，则被目为"算胥"。孔继涵在《算经十书序》中写道："胥不能稍出《九章》范围焉，呜呼！九数之作，非圣人孰能为之哉！"[34]阮元则号召人们向后看："学者苟能综二千年来相传之步算诸书，一一取而研究之，则知吾中土之法之精微深妙，有非西人所能及者。彼不读古书，谬言西法胜于中法，是盖但知西法而已，安知所谓古法哉！"[35]"西学源出中国"说正与信古的社会风气一脉相承，而大量古算经的倡明，一时又为畴人们的探古览胜提供了适当的天地。于是乎，畴人们纷纷转向了。他们在"兴中学退西人"的标榜下，自觉不自觉地又把自己的工作看成了"治经之助"。[36]畴人追随汉学家，算学成经学奴婢。西学观念倒退了，独立的科学精神也在浓重的慕古风尚中飘散了。

由是，封建君臣如同井底之蛙，愈益夜郎自大。迄鸦片战争前夕，封建士大夫一直陶醉在天朝大国的虚骄中，除了少数畴人还时常拨弄几条早已过时的西术作为自己咀嚼古学的调料外，整个社会视西人为蛮夷，不承认他们有任何长处值得一顾。西学观念的火花熄灭了。只有到了西方侵略者的大炮已在天朝呼

[32] 段玉裁：《戴东原集序》，见《戴震集》，中华书局，1980 年。

[33] 金兆梓：《近代中国文化鸟瞰》，《新中华杂志》第 1 卷第 1 期。

[34] 孔继涵：《算经十书序》，光绪十六年刻本。

[35] 《畴人传·利玛窦》。

[36] 邹伯奇：《学计一得·自序》，见《邹征君遗书》。

啸,士大夫中才有少数佼佼者起而重新加以点燃。

二、鸦片战争后二十年间西学观念的演进

鸦片战争是封建士大夫西学观念演进的转折点。此后二十年间,其演进大致经历了三个阶段,表现了层次分明符合逻辑的深化过程。

第一阶段,迄道光末年(1840—1850),主要标志是魏源著《海国图志》和提出"师夷长技以制夷"的主张。

从文化角度看,鸦片战争又是西方资本主义文化对中国封建文化的一次严重挑战。

面对西方坚船利炮的攻击,封建士大夫只能从固有的认知结构、文化心理出发,去理解这场战争,去构制其战守方略。林则徐在虎门沉船下桩,架炮横链。此种原始的战守体制,不仅直接受制于科学技术的落后,而且它所依托的战略思想,显然是基于士大夫传统的文化心理。林则徐曾奏报说:

> 夫震于英吉利之名者,以其船坚炮利而称其强,以其奢靡挥霍而艳其富。不知该夷兵船笨重,吃水深至数丈,只能取胜外洋,……至口内则运掉不灵,……且夷兵除枪炮之外,击刺步伐俱非所娴。而其腿足裹缠,结束紧密,屈伸皆所不便,若至岸上,更无能为。是其强非不可制也。该夷性奢而贪,不务本富,专以贸易为赢,而贸易全赖中国畀以码头,乃得借为牟利之薮。……故贸易者,彼国之所以为命,而中国码头又彼国贸易者之所以为命,有断断不敢自绝之势㊲。

在林看来,英人非不可制有两种根据:一是英船笨重,腿脚不灵,陆战非其所长;二是英人不务本富,彼国命操我手。此种虚骄见解经不住近代战争检验。此

㊲ 《林则徐集》,奏稿,中华书局,1985 年,第 676—678 页。

后随着与外人接触增多,林开始逐渐改变上述见解,正是其努力挣脱传统文化心理束缚的表现。

那些远离战场的御史们提出了形形色色类似儿戏的克敌方案:火牛破阵、牛皮藤牌战法、飞链钩船、蒙汗药战术,等等。但他们却是真诚的。大理少卿金应麟奏曰:"臣伏览兵家之书,访之老卒,凡口传方药、歌诀、图说及前人论说,有合现在兵机者,汇为一编,……变通推广,存乎其人。"㊳御史杨士达,更广集御敌之策,上自孙吴诸子,下逮汉唐以来名将方略,成书数十万言。他们搜肠刮肚,希望能在中国几千年的文化积存中,找到克敌制胜的武器,但终归无益。战争的失败不仅是中国政治军事的失败,同时也是传统文化的失败。少数感觉敏锐的士大夫,在创深痛巨之后,不能不对此产生反思。

马克思说,经鸦片战争,闭关自守的中国"与文明世界隔绝的状态被打破了,开始建立起联系"㊴。此种联系建立的第一个积极的成果,便是中国人第一次承认夷人船坚炮利,并着意加以仿造和运用。这是近代西学观念的最初萌动。

尽管远离战场的御史们可以无视夷人船坚炮利的事实,放言高论,但无情的战争却使处于前线的官兵,比任何人更易于接受这个事实。被派往福建考察的钦差大臣祁寯藻、黄爵滋和闽浙总督邓廷桢、福建巡抚吴文镕的会奏,分别向道光证实了这一点:"查各省水师战船,均为捕盗缉奸而设,其最大之船,面宽仅二丈余,安炮不过十门。夷船大者,载炮竟有数十门之多,彼此相较,我船用之于缉捕则有余,用之于攻夷则不足,此实在情形也。"㊵事实上,从战争一开始,前线官兵就已在积极购置、仿造和利用西人的坚船利炮了。林则徐曾购置了二百门西洋大炮布置虎门一带,后到镇海又与当地炮局龚振麟等一起积极研究改进炮船。在他的支持和推动下,镇海炮局成了当时清军仿制西洋兵器最有成效的一个中心。他们不仅铸造成功八千斤大炮,改进了沉滞的旧炮架,而且造出人力轮船,令英人大为吃惊。应当指出,其时不仅是抵抗派乐于此道,即耆英、奕山等人也表现出很大的热情。奕山奏闻:"此时如讲求最为得力之船,必须仿照夷船式

㊳ 《筹办夷务始末》(道光朝),卷四十一,第2、4页。

㊴ 《马克思恩格斯选集》,第2卷,1972年版,第1页。

㊵ 《筹办夷务始末》(道光朝),卷十二,第12页。

样,庶堪与该夷对敌。"[41]他仿造"大小炮千余位",并大力购置西洋船炮。前线官兵的热情也感染了道光,他在给奕山的命令中说:"著该将军等极力讲求,雇觅工匠,迅将各样大小战船,赶紧制造,……如有可购买之处,著即先行设法购买。"以后制造"总以精良适用为宜,万不可拘定旧制,徒劳无益"。[42] 在清朝最高统治者的倡导下,鸦片战争结束前后,闽浙一带曾掀起了仿制、购买西洋船炮的小小热潮。

由是可见,"师夷长技"曾是一种客观的实践,它不仅存在于下级官兵之中,且为清廷所首肯,是一种官方有组织的行为。从一般意义上说,"师夷长技"不是个别人的遐想,而是现实的反映。同时,一些士大夫在不同程度上都力图对现实加以某种概括。林则徐说"从此造船务求极坚,制炮务求极利"。后又进而总结为"剿夷"八字要言:"器良技熟,胆壮心齐";[43]包世臣指出,"英夷之长技,一在船只之坚固,一在火器之精巧,二者皆非中华所能";[44]林福祥则主张,"然借彼之矛,攻彼之盾,又不妨以逆夷之物,还逆夷之身"。[45] 但就影响而言,惟有魏源"师夷长技以制夷"的主张,最为发人深省,这是为什么呢?

"眼处心生句自神,暗中摸索总非真。"是时师夷的实践虽存在,但就多数人而言,对夷之长技仅有直观和实用主义的观察,而缺乏"师夷"的真正自觉,故境过情迁,昏然如初。即林的概括也缺乏哲理的内涵。魏源"师夷长技以制夷"的主张,从历史与现实联系上的精湛思维,表现出强烈的时代感和深刻的哲学意蕴。作为划时代的路标,它有着丰富的内涵。

其一,历史的反思。由于清政府奉行闭关自守政策,中国社会形成封闭式的载体,自外于世界。士大夫夜郎自大已成十足的愚昧。利玛窦说:"因为不知道地球的大小而又夜郎自大,所以中国人认为所有各国之中只有中国值得称羡。就国家的伟大、政治制度和学术的名气而论,他们不仅把别的民族都看成是野蛮人,而且看成是没有理性的动物。在他们看来,世界上没有其他地方的国王、朝

① 《海国图志》,卷五十三,同治六年刻本,第 18 页。
② 《海国图志》,卷五十三,第 14、15 页;卷六十一,第 43 页。
③ 《鸦片战争》第 4 册,第 569 页。
④ 同上,第 465 页。
⑤ 同上,第 603 页。

代或者文明是值得夸耀的;这种无知使他们越发骄傲,一旦真相大白,他们就越发自卑。"㊻士大夫的此种虚骄心理至清代愈加严重。曾随马戛尔尼谒见乾隆的英人斯当东写道:"中国方面的传统的排外偏见和它的长期闭关自守是成正比例的,而且目前丝毫没有任何改变。这种偏见不仅表现在中国人的行为当中,而且由于他们对自己文化的高度优越感,这种狭隘的观念已形成一种思想体系。"㊼统治阶级的思想也就是在社会上占统治地位的思想。这种狭隘观念弥漫整个社会,同样沉淀在普通民众的意识里。《尽忠报国全粤义民申谕英夷告示》中说:

> 尔不过贪利而来,有何知识? 尔之贪利,犹畜生之贪食,不知法度,不知礼义,……何知忠孝节义? 何知礼义廉耻? 尔虽有羽毛大呢,非我湖丝,焉能织造? 虽有花边鬼头,非我纹银白铅,焉能铸成? 其余各物,皆学我天朝法度。天朝茶叶、大黄各样药材,皆尔狗邦养命之物,我天朝若不发给,尔等性命何在?㊽

正是这种可悲的社会心理又转过来支撑着清廷的闭关政策。不打破此种凝固的意识,中国是任何外来新知都无法接受的。魏源正是由此开始他的历史反省。

经鸦片战争,他已意识到世界是一个统一体,"天下一家",习习相通,闭关自守已为不可能。他指斥士大夫"惟知九州以内",于海外茫然无知。"徒知侈张中华,未睹寰瀛之大"。㊾夷能了解中国虚实,而中国却无人知其情形,习其长技,实为可悲。他认为夷人能"竭耳目心思之力",借助火力水力风力,"本造化,通神明",创造出许多新奇的长技,即值得中国学习。他提出了一个重要见解:中国如何才能有自己的骄傲和成为世界的表率? 这不是靠虚骄尚气,自欺欺人。

㊻ 何高济等译:《利玛窦中国札记》,中华书局,1983年,第181页。
㊼ [英]斯当东:《英使谒见乾隆纪实》,叶笃义译,商务印书馆,1963年,第23页。
㊽ 翦伯赞、郑天挺主编:《中国通史参考资料·近代部分》上册,中华书局,1980年。
㊾ 《圣武记》卷十二,光绪二十九年,第13—14页。

"风气日开,智慧日出,方见东海之民,犹西海之民"⑤。当靠中国民族智慧的高度发达,尽得西洋长技以为中国长技并超过它,才是实现民族自强和自尊的正确道路。这种深刻的反省,无疑是对时弊的有力针砭。

其二,对传统经世思想的丰富与发展。战前经世思想涉及的范围主要是吏、河、曹、盐诸政,范围狭隘。魏源放眼看世界,其经世思想得到了丰富和发展。在他看来,"师夷长技"自是有志用世者首先当研究的重大课题,其思路当包括两个方面:一是"洞夷情",了解世界;二是师夷长技,即其战舰、火器及养练兵之法。由此再生发下去,可以设造船厂,请外匠授艺制造。兵器生产还可以扩为民用生产,同时编练新式水陆师。而为培养所需的人才,又势必要变通科举制度,如此等等。总之,登高望远,魏源的心胸大为展拓,传统经世思想容纳了崭新的时代内容。

其三,对夷夏之辩传统观念的挑战。"夷夏之辩"在历史的沉淀过程中,已成了封建统治者闭关自守与抵拒西学的最有力的经典依据,也是民众盲目排外的心理积存。近代中国西学观念的演进过程,在很大程度上即是国民逐渐摆脱这一历史重负的过程。所以从特殊意义上说,魏源的主张又非对现实存在的师夷长技实践的简单反映,而是哲人清醒的历史思考,是对传统观念的大胆挑战。夷夏、中西关系问题是封建思想的禁区,人们凝固的观念是:夏为礼仪之邦,夷乃貊蛮之地,二者不仅有优劣之分,且有君臣义在。在严酷的战争条件下,人们可以暂时容忍对英夷坚船利炮的仿效,但魏源将"师夷长技"概括为一种普遍的思想原则,便是人们不可容忍的了。夷夏并列尚且不可,遑论"师夷"!战败的屈辱,刺激了民族的意识和凝聚力,同时也使夷夏之辩的传统观念一时顿增光华。"师夷"即是师敌,离经叛道,用夷变夏!于是乎,人们愤怒了,即是同为抗英的同志,也多鸣鼓而攻之。梁廷楠原为林则徐在广东领导抗英的得力助手,熟悉夷情,写过《海国四记》,但也对魏源的主张不以为然。他说:"今天下非无讲求胜夷之法也,不曰以夷攻夷,即曰师夷长技……天朝全盛之日,既资其力,又师其

---

⑤ 《海国图志》卷二。

能,延其人而受其学,失礼孰甚？……反求胜夷之道于夷也,古今无是理也。"[51]

事实上,魏源"师夷长技以制夷"的主张,又是一个充满辩证法思想的哲学命题。他在其时比任何人更清楚英夷包藏祸心,与中国民族危机之深。但是,正是他同样清楚地意识到了,中国面临的西方敌人已非历史上的夷狄可比。他们拥有中国所没有的许多长技却长久为人们所忽视。此为中国所未曾遇到的强敌。如何强国御侮已成中国民族面临的全新课题。但他又认为,"利兮害所随,祸兮福所基",事情在一定条件下是可以向有利方向转化的。对于外夷也当作如是观。"塞其害,师其长,彼且为我富强。"魏源是坚定的抵抗派,在结城下之盟的屈辱的日子里,他毅然提出了师夷长技以制夷的主张,不仅反映了他对现实敏锐的洞察,同时也表现了反传统的大无畏精神。这是他宏富的经世思想中迸发出的最明亮的火花。

"在任何时代里,每一种'优越的'哲学都是自己时代的真理。"[52]魏源的主张打破了传统的思维空间,引导人们研究西方,面向世界。清初逐渐熄灭了的西学观念被重新点燃了。

但是,魏源的"师夷长技"又带有明显的局限。他所谓"长技"仅限于与军事有关的某些制造技术,即造船制炮的直观工艺。他并不理解在西洋"长技"背后凝聚着近代自然科学博大精深的体系。其主张在思想领域具有震撼力,但稍一回到具体的"师夷长技"的实践中,便显得乏力。战后道光亲自催促的仿制西器的小小热潮很快烟消云散,除了封建统治者腐朽不思振作外,士大夫未能理解与掌握近代自然科学知识,以至于难以为继,也是应当看到的。

西学观念演进第二阶段:咸丰一朝,约1851年至1860年。其主要标志是李善兰翻译出版了《几何原本》(后九卷)、《谈天》等近代第一批重要的专著,并提出"人人习算,制器日精,以威海外各国"的主张。

此期西学观念的演进是与西方自然科学书籍的翻译出版同步而行的。近代最早的两本西方科技图书即《全体新论》《家用至药》,皆出版于咸丰元年

---

[51]《鸦片战争》第6册,第104页。
[52]《普列汉诺夫哲学著作选集》,第1卷,三联书店,1961年,第472页。

(1851)。著名的墨海书馆虽建于1843年,但它成为近代中国传播西学的中心,是在道咸之交聘得李善兰、王韬、管嗣复等中国学者与之合作之后。王韬略早,1849年应麦都思聘入馆;李则在1852年;管更晚至1854年。李1852年始译《几何原本》,他所译西书共8种,除《圆锥曲线说》一种出版于1860年外,其余均出版于1856年至1859年。而李等三人先后离开书馆,又正在咸丰末年。所以李与墨海书馆的译书,都是在咸丰一朝完成的。西学的传播为第二阶段西学观念的演进准备了必要的条件。李善兰、徐有壬、夏鸾翔、徐寿、华蘅芳、张文虎等一批科学家对西学的译介和研究,直接推动了西学观念的深化。

此间,李善兰是最重要的科学家和译介西学的人物。李字壬叔,号秋纫,浙江海宁人,诸生。十岁通《九章》,十五通《几何原本》。后致力于钻研《测圆海镜》等古算经。三十岁后日渐精深。1845年起在嘉兴执教,数年间著有《四元解》《对数探原》等专著,显示出数学天分。其时他对古代数学虽有新的创见,但并未达到高等数学阶段。1852年,李客上海,一日赴墨海书馆,将其书示传教士麦都思,"问泰西有此学否"[53]。这不仅反映他的自负,且说明其时他不谙西学,存传统的虚骄之见。但就在这一年,他应聘入馆译西书。在这里他眼界大开,并以科学家的敏感,立即领悟到了西方近代自然科学的博大精深。他不仅抛弃了对西学的传统偏见,且为自己有幸参与译书,感到无限欣慰。直到咸丰七年(1857),他还对此极为珍惜。他说:"道光壬寅,国家许息兵,与泰西各国定约,此后西士愿习中国经史,中士愿习西国天文算法者,听闻之,心窃喜。"后得入书馆译书,"其欣喜当何如耶,……实千载一时难得之会"。[54]他孜孜追求西学,几年间触类旁通,凡天文、数学、几何、物理、植物学等,无所不窥,很快使自己的科学研究建立在了以高等数学为基础的近代科学的基础之上,步入了近代科学家的行列。傅兰雅称赞他,于"格致之学无所不通晓",尤其数学,"虽为西国甚深算学,而李君亦无不洞明,且甚心悦"。"另设西国最深算题,请教李君,亦无不冰解"。[55]李自己也说,"其精微处,自谓不让西人"。[56]这已非虚骄,而是在会通

---

[53] 傅兰雅:《江南制造总局翻译西书事略》,《格致汇编》,第5卷。
[54] 《几何原本续译序》,1857年刻本。
[55] 《江南制造总局翻译西书自序》。
[56] 《则古昔斋算学自序》,同治六年刻本。

西学基础上的自信。李被公认是当时中国最优秀的数学家。与此同时,他致力于译西书,计先后译书 8 种 80 多卷。华世芳《近代畴人著述记》评其译书说,"凡此数者,皆西人至精之诣,中土未有之奇,以视明季所译,殆远过之矣"[57]。李的译书代表了近代初始西学传播的最高成果。其辟莽先路之功,不可低估。

此期西学传播虽极有限,但它涉及了包括天文、算学、力学、光学、物理、生物、地理、化学等广泛的科学领域,勾画了近代西方科学进步的大致脉络和趋势,有助于初出樊笼的士大夫借此去理解西学。李等科学家着意阐述西器制造的科学原理和西方自然科学的统一性,是此期西学观念演进划阶段的重要内容。例如,李善兰介绍西方重学说:

> 重学分二科,一曰静重学,凡以小重测大重,如衡之类,静重学也。凡以小力引大重,如盘车、辘轳之类,静重学也。一曰动重学,推其暂,如飞炮击敌,动重学也;推其久,如五星绕太阳,月绕地,动重学也。静重学之器凡七:杆也、轮轴也、齿轮也、滑车也、斜面也、螺旋也、劈也;而其理唯二,轮轴、齿轮、滑车,皆杆理也;螺旋、劈,皆斜面理也。动重学之率凡三:曰力,曰质,曰速,……[58]

这里简洁地说明了力学的基本概念以及杠杆、斜面的原理和运用。由此及彼,可以理解一系列西器的科学原理。李借用孔子关于"参乎,吾道一以贯之"的说法,强调科学有其内在的统一性:"顾圣学始于志道,终于游艺,故不独道有一贯,艺亦有焉。"[59]西洋制器精巧,源于科学的运用,而科学的基础即在于数学。他说,"推原制器之精,算学明也"。[60] 徐寿也同样强调科学是制器的根本。他说,"格致之理必借制器以显,而制器之学,原以格致为旨归"。[61] 西人船坚炮利,工艺精良之原因,"悉本于专门之学"。故重要的问题在于多译西书,"以探索根

---

[57] 见华蘅芳《学算笔谈》附录。
[58] 《重学序》,江南制造总局,1866 年刻本。
[59] 闵尔昌:《碑传集补》卷四十二,"李善兰传",北平燕京大学国学研究所铅印,1932 年。
[60] 《重学序》。
[61] 杨模:《锡金四哲事实汇存》,1910 年铅印本。

柢"。至此魏源所谓的夷之"长技"被深化了，它不再是直观的坚船利炮，人们通过具体的西器领悟了其中"一以贯之"的科学的存在。所以"师夷长技"，不应是机械的模仿，而当登堂入室，先去把握西学。李善兰更将这一点视为强国御侮的根本所在。他说："呜呼，今欧罗巴各国日益强盛，为中国边患，推原其故，制器精也。推原制器之精，算学明也"。故只有"异日人人习算，制器日精"，才能"以威海外各国，令震慑"。[62] 从魏源的"师夷长技以制夷"到李的"人人习算，制器日精，以威海外"，士大夫西学观念显然是深化了。

从徐光启到李善兰，士大夫西学观念的演进，似乎走过一个圆圈之后，又回到了原来的起点了。他们都达到了对西学统一性的理解，即西学乃是具有博大精深的体系的格致之学，即自然科学。其基础是数学。就此而言，19 世纪的中国科学界终于寻回迷失了的徐光启诸人的远见卓识，但却是付出了花费两个半世纪时间的代价，实为可叹。不过这毕竟又不是简单的重复。李善兰等对西学统一性的理解已是建立在更高的层次上了，即建立在以高等数学为基础的近代自然科学的基础上了。同时，由于时代条件的变迁，此种业已形成的西学观念不仅不可能重新迷失，而且必然会反转来进一步推进西学的传播，并由此产生其合乎逻辑的结果来。

李善兰、徐寿、华蘅芳等一批后起的数学家，不仅绝口不谈"西学源出中国"，且力斥乾嘉先贤的迂谬。李批阮元、钱大昕对日心说的攻击乃出于无知，"窃谓议者未尝精心考察，而拘牵经义，妄生议论，甚无谓也"。他反驳阮关于天文学"但言其当然，而不言其所以然者之终古无弊"的说法，指出，科学的发展恰恰在于"求其故之一语，西士盖善于求其故者也"。西人从地心说到日心说，从哥白尼、刻卜尔到牛顿，无不是在"求其故"。天体非不可认识，今之日心说和地球椭圆说，即"是定论如山，不可移矣"。[63] 在中西新旧的问题上，新一代的科学家思想开阔。他们强调，不分中西，但求新法，服从真知。"方圆之理，乃天地自然之数，吾之宗中宗西，不必分其畛域，直以为自得新法也可。"[64]他们大胆承认

62　《重学序》。
63　《谈天序》，1874 年聚珍本。
64　曾纪鹏:《缀术释明序》，葛士濬辑《皇朝经世文续编》卷七，图书集成局，1888 年。

"天算之学,西人精于中土十倍"[65],并对于西方科学的新成果表示无条件地皈依。李善兰公开申言:"余与伟烈亚君所译《谈天》一书,皆主地动及椭圆之说,此二者之故不明,则此书不能读。"[66]他盛赞牛顿的微积分"其理实发千古未有之奇秘"[67]。夏鸾翔亦称之曰"诚算学之功臣也,亦人生之快事也"[68]。钱熙辅谓西方重学"可以补天工,尤为宇宙有用之学"[69]。

科学上新陈代谢之法则,无可抗拒。随着西学的传播,中西法、新旧法之优劣已为判然。数学家邹伯奇批评清初算学家墨守古法,"每算一数,用纸数十篇,需时数百刻,废人废日,所得仍复粗疏,而不足施之于用。在彼则以用尽精神,不肯割爱,付之梨枣,有读之只令多一重障碍而已"[70]。罗士琳著《四元玉鉴细草》,"敝精耗神,致疽发于背者两次",不可谓不勤,但改用西方高等数学治之,只需"旬日之功",[71]可见西法之利。事物总是相比较而存在,相斗争而发展的。鸦片战争后,西学东渐,时人日慕西学已成必然趋势。《畴人传三编》的作者诸可宝崇尚西法,他写道:"慨自咸同来,西书愈出,风气日开。夫厌故而喜新,畏难而趋易,人情也。吾见世俗讲习,类崇彼法……而昧夫相得益彰之道,争巧夸捷,惑溺者众,群往焉,而不知其所返,有甚于明季徐、李诸人者,岂非明经续传所逆料乎?岂独在人心学术之可忧乎?"[72]他将科学上的"厌故而喜新""争巧夸捷",说成是人心学术之忧固然错了,但他却从反面为我们透露了咸同之际,时人"群往"西学的历史信息。

科学的活力在于实验和实际的运用。以李善兰为首的新一代科学家,最终摆脱了崇古的传统束缚,将中国科技界引上了近代实验科学的轨道。他们不仅有理论兴趣,而且注重实际运用。李善兰为了解决枪炮制造中的计算问题,经过反复研究,终于写出了《火器真诀》一书,创造了平圆计算法。他写道:"凡枪炮

---

⑥⑤ 王韬:《与韩绿卿孝廉》,见《弢园尺牍》,淞隐庐铅印,1893 年。
⑥⑥ 《谈天序》,1874 年聚珍本。
⑥⑦ 《代微积拾级序》,咸丰九年上海刻本。
⑥⑧ 《万象一原之识》,见《万象一原》,振绮堂丛书本。
⑥⑨ 《重学·原跋》。
⑦⓪ 闵尔昌:《碑传集补》卷四十二,《夏鸾翔传》。
⑦① 丁福保:《算学书目提要》,无锡丁氏刻本,光绪二十五年。
⑦② 诸可宝:《畴人传三编·罗士琳传》,上海玑衡堂石印,光绪二十二年。

铅子,皆行抛物线,推算甚繁",“欲求简便之术,久未能得。冬夜少睡,复于枕上反复思维,忽悟可以平圆通之,因演若干款,依款量算,命中不难矣”。[73] 王韬在日记中谈到此书的价值,他说:“壬叔近著一书,曰《火器真诀》……测其高下,度其方向,即可知其所击远近,发无不中”。“西人所以能获胜者,率以此法,其术亦神矣哉”。[74] 李的此书是近代科学家运用高等数学成功解决兵器制造中技术问题的第一例。同时,徐寿、华蘅芳、张文虎、张福喜等,也热衷于科学实验。“此数人者,每朝往来,屡次集会,所察得格致新事新理,共相倾谈,有不明者彼此印证”。[75] 缺少仪器,尝购三棱玻璃不可得,“磨水晶印章成三角形,始得光分七色”。此外,知枪弹之行抛物线,疑其仰攻俯击有异,设远近多靶以测之。[76] 徐、华二人曾访墨海书馆,得到了李善兰的《火器真诀》和合信著《博物新编》。对于前者,他们觉未能满意,继成《抛物线说》一书。后者附有大量有关物理、化学的试验图说,给他们很大的启发。咸丰十一年(1861),他们正是依《博物新编》中的略图,先制成轮船小样,后复正式制成 2.5 吨轮船“黄鹄号”,获得成功。同治四年(1865),初航七小时内行 255 里。这是中国人自行研制的第一艘轮船。

此期李善兰等人的科学研究工作虽然仅仅是一个开端,但有不可忽视的意义。一方面它标志着中国科学的发展结束了自我封闭的历史,开始走上了世界近代科学发展的共同道路;另一方面,它又与鸦片战争期间直观与机械仿制西器而失败的阶段相区别,在理论与实践的结合上,构成了此后洋务运动制洋器热潮的滥觞。

车尔尼雪夫斯基在论及科学在历史上的巨大作用时说:“(科学)它静悄悄地、缓慢地创造着,它创造一切;它所创造出来的知识是一切概念的基础,然后也是人类一切活动的基础。它为人类的一切意图提供方向,为人类的一切才能提供力量。”[77] 长期以来,人们对李善兰为首的科学家在推进近代国人思想观念变化中的中介作用,未予应有的重视。他们固然是科学家而非思想家,但他们对西

---

[73] 《火器真诀序》,1884 年刻本。

[74] 《王韬日记》,1859 年 2 月 22 日,中华书局,1987 年。

[75] 傅兰雅:《江南制造总局翻译西书事略》。

[76] 《清史稿·徐寿传》。

[77] 转引自《普列汉诺夫哲学著作选集》第 4 卷,三联书店,1974 年,第 348 页。

学的译介、理解和创获,有力地将时人的思维引导到了以近代科学为基础的层次上来,从而构成了思想家得以引出新概念的基础,并为他们酝酿"一切意图提供方向"。所以,说它代表了此期西学观念演进的一个层面,是恰当的。

西学观念演进第三阶段:咸、同之交。其主要标志是冯桂芬完成《校邠庐抗议》,提出"采西学""制洋器"的主张。

第二次鸦片战争在中国近代历史上是划阶段的事件,由是外国侵略势力由沿海地区进入内地,民族危机日亟。在新旧阶段转换的界标上,能继往开来,从已有的思想积存中引出新的概念,从而推动西学观念演进的是另一位有代表性的著名思想家冯桂芬。

第一次鸦片战争后,守旧士大夫昏聩如初,魏源"师夷长技以制夷"的呼声久成空谷足音。面对这场新的战争危机,在许多本是开明的士大夫中,又产生了一种无可奈何却又故作乐观的心态。有谓"自昔无常强之国",试观辽、金、元三朝初兴,天下无敌,但自入中国便渐萎靡不振。欧洲的罗马、西班牙、荷兰同样盛极而衰。据此可知,"今日之英,骄盈极矣,然盈必复,骄必败,天道然也",所以无需张皇,[78]眼前先忍辱负重,二十年后,"必有驱除之法矣"。此种只寄希望于将来而对当前无所措意的观点,恰恰是对现实无可奈何的表现。它反映了其时思想界的彷徨无主。冯桂芬则不以为然。他说,"盛衰倚伏之说,可就一夷言,不可就百夷言。此夷衰,彼夷盛,夷务仍自若,然则驭夷之道可不讲乎?"他认为全部的问题在于能自强。"自强而无事,则我不为祸始","自强而有事,则我有以待之"。"自强之道诚不可须臾缓矣"。[79]冯桂芬虽然认为自强之道仍不外魏源的"师夷长技以制夷"一句,但其建树并非在简单重复后者的主张,而是在李善兰等科学家所提供的新的思想资料基础上,提出了新的概念和新的意向,从而为西学观念的演进提供了一个新的起点。

其一,为西学正名。明末耶稣会士虽然带来了"西学"一词,但时人并未在本来的意义上理解和使用过它(除了徐光启等个别人外,人们普遍只称西洋历算为"西法""西术",含有字面上狭隘的意义)。迄清乾隆敕修《四库全书》将艾

---

[78] 王韬:《与周甫薇君》,见《弢园尺牍》。
[79] 《校邠庐抗议·善驭夷议》,光绪二十三年刻本。

儒略的《西学凡》一书贬入杂家类存目,更明确否定了它所可能有的"学"的地位。此后阮元等个别人虽曾偶尔衍用过"西学"一词,但同样并不带有字面本来的意义,即并不承认其为西方独立和严谨的学说。鸦片战争后,魏源主"师夷长技",尚不理解西方自然科学体系的存在;李善兰等讲西方"格致之学",自然已经理解了作为统一体系的西方自然科学,但毕竟未能将之概括提升为"西学"。冯桂芬的《校邠庐抗议》中有《采西学议》一篇,是第一次在学术本来的意义上尊崇西方自然科学为"西学"。他说:"一切西学皆从算学出","由是而历算之术,而格致之理,而制器尚象之法,兼综条贯,轮船火器之外,正非一端"。[80] 在冯看来,西学绝非狭隘的"术""法"所能概括的,它是一个有机的统一体、一门独立的学问。中国对之了解至今甚少,必须花大力气专门研究,才有可能登堂入室,由粗迹而入精微。他主"采西学",显然是将西学视作与中学相对待的完整的西洋学术体系,为之正名。这便有力打破了人们的传统偏见,提高了西学在人们心目中的地位。从此"采西学"便成了近代国人长久探讨的共同课题。

其二,提出了处理中西学关系的原则。清初士大夫既不认西学之为"学",亦就不认其为中国之所必需。雍正时两广总督孙毓珣奏称西洋历法、算法各种技艺在民间具无所用。[81] 鸦片战争后,魏源主"师夷长技",李善兰主"人人习算",强调了西学的重要价值,但他们都只停留在对西学的外向评价上,未能进一步就如何对待中西学的关系作价值判断。冯桂芬说:"夫学问者经济所从出也。太史公论治曰:法后王。为其近己而俗变相类,议卑而易行也。愚以为在今日,又宜鉴诸国。诸国同时并域,独能自致富强,岂非相类而易行之尤大彰明较著者? 如以中国之伦常名教为原本,辅以诸国富强之术,不更善之善者哉?"[82]古有"法后王",冯主"鉴诸国",魏源"师夷长技"的命题被扩大了:他从传统的哲学范畴出发,将中西学界定为本、辅;道、器;体、用的关系,这里虽仍存偏见,但其命意无疑是在强调西学为中国富强所必不可少的"富强之术"。冯在中学神圣的殿堂之旁为西学同样构筑了殿堂。在他看来,从此任何人企求中国富强,都不能

---

[80] 《校邠庐抗议·采西学议》。
[81] 张维华:《明清之际欧人东渡与西学东渐史》,北京师大图书馆藏油印本,第71页。
[82] 《校邠庐抗议·采西学议》。

不去采西学。从价值观上说,这不啻是削减了中学的价值,而肯定和提高了西学的地位。冯桂芬的上述论证为西学在中国稳固立足和进一步传播,在思想上安置了一块硕大的基石。他"以中国之伦常名教为原本,辅以诸国富强之术"的思想,也成为洋务派"中体西用"论的直接范本。魏源"师夷长技"的主张最终能演为"采西学""制洋器"的洋务热潮,冯对中西学关系的理论论证,功不可没。

其三,倡言"制洋器"。冯桂芬在《校邠庐抗议》中提出的两个最响亮的口号,是"采西学"与"制洋器"。两者相辅相成,最集中体现了冯西学观念的完整性及其自觉的程度。他认为,采西学与制洋器是一个问题的两个方面,是理论与实践的关系问题。西学即西方的自然科学,是"富强之术",但尚非富强本身。只有将西学用之于指导制洋器,才能致富强。他以造船为例说,"能造,能修,能用,则我之利器也。不能造,不能修,不能用,则仍人之利器也"[83]。徐寿曾指出,"格致之理必借制器以显,而制器之学,原以格致为旨归"。这是科学家言。冯从思想家的角度,则将之提炼为自己图强主张的完整表述:采西学—制洋器—致富强。他说,采西学,制洋器,"夫而后内可以荡平区宇,夫而后外可以雪以前之耻,夫而后完然为广运万里地球中第一大国,而正本清源之始,久安长治之规,可从容议也"[84]。

其四,"道在反求"的新意向。如果说冯桂芬的"采西学""制洋器"还只表现为对已有西学观念在更加完整和更成熟意义上的表述,那么,他的"道在反求"疾呼,则已反映了全新的意向。这即是要求在中西学的对比认识中,引导出对中国文化的自觉反思。他说:"彼何以小而强,我何以大而弱,必求所以如之,仍亦存乎其人而已矣。以今论之,约有数端:人无弃材不如夷,地无遗利不如夷,君民不隔不如夷,名实相符不如夷。四者道在反求。"[85]所谓"道在反求",就是要求改革。"《校邠庐抗议》二卷,皆指摘时弊,欲更兴法制。"[86]冯所谓"四者道在反求(以上诸议备矣)",是指《校邠庐抗议》中《制洋器议》以下的 36 篇"议",包括了他所主张的对政治经济文化改革的广泛内容。将学西学由"师夷长技""人人习

[83] 《校邠庐抗议·制洋器议》。
[84] 《校邠庐抗议·制洋器议》。
[85] 《校邠庐抗议·制洋器议》。
[86] 李法章:《梁溪旅稿》卷上,"近代名人传",1921 年铅印本。

算""制洋器",引向思考社会改革,"道在反求"的新意向,实成为近代早期维新思想的嚆矢。

总之,冯桂芬实为近代初期西学观念演进的集大成者。他的思想显然包含着两个不同的层次:其一,他的"采西学""制洋器"的主张,既是魏源"师夷长技"思想的丰富和发展,同时又直接构成了洋务运动的思想指导;其二,"道在反求"的创见,则是西学观念在演进中带有质变性的内在超越,它成为早期维新思想兴起的先声。冯具有两重性:既为激流勇进的推波助澜者,又为在涛头立的弄潮儿。由是观之,论者有的视其为洋务运动的理论家,有的则视为早期维新思想家,均非无根之谈。近代初期西学观念的演进,至冯桂芬划为一个完整的时期,显然也是恰当的。

结语

综观鸦片战争前后士大夫西学观念的演进过程,可以得出以下几点认识:

其一,此期西学观念的演进,不是中国社会内部自然发生的,而是在西方侵略者枪炮相加之下发生的。从魏源的"师夷长技以制夷",到李善兰的"人人习算","以威海外各国",再到冯桂芬的"采西学""制洋器","雄长瀛寰",一脉相通,有力地跃动着强国御侮的时代精神。它生动记录了在两次屈辱的鸦片战争之际,志士仁人为向西方寻求救国真理而艰难跋涉的历程。西学观念演进的轨迹,即是志士仁人对中国前途和命运深思熟虑的记录。它饱蘸着无限的爱国热忱。

其二,作为一种文化现象,后进民族对先进民族文化的吸收,不仅与彼此间的差异程度成正比,而且与后进民族对此进步文化的自觉和理解的程度成正比。此期国人眼中的西方文化,由"坚船利炮"等的"长技",变为"算学明"的"格致之学",再变为西学即"富强之术",此种由表及里,由具体到抽象的演绎过程,同时即表现了先进的中国人对西方文化理解层次分明与合乎逻辑的深化过程。在短短的二十年间,在西学传播极为有限的时空条件下,他们初脱樊笼即能对西学作出如此的理解与判断,说明国人对近代文化有着很强的理解力。他们的见解影响到日本诸国,不是偶然的。如果我们如实地将此后的洋务运动看成是此期西学观念演进的必然结果与社会的实践,那么我们在近代初始就看到了这样一个重要特点:近代西学观念的演进既是中西文化交汇的过程,同时又成为中国社会变动的先导和必要的社会文化心理准备。

其三,此期西学观念的演进,从外烁特征上看,它表现为外向的探寻态势,而非内向的对传统文化的否定。但是,"发展是对立面的斗争"[87],追求真理和科学,与封闭式的封建专制文化格格不入。从魏源"师夷长技"开始,先进的人们打破了传统的思维,这就如同为木乃伊注入新鲜空气,同时即构成了对封建传统文化的威胁。在一定条件下,此种外向的探索就会变成内向的否定。从"师夷长技"到"道在反求",就已经显露此种思想文化现象上由量变到质变的转换态势。其转换的基础或中介,无疑是此期西学即自然科学的传播。先进人物对西方科学的理解和把握,使自己得以站立在近代科学(当然极粗浅和不完备)基点上,演绎前人所无法企及的新概念和酿制新的意向。从这个角度看,中国近代社会的民主化进程,又是与近代西学观念的演进息息相通,相辅而行的。近代先进人物,无一不是西学的倡导者,此种现象同样也不是偶然的。

【郑师渠 北京师范大学历史系教授】

原文刊于《中国文化》2001年Z1期

---

[87] 《列宁选集》卷二,人民出版社,1972年版,第712页。

美国所藏中国古籍善本述

沈 津

中国是个历史悠久,文化典籍丰富的国家,早在隋唐时代就已发明了印刷术,历经唐、宋、辽、金、元、明、清的各个时期,而流传至今的古籍图书,尤其是古籍中占有相当数量的善本书已经成为文化遗产的重要组成部分。这些文化典籍,都是前人研究文学艺术、历史、科学技术等领域的结晶体。由于历朝的兵燹,不可抗拒的自然灾害,以及人为的破坏,都使至可宝贵的善本图书遭到了一定程度的损失。从秦皇焚书到"文革",二千多年来,不知其数的古籍,尤其是许多重要典籍就此湮没不传,目前存世的古籍图书究竟几多,谁也说不清。现在的学者要进行文化史、思想史、史学史以及各种研究,典籍的存世和亡佚都是他们必然要了解的。

笔者于五年前曾在美国作图书馆学的研究,而今又在美国哈佛大学哈佛燕京图书馆作版本学的研究,故对美国所收藏的古籍善本有一些了解,本文的写作,即是就当年所见的美国藏中国善本书和有关资料进行整理排比,希望能勾勒出一个大概,供读者了解。

一、概况

由于历史的原因,一九四九年以前,不少古籍图书通过各种渠道自中国大陆流往海外,其中不乏宋元旧刻、珍本秘籍,至于敦煌经卷,重要者多在它国。目前遗留在海外的古籍图书以欧美地区来说,当推美国为最;从亚洲地区来看,则数日本为多。如今古籍图书中的善本,大部分都保存在所在国的国家图书馆、大学的东亚图书馆、博物馆、研究机构、寺庙、文库以及私人收藏家处。

在美国,收藏中文古籍图书较多的,有美国国会图书馆、哈佛大学哈佛燕京图书馆、普林斯顿大学葛思德东方图书馆、哥伦比亚大学东亚图书馆、芝加哥大学远东图书馆、柏克莱加州大学东亚图书馆、康奈尔大学华生图书馆、耶鲁大学东亚图书馆、西雅图华盛顿大学、纽约市立公共图书馆等。其余如犹他州家谱图书馆、杨百翰大学图书馆等虽有一些中文书,但古籍甚少,就不包括在内了。

但是,美国国会图书馆以及各东亚图书馆所收藏的古籍图书到底有多少?目前没有人作过较精确的统计。台湾故宫博物院副院长昌彼得先生曾估计全美藏古籍约在九千万册左右。[见《版本目录学论丛》(一)"美日访书记",台湾学海出版社]这个数字可能偏高。根据笔者手中的资料,除了复制品、微卷及新印古籍外,线装原本古籍的总数仍不超过七十万册,也就是说,不及大陆上海图书馆藏古籍总量的一半。

由于美国的一些大学东亚图书馆藏的普通古籍并不是很多,所以如哈佛燕京馆、普林斯顿葛思德馆、哥伦比亚东亚馆、芝加哥远东馆等馆都采取将普通古籍与平装书统编并置放在一起的原则,而将历代的善本书作为珍藏而另辟专库保管,这也是普通古籍难于统计,善本书的数字较易得出的原因。

根据统计材料,我们可以知道收藏善本在一千种以上者为国会馆、哈佛燕京馆、普林斯顿葛思德馆。一千种以下者为芝加哥远东馆、哥伦比亚东亚馆、柏克莱加大东亚馆、耶鲁东亚馆、康奈尔华生馆、西雅图华大东亚馆、纽约市立馆。而全美图书馆系统所藏中国善本书的总数约在九千部左右。计国会馆二千部、哈佛燕京馆四千部、普林斯顿葛思德馆一千一百余部、芝加哥远东馆三百九十四部、哥伦比亚东亚馆二百五十部、柏克莱加大东亚馆三百三十余部、耶鲁大学东亚馆六十五部、康奈尔华生馆二十部、西雅图华大东亚馆一百三十八种、纽约市立馆近百部。

无论从数量和质量来看,美国所藏的中文古籍善本都远远超过了欧洲(如英、法、德等国)或美洲(加拿大)以及东南亚地区的一些国家,是除中国大陆和台湾地区以及日本之外,收藏最多的国家。

应该说,这些文化典籍的保管条件都较之大陆本身要好,除了空调设备外,每部书皆做有函套,有些馆还有专人负责管理。以笔者对美国东亚馆的考察所见,以为原因之一,是不少东亚图书馆(部)的责任者多是华裔,如国会馆的王冀先生、哈佛燕京的吴文津先生、普林斯顿葛思德馆的马敬鹏先生、芝加哥远东馆的马泰来先生等。他们早年受中国传统文化的教育,在美国又受西方文化的熏陶,然而他们基于祖国传统文化的背景,有着一种炎黄子孙、血浓于水的不可分离的情感。他们对于传播中国文化和保存这些善本图书多是不遗余力,并图有所进一步发扬而光大之。原因之二是,一些对于中国传统文化有特殊感情的美国教授、学者(也包括华裔),他们是汉学家,毕生都以研究中国文化为己任,他们多方设法筹措资金,举办汉学讲座和演讲会,介绍中国文化,推进有关中国的各项研究,并为大学的东亚馆拥有这些宝藏而感到自豪。

二、来源

美国开国于一七七六年,历史并不长,仅相当于中国的清乾隆四十一年。然而追溯其收藏中文图书的历史,则始于十九世纪的后半期,也有一百多年。据钱存训博士的研究,最初是在一八六七年,美国国会通过一次法案,即将美国政府出版品每种留出五十份,责成司密逊学院(Smithsonian Institution)向其他国家办理交换事宜。该院随即经由国务院通过驻北京使馆行文中国政府请求办理,但是清廷搁置未复。同治七年(1868),美国农业部派专员访华,除带有植物种子外,并携有关美国农业机械、地图等图书,希望和中国交换同类物品。不久,美国国务院也因联邦土地局之请,再度训令其驻华公使请求交换有关中国户籍和赋税的资料。清廷总理衙门于此不便再予拖延,因此奏准选购《农政全书》《本草纲目》《皇清经解》《针灸大成》等十种并植物种子等,于同治八年(1869)四月二十七日一并送交美国使馆,以作还答。这批书籍至今仍保存在国会图书馆,因此可以说,这是中美两国间图书交换的开始。

之所以形成以后美国国会图书馆及各东亚图书馆收藏大宗中文图书和古籍图书的原因,主要在于中美之间文化交流的需要,同时美国的教会有计划地积极向亚洲发展,迫切需要了解中国。又由于美国的高等教育也一直受到欧洲的学术研究风气的影响,不少大学课程都仿照欧洲的体系,因此"汉学"也成为美国的东方研究之一支。

在第一次与第二次世界大战期间,美国出现了不少新兴的学术团体,如成立于一九二五年的"美国太平洋学会",一九二六年的"华美协进会",一九二八年的"远东研究促进委员会"(即"远东学会"及现在的"亚洲研究学会"的前身)及哈佛大学的"哈佛燕京学社"。他们出钱出力,有系统地搜集书籍,培育人才。同时和这些学术团体同样重要的则是几个著名的基金会,如洛克菲勒基金会、福特基金会等。不可否认的是,美国的国势强大,财力也盛,这对于促进"汉学"的研究起了极大的推动作用。

关于美国收藏的古籍图书的来源大致有以下几个方面,一、清廷的赠送;二、派员在大陆的搜集;三、购自日本和台湾(私人的转让与捐献)。

一、清廷的赠送。清光绪三十年(1904),中国政府将其参加在美国圣路易斯的路易斯安那购置百年纪念博览会(Louisiana Purchase Exposition)的一批图书二千多册赠送国会图书馆。光绪三十四年(1908),为了答谢美国退还庚子赔款,清廷特派唐绍仪为特使亲至美国华盛顿,赠予国会图书馆一套《古今图书集成》,计五千零四十册,为光绪二十年(1894)同文书局石印本。

而最早的第一批赠书十种,计九百三十四册,分装一百三十函,每函的封套上皆贴有白纸书签,上面印有英文说明:"Presented to the Government of U.S.A. by His Majesty the Emperor of China, June 1869"(1869 年 6 月中国皇帝陛下赠送美国政府）。这批图书从版本上来讲，最早的一种为明永乐十四年（1416）内府刻本《性理大全》，其余多为乾隆、道光间刻本。

二、派员在大陆采购的古籍图书，是美国各东亚馆补充馆藏的重要来源。早在一九一五年至一九二六年间，美国农业部的一位植物学家施永格（Walter T. Swingle）三次到中国各地广为搜罗，陆续采购到中国农业、类书、丛书、地图和方志等约六万八千多册，其中方志即有一千五百种之多，并由此而奠定了国会馆收藏中国方志的基础。一九二九年到中国考察植物的罗克博士（Dr. Joseph F. Rock）也代国会馆搜购到西南各省方志一批。一九三三年国会馆又通过王文山介绍，购得山东潍县高鸿裁所藏的山东各县方志一百十八种。一九三四年，国会馆东方部主任恒慕义（Arthur W. Hummel）也亲自到中国，又收得近八千册中文图书。

义理寿（Adviser Commander Irvin Van Gillis 1875—1948），这位能说相当流利汉语的美国驻华公使馆海军上校武官，是美国人在中国大陆搜集古籍善本图书最多的一个。他最初受美国海军情报训练，是一位指纹、打字机显微镜分析专家，他将他代美国建筑师葛思德买到的古籍图书，每种都做有注解，他对中国古籍版本的知识，曾获得王重民先生的称赞。王重民在鉴定葛思德的藏书后写道："我已经又把义理寿所作项目的英文注解（自 1029—3707）审查过了，我觉得他对中国目录学是非常的优异。在注解中，他几乎没发生一点错误，他仅是对于若干善本书没有指出它们的重要性。"而且义理寿所搜集的善本书，据王重民说："我曾在国会图书馆审查过一千五百个图书项目，我又曾把国立北平图书馆于战时存放在美国的二千七百个书目加以审查，我已经发现葛思德收藏的 A 部分（古典文学）百分之七十和国会图书馆或北平图书馆并未重复。D 部分（文艺写作）有百分之五十不重复，这样足够证明葛思德收藏的价值了。"从二十世纪二十年代初到四十年代中，义理寿总共为葛思德购得古籍图书共十万二千册之多，其中仅乾隆木活字印本《武英殿聚珍版丛书》的原本，他就分别购得四套，现在两套在葛思德馆，另一套在哈佛燕京馆。

又如哈佛燕京馆的馆长裘开明先生，在二十世纪三十至四十年代也委托北平的燕京大学图书馆等有关机构为之寻觅，如今那些大部头的丛书，各省之方志，众多的明清人文集等等都是那时所购得的。

三、从第二次世界大战结束到二十世纪五十年代初期，日本这个战败国的经济跌入了谷底，战争带来的苦难使一般老百姓糊口更为艰难，原本较富的家庭也不得不设法转移到农村，过着平民的生活，不少人家将收藏的古书变卖，以换取有限的粮食。由于这样的背景，使得市面上不少旧书店古籍充斥。就在这时，裴开明先生慧眼独具，他二次赴日，选购了经史子集各类的古籍善本，其中就有百余部明代所刻而经日本人重新装帧的善本书。

二十世纪四十年代末，美国国会图书馆也从日本某收藏家手中买到一千五百部古籍图书，包括一小部分的碑帖。这批图书经笔者鉴定并编目的属于善本书一类的在二百种左右，包括有宋刻佛经、明清文集、类书、小说、印谱，其中有部分是中国大陆和台湾地区没有收藏或罕见流传的，如宋奉化王氏祠堂刻本《大般若波罗蜜多经》残本、明万历刻本《新刻翰林考正京本杜诗评选》《宪世前编》、明钤印本《秋闲戏铁》等等，而这批图书都是王重民先生未见的。

二十世纪六十年代初，台湾私人收藏的两批古书相继为美国东亚馆购得，书原都为河北高阳人所有，他们是齐如山、李宗侗。齐如山先生是中国现代著名的戏曲研究专家，他一生收集的有关戏曲小说的图书多达一千多种，其中数百种都是比较稀见的珍本。齐氏于一九六二年病逝台北，其哲嗣即将齐氏的部分戏曲小说善本计七十二种价让哈佛燕京。李宗侗（玄伯），祖父为光绪朝的重臣李鸿藻，叔父即为李石曾。他早年曾为故宫博物院秘书长，后任北平中法大学教授兼文学院院长，去台湾后为台湾大学教授，一九七四年去世。他的书不多，但有潘祖荫致李鸿藻手札八大册、文廷式稿本《知过轩随录》等，都为芝加哥远东馆购得。

至于转让、赠送给有关图书馆的也不少，如清光绪五年（1879），美国驻清廷的首任公使顾盛（Caleb Cushing）将他在中国时所收集的二千五百册汉、满文书籍转让给国会图书馆，这批藏书中有太平天国文献，但明刻本极少。又如加大柏克莱东亚馆购入贺光中藏佛经一批，佳本颇多。此外，该馆藏的全套江南制造局所译中文教科书及科技图书即是该校中文讲座教授傅兰雅（John Fryer）所赠。一九一五年，接傅兰雅任之讲座教授为江亢虎，江早年曾任北洋编译局总办兼

《北洋官报》总纂,他离任时又将其私藏一万三千余册也捐给了加大。又如耶鲁大学东亚馆的早期收藏的部分即为中国第一位留美学生容闳所赠。七十年代,太平天国史专家简又文先生又将其所藏有关太平天国书籍三百二十种六百余册捐赠该馆。

三、宋元刻本

从版本学的角度来看,宋元刻本不仅传世悠久,且在校勘学上也有其特殊的价值,故清代藏书家多有癖宋元之好。号称"百宋一廛"的黄丕烈、"千元十驾"的吴骞,即是这方面的代表人物。然而宋元刻本传至今天,已经很少,目前中国大陆所藏的数量,大约在三千部以上,主要集中在北京图书馆、上海图书馆、南京图书馆、北京大学图书馆等馆。台湾"中央图书馆藏"约五百种左右。据梁子涵先生《日本现存宋本书录》的统计,日本藏宋刻本四百十三部,计经部九十六种、史部一百零九种、子部一百二十七种、集部八十二种,分藏东洋文库、内阁文库、足利学校遗迹图书馆等三十余处。

美国各东亚馆所藏宋元刻本,据资料显示,大约超过百部,多集中在国会馆、哈佛燕京馆、葛思德馆。

国会图书馆共有宋本十一部,为宋绍兴间刻本《后汉书补志》三十卷,宋刻明初印本《魏书》一百十四卷、宋刻元印本《国朝诸臣奏议》一百五十卷、宋刻《东坡纪年录》一卷、《景德传灯录》残存一卷、《分门集注杜工部诗》残存三卷、《文章正宗》残存四卷、宋刻明修补本《宋文鉴》一百五十卷等。金本一部,为平阳张存惠刻《重修政和经史证类备用本草》残存十三卷。元刻本十四部,为元刻明印本《礼经会元》四卷、元刻明印本《仪礼图》十七卷、元刻《增修互注礼部韵略》残存一卷、元刻明修本《书学正韵》三十六卷、元刻明印本《隋书》八十五卷、元刻本《宋史全文续资治通鉴》三十六卷、元刻《世医得效方》二十卷、元大德间刻本《宣和画谱》残存十六卷、元刻《新编古今事文类聚》前集、后集、续集、别集、新集、外集全帙、元延祐圆沙书院刻《群书考索》前集、续集、别集全帙、元至正间刻《大颠和尚注心经》一卷、元广勤书堂刻《集千家注分类杜工部诗》二十五卷附文集二卷年谱一卷、元刻明印本《唐文粹》一百卷、元刻明补配本《元文类》七十卷。此外又有宋元刻佛经残本多种,如宋福州东禅等觉院刻万寿大藏本《大般若波罗蜜多经》卷一百九十三、《四经同卷》;宋明州王公祠堂刻《大般若波罗蜜多经》卷三百、五百四十五;元普宁藏《大般若波罗蜜多经》(毗字号);宋刻《妙法莲华经》等。

哈佛藏宋本有宋刻《名臣碑传琬琰之集》一百零七卷、宋刻《西山先生真文忠公读书记》(存卷甲之二十一)、宋建刻《纂图王注扬子法言》十卷、宋蔡琪一经堂刻本《汉书》(存卷五十三)、宋刻明修本《广韵》五卷、宋刻《洪州分宁法昌禅院遇禅师语录》。元刻本有元至治三山郡庠刻本《通志》二百卷、元至正刻《宋史》(存卷一百七十至一百七十二、一百八十七至一百八十八)、元刻本《图绘宝鉴》五卷、元鄞江书院刻本《增广事联诗学大成》三十卷、元刻本《新编事文类聚翰墨大全》一百三十四卷。宋刻佛经则有宋毗卢大藏本《大般若波罗蜜多经》(卷八)、《法苑珠林》(卷四十八)、《经律异相》(灵字号);宋明州王公祠堂刻本《大般若波罗蜜多经》(卷三百二十二、三百五十一、三百八十三、四百三十六、五百四十七);宋刻碛砂藏本《大般若波罗蜜多经》(雨字号);宋刻万寿大藏本《六度集经》(存卷五)、《新译大方广佛华严经音义》二卷、《十诵律》(存卷十三)、《五经同卷》。元大德刻补毗卢大藏本《大般若波罗蜜多经》(存卷五十三);元径山兴圣万寿禅寺刻《宗镜录》(存卷四十八)、元刻《妙吉祥平等瑜伽秘密观身成佛仪轨》、元普宁藏《说无垢称经》(存卷三);宋刻《根本说一切有部毗奈耶杂事经》(存卷六)。

普林斯顿葛思德馆藏宋本仅二种,为宋刻元明递修本《晋书》一百三十卷音义三卷、宋开庆元年福州刻元明递修本《西山真文忠公读书记》(存卷十七)。元刻本有六部,为元刻明递修本《诗地理考》六卷(玉海本)、元至治二年福州路三山郡庠刻明成化印本《通志》二百卷、元刻明印本《至大重修宣和博古图录》三十卷、元后至元三年庆元路儒学刊明正嘉间递修本《玉海》、元刻《新编事文类聚翰墨大全》一百四十五卷。宋元刻《碛砂藏》存一千四百七十九种六千十四卷。又普大总图书馆又有《大般若波罗蜜多经》(卷四百二十九,为宋刻毗卢大藏本)。

哥伦比亚大学东亚馆所藏宋本为宋绍兴三十二年（1162）明州王公祠堂刻本《大般若波罗蜜多经》（存卷四百五十一）、《资治通鉴》一页（为卷八之第十六页，宋刻宋印，帘纹两指宽，此页可补国家图书馆、上海图书馆残帙之所缺）。又有《玉海》残本，存卷二至三。

纽约市立公共图书馆有《大般若波罗蜜多经》（卷一百零三，宋刻毗卢大藏本）。

目前收藏在美国各东亚图书馆里的宋元刻本中，孤帙或较突出者甚少，残本较多，同时佛经较之其他文集、史籍等要在品种上占去较大比例。宋元两代的几个大藏（除《平江府碛砂延圣院大藏》外）如开宝藏、万寿大藏、毗卢大藏、安吉州思溪法宝资福禅寺大藏、湖州思溪圆觉禅院大藏以及元代的普宁藏、毗卢大藏等，在中国大陆和台湾都不全，仅有不多的零本。而今美国藏的这些藏经之零本都是大陆和台湾所未入藏的。（笔者有《美国所见宋元刻佛经经眼录》一文，载《文献》一九八九年第一期，可参阅）同时在柏克莱加大东亚馆收藏的佛经中，据说《大般若波罗蜜多经》六百卷，为信主善虎私人所刻，保存相当完整。又有二大箱的佛经，是二次世界大战后自日本购得者，其中多为宋元明刻本，如万寿大藏的零本《广百论释论》《建中靖国续传灯录》等，都为大陆所无。至于葛思德馆藏的《碛砂藏》，其中宋代原刻约七万册，元代所刻约一千六百册，余为配补明南藏本或天龙山本，约八万册，又有明万历间白纸精抄补本约二千一百余册，总计五千三百五十九册，其中可补商务印书馆影印本之处甚多，而价值也最高。

不可否认的是，由于一定的局限性，美国收藏的这些宋元本中也夹杂着个别似是而非的版本，尚有待于今后进一步鉴定。笔者曾在芝加哥大学远东馆见到《一切如来心秘密全身舍利宝箧印陀罗尼经》一卷，原作五代所刻，实为民国间坊贾翻刻，此为一例也。

然而，美国所藏的宋元本最多者不在图书馆，也不在博物馆，而在于私人收藏家翁万戈先生。翁万戈先生是常熟翁同龢的五世孙，曾任纽约华美协进社社长，现已退休，他在社长任内曾为美中之间的文化交流做了不少有益的工作，人也热情厚道。其家传的近百种善本（不包括碑帖），从数量上虽无法与美国其他大图书馆匹敌，但其所藏宋元版本却是全美第一，多为极精之品，没有一家图书馆能望其项背。承翁先生的厚意，笔者曾去他在纽约的公寓见到了所想看的善本。

翁氏所藏,如宋杭州净戒院刻本《长短经》、宋明州刻本《集韵》、宋福建吴坚漕治刻本《邵子观物外篇》、宋浙江刻本《重雕足本鉴诫录》、宋淮东仓司刻本《注东坡先生诗》、宋淳熙锦溪张氏刻巾箱本《昌黎先生集》、宋刻本《丁卯集》、《会昌一品制集》、《首楞严经》、《汉书》、《分门集注杜工部诗》、《新刊嵩山居士文全集》等都是名重一时或罕见的佳集。翁先生曾送笔者一本《中国的善本书》(*Chinese Rare Books*),这是他主持的一次宣扬中国古代印刷发明的展览图集,是请美籍瑞典学者艾思仁先生编辑的,翁氏所藏的精品多被收入,可以一窥庐山真面。五月初,笔者在哈佛燕京又巧遇翁先生,他说目前正在作陈老莲作品的研究,待告一段落后,即开始将其珍藏的善本全部撰成书志,以公之海内同好。

四、明清刻本

在美国的东亚馆里,(除哈佛燕京外)善本书中的明刻本是占大多数的,而清刻本则很少入"志",或入"善"。这可以从国会馆及葛思德馆的书志上看出来。

国会馆藏的明刻本中有一些是很难得的,如明人文集中的罗治《大月山人集》十二卷(天启刻本)、章升宇《巢鹊楼诗集》一卷(万历刻本)、王公弼《抱琴居集》五卷(明刻本)、王道行《王明甫先生桂子园集》二十三卷(万历刻本)、南轩《渭上稿》十八卷(万历刻本)、王承祚《嘉卉园诗》八卷(崇祯刻本)、汪淮《汪禹大集》八卷(万历刻本)、钱薇《海石先生文集》(万历刻本)、杨美益《西巡稿》三卷(嘉靖刻本)、吴伯宗《吴状元荣进集》三卷(万历刻本)、方良永《方兰肃公文集》十卷附录一卷(万历刻本)等。其他如万国钦《万二愚先生遗集》六卷(万历刻本,大陆仅吉林省图书馆一部)、王崇古《公余漫稿》五卷(隆庆刻本,仅国家图书馆、上海图书馆入藏)、李本纬《灌蔬园诗集》七卷(万历刻本,仅中共中央党校图书馆一部)、公鼐《问次斋稿》三十一卷(万历刻本,中山大学图书馆所藏为残本)、胡侍《胡蒙豁诗集》十一卷文集四卷续集六卷附一卷(嘉靖刻本,仅首都图书馆一部为全帙）、蒋信《蒋道林先生文粹》九卷（万历刻本，仅北京大学图书馆、杭州大学图书馆二部）。

至于哈佛燕京馆，藏明刻本在一千四百种左右，而清刻本则在一千九百种左右。以笔者数月来所见明刻本三百部，其中不乏罕见之本，诸如汤宾尹《鼎镌睡庵汤太史四书脉》六卷（万历刻本）；周延儒、庄奇显《新镌黄贞父订补四书周庄合解》十卷（万历刻本）、官裳《麟书捷旨》十二卷（天启刻本）、华琪芳《新刻乙丑科华会元四书主意金玉髓》十四卷（明金陵书林刻本）、方应龙《新锲四书心钵》九卷（万历刻本）、伍表萃《简文编》五卷（万历刻本）、《董子春秋繁露》一卷（天启峥霄馆刻本）等四十余种都是中国大陆和台湾地区未及收藏者。此外如齐如山原藏的明吴郡书业堂刻本《邯郸记》、明刻本《长命楼传奇》、明末刻本《新刻袁中郎先生批评红梅记》、明金陵唐氏刻本《新刻出像汉刘美云台记》《新刻出像点板张子房赤松记》、明刻本《山水邻新镌出像四大痴传奇》、明读分坊刻本《怡云阁金印记》、明唐氏世德堂刻本《新刊重订出像附释标注音释赵氏孤儿》等都是不多的版本。

哥伦比亚东亚馆的明刻本约二百部，但印象最深的是三种宝卷，即《灵应泰山娘娘宝卷》二卷、《救苦忠孝药王宝卷》二卷、《泰山东岳十王宝卷》，还有二十余部禁书，多为史部之分，如《颂天胪笔》二十四卷、《皇明典故纪闻》十八卷、《皇明通政法传全录》二十八卷、《皇明清传录嘉隆记》六卷、《续纪三朝清传全录》十六卷、《昭代典则》二十八卷、《皇明书》四十五卷、《新镌旁批详注总断广名将谱》二十卷、《镌两状元编次皇明要考》六卷等等。此外又如《新刻皇明百将列传评林》四卷附录一卷，是大陆所未有的。

耶鲁大学东亚馆的线装古籍并不多，但藏有一些明清小说很不错，都存放在一间小房间里，如清乾隆五十七年（1792）程伟元萃文书屋木活字印本《石头记》，大陆仅二三部而已。又如清初刻本《金瓶梅》、明刻本《杨家府世代忠勇通俗演义》、明嘉靖刻本《三国志通俗演义》、明郁郁堂刻本《水浒四传全书》、明刻本《李卓吾先生批评三国志真本》、明遗香堂刻本《三国志》等。

在上述的东亚图书馆的普通书库内，也有一些属于善本书的收藏，像国会馆就有较多的清乾隆以上的刻本在普通书库的书架上，如清康熙刻本《百尺梧桐阁诗集》(清汪懋麟撰,上海古籍出版社因其罕见,故影印入《清人文集珍本丛书》)。又如清末写本《膳房办买肉斤鸡鸭清册》(清光绪三十三、三十四年全套,计二十四册,分装四函),上海图书馆、南京图书馆仅有零本。又如哈佛燕京馆藏的明刻本《唐伯虎汇集》、清顺治宛委山堂刻本《说郛》全帙、清道光间何绍基批校《复初斋诗集》以及三十年代就被郑振铎称之为难得一见的清盛大士《蕴愫阁文集》等数十种(由于笔者的建议,已有部分提入善本)。至于哥伦比亚大学东亚馆藏的清人文集约九百种,几乎都集中在普通书库,其中颇有一些康熙、乾隆间难得之本,如清晏斯盛《楚蒙山房集》、陈至言《菀青集》、纳兰常安《受宜堂集》、储掌文《云溪文集》等数十种。

笔者之所以举例说明这些,只想提示已出版的书志或公布的数字并非是该馆收藏善本的确切数字。实际上,不要说海外的东亚图书馆藏善本书或古籍图书的数字不清,就是国家图书馆、上海图书馆、南京图书馆,这三家国内最大的馆又有哪一家的家底是清的?这三个馆的普通书库也照样"混"有够格的善本书,或尚有不少线装古书待整理编目。就拿上海图书馆来说,前几年还发现有清黄丕烈校本《青阳集》和《四库全书总目提要》的残稿呢。

还有像芝加哥大学远东馆藏的明刻本并不很多。但最有特色的是经部图书,全美第一,品种极多,约一千七百余种,有些较罕见。笔者曾作过一个记录,即从经部善本的卡片中选了三十二种不多见之书,经查核,其中十一种为《四库全书总目》所未收,《续修四库提要》仅收一种。同时,三十二种中有十六种为台湾《"中央图书馆"善本书目》未著录之书,即一半。再查《中国古籍善本书目》,连查五部,有一部未著录。其经部中之分类,确比五十年代出版的《北京图书馆善本书目》多,和台湾《"中央图书馆"善本书目》不相上下,且有大陆及台湾地区所未有入藏者。

五、稿本及抄本

稿本,尤其是未刻稿本的价值更大。这是不言而喻的。同样的道理,对于抄本来说，如据传世罕见的稀刻孤集影抄、传抄，也是非常珍贵的，因为一旦稿本或孤集佚亡，那抄本就起到了延其一脉的作用。美国东亚馆所藏稿本及抄本属善本的不很多。据笔者所见到的和间接了解的情况是，收藏最多的要数哈佛燕京了，其表面上的数字约一千二百多部，但是大部分并非善本之属。那是于二十世纪六十年代购于齐耀琳、耀珊兄弟。齐氏弟兄为吉林伊通人，二人皆为光绪间进士，耀琳曾任河南巡抚、盐务大臣、吉林民政长、江苏巡按使、江苏省省长兼代督办。耀珊曾任湖北宜昌府知府，又任湖北提学使、参议院参政、浙江省省长、山东省省长、内务总长等职。他们位置虽高，但所藏却多任内的各种文书档案、工尺谱、各种舆地图（详见笔者撰《哈佛燕京访书记》，载《明报月刊》一九八七年六至九月号）。

哈佛燕京所藏较重要的稿本有书画家高凤翰《南阜山人诗集类稿》、藏书家吴骞《皇氏论语义疏参订》、学者周广业《蓬庐文钞》、清宗室敬征《敬征日记》、清巡抚丁日昌《炮录》、数学家李锐《观妙居日记》、金石学家王仁俊《籀鄦金石跋》《籀鄦手校石刻考》、内阁侍读叶名澧《宝云阁诗草》《城南集》等，以及《北洋海军来远兵船管驾日记》等，而抄本中之佼佼者则为明黑格公文纸抄本《明文记数》、明黑格抄本《天运绍统》《南城召对》、明兰格抄本《钦明大狱录》《观象玩占》、清初抄本《牧斋书目》《汉事会最人物志》《春秋年谱》、清东武刘氏嘉荫簃抄本《圣宋名贤五百家播芳大全文粹》。又如明毛氏汲古阁抄本《离骚草木疏》，字体工整齐丽，缮写精绝，纸墨均佳。而清初抄本《文渊殿》，则不见各家戏曲目录著录。此外又如清光绪十六年海军游历章京凤凌、彦恺的《四国游记》，虽题为游记，实为二人赴法、意、英、比利时考察四国海口、兵房、炮台、船澳及各军火制造厂埠、水陆武备学堂，并于各要隘形胜、水陆军情、船炮制造，随所见闻，据实纂纪，近三十万字，极为详细。又如《嵩年奏稿》二十册，记述嵩年自嘉庆九年至二十一年在江宁织造、长芦盐政及热河总管任内所上之奏折，对研究嘉庆间政治经济等方面颇具史料价值。

国会图书馆的抄本中有清曹炎抄本《南部新书》、旧抄本《马相辑要》、清内府写本《多尔衮家谱》、旧抄本《马氏家谱》、旧抄本《三番志略》、清抄本《古训堂诗》《青海奏疏》等较为重要。而柏克莱加大馆藏有稿本、抄本二十余部，其中以翁方纲未刻稿本《易附记》十六卷附二卷(存十一卷)、《书附记》十四卷、《春秋附记》十五卷、吴骞稿本《拜经楼诗话续编》为最好。又有清陈澧《东塾存稿》不分卷、明黄晫《蓬轩类记》、清观瑞《竹楼拟稿》、清祝石《知好好学录》等,这些书多为刘承幹嘉业堂旧藏,为一九四九年初为美国人艾尔温(Richard Irwin)购于上海,而转入加大东亚馆的。

然而东亚馆在编目中对于稿本及抄本的鉴定也时有偏差,一般的错误是将稿本作为抄本来编,但最多的是抄本的鉴定误差较多,如国会藏《教外别传》,原题"明抄本",实为清末抄本,所钤张蓉镜印均伪;又如《洞天福地岳渎名山记》,也误将清末抄本作明抄本(四库底本)处理,此书"翰林院印"也伪,抄手也拙劣。又如普大葛思德馆藏的《昌黎文式》原作"明抄本",有"明黄淳耀跋",实际上应为清末抄本,黄跋通篇为后人所伪造;再如《兵录》实为清抄本,而著录却作稿本,错误较多。

六、方志和家谱

近年出版的中国科学院天文台编辑的《中国地方志联合目录》一书,收录了大陆各图书馆所藏方志,并就台湾及美国国会图书馆所藏也予以增入,此目虽然在著录上错误不少,然而却是学者了解方志存佚及收藏何处的重要工具书。但由于条件的限制,同时又由于美国其他东亚馆并无方志专目的面世(就是有,大陆也很难见到),所以很难了解其收藏状况。如果假以时日,若干年后,各方面条件具备,才能对《联合目录》作大规模的增订和补充。

中国方志现存的种数约为八千种,据调查,宋元所纂修者约四十余种、明代者约八百余种、清代约五千六百余种、民国方志约一千四百余种。美国收藏的原本方志数量很多,总数在一万二千部以上,这个数字较之日本所藏要多,日本的统计是原本加缩微胶卷共一万种(见《日本主要图书馆研究所藏中国方志联合目录》)。

根据笔者的了解,中国大陆藏方志最多者为国家图书馆,为六千零六十六种,其次为上海图书馆,五千四百种。而美国国会图书馆的收藏竟达四千种,可以和中国科学院图书馆所藏相比美。据朱士嘉先生在一九四二年所编《美国国会图书馆藏中国方志目录》,共收方志二千九百三十九种,其中宋代二十三种、元代九种、明代六十八种、清代二千三百七十六种、民国四百六十三种,而以河北、山东、江苏、四川、山西省为多。该馆藏的山东省方志,主要得自山东高鸿裁,那是一九三三年,由王文山所介绍。鸿裁,字翰生,山东潍县人,生于咸丰元年(1851),卒于1918年,其藏书均钤有"潍高翰生收辑全省府州县志印记"。又国会馆藏乡镇小志品种也多。

其藏方志最好者为天启刻本《新修成都府志》五十八卷、万历刻本《滇略》十卷、《杞乘》四十八卷、《彰德府续志》三卷、《楚故略》二十卷、《汾州府志》十六卷、《富平县志》十卷、《韩城县志》八卷、嘉靖刻本《常熟县志》十三卷、崇祯刻本《历城县志》、弘治刻本《八闽通志》八十七卷。

哈佛燕京图书馆的方志,也有三千八百五十八种之多。在中国的大学中,收藏方志最多的推南京大学,藏有三千五百种。北京大学图书馆也都不及燕京所藏。该馆收集方志始于二十世纪三十年代,其时除向北京、上海等地书商直接购买外,北平的燕京大学图书馆也协助采购。这三千八百余种方志,占中国大陆所藏种数之百分之四十六,是哈佛燕京馆的馆长吴文津先生据《中国地方志联合目录》统计而得出的百分比,其中原本方志三千二百四十一种,胶卷及复制本共六百十七种。再细分为宋代三十八种、元代十九种、明代五百七十九种、清代二千四百八十三种、民国七百三十九种。该馆所藏种数最多者为山东、山西、河南、陕西、江苏及浙江各省,如和北京图书馆所藏的六千余种比较,则种数占百分之六十四,由此可见它的藏量之多。笔者曾作过一个统计,浙江省方志大约总数在六百种左右,今浙江图书馆藏有三百七十余种,而哈佛却有三百种。

哈佛燕京的明刻本方志有《山阴县志》《昆山县志》《常熟县志》《武定州志》《太原县志》《华阴县志》《汶上县志》等都是其收藏中之白眉。其中又如《广西通志》《吴江县志》,大陆各存二部,前者且为蓝印本,更为少见。至于万历十九年修天启五年增修的《潞城县志》大约是存世唯一刻本了。吴文津先生有《哈佛燕京图书馆中国方志及其他有关资料存藏现况》一文,述说至为详尽。

此外如芝加哥大学远东馆藏方志二千七百种，和中国人民大学图书馆所藏相伯仲，又较南开大学图书馆多出七百种。该馆所藏以江苏、浙江、河北、山东、陕西省之方志最为宏富。又如哥伦比亚大学东亚馆藏方志一千五百六十种，耶鲁大学东方馆藏方志也在一千四百种以上。这些数量都几乎相当于大陆一般较重要大专院校和除北京、上海、南京、浙江、中科院图书馆以外之省市一级公共图书馆的所藏，或有所超过。至于西雅图华盛顿大学东亚馆藏洛克（Joseph Rock）收集的方志约八百三十余种，也较清华大学所藏为多，内四川省方志一百四十三种、云南省方志一百四十六种、台湾地区八十种，都是颇齐全的。

由于二十世纪七十年代至八十年代，台湾"成文"等出版社相继影印中国地方志，数量达三千种之多，故一些东亚馆也有所购买以补充馆藏，如密歇根大学东亚馆、康奈尔大学华生馆等，所以这些馆藏的原本方志较难统计。

家谱的史料价值历来为学者们所认可，被视为极为有用之资料。美国所收藏的中国家谱，可以说是除中国大陆之外收藏最多的地方了，美国各东亚馆之中，又推哥伦比亚大学东亚图书馆为第一。

抗日战争时期，不少人家的藏书陆续散出，家谱也不例外，那时哥大即指派人员在北平、上海等地大力收购，顾子刚就是其中的一个。珍珠港事变起，四年之间，竟获九百余种。现哥大有家谱一千零四十一种，书品均佳。如果将来有条件与中国大陆拟编的《中国家谱联合目录》核对，或有不少为大陆所未藏者。

二十世纪六十年代初，日人多贺秋五郎有《家谱之研究》（资料篇），著录了中国、美国、日本等处收藏中国家谱的数字，其中即把哥大所藏列为第一，日本东洋文库八百十八种，位居第二。顺便说一句，这部权威著作将上海图书馆所藏写成六种，实际上上海图书馆藏家谱在当时已逾一万一千种八万余册，就是将全美洲、欧洲及日本所藏全部加起来也没有上海一馆藏量之丰。哥大藏明刻家谱不多，仅有《张氏统宗世谱》十一卷（嘉靖九年刻本）、《涑水司马氏源流集略》八卷（万历刻本）。

除哥大东亚馆外，国会馆所藏约在四百数十种左右，明刻本有十余部，如《大槐王氏念祖约言世纪》二卷（崇祯刻本）、《泾川吴氏统宗族谱》五卷（万历刻本）、《休邑敉宁刘氏本支谱》十三卷（嘉靖刻本）、《马要沈氏族谱》七卷（万历刻

本)、《新安毕氏会通世谱》十七卷(正德刻本)、《裴氏族谱》二卷(万历刻本)、
《新安汪氏重修八公谱》五卷(嘉靖刻本)、《汪氏世纪》不分卷(嘉靖刻本)。又
有《浙江山阴白鱼潭张氏族谱》六卷(明抄本)、《会稽樊川陈氏宗谱》五卷(明抄
本)等。哈佛燕京馆约有二百多种,在美为第三位,二百余种中有一些为未刻稿
本,如乾隆《梯山汪氏族谱》、咸丰《荻溪章氏支谱》等,又有抄本十余部,也较难
得。明刻本中仅有《休宁荪语二溪程氏宗谱》四卷(嘉靖十九年刻本)。

应该说,集方志和族谱缩微片和复制本最多的是犹他州盐湖城的族谱学会
图书馆,该馆自一九六〇年起,摄制中国大陆、台湾、香港和日本、韩国、马来西
亚、新加坡、印度、菲律宾以及美国各东亚图书馆收藏的中国家谱及方志。笔者
曾去该馆储藏在盐湖城花岗岩山的队道库参观,进入数吨重的铁门后,但见库房
内一排排的大柜,存放的都是经过精心加工的缩微片,如今库藏家谱微片达五千
种,方志六千种左右。目前,他们又完成了对中国台湾二百五十多个地区的每一
家族之私藏家谱(少至数页,多至数十页)约二万余种的摄制工作。

七、大部头书和其他文献

这里说的大部头书是指《武英殿聚珍版丛书》及《古今图书集成》。前者是
清乾隆时武英殿聚珍版,后者是清雍正四年(1726)铜活字印本。之所以要专门
提一笔,是因为这两部书"名气"很大。

《武英殿聚珍版丛书》原印全帙流传不多,哈佛燕京馆有一套,葛思德馆有
两套,每套一百三十八种八百十二卷。当时胡适先生说,这部书全世界共有四
套,还有两套一在台湾故宫博物院,一在哈佛大学燕京图书馆。胡先生所说不
确。实际上大陆还藏有九套,藏今国家图书馆、天津图书馆等馆,但是美国所藏
却占去了七之一。

《古今图书集成》一万卷目录四十卷,分装五百二十二函,共五千零二十册。
美国共两部,一藏哈佛燕京馆,一藏葛思德馆。清雍正时,是书仅印六十四部及
样书一部,所印之书有两种纸张,一为开化纸印本,一为太史连纸印本。哈佛燕

京藏本为太史连纸，葛馆之本则没有印象了。当年书印成后分藏多处，如内府文渊阁藏太史连纸一部，乾清宫藏开化纸一部，皇极殿藏开化纸、太史连纸各一部。翰林院宝善亭及圆明园内之文渊阁、热河行宫之文津阁、辽宁故宫内之文溯阁和扬州文汇阁、镇江文宗阁、杭州文澜阁各一部。其余官员和民间所获赐颁者有张廷玉、舒赫德、于敏中、刘墉及鲍士恭、范懋柱、汪启淑、马裕等。目今文源、文宗、文汇所藏早已毁于战火，私人藏者，二百年来也历遭兵燹，迭经丧乱，存世无几。今《集成》全帙不多，大陆仅北京图书馆、中国科学院图书馆、甘肃省图书馆、徐州市图书馆四帙。上海图书馆（缺十二册）、辽宁省图书馆、故宫博物院、宁波天一阁所藏均为残帙。台湾"中央图书馆"一帙，台湾故宫博物院三帙。至于欧洲所藏，笔者仅知英国大英博物馆、法国巴黎国家图书馆、德国柏林图书馆各藏一部。如此，大约共存全帙十三部。至于哥伦比亚大学东亚馆和国会馆藏本，经笔者目验，并非所传雍正间铜活字印本，而为清光绪二十年（1894）上海同文书局石印本。哥大有《集成》铜活字本一册，为第二百四十九卷，属皇极典。哈佛本原为重华宫所藏，葛思德本则为原藏南京王府者，有"宁邸珍藏图书"之印。而台湾学者黄仲凯先生在台湾《"中央图书馆"馆刊》新二卷二期上发表文章，说葛思德藏本仅为所存之三四套之一，显然是不确的。

《永乐大典》作为明代的重要类书，由于兵燹等原因，如今所存距原数相差甚远，除中国外，欧洲所藏主要集中在英国，计大英博物馆藏四十五册、伦敦大学亚非学院三册、牛津大学十九册、剑桥大学二册。而美国所藏共五十一册，分藏国会馆四十一册、哈佛燕京二册、葛思德馆二册、康奈尔华生馆六册。

国会图书馆在一八七九年购入美国驻清廷第一任大使顾盛所藏二百三十七种、二千五百册汉、满文图书中，尤以太平天国刻本十种为最珍贵。太平天国刻本是研究太平天国史的重要文献，这十种刻本为王重民先生所未见，笔者见到时均置放于善本书库末尾的书架上，原未编目，笔者第二次去该馆才将之编竣。其书为《太平天国幼学诗》《太平天国三字经》《太平救世歌》《天父上帝言题皇诏》《天命诏旨书》《天条书》《太平诏书》《太平礼制》《颁行诏书》《太平天国癸好三年新历》以及照片《建天京于金陵论》《贬妖穴为罪隶论》《诏书盖玺颁行论》《天朝田亩制度》四种。这批文献首尾完好无损，也是过去研究此类文献的专家们所不知道的。太平天国时期,曾设立删书衙出版书籍,据记载,其时共刻印书籍二十九种,由于战争的原因,所刊书籍存世无多。现在大陆和台湾地区所藏的太平天国文献多为零星之本,分别藏上海图书馆、中国革命历史博物馆、南京太平天国革命博物馆、北京图书馆、中国近代史研究所和台湾"中央图书馆"等处。而欧洲所藏此类文献,如英国大英博物馆所存十七种、剑桥大学图书馆存十种、法国巴黎东方语言学校图书馆藏六种、德国普鲁士国家图书馆五种。

又美国纽约市立公共图书馆收藏的太平天国刻本为世界之最,有二十三种,合订为一厚册(实在是荒唐)。笔者见到这批文献的时候,只觉得纸质发脆,略一翻阅,即有碎片落下,实在是不敢再为触手,这也导致未能将书名种种记下。

作为第一手资料的尺牍,不仅反映当时政治、经济、风俗、文化、历史等现况,同时又可窥见名人学者之书法。哈佛燕京馆最重要的收藏之一是《明诸名人尺牍》,计七大册,分日集一百零九通、月集一百十七通、金集一百六十七通、木集七十四通、水集六十六通、火集一万十八通、土集为柬帖,共一万零二件,都是嘉靖、隆庆、万历间大名士到小知识分子致方太古的信札。如周天球、朱多炡、盛时泰、邹佐卿、王世贞、施尧臣、汪道昆、吴国伦、臧懋循、冯师孔、戚继光、沈律、田艺蘅、姚舜牧、詹景凤、陈与郊、沈鲤、申时行、王世懋、谭纶、李维桢等二万余人,共六万五十一通又一百零二件。不要说美国,就是在大陆或台湾地区的大型图书馆或博物馆,像这样数量众多的明人手札也是不多见的。以上海图书馆为例,虽然该馆藏的清尺牍量为各地之冠,计二千五百种、四千册以上,达数万通之多,然而明人尺牍却不超过五百通。哈佛燕京馆的这些尺牍装帧形式均为日人所为,它的真正价值必须作进一步的研究才能得出。

当然,哈佛燕京还藏有一些它处很难一见的文献,如江南制造总局账册,光绪元年向日本开拓判官照会册,光绪年扩充使馆界址之告示,嘉庆二十年车票,道光间借票,乾隆间契券,道光年合同议单,咸丰年期票,同治年田亩卖契票,光绪年功牌,同治光绪年的租簿,民国年的收款册、置产簿,康熙年鱼鳞册,同治光绪年的护照、宪照、执照、国子监照、奉天省并吉林省地券集册、彩绘十三陵园等等,都是研究清代政治、经济以及其他方面资料性很强的实证。

至于行述、事略、荣哀录等,也是作为个人传记的一部分,这种记录死者生平行事之资料,大凡生卒年、官职、事迹种种都可以在行述中获得。这类东西当时就印得不多,而得之者也非一般平民百姓,同时刻意收集者也不易聚至大宗,于是小量的数份并不起眼,而大量获得则甚难。哥大东亚馆藏的《传记行述汇辑》一套,计二百十种,分装十九函,包括从清代至民国间的刻本、铅印本,资料价值极高,如袁昶、顾肇熙、恽毓鼎、张金镛、黄爵滋、顾莼、杨沂孙、李鸿慈、阿桂、陆心源、陆润庠、伍廷芳、丁丙、魏源、刘铭传、沈炳垣、赵尔巽、张荫桓、盛宣怀、陈宝箴等。这类资料,如研究者有意在图书馆内寻找,也是不易找到的。

这里笔者还想说明的是,原来所传葛思德馆藏大宗围棋谱,计五万册,经笔者目验,这些围棋谱均为日本所刻印,非汉籍也。

八、三部书志

收藏中国古籍善本的国会图书馆和各大学东亚馆除了有反映馆藏的读者卡片目录外,印有书本目录或以书志形式来揭示馆藏的却不多。从二十世纪五十年代至九十年代,以书志形式面世的仅有三种,即《国会图书馆藏中文善本书录》《普林斯顿大学葛思德东方图书馆善本书志》《西雅图华盛顿大学远东图书馆藏明板书录》。下面分而叙之。

一、《国会图书馆藏中文善本书录》,王重民编、袁同礼修订。先是一九三四年,北平图书馆委派王重民先生去法国巴黎国家图书馆编辑伯希和(P.Pelliot)自敦煌得到的敦煌写经目录。一九三八年,他又赴英国伦敦辑录藏于大英博物馆图书馆中的斯坦因(A. Stein)得到的敦煌经卷。至一九三九年第二次世界大战爆发,王重民和他的夫人刘修业女士原拟经美返回大陆,但由于当时美国国会图书馆远东部主任恒慕义邀请王先生整理鉴定该馆收藏的中国古籍善本,因此他们就留居华盛顿。当时王先生每看一部分,即写就一篇书志,就一书之书名、卷数、作者、版本、板框大小、行款、序跋、藏印及册数都有清楚的著录,其间并有考证和见解,最后编就《美国国会图书馆藏中文善本书录》稿本。一九五七年,该馆远东部曾就王先生的稿本,由在该馆工作的前北平图书馆馆长袁同礼先生校订，并请人誊抄，影印出版，后附作者和书名索引，予读者不少便利，遗憾的是，书前没有一个分类目录。

该本《书录》共著录善本一千七百七十五部，其中经部一百四十一部、史部五百十五部、子部五百五十部、集部五百六十九部。如以版本来分，则为宋刻本十一部、金刻本一部、元刻本十四部、明刻本一千四百三十九部、清刻本六十九部、套印本七十二部、活字本七部、抄本一百十九部、稿本六部、日本刻本十部、朝鲜刻本三部、朝鲜活字本八部、日本活字本一部、日本古写本一部、日本抄本二部、朝鲜抄本三部、敦煌写本八卷，另《吴都文粹》一种，仅注明为"四库底本"，不知为何版本。又《书录》中有明人别集二百二十六种、清人别集二十种。

二、《普林斯顿大学葛思德东方图书馆善本书志》，屈万里著。一九四六年，王重民又应普林斯顿大学图书馆的邀请，协助整理鉴定该馆所藏葛思德文库的中国古籍善本，他又为之全部撰成了书志。从《书志》看，所收善本总共一千一百三十六部，计经部一百三十九部、史部二百四十三种、子部三百九十八种、集部三百五十六种。其中宋刻本二部、元刻本六部、明刻本一千四十七部、清刻本六部、套印本十五部、活字本二部、抄本二十八部、稿本二十三部、敦煌写本一卷、日本刻本一部、朝鲜刻本三部、朝鲜活字本二部。又集部有明人文集八十六部、清人文集一部、明刻本丛书零种三十七部。

《书志》曾于一九七五年由台湾艺文印书馆出版，署屈万里撰。后又于一九八四年作为《屈万里全集》之一，缩版由台湾联经出版公司出版。艺文版植字错误一百余处在重印时并没有得到改正，同样，此联经版也不列王氏名字。据书前童世纲先生序云：屈万里先生"检王君之旧稿，写琳琅之新志。校订删补，附益述评，录序跋则节繁摘要，记行格而并及高广，宪版本之传衍，著优劣之所在"。屈先生也云："订正旧稿约百余处"，"取王氏旧稿，与原书一一勘对，误者正之，遗者补之。（惟各书板框尺寸，率仍原稿，未克一一覆勘）"笔者在普大葛思德馆时，曾调阅王重民原稿《善本书录》四册，所见屈氏增添之文字多为"四库总目提要著录"或"未著录"字样，以王氏原稿和屈"撰"书志相核，重要改动并不多见。屈氏所云"乃置旧稿，重写斯编"，也与实际情况很难相符。

一九八八年，北京大学和中国科学院图书馆的有关人员曾在普大对葛思德馆的善本集部中明代别集八十六种进行核查,结果发现"版本误录三十二种,为误定刻年十二种,所定刻年无据七种、刻人误植一种、书名误定及卷数误计四种、两书扭合一种、以残作全二种、以翻刻为原刻五种,误录率37.2%。又著录欠详二十种,为刻年失考九种、刻人失考十一种,欠详率23.2%。总应修订率为60.46%。如除去早年某些不谨严的习惯著录方式因素——以序跋之最后署年为刻年,具体刻年可以无依据,不著录具体刻年及刻人等,属于硬性错误者尚有二十五种,为29.1%"。(柯单《一次编制中国古籍善本书机读联合目录的实验》,载《古籍整理简报》第225期)。

三、《西雅图华盛顿大学远东图书馆藏明板书录》。李直方编。这是李直方先生于一九七一年编,一九七三年印出。《书录》共收明刻本一百三十八部(有复本),计经部二部、史部六部、子部三十六部、集部二十五部、丛书三十九部。然细阅《书录》,属于善本书者约五十部左右,其余多为丛书零种,如明末毛氏汲古阁刻《津逮秘书》本等。较稀见的有鹿善继《鹿忠节公认真草》十五种二十卷(崇祯刻本)、姜宝《稽古编大政记纲目》八卷(万历刻本)、申时行纂《六子摘奇》十卷(万历刻本)数种而已。

除了东亚图书馆的古籍善本收藏外,美国的一些博物馆也有因文物及参考文献而收集的中国善本书。笔者在美时曾看了普林斯顿大学博物馆、芝加哥自然科学历史博物馆及华盛顿佛利尔美术馆所藏的文物和图书。普大博的收藏具文物性质,如三国建衡三年(271)索统书《道德经》、宋张即之书《金刚经》、元赵孟頫书《湖州妙严寺记》以及明代名人手札十五册。芝博中文古书有一排架子,其中方志三十种,明刻本也有几部,如《大明一统志》(明代包背装),清康熙钤印本《谷园印谱》等。至于佛利尔馆的古书计二百余种,笔者全部为之浏览一过,其中多为康熙刻本,特殊的不多,又有十余种明刻单种佛经。

从一九四九年到一九九二年,这四十三年中,中国大陆和美国政府之间的外交关系,从不正常到恢复,走过了相当的一段历程。自"解冻"后,中国的图书馆界代表团曾对美国的图书馆作过一些考察,然而时间有限,走马看花,表面上的东西看了一些,但真正的内容却顾表失里。随着中国的改革开放,有限的专家学者也被邀请到海外作研究和访问,当他们见到美国的东亚图书馆中那么多的古籍图书以及众多的善本中有部分是大陆所未入藏时,他们是很感慨的,故著名学者汤一介先生有"应注意对流失在国外的我国古籍进行调查了解"的呼吁。以匡亚明先生为首的国务院古籍整理规划小组在新的古籍整理计划中也提出要多方了解海外所藏中国古籍善本的情况。

二十一世纪是东亚人的世纪。这是一些明智的科学家对中国这个古老的民族和现今的科学文化的蓬勃发展,经过多年研究后得出的结论。而在西方的汉学家长期以来不懈的耕耘下,汉学的研究也在向更深更细更广的学科发展,今天的大陆学者在作好本身的课题研究外,也必须了解海外的各种研究信息,这对于促进学术研究,或恢复历史的原本面目,使后人了解历史的昨天都是有着十分重要意义的。《中国文化》主编先生来美访问,一见如故,并索稿于余,且嘱半月后交卷,故此文之写作也为急就,错误之处,尚盼方家学者正之。

一九九二年九月三十日于美国马萨诸塞州剑桥

【沈 津 中山大学图书馆特聘专家】
原文刊于《中国文化》1993 年 01 期

《华裔学志》(*Monumenta Serica*)

欧洲与中国文化交流的一个见证

任大援

  汉学研究在今天的联邦德国,是学术界热门的题目之一,全国有 20 所大学开设中文专业,大约有 6000 多人学习中文。与此同时,在联邦德国还出版一种大型的汉学研究年刊,这就是 *Monumenta Serica*(《华裔学志》)。

  《华裔学志》的编辑部与研究所是合二而一的机构,今天就坐落在联邦德国中部莱茵河东岸的圣·奥古斯丁(Sankt Augustin)市,与首都波恩隔水相望,距离不到二十公里。但是,《华裔学志》在联邦德国的历史并不长,她的诞生,是在中国。五十多年以前,北京聚集了一批西方的汉学家,其中辅仁大学是他们进行教学与研究活动的重要场所,这里有浓厚的学术研究空气,也不断推出汉学研究的新成果。为了介绍这些成果并推动汉学研究,当时主管辅仁大学校务工作的德国汉学家鲍润生(Franz Xaver Biallas, 1878—1936)博士决定创办一个学术性刊物,来代替原有的辅大校刊,从此,《华裔学志》便诞生了,那是在 1935 年。《华裔学志》的刊名是拉丁文,可以翻译为"丝域的史迹"或"中国之碑",意指华夏文化的记录。当时的辅仁大学校长陈垣先生十分重视这个刊物的出版,他亲自为她选定了中文刊名《华裔学志》,其中"华裔"二字,代表华夏与裔远之邦(非今日通常所谓"国外的华人后代"),即把这本刊物当作华夏与裔远之邦文化交流的记录,这个刊名寓意是十分深远的。

Monumenta Serica 从 1936 年起开始出版第一期,由鲍润生博士担任主编,鲍润生博士去世以后,先后继任主编的有雷冕(Rudolf Rahmann)博士、卜恩理(Heinrich Busch)博士、弥维礼(Wilhelm K.Müller)博士、马雷凯(Roman Malek)博士等人。*Monumenta Serica* 在中国期间,许多中国学者参与过编辑与撰稿工作,著名学者陈垣、沈兼士、张星烺、英千里等担任过副主编。在 *Monumenta Serica* 移居国外期间,也不断有中国学者为其撰稿。事实上,*Monumenta Serica* 一直是欧洲与中国学者用心血共同培育的一个果实。

Monumenta Serica 自从创刊以来,走过了不平常的历程。1949 年,*Monumenta Serica* 迁至日本,先在东京,后在名古屋南山大学设立了研究所;1963 年,又应美国加州大学洛杉矶分校(UCLA)的邀请,迁至该校东亚语言系;1972 年,终于回到联邦德国的圣·奥古斯丁,先归入北方圣言会人类学研究所,以后又成为独立的研究机构。

Monumenta Serica 定居在圣·奥古斯丁之后,进一步加强了自己的建设,特别是在图书资料方面。她设立了一座藏书丰富的图书馆,其中中、西文图书各有 8 万余种。宽敞的阅览室,可容纳四十余人同时阅览,又可兼作会议厅。阅览室内,拥有中、西文期刊上百种,中、西文工具书几十种。例如原哈佛燕京社引得编纂处编印的中文古代典籍引得,在国内一般图书馆都很难配齐,在这里却一览无余。这座图书馆还收藏有中、西文的缩微胶片(Microfilm)及阅读设备。就藏书数量而论,这里当然比不上设立在柏林、慕尼黑的那些大图书馆,但这座图书馆有自己的特点。一是小型实用:这里的图书只提供阅览而不外借,因此副本虽少但种类却多,图书馆除备有两套目录索引之外,对来访者一律开架查阅,十分方便;第二个特点是中文藏书数量多,特别是关于中国古代史、古代文化方面的藏书,在联邦德国可以说名列前茅。这里每年都接待不少来自国内外的汉学家及研究者,他们来自汉堡、慕尼黑以及比利时、法国等欧洲国家。

Monumenta Serica 自创刊至今,总共出版了 37 期,其中在中国出版了 12 期,在日本和美国共出版了 16 期。据对前 36 期的统计,她一共发表了汉学研究的论文 510 篇,书评 589 篇,内容包括历史上的科技、政治、文学、哲学、文物考古、宗教、地理、民俗、中外交流等各个方面。这些文章及书评的作者,以欧洲学者为

主,也包括中国、日本及美国的学者。在《华裔学志》上发表的文章,都经过编辑部的严格检查和挑选,不仅在欧洲汉学界达到一流水平,而且还以立论审慎、资料丰富见长,这也反映了欧洲汉学研究的一个特色。可以说,《华裔学志》是半个多世纪以来西方以及中国学者汉学研究的一面镜子,她也是欧洲与中国文化交流源远流长的一个见证。中国改革开放以来,《华裔学志》再次派代表孙志文(Arnold Sprenger)博士和弥维礼(Wilhelm K.Müller)博士常驻北京,进一步开展与中国学术界的交往与合作,做出了卓有成效的努力。

【任大援　中国艺术研究院中国文化研究所教授】

原文刊于《中国文化》1990 年 02 期

回眸"如意袋"：Condom 中国传播小史

谢　泳

　　人类原初的智慧,往往体现在与他们日常生活最紧密的器物中,比如锅碗瓢盆,桌椅床凳一类,后世再变化,变化的其实主要是材质,造型和实用意义,一般不出原始智慧,而且这种智慧的显现总是具有凝固和相对稳定性。也就是说,在相当多的人类活动中,有一种初始即成型的现象。因为简单的智慧其实就是最高的智慧,最切实用和最符合当时条件下所能达到的最佳选择。本文通过避孕套在中国的传播,说明人类智慧显现的某种特点。

　　避孕套(Condom),现在一般称为安全套,它的实际意义其实早已超出了避孕作用,而成为人类性生活中的主要器物,特别是发现艾滋病以后,避孕套更成为人类性活动,特别是婚外性活动的主要器物。但关于避孕套起源的具体时间以及它的中国传播情况,目前的研究还极少。有时我们难以想象,在中国节育史上,一个极小的器物中映现出的社会文化内容其实相当丰富,它的由私密到公开再到普及的过程中,包含了人类追求美好生活同时也防止疾病传播的一般心理。本文撷拾零散史料,以引发更深入的研究,时间限于 1949 年前的中国文献。

一、Condom 的普遍使用

避孕套的普遍使用是相当晚近的事。杨步伟在《杂记赵家》中,回忆她上世纪 20 年代初在欧洲时的生活时,多次提到,对于避孕方面的事非常苦恼,当时主要的避孕方法还在女方,至少她在回忆录中,还没有提到当时普遍使用避孕套的事实。她回忆说,在柏林找了好多医生调查生产限制的方法,"他们多数是用铝做的套子,大小尺寸不同,须经过医生的配比方可,医生告诉我们说好多人每次都须医生来给套上子宫口……再问他们还有没有其次的简单方法,他们说可以用海绵蘸了甘油(glycerine)放入腔内也可以,不过不能百分之百靠得住,并且不是药不灵,而是一班人不当心的缘故。"①

现在一般认为,避孕套的说法,可能是由避孕药转化而来,避孕药这一名称,最早是 1951 年玛格丽特·桑格(Margaret Sanger)夫人在纽约举办的一次晚宴上确定的。②

1898 年,"美国军医局局长办公室的图书目录总编"中,关于避孕的引文就列了满满两页。那些引文主要侧重于避孕套的使用、阴道清洗法、栓塞药剂、止血棉塞及子宫帽等方面的内容。③

把性与怀孕分离的历史,可能是从避孕套的发明开始的。根据 1709 年英国的一家杂志《塔特勒》的报道,男性用的避孕套是威利斯咖啡屋的一名老主顾首先发明的:"这间房子的一位医生……受到外科医生的妒忌;因为他为爱的历险发明了一种避孕装置,并不客气地以自己的名字命名了这种东西。'然而这家杂志泄露说:'这名英联邦的客人……以其名字命名这种装置后,人们在谈起他时都觉得下流。"一个流行的故事称这位查尔斯二世医生为避孕套先生。1708 年,

① 杨步伟:《杂记赵家》,中国文联出版社,1999 年,第 219 页。
② 伯纳德·阿斯贝尔著,何雪、晓明译:《避孕药片——一个改变世界的药物传奇》,东方出版社,2000 年,第 6 页。
③ 《避孕药片——一个改变世界的药物传奇》,东方出版社,2000 年,第 30 页。

一名英国诗人称赞"避孕套"的命运,将像坎顿的名字一样持久。这首诗提到人们在圣詹姆斯公园、春天花园、普雷宫等地出售避孕套,但只是为了防病,而没有提及避孕用途。18 世纪 20 年代,怀特·肯尼特彼得波拉夫大主教之子(他后来也成为一名教区长)赞扬避孕套使女人从"生儿育女和当小老婆"的地位中解放出来。④

霍普金斯学院妇科专家和控制生育研究领域的先驱阿兰·格特马克博士于40 年代后期也进行了一项调查,他调查的对象是 2000 名育龄妻子(职业妇女)和白领阶层的男性。调查中,格特马克博士发现,有 41.7% 的人使用隔膜和胶液,43.3% 的人用避孕套。⑤

据统计,20 世纪 50 年代,每年用于避孕药具的消费估计约为 2 亿美元,其中大约一半是避孕套。不过避孕套的使用量还不及冲洗器(洗涤水),尽管它比后者有效得多。在那 10 年以前,1940 年左右,避孕套粗制滥造的很多,至少有一半是无效的。然而到 1947 年,5 家大公司便生产 7.2 亿只避孕套,经检测,其质量效能大大提高。一只避孕套的生产成本约为 0.8 美分。

避孕套进入人类日常生活中,基本是 20 世纪 40 年代后的事。安克强在研究当时上海妓院中性病的传播情况时,特别指出,直到 1945 年还完全缺乏关于使用避孕套的建议,在两份主要的医学杂志上确实没有外国或中国的医生发表文章,提到使用避孕套的可能性,即使作者是在讨论与性病传播有关的问题。而在那些并不怎么专业的刊物中,也没有一本"上海指南"甚至是"嫖界指南"建议使用避孕套,尽管他们一直在警告与那些最普通的妓女接触时要预防被感染的严重危险。只有在 1945 年以后,警方才明确要求妓院为妓女购买预防疾病的制剂和设备,并责成嫖客使用避孕套,但这条规定并没有被遵照执行。⑥

---

④ 伯纳德·阿斯贝尔著,何雪、晓明译:《避孕药片——一个改变世界的药物传奇》,东方出版社,2000 年,第 73 页。

⑤ 伯纳德·阿斯贝尔著,何雪、晓明译:《避孕药片——一个改变世界的药物传奇》,东方出版社,2000 年,第 81 页。

⑥ 安克强著,袁燮铭、夏俊霞译:《上海妓女——19—20 世纪中国的卖淫与性》,上海古籍出版社,2004 年,第 164 页。

二、中国人对 Condom 的关注

李零在研究中国方术时,曾提到美国马克梦(Keith McMahon)告诉他,明代色情小说《一片情》中出现使用"角先生"的细节,李零由此认为"避孕套的设计恐怕正是从这类东西受到启发"⑦。李零的这个判断很有洞见,它说明人类在许多事物上的感受和显现的灵感具有同一性。

李零提到的这个细节是:当小说中人物余娘和索娘在一起时,余娘"一把搂住索娘,向袖中乱摸出一个东西来。仔细一看,乃尿胞皮儿做的,长五六寸,有一把来大。余娘看了笑道:'做得像!做得像!怎得把它来用?'"⑧

这个细节同时也提示我们,早期避孕套的起源,可能多数与人类的色情活动相关。观察这个细节,发现它已出现了器物明确的使用目的,虽是同性间的性活动,但已有了防止疾病传染的"卫生"观念,并有了对器物材质、造型及使用的描述。小说中的描述,一般是真实社会生活的投射,真实生活中完全没有出现过的器物,很难在小说中被细致描述。

李零指出:"避孕套是本世纪对人类生活起了巨大革命作用的东西。它的发明,在科技史的研究上是个大问题,西方学者多说,现在欧洲人使用的避孕套是由16世纪意大利解剖学家法罗波斯(Fallopius,1523—1562)发明。据说在1564年(即他死后两年)出版的一本书中,他宣称自己发明了一种用亚麻布制成,套在龟头上,用以防止梅毒的小套。这种小套就是现代避孕套的雏形。后来到18世纪,人们开始用羊肠或鱼皮代替它,并用以避孕,但使用不广,只限于妓院和少数特殊的商店。只是到19世纪,即1843—1844年,由于橡胶硫化技术的发明,才使人们有可能制造出性能与今日类似的避孕套,并在1870年前后得到普及,大量生产,廉价出售。另外,据说16世纪上半叶,日本也有类似发明。这两个时间,彼此相当接近,大体在我国明代正德(1506—1521)、嘉靖(1522—

---

⑦ 李零:《中国方术考》(修订本),东方出版社,2001年,第456页。
⑧ 侯忠义主编:《明代小说辑刊》第一辑,巴蜀书社,1993年,第760页。

1566)年间。值得注意的是,这一时间范围正是明代色情小说和春宫版画广泛流行,日本对华贸易兴盛,并从中国进口各种色情制品,以及意大利等国西方传教士开始来华活动和梅毒传入中国的时间。"

李零认为"这些几乎是发生于同一时间范围内的事件,它们之间是否曾有某种联系,避孕套的发明会不会与中国有关? 当然,这一问题还要做进一步的研究。"⑨

与一般日常生活品不同,作为一种随用随弃的私密器物,早期避孕套的实物,我们见到的可能性极低,所以一般还只能在文献的描述中发现它的存在。

中国较早注意到避孕套史料来源的,可能是钟叔河。他在介绍清代张德彝《航海述奇》《欧美环游记》时,曾注意到这两本书中关于避孕套的知识。钟叔河说:"更有典型意义的是张德彝对避孕套的描写和议论。……这种《航海述奇》中所记的'英国衣''法国信',都是中国关于西洋避孕工具最早的知识,在科技史上自有其价值。"⑩

张德彝是清代道光年间出生的,他到欧洲的时间约在 19 世纪 70 年代初,他对避孕套知识的注意,很可能是中国文献中较为明确记载此物的记录。后来刘善龄编《西洋风——西洋发明在中国》一书,其中介绍避孕套的史料,即来源于钟叔河的提示。⑪

张德彝在《航海述奇》中说:"又闻英法国有售肾衣者,不知何物所造。据云:宿妓时将是物冠于龙阳之首,以免染疾。为之设想,牝牡相合,不容一间,虽云却病,总不如赤身之为快也。此物法国名曰'英国衣',英国称为'法国信',彼此推诿,谁执其咎,趣甚。"⑫

张德彝在日记的另一处还提道:"闻外国人有恐生子女为累者,乃买一种皮套或绸套,贯于阳具之上,虽极倒凤颠鸾而一雏不卵,其法固妙矣,而孔孟子云:'不孝有三,无后为大。'惜此等人未之闻也。要之倡兴此法,使人斩嗣,其人也

---

⑨ 李零:《中国方术考》(修订本),东方出版社,2001 年,第 456 页。
⑩ 钟叔河:《走向世界》,中华书局,1985 年,第 103 页。
⑪ 刘善龄编:《西洋风——西洋发明在中国》,上海古籍出版社,1999 年,第 271 页。
⑫ 钟叔河主编:《走向世界》丛书之《航海述奇》,岳麓书社,1985 年,第 498 页。

罪不容诛矣。所谓'始作俑者,其无后乎。'"⑬

张德彝日记中的记述,应当说是中国人关于这方面所见的较早知识,无论他当时判断如何,这个史料对研究避孕套起源有帮助,其实他已描述出避孕套的两个基本功能和使用场所:"卫生"和"避孕",它在妓院中流行。

人类的许多发明,随时代变迁消失了,那些一发明即永不消失的东西,通常总是与人类生存本身相关,所以这种类型的发明中,不但包含人类的智慧,也包含人类的情感和想象。

三、中国部分文献中所见 Condom 史料

避孕套的起源,一般认为还是来源于西方,从称为"法国信"还是"英国衣"即可看出,它的成形和普遍使用,最终是依赖于现代化学手段才完成的,这方面西方有明显优势。

避孕套在中国传播初期,由于中国文化中缺乏自觉主动避孕的习惯,它的传播基本是在色情场所,是为防止感染疾病。初期有几个称呼如"阳具袋、如意袋、如意套、风流如意袋"等,由称谓即可判断其用途,稍后才成为明确的避孕工具,具体时间虽然不好判断,但大体是 20 世纪 30 年代后才普遍用于避孕目的。

20 世纪 20 年代中期,王云五等主编《日用百科全书补编》时,在避孕的"器械法"介绍中说:"两性接触时,男性生殖器,用树胶制之薄膜套起,俾精液不直接注入腔内,但用前必须将膜消毒。"⑭

此类普及日常生活常识的工具书中,虽然已介绍了避孕套的实际使用方法,但还没有给出正式的称谓。本书十年后的修订版在介绍"避妊新法"中,先后介绍了"别居法、洗涤法、器械法、中止法"等,其中介绍"器械法"时,依然用了十年前的旧说:"两性接触时,男性生殖器,用树胶制之薄膜套起,俾精液不直接注入

---

⑬ 钟叔河主编:《走向世界》丛书之《欧美环游记》,岳麓书社,1985 年,第 744 页。
⑭ 王云五等主编:《日用百科全书补编》第 35 编,商务印书馆,1925 年,第 1 页。

腔内,但用前必须将膜消毒。"⑮可见关于避孕套名称的流行,当时并没有一个固定的称谓。金浩 1936 年编著的《秘术千种》一书中有"梅毒预防秘诀",但此书中没有提使用"保险套"为防止方法。⑯ 可见当时避孕套的普及程度还不高。

姚灵犀《思无邪小记》中曾专门提及此物,他说:

"今之洋货肆或药房中,尝售有二物,一曰风流如意袋,系以柔薄之皮为之。宿娼时蒙于淫具,以免霉毒侵入精管,因能防制花柳病也,故亦名保险套。更有一种附有肉刺者,可增女子之欢情,但于用之者终嫌隔靴搔痒耳。囊底有一小圆球,中空,适当马眼,可泄精于内,间有用之避孕者,但往来冲突,破裂堪虞。此袋偶一戏用则可,阴阳不能互达,热度不能射激,殊非卫生之道也。"⑰

可见当时药店中已有此物出售,特别是他提到的第二点"更有一种附有肉刺者",至今还是安全套制造中依然使用的基本方法,由此亦可知中国早期性用品的销售并不仅限于药店,流传并无严格限制,此中也反映社会文化对外来事物的态度。姚灵犀本书中还有一首《调寄水龙吟·咏风流如意袋》词,其中有:"似冰蚕带蛹,玉龙包□,蓬瀛客,居奇货。遮莫魂消真个,论欢情卿当胜我。休讥小器,堪藏夹袋,房中术妥。"一类的句子,虽属文人恶趣,但作为史料还不无意义,特别是指出了它由外邦传入,所以非常稀奇,由此可判断当时避孕套的流传程度。

陈无我《老上海三十年见闻录》中,也专门叙述过早期避孕套的作用及来历。他说:"此真花柳中保身要物。妓家每多湿毒,兼之常服泻药,染之受罪非浅,悔之莫及。此衣系外洋机器制造,用之胜常,一切秽毒之气不能渗入。价亦颇廉,每副售洋一元五角,远处信力自给。贵客欲办,至英大马路新衙门西转北逢吉里一衖第三石库门内,至晚不售。"⑱此书 1928 年 4 月由上海大东书局出版,由此时间可判断当时情状。贺萧在《危险的愉悦——20 世纪上海的娼妓问

---

⑮ 《重编日用百科全书》中册,商务印书馆,1934 年,第 3948 页。
⑯ 金浩:《秘术千种》,1936 年,第 317 页。
⑰ 姚灵犀:《思无邪小记》,天津书局出版,1947 年,第 71 页。
⑱ 陈无我:《老上海三十年见闻录》,上海书店出版社,1997 年,第 257 页。

题与现代性》中，专门引述了这则广告，同时也特别指出"花柳病被置于非常显著地位"[19]。

周越然《言言斋性学札记》中曾记："天下最不平之事，莫如生育。能孕者一触即成，不能者万冲无效；多孕者带佛国帽，以求根治，不孕者用救苦丸，希冀得胎。但每打'佛帽'必有一漏气者，此制帽国家之法律也，用之等于不用。昔农夫某，每年得子，厌之，杜造鳝鱼皮为帽以为阻隔，不料次年其妻一胎两子，求少反而增多，夫妇二人弄得莫名其妙，后来细细一想，知鳝皮之上有眼孔二，用时未曾填补，生命元子进出之路既分为二，胎儿之数量应成双也。此虽笑话之极无根据者，亦足以见帽类之不常有效也。"[20]

20 世纪 30 年代前后，中国文献中常出现避孕套史料的有几个方向，一是掌故笔记中，一是专门介绍避孕和节育知识的科普类小册中，还有一种是翻译西方节育知识的译著中。我估计药店的销售目录和进口物品统计目录一类史料中，也可能存在相关史料，可惜没有见到，特别是进口统计目录中，如果能有避孕套的年度进口具体数目，可以帮助判断中国人对性病流传和当时妓院梅毒出现的一般情况。这几类文献中的避孕套史料，虽然说法并不完全相同，但归纳起来，大体可看出避孕套如何由一种陌生的色情场所专用品而普及成为一种日常知识。当时这些文献中凡提到避孕套，多数都有记述其来历的文字，可见还是一种陌生器物。但随着相关知识的普及，避孕套在当时文献中出现的频率累积度很高，也反映当时社会对外来事物的接受能力。

1927 年，桑格夫人著、宋学安编译《美乐之家》在上海出版，该书专设一节："橡皮套的功用"。其中说："因之男子方面，都用一种极薄的柔橡皮所制成的橡皮套，把阳具完全套没。交媾时用之，精液即泄在套中；那么精虫便无侵入子宫的机会，如此即不可致成孕。这种方法，在美国最为通行。这橡皮套也到处可得。（译者按：此种橡皮套，就是吾们中国俗称'如意袋'这一类的东西，现在各

⑲ [美]贺萧著，韩敏中、盛宁译：《危险的愉悦——20 世纪上海的娼妓问题与现代性》，江苏人民出版社，2003 年，第 232 页。

⑳ 周越然：《言言斋性学札记》，广西师范大学出版社，2004 年，第 58 页。

西药房中,大概都有出售。有日本制及西洋制二种,以西洋制的为可靠。)"㉑还有更详细的记述:"橡皮套有薄胶质制的,有橡皮制的。其质薄而透明有伸缩力,无眼缝,可以耐摩擦而不破裂。所以精虫在套内,一无机会可以突出而入子宫。不过用时如不留心;或所用的过小,包住生殖器过于紧窄,难免有不破裂及裂孔的危险。如果破裂,则节育的目的完全失败了！因为用者并未擦破,而女子已不知不觉得胎了。所以用这种皮套,其容量必须适于生殖器膨胀的极度为要;决不能太小,太紧,以至用如未用。如果用时留心,则于免妊及防毒上,确有一种效验。用橡皮套须留意的一事:就是在抽出生殖器时,不能使皮套脱落;否则精虫仍有侵入阴道,游进子宫的可能。又用过之后,最好随即弃去。如果还要留为下次之用,那么必须于消毒杀虫药液中,浸洗干净,等干燥后方可再用。"

这些史料中,对避孕套的来历和制造质量也有说明,从中可见当时避孕套除了西洋进口外,还有日本这个渠道。在人类文化传播史上,私密物品传播程度越高,数量越大,越能说明交往的普及程度,越能说明文化融合的渗透程度。因为日常生活品,尤其私密用品有一个由高到低的传播过程,早期总是由外交人员或者身份较高的人员承担这个职能,慢慢流传到民间,当它可以成为公开的商品进口时,说明一种文化的融合和认同已基本完成了。

《科学生育法》一书中专门指出:"追迹'阳具袋'底来源与其历史,颇饶兴趣。在中国与日本当妓女者常用油丝纸堵子宫口,此种方法极简陋。欧洲十六世纪中叶,意大利初用此法是用亚麻做的宫帽形,适合套在阳具上,Fallopius 极赞成此法。工具进步,乃改用羊的盲肠来制,后又用鱼胶。至十七十八世纪时,其制造法乃更精良了。是时英国也已采用了。著称'阳具袋'统名为Condom 法。"㉒

这种介绍,可以说已是一个避孕套的小史,其中包含的知识量相当丰富,不但给出了器物起源的基本思路和方式,连名称和发明者也介绍出来,想到当时此类普及性的书流传较广,可以判断中国社会对避孕套接受的广泛程度,当这种知

㉑　桑格夫人著、宋学安编译《美乐之家》,出版协社印行,1927 年,第 23、24 页。

㉒　Havelock Ellis 原著、彭兆良译《科学生育法》,民新书局,1929 年,第 28、29 页。

识成为日常知识时,它在很大程度上会影响中国人的生育观念和性生活方式。

中国健康学会编《现代节育法》第五章"男性的节育方法"中介绍,用一种物质套在男性的生殖器上,现在这种东西全是用一种极薄的橡皮制成,叫作阴茎之衣,普通称为"保险套",书中认为,这种方法在避孕的科学中占有相当的位置。"有些医学家,时常认为'保险套'这种东西,并不一定是这样的妥当使人满意,橡皮微小的破裂,是失败的原因。不过经制造家的改良,这种情形已不常见,所以如果用一个最高等的,自然很少有破裂的危险。每一次使用以前,要一定试验一下。为使不致有微小的破裂起见,最好先用气把它吹起来,并且在未使用前,就这样的短时间内不必去管它。要知道精虫的形式是这样的微小,就是极小的破裂也能穿过去的。"

本书中还特别指出了避孕套流行初期,人们对它的基本认识。书中指出,关于节制生育,在劳动阶级的许多人中,有一种极普通的谬说,认为使用保险套尚能惹起肺痨的可能性。这固然是错谬的比喻,然而作者对这种见解很表同情。书中同时还提到了避孕套的价格。书中提到,"保险套的价格,是往往令人可惊的,它是不应当这样的昂贵才对。民众们对于节制生育的需要性,有了相当的印象是对的;不过他们认为一种方法,如果它的价格是很可观,一定是可靠,这种理想是错误的。这种奇异的比喻是由于医院商店内一个卖零售药品的人,他对于节制生育运动是很抱着热心,仁慈,告诉我的。他时常择出一种极贱而且物质极佳的保险套,每个价值不过几个便士;但是事实上,一个月的功夫很少有人来买这种价廉物美的东西。后来他们把这一种的完全不卖,另把一个价值每个二先令的放在目录上求售,不到两星期的功夫完全售尽,并且还接到各方对这种物质有夸赞的信笺,所以他感觉人民对于物品的优劣,是以价格来做标准的,这种思想很难有使他们更改的可能。同时我在已经很早使用过的人们中得到证实,就是他们耗费很可观的价值来买极优品的保险套,结果十二个之中有十二个是破裂的,失败的。现在经专家的改良,橡皮的原质和可靠性已经增高了;并且可以用一先令的代价,得到三个很好的了。不过应当直接到几家可靠的医学化学师那里去买,万不可到普通卖橡皮的商店里去,因为那里时常以这种东西,作为淫猥招揽顾客的物品,结果,不但使人不满意,而且他的伤害性也很大,价格也可观

的不公道。"㉓

从翻译介绍外国避孕套知识和人们对它的认识理解开始，这是中国避孕套传播过程中的一个必经阶段，社会的接受渠道是先介绍节育知识，同时伴随介绍避孕套的历史和使用方法。

潘公展翻译的司托泼著《儿童爱》一书中认为："阻止精虫游进子宫，如果不用前面说过的橡皮帽遮没子宫口，那么可以用方法遮蔽男生殖器，也能完全达到目的，这个方法也许是流行的方法中间最著名的一种，而各种名目不同的'阴茎套'（Sheaths），即'如意袋'之类，用橡皮、胶皮或丝绸做成的，市上也尽有发售，不过质料和形式自然不止一种，但是在主要点上，它们都是相同的，它们都能包裹男性生殖器，阻止精虫漏入阴道。这些阴茎套自然是许多人所认为最是无害的方法，如果一对夫妻使用的很满意，那就不一定要去指责它们，但是，据我的意见，确有许多反对理由，足以说明除了特别情形以外使用阴茎套实在是不适宜的。"㉔

据说此书 1918 年出版后到 1923 年销售了近 30 万册，当时影响极大。人类对各种知识的接受过程中，依赖流行读物接受的程度，常常要高于专门的知识传授，日常知识和生活经验结合，沉淀为生活习惯后，一种知识的传播事实上就完成了。私密用品的传播有一种非公开提倡和个人自觉认同的过程，因为私密生活的非交流性导致相关知识的接受呈封闭状态，其中普及读物的作用相当重要。

叶群、黄嘉音译，史东医师夫妇著《婚姻生活指导》，也是一本当时流行较广的书，书中对避孕套的介绍是这样的："再有一种防止精虫进入阴道的男用的方法，就是在性交的时候，用一种套子，把男子的生殖器套住。这套子通常称作男用避孕套，亦称卫生套，据说这是距今约四百年前，法罗波斯（Fallopius）设计制造的。实际上这种避孕套具有双重功用，它兜住了精液，可以避孕，同时它遮没阴茎，又可以防止花柳病的传染。避孕套主要可以分为两种，一种所谓'鱼皮'套，是特别选用某种动物的皮膜制成功的；一种就是橡皮套，是用天然橡胶，或是

㉓ 中国健康学会编：《现代节育法》（科学博士玛丽·司托泼著），健康生活社，1937 年，第 86、87、88 页。

㉔ 司托泼著，潘公展译：《儿童爱》，光华书局，1926 年，第 62 页。

人造橡胶所制成功的。鱼皮套用前,必须先将它浸湿,这当然不大方便,不大适用。这种鱼皮套虽然售价比较昂贵,但实在并不比橡皮套好多少。"㉕

这些介绍中多次提到早期避孕套使用"鱼皮"制造的事例,可能对中国手工业史的研究有启示,比如它的制造应当是相当精密的手艺,而这种手艺的流传可能有私密性,它可能在南方较盛,因为是昂贵的消费品,必有特殊的销售渠道等等。

当翻译介绍性作品累积到一定程度时,中国人自己编纂的相关著作也开始大量出现,而且慢慢会取代翻译作品,这种取代,其实也是一种知识的普及和为社会认同的过程,也是一种文化融合现象。

严与宽编著《节育的理论与方法》,已不再以介绍的姿态传播一种新知识,而是直接说明,虽然知识的来源是外国的,但已化为了自己的一种认识。严与宽认为:"避妊袋——俗名如意袋,亦系橡皮制成。大小药房均有出售,价目每打七八角。在性交之前,将避妊袋套在阳具上,待丢精时,精液则完全留存袋内,不致流入阴户。此法本最安全,不过这东西容易使夫妇间发生一种隔膜,减少性交时的乐趣。并且这薄橡皮膜容易破裂,用时应格外注意。常用避妊袋来性交,不但减少兴趣,并且有时夫妇间会发生神经病。不过偶尔试用,则固避妊之妙法,而完全无损于人体之健康。"㉖

郭泉清在《实用避孕法》中认为:"男用长橡皮套——这是用膜制的囊袋,于交媾时套在男子的阴茎上,将阴茎封闭于此袋内,则精泄于袋内,而不汇入阴道。最初所用的是动物的膀胱或肠管所制,也有丝制的,现在则多用橡皮,形如圆筒,分大中小三种。套太小则将勃起的阴茎紧压,发生痛感,过大则可能在交媾抽动时脱落。选择时应以半勃起的阴茎为准,则可免太小或太大的缺点。其尖端每附一小池,以盛泄出的精液。此套不用时可以卷叠,面积甚小。宜置于通风的暗处,又须保持干燥,则可耐久。用时宜先吹气,使之膨胀,以试其是否漏气。漏气者则可能漏精,不宜使用。又须用两手拉它,以试其弹性,失去弹性的也不可。试后再将此套卷叠如故。涂一点水在阴茎上,使橡皮可紧附于阴茎上而不致脱

㉕ 史东医师夫妇著,叶群、黄嘉音译:《婚姻生活指导》,家杂志社,1948年,第102页。

㉖ 严与宽编著:《节育的理论与方法》,大东书局,1933年,第116页。

落。然后置套于阴茎头上，将小池内的空气逐出，向上卷套，以至其全长，这样使阴茎密闭于套内，而套亦不易脱落。此法的优点在它的简易，能防止花柳病的传染，因此一般人称之为'卫生袋'或'保险套'。这种方法无需医师的指导，携带方便，购买又易，因此用的人相当多。但是它的缺点也不少：一、不甚保险——据海尔氏调查所得的结论，其保险度仅有百分之五十一，与其他化学药品合用时，其保险度大为增加，所以不宜单独使用。二、大小难以合适——过小则紧压阴茎而有疼痛，过大则于交媾抽动时容易脱落而不觉得，过小可能破裂。三、橡皮套内常有小孔，用时未检查出来，或失去弹性而有小裂孔，精虫乃由此小孔流入阴道内。四、减少男女的快感——因两性器官隔以橡皮，不能直接摩擦，以至减少其快感，尤其是男子方面，不过在易泄的男子，有时可以利用此套而延长时间。五、性行为不能连续——用时须阴茎勃起而有性冲动时，因此用此套须将连续的性行为截成两段。有时性行为被截断后，阴茎变软而不再举，致性交不可能。六、女方不能吸收精液——精泄于袋内，女子不能吸收男性的精液，男子精液的内分泌素及其他成分，据说对于女子颇有益处，而用此套时则女子得不到这种享受。"[27]

书中还认为"男用短橡皮套，此类短橡皮套亦称美式橡皮套，甚短，只能将茎头包套，故在交媾时，茎干仍与阴道直接摩擦。较用长套者有快感。但较易脱落，而且不能防止花柳病的传染。它的利弊也与长套相似。"这个介绍显示了人类在避孕和性快感之间的困境与想象力，是关于早期避孕套形制方面的史料。

许晚成《男女避孕法》中介绍"避孕袋避孕法"时，说："以前有如意袋一种，套在阳具之外，射精时可以隔绝精虫，可是大都嫌太厚，而且易裂，交接时候不能畅尽鱼水，次晨往往引起头晕目眩诸患。要是破裂，也许适以成孕。现在有许多新出品，质薄坚韧，交接时如将袋的外层，再敷上 K.Y.Jelly 或妙特灵油膏，可使两性器官增加近密，此两种油膏发生一种幽香，可以增进性欲的强盛。"[28]

汪企张著《避孕法》谓"男子的精虫，不入女子的子宫时，便不能成胎。寻常药房里，有风流如意袋出卖，他的目的原为预防染毒起见，但是也可避孕，因为男

㉗　郭泉清：《实用避孕法》，家杂志社，1949 年，第 47 页。
㉘　许晚成：《男女避孕法》，1939 年，第 38、39 页。

子所出的精,仍留袋中,未接女子生殖器的缘故。不过这种皮袋,厚了,好似隔鞋搔痒,减退快感,薄了,极易破裂,仍旧无效,所以也是一种消极的方法,聊胜于无的意思"。㉙

林俊千编著《新家庭》"男子的节育方法,普通所谓忍耐,不使精射入女性生殖器,但这是不可靠的方法。只有用保险套,一只极薄橡皮做成的袋,套在男性生殖器上,这样,使精液不会射入女性生殖器里。不过,得留心这橡皮套有微小的破裂,要是有一线的破裂,那就等于不用。而且价格相当的贵,恐怕不是一般人所能购用的"。㉚

孙严予《今日避孕法与性心理》一书中提道:"男用如意袋系精薄橡皮所制,成一袋形,恰可套上阴茎,袋之顶端有一小袋,为储精所用。该项如意袋,胜利后,在我国各大城市已极普遍,街边小摊均可买到。因为精虫极小,数多,而活泼,故极小之漏洞亦可引起精虫通过之可能,故使用前必需检验是否有小洞。该法避孕之目的颇可靠,但是因为双方之生殖器隔了一层橡皮膜,性交快感大为减少,如隔鞋抓痒。再男女双方之生殖器相互浸润在双方之分泌物内,不论其是否为双方生理上利益,却是性交当时莫大之快感。该方法剥夺了双方这一个重要的享受。有些人在性交中不带上如意袋,而在男人快射精时,再带上去。这方法固然可以免这一缺点,但是性交中无防卫方法,性交中滴出精液少许时,即可受孕。所以这方法在性交之满足是极大之妨碍,现在除预防花柳病者所采用外,健康夫妇正常性交时不采用之。"㉛

孙严予提到"胜利后,在我国各大城市已极普遍,街边小摊均可买到"一语,大体可以说明20世纪40年代中期后,避孕套的普及程度已相当之高,但当时中国还没有专门制造避孕套的工厂,说明它主要还是依赖进口。

避孕套在中国传播中,我还没有见到过有阻力的例子,这说明中国人的性观念相当开放,接受外来文化的能力极强,同时也说明中国人对人口压力的意识也相当自觉,而且避孕知识的普及程度非常迅速。

㉙ 汪企张:《避孕法》,上海大东书局,1924年,第28页。
㉚ 林俊千编著:《新家庭》,中国图书编译馆,1939年,第47页。
㉛ 孙严予:《今日避孕法与性心理》,中国优生节育促进会,1949年,第26页。

作为高级知识分子的杨步伟,在 20 世纪 20 年代在欧洲还为避孕所苦,但到了抗战后的 40 年代中期,避孕套在中国的用途和容易得到,已成为日常生活知识,这个时间非常短暂。而避孕套的名称,从初期的"如意袋"经历"避孕套"到现在人们习以为常的"安全套",它的功用经历"卫生"和"避孕"后,一般又回归到了"如意袋"的原初意义上,这个变迁体现了人类在节育和性活动中的丰富感情和心理,同时也展现了人类在原初生命活动中的智慧和想象力。

2009 年 3 月 8 日于厦门大学

【谢　泳　厦门大学人文学院中文系教授】

原文刊于《中国文化》2009 年 01 期

第一次世界大战前
山东草帽辫与工艺全球化

李今芸

      家庭手工业或作坊式的工艺并不因工业革命带来的工厂制度而没落,反而有兴盛之趋势,开始自行生产。从 19 世纪到 20 世纪,在欧洲或北美,手工业仍然重要,其就业人口不一定比现代化工厂内的工人少;两者之间不一定相互抵制,反而有时呈互助之趋势。某些手工业此时还能繁荣,因为它也是全球化的一环,草帽辫(史料也作"缏")手工业就是其中一例,帽辫是手工编成,通常分布在农村地区,配合农时生产,客厅即工厂,全家都是工人,属劳力密集型的产业,产量随着国际市场的需求而起伏。19 世纪草辫业分布全球,工业强国诸如英国、德国、美国及新兴的日本都有草帽辫或草帽的生产。[①] 当中国山东一打开大门,也立即加入了国际草帽辫生产的行列。

      本文将探讨的是 1862 年烟台开港后带来的山东草帽辫业的发展,企图将中国史的研究放在世界史的范畴内,看东西方如何在草帽辫工艺及工具上互动,现代化的中国商人如何在此业中茁壮发展。而文中举中、日草辫业作比较,是过去学者少有研究者。本文引用了在美国国会图书馆中找到的资料,包括:*Monthly Consular and Trade Reports*, *Commerce Reports*, *Daily Consular and Trade Reports* 三

---

① H.L.Hamilton,(Manager,Straw Braid Department,Hartman-Pacific Co.,Inc.),"How Straw Braid is Made and Sold",*Millinery Trade Review*,Vol.46,p.79.

种。这些资料的特色是不只报道中国,也涵盖其他国家的商情。② 美国之所以会有这么多草帽辫的资料,是因为美国在20世纪初已成为世界最大消费市场,吸收了来自全球各地的草辫及草帽。对中国草帽辫的调查,西文资料多于中国,甚至有些中文资料也是从西文翻译而来的,可见这项产品在国际市场上的醒目;可惜这些资料多是报告,包括中国海关报告及上述的三种报告,它们不是公司行号的档案,所以数据资料并不完整深入,甚至显示的个别商人及商号亦有限。本文也只能就所掌握的数字及材料来拓展。

关于草帽辫的相关研究相当多,此处只择选数篇如下:1.袁钰,《论华北农业近代化中的两种加工业(1895—1936)》。他认为中国是在资本主义入侵后被动纳入世界,棉纺织业及草帽辫两种行业可以证明华北经济与世界接轨。2.孙运邸,《登州商人》。登州商人的发展长达400年,是跨朝代的商人团体,早年经营东北的人参,后来参与东北大豆及山东草辫及茧绸的生意。孙运邸认为这个商团的性格比较被动,始终处于供货给洋行的地位。3.张静,《近代山东农村手工业的外向型发展——以草辫、花边、发网业为例》。张静认为这三项产业是利用农村剩余劳动力,促进农村商品经济发展,从而改变山东传统手工业的经济结构,但是这三项产业也受洋行、买办资本和商人资本的多重控制。4.叶汉明,《十九世纪末潍县的社会经济变迁——山东经济重心东移对地方社会的影响》。潍县的发展受益于青岛的开放和胶济铁路的完成,由此草帽辫及猪鬃等商品可以外销到海外,但在外国资本主义的威胁下,小农成为外国商人转嫁风险的对象,而廉价的家庭劳动力又是商人利润的主要来源。5.王传荣,《近代山东草辫业的

② 相关研究如下:1.袁钰:《论华北农业近代化中的两种加工业(1895—1936)》,《山西高等学校社会科学学报》,2000年12月期,第81—82页。2.孙运邸:《登州商人》,《烟台师范学院学报》,1989年3期,第68—75页。3.张静:《近代山东农村手工业的外向型发展——以草辫、花边、发网业为例》,《史学月刊》,2002年2月期,第109—114页。4.叶汉明:《十九世纪末潍县的社会经济变迁——山东经济重心东移对地方社会的影响》《文史哲》,1980年2月期,第27—36页。5.王传荣:《近代山东草辫业发展探析》,《中国社会经济史研究》,1991年1月期,第79—85页。6.史建云:《商品生产、社会分工与生产力进步——近代华北农村手工业的变革》,《中国社会经济史研究》,1998年4月期,第82—88页。7.Charles Freeman, *Luton and the Hat Industry* (Luton: J. Staddon, 1953). 8.Pamela Horn, "Child Workers in the Pillow Lace and Straw Plait Trades of Victorian Buckinghamshire and Bedfordshire." *The Historical Journal*, 17 (1974, Dec): pp.779–796. 9. Marion S. Miller, "Communes, Commerce and Coloni: Internal Divisions in Tuscany 1830—1860", *The Historical Journal*, 21:4 (1978), pp.837–861.

发展探析》。王传荣认为山东草辫业伴随着人民的血泪和不幸,洋商收到草辫时故为挑剔,多方吹求。但同时对外贸易可以冲破封建自然经济,活跃商品经济,促进山东经济的现代化。6.史建云,《农村工业在近世中国乡村经济中的历史作用》。史建云肯定清末民国时期中国(华北)农村已出现现代化,已从国外引进效率较高的机器(如铁轮织布机、轧花机、弹花机等),也肯定包买制不只搜集农村手工艺品,也是推广新技术及新工具的重要媒介,正是这些巡回商人把信息引入偏僻的农村,农民才认识到新的机械及新的技术。史建云的另一篇文章《商品生产、社会分工与生产力进步——近代华北农村手工业的变革》,以棉织、丝织及草帽辫等工艺为例,认为中国近代的社会分工加速了农村生产的商业化,而这样的分工已促成农村形形色色的生产组织,出现了作坊、手工工场及小型工厂。最值得赞美的是他不太套用名词,他认为以自给自足来形容古代经济也是不适用的。7.Charles Freeman,*Luton and the Hat Industry*,这是由一本展览手册发展成一本小书,主要记载英国芦藤(Luton)的草辫业发展。8.Pamela Horn,"Child Workers in the Pillow Lace and Straw Plait Trades of Victorian Buckinghamshire and Bedfordshire".这是一篇社会史文章,从花边制作及草辫编织这两个方面来分析英国的童工情况。9. Marion S. Miller,"Communes, Commerce and Coloni:Internal Divisions in Tuscany 1830—1860".Coloni 是意大利文佃农之意,这篇文章说的是草辫及纺织衰落,对托斯卡尼(Tuscany)的政治影响,同时还关系着 1870 年意大利的统一。

西方草帽辫的起源及发展

山东草帽辫在 19 世纪下半叶进入国际市场,在这之前,世人已有长久的戴草帽的历史。目前文献记载草帽源起于意大利托斯卡尼,托斯卡尼地区最重要的城市是佛罗伦萨(Florence),最重要的港口是雷格宏(Leghorn),意大利的帽子及草辫大多从雷格宏出口。③ 从较可靠的文献记录可知,意大利的草辫业大概在 16 世纪下半叶就已相当发达了。在 1718 年他们成功地培养出一种麦种,可以长出细长的、白色的麦秆,这刺激了草辫业更进一步的发展。到 1810 年,一种宽帽缘的新款帽子设计出来,带动流行,于是意大利草帽征服了法国、英国及日耳曼等地市场,1822 年辫业工人多达 8 万名。可惜这样的荣景在 1826 年结束,因为此时英国采取了保护关税的政策,大量减少托斯卡尼帽子的进口,市场则由英国本土生产的帽子所占领。但是意大利草帽并没有因此投降,随着英国工具剖杆刀的输入,意大利研发出 11 开片甚至 13 开片的帽辫。麦秆切开后要过筛分粗细,筛孔是在 0.8 毫米至 3 毫米之间,换句话说麦秆的宽度可以到只比线粗一些的程度,所以托斯卡尼的草辫业又复活了。在 1870 年至 1875 年间,托斯卡尼的草辫业有很好的业绩,但由于 1875 年北美的经济危机,加上中国及日本草辫业的竞争,意大利的草辫业遭到挑战。④ 1887 年因中国的强烈竞争,草辫业绩呈下降趋势;1888 年再度恢复过去规模,因为意大利的产品质量还是较优;但由于 1888 年草辫生产过多、库存压力大,1889 年之后业绩又下降。⑤ 从海关资料可知,这几年意大利草辫的复出是因为山东草辫的质量特别差,1888 年烟台的外商在英国领事的协助下,集体向山东道台呈情抗议,甚至集体罢买,逼迫清朝官方出面处理。经过此事件,山东草辫质量才得到提高。⑥

尽管面对着英、中、日三国的挑战,但直到 20 世纪意大利草辫业都还在顽强抵抗。1912 年麦秆的订单价格极佳,翌年由于外商抵制,不肯以如此高昂价格下单,于是造成意大利麦秆价格下跌二成。⑦ 1913 年,意大利“踏板”辫(“pedal”)与山东的帽辫都受到日本货的蚕食,佛罗伦萨有两家工厂被迫结束经营。⑧ 但是到 1922 年,在十年停滞后意大利帽辫突然抬起,“战前米兰每公尺只有一里拉(lira)价格,现在突然涨到十六里拉;战前品质较高的草辫一公尺卖四

---

③ Charles Freeman, *Luton and the Hat Industry*, p.8.

④ "Tuscan Straw Hat Industry", *Journal of Royal Society of Arts*, 45 (1897: July 2), pp.735–736.

⑤ *Monthly Consular and Trade Reports* (MCTR), (Washington D.C.: Dept. of Commerce and Labor, Bureau of Manufactures) , vol.34, p.85, 1890.

⑥ 《关册》,烟台,1888 年,册 14,第 83 页。

⑦ *Daily Consular and Trade Reports*, 1913, II, p.184.

⑧ *Daily Consular and Trade Reports*, 1914, II, p.1285.

五里拉,现则涨到三十五里拉"。⑨ 景气让意大利农村妇女及女孩每天可赚到八分到四毛美元,拿四毛钱是手艺最好的工人,"他们惊人地高明,一边谈话一边做,甚至头上顶着东西走路时手还不停地编,从来不看手中的活"⑩。

除了新的设计及编法,意大利的帽辫业的贡献还在于固定的制作工序。草辫的工序在各生产国几乎都一样,包括在一根麦秆上的选取范围、制作麦秆的流程(晒干、用硫黄漂白、分级)及草辫的编制。在国际市场上,意大利庞达(Italian "punta")及"踏板"是两种有名的草帽辫。收获时,农民用手把麦子连根拔起,麦秆最上面一节叫"庞达",从这一节往下,至约 1/2 或 2/3 部分,则称"踏板"。这两种麦草要分门别类,交给巡回的小贩(fattores)运到市场,属于包买制的生产方式。雷格宏帽是用庞达做的,米兰辫则是用踏板编成的。⑪

意大利农民甚至舍弃麦粒,专门种植适合编辫的麦秆。他们精选来自亚平宁山区的(Apennine Mountains)种子,经由特别地培育——农民用手把种子撒在浅翻过的泥土上,让种子轻易发芽,最后培养出质量优良的麦秆。⑫ 砂质及比较干燥的土地有利于麦秆的种植,播种时要尽量密植,麦秆才能抽长。⑬ 此款麦种能结出的麦粒很少,也只适合在托斯卡尼生长。⑭

英国从 17 世纪就有自己的草辫业,但近代草辫业则在拿破仑战后才大兴。大约在 1820 年时,伦敦的商人费瑟(Thomas Vyse)从意大利进口雷格宏草帽,由于市场需求量大,刺激了好几名英国商人仿效。此时英国已大赚工业革命的钱,但是这项新兴传统产业却出现了傲人的成绩,这正是一个有趣的例子,足以说明资本主义世界的多样性。随着英国关税的提高,芦藤(Luton)顺势发展出草辫业。这个距伦敦 64 公里的小镇,周遭种植好的麦草,长出适合编帽的麦秆,草帽甚至出现在了 1851 年举办的第一次伦敦"水晶宫"世界博览会中。在这个时

⑨ "Italian Straw Hat Braid Higher," *Commerce Reports*, (Dept. of Commerce, Bureau of Foreign and Domestic Commerce, Washington Government Printing Office), 1922, IV, p.603.

⑩ "The Straw Hats and Braids of Tuscany," *Commerce Reports*, 1916, I, pp.487–489.

⑪ "The Straw Hats and Braids of Tuscany," *Commerce Reports*, 1916, I, pp.487–489.

⑫ "The Straw Hats and Braids of Tuscany," *Commerce Reports*, 1916, I, pp.487–489.

⑬ "The Cultivation of Wheats-Straw, and the Manufacture of Straw Goods in Tuscany," *Journal of Royal Society of Arts*, 29 (1881: June 17), p.630–631.

⑭ "Tuscany Straw Work," *Journal of Society of Arts*, 13 (1864: Nov.) p.19.

期,芦藤年产草帽二三百万顶,市场遍及加拿大、欧陆、巴西、印度及西印度群岛。[15] Goose 的研究指出,当草辫业兴盛时,芦藤的小孩从 5 岁到 9 岁,不论男女都要编草辫,之后女孩继续工作到 14 岁,10 岁以上的男孩就转到田间务农。[16] 当代的旅人在芦藤旅行时注意到,无论是用餐时间还是晚间,每个女孩都是人手一辫,也能边走边织,但在户外比较少见男孩那么勤快地编辫。1867 年英国新的法律规定禁止 8 岁以下的童工务工,8 至 13 岁只能从事半工(half time working),[17]此后英国童工情况才略有改善。从另一个角度来看,仁慈的法律保护了英国的儿童,却提高了草辫的成本,从而难以抵挡山东草辫的进口。

剖杆刀是源自英国的一项发明,促成当时帽子的流行形式从全麦秆编织变成劈片编织。剖杆刀是一种简单、聪明的小发明,从剖杆刀的一端将麦秆插入,从另一端把麦秆拉出,端口的刀片就可把麦秆均匀地分成数长条。一般是分三条或五条,粗的麦秆可分成七条。原发明者已不可考,据说是一名拿破仑战争期间被俘虏到英国的法国军人,时间约在 1803 至 1806 年间。[18] 就是这把剖杆刀的发明,让英国的辫编足以挑战意大利草辫,取得国际市场的优势;但随后英国草辫也遭到瑞士及萨克森草辫的打击,前者以花样取胜,后者以平辫取胜。剖杆刀这种容易复制的工具自然流传到各草辫编织地,大约到 19 世纪 90 年代初才传到中国。[19] 19 世纪 70 年代中国草辫兴起,编辫成本只有英国草辫的 1/4,英国的辫编业因此衰退。缝纫机适时出现,于是英国编辫工人转行成制帽工人,芦藤开始发展毡帽业。1890 年代日本草辫业也发展起来,英国草辫业告终。虽然英国的草辫协会作了诸多努力,但还是不能起衰回生。[20] 然而芦藤没有完全失去地位,直到 1920 年的一次大战后,芦藤还是世界上草帽辫最重要的漂染中心,虽然

---

⑮ A.J.Tansley,"On the Straw Plait Trade", *Journal of the Society Arts* ,9(1861) ,pp.69-73.Tansley 正是芦藤人,他写这份报告显然是要记录当地的产业史。

⑯ Nigel Goose, "Cottage Industry, Migration, and Marriage in Nineteenth-Century", *Economic History Review* ,61:4(2008) ,pp.789-819.

⑰ Pamela Horn,"Child Workers in the Pillow Lace and Straw Plait Trades of Victorian" Buckinghamshire and Bedfordshire", *The Historical Journal* ,17:4(1974 Dec) ,pp.779-796.

⑱ Tansley, "On the Straw", pp.69-73.

⑲ "Industrial Prospects in China and Japan", *Journal of the Society of Arts* ,42(1894 Oct 5) ,p.877.

⑳ Charles Freeman, *Luton and the Hat Industry* ,p.13.

美国是世界最大市场,每年直接从产地进口大量草帽辫,[21]但大量山东草辫还是先出口到芦藤,在那儿加工上色后再转卖到欧陆及美国,然后才在欧美制成草帽供当地消费。[22] 这份成功得来不易,因为德国在其时是世界上化学染料最大出产国,德国也有自己的草辫业,法国也出产很好的染料。芦藤两次转型成功:一次从辫业转成帽业(包括毡业),第二次则表现在专业染色上。

瑞士的情境与芦藤相似。瑞士的草辫编织传统可上溯到1743年,输出的草辫不只麦辫,也有亚麻布辫。制造中心在亚高(Aargua)省的华勒(Wohlen)市。到20世纪初时,瑞士输入中国或日本制的草辫,加以漂白染色,最后又输出。从文献看,一次大战并没有中断他们的漂染业,在大战期间的1914至1916年间,77%—84%的上色草辫出口到其他国家。除了漂染,大的帽厂雇用400到500名员工,进口中国草辫或日本的马尼拉麻(Tagal straw, Abaca),利用英国或德国机器、法国的胶、法国或德国的绳带,制成一顶帽子。可以说大部分材料及机器都是进口的,只有手艺及设计是瑞士的。这些瑞士帽五六成是出口到巴尔干诸国、德国、法国,甚至来到意大利这个帽辫业的起源地。[23]

美国也有其草编史。根据现有的文献,在1798年时,麦卡夫(Betsey Metcalf, 1786—1867)是罗得岛(Rhode Island)人,后来嫁与贝克(Obed Baker)而冠夫姓(Betsey Baker)。她的传奇故事开启了美国草编业。在12岁时,因为看到一顶美丽草帽,她试着仿制,出现了美国第一顶帽子,之后她把这种编技传授他人,推广了草帽业。如同意大利及英国,美国的帽辫业也是家庭事业,女工及童工的高生产率以致家中得以添购设备及奢侈品。[24] 19世纪美国的草帽业主要在麻州(Massachusetts)发展,最大中心在狐狸镇(Foxborough)。当麦秆还青的时候就得割下,麦秆的收入几乎是麦子的两倍,[25]对此不必讶异,农民也乐得牺牲谷粒来取麦茎,[26]情况如同前述的意大利,种麦是为了编辫。

---

[21] "Straw-Braid Industry in Shantung", *Commerce Reports*, 1920 II, p.429,

[22] "Straw-Braid Industry of Shantung", *Commerce Reports*, 1919 I, p.627.

[23] "Braid and Hat Industry of Switzerland", *Commerce Reports*, 1918 II, pp.73-75.

[24] Carpenter, "Straw Bonnets", pp.576-584.

[25] *Manufactures of the United States in 1860, compiled from the Original Returns or the Eighth Census under the Direction of the Secretary of the Interior*, Washington Print Office, pp. xc, xcii.

[26] *China. Imperial Maritime Customs: Decennial Returns*, 1882—1891(京华出版社,2001), vol.152, p.78.

上述数国在 19 世纪都有其现代工业的发展,但同时农村也有兴旺的传统手工业,草辫业是其中一例,证明本文开头所言,手工业与现代工业是可并存发展的。

山东草帽辫的勃兴

草帽这种产品中国古已有之。当烟台一开港,西方人入住这个港口时,草帽业已是当地一项重要产业,当时的草帽还未外销,多卖到中国中部。[27] 住在烟台的外商很快嗅到这个商机,把草辫及草帽从烟台出口到欧洲,赚取更多的利润,并在传教士倡导下,逐渐传布到山东各地,[28] 几项这类的手工业变成社会救济而大行其道。

中国北方生产麦子的地区多少都有草帽辫,但只有河北及山东的草帽辫具有国际市场的竞争力。山东虽缘海,却是贫乡,妇女手巧,大概有 1/3 区域都生产草辫。[29] 如同意大利般,砂质地出产好的麦秆:“山东沙河镇属于砂质之深壤土,所产麦秆,柔韧良好,且编制技术亦较他处为优,故所产披草缠(辫),品质优美,手工精巧,非他处所能及。”[30] 虽然山东麦秆产地相当辽阔,但麦辫的主要生产地带是从济南到烟台一线,大批农民农妇参与这项生产,麦辫成为他们重要的经济来源。[31] 在沙河镇帽辫中心,几乎男女老少都人手一辫,他们把草秆夹在腋下,走在路上,坐在门口聊天,边走边聊边织,[32] 情况一如英国的芦藤或意大利的托斯卡尼。

莱州占据半岛岬角北部的中央,而位处登州的烟台是莱州的港口。这块区

[27] Irish University Press Area Studies Series, *British Parliamentary Papers: China* (BPP)(Shannon: Irish University Press, 1971), China 8, p.334.

[28] 王传荣:《近代山东草辫业发展探析》,第 79—85 页。

[29] 无名氏:《中国草帽辫之制造与销路》,《工商半月刊》,1:11(1929,5,15)第 27—36 页。

[30] 黄泽苍:《山东》(中华书局,1935 年),第 47 页。

[31] "Straw Braid Industry in Shantung", *Journal of the Royal Society of Arts*, 69:3564 (1921, March), pp.263-264.

[32] *MCTR*, Vol. 88, issues 336—339(1908), Wilbur T. Gracey, Consul of Tsingtau (Qingdao), "Straw Braid in China", pp.76-80.

域正是山东人口最密集区域,包括阳信、寿光、昌邑、诸城、高密、沙河、平度、莱州及胶州(见地图),[33]也生产好的麦秆,境内农民于是成为生产麦辫的主要劳力。在山东南方,草辫质量虽不如北方好,但也还是有其特色产品"马头(山东郯城附近)托斯坎"(Matow Tuscan)出口到国际市场上,直到1920年代才逐渐淡出市场,[34]托斯坎即指意大利的庞达。[35]

比例:1:1,500,000

山东草帽辫生产中心[36](钱羿杏画)

到19世纪末20世纪初,华北的草帽辫业出现原料生产的专业化。如史建云所说,草辫的生产出现了原料与生产的分工,"河北大名一带,农民选择适合编草辫的小麦品种,拨出专门土地进行密植,以获得细长白软的麦秆,小麦产量则全然不顾,形成了原料生产专业化。河南省的南乐、清丰和山东省的观城,也是专门种植细麦作为草帽辫原料。由于这一产区从事草帽辫的人特别多,当地所产麦秆不够用时,还要到山东的宁阳和河南洛阳一带去买"。[37] 这个情况与前

---

[33] *BPP*,China 12,p.603.

[34] *BPP*,China 8,p.334.

[35] "Tuscan Straw Hat Industry", *Journal of Royal Society of Arts*,45(1897:July 2),pp.735-736.

[36] 黄泽苍,《山东》,第47页。

[37] 史建云:《商品生产、社会分工与生产力进步——近代华北农村手工业的变革》,第87页。

述意大利的一样,取杆而弃谷,而这样的分工正可以说明这项产业的繁荣。

产销

　　草秆从根据长度与尺寸的分类到编辫,全是手工完成,是高度劳动力密集型的产业。首先把草秆浸泡在水里,变软然后编织。山东草辫最初都是全杆编辫,19世纪90年代剖杆刀传入中国后,一根麦秆剖成数开片,可编成劈辫。劈辫较吸引人、较轻、售价较高,采用的新辫型从意大利及瑞士传入,市场上只剩一小部分的麦辫是全杆编成。山东草辫的辫型最通俗者四:"烟台白""烟台杂色""粗面""珍珠边"。在国际市场上,"烟台杂色"辫逐渐取代意大利"踏板",[38]烟台的麦辫以其麦秆质量优良及劳工廉价,威胁到意大利的帽辫业。

　　最后完成的草辫要在一个工作台上将它们缠成卷,再放到硫酸盒中进行漂白处理。盒子下面装着硫酸液体,加热后产生蒸气,草辫就是被这些蒸气漂白的。草辫在经过这样初级漂白后,会被送到最近的集散中心,在那里它们要再次经过分类、包装等程序,然后就被送到天津、上海、青岛或烟台等港口。在那儿它们还得被重新拆包,根据其质量、样式、尺寸的分类打包在一起,由轮船运到国外。[39]

　　产量一大,质量遂难保证。外商抱怨中国草辫有四大缺点:"截短草身(长度不足)、货色良楛相兼(草辫混入次级品)、多熏硫磺、拉长补短(草辫被拉长来增加长度)。"[40]对于外商拒收的货,中国商人的处理方式是转送到上海,再由上海的中国商人转卖给其他不那么专精或者不作检查的外商,于是这些瑕疵品还是有管道卖到美国。[41]

　　中国草辫的经营管道显然是用传统的包买制。从王传荣的研究中我们可以

[38]　"Straw Braid Industry in Shantung", *Journal of the Royal Society of Arts*, 69:3564(1921, March), pp.263–264.

[39]　"Straw Braid Industry in Shantung", *Journal of the Royal Society of Arts*, 69:3564(1921, March), pp.263–264.

[40]　《关册》,天津,1889年,第15册,第61页。

[41]　*Commerce Reports*, 1922, III, p.91.

得知,山东的交通不便造成草辫的运输至少要历经三个层级:贩子、辫庄及辫行。贩子巡回于各市集或村庄农家,搜购草帽辫,把草辫运到辫庄;或者贩子从辫庄得到订单及帽辫样式,然后发包到农家。辫庄收到草辫后,如上述,加以重新整理,分类包装送到辫行。在沙河盛时有 40 家辫行,最著者为张、杜、丘、徐诸家,他们均从帽辫起家。辫庄或辫行资金、势力足够时,也会到口岸设行。钱庄、典当及盐业转投资帽辫业的情况也有。1913 年时,上海有强大山东帮,其中恒祥同、正祥同是最大的草辫出口商。青岛的正祥栈(与正祥同可能是同一家)在日本神户及大阪都有分号。⑫ 孙运邸对登州商人的研究说明登州商人也从事帽辫业,他们并不单卖帽辫,也经营大豆及茧绸等产品。他们聚集在青岛,成立了自己的行栈。北方商界的三大商号"同聚""恒祥"与"会昌",其主人早年多是以草辫起家的掖县商人。⑬

原则上贩子是最下层的商人,辫庄介乎贩子与辫行之间,做转手的生意。但这三个层级并不能明确划分,甚至功能也无法清楚切割。如袁钰所说,辫庄也可能直接从附近农民处取得草辫,⑭成功的贩子也可能升级为辫庄。贩子有一个重要功能是他们要传授新型编织法,就像史建云所肯定的,贩子不只搜集农村手工艺品,也是推广新技术及新工具的重要媒介,正是这些巡回商人才把新信息介绍到偏僻的农村。⑮ 一个商人最初只做运输工作,若是能力足够,必然发展成为中间商,下一步再成为大商人,跨到国际上,或者发展其他行业,当然不成功的商人也可能沦为贩子。所以不必严格定义什么是贩子,资本额多少才可开辫行,这三个名词宜视为草帽辫这个行业的流程。此处要强调的是,不论是行商或坐贾,他们都是中国社会中比较灵活的分子,共同合作,推动一个产业发展而分利。缺乏这个层次,西方商人是无法结合中国农村劳动力的。

沙河商人及登州商人值得赞美之处,不只在他们的串联合作,也在他们的竞

---

⑫ 王传荣:《近代山东草辫业发展探析》,《中国社会经济史研究》,1991 年 1 期,第 80 页,第 83—85 页。

⑬ 孙运邸:《登州商人》,《烟台师范学院学报》,1989 年 3 期,第 69 页,第 71 页。

⑭ 袁钰:《论华北农业近代化中的两种加工业(1895—1936)》,《山西高等学校社会科学学报》,2000 年 12 期,第 82 页。

⑮ 史建云:《农村工业在近世中国乡村经济中的历史作用》,第 63—71 页。

争力。帽辫业在英商手中长达 20 年,过去出口的商品也都由外国船只承揽。^⑥
在世纪之末,中国商人终于占一席之地。据烟台和记洋行(Cornabe Eckford &
Co.)公司报告可知:1897 年到 1898 年间,烟台的外商输出草辫的数量,从 9837
捆掉到 7221 捆;但同时期中国商人自行出口的帽辫数量是从 24375 捆上升到
24957 捆。^⑥ 在这两年中,中商控制了超过 70% 的草辫出口,外商的影响力则呈
现萎缩趋势。这也可以反映出沙河、登州商人从这个行业中赚得利润及经商能
力的发展。很可惜这个过程缺乏史料的析解,目前只能知道结果。

庄维民及刘大可认为,烟台商人对外发展有其传统,烟台这个港口也不同于
中国其他口岸,这些华商有能力直接对外交涉。19 世纪 80 年代到 20 世纪最初
十年,是山东旅日华商发展最盛时期。输往烟台的日本商品十之八九系通过侨
居大阪、神户的华商之手。山东商人在日本、朝鲜、海参崴派驻外庄,即国际分
行;同时也往南与上海、香港进出口商直接贸易,^⑧烟台成为亚洲太平洋岸一个
重要的转接点。同时代的日本的资料也指出,中国烟台商人比起其他港口商人
表现尤佳。原先在烟台,外商几乎支配所有的产业,但中国商人在学到技巧后表
现超越外商。除了海运无法克服外,烟台商人主导了每一行每一业。他们并与
诸如上海或香港的大商业中心联线,借此巩固他们在烟台地方商业的控制力。
烟台变成高度商业化的城市,在这个城市内的居民,几乎人人从商,其间山东商
人的比例占七成。^⑨ 我们从此可以看出,沙河商人、登州商人他们是借由生产外
销的本土手工业产品,学到现代国际贸易的技巧,登上国际舞台,虽然在资金或
影响力上,山东商人比起晋商差很远,但他们是成功现代化的商人。

信丰公司(Shantung Silk & Lace Co.Ltd.)是一家成功的烟台公司,成立于
1908 年,其天津分公司成立于 1919 年,草辫就是这个公司重要的出口品。从
1913 年以后,信丰因为聘用了出生于夏威夷的华侨吴覃臣(James Woo)担任出
口经理,海外出口额迅速增长。吴还大力推动农村家庭手工业,使山东融入世界

⑥ *BPP*,China 12,p.606.
⑦ *BPP*,China 21,p.610.
⑧ 庄维民、刘大可:《日本工商资本与近代山东》,社会科学文献出版社,2005 年,第 49—50 页。
⑨ 《中国经济全书》,册七,第 189—190 页。

大市场。⑤从此可以看出，一家本土的公司要与国际接轨，应该要善用海外华人，因为他们掌握外语且知道国际贸易的行情。

草辫外销是由洋商促成的，重要的洋行包括德国益斯洋行（O. H. Anz & Co.）、英商和记洋行、英商敦和洋行（Railton & Co. Ltd. H. E）以及俄商士美洋行（L. H. Smith & Co.）。其中敦和洋行从菲律宾进口金丝草和麻纤维，从法国、瑞士和日本进口各种编织帽子的染色纤维，做成草辫。⑤ 每一家外商都有固定代理商驻欧美，透过中国的买办订货。当他们收到国外订单（包括品类及价格）后，主要倚赖中国买办在内陆为之张罗，外商本身很少与中国贩子、辫庄直接接洽。这一行的行规似乎是买办只从辫庄或辫行收取 2% 的佣金，外商并不支付买办佣金。买办在控制价格及质量数量上，扮演了重要角色。这些洋行多角经营，不只外销草辫，但洋行内都至少有一名职员是专精于草辫的。洋行会再从国外订单中抽取 2.5%—5% 作为佣金，所以他们会尽量压低收购价来增加自己的利润。⑤

日本的竞争

日本的草辫生产地集中在冈山、香川及广岛。麦茎在五月时切下，用硫黄熏过。只取前三节编辫：最好的第一节麦秆称"先节"（Sakibushi），第二节称"二节"（nibushi），第三节称"三节"（sambushi）。如同其他国家，农民在自己家中开设作坊编辫，贩子巡回于农村或作坊买辫运辫，最终从神户或横滨等港出口。但日本也有专门工厂生产草辫。草辫工厂雇用女工一年需花费 20 日元到 50 日元（约美元 10 元到 25 元），工厂提供吃住。⑤ 大部分草辫生产都是以家庭为主，日本有草辫工厂是比较特殊者。

⑤ A. G. Ahmed（compiled, edited and published 1936），*Pictorial Chefoo*：1935—1936，陈海涛、刘惠琴译，齐鲁书社，2007 年，第 64 页。

⑤ A. G. Ahmed（1936），*Pictorial Chefoo*：1935—1936（comp. ed. & pub. by A. G. Ahmed），pp.62，63，70.

⑤ *MCTR*，Gracey，pp.76-80.

⑤ *Commerce Reports*，1919，I，pp.394-395.

欧洲商人比较中、日草辫的经营与质量,他们认为虽然日本草辫价格比较高昂,但比较投合欧洲人及国际市场的喜好,(54)换句话说,日本的制造商愿意注意国际市场的行情。所以与中国不同者,日本草辫的购买形式大多是预订,现货供应的情况较少,因此库存问题也较少。外商可以精确买到实际需要的宽度及质量。日本的帽辫在外形上与中国不一样,第一是它的光泽度高,其次是颜色较亮丽,这是日本土壤、气候以及麦种之故,但在草辫强韧及耐用程度则不如中国,(55)这是中国草辫能在国际市场上立足的原因之一。日本商人敏于竞争,比起中国的草辫生产,日本的工作环境管控较好。(56) 在草辫工厂中,日本的生产监督谨慎而一丝不苟,工人在适当待遇下工作。(57) 日本的商会及政府当局也努力把出口商品标准化,1918 年,日本的农商局曾针对五项产品(火柴、玻璃制品、搪瓷器皿、草辫及袜类产品)以法令规范,其中明订草辫若有刀痕、没顺编、没拉直、质量不一、尺寸不一、失光泽、污损等瑕疵,不得出口。(58) 外商自然更愿意收购日本草辫或中国台湾地区草辫。20 世纪初时,宁波帽商也宁愿从日本、中国台湾地区或非洲的马达加斯加(Madagascar)进口草辫。(59) 日本的草辫每一寸都可用,“即一尺半寸,无不一律”(60)。

马尼拉麻是日本人找到的新材料,出产于菲律宾。1912 年这种材质的草辫流行于美国市场。其时菲律宾还处在美国统治之下,美国华府的战争部(War Department)于是想帮助马尼拉商会(Manila Merchants' Association)将这种材质的草辫发展成菲律宾本土的产业,甚至为之搜集样本、提供贷款,(61)但似乎没有击退日本产品。除了马尼拉麻,1913 年日本还尝试制成纸辫,其在外形上非常类似山东草辫,也因此影响了山东草辫的市场。(62)

---

(54) *BPP*, China 20, p.379.
(55) H. L. Hamilton, “How Straw Braid is Made and Marketed”, *American Hatter*, 50 (1920), p.91.
(56) *BPP*, China 21, p.610.
(57) *BPP*, China 21, p.287.
(58) *Commerce Reports*, 1918, II, p.215.
(59) Allen and Donnithorne, p.87.
(60) 《关册》,天津,1889 年,册十五,第 61 页。
(61) *Daily Consular and Trade Reports*, 1913, II, p.446.
(62) *Daily Consular and Trade Reports*, 1914, IV, p.1273.

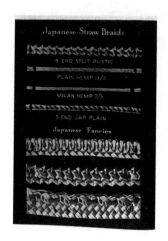

日本草帽辫样品⑬

　　日本本身出产草辫，同时也进口中国草帽辫，大战期间由于日本取代德国占领山东，也因势分享了部分山东草帽辫的利益。20 世纪 20 年代，中国草辫出口到美国的数量约三成，日本也是三成，其他国家如英国一成六，德国一成，法国 8%。⑭ 可以想象的是，一方面质量可以过关的中国草辫可能以较高价格变成日本辫再出口，居间作业的可能就是山东商人，另一方面这些出口到日本的中国草辫可能在日本加工制成草帽。

　　在手艺技巧上，中国农民制成的草辫的确比日本草辫更精美，可惜的是，精美只能维持在量少的情况下，⑮他们长于编各式复杂的辫型，其他国家工人很少可与之相比，再加上中国人工便宜，照理说中国草辫可以垄断市场。但中国工人因贪小利而失大利，每当一个新的编法交给他们时，最初几捆他们可以编出很精美的草辫，也得到相当利润，但接下来他们便开始粗制滥造，急着获利了结，这就是中国草辫很难维持水平的原因。⑯ 另外一个问题是剽窃的问题：

----

⑬　H. L. Hamilton，"How Straw Braid is Made and Marketed"，*American Hatter*，50（1920）：p.91.4 End 指由一根麦秆剖成四开片编成的麦辫，3 End 则指三开片。

⑭　Julean Arnold，*China：a Commercial and Industrial Handbook*（DC：Government Printing Office，1926）p. 260. Straw Braids.

⑮　*BPP*，China 15，p.788；China 19，p.535.

⑯　*BPP*，China 21，p.610.

从欧洲寄来新的辫型(或花样),在协议的价格下,交由中国制造商生产,这些草辫捆完成后寄回伦敦。外商抱怨很快(就产生了):就在他们递交辫型时,其他中国商人也取得这些辫型仿制,造成伦敦市场上充满同形的辫型草辫,而价格却便宜许多,于是原先的外商蒙受大量损失。⑥⑦

尽管存在各种商品上和经营上的缺失,山东草辫在国际市场上还是可举足轻重,抵得住日本的挑战。全球的草帽辫市场有多大? 中国草帽辫占多少比例? 这些无从得知。1913 年雷麦(C.F.Remer)在青岛访问时,发现其中一家公司在 1912 年时的出口量已超过青岛一港的记录,⑥⑧即便海关记录并不尽实。1894 年中日战争发生,德国德勒斯登、萨克森的草帽工业因为战争而出现原料短缺的现象,当时德国业主紧急从附近两个山城(Geising 及 Altenberg)调货。⑥⑨ 辛亥革命发生时,美国帽业大受惊吓,生怕山东草辫断货。巴尔的摩(Baltimore)帽商 Townsend Grace Co.老板 John W.Grace 自信地说:

> 我们不怕(草辫)短缺,即便叛军(革命军)真的控制山东省草辫并把它们毁了。如果你今天给我一个十万顶草帽的订单,我一定可以在七月一日交货,或者 1913 年任何时候(交货),我现在就可接受订单,而且保证交货。⑦⓪

史家常比较中日两国现代化的差异,其中比较常忽视的一环是中日两国中产阶级的态度差异的比较。在一个现代的社会中,中产阶级扮演着举足轻重的角色。草辫是一例,日本商人用工厂的方式编辫,便于品管;他们谨慎仿制中国的、欧洲的草辫;他们重视研发,采用新材料。虽然日本的草辫生产比中国晚,但还是在国际市场上成为中国草辫的劲敌。

---

⑥⑦ *BPP*,China 17,p.283-284.

⑥⑧ C. F. Remer, *Foreign Investments in China* (New York, Macmillan, 1933), p.195.

⑥⑨ MCTR, V47, p.132, 1895. *British Parliamentary*, China 17, p.283-284.

⑦⓪ Anonymous, "The Chinese Revolution and the Straw Braid Situation", *The American Hatter*, 41(1912): p.52.

结论

草辫的故事告诉我们什么？这个古老的商品却在近两个世纪成为全球化的工艺，超出我们的想象。意大利、英国、美国、瑞士、德国、中国及日本，不论是工业先进国或迟进国都有相关生产。从年代来看，意大利最早，18 世纪末；美、英大约都在拿破仑战争后，中国在 19 世纪 70 年代，日本则迟至 19 世纪 90 年代。当人工贵到无法与亚洲竞争时，西方国家就将草辫业改成制帽业或升级成染业。中国草帽辫的生产属于世界经济的一环，源起于西方商人在山东的推动，无论是作业流程（选择麦秆的前三节，用硫磺熏过）、花色、工具（使用剖杆刀），都与外国密切相关。

草辫在各国的发展有三个共同点：一、草辫生产是劳力密集型的产业，专业化的麦秆种植动用了大量的妇女或童工，他们赚取到的收入构成了家庭重要的补贴。二、是生产流程的相似：各国都用包买制经营，由贩子去收集农户的成品。三、手工业不仅是一种贫穷救济，同时也允许这些工人进入国际市场并从中分享利益，养育了一大群其他行业者：买办、收货的"贩子""辫庄""辫行"、运货的独轮车等，商人因此而致富。在中国类似的手工业除了草辫以外，还有发网、手帕花边、刺绣及缫丝、制茶等，都仰赖大量人工。

草帽成为一种日常消耗品，无论是中国人或外国人，男人或女人，苦力或富人，都需要经常使用。所以草帽就像棉布一样成了具有高效益的产业。编辫长期存在于山东，反映出山东经济的长期贫困，工人愿意接受这样的待遇而工作。

中国的产品固然有各种缺陷及问题，但在国际市场上，并没有被日本的产品完全取代，由 1911 年的革命及 1914 年的战争造成的市场惊慌可知山东草辫的影响力。山东商人也在这个产业中成为国际商人，与国际接轨。钱庄商人的参与可以看出本土草辫商的资金来源，同时证明草辫是获利的行业，所以钱庄愿意参与。当然我们也应考虑到，山东商人对劣质商品是要负责的，西方人抱怨有缺陷的草辫也是由他们经手的。但我们也不要过度放大山东草辫的质量问题，如果它劣货比例太高,如何进入瑞士、日本、美国的市场? 这些国家都有本土的草辫。相对之下,日本的产品非常强调控管,使得每一寸草辫都不报废。但日本不同于其他国家,他们发展出草辫工厂,政府与商会积极参与,自然在国际商场上比中国草辫声誉高许多。

参考资料

一、档案

1.美国档案

Bureau of Foreign and Domestic Commerce, Dept. of Commerce, *Commerce Reports*, 1915—1940.

(Dept. of Commerce, Bureau of Foreign and Domestic Commerce, Washington Government Printing Office.)

Dept. of Commerce and Labour, Bureau of Manufactures, *Daily Consular and Trade Reports.*

(Washington [D.C.]: Dept. of Commerce and Labour, Bureau of Manufactures, 1910—1914.)

Washington Print Office(1865), *Manufactures of the United States in 1860*, Compiled from the Original Returns or the Eighth Census under the Direction of the Secretary of the Interior, p.xc,xcii,xciii.

United States, Bureau of Foreign Commerce, *Monthly Consular and Trade Reports* (*MCTR*), (Washington D.C.: Dept. of Commerce and Labor, Bureau of Manufactures).

2. 英国档案

Irish University Press Area Studies Series, *British Parliamentary Papers*: China (*BPP*).

(Shannon: Irish University Press, 1971.)

Robert L. Jarman ed., *Shanghai Political and Economic Reports, 1842—1943*:

British Government Records from the international city（Slough：Archive Editions，2008），11：1900-1913.

China. Imperial Maritime Customs：Decennial Returns，1882—1891（北京：京华出版社，2001）.

3. Statistical Dept. of the Inspectorate General of Customs（2001），China Returns of Trade at the Treaty Ports（Beijing：Jinghua Pub. Reprint）.

二、论文

1.英文论文

A. G. Ahmed，*Pictorial Chefoo*：1935—1936（compiled，edited and published by A.G. Ahmed，1936）.

G. C. Allen and Audrey G. Donnithorne，*Western Enterprise in Far Eastern Economic Development，China and Japan*（New York：Macmillan，1954）.

Anonymous，"The German Lease of Kiau-chou Bay"，*Bulletin of the American Geographical Society of New York*，30（1898）：pp.160-162.

Anonymous，"The Chinese Revolution and the Straw Braid Situation"，*The American Hatter*，41（1912）：p.52.

Anonymous，"Straw Braid Industry in Shantung"，*Journal of the Royal Society of Arts*，69：3564（1921），pp.263-264.

Michel Beaud，Tom Dickman trans.，*A History of Capitalism*：1500—1980（London：Macmillan，1983）.

E. W. Carpenter，"Straw Bonnets"，*Harper's New Monthly Magazine*，29（1864）（June/July）：pp.576-584.

Charles Freeman，*Luton and the Hat Industry*（Luton：J. Staddon，1953）.

Nigel Goose，"Cottage Industry，Migration，and Marriage in Nineteenth-Century"，*Economic History Review*，61：4（2008），pp.789-819.

Wilbur T. Gracey，"Straw Braid in China"，*Monthly Consular and Trade Reports*，88：336-339（1908），pp.76-80.

H. L. Hamilton, "How Straw Braid is Made and Marketed", *American Hatter*, 50 (1920): p.91.

H. L. Hamilton, "How Straw Braid is Made and Sold", *Millinery Trade Review*, 46 (1921): p.79.

Pamela Horn, "Child Workers in the Pillow Lace and Straw Plait Trades of Victorian Buckinghamshire and Bedfordshire", *The Historical Journal*, 17 (1974, Dec): pp.779-796.

Marion S. Miller, "Communes, Commerce and Coloni: Internal Divisions in Tuscany pp.1830-1860", *The Historical Journal*, 21:4 (1978), pp.837-861.

C. F. Remer, *Foreign Investments in China* (New York, Macmillan, 1933).

A. J. Tansley(1861), "On the Straw Plait Trade", *Journal of the Society* Arts, 9: pp.69-73.

2.中日文论文

王传荣:《近代山东草辫业发展探析》,《中国社会经济史研究》,1991 年 1 期,第 79—85 页。

史建云:《商品生产、社会分工与生产力进步——近代华北农村手工业的变革》,《中国社会经济史研究》,1998 年第 4 期,第 82—88 页。

东亚同文会:《中国经济全书》,(台北:南天,1989 重印),册七。

孙运郅:《登州商人》,《烟台师范学院学报》,1989 年 3 期,第 68—75 页。

冈伊太郎、小公元藏:《山东经济事情—济南を主として》(济南经济报社,大正八年)。

袁钰:《论华北农业近代化中的两种加工业(1895—1936)》,《山西高等学校社会科学学报》,2000 年 12 期,第 81—82 页。

黄泽苍:《山东》(中华书局,1935 年)。

傅斯年:《山东底一部分的农民状况大略记》,《山东文献》,1977 年 12 月,第 18—26 页。

无名氏:《中国草帽缠之制造与销路》,《工商半月刊》,1929 年 5 月 15 日,第 27—36 页。

无名氏:《上海の麦秆帽子制造业》,《东洋贸易研究》,1928 年, 第 451
—455 页。

三、网站:有兴趣者可从下列网站取得英国芦藤草辫业的介绍及图片
http://www.galaxy.bedfordshire.gov.uk/webingres/luton/0.local/hat_industry.htm

【李今芸　台湾暨南大学历史系副教授】

原文刊于《中国文化》2015 年 02 期